国家出版基金项目
NATIONAL PUBLICATION FOUNDATION

中国矿产地质志

台湾卷

陈毓川院士指导

福建省地质调查研究院

张兰生 卢克标 张克尧 陈润生 等 编著

地质出版社

·北 京·

内 容 提 要

《中国矿产地质志·台湾卷》是《中国矿产地质志》的重要组成部分，是中国矿产地质与区域成矿规律总结（中国矿产地质志）的系列成果之一，是第一部全面总结台湾省现代矿产地质工作的科学成果，是一部全面反映台湾省矿产全貌及重要成矿规律，特别是1949年10月中华人民共和国成立以来矿产勘查与研究成果的志书。本书充分利用了台湾省已有矿产地质资料和《中国区域地质志·台湾志》(2020) 成果，对台湾省内发现的所有矿种（组）、矿产地进行了全覆盖集成，抓住重要的典型矿床、矿田、矿集区、成矿区带、成矿规律和矿床成矿系列作为重点进行总结提升。全书除凡例、总序、前言、结语外，主要包括正文2部7篇22章的内容。

本书“第一部　矿产资源”，分4篇11章，全面记述了台湾省能源矿产、金属矿产、非金属矿产和水气矿产情况，重点对石油、天然气、烟煤、金、铜、锆石、独居石、硫、大理岩-白云岩、石灰岩、石英砂岩、软玉、地热水等13个重要（典型）矿床和部分代表性矿床的勘查过程、地质特征、矿体特征（规模、形态、产状）、矿石特征、围岩蚀变、资源储量、成矿物理化学、成矿机制特征等进行阐述，总结了重要矿种（组）的成矿规律。

本书“第二部　区域成矿规律”，分3篇11章，分析了台湾省区域成矿地质条件，划分了台湾省成矿区带和矿床成矿系列，建立了成矿谱系，总结了台湾省华力西期—喜马拉雅期的成矿规律。

本书是台湾省迄今为止在矿产地质和成矿规律研究方面最新、最全、最系统的一部著作，在台湾省地质找矿和矿产研究方面具有重要的现实意义，可为政府有关部门决策提供依据，是台湾省矿产地质研究的工具书之一，可供矿产地质研究、矿产勘查、矿业开发等相关人员使用。

图书在版编目（CIP）数据

中国矿产地质志·台湾卷／张兰生等编著. —北京：地质出版社，2021. 3

ISBN 978-7-116-12373-1

Ⅰ. ①中… Ⅱ. ①张… Ⅲ. ①矿产地质—概况—中国②金矿床-概况-台湾 Ⅳ. ①P62

中国版本图书馆 CIP 数据核字（2020）第228636号

ZHONGGUO KUANGCHAN DIZHIZHI · TAIWAN JUAN

责任编辑：白　铁　肖竣文　韩　博
责任校对：关风云
出版发行：地质出版社
社址邮编：北京海淀区学院路31号，100083
咨询电话：(010) 66554528（邮购部）；(010) 66554625（编辑室）
网　　址：http：//www. gph. com. cn
传　　真：(010) 66554686
印　　刷：北京地大彩印有限公司
开　　本：889 mm×1194 mm　1/16
印　　张：34　　**附　图**：2幅，4全开
字　　数：1100千字
版　　次：2021年3月北京第1版
印　　次：2021年3月北京第1次印刷
审 图 号：GS（2020）3774
定　　价：450. 00元
书　　号：ISBN 978-7-116-12373-1

《中国矿产地质志》编委会

（第一届）

陈尔臻　陈华山　陈建平　邵和明　周　详　周特先
於崇文　郑大瑜　郑绵平　赵一鸣　赵文津　赵鹏大
胡瑞忠　侯增谦　施中爽　姜树叶　袁忠信　莫宣学
钱大都　倪　斌　徐水师　徐志刚　陶维屏　黄香定
黄崇轲　黄懋鸿　梅友松　盛继福　章少华　阎凤增
琚宜太　韩振新　裴荣富　潘行适

三、《中国矿产地质志》

总主编： 陈毓川　王登红

四、承担单位

中国地质科学院矿产资源研究所

五、项目办公室

主　任： 邢树文
副主任： 李　剑　龙宝林　傅旭杰
成　员： 朱明玉　黄　凡

《中国矿产地质志》

总责任编辑： 白　铁
副总责任编辑： 韩　博　吕　静
责任编辑组： 刘云龙　肖竣文　孙彦琪　谢玉淳　李　佳　吴宁魁　袁亚琴
宋永存　张琦玲　潘　懋　代世锋　邢瑞玲　郝梓国　章雨旭
沈　镭　佘宏全　于春林　李进文　戚学祥　李　华

《中国矿产地质志》编委会

（第二届）

黄香定　卢欣祥　艾宪森　李宏骥　周特先　杨明桂
陆　彦　任丰寿　张永山　石礼炎　陆瑞宝　韩振新
施中爽　王增护　陈一笠

三、《中国矿产地质志》

总主编：陈毓川　王登红

四、承担单位

中国地质科学院矿产资源研究所

五、项目办公室

主　任：邢树文　中国地质调查局资源评价部副主任
副主任：黄　凡　中国地质科学院矿产资源研究所
　　　　王　岩　中国地质科学院矿产资源研究所
成　员：蔺志永　中国地质调查局资源评价部矿产地质处处长
　　　　朱明玉　中国地质科学院
　　　　王成辉　中国地质科学院矿产资源研究所
　　　　孙　艳　中国地质科学院矿产资源研究所稀有稀土贵金属研究室副主任
　　　　曹瑞欣　中国地质科学院矿产资源研究所办公室副主任

《中国矿产地质志》

总责任编辑：白　铁
副总责任编辑：韩　博　吕　静
责任编辑组：刘云龙　肖竑文　孙彦琪　谢玉淳　李　佳　吴宁魁　袁亚琴
宋永存　张琦玲　潘　懋　代世锋　邢瑞玲　郝梓国　章雨旭
沈　镭　佘宏全　于春林　李进文　戚学祥　李　华

《中国矿产地质志》编委会

（第三届）

陈仁义　薛迎喜　龙宝林　谢国刚　邢树文　李子颖
蔡煜琦　刘家军　邓颂平　任天祥　马振东　陈郑辉
许建祥　梁　婷　闫升好　丁　俊　蔡克勤　华仁民
李文昌　唐菊兴　董连慧　陈华山　陈　平　邵和明
陈尔臻　刘德权　任家琪　宋小文　张翼飞　王砚耕
付德明　李均权　黄懋鸿　伍广宇　张忠伟　黄香定
卢欣祥　艾宪森　李宏骥　周特先　杨明桂　陆　彦
任丰寿　张永山　石礼炎　陆瑞宝　徐衍强　胡世华
施中爽　王增护　陈一笠

三、《中国矿产地质志》

总　主　编： 陈毓川　王登红

四、承担单位

中国地质科学院矿产资源研究所

五、项目办公室

主　　　任： 王登红　中国地质科学院矿产资源研究所副所长
常务副主任： 黄　凡　中国地质科学院矿产资源研究所
副　主　任： 王　岩　中国地质科学院矿产资源研究所
耿　林　中国地质调查局资源评价部矿产地质处处长
成　　　员： 朱明玉　中国地质科学院
王成辉　中国地质科学院矿产资源研究所三稀室副主任
孙　艳　中国地质科学院矿产资源研究所三稀室副主任
张　震　中国地质科学院矿产资源研究所办公室副主任
杨雨涵　中国地质科学院矿产资源研究所
杨　萌　中国地质科学院矿产资源研究所

《中国矿产地质志》

总责任编辑： 白　铁
副总责任编辑： 韩　博　吕　静
责任编辑组： 刘云龙　肖竣文　孙彦琪　谢玉淳　李　佳　吴宁魁　袁亚琴
宋永存　张琦玲　潘　懋　代世锋　邢瑞玲　郝梓国　章雨旭
沈　镭　佘宏全　于春林　李进文　戚学祥　李　华

台湾省矿产地质志
编研机构

一、编委会

主　任：何南飞　福建省自然资源厅副厅长

副主任：周珍琦　福建省地勘局总工程师

陈泉霖　福建省煤田地质局副局长兼总工程师

黄树峰　中国冶金地质总局二局副局长

委　员：丘文芬　福建省自然资源厅地质勘查处处长

林东燕　福建省地勘局地矿处处长

张克尧　福建省地质调查研究院院长

郭韶华　福建省煤田地质局地质勘查处处长

编委会办公室设在福建省自然资源厅地质勘查处

二、专家指导委员会

主　任：石礼炎　福建省地勘局原总工程师、教授级高工

副主任：李昌泽　福建省地勘局原总工程师、教授级高工

陶建华　福建省地勘局原总工程师、教授级高工

委　员：叶允钧（教授级高工）、吴建章（高工）、刘昭平（高工）、黄　农（教授级高工）、朱玉磷（教授级高工）、黄仁生（教授级高工）、石建基（高工）、陈润生（高工）、胡荣华（高工）、邱盛安（高工）、江启煜（高工）、揭育金（高工）、陈荣魁（教授级高工）、罗锦昌（高工）、黄金明（高工）、郑富荣（高工）、林金贵（高工）、戴定贤（高工）、戴天凤（高工）、林子华（高工）

凡　　例

一、本书为《中国矿产地质志》的组成部分，根据《中国矿产地质志·省级矿产地质志研编技术要求》编写而成。

二、本书中专业技术术语，严格按有关规范或规定执行，同时参照《中国矿产地质志·省级矿产地质志研编技术要求》，并参考《地球科学大辞典》（2006）、《矿产资源工业要求手册》（2010年8月版，2012年、2014再版本）等。

三、本书中矿产地由矿床和矿点构成。矿产地规模分为超大型矿床、大型矿床、中型矿床、小型矿床和矿点5个级别。矿床是指由一定地质作用，在地壳的某一环境内形成，在质和量方面适合于开采利用并有经济效益的矿物、岩石堆积体。其中：大型、中型和小型矿床规模按2000年4月24日国土资源部（国土资发〔2000〕133号文）发布的《矿产资源规模划分标准》核定；超大型矿床指资源储量为大型矿床下限标准资源储量5倍（铁矿可扩大到10倍）及以上的矿床；矿点为已发现矿，但未做或只做了少量地质勘查工作（如地表揭露）的矿产地。无法确定其规模的矿产地或已经勘查，目前尚无开发利用价值，进入不了矿床范畴者，亦可作为矿点。存在共生矿种的矿区，由矿产资源规模最大的矿种确定规模，伴生矿种不单独划分规模，其规模由主矿种规模决定。用于界定矿床规模的资源储量是指累计查明资源储量。

台湾的矿产地规模总体上按上述原则界定，但对于一些没有累计查明资源储量的矿产地沿用原资料的称谓。

四、入志的矿种是指已发现资源储量规模达矿点及以上的矿种，矿化点不入志。

五、矿床类型按《中国矿产地质志·省级矿产地质志研编技术要求》规定的矿床类型划分方案执行，主要使用3级分类18个矿床类型。

六、矿床成矿系列参照《中国成矿体系与区域成矿评价》（陈毓川等，2007）中矿床成矿系列有关要求，按本志技术要求及5种成矿作用，分为5类：①岩浆成矿作用矿床成矿系列；②沉积成矿作用矿床成矿系列；③变质成矿作用矿床成矿系列；④表生成矿作用矿床成矿系列；⑤非岩浆、非变质流体成矿作用矿床成矿系列。

总　序

矿产资源是国家经济社会发展的物质基础，我国处于工业化中后期发展阶段，矿产资源需求量处于增长时期，需求的量大、矿种多。掌握全国的所有矿产的家底，是国家与人民十分需要的大事。新中国成立以来的60多年的历程中，地质工作者已为国家发现了172种矿产，其中159种矿产已获得资源储量，矿床、矿点等各类矿产地已达20多万处，积累了丰富的矿产地质资料，广大的矿产地质工作者为国家所需，迫切真诚地期望早日进行覆盖全国全部矿产信息的汇总，研编《中国矿产地质志》，今日终于得到国家的支持，得以实施，并且经过江西省的试点，在该省以杨明桂先生为首的研编组的共同努力下，《中国矿产地质志》省级第一卷《中国矿产地质志·江西卷》率先正式出版，供全国使用，这是中国矿产地质志研编工作史上的新起点。

新中国第一部《中国矿产地质志》，将汇总广大地质矿产工作者为国为民找矿的成果，汇集全国查获的全部矿产资源及其开采利用的状况，分析资源前景，并对找矿过程中获得的丰富的找矿经验和成矿规律认识进行阶段性的总结。这将是我国迄今为止矿产资源文集大全，将为全国及各省、自治区、直辖市政府矿产资源规划、部署、决策提供重要依据，为全国人民提供祖国矿产资源的现有家底及开发前景，为矿产资源勘查、开发、科学研究及地矿教育提供丰富的资料。

一百多年前，1906年光绪年间，顾琅、周树人（鲁迅）先生合著《中国矿产志》出版，附中国矿产一览表、地质时代一览表和中国矿产全图。清朝政府甚为重视，列为国民必读。这是我国第一本《中国矿产志》，由于历史条件所限，该书共列出10个金属矿产（金、银、铜、铁、锡、铅、水银、辰砂、锑、锰矿）和20个非金属矿产，全国共列出1203个矿产地。当时著名的地理学家马良先生为之作序，序言中说："顾、周两君学矿多年，颇有心得。慨祖国地大物博之无稽，爰著《中国矿产志》一册，罗列全国之所在，注之以图，陈之以说，使我国民深悉国产之所自有，以为后日开采之计，致富之源，强国之本，不致家藏货宝为他人所攘夺。"当时编写该志书是为国民知道国家的矿产，去开采致富，达到强国的目标。弹指一挥间，一百多年过去，天翻地覆，时代变了，祖国的盛世来临，现代化、和平民主的强大祖国就在面前。新中国第一部《中国矿产地质志》亦将面目一新，但研编的目标是一致的，都是为民、为国，为民所知，为民致富，为国所知，为国强大。我们将继承前人事业、继续往前走！

本次研编处于天时、地利、人和的大好时机，国家经济社会发展与日俱增，欣欣向荣，需要矿产资源，需要全国摸清矿产资源家底。新中国成立以来60多年矿产勘查与开发得到大发展，取得了丰硕的找矿成果和海量的矿产地质勘查、开发和科研资料。国土资源部近8年来组织完成了三大全国性矿情调查工作：矿业权核实、28个矿种资源现状利用调查和25个矿种资源潜力评价。开展中国矿产地质与区域成矿规律综合研究、研编《中国矿产地质志》得到了国土资源部、财政部、中国地质调查局等领导部门、各省（自治区、直辖市）政府部门及矿产地质领域专家、学者们的大力支持。社会需要，政府重视，研编条件具备，是本项工作得以进行的必要前提与重要保证。

研编工作的策划，充分吸取历来志书编纂的精髓，广泛听取并吸纳矿产资源领域各部门专家、领导的意见，并进行重要研编内容的工作试点，确定本矿产地质专业性志书采用“以述为主，述论结合”的原则，实现叙实性与学术性结合，矿产叙述必实，规律论述有据，做到资料真实、全面、最新、可查，文字论述简练易懂、图文并茂，研编技术统一要求，研编工作统一部署，研编组织有编纂专家队伍，亦广邀各方专家共同参与，集思广益。论述部分广纳有据论点，广迎百花，力争创新亮点，并为后人创新搭建平台。通过共同努力，使研编工作有序进行。

本次研编内容由3部分组成：各省（区、市）矿产地质志、全国矿产总志、全国区域成矿规律研究。每一部分都有书、图、数据库及普及本。各省（区、市）矿产地质志包含本地区所有矿产资源。全国矿产总志包含各主要矿产的矿产志及全国矿产汇总。全国区域成矿规律研究包含各主要成矿区带成矿规律研究及全国区域成矿规律研究汇总。整个研编工作自2014年开始至2020年完成。研编期间，研编成果实施边完成、边出版、边使用，使研编成果及时向社会提供，逐步积累，最终完成。

本项研编工作意义重大，任务繁重，涉及矿产资源勘查、开发、科研、教育领域各个部门各方专家。我们认为，只有共同参与、同心合作、政府支持才能胜利完成此项工作。我们衷心希望并坚信，参与工作的全体同仁为实现此国家重大目标，在政府与矿产资源工作有关部门与广大同仁专家的支持下，一定会坚定信心，同舟共济，共同奋斗，在2020年提交一份世纪性的矿产志书大成果。

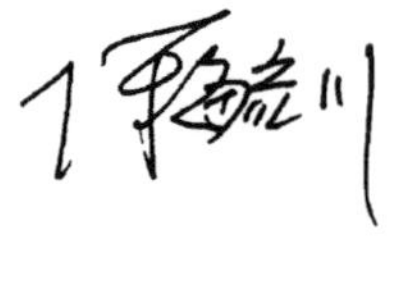

2014年11月5日

前　　言

《中国矿产地质志·台湾卷》是中国矿产地质志的重要组成部分，是中国矿产地质与区域成矿规律总结（中国矿产地质志）的系列成果之一，是第一部全面总结台湾省现代矿产地质工作的科学成果，特别是矿产勘查与研究成果的志书，它全面反映了台湾省矿产全貌及重要成矿规律，提升了矿产地质科学研究水平，是一部资料全面、系统、翔实的矿产地质新文献，是有关部门对矿产资源领域决策的重要参考资料，亦是地质工作者的工具书。

中国地质调查局于2014年3月10日下达开展福建省（含台湾省）矿产地质与区域成矿规律综合工作项目任务书，由福建省地质调查研究院承担"福建省（含台湾省）矿产地质与区域成矿规律综合研究"项目，本工作项目属于"中国矿产地质与区域成矿规律综合研究"计划项目之一。

工作项目名称：福建省（含台湾省）矿产地质与区域成矿规律综合研究。

工作项目编码：12120114007301。

任务书编号：资〔2014〕03-003-027。

归口管理部门：国土资源部。

组织管理部门：中国矿产地质志项目办公室。

所属计划项目：中国矿产地质与区域成矿规律综合研究。

实施单位：中国地质科学院矿产资源研究所。

承担单位：福建省地质调查研究院。

工作起止年限：2014~2018年。

2015年子项目名称变更为"福建省（含台湾省）矿产资源调查成果综合集成与服务产品开发"。2015年底子项目获得福建省国土资源厅的大力支持，福建省国土资源厅于2015年12月28日下发了《福建省国土资源厅关于成立福建省矿产地质志编研机构的通知》（闽国土资综〔2015〕455号文件）。成立了子项目的编委会、专家指导委员会。

2016年，由于中国地质调查局项目管理工作方法改变，由所属项目单位——中国地质科学院矿产资源研究所以委托的方式，与子项目承担单位——福建省地质调查研究院签定委托合同，子项目名称变更为"福建省（及台湾省）矿产资源调查成果综合集成与服务产品开发"。同年，福建省国土资源厅给项目配套了省级资金100万元，用于《中国矿产地质志·台湾卷》的研编工作。

2017年，中国矿产地质志列入国土资源部"十三五"重点项目，继续由二级项目承担单位——中国地质科学院矿产资源研究所以委托的方式，与委托业务承担单位——

福建省地质调查研究院签订委托合同，委托业务名称为“福建省（及台湾省）矿产资源调查成果综合集成与服务产品开发”。

《中国矿产地质志·台湾卷》的研编历时四年，较全面地搜集了台湾省的各类地质矿产资料，资料使用截止时间是2016年12月底。

本志的编写是在《中国区域地质志·台湾志》（福建省地质调查研究院，2020）初稿完成之后正式开始，志书中的地层、岩浆岩、变质岩、地质构造等均沿用《中国区域地质志·台湾志》中的相关内容。

本志编目及提纲由中国矿产地质志全国项目办公室提供，详细提纲由福建省地质调查研究院在全国项目办提供的提纲基础上自拟。本志书根据《中国矿产地质志·省级矿产地质志研编技术要求》（中国矿产地质志项目办公室、中国地质科学院矿产资源研究所，2016）编写，于2017年6月完成初稿后，分送有关专家审阅，广泛征集意见，经不断补充修改完善，于2017年11月提交志书初稿。2017年12月福建省地质调查研究院总工程师办公室组织有关专家对志书进行了审查，提出了存在问题和修改意见。项目组成员依据修改意见对志书又进行了修改补充，形成送审稿。

2018年5月25日，福建省国土资源厅委托福建省地质矿产勘查开发局组织专家对《中国矿产地质志·台湾卷》（送审稿）、《中华人民共和国台湾省矿产地质图》（1∶50万，含说明书）和《中华人民共和国台湾省成矿规律图》（1∶50万，含说明书）进行初审，出具了初审意见书，提出了志书和图件（含说明书）中存在的主要问题。项目组成员根据初审意见提出的主要问题和修改建议，对志书再次进行修改和补充，形成新的志书和图件，并提供给《中国矿产地质志》全国项目办公室评审验收。

2018年6月4日，中国地质科学院矿产资源研究所组织专家在福州对《中国矿产地质志·台湾卷》《中华人民共和国台湾省矿产地质图》（1∶50万，含说明书）和《中华人民共和国台湾省成矿规律图》（1∶50万，含说明书）进行评审验收，各位评审专家均提出了问题、补充和修改意见。项目组成员根据专家们提出的问题、补充和修改意见，对《中国矿产地质志·台湾卷》《中华人民共和国台湾省矿产地质图》（1∶50万，含说明书）和《中华人民共和国台湾省成矿规律图》（1∶50万，含说明书）进行了认真的修改和补充完善，形成复核志书和图件。

2018年8月，中国地质科学院矿产资源研究所组织专家对《中国矿产地质志·台湾卷》《中华人民共和国台湾省矿产地质图》（1∶50万，含说明书）和《中华人民共和国台湾省成矿规律图》（1∶50万，含说明书）进行复核，各位复核专家又提出了一些存在问题和修改意见。项目组成员根据复核专家们提出的问题和修改意见，对《中国矿产地质志·台湾卷》《中华人民共和国台湾省矿产地质图》（1∶50万，含说明书）和《中华人民共和国台湾省成矿规律图》（1∶50万，含说明书）再次进行了认真的修改和补充完善，形成最终志书和图件。

本志全文除绪论、结语外，共计2部7篇22章，插图57幅，表格159个。绪论由张兰生执笔；第一篇、第二篇由卢克标执笔，石礼炎审定；第三篇由张兰生、卢克标执笔，陈润生审定；第四篇、第五篇由卢克标执笔，石礼炎审定；第六篇、第七篇由卢克标、张兰生执笔，石礼炎审定；结语由张兰生执笔。全文由张克尧、张兰生、卢克标、陈润生、石礼炎审定。附图共计2幅，《中华人民共和国台湾省矿产地质图》（1：50万）由张兰生、卢克标、宋歆、刘桂华、罗萍、陈涌编制，石礼炎检查，编图说明书由周维禹、张兰生编写；《中华人民共和国台湾省成矿规律图》（1：50万）由张兰生、宋歆、罗萍、刘桂华、陈涌编制，石礼炎、卢克标检查，编图说明书由张兰生、卢克标编写。参加本项目工作的人员还有汪方展、李学夔、郑明泉、吴柏兴等。

本志书是在《中国矿产地质志》领导小组、项目办公室、福建省国土资源厅、福建省地质矿产勘查开发局和福建省地质调查研究院领导下，在《中国矿产地质志》专家委员会和台湾省矿产地质志专家指导委员会指导下完成的。在本志书即将付梓之际，对领导们的支持和专家们的指导，表示真诚的感谢。

编　者

2019. 3

目　　录

凡例
总序
前言

绪论 …………………………………………………………………………………………（1）

第一部　矿产资源

总论 …………………………………………………………………………………………（25）

第一篇　能源矿产

第一章　石油、天然气 ………………………………………………………………（31）
　　第一节　石油 ………………………………………………………………………（31）
　　第二节　天然气 ……………………………………………………………………（46）
第二章　煤、石煤和泥炭 ……………………………………………………………（53）
　　第一节　煤 …………………………………………………………………………（53）
　　第二节　石煤 ………………………………………………………………………（79）
　　第三节　泥炭 ………………………………………………………………………（81）

第二篇　金属矿产

第三章　黑色金属矿产 ………………………………………………………………（84）
　　第一节　铁矿 ………………………………………………………………………（84）
　　第二节　锰矿 ………………………………………………………………………（90）
第四章　有色金属矿产 ………………………………………………………………（93）
　　第一节　铜矿 ………………………………………………………………………（93）
　　第二节　铝（铝土矿） …………………………………………………………（103）
　　第三节　镍矿 ……………………………………………………………………（105）
　　第四节　汞 ………………………………………………………………………（107）
第五章　贵金属矿产——金矿 ……………………………………………………（110）
第六章　稀有金属矿产——锆石矿 ………………………………………………（131）
第七章　稀土金属矿产——独居石矿 ……………………………………………（136）

第三篇　非金属矿产

第八章　工业矿物类非金属矿产 …………………………………………………（142）
　　第一节　硫 ………………………………………………………………………（142）
　　第二节　滑石 ……………………………………………………………………（147）

第三节　云母 …………………………………………………………………………………………（153）
第四节　其他工业矿物类非金属矿 ……………………………………………………………（158）
第九章　岩石（土）类非金属矿产 ……………………………………………………………（169）
第一节　石灰岩 ………………………………………………………………………………（169）
第二节　白云岩（白云石大理岩） ……………………………………………………………（175）
第三节　大理岩 ………………………………………………………………………………（179）
第四节　石英砂岩 ……………………………………………………………………………（184）
第五节　天然石英砂（建筑用砂） ……………………………………………………………（194）
第六节　脉石英 ………………………………………………………………………………（199）
第七节　膨润土（漂白粘土） …………………………………………………………………（200）
第八节　陶瓷粘土（陶土） ……………………………………………………………………（204）
第九节　高岭土（瓷土） ………………………………………………………………………（208）
第十节　耐火粘土 ……………………………………………………………………………（212）
第十一节　其他（水泥用）粘土 ………………………………………………………………（217）
第十二节　蛇纹岩 ……………………………………………………………………………（220）
第十三节　安山岩 ……………………………………………………………………………（224）
第十四节　玄武岩 ……………………………………………………………………………（227）
第十章　宝玉石类非金属矿产 …………………………………………………………………（230）
第一节　软玉 …………………………………………………………………………………（230）
第二节　文石、玉髓、石榴子石、蔷薇辉石、珊瑚和碧玉 ……………………………………（236）

第四篇　水气矿产

第十一章　地热水 ……………………………………………………………………………（244）

第二部　区域成矿规律

概述 ……………………………………………………………………………………………（262）

第五篇　区域成矿地质条件

第十二章　区域成矿构造环境 …………………………………………………………………（264）
第一节　大地地质构造特征 …………………………………………………………………（264）
第二节　构造单元及其主要特征 ……………………………………………………………（266）
第三节　大型变形构造特征 …………………………………………………………………（271）
第四节　大地构造相与成矿关系 ……………………………………………………………（273）
第十三章　主要赋矿地层与含矿沉积建造 ……………………………………………………（275）
第一节　地层分区与地层特征 ………………………………………………………………（275）
第二节　含矿地层沉积岩建造组合与成矿关系 ………………………………………………（282）
第十四章　岩浆活动与成矿 ……………………………………………………………………（285）
第一节　火山活动与成矿 ……………………………………………………………………（285）
第二节　岩浆侵入活动与成矿 ………………………………………………………………（288）
第十五章　变质作用与成矿 ……………………………………………………………………（290）
第一节　变质岩时空分布 ……………………………………………………………………（290）
第二节　变质岩岩石构造组合与成矿关系 ……………………………………………………（290）

第十六章　成矿综合信息 ······ (292)
第一节　台湾省重力资料地质解释 ······ (292)
第二节　台湾省磁测资料地质解释 ······ (293)
第三节　台湾省遥感资料地质解释 ······ (294)

第六篇　成矿区带

第十七章　成矿区带划分 ······ (298)
第一节　成矿区带划分 ······ (298)
第二节　成矿亚带及矿集区简介 ······ (299)
第十八章　Ⅲ-79-①成矿亚带成矿特征 ······ (302)
第一节　Ⅲ-79-①成矿亚带内成矿条件及成矿特征 ······ (302)
第二节　Ⅲ-79-①成矿亚带中矿集区特征 ······ (304)
第三节　Ⅲ-79-①成矿亚带的成矿规律 ······ (307)
第十九章　Ⅲ-79-②成矿亚带成矿特征 ······ (310)
第一节　Ⅲ-79-②成矿亚带内成矿条件及成矿特征 ······ (310)
第二节　Ⅲ-79-②成矿亚带的矿集区特征 ······ (311)
第三节　Ⅲ-79-②成矿亚带的成矿规律 ······ (312)
第二十章　Ⅲ-79-③成矿亚带成矿特征 ······ (315)
第一节　Ⅲ-79-③成矿亚带内成矿条件及成矿特征 ······ (315)
第二节　Ⅲ-79-③成矿亚带的矿集区特征 ······ (316)
第三节　Ⅲ-79-③成矿亚带的成矿规律 ······ (317)

第七篇　区域成矿规律

第二十一章　矿床成矿系列 ······ (319)
第一节　主要矿床类型 ······ (319)
第二节　矿床成矿系列 ······ (319)
第二十二章　区域成矿规律 ······ (321)
第一节　区域成矿控制条件 ······ (321)
第二节　（壳幔）构造作用对其成矿的控矿作用 ······ (327)
第三节　区域时空演化及成矿规律 ······ (330)
第四节　区域成矿作用模式、演化及区域成矿谱系 ······ (333)

结　语 ······ (335)
主要参考文献及资料 ······ (338)

附件：中华人民共和国台湾省矿产地质图（1：50 万）及说明书
中华人民共和国台湾省成矿规律图（1：50 万）及说明书

绪　论

一、经济地理

台湾省简称台，包括台湾岛、澎湖列岛（64 个岛屿）、兰屿、绿岛、棉花屿、彭佳屿、钓鱼岛、赤尾屿等岛屿，陆地总面积约为 36000 km^2，其中台湾岛面积为 35873 km^2，海岸线总长 1600 km。台湾地处东经 119°18′03″~124°34′30″，北纬 21°45′25″~25°56′30″之间。台湾岛是中国的第一大岛，位于我国东南沿海的大陆架上，东滨太平洋；西隔台湾海峡与福建相望，最窄处仅 130 km；北临东海，东北与琉球群岛相隔约 600 km；南界巴士海峡，与菲律宾相隔约 300 km。台湾本岛南北长而东西狭，呈纺锤形，从最南边的鹅銮鼻，到最北边的富贵角长 394 km，东西最宽 144 km。台湾岛为中国东南沿海的天然屏障，素有“东南锁钥”“七省藩篱”之称，扼西太平洋航道中心，是中国与太平洋地区各国海上联系的重要交通枢纽。

台湾省省级行政中心为台北市，地级行政中心包括：新北市（原台北县）、台中市、台南市、高雄市和桃园市，县级行政中心包括：基隆市、新竹市和嘉义市，以及宜兰县、新竹县、苗栗县、彰化县、南投县、云林县、嘉义县、屏东县、台东县、花莲县、澎湖县。

台湾省人口 2353.9816 万（2016 年），其中汉族占总人口的 98%，少数民族（原住民）约占 2%，根据语言、风俗的不同，主要有阿美族、排湾族、泰雅族、赛夏族、布农族、邹族、邵族、鲁凯族、卑南族、雅美族、噶玛兰族、太鲁阁族、撒奇莱雅族及赛德克族等 14 个民族。

台湾海拔超越 3000 m 的山峰达 258 座，其中海拔在 3500 m 以上的山峰有 25 座，为全球高山密度最高的岛屿，高山和丘陵面积占全部面积的三分之二以上。玉山山脉中的玉山为台湾省、我国东部乃至太平洋西岸诸岛上的第一高山，海拔 3952 m。

台湾的平原和盆地面积仅占全岛面积的五分之一。其中嘉南平原也称台南平原，为台湾最大平原。较大的盆地主要有台北盆地、台中盆地与埔里盆地群。

台湾本岛的河川以中央山脉为主要分水岭，东西分流入海。台湾共有 129 条水系，主要河流 24 条，其中长度超过 100 km 以上的河流有浊水溪（186.6 km）、高屏溪（170.9 km）、淡水河（158.7 km）、大甲溪（140.3 km）、曾文溪（138.5 km）、乌溪（又称大肚溪）（116.8 km）等 6 条，皆为中央山脉西流的水系，注入台湾海峡。流域面积最大的是高屏溪，面积达 3257 km^2，其次为浊水溪，流域面积 3156.9 km^2。中央山脉东流的重要水系有卑南溪（84.4 km）、秀姑峦溪（81.1 km）、兰阳溪（73 km）、花莲溪（57.3 km）等，汇入太平洋。台湾天然湖泊面积最宽大者为日月潭，面积约 8 km^2；而人工湖则以曾文水库最大。

北回归线（23°26′）穿过台湾岛中部，北部与南部分属亚热带、热带气候。处于海洋中的台湾，受海洋和大陆两方面的影响均较强烈，尤以海洋性气候明显，整体上呈现高温、多雨、多风的特点。台湾气候温和宜人，长夏无冬，冬季温暖，夏季炎热，年平均气温（高山除外）22 ℃，年降水量 2150 mm。台湾省是受台风影响严重的地区，每年 7、8、9 月多受台风袭扰，台风过境时，过程降雨量常超过 200 mm，时常引发洪涝灾害。

台湾交通运输设施经过 100 多年的建设，除中部中高山区外，已形成高速公路、环岛公路、横贯公路、纵贯公路、滨海公路及联络公路等纵横交错的公路交通网络（图 0-1），以及便捷的铁路交通、港口运输与机场空中运输。台湾公路遍及全岛及澎湖群岛各乡镇，台湾地区公路总长达 21629km（包含省道、县道、乡道、专用公路，截至 2016 年底），高速公路现有 9 条，总里程合计 1048.2 km（截至 2016 年底）。铁路（轨道）交通亦十分便利，台湾铁路交通运行里程达 1065 km（截至 2016 年

钓鱼岛及其附属岛屿
黄尾屿
赤尾屿
钓鱼岛
彭佳屿
花瓶屿
棉花屿
冲绳海槽
东海
台湾海峡
太平洋
基隆市
新北市
台北市
桃园市
新竹县
新竹市
宜兰县
龟山岛
翡翠水库
苗栗县
塔曼山
2130
雪山
3884
台中市
彰化县
蓄莱主山
3559
花莲县
南投县
日月潭
云林县
大塔山
玉山
3952
秀姑峦山
3833
嘉义县
嘉义市
曾文水库
新港山
1682
卑南主山
3295
台南市
台东县
高雄市
屏东县
北大武山
3090
绿岛
(火烧岛)
琉球屿
兰屿
小兰屿
七星岩
吉贝屿
渔翁岛
澎湖岛
澎湖县
澎湖列岛
望安岛
(八罩岛)
七美屿
(大屿)
澎湖水道
台湾岛
中央山脉
台北市 省级行政中心
台中市 地级市行政中心
宜兰县 县级行政中心
高速铁路
铁路
未成
高速公路
省道
3952 山峰及高程 (m)
河流
湖泊、水库

图 0-1　台湾省交通简图

底)，时速 300 km 的高速铁路纵贯台湾岛南北，总长 345 km。台湾岛四面环海，为西太平洋航道中心，海上运输十分重要和繁忙，台湾岛有基隆、台中、高雄、花莲、台北、苏澳、安平等 7 个港口；据福建省商务厅口岸管理处统计，2016 年两岸海港口岸直航运送旅客 191.3 万人次，外贸直航货运量 2123.5×10^4 t，直航海运集装箱 72.6 万标箱。台湾岛内机场主要有桃园、台北松山、台中清泉岗、高雄、台南、花莲、台东丰年、嘉义水上、屏东屏北、屏东恒春等 10 个民用机场，在澎湖列岛有马公、七美、望安等 3 个机场，台东绿岛、兰屿亦有机场。

台湾土地面积狭小，天然资源不足，除有丰富的水力、森林、渔业资源外，其他自然资源有限，自产能源只有少量煤、天然气、石油。

台湾是以进出口导向为主的经济体，对外贸易是台湾的经济命脉，2005 年后，中国大陆成为台湾进出口贸易第一大对象。近几年来，台湾省积极推动研发创新，促进产业转型升级，优化原有技术密集产业和石化等传统产业，发展生物技术、医学材料、绿色能源、云端运算、智能型电动车等新兴产业。如绿色能源方面，截至 2016 年，风力发电量 10.65×10^8 kW · h，太阳能发电 10.681×10^8 kW · h。

2016 年，台湾省内生产总值 5305.32 亿美元，人均生产总值约 22500 美元。

台湾岛东临太平洋，近岸稳定的黑潮洋流带来丰富的渔业资源，东部沿海岸峻水深，渔期终年不绝，西部海底较为平坦，底栖鱼和贝类丰富，近海渔业、养殖业都比较发达。

台湾宜耕面积约占土地面积的四分之一，盛产稻米，一年有二至三熟，米质好，产量高，主要经济作物是蔗糖和茶叶。蔬菜品种超过 90 种，栽种面积仅次于稻谷。台湾素有“水果王国”美称，盛产热带、亚热带水果，水果种类繁多，如凤梨、木瓜、莲雾、柠檬、杨桃、菠萝蜜、百香果、番荔枝(释迦)、芒果等较为独特。台湾岛森林面积约占全岛面积的 52%，台北的太平山、台中的八仙山和嘉义的阿里山是著名的三大林区，树木种类近 4000 种，其中尤以台湾杉、红桧、樟、楠等名贵木材闻名于世，樟树提取物更居世界之冠，樟脑和樟油产量约占世界总量的 70%。

台湾地质构造复杂，活跃的造山带，四面环海地理环境，造就了许多风景优美旅游景观。花莲县太鲁阁公园以大理岩峡谷闻名于世；台北大屯山火山群火山地质景观，包括阳明山、七星山等；野柳公园，可见海胆化石；屏东县恒春半岛鹅銮鼻公园位于台湾最南端的岬角，垦丁公园 600 m 白色沙滩，以“金沙白浪”著称；南投县日月潭是台湾最大的淡水湖；嘉义县阿里山森林铁路，是世界少有的登山铁路，乘火车游览可依次感受热带、亚热带、温带等森林区。

二、区域地质

(一) 地层

台湾岛内以广布新生代地层为特征，根据岩性、岩相、建造类型、变质变形与构造运动特征，划分为前古近纪、古新世—始新世、渐新世—中新世、上新世—早全新世 4 个断代地层（表 0-1）。各断代地层间或为角度不整合接触，或为有明显沉积间断的平行不整合接触，或以显著的变质变形差异区分，且各断代地层分区明显。

台湾省 4 个断代地层共划分 51 个组级（表 0-2）与 5 个非正式地层单位（不含全新世松散堆积层）。

台湾省前古近纪地层分布局限，主要有分布于中央山脉东斜面的大南澳混杂岩与澎湖列岛西南的晚白垩世花屿火山杂岩，以及潜布于北港高区被新生代地层覆盖仅被钻井揭示的下白垩统云林组。

古新世—始新世地层分布于中央山脉、雪山山脉，少部分在西部麓山带；由东往西分布 4 套地层组合。分布于中央山脉的碧侯组、毕禄山组，为一套浅海-台地相碎屑沉积岩；分布于雪山山脉和玉山山脉的西村组、四棱组、十八重溪组、达见组、白冷组等，为一套河流-三角洲-河口相碎屑沉积岩；分布于阿里山脉南投粗坑的中寮组与平林凝灰岩，中寮组为滨海-浅海相沉积岩；潜布于北港高区主要为中新世地层覆盖的王功组沉积-火山碎屑岩。

表 0-1　台湾省地层断代划分与地层小区划分简表

地质断代	地层分区			
	地层大区	地层区	地层分区	地层小区
上新世—早全新世（N_2-Qp）	华南地层大区 V	中南-东南地层区 V_2	台湾地层分区 V_2^4	澎湖地层小区 V_2^{4-1}
				台西前陆盆地地层小区 V_2^{4-2}
				中央山脉地层小区 V_2^{4-3}
				恒春半岛地层小区 V_2^{4-4}
		台东地层区 V_3	花东地层分区 V_3^1	海岸山脉地层小区 V_3^{1-1}
渐新世—中新世（E_3-N_1）	青藏-南海地层大区Ⅳ	台湾-澎湖地层区 $Ⅳ_4$	台湾西部地层分区 $Ⅳ_4^1$	麓山地层小区 $Ⅳ_4^{1-1}$
				雪山山脉北部地层小区 $Ⅳ_4^{1-2}$
				庐山地层小区 $Ⅳ_4^{1-3}$
				恒春半岛地层小区 $Ⅳ_4^{1-4}$
			澎湖地层分区 $Ⅳ_4^2$	澎湖地层小区 $Ⅳ_4^{2-1}$
		台湾东部地层区 $Ⅳ_5$	台湾东部地层分区 $Ⅳ_5^1$	台东地层小区 $Ⅳ_5^{1-1}$
古新世—始新世（E_1-E_2）	西北-华南地层大区Ⅱ	东南地层区 $Ⅱ_7$	北港-澎湖地层分区 $Ⅱ_7^b$	北港-澎湖地层小区 $Ⅱ_7^{b-a}$
			玉山地层分区 $Ⅱ_7^c$	阿里山地层小区 $Ⅱ_7^{c-1}$
				雪山山脉地层小区 $Ⅱ_7^{c-2}$
				毕禄山地层小区 $Ⅱ_7^{c-3}$
前古近纪（AnE）	西北-华南地层大区Ⅱ	东南地层区 $Ⅱ_7$	台湾-澎湖地层分区 $Ⅱ_7^2$	台湾西部地层小区 $Ⅱ_7^{2-1}$
				中央山脉东翼地层小区 $Ⅱ_7^{2-2}$

（据福建省地质调查研究院，2016）

渐新世—中新世早期浅海-三角洲相地层多分布于雪山山脉北部，包括干沟组、粗窟组、大桶山组、澳底组、苏乐组及水长流组，渐新世晚期—中新世浅海-海陆交互相含煤地层主要分布于麓山地区与雪山山脉北部，包括五指山组、木山组、大寮组、石底组、凑合组、南庄组，其中木山组、石底组和南庄组是台湾 3 个主要含煤地层；浅海台地相礼观组与次深海-深海相沉积的庐山组主要分布于中央山脉，而中新世玄武质火山岩主要见于澎湖列岛。

上新世—第四纪沉积地层，主要为分布于台湾西部之麓山西部以西的台湾西部前陆盆地，表面多被全新世冲积-海积松散堆积层覆盖，其次为海岸山脉沉积-火山碎屑岩，此外为台湾北部更新世大屯火山岩、基隆火山岩等。

（二）岩浆岩

台湾岩浆活动以火山喷发为主，侵入活动微弱，岩浆岩出露总面积仅占全省陆域面积的 3%。

根据有关地质年代学、Nd 同位素和地球化学文献（至 2007 年初），Lan et al.（2008）提出了一个台湾新的综合构造-热事件史（图 0-2）。从图中可以看出，在台湾出露岩石的源岩大约是在古元古代（约 2 Ga）前开始形成的。

1. 火山岩

台湾火山活动时间可大致划分为燕山期（早侏罗世和晚白垩世）和喜马拉雅期（古新世—更新

世)。燕山期火山活动主要发生在东部大南澳变质基底杂岩中；喜马拉雅期中-基性火山喷发强度大，同时期的次火山活动也活跃（表 0-3）。火山喷发类型以中心式为主，局部可能有裂隙式喷发，主要岩性以安山岩和玄武岩和安山质火山碎屑岩为主。

表 0-2　台湾省岩石地层划分表

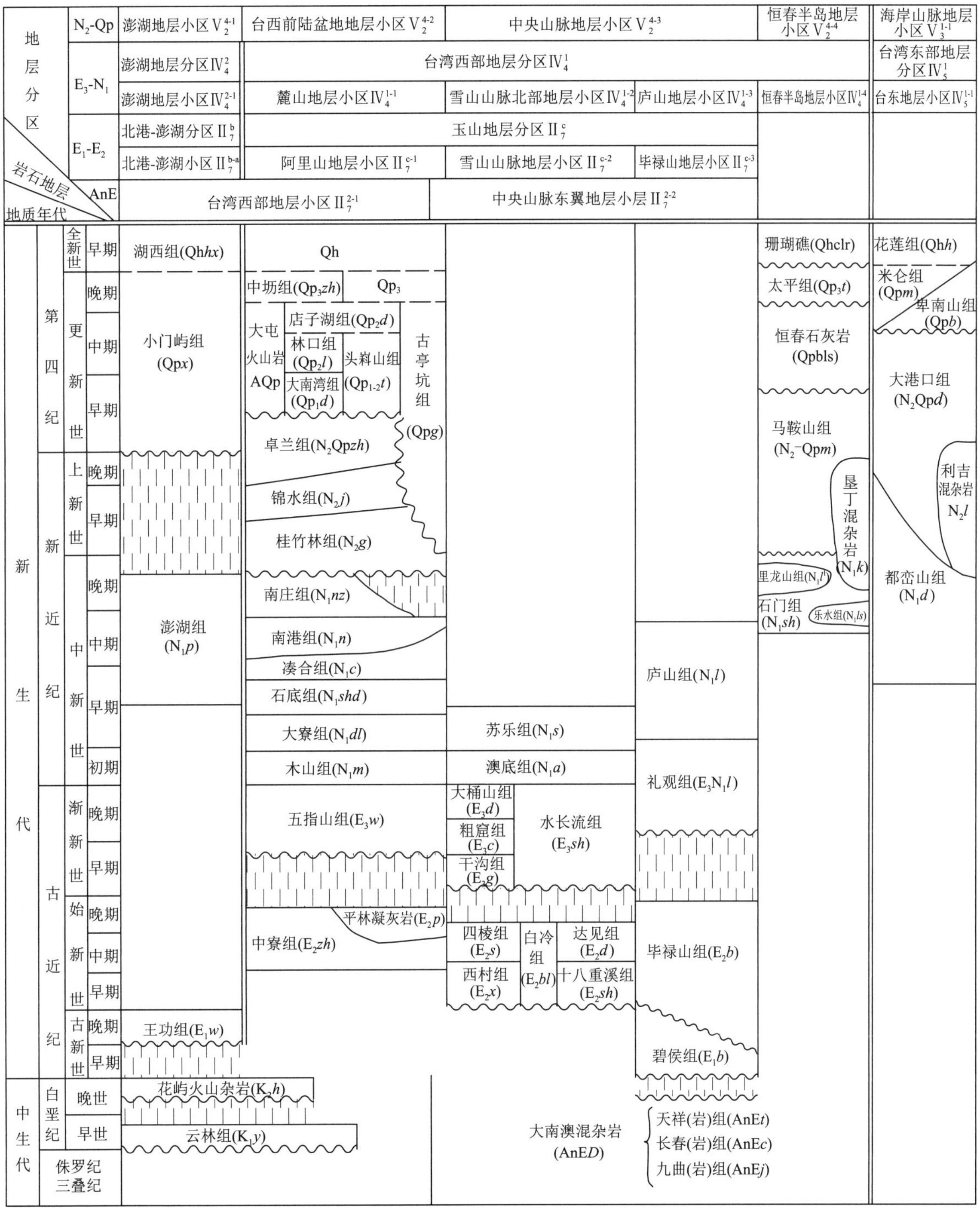

注：地层缺失；角度不整合。　　（据福建省地质调查研究院，2016）

2. 侵入岩

台湾侵入岩不发育，分布零星，以岩脉为主，部分为岩床。岩浆侵入活动可分为燕山晚期（即南澳运动期）和喜马拉雅期两期，以燕山晚期活动较强。近年来发现了一个燕山中期的晚侏罗世花岗岩体，即台湾南部的大仑溪变质花岗岩（Chu，1993；Yui et al.，1998）。

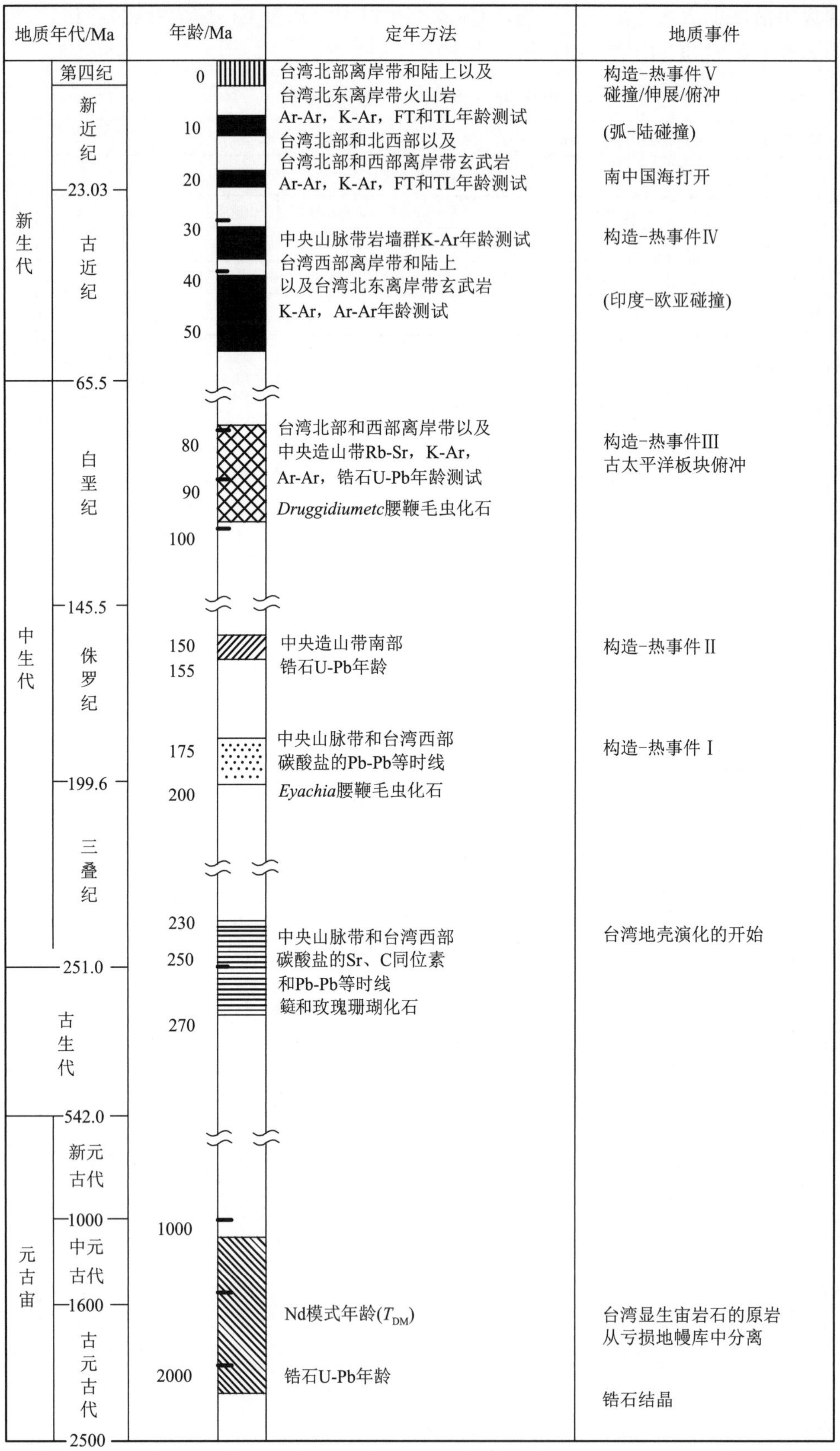

图 0-2　台湾主要的构造-热事件

（据 Lan et al.，2008，有修改）

表 0-3 台湾主要火成岩概况

地质年代	地区	火成岩分布地点		主要岩性	年龄/Ma
中新世晚期—更新世	大屯-基隆等地区	大屯火山群		凝灰岩、高铝玄武岩、辉石安山岩和角闪石安山岩	0.67~0.35，2.53~2.79
		基隆火山群		石英安山岩	1.7~0.9
	东北部离岸岛屿地区	彭佳屿、棉花与和花瓶屿		玄武岩和辉石安山岩	1.2~0.2
		黄尾屿		辉石安山岩和钾玄岩	
		龟山岛		辉石安山岩	0.5~0.35
	桃园-澎湖等地区	观音山-草岭山，澎湖群岛		白榴石碱性玄武岩	0.9±0.5
				碱性玄武岩和拉斑玄武岩	12~10
	海岸山脉-绿岛等地区	安山岩区	乐和溪剖面	凝灰岩、枕状熔岩、玄武质角砾岩和安山质角砾岩	
			奇美-丰滨地区	辉石安山岩、角闪石安山岩、角砾岩以及白色凝灰岩和中酸性凝灰岩	22~20，16~14，13~9
			乌石鼻和三仙石	含橄榄石普通辉石安山岩和含橄榄石二辉安山岩	5.6~4.5，5.9±0.4
			绿岛和小兰屿	玄武岩、辉石安山岩、角闪安山岩	4.8~5.2
			兰屿	集块岩和角闪安山岩集块岩、凝灰岩和角闪安山岩	13.5~2.3，6.6~3.4
		蛇绿岩系	关山火成杂岩	玻璃质玄武岩、粗粒玄武岩、基性和超基性深成岩	18.2±0.6 8.8~7.6
			利吉火成岩块	玻璃质玄武岩、粗粒玄武岩、基性和超基性深成岩	
渐新世—中新世中期	苗栗-新竹等地区	关西-竹东-角板山-荖浓溪等地区		碱性玄武岩和拉斑玄武岩	13~9
		公馆附近地区		碱性玄武岩和拉斑玄武岩	23~20
		澎湖群岛澎湖组		碱性玄武岩和拉斑玄武岩	37~32，56~41
古新世—始新世	彰化-云林等地区	毕禄山组火山岩		具枕状构造的变质基性火山岩	38
		平林凝灰岩		英安质凝灰岩	38.8±1
		王功组火山岩		凝灰岩、集块岩、玢岩和玄武岩	44.1±2.2
晚白垩世	澎湖地区	花屿		安山岩和流纹岩	65±3，61±2
	大南澳带	奇瑶谷、源头山、饭包尖山、大浊水、溪畔和开南冈		片麻状花岗闪长岩-石英二长岩	97~77
	太鲁阁	苏华高速公路旁		变质安山岩	85
早侏罗世	大南澳带	大仑溪		变质花岗岩	152.6±1.7

（据福建省地质调查研究院，2016）

侵入活动以酸性和中酸性岩浆的侵入为主，同时形成局部的混合岩化。基性岩浆侵入仅呈零星分散的岩墙和岩脉出露，大部分基性和超基性岩是与板块俯冲-消减带有关的外来增生岩块。

台湾晚白垩世花岗质岩石是前古近纪大南澳基底变质杂岩的重要组成部分，它们主要以花岗闪长岩和石英二长岩为主。花岗岩类岩石均已变成正片麻岩，与混合岩、副片麻岩一起组成太鲁阁变质岩带北部的奇瑶谷、源头山、饭包尖山、大浊水、溪畔和开南冈等片麻岩体，其年龄主要集中在 97~77 Ma（Lan et al.，1996）。

（三）变质岩

台湾的变质岩系主要分布在中央山脉，该山脉东翼大部为前古近纪片岩，通称大南澳片岩（包括太鲁阁带及玉里带）；中央山脉西翼由板岩、页岩组成，俗称板岩系。

自晚古生代以来，经历了一系列俯冲、碰撞，相应产生了多次变质作用，形成了不同变质成因类型的变质岩，包括区域变质岩、接触变质岩及错动（碎裂）变质岩等，其中区域变质岩出露面积最广，达 15000 km^2（其中板岩约 11350 km^2，片岩约 3650 km^2），约占全省面积的 40%。

根据台湾主要地壳构造运动发生时期及其产生的变质作用在强度和类型方面的差异，结合区域变质岩石及其相伴的花岗岩同位素年龄值，台湾省区域变质作用可划分为前喜马拉雅期、喜马拉雅期 2 个变质时期（表 0-4）。

台湾中、新生代变质岩区根据地壳构造运动、构造位置、变质作用特征等，可进一步分为大南澳变质地带和中央山脉西部变质地带。大南澳变质地带中，以寿丰断层为界，东部为玉里变质岩带，西部为太鲁阁变质岩带。中央山脉西部变质地带中，以梨山断层为界，东部为庐山变质岩带，西部为雪山变质岩带（图 0-3）。

大南澳变质地带，分布于中央山脉东部地区，处于大南澳变质基底构造单元中，由前古近纪大南澳混杂岩组成，为前喜马拉雅期变质作用所形成。该期变质岩系，同时遭受喜马拉雅期低绿片岩相退变质作用的叠加改造。玉里变质岩带，变质压力较高，属高压绿片岩相或蓝闪片岩相，是俯冲作用所形成的高压低温变质作用，变质作用类型为区域低温动力变质作用。太鲁阁变质岩带，变质温度较高，属绿帘角闪岩相或角闪岩相，是高温低压岩浆弧变质作用，变质作用类型为区域动力热流变质作用。

中央山脉西部变质地带，分布于中央山脉西部地区，处于中央山脉增生楔构造单元中，由新生代板岩系组成，为喜马拉雅期变质作用所形成。庐山变质岩带，变质温度低，属绿片岩相，变质作用类型为区域低温动力变质作用。雪山变质岩带，变质温度较低，属低绿片岩相，变质作用类型为区域低温动力变质作用。

（四）构造

台湾岛位于欧亚板块的东南边缘，处在西太平洋活跃地震-火山活动带上，四面环海，北连东海，西侧为台湾海峡，西南方毗邻南海，南方为吕宋海峡，东临太平洋。受中新世以来板块运动俯冲、聚合、弧陆碰撞影响，台湾正处于一个正在进行造山运动中的弧陆碰撞造山带。复杂的大地构造背景与活跃的晚新生代造山带，形成了快速隆升造山与强烈侵蚀，一系列东倾逆冲断层与台西前陆盆地演化，地震、活动断层发育等复杂而又有特色的台湾地质构造。

台湾中新世末发生的弧陆碰撞，目前仍持续向南进行，使现在的台湾位于欧亚板块和菲律宾海板块的交界处，是琉球岛弧和吕宋岛弧之间的转接点，是我国新生代构造变形最明显的地区。在台湾东北方，菲律宾海板块向西北俯冲到欧亚板块之下，形成琉球海沟、雅耶玛增生楔、和平-南澳弧前盆地、琉球岛弧、冲绳海槽；在台湾南方，则是欧亚大陆板块边缘张裂、分离与海底扩张生成的南海海盆向东俯冲到菲律宾海板块之下，形成马尼拉海沟、恒春海脊增生楔、北吕宋海槽弧前盆地、吕宋火山岛弧。这两组倾向不同的俯冲作用产生了面向相反的琉球岛弧和吕宋岛弧，形成台湾地区独特的"双俯冲带"（图 0-4）。

1. 构造单元

台湾总体地质构造受弧陆碰撞造山影响显著，具明显的东西分带现象。以台东纵谷为地壳对接带，分属两个一级板块构造单元（图 0-5；表 0-5）。台东纵谷以东划属菲律宾海板块（Ⅶ）之台东新生代造山带（$Ⅶ_2$）的北吕宋火山岛弧（$Ⅶ_2^1$）（三级构造单元），包括了台东纵谷以东海岸山脉及位于台湾东南的兰屿、绿岛等，根据海岸山脉地质体组成，进一步划分为花莲弧前盆地（$Ⅶ_2^{1-1}$）和海岸山脉火山岛弧（$Ⅶ_2^{1-2}$）2 个四级构造单元。

表 0-4　台湾区域变质作用时期划分表

变质时期	变质地层	地壳运动	大地构造性质	空间分布	变质单元		主要岩性	原岩建造	变质类型	变质相
					地带	岩带				
喜马拉雅期		蓬莱运动								
喜马拉雅期	苏乐组（N_1s）—十八重溪组（E_2sh）		增生楔	主要分布在中央山脉西部雪山－北大武山一带，变质带呈北北东向展布	中央山脉西部	雪山	板岩、硬页岩、千枚岩、变质砂岩	砂泥质复理石建造	区域低温动力变质作用	变质程度低，为低绿片岩相，特征矿物有伊利石、绢云母、绿泥石、绿帘石等
喜马拉雅期	庐山组（N_1l）—碧侯组（E_1b）		增生楔		中央山脉西部	庐山	千枚岩、板岩、变质砂岩、结晶灰岩、变质砾岩	砂泥质复理石建造	区域低温动力变质作用	变质浅，为绿片岩相，特征矿物有绢云母、绿泥石、绿帘石、阳起石等
前喜马拉雅期	天祥（岩）组（AnE*t*）	南澳运动	混杂岩带	主要分布在中央山脉东部大南澳片岩出露区，变质带呈北北东向展布	大南澳	玉里	黑色片岩、绿片岩、蛇绿岩、蓝闪石片岩	复理石建造 蛇绿混杂体	低温高压型区域低温动力变质作用	蓝片岩相，特征矿物有冻蓝闪石、青铝闪石、石榴子石等
前喜马拉雅期	长春（岩）组（AnE*c*）—九曲（岩）组（AnE*j*）		活动大陆边缘		大南澳	太鲁阁	大理岩、绿片岩、黑色片岩、硅质片岩、片麻岩	复理石建造 碳酸盐岩建造 花岗岩建造	高温低压型区域动力热流变质作用	绿帘角闪岩相-角闪岩相，特征矿物有普通角闪石、石榴子石、硬绿泥石、矽线石等

（据福建省地质调查研究院，2016，有修改）

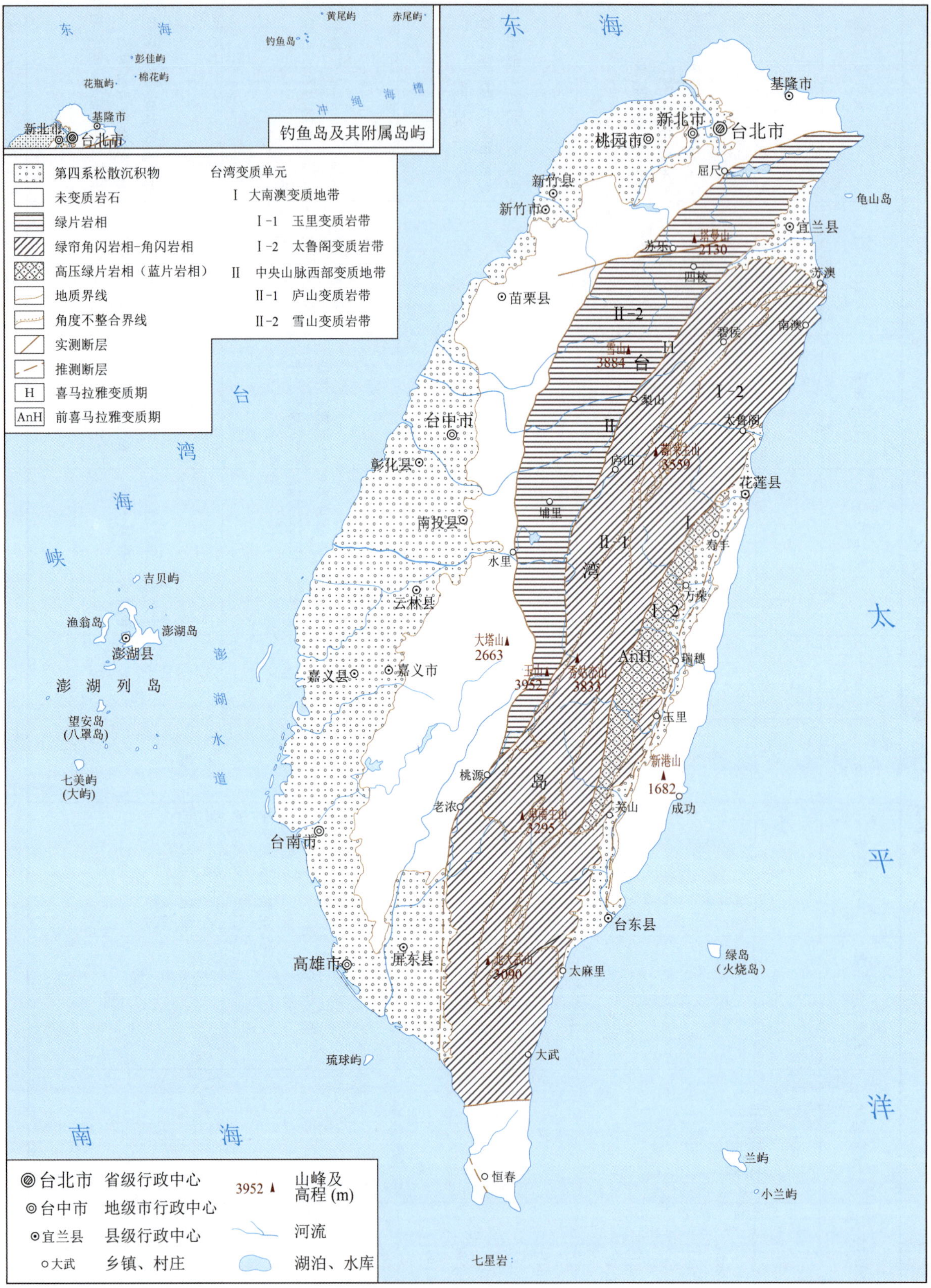

图 0-3 台湾省变质地质图

（据福建省地质调查研究院，2016）

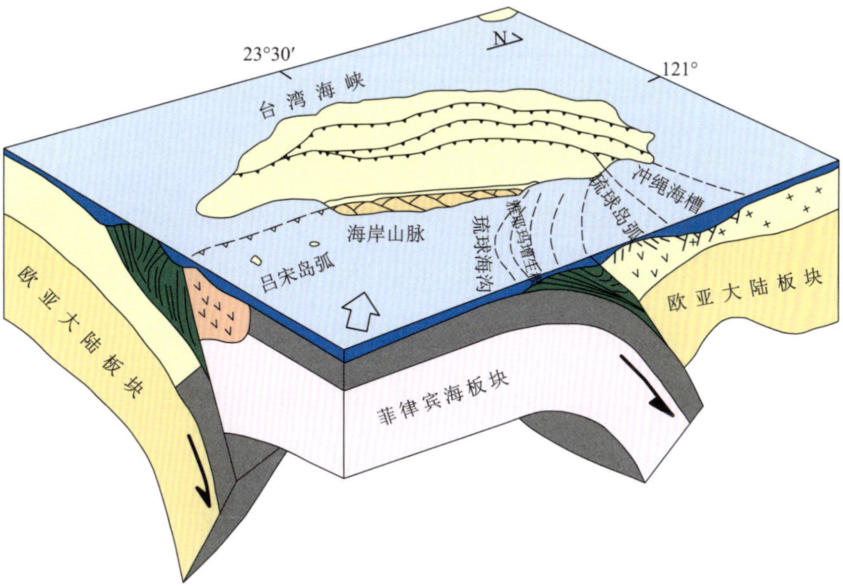

图 0-4　台湾地区现代双俯冲构造示意图

（据何春荪，1986，有修改）

表 0-5　台湾地质构造单元划分表

一级构造单元	二级构造单元	三级构造单元	四级构造单元	五级构造单元
羌塘-扬子-华南板块Ⅳ	华南新元古代—早古生代造山带Ⅳ$_5$	台湾新生代活动陆缘Ⅳ$_5^3$	大南澳基底带Ⅳ$_5^{3-1}$	
			中央山脉增生楔Ⅳ$_5^{3-2}$	
			雪山-麓山逆冲-褶皱带Ⅳ$_5^{3-3}$	雪山始新世地堑盆地Ⅳ$_5^{3-3a}$
				麓山渐新世裂陷盆地Ⅳ$_5^{3-3b}$
			台西前陆盆地Ⅳ$_5^{3-4}$	
			大屯更新世火山弧Ⅳ$_5^{3-5}$	
台东纵谷地壳对接带				
菲律宾海板块Ⅶ	台东新生代造山带Ⅶ$_2$	北吕宋火山岛弧Ⅶ$_2^1$	花莲弧前盆地Ⅶ$_2^{1-1}$	
			海岸山脉火山岛弧Ⅶ$_2^{1-2}$	

（据福建省地质调查研究院，2016）

台东纵谷以西，划属羌塘-扬子-华南板块（Ⅳ）的华南新元古代—早古生代造山带（Ⅳ$_5$），并大致以台湾海峡西侧滨海断裂为界，将其以东至台东纵谷划属三级构造单元——台湾新生代活动陆缘（Ⅳ$_5^3$）。再根据主要边界断层与主要不整合界面，进一步划分为 5 个四级构造单元。将中央山脉东斜面出露的前古近纪大南澳混杂岩，划属大南澳基底带（Ⅳ$_5^{3-1}$）；以梨山-荖浓断层为界，将以东的中央山脉-恒春半岛划属中央山脉增生楔（Ⅳ$_5^{3-2}$）；将梨山-荖浓断裂以西、三义断层-潮州断层以东地区，包括了雪山、玉山、阿里山等山脉，划属雪山-麓山逆冲-褶皱带（Ⅳ$_5^{3-3}$），再根据不同时期断陷盆地沉积地层展布，以屈尺断裂为界，进一步划分五级构造单元，即以东划属雪山始新世地堑盆地（Ⅳ$_5^{3-3a}$），以西划属麓山渐新世裂陷盆地（Ⅳ$_5^{3-3b}$）；根据前陆盆地沉积地层分布，将三义断层-潮州断层以西，包括麓山带西缘与台西滨海平原地区，划属台西前陆盆地（Ⅳ$_5^{3-4}$）；台湾北部大屯火山岩区、基隆火山岩区为更新世火山岩，属琉球岛弧系统东延所形成的火山岩浆活动产物，故大致以火山岩分布区为界，划大屯更新世火山弧（Ⅳ$_5^{3-5}$）。

2. 断裂

按断裂规模、性质与组合、断裂方向等，台湾断裂划分为主要地质构造单元的边界断裂和主要断裂两类（图 0-6）。前者是划分主要地质构造单元的边界断层，一般规模较大，延伸较长，切割较

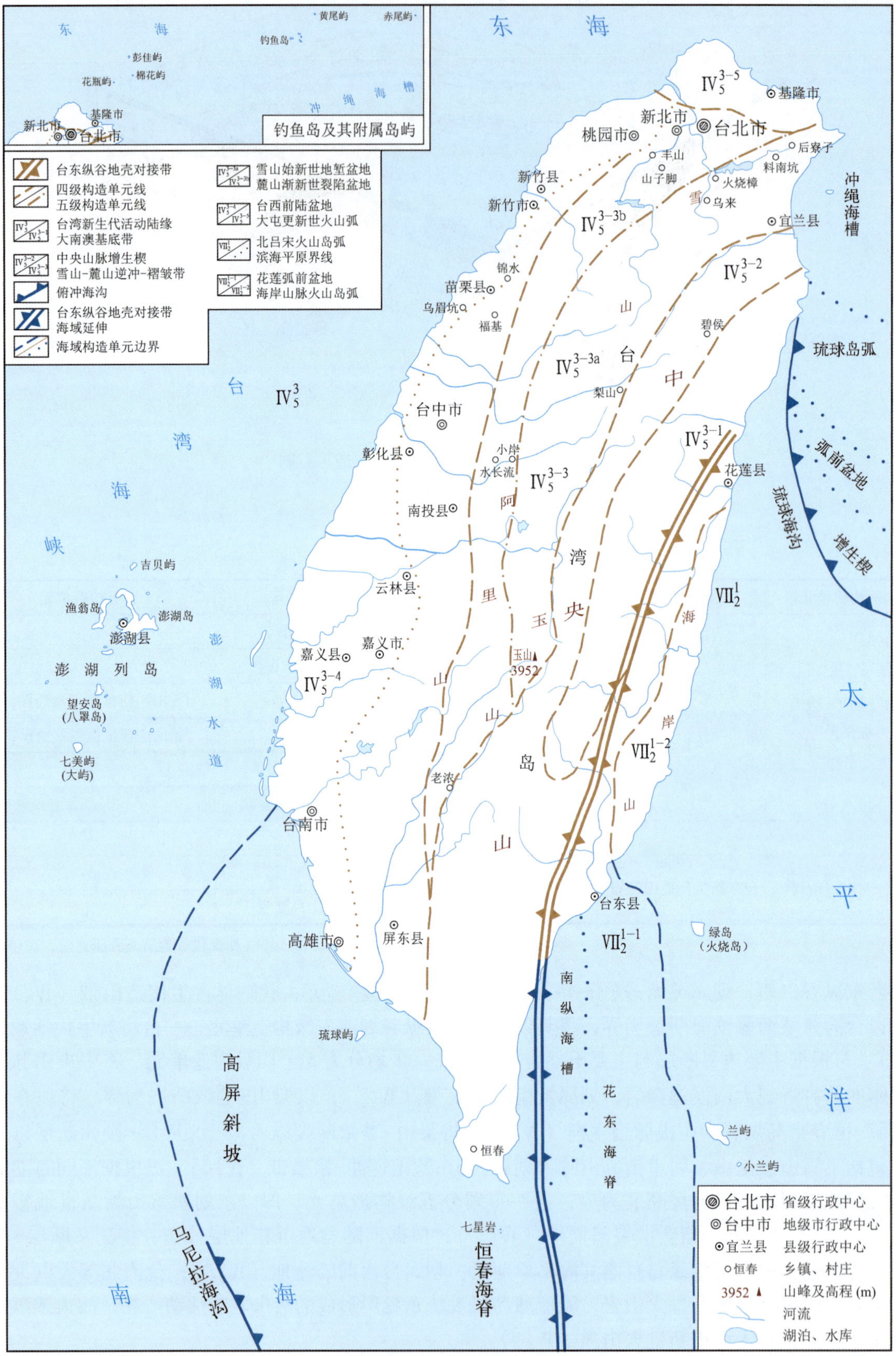

图 0-5　台湾省地质构造单元划分图

（据福建省地质调查研究院，2016）

图 0-6　台湾省断裂分布示意图

（据福建省地质调查研究院，2016）

主要地质构造单元的边界断裂：①台东纵谷断裂；②梨山断裂；③荖浓断裂；④屈尺断裂；⑤三义断裂；⑥寿丰断裂

主要断裂：a—雪山-麓山地区叠瓦状逆冲断层带；b—海岸山脉逆冲断层带；c—近东西向逆冲断裂带

深，明显控制了断裂两侧地质体分布；主要断裂一般呈断裂组合出露，单条断裂空间上有一定延伸，明显切错地质体或作为地质体边界。

台湾主要地质构造单元的边界断裂自东向西有台东纵谷断裂、寿丰断裂、梨山断裂、荖浓（潮州）断裂、屈尺断裂、三义断裂等。

主要断裂有雪山-麓山地区叠瓦状逆冲断层带、海岸山脉逆冲断裂带和台湾中南部东西向断裂带等等。

三、地质矿产勘查开发工作概况

台湾省地质矿产工作起始较早。1895~1945 年日本侵略者殖民统治台湾的 50 年间，曾对台湾地质矿产进行过调查研究。1945 年日本投降后，台湾省的地质调查和研究得到了发展，尤以西部丘陵（山麓）及海岸山脉地带工作程度为高。中央山脉大部分地区也已完成路线地质调查及部分地区较详细的地质调查。

（一）区域地质工作程度

1895 年（清光绪二十一年）日本侵占台湾后，由其总督府殖产局设矿务课之地质系主持成立地质矿产调查队对台湾开展了一系列以油气和煤炭资源为主的地质矿产调查工作。

1945 年以前，总督府殖产局地质矿产调查队陆续完成了台北、观音山等 21 幅 1：5 万地质图（15′×10′）与大南澳等 8 幅 1：10 万地质图（30′×20′），以及 13 个区域的油田调查。其中，1：5 万地质调查主要集中分布于台湾岛苗栗以北地区，1：10 万图幅分布于台湾东部临海地区，并且主要是于 20 世纪 30 年代完成。由于各图幅（或区）地质调查跨时较长并从属于不同系统，各家对地质体划分与定义常自成体系，所以地质体的名称甚为混乱。

20 世纪 50~70 年代，台湾仅为矿区勘查或重要地质单元地质调查而编制大比例尺或 1：10 万以及更小比例尺地质图。如徐铁良（1956）编绘完成了 1：10 万海岸山脉全区地质图。

台湾省系统的 1：5 万地质图编测始于 1978 年。台湾省 1：5 万地质图采用 15′×15′的经纬差分幅，满幅面积约 700 km^2，包括本岛地区 70 幅、澎湖地区 4 幅以及兰屿、绿岛各 1 幅，合计 76 幅。据不完全统计，至 2013 年底正式出版的有 64 幅 1：5 万地质图说明书（图 0-7），其中 43 幅完成人和时间见表 0-6。

从图 0-7 可以看出，已完成的图幅主要分布于台湾岛北部和南部及沿海地区，中、南部高山区多为空白区。

（二）地质矿产勘查及研究简史

台湾省矿产资源的利用可以从台湾的历史遗址中可见一斑，如在台湾十三行文化遗迹发现有大量铁渣和不少的陶器，推测大致从 2300 年前开始，台湾十三行人就懂得炼铁和制陶。

我国古代文献中，对台湾生产和开采金（砂金）硫磺也有记述。例如，230 年沈莹的《临海水土志》、1086~1093 年赵汝适的《诸番志》及 1349 年汪大渊的《岛夷志略》等。相传明朝天启六年（1626 年），西班牙人于基隆地区购买煤炭，表明当时煤炭已有开采。1623~1661 年荷兰人占据台湾、1625~1642 年西班牙人占领台湾北部地区及 1661~1683 年郑成功治理台湾时期，台湾北部、东部采金、硫磺者也不乏其人。有记录的油气利用是 1861（清朝咸丰末）年，苗栗县居民在出磺坑发现了石油露头后，用人力挖了一个深度 3 m 多的井，日产油 40 kg，用来点灯；1877 年（清光绪三年）收归官办，采用机器凿井，钻井最深的达 120 m，这是台湾地区最初的地质矿产勘查工作。

1683 年，清政府收复台湾，由福建省管辖；1885 年（清光绪十一年）正式建立台湾省。这期间，有关记载台湾采金、硫磺及采煤、天然气、石油、铁、铜等的文献也不少，如 1716 年的《台湾府志初修》、1717 年的《诸罗县志》等。清代及清代以前台湾虽然屡有开采地下矿产的活动，但国内未曾有人对其进行过地质调查工作，只有英国人 Lieut Gordon、美国人 G Jones 分别于 1847 年、1852

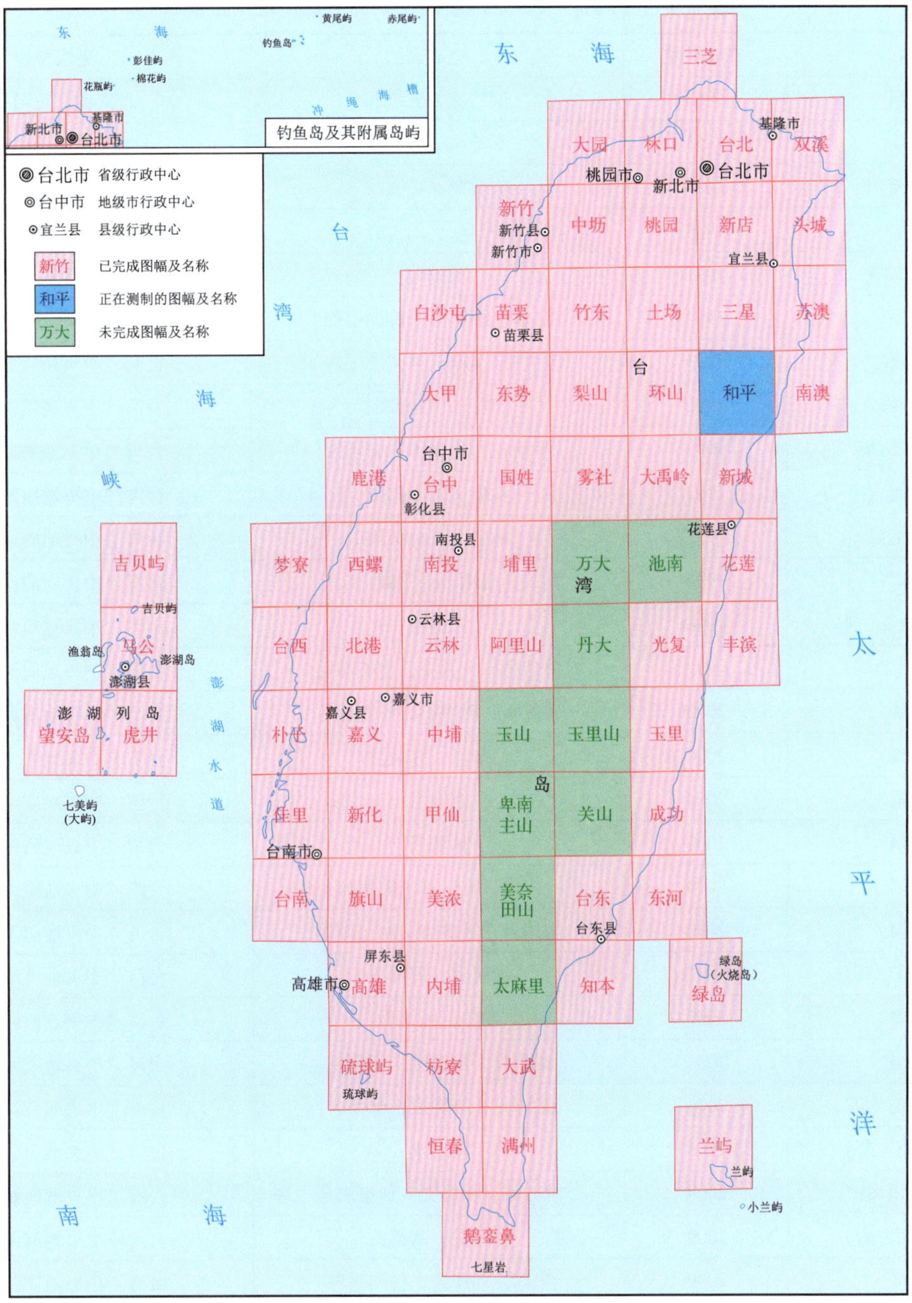

图 0-7　台湾省 1∶5 万区域地质调查工作程度图

~1853 年抵今基隆调查煤矿；Ferdinandvon Richthofen，Guppy H B 先后于 1860 年、1881 年在台湾沿海地区作零星的地质考察工作。

1876~1887 年间，清政府先后在台湾开办煤、硫、油矿厂，并设立了油矿局。

1895 年（清光绪二十一年）日本侵占台湾后，在日本人殖民统治台湾的 50 年间（1895~1945 年），出于掠夺台湾矿产资源的需要，由其总督府殖产局设矿务课之地质系主持成立地质矿产调查队，对台湾开展了一系列以油气和煤炭资源为主的地质矿产调查工作。这期间的地质矿产调查中，陆续编制出版了大量有关图件和报告（表 0-7）。值得指出的是，日本占据台湾省后，曾先后于 1906 年、1912 年和 1927 年进行 3 次大规模的油田地质调查，每次均有报告和油田地质图出版，并根据各区调查所发现的构造，先后在西部 21 个构造上打了 251 口钻井，发现了出磺坑、锦水、竹东、冻子脚、竹头崎、牛山及六重溪等油气田。

表 0–6 台湾省 1∶5 万地质图说明书完成情况一览表

名称	完成时间	完成人	完成单位
瑞芳幅	1953	颜沧波，陈培源	台湾省地质调查所
台北幅	1953	颜沧波，陈培源	台湾省地质调查所
竹东幅	1988	涂明宽，陈文政	台湾“中央地质调查所”
双溪幅	1988	黄鉴水，刘桓吉	台湾“中央地质调查所”
恒春半岛幅	1991	宋国城	台湾“中央地质调查所”
玉里幅	1992	王源，杨昭男，陈文山等	台湾“中央地质调查所”
枋寮幅	1993	宋国城，林伟雄	台湾“中央地质调查所”
大禹岭幅	1993	罗伟，颜沧波	台湾“中央地质调查所”
成功、东河幅	1993	罗焕记，陈文山，宋圣荣	台湾“中央地质调查所”
南澳幅	1993	林启文，林伟雄	台湾“中央地质调查所”
三星幅	1995	林启文，林伟雄	台湾“中央地质调查所”
桃园幅	1996	胡刚，毛爾威	台湾“中央地质调查所”
恒春半岛幅（第二版）	1998	宋国城	台湾“中央地质调查所”
澎湖群岛（四幅）	1999	曹恕中，宋圣荣，李寄嵎等	台湾“中央地质调查所”
埔里幅	2000	黄鉴水，谢凯旋，陈勉铭等	台湾“中央地质调查所”
台中幅	2000	何信昌，陈勉铭	台湾“中央地质调查所”
东势幅	2000	李锦发	台湾“中央地质调查所”
新店幅	2000	林朝宗	台湾“中央地质调查所”
国姓幅	2000	罗伟，吴乐群，陈华玟	台湾“中央地质调查所”
甲仙幅	2000	宋国城，林庆伟，林伟雄等	台湾“中央地质调查所”
中坜幅（第二版）	2001	涂明宽，邵屏华	台湾“中央地质调查所”
雾社幅	2002	罗伟，杨昭男	台湾“中央地质调查所”
南投幅	2004	陈华玟，陈勉铭，石同生	台湾“中央地质调查所”
云林幅	2004	刘桓吉，李锦发，纪宗吉	台湾“中央地质调查所”
台北幅（第三版）	2005	黄鉴水	台湾“中央地质调查所”
台东、知本幅	2008	林伟雄，林启文，刘彦求等	台湾“中央地质调查所”
苏澳幅（第二版）	2009	林启文，高铭健	台湾“中央地质调查所”
新城幅	2009	罗伟，刘佳玫，杨昭男等	台湾“中央地质调查所”
中埔幅	2009	邵屏华，高铭健	台湾“中央地质调查所”
花莲幅（第二版）	2010	陈文山，王源，杨昭男等	台湾“中央地质调查所”
梨山幅	2010	刘桓吉，高铭健	台湾“中央地质调查所”
新竹幅	2011	江婉绮，刘桓吉	台湾“中央地质调查所”
潮州幅	2011	林启文，林伟雄，高铭健	台湾“中央地质调查所”
朴子、佳里、台南幅	2012	吴乐群，陈华玟，颜一勤	台湾“中央地质调查所”
光复幅	2012	衣德成，陈治宇，林庆伟	台湾“中央地质调查所”
美浓幅	2012	林启文，洪国腾	台湾“中央地质调查所”
旗山幅	2013	林启文	台湾“中央地质调查所”
鹿港幅	2013	游能悌，颜一勤	台湾“中央地质调查所”
万里山幅	2016	陈勉铭，谢有忠，陈棋炫	台湾“中央地质调查所”

注：资料截止到 2016 年。

表 0-7　日本人占领台湾期间进行的主要地质矿产调查情况一览表

名称	完成时间	完成人
1：80 万台湾地质矿产图和说明书	1898	石井八万次郎
矿山地质调查报告	1900	井上禧之助
台湾油田调查报告	1910	福留禧之助
1：30 万台湾地形地质矿产图和说明书	1911	出口雄三、高桥春吉
1：30 万台湾油田地质概查图及报告	1927	市川雄一、高桥春吉
台湾北部煤田之层序	1929	市川龙华一
1：30 万台湾地质矿产图	1935	市川龙华一

1945 年 8 月 15 日，日本投降，台湾省重新回归祖国以后，矿产地质调查工作主要由台湾省地质调查所（1978 年改名为台湾“中央地质调查所”）、台湾“中国石油公司”、台湾大学地质系等进行。20 世纪 60 年代中期以后，矿产地质调查由调整后的台湾“经济部中央地质调查所”、工业技术研究院能源与矿业研究所、矿务局、“中国石油公司”及各矿业和地质机构分别进行。经过 70 多年的调查研究，在获得大量实际资料的基础上，先后编制、出版了各种不同的矿产专著和图件（表 0-8）。

表 0-8　台湾光复后主要地质矿产工作成果一览表

名称	完成时间	完成人或完成单位
台湾之煤矿资源	1949	何春荪
台湾之地下资源	1950	早坂一郎等
台湾之燃料资源	1951	杨选堂
台湾省通志稿经济志矿业篇	1960	李汝和主编
台湾经济矿产	1963	何春荪、李锦
台湾工业用非金属矿物资源	1963	张石角
台湾矿业史	1966	《台湾矿业史》编委会
台湾石油及天然气之勘探与开发	1971	潘玉生等
台湾采金七百年	1985	唐羽
台湾金属经济矿物	1997	谭立平、魏稽生
台湾非金属经济矿物	1999	谭立平、魏稽生
台湾能源矿产及地下水资源	2000	谭立平、魏稽生
台湾省区域地质志	1992	福建省地质矿产局
台湾海峡中、新生代地质构造及油气地质	1993	地质矿产部广州海洋地质调查局 福建省地质矿产局
台湾省区域矿产	1994	福建省地质矿产局
台湾海峡两岸地质构造与成矿	1994	福建省地质矿产局
台湾海峡及其周边地区构造岩浆演化与成矿作用	1999	高天钧等
台湾省铜金矿资源潜力评价成果报告	2011	福建省地质调查研究院
台湾省煤矿资源潜力评价成果报告	2011	福建省地质调查研究院
台湾省硫矿资源潜力评价成果报告	2012	福建省地质调查研究院
台湾省矿产资源潜力评价成果报告	2013	福建省地质调查研究院
台湾省区域地质志	2016	福建省地质调查研究院

长期以来，祖国大陆相关单位亦对台湾省有关矿产资料进行了大量的综合研究工作，陆续编制、出版了许多论著和各种不同比例尺的图件（表0-8）。其中，1994年福建省地质矿产局编写出版《台湾省区域矿产》，该书较全面、系统地论述了台湾省区域矿产的基本特征、区域成矿控制条件、矿产开发利用概况，阐明了区域矿产在时空上的分布规律，并据此划分了主要矿产成矿区。

2007~2013年福建省地质调查研究院完成的“福建省（含台湾）矿产资源潜力评价”项目，以成矿地质理论为指导，开展台湾省铜、金、煤等矿种区域成矿规律研究，编制典型矿床的成矿要素图和成矿模式图，总结了台湾省铜金矿的成矿规律。

2011~2016年福建省地质调查研究院提交的《台湾省区域地质志》及所附台湾省1：50万地质系列图，以写实为主，系统总结了台湾近三十年来在区域地层、火山岩、侵入岩、变质岩、第四纪地质、深部构造、区域地质构造方面的研究成果；全面阐述岩石地层单位划分与基本特征、空间分布、沉积环境或构造背景；总结台湾地区中新世末发生弧陆碰撞造山以来上新世—第四纪构造变动与沉积盆地演化，主要平原、盆地充填序次，古地理古气候变化，新构造运动特征等；探讨台湾中生代与新生代岩浆岩与岩浆作用特征、构造背景与演化；总结台湾省区域物理场特征，探讨岩石圈结构构造及其与板块俯冲作用的关系。

上述各项地质矿产专题研究及其成果报告的出版，明显提高了台湾省地质矿产的研究程度和研究水平，为本次矿产地质志的编志工作打下了基础。

（三）台湾的物探、化探和遥感工作

台湾省地球物理工作，仅开展过少量的重力调查和近岸海域的磁测工作；地球化学勘查工作方面，区域性地球化学测量工作未曾开展，20世纪80年代以前在个别矿区开展过岩石光谱测量工作；在遥感工作方面，台湾“中国石油公司”、福建省地质调查研究院对台湾省进行遥感地质解译工作。

1. 重力资料的地质解释

20世纪70~80年代台湾“中国石油公司”、工业技术研究院矿业研究所先后开展了台湾西部山麓（含滨海地区）、东部海岸山脉地区（含绿岛、兰屿及近岸海域）和中央山脉地区的区域重力调查工作。前两部分的重力测量工作精度相对较高，约1~2点/km^2，中央山脉地区的测量工作精度相对较低，约1点/10 km^2（图0-8）。

从图0-8可以看出，全省的重力场分布与台湾岛主要构造和地形相一致，重力线总体呈北北东—南南西方向延伸。等重力异常线都呈椭圆形，零值线几乎环绕海岸，东部异常线比西部的密。

重力场主要分为中部重力异常低值区和东部重力异常高值区，另外还有台湾北部和北港-澎湖两个异常高值区。中部重力异常低值区，明显存在5个卵形重力负异常，即雪山、王山、关山、台中和屏东重力异常低值区。最大重力异常位于东部海岸，重力值往东南方向迅速递增，反映由西部的大陆地壳向东转变为海洋地壳，台东纵谷代表一个转换带。其他重力高值区（澎湖、台北等）均与相应的火山岩区一致。

2. 磁测资料的地质解释

台湾的磁力调查工作在岛上进行得很少（图0-9）。1968年由美国海军海洋处开展了台湾西部近岸海域地区的航空磁测工作；1975年台湾大学海洋研究所对东部绿岛、兰屿及近岸海域地区开展了海上磁测工作。

在剩余磁力（图0-9）图上等磁力线总体呈北东东向延伸，有三个明显高强度磁力异常带。

3. 遥感影像地质解译工作

台湾“中国石油公司”曾应用台湾省卫星影像资料对全省进行线性构造分析研究，以助构造解释，收效甚大。另外，2001年1~12月福建省地质调查院台湾地质矿产研究室开展并完成“台湾省国土资源遥感综合调查”项目之子课题“台湾省地质构造与地质灾害遥感调查”和“台湾省矿产资

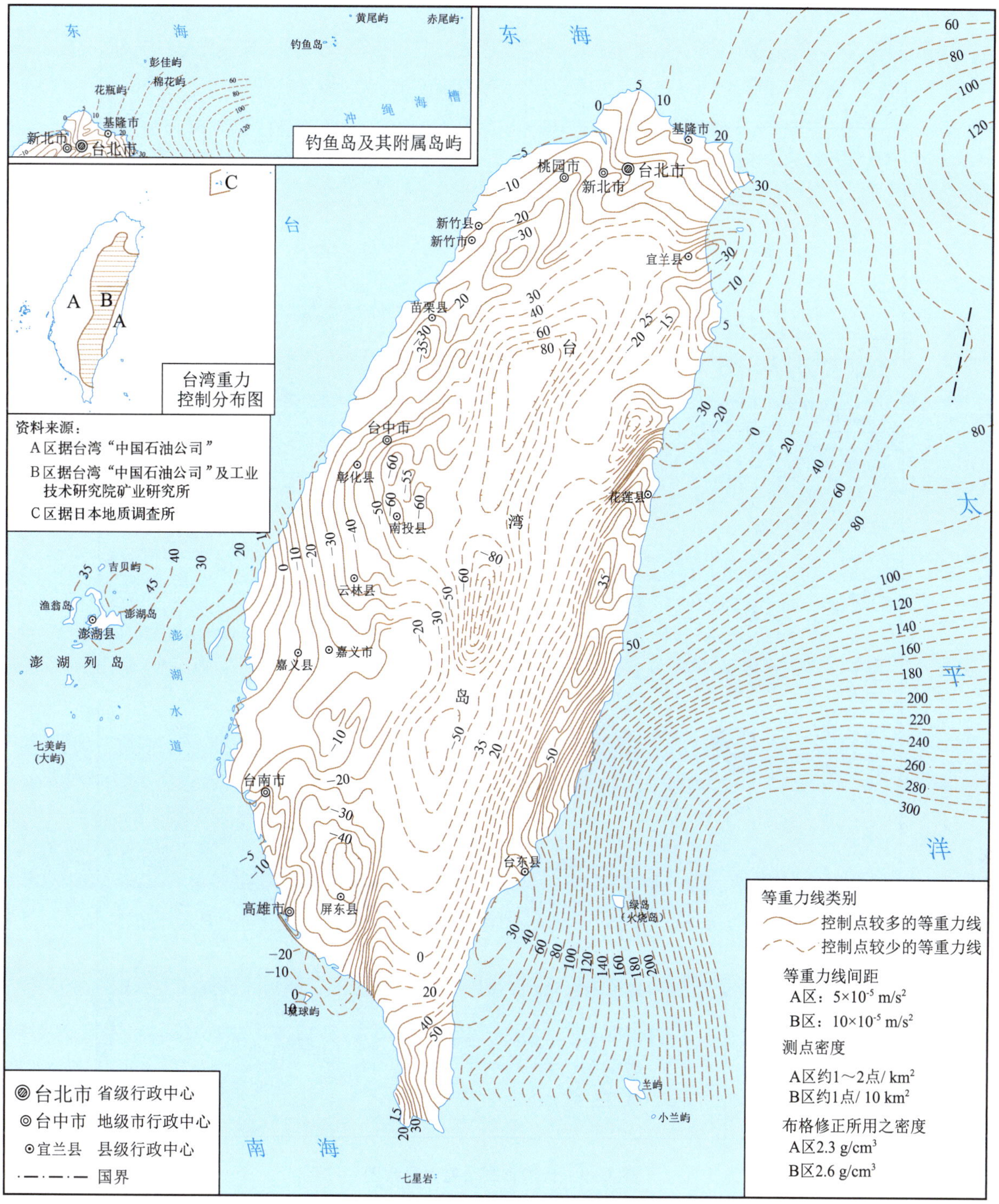

图 0-8　台湾省重力布格异常图

（据福建省地质调查研究院，2013）

源遥感调查”，编制了 1∶50 万《台湾省地质构造遥感解译图》《台湾省地质灾害分布遥感解译图》和《台湾省遥感地质解译综合成果图》。

2007~2013 年，福建省地质调查研究院在进行台湾省矿产资源潜力评价工作中，对台湾省境内开展了地质构造特征推断解释工作，编制了区域遥感推断解释图、与预测底图同比例尺地质构造推断解释图及部分典型矿床所在位置的遥感推断区域地质构造特征图。

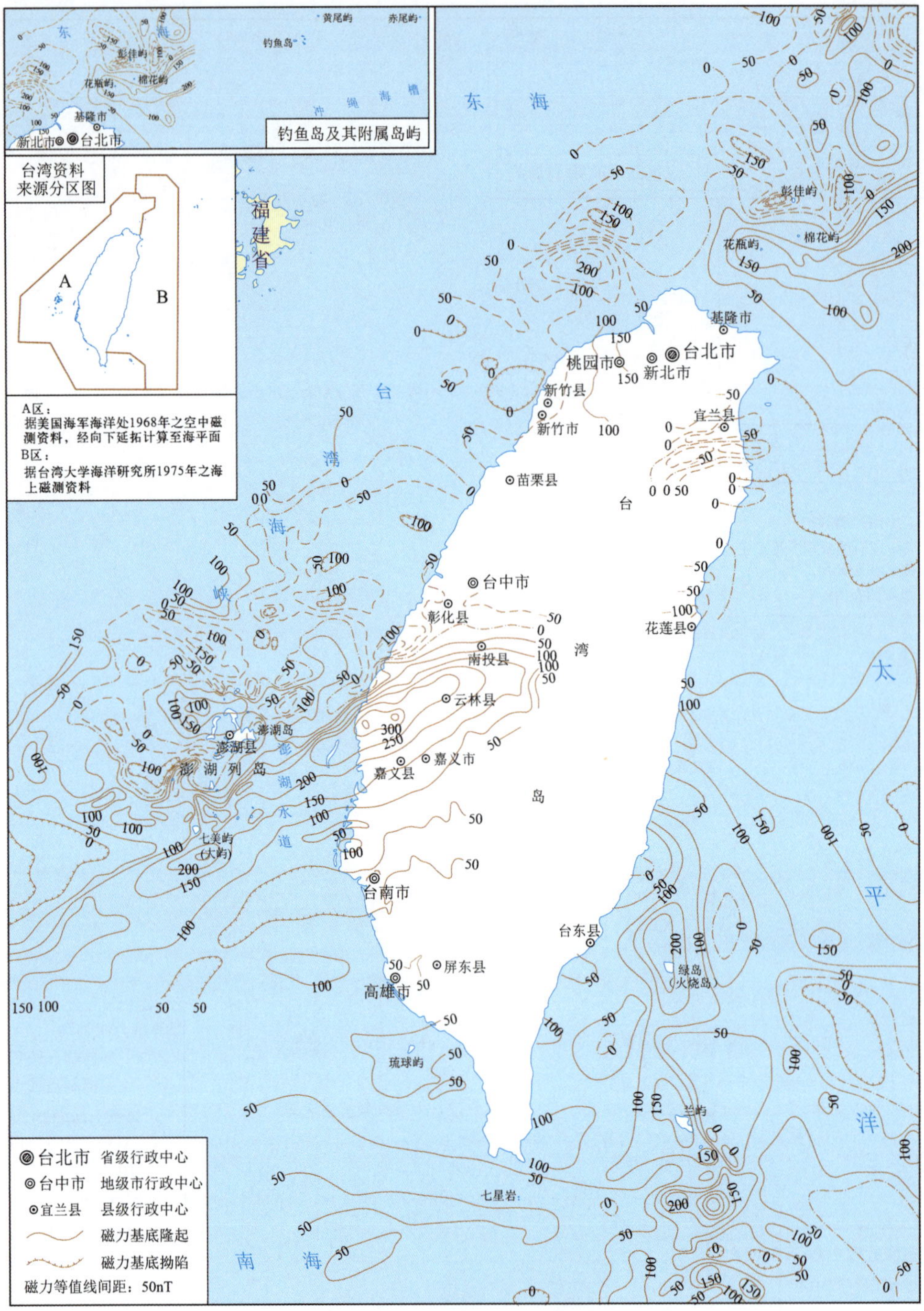

图0-9 台湾省剩余磁力异常图

（据福建省地质调查研究院，2013）

四、区域成矿规律概述

（一）成矿区带划分

根据《中国成矿区带划分方案》（徐志刚等，2008）和福建省地质调查研究院2013年完成的台湾省矿产资源潜力评价工作成果，台湾省属滨太平洋成矿域（Ⅰ-4）、华南成矿省（Ⅱ-16）。在此基础上，划出Ⅲ级成矿带1个（图0-10），Ⅳ级成矿亚带3个，Ⅴ级成矿远景区7个。

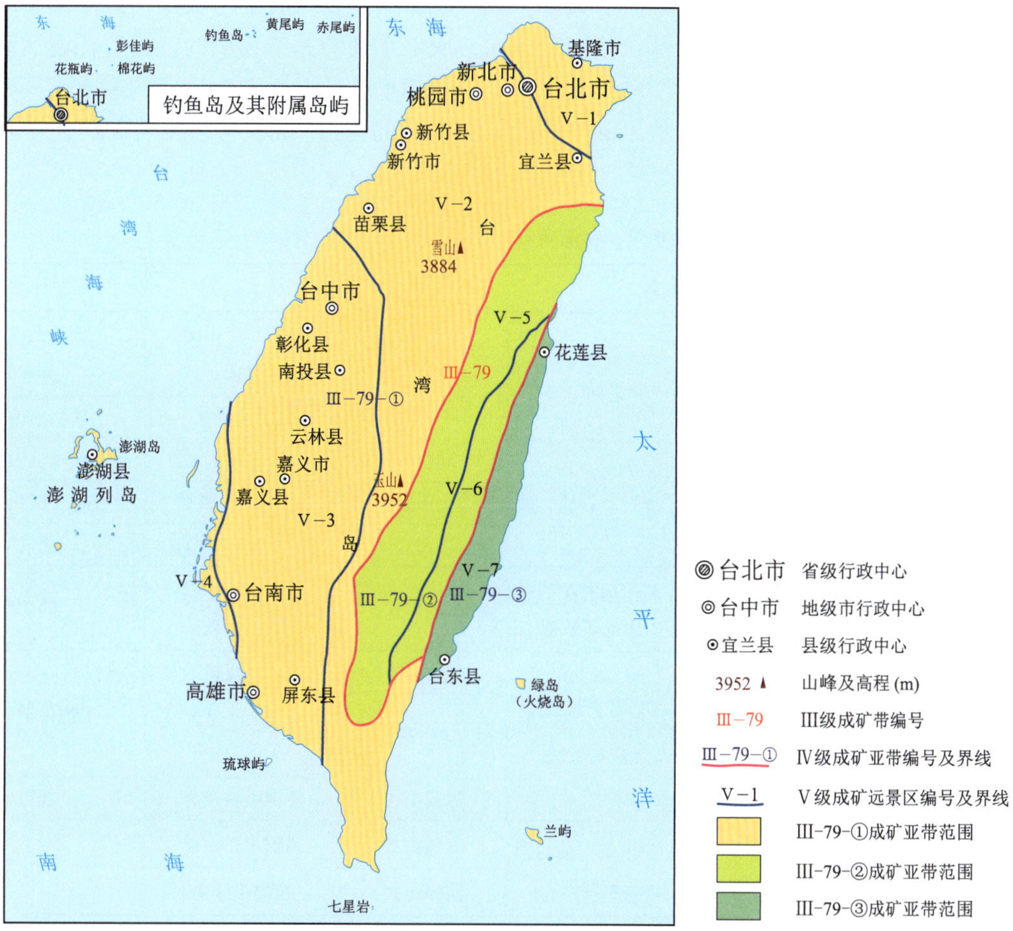

III级	IV级	成矿远景区(V级)
台湾Au-Cu-Fe-S-滑石-石灰岩-大理岩-煤-石油-天然气成矿带(III-79)	台西前陆区Au-Cu-Fe-S-石油-天然气-煤-石灰岩等成矿亚带(III-79-①)	台湾北部Au-Cu-S成矿远景区(V-1)
		台西北石油-天然气-煤-灰岩成矿远景区(V-2)
		台西南石油-天然气成矿远景区(V-3)
		台西滨海独居石-锆石矿成矿远景区(V-4)
	大南澳混杂岩带Au-Cu-S-大理岩-白云岩-蛇纹岩-滑石成矿亚带(III-79-②)	太鲁阁Au-Cu-S-大理岩-白云岩成矿远景区(V-5)
		玉里蛇纹岩-滑石-石棉-软玉成矿远景区(V-6)
	台东火山弧Au-Cu成矿亚带(III-79-③)	台东火山弧Cu-Au成矿远景区(V-7)

图 0-10　台湾省成矿区带划分示意图

（据福建省地质调查研究院，2013）

（二）矿床成矿系列

矿床成矿系列划分，以岩浆、沉积、变质、表生和流体（非岩浆-非变质成因流体）5 种成矿作用为基本原则，以成矿地质环境为基础，结合成矿的时段与形成的矿床组合进行划分。

根据上述划分原则，台湾省矿床成矿系列共划分出 5 个矿床成矿系列（表 0-9）。

（三）区域成矿规律总体特征

台湾省区域成矿作用的发生、发展以及矿床的形成，与东亚构造带（或西太平洋构造带）中新生代以来岩石圈板块构造演化发展有着时空关系。成岩成矿作用在时间上与板块构造活动发展的一定阶段相伴随，在空间上与一定的构造部位相依存，同一成矿系列的基本物质的，构造环境活动性是近似的，沉积古地理或岩浆侵入、喷发活动以及变质条件是相近的。一般内生矿床的生成受火山岛弧系岩浆岩岩相控制，沉积矿床受构造盆地不同发展阶段所形成的构造-沉积岩岩相所制约，变质矿床则主要与构造-变质岩岩相有关。

表 0-9　台湾省矿床成矿系列一览表

矿床成矿系列组合	矿床成矿系列	矿床式	典型矿床	矿床类型
与岩浆作用有关的矿床成矿系列组合	喜马拉雅期与岩浆成矿作用有关的 Cu、Au、Ag、S、地热等矿床成矿系列	金瓜石式	金瓜石金铜矿	陆相火山岩型
		奇美式	奇美铜矿	斑岩型
		七股式	七股硫铁矿	陆相火山岩型
与变质作用有关的矿床成矿系列组合	燕山期与变质成矿作用有关的 Cu、S、大理岩、白云岩、蛇纹岩、滑石、石棉、软玉等矿床成矿系列	和仁式	和仁大理岩矿	受变质（沉积变质）型
		铜山式	铜山铜-硫铁矿	受变质（沉积变质）型
		丰田式	丰田软玉-蛇纹岩矿	变成型
与沉积作用有关的矿床成矿系列组合	喜马拉雅中晚期与沉积成矿作用有关的砂金、锆石、独居石砂矿等矿床成矿系列	新港口式	新港口独居石、锆石滨海砂矿	砂矿型
	喜马拉雅早中期与沉积成矿作用有关的煤、石油、天然气、石灰岩等矿床成矿系列	汐止式	汐止煤矿	生物化学沉积型
		铁砧山-通霄式	铁砧山-通霄天然气田	
		赤柯山式	赤柯山石灰岩	沉积型
与表生作用有关的矿床成矿系列组合	喜马拉雅中晚期与风化成矿作用有关的铝土矿、锰矿、粘土类等矿床成矿系列	磺嘴山式	磺嘴山铝土矿	风化型
		西帽山式	西帽山锰矿	

1. 区域成矿时间上的分布规律

根据台湾大地构造发展，台湾区域矿产成矿可以分为燕山期和喜马拉雅期（表 0-10），燕山期形成的矿产主要有大理岩、铜-硫铁矿、软玉、滑石、蛇纹岩、云母、白云岩等，成矿作用类型以变质作用、岩浆作用为主，矿床类型主要为沉积-变质型、受变质型和变成型。喜马拉雅期形成的矿产种类较多，主要有金（铜）、硫、天然气、煤、地热、陶瓷土、轻稀土（独居石）、石灰岩、石英砂、粘土、膨润土等，成矿作用类型主要以岩浆作用、沉积作用为主，矿床类型主要为沉积型、风化型、陆相火山岩型。

2. 区域成矿空间上的分布规律

台湾省各类矿床在空间上的分布规律概括如下：

1）矿床空间分布上，大陆壳边缘主要分布白垩纪—新生代构造盆地沉积形成的石油、天然气、煤、石英砂岩、粘土、石灰岩等矿床，过渡型洋壳则分布有以洋壳成因的蛇绿岩经变质生成的蛇纹岩、滑石、石棉、软玉等非金属矿产为主。

2）北部的大屯更新世火山弧系火山岩中，分布有台湾最知名的新北金瓜石超大型金矿和众多与火山作用相关的硫矿、地热；东部的吕宋岛弧火山岩中，分布着与内生金属成矿作用有关的斑岩型铜矿。

3）在台东纵谷地壳对接带西部——大南澳变质杂岩带上，以产出众多与变质成矿作用有关的变成型和受变质型非金属矿产为特色。

4）矿床受不同的构造部位或褶皱断裂带制约。油气一般分布于中新生代盆地的凸起、古隆及其斜坡带，而基本上受限于晚期逆掩断层以西地带，以背斜（或地层-背斜）圈定为主。地热主要沿活动断层分布。

表0-10 台湾大地构造发展构造旋回及其主要矿产

地质年龄 Ma	纪	世	代号	岩石地层代号：台西-麓山地区	岩石地层代号：雪山-玉山地区	岩石地层代号：中央山脉地区	岩石地层代号：海岸山脉地区	构造运动	构造旋回：旋回	构造旋回：亚旋回	构造阶段	主要地质事件：沉积作用	主要地质事件：沉积作用	主要地质事件：岩浆活动	主要地质事件：岩浆活动	主要地质事件：变质作用	主要地质事件：构造背景与环境变化	主要矿产
0.0117	第四纪	全新世 Qh				Qhclr Qp_2t	Qh*h* Qp*m*		喜马拉雅旋回	喜马拉雅晚期亚旋回	弧陆碰撞造山阶段	冲积层	冲积扇	大屯、基隆安山岩喷发；草岭山基性岩浆活动	绿岛安山岩喷发	区域低温动力变质，绿片岩相	菲律宾海板块转向NW运动；北吕宋弧与欧亚大陆边缘发生斜向弧陆碰撞造山形成台湾岛。台西前陆盆地形成接受沉积，早更新世为陆相磨拉石建造	金（铜）硫、石油、天然气、煤、地热、陶瓷粘土、轻稀土（独居石）石灰岩、石英岩、石英砂、粘土、澎润土等
0.126		更新世	Qp_3	Qp_3 AQp Qp_2 $Qp^{1\text{-}2}t$ Qp*g*								前陆盆地第二阶段沉积	海岸山脉弧前及弧上盆地浊流沉积					
0.781			Qp_2			Qpbls												
2.6			Qp_1			N_2Qpm	N_2Qpd	蓬莱运动 II										
3.6	新近纪	上新世	N_2^2	N_2Qpzh N_2j N_2g						喜马拉雅中期亚旋回		前陆盆地第一阶段沉积		澎湖玄武岩；基性-超基性岩块；角板山火山活动	都峦山组安山质火山喷发；基性、超基性岩块			
5.3			N_2^1			N_1k	N_2l											
11.6		中新世	N_1^4	N_1nz N_1n N_1c N_1shd N_1dl N_1m E_3w		N_1ll N_1sh N_1ls	N_1d	蓬莱运动 I					中央山脉-恒春半岛增生楔深海-半深海-大陆斜坡相浊流沉积					
15			N_1^3							喜马拉雅早期亚旋回	被动陆缘断陷盆地	麓山带-雪山区滨海-浅海相含煤碎屑沉积					中新世中期南海向东俯冲，形成吕宋岛弧，马尼拉海沟外侧形成增生楔；以西为陆缘断陷盆地含煤碎屑沉积	
20			N_1^2															
23			N_1^1		N_1s N_1a E_3sh	N_1l E_3N_1l								公馆火山活动				
	古近纪	渐新世	E_3^2															
33.8			E_3^1					埔里运动										
		始新世	E_2^3	E_2p E_2zh	E_2s E_2x E_2bl					喜马拉雅初期亚旋回	被动陆缘地堑盆地	麓山中部浅海相火山-碎屑沉积；雪山-玉山河流-河口相碎屑沉积	陆棚浅海-半深海相碎屑沉积	平林火山活动 毕禄山组中玄武岩夹层			大陆边缘张裂，南海海盆形成。台湾地区雪山-玉山为河流-河口盆地，西侧麓山为浅海相陆棚。中央山脉地区相距较远	
			E_2^2			E_2b												
55.8			E_2^1	?										王功组火山活动				
		古新世	E_1^2	E_1w		E_1b												
65.5			E_1^1															
99.6	白垩纪	晚白垩世 K_2		K_2h				南澳运动（燕山运动）	燕山旋回	燕山晚期亚旋回	大陆边缘裂陷	台西浅海相碎屑沉积	陆棚台地浅海相碳酸盐沉积-半深海相细碎屑沉积	花屿火山活动；饭包尖等花岗片麻岩侵入		角闪岩相	陆缘裂陷，浅海陆棚沉积	大理岩、铜-硫铁矿、软玉、滑石、蛇纹岩、云母、白云岩
145		早白垩世 K_1		K_1y		AnED				燕山早-中期亚旋回	活动陆缘						上部浅海-深海相沉积；下部陆棚台地	
	侏罗纪—三叠纪 J-T																	

（四）有待研究的重大成矿规律问题

台湾大南澳混杂岩太鲁阁变质带中的大理岩变质时代尚未确定，《台湾省区域地质志》中对它是否形成于二叠纪表示存疑，如果它形成于二叠纪，那么台湾的构造运动和成矿时代就要大幅提前，这对台湾变质基底和成矿作用的研究会产生重大影响。

大南澳基底带包含不同时代形成的地质体，沉积地层显示同时具有深海沉积与稳定陆棚台地沉积环境，以及晚白垩世岛弧型花岗岩，变质火山岩夹层，蓝闪片岩、蛇纹岩、辉长岩等超基性、基性岩块体，具有不同的变质作用等。带上分布着53处矿产地，其中与变质成矿作用有关的矿产地有36处，包括大型矿床8处，中型矿床6处，小型矿床13处，矿种主要为大理岩、滑石、铜-硫铁矿、白云岩、蛇纹岩、软玉和云母矿。这些矿产的物质来源及其形成过程与大南澳基底带之间的相互关系未完全查明，有待今后深入研究。

第一部 矿产资源

总 论

一、矿产种类和矿产地数量

初步统计，台湾省已知矿产有39种，其中能源矿产5种，金属矿产9种，非金属矿产25种（含宝玉矿产2种）（表0-11）。

表0-11 台湾省矿产地数量统计表 单位：处

矿床分类		序号	主矿种	合计	超大型	大型	中型	小型	矿点
能源矿产		1	煤	29			2	24	3
		2	石煤	2					2
		3	石油	5				5	
		4	天然气	12			3	9	
		5	地热	116				5	111
		小计		164			5	43	116
金属矿产	黑色金属	6	铁矿	12					12
		7	锰矿	1				1	
		小计		13				1	12
	有色金属	8	铜矿	8				1	7
		9	铝土矿	1				1	
		10	镍矿	1					1
		11	汞	1					1
		小计		11				2	9
	贵金属	12	金矿	16	1				15
		小计		16	1				15
	稀有金属	13	锆石	1					1
		小计		1					1
	稀土金属	14	轻稀土（独居石）	10			8	1	1
		小计		10			8	1	1
非金属矿产	工业矿物	15	石墨	3					3
		16	磷矿	2					2
		17	硫	12				6	6
		18	云母	4				4	
		19	滑石	9			1	4	4
		20	石棉	1					1
		21	明矾石	1					1
		22	石膏	3					3
		小计		35			1	14	20

续表

矿床分类		序号	主矿种	合计	超大型	大型	中型	小型	矿点
非金属矿产	工业岩石（土）	23	石灰岩	27			1	7	19
		24	白云岩	4			1	3	
		25	天然石英砂	3				3	
		26	石英砂岩	30			5	22	3
		27	脉石英	2					2
		28	膨润土（漂白土）	3				1	2
		29	高岭土（瓷土）	4					4
		30	陶瓷粘土	12		1		1	10
		31	耐火粘土	7					7
		32	其他（水泥用）粘土	4				3	1
		33	蛇纹岩	4				1	3
		34	玄武岩	1				1	
		35	安山岩	3				3	
		36	大理岩	17		9	4	4	
		37	泥炭（煤）	2					2
		小计		123		10	11	49	53
	宝玉石	38	软玉	1				1	
		39	文石	1					1
		小计		2				1	1
合计				375	1	10	25	111	228

从表 0–11 可以看出，全省矿产地共有 375 处，其中能源矿产地有 164 处，以煤矿产地（29 处）和地热矿产地（116 处）居多；黑色金属矿产地有 13 处，以铁矿产地（12 处）为主；有色金属矿产地有 11 处，以铜矿产地（8 处）占多数；贵金属矿产地有 16 处全部为金矿产地；稀有金属矿产地有 1 处，为锆石矿；稀土金属矿产地有 10 处；工业矿物类非金属矿产地有 35 处，以硫（12 处）和滑石（9 处）矿矿产地居多；工业岩石（土）类非金属矿产地有 123 处，以石灰岩（27 处）和石英砂岩（30 处）占多数；宝玉石非金属矿产地 2 处。

根据台湾矿产资源储量资料，参照矿产资源储量规模划分标准（国土资源部 2000 年 4 月 24 日发布：国土资发〔2000〕133 号）和《中国矿产地质志研编技术要求》对超大型矿床和矿点划分标准，台湾省有超大型矿床 1 处，大型矿床 10 处，中型矿床 25 处（表 0–12），小型矿床 111 处。

表 0–12 台湾省超大型、大型和中型矿床一览表

矿产地名称	矿种	成矿时代	矿床类型	规模
新北市金瓜石	金（铜）	更新世	陆相火山岩型	超大型
南投县鱼池	陶瓷粘土	第四纪	机械沉积型	大型
花莲县崇德	大理岩	燕山期	受变质型	大型
花莲县三栈溪	大理岩	燕山期	受变质型	大型
花莲县加湾（区）	大理岩	燕山期	受变质型	大型
宜兰县西帽山	大理岩-白云岩	燕山期	受变质型	大型
宜兰县和平溪北岸	大理岩-白云岩	燕山期	受变质型	大型
花莲县和平（蕃地大浊水）	大理岩-白云岩	燕山期	受变质型	大型

续表

矿产地名称	矿种	成矿时代	矿床类型	规模
花莲县和仁（卡那岸）	大理岩-白云岩	燕山期	受变质型	大型
花莲县砂婆当（砂婆礑区）	大理岩-白云岩	燕山期	受变质型	大型
花莲县寿丰溪	大理岩-白云岩	燕山期	受变质型	大型
新北市汐止	烟煤	渐新世—中新世中期	生物化学沉积型	中型
新北市三峡-桃园县大溪	烟煤	晚渐新世—中新世中期	生物化学沉积型	中型
苗栗县锦水-永和山	天然气-石油	新近纪	生物化学沉积型	中型
苗栗县铁砧山-通霄	天然气-石油	新近纪	生物化学沉积型	中型
苗栗县出磺坑	天然气-石油	新近纪	生物化学沉积型	中型
云林县北统汕洲	轻稀土（独居石-锆石）	第四纪	滨海砂矿型	中型
云林县统汕洲	轻稀土（独居石-锆石）	第四纪	滨海砂矿型	中型
云林县外伞顶洲	轻稀土（独居石-锆石）	第四纪	滨海砂矿型	中型
台南县布袋洲	轻稀土（独居石-锆石）	第四纪	滨海砂矿型	中型
台南县王爷港洲	轻稀土（独居石-锆石）	第四纪	滨海砂矿型	中型
台南县青山港洲	轻稀土（独居石-锆石）	第四纪	滨海砂矿型	中型
台南县网子寮洲	轻稀土（独居石-锆石）	第四纪	滨海砂矿型	中型
高雄县新港口	轻稀土（独居石-锆石）	第四纪	滨海砂矿型	中型
花莲县清水溪	滑石	燕山期	变成型	中型
新竹县赤柯山	石灰岩	中新世	化学沉积型	中型
花莲县清昌山	白云岩	燕山期	化学沉积型	中型
苗栗县崁顶寮、都合口	石英砂岩	中新世	机械沉积型	中型
苗栗县老田寮西翼	石英砂岩	中新世	机械沉积型	中型
苗栗县老田寮东翼	石英砂岩	中新世	机械沉积型	中型
新竹县番婆坑、小南坑	石英砂岩	中新世	机械沉积型	中型
新北市南势角	石英砂岩	中新世	机械沉积型	中型
花莲县清水	大理岩-白云岩	燕山期	受变质型	中型
花莲县立雾溪	大理岩-白云岩	燕山期	受变质型	中型
花莲县清水溪及清流溪	大理岩-白云岩	燕山期	受变质型	中型
花莲县木瓜溪	大理岩-白云岩	燕山期	受变质型	中型

（据福建省地质矿产局，1994，有修改）

按《中国矿产地质志研编技术要求》提出的矿床类型划分分类，台湾有陆相火山岩型、海相火山岩型、斑岩型、岩浆热液型、变成型、受变质（沉积变质）型、生物化学沉积型、化学沉积型、机械沉积型、砂矿型、风化型等11种矿床类型（表0-13）；另外，地下热水用水热型表示其储热类型。

表0-13　台湾省矿床类型、主矿种及规模一览表　　单位：处

矿床类型	主矿种	矿产地	超大型	大型	中型	小型	矿点
陆相火山岩型	金	1	1				
	汞	1					1
	硫	12				6	6
	明矾石	1					1
	膨润土	1				1	
	玄武岩	1				1	
	文石	1					1
	安山岩	3				3	

续表

矿床类型	主矿种	矿产地	超大型	大型	中型	小型	矿点
海相火山岩型	石膏	3					3
斑岩型	铜	3				1	2
岩浆热液型	金	3					3
	脉石英	2					2
变成型	云母	4				4	
	滑石	9			1	4	4
	石棉	1					1
	蛇纹岩	4				1	3
	软玉	1				1	
受变质型（沉积变质型）	铜	5					5
	石墨	3					3
	大理岩	17		9	4	4	
生物化学沉积型	煤	29			2	24	3
	石煤	2					2
	石油	5				5	
	天然气	12			3	9	
	泥炭	2					2
化学沉积型	石灰岩	27			1	7	19
	白云岩	4			1	3	
机械沉积型	砂岩	30			5	22	3
	高岭土	4					4
	陶瓷粘土	12		1		1	10
	耐火粘土	3					3
砂矿型	铁	2					2
	金	12					12
	锆石	1					1
	轻稀土	10			8	1	1
	石英砂	3				3	
风化型	铁	10					10
	锰	1				1	
	铝	1				1	
	镍	1					1
	磷	2					2
	膨润土（漂白土）	2					2
	耐火粘土	4					4
	其他粘土	4				3	1
水热型	地热	116				5	111

注：地下热水用储热类型表示其矿床类型。

二、矿产资源特点

根据现有资料分析，台湾省重点矿种有金、天然气、石油、烟煤、地热、硫、石灰岩、大理岩-白云岩、石英砂岩等。

天然气、石油、烟煤、地热等能源矿产资源是台湾省优势矿产，工作程度较高，集中分布于台湾省西北部及西南部陆域，海域仅有长康和致昌两个油气田。

金属矿产以金为主，最著名的是分布在台湾北部基隆更新世火山岩区，陆相火山岩型的新北金瓜石超大型金矿床。高品位的独居石、锆石砂矿床主要分布于台西南滨海。

非金属矿产资源比较丰富，主要有碳酸盐类（大理岩、石灰岩、白云岩）、粘土类（高岭土、耐火粘土、膨润土、陶瓷粘土等）、硅石类（石英砂岩、脉石英、天然石英砂）、硫（自然硫、硫铁矿）及与超基性岩有关的矿产（蛇纹岩）。建筑砂石产地分布全省。

台湾省矿产资源总的特点是：成矿时代偏新，新生代的古近纪、新近纪和第四纪含矿层位达16个，其中以中新世和更新世为主，最具工业远景；具有按矿种集中成区（带）分布格局；矿床类型主要有沉积型燃料矿产，陆相火山岩型金、铜、硫矿床及机械沉积型、受变质型和变成型非金属矿产；能源矿产资源较丰富，金属矿产品种少；固体矿产资源较贫乏，中-大型矿床少。

三、矿产资源开发利用现状

据台湾有关部门公开资料，截至2016年12月底，台湾已设矿权数量共240个，总面积46826740×10^4 m^2，其中陆上有234个，海域有6个，已设矿权和采矿权的主要矿种有煤、石油、天然气、大理岩、石灰岩、耐火粘土、瓷土（表0-14）。

表0-14　台湾2016年已设矿权与采矿权数量统计表

领域	矿种	探矿权		采矿权		合计	
		数量/个	面积/10^4 m^2	数量/个	面积/10^4 m^2	数量/个	面积/10^4 m^2
陆上	煤	0	0	1	418	1	418
	石油、天然气	12	8115	10	13583	22	21698
	大理岩、石灰岩	0	0	92	13303	92	13303
	耐火粘土、瓷土	0	0	12	925	12	925
	其他	0	0	107	11677	107	11677
	小计	12	8115	222	39906	234	48021
海域	石油、天然气	1	119	5	46778600	6	46778719
	小计	1	119	5	46778600	6	46778719
合计		13	8234	227	46818506	240	46826740

（据台湾省矿务局资料整理）

台湾2016年自产矿产品之生产价值共21781.8百万元（新台币，下同），矿产品总产值仅占台湾2016年生产总值（17152093百万元）的0.13%，可以看出，矿产品生产值对生产总值的贡献不大。

2016年台湾仍在生产的矿产品主要有天然气、石油、水晶、滑石、云母、石灰岩、白云岩、硅砂、砂石、陶瓷粘土（瓷土）、蛇纹岩、大理岩和宝石等，各种矿产品生产量和产值见表0-15。

表 0-15　台湾省 2016 年部分矿产品产量和产值一览表

矿产品名称	生产量	产值（新台币）/万元	生产量单位
天然气	3.21891	303918	10^8 m^3
石油（凝结油）	8446	6921	m^3
硫磺	0.0001	0	10^4 t
水晶	0.0186	51	10^4 t
滑石	0.025	25	10^4 t
云母	0.1879	1430	10^4 t
石灰岩（原料石）	0.0017	0	10^4 t
石灰岩（石材用）	0.1422	248	10^4 t
白云岩	2.2005	2861	10^4 t
硅砂	17.5643	3038	10^4 t
砂石	5269	1630360	10^4 t
陶瓷粘土（瓷土）	0.4035	59	10^4 t
蛇纹岩（原料石）	9.1578	5847	10^4 t
蛇纹岩（石材用）	1.0443	3246	10^4 t
大理岩（原料石）	1590.9172	149444	10^4 t
大理岩（石材用）	0.8795	1000	10^4 t
宝石	794	17	kg

（据台湾省矿务局矿业及土石资源资料统计）

第一篇　能源矿产

台湾省主要能源矿产有石油、天然气、煤、石煤、地热等 5 种。根据《中国矿产地质志研编技术要求》，地热虽是能源矿产，但又是水气矿产，本矿产志将它列入水气矿产篇中介绍；泥炭虽是岩石（土）非金属矿，但其也具能源材料矿产的用途，所以泥炭归入能源矿产篇中介绍。本篇介绍石油、天然气、煤、石煤、泥炭等能源矿产。

第一章　石油、天然气

第一节　石　　油

一、石油的特征和主要经济用途

（一）特征

石油是天然存在的呈气相、液相或固相产出的，以碳氢化合物（烃类）为主并含有少量杂质的混合物。

原油埋藏在地下储油层中以液态存在，在地表压力和混合状态条件下，仍然为液态或半固态形式存在，原油发热量为 41.87 MJ/kg。原油的化学成分复杂，主要由碳、氢、硫、氮、氧等组成。一般在原油中碳占 84%~87%，氢占 11%~14%，二者以烃类化合物的形式出现，占原油成分的 97%~99%，硫、氧、氮总含量仅占 1%~3%，但个别原油含硫量可达到 4%~5%，氮含量可达 1.4%~2.2%。

在原油中已鉴定出的烃类化合物在 230 种以上。其中以链状烷烃（C_nH_{2n+2}）环状烷烃（C_nH_{2n-2}）及芳香烃（C_nH_{2n-6}）含量最多（从溶有天然气的石油平均成分看，大体上链烃占 53%，环烃占 31%，芳香烃占 16%）。依据这些碳氢化合物的含量，可将石油划分为不同类型。此外，还有少量含氧、含氮、含硫的化合物。含硫化合物是石油中一种有害成分，它会腐蚀炼油设备，降低石油产品的质量。

石油的物理性质随其化学组成的不同而有着明显的差异。它为一种黏稠状的物质，属可燃的有机物。石油有白色、浅黄色、黑褐色、黑色等多种颜色，与其中含有的胶质、沥青数量多少有密切关系。一般颜色深的密度大、黏度大，密度一般 0.76~1.0 g/cm^3（在储量计算时要采用地面脱气的原油密度，其单位为 t/m^3）。石油不溶于水，易溶于有机溶剂，如苯、醚、四氯化碳等，局部溶于酒精。石油的标准燃料系数为 1.4286，平均低位发热量为 41.87 MJ/kg。

（二）主要经济用途

石油是国民经济建设和人类生活中不可缺少的一种重要矿物能源，从中提炼的汽油、柴油等是飞机、汽车、轮船、内燃机车和发电机等动力机械离不开的燃料，所以人们常把石油称为“工业的血液”。军事上的坦克、战机、舰船和运输车辆等也需要消耗大量石油，所以也是一种重要的战略资源。另外，日常生活中所用的煤油、液化石油气、蜡烛等也是从石油中提炼出来的。目前，从石油加工中取得的重要有机合成原料和产品就有5000多种，例如塑料、合成纤维、合成橡胶、化肥、洗衣粉、酒精、润滑油等。炼油剩余物如石油焦可做电极、沥青，是重要的建筑材料。总之，石油是建设现代化国家的重要原料。随着社会技术的发展，工农业建设以及交通，人民生产、生活都需要石油，石油的用途将会越来越广泛，重要性将更加突出。

二、矿产地数量

台湾全省以石油为主的矿产地有5处，都是小型矿床（表1-1）。

表1-1　台湾以石油为主的油气矿产地一览表

序号	矿产地名称	地理位置	矿种	探明储量 10^4 t	成矿时代	矿床类型	规模	备注
1（77）	桃园山仔脚	桃园县城东约5 km	石油（天然气）	0.1787	新近纪	生物化学沉积型	小型	已停产
2（71）	新竹长康	新竹县城西约25 km海域	石油（天然气）	114	新近纪	生物化学沉积型	小型	开采生产区
3（74）	新竹宝山	新竹县城东南约10 km	石油（天然气）		新近纪	生物化学沉积型	小型	已并入青草湖气田（采空区）
4（310）	台南竹头崎	台南县玉井镇竹头崎	石油（天然气）	0.534	新近纪	生物化学沉积型	小型	已停产
5（364）	高雄致昌	高雄市西偏南约100 km海上	石油（天然气）		晚中生代—新近纪	生物化学沉积型	小型	开采生产区

注：序号括弧内的编号是指《中华人民共和国台湾省矿产地质图》（1：50万）上的矿产地编号，下同。

三、地理分布

台湾省石油与天然气矿产地主要分布于台湾岛西部及附近海域（图1-1）。

台湾省石油与天然气的发现，虽与广布于台湾岛西部和东部海岸山脉等地区的油气苗露头有关，但经勘探开发，油气资源潜力较大的地区，则主要分布在西部新近纪沉积盆地内。台湾省西部的新近纪地层，由东向西分布于山麓地带，潜伏于滨海平原之下，并延展至台湾海峡海底，陆上面积达15500 km^2，约占台湾本岛总面积的近1/2。

而台湾岛东部海岸山脉地区，沉积层也属新近纪，且也有若干不完整的狭长背斜构造及天然气与泥火山露头，但因该区是一个多火山岩地区，先后多期喷出的火山岩分布甚广，对油气形成较不利，其油气蕴藏条件不及台湾岛西部及其近海地区。但据台湾省“中央标准局”首次完成的台湾省绝对重力值（1991年8月发表）研究，发现花莲外海等地的重力异常为负值，拥有油气的迹象，推测该区可能蕴藏有不少石油，这是对台湾岛东部海域油气资源评价的重要研究新成果。

四、资源储量

台湾省位于亚洲外缘油带中，具有较丰富的石油与天然气资源。据记载，截至1982年，台湾省陆区原油蕴藏量约129.7×10^4 t（台湾工业技术研究院矿业研究所，1983）。

五、勘查工作程度

台湾省西部地区是我国油气勘探开发最早的地区之一，迄今已有130年历史（如含发现油气苗露头之零星记载，则可追溯至300余年前），经历了清朝、日本占领时期及抗日胜利以后3个阶段。

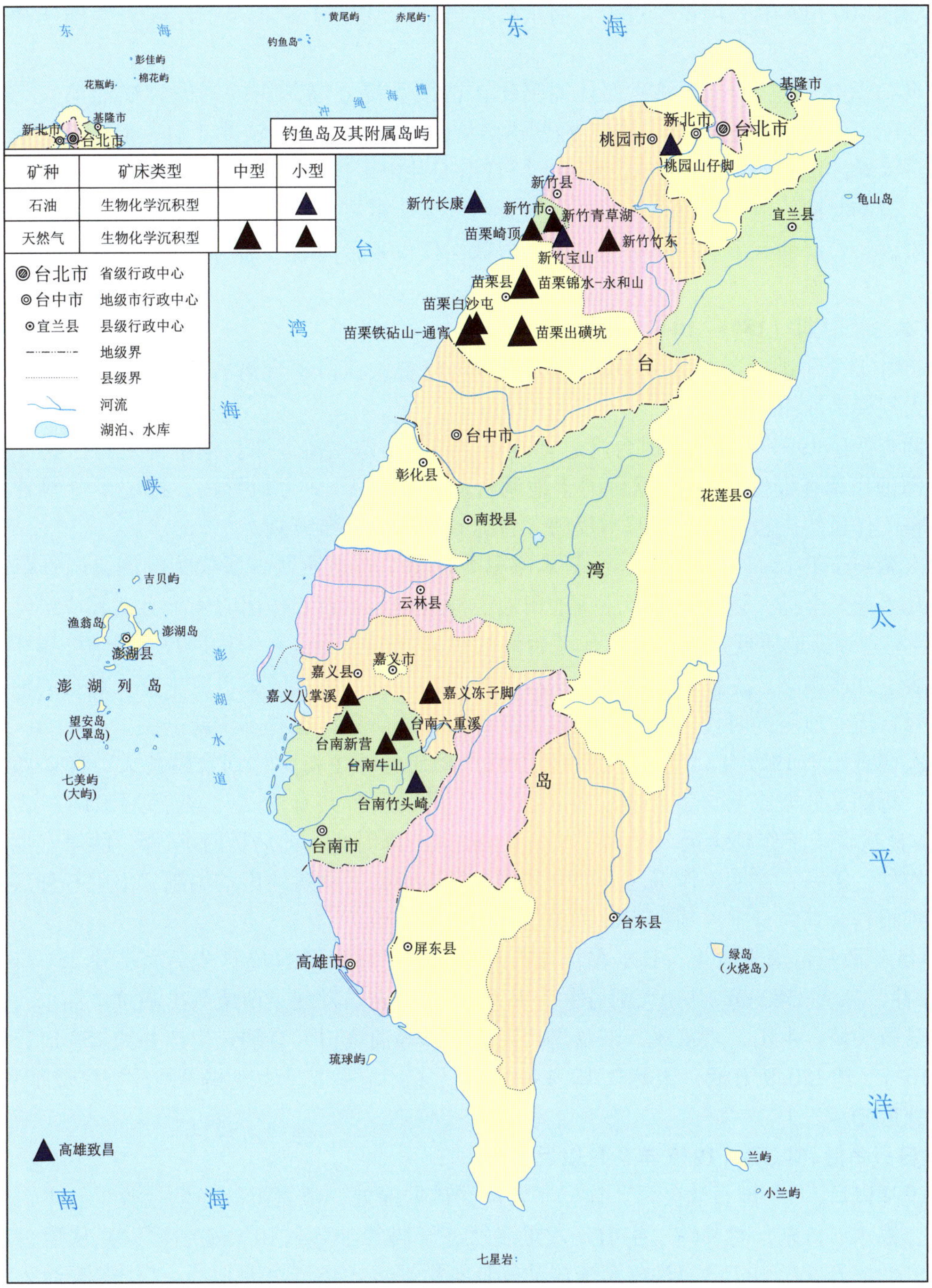

图 1-1 台湾省石油、天然气分布简图

1. 1895 年以前

台湾省石油与天然气的发现，可远溯至清朝年间的 1684 年（康熙二十三年），当时在今台南县东北方的关子岭枕头山发现了天然气苗，但因不知其为何物、何用，而未加开采。至 1861 年（咸丰十一年），清廷蕃地通事邱苟偶在苗栗县后龙溪畔出磺坑附近发现油苗与天然气苗，遂在该处手掘一井，深约 3m，日得油 3 加仑，供点灯及医药之用，成为台湾省石油与天然气开发的先端。

1877 年（光绪三年）福建总督沈葆桢巡视台湾，得知出磺坑产油，当即力主官办开发，购置钻机，并于 1878 年（光绪四年）聘请美国技师 2 人，从事钻井采油，井深约 131 m，日产油 15 担❶，

❶ 1 担 = 50 kg。

一个月共产油400担左右。因产量过少，后虽移地再钻，但情况不佳。同年11月美国技师也因故回国，工作停顿。

1887年（光绪十三年），台湾省巡抚刘铭传在苗栗县设立油矿局（当时称矿油局），至1891年（光绪十七年）因巡抚更迭而废止，前后经营出磺坑油气田4年，共钻井5口，但未有大成。此后就仅有邱玉一人获准按月缴纳税金30元采油，每日由旧井中采得约60 kg石油，售予苗栗、后龙各村。

总之，清朝时期，清政府对台湾省石油与天然气事业虽有一定重视，但因当时全世界石油工业尚处在萌芽阶段，台湾油气事业亦不可能有多大成效，仅仅是台湾省石油与天然气勘探开发事业的摇篮时期。

2. 日本占领时期（1895~1945年）

1894年中日甲午战争后的1895年，日本占领台湾省，在占领台湾省50年中，先后对台湾省进行了3次大规模的油田地质调查。

首次调查始于1906年，由当时台湾总督府殖产局矿务课主持，课长福留喜之助任队长。1910年出版《台湾油田调查报告》，并根据台湾土地调查局测制的1∶2万地形图，标记了背斜轴及油气苗位置。调查工作虽然比较粗略，但基本反映了台湾省油气的分布概貌。

第2次调查于1912年以后进行，由日本海军委托商工省地质调查所代为勘测，调查范围除中央山脉外，几乎遍及全岛。调查内容多注重油田地层与构造。调查工作历时4个月，其成果综合编制成1∶20万台湾省油田地质概查图，并附有《台湾油田地质概查报告》，于1927年出版，但因属密件，未公开发表。此次调查，工作程度与精度均高于第一次调查，所获成果也较丰富，对台湾油田地质颇具成就，对台湾省地层的时代与分布及地质构造等方面的研究，也有不少新进展。

第3次调查始于1927年，仍由台湾总督府殖产局矿务课主持，计划规模甚大，将全岛油田调查分为3期，每期又分概查与详查两种，前者共有21区，后者共有35区。西部油田调查区面积总计1144 km^2。此次调查工作延续至1945年8月15日日本投降时止，前后历时17年。除第三期仅完成极少部分工作外，第一、二期工作都已大部分完成。每期调查后对各油田均编制、出版有分区地形地质详图及详细报告，其为日本占领台湾最重要的油田调查资料。

至1945年收复台湾省时止，日本在台湾省西部山麓带的21个构造区先后共钻井251口，最深井为锦水38井，深达3583 m，其余大部分井深在1000 m以内。发现了苗栗县出磺坑、锦水，新竹县竹东，台南县竹头崎、牛山、六重溪，以及嘉义县冻子脚等油气田，有油气生产井约150口，共掠取石油16.6×10^4 t（约120.9万桶）天然气10.4×10^8 m^3（未计与采取量大致相等的放空燃烧量），浅层油气基本被掠取殆尽。

3. 抗日战争胜利以后（1945年9月以后）

日本投降以后，“中国石油公司”设立了台湾油矿勘探处，负责继续经营接收了日本占领时尚余的出磺坑、锦水、竹东、竹头崎、牛山、六重溪及冻子脚等油气（田）矿、厂，并从事台湾省石油与天然气的勘探开发。由于已有油气田浅层油气日益枯竭，1946年9月以后，“中国石油公司”除在台湾省西部平原及滨海地区进行重力勘测外，又与台湾省地质调查所合作，在西部新竹、苗栗、台中及台南等地区开展地质调查和钻探工作。但到1959年上半年止，除1954年于竹头崎油气田构造区钻获少量原油外，均因钻井深度不够，未能钻至主要储油气层，而无显著成效。

1959年5~7月，由于加深钻进锦水38号井成功，钻获了大量天然气。1962年初又于出磺坑油气田构造区钻获深层油气，给台湾省石油与天然气勘探开发事业带来了新希望，油气勘探工作从此进入一个新的阶段。此后由于人力、财力的增强和先进技术及设备的不断引进、更新，使台湾省石油与天然气勘探开发事业迅速发展，从而进入了台湾省陆域及海上油气勘探开发的鼎盛期。

六、开发利用程度

1946~1991年上半年，台湾省共打钻井约470口，其中海域约110口，目前的最深钻井为1983年6月至1984年11月钻探完成的新竹县宝山11号井，深度达5863 m，钻井成功率在30%左右。自

20世纪50年代末打开深层油气藏以后，台湾省陆域在此之前发现的油气田除出磺坑和锦水仍还维持生产外，又先后发现了铁砧山-通霄（1962年）、崎顶（1964年）、宝山（1966年）、青草湖（1967年）、白沙屯（1970年）、永和山（1971年，后并入锦水气田）、八掌溪（1972年）和新营（1981年）等油气田，以及台西（THS-1）关子岭（KTL-1）等一些重要见油气井或含油气构造。为拓展油气资源新领域，台湾省“中国石油公司”于1972年12月设立了“海域石油勘探处”，自1973年开展海上钻井作业以来，先后已发现台西南盆地高雄外海的致昌（1974年）和台西盆地新竹外海的长康（1979年）等油气田，以及致昌附近的建丰（CGF）、致胜（CFS）、致兴（CFH），长康附近的长胜（CBS）、长安（CBA）、长隆（CBL），彰化鹿港外海的振安（CDA），澎湖外海的振威（CDW）与基隆北方外海的永茂（YCM）等一大批重要见油气井与含油气构造，致昌油气田构造区还是台湾省在白垩纪地层中钻获油气之先例。

由于新油气田的相继发现和开发，使油气生产逐年呈上升趋势。1977年是台湾省油气生产的高峰期，当年生产石油（主要为凝析油）约22×10^4 t、天然气约20×10^8 m^3。此后，油气产量虽又逐年下降，但随着1985年八掌溪气田、1987年新营气田投产，以及1986年海上长康油气田的开发成功，油气年产量渐趋稳定。截至1990年底，台湾全省共有油气生产井133口，其中海上生产井9口。1985~1994年，平均每年生产石油约12.9×10^4 t、天然气约13.45×10^8 m^3，均相当于台湾收复初期10年年平均产量的40倍左右（1946~1955年间，平均每年生产石油0.3047×10^4 t，天然气3206×10^4 m^3）。

综上所述，1946年以来，台湾省石油与天然气勘探开发工作得到了发展，油气勘探开发事业日臻完善，且随着深层油气钻探和海上气田开发成功，以及一大批重要含（见）油气构造的相继发现，为台湾省油气勘探、开发开拓了广阔的前景。

七、油藏主要圈闭类型、矿床类型及矿床论述

（一）油藏圈闭类型

油藏分类一般遵循下列原则：①油藏的地质特征，包括油藏的圈闭、储集岩、储集空间、压力等特征；②油藏的流体及其分布特征；③油藏的渗流物理特征，包括岩石的表面润湿性，油水、油气相对渗透率，毛管压力，水驱油效率等；④油藏天然驱动能量和驱动类型。

油藏分类代表性的是按储层形态分为层状、块状、不规则状3类。近年来多数趋向于以圈闭成因作为划分类型的依据，分为构造油气藏类（包括背斜、断层和刺穿接触油气藏），地层油气藏（包括潜山、生物礁、不整合覆盖和地层超覆等油气藏），岩性油气藏（包括透镜状岩性、尖灭状岩性油气藏），其圈闭类型见表1-2。

表1-2　油气藏圈闭类型

大类	小类	特征
构造圈闭	背斜圈闭	地层在构造运动作用下发生弯曲而形成向四周倾伏的圈闭
	断层圈闭	储集层沿上倾方向受断层遮挡而形成的圈闭，断块圈闭为断层圈闭类型之一，是若干断层将储集层从各个方向切割成孤立断块而形成的圈闭
	刺穿圈闭	由于岩体刺穿接触遮挡而形成的圈闭
地层圈闭	不整合圈闭	以不整合面作为储集层上倾方向不渗透遮挡面而形成的圈闭
	岩性圈闭	由于储集层在横向上岩性变化而形成的圈闭
水动力圈闭		以水动力作为遮挡阻止油气继续向前运移而形成的圈闭
复合圈闭		储集层上倾方向由两种或两种以上因素联合封闭而形成的圈闭

台湾省现已发现的油气田主要分布在西部陆地及其附近海域，以及澎湖-北港隆起区的斜坡部位等地区。经过多年油气勘探，台湾省的油气藏已由过去较易被发现的背斜构造圈闭类型，逐渐扩展至较复杂与较难被发现的断层构造断块构造圈闭和地层-背斜复合圈闭。

1. 背斜构造圈闭

背斜构造圈闭为台湾省主要油气藏类型。迄今在台湾省西部至滨海平原地区发现的油气田中，大都属这种背斜构造圈闭类型油气田，但比较具工业价值的背斜构造圈闭类型油气田却大都分布在山麓带西半部，如锦水-永和山、铁砧山-通霄、青草湖、崎顶、白沙屯、新营及山仔脚和宝山等；而山麓带东半部由于地层遭受比西半部更为强烈的挤压，油气逸散严重，较难形成有工业价值的油气田。因此，这个地带虽先后发现了北部的出磺坑、竹东及南部的竹头崎、牛山、冻子脚和六重溪等背斜构造圈闭类型油气田，但目前仅有出磺坑油气田还在维持生产油气。需要特别指出的是，这种背斜构造圈闭类型油气藏，近几年在台湾省西南部的台西南盆地中，首次发现的一种砂岩裂隙储集层，具有极大的油气潜力。这个地区的白垩纪、渐新世致密砂岩层，可能受南中国海盆地地壳张裂与海洋扩张运动的影响，发生断裂褶皱作用而产生一系列相当发达的构造性裂隙，而成为油气储集的良好场所。其白垩纪砂岩裂隙储集层的油气主要来自上覆的渐新世地层，属“新生古储型”成油组合，而渐新世砂岩裂隙储集层的油气则主要属一种“自生自储型”成油组合。据致胜1号井（CFS-1）资料，这种砂岩裂隙储集层的厚度达200 m。

2. 断块构造圈闭

这类圈闭一般为由反向正断层组成的断块构造，主要分布于澎湖-北港隆起区及观音隆起区的斜坡地带。目前发现此类型油气田有八掌溪气田和长康油气田及其附近含油气构造。

3. 地层-背斜复合圈闭

这类圈闭主要系由地层不整合面或岩性尖灭和背斜组成，如台西含油构造即属此类，在青草湖、白沙屯、锦水-永和山、铁砧山-通霄、出磺坑等油气田这类圈闭也均有出现。

台西含油构造位于澎湖-北港隆起区的北坡，为一穹窿状背斜构造，长约20 km，宽约10 km。在该构造上钻探的台西1井（THs-1）已获工业油气流（约日产气6×10^4 m^3、油0.0103×10^4 t），其产层为相当大寮组的碧灵页岩中的砂岩夹层（气层）和覆盖于古新统侵蚀面上与木山组相当的八掌溪砂岩（不饱和油层）。据有关资料分析，油气可能沿古新统顶部不整合面运移至上覆的八掌溪砂岩聚集成油气藏。

矿床类型：石油矿床成因类型为生物化学沉积型。

（二）石油油田论述

台湾省及其附近海域地区，先后已发现背斜构造达100多个，其中陆上有90多个。100多年来（1878年始），经过对这些构造的勘查和迄今已完成的几乎遍及各构造的700多口井的钻探（其中日本占领时期钻井251口），先后已发现的17个油气田及一批潜力较大的含油气构造（表1-3），它们主要分布在北部新竹-苗栗和南部嘉义-台南及新竹与高雄外海等地区。在已发现的油气田中，目前除致昌油气田尚未规划开发，以及锦水-永和山、铁砧山-通宵、出磺坑、青草湖、八掌溪、新营和长康等7个油气田还在维持生产外，其他9个油气田的生产能力已经枯竭或接近枯竭，约占已开发油气田的56%。

兹将台湾省各油气田概况分述如下。

1. 桃园山仔脚小型油气田

山仔脚油气田位于桃园县东约5 km处。1939年经日本技术人员调查，认为无勘探价值，后又于1954年重新评价，并于1955年钻获少量油气后，即予开发。

油气田位处山仔脚背斜西南部的构造高区。山仔脚背斜为一北东走向的不对称背斜，长约5 km，西北翼陡峭或倒转，顶部较宽阔平坦，东南翼倾角30°~40°，背斜区内的3个构造高区，愈向东北倒转愈烈，背斜两端急速倾伏。背斜轴部出露早中新世地层。

该油气田共完成3口钻井，除最深的山仔脚3号井（ST-3，深度1207.3 m）未见油气外，其余2口井仅获少量油气。主要储油气层为上渐新统五指山组三角洲相砂岩层，共有储油气层4层，深度为68~615 m，其中68~337 m的2个储层主要产气，425~615 m的2个储层以产油为主。因地下地质构造复杂，产油气面积狭小，生产能力已枯竭，于1965年停采。自1955年至停采时止，该油气田累计产油0.1526×10⁴ t、天然气约14.5×10⁴ m³。

表1-3　台湾西部陆、海域重要的含（见）油气构造

构造名称	地区	井号	钻探结果	产层时代
台西	云林西南海滨	THS-1	1个储油气层，日产气 6×10^4 m^3、油约 0.0103×10^4 t	中新世
永光	云林东南10 km	永光一号	1个储油气层，日产气 10×10^4 m^3	中新世
关子岭	台南东北部山麓	KTL-1 KTL-2	1个储油气层，日产气 4×10^4 m^3 1个储油气层，日产气 1.5×10^4 m^3	中新世
长安	新竹外海	CBK-1 CKB-2	3个储油气层，合计日产气 2.3×10^4 m^3、油约 0.0023×10^4 t 2个储油气层，合计日产气 15.9×10^4 m^3、油 0.0042×10^4 t	中新世
长胜	新竹外海	CBS-1 CBS-2	1个储油气层，日产气 0.9×10^4 m^3、油 0.0781×10^4 t 2个储油气层，合计日产气 28.5×10^4 m^3、油约 0.0010×10^4 t	中新世
长隆	新竹外海	CBL-1	3个储油气层，合计日产气 3.8×10^4 m^3、油约 0.00366×10^4 t	中新世
振安	彰化鹿港外海	CDA-1 CDA-3 CDA-5	2个储油气层，合计日产气 70×10^4 m^3、油约 0.004×10^4 t 2个储油气层，获微量原油 1个储油气层，获微量高粘度原油	始新世
振威	澎湖西北海域	CDW-1	2个储油气层，合计日产原油百余桶	始新世
建丰	高雄外海	CGF-1	1个储油气层，日产气 32.5×10^4 m^3、油约 0.0013×10^4 t	白垩纪
致胜	高雄外海	CFS-1	1个储油气层，日产气 40×10^4 ~ 52.4×10^4 m^3、油 0.00137×10^4 ~ 0.00164×10^4 t	白垩纪
永茂	基隆北方海域	YCM-1	2个储油气层，合计日产气 12.9×10^4 m^3	

2. 新竹长康小型油气田

长康油气田位于新竹县西约25 km海域，为台湾省第一个海上油气田，平均水深约65 m。1979年开始勘探，1986年11月正式开发生产。

油气田位处台西盆地北缘观音隆起南坡的长康构造，为一北西西向断层下盘（南盘）的正断层封闭构造。由于受断层切割，致沿断层面形成若干狭长型封闭高区，北西向延伸，属多层次油气的小构造分布区，总长达70 km，宽达20 km，油气田面积约31 km²。据美国海域油气分析专门公司（Core Lab.）在调查分析，证实长康（CBK）海域拥有天然气 46×10^8 m³，原油约 114×10^4 t（835万桶），比台湾"中油公司"原先的预估分别增加50%及178%（刘家华等，1988）。

长康油气田目前共有钻井26口，深部地层由上而下为更新统头嵙山组—上渐新统五指山组，新近纪沉积厚度巨大，大部钻井均未钻穿此时代地层。主要油气产层为上渐新统五指山组—下中新统木山组和下中新统石底组与中中新统南港组打鹿页岩段，发现的储油气砂层在20层以上，埋深均小于3500 m。现有油气生产井9口（其中水面完井5口，水下完井4口），设备最大生产能力为日产天然气 160×10^4 m³、凝析油约 0.137×10^4 t（10000桶），开发初期日产气 100×10^4 m³、油约 0.0548×10^4 t（4000桶）。1989年共生产天然气约 1.37×10^8 m³、凝析油约 3.9×10^4 t。自1986年11月至1991年5月已累计生产天然气 6.9×10^8 m³、凝析油约 23×10^4 t。该油气田预测可生产8年，估计最后收利可相当于开发总投资1.75亿美元的10倍。

3. 新竹宝山小型油气田

宝山油气田位于新竹县东南约10 km处，1966年5月第一口井钻获油气后即投入开发。

油气田位处青草湖背斜与竹东背斜间之丘陵地带的宝山背斜，为一个稍不对称的背斜构造，北东走向，长约 10 km，宽约 5 km。背斜出露上新统卓兰组—更新统头嵙山组，两翼地层倾角多在 10°以内，局部达 20°以上，北西翼略比南东翼陡。

宝山油气田迄今共有钻井 11 口，最深井宝山 11 号（PS-11），也是目前台湾省的最深井，深度达 5863 m。地层自上而下为更新统头嵙山组—下中新统大寮组，主要油气产层为大寮组的相当地层碧灵页岩和南港组打鹿页岩段。先后有 4 口油气生产井，目前油气资源已基本枯竭，现并入青草湖-崎顶气田生产。截至 1985 年底，该油气田累计生产天然气约 45×10^{8} m^{3}、凝析油约 0.6034×10^{4} t。

4. 台南竹头崎小型油气田

竹头崎油气田位于台南县（新营）东南约 30 km，玉井镇东北约 4 km，为台湾省最南部的油气田。由于附近油气苗露头甚多，故被发现也较早。日本占领时期共钻井 7 口，掠走原油约 0.138×10^{4} t、天然气约 350×10^{4} m^{3}。

油气田所处的竹头崎构造，为一略向西突出的北北东向狭长断层背斜，长约 28 km，宽 8 km，西翼沿陡倾（倾角约 65°）的逆冲断层由东向西位移约 1000 余米。背斜轴部出露相当中新统南庄组的“长枝坑层”。

竹头崎油气田先后共钻探 20 口井。钻遇地层由上而下为相当上新统卓兰组下部—锦水组上部的“竹头崎层”至中新统“长枝坑层”，主要油气产层有深度为 700~1250 m 的“长枝坑层”和相当中新世晚期桂竹林组关刀山砂岩段的“糖恩山层”，共有储油气层 8 层，除第 1 层在“糖恩山层”外，其他都在“长枝坑层”，较浅的 1~5 层主要产油层，而较深的 6~8 层主要产气和少量原油。该油气田曾有 11 口井生产油气，但因生产面积有限，储油气岩层岩性致密、渗透率和孔隙率不佳，致产量不大，生产能力日益枯竭，而于 1968 年 2 月停产。该油气田自 1940 年开始生产起至 1968 年止，累计生产原油约 0.534×10^{4} t、天然气约 5300×10^{4} m^{3}。

5. 高雄致昌小型油气田

致昌油气田位于高雄市西南约 100 km 海域，1974 年以后陆续钻获具经济价值油气藏，是台湾省西南部近海油气前景较好的一个地区，目前准备作进一步勘探评价后予以开发。

油气田位处台湾省西南部台西南盆地（台湾称台南盆地）西北侧的海域。台西南盆地中心位于高雄市西偏南约 100 km 海域，最大水深达 3000 m，北东走向，往西北升高，向东南倾没，北部以北东向义竹断层为界与澎湖-北港隆起相邻，南端倾入南海，西以东沙隆起为界与南海珠江口盆地相隔，东以屈尺-潮州断裂南段为界与中央山脉斜接，长约 430 km，宽约 160 km，面积约 45700 km^{2}。其中海域部分的 42000 km^{2} 中，可以划分为北部凹陷、中间隆起带和南部凹陷 3 大构造单元，区内中生代（白垩纪至侏罗纪）—新生代地层发育，沉积厚度达 9000 m 以上。这种隆凹相间、南北分带的构造格局，加上发育的中、新生代沉积，最有利于油气的形成与储聚，估计天然气蕴藏量达 300×10^{8} m^{3}，被台湾省称为“明日之星”。截至 1991 年 7 月，已钻探 22 口井，主要集中在中间隆起带的各含油气构造，已有约 30%钻井见工业油气流，极有可能找到大中型油气田。

致昌油气田处于的致昌构造（CFC），位于台西南盆地海域部分的中间隆起带的中部，为一受断层切割的不对称背斜，轴向北东，轴面稍向南东凸，长约 30 km，宽约 10 km。现已钻探 10 口井，有 6 口井已探获具工业价值油气藏，仅其中的致昌 1、9、10 号 3 口井合计日产天然气约 300×10^{4} m^{3}。根据地球物理、井下地质及地球化学资料综合分析，构造区内具有下部中新统、渐新统、白垩系及侏罗系 4 套良好的油气生、储层，并存在多套封闭作用很好的区域性盖层与多种圈闭类型，以及不整合面、断层面等不同的油气运移通道；同时，还具备有“新生古储型”和“自生自储型”两套不同性质的成油组合。前者是由渐新世页岩生成的油气，通过断层或不整合面移栖至白垩纪砂岩裂隙储集层后被白垩纪或渐新世页岩覆盖而成；后者则是以渐新世页岩作为生油气层，渐新世砂岩作为储集层，上被渐新世—早中新世页岩覆盖而成。此外，还可能出现一套“古生新储型”成油组合。目前发现的油气产层主要为下中新统、渐新统和白垩系，砂岩储层厚 20~50 m，埋深 2500~3400 m。构造区内的白垩系产层和裂隙储集层油藏均为台湾省及其近海地区首次发现。目前，由于在致昌构造南西侧的建丰构造（CGF）北东侧的致胜构造（CFS）等，都已探获具经济价值油气流（日产气 $30\times10^4\sim50\times10^4\ m^3$），而增加了发现大、中型油气田的可能性。

八、石油的时空分布特征及成矿规律

（一）石油的时空分布特征

台湾省的油气资源之所以主要分布在西部及其附近海域地区，主要原因是：

1）台湾岛西部及其附近海域地区，接近古大陆沉积物的供给来源，具有以砂岩和页岩为主的巨厚新生代沉积，三角洲相或海底冲积扇形砂层发育（表 1-4），有利于油气的储聚。且岩层受地壳变动影响小，褶皱轻微，断裂少，是油气形成的良好场所。

表 1-4　台湾西部主要油气产层之储油气砂岩发育概况

主要油气产层		储油气砂岩发育特征	
时代	岩石地层单位	北部地区	南部地区
中新世	桂竹林组	1）桂竹林期沉积中心在新竹-苗栗间山麓带，厚度达 1000~1500 m，往西南和北方向，尤其苗栗三义断层以南减薄。 2）其关刀山砂岩段为细-粗粒砂岩，最大粒径 2~4 mm，在台湾西北部厚 100~500 m，愈往南愈厚，粒度也逐渐变细	其关刀山砂岩段在嘉义、台南山麓地区厚度增至 600 m 以上，砂岩大部分变为杂砂岩，最大粒径 0.25~0.5 mm
	南庄组	1）南庄期沉积中心在新竹山麓地区的内坪附近，厚约 1500 m，向南、北、西 3 个方向减薄，向南减薄最明显，至台中附近已尖灭。 2）为发育良好之细-中粒石英砂岩，分布于锦水-出磺坑和坑子口-湖口地区的砂岩最大粒径达 2~4 mm，向南、北方向减薄变细	主要分布在嘉义以东的山麓地区，厚度自嘉义、台南山麓地区往东南增加，由细-极细粒砂岩组成，一部分中粒砂岩最大粒径 0.5~1 mm
	南港组的打鹿页岩段	1）南港期沉积中心在新竹、苗栗东边山麓地区，其沉积物厚约 1000 m，向西南、西北、东南方向减薄。 2）发育良好之砂岩分布在新竹-苗栗和桃园-观音地区，新竹-桃园间发育较差。于铁砧山厚度达 200 m，砂岩最大粒径 1~2 mm，向东、南方向减薄明显，至八卦力细道邦构造及台中地区已逐渐尖灭	砂岩逐层尖灭
	石底组	1）分布中台中、彰化以北至基隆外海。在新竹、苗栗以东之山麓地区为石底组沉积中心，厚度约 600 m，自此往西南、西和南北逐渐减薄，至新竹、苗栗沿海和台中地区厚度仅约 300 m。 2）（副石英）砂岩发育均匀，均为细-中粒结构	北港八掌溪地区在 50 m 厚度附近含细-粗粒砂岩
	木山组	1）在铁砧山、锦水、三义之间有一木山期沉积中心，故铁砧山上岛至新店附近厚度较大，往南减薄明显，至八卦山已减至 200 m。 2）苗栗-新竹和桃园-基隆地区地层之砂岩为粗粒，粒径 1~4 mm，但各自往其东南和南西变细，桃园-新竹间较细	北港八掌溪地区厚度 50~120 m，往北港高区减薄，为细-粗粒疏松砂岩
渐新世	五指山组	1）五指山组在台北北投附近最厚，约为 1200 m，往南减薄，至八卦山约为 200 m。 2）砂岩在北投和崎顶地区发育最好，为中粗粒结构，最大粒径约 4 mm，往南变细，到苗栗地区在 1~4 mm 间，至八卦山减为 0.5~2 mm	未沉积

注：南部地区和北部地区的西部海域，早期中新世砂岩发育良好，尤其南部地区的海域和滨海平原比其山麓带发育更好。所以砂岩发育良好的海域，若遇有良好之生油岩，即可形成储油气砂岩层。　（据周次雄，1990）

2）由于台湾岛主要构造作用的挤压力是由东向西，因此台湾岛西部山麓带，特别是山麓带西侧至滨海平原底下的新近纪地层，受主要构造运动的作用影响较小，构造作用渐趋减弱，断裂较小，褶皱宽缓，无强烈挤压与碎裂，有利于储油气构造的形成。而西部山麓带东侧地区，虽然主要也分布中新世地层，地面油气显示也较多，但因地层褶皱、断裂较强烈，地层破碎，背斜狭长且缺乏完整性，油气逸散严重，油气储聚条件相对较差。

3）台湾岛西部及其附近海域地区，上新世晚期普遍发育一套厚 80~400 m 的页岩层（锦水组页岩），是本区一个极佳的区域性盖层，对本区油气起到了很好的封存作用。

而台湾岛东部海岸山脉地区，沉积层也属上新世—更新世，且也有若干不完整的狭长背斜构造及天然气与泥火山露头，但因本区是一个多火山岩地区，先后多期喷出的火山岩分布甚广，对油气形成较不利，其油气蕴藏条件不及台湾岛西部及其近海地区。

（二）台湾省油气资源远景评价

1. 主要油气地质条件评价

根据地质构造特征、地球物理、钻井及实验结果等资料综合分析，台湾省西部及其附近海域等含油气地区，具有良好的油气地质条件，主要原因是：

1）本区自白垩纪以来由属于陆缘的裂陷盆地，后期转为前陆盆地，是一种属半封闭状态海湾环境的中型盆地，其早白垩世和新生代滨海-浅海相地层发育，在澎湖-北港隆起区南、北侧的凹陷中心，白垩纪以来的最大沉积厚度达约 10000 m，是形成油气的有利场所。

2）本区白垩纪—新生代期间，具有多期岩浆活动，规模虽都不大，但火山岩分布普遍，造成本地区具有较高的地热场，有利于有机质向烃类转化，从而降低了生油门限深度。如局部受到火山岩体影响，生油门限深度还会有所降低。

3）勘探实践表明，本区发育有中新统—上渐新统、始新统、古新统—白垩系 3 大套中等-较好的生油岩，有机质类型属 II_s-Ⅲ型的干酪根，生油岩在剖面上分布较为合理，生油层次多，厚度适中。据生油岩中的 R_o 值推测，其相应的排烃期为更新世、中新世和渐新世。

4）生、储、盖组合条件好，具有产油气层次多的特点。本区自上新统直至白垩系均有油气产层，其中以中中新统—上渐新统南港组的打鹿页岩段、石底组、木山组、五指山组尤为主要，始新统和白垩系（或含古新统）也已有重要油气产出。储层主要为三角洲相灰白色中-粗粒石英砂岩，储集性能极好，此外可能还有灰岩和生物礁储层。而本区广泛发育的暗色泥质岩层（如下中新统碧灵页岩，中中新统打鹿页岩及上新统锦水页岩等）不仅是良好的生油岩，而且是良好的盖层。根据不同层组特征，除主要可构成“下生上储”“自生自储”成油组合外，近年来在台西南盆地还发现“新生古储”型（即“上生下储”型）成油组合，即由渐新世页岩生成的油气，通过断层或不整合面运移至白垩纪砂岩裂隙储集层，其上被白垩纪或渐新世页岩所覆盖而构成。

5）具有背斜构造、断块构造、地层-背斜构造等多种圈闭类型，有利于油气聚集。

2. 油气远景预测区划分

根据油气源的丰富程度和离生油凹陷的远近、沉积厚度和生、储、盖组合等条件，台湾省及其近海区域的油气资源可大致划分为 A、B、C 3 类远景预测区。

1）A 类远景预测区为油气资源远景的最好区域，其主要位于盆地或凹陷的主体部位，且相对较为开阔。根据勘探和油气蕴藏量，台湾省西北部台西盆地的长康地区和南部的台西南盆地，应属此类远景区。其白垩系—新生界沉积厚度大于 5000 m，并有发育成熟的白垩系、上渐新统—中新统油气源岩、盖层厚度大，油源丰富。这个远景预测区中除正在生产的小型长康油气田外，根据目前发现的油气蕴藏量和油气地质条件特征，台西南盆地还可望发现大、中型油气田。

2）B 类远景预测区为具有较好油气资源远景的区域，主要位于盆地或凹陷边缘及隆起斜坡区，如台湾省西北部陆地及澎湖-北港隆起斜坡区。其以新近纪为主的沉积厚度达 3000~5000 m，有发育成熟的上渐新统—中新统油气源岩，盖层厚度也较大，油源较丰富。但因遭受构造作用力影响较大，油气聚集相对较差。目前台湾省陆上仍在生产的锦水-永和山、出磺坑、铁砧山-通霄、青草湖等油气田都在这个远景区中。此外，根据最近的研究成果，台湾省东部花莲外海推测蕴藏有丰富油气，也可划归此类油气远景预测区。

3）C类远景预测区为目前油气资源远景相对较差的区域，主要是澎湖-北港隆起区。其中、新生代沉积厚度一般小于3000 m，虽发育有白垩系—古新统、始新统两套生油岩，但始新统（或古新统）往往缺失或不成熟，且离生油凹陷较远，盖层厚度小，油源不丰。这个远景预测区目前尚未发现油气田，见（含）油气构造也不多。

（三）石油的成矿规律

1. 油气产出层位及生产能力

多年的勘探实践表明，台湾省油气的产出层位自上新统至白垩系（甚至还可能有侏罗系）几乎均有发现，具有油气层位多的特点。

上新统锦水组的砂岩透镜体，在青草湖、崎顶和牛山等油气田都有产层，厚度一般8~70 m，日产气$2.5\times10^4 \sim 4.0\times10^4$ m^3。

上新统—上中新统桂竹林组的砂岩层，在锦水和青草湖气田是较主要的油气产层，厚度75~100 m，日产气$4\times10^4 \sim 6.5\times10^4$ m^3。

中中新统南港组打鹿页岩段中的打鹿砂岩层，是长康气田、锦水-永和山和铁砧山-通宵气田等的最主要油气产层，厚度一般20~50 m，最厚可达200 m左右。其由陆上新竹、苗栗地区向西和西北的海域方向增厚、层次增多（1~7层）；砂岩成分以石英为主，含量79.2%~92%，有效孔隙度2%~31%，绝对渗透率小于1.6~1518 mD。长康油气田日产凝析油和天然气分别为0.0143×10^4 t和100×10^4 m^3（CBK-11井）。

下中新统—上渐新统木山组的砂岩层产层分布甚广，它不但是长康油气田及其附近含油气构造的重要油气产层，而且也是锦水-永和山、出磺坑、铁砧山-通宵、崎顶等油气田的产层。该砂岩层厚度平均48m，成分以石英碎屑为主，有效孔隙度6.5%~9.4%，有效渗透率1~20 mD。在长康构造，日产凝析油约0.014×10^4 t、天然气8×10^4 m^3（CBK-15）；在长胜含油气构造，日产凝析油约0.001×10^4 t、天然气28.5×10^4 m^3（CBS-2）；在长安含油气构造，日产凝析油约0.0042×10^4 t、天然气15.87×10^4 m^3（CBA-2）。同时，与木山组相当的八掌溪砂岩，还是澎湖-北港隆起附近的台西含油气构造和八掌溪气田的重要油气产层，其厚度达40~50 m，孔隙度18.95%~34%，气体渗透率570 mD，液体渗透率380 mD，物性极好。该砂岩层目前发现的最高日产量为原油约0.0103×10^4 t、天然气6×10^4 m^3（THS-1）。

上渐新统砂岩层是台西南盆地致昌构造等的重要油气产层，也是锦水、山仔脚等油气田的产层之一。在致昌构造（CFC），其厚度平均153.8m，日产天然气48×10^4 m^3。

随着深部油气勘探的开展，已在始新统和白垩系陆续钻获工业油气流。在漳化县鹿港外海的振安构造，始新统的砂岩层日产凝析油约0.004×10^4 t、天然气70×10^4 m^3（CDA-1）。下白垩统是最近几年发现的一个重要油气产层，在台湾省西北部，其砂岩层和鲕状灰岩中已见油气显示；而在台湾省西南部的台西南盆地，其砂岩层厚约50 m，日产天然气76.7×10^4 m^3（CFC-9）。

综上所述，台湾省油气的产出层位虽存在于上新统至白垩系，甚至还可能有侏罗系，但大量勘探、开发实践表明，中新统石底组、南港组打鹿页岩段及木山组、渐新统五指山组是目前台湾省最主要的油气产出层位，这些产层砂岩储集层发育，且大部分属三角洲相-滨浅海相沉积，油气产能大。但根据近几年的勘探，白垩系也很可能成为台湾省一个重要的油气产层。

2. 生油（气）条件

（1）生油岩的有机质丰度

台湾省西部及其近海地区具有油气生成层位多的特点，各生油岩系的有机质丰度（表1-5）分述如下：

1）中新统：台湾省西部大量的钻孔揭露表明，中新统具有3套煤系地层，自下而上为木山组和大寮组，石底组和南港组，南庄组和桂竹林组下部。这3套煤系地层是台湾省西部中新统的重要油气形成母岩。现已证明除生成大量天然气外，还可生成一定量的凝析油或轻质原油（据碳同位素δ^{13}Cl

测定，其数值低至-40.8%~47.9%，证明具低变质阶段煤成气的特征）。另外有与大寮组相当的碧灵页岩及南港组打鹿页岩段都具有一定的生油气能力，打鹿页面厚达432 m（苗栗地区）。从白沙屯地区打鹿页岩的有机物红外光谱看，其反映成烃脂族基团 CH_3、CH_2 的1370 cm^{-1}、1450 cm^{-1}、2840 cm^{-1}、2900 cm^{-1}吸收峰强度小，而反映芳核结构的1600 cm^{-1}、700~900 cm^{-1}吸收峰强度大，这表明该区打鹿页岩的原始有机质以陆生植物为主，所以煤的存在有利于油气生成。但此北部中新统3个含煤系地层相比，南部与此相当的地层仅有少许煤线或煤碎片，因此有机质丰度也产北部逊色。

表1-5　台湾省西部暗色泥质岩有机质丰度

<table>
<tr><th rowspan="2">年代地层</th><th rowspan="2">岩石地层</th><th colspan="3">有机碳/%</th><th rowspan="2">代表井</th></tr>
<tr><th>范围</th><th>平均</th><th>总平均</th></tr>
<tr><td rowspan="6">中新统</td><td>南庄组</td><td>0.88~0.91</td><td>0.89（2）*</td><td rowspan="7">0.81（41）</td><td>观音-1，杨梅-2</td></tr>
<tr><td>南港组（打鹿页岩）</td><td>0.21~2.02</td><td>0.77（11）</td><td>白沙屯-3，锦水-76</td></tr>
<tr><td>凑合组</td><td>0.57~0.83</td><td>0.70（2）</td><td>坑子口-2，平镇-2</td></tr>
<tr><td>石底组（出磺坑组）</td><td>0.41~1.45</td><td>0.76（5）</td><td>观音-1，湖口-4，锦水-76，CB-X，CB-Y</td></tr>
<tr><td>大寮组（碧灵页岩）</td><td>0.62~0.75</td><td>0.69（2）</td><td>CB-X</td></tr>
<tr><td>木山组（八掌溪砂岩）</td><td>0.50~1.42</td><td>0.88（12）</td><td>观音-1，湖口-4，平镇-2，锦水-76，CB-X，CB-Y</td></tr>
<tr><td>上渐新统</td><td>五指山组</td><td>0.23~1.81</td><td>0.85（7）</td><td>CB-X，CB-Y，山仔脚-2</td></tr>
<tr><td>始新统</td><td></td><td>0.87~2.65</td><td>1.43（40）</td><td>1.43（40）</td><td>中央山脉西坡</td></tr>
<tr><td>古新统</td><td></td><td>1.26~1.52</td><td>1.37（48）</td><td rowspan="2">1.28（55）</td><td>东海陆架南部温州6-1-1</td></tr>
<tr><td>下白垩统</td><td></td><td>0.36~1.03</td><td>0.71（7）</td><td>北港-2，万兴-1</td></tr>
</table>

*括号内数字表示样品数。　　（据福建省地质矿产局，1994）

2）上渐新统：上渐新统根据新竹以北地区瑞祥1井、山仔脚2井、平镇2井，青草湖2井、崎顶8井等揭露的五指山组暗色泥质岩分析，其有机碳平均含量为0.85%，属中等生油岩，具有生油能力。

3）始新统：始新统暗色泥质板岩在中央山脉西坡厚度大于2200 m。据40个样品分析数据，有机碳平均含量为1.43%，属好的生油岩。但在彰化县王功1井（WG-1井）揭示的始新统暗色泥质岩为中等生油岩。

4）古新统：台湾省西部王功1井、台西1井揭示的古新统暗色泥质岩证实有一定生油潜力。据紧邻台湾省北部的东海陆架南部温州6-1-1井揭示的古新统暗色泥质岩有机碳平均含量为1.37%，应属较好的生油岩。

5）下白垩统：于台湾省西北部万兴1吉揭露的，在间夹87 m 鲕状灰岩总厚度近1000 m的一套下白垩统中，其间有厚度约500 m的深灰-黑色页岩，页岩有机碳含量为0.57%~0.81%；而在台西南盆地致昌构造（CFC-1、2、5井），白垩系有机碳含量达1%~2%，应属中等-良好的油气源岩。

此外，在台湾省西南部台西南盆地的海域，由孢粉化石发现白垩系下伏的以陆相沉积为主的侏罗纪地层，它的厚层黑色页岩足以作为良好生油岩与盖层，其油母质镜质体反射率为0.8%~1.2%，接近产气巅峰期。

综上所述，台湾省西部及其近海地区具有中新统—上渐新统、始新统、古新统—白垩系为主的3套生油气岩，此外还可能有侏罗系生油岩。除中新统煤系地层中的煤为油气形成的主要原始有机物外，中新统以前油气形成的原始有机物则主要为暗色泥质岩。

（2）有机质类型

从台湾省西部WA、WB、WC 3口研究深井（WA井深度5012 m、WB井深度5711 m，二者均钻至下中新统木山组；WC井深度5151 m，钻至上新统相当锦水组—卓兰组的“上古亭坑层”。）上新统一上渐新统岩样的 H/C 比率与镜质体反射率的关系图中可以看出，大多数岩样有机质的干酪根类型都介于Ⅱ、Ⅲ型之间。更进一步观察还可发现，其中北部两口井（WA、WB 井）除少数倾向Ⅰ、Ⅲ型外，多数样品有机的干酪根都偏向于Ⅱ型，而南部 WC 井有机质的干酪根类型则多偏向于Ⅲ型。根据岩样的热解色谱资料，从氢指数（*HI*）氧指数（*OI*）和热解分析中产生沥青最多的温度（T_{max}）的关系图中也一再证明 WA、WB、WC 井岩样有机质属Ⅱ、Ⅲ类型的干酪根。这些特征表明，台湾省西部地区有机物质主要来源于海洋和陆生生物的混合物或高等植物。从苗栗县东北部沙河 1 井的岩样色谱-质谱分析结果，用 5α、4α、17α-甾烷（20R）不同碳数（C_{27}-C_{29}）的三角坐标关系图，显示出石底组、大寮组、木山组、五指山组之岩样落在 C_{27}（胆甾烷）和 C_{29}（豆甾烷）之间。说明含有相对较高有利于生气的水生有机物质；南庄组东坑页岩段之岩样落在靠近 C_{29} 的位置上，表明主要为有利于生气的陆生有机物质；而南港组的打鹿页岩段、北寮砂岩段等则介于两者之间。生物标志化合物二降藿烷/藿烷（bisnorhopane/hopane）混合物 X/藿烷（compound/hopane）18α-奥利烷/藿烷（18α-oleanane/hopane）与深度作图也表明，新近纪生油岩有机质除海洋生物外尚有陆生植物，而南庄组东坑页岩段的有机质组成中含有更多的陆源高等植物。

综上所述，台湾省西部地区的有机质类型主要的一种近于腐殖型（ⅡB）的过渡型干酪根和腐殖型（Ⅲ）干酪根。

（3）生油岩的有机质热演化程度

台湾省西部地区有机质成熟度在横向上由东往西逐渐由高变低（木山组的 R_o 值由东边大于 1% 向西逐渐减小至 0.4%左右），这一变化主要是受到火山岩体和构造断裂带的作用影响的结果。东边由于构造和热力作用较强，所以有机质的成熟度较高；而西边火山活动相对较弱，且远离屈尺-潮州断裂带，受到的构造和热力作用较弱，有机质成熟度逐渐降低。区域地质特征亦表明，台湾省西部地区的褶皱、断裂的规模、频度和幅度都具有自东向西逐渐减弱的特点，这一变化规律与有机质的成熟度变化是一致的（表 1-6）。

表 1-6　台湾省西部主要产油层生油岩有机质地球化学特征

岩石地层	参数	新竹和苗栗地区	滨海平原地区	南部山麓丘陵地区
南庄组	丰度	一般	一般	一般
	成熟度	中等成熟	中等不成熟	不成熟
	产物	气为主含油	气	气或油
南港组（打鹿页岩）	丰度	稀少到一般	稀少	一般
	成熟度	中等不成熟到成熟	中等不成熟	中等不成熟到中等成熟
	产物	气为主含油	气或油	气或油
石底组	丰度	一般到中等	一般	稀少
	成熟度	中等不成熟到成熟	中等不成熟到成熟	成熟
	产物	气为主含油	气或油	气或油
木山组和五指山组	丰度	一般到中等	一般到中等	一般
	成熟度	成熟	中等不成熟到成熟	成熟
	产物	气为主含油	气或油	气或油

（据关明义等，1986）

在纵向上，从台湾省西部地区 WA、WB、WC 三口研究深井资料显示，北部 WA、WB 井中中新统的生油门限深度及相应温度约分别大于 3000 m 与 110 ℃。随其反映的镜质体反射率 R_o 值为 0.6%，对应的热解峰温 T_{max} 值为 429 ℃（这个 T_{max} 值比 1982 年 Dow 和 O′Connor 提出的 435 ℃与 R_o 值 0.6% 相关数低约 6 ℃），这一生油门限深度与沥青含量比率所获得的结果也相当吻合。由此看来，T_{max} 值可以作为北部新近纪岩石良好的热成熟参数。但南部 WC 井因地层时代太新，其有机质成熟程度低（R_o 值 0.3%~0.6%）范围小（差值仅 0.3%），故 T_{max} 不适用于南部的上新世岩石。

薛朝民等（1985）曾根据 Waples（1980）的方法，将 10 和 160 的 TTI 值与镜质体反射率 R_o = 0.6%和 R_o = 1.3%的对应关系来确定生油的上下门限深度，即开始生油时 TTI = 10（R_o = 0.6%，生油高峰期 TTI = 30（R_o = 0.8%），生油终止时 TTI = 160（R_o = 1.3%），借此推测台湾省西部（主要是北部地区）中新统各岩石地层单位的生油门限深度（表 1-7），其结果同由有机化学参数（如镜质体反射率和沥青含量比率）所获得结果也相吻合。据此，推测以 3000 m 门限深度作为台湾省西部地区中新统的生油门限深度是较为合适的。

表 1-7　台湾省西部盆地各岩石地层界面 R_o 值及 TTI 值

岩石地层	深度/m	TTI	R_o/%	岩石地层	深度/m	TTI	R_o/%
卓兰组*	1167	<1	0.31	石底组	4156	27	0.79
锦水组	1382	<1	0.33	大寮组	4518	56	0.89
桂竹林组	1908	<1	0.39	木山组			
南庄组	2913	2	0.53	钻井深度	5012	130	1.04
南港口组	3832	15	0.71				

*实验井之 WA 井资料。（据薛朝民等，1985）

始新统、古新统和白垩系由于时代较老，埋藏较深，以及受燕山期—喜马拉雅期的火山岩影响，因此，其生油门限深度应比中新统的浅。台湾省西部及其附近海域的新近系目前主要发现的澎湖-北港隆起以北地区。本区在地质构造上与北部东海陆架盆地的关系密切，属其南延的一部分，因此，它们的成因必有一定的内在联系，会有类似的构造史、沉积史及地热场特征等。目前，据东海陆架温东坳陷（灵峰 1 井地温梯度 3.4 ℃/100 m）的生油门限深度应为 2300~2500 m，属中高地温梯度区等资料，推测本区新近系的生油门限深度应为 2300 m 左右，但如局部地段受火山岩的影响，生油门限深度会更浅些。白垩系的生油门限深度，据台湾省西北部的万兴 1 井（WH-1 井）资料，下白垩统深灰-黑色页岩中的 R_o 值为 0.625%~1.69%，表明该井揭示的下白垩统页岩处于成熟至过成熟阶段。该井下白垩统的顶界可能为 1420 m，因此，推测其生油门限深度应在约 1400 m 左右。

综上所述，台湾省西部及其附近海域地区生油岩的有机质热演化程度，不同的时代层组生油门限深度各异：下白垩统约在 1400 m 附近，古近系在 2300~2500 m 处（地温梯度约 3.4 ℃/100 m）。中新统的生油门限深度一般虽在 3000 m 附近，但由于各地生油岩所处的构造位置、火山岩体的影响和地温梯度的不同，其不同层组的生油门限深度亦不一样：锦水-永和山气田因位于较高热流值带上（地温梯度 3.65 ℃/100 m），生油门限深度仅在 2330 m 处（卢东郎，1981）；往北的湖口、观音地区生油门限深度增至 3000~4000 m（地热梯度 3.06~3.07 ℃/100 m）；而往南到铁砧山、八卦山等地的生油门限深度增至 2800~4800 m（地热梯度 3.21~1.66 ℃/100 m）。

（4）生油岩的排烃期与油气运移

1）关于主要排烃期的讨论：从台湾省西北部 WA 井新近纪沉积埋藏史及生油门限值示意图可知，自木山组—卓兰组的所有Ⅱ$_B$ 干酪根生油门限的 R_o 值为 0.6%，相应深度是 3000 m，生油高峰期的 R_o 值为 0.8%。若以宝山 8 井—八卦山 1 井为例，其上新世锦水组页岩中有机质的生油高峰期埋藏深度为 3500~4000 m。根据生油高峰期大致就是原油的初次运移期，亦就是排烃期的起始点这个推论，便宜可得出台湾省西部各主要生油层之成熟期与排烃期如表 1-8。

2）油气运移的趋势：促使油气运主要是地层压力和地层温度。台湾省西部中新世中晚期由于角板山火山活动产出的火山岩引起接触变质，使有效范围内及邻近的生油岩能在短时间内进入成熟期，并从地层温度高的地区和温度低的地区运移。如新竹外海长胜（CBS）地区，由于火山岩的热效应，促使油气自西北向东南运移；地温差异的指向反映油气运移方向，这对新竹、苗栗地区油气田的形成亦产生一定的作用。

表 1-8　台湾省西部主要生油岩之成熟期与排烃期

生油岩		成熟期与排烃期	井号						
			铁砧山 TCS-8	锦水 CS-69	出磺坑 CHK-123	佳里 CLI-1	北港 PK-2	梅林 MLN-1	
中新统	南港组打鹿页岩段	成熟期	更新世早期（头嵙山组）	更新世早期（头嵙山组）					
		排烃期	现世	现世					
		成熟期	上新世（锦水期）	据 CS-76 中新世晚期（桂竹林组）	中新世晚期（桂竹林组）	更新世早期（头嵙山组）			
		排烃期	更新世早期（卓兰组）	上新世（锦水组）	上新世早期（锦水组）	更新世晚期（头嵙山组晚期）			
	木山组	成熟期	上新世晚期（卓兰组）	上新世早期（锦水组）	中新世晚期（南庄组）	上新世晚期（卓兰组）		更新世（头嵙山组晚期）	
上渐新统		排烃期	更新世早期（头嵙山组）	上新世晚期（卓兰组）	中新世晚期（桂竹林组）	更新世（头嵙山组）		现世	
	五指山组	成熟期							中新世中期（南庄组早期）
		排烃期							中新世晚期（南庄组早期）
始新统		成熟期							中新世早期（木山组）
		排烃期							中新世晚期（桂竹林组）
下白垩统		成熟期					渐新世前		
		排烃期					渐新世		

（据周瑞燉等，1986）

上新世末期—更新世中期的蓬莱造山运动，对台湾省西部的新近纪造成强烈的横向挤压力，形成地层压力新的不平衡，其结果必然导致产生油气运移和聚集的新格局，因此，当地层褶皱成背斜时，在背斜轴部附近地层压力最小，此时油气即由向斜往背斜轴部运移。

3）断层不整合面在油气运移中的作用：台湾省西部地区由于受到白垩纪—新生代以来多次构造运动的影响，导致地层褶皱和断裂，形成断块油气藏。但其大部分断裂由于都是挤压环境下所产生，具有逆断或逆掩性质，因此，作为油气运移的通道并不太理想，故其对绝大多数的气和全部的油不起运移作用，仅极少部分断裂对油气具有封闭作用（如八掌溪气田），或只对少量油气起通道作用（如牛山气田）。

3. 盖层条件

根据目前资料，台湾省西部及其附近海域地区的油气产出层位虽存在于自上新统锦水组以下至白垩系各层组之中，少量也存在于下部更新统，但其中以中-下中新统南港组打鹿页岩段、石底组、木山组和上渐新统五指山组，以及与它们的相当地层尤为重要。本区自新近纪以来，发育 3 套海进沉积旋回，使粗碎屑岩层之上往往有泥质岩层如锦水组页岩、打鹿页岩及与大寮组相当的碧灵页岩等覆盖，成为大面积发育的区域性盖层，因此，中新统的3套含煤地层可按生、储、盖关系划分为3套含油气组合，而其下伏的上渐新统至白垩系也均可构成相应的含油气组合。各油气组合中又可进一步划分出若干小组合，组合中的暗色泥质岩石，不仅可以生成油气，而且也是油气的良好盖层，构成自生自储的含油气组合。

依据台湾省西部地区白垩系至上新近纪各层组盖层发育情况，本区从下而上大致可划分为4套大的含油气组合：第一大组合由古新统—白垩系生成的油气，在古新统砂岩层中聚集，始新统的海相泥质岩为盖层，后者岩层厚约1000 m；第二大组合由始新统暗色泥质岩生成的油气，在始新统及上渐新统（五指山组）和下中新统（木山组）砂岩层中聚集，而下中新统大寮组的碧灵页岩为盖层，后者在新竹南部和苗栗地区最厚可达300~400 m；第三大组合由下中新统大寮组的页岩（如碧灵页岩）生成的油气，在中中新统石底组、凑合组的砂岩层（如出磺坑砂岩层、北寮砂岩层）中聚集，而中中新统南港组的打鹿页岩为盖层，后者在苗栗地区最大厚度达432 m，往东、东南方向减薄；第四大组合由中中新统南港组的页岩（如打鹿页岩）生成的油气，在中中新统南港组的砂岩层（如观音山砂岩层、东坑砂岩层）和上中新统南庄组的砂岩层（如上福基砂岩层、关刀山砂岩层）中聚集，而上新统的锦水组页岩为盖层。锦水组页岩在台湾省西部地区发育广泛，厚度为80~400 m，是本区一个区域性良好盖层。若遇适合油气地质条件，其页岩和所夹砂岩层还具有生油和聚集油气的潜力，构成一个自生自储小组合。

第二节　天　然　气

一、天然气的特征和主要经济用途

（一）特征

天然气是一种含碳氢物质的可燃气体，是地下天然储层中以气态存在，在地表压力与温度下仍为气态的烃类，发热量39.46 MJ/m^3。它的基本成分是烃类，以甲烷为主，一般组成比（体积分数）为70%~90%，其次是重烃类（即乙烷、丙烷和丁烷的总称），组成比3%~27%；非烃类成分主要是二氧化碳、氮、硫化氢、氢和惰性气体，通常组分比较少，最大的不超过15%。天然气是无色无味的气体，但当它混有硫化氢气体时，就会出现强烈的刺鼻臭味。在地面标准大气压状态下，天然气混合物的密度一般为0.7~0.75 g/m^3，随着重烃含量增多而变大。天然气的热值比较高，平均低位发热量为38.97 MJ/kg，标准燃料系数为1.33。

根据天然气中重烃（C_2以上）的含量，把天然气分为干气（贫气）和湿气（富气）。重烃含量高于或等于5%的为湿气，多与原油共存，也称为伴生气。湿气中的乙烷、丙烷、丁烷在增压后又可变为液态，故也称为液化石油气。重烃含量低于5%的为干气，干气中成分以甲烷为主。当天然气存在相当量的不可燃氮气时，就会减少气体的热量，需要进行减氮处理。

天然气按成因可以分为油田气、煤层气、生物气和水合物气4种。油田气是有机质在成油过程中或原油及干酪根在热裂过程中产生的石油烃类天然气，包括伴生气或游离气及与它们相对应的气田气。煤层气是有机质（主要是陆源的高等植物）在成煤过程中产生的以甲烷为主要成分的天然气。生物气是有机质尚未成熟时，在低温下（70 ℃内）由厌氧微生物分解有机质产生的甲烷气。水合物气是在低温、高压条件下，气体分子（如甲烷）渗入水分子晶隙中而被水缔合成的气体水合物。

在中国，常规的天然气储存形式是普遍存在的，包括气层气、溶解气、水溶气、凝析气。一般来说，“气层气”是指在原始储层条件下，天然气以自由气相贮集于储层内。“溶解气”指原始储层条件下，天然气以溶解状态贮存于储层内的原油中。“水溶气”指在原始储层条件下，天然气溶解于储层内的边水或底水中。“凝析气”指在原始地层条件下，天然气以自由相存在，但当地层压力降到露点压力以下时，有反凝析现象产生。对非常规的天然气类型，在中国仍属潜在的领域，主要指非常规油气、页岩气等。

页岩气是指赋存在页岩中，以吸附、游离状态存在的非常规天然气。据预测，世界页岩气资源量为456×10^{12} m^3，主要分布在北美、中亚和中国、中东和北非、拉丁美洲、俄罗斯等地区。页岩气与常规天然气资源量相当，其资源潜力甚至还可能大于常规天然气。目前，页岩气勘探开发正在由北美向全球扩展，成为全球油气资源勘探开发的新亮点。美国页岩气的蕴藏量非常大，能够在100多年中满足美国对天然气的需求。

（二）主要经济用途

天然气是气态的能源资源，可以作为民用和工业用的动力燃料，也可压制分离出液化天然气（LNG）作为液体动力燃料（天然汽油）。天然气与其他矿物能源比较，具有干净清洁、使用方便、燃烧效率高、当量热的价格低等优点。天然气还是重要的有机化学工业原料，如天然气中甲烷是生产合成氨、甲醇的主要原料。天然气凝析油是裂解乙烯的优质原料（收率高、成本低、投资少），同时还可制造橡胶工业所需的炭黑。天然气发电在世界上发达国家中发展很快。

二、矿产地数量

台湾全省以天然气为主的矿产地有12处。其中苗栗锦水-永和山、苗栗铁砧山-通宵、苗栗出磺坑3处为中型天然气矿产地，其他9处均为小型天然气矿产地（表1-9）。

表1-9　台湾省天然气矿产地及探明储量一览表

编号	矿产地名称	地理位置	探明储量/10^8 m^3	成矿时代	矿床类型	规模	备注
1（73）	苗栗崎顶	苗栗县城东北20 km	8	新近纪	生物化学沉积型	小型	
2（72）	新竹青草湖	新竹县城南偏东约5 km	8	新近纪	生物化学沉积型	小型	
3（105）	新竹竹东	新竹县竹东镇上坪溪两岸		新近纪	生物化学沉积型	小型	停产
4（121）	苗栗锦水-永和山	苗栗县城东北约8 km	122	新近纪	生物化学沉积型	中型	
5（140）	苗栗白沙屯	苗栗县通霄镇白沙屯		新近纪	生物化学沉积型	小型	并入铁砧山-通霄
6（145）	苗栗铁砧山-通宵	苗栗县城西南约17 km	260	新近纪	生物化学沉积型	中型	
7（147）	苗栗出磺坑	苗栗县城东南约11 km	286	新近纪	生物化学沉积型	中型	停产
8（264）	嘉义八掌溪	嘉义县城西南约15 km	10	新近纪	生物化学沉积型	小型	
9（273）	嘉义冻子脚	嘉义县城东南约17 km	95	新近纪	生物化学沉积型	小型	停产
10（292）	台南新营	台南县（新营）西北约3 km后镇附近	1	新近纪	生物化学沉积型	小型	
11（293）	台南六重溪	台南县城东约17 km六重溪	0.0182	新近纪	生物化学沉积型	小型	停产
12（296）	台南牛山	台南县城东南约15 km牛山	1.99	新近纪	生物化学沉积型	小型	停产

三、地理分布

台湾省石油与天然气的发现，虽与广布于台湾岛西部和东部海岸山脉等地区的油气苗露头有关，但经勘探开发，油气资源潜力较大的地区，则主要分布在西部新近纪沉积盆地内（图1-1）。台湾省西部的新近纪地层，由东向西分布于山麓地带，潜伏于滨海平原之下，并延展至台湾海峡海底，陆上面积达15500 km^2，约占台湾岛总面积的1/2。

而台湾岛东部海岸山脉地区，沉积层也属新近纪，且也有若干不完整的狭长背斜构造及天然气与泥火山露头，但因本区是一个多火山岩地区，先后多期喷出的火山岩分布甚广，对油气形成较不利，其油气蕴藏条件不及台湾岛西部及其近海地区。

四、资源储量

台湾省位于亚洲外缘油带中，具有较丰富的石油与天然气资源。据记载，至 1989 年止，台湾省海、陆域天然气证实蕴藏量约 200×10^{8} m^{3}（福建省地质矿产局，1994）。随着油气资源的不断开发、利用，油气蕴藏量也在不断减少。然而随着每年新发现增加的平均数亿至数十亿立方米天然气和数万至数十万吨原油蕴藏量（潘玉生等，1971），又使其源源不断得到补充，保证了台湾省油气的部分需求。据 1991 年 9~11 月间台湾地区的有关报道，台湾省陆、海域新发现增加的天然气蕴藏量就达 800×10^{8} m^{3}，其中云林县南部古坑乡一带天然气蕴藏量达 7×10^{8} m^{3}；台南县南部善化镇至新市乡一带天然气蕴藏量初估约 500×10^{8} m^{3}；被称为“明日之星”的高雄外海（台西南盆地），预估天然气蕴藏量可达 300×10^{8} m^{3}。由此可见，台湾的石油与天然气资源还是具有一定远景的。

五、勘查工作程度

天然气经常与石油共伴生，其勘查工作程度同石油勘查工作程度。

六、开发利用程度

天然气同石油共伴生，其开发利用程度见石油开发利用程度。

七、气藏主要圈闭类型、矿床类型及天然气田论述

（一）气藏圈闭类型

台湾省现已发现的油气田主要分布在西部陆地及其附近海域，以及澎湖-北港隆起区的斜坡部位等地区。经过多年油气勘探，台湾省的油气藏已由过去较易被发现的背斜构造圈闭类型，逐渐扩展至较复杂与较难被发现的断层构造断块构造圈闭和地层-背斜复合圈闭（同石油构造圈闭类型）。

矿床类型：天然气矿床成因类型为生物化学沉积型矿床。

（二）天然气田论述

1. 苗栗锦水-永和山中型气田

锦水-永和山气田位于苗栗县东北约 8 km 处，以台湾陆区两大气田之一。1866 年因附近河流中有油气泡冒出水面而被发现，由此而得名锦水，又名“滚水”。1913~1945 年，日本在该气田共钻探 47 口井，主要开发浅层油气，以生产天然气为主；抗日战争胜利后，由于浅层油气已基本枯竭，经地质勘查，于 1959 年加深钻探锦水 38 号井（由原井深 3583 m 加深至 4063 m），成功钻获了深层油气，日产天然气 11×10^{4} m^{3}，原油 0.00086×10^{4} t，使之恢复生机，兼之 1971 年以后其北边新发现的永和山气田的并入，使该气田维持生产至今。

气田所在的锦水构造为一个稍不对称的背斜构造，北东走向，长约 15 km，宽约 6 km，中间被一构造鞍部分割成北边的赤崎子高区和南边的老田寮-扒子岗高区，前者较宽阔，构造位置也高出后者约 40 m。背斜两翼略呈西缓东陡，东翼 15°~40°，西翼 10°~25°，但距离轴部较远处地层倾角变陡，可分别增至 60°以上。

气田共发现 34 个储油气层，深度在 500~5000 m，自上而下分布在上新世锦水组—晚渐新世五指山组之中，主要产层在中中新世—晚渐新世。至 1986 年底止，其天然气可采蕴藏量尚余约 22×10^{8} m^{3}（曾弘志，1987），目前共有钻井 100 口，最深井深 5398 m（YHS-11 井），其中油气生产井约 25 口，沿背斜两翼，由南到北散布于长 5.5 km、宽 2 km 之区域内。主要生产 13 产层（相当于中中新统南港组打鹿页岩段产层）以下油气，天然气和凝析油年产量分别为 $1.5\times10^{8}\sim2.0\times10^{8}$ m^{3} 和 $1\times10^{4}\sim2\times10^{4}$ t。本气田从 1923 年开始生产，迄今共已生产天然气约 100×10^{8} m^{3}、凝析油约 35×10^{4} t。

2. 苗栗铁砧山-通宵中型气田

铁砧山-通宵气田为目前台湾省最大的气田，位于苗栗县西南约 17 km 后龙溪与大安溪之间的西部海岸边。1935 年和 1939 年日本人曾在本气田北面钻井两口，均未获油气；1955 年以后，经综合地质和地球物理（重力、地震）勘测资料研究，于 1962 年开钻的铁砧山 1 号井（TCS-1 井）及此后（至 1964 年底止）所钻 7 口井，陆续发现丰富油气，1965 年起即正式投入开发生产至今。

气田位于两个呈雁行状排列的背斜构造区内，北面称通宵背斜，南面称铁砧山背斜，二者水平距离 2 km，前者构造位置约后者高 300 m。这两个背斜都是宽大平缓的稍有对称背斜，总长度不超过 15 km。背斜两翼出露的上新世卓兰组—更新世头嵙山组之倾角，除西翼北端及东翼南端较陡外，大部均在 15°以下。

气田地下之新近纪地层发育完整，由上而下自上新统卓兰组—上渐新世五指山组均有沉积，已发现约 14 个储油气层，主要在深度 2600～4700 m 的中中新统南港组—上渐新统五指山组之间。截至 1986 年底，其天然气可采蕴藏量尚余约 66×10^8 m^3（曾弘志，1987）。目前共有钻井 40 口，最深井深达 5500 m（TCS-28 井），有油气生产井约 30 口，散布于长 10 km、宽 5 km 的区域中，年产天然气约 3×10^8～5×10^8 m^3、凝析油 5×10^4～10×10^4 t。该气田自开始生产之日起，迄今共生产天然气约 200×10^8 m^3、凝析油约 200×10^4 t。

3. 苗栗出磺坑中型气田

出磺坑油气田位于苗栗县东南约 14 km 处，为台湾省最老的油气田。早在 1861 年（咸丰十一年）即开始有了比较原始的开采，生产极少量原油，成为台湾省油矿业之先端。日本占领时期，日本在该气田共钻探 98 口井，前后生产凝析油约 16.5×10^4 t（占当时全省总产量的 96%）天然气约 4.7×10^8 m^3，浅层油气基本被开采殆尽。1962 年开始发现（CHK-106 井）大量深层油气，并予开发，使这一油气田重新获得新生。

油气田所处的出磺坑构造，为一狭长不对称也不完整的断裂背斜，轴向北北东，长约 30 km，分南、北两个高区，南高区有一落差约 250 m 的正断层，北高区构造较为规则且倾角也较平缓。构造区有一条逆冲断层沿着背斜脊部带延伸，将其截切成若干断块。本背斜主要出露中新世地层，中心部位为下-中中新统石底组，向两翼逐渐变新，两翼地层倾角较陡，达 50°～80°，东翼较西翼略陡。

油气田自上而下发育中中新世—晚渐新世地层，迄今已钻井 138 口，最深井 CHK-119 井深度大于 4840 m。先后发现储油气层约 12 层，深度 300～4000 m，主要储油气层厚度 12～90 m，较浅部位的石底组下部主要产油，以下的地层主要产气。至 1986 年底止，天然气可采蕴藏量尚余约 116×10^8 m^3（曾弘志，1987）。目前约有油气生产井 21 口，主要生产下中新统大寮组以下（深度 2000 m 以下）的油气，年产凝析油 0.5×10^4～1×10^4 t，天然气 2×10^8～5×10^8 m^3。该油气田迄今为止共生产凝析油约 40×10^4 t，天然气约 70×10^8 m^3。

4. 苗栗白沙屯小型气田

白沙屯气田位于苗栗县西北约 10 km 处的后龙海滨。1961 年以后进行地质和地球物理勘查，1969 年 11 月于白沙屯 2 号井钻获丰富油气（日产天然气 8×10^4 m^3、凝析油约 0.0006×10^4 t），1970 年开始投产。

气田位于铁砧山-通宵背斜近北的白沙屯背斜，中间被横向东势窝断层（也称斧头坑断层）隔开。背斜轴北东东走向，长约 7 km，宽约 3.5 km；倾向南东的后龙逆断层从其西北边切过，形成两个断块。构造区主要出露更新统头嵙山组下部地层。

气田地下发育中中新世地层，主要储油气层打鹿砂岩位于其偏上部位。迄今约有钻井 10 口，最深井白沙屯 2 号井（PST-2）深 3798 m，也是目前唯一的生产井，年产天然气 1500×10^4～2000×10^4 m^3、凝析油约 0.15×10^4 t。该气田迄今为止已生产天然气约 3×10^8 m^3、凝析油约 3×10^4 t。由于油气生产能力已接近枯竭，目前并入铁砧山-通宵气田。

5. 新竹青草湖小型气田

青草湖气田位于新竹县南给 5 km 处的丘陵地带，为地震勘测发现，1966 年后钻获工业油气流，

1971 年投入开发生产。

气田所处的青草湖-崎顶构造，为一个狭长不对称的断裂背斜，轴向北北东，长约 15 km，宽约 8 km，由北东边的青草湖背斜和南西边的崎顶背斜两部分构成，前者即为该气田所在构造部位。背斜轴部出露的最老地层为头嵙山组下部，背斜南东翼岩层平缓，倾角约 10°，北翼岩层较陡，倾角约 30°~50°。

青草湖背斜虽早在 1927 年发现，但未做勘探工作。自 1967 年完成第一口钻井后，迄今共有钻井 22 口，最深井青草湖 14 号（CTH-14）深达 5711 m，钻遇地层由上而下为更新统头嵙山组—下中新统木山组中部，在深度 1600~5000 m 之间共发现储油气层 12 个，厚度 8~204 m，主要油气储层在中中新统。至 1986 年底，包括崎顶气田和宝山油气田在内的天然气可采蕴藏量尚余约 8×10^8 m^3（曾弘志，1987）。目前约有油气生产井 10 口（含崎顶、宝山），估计年产天然气 1×10^8~2×10^8 m^3、凝析油约 1×10^4 t。

6. 苗栗崎顶小型气田

崎顶气田位于新竹县西南约 10 km。1964 年以后，经地质与地震勘测及钻探，发现油气后即开始开发。

气田位于青草湖-崎顶构造西南侧的崎顶背斜，与青草湖气田为同一构造上的两个不同构造部位，二者除形态上略有差异外，地质构造特征基本相似。崎顶背斜轴向北北东，长约 7 km，宽约 8 km。

气田目前约有钻井 10 口，有 3 口油气生产井。深度在 3000~5000 m 的南港组和木山组两个主要油气产层，共有储油气层 6 层，层厚 20~60 m。预计年产天然气 1000×10^4 m^3 左右，凝析油不到 0.5×10^4 t。目前油气生产能力已接近枯竭，现并入青草湖气田，故通常也称青草湖-崎顶气田。这两个气田自开始生产迄今，已生产天然气约 20×10^8 m^3、凝析油约 30×10^4 t。

7. 新竹竹东小型气田

竹东气田位于新竹县东南约 16 km 处的上坪溪两岸。1927 年因开水渠遇气喷，后经地质调查，于 1934 年第一口钻井探获油气后即进入开发生产。日本占领时期检钻井 23 口，其中生产井 14 口。

气田所处的竹东-番婆背斜，曾称员冻子背斜，此为一西北翼陡峭而东南翼平缓的极不对称背斜构造，轴向北东东，长约 6 km，宽约 4 km。其由东北的竹东高区和西南的番婆高区构成，两翼分别被竹东断层和软桥断层切割。背斜轴部出露上新统卓兰组。

竹东气田共有钻井 30 口，最深井竹东 25 号（CTU-25）深度 3490 m。钻遇地层由上而下为更新统头嵙山组—中中新统南庄组。主要油气产层为桂竹林组和南庄组，深度在 270~1650 m，发现储油气层约 12 层，厚度 5~44 m。油气生产井最多时达 15 口，20 世纪 60 年代后期仅余 3 口，产量最高的 1953 年天然气达 795×10^4 m^3，1970 年降至 40×10^4 m^3。因浅层油气已枯竭，而向深层钻探又未获油气，现已停采。该气田自开始生产至 1970 年底止，共生产天然气约 16.9×10^8 m^3、凝析油约 0.1343×10^4 t。

8. 嘉义八掌溪小型气田

八掌溪气田位于嘉义县西南约 15 km 的鹿草乡附近，1971 年以后经多次地震勘查并相继钻获具经济价值油气流后，于 1985 年投入开发生产。

气田位于澎湖-北港隆起区南部近东西向的“K”断层和“A”断层之间的八掌溪构造，此构造呈狭长型，东西走向。它是横断澎湖-北港隆起的“K”正断层下降盘断块上一个完整的断层圈闭，圈合面积估计 26 km^2，圈合高度为 200 m。

八掌溪构造天然气储量约有 10×10^8 m^3（刘昭民，1990），迄今共有钻井 16 口，最深井八掌溪 1 号（PCC-1）深 3700 m。钻遇地层自上而下为更新统头嵙山组—中新统木山组（或至白垩系云林组），有相当上新统锦水组—桂竹林组上部的“鸟嘴层”，中新世的南港组观音山砂岩段，北寮组、石底组及木山组等 5 个天然气产（储）层，厚度自几米至 100 m，深度为 1500~3000 m。目前估计有油气生产井 5~7 口，以生产天然气为主，年产天然气约 60×10^4 m^3，凝析油少量。

八掌溪气田系由一系列横断层所形成的断层圈闭油气藏，其储油面积虽小，仅 1.4～1.8 km^2，但构造多且集中，适宜开发。

9. 台南新营小型气田

新营气田位于台南县（新营）西北侧附近的后镇，1981～1986 年相继钻获具经济价值天然气藏，1987 年正式开发生产。

气田位处澎湖-北港隆起南坡近东西向的“A”断裂（或称义竹断层）附近，其含油气构造系“A”断层下盘一个东西向的椭圆形小背斜，是一种断层与背斜构造相结合的圈闭，地表被第四纪冲积层所覆盖。

新营气田迄今共有钻井 6 口，钻遇地层由上而下为相当更新统头嵙山组的“六双层”、“二重溪层”和“崁下寮层”至上中新统南庄组。“二重溪层”为主要产气层，深度为 500～1000 m。该气田储气面积约 2 km^2，天然气储量约 1×10^8 m^3（刘昭民，1990），目前有天然气生产井 3 口，日产天然气约 10×10^4 m^3。

10. 台南牛山小型气田

牛山气田位于台南县东南约 15 km 处，1905 年发现，1936 年 9 月正式进入生产阶段。

气田位处台南地区北东向的牛山-六重溪-冻子脚（中仑）背斜南倾伏端的牛山构造区，此构造为轴向北东略向西弯曲的不对称穹窿状背斜，长约 6 km，宽约 4 km。背斜出露相当上新世卓兰组的“六重溪层”，东翼岩层倾角一般有 30°左右，西翼岩层倾角达 70°以上。

牛山气田地下由上而下发育上新世“六重溪层”—中新世“长枝坑层”，主要油气产层为位于 300 m 和 700 m 深度的“六重溪层”的中部和底部砂岩层，其为目前台湾省南部天然气生产的最上部砂层。其中 300 m 层有 5 个储油气小层，各小层厚度 10～30 m，均由灰色泥质砂岩组成；700 m 层仅有 2 个储油气小层，厚度 24～27 m，岩性为灰白色细-中粒疏松砂岩。

该气田共钻探 27 口井，其中 24 口井为日本占领时期所钻，最深井为牛山 27（N-27），深 4500 m。曾有油气生产井 19 口，至 1970 年仅余 10 口，20 世纪 70 年代中期以后，因生产能力日趋衰竭而停采。自 1936 年开始生产至停采时止，该气田累计生产天然气约 2.5×10^8 m^3、凝析油约 0.027×10^4 t。

11. 台南六重溪小型气田

六重溪气田位于台南县东约 17 km 处，1904 年发现，1937 年开发，是台湾省南部开发最早的油气田。在台湾省，其开发时间仅晚于北部的出磺坑油气田。

气田处于上述牛山-六重溪-冻子脚（中仑）背斜中部，向西倾斜约 50°的构造内。此构造为一北东向背斜，背斜东翼出露地层由老到新为相当上中新统—上新统桂竹林组的“中仑层”上部、“鸟嘴层”及相当上新统卓兰组的“沄水溪层”；背斜西翼出露地层由老到新为“鸟嘴层”“沄水溪层”“六重溪层”，以及更新世“崁下寮层”和“二重溪层”。

六重溪气田共钻井 18 口，各井深度为 310～1430 m，最深井 R-7 井，深度 1428 m。钻遇地层由上而下为更新世“六双层”—晚中新世“中仑层”。主要产气层为“鸟嘴层”和“中仑层”中的透镜体砂岩层，深度主要在 600 m 和 1000 m，前者属“鸟嘴层”，后者属“中仑层”，产层厚度一般 1～5 m。

该气田前后有 7 口井生产井，因地质构造复杂，产层厚度小，砂层渗透率差，兼之天然气系间歇性生产，产量极不稳定且生产能力锐减，故自 1937～1960 年，该气田借钻孔天然气间歇性自喷，仅采收天然气约 1820×10^4 m^3。

12. 嘉义冻子脚小型气田

冻子脚气田或称冻子脚-中仑气田，位于嘉义县东南约 17 km 处，1911 年发现，1942 年开始投产。

气田所处牛山-六重溪-冻子脚背斜带最东北端的冻子脚（中仑）构造，为一北东走向的不对称狭长背斜，轴部为一断层，西翼宽阔，东翼狭窄。背斜轴部出露曾发现气苗多处的“中仑层”，西翼出露地层由老到新为“鸟嘴层”“沄水溪层”“六重溪层”“崁下寮层”和“二重溪层”，东翼出露地层由老到新为相当上中新统—上新统桂竹林组的“隘寮脚层”“茅埔层”和“竹头崎层”。

冻子脚气田自1934~1965年先后共钻探9口井，除中仑1号井（CL-1）深度达2631.8m外，其他各井深度均为970~1300 m。所钻9口井虽均有油气显示，但其中仅有3、5、6号3口井获少量天然气，属断层圈闭型气藏，主要产层为“中仑层”，在深度300~970 m间发现3个储气层，各层厚度小于50 m。但由于构造复杂，且多高压水层，产量不高，于1951年后停采（实质上1950年就已停采）。该气田1942~1951年，累计生产天然气约95×10^4 m^3。

八、天然气的时空分布特征及成矿规律

天然气常常同石油共伴生，其时空分布特征及成矿规律与石油时空分布特征及成矿规律相同，见石油的时空分布特征及成矿规律部分。

第二章　煤、石煤和泥炭

第一节　煤

一、煤的特征和主要经济用途

（一）特征

煤是在特定的地史时期内，由植物和少许浮游生物遗体，在古地理、古气候和地壳运动作用下，埋藏于地下受上覆盖层压实，并经过复杂的水化学作用、生物化学作用、物理化学作用转化而成的固体有机可燃矿产。它是多种高分子有机化合物和矿物质的集合体。有机组分元素以 C 为主，H、O、N、S 次之，其中 C、H、O 占 95%以上。煤中 C、H、S 等成分是可燃体，是煤的主要组成部分，也是工业利用的对象。无机组分主要有水、粘土矿物、石英、方解石、黄铁矿等矿物质，形成了煤中的有害组分如灰分、水分、硫分等。此外，还有极少量的 P、F、As、Cl、Hg、Cd、Pb 等有害元素，它们降低了煤的质量和利用价值。煤除一般物理性质外，尚有煤的结构、煤炭类型或显微组分等所表现的特征，如条带状结构、均一状结构、木质结构、纤维状结构等。煤的构造因煤种而异，烟煤中常见层状构造、块状构造；褐煤中常见交织或交叉构造，煤具有可燃性和不同燃点以及热解性、热稳定性、粘结性和反应（活）性等性能。

根据《中国煤炭分类国家标准》（GB/T 5751—2009），煤按煤化程度，分为无烟煤、烟煤和褐煤，台湾省的煤炭主要为烟煤。

台湾省煤质的物理性质通常就颜色、光泽、硬度韧度、断口、视密度等方面来考虑。台湾地区上中下 3 个含煤层的煤质物理性质参考表 2-1（吴万全，1990）。

表 2-1　台湾省煤质的物理性质

性质	南庄组（上部煤）	石底组（中部煤）	木山组（下部煤）
颜色	大多数为褐色、少数为黑色	黑色乃至漆黑色	大多数为黑色良质煤，地表铁色
光泽	钝	钝或强	大多数无光泽
硬度韧度	脆弱易磨性（HGI）约 50	致密强韧（GGI）150~60	脆弱易磨性（HGI）约 60
断口	少数平滑或贝壳状、粗杂	平滑或贝壳状	大多数粗杂
视密度	1.26~1.40	1.25~1.40	1.25~1.35

为了解煤炭用于燃料时之化学性质，工业分析中将煤炭加热后测定其水分、挥发分、固定碳及灰分 4 种成分之百分率。另外化验硫分、发热量、粘结性、灰熔点等，以作为煤质量之考虑。台湾地区煤层的煤质特征分析结果见表 2-2（吴万全，1990）。

（二）主要经济用途

煤被称为“工业的粮食”，它不仅是工业、农业和人民生活不可缺少的能源，而且还是冶金、化工、医药等部门的重要原料。冶金工业用作炼焦和生产耐火材料的窑炉燃料，以及从煤（煤灰）中提取 Ge、Ga、In、V 等微量元素。燃动力方面有火力发电，蒸汽机燃料以及各种工业窑炉，如水泥、玻璃、陶瓷，轻工业窑炉等燃料。化学工业方面，煤经低温干馏或气化、液化制成气和液体燃料及化工原料，如柴油、汽油、煤气、煤焦油、氮肥以及染料、芳香族原料、涂料、塑料、合成纤维、碳素纤维、合成橡胶、炸药、药品、糖精、香料、石墨、活性炭、碳化钙、碳化硅、炭黑和感光材料等上百种产品。民用方面主要是日常生活用燃料和冬季取暖等。此外，煤矸石、灰渣等可用作水泥、建筑用砖的原料或配料。

表 2-2　台湾省煤层的煤质特征分析

项目	南庄组	石底组	木山组
内在水分（M_{ad}）/%	3～6	3～5	1～2
灰分（A_d）/%	12～25	10～25	8～25
挥发分（V_{daf}）/%	40～47	40～45	35～40
固定碳/%	35～40	40～50	42～55
发热量（$Q_{gr,d}$）/（$MJ \cdot kg^{-1}$）	23.0～26.0	24.3～28.5	27.6～33.5
硫分（$S_{t,d}$）/%	1.5～5.0	0.6～4.0	0.8～3.5
燃料比	0.75～1.0	0.90～1.2	1.2～1.7
热质系数	68～72	72～80	80～84
粘结度（G_{RI}）	0～1	1～3	5～7
灰熔点/℃	1100～1200	1100～1350	1100～1350
易磨性（HGI）	48～52	50～60	58～62

二、矿产地数量

台湾省有烟煤矿矿产地 29 处（表 2-3），其中中型煤矿 2 处（新北汐止和新北三峡-桃溪大溪），小型煤矿 24 处，矿点 3 处。

表 2-3　台湾省煤矿产地一览表

编号	矿产地名称	地理位置	矿种	成矿时代	规模
1（31）	新北万里（金山）	新北市万里乡西北约 2.8 km	烟煤	晚渐新世—早中新世	小型
2（43）	新北崁脚	新北市万里乡海岸-崁脚-双溪	烟煤	晚渐新世—早中新世	小型
3（54）	基隆田寮港	基隆市东约 4 km	烟煤	中新世中期	小型
4（53）	新北汐止	新北市-基隆市汐止	烟煤	晚渐新世—中新世中期	中型
5（55）	新北四脚亭	新北市瑞芳镇四脚亭	烟煤	中新世中期	小型
6（56）	新北金瓜石	新北市瑞芳镇金瓜石	烟煤	中新世中期	小型
7（59）	基隆八分寮	基隆市南约 6.4 km，铁路南	烟煤	晚渐新世—中新世中期	小型
8（62）	新北猴洞	新北市瑞芳镇猴洞	烟煤	中新世中期	小型
9（67）	新北菁桐坑	新北市平溪乡菁桐坑	烟煤	中新世中期	小型
10（65）	新北武丹坑	新北市瑞芳镇武丹坑	烟煤	中新世中期	小型
11（66）	新北顶双溪	新北市双溪乡顶双溪	烟煤	晚渐新世—中新世早期	小型
12（70）	新北澳底	新北市澳底村西南 8 km	烟煤	晚渐新世—中新世早期	小型
13（64）	台北南港	台北市南港东南 3.5 km	烟煤	晚渐新世—中新世中期	小型
14（109）	台北景美	台北市景美	烟煤	晚渐新世—中新世中期	小型
15（110）	新北石碇	新北市石碇	烟煤	中新世中晚期	小型
16（83）	新北山子脚	新北市莺歌镇北	烟煤	晚渐新世—中新世中期	小型
17（90）	新北清水坑	新北市城南 6.5 km	烟煤	晚渐新世—中新世中期	小型
18（93）	新北三峡-桃园大溪	新北市三峡南 5 km	烟煤	晚渐新世—中新世中期	中型
19（96）	新竹关西	新竹县关西镇东侧	烟煤	中新世晚期	小型

续表

编号	矿产地名称	地理位置	矿种	成矿时代	规模
20（106）	新竹嘉乐	新竹县城东南 28 km	烟煤	中新世中期	小型
21（158）	新竹狮头山-北埔	新竹县城南 19.5 km	烟煤	中新世晚期	小型
22（160）	新竹上坪	新竹县城东南 23.5 km	烟煤	中新世中晚期	小型
23（131）	苗栗出磺坑	苗栗县城东南 7.5 km	烟煤	中新世晚期	小型
24（132）	苗栗八卦力	苗栗县城东南 1.5 km	烟煤	中新世晚期	小型
25（133）	苗栗南庄	苗栗县城东 17.5 km	烟煤	中新世中期	小型
26（153）	苗栗细道邦	苗栗县城东南 22 km	烟煤	中新世中晚期	小型
27（232）	南投集集大山	南投县中寮集集大山	烟煤	中新世晚期	矿点
28（234）	南投凤凰山	南投县城东南 28.2 km	烟煤	中新世晚期	矿点
29（269）	嘉义阿里山	嘉义县阿里山西北 3.5 km	烟煤	中新世晚期	矿点

三、地理分布

台湾省煤矿主要分布于台湾岛北部，可分为北部和中部两大煤区（图 2-1），已开发的煤矿集中于北部煤区。北部煤区自台湾省东北端海岸，向西南延伸至人安溪北岸，全长约 120 km，平均宽度为 20 km，含煤区总面积约 2000 km^2，包括新北市、基隆市、台北市、新竹县、桃园县、苗栗县，共有 26 处煤矿。海拔多数为几十米到 500 m，少数可高至 1000 m。中部煤区分布于南投县和嘉义县，有南投县集集大山、凤凰山及嘉义县阿里山 3 处煤矿，因煤层薄而多变，并且交通不便，仅在少量露头较厚处小规模采掘，经济价值不大。

四、资源储量

台湾省煤的储量在不同的资料和报告中有不同的估计数字。自 1965 年后已无新开发的井田，故以当年发表的储量为准。在此，就煤的估算分类、煤层厚度、煤用途、含煤层及井田等项分别归类之储量资料简述如下（吴万全，1990）。

1965 年由“经济部”依据各煤矿普查获得的开采煤层、地质资料及沿海、陆上及海底地质等详细资料估算之理论煤量为 65986×10^4 t。

台湾煤层之层厚可分为 25～40 cm，40～60 cm 及 60～100 cm 3 种；煤厚 25～40 cm 之储量为 22932×10^4 t，占 34.7%；煤厚 40～60 cm 之储量为 21783×10^4 t，占 33%；而煤厚 60～100 cm 之储量为 21271×10^4 t，显示各煤厚别储量比率各约占 1/3。

台湾具有开采价值之煤层共计 16 层，分为上部含煤层（南庄组）、中部含煤层（石底组）及下部含煤层（木山组）。其中上部含煤层有 6 层，中部含煤层亦有 6 层，下部含煤层 4 层。各煤层储量：中部含煤层 49884×10^4 t，占 75.6%；下部含煤层 11200×10^4 t，占 17%；上部含煤层有 4905×10^4 t，仅占 7.4%。

五、勘查工作程度

台湾省煤的调查开发始于明朝，迄今已有 300 多年历史。而目前北部大部分可开采的煤矿已渐竭尽，而煤层较厚且容易开采的也因矿业的积极发展与工业扩张而加速消耗。

有关台湾地区的煤矿调查，1959 年由台湾省地质调查所合刊出版的《台湾之煤矿资源》（何春荪，1959），对台湾的各井田及其地质均有完整性的概述。其后，1963 年由何春荪和李锦南在《台湾经济矿物》一书中再补充资料，以英文撰述。在《台湾矿业史续》一书中，对于台湾煤况之变迁及台湾井田的勘探与开发则有详细的叙述。

图 2-1　台湾省煤矿、石煤、泥炭矿分布简图

六、开发利用程度

台湾省煤首先发现于基隆地区，开采始于明朝（1621～1627 年），清朝初期禁止开采，道光年间废除禁令，恢复开采。日本占领时期的 1897 年，日本人开始煤的调查，1899 年发表台湾省北部煤田调查结果，并大力鼓励民间投资开采，煤业有较大发展，二次世界大战末期煤业衰退。1948～1949 年，台煤是台湾省向大陆出口的重要矿产品。1952 年以后，台湾省煤产量有较大增长，年产量逐年上升。1968 年后，因受廉价石油能源的冲击，加上开采难度增大，使煤产量逐年下降，开采煤矿坑数及规模缩小，与此同时进口煤数量激增。自抗战胜利后，一些地质工作者先后对台湾省煤矿进行了

广泛的调查。1950 年，颜沧波等根据以往各种调查资料和实地勘查结果，编写了《台湾之煤》一书，报道了台湾省煤的开发和产销情况。1963 年，何春荪、李锦南编写了《台湾经济矿物》一书，系统地描述了台湾省含煤地层和各煤矿特征及历年来台湾省的煤产量。1966 年，林朝棨编写的《台湾矿业史——煤矿业》中，详细叙述了台湾省煤矿分布，煤矿地质、煤层、煤质及储量。1983 年，何春荪编写了《台湾基隆沿海区至桃园县大溪间煤田地质及构造》的调查报告；1988 年又发表了《台湾的煤》一文，简述了台湾省中新世 3 个含煤层的地质概况。

台湾地区的煤矿已有 350 年以上之开发历史，在煤层天然条件不佳的情形下，已开发生产 1.8×10^8 t，对台湾地区的发展具有一定的贡献。由于开采已久，剩余煤储量以现代开采技术及安全，经济上的考虑，不宜继续开采。1998 年底煤矿矿工已仅剩 300 余人。至于自产煤之供应以目前年产 10×10^4 t 以下，约 70%仍由台电公司收购外，台湾地区所需煤炭全数依赖进口外煤供应。

日据时期共生产约 5000×10^4 t，平均年产 1.9985×10^4 t。光复后为恢复增产时期年产量曾超过 160×10^4 t，且有外销。1951～1966 年为鼓励增产时期，至 1967 年时创台湾煤业有史以来最高年产量 507.8403×10^4 t。之后逐年进入减产时期，1984 年时年产量降至 201.0775×10^4 t。于 1989 年时降至 78.4409×10^4 t，1993 年降为 32.7978×10^4 t，至 1998 年再降为 7.914×10^4 t。

七、矿床类型、典型或代表性矿床及其他矿床（点）

（一）矿床类型

台湾省煤矿的矿床类型为生物化学沉积型。

（二）煤井田地质特征

台湾共有 29 个煤井田。其中集集大山、凤凰山、阿里山 3 个煤井田分布于中部，其余 26 个井田分布于北部。各井田地质特征现分述如下：

1. 新北万里（金山）井田

万里井田位于台湾北部海岸新北市万里之西北。此井田由木山组（下部含煤层）一狭长煤带所组成，长约 3.3 km，主要走向为 NE 65°。煤带之西南部分为火山岩掩盖，煤带向东北继续延展至海底。

本井田之木山组共有两个可采煤层，即上煤层和本煤层，两煤层间距离 15 m，皆向南东倾斜 12°～15°。上煤层平均厚度为 0.3 m，本煤层厚度 0.3～0.5 m，其中以上煤层发育较好，在各煤矿中皆保持相同厚度。

2. 新北崁脚井田

崁脚井田在新北市万里乡西南崁脚村，由一呈北东走向之狭长煤带所构成，总长约 12 km。本煤带大致沿玛溪延长，其南为崁脚走向断层所限。此煤带之西端开始于冷水崛，向东延展经乌涂崁、崁脚，直达东海岸之万里。

石底组（中部含煤层）为本井田之主要含煤地层，其走向多为 NE 60°～70°，由于火山作用略有局部变化。此含煤地层南以崁脚断层为界。煤层在若干地点为地表火山碎屑所覆盖，全煤层仅断续出露。

本井田石底组中含 3 层煤，即中煤层、本煤层及下煤层。中煤层厚 0.2～0.4 m，位居本煤层之上 10～12 m。本煤层厚 0.8～0.9 m，有些地点则达 1 m，但在井田西部乌崁之西即减小至 0.6 m。下煤层厚 0.25～0.3 m。本煤层与下煤层之间距离为 20～40 m。裕山煤矿以东地区仅中煤层及本煤层可以开采，下煤层无经济价值。裕山煤矿以西地区中煤层变薄，仅本煤层及下煤层可供开采。石底组中的最下煤层仅在海岸附近发现，煤层厚度在 0.3 m 才开采。

本井田之煤层倾角在东部为向东南倾 12°～20°，中部为向东南倾 3°～12°，平均约 8°。但在丁火朽山火山顶东部，由于熔岩流喷出而向上隆起倾角约 60°，在乌涂崁附近，煤层走向转为 NW 300°～320°。

3. 基隆田寮港井田

田寮港为一旧地名，用以概称基隆以东，深澳以西之产煤地区。该井田位于近海山地，长 9.5 km，宽 1.5 km。本井田西部与汐止井田相隔；在南部以田寮港断层、基隆断层及深澳坑断层与四脚亭井田相隔。

石底组（中部含煤层）为本井田之主要产煤地层。本井田内一般地层之走向多为 NE 60°~80°，向东南倾斜，倾角 10°~15°。局部地区煤层倾角可高达 20°或 20°以上，但此现象并不多见。倾角较大地层仅出露于大断层附近。本井田中之石底组多为南北向之横断层切成若干断块，此类横断层之规模、位移皆甚小，多为走向滑动。其中以基隆女中后面之横断层及华南煤矿、永元煤矿间的横断层较为重要。

本井田石底组中有 4 个可采煤层，即中煤层、本煤层、下煤层及最下煤层。本煤层为田寮港井田最重要一煤层，厚达 1 m，但大部已被掘尽。本煤层之上约 17 m 处出露中煤层，其下 38 m 处出露下煤层。中煤层及下煤层皆厚 0.3~0.4 m，发育均良好。最下煤层位于下煤层之下 90~120 m，平均厚度为 0.3 m，其发育较其他煤层为差，厚度亦随地而异。中煤层以上约 29 m 处有时可见上煤层，其厚度多小于 0.3 m，局部可开采。

4. 新北汐止井田

新北汐止井田为台湾最重要一井田，其含煤量亦为最多。本井田自新北向基隆延展，走向长度至少可达 22 km。井田之主要部分位于基隆河之北岸，台北至基隆铁路线之北。新北汐止井田位于八堵向斜之西北翼，其向斜轴线沿基隆河延展，轴向为 NE 80°。中新世 3 个含煤地层均出露于新北汐止井田中，且皆向东南倾斜，形成一同斜煤区。

南庄组（上部含煤层）位于八堵向斜之轴部，分布面积甚有限，主要出露于五堵附近，其中仅有一煤层可供开采，平均厚 0.3 m。

石底组（中部含煤层）为新北汐止井田中分布最广且最重要的含煤地层，可将该地层分东、西两段。西段自台北盆地边缘之内湖起，向东延伸至五堵及港口等地。出露于此段中之石底组走向为 NE 75°~85°，长达 11 km。煤层地表露头之倾角为 40°~50°，向下转为 20°~25°，至深部八堵向斜轴附近，其倾角降为 15°~20°或可能更小。

西段石底组中含有 3 个可采煤层，自上而下为上煤层、中煤层及本煤层。上煤层位于中煤层之上 19~25 m，中煤层位于本煤层之上 14~18 m；上煤层平均厚度 0.35 m，中煤层平均厚度 0.45 m，本煤层平均厚度 0.6~0.7 m。本煤层是唯一在西段各煤矿内曾被开采之煤层。中煤层之开采集中于西段之东部（内沟至港口），西段之西部其中煤层太薄，且发育不佳。上煤层在本段之西部自内湖至内沟间以及东部之北港煤矿附近有开采。在西段其他部分，上煤层均薄，不能开采。

本井田石底组之东段起自五堵，向东延展经基隆至旭坑煤矿止。此煤带为田寮港断层所切，此断层即成为南边之新北汐止井田与北边之田寮港田间的界限。本段中地层走向主要为 NE 80°，出露总长为 11 km。本段西部之煤层走向多为 NE 70°~80°，至基隆附近转为 NW 275°，在本段之东端又转为 NE 70°。在煤矿中煤层之平均倾角为 20°，向下至八堵向斜轴附近，斜角更趋平缓。

自五堵至八堵坑煤矿间，石底组含有两个可采煤层。即中煤层及本煤层，厚度各为 0.4 m 及 0.6~0.8 m，两者间层距为 17 m。自八堵坑煤矿起向东，石底组中有 5 个可采煤层。除上述两煤层外，其他 3 个煤层为上煤层、下煤层及最下煤层。上煤层位在中煤层之上 29.4 m，平均厚 0.35 m。下煤层位于本煤层之下约 38 m，最下煤层低于下煤层 90.4~110.4 m。后两煤层之平均厚度皆为 0.4 m。

木山组（下部含煤层）在新北汐止井田中，西南起自台北盆地边缘之山脚，向东北延展直达北部海岸之外木山，总长约 16 km。所有地层及煤层之走向皆为 NE 70°~80°，在东北端转为 NE 40°~60°。本煤带西部地层倾角为 50°，或略小于 50°，东部为 18°~25°，倾向均为东南。由钻探结果显示，煤层在台北盆地边缘倾斜向下渐增至 75°以上。

木山组中常见不规则透镜状火山岩或凝灰岩在不同层位内出现，其厚度大小及范围随地而异。在大武仑附近可见一厚达 200 m 之凝灰岩体，此凝灰质岩体在煤带东部更为普遍，煤层时常为此凝灰岩所侵扰或代替。

木山组中有3个可采煤层，即上煤层、本煤层、下煤层，上煤层平均厚约0.3 m，但在木山煤矿内厚度可达0.4 m。本煤层平均厚0.5 m，下煤层0.25~0.3 m厚。煤层中常有局部胀缩现象。上煤层与本煤层之间距离为20~27 m，本煤层与下煤层之间距离为6~10 m。

木山组煤带之东部，此3个煤层皆可开采，但下煤层仅在少数矿坑中达到可采厚度。本煤带之西部仅上煤层及本煤层可以开采，下煤层仅在福达煤矿可开采。各煤层厚度似有渐向台北盆地减低之趋势，煤的质量也降低。

5. 新北四脚亭井田

四脚亭井田为台湾北部最重要且产煤最多井田之一，位于基隆至台北铁路线之南，且为八堵至苏澳铁路线穿过其中。本井田在新北汐止井田及田寮港井田之东南，与前者以八堵向斜轴为界，与后者以深澳断层相交。本井田内之主要构造线，包括地层走向，褶皱轴及重要断层等走向皆为NE 70°~80°。井田长约18 km，宽近3 km，自新北汐止之东向东北延展，经暖暖、四脚亭、瑞芳、直达东北海岸。

四脚亭井田主要由石底组（中部含煤层）构成。根据地质构造，石底组在本井田可分为3个重要煤带。

第一煤带位于井田之西部，八堵向斜之东南翼，其所有煤层皆倾向北西。本煤带煤层沿露头部分之倾角高至60°~85°。其煤层的西端常向东南倒转成80°之倾角，如三合煤矿之第二坑道附近所见者即为一例。各煤层向下倾斜渐接近向斜轴，煤层倾角多变小至40°左右。沿八堵向斜倾没方向，煤层东端则倾向南西，倾角12°~14°，走向为NW 330°~350°，如吉庆煤矿即为其一例。

第二煤带位于第一煤带之东，两煤带间以深澳坑断层相隔，本煤带之主要构造为四脚亭向斜，长约6 km，自四脚亭向东北延展到沿海，更继续延伸向外海。四脚亭向斜是不对称的，其东南翼之倾角可达70°~80°，且偶有垂直或倒转现象，其西北翼则倾角10°~20°。本向斜为数个斜断层或走向断层所切，且伴随局部位移。

第三煤带位于第二煤带之南，被瑞芳逆冲断层与四脚亭向斜分开。此含煤地区长2 km，位于猴洞背斜之西北翼，煤层倾角主要向NE 40°~60°，当地称为三爪子。

本井田中石底组有6个可采煤层（何春荪，1959），各煤层之名称、厚度及各煤层间之距离见表2-4。

表2-4　新北四脚亭井田石底组煤层厚度和层间距离

煤层	煤厚/m	与其下煤层间距/m
最上煤层	0.3	15~21
上煤层	0.27~0.3	21~29
中煤层	0.3~0.4	17~20
本煤层	0.55~0.9	38
下煤层	0.3~0.4	120
最下煤层	0.3~0.35	

本煤层普通厚0.9 m，但在七堵及八堵之南，厚仅0.55~0.75 m。中煤层为第二分布较广煤层，然此煤层在第三煤带中发育较差，煤厚低于可采煤厚。

上煤层在第二煤带中是主要可以开采的，最上煤层在井田内发育最差，仅在两小区域内可局部开采。

下煤层仅在四脚亭之东发育良好，东北延展至深澳，长达4.2 km，最下煤层之分布与下煤层大致相同。

6. 新北猴洞井田

猴洞（侯硐）井田位于八堵至苏澳铁路线上猴洞站附近，其位于菁桐坑井田之东北，武丹坑井田之西北。本井田在构造上属于石底向斜之西北翼，此向斜自菁桐坑井田之东北延展至本井田。石底向斜之东南翼为武丹山井田，故此向斜轴即形成猴洞与武丹坑两井田间之界线。

猴洞井田有石底组（中部含煤层）的 3 个可采煤层：即本煤层、下煤层及最下煤层，厚度分别为 0.4~1 m、0.4 m 及 0.3 m。在本煤层中可见一页岩夹层，其厚度达 1.5 m，此夹层在井田的西南部是尤为主要。本煤层位于下煤层之上 38 m，下煤层高于最下煤层 140 m。

石底组在本井田为三貂岭横断层所切。该一断层走向西北，断层西南侧为上升侧，此断层将位于其东北侧的猴洞背斜与石底向斜分开，仅在猴洞背斜向东南倾没之一翼为猴洞井田。而在金瓜石井田的猴洞背斜倾没褶皱的主要部分亦为九芎桥横断层所分开。

本井田 3 个含煤层走向为 NE 60°~65°，倾向东南，倾角 20°~30°，三貂岭断层东北侧之本煤层及下煤层已受侵蚀殆尽，仅最下煤层仍得保留，可供开采。在三貂岭断层西南侧，石底组形成一走向 NE 60°~80°，倾向东南，倾角 20°~25°之纵带。其代表着石底向斜西北翼向东北延伸为长约 5 km 的煤带，此煤带更向西延伸到菁桐坑井田。于此煤带，仅本煤层、下煤层已开采。而最下煤层因位于太深部，且厚度不均而少有开采。

7. 基隆八分寮井田

八分寮井田位于基隆之东南，七堵与瑞芳间基隆河之南。主要由木山组（下部含煤层）所组成。木山组含两个可采煤层，即本煤层及下煤层。本煤层厚 0.25~0.6 m，大部分厚 0.5 m；下煤层平均厚 0.3 m。两煤层间之距离 5~12 m 不等，随地而异。

本井田之构造线走向多呈 NE 60°~70°。井田内有两主要狭长煤带，两煤带间为一纵向逆断层所分隔。地层皆向西北倾斜，倾角颇大。北煤带长约 7.5 km，就构造而言此煤带是沿着四脚亭向斜之东南翼分布，其中本煤层为唯一可采煤层，平均厚 0.5 m，倾向西北，倾角 65°~75°，煤层两端为断层所限。

南煤带位于猴洞背斜，此背斜被瑞芳逆断层与四脚亭向斜分隔，背斜轴向东北东延伸达 14 km。此褶皱西北翼较陡，倾角 70°~80°，有时垂直或倒转，东南翼倾角 40°~50°。本煤层厚 0.45~0.6 m，井田东部减少为 0.3 m。下煤层厚 0.3 m，仅在井田的东北部可开采。猴洞背斜向西北以较缓倾角倾没，在褶皱的倾没处，本煤层厚度约 0.3 m。南煤带仅于猴洞背斜的西北翼有含煤层可开采，而在东南翼则为一纵向断层所切割，故以前的开采作业仅限于此翼的倾没部分。在井田的西南端，靠近六堵的保长坑附近有木山组的两断层块。其中仅本煤层可开采。北断层块约 500 m 长，煤层约 0.35 m 厚，倾向北西，倾角 50°，南断层块约 300 m 长，厚约 0.5 m，倾向北西，倾角约 20°。

8. 新北菁桐坑井田

菁桐坑井田亦为台湾开发最盛之一井田，含有全省最深之煤矿。本井田在八堵至苏澳铁路线之平溪支线上，位于猴洞及武丹坑两井田之西，向西连接景美及石碇两井田。石底组（中部含煤层）为本井田之主要产煤地层，其中出露 3 个可采煤层，即最上煤层、上煤层及本煤层。此三煤层之厚度分别为 0.3 m、0.3 m、0.4~0.8 m。最上煤层位于上煤层之上 16 m，上煤层位于本煤层之上 18 m。

本井田之地质构造为两略相平行之褶皱，一为背斜，一为向斜。石底向斜为本井田北部之重要褶皱，轴线走向为 NE 45°~55°，在本井田内延长达 10 km。此向斜为一开阔褶皱，西北翼之平均倾角为 50°，东南翼为 40°。地层之倾斜在向斜轴附近渐趋平缓，该处西北翼之地层倾角为 20°，东南翼地层倾角为 30°。石底向斜之东南即平溪背斜，其轴向主要为 NE 70°~75°。此两褶皱在本井田之东北部有共同一翼；但至西南部则为新店断层所隔离。石底向斜之西北翼在新店断层附近有小型褶曲发生，煤层受强烈挤压而破碎，此种现象在文山第三斜坑所见者尤为显著。

最上煤层及上煤层仅在本井田有限地区内可以开采。此一地区是在十分寮之北，石底向斜西北翼之东北端。此两煤层的可采长度约 2.3 km，走向为 NE 45°~55°，倾向东南，倾角 40°~50°。

本煤层按其地质分布可分 4 个煤带。第一煤带位于石底向斜之西北翼，长 10.8 km。本煤层平均厚度在东北部为 0.5 m，西南部为 0.8 m。此即台阳煤矿所在。第二煤带靠近本井田之东南部，位于新店断层之西北，即文山煤矿第三斜坑所在地。由于断层的发生，此煤带的地质构造甚为复杂。其中本煤层厚约 0.4 m，但煤带多被断层破坏，成不规则分布。第三煤带位于平溪背斜之西北翼，亦即石底向斜之东南翼。本煤层仅在此翼之东北部 4.2 km 之长度内可以开采，更向西南，本煤层发育较差，无经济上开采价值。第三煤带内本煤层平均厚 0.4 m。第四煤带位于平溪北斜之东南翼，长度至少达 12 km，向西南延长至石碇井田。此煤带中本煤层平均厚 0.4 m，走向为 NE 70°，倾向南，倾角 40°~50°。

9. 新北武丹坑井田

武丹坑井田主要分布于武丹坑之西南，该村为八堵至苏澳铁路线上一小站。本井田为石底组（中部含煤带）所成一狭长煤带，走向为北东或北北东。煤带总长约 14 km，其中部为新路尾平移断层所切断。此断层在本井田内之走向约 NE 80°，断层北侧之煤带相对向西移动约 500 m。武丹坑煤带之东北止于数小断层，同时又为安山岩流所覆盖，此煤带之西南为屈尺断层所切。该断层为台北北部一重要构造线，成为古近纪地层与中新世地层间之界线。

本井田内地层之走向多为 NE 45°，所有地层及煤层皆向西北倾斜，倾角不等。在煤带东北端及西南端之地层平均倾角约 30°。至煤带中部，地层倾角 50°~60°。至武丹坑村附近，煤层及围岩因受安山岩流喷发影响及若干小断层之侵扰，煤层反常的向南倾斜，同时煤级亦增高至半无烟煤。

本井田中石底组含有 6 个可采煤层（何春荪，1959），其中除本煤层在各矿均可开采外，其余 5 个煤层在达开采厚度时始能开采。各煤层的名称、煤厚及间距见表 2-5。

表 2-5　新北武丹坑井田煤层厚度和层间距离

煤层	煤厚/m	与其下煤层间距/m
上煤层	0.3	24~32
中煤层	0.3	30
三寸炭煤层	0.05~0.3	22
本煤层	0.4~1	46
下煤层	0.3	126
最下煤层	0.3~0.4	

上煤层仅在八堵至苏澳铁路线之东北可供开采，煤质甚劣。中煤层在本煤带之中部有大量开发，煤质良好，热量亦高。三寸炭煤层在本井田之大华及硕仁两煤矿中，因煤层厚度 0.3 m，其上盘岩层又甚坚固，故可开采。

本煤层之煤所含热量最高，但在此煤层上部经常出现碳质页岩夹层，厚自一细线至 3 m 不等。当页岩夹层消失或甚薄时，本煤层之总厚可达 0.6~1 m。当页岩夹层厚度增至 1.5 m 以上时，本煤层被分为上下两层，夹层以下煤厚 0.4 m，夹层以上煤厚 0.1~0.25 m。普通仅在夹层以下之煤具有经济上之开采价值，然可采煤厚已减小甚多。下煤层除隆美及益隆两煤矿外，其他地区多可开采，煤质较差，且含煤粉多于块煤。最下煤层仅在八堵至苏澳铁路线之西南具有经济上开采价值，煤质较好。

10. 新北金瓜石井田

金瓜石井田位台湾东北海岸，此区以产金铜矿闻名。本井田见中新世两个含煤地层（南庄组、石底组）。井田中许多处可见石英安山岩，此种岩石与金（铜）矿的形成有成因上的关系。此石英安山岩浆活动，可使煤自半烟煤或烟煤变为半无烟煤级。

南庄组（上部含煤层）出露于本井田东部之哩咾附近。此煤带自海岸向西南延展，可采长度达 2.4 km，其为石英安山岩流所覆盖。其中仅本煤层可以开采，平均厚 0.3 m，倾向南东，倾角 30°~45°。煤层厚度变化甚大，同时为数小断层所切断。下煤层则在本煤层之下 20~50 m，厚度约 0.3 m，仅局部地区可开采，而在南庄组上段有一上煤层。然其开采价值未知。

石底组（中部含煤层）出露于九份附近，在猴洞背斜（轴向为东北东）倾没部为一纵向断层甲脉横断层分成两部分。而在甲脉断层的东部发现有两个煤带，此两煤带为一纵断层所分开。煤带走向皆为 NE 10°，随背斜的倾没转为 NW 350°。各煤带仅含一可采煤层，煤层约厚 0.3 m，煤层之厚度及延展范围变化皆甚大。其中西一煤带长仅400 m，主煤层倾向南东，倾角30°。东一煤带长约1 km，主煤层倾向南东，倾角24°~30°，在甲脉断层东部之主煤层因受强烈的断层作用及火山作用，其煤的等级多为半无烟煤，而在甲脉断层的西部石底组中有两个煤层可开采。主煤层厚0.3~0.5 m，最下煤层0.2~0.3 m厚。此两煤层分开约150 m，均倾向东，倾角约30°。

11. 新北顶双溪井田

顶双溪为八堵至苏澳铁路线上一小站，地居新北市之东部边缘。井田之主要部分位于顶双溪之西北。在顶双溪之东南鱼行附近，尚有一小含煤区。木山组（下部含煤层）为本井田之主要含煤地层。石底组（中部含煤层）亦成一狭小煤带出露于双溪与柑脚间之平林溪南岸，但其所含煤层均薄劣，无开采价值。

平林背斜为本井田之主要构造，褶轴走向为NE 50°~70°，长6.5 km，向西倾没，其东延为五分断层所截。背斜两翼之木山组仅含一可采煤层，西北翼煤层之平均倾角为55°，东南翼煤层之倾角为50°~70°。在东南翼之东北端，即东发煤矿所在地，煤层倾角高达80°或80°以上。本煤层厚通常为0.3~0.4 m，但厚度变化甚大，尤其在背斜之东部，煤厚可自薄煤线局部增厚至3 m左右。本煤层在背斜之倾没部及西北翼发育良好，且较规则，煤层厚通常为0.4~0.5 m，煤厚变化不显著。

五分横断层之东，木山组形成一小型倾没向斜，可名曰五分向斜，其走向一般为正东。此向斜向西端倾没，同时在西端为五分断层所截，向斜出露长度为1.5 km。木山组在向斜内含有两煤层，其中本煤层平均厚0.45 m，其上约65 m处出露上煤层，平均厚0.25 m。两煤层在本区内皆可开采。向斜北翼之煤层走向为NW 305°~315°，倾向南西，倾角25°。向斜南翼之煤层走向为NE 70°~80°，倾向北西，倾角45°。上煤层则大部已经开采，且储量非常有限。

顶双溪之东南，有本井田之第三个含煤带，与上述两含煤区均以断层接触。此煤带名曰鱼行煤带，煤层走向主要为南北，倾向西，倾角25°。其中仅本煤层可以开采，厚达0.6 m。煤带延长约800 m，在南北两端，均发生强烈褶曲。在褶皱边缘部分，煤层构造复杂，多成“S”状扭曲，同时有局部断层发生。北部褶曲地区煤带之走向为NE 50°，倾向北西，倾角80°。煤层平均厚0.4 m，但厚度变化甚大，此为旧鱼行煤矿所在地。南部褶曲地区煤带之走向为NE 65°~80°，倾向南东，倾角35°~50°，煤层平均厚0.4 m，此即新鱼行煤矿。本煤带中多小型断层，地质构造复杂，致采矿作业受到限制。

12. 新北澳底井田

澳底井田位于新北市之东部，僻居交通不便之山地，到达不易。此一井田以渐新世之澳底组为主要含煤地层，其基本构造线之走向为北东东。本井田被一些断层切割成若干断块，其地质构造甚为复杂。澳底组在本井田内含有两不连续煤层，各层之厚度皆不规则，均无连续性，局部多膨缩或尖灭现象，煤层普通皆甚薄，不超过0.2 m，偶有煤厚可达0.4 m，呈囊状体，但其延展范围有限且含大量的碳质页岩。此煤层常混合碳质，且向两侧转变为碳质页岩或煤页岩。而于此井田西南部，上煤层厚度可达0.35 m，延伸约1 km至湾潭山西南。本井田内所含之煤层多无开采价值，因其煤级低，地质情况差和交通不便，开采价值极低。

13. 台北南港井田

南港井田位于南港镇之南，台北市区之东。本井田内出露两含煤地层，即石底组（中部含煤层）及木山组（下部含煤层）。石底组出露于四分子向斜两翼，向斜轴向主要为NE 60°，两翼各为一纵断层所限。向斜西北翼为台北断层所限，此断层为本井田与其北新北汐止井田之分界线。向斜东南翼为四分子断层所限，此断层为本井田中四分子向斜与大尖山背斜之分界线。此两断层在南港之东南合而为一，四分子向斜在此两断层间形成一楔状地块，自东部之楔形顶点向台北盆地展开。

四分子向斜西北翼之煤带长6 km，倾向东南，倾角20°~30°。东南翼之煤带长3 km，倾向北西，倾角平均60°。此表示四分子向斜为一不对称向斜，东南翼较为急陡。

本井田中石底组有个两可采煤层，两煤层相距16~23 m，中煤层平均厚0.4 m，本煤层厚通常为0.6~0.8 m。此外石底组中尚有上煤层及最下煤层出现，但此两煤层之煤质均劣，仅在局部地区内可以开采。

木山组在南港井田中出露于大尖山背斜之两翼，其背斜轴向为北东，此背斜在西北翼因受四分子断层及台北断层所限，故延长仅 4.5 km。西北翼岩层的走向为 NE 40°～60°，倾向北西，倾角 60°。但在此翼之西南端兴福煤矿附近，地层转倾向南东，倾角约 12°。此表示本地区内有局部断层发生，煤层及地层均呈相反倾斜方向。大尖山背斜之东南翼长在 10 km 以上。其西南部地层走向主要为 NE 70°～80°，倾向东南，成平缓倾斜，倾角 15°～18°。其东北部因断层及小型褶皱之增加，使构造更加复杂，煤层倾角增至 40°或 40°以上。

木山组含两可采煤层，即上煤层及本煤层。上煤层平均厚 0.3 m，本煤层厚 0.4～0.5 m，两煤层间之距离为 18 m。本煤层在背斜两翼之煤带已经大量开采，但在此两翼之东北部，本煤层发育较差，无重要煤量。上煤层仅在大尖山背斜东南翼之西南部可开采，总长 4 km。

14. 台北景美井田

景美井田位于台北市之东南，台北景美镇之东。其北为南港井田，其南为石碇井田。本井田中出露中新世两含煤地层，即石底组及木山组，前者远较后者为重要。

石底组（中部含煤层）在本井田中构成两煤带，走向皆为北东或北东东。北煤带沿石碇溪延展，走向为 NE 80°。煤带西端开始于新店溪之西岸，自清水坑井田之东缘向东延展，经景美、木栅、深坑至本井田之东端，可与菁桐坑井田之主煤带相接，总长约 15 km。本煤带中仅本煤层可以开采。本煤层之上约 25 m 处尚有另一薄煤层出露，此煤层已有局部开采，但因煤层过薄，无重要价值。此煤带中本煤层之厚度及倾角变化较大。在深坑附近，含煤层被火山岩及断层所侵扰，故本煤层约有1 km长不可开采。在此受侵扰地带东部，本煤层倾向南东，倾角 60°～70°，平均厚约 0.3 m，但其厚度在各矿坑均有变化。深坑以西，本煤层倾向南东，倾角 35°～45°，厚通常为 0.45～0.5 m，但较深坑以东之煤层发育为好。

石底组之南北两煤带以大坪林断层相隔。南煤带之主要走向为 NE 50°，两端皆为断层所限。西端开始于新店溪西岸新店附近之和美煤矿，向东北延展 6 km，止于新店断层。此煤带含两煤层，上下相距 50 m，皆倾向南东，倾角 80°，厚度及延展均较规则。上煤层厚 0.5 m，本煤层厚约 0.3 m。

木山组（下部含煤层）在本井田内出露于新店溪之东岸青潭与直潭间，其主要走向为 NE 50°。本地层在本井田内构成两倾没构造，北部为一倾没向斜，紧接于其南者为一倾没背斜。向斜向东倾没，长 2 km，两翼之倾角皆为 40°。背斜与向斜有共同一翼，此背斜亦向东倾没，其东南翼长 3 km，向东南倾斜，倾角约 50°。木山组中仅见一薄煤层，平均厚 0.25 m，其沿走向及倾斜之延展范围及厚度变化大。

15. 新北石碇井田

石碇井田主要限于石碇乡西部、南部，位于菁桐坑井田之西南，景美井田之南。中新世 3 个含煤地层均在本井田出现，其中仅石底组（中部含煤层）分布广泛，且仅含有一可采煤层，但此煤层较薄，且变化甚大。本井田之主要构造为一倾没向斜，走向大致为 NE 50°。此向斜名为有木向斜，向东北倾没，同时在东北部为峰头断层所截。南庄组（上部含煤层）沿向斜轴出露，石底组位于向斜之西北翼及倾没部分。

石底组中本煤层在蕃薯寮至草湳间延长 7.8 km，煤层平均厚 0.25 m，向东南倾斜。向斜西北翼之倾角为 40°，但至倾没部附近即减小至 20°。在本煤带之西南部有下煤层出现，唯此下煤层薄而贫乏，无经济价值。

石碇镇之南，屈尺断层与五桂岭断层之间出现石底组之另一煤带，走向为 NE 50°，长仅 1.2 km。其本煤层厚 0.4 m，倾向北西，倾角 35°。煤层自上述两断层所成之楔状尖端，即突向下倾，几成直立。煤厚颇不规则，但煤质炭化度甚高。

南庄组（上部含煤层）沿有木向斜轴出露，长 2.4 km，含一煤层，厚仅 0.2 m。

16. 新北清水坑井田

清水坑井田位于新北市之南，呈东北延长约 12 km。井田西南以横溪、东南以安坑为界。本井田之主要构造为一宽广而破碎之背斜，走向为 NE 45°~55°。此褶皱已为若干纵断层及横断层所截断，此在本井田之西南部更为显著。木山组（下部含煤层）组成本背斜之轴部，石底组（中部含煤层）出露于背斜之两翼。

石底组含 4 个具有开采价值之煤层，即上煤层、中煤层、本煤层及下煤层。此 4 层之性质、厚度及可采率随地而异，在各煤矿内，此 4 煤层中常仅 2 层或 1 层可以开采。

在清水坑背斜之西北翼，石底组向东北之无穷延展至西南之南蛇科，为南蛇科横断层截断。此煤带长达 4.5 km。本煤带之走向为 NE 40°~50°，中煤层厚 0.4~0.5 m，本煤层厚 0.4~0.6 m，两层相距 13 m。煤层倾向西北，倾角较陡，多为 80°或 80°以上，偶亦有成倒转者。本煤带除此两可采煤层外，下煤层在少数地点其厚度超过 0.25 m 时亦可开采。

在南蛇科横断层之西南，含煤带（石底组）继续向西南延长 1.5 km，在大安寮附近为抽藤坑横断层所截断。此区内有煤层，煤厚 0.3 m，煤质甚劣，延续亦不规则。煤层走向为 NE 70°，向西北倾斜，倾角 15°。

清水坑背斜东南翼之石底组自大南坑起，西南延至头城断层，长约 4 km，地层走向为 NE 50°~55°，向东南倾斜，倾角 45°~50°。本地层含有两可采煤层，即上煤层与本煤层，各厚 0.3 m 及 0.4~0.5 m，两层相距 67~87 m。

在头城断层之西南，石底组自头城断层西南至南蛇科断层延长 2.8 km。其中上煤层厚 0.3 m，本煤层厚 0.25 m，两层相距 77 m。地层走向主要为 NE 50°，倾向南东，倾角 45°。此两煤层发育均甚差。

在抽藤坑横断层之西南，石底组所含煤层发育多良好，此乃海山煤矿一带之煤带，走向为 NW 350°，长 2.2 km，南部为成福断层所截断。此煤带有两可采煤层，相距 15.5 m。中煤层厚 0.5 m，本煤层厚 0.6 m，皆倾向南西，倾角 20°。

在成福断层之南，抽藤坑断层之西南出露另一重要煤带。此煤带自成福煤矿穿越横溪延至天富煤矿，再没入淡水河所成冲积层下，继续向西南延长。此煤带内仅本煤层为可采煤层。其走向为 NE 45°~70°，厚 0.5~0.6 m，倾向南东，倾角 50°~55°，长度约 6 km。

木山组（下部含煤层）组成清水坑背斜之轴部，横路断层沿此背斜轴发生，故此背斜构造仅在褶皱两端可见。背斜西北翼地层之倾角多为 15°~40°。背斜东南翼地层倾角为 30°~35°。在此背斜褶皱中，局部小规模之横断层常见发生，可使煤带分成若干断块。

清水坑背斜两翼之木山组共有 3 个煤层，为上煤层、本煤层及下煤层。其上煤层之厚度皆低于 0.2 m。本煤层在上煤层下 30~40 m，厚 0.3~0.35 m，其中夹有厚 0.05~0.2 m 之碳质页岩夹层。本煤层之下 10~15 m 处，出露下煤层，厚 0.3~0.4 m，常较本煤层为厚，但局部之厚度可减小至 0.25 m。

本煤层及下煤层皆可开采，若干地点煤层为层状或不规则之凝灰岩体所代替，其可采之煤量因而减少。

17. 新北山子脚井田

山子脚（山佳）井田位于新北市之西南。本井田之主要构造为一东北向之背斜，延长 8 km，向西南倾没。此一褶皱多处为纵向断层或横断层所截断。背斜之西北翼这一向东南缓倾低角度之纵向逆断层所切，由于受到东南之强压力所推挤，此背斜形成相当的不对称，且部分呈倒转现象。

背斜东南翼所有地层之倾角多为 50°~60°，其西北翼地层之倾角因断层及倒转褶曲之故，变化甚大。背斜轴附近之岩层倾斜，倾角常为 10°~20°。

木山组（下部含煤层）组成背斜之轴部，至少含有两可采煤层，即本煤层及上煤层，分别厚 0.3~0.4 m，两层相距 25 m。上煤层分布较广。本煤层仅在大菁坑断层之东北侧发育良好。木山组中本煤层之下约 180 m 处，另有一煤层出现，厚 0.5 m。

石底组（中部含煤层）在背斜之东南翼发育较良好，西北翼因受断层影响，煤层发育较劣。石底组含两可采煤层，即本煤层与最下煤层，两层相距约 170 m。本煤层厚 0.4~0.5 m，最下煤层厚 0.6~0.7 m。在本煤层之上约 20 m 处出现一中煤层，因过薄而无经济价值。本煤层在背斜东南翼自莺歌延至坡内坑之西，长约 7 km，止于大菁坑断层。在大菁坑断层之东北，本煤层再度出露于潭底，向东延展，没入冲积层之下。煤层之存在，已由钻探证实。山子脚背斜西北翼本煤层之倾角甚大，其厚度及倾角沿层多变化，煤层之构造不佳，不适于开采。

18. 新北三峡-桃园大溪井田

三峡-大溪井田为台湾第二大井田，位于新北市西南部与桃园县之东南部，全面积约 270 km^2。本井田之西北以大溪向东北经三峡至新店所划一假定线为界。井田平均宽度不超过 9 km，但中部最宽处可达 12.5 km。三峡溪流经本井田之中部，此一小溪所成之谷地为本井田之重要运输路线。本井田之东南以一重要断层为界，此断层为古近纪与中新世地层间之构造界线。

本井田之地质构造为宽广且受断层切割之向斜及背斜，大部构造线包括断层及褶轴等均为走向北东东。有两个主要横断层已确认，且将褶皱岩层分割成数个断块。台湾北部中新世 3 个含煤地层皆出现在本井田内，其中石底组（中部含煤层）为最重要且最有价值之含煤地层。

三峡-大溪井田中大部重要煤带皆位于新店断层之东南。新店断层之西北侧仅有南庄组（上部含煤层）沿本井田之西北边缘出露，总长约 23 km。其中可见数薄煤层，走向皆为北东东至北东，倾向南东，倾角 35°~60°。煤质甚劣，经济价值甚低。

南庄组主要分布于本井田之西南部，构成两煤带，略相平行，其间以五寮纵断层相隔。两煤带之走向皆为 NE 40°~70°，地层倾向南东，倾角 40°~70°。北煤带向石龟坑至五寮，延长 7.5 km；南煤带自八结延展至诗郎社，长约 5 km。各煤带皆含 4 个不连续之煤层，各煤层厚度变化显著，可自数厘米至 0.5 m，局部有膨胀。各煤层之平均厚度皆小于 0.25 m，无重要开采价值。南煤带之南，有一南庄组较不重要之煤带，与南煤带间以水流东断层相隔。此煤带长 1.5 km，走向为 NW 300°~340°，倾向南西，倾角 30°。此煤带煤层厚度皆小于 0.2 m，同时多断层及火山岩之侵扰。本井田中之南庄组所含煤层均薄，发育甚劣，无延续性。

石底组（中部含煤层）在本井田中分布于 3 个不同煤区。其中最重要一区紧接新店断层之南，北一煤区又可依地质构造分为 3 个煤带。

第一煤带为最长的煤带，名为金面山煤带，西南起自石门，向东北延长，经溪州山、头寮、金面山、凑合，达雉罩山，为雉罩山横断层所截断。此一煤带长达 19 km，走向为 NE 40°~75°，但在东北端转为 NW 325°。自石门至三峡溪一段，石底组仅有本煤层可以开采，煤厚 0.7 m，延长约 15 km。在本煤带之西南部，倾向南东，倾角 70°。至金面山地区，倾角转为 50°。再至三峡溪东北岸，倾角为 35°或更小，且该地本煤层分为两层，下层穿过三峡溪即消失，上层仍继续向东北延展，但厚度减小至 0.3 m。金面山煤带在三峡溪东北岸有 3 个煤层，即本煤层、下煤层及最下煤层，平均各厚 0.3 m、0.8 m、0.5 m。本煤层与下煤层间相距 43 m，下煤层与最下煤层间相距 132 m。3 个煤层皆倾向南，平均倾角约 35°。

第二煤带位于五寮断层东南侧，长 2.3 km，名为大豹煤带。本煤带四周全为断层所隔。构造上大豹煤带位于一倾没向斜之东南翼，金面山煤带构成此向斜之另一翼，向斜轴向大致与五寮断层一致。大豹煤带含有 3 个可采煤层，为本煤层、下煤层及最下煤层。其中本煤层厚 0.3 m，位在下煤层之上 41 m。下煤层厚 0.5 m，位在最下煤层之上 160 m。最下煤层厚 0.6 m。3 个煤层皆倾向北西，平均倾斜角为 45°。

第三煤带，名为金敏煤带，长 2.5 km，四周亦属断层所围。本煤带含两可采煤层，两层相距 100 m。下煤层厚 0.4 m，最下煤层厚 0.6 m，主要走向皆为 NW 324°，倾向南西，倾角 35°。

石底组之第二含煤区出露于有木向斜中，与其北之第一煤区以水流东断层相隔。有木向斜西南自金平山起，东北延经有木达熊空山，总长约 10 km。褶轴走向为 NE 60°~70°，东北端向南倾没，西南端为断层所截。有木向斜含本煤层及下煤层两煤层，沿向斜延展约 8 km，向斜两翼倾角为 30°~35°。本煤层厚 0.1~0.65 m，平均厚约 0.3 m。下煤层厚度多小于 0.2 m。

第三煤区名为磺窟煤区。其主要构造不一，东北走向之向斜，向南倾没，西南端为水流东断层截断。上煤层及本煤层出现于向斜轴部，延展约 1.3 km，倾角 30°~35°。上煤层较薄，且不规则，不能开采。本煤层位在上煤层之下 50 m，厚 0.2~0.8 m，平均厚 0.4 m。

木山组（下部含煤层）在本井田中主要分成两个煤带。第一煤带紧接新店断层之南，为雉罩山横断层切成两部分。本煤带之走向为 NE 50°~75°。断层西南侧之煤带长约 7 km，含一煤层，但煤层甚薄，且厚度变化至大，煤层向东南倾斜，倾角 20°~50°。雉罩山横断层东北侧之煤带，总长约 12 km。煤层倾向南东，倾角 20°~50°。煤厚自数厘米至 0.5 m，煤质太劣，无重要开采价值。

木山组所成第二煤带沿有木向斜两翼分布，位于水流东断层之南。向斜西北翼之煤带自竹仑延展至狮头山，长约 7 km。其中出露 6 个不连续之煤层，仅最下一煤层达可采厚度 0.4 m，此煤层可相当于木山组中之下煤层。此煤层之最佳部分多为不规则之膨胀煤囊，最厚处可达 2 m 以上，局部厚度之变化甚为明显。煤层走向在狮头山之西为 NE 50°~80°，在狮头山之东为 NW 320°，煤层倾向南东，倾角 20°~30°。有木向斜东南翼之煤带，走向为 NE 40°~60°，长 8.5 km，含有两煤层，相距 10~50 m，皆向西北倾斜，倾角 20°~50°。本煤层厚 0.05~0.6 m，平均多小于 0.25 m。下煤层之厚度低于 0.2 m，常被一页岩夹层分为上下两层。

木山组在大豹背斜及角板山之西亦有出露。根据以往在该区开矿记录，煤层之经济价值不大。

19. 新竹关西井田

关西井田位于新竹关西镇东南，井田长近 16 km，宽约 5 km。关西井田主要由南庄组（上部含煤层）组成，南庄组在本井田内构成一暗潭向斜及相邻石门背斜，两褶皱之走向皆为 NE 40°~50°。向斜位于背斜之西北，两褶曲有共同一翼。向斜在关西附近向西南倾没，向斜轴在倾没部之西南为一断层所切。向斜东南翼之地层主要倾向北西，倾角 60°，向斜西北翼地层倾向南东，倾角 65°~70°。向斜之东南翼亦即背斜之西北翼。背斜东南翼之东部地层倾向南东，倾角 50°~55°，西部地层倾向南东，倾角 70°。

本井田南庄组之上部白砂岩段中有 5 个煤层，其中仅 3 个煤层可以开采，即上煤层、本煤层及下煤层。上煤层厚 0.3~0.4 m。本煤层厚 0.5 m，位于上煤层之下 50 m，两层间距在石门附近增至 100 m以上。下煤层厚度变化最大，位在本煤层之下 35~40 m，厚 0.25~0.3 m，甚少有开采者。除此 3 个可采煤层外，另有最上煤层及最下煤层亦见出露，但无经济上之开采价值。背斜轴附近白砂岩段之下出露另两薄煤层，且有局部开采。此两煤层厚度普通多小于 0.2 m，两层相距约 40 m。

关西井田之煤层在地质上可分为 3 个煤带：第一煤带为向斜之西北翼，长 7 km，含有上煤层及本煤层；第二煤带为向斜东南翼，即背斜西北翼，长仅 4.5 km，含两个可开采煤层即本煤层、下煤层；第三煤带为背斜东南翼，长 11.5 km，含有 3 个可采煤层，唯下煤层仅在煤带之东北端一小范围内可以开采。

20. 新竹嘉乐井田

嘉乐井田位于新竹县东南 28 km，井田向东北延展，长 12 km，平均宽约 5 km。

本井田之主要地质构造为一宽广之尖石山向斜，轴向为北东。向斜轴在东北端向西南倾没，西南端越过尖石溪后，尚延展一相当距离，唯可采煤量甚少。向斜两翼岩层之地表倾角均较陡，至向斜轴附近，倾角渐趋平缓。向斜东南翼地表倾角为 45°~60°，在八五山地区最为陡峻，煤层倾角可大至 70°或 80°。向斜西北翼煤层地表倾角为 40°~45°，但在断层及小型褶皱附近，尚见有局部转陡现象。尖石山向斜东南以柿山断层为界，此断层在本井田中使古近纪地层直接与中新世地层相接。本井田之西北边缘有数条纵向断层，致该区煤层及地层多重复出露，但其煤层均无经济上重要价值。

本井田中可采之煤层位于石底组（中部含煤层）中。其厚度变化甚大，可自数厘米至 1 m 以上，本煤层之厚度为 0.2~0.4 m。本煤层之下约 100 m 处出露另一薄煤层，但无持续性，无开采价值。

本煤层沿尖石山向斜两翼出露，然在向斜东北部东南翼者较具经济价值。

21. 新竹上坪井田

上坪井田面积约 250 km^2，但经济价值却很低。在东北接嘉乐及关西两井田，西南邻南庄及细道邦两井田，狮头山井田位其西北。本井田出露两含煤地层，即南庄组及石底组。两者皆含许多不规则煤层，但所见煤层均薄，厚度变化大，无连续性，且含有多量无机物质。全井田所出露之煤层中，仅极小一部分可以开采。

本井田迄今仍少开发，有关煤层的资料，仅根据煤露头推断，其地下煤层之延续及厚度，可能与其地表露头相差甚大。

石底组（中部含煤层）的煤露头分散于许多地方，但仅有二区较具经济价值。最重要者位于上坪溪东岸，自花园至竹林，长约4 km。其中本煤层之走向为NE 35°~50°，倾向南东，倾角40°~50°，厚度有数厘米到1~3 m不等。本区为全井田中最佳含煤区，但由于其煤层不规则，使得开采作业相当困难。另一区位于上坪镇之南，上坪溪之东北，自上坪延至尖笔山，长约2.5 km。煤带走向为NE 25°，地层倾向南东，倾角45°。此区有3个薄且不规则的煤层，其厚度通常为0.1~0.2 m，但煤层混有杂质，所以不宜开采。

南庄组（上部含煤层）出露于本井田的西北部，包含了至少8个煤层，但一半以上是不能开采的。其中最重要者位于大山背，在油罗溪和上坪溪之间。南庄组下部有二层可开采之煤层，上煤层平均厚度0.25 m，下煤层平均厚度约0.3 m。此二层走向北东，倾向南东，倾角15°~45°。煤层的露头总长度达4 km。南庄组另一煤带自南庄井田之大东河延伸至上坪北部之中央寮，其长度约10 km，但煤层呈不连续透镜体夹在南庄组中。此煤带约有4个透镜状煤层可开采。两层在南庄组上段，另两层在下段，其走向主要为NE 40°~60°，向南东以不同角度倾斜。最有开采价值之处在大坪溪流域到五指山的西北部，其中有一煤层厚度平均达0.35 m，且延伸长至少3 km。沿此煤带有零星的开矿作业，但产量很少。

22. 新竹狮头山-北埔井田

本井田之主要构造为两狭长而不对称之背斜，两背斜间以竹湖断层相隔。两背斜之走向皆为北东，均向东北倾没。两背斜之轴面皆向南东倾斜，其西北翼地层之倾角常成垂直或向南东倒转。竹湖断层在狮头山之东北为一横断层，但至狮头山西南，本断层沿狮头山背斜之西北翼延长，转为一纵向断层。

此两背斜之东南翼皆为一纵向断层所截断，此断层名为大坪断层，断层走向主要为NE 25°，断面倾向南东，倾角甚大。在大坪之北，大坪断层叠覆于竹湖断层之上，再向北北东，两断层即合而为一。两背斜中所出露之岩层走向多为北东。但在狮头山区地层之走向转为正东或南东东，此乃因该地狮头山背斜发生和缓倾没现象所致。

本井田内之煤均产自南庄组（上部含煤层），其中已见煤层达10层以上，但半数以上之煤层厚仅0.1 m，不能开采。本井田内仅白砂岩段内之煤层出露，共有4个可采煤层。白砂岩段总厚达100 m以上，其所含上煤层厚0.4~0.6 m，本煤层厚0.4 m，下煤层及最下煤层各厚0~3 m。相邻两煤层间之岩层厚度多为30~40 m，随不同地点及不同煤层而异。在大同煤矿，下煤层与最下煤层间，最大间距为64 m。本煤层生产大量块煤，煤质为全井田中最佳者，但其厚度较上煤层为小。狮头山背斜出露4个可采煤层，番婆坑背斜出露3个可采煤层，大坪断层以东含煤区仅见2个可采煤层。番婆坑背斜中最下煤层不能开采，大坪断层以东之下煤层及最下煤层皆无经济价值。

狮头山地区南庄组中之煤层发育最良好，为全省南庄组产煤最盛之地。背斜走向为北东，向东北倾没。本背斜向西南开展，过中港溪后即连至八卦力井田。煤层在倾没部与背斜轴附近倾角平缓；但在接近两侧断层处，煤层因受强烈扰乱，倾角多变化。

番婆坑背斜向东北倾没，约呈15°之倾没角。西南端上升，延展约4.5 km，即为竹湖断层截断。背斜西北翼沿竹湖断层之西侧继续向西南延展，进入八卦力井田。此翼在中港溪南岸所出露之煤层皆薄而无规则，仅有零星开采。番婆坑地区主背斜之东南有一小型向斜，向斜东南为一断层所限。本区3个煤层均已开采，但煤层厚度皆不规则，且无连续性。

南庄组在大坪断层之东呈一狭长煤带。由于断层影响，煤层受强压推挤，故煤厚多不规则。本区南庄组含2个可采煤层，即上煤层和本煤层。两层皆近乎垂直，或成极大倾角，向东或向西倾斜，开采相当困难。

23. 苗栗八卦力井田

八卦力井田位于苗栗之东，北以中港溪、南以汶水为界。本井田呈北北东延展约 22 km，最大宽度达 4. 5 km。

八卦力井田之北部在构造上为狮头山井田中狮头山背斜之西南延部分。此背斜轴向以北东为主。本井田内狮头山背斜轴面向东南倒转，此时背斜之东南翼属正常翼，西北翼则倒转向东南倾斜。

八卦力井田之东及南部即涵盖神卓山脊以南地区。主要构造为一狭长背斜，其为断层所截。此断层为小东势断层，倾向南东，倾角约 70°。背斜轴在本井田南部出露，名为八卦力背斜。神卓山横断层将狮头山背斜与小东势断层以东之背斜分开。此背斜两翼倾角皆甚陡急，西北翼地层常倒转向东南成高角度倾斜，东南翼地层倾角 40°~70°。背斜之东以沿南河延展之红毛馆纵断层为界。南庄组（上部含煤层）为本井田之主要含煤地层，所含煤层分为上下两部，即上部白砂岩段煤层及下部砂岩页岩互层段煤层。两段共含有煤层 9 层，上段为第 1~4 号煤层，下段为第 5~9 号煤层。但仅第 9 号煤层具经济价值，且位于八卦力井田之北部。余煤层之厚度薄且不规则，不具开采价值。

下段之第 9 号煤层在神卓山断层北部发育良好，已开煤矿多集中于狮头山背斜之东南翼，其倒转倾斜之西北翼上亦有小煤矿存在，但产煤甚有限。南庄组下段之本煤层平均厚 0. 4 m，煤层为一厚 0. 3~0. 6 m 之黑色页岩夹层分为两层。此夹层上之煤厚 0. 15 m，夹层下之煤厚 0. 2~0. 25 m。南邦煤矿本煤层之走向呈一宽缓弧形走向，自 NW 310°转为 NE 15°，随狮头山背斜之倾没方向倾向北，倾角 20°。在永南煤矿西南侧之本煤层所含页岩夹层以上之煤多以碳质页岩为主，夹层以下之煤甚不规则，且含砾石甚多，故永南煤矿西南之煤层品质较差，其经济价值亦甚小。

南庄组下段之第 9 号煤层在主要背斜之西翼与八卦力背斜向南倾没部分均曾有开采。前者煤层厚度 0. 25~0. 32 m 不等，后者厚度 0. 25~0. 3 m。

南庄组上段之煤层在神卓山断层南部的背斜东翼可具开采。此煤带自红毛馆向西南延展，经观音山而至汶水溪谷，长 6. 4 km。此煤带之煤层厚度、连续性差异甚大，仅在具有相当延伸性及厚度时才可开采，其厚度 0. 3~0. 4 m，仅第 1、2、3 号煤层有局部开采。

24. 苗栗南庄井田

南庄井田位于苗栗县之东南部，南庄乡之南。井田长 18 km，平均宽 9 km，全面积约 162 km^2。本井田北以大东河，南以汶水溪为界，本井田在地理上可分为南北两部，其间以加里山岭线为界。

本井田之主要构造为一狭长背斜，走向为北北东，延展 12. 5 km，在鹿场附近为两断层所切割。此背斜之西北翼地层倾角 20°~35°，西部受一重要走向断层所限。接近走向断层附近之岩层褶曲成和缓向斜，但在井田南部转成两平行宽广之褶皱。背斜东南翼之构造，由于褶皱及断层的增加，更趋复杂。所有地层及煤层皆受挤压造成数紧密褶皱，各褶皱间多以走向断层相隔。本井田南部的地层及煤层构造更为复杂，发生无数局部构造，如小型褶皱、拖曳褶皱（drag fold），倒转褶皱及各种断层。

石底组（中部含煤层）为本井田之含煤地层，含有 3 个煤层，但仅本煤层达可采厚度，同时分布亦最广。本煤层之厚度随地而异，自数厘米至 1 m 不等，厚度 0. 25~0. 3 m。

25. 苗栗出磺坑井田

出磺坑井田位于苗栗县东南 14 km，位八卦力及细道邦两井田之西，主要构造为一狭长背斜，两端均向下倾没。背斜轴向为北北东，延展 25 km。本区为台湾最重要的油田构造之一。南庄组（上部含煤层）为本井田主要含煤地层，在后龙溪北岸之煤层可局部开采。

南庄组中之煤层分为上部白砂岩段及下部砂岩页岩互层段两部。本井田中以下段之煤层发育良好，具有经济价值。上段中可见 4 个不连续煤层，其中仅第一煤层亦即上煤层在背斜两翼偶有较长延续性，具有商业上开采价值。上煤层上距桂竹林组之底部仅数米至 10 m，此煤层在背斜两翼皆倾斜，倾斜 50°~60°。上煤层平均厚 0. 3 m，上煤层以下的 3 个煤层皆甚薄，不能开采，其厚度 0. 1~0. 2 m，在小范围内局部可构成较厚之煤囊。

南庄组之下段有 3 个煤层，其中第二煤层或中煤层因过薄，不能开采。第一煤层亦即上煤层厚约 0. 3 m，倾斜 55°~65°。第三煤层即本煤层，可采部分平均厚 0. 3 m 以上，仅在背斜东翼一地区可以开采，倾斜 55°。

26. 苗栗细道邦井田

细道邦井田位于苗栗县东南 22 km，面积约 200 km^2，为北部井田区最南之井田。本井田中多处发现煤层露头及碳质地层，但其中仅极少数具有商业价值。

石底组（中部含煤层）及南庄组（上部含煤层）在本井田中皆有出露，但煤层均薄，煤质不纯，且延展范围不规则。其中仅井田之南缘苗栗县及台中县交界附近之一小部分煤层可以开采，亦即大安溪西北约 2 km 附近之士林或马那邦地区之煤层。此为南庄组之下段，其中仅见本煤层，平均厚 0.3 m，可采长度达 1.5 km。煤层走向为 NE 8°~20°，倾向北西，倾角 55°。

27. 南投集集大山井田（矿点）

集集大山井田位于南投县东南约 16 km。南庄组（上部含煤层）为本井田主要含煤地层，含煤地区仅 12 km^2。南庄组至少含有 2 个煤层，两者相距 70~100 m 不等。煤层厚度变化甚大，且缺少连续性，含无机物质甚多。煤厚 0.1~0.4 m，平均厚度多小于 0.25 m。下煤层较上煤层延续性强，但两层皆无固定层位，其在含煤层中出露之层位，随地而异，不可采煤层。本井田之煤层位于两南北走向之向斜中，两向斜间为一小型横断层所截。

28. 南投凤凰山井田（矿点）

凤凰山井田位于集集大山井田之南，南投县之南部。本井田沿凤凰山岭线之西延展，面积约 12 km^2。南庄组（上部含煤层）为本井田之主要含煤层，岩层延展成一同斜煤带，走向为 NW 320°~350°，向东北倾斜，倾角 25°~45°。主要煤层形成数个不连续之透镜状体，零星分布于南庄组中长约 4.5 km 之范围内。所见 4 个透镜状煤体之长度各为 600 m、1700 m、350 m、850 m，煤体向两端尖灭，或变为碳质页岩。透镜状煤体所含之煤常混有碳质岩屑，各煤体之厚度 0.05~0.6 m，平均约 0.2 m。煤层中常见不同厚度之灰色页岩夹层，使煤层被分成不规则之上下层，为不可采煤层。

29. 嘉义阿里山井田（矿点）

阿里山为台湾南部一重要山脉，全面积约 280 km^2，跨越嘉义县、云林县及南投县三县境。阿里山井田位于阿里山之西南部，面积可达 80 km^2，其中出露分布不连续之煤层。本井田为台湾最南之含煤地区，就其所含煤矿而论，经济价值甚小（不可采煤层）。

南庄组（上部含煤层）为本井田之主要含煤地层，所含煤层多呈透镜状之煤体，分布全区。各煤体之延展范围及厚度皆不同，最长可达 1km，常为 50~700 m。煤层厚 0.1~0.3 m 或可达 0.4~0.6 m，但此类煤层之分布与延展范围皆有限，且无规则。煤层之平均厚度皆低于最低可采厚度。

阿里山井田位于阿里山向斜之西翼，此向斜之走向为北北东，延展约 16 km。南庄组为若干断层切成数断块。就煤层在地理上之分布，本井田可分为 4 个地区，自北而南为平溪、草岭、石鼓磐及哈哩咪。最后一区所含煤最多，因其煤层所成之透镜体多而长，已有局部开采，但产量甚小。总而言之，阿里山井田无重要经济价值之煤层。

八、煤矿的时空分布特征及成矿规律

（一）时空分布特征

1. 含煤岩系沉积体系和沉积环境

台湾省含煤岩系为分布在台湾西部的中新世沉积建造，主要由 3 个浅海-滨海含煤碎屑沉积旋回组成。岩性以碎屑沉积物为代表，常见砂岩、粉砂岩、泥岩、页岩和煤层等，局部夹有石灰岩礁和凝灰岩。从岩性岩相来看，可分为 3 个相似的旋回：下部多由厚 300~900 m 的含煤岩系组成，上部则为富含海相化石的碎屑岩，厚 500~700 m，代表浅海相沉积。由于沉积盆地不对称，沉积厚度不尽一致。东厚西薄，东部最大厚度可达 5500 m，向西厚度变薄，滨海平原沉积厚度达 1400~1900 m，到澎湖列岛仅有 500 m 左右。由北向南变化亦较明显，北部含煤沉积向南逐渐减少，过渡到海相沉积，地层厚度增厚但含煤性同时由好变差。北部 3 个沉积旋回明显，至南部则不明显，变化为海相沉积。

各含煤地层的岩性基本相似，主要由灰色、深灰色页岩、粉砂岩和浅灰色细到中粒砂岩呈微层状和煤层组成。水平层理发育，含有孔虫、软体动物及植物化石。木山组和南庄组的顶部常有一层灰色、灰白色中-粗粒石英砂岩，层面具有波痕，交错层理发育，各煤层均属海陆交互相。而与各煤层相伴生的五指山组、大寮组、凑合组、南港组砂岩及桂竹林组的岩性主要为一套灰、灰黑色砂岩与页岩呈微层状互层，偶夹砾岩透镜体，个别地段含海绿石相当丰富。浮游生物及有孔虫化石发现较多，蠕虫动物痕迹也常见，并且有旋卷状的浊流层理。这些沉积特征都说明主要是在滨海、浅海的古地环境下形成的。

2. 含煤岩系岩石特征

木山组为台湾新近纪3个含煤层中年代最老的，主要由深灰色页岩与白至淡灰色中粒砂岩互层组成。黑灰色页岩和砂岩或粉砂岩常形成不规则之互层。木山组中部、上部主要为块状或厚层白至灰白色、中至粗粒的石英砂岩。煤层散布在整个岩层中，但仅在岩层下部的2~3个煤层具有开采价值。木山组总厚度550~650 m，而这些煤层厚度0.3~0.6 m，具有焦性。在基隆附近的煤层中，有厚度不等及延展不规则的凝灰岩透镜体出现，总岩层发育良好，且向西南延伸到新北市及桃园县北部。再向南延伸时由于沉积环境的快速变化而消失。

石底组之煤层分布范围广，煤层数多且经济价值高，是台湾最重要的含煤层。石底组在台北的基隆、瑞芳地区发育最好，且向南延伸到桃园、新竹、苗栗等县。该层主要由不同厚度的砂岩、粉砂岩、页岩及泥岩互层组成，而在木山组中常见不规则之页岩与砂岩所成之互层发育良好，且常形成砂岩、粉砂岩交替出现。在本地层下部砂岩更为重要，通常是灰至蓝灰色或白色；页岩和粉砂岩是暗灰且富含碳质。

石底组的总厚度大于500 m，而煤层主要发现于岩层中部、上部，在其发育良好的基隆地区发现有7个可开采的煤层。在此地区石底组可再分为2个段：上段为四脚亭段，下段为八斗子段。四脚亭段主要为粘土、粉砂、深灰色页岩、灰色砂岩及粉砂岩之互层，偶有白色石英砂岩，多达6个可开采的煤层，厚度约150 m。八斗子段厚约160 m，主要由3层之白色石英砂岩层与薄的砂、页岩互层。白色砂岩为中至粗粒、易碎，多为石英颗粒组成。较下部之白色砂岩层20~25 m厚；中部白色砂岩约13 m厚，上部白色砂岩约12 m厚。下部与中部白色砂岩在层位上间距90~100 m，而在中部与上部白色砂岩层之层位间距小于12 m。而在下部白色砂岩层上方6 m处有4~6 m厚之白色砂岩直接上覆着石底组的最下部煤层，在八斗子段中，仅最下部的煤层能被开采。

除上述主要井田外，其他尚有2~5个煤层是可开采的，且厚度达0.3~0.6 m。往南之新竹县、苗栗县仅发现一个可开采的煤层。再往南，石底组的陆棚型沉积物渐变为海相沉积物（煤层消失及海洋生物增加）。就地理而言，石底组与其煤层的分布区域局限于台湾北部，而在苗栗汶水溪偏南处是无法认定的。

南庄组在新近纪含煤层中属最年轻的，且是台湾所有的含煤层中分布最广者。它分布于台湾西部的大部分，自北海岸向南延伸包括新北市、桃园县、新竹县、苗栗县、台中县、南投县，一直到嘉义县的阿里山地区。本组在新竹、苗栗等县发育最好，往北及往南其含煤层的经济价值逐渐降低，其厚度自650 m到1000 m不等，岩层出露最厚的剖面在苗栗县，总厚度达1000 m以上。南庄组由白色砂岩、页岩、粉砂岩等不同层序和薄互层的页岩、粉砂岩组成。

南庄组的上部为一白色砂岩层。岩性上，此白色砂岩是一典型标志层，也是地层柱状图中含煤层的重要标志层。白色砂岩为粗粒、有交错层、易碎且有正石英岩成分，此代表着明显的陆棚型沉积物。因此南庄组又可分为2段：上部白色砂岩段及下部砂、页岩互层段。白色砂岩段厚度70~150 m，4个可开采煤层中最具价值者即位在此段，发育最好的地点在新竹县、苗栗县，而向北到新北市、桃园县仅有1个可开采之煤层。此煤层既薄且不规则，不具有经济价值。而薄煤层或煤质岩层多位于南庄组的下段，仅在苗栗县的井田中有1个或2个可供开采之煤层，然而下段煤的品质比上段者较好。南庄组向南到台中县，其上下2段不易区分，仅在其他不同层位中发现有白色透镜状中粒之砂岩，其所含煤层薄、不规则且不连续。南庄组继续延伸到阿里山以南为海相岩层所取代。

3. 含煤地层

台湾具有经济价值的煤均产于新近纪的地层，其余含煤层则均不具有经济价值。这些岩层是由海相到滨海相的沉积物所组成，总厚度在4000 m以上。在新近纪岩层中至少发现有15个煤层具开采价值，且分布于3个主要含煤层中：上部含煤层、中部含煤层及下部含煤层（表2-6）。其中一些煤层较连续者已在许多区域中开采；其余大部分的煤层则是较不连续且仅在达煤层标准厚度的部分才开采。

表2-6　台湾省含煤地层简表

地质时代	含煤地层
上新世早期	桂竹林组
中新世早期—晚期	南庄组（上部含煤层）
	南港组
	湊合组
	石底组（中部含煤层）
	大寮组
中新世初期	木山组（下部含煤层）
渐新世	五指山组
始新世	四棱组

木山组、石底组、南庄组这3个新近纪的含煤地层，代表着陆棚型（滨海相）沉积环境，其与古近纪—新近纪海相沉积岩交错出现。3个含煤地层简述如下：

（1）木山组（下部含煤层）

木山组（N_1m）亦称“下部含煤层”，主要分布于台湾省西北部，北自基隆海岸，向南延伸到台北、桃园及新竹县的大部分地区，以及苗栗县的北部。呈北东向西凸出的弧形带状展布，与主构造线方向一致。本组大部分为西部山麓地层小区，仅小面积为中央山脉西翼地层小区。

木山组在台湾新近纪3个含煤地层中年代最老。依据台湾省区域地质志资料，在基隆附近之大武实测剖面分层如下：

上覆地层：大寮组（N_1dl）深灰色页岩

——— 整　合 ———

木山组（N_1m）：	厚595.5m
18. 浅黄色中粒砂岩	8.5 m
17. 浅黄色细-中粒砂岩和深灰色页岩互层	20.0 m
16. 浅黄色中粒砂岩	3.0 m
15. 浅黄色细-中粒砂岩和深灰色页岩互层	27.0 m
14. 煤层	0.2 m
13. 浅黄色细-中粒砂岩和深灰色页岩互层	94.0 m
12. 深灰色页岩	30.0 m
11. 浅黄色细-中粒砂岩和深灰色页岩互层	5.0 m
10. 深灰色页岩	7.0 m
9. 浅黄色细-中粒砂岩和深灰色页岩互层	66.0 m
8. 灰白色中-粗粒砂岩	19.0 m
7. 碳质页岩	0.3 m
6. 灰白色中-粗粒砂岩	39.5 m
5. 灰白色细-中粒砂岩和深灰色页岩互层	25.0 m
4. 灰白色细-中粒砂岩	13.0 m

3. 灰白色细-中粒砂岩和深灰色页岩互层 181.0 m

2. 灰白色中粒砂岩 10.0 m

1. 深灰色页岩夹深灰色薄层粉砂岩 47.0 m

——— 整　合 ———

下伏地层：五指山组（E_3w）白色中-粗粒石英砂岩

木山组主要岩性由灰白、浅黄色细-中粒砂岩页岩互层，夹粗粒砂岩、粉砂岩及局部煤层组成，与下伏五指山组和上覆大寮组均呈整合接触，厚度550~650 m。本组在不同地区由于沉积相的变化，岩性、厚度、含煤性等有些差异。在剖面往南厚度增大，砂岩粒度变细而滨海相的含煤地层过渡为浅海相地层。在台湾北部有1~3层煤可采，层厚0.2~0.6 m。在基隆附近的煤层中，有厚度不等及延展不规则的凝灰岩凸镜体出现。在部分煤层中，由于火山碎屑物的穿插出现而大量地降低其开采价值。往南在桃园和新竹县境内仅有一层厚0.1~0.3 m的劣煤层，无开采价值。本组发现含浮游有孔虫 *Globigerina ciperoensis*，*G. praebulloides*，*Globigerinoides primordius* 及底栖有孔虫 *Gaudryina hayasakai* 等化石，其时代暂定为中新世初期。

（2）石底组（中部含煤层）

石底组（N_1shd）俗称“中部含煤层”，本组之煤层分布范围广，煤层数多且经济价值高，是台湾最重要的含煤层。主要分布于台湾中北部的瑞芳、石底、台北市、内湾、白冷西侧、粗坑、车埕一带，以及南部零星分布的阿里山东侧、三民等地。

石底组是台湾含煤地层中最重要的地层，主要出露于大甲溪以北的山麓丘陵地带，为一套滨海潟湖相沉积的含煤碎屑岩。厚300~600 m。与下伏大寮组和上覆南港组均为整合接触。在桃园县山子脚丰山煤矿层序较全，露头较好，实测山子脚丰山煤矿大石巷选层型剖面，其分层描述如下：

上覆地层：凑合组（N_1c）深灰色粉砂岩、页岩

——— 整　合 ———

石底组（N_1shd）： 厚322.2 m

24. 页岩 6.0 m

23. 第一层煤 0.2 m

22. 页岩 6.5m

21. 第二层煤 0.2 m

20. 砂岩 4.5m

19. 页岩夹砂岩 15.8m

18. 页岩 3.0 m

17. 砂岩夹页岩 20.0 m

16. 第三层煤 2.5 m

15. 页岩夹砂岩 27.0 m

14. 第四层煤 0.35 m

13. 砂质页岩夹砂岩 9.7 m

12. 页岩夹砂岩 10.4 m

11. 第五层煤 0.3 m

10. 碳质砂岩 3.5 m

9. 页岩夹砂岩 28.0 m

8. 砂岩夹页岩 66.2 m

7. 页岩夹砂岩 59.7 m

6. 砂质页岩 9.5 m

5. 第六层煤 0.6 m

4. 砂质页岩 5.5m

3. 页岩 1.0 m

2. 砂质页岩夹砂岩 54.9 m

1. 页岩 4.3 m

——— 整 合 ———

下伏地层：大寮组（N_1dl）棕灰色泥质细砂岩

石底组岩性主要由砂岩、页岩夹薄煤层组成，富含植物化石，砂岩中交错层理、波状层理。与下伏大寮组和上覆南港组均为整合接触，厚300~600 m。

该组各地岩性、含煤性、厚度变化较大。在台湾最北部的海岸一带，其下部的砂岩相当发育，具3层层厚12~15 m的白、浅灰色砂岩，常形成陡壁，近底部夹一层可采的煤层，上部以砂岩、页岩所形成的条纹状薄互层为特征，有5个可采煤层，其中最厚煤层的层厚可达1 m；从台湾北部海岸地区向南，在台北，桃园、新竹的大部分地区，该组下部的白色砂岩特征逐渐不明显，砂岩含量减少，但泥质岩增多，地层厚度增大，可达400~450 m，且5层煤中仅1~3层可采。在苗栗县的南庄井田，岩性由砂岩、页岩、砂质页岩和砂、页岩的薄互层组成，厚达500~600 m，只有一层平均厚约0.25m的可采煤。南庄井田以西的出磺坑一带，岩性由浅灰色砂岩与深灰色页岩组成，厚500 m以上，夹薄煤层，但质劣不可采。苗栗县以南，石底组的煤迹消失，往南至南投县则渐变为浅海相不含煤地层。

石底组之上为南港组整合覆盖，其下为大寮组。由于石底组与其上、下岩层之界线是渐变性，缺乏明显的分层标志，可以明显的岩性差异区分与其相邻之岩层。在各地调查已发表的文献中，石底组的总厚度约300 m或大于500 m。

石底组仅含少量浮游有孔虫化石 *Globigerina praebulloides*，*G. ciperoensis*，*G. angustiumbilicata*；植物化石 *Caniogramme devoli*，*Perrottetia miocenica*，*Acer juani*；孢粉 *Pinuspollenites*，*Phyllocladites* 等。其微体化石组合大致相当于卜劳N5化石带或马丁尼NN2化石带，并据上下层位关系，将其时代定为中新世早期。

（3）南庄组（上部含煤层）

南庄组（N_1nz）俗称“上部含煤层”，在新近纪含煤层中属最年轻的。出露最广，分布于台湾西部的大部分，自北海岸向南延伸包括新北市、桃园县、新竹县、苗栗县、台中县、南投县，一直到嘉义县的阿里山地区。

南庄组在新竹、苗栗等县发育最好，往北及往南其含煤层的经济价值逐渐降低，其厚度自650 m到1000 m不等，岩层出露最厚的剖面在苗栗县，总厚度达1000 m以上。南庄组由白色砂岩、页岩、粉砂岩等不同层序和薄互层的页岩、粉砂岩组成。这些由黑色页岩与白色砂岩、粉砂岩所形成的不规则薄互层是所有新近纪3个含煤层的主要岩性特征，并显示各煤层均在相同的沉积环境中所形成的。

南庄组为夹有煤层的粗碎屑岩沉积，是海陆交互相含煤粗碎屑沉积，海相化石稀少，在台湾西北部的新竹县和苗栗县地区，该组是重要的含煤地层，厚600~900 m，在苗栗县后龙溪一带地层出露较全，实测剖面分层描述如下：

上覆地层：桂竹林组（Z_2g）深灰色页岩和砂岩

~~~~~~ 不 整 合 ~~~~~~

南庄组： 厚696.80 m

上部厚 104.00 m

35. 白色粗砂岩，夹碳质页岩和煤层，底部为深灰色页岩 74.45 m

34. 白色疏松粗砂岩，夹碳质页岩 19.20 m

33. 棕灰-黄白色中粒砂岩，底部含煤 10.35 m

——— 整 合 ———

下部厚 592.80 m

32. 棕灰色致密页岩 0.2 m
~~~~~~

31. 棕灰色细-中粒砂岩　27.50 m
30. 掩盖　19.80 m
29. 砂岩，夹坚硬砂岩和页岩互层　6.40 m
28. 掩盖　28.40 m
27. 棕黄色细砂岩和深灰色页岩或砂质页岩互层　13.40 m
26. 灰色块状细砂岩　6.70 m
25. 棕灰色细砂岩夹砂质页岩　9.20 m
24. 深灰、棕灰色砂岩，下部含 *Ostrea* sp. 密集带　9.10 m
23. 黄棕色细-中粒砂岩和深灰色页岩互层　15.30 m
22. 深灰色页岩，下部夹砂岩，含 *Ostrea* sp. 密集带　7.30 m
21. 深灰色页岩夹棕色细砂岩　14.80 m
20. 掩盖　2.20 m
19. 棕色细砂岩夹页岩　55.30 m
18. 掩盖　17.10 m
17. 棕色厚层细砂岩夹深灰色页岩　29.70 m
16. 掩盖　10.70 m
15. 棕色块状细砂岩夹深灰色页岩　47.00 m
14. 掩盖　3.40 m
13. 砂岩和页岩　2.20 m
12. 棕灰色细砂岩，下部夹砂泥质页岩　36.10 m
11. 掩盖　11.10 m
10. 黄棕色细砂岩　9.80 m
9. 灰色泥质砂岩，夹砂岩和页岩　7.30 m
8. 掩盖　21.10 m
7. 棕色细砂岩夹砂质页岩　17.3 m
6. 掩盖　3.30 m
5. 棕黄色或黄白色细-中粒砂岩，底部含 *Ostrea* sp. 密集带　102.60 m
4. 黄白色细砂岩夹页岩　7.90 m
3. 砂岩，上部夹坚硬钙质砂岩，下部夹页岩　7.10 m
2. 棕灰色细砂岩和页岩互层，含 *Operculina ammonoides*　18.90 m
1. 深灰色页岩为主，含砂质页岩或碳质页岩　13.90 m

———— 整　合 ————

下伏地层：南港组（N_1n）棕灰色泥质细砂岩

南庄组是台湾 3 个含煤建造中最上部的含煤地层，属海陆交互相含煤碎屑岩沉积，以煤层的堆积、粗碎屑岩的沉积和海相化石的稀少为其主要特征。岩性下部以棕灰色砂岩、粉砂岩、页岩薄互层为主，间夹可采煤 3~4 层，煤层 0.3~0.4 m，局部上部为白色中-粗粒砂岩及碳质页岩，厚度 600~900 m。

本组各地岩性、岩相、厚度及含煤性，均有较大的变化。在台湾北部的台北-基隆一带，主要为白色厚层块状中粒砂岩，夹深灰色页岩、浅绿色泥岩，以及砂-粉砂岩与页岩的薄互层，其下部有两层薄而不规则的煤层，局部可采，上部夹煤线。本组厚 600~700 m。新北市西南至桃园新竹一带，南庄组主要由砂岩、粉砂岩、页岩的薄互层，浅灰-灰白色细砂岩，以及深灰色碳质页岩组成，夹薄而又连续的煤层，局部 1~2 层可采煤，厚 500~600 m，其上部为白色胶结疏松的厚层中-细粒砂岩、页岩薄互层及煤线，厚 100 m，中部和下部夹玄武质凝灰岩、凝灰质碎屑岩和少量玄武岩的透镜体。在新竹-苗栗一带本组最发育，是重要的含煤地层，煤层多，地层厚度大，达 800~900 m，可分上下两部分，下部为白色砂岩、粉砂岩与深灰色页岩的薄互层，含延续性差的煤层，局部可开采，上部为白色中-粗粒厚层块状砂岩夹砂岩与页岩的薄互层，夹 7~8 层煤，延续性差，仅 1~2 层可采，层厚为

0.3 m。但局部矿区（如苗栗狮头山井田）有3~4层可采煤，层厚为0.3~0.4 m，最厚达0.8 m。苗栗县后龙溪以南及台中县的大部分地区，白色厚层砂岩不发育，岩性主要为灰色细砂岩，深灰色页岩及砂岩与页岩的薄互层，夹碳质页岩及煤线，无可采煤层，厚为550~650 m。台湾中部阿里山一带，南庄组的砂页岩薄互层中含较多的海相化石及稀少的植物碎片，并夹2层延续性差的薄煤层或煤线，厚达1000 m以上，在阿里山以南，与南庄组相当的地层全变为海相地层，不含煤。

南庄组位于南港组之上及桂竹林组之下，富含植物化石，其下部可见 *Optrculina ammonoidts* 及 *Ostrta* sp. 的密集带，以及含少量 *Globigerina* sp. 等有孔虫化石，其时代为中新世中—晚期。

4. 地层划分与对比

（1）煤层的命名

在台湾的3个新近纪含煤层中，南庄组有5层可供开采的煤层，石底组有7层，木山组有3层。这些含煤层中有些在广泛的地区中具有明显的连续性及规律性。台湾的煤层不是自上层到下层以数字表之，就是依据其含煤层中相对的地层位置而命名。当地的矿业人员将整个井田中最广分布、最大厚度的某一大煤层称为“本煤层”。此“本煤层”被用来作为于其上之“上煤层”“中煤层”和于其下之“下煤层”之参考层准。对地质调查而言，每一含煤岩层中的“本煤层”在所有的井田中应为同一层。然而，在野外地层研究中，台湾所有的井田中不论其含煤层是否出露，没有一个“本煤层”能容易地被确认，且很少能将某一煤层的名称确定地使用在远处的另井田。换句话说，指准煤层在台湾井田中并不实用。所以，当某一岩层的“本煤层”同时被用于两个相隔很远的井田时，并不代表其在同一地层平面上。

（2）煤层的对比

台湾煤层的分布及变化情况可从各地煤矿井的调查结果进行对比分析（图2-2）。

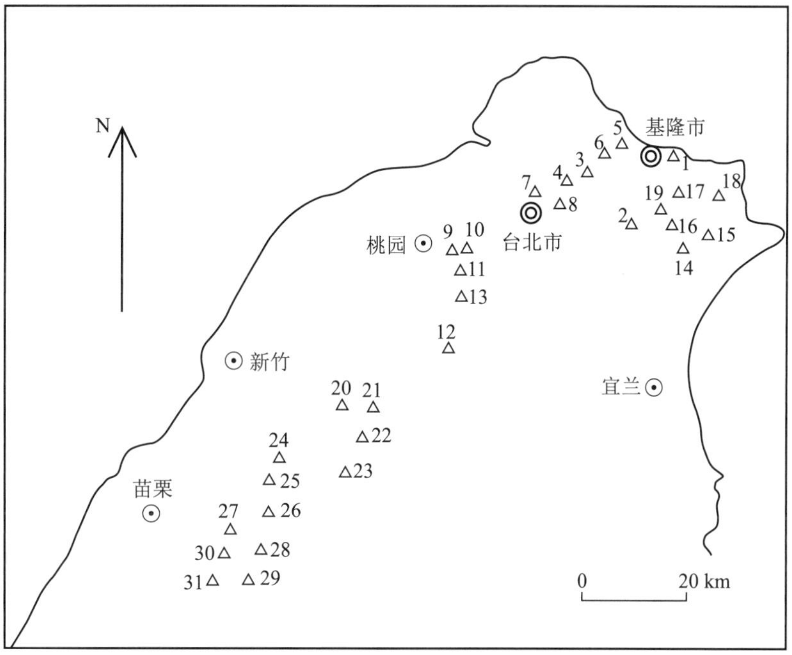

图2-2　矿井调查点位置示意图

（据福建省地质矿产局，1994）

1—北黑；2—义山；3—湖海；4—猪肚；5—基清；6—上风；7—玉瓦；8—烘内；9—三德；10—金寿山；11—日新；12—孙河；13—三峡；14—双溪；15—顶双溪；16—三貂；17—瑞三；18—中新；19—上瓦；20—上开；21—兴隆；22—龙潭；23—新成发；24—大南坑-上溪；25—村龙；26—新美；27—南盘；28—上溪；29—大里；30—大东山；31—东兴

A. 木山组（下部含煤层，图2-3）

分布于台湾省西北部，北自基隆海岸，向南延伸到台北、桃园及新竹县的大部分地区，以及苗栗

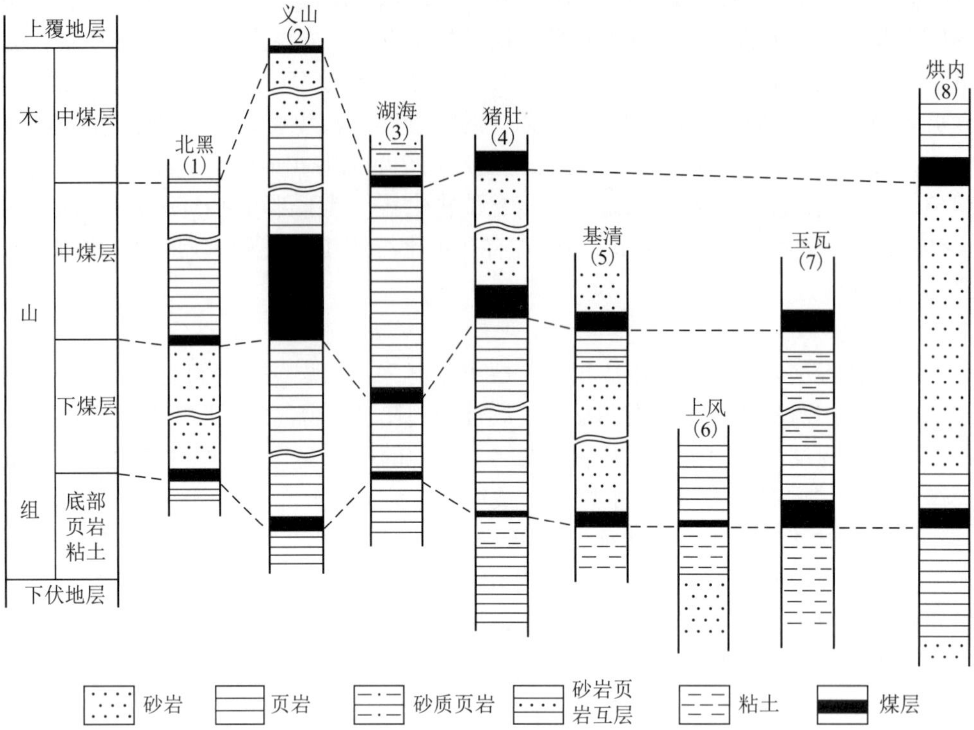

图 2-3　木山组含煤岩系柱状对比图

（据福建省地质矿产局，1994）

的北部。主要由深灰色页岩与白至淡灰色中粒砂岩互层组成，常夹碳质页岩。本组的大部分煤层厚度差异大，且顺着煤层的倾斜与走向均有连续性。本煤层和下煤层常见白色砂岩。在某些井田，火山凝灰岩与煤层互层或杂着，但均不能开采。

木山组总厚 550~650 m，含可采煤层 3 层，平均厚度 0.3~0.6 m，最厚可达 2 m。本组含煤大部分属长焰煤（CY），因煤层时代老，埋藏较深，受压力和温度影响，碳化程度较高，水分 1%~2%，灰分 8%~25%，挥发分 35%~40%，固定碳 42%~55%，发热量 27.6~33.5 MJ/kg，大部分具有粘性，煤质较好。

B. 石底组（中部含煤层，图 2-4）

分布范围广，煤层数多且经济价值高，是台湾最重要的含煤层，石底组在台北、基隆、瑞芳地区发育最好，且向南延伸到桃园、新竹、苗栗等县。主要由不同厚度的砂岩、粉砂岩、页岩及泥岩互层组成。

石底组总厚 300~600 m，主要煤层出现有该层中、上部，共含 7 层可采煤层，平均煤层厚 0.3~0.6 m，煤层一般缺少延续性，常有局部增厚或减薄现象，最厚处可达 1.80 m。

本组所含煤大部分为长焰煤（CY）。石底组的煤硬度较大，水分 3%~5%，灰分 10%~25%，挥发分 40%~45%，固定碳 40%~50%，发热量 24.3~28.5 MJ/kg。在嘉乐和南庄两煤矿中，石底组所含煤具良好的成焦性，是台湾最好的炼焦煤，为台湾其他煤矿所没有。

C. 南庄组（上部含煤层，图 2-5）

南庄组是新近纪含煤层中最年轻的，且是台湾所有的含煤层中分布最广者，它分布于台湾西部的大部分地区，自北海岸向南一直延伸至阿里山地区。岩层主要由白色砂岩、页岩、粉砂岩等不同层序和黑色互层的页岩、粉砂岩组成，可分为上部白色砂岩段和下部砂页岩互层段。

本组在新竹、苗栗等县发育最好，往南往北则经济价值逐渐降低，其厚度 600~900 m 不等。最多可含 5 个可采煤层，煤层厚 0.3~0.8 m，而在台湾中部，南庄组无可采煤层。

本组的煤主要属长焰煤（CY），煤层薄，变化大，煤质较差。煤所含水分和灰分均较高，分别为

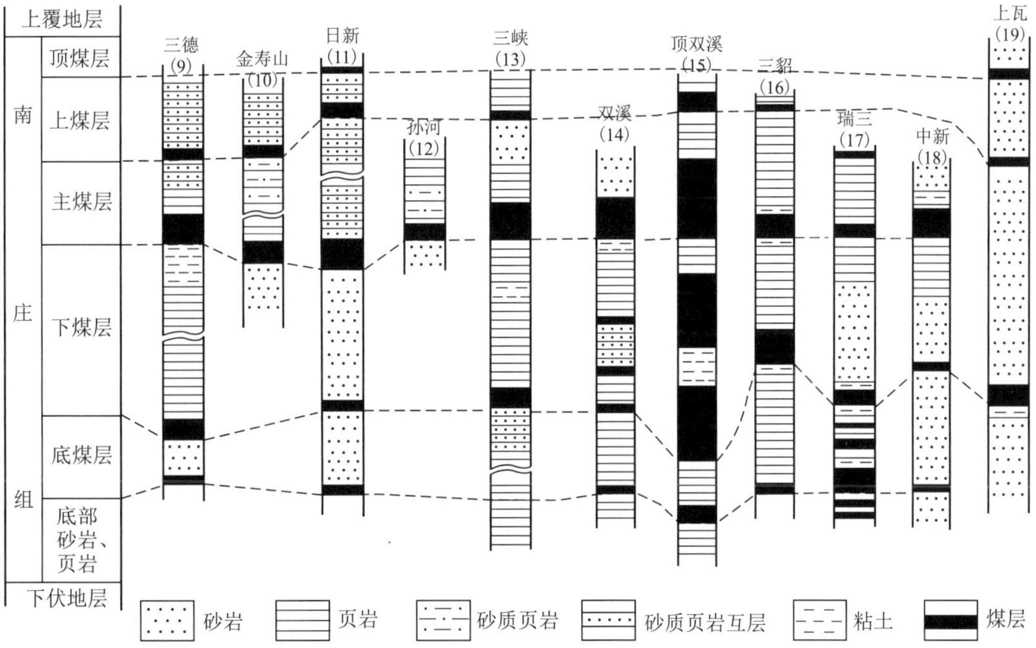

图 2-4　石底组含煤性岩系状对比图

（据福建省地质矿产局，1994）

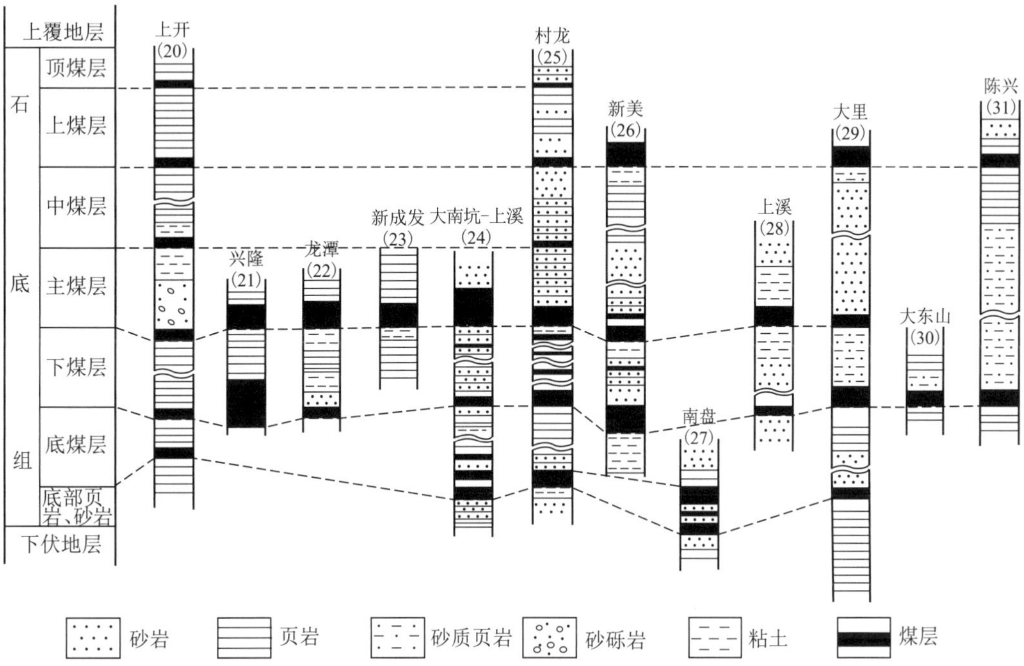

图 2-5　南庄组含煤岩系柱状对比图

（据福建省地质矿产局，1994）

3%～6%、12%～25%；固定碳较低，为 35%～40%，挥发分 40%～47%，发热量 23.0～26.0 MJ/kg，粘结性微弱，下层煤质较上层为佳。

5. 煤层特征

台湾省含煤地层具有经济价值的煤层仅产于新近纪地层中；其他地层中仅发现煤线及透镜状煤层，但多无开采价值。新近纪地层有 15 层煤具开采价值，分布于 3 个不同含煤地层中，自下而上为木山组有 3 层，石底组有 7 层，南庄组有 5 层。台湾省煤层不稳定，连续性差，变化较大，厚度一般不超过 1 m，开采的煤层平均厚度 35~70 cm，大部属于长焰煤（CY）。主要的煤层特征简述如下：

1）木山组中最多有 3 层可供开采的煤层（图 2-3），由上至下称为："上煤层""本煤层"和"下煤层"，此三层发育最佳的地点在新北汐止井田的东部。在其他井田仅有 1、2 个煤层是可开采的。本层的大部分煤层厚度差异大，且顺着煤层的倾斜与走向均有连续性。本煤层和下煤层常见白色砂岩。在某些井田，火山凝灰岩与煤层互层或混杂着，但这些煤均不能开采。

2）石底组最多有 7 个可开采的煤层（图 2-4）。发育最好的地点在基隆煤区，包括新北汐止、田寮港、四脚亭、武丹坑及菁桐坑等井田。

石底组在基隆煤区、台北煤区发育良好。由此二区向南，石底组的可开采煤层仅见于嘉乐、南庄二井田，而上坪井田较不重要。嘉乐和南庄井田仅生产一层可开采之煤层，此本煤层在不同煤带的厚度差异很大，平均 0.25~0.4 m 厚，然而，此二井田之生产是供给台湾冶金炼铁工业的主要原料——焦煤。

3）南庄组重要经济性的煤层主要集中于上段，共含有 5 层可供开采的煤层（图 2-5）。此层之厚度与地层间距在各地不同。

南庄组上段的 4 个煤层在竹南煤区、新竹煤区发育最好。在许多井田中，仅上煤层及最下煤层和本煤层是可开采的。南庄组在台北、基隆煤区分布有限，仅在其下部有 1~2 层厚度 0.2~0.5 m 的煤层可供开采。台湾所有中部煤区的煤层均在南庄组中。这些煤层相当的不规则，薄且富含页岩质。其经济价值甚低。

南庄组下段的底煤层多发育于竹南煤区与苗栗的井田中，下段煤层已知多为薄煤层，但仅 1~2 个煤层有达开采的厚度。由于其余的煤层很少达到开采的厚度 0.3 m。

（二）成矿规律——聚煤规律简述

从台湾省聚煤盆地的演化过程来看，台湾煤的形成自古近纪末期即已开始，在台湾西部的前古近纪沉积基底的基础上，接受浅海相的沉积物，随着新近纪时的盆地不断变化，形成了 3 个由浅海相和海陆交互相相互叠置而成的含煤沉积旋回，其间便逐渐形成了中新世的 3 个含煤层。

从含煤地层的发育情况看，木山组总厚 550~650 m，其中含煤北自基隆海岸，向南延伸到台北、桃园及新竹县的大部分地区以及苗栗县的北部。石底组总厚 350 m 至大于 500 m，主要分布在台北至桃园一带，而自桃园往西南至新竹及苗栗县的大部分地区，煤层减少减薄，再往南则无经济价值的煤层。南庄组总厚大于 1000 m，分布范围最广，自台北至台南的阿里山一带均有分布，只是层位不稳定，煤经济价值较低。

台湾中新世的煤层均是在沿海的滨海造煤盆地中沉积形成。典型的沉积物是近岸或大陆棚型的沉积物。海相岩层通常与陆源碎屑沉积物互层。由研究岩相及沉积环境的变化分析，南庄组的成煤区分布最广泛，但到阿里山区以南渐变为海相沉积。石底组的分布其次，但到大安溪以南渐变为海相沉积岩层。木山组分布范围最小，且在桃园、新竹交界处以南则无煤层。

因此，台湾煤的聚煤作用总体受新近纪台西部坳陷盆地发展的控制，沉积及聚煤过程总体自台湾北部开始，逐渐向南延伸，且逐步加深。成煤期为新近纪的中新世前后，含煤岩系地层层序为海陆交互相的含煤层与滨海、浅海环境下形成的非含煤地层交替成层，构成 3 个含煤沉积旋回。各煤层及其富煤带展布总的规律是：聚煤作用自下而上逐渐加强，自北向南逐渐扩展（图 2-6）。

台湾省自北向南含煤岩系地层自下而上分布面积逐渐扩大。木山组沉积时期大致在桃园县一带；石底组沉积范围大致在苗栗县汶水溪；南庄组沉积范围大致达嘉义县阿里山一带。以此分析，中新世早期沉积时，可能为一海湾环境，北侧、东侧为岩石陡岸，无煤层沉积；南侧为平缓的砂岸，海退时发育沼泽和泥炭沼泽，沉积了含煤地层木山组。由中新世早期到中期沉积时，北侧逐渐抬起，海岸线南移，致使石底组的沉积范围向南扩展。石底组沉积后，海水侵漫于整个台湾西部，形成了凑合组、南港组砂岩及与其相当的滨海相、浅海相地层。南港组之后再次向南退出，形成了南庄组的含煤地层。南庄组含煤地层形成之后，海水再次侵入，并使西部处于滨海、浅海的沉积环境，聚煤作用终止。

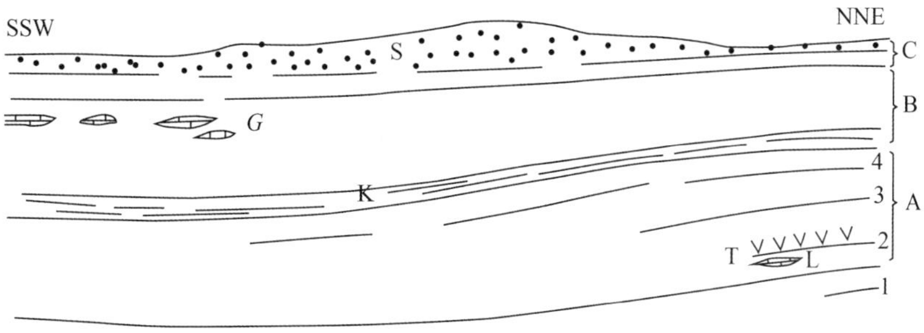

图 2-6　台湾新近纪岩相纵剖面示意图

A—中新统；B—上新统；C—更新统；L—*Lepidocyclina* 灰岩；T—公馆凝灰岩；K—锦水页岩；G—*Gypsina* 灰岩；S—卓兰组。1—澳底组；2—木山组；3—石底组；4—南庄组

由于新近纪之后的台北煤盆地东界为同沉积断裂所控制，断裂东侧的中央隆起不断上升，因此，该区的沉积物质来源主要来自中央隆起。另外，可能有部分物质来源于西部的大陆边缘，从而带来了台湾前古近纪和古近纪、新近纪地层均未发现过的石榴子石、锆石、独居石等重矿物。根据物质来源及新近纪地层东厚西薄的特点分析，台湾西部在新近纪沉积时期，总的古地理面貌，既是一个由北向南逐渐迁移的海湾，又是一个由西向东倾斜的大斜坡，海水由西、南两个方向汇入台湾西部的海湾。

台湾煤炭的煤级与其所处煤层的时代有较明显的关系。最年轻的南庄组煤，其煤级是最低的；而最老木山组的煤，其煤级最高。在南庄组所有的煤层中，位于下段者是富含固定碳的，因此其煤级比位于上段之煤层较高。可能受深埋作用而引起的热及压力是解释煤级随着地质年代增加而增加的理由之一。在对 3 个中新世含煤层的煤进行化学分析时，显示地层自上而下其煤层所含挥发性成分减少，而固定碳含量、焦性及热值则增加。

台湾的井田，有许多地方都曾受到火成侵入或岩浆喷出所引起的变质作用。通常煤在岩层与火成岩体接触的地方发生变质，且变质范围不会很大。煤层受到火成侵入岩体的影响，其结果不是有利就是有破坏性。有时煤级因受到邻近火成岩体的侵入所带来的温度升高影响而提高。

火成作用对煤的影响较大者是将其变为煤渣或无用的物质，甚至造成煤的扰动、挤压、碎裂。台湾中新世 3 个含煤层中的一些井田多含有凝灰岩或凝灰岩质岩层。这些凝灰岩在煤层的位置相当不规则，在某处可能与底部接触，在另一处与顶部接触或者可能夹于煤层中。在这些接触的地方，煤可能受其作用而变成残渣、角砾状或碎裂状，通常形成变质的煤并与凝灰岩质碎屑的混合物质。在某些地方，凝灰岩可能与煤层以断层接触。许多开采作业的困难都因煤层中含有凝灰岩物质的出现，含煤层中也发现有玄武岩岩脉，岩床侵入的影响则有限，如金瓜石、新北汐止、崁脚和三峡-大溪一带的井田即受此类火成作用或凝灰岩的扰乱。

台湾省构造运动强烈，特别是中新世主要含煤地层形成后，发生蓬莱运动。一方面含煤地层受挤压发生褶曲和断裂，煤层常为无数小断层所切割，使煤层延续性变差，或使煤层受挤压而变粉碎；另一方面，褶曲和断裂也使原来位于深处无法开采的煤层向上推移到接近地表处便于开采，也因构造变动而产生的压力和温度往往可提高煤级。

第二节　石　　煤

一、石煤的特征和主要经济用途

（一）特征

石煤，又有“石炭”“银炭”“砂炭”“石板煤”“煤岩”等近 10 种俗名。它是赋存于泥盆纪以前的古老岩层中的固体可燃有机岩。迄今在石煤中未见木质结构，而见有三叶虫、腕足类、笔石等海相生物化石，可能主要由海生菌藻类（已知有蓝绿藻、褐藻等）腕足类、笔石、三叶虫等低等生物在浅海、半深海或强烈积水的泥炭沼泽中，与大量矿物质迅速堆积在静水还原环境条件下，形成的一种高灰、高硫、低发热量的腐泥质煤，又经历了长期的地壳运动受断裂、褶皱和岩浆活动的影响形成变质深的无烟煤。它近似于一种高变质的腐泥煤，其变质程度相当于高变质无烟煤或无烟煤变为石墨的过渡阶段。

石煤一般为灰黑至黑色，条痕呈灰至黑色，坚硬致密；宏观结构以均一块状为多，尚有鳞片状、粒状、粉状以及角砾状。稍污手，光泽暗淡，密度 2~2.6 g/cm^3；燃点高，燃时无烟，发红或仅有蓝色微焰，有较浓的硫味，烧后渣多。石煤的物质成分中，以有机碳与粘土矿物的混合物碳泥质为主。石煤的固定碳含量一般 10%~40%，元素碳含量大于 90%，干燥无灰基氢含量小于 1%或大于 3%，煤的可燃基氮元素小于 1%。碳酸盐、二氧化碳有时大于 5%~7%。石煤灰分大于 45%，一般在 70%左右，最高达 90%，灰分成分以硅质为主，SiO_2 60%~>80%。发热量一般 4.2~8.4 MJ/kg，低位 3.3 MJ/kg。石煤中的 V、Mo、Cu、Ni、S 等伴生元素含量多大于一般煤，有的富含磷质。

石煤的显微结构为泥质结构，次为粉砂泥质结构。显微构造为线理状或层状，部分为块状。一些实验，将现代植物残体、泥炭、褐煤装入特殊密封的高压力机内，加压至 182 MPa，温度加至 320 ℃之后，样品变为具长焰煤性质的石煤，加至 450 ℃时，可得到标准的石煤。经化学分析试验，石煤不含腐殖酸，在氢氧化钾溶液和硝酸溶液中均无染色反应。

（二）主要经济用途

石煤主要为民用，用以烧石灰、砖瓦和作工业锅炉（如沸腾炉、搁管式炉）的燃料，以及发电（发热量 3.3~6 MJ/kg 的石煤，每吨可发电 100~150 kW · h）和水泥工业。其炉渣用于回收钒，以含 V_2O_5 0.3%计，河南、湖北、浙江、江西、广西石煤中 V_2O_5 储量大约有 1×10^8 t 可回收。此外，可作无熟料水泥的原料，部分用作炼铁、农业肥料和制造煤气等。

二、矿产地数量

台湾全省主要石煤矿矿产地有 2 个，均为矿点（表 2-7）。

表 2-7　台湾省石煤矿产地一览表

编号	矿产地名称	地理位置	矿种	成矿时代	矿床类型
1（199）	台中东势	台中县城东 23.5 km	石煤	渐新世—中新世	生物化学沉积型
2（202）	南投黑田山	南投县国姓东南 2.5 km	石煤	渐新世早期	生物化学沉积型

三、地理分布

台湾省石煤分布在台中县东势和南投县的黑田山（图 2-1）；另外在台中县的白冷、彰化县的水长流以及澎湖县等地发现有零星分布的石煤矿化点，尚无开采价值。

四、资源储量

台中东势和南投黑田山的石煤矿点未估算资源量。

五、勘查工作程度

台湾省石煤勘查工作程度均为矿产勘查（预查），都只是矿点。

六、开发利用程度

台湾省石煤未开发利用。

七、矿床类型及矿床（点）

台湾省石煤的矿床类型为生物化学沉积型。

1）台中县东势石煤矿点：矿点位于台中县南东东 23.5 km。处于中央山脉西翼褶皱冲断带之雪山山脉带南部，主要地层为始新统西村组，岩性主要为一套深灰色板岩和千枚岩，较下部常见夹暗灰色中、细粒石英砂岩。

2）南投县黑田山石煤矿点：矿点位于南投县北东国姓乡南东东 2.5 km。处于中央山脉西翼褶皱冲断带之雪山山脉带南部，主要地层为渐新统水长流组，岩性以黑色页岩为主，夹少量灰色石英细砂岩、海绿石砂岩或粉砂岩，含黄铁矿，岩石遭受浅变质。

八、石煤矿的时空分布特征及成矿规律

石煤矿的时空分布特征及成矿规律：与煤矿时空分布特征及成矿规律相同。

第三节　泥　　炭

一、泥炭的特征和主要经济用途

（一）特征

泥炭，又称草炭或泥煤，是成煤作用初级阶段的产物，泥炭是植物遗体在饱含水的沼泽中和厌氧微生物不完全分解条件下，经生物化学作用而形成的具有不同分解程度、松软而富含水的堆积物。泥炭中仍保留有原始植物的叶、茎、根，原始植物的化学组分主要是糖类和纤维素。有文献认为糖类是区分泥炭和褐煤的主要标志之一。泥炭是由有机质和矿物物质组成的复合体，常呈黑色、棕褐色，具纤维状或颗粒状结构，含纤维量 30%~90%，相对密度 1.3±，发热量 1200~4000 kcal❶/kg。干燥泥炭的最高发热值可达 5000 kcal/kg。

在自然状态下，泥炭是由不同比例的水（一般 20%~80%）矿物质和有机质（一般 40%~70%）3 部分组成，有机质中腐殖酸含量 40%甚至 50%以上。一般把有机质含量大于 30%者称泥炭，小于 30%者称腐殖土或有机土壤。泥炭中的矿物质主要有硅酸盐、碳酸盐、硫酸盐、碳化物、氧化物和氢氧化物。其测定时常以灰分和灰分组成的百分数表示。

泥炭的元素组成包括 C（50.92%~67.05%）、H（5.73%~6.41%）、N（0.72%~8.47%）O 和 S（合计 26.28%~41.58%）。泥炭呈棕褐色、黄褐-灰黑色，具有疏松、多孔、能吸收大量水分的特性。水分以湿度和持水量表示；泥炭的密度为 0.7~1.05 g/cm^3，视密度分湿视密度（在自然条件下测定），一般为 1.0~1.3 g/cm^3，干视密度（经风干或烘干后测定）一般为 0.2~0.5 g/cm^3；泥炭的分解度为 1%~70%；泥炭有离子吸附和交换性能、酸碱性、氧化-还原等化学性能；并具有热容量大、热导率小（是评价作保温材料的重要指标）生理活性（是评价作肥料的指标）强的特点；还具有很大的内表面积和极强的吸附性、良好的可塑性。

泥炭的物质组成，除水分外，主要是有机质和少量矿物质。有机质组分主要为：①可被有机溶剂苯萃取的苯萃取物（蜡、石蜡、树脂）；②用水（冷、热）从泥炭中提取的物质和用无机酸水解后，溶于水中的物质（糖类、果胶质、聚糖醛酸和半纤维素、纤维素）；③用碱溶液提取的腐殖质（酸）；④不水解物，尚有角质、木栓类物质。有机质决定了泥炭的理化性质和利用途径。

（二）主要经济用途

泥炭用途广泛，主要用于农业、能源、建材、化工、环保及医药方面。

---

❶ 1 kcal = 4.184 J。

在农业上利用含腐蚀酸的泥炭可生产腐蚀酸类肥料、营养土和用作土壤改良剂或从泥炭中提取腐蚀酸制作植物生长刺激素，以及制作牲畜饲料添加剂等。用于改良土壤，提高土壤的通气疏水能力和土壤肥力，作泥炭堆肥、厩肥、草木灰堆肥以及腐殖酸类肥料，还用作苗床土、营养土和营养体。全世界有60%以上的泥炭用于农业。

作能源，可作低热值民用燃料，经高温成型的泥炭砖气化后可获得中等热值的煤气，作炼钢平炉、玻璃窑等的燃料，以及热电发电燃料。

在工业上，用菌化法处理的泥炭分解糖类和蛋白质，蒸馏处理提取酒精和水解物。在化学工业，可从泥炭中提取化工原料，如泥炭蜡、泥炭沥青、酚、甲醇、丙酮等化工原料和腐殖酸染料，并可制作污水净化剂、石油吸附剂，如钻井泥浆调整剂、水泥减水剂等，还可压制成隔热隔音的泥炭纤维板。泥炭尚可作为低热值燃料，在建材工业上，用作轻体保温材料、纤维板、沥青油毡等。

环境保护方面利用泥炭的吸附性和离子交换性能作废水净化的过滤剂，含油污水的吸附剂，用泥炭粉末作捕捉重金属的捕获剂，放射性污水处理等，还可用泥炭经热加工制成活性炭和分子筛，用作吸附和脱色。

医疗方面，用作泥炭浴疗，制成泥炭膏，外用治疗风湿病、皮肤病，还可用提取的腐殖酸制成药物。

二、矿产地数量

台湾省泥炭矿产地有台北市松山和南投县埔里2处（表2-8），均为矿点。另外在南投县鱼池有1处与陶瓷土（大型）共生。

表2-8　台湾省泥炭矿产地一览表

编号	矿产地名称	地理位置	矿种	成矿时代	矿床类型	规模
1（69）	台北松山	台北市西南3.1 km	泥炭（泥煤）	全新世	生物化学沉积型	矿点
2（229）	南投埔里	南投县埔里镇南3.5 km	泥炭（泥煤）	全新世	生物化学沉积型	矿点

三、地理分布

台湾省泥炭矿分布在台北市的松山盆地，南投县的埔里、鱼池（图2-1），台中县的白冷，彰化县的水长流以及澎湖县等地发现有零星分布的泥炭矿化点。

四、资源储量

台北市松山未估算资源量，南投县埔里预测泥煤资源量17×10^4 t。

五、勘查工作程度

台湾省泥炭勘查工作程度均为矿产预查。

六、开发利用程度

台湾省泥炭只是矿点，均未开发利用。

七、矿床类型及矿床（点）

台湾省泥炭矿床类型为湖相生物化学沉积型。

1）台北松山泥炭矿点：位于台北市西南3.1 km。处于台西北煤、石英砂岩、粘土类矿产成矿区，台北第四纪盆地东南缘。主要地层为全新世冲积层，泥、砂、砾石。

2）南投县埔里泥炭矿点：位于南投县埔里镇南 3.5 km。产于中央山脉西翼褶皱冲断带之雪山山脉带中部。地质构造特征处于埔里全新世—更新世盆地南部。主要地层有更新统头嵙山组下段细砂岩夹页岩。

八、泥炭矿的时空分布特征及成矿规律

泥炭矿的时空分布特征及成矿规律：分布于台湾北部和中部的全新世—更新世湖相盆地中。

第二篇　金属矿产

金属矿产分为黑色金属矿产、有色金属矿产、贵金属矿产、稀有金属矿产、稀土金属矿产和分散元素矿产。台湾省金属矿产主要包括黑色金属矿产有铁、锰矿 2 个矿种；有色金属矿产有铜、铝、镍、汞矿 4 个矿种；贵金属矿产有金矿 1 种；稀有金属矿产有锆石砂矿 1 种；稀土金属矿产有独居石砂矿 1 种。

第三章　黑色金属矿产

黑色金属包括铁矿、锰矿、钛矿、铬矿、钒矿等，台湾省的黑色金属矿以铁为主，锰次之，但均较贫乏，它们主要集中分布于台湾的北部及中部。其他黑色金属矿产未发现。

第一节　铁　　矿

一、铁的特征及主要经济用途

（一）特征

1. 铁元素特性

铁（Fe）为银灰色金属。常见铁的化合物主要为正二价、正三价，个别为正六价，其中正三价的化合物最稳定。铁的密度为 7.86 g/cm^3，熔点 1535 ℃，沸点 3000 ℃。单质铁是具有光泽的白色金属，有铁磁性，是最重要的基础结构材料，其化学性质为中等活泼的金属，在高温下易和氧、硫、氯等非金属发生强烈反应，易溶于稀的无机酸溶液或浓盐酸溶液中，金属铁能被浓碱溶液侵蚀。

2. 铁矿物的特征

在自然界中，大多呈铁的氧化物、硫化物和含铁碳酸盐及含铁硅酸盐等矿物形式存在。

褐铁矿（$FeO \cdot OH \cdot Fe_2O_3 \cdot nH_2O$）含量（Fe）48%~62.9%，是一种以含水氧化铁为主要成分、褐色的天然多矿物混合物，呈各种色调的褐色，条痕为黄褐色，通常呈钟乳状、葡萄状、鲕状、致密块状和疏松块状、土状出现，是由铁的硫化物或碳酸盐等氧化而成，半金属光泽，断口贝壳状，相对密度较磁铁矿小，硬度随矿物形态而异，无磁性。

赤铁矿（α-Fe_2O_3）含量（Fe）70.0%，是一种铁氧化物矿物，晶体常呈板状、粒状，集合体通常呈片状、鳞片状、肾状、块状或土状等，呈红褐、钢灰至铁黑等色，条痕均为樱红色，半金属-金属光泽，断口贝壳状，具弱磁性。硬度 5.5~6.5、相对密度 4.9~5.3。

磁铁矿（Fe_3O_4）含量（Fe）72.4%，等轴晶系，晶体多呈八面形或十二面形，矿物为黑色、不透明、金属-半金属光泽，性脆，结构致密，晶粒细小，具有磁性，条痕为黑色，相对密度5.2、硬度5.5~6.5。

钛铁矿（$FeTiO_3$），含TiO_2 48.3%~49.2%，多数为不规则粒状、厚板状及不完整前六角形厚板状，铁褐色，条痕为带褐的黑色及带褐的灰褐色，强金属光泽及金属光泽，断口贝壳状，具中磁性，相对密度4.7、硬度5~6。

当前，对于钢铁工业具有利用价值的铁矿物原料主要有以下几种，详见表3-1。

表3-1 铁矿物原料主要化学成分及含量

矿物名称	化学式	含量（Fe）/%	矿物名称	化学式	含量（Fe）/%
磁铁矿	Fe_3O_4	72.4	赤铁矿	α-Fe_2O_3	70.0
镜铁矿	Fe_2O_3	70.0	菱铁矿	$FeCO_3$	48.2
褐铁矿	$FeO \cdot OH \cdot Fe_2O_3 \cdot nH_2O$	48.0~62.9	针铁矿	α-FeO（OH）	62.19

（二）主要经济用途

铁是钢铁工业的基本原料，广泛应用于国民经济的各个部门和人们日常生活的各个方面。铁矿石可冶炼成生铁、熟铁、铁合金、碳素钢、合金钢和特种钢等。纯磁铁矿还可作合成氮的催化剂；赤铁矿、褐铁矿还是天然的矿物颜料。

（三）铁矿石类型和经济价值

台湾的铁矿石自然类型主要有褐铁矿、赤铁矿、磁铁矿和钛铁矿，前两种是风化型常见的矿物，后两种是砂矿中的重矿物，几种矿石均属需选矿石。其中褐铁矿石和赤铁矿石大部分质量较差，属于需选矿的中-低品位矿石，且含硫、磷有害组分较高，经济价值不高；磁铁矿石和钛铁矿石来自砂矿的重矿物，多属中-高品位矿石，但品位变化较大，含硫、磷有害组分较低，多符合选矿要求，经济价值较高。台湾铁矿石矿物见表3-2。

表3-2 铁矿石矿物一览表

类别	金属矿物	脉石矿物
主要	褐铁矿、赤铁矿、磁铁矿	石英、斜长石、高岭石、明矾石、角闪石和黑云母等
次要	钛铁矿、黄铁矿、磁黄铁矿、方铅矿、针铁矿和磁赤铁矿	方解石、钾长石、金云母、绢云母、绿泥石、角闪石

台湾省主要铁矿点化学成分见表3-3。

二、矿产地数量

台湾全省有铁矿矿产地12个，均为矿点，其中风化型铁矿有10个，滨海砂矿型铁矿有2个（表3-4）。

三、地理分布

台湾全省有铁矿12处，其中风化型铁矿主要较集中分布于台湾北部的台北、桃园，少量分布在苗栗到台中一带，砂矿型铁矿分布在台湾北部的台北和西北部的苗栗海滨（图3-1）。

四、资源储量

台湾省铁矿资源十分贫乏，探获的资源储量级别低，均为预测资源量（334），风化型铁矿石储量1.5×10^4~25.0×10^4 t之间，砂矿型铁矿储量3.35×10^4~24.48×10^4 t（表3-5）。

表 3-3　台湾省主要铁矿点化学成分表

序号	矿床类型	矿点名称	化学分析结果/%					
			Fe	Al	Mn	P	S	不溶物
1	火山岩风化型	台北大油坑	36.29～55.27			0.30～0.74	0.48～0.90	
2		台北七股	40.00～50.00					
3		台北重光	52.00～53.00			0.17	0.50	
4	红土台地风化型	桃园营盘	26.54～43.40	0.04～2.16	0.10～0.82			21.12～51.42
5		桃园宋屋	21.41～39.47	1.31～2.66	0.14～4.32	0.64～1.37		19.26～42.99
6		桃园宵里	37.16～37.74	1.90～2.30	1.84～2.76	0.52～0.98		28.42～39.94
7		桃园滥背	25.34～33.68	2.00～2.16	1.62～2.24	0.50～0.80		30.24～44.24
8		台中铁砧山	22.10～39.02	0.98～2.48	0.18～10.56	0.12～0.80		30.14～48.20
9	滨海砂矿	北部海滨	15.17～64.95			0.11～0.50	0.07～0.15	
10		苗栗苑里	0.07～0.15					

注：北部海滨 TiO_2 0.88%～5.61%，SiO_2 5.59%～11.87%。（据何春荪等，1963）

表 3-4　台湾省铁矿矿产地一览表

编号	矿产地名称	地理位置	矿种	成矿时代	矿床类型
1（11）	北部海滨	台湾北部八里乡-万里乡	磁铁矿、钛铁矿	第四纪	砂矿型
2（18）	台北市七股	台北市士林区七股村	褐铁矿	第四纪	风化型
3（19）	新北重光村	新北市金山乡重光村	褐铁矿	第四纪	风化型
4（37）	台北市大油坑	台北市七股-大油坑一带	褐铁矿	第四纪	风化型
5（9）	桃园营盘	桃园县营盘附近	褐铁矿	第四纪	风化型
6（10）	桃园大仑	桃园县大仑附近	褐铁矿	第四纪	风化型
7（87）	桃园宋屋	桃园县宋屋村附近	褐铁矿	第四纪	风化型
8（88）	桃园宵里	桃园县宵里附近	褐铁矿	第四纪	风化型
9（92）	桃园滥背	桃园县滥背附近	褐铁矿	第四纪	风化型
10（119）	苗栗北势	苗栗县北势附近	褐铁矿	第四纪	风化型
11（134）	苗栗苑里	苗栗苑里	磁铁矿	第四纪	砂矿型
12（157）	台中铁砧山	台中县铁砧山	褐铁矿	第四纪	风化型

表 3-5　铁矿产地数量及规模一览表

编号	矿产地名称	预测资源量 10^4 t	品位	规模	勘查程度	开发利用
1	台湾北部海滨	24.48	磁铁矿+钛铁矿 37.88～117.24 kg/m^3（其中磁铁矿 80%～83%、钛铁矿 8%～16.2%、Fe 40.33%～64.95%、TiO_2 0.88%～5.61%、S 0.07%～0.15%）	矿点	预查	停采
2	苗栗苑里	3.35	重矿物占 6.1%，矿砂 Fe 55.01%	矿点	预查	停采
3	台北重光村	20	Fe 52%～53%、S 0.5%、P 0.17%	矿点	预查	停采
4	桃园营盘	2	Fe 26.54%～43.4%、Al 0.04%～2.16%、Mn 0.1%～0.82%、P 0.20%～0.55%、不溶物 21.12%～51.42%	矿点	预查	停采
5	桃园大仑	7		矿点	预查	停采
6	桃园宋屋	15	Fe 21.41%～39.47%、Al 1.31%～2.66%、Mn 0.14%～4.32%、P 0.64%～1.37%、不溶物 19.29%～42.99%	矿点	预查	停采

续表

编号	矿产地名称	预测资源量 10^4 t	品位	规模	勘查程度	开发利用
7	桃园宵里	20	Fe 37.16% ~ 37.74%、Al 1.9% ~ 2.3%、Mn 1.84% ~ 2.76%、P 0.52%~0.98%、不溶物 28.42%~39.94%	矿点	预查	停采
8	桃园滥背	25	Fe 25.34% ~ 33.68%、Al 2% ~ 2.16%、Mn 1.62% ~ 2.24%、P 0.5%~0.8%、不溶物 30.24%~44.24%	矿点	预查	停采
9	苗栗北势	2		矿点	预查	停采
10	台中铁砧山	5.7	Fe 22.1% ~ 39.02%、Al 0.96% ~ 2.48%、Mn 0.18% ~ 10.56%、P 0.12%~0.8%、不溶物 30.14%~48.2%	矿点	预查	停采
11	台北七股村	12	Fe 40%~50%	矿点	预查	停采
12	台北大油坑	6.05	Fe 36.29%~55.27%、P 0.38%~0.74%、S 0.48%~0.9%	矿点	预查	停采

图 3-1 台湾省铁、锰矿分布简图

五、勘查工作程度

台湾省已发现的12个铁矿，地质工作程度均为矿产勘查（相当于预查）。

六、开发利用程度

台湾的铁矿最早是1895年在日本侵略台湾期间发现的，1895~1946年之后进行过勘查，1946~1985年地方开始对所有的铁矿点进行不同程度的勘查、开采利用，但在1985年之后均已停采。

七、矿床类型、典型或代表性矿床及其他矿床（点）

（一）矿床类型

台湾省铁矿成因类型均属外生矿床成因，具体分为两种：一种是表生作用的风化型铁矿（10个矿点），另一种是沉积作用的滨海砂矿型铁矿（2个矿点）。风化型铁矿又分为红土台地风化型褐铁矿、火山岩风化壳型褐铁矿和少量赤铁矿。红土台地风化型褐铁矿位于台湾省西北部更新统红土层下部。火山岩风化壳型褐铁矿位于台湾省西北部的大屯山地区。而滨海砂矿型铁矿为大屯山石英安山岩分布区滨海沉积的铁砂矿，为滨海沉积的重矿物聚集形成。

（二）典型或代表性矿床及其他矿床（点）

由于台湾省铁矿规模均较小，工作程度低，资料少，因此没有典型或代表性矿床。下面分类型介绍主要铁矿点。

1. 火山岩风化型褐铁矿（大油坑铁矿点）：

位于台湾省台北市七股-大油坑一带，七星山北东东约3 km处，大油坑铁矿规模为矿点，为单一的褐铁矿，铁的品位（Fe）36.29%~55.27%。

（1）区域地质特征

矿点位于中央山脉褶皱系，西部山麓褶皱冲断带北部。区域上出露地层为上新统—更新统大屯山火山群石英安山岩。

（2）矿区地质特征

矿区原岩为更新世大屯山火山岩的辉石角闪安山岩、集块岩（火山角砾岩）凝灰角砾岩。由安山岩中含铁矿物经风化剥蚀，在有利地形堆积氧化而成，为风化型铁矿。

（3）矿床特征

矿点由多个分散的褐铁矿体构成，分布在南北宽800 m，东西长1300 m的范围内，有8个矿（化）体，其中主矿体2个（具有开采价值），呈层状-透镜状，矿体平均厚度4.7 m，倾向南，倾角10°。

（4）矿体特征

Ⅰ号矿体呈层状，向南倾斜，倾角10°，覆于安山岩之上。平均厚度7 m者，出露范围160 m^2，向南厚度变薄。平均厚度4.7 m者，范围800 m^2，向南尖灭。矿石为褐铁矿，含Fe 36.29%~55.27%、P 0.38%~0.74%、S 0.48%~0.90%。矿石储量3.75×10^4 t。

Ⅱ号矿体由3个不连续的透镜状矿体组成，覆于安山岩之上，向北—北东方向延伸。矿体由北向南长度分别为45 m、20 m、30 m，宽度均为12 m，平均4 m。矿石储量1.9×10^4 t。在矿层底部之基岩——安山岩，亦有铁质浸染。

大油坑除上述两个矿体外其余6矿体，矿石储量0.4×10^4 t。

七股矿点：矿石含Fe 40%~50%，估计矿石储量12×10^4 t。

重光矿点：矿石含Fe 52%~53%，P 0.17%，S 0.5%。矿石储量20×10^4 t。

2. 红土台地风化型铁矿

散布于台湾省西部中-上更新统红土台地堆积层中，有7个矿点及数十个矿化点，矿体规模由北向南变小。

台地堆积层，在矿点内可分为上、下两层。上层为红土，下层为黄棕色粘土和卵石，上部多粘土，下部多卵石。卵石为圆形和次圆形，成分为砂岩，其砾径为数厘米至1 m以上。

基岩为中-下更新统头嵙山组浅灰色细粒砂岩、粉砂岩、粘土岩。

铁矿层有3层，从下到上：第一矿层位于下部卵石层中，褐铁矿胶结与充填在卵石间，形成砾岩铁矿石，可工业开采。第二矿层位于上部红土层与下部粘土、卵石层之间，矿层长度不定，平均厚度0.3~0.4 m。第三矿层位于上部红土层中，铁矿呈不规则结核状或同心状散布。本层无开采价值。矿石矿物成分主要为褐铁矿，少量赤铁矿，有有机物质遗迹和铁碳酸盐。各矿点的矿石铁含量及资源量见表3-6。

表3-6　台湾省红土台地褐铁矿点铁含量及资源量一览表

矿点名称	含量/%					资源量/10^4 t
	Fe	Al	Mn	P	不溶物	
桃园营盘	26.54~43.40	0.04~2.16	0.10~0.82	0.20~0.55	21.12~51.42	2
桃园大仑						5~7
桃园宋屋	21.41~39.47	1.31~2.66	0.14~4.32	0.64~1.37	19.26~42.99	6
桃园宵里	37.16~37.74	1.90~2.30	1.84~2.76	0.52~0.98	28.42~39.94	20
桃园滥背	25.34~33.68	2.00~2.16	1.62~2.24	0.50~0.80	30.24~44.24	20~25
苗栗北势						1.5~2
台中铁砧山	22.10~39.02	0.98~2.48	0.18~10.56	0.12~0.80	30.14~48.20	4.5~5.7

（据何春荪等，1963）

3. 滨海砂矿型铁矿

1）北部海滨：分布于台湾省北部八里乡至万里乡之岸滩，铁砂来自大屯山更新世安山岩的副矿物磁铁矿。磁铁矿砂富集于淡水、三芝、石门、金山、万里等处河流出口处的海滩海水潮间带的高潮线附近，砂矿层一般厚0.1~1 m，宽20~50 m，长可达数百米。重矿物为磁铁矿和钛铁矿，品位Fe 15.17%~64.95%，一般40.39%~64.54%，TiO_2 0.88%~5.61%，SiO_2 5.59%~11.87%，S 0.07%~0.15%，P 0.11%~0.50%，估计资源量磁铁矿24.48×10^4 t，钛铁矿4.1×10^4 t。由于风化作用和搬运作用不间断地进行，故矿砂的来源也是不间断补给。

2）苗栗苑里矿点：砂矿分布面积77500 m^2，厚4.4 m，原矿砂54.9×10^4 t，重矿物含有率6.1%，磁铁矿资源量3.35×10^4 t，品位Fe 55.01%。另外，白沙屯有铁砂10×10^4 t。

综上所述，台湾铁矿的成矿地质条件欠佳，类型亦不理想，找矿难于有较大进展。

八、铁矿的时空分布特征及成矿规律

表生作用的风化型铁矿成矿规律：矿点位于西部山麓褶皱冲断带北部。区域上出露地层为上新统—更新统大屯山火山群石英安山岩。矿区原岩为更新世大屯山火山岩的辉石角闪安山岩、集块岩（火山角砾岩）、凝灰角砾岩。由安山岩中含铁矿物经风化剥蚀，在有利地形堆积氧化而成，为风化型褐铁矿。

滨海砂矿型铁矿成矿规律：分布于台湾省北部海滨，八里乡至万里乡之岸滩，以及苗栗苑里地区。铁砂来自大屯山更新世安山岩的副矿物磁铁矿。磁铁矿砂富集于淡水、三芝、石门、金山、万里等处河流出口处的海滩海水潮间带的高潮线附近，由于风化作用和搬运作用不间断地进行，故矿砂的来源也是不间断补给，为滨海沉积的重矿物聚集形成。

第二节　锰　　矿

一、锰的特征及主要经济用途

（一）特征

1. 锰元素及矿物特性

锰（Mn）是银白色脆性金属，密度 7.3 g/cm^3，熔点 1244 ℃，沸点 2097 ℃；纯锰在常温下较稳定，不被氧、氮、氢侵蚀。锰矿石主要有氧化锰矿和碳酸锰矿，氧化锰矿中的六方锰矿具有放电性。

2. 锰矿物的特性

在自然界中，锰以氧化物、氢氧化物、硫化物、碳酸盐、硅酸盐和硼酸盐状态产出。目前已知的锰矿物和含锰矿物有 150 种。其主要矿物如下表（表 3-7）。台湾省内锰矿物仅见硬锰矿和蔷薇辉石两种。

表 3-7　锰矿的主要矿物

矿物名称	化学式	含量/%
硬锰矿	$BaMn^{2+}Mn^{4+}O_{20}\cdot 3H_2O$	MnO_2 60~85；MnO 0~7.46
隐钾锰矿	$K_xMn_8O_{16}$（$x\leq 2$）	MnO_2 79~90；MnO 0~6
钡硬锰矿	$BaMn_8O_{16}$	MnO_2 66~88；MnO 0~9
铅硬锰矿	$PbMn_8O_{16}$	MnO_2 约 60；MnO 约 8
复水锰矿（偏锰酸矿）	$MnO_2\cdot nH_2O$	MnO_2 约 71；MnO 约 1.8
软锰矿	β-MnO_2	MnO_2 90~98
六方锰矿（恩苏塔矿）	$Mn_x^{2+}Mn_{1-x}^{4+}O_{2-2x}(OH)_{2x}$（优质放电锰）	MnO_2 89~93；MnO 0.8~1.8
斜方软锰矿（兰姆斯德矿）	γ-MnO_2	MnO_2 90~97
水锰矿	γ-MnO（OH）	MnO 40.4；MnO_2 49.4
褐锰矿	$Mn^{2+}Mn_6^{3+}SiO_{12}$	Mn 55~60
黑锰矿	$MnO_2\cdot Mn_2O_3$	Mn 45~65
菱锰矿	$MnCO_3$	Mn 35~45
钙菱锰矿	（Mn，Ca）CO_3	Mn 25~35
锰方解石	（Ca，Mn）CO_3	Mn 15~27
硫锰矿	MnS	Mn 55.69
蔷薇辉石	（Mn，Fe，Mg，Ca）SiO_3	Mn 42

硬锰矿（$BaMn^{2+}Mn^{4+}O_{20}\cdot 3H_2O$），含 MnO_2 60%~85%；MnO 0~7.46%，单斜晶系，通常呈钟乳状、肾状和葡萄状集合体，亦有呈致密块状和树枝状等，黑色、烟黑色、棕黑色，半金属-土状光泽，条痕为烟黑色、棕褐色，半金属光泽，硬度 4~6，相对密度 4.4~4.7。省内硬锰矿是氧化生成的，是锰矿石中的主要矿物。

蔷薇辉石（Mn，Fe，Mg，Ca）SiO_3，含 Mn 42%，是一种硅酸盐矿物，产于各种锰矿石中，晶体为板状或板柱状，晶体集合体为粒状或块状，浅红到红色有玻璃光泽，解理发育，硬度 5.5~6.5，相对密度 3.4~3.75。蔷薇辉石产于许多锰矿床中，常与交代作用有关。

（二）主要经济用途

锰不能单独构成结构材料使用，但它是钢铁工业的基本原料，95%的锰矿石用于冶金工业，特别是钢铁生产中。在钢铁工业中，锰具有脱氧、脱硫及调节（如阻止钢的粒缘碳化物的形成）作用。锰的加入可增加钢材的强度、硬度、耐磨性、韧性、可淬性。锰可制造高锰钢（含 Mn 7.5%~19%），如高碳高锰耐磨钢、低碳高锰不锈钢、中碳高锰无磁钢、高锰耐热钢。锰还可以与铜、镍、铝、镁制造成各种合金，是耐热耐蚀的材料。在其他工业中，锰的用途亦很广泛。二氧化锰在干电池中作消极剂；在环保事业中用于汽车尾气和工业用水、饮用水的净化剂；在有色金属行业供湿法冶金；在氢醌（对苯二酸）生产、铀的提炼上作氧化剂；在陶瓷和搪瓷工业中作氧化剂和釉色；在玻璃工业用于消除杂色和制作装饰玻璃。化学工业上生产的硫酸锰、高锰酸钾、碳酸锰、氯化锰、硝酸锰、一氧化锰等，是化学试剂、医药、焊接、油漆、涂料、合成工业等的重要原料。锰还是生产农肥、杀虫剂的原料。锰的硅酸盐——蔷薇辉石（粉翠）是工艺品的原料。

据《世界矿产资源年评》，近年来世界锰矿年生产量为 3136×10^4 t，锰合金约 1280×10^4 t。锰金属的消费 90%用于钢铁工业（1 t 钢消耗锰约 10 kg），其余 10%为有色、冶金、化工用锰。近年来，锰用于制造干电池发展最快，在美国以年均 6%的速度递增。

（三）锰矿石类型和经济价值

台湾省内锰矿石类型主要是硬锰矿，为氧化作用而成，部分原生矿为蔷薇辉石和少量含锰硅质岩。硬锰矿 SiO_2 含量 11%，含少量 P、S 等有害组分。蔷薇辉石未含 P，但含 S 较高。

硬锰矿品位较高，有害杂质较少，经济价值较高，原生矿蔷薇辉石含锰低，经济价值低。

二、矿产地数量

台湾仅见宜兰县的西帽山 1 处锰矿产地，规模为小型矿床。此外，花莲县的立雾溪和三栈溪河中见有锰矿转石。

三、地理分布

宜兰县西帽山锰矿分布于台湾北部（图 3-1）。

四、资源储量

宜兰县西帽山锰矿估算的锰矿资源量约 40×10^4 t。

五、勘查工作程度

宜兰县西帽山锰矿为日本人小笠原美津雄于 1931 年地质调查时发现，之后开展了详查工作。

六、开发利用程度

宜兰县西帽山锰矿已进行开发利用，但多因可利用的硬锰矿蕴藏量甚少，且大部分被采尽，故 1940 年即已停采。不过，近年开始开采该点之粉红色蔷薇辉石，以磨切用作装饰品。

目前所需的锰矿石均依赖进口。据统计，1989 年及 1990 年分别进口锰矿石 19.6×10^4 t 和 14.14×10^4 t。

七、矿床类型与矿床论述

（一）矿床类型

台湾省锰矿成因类型即与外生矿床类型有关的表生风化型矿床（即风化型锰矿）。

（二）典型或代表性矿床及其他矿床（点）

台湾省目前只有宜兰西帽山锰矿床，位于台湾省宜兰县大南澳乡东岳村西帽山，矿床为单一的锰矿，矿床类型为风化残留型。

1）区域地质特征：锰矿位于大南澳隆起带，太鲁阁带北部。

2）矿区地质特征：矿区出露大南澳长春组绿片岩、石英片岩、大理岩、石墨片岩、角闪岩等。

3）矿体特征：锰矿体呈层状赋存于石英片岩中，小部分在绿泥石片岩内，主矿体延伸长 700 m，厚度 0.4~1.7 m，上下围岩为石英片岩或含锰硅质岩。露头受氧化作用变为硬锰矿。矿石以硬锰矿为主，原生矿含蔷薇辉石，矿石成分见表 3-8。估计的资源量约 40×10^4 t（其中硬锰矿的蕴藏量不多）。

表 3-8　宜兰西帽山锰矿成分

矿物名称	品位/%								
	MnO	Mn	SiO_2	MgO	P	S	FeO	CaO	BaO
硬锰矿	63.99	40.42	11.07		0.02~0.04	0.02~0.05			
蔷薇辉石	32.08		44.16	7.75		1.29	0.40	5.22	1.95
含锰硅岩		8.25	55.39			0.8	29.84		

（据福建省地质矿产局，1994）

八、锰矿的时空分布特征及成矿规律

台湾锰矿仅见于台湾省宜兰县大南澳乡东岳村西帽山，为风化残留型单一的锰矿。锰矿位于大南澳隆起带，太鲁阁带北部。锰矿体主要产在石英片岩中，小部分在绿泥石片岩内，其顶底为石英片岩或含锰硅质岩。露头受氧化风化作用变为硬锰矿。形成矿石以硬锰矿为主，原生矿含蔷薇辉石，含锰硅质岩等。

第四章　有色金属矿产

有色金属矿产包括铜矿、铅锌矿、钨矿、锡矿、钼矿、铝土矿、镍矿、钴矿、铋矿、锑矿、汞矿、镁矿等，台湾省有色金属矿产已发现的有铜（与金矿共生）、铝土矿、镍和汞等矿产，以下分别论述。

第一节　铜　　矿

一、铜矿的特征和主要经济用途

（一）特征

1. 性质

铜（Cu）是一种紫色的金属，硬度 2.5~3，密度 8.5~9 g/cm^3，熔点 1083 ℃，沸点 2567 ℃。铜的延展性和导热性强，导电性高，还具有良好的化学稳定性和容易与锌、铅、镍、铝、钛等熔成合金的性能。

2. 主要矿物

自然界中已发现的含铜矿物约有 280 种，主要的有 20 多种，多以硫化物及其类似化合物、氧化物、自然铜以及铜的硫酸盐、硅酸盐等形式产出。常见的铜的硫化物主要有黄铜矿、斑铜矿、辉铜矿、黝铜矿；常见的铜氧化矿有孔雀石、蓝铜矿、硅孔雀石。中国生产的铜主要取自黄铜矿，其次是辉铜矿、斑铜矿、孔雀石等。铜的主要矿物如表 4-1 所示。

表 4-1　主要含铜矿物

分类	矿物名称	化学式	含量（Cu）/%
自然铜	自然铜	Cu	约 100
铜的硫化物	黄铜矿	$CuFeS_2$	34.6
	斑铜矿	Cu_5FeS_4	63.3
	辉铜矿	Cu_2S	79.9
	铜蓝	CuS	66.5
	方黄铜矿	$CuFe_2S_3$	23.4
	黝铜矿	$Cu_{12}Sb_4S_{13}$	45.8
	砷黝铜矿	$Cu_{12}As_4S_{13}$	51.6
	硫砷铜矿	Cu_3AsS_4	48.4
铜的氧化物	赤铜矿	Cu_2O	88.8
	黑铜矿	CuO	79.9
铜的硫酸盐、碳酸盐和硅酸盐	孔雀石	$Cu_2CO_3(OH)_2$	57.5
	蓝铜矿	$Cu_3(CO_3)_2(OH)_2$	55.3
	硅孔雀石	$CuSiO_3 \cdot 2H_2O$	36.2
	胆矾	$CuSO_4 \cdot 5H_2O$	56.2
	氯铜矿	$Cu_2Cl(OH)_3$	59.5

（二）主要经济用途

铜被广泛应用于国民经济各部门中。铜在电气工业中用量最大，此外，在国防、机械制造、有机化工及工艺美术、农业中均有使用。例如，铜用来制造电线、电缆、电机设备；黄铜用来制造枪弹和炮弹；白铜用来制造舰艇和发电设备冷凝器和热变换器；无氧铜制造超高频电子管；铍青铜用于制造航空仪表的弹性元件；锡青铜用于制造轴承、轴套；铝青铜用于制造物理仪器、精密仪器、齿轮及医疗器械；康铜和锰铜用作高温电阻材料；铜基合金用于形状记忆金属。铜的化合物在农业上用来作杀虫剂和除草剂；铜还是制造防腐油漆的主要成分。

二、矿产地数量

到目前为止，台湾省域内发现以铜矿为主的矿产地有 8 处，另有 1 处（新北金瓜石）是以金矿为主的共伴生矿产地（表 4-2）。

表 4-2　台湾省铜矿矿产地一览表

编号	矿产地名称	地理位置	矿种	成矿时代	矿床类型	规模	备注
1	花莲奇美	莲县瑞穗乡奇美村东南 1 km	铜	喜马拉雅期	斑岩型	小型	
2	台东都兰山	台东县东河乡都兰山	铜	喜马拉雅期	斑岩型	矿点	
3	台东兰屿	台东县兰屿东南端	铜	喜马拉雅期	斑岩型	矿点	
4	新北金瓜石*	新北市瑞芳镇金瓜石	金（铜）	更新世	陆相火山岩型	超大型	共伴生
5	宜兰东澳	宜兰县南澳乡东岳村北猴椅山	铜-硫铁矿	燕山期	受变质型（火山沉积-变质型）	矿点	共伴生
6	宜兰太白山	宜兰县南澳乡东岳村西 4 km	铜-硫铁矿	燕山期	受变质型（火山沉积-变质型）	矿点	共伴生
7	花莲海鼠山	花莲县立雾溪上游海鼠山	铜-硫铁矿	燕山期	受变质型（火山沉积-变质型）	矿点	共伴生
8	宜兰富太（铜山）	宜兰县南澳乡富太村山地	铜-硫铁矿	燕山期	受变质型（火山沉积-变质型）	矿点	共伴生
9	花莲铜门	花莲县铜门桥西约 100 km	铜-硫铁矿	燕山期	受变质型（火山沉积-变质型）	矿点	共伴生

* 新北金瓜石规模超大型是指金资源储量规模为超大型。

三、地理分布

台湾铜矿主要分布于台湾的东部海岸山脉、台东外海的兰屿岛一带以及北部大屯地区（图 4-1）。

台湾的东部海岸山脉南部主要分布有斑岩型奇美小型铜矿和台东都兰山、兰屿铜矿点。

东部海岸山脉北部主要分布有受变质（火山沉积-变质）型铜-硫铁矿，它们产于大南澳长春片岩中。产地 5 处，其中铜门曾开采并熔炼铜。

台湾北部大屯地区分布有金瓜石陆相火山岩（次火山热液）型金矿床中的铜矿，铜矿主要产于金瓜石矿段本山矿体下部和长仁矿段的第一长仁矿体，长仁矿段的其他矿体和草山矿体群均产硫砷铜矿。

四、资源储量

台湾省已查明的铜矿资源储量，除金瓜石式陆相火山岩型金矿中已采出 11.9101×10^4 t 铜矿（另外金瓜石地区铜矿保有储量 1.6227×10^4 t）之外，另据台湾矿研所资料统计，奇美铜矿储量约 3.2×

图 4-1 台湾省铜、铝、镍、汞矿分布简图

10^4 t、富太铜矿储量约 0.11654×10^4 t（表 4-3）。综合上述，台湾铜矿资源储量约为 16.84×10^4 t。

五、勘查工作程度

金瓜石式陆相火山岩（次火山热液）型金矿为勘探。

斑岩型花莲奇美、台东都兰山铜矿为普查、台东兰屿铜矿为预查（台湾称矿产勘查）。

受变质型（火山沉积-变质型）矿床花莲铜门、宜兰东澳等矿山为普查，宜兰太白山、宜兰富太（铜山）、花莲海鼠山等矿为预查（表 4-4）。

表 4-3　台湾省铜矿储量及勘查利用现状表

编号	矿产地名称	铜探明储量 10^4 t	品位	勘查程度	开发利用
1	新北金瓜石	13.53	Au 2.9~7.2 g/t；Cu 0.07%~0.11%	勘探	停采矿区
2	花莲奇美	3.2	Cu 0.2%~8.7%。矿体中心 Cu 0.2%，厚 147 m；Cu 0.3%，厚 90 m；Cu 0.4%，厚 54 m	普查	未利用
3	台东 都兰山		Cu 0.44%~3.43%，Au 0.4~0.95 g/t，Ag 15~20 g/t，S 38.87%~47.41%	普查	未利用资源
4	台东兰屿		Cu 0.1%~0.6%，Au 0.0~3.6 g/t	预查	未利用
5	宜兰东澳		Cu 0.3%~0.7%，Zn 0.4%~0.5%，Au 0.03~0.06 g/t，Ag 5~10 g/t，S 约 20%	普查	停采矿区
6	宜兰太白山		Cu 0.32%~0.69%，S 约 20%	预查	停采矿区
7	宜兰富太 （铜山）	0.11654	Cu 4.8%，Au 0.17g/t，S 约 20%	预查	停采矿区
8	花莲铜门		Cu 3%，S 25%~50%	普查	停采矿区
9	花莲海鼠山		S 10%	预查	未利用

表 4-4　台湾省铜矿勘查工作程度一览表　　单位：处

勘查程度	矿床规模	矿产地数量	小计
勘探	超大型	1（伴生铜）	1（伴生铜）
普查	小型	1	4
	矿点	3	
预查（踏勘）	矿点	4	4
合计		9	9

六、开发利用程度

据史载，台湾省的铜矿，最早于 1903 年（清光绪二十九年）在花莲县秀姑峦溪下游奇美村发现，但当时以找金为目的，因而被废弃。1905 年，金瓜石矿山发现了硫砷铜矿并开始了铜的采冶。其后，在中央山脉东坡的变质岩区也发现了铜矿，经试采因储量极少而终止。

台湾省的铜，以往均产自金瓜石矿床本山矿段高程 388 m 以下部分和长仁矿段各矿体中的硫砷铜矿，与金矿一并开采。至 1986 年金瓜石矿山关闭停产。

目前，金瓜石矿山业已停产，故生产电解铜的原材料依赖进口粗铜和铜泥来维持。有鉴于此，在岛内加紧了铜矿资源的勘查，并已有了良好的成果。在中央山脉东北端宜兰县的铜山，已找到了变质岩中的铜矿，且开始了少量的生产；在海岸山脉地区及台东县外海的兰屿，也发现了低品位的斑岩型铜矿。

总的看来，台湾省铜矿主要的工业类型仍为金瓜石式陆相火山岩（次火山热液）型矿床。因此，随着寻找金瓜石式金矿的新进展，必定会拓宽找铜的远景。从已掌握的规律看，铜矿体多位于金矿之下，因而深部尚有扩大找矿的可能。另外，海岸山脉及台东外海的兰屿等地的斑岩型铜矿，以及宜兰铜山的受变质型（火山沉积-变质型）铜矿，近年已在进一步工作，而且有所进展。因此，台湾的铜矿资源仍具较好的前景。

台湾省已查明的铜矿资源储量，除金瓜石式陆相火山岩型金矿中已采出 11.9101×10^4 t 铜矿（现也已停采），其他矿点未开发利用或停采。

斑岩型——花莲奇美、台东都兰山、台东兰屿等矿未开发利用。

受变质（火山沉积-变质）型的铜矿——花莲铜门、宜兰东澳、宜兰大白山、宜兰富太（铜山）、花莲海鼠山均停已采。

七、矿床类型及典型（代表性）矿床论述

（一）矿床类型

台湾省的铜矿床，按其矿床类型，可分为陆相火山岩型矿床、斑岩型矿床及受变质型（火山沉积-变质型）矿床 3 类（表 4-5）。陆相火山岩仅新北市金瓜石金（铜）矿床 1 处，与金矿共生；斑岩型有花莲县奇美小型矿床 1 处，台东县都兰山及兰屿 2 处矿点；受变质型（火山沉积-变质型）铜矿与硫铁矿共伴生，有 5 处。

表 4-5　铜矿矿床类型分类表

按成矿作用分类	矿床类型	矿床类型亚类	矿床实例
岩浆-热液作用矿床	陆相火山岩型	陆相火山岩型	新北市金瓜石
	斑岩型	斑岩型	花莲县奇美
变质作用矿床	受变质型	火山沉积-变质型	宜兰富太（铜山）

（二）典型（代表性）矿床特征及成矿模式

根据典型矿床或代表性矿床选取条件和标准，台湾铜矿床只能选出一个典型矿床，即陆相火山岩型新北金瓜石金矿；一个代表性矿床，即斑岩型花莲奇美铜矿。受变质型铜矿没有达到小型规模以上的矿产地，所以没有典型或代表性矿床。

1. 金瓜石金矿典型矿床特征及成矿模式

金瓜石金矿是以金为主的矿产地，将在本志的第一部第二篇第五章贵金属矿产中的金矿部分阐述。

2. 奇美铜矿的矿床特征及成矿模式

奇美是花莲县秀姑峦溪河口北岸的一个小村，东距大港口 6 km，1903 年在奇美村东 2 km 的秀姑峦溪南岸发现了铜矿。1937～1939 年日本矿业在奇美进行铜矿勘察，发现了长 130 m，宽 20 m的铜矿体，Cu 平均品位为 0.64%，储量为 3.2×10^4 t。20 世纪 60 年代末至 70 年代初，台湾联合矿业研究所进行了勘察工作，填制了 1：5000 奇美地区地质图和 1：2000 的露头区地质图（图 4-2），并进行了 Cu、Zn、Hg 等元素的化探工作，还开展了电法和磁法物探工作，共实施 47 个钻孔，每孔进尺 50～300 m 不等。通过勘察发现，奇美矿化现象主要为浸染状，局部为网脉状，含黄铜矿的石英细脉与菲律宾的斑岩铜矿基本相同，被确定为菲律宾型（FSE）斑岩铜矿（Tan，1969）。

（1）奇美铜矿的矿床特征

A. 区域地质背景

台湾斑岩铜矿主要产在台湾省东部海岸山脉的奇美及其南北方向的丰宾和都峦山一带。东部海岸山脉地区下部地层为中新世都峦山组，由安山质砾岩、集块岩、安山岩岩流和侵入的闪长岩及闪长玢岩组成。

上部为上新世大港口组，主要岩石为中性火山岩（安山岩）和浅成侵入岩（安山玢岩）。海岸山脉构造的大体走向约为 NE 20°，在奇美地区南方较年轻的地层呈北北东向的背斜轴向北延伸至奇美地区。

B. 矿床地质特征

矿体产在奇美火成杂岩体中，奇美火成岩由玄武质安山岩、斑状安山岩、玄武岩、闪长岩和多种岩脉组成。铜矿成矿作用与闪长岩的侵入活动有关，为网状浸染矿脉。在北北东向背斜构造带上，由于背斜轴部构造裂隙发育且矿液易沿其中侵入而形成垂直的矿体。

C. 矿体特征

奇美矿床共有5个露头、2个矿脉带、3个矿体（图4-2），一号露头的矿体很小，二至四号露头连成一个大的矿体，五号露头是一个小矿体。二至四号露头称为奇美第三矿区，露头总体分布有南北长约650 m，东西宽400 m，呈北宽南窄产出（南部宽仅200 m）。经过几十个深80~358 m钻孔勘探结果表明赋存铜矿物的矿石即为闪长玢岩。

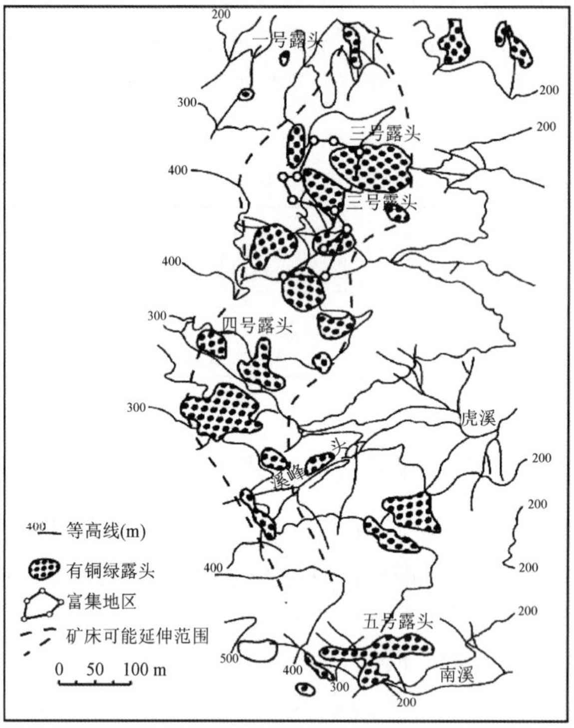

图4-2　奇美斑岩铜矿露头铜绿分布图

（据谭立平等，1997）

铜矿脉带呈南北向分布，其一长130 m，宽20 m；另一长110 m，宽0.5~1 m，均向西倾斜。

另外，在奇美铜矿区东南6 km处的樟原地区还有金银矿脉，矿脉呈南北和东西走向两组分布。东西向1号矿脉宽16 cm、长9 m，Au品位为10.2 g/t、Ag为66 g/t；东西向2号矿脉宽5 cm、长4 m，Au品位为7.9 g/t、Ag品位为26 g/t；南北向矿脉宽110 cm、长7 m，Au品位为0.5 g/t、Ag品位为4 g/t，同时还有铅锌矿化。

D. 矿石矿物成分

铜矿成矿作用与闪长岩侵入活动有关，为网状浸染矿脉。矿石品位：Au 0.3 g/t、Cu 0.2%~0.5%。原生矿石由黄铁矿、黄铜矿伴有石膏组成，次生矿物有斑铜矿、辉铜矿、铜蓝、水胆矾、块铜矾及含铜褐铁矿、孔雀石等。

E. 蚀变分带及矿化作用

围岩蚀变：绢云母化在奇美地区非常发育，可作为找矿的主要标志。岩石钾含量高主要来自绢云母，岩石中绢云母含量达2%~5%。黄铁矿化在奇美铜矿床中较弱，粘土化多发生在斑岩铜矿的中间带。陈培源（1971）研究结果认为，奇美铜矿粘土化的主要矿物为蒙脱石和伊利石。而其他斑岩铜矿的粘土矿化主要为绿泥石、高岭石和绢云母。粘土化的中间带可含矿，也可不含矿。青磐岩化通常多发生在矿体外带，奇美地区的青磐岩化主要为绿帘石、绿泥石、黄铁矿和方解石。硅化和硬石膏化在斑岩铜矿的分布很普遍。硅化在中心带和中间带表现更为强烈。在菲律宾斑岩铜矿中，硬石膏分布在 Sipalay 矿体中心部位，作为副产品回收，而在菲律宾的 Philex 矿体中则产在矿体底部。奇美的硬石膏集中在最大矿体的北端，硬石膏脉厚达 10 cm，长 1 m 以上，产在矿床之东的硬石膏脉厚达 1 m 以上，已成为中原石膏矿矿山。表生作用使斑岩铜矿的原生矿物黄铜矿变为斑铜矿、辉铜矿、铜蓝、水胆矾、羟铜矾（Antlerite）和含铜褐铁矿，还有铜绿，孔雀石组成。

奇美铜矿的蚀变矿化作用主要有绢云母化-黄铁矿化-粘土化-青磐岩化等。蚀变分带由内到外可分为 3 个带：中心带为钾长和硅化带（绢云母、黑云母和钾长石），中间带为绿泥石化、绢云母化和硅化，外带为青磐岩化（含绿帘石、绿泥石、黄铁矿和方解石），矿化最好的为中心带和中间带。

绢云母化蚀变是奇美斑岩铜矿的最重要的蚀变作用。绢云母是一种含钾的矿物，台湾一般火成岩含 K_2O 都很低，只有绿岛和兰屿的部分含黑云母及角闪石的安山岩含 K_2O 超过 1%，但在奇美的富含绢云母的蚀变闪长岩斑岩竟然高达 1.95%~1.99%。

粘土化是斑岩铜矿的蚀变中带，主要由蒙脱石和伊利石所构成。

青磐岩化布在外带，主要有绿帘石、绿泥石、黄铁矿和方解石。

硅化作用与硬石膏化作用常跨带存在，在中间带和中心带中较强烈。

奇美地区铜矿的表生富集作用较不发育，主要的次生矿物有斑铜矿、辉铜矿、铜蓝、水胆矾、块铜矾及含铜褐铁矿等。

奇美地区的矿化产物主要为浸染状的黄铜矿，也有局部网脉状的含黄铜矿的石英脉，且这些矿化作用和闪长斑岩有关。本区的矿化范围南北大约长 1500 m，宽 200~400 m。

F. 成矿时代

成矿围岩主要是火山熔岩流和集块岩，还有闪长玢岩，闪长岩和辉绿岩等（Tan，1970）。徐铁良（1956）称这套岩石为奇美火成杂岩。奇美闪长玢岩的斜长石斑晶占 60%，铁镁矿物以角闪石为主，有些角闪石被黄铁矿所交代，闪长玢岩为铜矿的主要成矿源岩。

Ho（1969）测得奇美杂岩 K-Ar 年龄：辉石闪长岩为 22.2±3.5 Ma，斑状辉石闪长岩为 19.0±2.2 Ma；斑状紫苏辉石闪长岩为 17.0±2.5 Ma；热液蚀变火成岩为 18.0±1.8 Ma；秀姑峦溪北岸安山质岩石锆石 U-Pb 年龄为 15.4~16.4 Ma，为奇美地区最年轻的火成杂岩。奇美地区经历了多期次的中性岩浆活动，辉石闪长岩可视为早期的侵入岩。Ho（1969）测定蚀变闪长岩的年龄 9.0±0.7 Ma 被视为成矿年龄，由此可见，奇美地区的火成杂岩从渐新世（25 Ma）开始活动，到中新世（9~22 Ma）具多次侵入和喷出，成矿发生在最晚期，这一点与菲律宾的斑岩铜矿形成时间（9 Ma）基本一致。

据何春荪在奇美铜矿中取得的斑状安山岩样品所测的 K-Ar 法年龄可知，奇美杂岩的侵入年代为中新世，年龄大致为 9~25 Ma。

G. 找矿标志

铜绿露头是找寻此类铜矿的直接地表标志；绢云母化蚀变带是斑岩铜矿体的近矿指示蚀变带；安山斑岩的分布区是铜矿体产出的母岩，也是找矿的重点部位。

（2）奇美式斑岩型铜矿床找矿模型（描述性）

根据对奇美铜矿典型矿床的分析及成矿要素的提取等，并据其成因演化特征，建立的奇美式斑岩铜矿的描述性找矿模型如下：

A. 地质构造背景

a）大地构造位置：位于太平洋板块和欧亚大陆碰撞带上，属陆缘弧相。

b）成矿环境：矿床的形成与板块俯冲过程中钙碱质中酸性岩浆的高侵位斑状侵入体有关，矿床形成于地壳浅部，成矿温度属高-中温。

c）含矿岩体：中新世—上新世的火山喷发形成的闪长岩、玄武质安山岩、斑状安山岩等。

d）成矿时代：中新世，25~9 Ma。

B. 矿床特征

a）矿体特征：铜矿体主要为浸染状的黄铜矿，也有局部网脉状的含黄铜矿的石英脉，矿化作用和闪长斑岩有关。

b）矿物组合：原生矿石由黄铁矿、黄铜矿伴有石膏组成，次生矿物有斑铜矿、辉铜矿、铜蓝、水胆矾、块铜矾及含铜褐铁矿、孔雀石等。

c）矿石结构：多为角砾状、浸染状、块状构造。

d）围岩蚀变：蚀变矿化作用主要有绢云母化-黄铁矿化-粘土化-青磐岩化等。蚀变分带由内到外可分为3个带：中心带为钾长和硅化带（绢云母、黑云母和钾长石），中间带为绿泥石化、绢云母化和硅化，外带为青磐岩化（含绿帘石、绿泥石、黄铁矿和方解石），矿化最好的为中心带和中间带。

C. 矿床成因

按通常的观点（芮宗瑶等，1995），斑岩型铜矿床与板块俯冲作用有关。富含金属组分和封存了海水的洋底沉积物随洋壳板块俯冲于大陆板块边缘之下时，发生部分熔融形成富含成矿物质和挥发组分的钙碱性岩浆。当此种岩浆侵位于俯冲带上方大陆边缘地壳浅部时快速冷凝结晶而形成斑状中酸性次火山岩体。随后，深部岩浆房中析出的含矿流体迅速上升至次火山岩体的上部，并因减压沸腾形成细脉浸染状矿化或发生隐爆形成角砾岩筒。在有化学性质活泼的围岩时也可形成矽卡岩型矿化。岩浆和气液流体的上升可引发地下水的对流循环，使围岩中的矿质及硫活化和参与成矿。

（三）其他矿点

1. 斑岩型

（1）台东都兰山铜矿点

位于海岸山脉的台东县东河乡都兰山中，区内出露新近纪中新统都峦山组安山集块岩、凝灰质砂岩、凝灰岩夹灰岩透镜体。火山岩除喷溢形成的安山岩外，尚有次火山岩呈岩床状、岩株状或岩舌状等侵入于中新世地层中。矿体赋存于安山岩体内或其接触带，已知有6个矿体露头。矿体受构造裂隙控制，呈南北向，长20~50 m，宽一般10~30 m。各矿体露头特征见表4-6。

表4-6 都兰山铜矿点的铜矿体露头特征表

露头编号	矿体围岩	矿体规模/m		围岩蚀变	矿石类型	矿物成分	品位			
		长	宽				Au (g·t^{-1})	Ag (g·t^{-1})	Cu %	S %
1	页岩与安山岩接触带	45	10		浸染状	黄铁矿及黄铜矿混合矿	0.9	22.0	3.43	38.87
2	安山岩									
3	安山岩	20	10	青磐岩化	浸染网状	黄铁矿	0.4	1.5	1.44	
4	粘土脉	50	30	粘土化	块状	黄铁矿	0.95	16.5	0.6	47.41
5	安山集块岩接触带									
6	集块岩中粘土脉		1.5		网状	黄铁矿、黄铜矿				

（据林朝棨等，1969）

矿石类型为浸染状、网状或块状。矿石矿物为黄铜矿、黄铁矿，均含金、银，品位：Au 0.4~0.95 g/t、Ag 1.5~22.0 g/t、Cu 0.6%~3.43%、S 38.87%~47.41%。

围岩蚀变主要为青磐岩化、粘土化等。

（2）台东兰屿铜矿点

该矿点位于台东县外海的小岛兰屿。岛上中部出露含角闪石安山岩，南北为火山碎屑岩（主要是集块岩）。浸染状铜矿化产于安山岩体内，矿化带范围颇大，局部含铜达 0.3%，但尚未发现有工业价值大的矿体。

2. 受变质（火山沉积-变质）型

（1）宜兰铜山铜-硫铁矿矿点

原称富太铜矿，在宜兰南澳乡旧富太村高 1828 m 之铜山西方约 3 km。在 1917~1920 年时，日本藤田组曾开凿 5 个坑道，共 600 m，产含 Cu 5%及 S 28.9%的矿石 0.14×10^4 t。1936~1938 年，日本矿业又开凿 509 m 坑道，无生产。金铜矿务局（台湾金属矿业公司前身）接手后，估计坑内确定矿石储量为 1.8253×10^4 t。含 Cu 4.35%，Au 0.19 g/t，S 26.8%。

矿体多呈透镜状赋存于绿泥片岩、石墨片岩、角闪片岩及绢云母片岩中，产状与围岩层理一致。附近构造复杂，断层众多。主要矿体为北坑及南坑两矿体，长均约 220 m，厚数厘米至 3 m，走向 NE 50°~70°，倾角 15°~35°。主要的矿物为黄铜矿，含铜有时达 10%，但一般 3%~5%。黄铜矿通常呈浸染状。铜山铜矿在 1964~1980 年间共产铜 0.2197×10^4 t。

（2）花莲铜门铜-硫铁矿矿点

位于花莲市西南方 14 km，距铜门隧道西方约 1 km 的木瓜溪北岸山麓。

矿区出露大南澳石墨片岩、千枚岩、绿泥石-石英-绢云母片岩。有 6 个矿体赋存在绿片岩中，可分为致密块状黄铁矿矿体和缟状浸染状黄铁矿矿体。1~3 号矿体为弱黄铁矿化缟状浸染状矿体，规模小，矿石仅由黄铁矿组成，含 S 10%，无开采价值。4~5 号矿体为强黄铁矿化缟状浸染状矿体，透镜状，4 号矿体膨大部 0.2~0.3 m，5 号矿体膨大部 1 m，两矿体矿石均由黄铁矿组成，含 S 15%~20%。6 号矿体由大小数个扁豆体断续组成豆荚状，矿体上下盘均受强烈矿化及绿泥石化，矿石有致密块状及缟状浸染状矿 2 种，矿体幅宽 0.2~0.3 m，走向延伸 25 m，矿物成分有黄铁矿及黄铜矿，平均硫品位 25%~30%，富硫矿 45%。7 号矿体为扁豆状致密块状矿体，为本矿区之主要富矿体，上下两盘围岩中伴随高品质的缟状浸染状矿体，主矿走向 NE 60°，南东倾，倾角 40°~50°。矿体膨大部脉宽 2.5 m，平均 2 m，延伸 50 m。上下盘浸染状矿体幅宽分别为 0.6 m，和 0.1~0.2 m，矿物成分为黄铁矿和黄铜矿。矿石平均品位：主矿体 S 45%~50%、Cu 3%，浸染矿体 S 25%~30%。

矿石矿物为含铜硫铁矿，并有极少量的含金、银方铅矿，脉石矿物主要为石英、绿泥石、绢云母。

矿体呈透镜状赋存于绿片岩及绢云片岩中，产状与围岩层理一致。各矿体特征详见表 4-7。

表 4-7 铜门铜矿点矿体特征表

矿点名称	脉号	围岩	矿脉形态	产状		规模		矿石类型	矿石成分	品位/%	
				倾向/(°)	倾角/(°)	长/m	宽/m			Cu	S
铜门	1	绿片岩、千枚岩	透镜状	NW330	42	5	0.2	浸染状	含铜硫铁矿、含金银方铅矿	1.5	
	2			NW310	45	25	0.8			2.0	
	3			N	38	15	0.14			2.8	
	4			NW315	45	90	0.7			0.5	
	5			NW315	45	15	0.4			1.5	
	6			NW315	45	30	1.2			1.5	
铜文兰		石墨片岩、硅质结晶片岩	透镜状	NW285~320			0.5	浸染状	含铜硫铁矿	0.2	15.0
鲤鱼池							0.3				

（据林朝棨等，1969）

矿体规模小，富矿体早年即已采尽，而且与成矿关系密切的绿片岩及辉绿岩分布狭小，是否具找矿前景难于确定。近年，有资料报道，宜兰县铜山亦发现了此类型铜矿床，Cu 品位 3%~4%；年开采矿石 0.03×10^4~0.04×10^4 t。

此外，尚有宜兰县的富太、东澳、太白，花莲县的红叶溪、蕨等诸矿化点。

八、矿床时空分布特征及成矿规律

台湾省的铜矿床，按其矿床类型，可分为陆相火山岩（次火山热液）型、斑岩型、受变质型矿床3类。陆相火山岩（次火山热液）型仅新北市金瓜石金矿床1处，与金矿共生；斑岩型有海岸山脉的花莲县奇美小型矿床1处，台东县都兰山及兰屿2处矿点；受变质矿床（火山沉积-变质型）铜矿为与硫铁矿共生矿。

金瓜石式陆相火山岩型金矿：主要分布于台湾北部大屯山-基隆火山群一带，与该区火山活动关系密切，铜矿的时空分布特征及成矿规律与金矿相近，但也有所不同。

（一）成矿地质条件

1. 铜矿与地层关系

台湾省铜矿的产出地层有前古近纪大南澳长春组及古近纪以后的新地层。

2. 铜矿与火山岩关系

台湾省铜矿与火山岩具有明显的关系，尤其是以金瓜石式陆相火山岩型金矿为代表的矿床，与该区的火山活动关系密切。斑岩型铜矿亦与其中的火成杂岩等相关，而与变质作用相关的含铜硫铁矿等亦与早期火山沉积形成的原岩有关。主要特点表现在以下几方面：

1）台湾省的火山活动时间延续较长，自晚古生代开始即有海底基性火山活动，新生代各时期基性火山活动较频繁，特别是中新世以来，随着板块的俯冲、碰撞，火山活动更活跃，火山成矿作用更明显，形成了金、铜、硫等矿产。

2）台湾省的火山岩分布区与铜矿相关的可划分出北部琉球火山弧火山岩成矿区和东部吕宋弧火山岩成矿带。与此相对应的矿产类型分布有金瓜石式陆相火山岩型金矿和奇美式斑岩型铜矿两类。

3）金瓜石式陆相火山岩型金矿分布于台湾北部的琉球火山弧火山岩成矿区。此区主要是更新世形成的基隆火山群和大屯山火山群，前者形成了以金瓜石矿床为代表的超大型金矿，伴生中型银矿床。

4）奇美式斑岩型铜矿主要分布于台湾省东部吕宋弧系火山岩带上，包括海岸山脉中新世奇美火成杂岩、中新世至上新世绿岛和兰屿安山岩、火山碎屑岩及中新世都峦山组安山集块岩、火山碎屑岩等。安山岩均属拉斑系列，为消减带中洋壳的拉斑玄武岩部分熔融之产物。

5）铜山式受变质（火山沉积-变质）型铜-硫铁矿主要分布在台湾东部的大南澳火山岩，其形成时代在前古近纪。主要为海相拉斑玄武岩及弧系安山岩，与前古近纪的碳酸盐，泥质、砂质碎屑岩夹火山岩沉积建造同时形成，燕山晚期变质为绿片岩和绿帘石角闪岩等。与此相关的矿产类型为铜山式受变质（火山沉积-变质）型铜-硫铁矿。

3. 铜矿与构造关系

构造是成岩成矿的前提，既控制了沉积建造、火山喷发、变质岩带等，又控制了区域成矿作用和矿床展布。构造运动于台湾省铜矿的成矿作用有重要意义。

1）地壳结构：台湾省境内存在东西两个截然不同的地壳结构区，西部属欧亚大陆板块，为隆起区，由下部硅镁层及上部硅铝层组成，双层结构，地壳较厚；而东部属菲律宾板块，为洋壳区，单层结构，地壳较薄。台湾省的铜金矿产类型则主要分布于内弧地壳的安山岩系列火山岩浆建造中；而石油、天然气、煤、灰岩等非金属矿产则主要产于陆壳型前陆盆地中。

2）板块构造运动：中生代晚期即燕山成矿期，板块构造运动造使得前古近纪形成的碳酸盐，泥质、砂质碎屑岩夹火山岩建造、含铜-硫铁矿建造等发生变质作用，形成了铜山式受变质（火山沉积-变质）型铜-硫铁矿。而在晚新生代时发生的强烈板块构造运动，则引发了高铝质玄武岩、安山质火山岩侵入-喷发活动，形成了以金瓜石式陆相火山岩型金矿、奇美式斑岩型铜矿等为代表的与火山作用有关的金、铜、硫等矿产。

4. 铜矿与变质作用关系

台湾省境内的各时期变质作用，与中新生代的板块俯冲碰撞密切相关，自中生代以来，主要发生了3次变质作用，包括中生代早—中期、中生代晚期、中新世中晚期变质等。其中，铜山式受变质（火山沉积-变质）型铜-硫铁矿的形成时代为中生代晚期即燕山成矿期，受此时期发生的板块构造运动所制约，由碳酸盐，泥质、砂质碎屑岩夹火山岩沉积建造中含铜-硫铁矿化源层变质而来。

（二）铜矿成矿规律

1. 铜矿形成的时间分布规律

台湾省大致可分为燕山期和喜马拉雅期2个成矿时期。铜矿在这2个成矿期均有成矿。

1）燕山成矿期：伴随着本期较强烈的构造活动，早期沉积的物质经变质后形成了大南澳变质岩系，同时形成了铜山式的铜-硫铁矿。

2）喜马拉雅成矿期：此一时期的成矿作用与铜矿有密切关系。在上新世—更新世，台湾省以东的菲律宾板块向北俯冲至琉球岛弧之下，深达150 km，由此引发了高铝玄武岩、安山质火山岩的侵入-喷发活动及金、铜、硫等成矿作用，形成有价值的金、铜、硫等内生矿床。金瓜石式陆相火山岩型金矿及奇美式斑岩型铜矿均形成在这一成矿期中。

2. 铜矿的空间分布规律

铜金矿产类型在空间分布上具有较明显的区（带）分布规律。

1）金瓜石式陆相火山岩型金矿：此类型的矿床主要分布在台湾北部大屯山-基隆火山群一带与该区火山活动关系密切，范围主要以金瓜石地区及外围火山岩分布区为主。

2）奇美式斑岩型铜矿：此类型矿床主要分布在台湾东部火山弧区，包括吕宋岛弧系北延部分，海岸山脉、绿岛、兰屿等地。

3）铜山式受变质（火山沉积-变质）型铜-硫铁矿：主要分布在太鲁阁变质杂岩带上，总体呈北北东向狭长带状，已知的如铜山、东澳、铜门等矿点。

第二节　铝（铝土矿）

一、铝矿的特征和主要经济用途

（一）特征

1. 性质

铝（Al）是银白色金属，在20 ℃条件下，密度2.7 g/cm^3，熔点660.37 ℃，沸点2467 ℃。铝属于轻金属，具有良好的导电性、传热性、延展性、反光性和抗蚀性。铝合金具有质轻且坚硬的物理机械性能。

铝在地壳中分布广泛，其平均含量为7.47%，仅次于元素O和Si，居第三位。在自然界中铝矿物和含铝矿物约有250多种，主要矿物见表4-8。

2. 综合评价

工业上提炼铝的主要原料是铝土矿。因此，矿石中氧化铝（Al_2O_3）的含量和铝硅比（Al_2O_3/SiO_2）是评价铝土矿质量的主要依据。铝土矿矿床类型不同，其工业要求亦不同。

铝土矿矿石中含有Ga、V、Ta、Ti、Ce、Li及放射性元素等有用组分，目前已综合利用的有Ga。沉积型铝土矿层常常相变为耐火粘土，其上部、下部常常共生多种有用矿产，如铁矿、硫铁矿、溶剂灰岩、煤矿、高岭土、陶瓷土、铁矾土。红土型铝土矿常共生有钴土矿等。对具有价值的共生、伴生矿产，应注意综合评价。

表 4-8　主要含铝矿物

矿物名称	化学式	含量(Al_2O_3)/%
刚玉	Al_2O_3	100
一水硬铝石	α-$Al_2O_3 \cdot H_2O$	85.1
一水软铝石	γ-$Al_2O_3 \cdot H_2O$	85.1
三水铝石	γ-$Al(OH)_3$	65.4
高岭石	$Al_4[Si_4O_{10}](OH)_8$	39.5
红柱石	$Al_2O_3 \cdot SiO_2$	63.0
蓝晶石	$Al_2O_3 \cdot SiO_2$	63.0
矽线石	$Al_2O_3 \cdot SiO_2$	63.0
明矾石	$KAl_3(SO_4)_2(OH)_6$	37
霞石	$KNa_3[AlSiO_4]_4$	32.3~36.0
水铝英石	$m SiO_2 \cdot n Al_2O_3 \cdot p H_2O$	30.0~35.0
磷铝锶石	$SrAl_3(PO_4)_2(OH)_5 \cdot H_2O$	33.12
莫来石	$Al_6Si_2O_{13}$	71.79

（二）主要经济用途

铝是重要的工业金属，其产量和消费量在金属中位居第二，仅次于铁。铝广泛应用于各种不同的工业部门中。铝大量用于电力、电气通信、包装、建筑、交通运输、接卸机械制造业及民用器具等。据国际铝业协会（IAI）统计，西方各国铝的消费结构为：运输业占 30%，建筑业占 17.7%，易拉罐占 12.20%，机械设备制造占 8.4%，电子业占 8.6%，商品包装占 5.3%，耐用品占 5.9%，其他 11.9%。铝及其合金粉末能迅速燃烧放出强光，从而被用作燃烧弹、信号弹、火箭等。由于铝和氧的亲和力较大，所以铝还可用作炼钢的脱氧剂和一些高熔点金属氧化物的还原剂。铝土矿是提取金属铝的最好原料，在制取高级磨料、高铝水泥、耐火材料、水泥、陶瓷材料、化工和医药等方面也具有广泛的用途。

二、矿产地数量

到目前为止，台湾省内仅发现铝土矿矿产地 1 处，即台北磺嘴山铝土矿，为三水型铝土矿。

三、地理分布

台北磺嘴山铝土矿分布于台湾省北部大屯山地区磺嘴山一带（见图 4-1）。

四、资源储量

大屯山地区铝土矿估计资源量 300×10^4 t，另有品质较差者 400×10^4 t。

五、勘查工作程度

大屯山地区铝土矿勘查程度达到普查。

六、开发利用程度

台北大屯山地区有 2 km^2 的矿区，Al_2O_3 品位 30%~50%，原有开采过，现已停采。

七、矿床类型、典型或代表性矿床及其他矿床（点）

（一）矿床类型

中国的红土型铝土矿矿床（即风化残余型或玄武岩风化壳型），产于玄武岩风化壳中，由玄武岩风化淋滤而成。台北大屯山地区磺嘴山铝土矿属风化红土型铝土矿。

（二）典型或代表性矿床及其他矿床（点）

矿床产于新北市大屯山地区磺嘴山，为三水型铝土矿。原岩为安山岩类，经红土化风化作用形成铝土矿。

大屯山地区，目前已发现甲、乙、丙、丁 4 个三水型铝土矿矿区，总面积 100 km^2，一般 Al_2O_3 含量 25%~45%，平均 30%左右，属低品位铝土矿，需经洗选除去杂质，提高 Al_2O_3 含量，方能利用。其中发现有 2 km^2 的矿区，表土层厚 1~2 m，铝土矿层厚 2~4 m，夹角砾岩块，Al_2O_3 品位30%~50%，曾开采过。

八、矿床时空分布特征及成矿规律

磺嘴山铝土矿位于台湾北部金、铜、硫成矿区中。主要地层有上新统—更新统角闪二辉安山岩及安山岩风化形成的第四系红土层。

地质构造特征：位于金山北东向断裂之东南侧大屯山火山群磺嘴山火山构造之西部。

新北市大屯山地区磺嘴山，原岩主要为角闪二辉安山岩及安山岩，矿床系安山岩经红土化风化作用形成铝土矿，由含 Al_2O_3 较高的红土组成，为三水型铝土矿。

第三节　镍　　矿

一、镍矿的特征和主要经济用途

（一）特征

镍（Ni）是银白色金属，属铁族元素。在许多物理化学性质上，镍与同族的铁和钴相似。在各类岩石中，超基性岩镍含量最高，基性岩次之。镍的密度 8.8~8.9 g/cm^3，硬度为 5，熔点 1455 ℃，沸点 3075 ℃，具有良好的机械强度和延展性、难熔、在空气中不氧化等特性。镍有磁性，但在加热到 365 ℃时失去磁性。镍的杂质含量对其性能有显著影响。镍和一氧化碳反应可生成羰基镍，其在 43 ℃时沸腾，180 ℃时分解为镍和一氧化碳。盐酸、硫酸、有机酸和碱性溶液对镍的侵蚀极慢，只有稀硝酸是镍的强侵蚀剂，强硝酸能使镍表面钝化而具抗蚀性。

镍主要矿物见表 4-9。

（二）主要经济用途

镍是一种十分重要的有色金属材料。其主要用途是制造不锈钢、高镍合金钢和合金结构钢以及被广泛用于飞机、雷达、导弹、坦克、舰艇、宇宙飞船、原子反应堆等各种军工制造业。在民用工业中，镍还可作陶瓷颜料和防腐镀层。镍钴合金是一种永磁材料，广泛用于电子遥控、原子能工业和超导工艺等领域。在化学工业中，镍常用作氢化催化剂，高镍钢还可以制化学制品。镍可以制造各种器械，如坩埚、管材、仪器、蒸发器和散热器以及通信器材等。近年来，在彩色电视机、磁带录音机和其他通信器材等方面镍的用量也正在迅速增大。

表 4-9 主要含镍矿物

矿物名称	化学式	含量(Ni)/%
镍黄铁矿	$(Fe,Ni)_9S_8$	22~42
紫硫镍(铁)矿	$FeNi_2S_4$	38.9
针镍矿	NiS	64.7
辉(铁)镍矿	Ni_3S_4;$(Ni,Fe)_3S_4$	57.9(42~54)
含镍磁黄铁矿	$Fe_{1-x}S(x=0\sim0.2)$	0.25~14.22
方硫镍矿	NiS_2	47.8
红砷镍矿	NiAs	43.9
砷镍矿	Ni_3As_3(接近于 $Ni_{11}As_8$)	54.0(51.9)
辉砷镍矿	NiAsS	35.4
暗镍蛇纹石(硅镁镍矿)	$(Mg\cdot Ni)_6[Si_4O_{10}](OH)_8$	20~47
绿镍矿	NiO	78.6
镍绿泥石	$(Ni_5Al)(Si_3Al)O_{10}(OH)_8$	NiO 20~40.2
绿高岭石(绿脱石、囊脱石)	$Na_{0.33}Fe_2^{3+}[(Al,Si)_4O_{10}](OH)_2\cdot nH_2O$	NiO 1.1~1.8
镍磁铁矿	$NiFe_2O_4$ 或 $(Fe,Ni)_3O_4$	NiO 31.9
镍矾	$NiSO_4\cdot 6H_2O$	NiO 28.4
碧矾	$NiSO_4\cdot 7H_2O$	NiO 26.6
翠镍石	$NiCO_3\cdot 2Ni(OH)_2\cdot 4H_2O$	NiO 59.6
镍华	$Ni_3As_2O_8\cdot 8H_2O$	NiO 37.46

二、矿产地数量

台湾省到目前为止，仅发现台东关山日出镍矿矿产地 1 处。

三、地理分布

日出镍矿分布于台湾东部台东县关山镇东南部，处于中央山脉和海岸山脉之间（见图 4-1），中央山脉和海岸山脉之间普遍出露有超基性岩和蛇纹岩，它们均含有微量的镍，已在花莲县风林区、瑞穗、花莲港，台东县雷公火等地发现有镍矿化点。

四、资源储量

1951 年，台湾省建设厅矿务科估计日出镍矿点含 Ni 0.23%~0.61%的资源量为 0.5319×10^4 t。

五、勘查工作程度

台湾省矿业研究所曾于 1966 年、1973 年分别实施东部地区超基性岩体含镍普查工作及台东县关山日出超基性岩体的镍矿详查工作。

六、开发利用程度

日出矿点虽然含镍量较高，但其品位、资源量仍未具经济价值，暂未开发利用。

七、矿床类型、典型或代表性矿床及其他矿床（点）

（一）矿床类型

镍矿床最主要类型有风化壳型镍矿（硅酸盐型）。台湾省镍矿床就是风化壳型镍矿（硅酸盐型），产于超基性岩风化残坡积层中。

（二）典型矿床或代表性矿床及其他矿点

台湾镍矿没有形成小型以上规模的矿床，所以没有典型矿床或代表性矿床。

台湾中央山脉和海岸山脉地区，普遍出露有超基性岩和蛇纹岩，均含有微量的镍。Ni 含量在 0.2%以上者为数不少，唯日出矿点含镍量较高，可惜品位、资源量仍未具经济价值。

日出矿点：出露上新统利吉混杂岩，系巨厚层砂泥岩夹外来岩块所组成。外来岩块为异剥石橄榄岩和蛇纹岩，混杂于砂泥岩间，在橄榄岩和蛇纹岩及其风化土壤中含镍。红色土壤层厚 0.4~3.8 m，平均含 Ni 0.66%，新鲜岩石含 Ni 仅 0.09%~0.25%。

八、矿床时空分布特征及成矿规律

中央山脉和海岸山脉地区，特别在海岸山脉褶皱系，海岸山脉褶皱带南部，分布有上新统利吉混杂岩，利吉混杂岩的组成以青灰色或灰黑色泥岩为主，其中包夹各种呈角砾状之砂岩与蛇绿岩块及少部分安山岩块。蛇绿岩系的岩石包括橄榄岩、辉长岩、辉绿岩及枕状玄武岩等，其中橄榄岩大部分已转变为蛇纹岩，这些岩石均含有微量的镍。最终形成的镍矿是由于橄榄岩和蛇纹岩及其风化土壤经第四纪残积形成。

第四节　汞

一、汞矿的特征和主要经济用途

（一）特征

1. 性质

汞（Hg），俗称水银，是常温下唯一呈液态的金属，具有银白色金属光泽，凝固点为-38.89 ℃，熔点-38.87 ℃，沸点为 357.25 ℃。汞内聚力很强，能与许多金属形成合金，称为汞齐。汞蒸气剧毒。在 0 ℃时蒸气压即达到 37.2 Pa。加热到暗红色以上的温度就能完全气化，常温下密度 13.55 g/cm^3。汞的化学性质比较稳定，与氧结合的能力比绝大多数的有色金属都弱。汞有毒性，容易污染环境，有害人体健康。汞的蒸气压变化幅度显著，汞蒸气导电并产生绿色及紫外线光谱。

2. 主要矿物

自然界已知的汞矿物和含汞矿物有 20 多种，主要矿物为辰砂，重要的有以下几种（表 4-10）。

表 4-10　汞矿物和含汞矿物

矿物名称	化学式	含量（Hg）/%
自然汞	Hg	100
辰砂（黑辰砂）	HgS	86.2
硒汞矿	HgSe	71.7
辉汞矿	Hg（S，Se）	83.8
碲汞矿	HgTe	61.14
甘汞矿	Hg_2Cl_2	84.98
氯氧汞矿	$Hg_5O_4Cl_2$	91.0
黄氯汞矿	Hg_2ClO	88.24
橙红石	HgO	92.61

（二）主要经济用途

汞以其特异的物化性能主要用于氯碱工业及电器、电子工业、仪表和牙科合金汞剂材料等，占总消费量的25%~35%。

汞在电气和仪表工业上主要用来制造紫外光灯、水银灯、水银真空泵、反光镜、交通信号灯的自动控制器；还可制汞盐、干电池、蓄电池、水银整流计、汞槽、温度计、气压计及其他的测量控制仪器。

汞的化合物在化学工业上可作皮革和植物的防霉剂、木材防腐剂、防腐油漆。在基本化学工业中，当由乙炔制造乙醛时，使用硫酸汞作催化剂。电解食盐制造苛性钠时，用汞作阳极。汞还广泛用作船舶水下部分用的颜料。汞的硝酸盐曾长期用于生产雷管及引火帽等爆炸物。农业上用汞的化合物作种子的媒染剂。医学上用汞作升汞、甘汞、各种药膏的组成部分，并可用于各种医学仪器。此外，汞还用于精密铸件的铸模、钚原子反应堆的冷却剂、镉基轴承合金等。

辰砂为色泽鲜艳的重矿物，是高档颜料，其中粒度大者称珠宝砂，可用于激光技术等方面；与高岭石共生者称鸡血石，可作珍贵印章等工艺品料石。

二、矿产地数量

到目前为止，台湾省域内仅发现新北市双溪乡平林汞矿矿点1处。

三、地理分布

分布于新北市双溪乡平林（见图4-1）。

四、资源储量

台湾省新北市双溪乡平林汞矿点累计汞矿探明资源量为4130 kg。

五、勘查工作程度

台湾省新北市双溪乡平林汞矿为详查矿点。

六、开发利用程度

台湾省新北市双溪乡平林汞矿点发现于1911年，屡采屡停。历年产量列于表4-11。现已采空。

表4-11　新北平林矿点汞产量

年份	产量/kg		年份	产量/kg	
	汞	矿石		汞	矿石
1914	248		1931	484	
1915	251		1944	226	
1916	956		1945	1961	
1929		27979	合计	4126	27979

（据 Yen，1950）

七、矿床类型、典型或代表性矿床及其他矿床（点）

（一）矿床类型

汞矿矿床类型主要是陆相火山岩（次火山低温热液交代）型矿床，据产状分成两种：①热液交代型层状汞矿床，汞矿床多产于沉积地层中，产于背斜构造内的碳酸盐岩层中，常见于断层破碎带和层间破碎带。②热液交代型脉状汞矿床，产于各种岩石的断裂带中，具滑石菱镁片岩化，少量碳酸盐化和泥化。台湾双溪乡平林网状汞矿，就是陆相火山岩型（次火山低温热液交代型脉状）矿床。

（二）典型或代表性矿床及其他矿床（点）

台湾汞矿未形成小型以上规模的矿床，所以没有典型矿床或代表性矿床。

新北市双溪乡平林汞矿矿点：平林一带出露地层为渐新统—中新统，有玄武岩脉和酸性岩脉侵入，矿脉赋存于玄武岩脉与古近纪地层接触部位附近的白色粘土中，呈网状细脉体，矿脉宽度 0.01~0.1 m，分布甚不规则。另有部分矿染于砂岩及玄武岩中，矿染带宽度 1.3 m 左右。汞矿富矿产在沉积岩与辉绿岩接触的粘土带上，低品位矿石则产于硅化砂岩及矿化页岩中。矿化多呈浸染状。矿石矿物有辰砂、黄铁矿、黄铜矿和菱锰矿。脉石矿物有石英、玉髓、方解石和高岭土。矿石一般为贫矿，经选矿可获拳头大小之富矿石，精矿品位富者约 10%（5.52%~60.88%），贫者 0.3%~0.4%（0.25%~1.26%）。围岩蚀变有硅化。

本矿大部分已被采空。

另外，在新北金瓜石金矿床中共伴生有少量辰砂及自然汞，因量少而无经济价值。但可作为寻找金瓜石式金矿的一种地表标志，值得注意。

八、矿床时空分布特征及成矿规律

汞矿形成于喜马拉雅期，矿点分布于台湾北部金、铜、硫成矿区。

第五章　贵金属矿产——金矿

贵金属矿产包括金矿、银矿、铂族矿（铂、钯、钌、锇、铱、铑）等，台湾省贵金属矿产已发现只有1种金矿，现介绍台湾省金矿产。

一、金的特征和主要经济用途

（一）特征

1. 金元素特性

金（Au）呈黄色，具强金属光泽，属铜族元素。金是很不活泼的金属，密度为19.32 g/cm^3（20℃时），熔点1064.43℃，沸点2807℃，硬度2.2，维氏显微硬度值为50~55 kg/mm^2。金的延展性很好，可压成厚度只有0.01 μm的金箔，可拉成只有0.5 mg/m重的金丝。金的电导率仅次于银和铜，热导率为银的74%。

金的化学性质十分稳定，无论从空气中到水中，还是从室温到高温，一般不与氧或硫发生化学反应。金不溶于一般的酸和碱，但可溶于王水，也可溶于碱金属氰化物中。金能够在酸性的硫脲溶液、溴的溶液、沸腾着的氯化铁溶液，或有氧存在的钾、钠、钙、镁的硫代硫酸盐等溶液中很好地溶解。碱金属的硫化物能腐蚀金，生成可溶性硫化金。土壤中的腐殖酸和某些细菌的代谢物也能溶解微量金。金与汞易形成汞齐，它是汞金之间机械混合、浸润和表面反应的结果。混汞法提金即以此特性为根据。金具有亲硫性、亲铁性和亲铜性。金常与硫化矿密切共生；金常与亲硫的银、铜等金属，亲铁的铂族金属形成金属互化物。

2. 金矿物的特征

目前已发现金矿物和含金矿物98种，但常见的只有47种，而工业矿物仅20余种。台湾省内金矿物主要是自然金，极少量银金矿。

金多以自然金的状态存在于自然界，常含银或少量铜，通常自然金中含自然银，呈固溶体出现，当含银量超过15%时，称为银金矿（Au、Ag），等轴晶系，常呈分散粒状、片状及其他不规则树枝状集合体，金黄色（含银高时呈亮白色），强金属光泽，无解理，条痕为金黄色，具强延展性，硬度2.5~3、相对密度15.6~19.3。自然金可分为脉金和砂金2种。

3. 金矿石类型及金矿物

内生岩浆作用形成的陆相火山岩型金矿床的金矿石类型有原生金铜矿（自然金、含金硫砷铜矿、含金黄铁矿）、金氧化矿（含金褐铁矿）、金粘土矿（金高岭石质粘土、含金黄铁矿）及浸染金矿。

外生沉积作用矿床——砂矿型砂金的矿石类型为自然金。

本省金矿有经济价值的是内生岩浆作用矿床——陆相火山岩型金矿床，金矿中的含金硫砷铜矿、含金黄铁矿，含金品位较高，经济价值高，是金瓜石超大型矿床开采的对象。金氧化矿和金粘土矿经济价值相对低很多。砂金矿分河流砂金矿和滨海砂金矿，外生沉积作用矿床——砂矿型河流砂金矿在基隆河局部地段内，砂金矿层含金品位较富，具经济价值。在崇德和新城海滨有局部的富矿带，含金品位较高，具较高的经济价值。

台湾的金矿石自然类型有自然金、原生金铜矿、金氧化矿、金粘土矿及浸染金矿，除自然金外，其他矿石均属需选矿石。主要金矿床、矿点的金矿石类型见表5-1，金矿石矿物见表5-2。

表 5-1　金矿石类型一览表

类别	自然类型	工业类型
金瓜石矿床	自然金、金铜矿石、粘土金矿和浸染金矿	自然金、含金银硫砷铜矿、含金银黄铁矿
岩金矿点	自然金、含金黄铁矿、粘土金矿	自然金、含金黄铁矿
砂金矿点	自然金	自然金

表 5-2　金矿石矿物一览表

类别	金属矿物	脉石矿物
主要	自然金、银、黄铁矿、硫砷铜矿、铜蓝、铜、褐铁矿	石英、重晶石、高岭石、硅化岩碎屑、粘土、明矾石、（钾铝明矾石）水铝石、硫磺等
次要	方铅矿、闪锌矿、辰砂、辉锑矿	

（二）主要经济用途

金是一种贵重金属，主要作为国家的硬通货储备和制作装饰品。目前，黄金仍是国际货币结算手段和货币信用基础。

金还广泛应用于珠宝业以及陶瓷、镶牙、制笔等方面。随着科学技术的发展，特别是尖端技术的发展，黄金及其合金在电子、电气、医疗、化工设备、宇航和国防尖端工业中具有特殊用途。如横穿大西洋的海底电缆、扩大器使用金，以避免海水侵蚀，确保电话畅通；玻璃表面镀上一层小于 1 μm 的金膜，可以使自然光最大限度通过，并可消除过多的阳光辐射，冬季可把热源反射到室内；金箔可用于神经受损的烧伤治疗、皮肤溃疡处理等。

二、矿产地数量

台湾省已发现的金矿产地有 16 处（表 5-3），其中有新北金瓜石超大型矿床 1 处，矿点 15 处。在 15 处矿点中，有 12 处是砂金矿点，3 处是岩金矿点。

表 5-3　台湾省主要金矿产地数量及规模一览表

编号	矿产地名称	地理位置	矿种	成矿时代	矿床类型	规模
1（57）	新北金瓜石	新北市瑞芳镇金瓜石	金（铜）	更新世	陆相火山岩型	超大型
2（61）	新北基隆河	新北市基隆河上游大粗坑至中游汐止	金	第四纪	冲洪积砂矿型	矿点
3（175）	宜兰太白山	宜兰县南澳乡太白山北坡	金	第四纪	岩浆热液型	矿点
4（194）	宜兰碧候	宜兰县南澳乡碧候村	金	第四纪	冲洪积砂矿型	矿点
5（203）	台中合欢溪	台中县大甲溪支流合欢溪	金	第四纪	冲洪积砂矿型	矿点
6（210）	南投合欢山	南投县仁爱乡合欢山	金	第四纪	岩浆热液型	矿点
7（208）	花莲罗钦	花莲县立雾溪（塔基里溪）罗钦	金	第四纪	冲洪积砂矿型	矿点
8（224）	花莲新城	花莲县立雾溪口至花莲港滨海平原	金	第四纪	滨海砂矿型型	矿点
9（214）	南投阳春	南投县浊水溪中段	金	第四纪	冲洪积砂矿型	矿点
10（237）	花莲乌帽子	花莲县木瓜溪乌帽子	金	第四纪	冲洪积砂矿型	矿点
11（253）	花莲万里溪	花莲县凤林乡万里溪	金	第四纪	冲洪积砂矿型	矿点
12（271）	南投玉山	南投县玉山北坡	金	第四纪	岩浆热液型	矿点
13（303）	高雄拉库音溪	高雄县荖浓溪支流拉库音溪	金	第四纪	冲洪积砂矿型	矿点
14（321）	花莲乐乐溪	花莲县秀姑峦溪支流乐乐溪	金	第四纪	冲洪积砂矿型	矿点
15（349）	台东红叶谷	台东县卑南大溪红叶谷	金	第四纪	冲洪积砂矿型	矿点
16（343）	台东知本溪	台东县卑南乡知本溪	金	第四纪	冲洪积砂矿型	矿点

三、地理分布

已发现的金矿床、矿点（岩金）分布在北部的新北市、宜兰县、南投县（图 5-1）；砂金矿主要分布在花莲、台东、台中和高雄等地。此外，中央山脉东坡的铜-硫铁矿床（点）和海岸山脉铜矿床（点）中有伴生金。

图 5-1　台湾省金矿分布简图

四、资源储量

台湾省累计查明的金资源储量（金金属量）目前无法得到准确的数据，只能按目前已生产的黄金数量与保有储量进行大致估算。据统计，金瓜石地区已生产的黄金为93.924 t（有记录的1898~1987年资料统计，民间估计则为200~600 t），台湾金属矿业公司张启祥于1988年对金瓜石矿山高铜矿量进行估算（未发表）：金矿石量保有储量685.7081×10^4 t，金品位为2.48 g/t，保有金金属量17.00556 t；因此金瓜石地区累计查明金矿资源储量约为110.929 t（表5-4）。由于台湾95%以上的金产自金瓜石，由此表明台湾累计查明金矿资源储量金金属量应在111 t以上。

其他金矿点金资源量不详。

表5-4　台湾省金矿规模及勘查开发利用现状表

编号	矿产地名	资源量	品位	规模	勘查程度	开发利用
1	新北金瓜石	金探明储量110.929 t	Au 2.48~7.2 g/t	超大型	勘探	停采区
2	新北基隆河		Au 0.8 g/t	矿点	预查	停采区
3	宜兰太白山		Au 0.8~16.7 g/t，最高92.4 g/t	矿点	预查	停采区
4	宜兰碧候		Au 1 g/t	矿点	预查	未利用资源
5	台中合欢溪		Au 0.5~1 g/t	矿点	预查	未利用资源
6	南投合欢山		20~2000 g/t富矿脉已采尽。围岩及剩余石英脉含金量0.6~14 g/t，平均超过2.5 g/t	矿点	详查	停采区
7	花莲罗钦		Au 0.5~1.8 g/t	矿点	预查	未利用资源
8	花莲新城		崇德滨海Au 0.25 g/t，新城滨海Au 0.12 g/t，最高0.39 g/t	矿点	普查	生产矿区
9	南投阳春		Au 0.5~1.5 g/t	矿点	预查	未利用资源
10	花莲乌帽子		Au 0.2~0.6 g/t	矿点	预查	未利用资源
11	花莲万里溪		Au 0.4 g/t	矿点	预查	未利用资源
12	南投玉山		Au 27~116 g/t	矿点	预查	未利用资源
13	高雄拉库音溪		Au 1.5 g/t	矿点	预查	未利用资源
14	花莲乐乐溪		Au 0.7g/t	矿点	预查	未利用资源
15	台东红叶谷		Au 0.3 g/t	矿点	预查	未利用资源
16	台东知本溪		Au 0.08~0.8 g/t	矿点	预查	未利用资源

五、勘查工作程度

台湾金矿大部分勘查工作程度较低，其中金瓜石金矿达矿产勘探程度，南投县合欢山矿点达详查程度，花莲新城矿点达普查程度，其他矿点均为矿产调查（预查）。

六、开发利用程度

台湾省自古即有“富于金砂”著称于世。据资料记载，台湾省开采黄金至少已有700多年的历史，但开采量不大，勘查程度也较低。1895年，日本占领台湾，对金矿进行较大规模的开采，尤其在金瓜石矿区形成了盛极一时的开采，至1945年前全部停业，1948年恢复开采，一直到1987年每年均有开采黄金，1987年后台湾的金矿山全部停采。

台湾省金矿开发工作程度：原有开采1处，停采4处，未开采11处。现均已停采。

七、矿床类型、典型或代表性矿床及其他矿床（点）

（一）金矿床类型

台湾省主要金矿床类型有：陆相火山岩型、岩浆热液型（含金石英脉型）和砂金型3类（表5-5）。

表5-5 金矿床类型

按成矿作用分类	按成因分类	成因亚类型	矿床实例
内生：岩浆作用矿床	陆相火山岩型矿床	陆相火山岩型	新北市金瓜石
	岩浆热液型矿床	含金石英脉型	南投县合欢山
外生：沉积作用矿床	砂矿型矿床	洪积砂矿型	新北市基隆河
		海滨砂矿型	花莲县新城

台湾省有经济价值的金矿类型是以陆相火山岩型为主，典型矿床为金瓜石超大型金矿。

岩浆热液型（含金石英脉型）矿床：主要有中央山脉的宜兰县太白山和南投县合欢山、玉山3处金矿点。

砂金矿在基隆河、中央山脉东西两坡各河流及东海岸有12处砂金矿点。此外，中央山脉东坡的含铜硫铁矿床（点）和海岸山脉铜矿床（点）亦有伴生金。砂金矿分河流砂金矿和滨海砂金矿，河流砂金矿在基隆河局部地段内，砂金矿层含金品位较富，具经济价值；滨海砂金矿在崇德和新城海滨有局部的富矿带，含金品位较高，具较高的经济价值，是台湾省的砂金产地。

（二）金矿典型矿床特征——新北金瓜石金矿

金瓜石金矿位于新北市瑞芳镇东东南方向，与瑞芳镇直距约15 km。

早在清朝就有人知道金瓜石地区产有黄金，据清朝来台的首任诸罗知县季麒光于1684年（清康熙二十三年）所著《台湾杂记》记载："金山，在鸡笼三朝溪后山，土产金，有大如拳者，有长如尺者，蕃人拾金在手，则雷鸣于上，弃之即止。小者亦间有取出。山下水中金碎如屑……"鸡笼就是现在的基隆，在金瓜石海滨的基隆山，三朝溪就是在九份南方的武丹山一带。

金瓜石地区砂金矿的真正大规模淘洗始于1890年，当时巡抚刘铭传修建台北至基隆铁路，有一个从美国加利福尼亚州回国的粤籍工人，于午饭后，抱着好玩的心态，用其饭碗在八堵桥下淘洗河砂时，发现了这儿的砂金。翌年由美国、澳大利亚来台华侨及本地人民蜂拥而至，沿基隆河自五堵至大粗坑、九份及双溪淘金的已达3000人。

岩金矿脉最早是1894年在九份附近发现的，最早发现的九份金矿就是现在的小金瓜。过了几年（在1897年以前），人们又发现了金瓜石大金瓜金矿；1898年，武丹山附近也发现金矿。而硫砷铜矿则是在1905年发现的，自1906年起开始生产铜。

金瓜石地区金矿于1897年（清光绪二十三年）末由日本田中组开始开采，在1933~1942年产金在1.564~2.6037t之间，开采方式有坑采和露采，1987年矿山全部关闭，停止生产。

1. 区域地质特征

台湾金瓜石金矿床位于台湾北部火山岩区，琉球和菲律宾弧的交会处（毕庆昌，1971），处于台湾新生代活动陆缘之大屯更新世火山弧，属于台西前陆区喜马拉雅期Au-Cu-S-石油-天然气-煤-灰岩成矿亚带（Ⅲ-79-①）。北部火山岩区的大地构造背景一般认为是琉球火山带的西延部分。

出露地层有中新世和上新世的砂岩、页岩夹火山岩及煤层，并构成猴洞背斜，金矿床产于猴洞背斜的东北端。

金瓜石金矿床主要位于上新世—更新世基隆火山群中，基隆火山群包括7个火山岩体（图5-2），这些火山岩体绝大部分为含有石英的安山岩，故 Wang（1953）称其为英安岩（dacite）或“石英”安山岩（quartz andesite），陈正宏（1990）认为这些石英部分可能并非源于基隆火山群的安山质岩浆，故提议以“石英”安山岩为名较妥。虽然国际地质科学联合会火成岩分类学分委会推荐的《火成岩分类及术语辞典》（Le Maitre R W，1991）中没有石英安山岩的名称，但是，由于基隆火山岩岩石的化学成分（表5-6）在火山岩全碱-二氧化硅（TAS）图上属于安山岩（图5-3），而不是英安岩；将要出版的《中国区域地质志·台湾卷》描述基隆火山岩时，也用石英安山岩，所以本志也采用石英安山岩。金瓜石的石英安山岩富钙，从台湾到琉球中性次火山岩都富含金，其特点是 Al_2O_3、K_2O、Pb、Rb 高，而 $^{87}Sr/^{88}Sr$ 初始值低。石英安山岩中的镁铁质矿物主要是黑云母和角闪石，其次含有少量的紫苏辉石和普通辉石。

表5-6　基隆山火山岩化学成分表（%）

样号	SiO_2	Al_2O_3	tFeO	MgO	CaO	Na_2O	K_2O	TiO_2	MnO	LOI	总量
L-15	58.25	18.1	5.53	3.84	8.00	2.44	1.62	0.50	0.13	0.85	99.26
CH-7	60.90	17.92	5.94	3.31	5.12	3.24	1.56	0.56	0.10	0.45	99.10

注：L-15为基隆火山群（基隆山）石英安山岩，CH-7为基隆火山群（基隆岛）石英安山岩；数据来源：陈正宏，1990。

基隆火山群7个石英安山岩体中，5个位于基隆火山群西部，分别为基隆山、本山（金瓜石）、新山、九份和武丹山岩体；2个位于火山群的东部，分别为草山和鸡姆岭岩体。其空间分布大致以本山（金瓜石）岩体为中心，基隆山、九份、新山、武丹山、草山诸岩体环绕于四周，呈脉状、层状侵入或喷发溢出。这7个石英安山岩体的直径一般为0.5~3 km。

基隆山岩体为东西长约1.9 km，南北宽约1.6 km的椭圆形，岩石类型为含辉石石英安山岩，外围为火山碎屑岩，基隆山石英安山岩体的K-Ar年龄为1.7±0.2 Ma。本山石英安山岩体位于基隆火山群中心，其外围为沉积岩，已强烈硅化，又称大金瓜或金瓜石，该岩体位于火山群的中心部位，剥蚀深度大于基隆火山-侵入体，本山石英安山岩终止于近海平面处，该岩体有3~5个根部，是由几个侵入体组成的石英安山岩杂岩；其西部边缘为新山石英安山岩岩体；九份石英安山岩体位于火山群西部，深部与本山石英安山岩相连；武丹山石英安山岩体地表形态为椭圆形；草山岩体地表呈南北向出露排列的两个丘状石英安山岩岩体。鸡姆岭火山由火山碎屑岩和石英安山岩流组成，其厚度大于1500 m。各岩体主要特征见表5-7。据重力异常显示，在基隆山火山群下尚有隐伏的报时山、灿光寮、南武丹、北势坑和大粗坑等岩体。

表5-7　金瓜石矿区各火山-次火山岩体特征简表

岩体名称	产状	主要岩石类型	围岩蚀变	矿体关系
基隆山	层状	含辉石黑云角闪石英安山岩、含辉石石英黑云角闪安山岩		无
九份	隐伏层状	黑云角闪石英安山岩、角闪石英安山岩	青磐岩化、粘土化、硅化	有
本山（金瓜石）	岩墙	黑云角闪石英安山岩、黑云角闪安山岩、含辉石石英安山岩	青磐岩化、硅化、明矾石化、粘土化	有
新山	岩墙	黑云角闪石英安山岩、黑云角闪安山岩、含辉石石英安山岩	青磐岩化、硅化、明矾石化、粘土化	有
武丹山	层状至岩墙状	黑云角闪石英安山岩、角闪石英安山岩、含辉石黑云角闪安山岩	青磐岩化、粘土化、硅化	有
草山	喷出熔岩流	含辉石黑云角闪石英安山岩、辉石黑云角闪石英安山岩		无

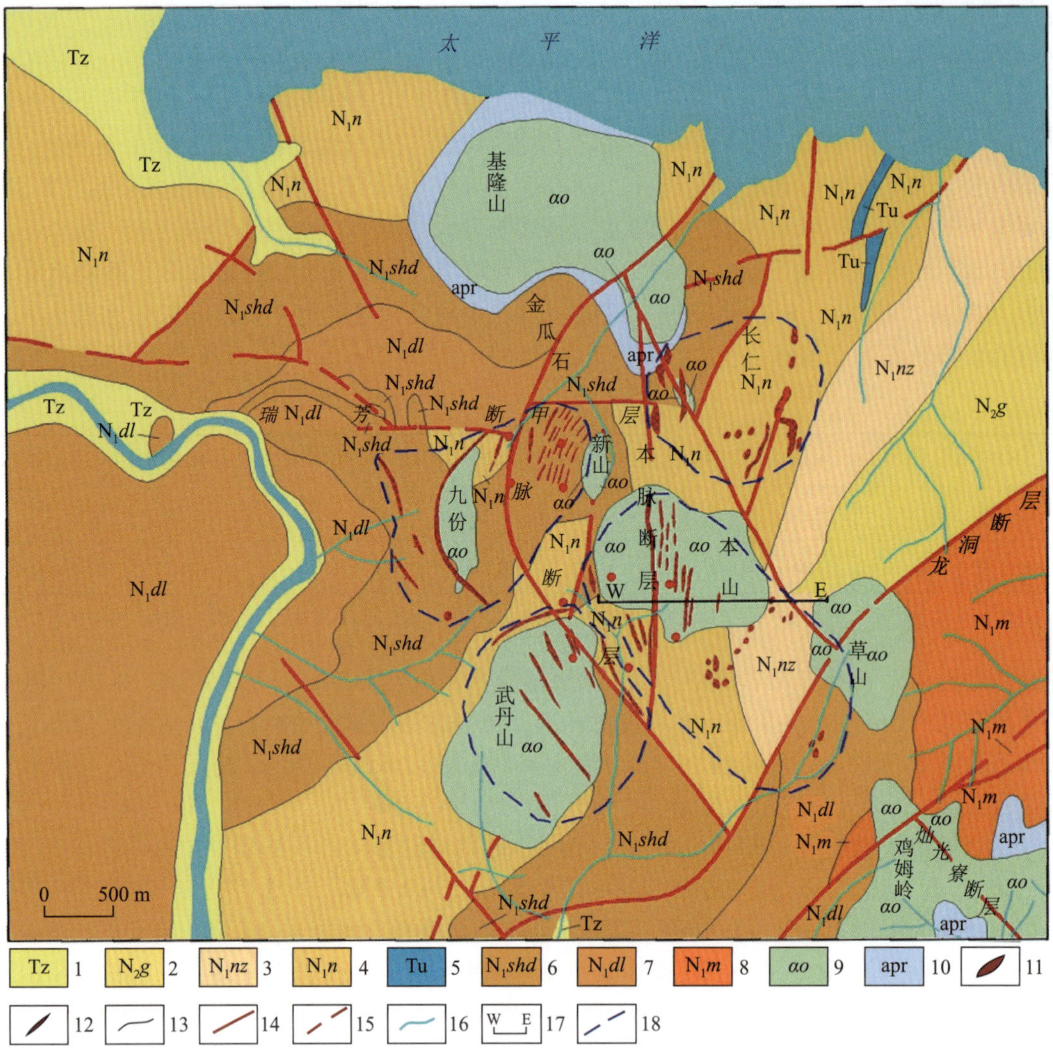

图 5-2 金瓜石金矿区地质略图

（据林朝棨等，1950）

1—台地堆积层；2—桂竹林组；3—南庄组；4—南港组；5—凝灰质石炭岩；6—石底组；7—大寮组；8—木山组；9—石英安山岩；10—安山质火山碎屑岩；11—金矿体；12—金矿脉；13—地质界线；14—实测断层；15—推测断层；16—水系；17—剖面线位置；18—矿段界线

2. 矿区地质特征

地层：自上而下分为上新世桂竹林组，岩性为海相砂岩、页岩；中新世南庄组，岩性为白砂岩、碳质页岩，中新世南港组，岩性为块状石灰质砂岩、页岩，中新世石底组，岩性为厚层砂岩和页岩互层，夹煤质页岩、煤层等，中新世大寮组，岩性为块状石灰质砂岩，中新世木山组，岩性为灰白色薄层中粗粒石英砂岩、暗灰色页岩及薄层砂岩与页岩互层，含 3~4 层煤层。

矿区石英安山岩体发育，石英安山岩为成矿母岩，其特征是有石英、斜长石斑晶，铁镁含量偏低，常见角闪石和黑云母，斜长石牌号偏高（An 70~80）；金瓜石各矿体产于石英安山岩岩体内及外接触带和近侧围岩中，金矿的生成与次火山热液作用有关。工业矿体分布于石英安山岩体及其附近 200 m 范围的围岩内，出露高程约 700 m 至海平面以下。

本山、九份和武丹山的石英安山岩大都发生了强烈的绿泥石化。蚀变的石英安山岩和砂岩中锆石的裂变径迹年龄为 1. 0~1. 3 Ma，与非蚀变的石英安山岩年龄近似。

矿区断裂构造发育，主要断层有走向近东西，倾向南的瑞芳断层，长约 15 km，这条断层被甲脉断层和一些小断层所切；走向北东的龙洞断层，被草山石英安山岩体覆盖。还有一些与成矿有关的重

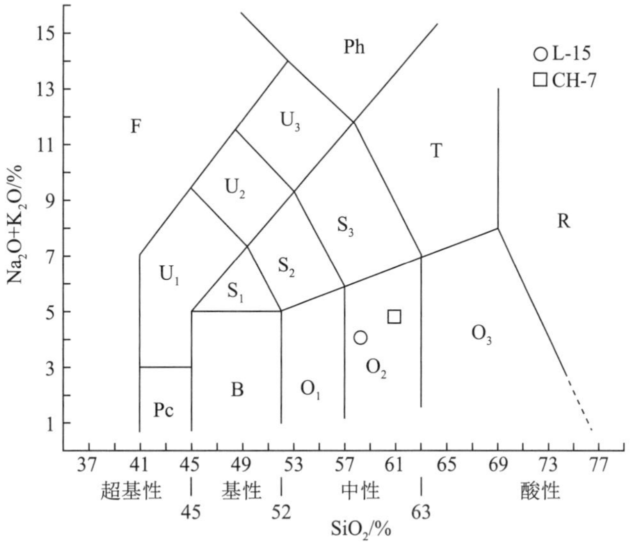

图 5-3 台湾基隆山火山岩全碱—二氧化硅（TAS）图解分类和命名

（据陈正宏，1990）

F—副长石岩；Ph—响岩；U_3—碱玄质响岩；U_2—响岩质碱玄岩；U_1—碱玄岩、碧玄岩（$O_1<10\%$为碱玄岩、$O_1>10\%$为碧玄岩）；Pc—苦橄玄武岩；T—粗面岩、粗面英安岩（$Q<20\%$为粗面岩、$Q>20\%$为粗面英安岩）；S_3—粗安岩；S_2—玄武粗安岩；S_1—粗面玄武岩；B—玄武岩；O_3—英安岩；O_2—安山岩；O_1—玄武安山岩；R—流纹岩。L-15 和 CH-7 为基隆山火山岩样品编号

要小断层，如甲脉断层和本脉断层，它们既是成矿通道，又是容矿场所。

3. 矿体地质特征

矿床由分布于 5 km^2 范围内的矿体（脉）带组成，包括九份-武丹山、本山、长仁-粗石山矿体（脉）群的几十个矿体。

矿床受北北东向断裂构造的次一级构造控制，矿体分布于近南北向的构造破碎带及裂隙内。由西向东，矿体总体走向由北西（武丹山矿段诸矿体及九份矿段部分矿体）→北北西（九份矿段部分矿体）→南北（本山、第一长仁矿体等）→北北东（第三长仁矿体等）向转变。矿体（脉）倾向，总体看本山矿体近于直立，本山矿体以西的各矿体均倾向西，本山矿体东侧各矿体则倾向东为主。矿床各矿脉有向南收敛的趋势，在收敛地段有利于形成工业矿化，可能有隐伏矿体存在。

根据金瓜石矿床中矿体（脉）的自然分布，矿床划分为本山、长仁、九份（瑞芳）及武丹山 4 个矿段（见图 5-2）。各矿段矿体特征见表 5-8。其中本山矿段金矿体是金瓜石矿床中最重要的矿体，过去大多数高品位铜、金矿均产于本山矿体（脉）群中。

表 5-8 金瓜石金矿床主要矿体（脉）一览表

矿段名称	矿体（脉）群名称	围岩	矿体形态	矿床类型	矿石成分
本山矿段	本山、树梅坑、灿光寮、草山矿体群	石英安山岩、砂岩、页岩	透镜状、筒状	裂隙充填浸染状交代	金铜、金、铜
长仁矿段	第一长仁矿体群	砂岩、页岩、石英安山岩	筒状、透镜状	交代裂隙充填浸染状	金
	狮子岩矿体(脉)群	砂岩、页岩、石英安山岩	筒状、透镜状、脉状	浸染状	金
武丹山矿段		石英安山岩、砂岩	脉状	裂隙充填	金
九份矿段		砂岩、页岩、石英安山岩	脉状	裂隙充填	金

(1) 本山矿段

本山矿段有本山矿体(脉)群、树梅坑矿体(脉)群、灿光寮矿体(脉)群和草山矿体(脉)群。

A. 本山矿体（脉）群

俗称“金瓜石”，又称“大金瓜”，为本山矿段最大的矿体（脉）群，也是金瓜石矿床最主要的矿体（脉）群之一。由本脉、零号脉、一号脉、二号脉、三号脉、四号脉等等组成（图 5-4）。矿体主要赋存于金瓜石石英安山岩岩体内，长约 2000 m，最宽 30 m，平均 2~3 m。矿体走向南北，向东陡倾斜，倾角近于直立，延深大于 650 m（图 5-5）。矿体北端的硅化金矿露头即为“大金瓜”所在处，出露高程 638 m，矿体延深至海平面以下；矿体南端伸入新近纪砂、页岩中，且分叉为多条小脉，即树梅坑矿体群。本矿体为低温热液裂隙充填脉，地表出露的分支脉带往往向下归并于主脉。

本山矿体矿石有原生金铜矿、金氧化矿、金粘土矿及浸染金矿 4 种。

原生金铜矿产于高程 388 m 以下的矿体内，矿石矿物以含金黄铁矿、含金硫砷铜矿为主，脉石矿物为石英、重晶石、高岭石等。

金氧化矿产于高程 388 m 以上地表浅处及露头的氧化带中。矿石成分以含金褐铁矿为主，含有重晶石、高岭石、石英及硅化岩碎屑等。含金品位与重晶石含量呈正相关。

金粘土矿产于各处粘土脉内。矿石成分以细粒含金黄铁矿为主，含有褐铁矿、高岭土质粘土及少量重晶石和硅化岩碎屑等。普遍皆以黄铁矿含量越多，含金品位越高。

浸染金矿见于强硅化石英安山岩及黄铁矿化的沉积岩内，含金品位甚低。但在地表或地下浅处，受氧化作用，黄铁矿分解成多孔状褐铁矿时，金品位即可提高至 3~10 g/t。若浸染状金矿石见有重晶石晶体和网状细脉褐铁矿时，金品位一般较高，“大金瓜”即为此种浸染状金矿石构成的大矿体。与金矿关系密切的围岩蚀变有硅化、黄铁矿化、重晶石化、粘土化。

矿石平均品位：Au 2.9 g/t、Ag 11.8 g/t、Cu 0.11%、S 1%~1.4%。

B. 树梅坑矿体（脉）群

该矿体群系本山矿体的南端延伸部分，赋存于砂岩、页岩之中，由数条矿脉构成。走向延长 200~600 m，平均脉幅 1.5 m。上部矿脉富含金、银，下部矿脉则富含金、铜。

C. 灿光寮矿体（脉）群

该矿体群亦系本山矿体的南延部分，矿体呈脉状赋存于砂岩之中的断层内，为含金、银石英脉。

D. 草山矿体（脉）群

该矿体群由 3 个小筒状矿体组成，散布于草山石英安山岩西南侧外接触带强烈硅化围岩中。矿石矿物以黄铁矿和含金硫砷铜矿为主，含有黝铜矿；脉石矿物为石英、粘土等。粘土中黄铁矿含量多者，其含金品位特高。

(2) 长仁矿段

A. 第一长仁矿体（脉）群

矿体赋存于石英安山岩外接触带的砂岩中，形态极不规则，呈筒状、囊状，由南、北 2 个矿体组成，总长度 200 m，矿体最厚达 25 m，由地表向下延深 200 m 左右。矿石成分大致与本山矿体相似，有金铜矿石和粘土金矿石 2 种，金铜矿石呈角砾状构造，由含金银硫砷铜矿、含金银黄铁矿、石英、重晶石、明矾石、（钾铝明矾石）水铝石、高岭石、硫磺等组成。在露头及氧化带中，曾产有多量的孔雀石、铜蓝、自然铜及少量辰砂和辉锑矿。粘土金矿石见于高程 130 m 以下的块段内，呈透镜状顺围岩层面产出，不含黄铁矿，含金量甚少，无经济价值。

围岩蚀变有青磐岩化、硅化、明矾石化、碳酸盐化、重晶石化、高岭石化等。

矿石平均品位：Au 3.2 g/t、Ag 6.7 g/t、Cu 0.07%、S 1%~1.75%。

B. 狮子岩矿体（脉）群

该矿体群分布于狮子岩山一带的砂、页岩中，包括第二长仁矿体、第三长仁矿体、第四长仁矿体、狮子岩矿体、龟脉、鹤脉、竹脉、新矿体、牛伏矿体、半平山矿体等大小矿体（脉）。

本矿体群与第一长仁矿体的矿石类型不同，除局部外，含硫砷铜矿甚少，大部分矿石为受浸染的

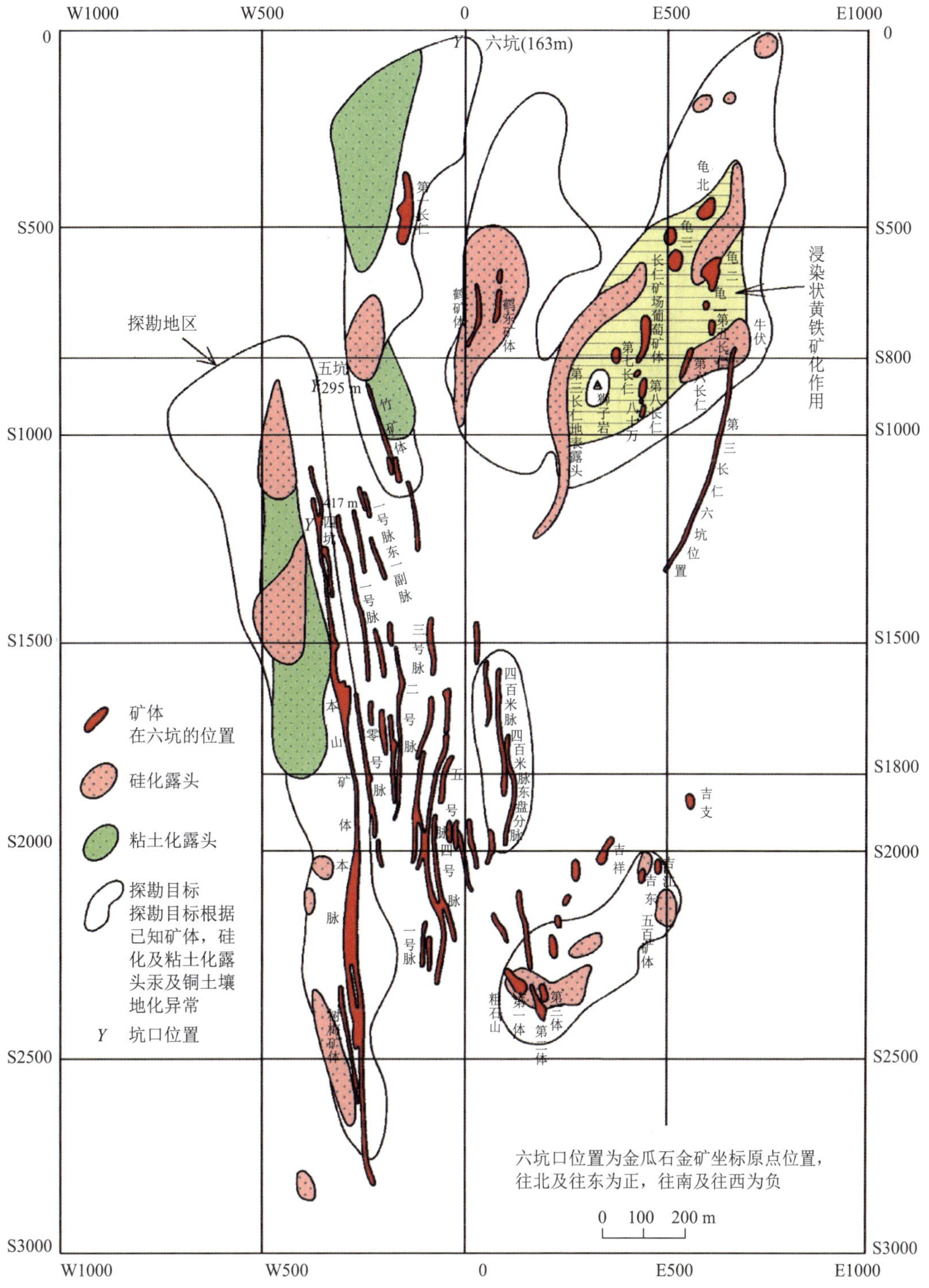

图 5-4　金瓜石六坑矿体平面图

（据谭立平等，1997）

硅化围岩，含有褐铁矿、重晶石、明矾石等矿物，构成矿体的核心，不但围岩含金，且富矿体就是硅化强烈的围岩。一般含金品位与围岩的硅化度成正比例。矿石有浸染金矿和充填金矿 2 种类型。

浸染金矿为受硅化作用的母岩，称“矿染金矿”，它占矿体中矿石的大部分。矿石矿物有褐铁矿、黄铁矿、硫砷铜矿。脉石矿物为重晶石、明矾石等。其含金品位与硅化程度成正比，硅化愈强，含金品位愈高。如若矿石中含有煤粉的称“石炭金矿”，含金品位高达 100 g/t 以上。

充填金矿分布于矿体的核心部位，属浸染金矿形成后再次受热液作用叠加成矿，充填于裂隙中呈

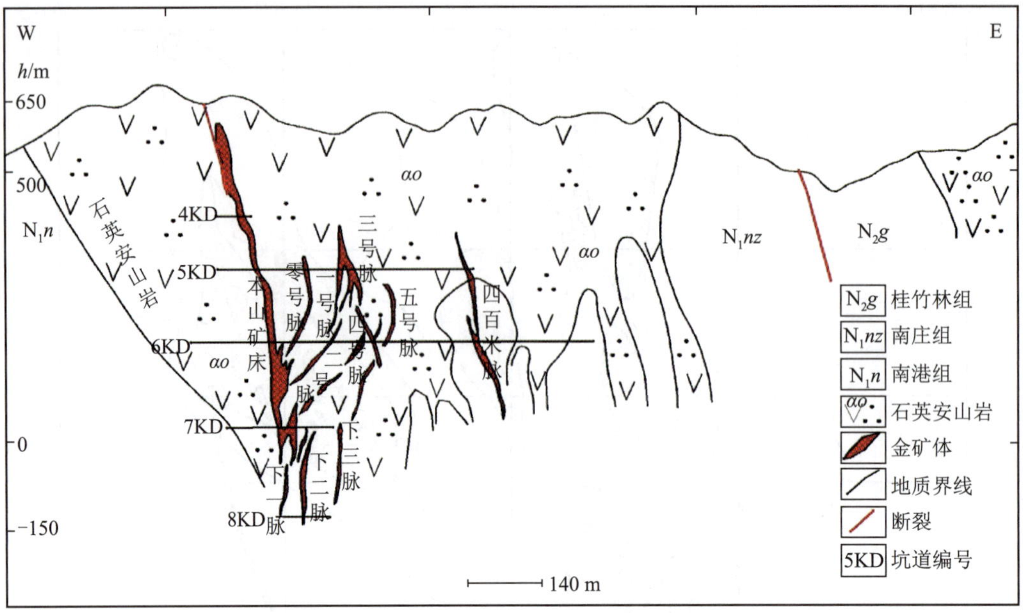

图 5-5　金瓜石矿区南 1800 坐标东西剖面地质图

脉状、透镜状或杏仁状，由黄铁矿、硫砷铜矿、褐铁矿、重晶石、明矾石组成。数量不多，但含金品位极富，达 1000 g/t 以上，时常有自然金呈粒状、针状或板状结晶体产于褐铁矿或重晶石裂隙中。

（3）九份（瑞芳）矿段

包括九份矿脉群和新山矿脉群。矿体分布于隐伏的九份石英安山岩体和隐伏的新山石英安山岩体中，以及外接触带的砂岩及含煤地层中。

九份矿脉群分布在 1.5 km^2 的方形区域内。九份山顶俗称"小金瓜"，有大小矿脉 200~300 条，矿脉厚者达 1 m，薄者仅数毫米，走向延长数米至 1200 m，大小不一。主要矿脉有 4 条，由东而西分别为甲脉、乙脉、丙脉和永代脉。各主脉向下分叉为无数小脉，以至难辨其与主脉的关系。甲脉规模最大，延长达 1200 m，走向 NE 30°，南端偏转为 NW 300°，向西倾斜，倾角 60°，上部脉厚 0.8 m，延深约 200 m。乙脉、丙脉和永代脉位于甲脉西侧（即上盘），走向 NW 300°左右，充填于古近纪—新近纪砂岩、含煤页岩层裂隙中。

本矿脉群属裂隙充填矿脉，矿石矿物有黄铁矿、白铁矿、方铅矿、闪锌矿及微量的辉锑矿。脉石矿物以方解石为主，并有高岭石、水铝石、锰方解石、石英等。矿脉受风化水解作用后，形成粘土脉。矿脉中产有自然金，金粒粗大，大者肉眼可以辨认（林朝棨曾亲自采得一重达 60 多台两❶的大金块，据说日本占领前小金瓜露头附近曾获金块重达 37.8 kg），通常含 25%~35%的自然银。自然金呈块状、粒状、薄片状、树枝状、针状、海绵状、毛发状等，或呈游离者，或附于方解石节理面上，亦有的包裹于黄铁矿、方铅矿晶体中。

矿脉中含金品位极不稳定，大部分矿脉无经济价值，而部分则富集成富矿体，且富矿体的含金品位与矿体的大小无直接关系，形状亦有差异。矿石品位：Au 7.2 g/t、Ag 1.6 g/t、Pb 0.26%、Zn 0.12%、S 2.43%。

围岩蚀变有青磐岩化、硅化、碳酸盐岩化、黄铁矿化和硅化等。

新山矿脉群至今尚未开发。

（4）武丹山矿段

分布于武丹山石英安山岩体内、接触带及砂页岩中，属低温热液充填脉。有粘土脉、石英脉、高

❶ 1 台两=37.5 g。

岭土脉、方解石脉等，但以混合脉居多，而以粘土脉及石英脉较发育。围岩受热液作用发生粘土化后形成含金粘土。矿脉与围岩呈渐变过渡关系而无明显界线，唯方解石脉与围岩稍有明显界线。主要矿脉有龟脉、鹤脉、福已脉、接触脉、夷脉、宝莱脉、山神脉、久盛脉及金西坑脉等。矿脉走向一般呈北西向，向西倾斜，延伸200~300 m，最长800 m，厚度大者达1 m，小者在0.2 m以下。围岩蚀变有青磐岩化、粘土化和硅化等。

副矿物除黄铁矿和重晶石外，种类不多。金粒甚细，而且比较均匀地分布于矿体的各个部位。Au品位6~10 g/t，平均7.2 g/t，Ag 1.6 g/t。

（5）矿体形态特征

金瓜石地区金铜矿床的矿体依其种类，性质及成因等，可以分为3种类型，即脉型金铜矿体，脉型金矿体及爆发角砾岩筒型金铜矿体。

除上述矿体形态外，金瓜石地区许多金矿体是以富矿体“金包”产出。所谓“金包”，它的体积很小，一般直径只有几米，长十余米至数十米，但它的含金品位极高，据许多开采者讲述，富者在一碗矿砂中便可洗出近半碗的黄金；一个“金包”便可生产1 t或更多的金子。然而，这种“金包”是可遇而不可求的，以前找到的“金包”大都是采矿中“不小心”碰到的。

A. 脉状金矿体

属浅成热液裂隙充填型，矿体大小变化较大，厚者1 m，薄者仅几厘米，长者1200 m，短者不过数米。脉石矿物以方解石、石英为主，并含有粘土矿物、菱锰矿、黄铁矿及微量的辉锑矿、重晶石，地表风化后成为“粘土脉”。属于这一类型的矿体群为：九份矿体甲脉、乙脉、丙脉、交代脉，均产于九份隐伏岩体西侧，略呈弧形，南北延长达1200 m，垂深延至海拔21 m，主要在砂页岩中；新山—九份间矿体群，矿脉产于九份与新山岩体之间砂页岩中；新山细脉矿体群位于新山岩体的西侧，主要产在砂页岩中；武丹山矿体群，矿脉产于武丹山岩体内接触带，如夷脉、大里脉、宝脉、福已脉和龟脉均呈脉状产于武丹山岩体内部。

B. 脉状金铜矿体

主要分布在本山石英安山岩体附近，为浅成热液充填型，同时矿化浸染到脉旁的围岩中。主要矿物有硫砷铜矿、黄铁矿、吕宋铜矿及少量法马丁矿（脆硫锑矿，Cu_3SbS_4）。脉石矿物有石英、重晶石。此类矿体由以下矿体和矿体群组成：位于本山岩体内部的1号矿脉、2号矿脉、3号矿脉和4号矿脉，均产于主矿脉以东；位于本山岩体北部围岩中的第一长仁矿体、第四长仁矿体和竹矿体以及位于本山岩体南部围岩中的树梅岭矿体。

C. 爆发角砾岩型金铜矿体

主要分布于本山岩体的东部，矿化基本上为全筒型（图5-6），矿体形态与爆发角砾岩体形态一致，但当爆发角砾岩穿过砂岩时，矿体膨大。

矿化分带特征表现为上金下铜，富金矿带在420~800 m之间，含铜金矿带在600~800 m之间，金铜矿带在800~1200 m之间（600 m相当现在海拔400 m，800 m相当现在海拔200 m）。金矿石以自然金、银金矿和含金黄铁矿产出。金瓜石主矿脉顶部的黄铁矿为立方形，紧接其下为五角十二面体，到深部则为八面体。顶部的黄铁矿，其Ag、As、Au、Ba、Mn、Pb和Zn含量高，而底部的黄铁矿中Cu含量高（余炳盛，1990）。在近地表的泥化石英安山岩中见有含Au白铁矿。硫砷铜矿和四方硫砷铜矿是本区主要的铜矿物。它们主要产出在中部的本山地区，在武丹山仅发现少量硫砷铜矿。重晶石、明矾石和石英是最普遍的脉石矿物。重晶石通常产出在金-铜矿脉的顶部或角砾岩岩筒中，并经常与囊状金矿石伴生。明矾石一般为粉红或白色，与四方硫砷铜矿呈条带状夹层，为次要矿物。

4. 矿石类型及矿物组合特征

（1）矿石类型

金瓜石地区的含金矿石主要有原生金铜矿、金氧化矿、金粘土矿和浸染金矿4种。原生金铜矿以黄铁矿、硫砷铜矿为主，含石英、重晶石、高岭石等矿物；金氧化矿以褐铁矿为主，含重晶石、高岭

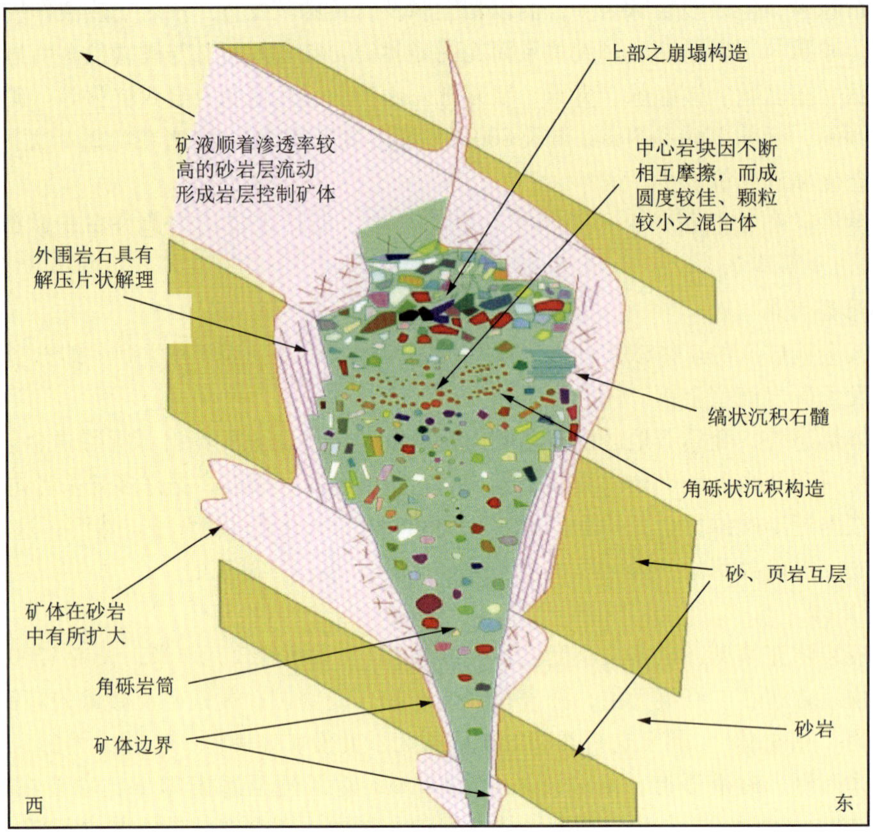

图 5-6　金瓜石角砾岩矿筒模式图

（据林朝棨等，1950）

石、石英、硅化岩等；金粘土矿由高岭石质粘土及多量黄铁矿组成，含褐铁矿、重晶石及硅化岩碎屑等；金浸染矿为受硅化的石英安山岩与被黄铁矿浸染的沉积岩。

（2）矿物组合、矿石结构构造

含金矿物主要是自然金、黄铁矿、硫砷铜矿等。自然金通常以不规则颗粒状、树枝状或片状产出。硫砷铜矿是金瓜石主要产铜的矿石矿物之一，呈致密粒状或块状。吕宋铜矿也是金瓜石重要的产铜矿物，它的化学成分和硫砷铜矿一样，以块状产出。

由于硫砷铜矿、明矾石具有独特的晶形、精美的外形，为扩大台湾宝藏资源的认知度，宣扬台湾地区的宝藏资源，台湾省于 1997 年发行了明矾石、文石、硫砷铜矿和北投石一套 4 枚的矿物邮票（图 5-7）。

5. 围岩矿化蚀变带划分及分布

本区常见的围岩蚀变有硅化、黄铁矿化、青磐岩化、粘土化、明矾石化和重晶石化等。

矿脉和角砾岩筒与硅化和泥质蚀变围岩有关，硅化涉及几期，就主矿脉而言，早期硅化石英安山岩中含 Au 约 1 g/t，而晚期隐晶质石英或燧石的 Au 含量可达 5~10 g/t。围岩中的泥质蚀变晕直接与矿石伴生。粘土矿物主要为地开石，其次为珍珠陶土和绢云母。在金-铜主矿脉中，泥质带含有低品位的 Au，而在九份地区的矿脉和角砾岩筒中，泥质带可能含有高品位的 Au，硫砷铜矿常与地开石和叶蜡石伴生（陈培源，1971），表明形成温度为 250~350 ℃。

金瓜石本山地区的蚀变作用由中心向两侧或顶部，大致有硅化、黄铁矿化、明矾石化、粘土化及重晶石化等。蚀变具明显的垂直分带，自上而下显示为硅化（黄铁矿化）→明矾石化→粘土化的带状分布特点。

6. 资源储量

金瓜石地区已生产的黄金为 93.924 t，保有金金属量 17.00556 t，累计查明金矿资源储量约为

图 5-7　台湾地区 1997 年发行的明矾石、文石、硫砷铜矿和北投石矿物邮票
（徐志刚提供）

110.929 t；已生产的铜为 11.9101×10⁴ t，保有铜金属量 1.6227×10⁴ t，累计查明铜矿资源储量约为 13.53×10⁴ t；同时，已生产银 180.476 t，但银矿的保有资源储量和累计查明资源储量不明。

7. 矿化阶段划分及分布

矿床中矿物的生成次序由早到晚大致是：石英、高岭土、明矾石、绿泥石、黄铁矿、硫砷铜矿、吕宋矿及自然金。但是，实际的矿物生成过程中具有相当复杂的变化及外界因素的影响，矿物的生成顺序可能有较多的变化。

金瓜石地区铜金矿具明显的带状构造，可分为水平和垂直 2 种。

（1）水平带状构造

金瓜石的水平带状构造，可以分为大致南北方向的西、中及东 3 带。

西带为九份-武丹山金矿脉带，主要是自然金-粘土-石英-方解石的矿脉。这些脉以南北方向为主，但亦有东西方向的。

中带是本山铜金矿脉带。主要是自然金-硫砷铜矿-石英-重晶石的矿脉，矿脉方向和上述差不多。中带北部有第一长仁、竹及鹤矿体，特性与其他长仁矿体相似。

东带则是龟-粗石山铜金角砾岩矿筒带。矿物和中带差不多。矿体南北长度通常是东西宽度的 5 倍以内，而中带的矿脉南北长度通常可达东西宽度的 20 倍。然而，东带也有矿脉，而西带也有较肥厚的矿体。东带由北部的龟矿体群向南延长至粗石山矿体群。再南下至石笋，长约 5 km。是金瓜石地区已知最长的矿化带。在这一带中，有第二、第三、第四长仁矿体。

（2）垂直带状构造

垂直带状构造以金瓜石的本脉最为明显（Tan et al.，1993a；图 5-8）。角砾岩矿筒也有明显的垂直带状构造。本脉的垂直带状构造，在本脉的北部，本山之北，可以看到大致如下的带状构造：

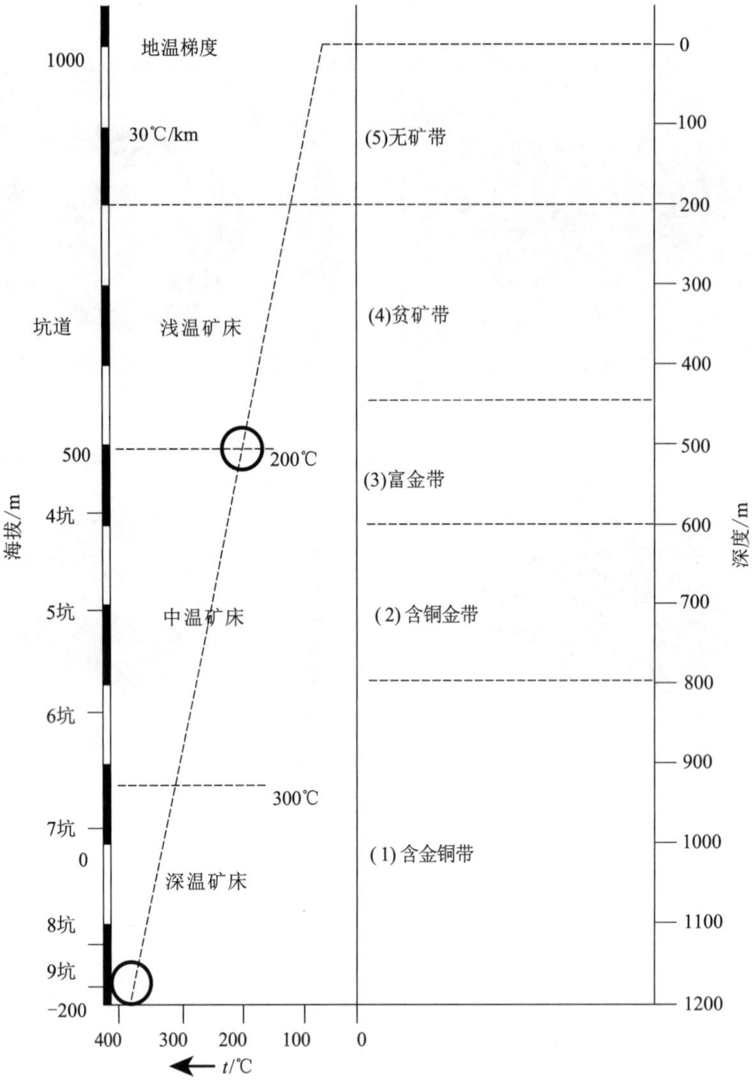

图 5-8　金瓜石本脉的垂直构造分带
（据林朝棨等，1950）

海拔 550~700 m 以上，有热水作用，但不含矿，可称无矿带（Barren zone）；

海拔 500~640 m，低品位金矿带；

海拔 500~300 m，富金带；

海拔 300~160 m，含铜金矿带；

海拔 160 至海面下 200 m，含金铜矿带。

最重要的高度为海拔 160~500 m 或 640 m 的高度，矿脉厚而富矿脉旁有低品位矿石，连富脉本身总共厚 50~140 m 都可以开采。六坑以下，一般只能开采数米厚的本脉。到海面下 180 m，矿脉只剩下约 2 m 厚，铜品位低，而金含量更低。本山富矿脉在海平面附近的七坑以上，厚 3~20 m。本山富矿脉海拔较高地点应为本山露天开采场的大金瓜。

当地三坑（三平巷）高度为 479 m，二坑 528 m，一坑 560.5 m；又据台金数据，本山四坑六中段高度为 613 m。大金瓜已采完，原来高度估计约 620 m。

上述的低品位金矿带含 Au 2~3 g/t，Cu 则在 0.06%以下。

在“富金带”中心的富矿脉，金可达 10 g/t 或更高；而有些金包含 Au 可达 10%或 100000 g/t 以上；Cu 则为 0.5%~5%。在“含铜金矿带”Cu 含量通常 0.3%~1%，Au 则 1~5 g/t。在最下方的“含金铜矿带”，Cu 含量和“含铜金矿带”差不多，而 Au 则仅 1 g/t。

“无矿带”黄铁矿为正方体形，粒度小于0.2 mm，往下方变为五角十二面体，最后呈八面体。在八坑，黄铁矿直径可达40 mm。有些地方有肾状的白铁矿出现，这些位于“无矿带”的白铁矿之下可能有金铜矿脉。黄铁矿在无矿带略含 Ag、Au、Mn；“富金带”则富含各种微量元素，包括 Ag、As、Au、Ba、Bi、Cu、Mn、Pb 及 Zn。在“含铜金矿带”及下方，上述元素除 Cu 外，大致减少，而 Cu 则可多至 2%左右，这些高铜黄铁矿在显微镜下有异常偏光现象，X 光晶格也与纯黄铁矿不同。黄铁矿的微量元素受矿化热液成分影响。因此，它所含的微量元素垂直的变化，也表示矿物的垂直或深浅的化学成分变化。

矿体总体具“上金下铜”的矿化分带特点（本山矿体最为典型），地表及甚浅部氧化带发育，矿石为含金褐铁矿，往下为含金黄铁矿，含金硫砷铜矿，即金铜矿带。

8. 成矿物理化学条件、成矿温度

成矿温度，运用多种方法已对金瓜石矿床成矿温度作了测定或计算，总体在 160~400 ℃。九份、武丹山金矿成矿温度为 200 ℃左右，本山金铜矿床成矿温度为 160~300 ℃，其中 200~250 ℃为成矿温度高峰，经压力校正计算最高温度为 350 ℃。

成矿深度：运用流体包裹体法测定在 2400~3500 m 之间，由余炳盛等（1990）结合矿化分带与地温梯度等推断为 1200 m，后者相对合理。

陈正宏等（1990）采用锆石和磷灰石裂变径迹法测定，矿田内最重要的本山岩体形成年代为 1.4~1.1 Ma，蚀变明矾石年龄为（1.0±0.1）Ma，本山以外其他岩体形成年代均为（1.0±0.2）Ma。因此，金成矿年代在 1.0~0.8 Ma 之间，成岩与成矿年代比较接近。

9. 矿床类型

金瓜石金矿床类型陆相火山岩型。

10. 矿床成因机制和成矿模式

金瓜石矿床的成矿过程大致总结（Tan et al.，1993a）如下：

1）镜煤素反光率研究显示，6~7 Ma 之前菲律宾海洋板块和台湾欧亚大陆碰撞。

2）菲律宾海洋板块在 1.9 Ma 在琉球弧之下隐没，与富金、砷和锑的大陆板块一起部分熔融，生成金瓜石地区的含石英安山岩质的岩浆。

3）在上新世桂竹林组沉积与胶结之后，1.4 Ma 之前，金瓜石地区褶皱，造成猴洞背斜等褶皱，继而发生瑞芳、龙洞及九份甲脉断层。

4）1.4~1.1 Ma，主要的安山岩浆侵入，包括金瓜石地区大部分的安山岩和本山岩体中部及西部，和草山岩体的底部。

5）1.4~0.96 Ma，上述安山岩发生青磐岩化作用。

6）1.2~1.1 Ma，本山安山岩中部产生南北向的正断层及逆断层群，落差 200 m 的九份断层继续生长，切断基隆山安山岩。瑞芳逆断层继续生长，切断本山安岩体的北部。

7）1.08 Ma，本山本脉的含铜的金脉生成。硅化、绢云母化、明矾石化及粘土化作用，差不多同时生成。

8）0.98~0.92 Ma，含铜金的长仁群及粗石山群的角砾岩矿筒及矿脉及其围岩作用，一起生成。

9）1.11~0.82 Ma，本山西部的安山岩脉侵入，草山顶部及鸡姆岭的火山岩流喷出，石笋的安山岩质角砾岩生成。

10）离 0.88 Ma 不久，石笋的金脉及含金角砾岩矿体生成，九份金脉可能亦在此一时期生成。

矿床形成的原因是，含金、铜的含矿热液沿石英安山岩或沉积岩内的断裂破碎带上升到较浅部时，因温度和压力降低，有用矿物成分的溶解度也随之降低，于是过饱和的矿物成分便在适合的环境中沉积下来，即产生矿化作用，这些有用矿物成分沿火成岩或沉积岩裂隙发生充填或交代，金或铜等有用矿物成分积累达到可供工业利用的程度，便形成了矿体。

建立的金瓜石金矿成矿模式如图 5-9 所示。

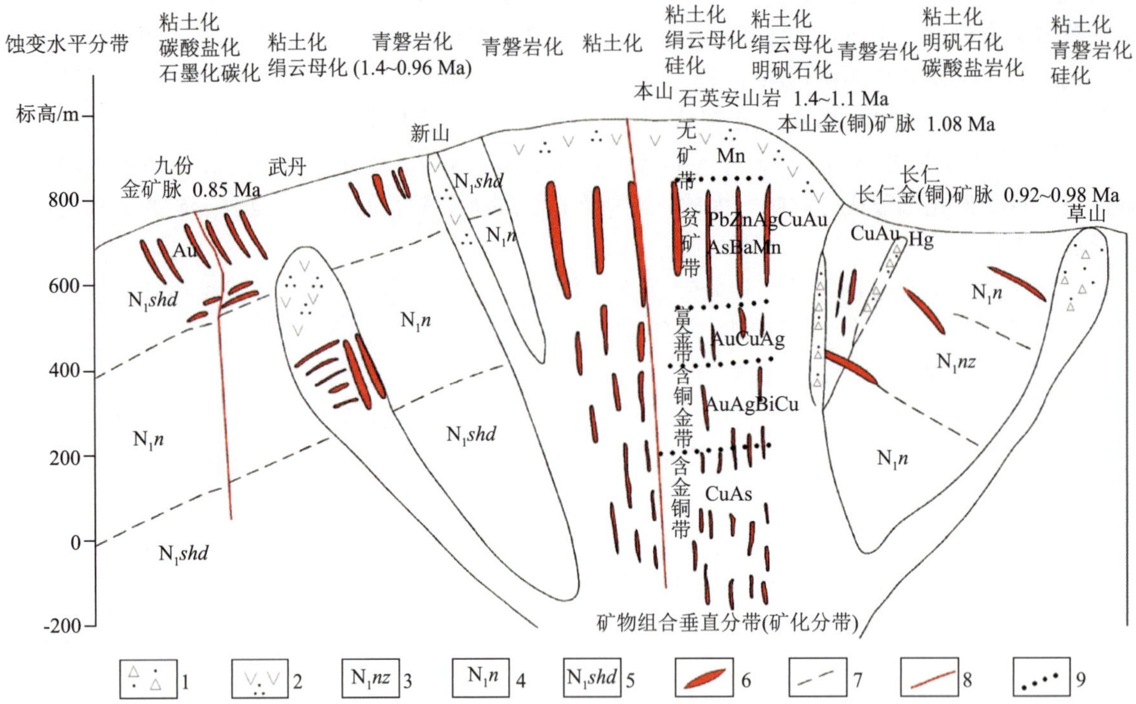

图 5-9　瓜石金（铜）矿成矿模式图

1—角砾岩；2—石英安山岩；3—南庄组；4—南港组；5—石底组；6—矿（化）脉；7—地层界线；8—断裂；9—矿化分界线

11. 远景预测

矿床矿体（脉）与石英安山岩成因有时空关系，矿体（脉）分布有向北撒开向南收敛的特点。因此，在已知矿区南部的灿光寮、南武丹山及石笋一带的隐伏石英安山岩体及其接触带，有可能成为矿脉收敛聚集部位，构成隐伏大型金矿体。

金瓜石地区含金矿体赋存于石英安山岩及其内外接触带，石英安山岩体为最主要的成矿地质条件和找矿标志。根据物探、化探勘测结果，本区在报时山、大粗坑、南武丹山、灿光寮、石笋等地，甚至远至员山、八分寮及平林，尚有隐伏的石英安山岩体。这些隐伏石英安山岩体是十分重要的找矿预测目标，可望找到新的隐伏金矿体；而且，在金瓜石矿床已探采范围内，目前尚存有不少低品位和部分高品位矿石。因此，本区找矿前景仍较好，尚有发现隐伏矿床的希望。

12. 金瓜石金矿床产出环境及其矿床特征与相似矿床比较

台湾新生代成矿作用以台湾东部奇美铜矿和金瓜石金矿床具代表性，其中金瓜石金矿与日本九州鹿儿岛北撒型菱刈金矿产出的构造位置相似，通过台湾中新生代成矿作用地质背景以及典型矿床剖析，与日本九州鹿儿岛北撒型菱刈金矿及大陆东南部矿产对比具有以下主要特征：

1）中国东南大陆存在燕山早期晚阶段与壳源花岗岩成矿关系十分密切的斑岩型和岩浆热液-接触交代型钨、锡、钼、铋、铌、钽矿床以及离子吸附型稀土矿床，在台湾缺少该时代和以壳源物质为主的 S 型花岗岩，因此基本没有该时代和该类型的矿种和矿床。

2）中国东南大陆燕山晚期（白垩纪）与壳幔混源型火山-侵入活动相关的斑岩型、层控-接触交代型和火山-次火山热液型铜 、铅、锌、银、钨、锡还有铁矿床在武夷山成矿带较发育，形成了众多大型和超大型矿床，如冷水坑铅锌矿、大排铅锌矿、岩背锡矿、紫金山金铜矿和相山铀矿等，而台湾尚未发现此类矿床。

3）金瓜石金矿与日本九州鹿儿岛北撒型菱刈金矿产出的构造位置相似、成矿时代相近（1.0~0.8 Ma），具有火山成因的特点。差别在于前者与石英安山岩关系密切，出现上金下铜的金属分带，流体以硫酸盐为主，并形成金属硫化物，脉石矿物为重晶石、明矾石、高岭石等。菱刈金矿则与酸性流纹岩关系密切，矿石主要为石英-冰长石型，是长期地热和热泉活动的结果。

此外，金瓜石金（铜）矿与福建上杭紫金山金铜矿也存在可比性：福建上杭紫金山金铜多金属矿包括斑岩型铜（钼）矿、陆相火山岩型（高硫浅成低温热液型）金、铜矿，中低温热液型铜、金（银）矿等类型，而金瓜石金矿床是与台湾北部火山区新生代基隆火山群密切相关的一个陆相火山岩型（高硫浅成中低温热液型）矿床。紫金山金铜矿（成矿时代为110~95 Ma）与台湾省金瓜石金铜矿床（成矿时代为1~0.8 Ma）虽然成矿时代不同，但是在矿床地质特征方面相似（表5-9）。

表5-9 紫金山和金瓜石矿床特征对比表

矿床基本特征		紫金山	金瓜石
时空分布	成矿时代	110~95 Ma（白垩纪）	1.0~0.8 Ma（更新世）
	构造环境	陆内火山盆地边缘，深断裂旁侧，古生代复背斜倾伏端	琉球火山岛弧西南端
	矿田	40 km^2 范围内自西而东分布3个矿床群：①碧田、龙江亭、二庙沟、大岖岗等；②紫金山北西矿段及南东矿段；③五子骑龙、中寮、罗卜岭等	5 km^2 范围内分布两个大的矿群：①金瓜石包括本山（大金瓜）、长仁、草山；②瑞芳包括九份（小金瓜）、武丹山、新山
矿床特征	成矿岩体	脉状角砾岩+英安斑岩	更新世基隆火山群石英安山岩
	矿床围岩	侏罗纪花岗岩及白垩纪石英安山斑岩（简称英安斑岩）	中新世砂岩页岩及更新世石英安山岩
	矿体定位及产出形态	呈缓倾斜的平行密集脉带产于火山通道外侧侏罗纪花岗岩的裂隙带，与隐爆/热液角砾岩脉及英安斑岩脉密切相伴	矿体多呈陡倾斜脉带，走向不定，延深较大，往下变为线状小脉，有的矿体呈筒状产出，受裂隙系控制，或产于石英（斑）岩岩体内，或产于接触带及围岩砂岩和页岩内
矿石特征	矿物种类	以蓝辉铜矿为主，其次为硫砷铜矿及铜蓝	以硫砷铜矿、黝铜矿为主，少量铜蓝，偶见自然铜
	矿物组合及分带	上部氧化带产金矿，与褐铁矿及硅质物共生；下部原生带产铜矿、蓝辉铜矿及硫砷铜矿，向外逐渐被铜蓝取代	上部硅化岩中产金，往下出现硫砷铜矿
	蚀变种类及分带	自下而上的垂向分带为硅质交代岩-地开石化-明矾石化-绢云母化。蚀变矿物各有多个世代，早期者呈面型分布，后期者呈线型分布	有黄铁矿化、硅化、重晶石化、粘土化、明矾石化等；上部常形成硅化帽
成矿后变动	构造后变动及剥蚀程度	受剥蚀较深，火山喷发物已极少保存，火山机构根部暴露地表，上部硅帽残存的面积已很小，受断块作用影响，由西往东逐渐抬升，东侧已出露深成岩体	成矿时代较新，受剥蚀较浅，上部硅化帽保存良好

1）同处于西太平洋亚洲大陆边缘中新生代火山带，是在岩石圈减薄过程中，地球动力学由挤压向拉张转变过程中形成的。

2）矿床受中心式火山控制，与岩穹、次火山岩密切相关，爆发角砾岩在成矿过程中起了重要作用。

3）容矿围岩为石英安山岩或同期爆发角砾岩，或者是砂页岩和花岗岩。

4）类型不同的矿床、矿体成群出现，主要为裂隙充填型，也有脉状浸染型矿体。矿体延伸较大，可达1200 m，斜伸可达800~1000 m。

5）铜矿物为含砷硫化物。含有硫砷铜矿和明矾石等矿物，指示成矿流体在地球化学上富含硫。

6）金矿脉在上部，而铜矿体则在下部，金铜之间存在一个过渡带，上部均有As、Sb、Cu、Hg异常，地表有大面积的硅化带或粘土化带。

7）成矿温度和成矿深度大体相近（金主要成矿温度在 200 ℃左右）。

8）矿区具有相似的次生石英岩化。

（三）其他金矿床论述

1. 岩浆热液型金矿

岩浆热液型金矿分布在宜兰县太白山和南投县合欢山、玉山，有矿点 3 处。

含金石英脉产于中央山脉始新统—渐新统西村组和中新统庐山组的深灰色泥质板岩、千枚岩和变质砂岩中。石英脉产状有与围岩一致和垂直交切的 2 组，前一组遭受剧烈褶皱而形态比较复杂，后一组形态较为规则，这可能是形成于不同期次之故。脉厚者达 1 m，薄者仅数厘米，延长数米至数十米不等。有报道说，在卓社大山东的双子山发现一条含金石英脉长达 2 km（日本人曾开过平硐和竖井，平硐最长的一条达 200 m）。围岩蚀变有黄铁矿化、绿泥石化、高岭石化和方解石化。石英脉富含金者甚少，大部分只含微量金。自然金产于石英脉的膨大、分叉或脉体形态变化处。有资料报道，石英脉的近脉围岩亦发现含金。自然金与黄铁矿、方铅矿、闪锌矿、长石、方解石等矿物共生。含金品位 10～1000 g/t。

太白山、玉山矿点前景不详，合欢山矿点有人做过估算，金资源量甚丰。

除上述矿点外，在新北市与宜兰县交界处的四堵、湖底岭、金面山、白石湖和福德坑等地，于渐新统四棱组砂岩中也有含金石英脉发现，但含金品位甚低，不具经济价值。

另外，在花莲县屏风山区，尚有黑岩山金矿场、荣民矿业开发处及其他金矿场。

2. 砂金

台湾省砂金分布可分为 3 个地区，即基隆河地区、中央山脉地区、东台湾地区。

（1）基隆河地区

有新北市基隆河矿点 1 处。砂金系金瓜石原生金矿床经风化、剥蚀、搬运入基隆河或其支流小谷，在重力分选下富集堆积而成。基隆河自上游大粗坑至中游汐止延长 30 km 的河段内，砂金矿层含金品位较富，具经济价值。

砂金矿层分布于基隆河现代河床及高程 13～24 m 的河流阶地堆积层中。

现代河床中的砂金，富集于堆积层的砂砾层中，含金品位较低。阶地堆积层的砂金，有两个含矿层，相距约 3 m。上层厚 0.6 m，含金品位低，金粒分布不均匀；下层厚 0.6～3 m，平均 1.6 m，覆盖层厚 0.6～7 m，一般以 6 m 以下者居多，但也有厚达 21 m 者。含 Au 品位约 0.8 g/t，砂金纯度约 75%。砂金富集于阶地的基岩面上。共生矿物有自然金、锆石和独居石。基隆河支流九分溪、庚子寮溪、小粗坑溪亦产砂金。

（2）中央山脉地区

中央山脉地区的前古近纪大南澳变质岩、始新统毕绿山组、始新统四棱组、中新统庐山组的黑色片岩、板岩、千枚岩、砂岩、硅质岩及大理岩中所赋存的含金石英脉，为河流砂金的物质来源。

中央山脉东、西坡各河流，均含有或多或少的砂金，赋存于现代河床砂砾层中或古阶地堆积层中。前者物质来源于石英脉岩金和古阶地中的砂金，这种砂矿金粒分布不均匀，且与洪水期有关，每次山洪暴发，都会有新砂金带入；后者只有一种物质来源，即原生岩金，金粒富集于阶地的基岩面上，含金品位较为稳定。整个中央山脉各条河流，均蕴藏砂金，但达工业品位（0.2g/t 以上）的只占少数，有矿点 10 处（表 5-10），其他多为矿化点。

（3）东台湾地区

主要分布于花莲县立雾溪口三角洲至花莲一带的海岸平原，为滨海砂矿，有花莲新城矿点 1 处。砂矿中金粒细小，含 Au 品位常有变化，因受海洋潮汐影响而加以分选，含 Au 品位会逐渐升高，尤其是夏季，每次台风袭击后，含 Au 品位明显增加，已采区域仍可继续开采。在立雾溪口新城一带的海砂中，据 1955 年调查，崇德海滨含 Au 品位 0.25 g/t，新城海滨含 Au 品位 0.12 g/t，最高可达

0.39 g/t。经勘探，在表层下 3.5 m 处，有一层厚度 0.4 m 的富矿带，含 Au 品位 0.39 g/t，是目前台湾省唯一的砂金产地。

表 5-10 中央山脉砂金矿点一览表

位置	矿点名称	品位/($g \cdot t^{-1}$)	备注
东坡	宜兰碧候	0.2~0.50	
	花莲罗钦	1.8	头容、头婿、克拉仓、佐久间
	花莲乌帽子	<0.4	
	花莲万里溪	<0.4	
	台东知本溪	0.08~0.8	
	花莲乐乐溪	<0.7	
	台东红叶谷	0.3	
西坡	台中合欢溪	0.5~1	
	南投春阳	<0.5~1.5	多洛古、头蔡
	高雄拉库音溪	<1.5	

（据林朝棨等，1969）

台东纵谷、台东三角洲平原均有砂金产出。日本人于 1927~1930 年间曾试行钻探工作，但成果未发表，含金情况不得其详。

八、金矿的时空分布特征及成矿规律

金瓜石式陆相火山岩型金矿：主要分布于台湾北部大屯山-基隆火山群一带，与该区火山活动关系密切，金矿时空分布特征及成矿规律概括如下。

（一）成矿地质条件

1. 金矿与地层关系

在中央山脉等古近纪地层中含金石英脉风化、剥蚀、搬运形成的局部河流堆积层及阶地见有少量砂金矿点。

2. 金矿与火山岩关系

台湾省铜金矿与火山岩具有明显的关系，尤其是以金瓜石式陆相火山岩型金矿为代表的矿床，与该区的火山活动关系密切。金瓜石式陆相火山岩型金矿分布于台湾北部的琉球火山弧火山岩成矿区。此区主要是更新世形成的基隆火山群和大屯山火山群，基隆火山群由 8 个次火山相和喷流相的石英安山岩体组成，形成了以金瓜石矿床为代表的超大型金矿，伴生中型银矿床。

3. 金矿与构造关系

构造是成岩成矿的前提，既控制了沉积建造、火山喷发、变质岩带等，又控制了区域成矿作用和矿床展布。构造运动于台湾省金矿的成矿作用有重要意义。

台湾省的铜金矿产类型则主要分布于内弧地壳的安山岩系列火山岩浆建造中。

在晚新生代时发生的强烈板块构造运动，则引发了高铝质玄武岩、安山质火山岩侵入-喷发活动，形成了以金瓜石式陆相火山岩型金矿为代表的与火山作用有关金、铜、硫矿产。

（二）金矿成矿规律

1. 金矿形成的时间分布规律

金瓜石式陆相火山岩型金矿形成在喜马拉雅成矿期中。在上新世—更新世，台湾省以东的菲律宾板块向北俯冲至琉球岛弧之下，由此引发了高铝玄武岩、安山质火山岩的侵入-喷发活动及金、铜、硫等成矿作用，形成有价值的金、铜、硫等内生矿床。

2. 金矿的空间分布规律

金瓜石式陆相火山岩型金矿床主要分布在台湾北部大屯山-基隆火山群一带，与该区火山活动关系密切，范围主要以金瓜石地区及外围火山岩分布区为主。

岩浆热液型金矿（石英脉型金矿），产于中央山脉两翼板岩、片岩等变质岩地区。

第六章　稀有金属矿产——锆石矿

稀有金属矿包括铌、钽、铍、锂、锆、锶、铷、铯等，台湾省已发现的稀有金属矿只有锆石砂矿1种。

一、锆石的特征和主要经济用途

（一）特征

1. 锆石的性质

锆（Zr）是重要的稀有金属，锆金属有银灰色致密状及深灰色-黑色的粉末状两种，熔点1850℃，密度6.5 g/cm^3。锆具有耐高温、抗腐蚀、可塑性强、机械加工性能好等优良性质。锆在高温下吸气性良好，具有较强的除氧能力。锆的化合物及天然矿物具有高的熔点及低的热膨胀系数。锆金属的热中子捕获截面小，耐辐射。

世界上已知锆矿物约50种，主要矿物有4种（表6-1）。

表6-1　主要锆矿物表

矿物名称	化学式	含量/%		备注
		ZrO_2	HfO_2	
锆石	$ZrSiO_4$	55.3~67.3	<2	
铪锆石	$(Zr, Hf)SiO_4$	48.18~60.03	2~16.73	含HfO_2>4%为富铪锆石
异性石	$(Na, Ca)_5ZrSi_6O_{17}(OH \cdot Cl)_2$	11.84~12.82		
斜锆石	ZrO_2	74.1		

2. 一般工业指标

据行业标准（DZ/T 0203—2003），锆矿床一般工业指标见表6-2。

表6-2　锆矿床一般工业指标表

矿床类型	边界品位		最低工业品位		最小可采厚度/m	夹石剔除厚度/m
	ZrO_2/%	锆英石/(kg·m^{-3})	ZrO_2/%	锆英石/(kg·m^{-3})		
海滨砂矿床	0.04~0.06	1~1.5	0.16~0.24	4~6	0.5	
风化壳矿床	0.3		0.8		0.8~1.5	
原生矿床	3.0		8.0		0.8~1.5	≥2.0

锆石常与烧绿石、钛铌钙矿伴生，锆石砂矿则与钛铁矿、金红石、锐钛矿、独居石、磷钇矿、锡石、铌铁矿伴生，锆石中常含铪，应注意综合评价。

（二）主要经济用途

工业上目前使用量最大的是锆矿物——锆石和斜锆石，其次是锆的化合物和金属锆。锆矿砂和矿物粉主要用于耐火材料、铸造、磨料、陶瓷及电子工业等：作为耐火材料主要是生产锆质耐火砖，应用于玻璃窑炉及钢铁冶炼；在铸造业主要是作铸钢件的型砂；在陶瓷业主要是作釉面材料。锆的化合物，主要使用的是二氧化锆，用于耐火材料、研磨材料、电子材料、玻璃添加剂、宝石原料、敏感器材料和精密陶瓷材料等，在耐火材料方面使用量最大。在轻化工业中，锆的其他化合物还可用作颜料、油漆的添加剂、金属的催化剂以及皮革鞣剂等。锆金属按用途可分为两个级别，即原子能级和工业级。原子能级锆指金属中铪含量小于0.01%的锆，又称“无铪锆”或“反应堆级锆”，主要在核反应堆中用作燃料包套材料及其堆芯结构材料，占锆金属消耗量的90%。化工、冶金等工业用锆无需分离锆、铪，一般将含铪2.5%左右的锆列为工业级锆，达到一定纯度的锆、某些锆的合金和喷镀锆可以加工制成耐腐蚀的化工设备的构件及医疗器械。锆在电子管工业及真空技术中被用作除气剂，用以制造电容器及整流器，金属锆粉用于制造焰火中的发光混合物，在军事工业上锆用于制造子弹、炮弹的信管。锆金属的另一个重要用途是制造性能优异的合金，如铝锆合金、铜锆合金、铁锆合金、镍锆合金、锆锡合金、铌锆合金等。

二、矿产地数量

截至2016年，台湾省发现锆石、独居石、独居石-锆石砂矿共11处（表6-3；为叙述方便此表把单一的独居石和独居石-锆石共生矿也列在其中），以单一锆石为主的矿产地仅有1处矿点，矿床类型为河流冲洪积砂矿型；独居石-锆石共生的滨海砂矿有8处，因为这8处矿产地独居石储量规模达到中型，所以把它们列入以独居石为主的矿种中，独居石为主的矿种将在下一章阐述。

三、地理分布

锆石在台湾河道、海岸边、离岸沙洲和海底沙洲等处都有发现，但单一锆石富集成矿的只在新竹县凤山溪上游的马武督地区分布（图6-1，表6-3），其他则为与独居石共生的海滨锆石。

表6-3　锆石、独居石、独居石-锆石砂矿一览表

编号	矿产地名称	地理位置	矿种	成矿时代	矿床类型	规模	备注
1	新竹马武督	新竹县关西镇马武督	锆石	第四纪	冲洪积砂矿型	矿点	单一
2	云林北统汕洲	云林县北统汕洲	独居石-锆石	第四纪	滨海砂矿型	中型	共生
3	云林统汕洲	云林县统汕洲	独居石-锆石	第四纪	滨海砂矿型	中型	共生
4	云林外伞顶洲	云林县外伞顶洲	独居石-锆石	第四纪	滨海砂矿型	中型	共生
5	台南布袋洲	台南县布袋洲	独居石-锆石	第四纪	滨海砂矿型	中型	共生
6	台南王爷港洲	台南县王爷港洲	独居石-锆石	第四纪	滨海砂矿型	中型	共生
7	台南青山港洲	台南县青山港洲	独居石-锆石	第四纪	滨海砂矿型	中型	共生
8	台南网子寮洲	台南县网子寮洲	独居石-锆石	第四纪	滨海砂矿型	中型	共生
9	台南顶头额洲	台南县顶头额洲	独居石	第四纪	滨海砂矿型	矿点	单一
10	台南浮仑	台南县浮仑	独居石	第四纪	滨海砂矿型	小型	单一
11	高雄新港口	高雄县冈山镇新港口	独居石-锆石	第四纪	滨海砂矿型	中型	共生

四、资源储量

除新竹县马武督（锆石储量未见报导）外，上述10处独居石-锆石、独居石砂矿矿床（点），其重矿物总储量为24.562×10^4 t（表6-4），重矿物含有率为0.6%~5.56%，以布袋洲最为富集，其次为青山港洲，而以新港口含有率为最低，仅0.6%。锆石品位最高的是布袋洲，达26020.80 g/m^3（表6-5）；最低的是新港口，为2656.8 g/m^3。锆石总储量约5.38×10^4 t。

图 6-1　台湾省锆石、独居石矿分布简图

五、勘查工作程度

新竹马武督锆石砂矿勘查工作程度为矿产勘查（预查）。

六、开发利用程度

台湾锆石于 1903 年在基隆河被发现。第二次世界大战期间，日本人出于掠夺矿产资源的需要，从 1941 年起，曾在台湾西海岸开采锆石砂矿，至 1945 年前总计开采有 200 t 或更多的锆石砂，送到日本作金属锆处理。1945 年 10 月 25 日台湾光复后，国民党政府设立台湾独居石勘探处，对台湾各地海岸作广泛调查，但没有具体结果。1953~1975 年台湾有关部门对台湾西部海岸作有系统的调查，认为台湾锆石砂矿具开发潜力，尤以西南部海岸重砂中的锆石与独居石等可供国防工业原料，更具开采价值。但锆石砂矿从 1945 年至今没有正式开发利用。

表 6-4　台湾省滨海独居石、独居石-锆石砂矿矿物平均含量一览表

矿产地名称	重矿物		矿物平均含量（按重量或颗粒）/%									
	储量/10^4 t	品位/%	磁铁矿	钛铁矿	赤铁矿褐铁矿	石榴子石	独居石		白钛石	金红石	锆石	其他
							黑色	黄色				
北统汕洲	6.20	1.24	6.8	22.7	11.7	4.0	11.6	1	9.3	2.3	26	5.4
统汕洲	4.20	0.83	4.1	16.5	21.4	3.7	11.4	0.4	10.8	2.3	18	11.2
外伞顶洲	2.80	0.92	3.6	18.9	25.6	2.8	10.7	0.5	11.6	1.8	16.9	8.9
布袋洲	1.10	5.56	5.3	22	11.3	6.4	12.4	1.1	8.4	2.5	26.0	4.6
王爷港洲	2.50	2.6	6	23.1	8.8	5.8	11.1	1	9.1	5	24	5.6
青山港洲	3.90	5.1	4	20.4	18.1	5.4	12.3	0.7	10.3	2.1	18	8.1
网子寮洲	0.94	1.4	4.6	21.4	13	5.9	10.2	0.7	10	3.1	23	7.8
顶头额洲	0.05	2	3.9	19.5	15.7	6.1	8.2	0.7	12.5	5.2	21	1.3
浮仑	0.28	0.88	4.6	22.1	12.6	8	10.6	0.9	10.5	3.2	25	4.5
新港口	2.592	0.6	4.0	15.0			26.5	0.8			25	28.7
合计	24.562											

（据何春荪等，1963）

表 6-5　锆石、独居石砂矿储量表

矿产地名称	品位/(g·m^{-3})				储量			
	独居石			锆石	独居石/t			锆石/10^4 t
	黑色	黄色	合计		黑色	黄色	合计	
北统汕洲	2589.12	223.20	2812.32	5780.88	7192	620	7812	1.6058
统汕洲	1703.16	59.76	1762.92	2689.20	4788	168	4956	0.7560
外伞顶洲	771.92	82.80	854.72	2798.64	2996	140	3136	0.4732
布袋洲	12409.92	1100.88	13510.80	26020.80	1364	121	1485	0.2860
王爷港洲	5194.80	486.00	5680.80	11419.20	2775	250	3025	0.6100
青山港洲	11291.40	642.60	11934.00	16891.20	4797	273	5070	0.7176
网子寮洲	2625.48	180.18	2805.66	5868.72	958.8	65.8	1024.6	0.21432
顶头额洲	2952.00	252.00	3204.00	7524.00	41	3.5	44.5	0.01045
浮仑	1679.04	142.56	1821.60	3944.16	296.8	25.2	322.0	0.06972
新港口	2862.00	86.40	2948.40	2656.8	6868.8	207.36	7076.16	0.637632
合计					32077.4	1873.86	33951.26	5.380722

（据何春荪等，1963）

七、矿床类型、典型或代表性矿床及其他矿床（点）

（一）矿床类型

我国锆矿床主要类型是外生锆石砂矿床，主要为冲洪积砂矿和海滨砂矿，锆石与独居石、钍石、钛铁矿及金红石等组成综合性矿床。

锆石是各时代花岗岩类中分布最广的副矿物之一，且以前燕山期花岗岩含量较高。前燕山期—燕山早期以普通锆石为主，燕山晚期变生锆石普遍增多，晶洞花岗岩中几乎全是变生锆石。岩石经风化、剥蚀，在海滨适宜的分选、储集条件下形成砂矿床，常伴有独居石、钍石、钛铁矿、金红石的富集。

台湾省锆石砂矿主要矿床类型为外生沉积作用（海滨、河流冲洪积）形成的砂矿型矿床。

（二）典型或代表性矿床及其他矿床（点）

因为锆石为主的只有新竹马武督矿点1处，所以没有典型或代表性矿床；而该处矿点地质工作程度低，故只能作如下简单介绍。

马武督锆石砂矿位于新竹县东南面，直距约23 km，隶属新竹县关西镇管辖，是台湾省唯一的河流冲洪积形成的锆石砂矿。

区域上位于台湾台西前陆区喜马拉雅期Au-Cu-S-石油-天然气-煤-灰岩成矿亚带（Ⅲ-79-①）中，构造单元为雪山-麓山逆冲-褶皱带（$Ⅳ_5^{3-3}$）中的麓山渐新世裂陷盆地（$Ⅳ_5^{3-3b}$）。

矿点附近出露地层有中新统南港组和南庄组，岩性为砂岩、页岩、泥岩夹煤层及火山岩。锆石来自火山岩的橄榄碧玄岩中的副矿物，与刚玉、辉石、橄榄石、磁铁矿、钛铁矿和尖晶石共生。

锆石为红色或无色，时有结晶面，大者达1 cm以上，台湾最大的结晶锆石即发现于此。

附近的凤山溪和头前溪也有锆石产出，尤以凤山溪靠近新埔地段有希望找到新的锆石砂矿。

八、矿床时空分布特征及成矿规律

（一）矿床时空分布特征

河成锆石砂矿形成于第四纪。

（二）成矿规律

河成锆石砂矿大部分富集在河床，如河川沙洲、泛滥平原和河道处。这类型的砂积矿在台湾西南海岸平原沿河川流经处发育良好，部分也分布于台湾西北部及中央山脉古近纪—新近纪变质岩的硬页岩和板岩区的河川中。重砂沉积物的数量和聚集地点多与季节性变动的水体流量有关；通常重砂聚集在地表层，极少重砂被发现在地表1 m以下。

第七章 稀土金属矿产——独居石矿

稀土金属（REE）指的是包括镧(La)、铈(Ce)、镨(Pr)、钕(Nd)、钷(Pm)、钐(Sm)、铕(Eu)、钆(Gd)、铽(Tb)、镝(Dy)、钬(Ho)、铒(Er)、铥(Tm)、镱(Yb)、镥(Lu)、钪(Sc)、钇(Y)等在内的金属元素。通常可分为两组：Ce族稀土或轻稀土（包括La、Ce、Pr、Nd、Pm、Sm、Eu）与Y族元素或称重稀土（包括Gd、Tb、Dy、Ho、Er、Tm、Yb、Lu、Y），它们的氧化物分别表示为 $[Ce]_2O_3$ 和 $[Y]_2O_3$。而台湾省稀土金属矿产只有独居石砂矿1种，属于轻稀土金属矿产。

一、稀土金属矿的特征和主要经济用途

（一）特征

1. 性质

在自然界中，由于稀土元素性质相近，Ce组元素矿物常含有Y组元素，Y组元素矿物中也常赋存Ce组元素。Sc与其他稀土元素性质相似，因此也列入稀土元素，但Sc不与其他稀土元素共生。

稀土元素在自然界中的含量超过铜、铅、锌、锡、银、汞等常见金属，但它们相当分散，形成的独立矿床少，稀土元素（REE）在各类岩石中的分布为：碱性岩0.021%、花岗岩0.025%、中性岩0.013%、基性岩0.0085%、超基性岩0.00045%。

2. 主要矿物

稀土元素在自然界的存在形式主要有3种：独立矿物、类质同象和离子状态。目前，世界上已知的稀土矿物及含有稀土元素的矿物有250多种；稀土元素含量较高的矿物有60多种。主要的稀土矿物有20余种，其中有工业价值的主要矿物见表7-1。

表7-1 有工业价值的主要稀土矿物

矿物名称	化学式	含量/%
独居石*	$(Ce, La, Nd)PO_4$	REO 65.13
氟碳铈矿*	$CeCO_3F$	REO 74.77
氟菱钙铈矿*	$Ce_2Ca(CO_3)_3F_2$	REO 60.30
氟碳铈镧矿	$(Ce, La)CO_3F$	REO >70
褐帘石	$(Ca, Ce)_2(Al, Fe,)_3(SiO_4)(Si_2O_7)O(OH)$	REO 23.12
磷钇矿*	YPO_4	REO 62.02
硅铍钇矿*	$Y_2FeBe_2(SiO_4)_2O_2$	REO 51.51
烧绿石	$NaCaNb_2O_6F$	REO 10±
褐钇铌矿*	$Y(Nb, Ta)O_4$	REO 39.94
钇易解石	$(Y, Ca, Fe, Th)(Ti, Nb)_2(O, OH)_6$	REO 32.41
铈铌钙钛矿	$(Na, Ce, Ca)(Ti, Nb)O_3$	$[Ce]_2O_3$ 28.71
硅钛铈铁矿	$Ce_4(Fe^{2+}, Mg)_2(Fe^{3+}, Ti)_3(Si_2O_7)_2O_8$	$[Ce]_2O_3$ 45.82
绿层硅铈钛矿	$Ce, Na, Ca_4Ti(Si_2O_7)_2OF_3$	$[Ce]_2O_3$ 16.68
黑铈金矿-复稀金矿	$Y(Nb, Ta, Ti)_2O_6$-$Y(Ti, Nb, Ta)_2O_6$	$[Y]_2O_3$ 18.38~28.76

*为重要的稀土矿物，在我国具有重要或比较重要的工业意义。

（二）主要经济用途

稀土元素在工业部门中用途广泛，主要用于冶金、石油、玻璃、化工、电子、原子能等领域。

在传统用途方面，由于稀土金属化学性质活泼，能净化其他金属，被大量用于冶金工业。用稀土氧化物烧成的高强度低合金钢，可制造汽车部件，并可压成钢板、钢管，用于制造输油管、输气管。稀土具有优越的催化活性，在石油工业中被用作石油裂解的催化裂化剂，以提高轻质油的产出率。稀土还用作汽车尾气的催化净化剂、油漆催干剂、塑料热稳定剂，制造合成橡胶、人造羊毛、尼龙等化工产品。利用稀土元素的化学活性及其离子带色功能，在玻璃、陶瓷工业上用作玻璃澄清、抛光、染色、脱色剂和陶瓷颜料。中国首次将稀土用于农业，作为多元素复合肥的微量元素，促进农业增产。传统应用方面大多是利用 Ce 组稀土元素，消费量约占稀土总消费量的 90%。

在高科技方面，由于稀土具特殊的电子结构，其各种能级电子跃迁产生特殊光谱。Y、Tb、Eu 的氧化物广泛用于彩色电视、各类显示系统的红色荧光体以及制造三基色荧光粉。利用稀土特殊的磁性能制造各种超级永磁铁，在各类电机、核磁共振成像装置、磁悬浮列车以及光电子等高科技领域有着广泛的应用前景。La 玻璃广泛用于各种透镜、镜头材料和光纤材料，还用作防辐射材料。Nd 玻璃及 Y 铝石榴子石稀土化合物晶体是重要的激光材料。在电子工业上，添加 Nd_2O_3、La_2O_3、Y_2O_3 的各类陶瓷被用作各类电容器材料。稀土金属用于制造镍氢充电电池。在原子能工业上，Y_2O_3 被用于制造核反应堆的控制棒。Ce 组稀土元素与铝、镁制成的轻量耐热合金被用于航空航天工业，以制造飞机、导弹、火箭等的零部件。稀土元素也被研究开发用于超导材料。

稀土元素的产品种类很多，共计 300 多个品种、500 多种规格。

二、矿产地数量

截至 2016 年，台湾省域内发现的独居石、独居石-锆石砂矿矿产地共有 10 处（表 6-3）。其中以独居石为主的独居石-锆石砂矿有中型矿床 8 处，单矿种独居石小型矿床及矿点各 1 处，各矿床和矿点均为滨海砂矿类型。

三、地理分布

独居石、独居石-锆石在台湾河道、海岸边、离岸沙洲和海底沙洲等处都有发现，但富集形成独居石、独居石-锆石砂矿的主要分布于台湾西南部云林县、台南县和高雄县海岸岸边浅滩或近岸砂洲（见图 6-1）。

四、资源储量

独居石总储量 3.395×10^4 t（表 6-5）。应指出，独居石中可能还包括了磷钇矿，一般经搬运沉积的独居石、磷钇矿外表特征甚为相似，多统归独居石。

五、勘查工作程度

上述 10 处独居石、独居石-锆石矿勘查工作程度均为矿产勘查（预查）。

六、开发利用程度

独居石于 1930 年被发现于台湾省西部各海滨，随后，在中央山脉西麓各河川，也相继发现了独居石和锆石。从 1958 年起，台湾省矿产勘测团在西海岸调查重砂时，发现了“黑色独居石”的特富矿体，从而使独居石的含有率提高了 10%~27%。然而，储量最丰富的是台湾西南部云林县、台南县和高雄县海岸岸边浅滩或近岸砂洲。10 个独居石砂矿均未被开发利用。

七、矿床类型、典型或代表性矿床及其他矿床（点）

（一）矿床类型

我国稀土元素矿床的主要类型有：①稀土-磁铁矿矿床；②含稀土碳酸岩矿床；③花岗岩风化壳型稀土矿床；④含稀土的磷块岩矿床；⑤独居石砂矿床等。与超基性岩、碱性岩、酸性岩、碳酸岩和火山岩有关的矿床主要为 Ce 族稀土（轻稀土）矿床；与花岗岩、花岗伟晶岩有关的矿床为 Y 族稀土（重稀土）矿床（表 7-2）。而台湾省主要见有独居石砂矿矿床，矿床类型为外生沉积作用的海滨独居石砂矿型矿床（轻稀土矿）。

表 7-2　稀土元素的主要矿床类型表

项目	矿床类型	边界品位	最低工业品位	最小可采厚度/m	夹石剔除厚度/m
轻稀土	含氟碳 Ce 矿、独居石的原生矿床（Ce_2O_3）/%	1	2	≥2	≥2
	独居石砂矿（矿物）/（$g \cdot m^{-3}$）	100~200	300~500	≥1	≥1
	风化壳型稀土矿（REO）/%	0.07	0.10	1	≥1
重稀土	含钇（磷钇矿、硅铍钇矿）伟晶岩和碳酸岩矿床（Y_2O_3）/%		0.05~0.1	≥1~2	≥2
	磷钇矿砂矿（矿物）/（$g \cdot m^{-3}$）	30	50~70	≥0.5	≥2
	风化壳型稀土矿（REO）/%	0.05	0.08	1	≥1

（二）典型或代表性矿床及其他矿床（点）

台湾 10 处独居石、独居石-锆石滨海砂矿床（点）集中分布于云林、嘉义、台南、高雄地区的海岸线上。重砂发现于沿高潮线的离岸沙洲上。

由于台湾海峡海流的作用，云林县的北统汕洲、统汕洲、外伞顶洲等沙洲呈不连续长条状与海岸线呈 40°夹角分布，台南县的王爷港洲、青山港洲、网子寮洲、顶头额洲和浮仑则平行海岸线呈雁行排列着，高雄县的新港口为岸边浅滩。

重砂矿物出现于波浪较强大处砂滩砂脊的迎浪部位潮间带，形成了狭长条带的重砂富集矿带，涨潮时潜伏于海水面下，退潮时露出海面。重砂含量以表层为高，通常含有率为 1%~5%。重砂矿床多富集于地表 1 m 以内，尤以地表 50 cm 处最为富集，由多层重砂与一般砂层形成互层，重砂层厚者可达 20 cm 以上，但通常以数厘米至数毫米的薄层居多；深度超过 1 m，重砂含量锐减，超过 3 m，则少见含有重砂。

垂直海岸线方向的矿床宽度 5~20 m 不等，一般 10 m 左右，但矿床平行海岸线方向的延伸长度有数百米至数千米不等，如王爷港洲矿床长约 1.5 km、青山港洲长约 4.5 km、网子寮洲长 2 km 等。

重砂矿床以北港溪至曾文溪间沙洲之矿床品位较高，规模较大，但易受大潮或暴浪之破坏或推移。曾文溪以南海岸，台南安平至高雄县南寮间沿海则有断续矿床分布，矿床由于海岸砂丘受海浪侵蚀淘洗而残留，局部才有较富集之矿床赋存，但品位较差。

独居石、独居石-锆石砂矿床（点）的重矿物品位和储量以及矿物平均含量见表 6-4，独居石、锆石品位及储量见表 6-5。

10 处独居石、独居石-锆石砂矿中，以布袋洲独居石品位最高，为 13150.80 g/m^3；独居石品位最低的是外伞顶洲，为 854.72 g/m^3。

独居石矿物特征：独居石通常呈圆形至卵粒状体，直径小于 0.1 mm，颜色有两种，一种为淡黄或稍带绿的黄色，因杂质渗入而呈红色至棕色、灰色；另一种为黑色至灰黑色，有灰色条痕，相对密度为 4~4.2。黑色独居石在台湾西南部的海滩和离岛沙洲上是重要的重矿物，在重砂组成中通常占10%~15%（Ho et al.，1963）。有关台湾西南海岸重砂中黑色与黄色独居石的矿物特征见表7-3。

表7-3 台湾西南海岸重砂中黑色独居石与黄色独居石的矿物特征

项目名称	黑色独居石	黄色独居石
相对密度	4.18	5.03
硬度（摩氏硬度计）	<5	5~5.5
颜色	黑色-褐色	黄色-灰绿色
条痕	灰色-褐色	白色
透明度	不透明	透明-半透明
Eu_2O_3 含量	0.30%~0.35%	<0.1%
ThO_2 含量	<1%	>3%
SiO_2 含量	20%	<3%

（据谭立平等，2000）

独居石共伴生矿物：砂矿中独居石、锆石共伴生的矿物主要有磁铁矿、钛铁矿、石榴子石和紫苏辉石，常见的辉石、绿帘石、角闪石、金红石、电气石、十字石，有少量磷灰石、黑云母、赤铁矿、褐铁矿、蓝晶石，而榍石、红柱石、金刚非常罕见。

独居石、锆石的化学成分见表7-4和表7-5。

从表7-4中可以看出，独居石含稀土氧化物59.66%~64.89%、含氧化钍4.52%~7.48%。

表7-4中的独居石化学成分为1956年资料，当为黄色独居石的化学成分。1958年发现的黑色独居石，其氧化钍含量仅0.15%。黑色独居石为混杂有黑色物质的晶质集合体。黑色物质为碎屑粉末，有石英、金红石、锐钛矿、镁绿泥石、胶褐铁矿、黄铁矿、赤铁矿、透闪石、白云母、褐色黑云母、钠长石及鉴定不出的暗色矿物，而主要成分为石英，其含量高达25%。

表7-4 独居石化学成分表

取样地点	化学成分/%						
	TR_2O_3	ThO_2	P_2O_5	SiO_2	Fe_2O_3	TiO_2	ZrO_2
嵌头厝	59.66	4.52	25.67	2.24	1.53	0.48	1.09
青山港洲	64.89	7.48	28.17	2.32	1.07	0.57	2.07
外伞顶洲	64.00	5.09					

（据林鸿标，1956）

表7-5 锆石化学成分

取样地点	化学成分/%				
	TR_2O_3	ZrO_2	SiO_2	TiO_2	Fe_2O_3
嵌头厝	1.72	55.98	28.45	9.01	0.32
青山港洲	2.92	60.03	29.13	7.48	0.01
外伞顶洲	tr	66.07	33.66	0.19	tr
外伞顶洲	tr	55	27.57	14.25	0.34

注：tr表示痕迹。（据林鸿标，1956）

从表7-5中可以看出，锆石含稀土氧化物1.72%~2.92%，含氧化锆55.00%~66.07%。

对于独居石、锆石滨海砂矿物质的来源，据研究认为主要来自于台湾西南部的主要河流，台湾西南部的云林、台南、嘉义、高雄地区的主要河流有大甲溪、乌溪、浊水溪、北港溪、朴子溪、八掌溪、急水溪、曾文溪、二仁溪及高屏溪10条（表7-6）。据有关资料统计，台湾省西南部河流总计年输砂量达16092.2×10^4 t。

表7-6 台湾省西南部主要河流年输砂量

河流	河流长度/km	流域面积/km^2	年平均降雨量/mm	年输砂量/10^4 t
大甲溪	140.21	1235.73	2371	356.5
乌溪	116.75	2025.60	2092	793.5
浊水溪	186.40	4324.0	2442	6555.0
北港溪	81.66	645.21	1900	241.5
朴子溪	75.67	426.60	1928	93.2
八掌溪	80.86	474.74	2336	212.8
急水溪	65.05	378.77	1974	157.6
曾文溪	138.47	1176.64	2727	2817.5
二仁溪	65.18	350.04	1931	1012.0
高屏溪	170.90	170.90	3130	3852.5

云林、嘉义、台南、高雄地区的海岸浅滩及近岸砂洲的沉积物质含有轻矿物石英、斜长石、钾长石、方解石、伊利石、绿泥石和高岭石等，而以石英所占比例最大。重矿物有磁铁矿、钛铁矿、白榍石、赤铁矿、褐铁矿、石榴子石、电气石、锆石、独居石、磷灰石、角闪石、绿泥石、金红石和榍石等。

根据有关资料分析，轻矿物中的长石类矿物钾长石和斜长石，其含量由近岸至远离海岸，随着搬运距离的增加容易被分解而逐渐减少，说明沉积物质来源于中央山脉西坡，即为陆源物质。

重砂矿物大多来自台湾岛，其中与基性岩有关的钛铁矿、部分锆石等，来自台湾岛及所属岛屿的基性火山岩，而独居石（部分可能为磷钇矿）、部分锆石、钛铁矿主要来自中央山脉西坡的古近纪—新近纪砂岩。而砂岩中的重矿物，则可能来源于海峡西岸的燕山期花岗岩和变质岩。因为海峡西岸在古近纪—新近纪以前分布有面积广大的酸性火成岩和片麻岩，这些酸性火成岩和片麻岩含有独居石和锆石等副矿物，这些矿物先作为碎屑物质在古近纪—新近纪时堆积于中央山脉西坡的新生代地层，然后再经风化，搬运、堆积于现代滨海砂层中（林斐然等，1983）。

八、矿床时空分布特征及成矿规律

（一）矿床时空分布特征

台湾西南部地区地处中央山脉西坡，坡降大，河川发育，又处于潮湿多雨，特别是多暴雨的气候条件下，洪水切割、剥蚀中央山脉和山麓地带，把大量的泥砂碎屑物带至平原和海岸并堆积起来，造就了现代的海岸浅滩和近岸砂洲，也造就了现代的滨海独居石、锆石砂矿床。

（二）成矿规律

台湾省西部滨岸地带分布的砂矿，主要有锆石、独居石砂矿，断续分布长达100 km，品位高，远景较好；此外，据初步调查，台湾省大陆架亦存在磁铁矿、钛铁矿、白钛石、赤铁矿等砂矿，澎湖列岛附近海底有锆石、独居石、含钍矿物富集；在台湾浅滩、台中浅滩砂质沉积物中，也有具远景的海底砂矿。

砂矿床的形成，首先取决于物质来源，其次是有利于砂矿富集的地貌条件，也与气候、水动力

（海流、波浪、潮汐）及风力有关。

1. 矿源条件

台湾省滨岸、岸外及大陆架砂矿物质来源，主要来自附近基岩，亦间接来自福建省沿岸基岩及滨海砂矿带。海峡两岸基岩的性质是形成台湾省滨海砂矿床的主要因素，不同岩类决定着砂矿床的不同物质组分。台湾省西部滨海及岸外大陆架砂质沉积物，主要来自中央山脉西坡山地及山麓区。这些重砂矿物，一般来自台湾本岛新近纪石英砂岩等基岩，其次来自澎湖列岛、台北大屯山等火山岩及中央山脉变质岩。

2. 地貌条件

地貌特征决定了滨海砂矿的富集和分布，就台湾省西部而言，海岸线发育岸外沙嘴、沙洲等地段都易于形成砂矿层。

（1）台西南滨岸砂矿地貌特点

台西南滨岸由鹿港至台南长 120 km，发育 3 列雁行含矿沙嘴，主要由东北来的泥沙流因岸线转向而产生。在浊水溪扇形平原向西突出的河口区，河口泥沙流向西南伸展，成为伸入海中的沙堤地形；台南海岸也因岸线由北东向转向南东而形成岸外含矿沙嘴。曾文溪以南，为海岸线的另一大转折点，北来泥沙流基本停止，故海岸转入沙堤潟湖岸区。

（2）台湾海峡地貌特点与砂矿形成关系

台湾海峡海底地形地貌形成、发展是在断裂构造控制下，各种营力作用的结果。构造运动奠定的坳陷、隆起，经侵蚀、堆积，形成各种侵蚀台地和浅滩，以及堆积平原地貌。台湾浅滩含有用重砂矿物之砂质沉积物，经水动力作用，呈跳跃性搬运，由浅滩搬到澎湖列岛周围及南部，进一步推至台西南近岸陆架及滨岸地带，可形成独居石-锆石砂矿层。

3. 水动力条件

水动力条件包括海流、波浪、潮汐等。砂矿物质在水动力作用、分选下，在适宜的地貌部位沉积生成砂矿层。特别是潮汐作用：台湾省西部沿岸，潮差由北向南渐减。浊水溪以北潮差较大的河口，一般不发育栏门沙，不形成沙堤、沙嘴、沙洲，亦没有砂矿层形成；而台西南潮差较小，潮流较弱，因此，台西南滨岸发育 3 列含矿沙嘴、沙洲，形成独居石-锆石砂矿层。

4. 风力条件

季风是形成滨岸砂层动力之一。风在 2 级以下时，海流流向为常流所控制；3~4 级时，风-海流能控制表面和水下 5 m 的流向；5 级风时，风浪能达底层，挟带砂泥至岸边。

第三篇　非金属矿产

按照矿产资源分类细目，全国非金属矿产共有104种，可以分为工业矿物类矿产50种，工业岩石（土）类非金属矿产50种、宝玉石类矿产2种和观赏石类（含雕刻石及砚石）2种。台湾目前发现的非金属矿产共有25种，其中工业矿物类非金属矿产8种，工业岩石（土）类非金属矿产15种、宝玉石类矿产2种。

第八章　工业矿物类非金属矿产

台湾已发现的工业矿物类非金属矿产有石墨、磷、硫（自然硫、硫铁矿）、云母、滑石、石棉、明矾石、石膏等8种，形成矿床的有硫、滑石、云母、石棉等4种，其他均只有矿（化）点。下面重点阐述硫、滑石和云母矿，其他矿种只做简单介绍。

第一节　硫

一、硫的特征和主要经济用途

（一）特征

硫（S）是典型的亲铜元素，单质硫呈粉末状和块状，淡黄色，有三种同质多象变体，即α-硫（斜方晶系）β-硫和γ-硫（均为单斜晶系），其中α-硫（称自然硫，在95.6℃以下的自然条件下是稳定的），晶体为锥状、板状。自然界中硫一般以自然元素矿物-自然硫、硫砷化合物矿物-硫铁矿（系黄铁矿、白铁矿、磁黄铁矿的统称）硫酸盐矿物和气态的硫化氢存在。硫在不同的氧化条件下呈不同的价态与其他元素化合，随着氧化程度的增强，硫的变化规律存在以下状态，如：

$S^{2-}—S^{-}—S^{0}—S^{4+}—S^{6+}$　　　　$H_2S—FeS_2—S—SO_2—SO_4^{2-}$

常见硫的化合物主要为负二价，在硫酸盐中呈正六价。自然硫硬度1~2，密度2.05~2.08 g/cm^3，熔点112.8℃，着火点248℃，沸点444.6℃，易溶于二硫化碳，不溶于水和酸，略溶于乙醇和醚类，不传热，不导电，在248~261℃时易燃烧生成二氧化硫，并呈蓝色火焰。自然硫具热膨胀性，并随温度而发生变化，加热至112.8℃时呈易流动的液体，继续加热呈黏稠状，加热至200~250℃时又呈液体，加热至444℃时沸腾为硫蒸气，遇冷形成粉状硫（硫华）。自然硫的这种特殊性为钻井热水溶法开采提供了有利条件。

在当前的技术经济条件下，有工业利用价值的主要含硫矿物有四种，其中自然硫属自然元素矿物，其他是硫的化合物（表8-1）。

表 8-1　主要含硫矿物及其化学式和硫含量

名称	化学式	S 含量/%
自然硫	S	理论成分 100，但随杂质含量不同变化较大
黄铁矿	FeS_2	53.45
白铁矿	FeS_2	53.45
磁黄铁矿	$Fe_{1-x}S$（x=0.1~0.2）	38.8~40.11

（二）主要经济用途

硫主要用于制取硫酸，少量炼制硫磺。硫酸主要用于生产化肥（如硫酸铵、过磷酸钙等）和磷酸，其他还用于生产各种无机酸、硫酸盐和无机盐产品。硫酸的其他用途是：在有机化工生产中用于酸化、磺化、催化等方面；在冶金工业中用于钢铁、镍等金属酸洗，有色金属冶炼；在颜料工业中用于生产钛白粉、立德粉；其他还用于石油精炼、石油化工、造纸、农药、塑料、树脂、有机玻璃、医药、合成洗涤剂、印染等工业。硫磺主要用于生产橡胶、医药、烟花爆竹、火柴、农药和杀虫剂、各种炸药和发烟剂，并可作为面粉、淀粉和制糖的漂白剂。高品位硫精矿制酸后的烧渣，可作为冶炼钢铁原料，而低品位的烧渣则可作为高标号硅酸盐水泥原料。

硫的消费形式有两种，即元素硫和硫酸，全球 80%~85%的硫用以生产硫酸。硫的一般消费结构包括：农业化工工业（主要是磷肥）占 62%，炼油业占 16%，金属矿开采业占 3.7%，其他占 18.1%。

据《世界矿产资源年评》（2010），世界硫的年需求量为 6070×10^4 t，各种形式硫的年生产量为 6840×10^4 t。目前，全球可供工业利用的硫资源主要有从石油天然气中回收的硫、煤和油页岩中的硫、金属硫化物共伴生的硫、硫铁矿和自然硫五种。其中油气中回收的硫和金属硫化物中的硫是主要硫源。这些作为副产品回收的硫，占全球硫年生产总量的 92%。

二、矿产地数量

台湾以硫为主的矿产地共有 12 处（表 8-2），另有 6 处以其他矿种为主的共伴生矿产地，两者合计 18 处（表 8-3）。在 12 处以硫为主的矿产地中，有小型矿床 6 处，其中自然硫小型矿床 2 处（新北市三重桥和台北市北投），硫铁矿小型矿床 1 处（台北市七股）；自然硫与硫铁矿共生或伴生的小型矿床 3 处（新北市死磺子坪、新北市焿子坪和台北市冷水坑）；矿点 6 处，其中自然硫矿点 2 处，自然硫与硫铁矿共生或伴生的矿点 4 处。在 6 处以其他矿种为主的共伴生矿产地中，有 5 处为与铜矿（宜兰铜山、宜兰东澳、宜兰太白山、花莲海鼠山和花莲铜门）共伴生的硫铁矿，1 处是与金铜矿（台湾金瓜石）伴生的硫铁矿。

表 8-2　台湾硫矿产地一览表

序号	矿产地名称	主矿种	位置	成矿时代	矿床类型	规模
1	台北市七股	硫铁矿	台北市士林区七股村	更新世	陆相火山岩型	小型
2	台北市顶北投	硫铁矿-自然硫	台北市七星山区	更新世	陆相火山岩型	矿点
3	台北市磺坪	硫铁矿-自然硫	台北市七星山区	更新世	陆相火山岩型	矿点
4	台北市马槽	硫铁矿-自然硫	台北市北投区马槽	更新世	陆相火山岩型	矿点
5	新北市三重桥	自然硫	新北市金山乡三重桥	更新世	陆相火山岩型（火山喷气型）	小型
6	台北市北投	自然硫	台北市北投区北投镇	更新世	陆相火山岩型（火山喷气型）	小型

续表

序号	矿产地名称	主矿种	位置	成矿时代	矿床类型	规模
7	台北市大油坑	自然硫	台北市士林区七股村	更新世	陆相火山岩型（火山喷气型）	矿点
8	台北市小油坑	自然硫	台北市士林区	更新世	陆相火山岩型（火山喷气型）	矿点
9	新北市死磺子坪	自然硫-硫铁矿	新北市金山乡死磺子坪	更新世	陆相火山岩型（火山喷气型、火山热液型）	小型
10	新北市焿子坪（大磺咀）	自然硫-硫铁矿	新北市万里乡焿子坪	更新世	陆相火山岩型（火山喷气型、火山热液型）	小型
11	台北市冷水坑	自然硫-硫铁矿	台北市士林区冷水坑	更新世	陆相火山岩型（火山喷气沉积型）	小型
12	台北市竹子湖	自然硫-硫铁矿	台北市北投区竹子湖	更新世	陆相火山岩型（火山喷气型、火山热液型）	矿点

表 8-3　台湾硫矿产地数量及规模一览表

矿种	超大型	大型	中型	小型	矿点	小计
硫为主				6	6	12
其他矿种为主	1				5	6
合计	1			6	11	18

注：其他矿种矿产地是以其主矿种的累计查明资源储量大小来确定其规模，后文中同。

三、矿产地地理分布

台湾以硫为主的矿产地主要分布于台北的大屯火山地区，以铜矿为主共伴生的硫矿产地主要产在中央山脉以东的宜兰、花莲地区（图 8-1）。

四、资源储量

林迺信曾推估大屯火山岩区的自然硫磺蕴藏量约有 300 余万吨（林迺信，1996）。其中焿子坪矿床的硫磺储量约 20×10^4 t；死磺子坪矿床的硫磺储量约 60×10^4 t。

五、勘查历史、勘查工作程度

台湾“经济部矿产测勘团”曾于 1954~1958 年间在大屯火山岩区进行过硫矿矿床的详细调查。

六、开发利用程度

自然硫是台湾最早发现和开采的矿产品之一，在台湾矿业中占有重要地位。早在 600 余年前就有产硫的记录。元末旅行家汪大渊所著的《岛夷志略》（1349 年）述及台湾特产有砂金、硫磺，当时，台湾土人以所采砂金、硫磺与大陆商人换取珠宝、瓷器等物。

西班牙人占领台湾北部时期（1626~1642 年）亦从事采硫，主要采硫地在金包里、三重桥一带（即现今死磺子坪、焿子坪、三重桥一带）。

荷兰人逐出西班牙人以后，全力勘探台湾东部金矿，同时在基隆（鸡笼）、淡水两地，极力推进采煤与硫磺采炼业。

1683 年清朝收复台湾后，严禁采硫。

1696 年（康熙三十五年），福州火药库失火，所藏硝磺火药尽遭焚毁。翌年，浙江仁和人郁永河奉命赴台湾北投从事采硫，并置炼硫厂于士林，以“溶剂法”炼出硫磺携回大陆，当时土人亦采硫。

清乾隆年间，因有偷掘硫磺而供制火药，影响治安，因此，清政府严令禁止民间私采，但为供军

图 8-1　台湾省硫矿分布简图

（据谭立平等，1999，有修改）

用，政府乃派人从事计划采炼。迄至 1877 年（光绪三年），才建厂收购，委任民间采炼，并由官方组织出口。

日本殖民统治时期，日本人采取矿区许可制度。凡过去开采者及有关出口商，均各获得矿区，继续自营或租包经营。以后矿权虽有变更，但皆为民营，持续至今。这一时期产量时高时低，最高年产 0.3281×10^4 t（1922 年），最低仅 0.0126×10^4 t（1942 年），虽遇有不景气年份，但从未歇业。所产硫磺，出口澳洲、新加坡、香港、上海、日本神户、美国旧金山等地。

第二次世界大战后，因海外进口硫磺价格低，本地产硫价高，致使采硫业一蹶不振。1950 年秋，爆发朝鲜战争，世界各国禁止硫出口，使需硫最大的台湾纸业公司顿受威胁，当局乃于 1951 年 2 月订颁《省产硫磺收购办法》，设置增产奖励金，使当年硫磺产量即跃升至 0.2776×10^4 t，从此产量年年上升。1951~1981 年的 30 年间，台湾硫产量起伏不大，平均年递增率为 4.3%，至 1981 年产量达到 0.9849×10^4 t，1982 年后又有较快速的增长，到 1991 年产量达 12.5819×10^4 t。

目前，自然硫的蕴藏量因过去持续开采而耗尽，大部分高品位矿体已被开尽，唯除大油坑等少数升华矿床外。但活动中的硫气孔仍持续喷发硫化物质，增加硫磺矿体，粗估计每天有 20t。此外，1965 年宜兰铜山（富太）矿区亦曾生产少量黄铁矿精矿，但随着铜矿山关闭，黄铁矿生产也告停止。

七、硫矿床类型及代表性矿床

台湾的自然硫及硫铁矿矿床（点）大部分属于陆相火山岩型（表 8-4），包括火山喷气沉积型和火山热液充填型矿床，其次为受变质（火山沉积-变质）型矿床。火山喷气沉积型主要为自然硫矿，火山热液充填型矿床（点）为自然硫或自然硫与硫铁矿的共生矿或伴生矿；受变质（火山沉积-变质）型矿床为与铜共伴生的铜矿点，已在铜矿床（点）中描述。台湾所有硫矿床均为小型规模，因此以下选择冷水坑（自然硫矿为主，火山喷气沉积型）、七股（黄铁矿为主，火山热液充填型）和死磺子坪（自然硫与黄铁矿共伴生，火山热液充填型）3 个代表性矿床进行描述。

表 8-4　台湾硫矿床（点）矿床类型一览表

矿床类型		矿产地名称	备注
陆相火山岩型	火山喷气沉积型	冷水坑、大油坑、小油坑、双重溪	金瓜石金铜矿中伴生有黄铁矿，达大型
	火山热液充填型	七股、死磺子坪、焿子坪、磺坪、马槽、三重桥、竹子湖、顶北投	
受变质（火山沉积-变质）型		宜兰铜山、宜兰东澳、宜兰太白山、花莲海鼠山、花莲铜门	与铜矿共伴生

1. 冷水坑硫矿特征

冷水坑小型硫矿床位于台北市士林镇七星山南东约 4.5 km，处于七星山以东似盆地的洼地中，硫以直接沉淀为其特征；洼地的沉淀物呈未胶结水平状，由粘土、砂、砾组成，显然系来自围绕火山丘陵地带的火山碎屑和分解的产物，硫在肉眼下不易识别，系沉淀在沉积物中。不同地带的矿石品位变化较大。

高品位硫矿常呈灰白色，与较低品位的灰黑硫质粘土形成互层，富矿体含 S 75%~80%，是由黄或淡青灰色有油脂光泽的硫组成。

2. 七股硫矿特征

七股小型硫铁矿床位于七星山北东约 4 km 的溪谷中，有 3 个黑色硫铁矿矿体，以 3 号矿体规模最大，且为富矿体。1 号矿体赋存在黑色、青灰色、白色粘土化安山岩中，矿体为不规则椭圆状，走向 NE10°，向西陡倾，长 11 m，中央膨大部宽 4 m。其与围岩接触部呈显著参差不齐的不规则界面，上部有许多分枝小脉，矿石致密坚硬，品位 S 33%~38%。2 号号矿体赋存在粘土化安山岩中，由十几个成群的不规则小规模块状或小凸镜体等组成。总体呈南北走向，向西倾，倾角 30°~40°，矿体长 7 m，最宽 1 m，矿石以软质粉状居多，品位 S 30%左右，规模小，无开采价值。3 号矿体赋存于明矾石化、硅化安山岩中，充填于近地表的不规则裂隙中，为一缓倾斜的不规则扁豆状，东部膨大，西部狭小，长 100 m，宽 20~60 m，并在矿体四周形成许多分枝小脉，矿体与围岩接触部有明显界面；矿石由致密坚硬块状和粉状矿两种混合而成，品位 S 35%~40%。

3. 死磺子坪硫矿特征

死磺子坪的硫磺矿床是台湾最大的浸染硫矿床，距金山乡南西 4 km，自然硫以裂隙或晶洞的填充或以交代发生于紫苏辉石-普通辉石安山岩中，矿化地带可形成南北延伸 350 m，宽 150 m 的长条形分布，矿体平均厚度25 m，自然硫、黄铁矿和白铁矿是主要的矿石矿物，脉石矿物包含石英、蛋白石、明矾石和粘土矿物，围岩的蚀变作用以硅化作用、粘土化作用和黄铁矿化作用为代表。

八、硫矿时空分布特征及成矿规律

（一）硫矿床（点）时空分布特征

1. 矿床（点）时间分布特征

台湾硫矿成矿特点是成矿时代新。以硫为主的硫矿，其成矿时代是第四纪。与铜共伴生的硫铁矿，其成矿时代是中生代。

2. 矿床（点）空间分布特征

台湾硫矿空间分布特征是成群成带集中分布。以硫为主的硫矿主要分布于台北大屯火山岩区中，与铜共伴生的硫铁矿主要分布于宜兰县和花莲县。

（二）硫矿床（点）成矿规律

1. 硫矿与火山岩的关系

台湾以硫为主的硫矿与火山岩关系密切，这些硫矿主要产在台北大屯火山岩区中。大屯火山岩区由20个大小不等的火山体和火山锥组成，岩性大多数属于安山岩类，以安山岩为主，次为安山质火山碎屑岩，少数为玄武岩（陈正宏，1990；Chen et al.，1971）。硫矿是与火山喷发同时，或者后期以升华、热液充填交代（浸染）或者沉淀形式成矿。

2. 硫矿与构造的关系

大屯火山岩区共有10处爆裂火山口，即顶北投、竹子湖、小油坑、马槽、冷水坑、大油坑、三重桥、死磺子坪及大磺嘴等，这些火山口成为升华硫矿和沉淀硫矿床（点）的蕴藏地；而浸染状硫矿主要由硫蒸气或硫质温泉浸渗于岩石裂缝、晶洞或空隙中，或与围岩中矿物交代而成，并伴随有硅化、明矾石化。

3. 集中分布

主要分布于Ⅲ-79-①台西前陆区喜马拉雅期Au、Cu、S、石油、天然气、煤、石灰岩成矿亚带（Ⅳ-1）中的台湾北部Au-Cu-S成矿远景区（Ⅴ-1）。

第二节　滑　　石

一、滑石的特征和主要经济用途

（一）特征

滑石是一种具有链状结构的含水镁质硅酸盐矿物，其化学式为$Mg_3[Si_4O_{10}](OH)_2$，理论化学组成：SiO_2 63.47%，MgO 31.68%，H_2O 4.75%，常含少量Fe、Al、Ni，硬度1，密度2.7~2.8 g/cm^3，单斜晶系，晶体呈六方和菱形板状、叶片状或致密块状集合体（致密块状滑石称块滑石），淡绿或白色，微带浅黄、浅褐色，质软，珍珠光泽，具滑腻感而有润滑性，膨胀率低。滑石受热时有明显的热效应，在120~220 ℃时失去吸附水，600 ℃开始失去部分结构水，1050 ℃时结构水全部脱出，熔点约1550 ℃。滑石对油脂有吸附能力，化学性质稳定，有高的绝缘和耐热性质。含大量有机质时呈黑色，称为黑滑石。

（二）主要经济用途

滑石的用途有：①用作造纸、油毡、医药、橡胶、塑料、高分子复合材料、油漆、涂料、化妆品、纺织品和食品的填料和活化填料，用于制作吸附剂、增白剂、滑润剂，以提高产品抗酸、抗碱性能。②制造高频和超高频绝缘电瓷，用于无线电、电视、雷达、遥控等工程。③用作日用陶瓷和白水泥的原料，滑石粉可用作绝缘填料。④用作农药载体。⑤用作玻璃打光剂、糖果防粘结剂。⑥制滑石粉复合钛白，作为钛白粉的代用品，用于造纸业。⑦块滑石用作炉衬、窑衬和高频电绝缘材料等耐高温材料。⑧滑石是传统的中药材。⑨高级块滑石还是一种彩石，用作工艺雕刻材料。

滑石的主要消费领域是陶瓷、造纸、涂料和塑料，占消费量的80%；其余20%用于橡胶、防水、建材业。世界滑石类矿产品年产量 762×10^4 t，其中滑石产量 233×10^4 t。在台湾主要用于纸张的充填料、纺织工业及杀虫剂，其他的利用量较少。

二、矿产地数量

台湾滑石矿产地共有10处，其中以滑石为主的有9处，与软玉、蛇纹岩共生有1处。在10处矿产地中有中型矿床1处，小型矿床5处（其中1处为共生矿），矿点4处（表8-5）。

表8-5　台湾滑石矿产地一览表

编号	矿产地名称	成矿时代	矿床类型	规模
1	宜兰县小帽山滑石矿	燕山期	变成（变质热液）型	小型
2	宜兰县东澳滑石矿	燕山期	变成（变质热液）型	小型
3	宜兰县南澳滑石矿	燕山期	变成（变质热液）型	矿点
4	花莲县古白杨滑石矿	燕山期	变成（变质热液）型	矿点
5	花莲县佐仓滑石矿	燕山期	变成（动力变质）型	矿点
6	花莲县白鲍溪滑石矿	燕山期	变成（蛇绿岩-变质）型	小型
7	花莲县平林西林滑石矿	燕山期	变成（蛇绿岩-变质）型	小型
8	花莲县瑞穗红叶溪滑石矿	燕山期	变成（蛇绿岩-变质）型	矿点
9	花莲县清水溪滑石矿	燕山期	变成（蛇绿岩-变质）型	中型
10	花莲县丰田软玉-蛇纹岩-滑石矿	燕山期	变成（蛇绿岩-变质）型	小型

三、矿产地地理分布

台湾滑石矿主要分布于台湾东部，北自宜兰南部，南至台东北部（图8-2），呈北北东向带状分布；主要分布于宜兰县和花莲县。

四、资源储量

据不完全统计，台湾滑石探明储量为 324.1×10^4 t，可采储量 172.3×10^4 t。根据台湾“经济部矿产测勘团”调查，花莲清水溪矿石储量约有 251.8×10^4 t，宜兰东澳矿石储量为 36.1597×10^4 t，花莲白鲍溪矿石储量为 16×10^4 t；其他矿区的矿石储量因没有资料所以尚不明确。

五、勘查历史、勘查工作程度

台湾的滑石矿勘查始于何时尚难考证，因为滑石生产在第二次世界大战时就已开始，当时在花莲丰田作为开采石棉矿的副产品。而滑石矿区进行了勘探工作的，见于1961、1962年间经“经济部矿产测勘团”在花莲清水溪、白鲍溪一带的滑石矿探勘工程报告。另外，宜兰东澳滑石矿1960年后曾由能源矿业服务组探勘，推定储量约有 36.1597×10^4 t。

六、开发利用程度

花莲丰田滑石矿在1949年矿业积极发展之际，曾有大规模开采。当时一度滑石市场热络；1954

图 8-2　台湾省滑石矿分布简图

年丰田矿场权转移到“中国石矿公司”，当时石棉、蛇纹石、滑石 3 种矿物同时开采提选，后因为台湾肥料公司罗东厂停止制造用于土壤的磷酸肥，而当地农民也不愿意再使用这种肥料；还因为滑石品质差且市场受限，丰田滑石矿在 1956 年 9 月停止开采，总计曾有 0.05×10^4 t 的滑石生产。宜兰东澳过去有兰阳、东台、中东、中国等 4 个滑石矿场，1955~1956 年之间，年产量达 0.15×10^4 t，后由于高品质的滑石减少，产量大幅下降，且由便宜的绢云母片岩开始取代滑石。据《台湾非金属经济矿物》（谭立平，1999）统计，台湾 1949~1986 年之间滑石生产量见表 8-6。

1994~1998 年，5 年之滑石年产量分别为 4290 t、3500 t、1500 t、1331 t 及 73 t。

表 8-6　1949~1986 年台湾滑石生产量统计

年份	产量/10^4 t	年份	产量/10^4 t
1949	0.0076	1968	2.9054
1950	0.07	1969	2.4373
1951	0.2059	1970	3.8717
1952	0.0987	1971	3.9042
1953	0.1815	1972	2.4792
1954	0.7997	1973	2.3124
1955	0.5268	1974	1.3517
1956	0.6131	1975	1.2050
1957	0.5387	1976	1.5481
1958	0.3336	1977	1.0160
1959	0.6422	1978	0.9946
1960	1.0557	1979	1.1194
1961	1.3448	1980	0.9911
1962	1.3409	1981	2.4774
1963	1.4787	1982	3.0661
1964	1.6981	1983	2.7053
1965	1.5229	1984	1.8680
1966	2.8752	1985	1.7559
1967	4.1315	1986	2.1552

（据谭立平等，1999）

七、矿床类型、典型或代表性矿床及其他矿床（点）

台湾滑石矿床类型均为变成型，按传统划分可分为蛇绿岩-变质型、变质热液型及动力变质型（表 8-5）。蛇绿岩-变质型滑石矿有中型矿床 1 处，小型矿床 3 处，矿点 1 处；变质热液型滑石矿有小型矿床 2 处，矿点 2 处；动力变质型滑石矿只有矿点 1 处。

滑石矿均产于前古近纪大南澳混杂岩（主要产在长春组和天祥组）中，滑石矿体与石棉、蛇纹岩等共生，而多产于与石棉邻接部位或石棉层中，或夹于绿片岩及黑色片岩中，围岩有石墨片岩、绿泥片岩、绿片岩、结晶灰岩和蛇纹岩等。

台湾各个滑石矿区的滑石化学成分见表 8-7，与以化学组分含量为标准（表 8-8）的滑石矿床相比，台湾各个滑石矿区的铁含量均不符合要求，白度也不符合标准要求，氧化镁含量只有花莲的清水溪和西林符合要求。由此可见，台湾滑石矿多数为低品质矿石。

表 8-7　台湾滑石化学成分

矿产地	化学成分/%					
	SiO_2	Al_2O_3	Fe_2O_3	CaO	MgO	烧失量
花莲清水溪	54.44~60.39	2.30~3.64	1.57~6.31	痕迹~0.35	28.24~30.30	2.92~6.68
花莲白鲍溪	56.90~58.77	2.72~5.46	5.89~7.51	0.73~2.70	25.27~27.20	2.33~4.83
花莲红叶溪	51.12	7.06	11.79	4.40	20.62	4.62
花莲西林	59.74~61.38	0.27~1.34	5.46~5.58	0.21~1.42	27.45~31.52	0.01~4.74
宜兰东澳	45.73~56.53	3.91~11.36	6.38~19.77	2.70~11.82	9.01~26.59	2.64~7.61
宜兰南澳	56.60~61.38	0.27~6.66	6.46~7.86	0.21~8.37	20.07~25.10	0.01~1.85
花莲古白杨	58.20	7.64	7.31	6.21	16.91	3.46
宜兰小帽山	42.44~58.92	2.61~7.30	3.09~9.51	2.93~18.44	19.13~21.88	1.79~14.35
花莲佐仓	50.56~59.50	5.88~6.70	5.61~7.09	3.40~4.46	20.05~25.07	4.51~6.53
花莲丰田	60.83	3.05	3.50	0.63	29.51	1.85

（据何春荪等，1963；《台湾矿业史》编委会，1966）

表 8-8　滑石矿床化学组分含量标准

品位	SiO_2/%	MgO/%	Fe_2O_3/%	CaO/%	白度
边界品位	≥27	≥26	≤3.0	不限	≥50
工业品位	≥36	≥27	≤2.0	不限	≥60

（据《矿产资源工业要求手册》编委会，2012）

因台湾滑石矿床在矿床学方面研究资料有限，下面重点介绍较具代表性的台湾花莲清水溪（蛇绿岩-变质型）和宜兰东澳滑石矿床（变质热液型）。

1. 花莲清水溪滑石矿

花莲清水溪滑石矿可作为台湾蛇绿岩-变质型滑石矿的代表，其规模达到中型。

花莲清水溪滑石矿位于花莲县西南方，直距约 93 km。行政隶属玉里镇。

矿脉在 1958 年由大建矿山进行开挖，1960 年后由能源矿业服务组开始调查，发现 4 个滑石层，每层厚度 0.5～2 m，滑石矿场位于花莲卓溪地区，玉里西南方 14 km 处清水溪的南侧，矿山在标高 400～420 m 处。

矿区主要出露黑色片岩、绿色岩及绿片岩，另有少量阳超石片岩、滑石片岩等。黑色片岩多由石墨片岩、云母石墨片岩构成，其次是蛇纹岩、滑石片岩，并有少量绿泥石片岩，阳起石片岩形成互层。片理一般走向 NE 10°～50°，倾向北西。

绿色岩包括辉长岩、闪长岩、蛇纹岩等，辉长岩、闪长岩等基性火成岩大多受变质作用，其中铁镁质矿物变质为绿泥石等，使岩体呈现黄绿、淡绿、深绿乃至暗绿色。蛇纹岩以岩床形态侵入黑色片岩中，沿主要片理裂隙带延伸。蛇纹岩系由基性、超基性岩类受热液作用而变成滑石片岩及滑石层，共生矿物有方解石、黄铁矿及磁铁矿、菱铁矿等。阳起石片岩主要为柱状或纤维状阳起石所构成，次要矿物为滑石、黄铁矿及磁铁矿。滑石片岩呈淡绿至暗绿色，常与阳起石片岩伴生，两者界线不明，此种片岩与滑石的生成有关，常为滑石矿层的围岩。

滑石露头分布广泛，滑石矿体呈层状产于绿色岩与黑色片岩中，或蛇纹岩与绿片岩接触带，或呈断续雁形排列的透镜状赋存于滑石片岩与阳起石片岩中。矿体的分布与母岩的剪切或挤压带一致，沿着裂隙尚有方解石脉及石英脉生成。已发现有 20 余处滑石露头，厚为 0.5～2 m，平均为 0.8 m。东部矿体位于蛇纹岩体东端，沿着走向 NE 30°的破裂带出露，为滑石化之蛇纹岩，厚约 0.8 m，品质优良，通常有 1～3 m 的滑石化绿泥石片岩伴生。西部矿体呈带状发育，上盘为石墨片岩，下盘为蛇纹岩，矿体长约 700 m，宽约 40 m。

滑石的种类有纯滑石、皂石、片状滑石及纤维状滑石等 4 种。纯滑石品质最佳，杂质少，为白色-淡绿色，但仅以数厘米至十余厘米之细脉产于绿片岩或掺杂于一般滑石层中，量甚少。而其他 3 种滑石储量较大，多与阳起石、黑云母、长石、方解石、黄铁矿、磁铁矿等共生。滑石品级较低者呈亮绿色。

在矿床中，蛇纹石化作用常和滑石形成在一起，但成因上未必相关，蛇纹石化作用发生较早，滑石化作用较晚，滑石主要由晚期热液所形成，此情况下在片岩中很多蛇纹石及含镁矿物被滑石取代，因此在形成滑石的滑石片岩中，若含有氧化铁的铁染则会降低品质。估计滑石矿床储量约有 251.8×10^4 t。

2. 宜兰东澳滑石矿

东澳滑石矿可作为台湾变质热液型矿床（点）的代表。

矿区位于宜兰县东南，直距约 25 km，苏澳镇南 8 km 的海岸边。

区内地层为大南澳混杂岩，岩性有绿泥片岩、石墨片岩、角闪岩及煌斑岩等。石墨片岩与角闪岩互层，靠近滑石矿体处常夹绢云母薄层。煌斑岩脉侵入于石墨片岩或角闪岩中，与滑石生成具有密切的关系。

矿床呈北西向的带状展布，长约 2 km，宽 0.5 km。此带从海岸向西延伸到大白山，被限定于东澳溪北岸和大白山南坡，并延续达乌石鼻海岬。滑石露头散布在围绕东澳村的山坡及低洼地，从北到南主要有 3 条滑石脉大致平行围岩走向延伸。

南面的滑石脉产于石墨片岩与绿泥片岩交界处的石墨片岩中，自海岸线向西北延伸，全长 1.3 km。滑石脉产状为走向 NW 290°，南西倾，倾角 60°。多数矿体呈板状体，少数呈扁豆体及网状脉体，其矿体形状和大小变化极大，连续性差，矿脉最厚达 5 m，平均不超过 1 m，滑石品质较佳。

中间的滑石脉走向为东西，倾向不定，大致与南矿体平行，厚约 0.8 m，延伸 400 m 后尖灭。

北面的滑石带大约在中带北约 100 m 处，是最长的一个带，总长度达 2 km，产状为 NW 280°，倾向南西，倾角 30°~50°。此带跨过东澳溪，达蛇山棱线。滑石呈浅灰绿色，品质甚差。

矿脉中的伴生矿物包括磁铁矿、黄铁矿、绿泥石、直闪石、方解石、透闪石和阳起石等。滑石颜色变化有白、翠绿、暗绿、灰色等，白度相差甚大；当被铁污染时，白度最低，呈红褐色。滑石可成土状或块状、板状及片状集合体，以后两种形态居多，并和围岩的片理呈整合接触；块状滑石较稀少，多混合有石英颗粒，品位变化大。块状半透明滑石，100 目者白度为 75 左右，200 目者白度为 85 左右；硐内所采矿石以Ⅱ级（白度为 70~75）占大部分，露头受污染者白度显然低（55~65）。

由于滑石与阳起石共生，所以两矿物关系密切。一般而言，针状白色-浅绿色阳起石，形成放射状的结晶群，有时会被滑石取代。阳起石和其他变质矿物可能是区域变质作用早期形成的；变质作用晚期，当温度下降时，由来自下方的热液作用于早期硅酸镁矿物从而逐渐形成滑石。以矿床成因而言，滑石主要是阳起石或其他富镁片岩的蚀变产物，有些滑石是形成阳起石之后的假晶。

本矿区由矿业研究组探勘显示，北部及中部的滑石地带达到商业价值量很少，南部的滑石地带可采矿脉可延伸 1.1 km，平均厚度 1 m，若以滑石相对密度为 2.7 计算，南部的滑石地带推定储量约有 30.9622×10^4 t，确定储量有 5.1975×10^4 t，总计 36.1597×10^4 t。

3. 其他滑石矿床（点）

（1）花莲白鲍溪

白鲍溪小型矿床，属于蛇绿岩-变质型。滑石共有 3 层，厚度一般 0.2~1 m，最厚可达 2 m。滑石产于蛇纹岩与云母片岩接触带，估计此处滑石储量约有 16×10^4 t。

（2）花莲西林坪林

西林的滑石小型矿床，属于蛇绿岩-变质型。矿床位于花东铁路的坪林站西侧 10 km 处，知亚干溪北侧，矿床发现于 1960 年，曾有探巷。滑石矿脉以不规则带状或扁豆体充填在云母与绿泥石片岩（围岩）的裂隙或剪碎带中，厚度为数厘米到 1 m，长度有数米延伸，滑石和蛇纹石共生。滑石呈浅白、浅绿、白灰色，从关系上显示，基性蛇纹石化作用发生之后，后期溶液沿着裂缝或边缘形成滑石。已知附近的基性岩类包括有辉绿岩、辉长岩。滑石可分为高、低品质，高品质滑石呈白绿色，有片理，不含碳质斑点或氧化铁；低品质滑石呈中灰色，品质较硬，常含蛇纹石、石墨、铁矿物。

（3）花莲佐仓滑石矿点

花莲佐仓滑石矿点是台湾发现的唯一一处动力变质型滑石矿，位于花莲县吉安乡佐仓村西小谷两旁。矿体呈扁豆状小脉赋存于绿泥片岩中。滑石可能由绿片岩中含铁镁矿物受动力变质而来。滑石白度差，杂质较多。曾有 4 个开采场开采，因品质低，仅有少量生产。

八、滑石矿时空分布特征及成矿规律

1. 矿床（点）时间分布特征

台湾滑石矿时间上主要形成于燕山期（燕山晚期）。

2. 矿床（点）空间分布特征

台湾滑石矿空间分布特征是：滑石矿呈北东向带状分布，矿化带延长有 300 km 以上。矿体主要赋存于东台湾大南澳杂岩中的长春组和天祥组片岩中，其中蛇绿岩-变质型和动力变质型滑石矿产于大南澳杂岩东部的玉里带的天祥组片岩中，热液变质型滑石矿产于大南澳杂岩西部的太鲁阁带的长春组片岩中。滑石矿床（点）地理空间上主要分布于宜兰县和花莲县。

3. 矿床（点）成因分析

台湾滑石矿成因类型有蛇绿岩-变质型、热液变质型和动力变质型 3 种。滑石矿主要是在大南澳杂岩变质作用晚期，由热液作用于变质作用早期形成的富镁片岩或蛇纹石、阳起石等富镁硅酸盐矿物形成。

第三节　云　　母

一、云母的特征和主要经济用途

（一）特征

云母是含钾、镁、铁、锂等元素具层状结构的含水铝硅酸盐族矿物。云母矿物种类很多，在工业上用的最多的是白云母。

白云母化学式 $KAl_2[AlSi_3O_{10}](OH)_2$，含 SiO_2 45.2%，Al_2O_3 38.5%，K_2O 11.8%，H_2O 4.5%，常含少量的铝、镁、铁、氟、铬、钒、锂等元素，单斜晶系，假六方片状，常呈板状集合体，薄片透明无色，厚时带黄、绿、棕色，玻璃-珍珠光泽，薄片具弹性，有较高的电绝缘性和耐热、抗酸碱、抗压能力，剥分性好，硬度 2.5~3，密度 2.76~3.10 g/cm^3。晶体中常有各种自然缺陷，如斑点、气泡、裂缝、波纹、嵌填物、穿孔、粘结、楔形晶等。

（二）主要经济用途

在 1978 年以前，为区别于作为造岩矿物的细小白云母，将工业可利用的云母称“工业云母”。工业云母主要用于电子工业作电绝缘材料，如作真空管、电容器、整流器、电动机等材料。工业云母在冶金、机械和高科技领域作射线管窗、窑炉炉窗、耐酸碱观察窗、飞机发动机垫圈、氧气呼吸器隔膜及用于电子计算机、雷达、导弹、人造卫星和激光器材料中。工业云母在自然界中难找难采，产量低、成本高，从 1978 年起被碎云母制成的云母纸代替。之后，不再寻找、勘查与开发工业云母资源。

二、云母矿产地数量

在台湾发现有四种云母矿物类——白云母、黑云母、绢云母（天然细粒白云母，属白云母亚种）及铬云母，白云母是唯一可富集成矿体的常见云母类。白云母矿产地在台湾有 4 处，分别为宜兰的粉鸟林、枫树山和鹿皮溪小型矿床 3 处；台东向阳小型矿床 1 处。

三、矿产地地理分布

云母矿产于宜兰县和台东县境内（图 8-3），宜兰的云母矿产于南澳乡东澳与南澳间的山地，矿床分布于南澳岭、源头山、枫树山及鹿皮山的山坡上，其分布范围略呈一东西向的长条状，东西长约 10 km，南北宽 5 km；白云母矿体产于伟晶岩脉中。台东向阳的云母矿产于台东西北部山区（海端乡利稻村）的绿色片岩中。

四、资源储量

台湾白云母矿据勘探资料，探明储量为 696×10^4 t，可采储量为 525×10^4 t。

五、勘查历史、勘查工作程度

在台湾白云母矿发现甚早，但在日本殖民统治时期具体的勘查情况不明。台湾光复后，台湾的云母矿探勘始于中央山脉大南澳片岩（现称混杂岩）中的伟晶花岗岩。其后，在 1956 年 10 月至 1957

图 8-3　台湾省云母矿分布简图

年 6 月，台湾“经济部”测勘团调查了东澳、南澳、鹿皮、大南澳北溪面积约 85 km^2 的 4 个区（Ho et al.，1963），总计发现了 159 条伟晶岩脉，其中 50 条在东澳，46 条在南澳，41 条在鹿皮溪，22 条在大南澳北溪；将上述东澳与南澳的伟晶岩脉归属粉鸟林矿区，大南澳北溪的伟晶岩脉归属枫树山矿区。

台东向阳的云母矿，其蕴藏量因资料收集不全，所以无法进行探讨。

六、开发利用程度

台湾的云母矿开发，最早始于 1921 年，由日本人胜目泰山在大南澳溪流域时行了试采；1922 年台湾云母株式会社（安田三吉）在粉鸟林矿区进行了开采，但 1922~1932 年间总体矿场开发较少，产量极少。1933 年，云母被认为是战略性矿物。1933~1938 年，为日本人提升开采效率及规模的时期，未有采矿及生产记载。至 1943 年，其年产量仅数吨至 18 t。1944 年和 1945 年因有当局奖励补助，产量曾分别达到 35 t 和 38 t，为云母开采的高峰，以后停产数年。

台湾光复后，云母停止开采了 6 年，其间在粉鸟林虽不时有开采旧矿坑，但主要是开采伟晶岩中的石英和长石，而云母反而成为开采长石矿的副产品。1951 年底台湾云母矿业公司建立，1952 年后又有断续生产，主要矿区在大南澳溪两侧。但因矿体分布零星，矿区地势险峻，开采成本高，仅有少量开采，年产量约十余吨。1959 年后几近停产，1960~1963 年台湾无云母生产记录，1964 年产云母 1.039 t，1965~1969 年又没有云母生产的记录。1970 年后云母生产逐渐得到恢复，且产量增长迅速；1951~1998 年期间台湾云母生产量统计参见表 8-9（谭立平等，1999）。1985~1994 年，台湾登记产云母的矿场有粉鸟林、广全、国群、向阳、茂湘、纯正等；1994~1998 年，在台东县向阳、茂湘、纯正等矿场生产外，尚在宜兰县粉鸟林有极少量生产（台湾省矿务局，1998）。1998 年有大量生产者仅存向阳一矿。

由表 8-9 可知，台湾云母产量从 1988 年起有大幅成长，主要是向阳矿场积极开发，其产品受到市场喜爱，供不应求，而 1994 年产量大幅衰减则系因向阳矿场地在 4~7 月间停产所致。惟因台湾工业原料矿物市场中，目前绢云母仍以填充料为大宗，与滑石、石灰石等具有相当之取代性与互补性，因此成为平衡市场供需之重要影响因素之一。

表 8-9　1951~1998 年台湾云母生产量

年份	产量/t	年份	产量/t	年份	产量/t
1951	485	1967	—	1983	311
1952	14. 03	1968	—	1984	302
1953	23. 8	1969	—	1985	114
1954	20. 34	1970	10. 219	1986	774. 251
1955	—	1971	2. 742	1987	787
1956	13. 08	1972	2. 234	1988	4386
1957	5. 1	1973	3556. 5	1989	4290
1958	0. 32	1974	275. 581	1990	4845
1959	0. 02	1975	292. 285	1991	8595. 5
1960	—	1976	448. 22	1992	11037
1961	—	1977	1334	1993	9751
1962	—	1978	1388	1994	5220. 105
1963	—	1979	1150	1995	9791. 709
1964	1. 039	1980	338	1996	8510. 587
1965	—	1981	85	1997	7806. 16
1966	—	1982	44. 034	1998	7750. 012

（据谭立平等，1999）

七、矿床类型、典型或代表性矿床及其他矿床（点）

台湾的云母矿床类型均为变成型矿床，具体又可分为混合岩化伟晶岩型白云母矿和结晶片岩动力作用和热液交代型绢云母矿。前者代表性矿床是分布于宜兰南澳和东澳的白云母矿床，后者代表性矿床是台东向阳绢云母矿。

（一）宜兰南澳和东澳的白云母矿床

东澳位于苏澳南方约 17.3 km 处的一小村落，为一渔港及临近铁路要道。南澳为距东澳南方约 20 km处的海岸村落。有苏花公路经过两地。云母矿床分布于南澳东澳之间，矿化带之延伸东自东澳东南方 3 km 处的粉鸟林向西延伸南澳岭、源头山到下铜山的东斜面，呈约 16 km 长、4 km 宽的东西地带，为台湾重要的云母资源之所在。

1. 区域地质特征

南澳和东澳的白云母矿床大地构造位置处于台湾新生代活动陆缘的中央山脉增生楔上，区内主要出露大南澳混杂岩中的长春组，燕山期花岗闪长岩，断裂以东西向为主。

2. 矿区地质特征

矿区出露地层为大南澳混杂岩的长春组，主要岩性有片麻岩、石英云母片岩、绿泥片岩、石墨片岩等，另有角闪岩、蛇绿岩及煌斑岩分布。白云母矿产于伟晶岩脉中。伟晶岩脉多产于源头山片麻岩带，部分出露在片麻岩带南部的片岩中，少部分出现在片麻岩带以北的角闪岩中。伟晶岩脉多呈不规则扁豆状或团块状，有时为树枝状或网状；通常与片麻岩及片岩整合接触，且和围岩叶理面略呈平行，走向近东西，倾向南，倾角 40°~80°。其规模大小不一，岩脉一般宽 0.3~1 m，最宽者达 5 m，窄者 10 cm 左右，其宽度变化大，常由 1 m 减至数厘米，甚至尖灭；岩脉延长 10 m 左右者为多，最长达 50 m，但达 20 m 以上者少见。伟晶岩脉为白色至灰褐色之粗粒岩体，主要组成矿物有石英、正长石、微斜长石、白云母及黑云母等，常伴有少量石榴子石及电气石等，其中也曾发现含铀矿物，石英和长石以文象或蠕虫状构造共生，主要分布于伟晶岩脉的内侧带，白云母集中于边缘带。大部分伟晶岩是由位于深部的变质沉积岩经部分熔融作用形成的，产于正片麻岩中的岩脉可能是变质分异作用产物。

3. 矿体特征

伟晶岩中的云母呈不规则及分散点之产状，其中可达经济价值的云母多形成书册状之连晶夹于石英或长石之间。在云母矿床中，云母多数呈细小的片状集合体，其宽 0.8~1.2 m。

4. 矿石矿物特征

白云母一般呈灰白色或淡褐色，半透明，时有纯白透明者。大的云母片直径达 25 cm，但多数在 10 cm 以下，以 2~3 cm 最多。云母片的缺陷是往往含有黑、红或黄色斑点及气泡，并常有龟裂、褶皱或带有鱼骨状构造。本区所产的白云母结晶小而质量不佳，仅可作为云母屑及云母粉末用。

开采规模较大的粉鸟林矿区白云母的化学分析结果见表 8-10。

表 8-10　粉鸟林云母矿物化学分析（%）

SiO_2	Al_2O_3	Fe_2O_3	FeO	MgO	MnO	CaO	K_2O	Na_2O	TiO_2	H_2O^+	合计
44.33	33.70	1.44	1.17	0.77	微量	0.27	10.11	1.25	0.39	6.88	100.31

（据 Ho et al.，1963）

5. 矿床成因

伟晶岩中的云母系由与造成花岗片麻岩有相关的花岗岩质的岩浆溶液形成，并于岩浆活动晚期的伟晶岩时期结晶出云母。

（二）台东县向阳绢云母矿

向阳绢云母矿位于距台东县海端乡利稻村西北方约 5 km 之处。由台东往北沿花东公路 52 km 至海端，再向西顺南部横贯公路 39 km 至栗园，接产业道路 2 km 即可达矿区。

1. 区域地质特征

向阳绢云母矿床大地构造位置处于台湾新生代活动陆缘的中央山脉增生楔上，区内主要出露毕禄山组，断裂以北东向为主。

2. 矿区地质特征

矿区出露之地层为毕禄山组，主要岩性有板岩、千枚岩、云母片岩及绿色片岩等。本区片岩之片理大致走向为南北向，倾向东，倾角 40°~60°。以区域性而言，板岩或千枚岩分布于东西两侧，绿色片岩分布于中部，而云母片岩则呈带状形态，以南北向夹于绿色片岩中，本区以板岩、绿色片岩之分布最广。而由白云母或绢云母所构成之矿层，呈带状薄层状集中于本区之中间地带，且其上、下盘皆为绿色片岩（魏稽生等，1996）。

出露于本区东西两侧的板岩外观呈深灰色、黑灰色至黑色。主要组成矿物有石英、白云母，其他尚有石墨、斜长石、方解石、不透明矿物等。分布于本区中部地带的绿色片岩，片理发达，外观呈浅绿至灰绿色，构成矿物主要为白云母、方解石、绿泥石、石英、钾长石，其他尚有斜长石和不透明矿物等。

3. 矿体特征

向阳云母矿系成连续性的层状矿层，构成矿床的云母片岩夹于绿色片岩中，分布于本区之中间地带，外观呈白色，带有绢丝光泽，片理发达。

4. 矿石矿物特征

向阳云母矿床主要组成矿物为绿泥石、白云母、石英、斜长石、钾长石、方解石，其他尚有石墨和不透明矿物等。其化学成分及矿物 X 光绕射结果列于表 8-11 及表 8-12。几处露头采取的数个样品，经化学分析（表 8-11），其样品之烧失量大都在 2.0%~3.0%之间，而颜色较深者则为 4.19%~7.11%，可见矿样所含之挥发成分较多。SiO_2 之含量，则为 70.45%~76.70%，Al_2O_3 含量在 20%左右，白色样品 Fe_2O_3 含量多为 1%以下，K_2O 大多在 3%以上，而灰色样品 Al_2O_3 与 K_2O 含量少而 Fe 含量高。鳞片状者样品为受到外力或风化作用而解离之结果。白色样品主要矿物是由石英与绢云母及叶蜡石所组成，而灰色样品主要成分与白色样品相似，却多一些黄铁矿、绿泥石等脉石。有关不同矿样之 X 光绕射分析鉴定（表 8-12），组成矿物主要为绢云母、叶蜡石、石英，脉石矿物有黄铁矿、绿泥石、方解石。

表 8-11 向阳矿业原矿之化学成分（%）

编号	1	2	3	4	5	6	7	8	9
产状	鳞片状	鳞片状	鳞片状	粘土状	粘土状	粘土状	鳞片状	鳞片状	鳞片状
颜色	纯白	纯白	白灰	白色	白色	白色	灰色	深灰色	灰黄
烧失量	2.22	2.06	2.04	2.81	2.41	2.86	4.19	5.46	7.11
SiO_2	72.74	72.87	74.20	70.50	71.29	71.80	75.28	75.45	56.74
Al_2O_3	19.97	19.75	17.42	21.15	20.09	20.04	14.60	14.60	16.80
Fe_2O_3	0.15	0.27	1.54	0.56	0.57	0.84	3.69	5.62	7.46
CaO	0.21	0.18	0.31	0.43	0.22	0.31	0.26	0.56	5.42
MgO	0.16	0.43	0.07	0.14	0.06	0.06	0.06	0.08	3.18
Na_2O	0.86	0.42	0.54	0.74	0.44	0.42	0.14	0.33	0.38
K_2O	3.63	3.89	3.08	3.58	4.44	4.21	0.81	2.62	2.94
S	0.09	—	0.76	—	0.19	0.32	1.42	—	—
合计	100.03	99.87	99.96	99.91	100.71	100.86	100.45	100.61	100.03

注：“—”为未检出。

故由上述分析鉴定结果，向阳云母矿床的品质可归纳为主要矿物由绢云母、石英、叶蜡石组成，脉石矿物有绿泥石、方解石、黄铁矿以及微量的铜、铅、银、砷等元素，绢云母、石英、叶蜡石之纯度随着颜色之变深而下降，鳞片状、粘土状之外观虽不相同，只要颜色相近则成分也近似，绢云母、石英、叶蜡石 3 种矿物相互掺杂在一起，难以单体分离。

表 8-12 向阳矿业原矿之组成矿物

取样编号	产状	颜色	组成矿物
1	鳞片状	纯白	绢云母、石英
2	鳞片状	白灰	绢云母、石英、叶蜡石
3	鳞片状	白色	绢云母、石英
4	鳞片状	白色	绢云母、石英、叶蜡石
5	鳞片状	灰色	绢云母、石英、叶蜡石、黄铁矿
6	鳞片状	深灰	绢云母、石英、叶蜡石、黄铁矿
7	鳞片状	灰黄	绢云母、石英、绿泥石、方解石

注：由 X 光绕射鉴定。

因此，向阳地区之绢云母矿为片状构造粉体，化学性质稳定，抗紫外线、耐高温、绝缘，水和性强、富脂感，有珍珠光泽，折射亮度高。其用途广泛且附加价值高，适用于塑胶、造纸、涂料、建材（防火/隔热）化妆品、焊条等之原料，市场开拓潜力甚大。

5. 矿床成因

陈其瑞（1984）曾对向阳云母矿床作过成因研究。经由矿物、化学分析认为矿石系属绢云母叶蜡石石英片岩，其中含有不定量之黄铁矿、高岭石、绿泥石及方解石。其化学分析显示为含高铝、高硅成分，基性元素含量低，并推定地质环境系由流纹岩或石英安山岩岩流或火山灰地层受到热水淋滤造成。形成矿床之前为热水造成之粘土化及黄铁矿化带，其后受到低度绿色片岩相之区域变质作用而转变成绢云母叶蜡石石英片岩。其生成环境，温度不超过 420 ℃，约为 350 ℃，压力在 250 MPa 以下。

八、时空分布特征及成矿规律

南澳及粉鸟林片麻岩中的花岗伟晶岩的白云母 K-Ar 年龄为 86~72 Ma，此年龄即为宜兰东澳与南澳的白云母矿成矿年龄；向阳绢云母矿是区域低温动力变质作用的产物，产于始新世的毕禄山组，其成矿时代是始新世，成矿年龄 56~33.9 Ma。

空间上，台湾的云母矿分布于台湾东部的宜兰县和台东县，构造位置均位于台湾东部的新生代活动陆缘的中央山脉增生楔上。

第四节 其他工业矿物类非金属矿

其他工业矿物类非金属矿包括石墨、磷、石棉、明矾石、石膏 5 种，均为矿点（图 8-4）。

一、石墨

（一）特征

石墨是由碳元素（C）组成的自然元素矿物，与金刚石是同质多象变体，为六方晶系或三方晶系的鳞片状晶体或块状集合体，铅灰色，不透明，半金属光泽，硬度具异向性，垂直解理面方向硬度 3~5，平行解理面方向硬度 1~2，密度 2.09~2.23 g/cm^3，容重 1.5~1.8 g/cm^3，具有油腻感，易染手。纯净石墨很少，常含二氧化硅、氧化铝、氧化铁、氧化镁、氧化钙、氧化铜、五氧化二磷混入物，有时含水、沥青和粘土，杂质总量可达 10%~20%。

石墨是一种特殊的非金属材料，兼有金属的优良性能，具有涂敷性、润滑性、耐高温、耐腐蚀、可塑性、导热性、导电性、化学稳定性及在高温下所具有的特殊的抗热性质，其熔点为 3850±50 ℃，

图 8-4　台湾省石墨、磷、石棉、石膏、明矾石和软玉矿分布简图

沸点达 4250 ℃。石墨的热膨胀系数很小，在 20～100 ℃时为 1.2 g/t，是已知最耐高温的轻质矿物质之一。

根据结晶程度石墨分晶质石墨（又称鳞片石墨）及土状石墨（又称为隐晶质石墨、微晶石墨或无定形石墨）两大类。①晶质石墨呈单个晶体或片状晶体的连生体产出，其片径大于 1 μm，晶质石墨矿石中常伴生有云母、石英、透闪石、透辉石、石榴子石和少量硫铁矿、方解石、金红石以及含钒白云母；系区域变质或花岗质岩浆作用而成矿。②土状石墨：晶体直径小于 1 μm，在显微镜下也难看到其晶形的致密石墨集合体。因矿石可选性差，故工业上对原矿品位要求较高，以便直接磨成粉使用。它的工业性能比晶质石墨差。

（二）主要经济用途

石墨用途广泛，铸造业上用石墨做铸件模子的涂料；冶金工业中，用石墨制作坩埚和高温电炉中的石墨砖，用以熔炼有色金属、合金等贵重金属材料；机械工业中，石墨常用作船轴、火车头和车箱轮轴的润滑剂；纺织和食品工业方面，利用石墨制作固体润滑剂，将石墨与金属一起制作无油润滑轴承；电气工业中，利用电极石墨可生产小电极、碳管、电弧、碳捧、焊接碳、水银整流器的正极、电话零件、拉钨钼丝润滑剂及高电阻物等。

石墨烯（Graphene）是一种由碳原子构成的单层片状结构的新材料，是世界上已知最薄、最坚硬的纳米材料，同时也是电阻率最小的材料，常温下其电子迁移率要比硅晶体高很多。自 2004 年石墨烯被成功研制出来后，科技界相信石墨烯可应用于下一代电子产品，开启了“石墨时代”。

（三）台湾石墨矿

台湾尚未发现品质优良的石墨矿床，所见一些劣质石墨产于中央山脉西部古近纪早期和中期的雪山山脉地层小区（其北部地层中期称四棱组和早期称西村组，中部称白冷组）浅变质岩中，主要产地有宜兰县头城、礁溪和台中县白冷 3 处（图 8-4），均为矿点；另有南投县雾社、埔里及鱼池 3 处矿化点。

在台湾，石墨呈细薄片状不时广泛分散于白冷组及其相当之地层——四棱组、西村组中，北自宜兰县南至南投县，石墨矿体呈不规则及不连续的袋状、条状、扁豆体状或透镜状与石英砂岩和暗色硬化的页岩或碳质页岩伴生，矿脉延长可达数十米，但一般连续性较差；厚度由数厘米至 1 m。

所产石墨均为隐晶质土状石墨，由含碳质的沉积岩或劣质煤层经区域变质作用生成，因所受变质作用较弱，故品质较差。

石墨含挥发分为 3.11%~7.23%，含水分稍高而碳质较低；石墨一般成分不纯且灰分甚高。台湾各地石墨含碳量（Ho et al., 1963）为：宜兰县头城和礁溪 25%~34%，多数为 10%~20%；台中县白冷 22%，24%~67%；南投县雾社 53%，埔里 50%~67%，鱼池 50%~66%。

台湾石墨矿发现较早，1942 年日本人在宜兰县头城和礁溪开始开采。1944 年在台中县白冷矿区开采。所采均为低品质石墨，其用途仅限于制造低级铅笔、油漆及屋顶物料等。1945 年后，每年仍由已知矿床进行有限的石墨开采。在台中县的白冷矿为一主要的生产地区。有关 1942~1961 年间生产数值列于表 8-13（Ho et al., 1963）。

表 8-13　台湾石墨产量

年份	产量/t
1942	200
1943	681
1944	629
1945	360
1946	65
1947	62
1958	451
1959	563
1960	300
1961	133

（据 Ho et al., 1963）

台湾石墨矿体规模小，品质低劣，在台湾矿产中并无重要性。是否高品位的石墨可能在更高度的变质地区发现，有待调查。

二、磷

（一）特征

磷（P）是亲生物元素，常见的磷的化合物主要为正五价，少数为负三价；磷共有4种同质多象变体，常见的有白磷和赤磷。白磷由于受光和杂质的影响易变为淡黄色，习惯上称为黄磷，黄磷为黄色蜡状固体，质软，用刀可切割，密度1.82 g/cm^3（20℃），熔点44.1℃，沸点280℃，不溶于水而溶于液碱、苯、乙醇、氯仿、甲苯和二硫化碳；易燃、易氧化，因而必须储存于水中；在黑暗中能发磷光，有恶臭，剧毒。赤磷由黄磷在隔绝空气条件下以250℃温度长时间加热制得，为紫红色无定形粉末，具金属光泽，密度2.34 g/cm^3，熔点595℃，沸点725℃，溶于三溴化磷和氢氧化钠，不溶于二硫化碳、氨和乙醚，加热至200℃时生成五氧化二磷，易燃、无毒、无臭，在暗处不发磷光。

磷矿石由磷酸盐矿物组成，其中的主要矿物为磷灰石，化学式为$Ca_5[PO_4]_3(F,OH,Cl)$，六方晶系，柱状晶体，集合体呈粒状、致密块状或结核状，色灰、褐黄或淡绿，玻璃光泽，断口油脂光泽，硬度5，密度3.2 g/cm^3。

具工业价值的含磷矿石主要有磷块岩（沉积）磷灰岩（沉积变质）和磷灰石（内生）；还有鸟粪磷矿和磷钙土。磷块岩的主要矿物是碳氟磷灰石，结晶微细，隐晶质，选矿较难。磷灰岩和磷灰石的主要成分为氟磷灰石及少量氯磷灰石，含P_2O_5 20%~50%，质地较硬，密度3.17~3.20 g/cm^3，不溶于水，结晶较粗，为晶质磷矿，易于选矿。生物堆积（鸟粪）磷矿的主要矿物成分是碳磷灰石和羟磷灰石；此外，还有硫磷铝锶矿，含TP_2O_5 22.71%，目前尚难利用。

（二）主要经济用途

磷矿主要用于制取磷肥，其次用于制取黄磷、赤磷、磷酸和其他磷酸盐类及磷化合物。具体用途为：①磷肥是农业上不可缺少的肥料，它不仅能促使农作物根系发育，加速生长，提早成熟，穗粒增多和籽粒饱满，而且还能增强作物抗旱、抗寒和抵御病虫害的能力。②黄磷主要用于制取热法磷酸、磷化合物、有机磷农药和灭鼠剂，军事上用于制造燃烧弹、曳光弹、烟幕弹和信号弹，也可用于生产磷铁合金。赤磷主要用于制造火柴、烟火。③磷酸主要用于制造各种磷酸盐，用以生产合成洗涤剂，饲料添加剂，食品工业发酵剂与疏松剂和改良剂以及营养增补剂，酚醛树脂缩合的催化剂，染料及中间体生产的干燥剂，胶印板污点的清洗剂，火柴梗的浸渍剂，锅炉用水的缓蚀剂及阻垢剂和软化剂，塑料工业的阻燃剂、增塑剂、稳定剂和抗氧化剂，冶金工业用于金属表面磷化处理及生产三磷酸耐火水泥和提高炼钢炉寿命，医药工业用于制取甘油酸钠及磷酸铁和补牙黏合剂，涂料工业用作金属防锈漆。④磷酸二氢铝是一种胶凝材料，应用于电气工业、高温窑炉和尖端科学领域。磷酸氢钙可作为家禽的辅助饲料，能促进饲料消化，增加产肉量、产乳量和产蛋量。⑤磷与铟、镓的磷化物主要用于生产半导体材料。⑥五氧化二磷和磷化合物，用于制药和冶金工业制造磷青铜片及轻金属的脱酸，用作气体和液体的干燥剂、有机合成的脱水剂、合成纤维的抗静电剂、制糖的精制剂，还可用于制造光学玻璃、透紫外线玻璃、隔热玻璃、微晶玻璃、乳浊玻璃。

（三）台湾磷矿

台湾磷矿有台北棉花屿和澎湖猫屿矿点2处（图8-4），它们是台湾磷矿两大重要产地。

棉花屿在基隆北北东23 n mile❶处，面积0.32 km^2，是一个无人居住的小岛。岛上岩石基本由安山岩组成，部分有玄武岩。深灰色致密的安山岩组成岩盘，依序被火山渣熔岩、多孔火山碎屑物、风化的粘土碎屑物等所覆盖。磷矿大部分集中于多孔火山碎屑物和熔岩流上部表面的残余粘土中，是安山岩或玄武岩风化而成的土壤中混有鸟粪或海鸟的遗体，形成乳白色或灰色的磷块岩，其厚度一般仅

❶ 1 n mile = 1852 m。

数厘米。矿床类型属风化型。

棉花屿上不同火山岩类中磷含量见表 8-14。由表中可以看出，在某些深成风化粘土层中，P_2O_5 含量较高，最大值可达 17.75%；在安山岩基部减至最低，只有微量。棉花屿的磷块岩中含氮，特别在含粘土的部分有丰富含量，有时达到 1.5%，平均含量为 0.3%~0.4%；也发现有相当量的铁铝氧化物。

表 8-14　棉花屿不同岩性中磷含量（%）

样品	H_2O	烧失量	$Al_2O_3+Fe_2O_3$	CaO	MgO	N_2	P_2O_5	SiO_2 等
1	12.085	5.462	17.211	0.230	—	0.307	11.172	65.925
2	13.247	5.161	16.913	0.556	0.228	0.247	11.490	65.211
3	2.448	0.286	9.529	0.112	0.066	0.112	1.236	88.731
4	10.789	8.793	12.446	0.161	—	0.512	10.116	68.484
5	7.556	1.736	1.553	0.299	—	0.066	4.754	91.658
6	12.184	14.098	22.559	0.126	—	1.164	15.949	47.278
7	13.679	29.231	26.802	0.435	0.088	1.271	17.756	25.607
8	13.275	28.270	19.508	0.394	0.167	1.543	11.362	40.299
9	2.982	1.315	14.349	0.037	0.068	—	11.860	72.371
10	1.236	0.164	9.491	0.447	0.113	—	6.709	83.076
11	10.052	10.299	16.616	0.046	0.120	0.561	9.105	63.813
12	15.474	15.609	12.338	0.302	0.111	0.525	8.225	63.415
13	7.186	4.316	6.198	0.741	1.256	0.180	3.409	84.083
14	6.951	1.783	12.785	0.027	0.631	0.090	5.018	79.756
15	13.684	30931	10.130	0.043	—	—	12.170	73.726
16	7.421	3.194	5.438	0.156	微量	0.105	4.223	86.988
17	3.152	0.243	—	—	—	—	微量	—
18	0.854	0.269	—	—	—	—	微量	—
19	0.654	0.170	—	—	—	—	微量	—

注：“—”为未检出。1~5 为火山岩屑；6~8 为风化的火山粘土；9~10 为褐色的火山岩屑；11~13 为岩屑和粘土；14~16 为渣状熔岩；17~19 为安山岩（底层）。

棉花屿磷块岩属于高品级质材的储量有 0.7×10^4 t（Ho et al.，1963），若加上低品级矿石总计有 10×10^4 t。

猫屿（包括草屿）磷矿点位于澎湖列岛西南方，属于澎湖群岛的望安岛。岛上岩石主要是玄武岩熔岩，其磷矿与棉花屿产状相同。猫屿和草屿岛磷块岩中的 P_2O_5 含量见表 8-15。

表 8-15　猫屿和草屿岛磷块岩中的 P_2O_5 含量

项目	猫屿								草屿
	1	2	3	4	5	6	7	8	1
P_2O_5/%	11.67	8.14	8.09	11.72	11.58	9.62	10.64	9.93	9.31
N_2/%	0.66	0.68	0.67	0.68	0.53	0.25	0.46	—	0.20

注：“—”为未检出。　（据 Ho et al.，1963）

台湾的磷矿开采，最早始于日本人对棉花屿磷矿开采，1917 年停采，以后数年断续开采，到 1936 年已基本采尽，现在已无前景。而猫屿和草屿岛磷块岩开采始于 1919 年，但无任何记录资料。台湾磷矿历年来的开采总量为 0.996×10^4 t（表 8-16），大部分为棉花屿所采。

表 8-16　棉花屿磷矿之生产量

年份	产量/10^4 t
1913	0.5631
1914	0.1341
1915	0.0504
1916	0.1502
1925	0.0202
1930	0.0354
1931	0.0122
1935	0.0091
1936	0.0213

（据 Ho et al.，1963）

另在澎湖列岛渔翁岛的外坡、小门屿及七美屿等处，亦发现有鸟粪磷矿化，但质量较差，规模极小，无开采价值。

总之，台湾大部分的磷矿规模小且属低品级，在日本人开发下差不多均已耗尽。

三、石棉

（一）特征

广义的石棉有 2 种，均属链状结构的硅酸盐矿物。一类是蛇纹石族矿物的纤维状变种，称蛇纹石石棉，又称温石棉；另一类是角闪石族矿物中碱性角闪石矿物的纤维状变种，通常具不同色调的蓝色，故称蓝石棉（属淘汰矿物）。由于工业上主要应用的是温石棉，它使用范围广，用量大，所以温石棉也就被简称为石棉。温石棉由纤蛇纹石组成（蛇纹石分叶蛇纹石、利蛇纹石和纤蛇纹石 3 种）。纤蛇纹石的化学式为 $Mg_6[Si_4O_{10}](OH)_2$，理论化学成分为 SiO_2 44.1%，MgO 43.0%，H_2O 12.9%，斜方或单斜晶系，纤维状，呈块状、束状、放射状集合体，白、灰、黄、浅绿色，丝绢光泽，密度 2.4~2.6 g/cm^3。温石棉具空心管状构造，纤维极细，具极好的纤维性和劈分性，纤维柔软、富弹性，有较好的可纺织性和较大的抗拉强度，熔点高（1500 ℃），不燃烧，具有绝热、绝缘、耐腐蚀、耐酸的能力，导热系数小，但加热时强度下降（至 540 ℃时迅速下降）。

（二）主要经济用途

温石棉主要用来生产建筑材料、石棉纺织品和石棉制动制品，其用途有：①用作石棉水泥建筑材料和制品。②用作石棉纺织制品以用于隔热防火材料和器材。③用作磨擦材料，如刹车片和闸瓦等。④用作塑料和树脂的增强纤维。⑤用作军工和航空航天工业必需的制动和绝缘防御材料；长纤维石棉制成的石棉毡或石棉纸浸以树脂后成为高强、耐热、坚韧的航空工业的高强耐热材料，可用于飞机机翼和油箱、小艇与汽车外壳、刹车片、火箭管、导弹喷嘴锥体上。⑥用作电气绝缘材料和绝缘填料，以及电池的隔膜材料。⑦生产石棉沥青制品，作为建筑用的防水、防潮、防化学腐蚀和保温的覆盖材料、嵌填材料或铺路材料。石棉的消费结构为：石棉水泥制品 55%，防火涂料和化合材料 26%，电子绝缘材料小于 1%，其他 19%。据《世界矿产资源年评》（2010），世界石棉年产量和年消费量为 220×10^4 t，其中俄罗斯居世界第一，中国居第二位。

（三）台湾石棉矿

台湾石棉矿只有花莲丰田小型矿床 1 处和台东鹿野矿点 1 处（图 8-4）；丰田的石棉是与软玉、

滑石、蛇纹石共伴生的，已经用软玉作为主矿种来统计矿产地。

在台湾石棉产要赋存于蚀变蛇纹石中，其大部分来自基性或超基性岩类，部分蛇纹石可来自中央山脉东侧的含镁石灰石或白云石中，它们均属蛇绿岩-变质型矿床。

台湾所产石棉，有透闪石石棉、阳起石石棉（即淘汰的蓝石棉）及少量温石棉。有经济价值的温石棉矿床规模小，可采量不多，石棉纤维坚硬，脆弱易碎断，质量不佳。

1. 丰田石棉小型矿床

矿区距花莲市西南约 24 km，花莲县丰田村西 4.5 km 之源老脑山区。

矿区出露大南澳混杂岩玉里片岩，主要由石墨片岩、角闪片岩、绿泥片岩及蛇纹岩等组成。石墨片岩分布最广，片理走向主体为东西向，倾向北或北偏东北，倾角 20°~40°；在南部地带片理走向转向东北，倾向西北，倾角 20°~50°。蛇纹岩呈层状，为基性火成岩中角闪片岩的蚀变产物。绿泥片岩有 3 层，夹于石墨片岩中，厚 1~5 m。绿泥片岩及蛇纹岩与石棉矿床的生成有密切关系（Ho et al., 1963）。区内见有 2 层较厚的蛇纹岩夹于上述各岩层中，呈暗绿、黄绿及淡绿色等。因受强烈的挤压及变动，岩块中不规则的挠曲、扁平状滑动面极发育，沿这些滑动面，蛇纹岩易破碎成角砾岩。

石棉矿体以不规则矿脉、薄凸镜或囊状体产于蛇纹岩与石墨片岩及绿片岩接触处或蛇纹岩中，主要分布在源老脑山东北及西北两支脉与白鲍溪所夹之三角地带。纤维矿脉呈凸镜体，宽 1~50 cm，最大长度 6 m，矿脉可突然尖灭或渐变成蛇纹岩围岩。石棉矿脉通常也会沿着结晶片岩走向延伸，也会因断层而变形。

丰田矿区可开采的石棉矿有 3 层（Ho et al., 1963），从上至下的岩层剖面顺序如下：

岩性	厚度
石墨片岩	
绿色片岩和蛇纹岩	0~5 m
石棉脉（上层）	0.1~0.2 m
蛇纹岩	0~50 m
石墨片岩	3~30 m
石棉脉（中层）	0.6~1.5 m
蛇纹岩	0~50 m
石棉脉（下层）	0~1.0 m
石墨片岩	2~30 m
绿色片岩和蛇纹岩	0~1.5 m
石墨片岩	

矿体中石棉产状不连续，上层石棉厚度为 0.1~0.2 m，通常渐变薄。中层石棉为最重要的石棉矿，南北延伸长度过 700 m，厚度 0.6~1.5 m。下层石棉受断层影响，其产状和厚度极不规则，局部可达 1 m 厚。以上各石棉矿体均与石墨片岩界线明显，与蛇纹岩呈渐变关系。

矿脉按照纤维的排列方向及纤维和脉的关系，可分为横纤维（纤维与脉壁垂直或近垂直）纵纤维（纤维较长并与脉壁平行）和块状石棉（纤维无一定方向或呈放射状集合体）。

矿石矿物有角闪石石棉、阳起石石棉、透角闪石石棉及温石棉。石棉化学成分见表 8-17。

角闪石石棉为块状，有时也呈放射状集合体。角闪石石棉可分为 2 种：第一种呈绿色、淡绿色，因纤维甚硬且脆弱，难以利用；第二种呈白色或灰白色，为第一种石棉经风化作用而成，开采的石棉大部分属此类。这些角闪石质石棉纤维长度约 0.6 m，一般质地脆弱，易歪曲碎断，但间夹杂白色丝绢光泽的强韧纤维。石棉储量约 11.5×10^4 t，属小型矿床。

本地区的石棉成因与超基性岩类的蛇纹石化作用相关，蛇纹石化作用归因于在火成循环下热残留溶液的自变质蚀变作用所致，蛇纹石化作用因可发生体积变化，故造成许多裂隙，以提供后期上升热液之通道。

表 8-17　丰田石棉化学成分

名称	化学成分/%							
	SiO_2	Al_2O_3	Fe_2O_3+FeO	MgO	CaO	Na_2O+K_2O	MnO	H_2O
角闪石石棉	54.54	1.77	4.21	24.79	14.4			0.80
阳起石石棉	54.31	0.1	8.65	21.45	14.37		0.22	1.86
透角闪石石棉	48.56	0.62	5.2	19.04	12.23		4.1	9.8
温石棉	40.49	3.13	1.08	36.41		2.12		16.76
温石棉	40.22	1.37	7.85	39.19	0.05			12.4

（据《台湾矿业史》编委会，1966）

丰田石棉矿在1917年被发现，1937年始开采，每月约有 0.001×10^4 t以上产量。矿权在1941年转移到台湾石棉公司，该公司增加投资，建成现代化采矿作业，并投入高品位选矿设备。第二次世界大战期间，在1944年石棉矿业转移于日本海军，因其在战略上具重要性，日本人进行了有组织的开采，曾有38处挖掘坑。采矿和调查的支出均由日本政府资助，达到每月270 t的石棉高产量纪录，超过80%的石棉产品在政府严格控制下使用于台湾和日本的海军工厂。第二次世界大战后期因轰炸而停止生产。

在台湾光复后，由最早建立于上海的Taho工业公司在1947年10月买入资产，在1947、1948年产量特别少，主要矿业工作系从 0.1×10^4 t日本人留下之矿石回收石棉，主产物为石棉粉，送往上海供作石棉管瓦，在1949年矿业积极发展，石棉和滑石都是大规模开采。

1950年底，石棉开采因缺资金而停止，然而，当时因为台湾肥料公司需要大量的蛇纹石用在磷酸肥料制造中作为助熔剂，故与石棉共伴生的蛇纹石有了新市场。1954年1月丰田矿场的所有权转移到中国石矿公司，3种矿物产品石棉、蛇纹石、滑石同时开采、提选。

1986~1987年随着台湾玉的停产，石棉也全部停产。1988~1991年有少量石棉生产记录，1991年后没有生产记录。1939~1991年间台湾石棉生产量见表8-18。

表 8-18　石棉生产总计（10^4 t）

年份	产量	年份	产量	年份	产量
1939	0.0105	1957	0.0243	1975	0.1737
1940	0.0274	1958	0.0043	1976	0.0853
1941	0.075	1959	0.0136	1977	0.0673
1942	0.1547	1960	0.044	1978	0.2031
1943	0.1005	1961	0.004	1979	0.2957
1944	0.0568	1962	0.0476	1980	0.0683
1945	0.0192	1963	0.0548	1981	0.2317
1946	—	1964	0.0477	1982	0.2393
1947	—	1965	0.0801	1983	0.2819
1948	0.0658	1966	0.0654	1984	0.1355
1949	0.0396	1967	0.0572	1985	0.0625
1950	0.0217	1968	0.12	1986	—
1951	0.0035	1969	0.3081	1987	—
1952	—	1970	0.2842	1988	0.0022
1953	—	1971	0.2327	1989	0.0077
1954	0.0119	1972	0.2687	1990	—
1955	0.0366	1973	0.5308	1991	0.008
1956	0.0107	1974	0.2957		

（据谭立平等，1999）

2. 鹿野矿点

石棉矿位于台东鹿野东北方，海岸山脉西侧卑南溪中，距台东县以北约 25 km。现在已经废弃，所有工作矿坑均已塌落。

矿区出露上新世利吉混杂岩，岩性以灰色或青灰色页岩、泥岩为主，间夹薄层状砂岩、凝灰岩和安山岩质集块岩和蛇纹岩。区内发现有 3 个小的蛇纹岩体，其中一个厚度 1 m，长约 50 m。

石棉矿体赋存于 3 个蛇纹岩体中，可分为 A、B、C 3 个矿体。A 矿体位于卑南溪岸，距河床约 100 m 高的小山坡上，石棉呈细脉产于蛇纹岩中，这些细脉长数厘米，宽 2~3 cm。B 矿体位于 A 矿体西侧 300 m 处，产状与 A 矿体相似。C 矿体位于此区西南的狭小山谷中，石棉以厚约 0.5 m 的不规则的脉状产于蛇纹岩中。

主要为温石棉，在 C 矿体中尚有少量角闪石石棉。鹿野矿点石棉的平均化学成分见表 8-19，其物理性质见表 8-20。

表 8-19　鹿野石棉化学成分（%）

SiO_2	Al_2O_3	Fe_2O_3	MgO	CaO	SO_3	烧失量	合计
38.57	2.16	5.63	37.63	1.99	0.54	13.47	99.99

（据 Ho et al.，1963）

表 8-20　鹿野石棉物理性质

矿体	物理性质						
	纤维长度/mm	产状	抗张强度	挠曲性	硬脆性	颜色	蕴藏量/10^4 t
A	1~3	直交纤维	中-弱	中-弱	硬而脆	淡绿	0.0135
B	3~6	直交-平行纤维	中-弱	中-弱	硬而脆	淡绿、灰白	0.002
C	5~10	平行纤维	中	中	脆	灰白	0.0111

（据《台湾矿业史》编委会，1966）

四、明矾石

（一）特征

明矾石为含水的钾铝硫酸矿物，常见为粒度 0.015~0.07 mm 的细-显微细粒集合体，呈乳白-灰白、米黄、浅玫瑰红等色，透明-半透明，玻璃光泽，断口参差状，偶见贝壳状，硬度 3.5~4，性脆，相对密度 2.8 左右，条痕为白色，显微镜下呈平行消光和对称消光，最高干涉色为二级蓝。明矾石化学分子式为 $K_2O \cdot 3Al_2O_3 \cdot 4SO_4 \cdot 6H_2O$，其中常有部分钾被钠置换。

（二）主要经济用途

明矾石主要用以提取明矾，也可用来制钾肥、硫酸和炼铝。明矾石用途广泛，可用于印刷、造纸、制革、油漆等工业。也可用作染布用的媒染剂，鞣料及胶片的硬化剂、合成氨的催化剂、制糖及水的澄清剂，选矿用的沉淀剂，此外在医药、防火、防水等方面也有应用。21 世纪初开始，开始应用于水泥配料。

（三）台湾明矾石矿

明矾石分布于台北市七星山、万里、金瓜石，以及宜兰县龟山岛等地，有矿点 1 处（台北市七星山）（图 8-4），矿化点 3 处。

七星山明矾石矿体分布非常零散，散布在七星山北部和东南部山坡，以及大油坑一带，有露头 30 余处。该矿在 1927 年发现后，已开采一部分，制成明矾及人工石膏，但不久即告停采。据 1958

年对七星山重新勘探，明矾石总储量为 22×10^4 t，可采储量为 13×10^4 t。

矿区出露更新世大屯火山岩中的安山岩及安山质火山碎屑岩。明矾石的生成与后期火山作用有密切关系，属火山热液型矿产。

明矾石露头呈不规则状或透镜状，与围岩呈渐变或突变。矿体呈筒状或块状，最大延伸可达 100 m。

明矾石为白色，略带红色，有白斑纹玻璃光泽。共生矿物有蛋白石、高岭石、石英和少量黄铁矿及氧化铁，矿石类型可分 4 种，即石英明矾石、明矾石高岭石、明矾石、石英明矾石高岭石。

七星山一带明矾石化安山岩的 4 个样品，硫酐（SO_3）含量为 15.81%~26.85%，大油坑明矾石硫酐的含量为 5.48%~33.92%。该矿点明矾石的平均含量为 20%~30%，富者可达 80%。

另在新北市万里乡七甲尾和宜兰县龟山岛亦发现有明矾石矿体，因规模甚小，未开采、利用。

此外，产于金瓜石的明矾石，为金矿床中的脉石，在部分地方相当发育。因其共生矿物多，选矿难度大，尚未利用。

五、石膏

（一）特征

石膏按其成分分为石膏（含水硫酸盐矿物，化学式 $CaSO_4\cdot2H_2O$）和硬石膏（无水硫酸盐矿物，化学式 $CaSO_4$）。

石膏，又称二水石膏，为含水硫酸盐矿物，化学式 $CaSO_4\cdot2H_2O$，理论化学分 CaO 32.6%，SO_3 46.5%，H_2O 20.9%，有时混有 SiO_2、Fe_2O_3、MgO、NaCl 等杂质，并常有粘土有机质等机械混入物。石膏属单斜晶系，晶体板状或柱状，常见燕尾双晶，集合体致密块状或纤维状，白色，因杂质而呈灰、红、褐色，一般不透明，但个别晶体透明度极高，玻璃光泽，硬度 2，密度 2.3 g/cm^3，加热到 80 ℃以上开始失水而成熟石膏。二水石膏中呈不透明致密块状集合体者称普通石膏（简称普膏）；呈无色透明晶体者称透石膏；呈纤维状集合体者称纤维石膏；细晶粒状块体称雪花石膏；石膏中混入粘土物质大于 15%者称泥石膏。硬石膏常与石膏共生，一般石膏矿石中多少含有一定量的硬石膏，反之亦然。

硬石膏为无水硫酸盐矿物，化学式 $CaSO_4$，理论化学组成 CaO 41.2%，SO_3 58.8%，斜方晶系，晶体厚板状，集合体致密块状或粒状，白、灰白色，有时微带浅蓝或浅红色，玻璃光泽，硬度 3.0~3.5，密度 2.8~3.0 g/cm^3，不溶于水，能溶于盐酸，具良好的隔音、隔热性能。

（二）主要经济用途

石膏的主要用途有：①用作水泥缓凝剂。②用作建筑用的石膏预制品，其中大部分作轻质墙体材料——石膏板、石膏空心砌块、泡沫石膏以及石膏喷涂料、建筑灰泥。③用作各种模型和石膏装饰品的原料。④用作造纸、油漆、食品、纺织业用的填料及豆制品的凝结剂。⑤用作土壤改良剂和肥料。⑥是一种中药材。在医药中 $CaSO_4$>99%的高纯石膏可用于作药片的稀释剂；$CaSO_4$>94%的石膏可用于作绷带、胶囊、牙科模型。⑦透明的石膏晶体可作光学工业原料。⑧缺硫的地区还用石膏制硫酸。

石膏的消费结构为：水泥业 51%，石膏板等制品 39%，其余用于土壤调节剂、食品加工、造纸填料等。世界石膏年消费量大于 1.5×10^8 t，各类石膏板年消费量在 70×10^8 m^2 以上。世界开采石膏年产量 1.19×10^8 t。由工业副产品合成的石膏每年 2×10^8 t，主要来自发电燃煤的废气脱硫。

（三）台湾石膏矿

台湾石膏产于东部花莲县和台东县境内海岸山脉地区，即于秀姑峦溪与马武溪之间山地，呈零星分布。计有台东八边山、花莲竹田和花莲天港山矿点 3 处（见图 8-4），矿化点 6 处。

台湾产出的石膏，均属火山热液型硫化矿床。石膏常呈细脉状或网状产于岩石中，或呈块状、碎片状混杂于白土中，分布极不规则，伴生矿物有黄铁矿及自然硫等。

1. 八边山矿点

八边山矿点位于台东县成功镇西约 4. 5 km 处，八边溪上游。矿区出露中新世都峦山组安山质集块岩。矿体产于高岭土化及黄铁矿化含石膏安山质集块岩中，部分矿化岩石风化成白土或蓝灰色粘土。石膏成碎块状混杂于白土中，分布极不规则，并有黄铁矿伴生。含石膏白色粘土沿小溪北岸断续出露，据闻可达百余米，在过去开采中被破坏。矿体大致呈南北向延伸，宽 20~25 m。

品位甚低，含石膏安山岩或白土，一般含 SO_3 10%左右。根据以往资料，每吨白土经手选可得含 SO_3 30%以上的石膏精矿 200 kg。

该矿曾挖坑道进行开采，共生产石膏 1300 t。1958 年台湾水泥公司估计该矿储量为 142312 t（SO_3 含量 30%以上）。品位低，储量小，无开采价值。

2. 竹田矿点

竹田矿点位于花莲县富里乡，距花东铁路竹田火车站南东约 3 km。矿体产于中新统都峦山组安山质集块岩中，矿脉走向 NE 40°，宽约 4 m，长 20 m 以上。石膏为纯白色或灰色，纯白雪花状石膏约占 25%，品质较佳，有少量黄铜矿、孔雀石及硫铁矿伴生。1958 年夏曾施工开采，后因资金短缺而停工。

3. 大港口天港山矿点

大港口天港山矿点位于花莲县瑞穗乡大港口村西约 3 km 处，秀姑峦溪下游北岸，亦即天港山西南麓。

矿区出露中新世安山岩及安山质火山碎屑岩，矿体产于安山岩中，见有露头两处，一处为约 3 m 直径的虫蚀状石膏，周围为含石膏安山岩；另一处为 3 条石膏脉，沿安山岩节理面出露，脉宽 0. 2~1 m，长 2~9 m，走向不定。石膏质量较佳，伴生矿物有黄铁矿。本矿系东亚石膏矿业矿区，已有开采。

另在花莲县奇美，台东县樟原、基那布喀北溪及马武北溪阿里良，宜兰县龟山岛等地均见有石膏矿化，规模甚小，无开采价值。此外，台湾西南部海岸的盐田中亦有石膏产出。1991 年台湾石膏年产量为 3723 t。

台湾东部海岸山脉地区石膏矿分布甚广，但产状不规则且富矿少，过去仅有小规模开采，品位低，矿体甚小，多无开采价值。

第九章　岩石（土）类非金属矿产

台湾省岩石（土）类非金属矿产丰富，其中，碳酸盐类非金属矿产主要有石灰岩、白云岩（白云质大理岩）大理岩等；硅石及硅砂类非金属矿产主要有（石英）砂岩、天然石英砂（建筑砂）脉石英等；粘土类非金属矿产主要有耐火粘土、高岭土（瓷土）陶瓷粘土、膨润土（漂白粘土）及其他（水泥用）粘土；蛇纹岩常和滑石、石棉、软玉等非金属矿产常相伴产出；玄武岩、安山岩等石料非金属矿产；泥炭矿产等。其中泥炭矿产也属于能源材料矿产，故归到能源矿产煤矿章节中描述。台湾省能形成矿床的岩石（土）类非金属矿产有石灰岩、白云岩、大理岩、（石英）砂岩、陶瓷粘土、膨润土（漂白粘土）、其他（水泥用）粘土、蛇纹岩等8种，而只形成矿点的岩石（土）类非金属矿产有天然石英砂、脉石英、耐火粘土、高岭土（瓷土）、玄武岩、安山岩、泥炭等7种。

第一节　石　灰　岩

台湾省的碳酸盐类非金属矿主要有石灰岩、白云岩、大理岩等非金属矿为台湾省主要水泥、化工原料的主要来源。

一、石灰岩的特征和主要经济用途

（一）特征

水泥用石灰岩（简称灰岩），是一种以方解方为主要矿物成分的沉积岩，常伴有白云石，石髓、黄铁矿、石膏和硬石膏、海绿石等矿物，常混入有粘土、粉砂等杂质。方解石、理论化学成分 CaO 56.04%、CO_2 43.96%，色白或灰白，性脆，硬度3左右，滴稀盐酸会剧烈起泡，密度 2.6~2.7 g/cm^3，松散系数 1.5~1.6，煅烧温度>900 ℃时分解转化为石灰（即氧化钙），析出二氧化碳。

（二）主要经济用途

石灰岩用途广泛，主要有：①在建材工业中是生产水泥、石灰、石材的主要原料。②在冶金工业中大量用作冶炼生铁、钢、有色金属的熔剂。③化学工业中用来制造纯碱、电石、氢氧化钠、碳酸钾、碱和漂白粉。④在农业上用石灰岩制造肥料、改良土壤。⑤在制糖业、石油工业中用作净化剂。⑥在玻璃制造中作配料，使玻璃具有相应的稳定性和机械强度。⑦碳酸钙在橡胶、塑料、造纸、制革、染料、陶瓷、印刷上也有广泛的应用。⑧纯白的纯质大理岩用以制重质碳酸钙（是用量很大的主要工业填料）。⑨石灰岩与一般的大理岩用以制轻质碳酸钙（石灰），除大量用于建筑业外，还用于炼钢，特别是氧气转炉中，可起到缩短吹氧时间，提高脱硫率、降低氟石耗量、增加钢水产量和延长炉龄的作用。⑩花纹色泽好的且有一定块度的石灰岩和大理岩可作为饰面石材（如属于石灰岩的浙江杭州的“杭灰”，属于大理岩的北京房山的“汉白玉”）；块石可用作建筑石料；碎石可用作集料。⑪某些微晶石灰岩是一种优质的著名砚石材料；如微晶石灰岩制成的“松花石砚”、“红丝砚”，天青石微晶石灰岩制成的“菊花砚”，含三叶虫微晶石灰岩制成的“燕子石砚”。⑫泥灰岩因既含有石灰质又含有粘土质，所以是天然的水泥原料，可以简化水泥生产工艺和降低成本，有的也可以作砚石，但它不能用于上述的其他用途。

近年发现了石灰岩、大理岩的新用途，生产“石头纸”。它用80%的石灰岩或大理岩粉末代替

60%的木浆和草浆，与15%的聚乙烯和5%的胶合剂混合，在不需水、无废气废水，无有害物质的工艺下，可制造成可降解、可回收再利用、不易燃、防水防潮、书写与印刷性能好，清晰度高的“石头纸”。

二、矿产地数量

台湾全省有石灰岩矿产地27个（表9-1），中型矿床1个，小型矿床7个，矿点19个。

表9-1　台湾省石灰岩矿产地及资源量一览表

序号	矿产地名	矿种名称	交通位置	矿床类型	成矿时代	规模	预测资源量 10^4 t	工作程度	开采程度
1	台北南港山	石灰岩	台北市南港区南港南西约3 km	海相化学沉积型	N	矿点		矿产勘查	停采矿区
2	桃园龟山兔子坑	石灰岩	桃园县龟山乡东约4 km兔子坑村	海相化学沉积型	N	矿点	140	矿产勘查	停采矿区
3	新北清水坑	石灰岩	新北市土城乡清水坑、大安寮、石壁寮	海相化学沉积型	N	矿点		矿产勘查	未利用资源
4	新北南势角	石灰岩	新北市中和乡南势角	海相化学沉积型	N	矿点		矿产勘查	未利用资源
5	桃园竹头角	石灰岩	桃园县南南东20 km处的蕃地竹头角	海相化学沉积型	N	矿点	40	普查	停采矿区
6	新竹马福	石灰岩	新竹县横山乡马福溪上游马树仁山西北坡	海相化学沉积型	N	矿点	100	普查	未利用资源
7	新竹赤柯山	石灰岩	新竹县关西镇赤柯山之东方帽盒山之西侧	海相化学沉积型	N	中型	2000	普查	未利用资源
8	嘉义番路公田	石灰岩	嘉义县番路乡公田村	海相化学沉积型	N_2	小型	3600	普查	停采矿区
9	嘉义中仑番子寮	石灰岩	嘉义县中埔乡南东6.7 km中仑村番子寮	海相化学沉积型	N_2	矿点		矿产勘查	停采矿区
10	台南枕头山	石灰岩	台南县白河镇南东8.19 km的关子岭枕头山	海相化学沉积型	N_2	小型	1300	矿产勘查	未利用资源
11	台南土地公崎	石灰岩	台南县东山镇南东约6 km土地公崎	海相化学沉积型	N_2	小型	250	普查	停采矿区
12	高雄木栅	石灰岩	高雄县内门乡木栅	海相化学沉积型	N_2	矿点		矿产勘查	停采矿区
13	高雄大岗山	石灰岩	高雄县田寮乡大岗山	海相化学沉积型	Qp	小型	15000	矿产勘查	停采矿区
14	高雄小岗山	石灰岩	高雄县岗山镇小岗山	海相化学沉积型	Qp	小型		矿产勘查	停采矿区
15	高雄寿山	石灰岩	高雄市北西约3 km	海相化学沉积型	Qp	小型	50000	普查	停采矿区
16	高雄凤山	石灰岩	高雄市小港乡凤山南凤鼻头山	海相化学沉积型	Qp	矿点	9000	矿产勘查	停采矿区

续表

序号	矿产地名	矿种名称	交通位置	矿床类型	成矿时代	规模	预测资源量 10^4 t	工作程度	开采程度
17	台东成广澳山	石灰岩	台东县东北部海岸山脉成广澳山附近	海相化学沉积型	N_1	小型	5000	矿产勘查	停采矿区
18	台东大马（马武溪）	石灰岩	台东县成功镇马武溪河口	海相化学沉积型	N_1	矿点		矿产勘查	停采矿区
19	台东加路兰	石灰岩	台东县卑南乡北东加路兰北西约4 km处	海相化学沉积型	N_2	矿点		矿产勘查	停采矿区
20	屏东海口	石灰岩	屏东县恒春半岛车城乡北约2 km	海相化学沉积型	Qh	矿点		矿产勘查	停采矿区
21	屏东县保力	石灰岩	屏东县恒春半岛	海相化学沉积型	Qh	矿点		矿产勘查	停采矿区
22	屏东县虎头山	石灰岩	屏东县恒春半岛	海相化学沉积型	Qp	矿点		矿产勘查	停采矿区
23	屏东网纱	石灰岩	屏东县恒春镇北约2.5 km网纱村	海相化学沉积型	Qp	矿点		矿产勘查	未利用资源
24	屏东榛榔林	石灰岩	屏东县恒春半岛	海相化学沉积型	Qp	矿点		矿产勘查	未利用资源
25	屏东红柴坑	石灰岩	屏东县恒春镇南西约3 km红柴坑	海相化学沉积型	Qp	矿点		矿产勘查	未利用资源
26	屏东大树房	石灰岩	屏东县恒春镇南西约6 km	海相化学沉积型	Qp	矿点		矿产勘查	未利用资源
27	屏东鹅鸾鼻	石灰岩	屏东县恒春半岛东南端	海相化学沉积型	Qh	矿点		矿产勘查	未利用资源

三、地理分布

台湾省石灰岩矿分布甚广，几乎遍及西部各县，由北往南有台北、桃园、新竹、嘉义、台南、高雄、屏东等，东部的台东县也有石灰岩矿出露，相对而言较集中的分布的地区有台南和高雄（图9-1）。

四、资源储量

据现有资料统计（表9-1），台湾省石灰岩矿预测资源量约86430×10^4 t。

新竹赤柯山中型矿床：石灰岩质量较好，其中约有三分之一矿石质量符合制糖工业要求。该矿所采矿石主要供作水泥用，总资源量约2000×10^4 t，属中型矿床。

高雄大岗山小型矿床：该矿已开采多年，除有小窑烧制石灰外，亦可供作水泥原料。

台南枕头山小型矿床：石灰岩资源量估计为1300×10^4 t，属小型矿床。多年来开采用于烧石灰和制糖工业。

五、勘查工作程度

台湾省石灰岩矿勘查工作程度以普查和预查为主，预查占多数（表9-2）。

图 9-1 台湾省石灰岩矿分布简图

表 9-2 台湾省石灰岩矿勘查工作程度一览表

勘查程度	规模	矿产地数量	小计
普查	中型	1	6
	小型	3	
	矿点	2	
预查（矿产勘查）	小型	4	21
	矿点	17	
合计		27	27

六、开发利用程度

石灰岩是台湾省主要矿产之一，最早的石灰岩开采可能始于明朝末年，其时开采石灰岩以供烧石灰或作建筑材料。作为工业原料大规模机械开采则始于日本占领时期。1917 年日本人浅野在高雄寿山设水泥厂，开创石灰岩大规模开采记录，当时月产水泥即达 2700 t。随后陆续开采的有嘉义公田（1917 年）、台南枕头山（1923 年）、新竹赤柯山（1943 年）等矿。台湾省石灰岩矿床（点）未开采 10 处、停采 17 处。

台湾大部分石灰岩仅可作水泥原料或烧石灰用，只有个别矿区的局部矿段质量较好，可供化工用。

七、矿床类型、典型或代表性矿床及其他矿床（点）

（一）矿床类型

台湾省水泥用石灰岩矿床属沉积作用矿床即海相化学沉积型混晶石灰岩矿床和海相生物化学沉积（生物礁）型石灰岩矿床。

（二）典型或代表性矿床及其他矿床（点）

1）新竹赤柯山中型矿床：分布在关西镇东南约 7.5 km 的帽盒山西北坡，海拔 500~600 m，石灰岩产于中新统木山组中的公馆凝灰岩中，与火山碎屑岩相伴生。岩层走向 NE 60°，倾向东南，倾角 30°，东北自六畜山附近向西南延伸约 3 km，于大亭顶附近为 NW 290°走向的逆断层所切割。东北端六畜沟附近层厚达 150 m，西南端水泥厂采石场的西南侧厚仅 10 余米，再往西南逐渐尖灭为砂岩所代替。大部分厚度为 30~70 m。

石灰岩质量较好，34 个样品平均化学成分（%）：CaO 50.73、SiO_2 2.82、$Fe_2O_3+Al_2O_3$ 1.19、MgO 1.42、$P_2O_5<0.1$、灼减 42.20，其中约有三分之一矿石质量符合制糖工业要求。

该矿所采矿石主要供作水泥用，总储量约 2000×10^4 t，属中型矿床。

2）高雄大冈山小型矿床：位于冈山市东北约 8 km，为一走向 NE 75°倾伏的背斜，北西翼倾角 25°~30°，南东翼倾角 8°，产于头嵙山组中，石灰岩与下伏砂页岩互层为整合接触，上部为红土砾石层不整合覆盖。该矿已开采多年，除有小窑烧制石灰外，亦可供作水泥原料。

石灰岩层总厚度达 100 m 以上，局部夹有泥质透镜体。石灰岩白色至灰白色，多孔质，主要由有孔虫及贝壳碎片组成，富含完整的贝壳化石，珊瑚遗骸不甚显著。

石灰岩质量较好，两个样品的化学分析结果见表 9-3。

表 9-3　石灰岩样品的化学分析成果表（%）

CaO	MgO	SiO_2	Fe_2O_3	Al_2O_3	P_2O_5	烧失量
54.04	1.19	1.00	0.51			42.46
53.19	1.17	2.07	微	0.40	0.10	43.04

3）台南枕头山小型矿床：位于台南县白河镇东偏南约 7 km 的关子岭枕头山。有两层石灰岩夹在卓兰组的砂页岩层中，走向 NE 35°~50°，倾向北西，倾角 50°~60°，延长约 3 km 至麒麟尾北侧为走向北西 310°的断层所切割。两层灰岩均为透镜体，麒麟尾断层以北下层厚约 2 m，上层 20 m 以上。枕头山适值矿体膨胀处，下层厚达 20 m 以上，上层最厚处达 100 m 以上，为本灰岩矿床的主要部分。

石灰岩质量不如赤柯山矿，总的来看各项组分变化均较大，含 CaO 偏低，MgO 偏高。46 个样品化学分析（%）：CaO 35.30~54.66，平均 46.34；MgO 0.63~14.17，平均 5.83；SiO_2 0.78~9.02，

平均 2.52；Fe_2O_3+Al_2O_3 0.31~6.85，平均 1.14。

石灰岩储量估计为 1300×10^4 t，属小型矿床。多年来开采用于烧石灰和制糖工业，但从化学成分看只有少数样品各项指标达到制糖工业要求，其余均 CaO 偏低，MgO 偏高，似不宜于制糖。

4）其他石灰岩矿床（点）见表 9-1。

八、石灰岩的时空分布特征及成矿规律

（一）时空分布特征

台湾省石灰岩矿床分布甚广，几乎遍及西部各县，由北往南有台北、桃园、新竹、嘉义、台南、高雄、屏东等，东部的台东县也有石灰岩出露。

主要石灰岩矿床的成矿时代包括中新世、上新世、更新世和全新世。不同时期生成的石灰岩矿床，其矿床规模、矿石成分和结构均有一定差异，现以生成时代早晚为序分述如下。

1. 中新世石灰岩

中新世石灰岩主要产地有台北南港、南势角、清水坑，桃园兔子坑、竹头角，新竹赤柯山、马福，台东大马、东河、加路兰等。

北部的石灰岩均产在下中新统木山组的“公馆凝灰岩”中，与火山碎屑岩相伴出现，层数 1~4 层，厚度自 1 m 以下至几十米，膨缩不定，易于尖灭。台东县的石灰岩则产于都峦山组上部，与钙质安山质砾岩或钙质凝灰质砂岩呈渐变关系，石灰岩呈大透镜体，厚 5~50 m。

中新世石灰岩皆呈白色或灰白色，致密块状，含有棘皮动物、藻类及珊瑚化石，含 MgO 较少，SiO_2 及 Al_2O_3+Fe_2O_3 较高。

2. 上新世石灰岩

上新世石灰岩主要产地有嘉义番路公田、中仑番子寮，台南枕头山，高雄土地公崎、木栅等。石灰岩 1~2 层，呈透镜状，夹在卓兰组砂页岩中，厚几米到几十米，最厚可达 100 m。灰岩中含多种有孔虫类及珊瑚、藻类、贝壳等化石，白色至灰白色，一般含 MgO、SiO_2 及 Fe_2O_3+Al_2O_3 较高，但变化较大，如番路公田矿区含 SiO_2、MgO 较低，质量较好。

3. 更新世石灰岩

更新世石灰岩主要产地有高雄的大小岗山、寿山、凤山，以及屏东县的保力、虎头山、网纱、大树房、鹅鸾鼻等。石灰岩 3 层以上，呈块状或层状不整合于头嵙山组之上，或呈大透镜体夹于头嵙山组中。实际上包含 2 个层位，头嵙山组中的灰岩即所谓琉球石灰岩，时代属早中更新世，不整合其上的灰岩即所谓恒春灰岩其时代属中晚更新世。在恒春半岛所见主要灰岩层厚 10 m 乃至 100 m，其中许多矿区均可同时见到这两个不同层位的灰岩，而在寿山矿区则见到两个层位的灰岩直接呈不整合接触。

石灰岩均呈白色至灰白色，致密或疏松状，主要由珊瑚遗骸组成，富含有孔虫、贝壳、海胆及藻类化石，有时具明显的珊瑚构造。灰岩含 MgO 很低，但 SiO_2 及 Al_2O_3+Fe_2O_3 较高。

4. 全新世珊瑚礁

全新世珊瑚礁主要分布于恒春半岛、兰屿、绿岛等地的恒春石灰岩地层中，由造礁珊瑚集合而成，并含有贝类、有孔虫、海胆及藻类化石，尚未全变为石灰岩。一般高出海面数米，最高达几十米，构成狭长的海岸阶地。有的位于阶地上，形成悬崖，有的由阶地面向海岸倾斜与现生珊瑚连接。屏东恒春船帆石珊瑚礁化学分析平均含（%）：CaO 54.82、MgO 0.86、$SiO_2$0.33、Fe_2O_3 0.5、Al_2O_3 0.29、烧失量 41.75，质量较好。

（二）成矿规律

台湾省的石灰岩矿床主要分布于台北-新竹、嘉义-高雄、台东地区、台南恒春半岛地区 4 个成矿区。在台湾 4 个石灰岩海相沉积时期，沉积有 4 个成矿区，其中台北-新竹石灰岩矿床成矿区也是

油气田分布区，在中新世时期主要沉积台北-新竹、台东地区2个石灰岩矿床成矿区，其上新世—更新世时期主要在嘉义-高雄地区沉积有石灰岩矿床成矿区，该区域也是油气田分布区，全新世时期只在台南恒春半岛地区珊瑚礁石灰岩矿床成矿区。

第二节　白云岩（白云石大理岩）

一、白云岩特征和主要经济用途

（一）白云岩特征

白云岩是一种以碳酸盐矿物白云石为主要组分的碳酸盐岩，化学式为 $CaMg(CO_3)_2$，理论化学成分 CaO 30.4%，MgO 21.7%，CO_2 47.9%。

白云岩含白云石约95%，另含少量方解石、粘土矿物、石膏等杂质，外貌似石灰岩，滴稀盐酸缓慢微弱发泡或不发泡，风化表面呈糖粒状并有刀砍状溶沟。

白云岩经区域变质形成白云石大理岩，其化学式与理论化学成分和白云岩相同，以重结晶的白云石为主组成，含有少量蛇纹石、透闪石、透辉石、方解石等变质矿物。岩石呈粒状、致密块状、玻璃光泽，颜色白至灰白色，性脆、解理面光滑，硬度3.5~4，密度2.87 g/cm^3。

白云岩和白云石大理岩经煅烧后才能用作耐火材料。它们受热后分解，500 ℃时开始释放出二氧化碳，900~1000 ℃分解出游离的氧化钙、氧化镁，此时氧化钙与氧化铝形成铝酸钙，与三氧化二铁形成铁酸二钙，称为轻烧白云石（苛性白云石）；煅烧至1800 ℃，氧化钙全部形成方钙石（α-CaO），氧化镁形成方镁石称白云石砂（烧结白云石、死烧白云石）。白云石煅烧后耐火度可达2300 ℃，抗碱渣性能较强，属碱性耐火原料。

（二）主要经济用途

白云岩和白云石大理岩的用途有：①用作冶金熔剂及耐火材料，广泛用于转炉、电炉、化铁炉炉衬，可中和酸性炉渣，减轻其对炉衬的侵蚀。②提炼金属镁，并用于作提取海水镁砂的沉淀剂。③制碱、制含水碳酸镁和硫酸镁。④医药化工方面用于生产泻利盐、氧化镁、轻质碳酸镁和制造钙镁磷肥和土壤酸度中和剂。⑤用作饲料添加剂。⑥用作水的过滤和处理材料，矿井降粉尘的防爆材料。⑦制造高镁水泥；加工成苦土粉加树脂制成各种建筑材料。⑧用作铸石配料。⑨在玻璃和陶瓷工业中用作配料，提高玻璃的坚固性和陶瓷的光洁度。⑩用作饰面石材，其碎石可作水磨石原料。

二、矿产地数量

全省共有白云岩矿床4处，其中中型矿床1处，小型矿床3处（表9-4）。

三、地理分布

白云岩矿床分布在台湾省东部的花莲县（图9-2）。

四、资源储量

白云岩矿床的储量见表9-4。

五、勘查工作程度

台湾省白云岩矿勘查工作程度见表9-5。

六、开发利用程度

白云岩的开发、利用晚于大理岩。1913年《台湾博物会报》中首次刊登了日本人冈本要八郎关

图 9-2　台湾省白云岩矿分布简图

于台湾省产白云岩的报道，但白云岩矿床迟至 1931 年才被伊贺崎基助与曾根文二发现。

1944 年，台湾省矿资兴业总行首先开采知亚干溪（寿丰溪）和花莲溪的白云岩转石矿，早期仅供本地钢铁、耐火材料、造纸、化妆品及药品等工业使用，后期也供作碳酸镁、平板玻璃工业用，部分出口。

1951~1952 年，台湾省“经济部”矿产测勘团对台湾省东部白云岩矿床进行系统的野外调查和取样，了解各矿床基本情况，估算储量。1954 年游仲健成立“建中石矿”，和平溪北岸的白云岩原生矿始得开采，相继开采的有和平、和仁、马鞍溪（马太鞍溪）万里溪（万里桥溪）等地的白云岩矿。近几年来台湾白云岩矿最主要产地为清昌山地区。白云岩矿床（点）开采 1 处、未开采 3 处。

表 9-4　白云岩矿床的储量表

序号	矿产地名	矿种	交通位置	矿床类型	成矿时代	规模	资源量/10^4 t	工作程度	开采程度
1	花莲中和	白云岩	花莲县愚堀村北 2 km	沉积型	AnE	小型		矿产勘查	未开发
2	花莲荖溪	白云岩	花莲县秀林乡荖溪村	沉积型	AnE	小型	80	矿产勘查	未开发
3	花莲清昌山	白云岩	花莲县秀林乡平林铁路站北西约 10 km	沉积型	AnE	中型	4891.4	普查	生产矿区
4	花莲玉里蕨	白云岩	花莲县玉里镇卓溪乡西玉里至八通关古道	沉积型	AnE	小型	903	矿产勘查	未开发

表 9-5　台湾省白云岩矿勘查工作程度一览表

勘查程度	规模	矿产地数量
普查	中型	1
预查（矿产勘查）	小型	3
合计		4

七、矿床类型、典型或代表性矿床及其他矿床（点）

（一）矿床类型

白云岩矿床类型均为海相沉积型。

（二）典型或代表性矿床及其他矿床（点）

大理岩与白云岩是台湾省重要的非金属矿产，两者有密切的成因联系和共生关系。白云岩矿体则呈层状或扁豆状赋存在大理岩层（或结晶灰岩）中，主要分布在近底部。

1. 矿床地质概况

白云岩主要产地有宜兰和平溪北岸、花莲和平、木瓜溪、清水溪、寿丰溪、清昌山等。大部分白云岩矿体呈凸镜体、扁豆体或不规则体夹于大理岩中，厚几米至几十米，延伸十几米至几百米，与大理岩间为渐变过渡关系。少部分白云岩呈较规则的层状（如清昌山矿区）。在整个大理岩带中，到处都有局部的白云岩矿体出现，所占体积虽小，但分布甚广。

白云岩呈白、粉红、灰白、暗灰、黝黑等色，致密块状。结晶粒度大小不均匀，大者粒径达 1 mm。一般无显著片理或层理，并常呈不规则状、平行带状或细脉状混杂于大理岩中。白云岩伴生矿物有方解石、滑石、白云母、石英、菱镁矿、绿泥石等。

矿石品位尚佳，化学成分：MgO 20%左右，高者达 30%～36%，Al_2O_3 1%左右，Fe_2O_3 0.5%左右，SiO_2 含量变化甚大，一般小于 1%。

2. 矿床实例

清昌山中型矿床位于花东铁路溪口平林站西北方约 10 km，清昌山与南木瓜山间之清昌溪上游，海拔 800 m 处。

矿区出露九曲组主要由大理岩和部分白云岩构成，偶夹绿片岩和硅质片岩（石英云母片岩、云母片岩）。矿赋于大南澳九曲组的绿片岩和大理岩中或产于与大理岩互层中，自海拔 1000 m 处至清昌溪下游，岩层顺序为：绿片岩、石墨片岩与大理岩互层、大理岩、白云岩、绿片岩、蛇纹岩、石墨片岩。

白云岩赋存在大理岩与绿片岩间，或大理岩的层理面间，以层状、扁豆状产出，矿体两端似有尖灭趋势。矿层厚度数米至 60 m，平均 20 m，最厚达 100 m，单矿体延伸长数十米至 700 m，其颜色灰白，淡黄色至白色，致密状，具珍珠光泽，品质佳，共见白云岩矿露头11处，具体特征见表9-6。

表9-6 清昌山矿区矿体基本特征

露头编号	矿体形态大小及延伸	矿体底板产状	围岩岩性		矿石颜色及结构	MgO/%
			上盘	下盘		
1	厚约25 m，延长20 m，两端似有尖灭趋势	310°北东倾，倾角∠20°	白色及灰色大理岩	同上盘	白色至淡黄色，具网状构造，纤小不规则裂隙发育	19.18
2	扁豆状，最厚处10 m，延长70 m	310°~330°北东倾，倾角∠26°~40°	薄层绿片岩与大理岩	灰色大理岩	白色，具珍珠光泽下部较致密	20.17
3	扁豆状，最厚达40 m。向两端逐渐尖灭	290°~296°南西倾，倾角∠34°	淡黄至白色大理岩	绿片岩与大理岩	上部淡黄色，下部浅灰白色，致密状	21.78
4	厚19 m	282°~294°北东倾，倾角∠22°~24°	白色大理岩	薄层绿片岩与大理岩互层	下部浅灰色，上部淡黄色，中部色白，致密坚硬	18.57
5		284°~288°北东倾，倾角∠18°~26°	白色大理岩	薄层绿片岩	白色至淡灰色，致密块状	19.14
6	厚12 m，延长20 m	80°北西倾，倾角∠24°	白色大理岩	绿片岩	淡黄色粗粒状而且疏松，中部质劣而色黄，属石灰质白云岩	11.84
7	厚约7 m，延长30 m	42°~60°北西倾，倾角∠28°~30°	灰色大理岩	白色大理岩	灰白至浅黄色，露头中间部分较致密均匀好	
8	厚60 m，向东北延长350 m，向西南延长100 m	50°~70°北西倾，倾角∠30°~40°	薄层大理岩	大理岩，接触面不规则	淡黄色至白色，致密状，具珍珠光泽，品质佳	19.77
9	厚8 m，向东延长10 m			白色大理岩	白色至淡黄色粗粒结晶	17.94
10	厚6 m，延长25 m	30°~56°北西倾，倾角∠18°~24°	白色大理岩	同上盘	淡黄色粗粒结晶，中间夹白色大理岩，品质较差	
11	厚6.5 m，延长20 m	280°北东倾，倾角∠16°~40°	白色及灰黑色	同上盘	灰色至浅黄色，质硬，下部质量比上部好	18.97

（据《台湾矿业史》编委会，1966）

八、白云岩的时空分布特征及成矿规律

（一）时空分布

大理岩与白云岩是台湾省重要的非金属矿产，大理岩、白云岩矿床分布在台湾省东部宜兰、花莲两县。白云岩主要产地有宜兰和平溪北岸、花莲和平、木瓜溪、清水溪、寿丰溪、清昌山等，与大理岩间为渐变过渡关系，少部分白云岩呈较规则的层状（如清昌山矿区）。在整个大理岩带中，到处都有局部的白云岩矿体出现，所占体积虽小，但分布甚广。

（二）成矿规律

台湾省的大理岩与白云岩有密切的成因联系和共生关系。白云岩矿床赋于大南澳九曲岩组的大理岩与绿片岩间，或大理岩的层理面间。白云岩矿体则呈层状或扁豆状赋存在大理岩层（或结晶灰岩）中，主要分布在近底部，其上下盘常伴有基性火山碎屑岩变质而成的绿片岩。白云岩与大理岩共生于大南澳杂岩带的九曲岩组中，主要由大理岩和部分白云岩构成，偶夹绿片岩和硅质片岩（石英云母片岩、云母片岩）。

第三节　大　理　岩

一、大理岩的特征和主要经济用途

（一）特征

大理岩的特征：大理岩有2类，一类是石灰岩变质形成，简称大理岩，另一类由白云岩变质形成，称白云石大理岩；两类之间还有过渡性产物。这里指的大理岩是第一类即由石灰岩经变质而成的大理岩，方解石重结晶，并含有少量蛇纹石、金云母、透闪石、透辉石等变质矿物，一般呈白色，因含杂质可出现不同的色彩与花纹，硬度3，密度2.6~2.8 g/cm^3。

大理石饰面石材：大理石是一个商业名称，是天然饰面石材的一大门类，与岩石学中的“大理岩”在概念上完全不同。大理石是指可以加工成饰面石材的、硬度3~5的各类碳酸盐岩或镁质硅酸盐岩以及它们的变质岩，常见的如石灰岩、泥灰岩、白云岩、大理岩、白云石大理岩、蛇纹石大理岩、镁橄榄石矽卡岩、角岩等符合饰面石材工业指标要求者，均可能形成大理石饰面石材矿床。

（二）主要经济用途

1）石灰岩与一般的大理岩用以制轻质碳酸钙（石灰），除大量用于建筑业外，还用于炼钢，特别是氧气转炉中，可起到缩短吹氧时间，提高脱硫率、降低氟石耗量、增加钢水产量和延长炉龄的作用。

2）泥灰岩因既含有石灰质又含有粘土质，所以是天然的水泥原料，可以简化水泥生产工艺和降低成本，有的也可以作砚石，但它不能用于上列的其他用途。

作为饰面用途大理岩：

1）花纹色泽好的且有一定块度的石灰岩和大理岩可作为饰面石材（如属于石灰岩的浙江杭州的“杭灰”，属于大理岩的北京房山的“汉白玉”），块石可作建筑石料，碎石可作集料。

2）某些微晶石灰岩是一种优质的著名砚石材料，如微晶石灰岩制成的“松花石砚”、“红丝砚”，天青石微晶石灰岩制成的“菊花砚”，含三叶虫微晶石灰岩制成的“燕子石砚”。作为观赏石使用。

大理石不含有害人体与环境的放射性核素，但大多数溶于酸，硬度低。大理石用途范围小于花岗石，主要用途有4个方面：①作高级建筑物的内装饰面料，如墙面、地面、柱面、窗台等。②作室内用的石雕石刻品。③作电气绝缘、器皿、工艺美术及嵌石家具用板材。④其碎渣可综合利用作人造石、水磨石和填料等用的石渣、石米和石粉。

二、矿产地数量

台湾省共有大理岩矿产地17处，其中大型矿床9处（含白云岩共生矿床6处），中型矿床4处（均与白云岩共生），小型矿床4处（均与白云岩共生）（表9-7）。

三、地理分布

大理岩与白云岩是台湾省重要的非金属矿产，两者有密切的成因联系和共生关系。大理岩矿床分布在台湾省东部宜兰、花莲两县（图9-3），主要大理岩产地有宜兰西帽山、大浊水、花莲和平、和仁、清水、崇德、三栈溪等。

四、资源储量

台湾省大理岩矿资源量见表9-7。

图 9-3　台湾省大理岩矿分布简图

表 9-7　台湾省大理岩矿勘查工作程度一览表

勘查程度	矿床规模	矿产地数量	小计
普查	大型	3	3
预查（矿产勘查）	大型	6	14
	中型	4	
	小型	4	
	矿点		
合计		17	17

表 9-8　台湾省大理岩矿产地一览表

序号	矿产地名	矿种	交通位置	矿床类型	时代	规模	预测资源量/10^4 t	工作程度	开采程度
1	宜兰西帽山	大理岩	宜兰县南澳乡大白山东约 3 km	受变质型	AnE	大型	5200	普查	生产矿区
2	宜兰大浊水	大理岩	宜兰县南澳乡澳花村北和平溪北岸	受变质型	AnE	大型	58462. 5	普查	生产矿区
3	花莲和平（蕃地大浊水）	大理岩	花莲县和平溪南岸苏花公路以西	受变质型	AnE	大型	930000	普查	生产矿区
4	花莲和仁（卡那岸）	大理岩	花莲县秀林乡开南岗溪	受变质型	AnE	大型	600000	矿产勘查	生产矿区
5	花莲清水	大理岩	花莲县苏花公路清水附近	受变质型	AnE	中型	2900	矿产勘查	生产矿区
6	花莲立雾溪	大理岩	花莲县立雾溪口至天祥公路沿线	受变质型	AnE	中型	2000	矿产勘查	停采矿区
7	花莲崇德	大理岩	花莲县秀林乡崇德村附近	受变质型	AnE	大型	8300	矿产勘查	生产矿区
8	花莲三栈溪	大理岩	花莲县秀林乡三栈村北西三栈北溪	受变质型	AnE	大型	27934	矿产勘查	生产矿区
9	花莲加湾	大理岩	花莲县秀林乡三栈南溪下游	受变质型	AnE	大型	5575. 5	矿产勘查	未利用资源
10	花莲砂婆当	大理岩	花莲县、花莲市西北约 6 km 水源村	受变质型	AnE	大型	14200	矿产勘查	生产矿区
11	花莲木瓜溪	大理岩	花莲县秀林乡龙涧至铜门之间（木瓜溪河谷）	受变质型	AnE	中型		区域地质调查	未利用资源
12	花莲清水溪及清流溪	大理岩	花莲县木瓜溪铜门村西约 3 km，两支流两岸	受变质型	AnE	中型	1160	矿产勘查	未利用资源
13	花莲木瓜山	大理岩	花莲县秀林乡铜门村西南 7. 5 km	受变质型	AnE	小型	110	矿产勘查	未利用资源
14	花莲县寿丰溪	大理岩	花莲县秀林乡与万荣乡界溪寿丰溪	受变质型	AnE	大型	19900	矿产勘查	未利用资源
15	花莲万里溪	大理岩	花莲县万荣乡西北万里溪	受变质型	AnE	小型	490	矿产勘查	未利用资源
16	花莲马鞍溪	大理岩	花莲县万荣乡西马鞍溪	受变质型	AnE	小型	300	矿产勘查	未利用资源
17	花莲太平溪	大理岩	花莲县瑞穗乡富源溪西约 10 km 太平溪上游	受变质型	AnE	小型	200	矿产勘查	未利用资源

五、勘查工作程度

台湾省大理岩矿勘查工作程度见表 9-8。

六、开发利用程度

大理岩的开采始于日本占领时期。1905 年日本人田中长兵卫首先开采苏澳西帽山大理岩，所采矿石供金瓜石作炼铜之熔剂。1923 年台湾省石粉会社及三卷俊夫又开发东澳岭大理岩，以供制造石粉、电石、大理石板材、造纸与制糖等用。1939 年台湾省化成工业会社于猴椅山（西帽山西北，属西帽山矿区）附近采石以供应苏澳水泥厂。随后，大浊水（和平溪北岸）和三栈溪等地的大理岩也相继开采，供石材和制糖业使用。大理岩矿床（点）开采 6 处、未开采 8 处、停采 1 处。

七、矿床类型、典型或代表性矿床及其他矿床（点）

（一）矿床类型

台湾大理岩矿床均为沉积变质（受变质）型矿床。

（二）典型或代表性矿床及其他矿床（点）

1. 地质概况

大理岩矿床赋存在大南澳杂岩带下部，为浅海相含碳质、泥质、硅质、钙质沉积，经印支期—燕山期变质作用而成的变质岩系。主要大理岩产地有宜兰西帽山、大浊水，花莲和平、和仁、清水、崇德、三栈溪等。

大理岩呈纯白、乳白、灰、深灰等色，结晶粒度为 0.1~0.5 mm，平均 0.2 mm，具糖粒状结构。有时具白灰相间或浅灰深灰相间的缟状构造，或大理岩与绿泥石呈薄的互层并形成复杂的小褶曲构造，偶夹有白云岩或白云质结晶灰岩透镜体。镜下观察具糖粒状结构、镶嵌构造或斑状构造。

大理岩的品质一般较纯正，含 MgO、SiO_2、R_2O_3 均低，除可用作水泥原料、建材外，也可用于碱、电石、糖、造纸、玻璃等工业，纯白色者可作石粉原料。

2. 矿床实例

（1）西帽山大型矿床

西帽山大型矿床位于宜兰县苏澳镇西南约 7 km 的西帽山，交通较方便。采矿场包括武老坑溪、西帽山、猴椅山、东澳岭、乌岩角等处。

矿区出露大南澳长春组片岩，大理岩矿体以层状或眼球状夹于绿泥片岩及石墨片岩间，共见有大理岩 8 层（编为 A 层至 H 层），A、B、C 3 层厚各 1 m 以下，D、E 层厚度各为 4~5 m，F 层可能为 G 层之一部分。由于断层滑动而重复出现，G 层厚度最大为 70~200 m，H 层呈糖粒状，厚约 4 m。各矿层呈近东西向延伸。

大理岩色白、质纯，大部分采作石粉原料，亦可用于电石、制糖。7 个样品分析结果见表 9-9。

表 9-9 大理岩化学分析成果表 单位：%

项目	CaO	MgO	SiO_2	Fe_2O_3	Al_2O_3	P_2O_5	烧失量
最高	55.80	0.54	0.65	0.75	0.23	0.50	43.75
最低	54.90	0.09	0.07	0.08		0.02	43.16
平均	55.36	0.26	0.29	0.26	0.12	0.10	43.61

另在东澳岭大理岩开采场中见夹有白云岩透镜体，其规模不详。1953 年台湾省矿务科采样分析结果（%）：CaO 32.99，MgO 20.57，SiO_2 0.22，Al_2O_3+Fe_2O_3 0.24，烧失量 45.94 。

（2）和平溪北岸大型矿床

A. 地质概况

位于宜兰县与花莲县交界的和平溪（大浊水溪）下游北岸，澳花村与大浊水村一带，北回铁路与苏花公路从矿区东部穿过，交通方便。

矿区出露地层为大南澳九曲组大理岩，主要岩性有大理岩、硅质片岩（石英片岩及变质砂岩）片麻岩、白云岩，间夹有不连续薄层或透镜状绿片岩、黑色片岩等，总厚度 1800 m。

矿区为一单斜构造，没有明显的地层扰乱和错位，只有沿岩层的横节理发生位移或小断裂。矿区东部地层产状为 310°~355°，北东倾，倾角 15°~40°，片理产状为 300°~360°，北东倾，倾角 20°~45°；西部地层产状为 280°~310°，北东倾，倾角 20°~45°，片理产状 280°~320°，北东倾，倾角 20°~35°。总体地层由西向东延伸，走向略向南偏。

B. 各类岩石分布及岩性特征

大理岩，共 4 层，其中以第一层为最重要，露布于矿区南部，呈近东西向延伸达 4 km，约占矿区面积的一半，最大厚度大于 1000 m。其余 3 层大致与第一层平行，亦近东西向延伸其间为硅质片岩或片麻岩所间隔，各层厚度为 20~40 m。大理岩常具纹理及带状构造，片理间距多为 0.2~2 m，节理间距 1.6~3 m，局部节理及片理皆不发达。各层大理岩特征详见后述。

硅质片岩，共 3 层，出露于矿区北部。各层硅质片岩由石英片岩和变质砂岩组成（大部分为石英片岩）。岩石呈灰白色至浅灰色，致密坚硬，风化后呈灰褐色。常夹薄层或透镜状绿片岩及黑色片岩。

片麻岩，共 2 层，出露于矿区中部，岩石呈灰白或浅灰色，风化后呈棕褐色中粗粒结晶，成分相当于石英闪长岩。

白云岩，1 层，在矿区内延伸达 6 km，厚数米至 40 m 不等，一般 20 m。此外，亦有白云岩呈透镜状或块状赋存在大理岩中，与大理岩呈渐变过渡关系，片理、层理皆不发育。岩石为乳白色或白色，风化后呈红褐色，具玻璃光泽，相对密度 2.8~2.83。

C. 矿床特征

第一层大理岩，分布于矿区南部，南以和平溪为界，北以 936 高地岭线南侧山腹为界，东延至和平溪三角洲，西延出矿区外，分布面积占矿区的一半。此层大理岩大部分呈灰色，中粗粒结晶，粒径 0.2~0.5 mm，片理与节理中度发育，片理多与岩层走向平行，间距一般 0.2~3 m，仅局部或大或小；节理与片理走向近垂直，为横节理，间距 2~4 m，在大理岩中常见不规则薄层及透镜状绿片岩、黑色片岩、硅质片岩及白云岩，其中以绿片岩较普遍，且延伸较长。黑色片岩、硅质片岩及白云岩延长多为 3~10 m，厚数厘米至 3 m。本层大理岩在矿区中部出露宽达 1500 m，东部 600 m，西部约 2000 m。

第二层大理岩，分布于 936 高地岭线南侧山腹及西部浊水山岭线东侧山腹地区，向东至苏花公路西侧减薄。大理岩呈灰色，结晶粒度 0.2~3 mm，片理与节理间距在西部较大，东部较小。大理岩中亦夹有绿片岩及黑色片岩，其延长数米至数十米，厚 0.2~3 m。

第三层大理岩，西延出矿区，东延渐次变薄，至谷风西北方尖灭。大部分大理岩为灰色，局部灰白色，结晶粒度 0.1~0.5 mm，片理与节理发达，片理间距 0.1~5 m，节理间距 1 m 左右，常夹绿片岩及黑色片岩，延长 5~50 m，厚几厘米至 3 m，局部地段大理岩与片岩呈互层。

第四层大理岩，分布于矿区北缘及西缘山腹地区，呈灰色，结晶粒度 0.1~0.5 mm，片理及节理较发育。在大理岩上部发现有多层绿片岩，其延长约 20 m，厚 0.5~3 m。

大理岩及其共生的白云岩矿石化学成分见表 9-10。

据分析结果，大理岩质量可适宜作水泥原料。由于 SiO_2 或 Fe_2O_3 偏高，不宜用于钢铁、电石及玻璃工业。第二层大理岩含 MgO 较高，但 Al_2O_3 和 Fe_2O_3 较低。

白云岩质量尚可，但个别样品 MgO 偏低，除可供炼钢、平板玻璃用外，部分可作耐火材料，颜色纯白的可加工为建筑用碎石。

表 9-10　和平溪北岸大理岩及白云岩化学成分　　单位:%

层	样品数	化学成分	CaO	MgO	SiO_2	Al_2O_3	Fe_2O_3	烧失量
第一层大理岩	21	最高	55.57	2.33	9.58	4.03	1.98	43.4
		最低	46.21	0.21	0.28	0.19	0.10	37.03
		平均	52.37	1.23	2.91	1.23	0.64	41.73
第二层大理岩	13	最高	55.03	11.79	1.52	0.71	0.51	44.76
		最低	42.17	0.95	0.37	0.22	0.07	42.14
		平均	52.37	2.75	0.98	0.40	0.21	43.25
白云岩	13	最高	38.67	21.06	1.42	0.99	0.33	46.15
		最低	32.81	15.07	0.33	0.15	0.09	44.3
		平均	35.25	18.27	0.6	0.36	0.13	45.26

（据福建省地质矿产局，1994）

八、大理岩的时空分布特征及成矿规律

（一）时空分布

大理岩与白云岩是台湾省重要的非金属矿产，两者有密切的成因联系和共生关系。大理岩矿床分布在台湾省东部宜兰、花莲两县。大理岩矿床主要分布于大南澳杂岩带中，主要产地有西帽山、和平溪北岸、和平、和仁、清水、崇德、三栈溪等。

分布在宜兰苏澳镇地区的大理岩，其赋存层位属大南澳长春岩组片岩段，其分布范围自西帽山西北方经猴椅山、东澳岭北腹至乌岩角海岸，延伸长度在 9 km 以上。

分布在花莲县境的大理岩，其赋存层位属大南澳九曲岩组大理岩段，大理岩带北自和平溪，南至台东知本溪，沿台湾脊梁山脉东侧蜿蜒延展，断续出露，且向南有逐渐尖灭之势。

（二）成矿规律

大理岩矿床主要分布于大南澳杂岩带中，大理岩矿床赋存在大南澳杂岩下部，为浅海相含碳质、泥质、硅质、钙质沉积，经印支期—燕山期变质作用而成的变质岩系。

宜兰苏澳镇地区的大理岩，其赋存层位属长春组片岩段，大理岩以层状、肾状、眼球状夹于绿泥片岩及石墨片岩间，矿体形态大小悬殊，分布零散，且因动力作用而有明显的片理，局部混合岩化。

花莲县境的大理岩，其赋存层位属九曲组大理岩段，各层厚度甚大，北部最厚处达 1000 m 以上，其间夹有绿片岩或黑色片岩，亦具有明显片理。

第四节　石英砂岩

一、石英砂岩特征和主要经济用途

（一）特征

1. 玻璃用石英砂岩的特征

玻璃用的硅质原料矿床有石英砂、石英砂岩、石英岩 3 种。①石英砂粒和硅质岩屑含量大于 90% 的砂称为石英砂，石英砂粒及硅质岩屑的主要成分为二氧化硅，石英砂矿有海砂、湖砂、河砂 3 种。石英砂的物质成分因其母岩而有差异，石英砂的粒度及纯度因其自然搬运与淘洗的情况而不同。石英

砂，呈白色、黄白色、乳白色，含有少量长石、云母、电气石、岩屑、微量重矿物和粘土类矿物。②石英含量大于90%的砂岩称为石英砂岩，碎屑以单晶石英为主，磨圆度与分选性好，含少量长石、岩屑与重矿物，胶结物有次生加大现象。③石英岩的石英含量大于90%，是石英砂岩或硅质岩经区域变质或接触变质形成的变质岩，呈灰白色、灰褐色，油脂光泽，密度2.55~2.65 g/cm^3 性脆，硬度大，抗腐蚀能力强。

2. 建筑用砂石的特征

国家标准《建筑用砂》（GB/T14684-2001）定义：砂是由自然风化、水流搬运和分选、堆积形成的，粒径小于4.75 mm（有别于地质学砂的粒径定义：0.625~2 mm，勘查集料的矿产资源时应按国家标准的规定）的矿物或岩屑颗粒，但不包括软质岩石、风化岩石的岩屑颗粒。

卵石是由自然风化、水流搬运和分选、堆积形成的，粒径大于4.75 mm，外形磨圆的岩石颗粒。碎石是一种集料的商品名称，碎石系天然岩石或卵石经由机械破碎、筛分制成的粒径大于4.75 mm的岩石颗粒。

卵石、碎石：据国家标准（GB/T 14685-2001），卵石以及碎石按产源分为卵石、碎石（人工破碎的岩石）两类；规格按粒径尺寸分为单独粒级与连续粒级两类，也可按需采用不同粒级的卵石、碎石混合成特殊粒级的卵石、碎石。建筑用砂岩就是以砂岩为材料的建筑石材。

由于自然界合乎要求的卵石资源有时难以就近获取，或在某些用途上卵石因其形态而不适合使用（如作道砟），就需人工破碎具有一定品质的岩石，以其碎块即碎石充作集料。

建筑石材一般开采产品为方整条石、板材、块石及碎石，对石材的物理、化学指标常因建筑项目的要求设定，没有统一的规范指标。特殊使用领域如高速公路、机场跑道沥青路面用碎石应为辉绿岩；铁路道基、铺路须用糙面摩擦力大的中粗粒花岗岩碎石等。

（二）主要经济用途

石英砂、石英砂岩和石英岩中的二氧化硅达到工业要求者，统称为玻璃用的硅质原料，其精矿二氧化硅的含量一般要求不小于98%。硅质原料的用途为：①主要作为玻璃原料。②作冶金熔剂。③制窑炉用的硅砖。④生产硅铁、含硅合金、硅铝和有机硅。⑤化学工业上，制硅酸盐、硝酸盐、水玻璃、硅胶、干燥剂、石油精炼催化剂、外墙涂料、马路画线漆。⑥优质石英砂可作为水泥质量检验用的标准砂。⑦作铸造用的型砂、磨料、过滤材料。⑧石英砂可作为陶瓷配料以减少产品收缩和产品变形。⑨石英砂岩可用作臼石。⑩具有旋光性与紫外线可穿透性的石英岩用来制各种光学仪器和医疗用的石英灯，是制金刚砂（碳化硅）的基本原料。⑪颗粒致密的石英岩可作天然油石。⑫优质石英岩可作玉石材料“密玉”。

二、矿产地数量

台湾省玻璃用石英砂岩矿床主要分布在台湾省西北部山地，以新竹市、苗栗县境内最多，其次为台北市、新北市、桃园市、南投县等。其中有中型矿床5处，小型矿床20处，矿点3处。建筑用砂岩有台北-基隆砂岩小型矿床、苗栗-雪山砂岩小型矿床2处，矿点2处（表9-11）。

表9-11　台湾省石英砂岩矿床（点）数量表

	中型	小型	矿点	矿床总数
玻璃用石英砂岩	5（2）	20（3）	3	28（5）
建筑用砂岩		2		2
合计	5（2）	22（3）	3	30（5）

注：括号表示共生瓷石或耐火粘土。

三、地理分布

石英砂岩矿床主要分布在台湾省西北部山地（图 9-4），以新竹市、苗栗县境内最多，其次为台北市、新北市、桃园市、南投县等。建筑用砂岩分布于台北-基隆、苗栗-雪山一带。

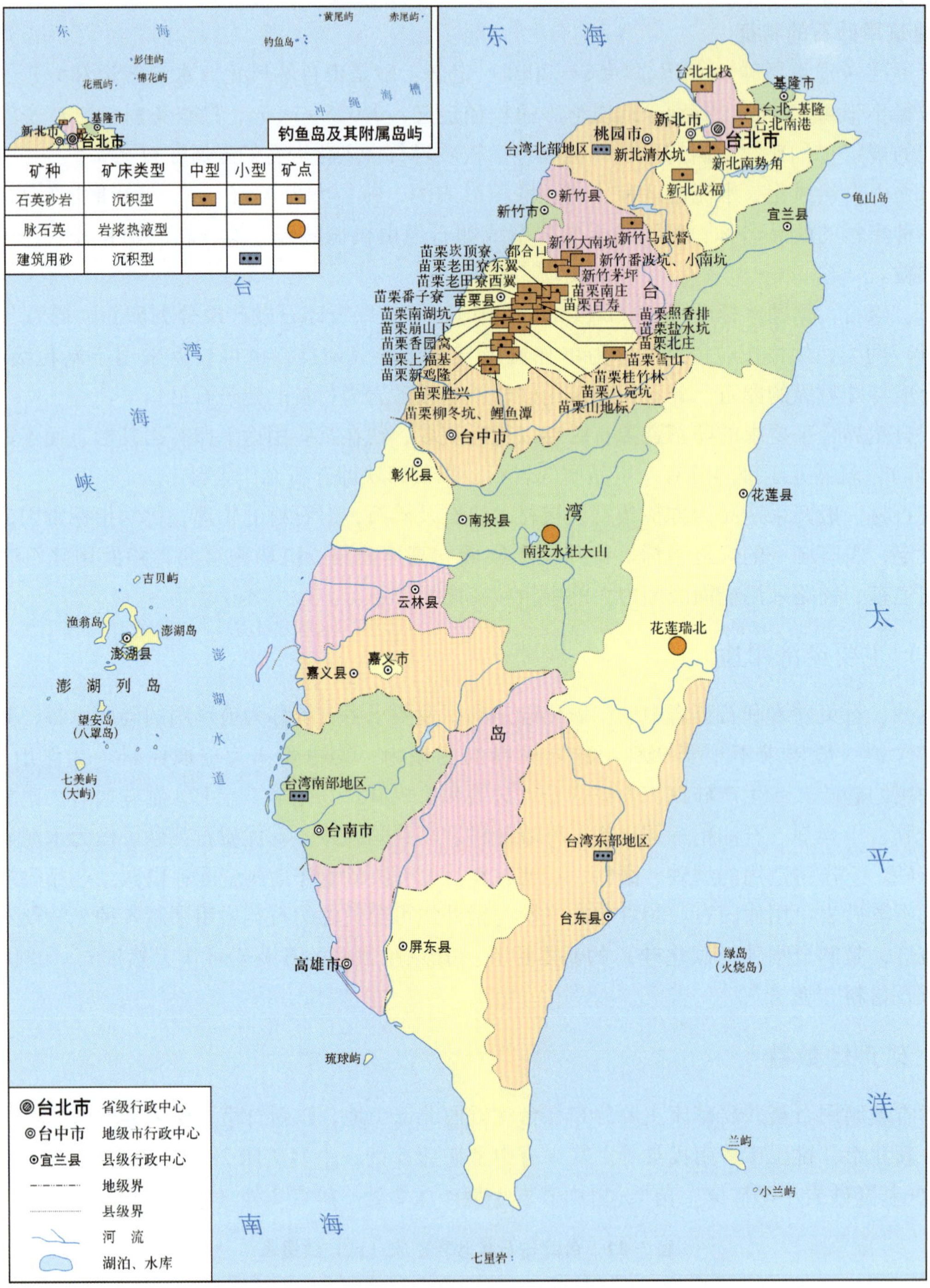

图 9-4 台湾省石英砂岩、脉石英、建筑用砂矿分布简图

四、资源储量

台湾省石英砂岩矿预测资源量见表 9-12。

表 9-12　台湾省石英砂岩矿床储量一览表

序号	矿产地名	矿种名称	交通位置	矿床类型	成矿时代	规模	预测资源量/10^4 t	工作程度	开采程度
1	台北北投	玻璃用砂岩	台北市新北投火车站西北约 2 km	机械沉积型	N_1	小型	170	普查	停采矿区
2	台北南港	玻璃用砂岩	台北市区东 3.5 km、基隆河南岸	机械沉积型	N_1	矿点	7.2	矿产勘查	停采矿区
3	新北清水坑	玻璃用砂岩	新北市土城东北约 5 km	机械沉积型	N_1	小型	64.4	矿产勘查	停采矿区
4	新北南势角	玻璃用砂岩	新北市中和镇东偏南约 2.5 km	机械沉积型	N_1	中型	1176	普查	生产矿区
5	新北成福	玻璃用砂岩	新北市土城南偏西 7 km	机械沉积型	N_1	小型	69	矿产勘查	停采矿区
6	新竹马武督	玻璃用砂岩	新竹县关西镇南东约 6.5 km 马武督村北	机械沉积型	N_1	小型	95.2	矿产勘查	生产矿区
7	新竹大南坑	玻璃用砂岩	新竹县北埔南 6 km	机械沉积型	N_1	小型	100.36	矿产勘查	停采矿区
8	新竹番婆坑、小南坑	玻璃用砂岩	新竹县北埔西南 4 km	机械沉积型	N_1	中型	360	矿产勘查	停采矿区
9	苗栗崁顶寮、都合口	玻璃用砂岩	苗栗县三湾乡崁顶寮、都合口	机械沉积型	N_1	中型	390	矿产勘查	生产矿区
10	新竹茅坪	玻璃用砂岩	新竹县北埔乡蕃婆坑矿区西南 5 km	机械沉积型	N_1	小型	70	矿产勘查	停采矿区
11	苗栗老田寮西翼	玻璃用砂岩	苗栗县后龙街东偏南 12 km	机械沉积型	N_1	中型	240	矿产勘查	未利用资源
12	苗栗老田寮东翼	玻璃用砂岩	苗栗县后龙街东偏南 15 km	机械沉积型	N_1	中型	240	矿产勘查	未利用资源
13	苗栗南庄	玻璃用砂岩	苗栗县南庄镇南约 2 km	机械沉积型	N_1	小型	368	矿产勘查	停采矿区
14	苗栗番子寮	玻璃用砂岩	苗栗县城东北头屋东约 6 km	机械沉积型	N_1	小型	120	矿产勘查	生产矿区
15	苗栗百寿	玻璃用砂岩	苗栗县狮潭乡百寿村	机械沉积型	N_1	小型	80	矿产勘查	未利用资源
16	苗栗南湖坑	玻璃用砂岩	苗栗县头分北东 2 km	机械沉积型	N_1	小型	135	矿产勘查	未利用资源

续表

序号	矿产地名	矿种名称	交通位置	矿床类型	成矿时代	规模	预测资源量/10^4 t	工作程度	开采程度
17	苗栗照香排	玻璃用砂岩	苗栗县城东 9 km	机械沉积型	N_1	小型	120	矿产勘查	未利用资源
18	苗栗盐水坑	玻璃用砂岩	苗栗县狮潭乡南东约 3 km 盐水坑	机械沉积型	N_1	小型	80	矿产勘查	未利用资源
19	苗栗崩山下	玻璃用砂岩	苗栗县公馆乡东约 1.5 km 崩山下	机械沉积型	N_1	小型	42	矿产勘查	生产矿区
20	苗栗香园窝	玻璃用砂岩	苗栗县公馆乡东约 7 km	机械沉积型	N_1	小型	100	矿产勘查	未利用资源
21	苗栗北庄	玻璃用砂岩	苗栗县狮潭乡南东约 5.5 km 盐水坑南	机械沉积型	N_1	小型	96	矿产勘查	未利用资源
22	苗栗上福基	玻璃用砂岩	苗栗县铜罗东南 4.6 km	机械沉积型	N_1	小型	63	矿产勘查	生产矿区
23	苗栗桂竹林	玻璃用砂岩	苗栗县狮潭乡南庄村北西约 1.5 km	机械沉积型	N_1	小型	45	矿产勘查	未利用资源
24	苗栗八苑坑	玻璃用砂岩	苗栗县大湖乡西北约 2 km	机械沉积型	N_1	小型	40	矿产勘查	未利用资源
25	苗栗新鸡隆	玻璃用砂岩	苗栗县大湖乡西偏北 5.5 km	机械沉积型	N_1	小型	40	矿产勘查	未利用资源
26	苗栗山地标	玻璃用砂岩	苗栗县大湖乡	机械沉积型	N_1	小型	128	矿产勘查	未利用资源
27	苗栗胜兴	玻璃用砂岩	苗栗县三义乡南东东 3 km	机械沉积型	N_1	矿点	2	矿产勘查	停采矿区
28	苗栗柳冬坑、鲤鱼潭	玻璃用砂岩	苗栗县卓兰西北 9 km	机械沉积型	N_1	矿点	10	矿产勘查	停采矿区
29	台北-基隆	建筑用砂岩	基隆市南西与新北市之间五指山南东约 2 km	机械沉积型	E_3-N_1	小型	698000	矿产勘查	停采矿区
30	苗栗雪山	建筑用砂岩	苗栗、南投等县的雪山和玉山山脉部分地区	机械沉积型	E_2-E_3	小型		矿产勘查	未利用资源

五、勘查工作程度

日本占领时期仅在新竹、苗栗的部分地区对石英砂岩工业利用的可行性进行初步调查，采样地点有新竹的关西、磺山、北埔以及苗栗的公馆、竹南、大湖等地，经初步洗选和分析，由于普遍含铁量较高（多数高于0.2%）而未能利用。建筑用砂岩两处都是矿产勘查（预查）。台湾石英砂岩勘查工作程度统计见9-13。

表9-13 台湾省玻璃用石英砂岩及建筑用砂岩矿勘查工作程度一览表 单位：处

勘查程度	矿床规模	矿产地数量	小计
普查	中型	1	2
	小型	1	
预查（矿产勘查）	中型	4	28
	小型	21	
	矿点	3	
合计		30	30

六、开发利用程度

台湾省石英砂岩的开发利用较晚。1955年由于台湾第一家平板玻璃厂——新竹玻璃公司在竹东投产，提出了对自产玻璃原料的需求，为此，首先在新竹县的番婆坑对中新统南庄组上部的白砂岩进行试采，经洗选和分析，其质量基本符合平板玻璃要求，当年开采得玻璃用砂 1.9×10^4 t。随后又有茅坪、芎蕉窝等矿先后开采，年产量逐年增加，到1965年首次突破 10×10^4 t，近年来年产量维持在 $30\times10^4\sim50\times10^4$ t。主要开采地区6处，其中新竹县的番婆坑、马武督、茅坪等所产玻璃砂供应新竹玻璃公司及新竹玻璃工厂使用，苗栗坎顶寮、番子寮及上福基等所产玻璃砂则供应台湾省玻璃公司及竹南地区玻璃厂。

玻璃用石英砂岩开采有6处、未开采12处、停采10处。建筑用砂岩矿开发情况：台北-基隆砂岩矿山为停采矿区，苗栗雪山砂岩矿山未利用资源。

七、矿床类型、典型或代表性矿床及其他矿床（点）

（一）矿床类型

1. 硅砂类矿床类型

石英砂矿床为沉积砂矿型矿床。细分有3种类型：①滨海石英砂矿床；②湖成石英砂矿床；③河成石英砂矿床。

2. 硅石类矿床类型（石英砂岩矿床、石英岩矿床）

石英砂岩矿床为机械沉积型矿床，机械沉积型矿床细分有2种类型：①湖相碎屑岩沉积型石英砂岩矿床；②海相硅质岩沉积型石英砂岩矿床，台湾石英砂岩矿就属于此类。

（二）台湾玻璃用石英砂岩各区矿床地质概况

台湾玻璃用石英砂岩分布区可以分出4大区，各区矿床的地质特征如下。

1. 出矿（磺）坑区

出矿（磺）坑背斜位于苗栗县城东，从中港溪向南至大安溪中游，总延长约30 km。轴向NE 20°，东翼地层比西翼陡，且距轴部愈远倾斜愈陡，有时近于直立甚至倒转。出露地层有中新统石底组、南庄组和上新统锦水组等。可采石英砂岩皆属南庄组上部的“白砂岩”，（由北向南）共分布有

17个矿区，西翼部分有老田寮西区、番子寮、南湖坑、芎蕉坪、新公馆、崩山下、上福基、八苑坑、新鸡隆；东翼部分有老田寮、北窝、照香排、香员窝、桂竹林、汶水溪、芎蕉坑、山地标。已开采的有番子寮及崩山下。

南庄组上部的上福基砂岩段，有石英砂岩5~6层，各矿区可利用砂岩层平均总厚度10~30 m，最大厚度可达60 m。各矿区砂岩合计储量为1733×10^4 t，可采石英砂岩量约1083×10^4 t。

石英砂岩大半由0.3~2.5 mm的石英砂粒所组成，最大粒径可达10 mm。岩质脆而易碎，色白，有时因风化铁染而带褐黄色。试洗砂的化学成分平均为（%）：SiO_2 96.5、Al_2O_3 2.1、Fe_2O_3 0.096。颗粒度平均值，24目以上占7.49%，28~100目占61.54%，100目以下占30.16%。回收率平均为55%。

2. 北埔狮头山-南庄大湖区

自新竹北埔乡九分子向南偏西延伸至锦水附近，全长40 km。出露地层有中新统—上新统南庄组、上新统锦水组及上新统—下更新统卓兰组，可采砂岩层亦为南庄组“白砂岩”。共分布有10个矿区，北部有4矿，包括新竹的大南坑、番婆坑及小南坑、茅坪和苗栗的坎顶寮及都合口，储砂量多，交通方便，皆已开采。南部三洽坑、南庄、百寿、盐水坑、大窝、北庄（天湖）等6个矿皆在苗栗县境，储砂量少，且交通不便，除大窝矿区（4级品）外均未开采。

本区上福基砂岩段有石英砂岩4~5层，各矿区可利用砂岩层平均总厚度8~30 m，番婆坑及小南坑砂岩最大厚度达80 m。各矿区合计储量1510×10^4 t，可采量879×10^4 t。

石英砂岩粒径以0.3~2 mm居多，最大的达4 mm。岩质脆而易碎，色白，有时因风化铁染而呈淡黄至褐黄色。试洗砂化学成分平均值为（%）：SiO_2 96.64、Al_2O_3 2.09、Fe_2O_3 0.11。颗粒度平均值，24目以上者占6.83%，28~100目62.23%，100目以下者占29.65%。

3. 大溪-关西、竹东区

本区从新北市的安坑向西南延伸至新竹上坪、五指山，长约40 km。出露地层有中新统的木山组、石底组、南庄组，上新统的锦水组，以及上新统—下更新统卓兰组。所采石英砂岩除南庄组“白砂岩”外，尚有木山组砂岩。大多数矿区石英砂岩呈NE 30°~45°走向，向北西陡倾，部分为NE 60°~65°或东西走向，向北北西或向北陡倾。共分布有17个矿区，可分为2段，北段（Ⅲ1）在新北市、桃园县境内，其中安坑、成福、大埔、乌涂窟、石龟坑、八结、水流东（表外矿）、横溪（表外矿）等矿，属于南庄组“白砂岩”，清水坑、大豹（表外矿）属于木山组砂岩，有木（表外矿）属于石底组砂岩；南段（Ⅲ2）在新竹县境，从关西以东3 km向西南延伸有马武督、十分寮、马福、白石湖、上坪、五指山等矿，皆属南庄组“白砂岩”。

本区南庄组石英砂岩1~3层，一般上层厚7 m，中层9~15 m，下层9 m。各矿区平均总厚度8~35 m，总储量1653×10^4 t，可采量992×10^4 t。

石英砂岩的粒度偏细，且含Al_2O_3、Fe_2O_3均较高，试洗砂化学成分平均（%）：SiO_2 93.85、Al_2O_3 3.52、Fe_2O_3 0.44。颗粒度平均值，24目以上者6.4%，28~100目者占51.45%，100目以下者41.25%。人多数矿区$SiO_2<96\%$，$Fe_2O_3>0.2\%$，经水洗分选后仅可作瓶玻璃砂原料。

4. 新北市、台北市区

区内出露地层有渐新统五指山组及中新统木山组、南庄组。所采砂岩主要为南庄组和木山组，亦有部分属于五指山组和石底组的石英砂岩。其分布零散，已知产地有9处，由北往南为：金山、万里、北投、其里岸、狮球岭、内湖、南港、汐止（表外矿）、南势角。其中最主要的是南势角，该矿开采木山组砂岩，提取瓷土，石英砂为副产品

石英砂岩厚度最小2 m，最大30 m（层数不详），一般10 m左右。除南势角外，各矿区储量均较少，总储量1510×10^4 t以上，可采量约990×10^4 t。化学成分平均（%）：SiO_2 95、Al_2O_3 3~4、Fe_2O_3 0.2~0.4。粒度偏细，较不均匀，南势角矿区18~120目砂占47%~77%。

总的看来，本区石英砂岩质量一般不佳，含Al_2O_3及Fe_2O_3均较高，仅南势角、南港、北投尚可供作平板玻璃原料。

上述各区玻璃砂的粒度和化学成分，均为机械洗砂所达到的标准，如再经浮选和磁选，其质量均可进一步提高。

矿床实例：番婆坑中型矿床位于新竹县北埔乡大分林西南方，番婆坑背斜两翼，距北埔约4.5 km，有公路经大分林通往北埔，交通方便。区内地形为低缓丘陵山岭为主，一般海拔200~300 m。

矿区为一向北东倾伏的背斜构造，西北翼走向NE 60°~70°，向北倾，倾角30°~50°，东南翼走向NE 30°，向南倾，倾角15°~20°。东南与九分子向斜相接，向斜东南侧被大坪断层所切。出露地层有南港组、南庄组和桂竹林组。

矿区石英砂岩产于南庄组，有5~6层，总厚60 m左右，其中可利用者2~3层。各层的厚度及层间距等均有一些变化。矿区北部（背斜转折端）和东部（九分子向斜南翼）所见砂岩厚度及岩性（自上而下）见表9-14，质量成果见表9-15。

表9-14　番婆坑矿区石英砂岩对比表

	第一层	第二层	第三层	第四层	第五层	第六层
矿区北部	12.5 m灰白色中细粒砂岩	10 m灰白色中细粒石英砂岩	15.5 m褐色细砂岩	5.5 m白色粗砂岩	12 m白色细砂岩	15 m白色细砂岩
矿区东部	16 m中粗粒白砂岩	4.5 m中粒白砂岩	12.5 m中粒白砂岩	7 m中细粒白砂岩	6 m中细粒白砂岩	

（据吕学俊，1984）

表9-15　番婆坑玻璃用石英砂岩质量　　单位：%

	层号	烧失量	SiO_2	Al_2O_3	Fe_2O_3	回收率	14目	24~100目	150目	-150目
P1采样剖面	1		97.29	1.39	0.053	55.93	0.557	72.49	5.98	19.94
	2		97.71	1.13	0.055	48.50	1.43	68.29	6.37	23.86
	3		96.11	2.02	0.071	57.25	0.561	72.01	6.71	20.67
	4		94.99	2.70	0.145	53.80	0.97	63.68	8.18	27.17
	5		92.90	3.90	0.164	58.60				
P2采样剖面	1	0.46	97.03	1.47	0.067	46.17	4.87	71.67	5.27	17.86
	2	0.42	96.35	1.82	0.083	45.20	1.05	66.03	6.75	26.19
	3	0.46	97.51	1.17	0.063	45.20	0.40	61.40	8.01	30.31
	4		95.91	2.21	0.083	61.30				
	面	5		94.27	3.14	0.160	53.60			

（据吕学俊，1984）

上表中矿区北部可利用砂岩为第一、二层，东部可利用砂岩为第一、二、三层。东部白砂岩及其夹层岩性柱状描述如下：

岩性	厚度
11. 灰色页岩未见顶	>10 m
10. 中粗粒白砂岩	16 m
9. 灰色页岩	12 m
8. 中粒白砂岩	4.5 m
7. 灰色页岩	17 m
6. 中粒白砂岩	12.5 m

5. 灰褐色页岩，上部夹 0.2 m 煤层	23m
4. 中细粒白砂岩	7 m
3. 砂质页岩互层	43 m
2. 中细粒白砂岩	6 m
1. 砂质页岩互层未见底	>10 m

（三）台湾建筑用石英砂岩各区矿床地质概况

台湾省天然砂岩建筑碎石石料主要集中分布在北部地区的台北-基隆、中部地区的雪山山脉等地。该两地区建筑石料以砂岩为主，多数都具较高的开发价值，主要用作混凝土骨料。

砂岩建筑石料主要位于北部台北市与基隆市之间的广大丘陵地带台北-基隆砂岩、中部地区中央山脉的西翼，包括雪山山脉和玉山山脉，主要由四棱砂岩、白冷砂岩和达见砂岩组成。

1. 北部建筑砂岩区（台北-基隆砂岩）

位于台北市与基隆市之间的广大丘陵地带，北投附近亦有零星出露，地层以渐新统—中新统五指山组、木山组为主。

五指山组出露于万里至大武仑之间，岩层并往西南延伸至台北双溪、大直之间，出露面积 3600 km^2，储量约 22×10^8 t。岩性主要为白色中粗粒石英砂岩，砂含量 80%~95%，呈厚层状。据试验结果，其吸水率大于 3%，属于中级石料，可作一般的混凝土碎石骨料，若作为特殊骨料利用，则需考虑其吸水率对工程质量的影响。

木山组出露于大武仑、木山附近，往西南延伸至大直与内湖之间，出露面积 3400 km^2，储量约 33×10^8 t。岩性主要为白色中-粗粒石英砂岩和暗灰色页岩互层，属于中-劣级石料，只宜作无筋混凝土骨料。

台北-基隆砂岩总储量约 69.8×10^8 t，属于低至中级石料，仅适宜做无筋混凝土骨料。砂岩石料取 8 个试样测试，平均相对密度 2.38，吸水率 6.92%，洛杉矶磨损率（1000r）61.5%，健性耗损率 17.83%，抗压强度 440.41×10^5Pa。

2. 中部建筑砂岩区（苗栗-雪山砂岩）

中部建筑石料分布于中央山脉的西翼，包括雪山山脉和玉山山脉，主要由四棱砂岩、白冷砂岩和达见砂岩组成。主要岩性为坚硬、致密且经过轻度变质的中-粗粒灰色或灰白色石英砂岩和石英岩。

四棱砂岩主要出露在雪山山脉带北部，大多零星散布在宜兰平原西边头城、礁溪、贝山一带，出露面积 200 km^2，储量约 60×10^8 t，主要由坚硬致密的厚层中至粗粒石英砂岩或石英岩组成。四棱砂岩石料取 8 个试样测试，平均相对密度 2.62，吸水率 0.75%，洛杉矶磨损率 20.09%，健性耗损率 0.35%，抗压强度 9358.5×10^5 Pa。石料等级为佳级，适宜作为各级混凝土骨料，且交通较为方便，土地利用程度低，值得开采。

白冷砂岩出露在雪山山脉带中部和中南部，出露面积 700 km^2，储量数百亿吨以上。主要由细至粗粒石英砂岩组成，呈中至厚层状，岩石坚硬、致密。白冷砂岩石料取 7 个试样测试，平均相对密度 2.60，吸水率 0.99%，洛杉矶磨损率 23.89%，健性耗损率 0.94%，抗压强度 121.565×10^5Pa。其属佳级石料，适作各级混凝土骨料，且交通方便，土地利用程度低，适宜开采。

达见砂岩出露在雪山山脉带中部及南部，面积 30 km^2，蕴藏量丰富，岩性主要由中至粗粒石英砂岩组成，呈厚层或块状，属佳级石料。据混凝土拌制试样性质试验，只能达到无筋混凝土与钢筋混凝土品质要求，而未能达到预应力混凝土强度要求。达见砂岩石料取 10 个试样测试，平均相对密度 2.669，吸水率 0.469%，洛杉矶磨损率（1000r）15.61%，健性耗损率 2.1%，抗压强度 1927.09×10^5Pa。达见砂岩石料较适宜用作一般混凝土骨料，且交通方便，适宜开采。

雪山山脉碎石石料品质以四棱砂岩和白冷砂岩较佳，且蕴藏量较为丰富，但本地区的地形高峻，交通不便，影响开采。其中宜兰县礁溪、员山，北横公路四棱附近，中横公路白冷、谷关附近，南投惠荪林道等地，交通较为方便，适宜开采。

八、石英砂岩的时空分布特征及成矿规律

（一）石英砂岩时空分布特征

石英砂岩的赋存层位有始统新四棱组、水长流组，渐新统的五指山组和中新统的木山组、石底组、南庄组等。

中新统木山组、石底组、南庄组分布于台湾省西北部山地，以新竹市、苗栗县境内最多，其次为台北市、新北市、桃园市、南投县等，共有中型矿床5处，小型矿床40处，矿点8处。

南庄组上部的“白砂岩”称为“上福基砂岩”，含有3~7层白色中粒石英砂岩，是台湾省玻璃用石英砂的最主要来源，其开采量占台湾省玻璃用砂的90%以上。“上福基砂岩”广泛出露在苗栗、新竹、桃园、台北各县、市的山地，总厚度150~200 m。

木山组砂岩分布范围大致同南庄组。木山组砂岩含粘土质较高，其中石英砂作为开采瓷石的副产品回收。

石底组石英砂岩粒度太小，目前尚不能利用。

渐新统五指山组和水长流组砂岩仅在新北市溪底村和南投县的北山坑、南港溪等地有小规模开采，主要为提取其中经风化破碎后产生的粘土，石英砂则为副产品。由于新鲜岩石质甚坚硬，不易破碎，质量不高，故经济价值不大。

始新世四棱砂岩分布靠近中央山脉（南投县境），由于交通不便，且岩质亦坚硬，开采不易，目前尚缺乏进一步了解。

（二）石英砂岩成矿规律

根据石英砂岩矿床（点）的地理分布，结合地质构造分析，可将台湾省石英砂岩矿床划为苗栗出矿（磺）坑，新竹北埔狮头山-苗栗南庄大湖，桃园大溪-新竹关西、竹东和新北市、北部的台北-基隆地区、中部的雪山山脉地区等6个成矿区。上述各区玻璃砂的粒度和化学成分，均为机械洗砂所达到的标准，如再经浮选和磁选，其质量均可进一步提高。

1. 出矿（磺）坑区

出矿（磺）坑背斜位于苗栗县城东，从中港溪向南至大安溪中游，总延长约30 km。出露地层有中新统石底组、南庄组和上新统锦水组等。可采石英砂岩皆属南庄组上部的“白砂岩”，（由北向南）分布有17个矿区。

2. 北埔狮头山-南庄大湖区

自新竹北埔乡九分子向南偏西延伸至锦水附近，全长40 km。出露地层有中新统—上新统南庄组、上新统锦水组及上新统—下更新统卓兰组，可采砂岩层亦为南庄组“白砂岩”。共分布有10个矿区，其中北部4个位于新竹，储砂量多，交通方便，皆已开采。南部6个皆在苗栗县境，储砂量少，且交通不便，均未开采。

3. 大溪-关西、竹东区

从新北市的安坑向西南延伸至新竹上坪、五指山，长约40 km。出露地层有中新统的木山组、石底、南庄组，上新统的锦水组，以及上新统—下更新统卓兰组。所采石英砂岩除南庄组“白砂岩”外，尚有木山组砂岩。分布共有17个矿区，可分为两段，北段（Ⅲ1）在台北、桃园县境，其中8个矿属于南庄组“白砂岩”，2个矿属于木山组砂岩，1个矿属于石底组砂岩；南段（Ⅲ2）在新竹县境皆属南庄组“白砂岩”。

4. 新北市、台北市区

区内出露地层有渐新统五指山组及中新统。所采砂岩主要为南庄组和木山组，亦有部分属于五指山组和石底组的石英砂岩，已知矿产地由北往南为有9处。

5. 北部建筑砂岩区（台北-基隆砂岩）

位于台北市与基隆市之间的广大丘陵地带，北投附近亦有零星出露，地层以渐新统—中新统五指山组、木山组为主，属于低至中级石料。

五指山组出露于万里至大武仑之间，岩层并往西南延伸至台北双溪、大直之间，岩性主要为白色中粗粒石英砂岩，呈厚层状。

木山组出露于大武仑、木山附近，往西南延伸至大直与内湖之间。岩性主要为白色中至粗粒石英砂岩和暗灰色页岩互层，属于中-劣级石料。

6. 中部建筑砂岩区（苗栗-雪山砂岩）

中部建筑石料分布于中央山脉的西翼，包括雪山山脉和玉山山脉，主要由四棱组砂岩、白冷组砂岩和达见组砂岩组成。主要岩性为坚硬、致密且经过轻度变质的中至粗粒灰色或灰白色石英砂岩和石英岩。总的看来，本区石英砂岩质量一般不佳，含 Al_2O_3 及 Fe_2O_3 均较高，仅南势角、南港、北投尚可供作平板玻璃原料。

四棱组砂岩主要出露在雪山山脉带北部，大多呈零星散布在宜兰平原西边头城、礁溪、贝山一带，主要由坚硬致密的厚层中至粗粒石英砂岩或石英岩组成。

白冷组砂岩出露在雪山山脉带中部和中南部，主要由细至粗粒石英砂岩组成，呈中至厚层状，岩石坚硬、致密。

达见组砂岩出露在雪山山脉带中部及南部，蕴藏量丰富，岩性主要由中-粗粒石英砂岩组成，呈厚层或块状，属佳级石料。

第五节　天然石英砂（建筑用砂）

台湾省天然石英砂除少量滨海天然石英砂可用做玻璃材料外，多数仅用于建筑用砂，本节以建筑用砂来论述其特性。

一、天然石英砂（建筑用砂）的特征和主要经济用途

（一）特征

天然砂：据国家标准（GB/T 14684-2001）天然砂分为河砂、湖砂、山砂、淡化海砂；按细度模数分为粗（3.7~3.1 mm）、中（3.0~2.3 mm）、细（2.2~1.6 mm）3 种规格；按技术要求分为Ⅰ、Ⅱ、Ⅲ类（Ⅰ类用于强度等级大于 C60 的混凝土，Ⅱ类用于强度等级 C30—C60 级抗冻、抗渗或其他要求的混凝土，Ⅲ类用于强度等级小于 C30 的混凝土和建筑砂浆）。作为细集料的砂的品质要求有：颗粒级配、含泥量、泥块含量、有害物质含量、坚固性、压碎指标、表观密度、堆积密度、空隙率、碱集料反应等 9 项指标（颗粒级配）。

（二）主要经济用途

砂和卵石（砾石也可以）主要用作集料。集料是建筑用的混凝土和砂浆的骨料，是现代工程建设不可缺少的材料，消耗量极大。

混凝土是以水泥、水、砂和粗集料（卵石或碎石）混合后硬化而成的建筑材料，其中砂的用量约占 30%~60%；砂浆是由水泥、石灰、石膏或粘土等胶结材料和砂、水组成的混合物，在建筑工程中起粘结、传递应力、衬垫、表面装饰和防护作用。在建筑工程中砂浆用量很大，在砌砖墙时砂浆约占砖墙体积的 1/3；在砂浆中与其他固体物质的体积比为 5∶1.44。砂与石灰、石膏混合后经蒸压处理制成砌体材料灰砂砖，砂是其中主要组分，用量约占 75%。

二、矿产地数量

台湾建筑用砂石有陆地砂石、河溪砂石、海滨砂石，但主要以陆地砂石为主，主要有北部地区陆

上砂石、南部地区陆上砂石和东部地区陆上砂石 3 个砂石区。

三、地理分布

陆地上可作砂石材料的岩石，包括头嵙山组的砾岩、台地砂砾石及河阶地、冲积平原和三角洲等所堆积的砂石，它们可作为各种混凝土及沥青骨料使用。台湾建筑用砂的地理分布见图 9-4。

1. 北部地区陆上砂石

指大甲溪以北的区域，包括林口、桃园、关西、三义、后里，新竹和卓兰 7 个分区，砂石主要来自更新世台地堆积层和头嵙山组砾岩层。由于各分区地层不尽相同，所以砂石岩性亦有差异，但整体而言，砾石均由石英岩及杂砂岩和砂岩砾组成，而砂则由石英及板岩碎屑组成。

2. 南部地区陆上砂石

由大甲溪向南延伸至高屏溪沿岸，由北向南分为大肚山、新社、八卦山、双冬、竹山、六龟和高屏 7 个分区。砂石主要来自头嵙山组砾岩、六龟层砾岩及台地堆积层，以砾石为主要成分。

3. 东部地区陆上砂石

北起宜兰兰阳三角洲，南至台东知本溪，包括兰阳、花莲、秀姑峦、卑南和卑南山砾岩 5 个分区。砂石主要来自中央山脉东斜面，各主要河溪口之冲积扇阶地堆积层及卑南山砾岩层，少部分来自海岸山脉之岩层。

四、资源储量

据台湾省地质调查所分析，上述陆地砂石赋存区中，具有高开发潜力者为三义、大肚山、八卦山和兰阳等 4 区，其储量合计为 388.4×10^8 t，其余地区属中开发潜力与低开发潜力，见表 9-19。

若以砂石品质分类统计则属于佳级的砂石储量 649.9×10^8 t，中级者 465.1×10^8 t，劣级者 262.9×10^8 t。

台湾陆上砂石储量及开发潜力见表 9-16、表 9-17。

表 9-16　台湾陆上砂石储量

序号	矿产地名	矿种名称	交通位置	矿床类型	成矿时代	规模	资源储量	工作程度	开采程度
1	台湾北部地区	建筑用砂	大甲溪以北区域，包括林口、桃园等 7 个分区	冲积砂矿型矿床	Qp-Qh	小型	334？级储量 747.6×10^8 t	普查	未利用资源
2	台湾南部地区	建筑用砂	大甲溪以南至高屏溪有大肚山等 7 个分区	冲积砂矿型矿床	Qh-Qp	小型	预测资源量 270.5×10^8 t	矿产勘查	停采矿区
3	台湾东部地区	建筑用砂	由宜兰平原至台东知本溪有兰阳等 5 个分区	冲积砂矿型矿床	Q	小型	334？级储量 359.6×10^8 t	矿产勘查	未利用资源

表 9-17　陆上砂石开发潜力统计表

等级	区域	储量/10^8 t
高潜力	三义、大肚山、八卦山、兰阳	288.4
中潜力	六龟、花莲、卑南、卑南山砾岩	379.7
低潜力	林口、桃园、关西、后里、新竹、卓兰、新社、双冬、竹山、高屏、秀姑峦	709.2

（据陈逸侦，1990）

五、勘查工作程度

台湾北部地区砂矿为普查工作，台湾南部、东部地区为矿产勘查（预查）工作。

六、开发利用程度

台湾北部、东部地区为未利用资源地区，台湾南部为停采区。

七、矿床类型、典型或代表性矿床及其他矿床（点）

（一）矿床类型

砂、卵石矿床由砂、卵石堆积形成，可以是河成、湖成、海成、风成的砂矿型砂、卵石矿床。砂矿床可单独生成，卵石则常与砂伴生成矿。一般需在城市周边找寻资源，中国大多数城市附近有产出。

（二）典型或代表性矿床及其他矿床（点）

台湾省各项工程建筑所需砂石每年达亿吨以上，显示砂石为一项重要的自然资源。台湾省砂石资源依其生成形态分为陆上砂石、河溪砂石和海滨砂石3类。

1. 陆上砂石

陆上砂石指河溪砂石分布区外，陆地上可作砂石材料的岩石，包括头嵙山组的砾岩、台地砂砾石及河阶地、冲积平原和三角洲等所堆积的砂石，它们可作为各种混凝土及沥青骨料使用。陆上砂石以砾石为主要成分，砂为次要成分。根据骨料品质等标准，可将其分为佳、中、劣3级。

（1）北部地区陆上砂石

指大甲溪以北的区域，包括林口、桃园、关西、三义、后里，新竹和卓兰7个分区。砂石主要来自更新世台地堆积层和头科山组砾岩层。由于各分区地层不尽相同，所以砂石岩性亦有差异，但整体而言，砾石均由石英岩及杂砂岩和砂岩砾所组成，而砂则由石英及板岩碎屑组成。各分区砂石储量及骨料品质试验结果见表9-18。

表9-18　北部地区陆上砂石量及骨料品质

分区	砂/10^8 t	石/10^8 t	砂石/10^8 t	相对密度	吸水率/%	磨损率/%	骨料等级
林口	27.1	127.5	154.6	2.43	4.46	55.08	劣
桃园	23.4	142.6	166.0	2.43	3.17	46.90	中
关西	4.7	54.8	69.5	2.38	5.85	65.20	劣
三义	23.7	145.9	169.6	2.51	1.89	51.31	佳
后里	34.9	129.6	164.5	2.50	1.93	33.94	佳
新竹	3.9	8.7	12.6	2.28	7.26	79.91	劣
卓兰	0.9	9.9	10.8	2.50	2.08	29.79	佳
总计	128.6	619.0	747.6				

（据张徽正等，1982）

三义、后里和卓兰3个分区砂石以石英砾为主，砂石品质良好，储量约345×10^8 t，可作为混凝土及沥青骨料使用。桃园分区砾石层则由石英岩砾和杂砂岩砾混合组成，砂石品质中等，储量约166×10^8 t，局部可开采为砂石骨料使用。林口、关西及新竹3个分区的砾石以杂砂岩为主，砂石品质低劣，储量约237×10^8 t，仅可当填方材料使用。7个分区中，以三义分区砂石品质最佳，储量约170×10^8 t，而土地利用程度低，最具开采潜力。

（2）南部地区陆上砂石

由大甲溪向南延伸至高屏溪沿岸，由北向南分为大肚山、新社、八卦山、双冬、竹山、六龟及高屏7个分区。砂石主要来自头嵙山组砾岩、六龟层砾岩及台地堆积层中，以砾石为主要成分。其砂石储量与试验结果见表9-19。

表 9-19　南部地区陆上砂石储量及骨料品质

分区	砂 10^8 t	石 10^8 t	砂石 10^8 t	相对密度		吸水率/%		健性耗损率/%	磨损率/%	骨料等级
				细骨材	粗骨材	细骨材	粗骨材	硫酸钠法	500r	
大肚山	10.8	66.1	76.9	2.57	2.55	2.46	1.28	3.78	27.89	佳
八卦山	3.9	70.0	73.9	2.54	2.54	3.07	2.37	5.06	39.00	佳
新社	0.5	34.0	34.5	2.54	2.54	2.85	1.93	3.05	33.96	佳
双冬	0.7	18.0	18.7	2.56	2.58	2.65	1.50	5.61	29.34	佳
竹山	1.4	31.4	32.8	2.55	2.59	2.84	1.65	4.37	31.33	佳
高屏	1.7	24.5	26.2	2.55	2.46	3.42	4.03	13.14	59.13	劣
六龟	0.6	6.9	7.5	2.52	2.58	3.45	3.12	10.06	40.62	中
总计	19.6	250.9	270.5							

（据张徽正等，1984）

南部地区陆上砂石中的砾石，其岩性主要为石英砂岩、杂砂岩、石英片岩，少部分为泥质板岩、页岩、粉砂岩、泥岩、绿泥石片岩等。

从表 9-19 可以看出，7 个分区中以大肚山分区品质最佳，储量达 76.9×10^8 t，且交通方便，为最具开发潜力的地区。八卦山分区储量约 73.9×10^8 t，骨料品质佳，交通方便，但其分布面积广，故条件稍次于大肚山分区。高屏及六龟分区骨料品质较差，储量小，相对不具开发价值。六龟分区的砾岩胶结良好，难以用简便机械挖掘，更减低了其可采性。

（3）东部地区陆上砂石

北起宜兰兰阳三角洲，南至台东知本溪，包括兰阳、花莲、秀姑峦、卑南及卑南山砾岩 5 个分区。砂石主要来自中央山脉东斜面，各主要河溪口之冲积扇阶地堆积层及卑南山砾岩层，少部分来自海岸山脉之岩层。砂石储量与试验结果见表 9-20。

表 9-20　东部地区陆上砂石储量及骨料品质

分区	砂 10^8 t	石 10^8 t	砂石 10^8 t	相对密度		吸水率/%		健性耗损率/%	磨损率/%	骨料等级
				细骨材	粗骨材	细骨材	粗骨材	硫酸钠法	500r	
兰阳	14.9	53.1	68.0	2.63	2.65	2.12	1.38	0.26	26.8	佳
花莲	19.8	66.4	86.2	2.68	2.69	1.24	0.86	0.68	44.1	中
秀姑峦	5.6	13.8	19.4	2.65	2.65	1.76	1.43	0.58	46.8	中
卑南	12.4	39.6	52.0	2.68	2.64	1.23	1.35	1.42	42.4	中
卑南山砾岩	34.8	99.2	134.0	2.62	2.55	2.52	2.94	5.49	60.4	中
总计	87.5	272.1	359.6							

（据苟澎生等，1985）

东部地区陆上砂石中的砾石，主要岩性为砂岩、板岩、黑色片岩、绿片岩、大理岩、蛇纹岩、片麻岩及变质辉绿岩等。5 个分区中，兰阳分区砂石品质良好，储量大，距离主要城镇亦近，最具开采潜力。其余各分区之磨损率均未达到混凝土骨料要求标准，但花莲分区、秀姑峦分区及卑南分区之相对密度、吸水率及健性耗损率试验结果显示品质佳，仍为良好之骨料。卑南山砾岩分区品质较差，且部分砾岩胶结坚硬，不易开采，不具开发价值。

2. 河溪砂石

台湾省建筑用砂石，主要以河溪砂石供应为主，可分为北部、中部、南部和东部 4 个区。因多年来大量开采，砂石源已渐枯竭。尤其在北部地区，考虑到河溪安全及环保等因素，相继扩大河溪禁采砂石范围。故近年来开发陆上砂石资源，以资接替。

据台湾省水利局调查，河溪砂石主要分布在台湾岛21条水系中，可分为北部、中部、南部和东部4个区。砂石储量1983年底共约42.93×10^8 t，可采量18.14×10^8 t，至1990年可采量仅剩10.22×10^8 t。各分区的河溪砂石储量及可采量见表9-21。

表9-21　台湾省各区河溪砂石储量及可采量

地区	储量/10^4 t			可采量/10^4 t			
	砂	石	砂石	砂	石	砂石	砂石*
北部	40638	52096	92734	10140	17796	24936	9418
中部	37807	78041	115848	17847	39609	57456	31914
南部	46346	51701	98047	21122	31027	52149	25600
东部	44848	77788	122636	16701	30189	46890	35184
总计	169639	259626	429265	65810	115621	181431	102212

*为台湾省水利局1990年资料。

河溪砂石品质良好可作为建筑骨料者，列为混凝土用，其余即列为他用。台湾省河溪砂石可采量依适用分为：混凝土用砂48243×10^4 t，石118074×10^4 t，合计166317×10^4 t；其他用砂25099×10^4 t，石6906×10^4 t，合计32005×10^4 t。

河溪砂石为洪水挟带而来，每年各区均有若干补充。据台湾省水利局经实测资料推算，1983年推估每年各河溪砂石淤积量计2204×10^4 t，其中花莲溪461×10^4 t为最多。该局1990年重新推估每年补充量为2010×10^4 t。

3. 海滨砂石

台湾岛四周环海，21条河系所带下来的砂石，除部分于河溪中沉积外，其余则被冲刷至海，形成沙滩、离岸砂洲、沿岸海底砂石等。台湾省西部陆地向台湾海峡伸展，据报道台中港口附近，年淤砂量为120×10^4 m^3（陈逸侦，1990）。由于海底砂石资源是未来砂石供应可能的主要来源，其储量大小与开发的可行性均有待了解，因此，台湾“中央地质调查所”已开展海岸砂石资源调查。

此外台湾省西部海岸沙滩发育。目前已知苗栗县白沙屯及澎湖列岛的海岸砂均曾做过调查研究，经过磁选可除去大部分杂质，质量可提高到平板玻璃使用标准，由于砂粒圆度好亦可作为铸造用砂，石英砂的储量未经评估。

八、矿床的时空分布特征及成矿规律

（一）砂石矿床的时空分布特征

台湾省砂石资源依其生成形态分为陆上砂石、河溪砂石和海滨砂石3类。

1）陆上砂石：陆上砂石指河溪砂石分布区外，陆地上可作砂石材料的岩石，包括头嵙山组的砾岩、台地砂砾石及河阶地、冲积平原和三角洲等所堆积的砂石，它们可作为各种混凝土及沥青骨料使用。

北部地区陆上砂石：指大甲溪以北的区域，包括林口、桃园、关西、三义、后里，新竹和卓兰7个分区。

南部地区陆上砂石：由大甲溪向南延伸至高屏溪沿岸，由北向南分为大肚山、新社、八卦山、双冬、竹山、六龟和高屏7个分区。

东部地区陆上砂石：北起宜兰兰阳三角洲，南至台东知本溪，包括兰阳、花莲、秀姑峦、卑南和卑南山砾岩5个分区。

2）河溪砂石：台湾省建筑用砂石，主要以河溪砂石供应为主，可分为北部、中部、南部和东部

4 个区。

3）海滨砂石：分布台湾岛四周环海，河系所带下来的砂石被冲刷至海，形成沙滩、离岸砂洲、沿岸海底砂石等。

（二）成矿规律

陆上砂石指陆地上可作砂石材料的岩石，包括头嵙山组的砾岩、台地砂砾石及河阶地、冲积平原和三角洲等所堆积的砂石，它们可作为各种混凝土及沥青骨料使用。

河溪砂石为洪水挟带而来，每年各区均有若干补充。河溪砂石品质良好可做为建筑骨料者，列为混凝土用，其余即列为其他用。

台湾岛四周环海，形成沙滩、离岸砂洲、沿岸海底砂石等。

第六节　脉　石　英

一、脉石英的特征和主要经济用途

（一）特征

脉石英是一种几乎全部由致密石英块体组成的岩脉。矿石由隐晶质石英组成，呈粒状结构、块状构造，颜色为白色、乳白色，油脂光泽，贝壳状断口，质地坚硬，硬度 7，密度 2.65～2.66 g/cm^3。脉石英化学性质稳定，除氢氟酸外，不溶于水和任何酸，但能溶于碱性溶液。

矿物组分及化学成分：工业上把二氧化硅及杂质含量等符合要求的石英岩、石英砂岩、脉石英称为硅石，主要矿物组分为石英，化学成分主要为 SiO_2，含有少量 Fe_2O_3、Al_2O_3、CaO、P_2O_5 等杂质。

（二）主要经济用途

脉石英矿体较小，矿石硬度较大，不宜作为一般的硅质原料使用。其二氧化硅含量一般高于石英砂、石英砂岩、石英岩，而三氧化二铁的含量较低，是制取高纯石英粉的原料。具体用途有：①制高纯石英粉，用以制硅微粉、石英玻璃、人造压电石英，是生产光学玻璃与艺术玻璃的重要硅质原料。②高纯石英粉可用于生产多晶硅和单晶硅，生产太阳能电池与半导体材料，是新能源（太阳能）设备的重要原料，也是微电子技术器件、特种电光源、宇航、卫星、光纤通讯等产品的原料。③高纯石英粉与碳化硅制成的弹性陶瓷，在高温（1600 ℃）时具有高弹性和延展性。

二、矿产地数量

脉石英产地已知有南投鱼池的水社大山和花莲瑞北 2 处（表 9-22），均为矿点，其中以水社大山较重要。

表 9-22　脉石英的储量

序号	矿产地	矿种	交通位置	矿床类型	时代	规模	资源储量	工作程度	开采程度
1	南投水社大山	脉石英	南投县东约 26 km 的鱼池乡南东 3.5 km 处	岩浆热液型	E_2	矿点	预测资源量 2×10^4 t	矿产勘查	未利用资源
2	花莲瑞北	脉石英	花莲县瑞穗乡瑞穗北 6 km 和瑞北村东北 2 km	岩浆热液型	AnE	矿点		区域地质调查	停采矿区

三、地理分布

脉石英矿产地已知有南投鱼池的水社大山和花莲瑞北（图 9-4）。

四、资源储量

脉石英的储量见表 9-22。

五、勘查工作程度

2 个矿点都只做了矿产勘查（预查）。

六、开发利用程度

水社大山矿点由于交通不便，脉石英目前尚未利用。瑞北的石英脉虽然储量有限，但交通方便，已有过开采，现已停采。

七、矿床类型、典型或代表性矿床及其他矿床（点）

（一）矿床类型

脉石英是由花岗岩浆或混合岩化的富硅热液充填于裂隙中形成的，就是岩浆热液型矿床，可细分为花岗岩浆热液型矿床与混合岩化热液型矿床 2 类。台湾南投水社脉石英属花岗岩浆热液型，花莲瑞北脉石英属混合岩化热液型。

（二）典型或代表性矿床及其他矿床（点）

水社大山矿点位于南投鱼池乡南 3.5 km，大浊水溪之北，日月潭以东，交通不便。区内出露始新统十八重溪组砂岩，石英脉呈扁豆体，散布在海拔 2058 m 的水社大山上，分布范围达 30 km^2。见有 8 条石英脉，长 5～40 m，宽 0.5～2.5 m。石英呈乳白色，相对密度 2.6，含 SiO_2 98%、Fe_2O_3 0.01%～0.03%。该地由于交通不便，脉石英目前尚未利用。

瑞北的石英脉分布在瑞北村东北 2 km 及瑞穗乡北 6 km 两处。石英脉呈透镜状或不规则状产于云母-绿泥片岩中，大致与围岩片理平行，石英呈块状，乳白色，有少许铁染。虽然储量有限，但交通方便，已有开采。

八、脉石英的时空分布特征及成矿规律

脉石英产地已知有南投鱼池的水社大山和花莲瑞北 2 处，成矿时代分别为喜马拉雅期和燕山期。

脉石英产于台湾中央山脉和海岸山脉一带的大型的断裂带附近，岩浆活动强烈岩浆热液发育的地带，由花岗岩浆或混合岩化的富硅热液充填于十八重溪组砂岩和大南澳混杂岩带天祥组云母-绿泥片岩裂隙中形成。

第七节　膨润土（漂白粘土）

一、膨润土的特征和主要经济用途

（一）特征

膨润土又名斑脱岩、膨土岩，是一种主要由以蒙脱石为主要矿物组成的粘土岩。蒙脱石又曾名微晶高岭石或胶岭石，属层状含水的铝硅酸盐矿物，它的理论结构式为：（0.5Ca，Na）0.7（Al，Mg，

$Fe)_4$（Si，Al）$_8O_{20}$（OH）$_4 \cdot nH_2O$（Ca^{2+}、Na^+为可交换的阳离子）。理论化学成分 SiO_2 49.00%，Al_2O_3 23.00%，Fe_2O_3 0.3%，烧失量 23.00%。它是由两个硅氧四面体中夹一个铝（镁）氧（氢氧）八面体中不大于 1/15 的 Si^{4+}被 Al^{3+}置换，八面体中有 1/3~1/6 的 Al^{3+}被 Mg^{2+}置换，由于这些多面体中高价离子被低价离子置换，造成晶层间产生永久性负电荷（电荷约为 0.25~0.6），它依靠在晶层间吸附阳离子以求电荷平衡，晶层间被吸附的阳离子是可交换的，类质同像置换是蒙脱石产生一系列重要性的根源（膨润土改型的性质即导源于此）。

膨润土是火山灰空落水解或凝灰岩及玻璃质火山岩水解的产物，膨润土呈白、灰白、淡绿、粉红色，硬度 1，密度 2 g/cm³，多为块状、土状构造，具有极强吸水性，吸水后体积可膨胀 10~30 倍，在水中呈悬浮和胶凝状，还具有良好的阳离子交换性、粘结力和耐火性。膨润土中蒙脱石含量在 40%~50%，其次是少量水云母、沸石、石英、长石、方解石、石膏、重晶石、火山玻璃和有机质等杂质。

膨润土有多种类型，各有特点：①按蒙脱石中可交换的阳离子的种类，膨润土可分为钠基、钙基、镁基、氢基膨润土 4 个类型，但在自然界主要出现的是前两种。②可交换性钠离子的含量为可交换性阳离子总量的 50%以上者，为钠基膨润土；可交换性钙离子的含量为可交换性阳离子总量的 50%以上者，为钙基膨润土；另外还有介于二者之间的过渡类型。③钠基膨润土的工业技术性能优于钙基膨润土，钠基膨润土的吸水率大，膨胀容量大，阳离子交换容量大，在水介质中的分散性好，胶体悬浮液触变性高，粘度大，润滑性强，热稳定性好。

以铝（氢）基为主的膨润土称为天然漂白土，它有较好的吸附能力，能吸收大量的色素、黏液、胶状物和其他杂质。工业上利用的漂白土有 2 种：①活性白土即用酸处理（活化作用）后才具有强的吸附性能；②天然漂白土（又叫酸性白土），本身具有漂白性。

台湾省生产的多数是活性白土，其化学成分见表 9-23。

表 9-23 台湾省膨润土化学成分

产地	成因类型	化学成分/%						
		烧失量	SiO_2	Al_2O_3	Fe_2O_3	CaO	MgO	总量
台东樟原	陆相火山岩型	6.92	73.56	9.83	4.87	2.59		97.75
关渡	风化型	9~11	47~52	16~20	12~14	0~2		
澎湖		9.53	56.06	19.72	11.35		2.29	98.95

（据何春荪等，1963）

（二）主要经济用途

膨润土是一种很好的粘结剂、悬浮剂、增稠剂、增塑剂、触变剂、絮凝剂、稳定剂、净化脱色剂、充填剂、催化剂和载体材料，其用途有：①在石油工业中用作净化和裂化材料；在炼油（动物油和植物油）及食品中用作净化和澄清材料。②在造纸、洗涤剂、牙膏、橡胶、塑料、染料、药品工业中用作填料。③在化学工业中用作催化剂载体。④在农牧业中用作垫厩材料、保肥填料、农药、杀虫剂载体和饲料添加剂。⑤在铁矿冶炼业和铸造业中用作精铁矿球团粘结剂、型砂粘结剂和表面稳定剂。⑥在纺织工业中用作取代粮食的纱浆。⑦在钻探工业中用作泥浆材料。⑧在建筑工业中用作混凝土增塑剂、焦油和水的乳化剂、表面稳定剂。⑨在环境保护中用作放射性射线及污水的吸收剂和污水的絮凝剂；代替硅藻土生产微孔硅酸钙用于各种保温工程。⑩制成活性白土，在有关行业作为脱色剂使用，如常在精炼石油、矿物油和动物油作为脱色剂和漂白剂。⑪钠基膨润土可作为静态爆破剂的添加剂，以提高爆破剂的膨胀压力，更好地控制和缩短爆破时间，避免喷药。⑫因其选择吸附焦油及其自由基而不吸附尼古丁，可作为香烟的过滤嘴材料以除去有害物质而使烟味更浓。⑬用作固禁核废的地质仓库。

由于蒙脱石所具有的上述特殊结晶结构，使其具有吸水性、膨胀性、胶结性、阳离子交换和分散性及润滑性等性能，因此广泛用于冶金球团、铸造型砂、粘合剂、钻井泥浆、润滑脂稠化以及造纸、橡胶等工业的填料。

漂白土有较好的吸附能力，能吸收大量色素、粘液、胶状物及其他杂质，工业上利用的漂白土有两种：一种是活性白土，即用酸处理（活化作用）后才具有强的漂白性能；另一种是天然漂白土（又称酸性白土），本身就具漂白性。精炼石油产品和精制各种矿物油和动植物油时，作为脱色剂或漂白剂。

二、矿产地数量

台湾省膨润土矿产地有3处，其中小型矿床1处（樟原），矿点2处（表9-24）。

表9-24　台湾省膨润土（漂白土）矿产地及储量一览表

序号	矿产地名	矿种名称	交通位置	矿床类型	成矿时代	规模	资源储量	工作程度	开采程度
1	台北关渡	膨润土（漂白土）	台北市北投区关渡东站之东南侧	残留风化型	Qp	矿点		普查	停采矿区
2	澎湖马公	膨润土（漂白土）	澎湖岛猪母水、莳里弯、锁管港等处	残留风化型	N	矿点		矿产勘查	停采矿区
3	台东樟原	膨润土（漂白土）	台东县长滨乡北约11 km樟原村西	陆相火山岩型	N	小型	预测资源量320×10^4 t	矿产勘查	生产矿区

三、地理分布

台湾省膨润土矿产地分布于海岸山脉、台北市及澎湖列岛（图9-5中的膨润土）。

四、资源储量

台湾省膨润土储量见表9-24。

五、勘查工作程度

台东樟原膨润土为普查的小型矿山，台北关渡、澎湖马公2个矿为矿产勘查（预查）的矿点。

六、开发利用程度

樟原膨润土已开采多年，尚在采掘中，多用作吸附剂等；关渡漂白粘土供给台湾省“中国石油公司”精炼石油之用；澎湖列岛漂白粘土没有大量开采，被当地人们用作水的吸附剂，去除衣服的油渍。台东樟原膨润土为生产区，台北关渡、澎湖马公2个矿已停产。

七、矿床类型、典型或代表性矿床及其他矿床（点）

（一）矿床类型

膨润土的矿床类型有2种：①表生作用风化型膨润土矿床；②陆相火山岩型热液蚀变水解型膨润土矿床。

其中表生作用风化型膨润土矿床细分为3种：①玄武质火山灰空落沉积型膨润土矿床。②酸性火山碎屑空落沉积型膨润土矿床。③河湖相沉积型膨润土矿床，为膨润土再搬运沉积成矿。

陆相火山岩型热液蚀变水解型膨润土矿床细分为2种：①酸性熔岩水解型膨润土矿床，常与沸石和珍珠岩矿层共生并逐渐过渡。②安山质、玄武质凝灰岩或集块岩水解型膨润土矿床，如台湾台东樟

图 9-5 台湾省膨润土、陶瓷粘土、高岭土、耐火粘土和其他粘土矿产分布简图

原膨润土矿床。

台湾台东樟膨润土矿以陆相火山岩型为主，后期有表生作用叠加。台北关渡、澎湖马公膨润土（漂白粘土）矿为表生作用风化型。

（二）典型或代表性矿床及其他矿床（点）

台东樟原膨润土为陆相火山岩型小型矿床，台北关渡、澎湖马公 2 个矿点为风化型。

1. 陆相火山岩型火山热液交代膨润土矿床

此类型仅有樟原小型矿床 1 处，位于台东县樟原之西，秀峦溪口南 5.2 km 处。矿区出露中新统都峦山组，安山集块岩受地下热液蚀变作用和风化作用转变为粘土，多沿断裂带及岩石界面发生。

粘土呈近南北方向延伸，与集块岩走向近平行，厚度5~10 m，以不规则囊状或透镜状产出。矿区集块岩下部通常以黑色页岩为标志，矿体四周逐渐向粘土化集块岩过渡，没有明显的界线。粘土疏松易碎，可塑性好，多呈黄白色、青灰色或浅绿色夹白色斑块，少数由于铁的浸染呈红褐色。矿物以高铝蒙脱石为主，部分含钠质蒙脱石，常杂有硫化铁和石膏之碎块，相对密度2.621。樟原粘土矿具有相当的吸附性，可作漂白剂，储量为320×10^4 t。

2. 风化型膨润土矿

此类型有矿点2处，是由凝灰岩及玄武岩经机械风化作用和化学风化作用而成高岭石质粘土。

1）关渡矿点：位于台北市北投区关渡车站。矿区出露大屯火山岩区的安山质火山碎屑岩，相对密度2.633。此粘土具较强的脱色能力。台湾省“中国石油公司”新竹研究所认为，该粘土经化学处理后，可供精炼石油之用。

2）澎湖马公矿点：膨润土在澎湖列岛的猪母水、莳里湾和锁管湾等地出露，产在玄武岩和其上覆土壤盖层之间，是玄武岩和凝灰岩的风化产物。粘土呈白灰色或黄色，主要由蛋白石、石英组成，并有少量的伊利石和高岭石的粘土矿物，其化学成分见表9-23。

八、矿床的时空分布特征及成矿规律

（一）矿床的时空分布特征

台湾膨润土矿形成时代有中新世和更新世，主要分布于台湾省海岸山脉、台北市及澎湖列岛。

（二）成矿规律

中新世膨润土是由都峦山组安山集块岩受地下热液蚀变作用和风化作用转变为粘土，沿断裂带发生，其矿物以高铝蒙脱石为主，部分含钠质蒙脱石，常杂有硫化铁和石膏之碎块。更新世漂白土是玄武岩和凝灰岩的风化产物，其矿物主要是蛋白石、高岭石、伊利石及少量蒙脱石和其他矿物。

第八节　陶瓷粘土（陶土）

一、陶瓷粘土的性质和主要经济用途

（一）性质

用来制作陶器的粘土和粘土岩类，工业上习惯称为陶土、陶瓷粘土，专指主要由水云母、高岭石、蒙脱石、石英和长石等矿物组成的可供烧制陶器的粉砂质粘土和泥岩。陶瓷粘土的化学成分和一般粘土相似，与高岭土、膨润土比较，有Al_2O_3含量较低、SiO_2和Fe_2O_3含量较高的特点。陶瓷粘土常呈灰、黄、紫色，材料较粗，加水后可塑性中等，干燥和烧结性能较好。

中国陶土矿床中最著名与最典型的是江苏宜兴丁山陶土矿床（宜兴紫砂陶器的原料），矿层由粉砂质粘土——泥岩组成，层状或透镜状产于泥盆系粉砂岩和细砂岩中，厚0.5~3 m。矿石类型分甲泥、紫砂泥、白泥和嫩泥4种，它们的化学成分和矿物岩石学特性见表9-25、表9-26。

（二）主要经济用途

陶土和制陶粘土岩类是制造陶器的主要原料，陶器生产工艺及对原料的要求：

1）陶器的生产流程为：原料破碎和粉磨—加水—成型—干燥—焙烧—上釉或珐琅、装饰—焙烧—检验入库或外运。

表 9-25　陶土的化学成分

矿石类型	SiO_2 / %	Al_2O_3 / %	Fe_2O_3 / %	FeO / %	TiO_2 / %	K_2O / %	Na_2O / %	CaO / %	MgO / %	P_2O_5 / %	烧失量 / %
甲泥	46.04	29.55	4.90	0.84	0.98	1.53	2.20	0.56	0.52	1.85	11.35
紫砂泥	41.38	26.04	12.89	1.07	0.97	3.31	1.92	0.60	0.43	1.51	8.32
白泥	45.39	33.98	1.97	0.55	0.94	4.07	0.94	0.24	0.44	0.95	9.83
嫩泥	50.42	29.15	3.95	0.37	0.71	2.71	1.25	0.55	0.53	0.84	9.51

表 9-26　陶土的矿物岩石学特征表

矿石类型	岩石类型	岩性	用途
甲泥	粉砂质粘土	致密块状或土状，水浸后无膨胀性，以伊利石为主，含高岭石、石英、少量针铁矿，色紫红、蓝灰、浅黄、浅绿	制缸、盆等粗陶、作建筑陶瓷、化工陶瓷配料
紫砂泥	含铁质较高的粉砂质粘土	Fe_2O_3>10%，焙烧后呈紫色	制紫砂陶器、餐具和茶具
白泥	粉砂质粘土或泥岩	主要矿物为伊利石，其次为高岭石，少量石英、叶蜡石，质纯，色浅，有滑感	化工、卫生、美术陶瓷原料
嫩泥	含粉砂的软质粘土或泥岩	质细腻，伊利石为主，含少量石英、高岭石、蒙脱石、针铁矿，黄绿包，色鲜嫩，可塑性高	日用陶瓷结合原料

2）在生产过程中，化学成分二氧化硅和氧化铝含量决定制品骨架与耐火度高低，并生成莫来石；化学成分中氧化钾、氧化钠、氧化钙、氧化镁起助熔作用，但过多会使制品变形；少量三氧化二铁、氧化锰、三氧化硫也会降低熔点，在制陶时因有着色作用对浅色陶器为有害组成，但陶器以自然色产出，如江苏宜兴含铁紫砂泥反而是著名陶器的宝贵原料。

3）矿石粒度与易磨性也影响制陶工艺，一般小于 1 μm。颗粒越多，塑性越好，干燥收缩大，干燥强度高，烧结温度低。

4）在制陶业中，矿石细度分四级加工破碎：粗碎（小于 40~50 mm）—中碎（小于 0.5 mm）—细碎（小于 0.06 mm）—超细磨（小于 0.02 mm），并要求细碎后 250 目筛余物小于 0.5%~1%。

二、矿产地数量

台湾省的陶瓷粘土矿产地有 12 处，其中大型矿床和小型矿床各 1 处，矿点 10 处（表 9-27）。

三、地理分布

主要分布于桃园、新北、苗栗和南投等县、市（见图 9-5 中的陶瓷粘土）。台湾省陶瓷粘土最重要的产地是南投县的鱼池和新北市的莺歌尖山。

四、资源储量

台湾省陶瓷土资源量见表 9-27。

五、勘查工作程度

1 个小型矿床、3 个矿点工作程度为普查区，其他矿均为矿产勘查（预查）区。矿床规模上除南投鱼池陶瓷粘土为大型矿床、桃园坎子脚陶瓷粘土为小型矿床外，其他均为矿点。

表 9-27　台湾省陶瓷粘土一览表

序号	矿产地名	交通位置	矿床类型	成矿时代	规模	预测资源量/10^4 t	工作程度	开采程度
4	桃园坎子脚	桃园县西南约 3.5 km	机械沉积型	Q	矿点	2.4	普查	停采矿区
5	桃园坎脚	桃园县西南约 6 km	机械沉积型	Q	矿点	2	普查	停采矿区
6	桃园大浦	桃园县西南约 3 km	机械沉积型	Q	矿点	6.4	普查	停采矿区
7	桃园大湖	桃园县东南约 3.5 km	机械沉积型	Q	矿点	1.5	矿产勘查	停采矿区
8	新北莺歌尖山	新北市莺歌尖山村	机械沉积型	Q	小型		矿产勘查	停采矿区
9	苗栗北湾	苗栗县南庄乡北湾村及上北湾山头	机械沉积型	N_1-N_2	矿点	1.1	矿产勘查	停采矿区
10	苗栗大坑	苗栗县公馆乡东约 2 km	机械沉积型	N_1-N_2	矿点	2	矿产勘查	停采矿区
11	苗栗福基	苗栗县公馆乡公馆村南约 2 km	机械沉积型	N_1-N_2	矿点	47.7	矿产勘查	停采矿区
12	苗栗大湖（大寮坑）	苗栗县大湖镇	机械沉积型	N_1-N_2	矿点	5	矿产勘查	停采矿区
13	苗栗三义	苗栗县三义乡南约 3 km 之西湖地方	机械沉积型	N_1-N_2	矿点	0.85	矿产勘查	停采矿区
14	南投	南投县南投镇	机械沉积型	Q	矿点		普查	生产矿区
15	南投鱼池	南投县东约 26 km 之鱼池乡	机械沉积型	Q	大型	7000	矿产勘查	生产矿区

六、开发利用程度

台湾省陶瓷粘土最重要的产地是南投县的鱼池和新北市的莺歌尖山，这 2 处是台湾省陶业早期开发的著名产地，80%的民窑集中于此。第四纪粘土一般含铁较高，主要用于制造一般陶器及粗陶、水管和砖瓦；南庄组的陶瓷粘土多用于制造一般陶器和耐酸陶器。现有 2 个生产矿区，其他均已停产。

七、矿床类型、典型或代表性矿床及其他矿床（点）

（一）矿床类型

台湾省陶瓷粘土矿床类型均为机械沉积型，有 2 个层位：第四纪冲积层陶瓷粘土和南庄组陶瓷粘土。

（二）典型或代表性矿床及其他矿床（点）

台湾省的陶瓷粘土均赋存于第四纪冲积层和中新统南庄组中，各处陶瓷粘土的物理性质化学成分见表 9-28。

表 9-28　台湾省陶瓷粘土物理性质、化学成分一览表

产地	含矿地层	物理性质		化学成分/%						
		颜色	耐火度/℃	烧失量	SiO_2	Al_2O_3	Fe_2O_3	CaO	MgO	R_2O
鱼池	第四系			8.45	65.11	15.62	6.97	0.46	0.57	2.97
				8.48	62.76	17.88	7.26	0.47	0.55	2.81
莺歌		红、黑		8.08~14.82	61.60~69.40	15.94~18.71	2.40~4.46	0.21~0.29	0.55~0.92	1.35~1.58
尖山		红、黑		9.01~16.07	59.61~66.67	17.60~19.53	2.53~4.97	0.11~0.17	0.59~0.77	1.28~1.53
嵌脚		黄	1580	3.97	82.42	10.25	2.72		0.40	
大湖		黄	1580	4.46	80.84	11.73	2.64	0.53		
北湾	南庄组	灰	1400	9.04	60.66	24.97	3.38	0.75	0.91	
大坑		灰、白	1595	5.74~9.21	62.85~70.50	19.91~22.80	2.89~4.13	微~0.47	微~0.91	
				4.36~9.37	61.88~70.28	17.69~23.54	2.47~3.29	0.26~0.46	0.14~2.22	
福基				6.55~7.09	54.73~67.16	19.92~24.70	2.86~7.83	0.11~0.87	0.42~0.61	
苗栗大湖		灰	1590	7.42	68.17	21.78	2.41	0.23		
三义		灰白、灰紫	1580	6.66~7.35	63.99~68.11	22.01~26.33	2.11~3.12	0.18~0.21		

（据何春荪等，1963；《台湾矿业史》编委会，1966）

1. 第四纪冲积层陶瓷粘土

第四纪冲积层陶瓷粘土分布于台湾省西北部，多出露于低地处，为古河流与湖泊相沉积。粘土常呈夹层产于砂砾层中，周围渐变为砂质粘土，厚度多在 1 m 以内，厚者可达 3~4 m。粘土性粘，呈灰色至青灰色，被氧化铁沾染者呈褐黄色。矿物以伊利石与绿泥石为主，但近地面绿泥石含量降低，变为以伊利石为主，并含有混层粘土矿物。此类粘土化学成分（%）：SiO_2 56.1~82.42、Al_2O_3 10.25~19.53、Fe_2O_3 2.62~7.26。

1）鱼池大型矿床：位于南投县鱼池乡，为日月潭一带的古湖泊相沉积，也是台湾省陶窑早期开发地区之一，也是目前台湾省最大陶瓷粘土产地。据周顺安（1986）估计，鱼池盆地粘土储量达 7000×10^4 t，为大型矿床。

2）大南、大湖、坎脚和坎子脚矿点：4个矿点分布于桃园市南部，出露于台地、阶地和洼地，属第四纪冲积层，粘土以0.3~1 m薄层状夹于砂砾层中。粘土呈黄色，性粘，矿物有水云母、绿泥石、混层粘土和氧化铁等，化学成分（%）：SiO_2 80.84~82.42，Al_2O_3 10.25~11.73，Fe_2O_3 2.64~2.72。其质较差，仅供制粗陶、水管、砖瓦等。储量：大南6.4×10^4 t，大湖1.5×10^4 t，坎脚2×10^4 t，坎子脚1.5×10^4 t。此外，尚有南投县的南投镇（矿点）及新北市莺歌尖山（小型矿床）均为古河道沉积。

2. 南庄组陶瓷粘土

南庄组陶瓷粘土共有5处矿点，分布于苗栗县的出磺坑背斜两翼及其外围，有夹于白砂岩之层间粘土及砂岩中水簸土两类粘土。层状粘土矿物主要是伊利石和高岭石，少量绿泥石及混层粘土，蒙脱石偶见，非粘土矿物以石英粉砂为主。水簸土中也含有较多的石英粉砂（含量视洗选程度而异），矿物以伊利石及高岭石为主。Al_2O_3 含量一般17%~26%，SiO_2 54%~70%。

矿床实例——福基、大坑矿点：位于苗栗县东南出磺坑背斜西翼，粘土带沿背斜西翼的延伸约13 km。在大坑有两层粘土，厚度各约0.6 m，延伸不一，时有尖灭，倾角近乎于直立。其上层质量较好，灰白色，致密，块状。储量约2×10^4 t，尚有砂岩之水簸土储量不明。

福基一带有粘土1~3层，每层厚度不一，约0.2~2 m，时有尖灭。据日本人估计，福基至北河间，储量为22.5×10^4 t。另有含水簸土白砂岩2层，上层厚16 m，延伸145 m，下层厚18 m，延伸180 m，走向北东，倾向北西，倾角55~60 ℃。粘土经水洗可得，储量约25.2×10^4 t

其他矿点，如苗栗的三义、北湾、大湖等地，矿产地质特征基本相似，此不赘述。

八、矿床的时空分布特征及成矿规律

（一）矿床的时空分布特征

第四纪冲积层陶瓷粘土：南投县鱼池乡，为日月潭一带的古湖泊相沉积，也是台湾省陶窑早期开发地区之一，也是目前台湾省最大陶瓷粘土产地。而大南、大湖、坎脚和坎子脚矿点分布于桃园县南部，出露于台地、阶地和洼地，属第四纪冲积层。因此，第四纪冲积层陶瓷粘土为古河流与湖泊相沉积。

南庄组陶瓷粘土岩：粘土有夹于白砂岩之层间粘土及砂岩中水簸土2类。层状粘土矿物主要是伊利石和高岭石，少量绿泥石及混层粘土，蒙脱石偶见，非粘土矿物以石英粉砂为主。水簸土中也含有较多的石英粉砂（含量视洗选程度而异），矿物以伊利石及高岭石为主。

（二）成矿规律

第四纪冲积层陶瓷粘土：该冲积层陶瓷粘土为古河流与湖泊相沉积。粘土常呈夹层产于砂砾层中，周围渐变为砂质粘土。粘土性粘，呈灰色至青灰色，被氧化铁沾染者呈褐黄色。

南庄组陶瓷粘土岩：分布于苗栗县的出磺坑背斜两翼及其外围，粘土带沿背斜西翼的延伸约13 km。粘土有夹于白砂岩之层间粘土和砂岩中水簸土2类。

第九节　高岭土（瓷土）

一、高岭土的特征和主要经济用途

（一）特征

高岭土（瓷土）是以高岭石族矿物为主组成的粘土或岩石的总称。高岭石族矿物有珍珠石（又称珍珠陶土）、地开石（又称迪开石、迪凯石）高岭石、埃洛石（旧称多水高岭石、叙永石）

4 种，均属层状硅酸盐矿物，其中以高岭石和埃洛石为主。珍珠石、地开石和高岭石的化学式均为：$Al_4[Si_4O_{10}](OH)_8$，它们是一种多形变体。埃洛石是一种含层间水的高岭石，化学式为 $Al_4[Si_4O_{10}](OH)_8\cdot(2\sim4)H_2O$。电子显微镜下高岭石呈假六方片状，集合体呈书册状或蠕虫状；埃洛石为管状（这一点很重要，影响到由它们分别组成的高岭土的应用范围）。4 种矿物常用 X 射线数据来区别。

不同成因的高岭土矿床中的高岭土的矿物成分、化学成分和工艺特性差别很大。一般高岭土的化学成分为：SiO_2 43%~77%，Al_2O_3 16%~39%，Fe_2O_3 0.06%~3.15%，TiO_2 0.03%~0.7%，（K_2O+Na_2O）0.01%~7%，烧失量 2.50%~18%。高岭土中的土状者，一般为白色，含铁呈黄色者质不佳，有时因含有机质而呈灰或灰黑色，但烧后即成白色，常为致密块状、土状或角砾状，具强可塑性和粘结力，高耐火度和烧结度，良好的化学稳定性、耐酸和绝缘性。石状者有两大类，一类石状者产在火山凝灰岩（晶屑熔结凝灰岩）中，呈透镜状或不规则状产出。矿石灰白、灰绿、肉红色，具不规则血红色丝纹，微透明，团块状或致密块状构造，常含 5%~10%的石英碎屑，硬度 3~4，碎块具尖棱角，油脂-蜡状光泽。矿石未磨细之前无吸水性和可塑性，常与叶蜡石、明矾石伴生。另一类在含煤地层中成层产出，有软质的和硬质的两种，前者为土状，后者为石状，如河北唐山煤矿中的紫木节和白木节，它们可与煤综合开发。台湾省高岭土（瓷土）物理性质、化学成分见表 9-29。

表 9-29 台湾省高岭土（瓷土）物理性质、化学成分一览表

产地	含矿地层	物理性质			化学成分/%							
		含砂量/%	含土量/%	耐火度/℃	烧失量	SiO_2	Al_2O_3	Fe_2O_3	CaO	MgO	R_2O_3	R_2O
北投	木山组	85	15	1580	2.64~3.66	72.59~79.46	13.81~22.57	0.29~2.15	0.24~0.26	0.31~0.55		3.45~4.13
南势角		85	14		10.57	55.48	33.34	0.56	痕迹	痕迹		
湖肚	南庄组				1.13	83.77	11.31	0.51	0.47	0.26	2.61	
太平地		66.2	28.84		1.64	83.91	10.32	0.60	0.18	0.20	3.15	

（据何春荪等，1963；《台湾矿业史》编委会，1966）

（二）主要经济用途

高岭土（瓷土）因具有分散性、可塑性、粘结性、烧结性、耐火性、离子交换性和物理化学上的稳定性，应用范围颇广，具体用途如下：

1）高岭土是日用陶瓷、艺术陶瓷、建筑卫生陶瓷、电瓷的主要原料，用作坯体和釉料；搪瓷的涂料（釉料）；还可制成工业陶瓷和特种陶瓷，如耐酸器皿、切削刃具和钻头。

2）高岭土、刚玉、金刚石砂混合物除了具有耐高温的性能外，还能透过红外线辐射，又有高的机械强度和抗热冲击的性能，可制成各种形状的红外、远红外辐射用的陶瓷元件；优质高岭土还可供作原子反应堆、喷气飞机和火箭的燃烧室或喷嘴用的高温陶瓷涂料。

3）高白度（>85）的高岭土被用作纸张填料；纯度和白度更高且以片状晶形的高岭石组成（不含或极少含管状埃洛石）的高岭土用作高级纸张高速涂布（刮刀涂布 400 m/min）的涂层剂。白度高而质地细腻者在橡胶、塑料、油漆、油墨、颜料、化妆品、肥皂、清洁剂、医药、纺织、食品工业中作填料、增强剂，用以增加制品的耐磨性；质量较差的则作铅笔、漂白粉、去垢剂的填料。

4）可制成人工合成的分子筛，广泛用于石油精炼、催化以及各种化工工业，如制造洗衣粉等。

5）粉状高岭土与白云石和醋酸镁混合在一起，经 900~950 ℃煅烧可制成高岭土过滤材料，用来过滤饮用水。

6）用作各种研磨材料，如刚玉砂轮、金刚石砂轮、各种规格的油石制品的粘结剂；煅烧高岭土被用作抛光剂。

7）大量用作农药、化肥的载体。

8）作石油钻井的泥浆材料。

9）是一种传统的中药材，在制药业中还被用作填料。

10）在冶金工业中优质高岭土用来制作高温铸模模型和莫来石高温耐火材料；中低级高岭土可制作耐火砖、高镁铝砖、各种熔炼炉和热风炉的炉衬砖，用于冶金、建材等各类窑业中作耐火材料。

11）在复合材料工业中，高岭土作制造玻璃纤维的配料。

12）高岭土还用来制作熔炼各种高级光学玻璃、水晶、有机玻璃的熔炼坩埚、拉制玻璃纤维的各种拉丝坩埚，以代替价格昂贵的铂、镍坩埚。

13）制成高岭土复合钛白可替代钛白替代钛白可替代钛白粉做颜料，用于化妆品等工业。

14）作为生产硫酸铝和金属铝的原料（中国铝资源不缺乏，不用高岭土炼铝）。

15）作白水泥的原料、粘结剂、增白剂和充填料；制作油毛毡、屋面涂料和防水剂；用作配制高强度高性能混凝土的矿物外加剂。

全球高岭土的消费结构是：填料和涂料45%、耐火材料16%、陶瓷15%、玻璃纤维6%、水泥6%、橡胶和塑料5%、油漆涂料3%、其他4%。在中国，高岭土最主要的用途乃是作为陶瓷原料和各种填料，其用量约占总产量的85%以上。

二、矿产地数量

台湾省已知有高岭土矿点4处（表9-30）。

表9-30　台湾省高岭土（瓷土）矿产地一览表

序号	矿产地名	交通位置	矿床类型	成矿时代	规模	预测资源量/10^4 t	工作程度	开采程度
16	新竹暗潭	新竹县关西镇北东东约5 km	机械沉积型	N	矿点	0.15	矿产勘查	停采矿区
17	新竹湖肚	新竹县关西镇南东约2 km	机械沉积型	N	矿点	1.3	矿产勘查	停采矿区
18	新竹太平地	新竹县关西镇南西约5.5 km	机械沉积型	N	矿点	0.3	矿产勘查	停采矿区
19	苗栗大南浦	苗栗县南庄乡北西约3 km	机械沉积型	N	矿点	2	普查	停采矿区

三、地理分布

台湾省的高岭土主要分布于新竹和苗栗（见图9-5中的高岭土）。

四、资源储量

台湾省高岭土资源量见表9-30。

五、勘查工作程度

台湾省高岭土矿只有一个为普查矿点，其他矿点均为矿产勘查（预查）。

六、开发利用程度

据《台湾省经济年鉴》，台湾省高岭土1970~1991年，据不完全统计，台湾省高岭土探明主要产地是台北市近郊的北投和南势角，它们有过开采，现均已全部停产。

七、矿床类型、典型或代表性矿床及其他矿床（点）

（一）矿床类型

高岭土（瓷土）矿床类型划分为3种类型，①表生作用风化型（风化残积亚型、风化淋积亚型）

矿床；②沉积作用机械沉积型（古代沉积亚型、近代沉积亚型）矿床；③陆相火山岩型火山热液交代蚀变型（古代热液蚀变亚型、近代热液蚀变亚型）矿床。

台湾高岭土矿主要是机械沉积型。

（二）矿产论述

1. 南庄组高岭土（瓷土）

南庄组瓷土共有4处矿点，分布于新竹县关西一带的暗潭、湖肚、太平地，以及苗栗县的大南浦等地，为夹于白砂岩层间的粘土或白砂岩之水簸土。粘土层有1~3层，厚0.2~1 m，部分呈透镜状，品质好的层位已受较深风化，泡水容易脱落。赋存于白砂岩中的粘土，为砂岩胶结、充填物，经水洗可获得，其含量约占10%~15%。粘土矿物通常以结晶良好的云母为主，高岭石较少。大南浦、湖肚、太平地等处的瓷土，SiO_2 含量偏高，Al_2O_3 含量较低。

2. 木山组高岭土（石英砂岩中共伴生的瓷土）

木山组高岭土（瓷土）是与石英砂岩共伴生的高岭土，出露于台北市的北投嘎唠别、石头厝，新北市的南势角和南投县的北山坑等地。粘土作为胶结物充填于白砂岩中，白砂岩厚度自数米至十余米，粘土含量约占砂岩的10%~15%。木山组高岭土作为石英砂岩矿中共生的瓷土来开发利用，主要有台北南势角、北投瓷土矿等，其矿床特征已列入石英砂岩矿中，这里主要描述瓷土矿的特点。

此类粘土的矿物成分主要为伊利石和石英，高岭石仅少量出现，此外还有少量的氧化铁。南势角较为独特，高岭石含量较高，可塑性较低，而耐火度较高。由于粘土中含有石英微粒，Al_2O_3 一般少于20%，仅南势角 Al_2O_3 可达33%（表9-29）。主要矿产地简述如下。

（1）南势角中型矿床（石英砂岩中共伴生）

位于台北市以南约10 km处，属新北市中和乡。木山组出露在清水坑背斜两翼，背斜大致呈北东向延伸，两翼倾角约20°。粘土矿所赋存的白砂岩位于清水坑背斜东北端，单层厚2~10 m，在木山组上部比较发育，夹有页岩、粉砂岩和煤。白砂岩含石英85%，高岭土14%~15%，有少量褐铁矿和副矿物。

南势角粘土成分独异于其他地区，化学成分（%）：Al_2O_3 33.34、SiO_2 55.48、Fe_2O_3 0.56，属于高岭石质粘土，具有较高的强度，但因 SiO_2 含量较高，所以可塑性较低。陈培源将此粘土称为地开石，并认为非原来沉积粘土，而是经过和沿裂隙带上升的热液接触，经蚀变作用而生成的。但就其层位而言，还是将它归于野柳群木山组。该矿的储量为 164.64×10^4 t，可采量 110.74×10^4 t。

（2）北投小型矿床（石英砂岩中共伴生）

位于北投镇西北1.5 km。区内由木山组下部的中细粒白色石英砂岩、灰黑色页岩和页岩、砂岩互层组成，有少量砾质夹层，总厚度150 m。

粘土为白砂岩胶结物，白砂岩最大厚度10 m。粘土可采范围通常限于一些富含粘土质的砂岩层，并且是一些遭受了强烈风化的岩层。白砂岩约含85%的石英和少量散布其间的白云母、长石、黄铁矿等，粘土作为胶结物含量0~10%。矿物以伊利石为主，次为高岭石。熔点1580 ℃，可塑性较好。该矿储量约 27×10^4 t，属小型矿床。

该粘土可用于制造陶器和低级白瓷，若加入少量高岭土，则可生产较高级的陶瓷。

此外，有北投石头厝瓷土矿，粘土含量占白砂岩的9%，色灰白、质佳，可制陶瓷之用；新北市北部海岸的万里，白砂岩可采量为 34.8×10^4 t，按10%估算，粘土量为 3.48×10^4 t。南投县北山坑瓷土，有资料提及质量较佳，可制陶瓷器。

八、矿床的时空分布特征及成矿规律

（一）矿床的时空分布特征

木山组高岭土（与石英砂岩共伴生的瓷土），出露于台北市的北投嘎唠别、石头厝，新北市的南势角和南投县的北山坑等地，粘土作为胶结物充填于白砂岩中。木山组瓷土作为石英砂岩矿中共生的瓷土来开发利用，主要有台北南势角、北投瓷土矿等。

南庄组高岭土（瓷土），分布于新竹县关西一带的暗潭、湖肚、太平地，以及苗栗县的大南浦等地，为夹于白砂岩层间的粘土或白砂岩之水簸土。

（二）成矿规律

母岩在水的作用、温度的变化、生物的作用，大气营力及其他表生作用影响下，在地表或接近地表的地方产生风化作用。台湾所处南亚热带地区，风化作用以发生化学分解为主，主要产生 3 种物质：①稳定的矿物，如石英、锆石和其他稳定重矿物砂以及磷片状白云母等；②不溶解的残余物，如水云母、高岭土、水铝石、蛋白石等；③可溶物质，如 K、Ca、Mg、Fe 盐及硅酸，这些稳定矿物和不溶解的残余物一般残留在风化壳中。部分被侵蚀形成坡积、冲洪积层。

各种造岩矿物在风化时的稳定性既然不同，这和矿物本身的物理、化学性质、内部结构、构造及所处风化条件有关。其风化产物也不同，以长石、铁镁矿物为例：

1）长石类：在长石中，钾长石较斜长石稳定，而在斜长石中，酸性斜长石又较基性斜长石稳定。因此，在沉积岩中比较常见的长石是钾长石和酸性斜长石。其中钾长石的具体风化过程为：钾长石→水白云母→高岭石。

钾长石在风化过程中，最先转移的化学成分是 K，其次是 Si，而 Al 则大部分一直保留到最后阶段，而在原地相对地富集起来。同时，从矿物成分上看，它是由无水的铝硅酸盐逐步地变为含水的铝硅酸盐，以至最后变为在地表最稳定的含水的铝和硅的氧化物。

2）铁镁矿物类：主要是 Fe^{2+}、Mg、Ca 的硅酸盐，如橄榄石、辉石、角闪石等，它们的稳定性要比长石小得多，其中以橄榄石最易风化，其次是辉石、角闪石，它们的风化过程：此类矿物在 CO_2、H_2O 和 O_2 的作用下，其最后分解结果是 Fe^{2+}、Mg、Ca 成为碳酸盐分离出来，一部分溶于水中被带走；大部分 Fe^{2+} 进一步氧化成为含水氧化铁，堆积在原地，分离出来的 SiO_2，则成为蛋白石、玉髓、石英，有一部分成为胶体状态被搬运走。由于风化后大量氧化铁的形成，故其风化产物多呈棕色、褐色、红色等。这种现象为“红帽子、白肚皮”。（“红帽子”指砖红、褐红色表壳，“白肚皮”指其下高岭土矿层）。

风化产物除了残留地表外，部分受侵蚀搬运，碎屑物质通常以机械的方式搬运；粘土物质、胶体物质与溶液物质则以悬浮方式、胶体溶液方式与真溶液方式进行搬运。被侵蚀搬运的风化产物在滨海、河谷、山间湖盆沉积，形成碎屑岩中高岭土矿（含有三水铝石）夹层。

第十节　耐火粘土

一、耐火粘土的特征和主要经济用途

（一）特征

耐火粘土，指耐火度大于 1580 ℃，由 0.005 mm 以下的高岭石族矿物、铝的氢氧化物及少量水云母组成的粘土。常含有其他粘土矿物、褐铁矿、赤铁矿、黄铁矿、钛铁矿、金红石、石英质矿物以及长石、方解石、白云石等。依其理化性质和工业利用情况，分为软质粘土、半软质粘土、硬质粘土和高铝粘土 4 大类。每一类粘土都不是由单一矿物组成，而是由多种铝氧化物与铝硅酸盐矿物组成。其矿石品质主要决定于两方面：一方面是各种组分的含量，其中氧化铝含量是衡量矿石品质的重要因素之一，含量越高，矿石耐火度也越高；含量最低不能低于 22%。铁质矿物是耐火粘土最有害的组分，它将降低矿石的耐火度，因此其含量不得超过 3.5%。此外，二氧化硅的赋存状态也十分重要，若呈胶状出现，则能增强粘土的可塑性；若呈粒状出现，则减弱其粘结力，应作一定处理，将其剔除。另一方面，耐火粘土的品质还与其物理技术性能有关，其中最主要的是耐火度，它是衡量耐火粘土品质的重要标准之一。此外，可塑性与耐风化性也是十分重要的。前者将决定耐火粘土类型与使用的途径；后者将决定合理煅烧工艺的选择。硬质粘土、高铝粘土（又称铝矾土）必须经过煅烧达到烧结，才能作为耐火材料。

耐火粘土的分类及其主要矿物与副矿物组成见表9-31，耐火粘土类型见表9-32。

表9-31 耐火粘土主要矿物与副矿物组成

耐火粘土分类	主要矿物	副矿物
软质粘土	高岭石、三水铝石，一般以前者为主	水云母、水白云母、埃洛石
半软质粘土	高岭石，有时有水云母	绢云母，碳质
硬质粘土	高岭石、硬铝石、一水铝石	伊利石、水云母、绢云母，地开石、叶蜡石、埃洛石
高铝粘土	硬水铝石、胶铝石、水铝石、三水铝石	水云母，有时有高岭石

表9-32 耐火粘土类型

耐火粘土类型	矿物	100~110 ℃	400~600 ℃	700~800 ℃	900~980 ℃	1000~1250 ℃	1400~1500 ℃	1600~1700 ℃
硬质粘土	高岭石	失去吸附水	失去结构水		SiO_2 变方英石	生成莫来石	莫来石	增长（烧结）结束
高铝粘土	高岭石		脱水	生成偏高岭石	变为莫来石	分解出 SiO_2 生成莫来石	莫来石晶体增大	
	水铝石		脱水	形成刚玉假象	SiO_2 变方英石	与游离 SiO_2 生成莫来石	莫来石晶体增大（20 μm）	晶体增大（60 μm）

注：矿石化学成分、矿石结构是影响高铝粘土烧结的因素。实验证明，Al_2O_3 含量60%~70%的高铝粘土，因铝硅比值接近莫来石2.55的比值，烧结后的莫来石含量最高、难烧结。Al_2O_3 含量高的特级品、一级品及含量低的三级品易烧结。矿石中鲕状结构多、分布广的矿石则较难烧结。

（二）主要经济用途

耐火粘土主要用作冶金耐火材料，占70%，其次，用于机械、轻工、化工、建材、橡胶、造纸、玻璃、陶瓷、国防部门。

1）耐火粘土经煅烧后的熟料，用于烧制各种耐火砖和不定型耐火材料。软质粘土用作耐火泥，砌筑炉窑和制成耐火混凝土。硬质粘土用于烧制各种普通耐火砖，如高炉耐火砖，炼铁炉、热风炉、盛钢桶的衬砖、塞头砖、流钢砖，以及工业锅炉、机车锅炉的耐火砖；还可作新型的具有耐高温、导热系数小、耐酸碱浸蚀、质轻等特点的耐火纤维，在工业部门作隔热、保温、防火材料。

2）高铝粘土用于制电炉、高炉的高铝砖，高铝衬砖及高铝耐火泥；与电熔刚玉、氧化锆配比制高铝锆英石砖。国外用高铝矾土为基础制ASC砖，这种砖是含 Al_2O_3-SiC-C系统用树脂结合的高铝砖（SiC是聚碳硅烷纤维），它具有很低的显气孔率，可改进抗浸蚀性、抗渣性、渗透性，有高的抗震性和好的体积稳定性。

3）用于鱼雷式铁水罐砖以对钢水进行脱硅、脱磷、脱硫的预处理；用作高强度高铝耐火泥；用作铬铝质（Cr_2O_3/Al_2O_3）同融块熟料，作为浇注料制成煤气化炉的耐火材料；用作板状氧化铝耐火材料、铝镁尖晶石耐火材料；与电熔刚玉、氧化锆制作高铝的特殊锆英石砖。

4）建材工业中用 Al_2O_3>70%、SiO_2<10%、Fe_2O_3<1.5%、TiO<5%的高铝粘土制高铝陶瓷和高铝水泥；品位较低的高铝粘土制硫铝硅酸盐膨胀水泥、双快硅酸盐水泥。

（三）矿石工业类型

耐火材料依其理化性能、矿石特征和工业用途划分的矿石类型见表9-33。

台湾耐火粘土的物理性质及化学成分见表9-34。

表 9-33　耐火材料的矿石类型

矿石工业类型	矿物成分		Al_2O_3	Fe_2O_3	耐火度	矿石外观特征	工业用途	备注
	主要矿物	次要矿物	%	%	℃			
高铝粘土	一水硬铝石	高岭石、一水软铝石	>50	<3	≥1770	豆状、鲕状、角砾状、致密块状、坚硬粗糙状、土状	高铝质耐火材料	化学成分以熟料计
硬质粘土	高岭石	一水硬铝石、三水铝石、地开石、伊利石、叶蜡石	>30	≤3.5	≥1630	致密块状、鲕状、贝壳状	粘土质耐火材料	化学成分以熟料计
半软质粘土	高岭石	伊利石、一水硬铝石	>25	≤3.5	≥1630	块状、片状	结合剂	化学成分以生料计
软质粘土	高岭石-伊利石 钠蒙脱石-伊利石		>22	≤3.5	≥1580	土状、片状	结合剂	

表 9-34　台湾省耐火粘土物理性质、化学成分一览表

矿床类型	产地	物理性质		耐火度	化学成分/%						
		颜色	性质	℃	烧失量	SiO_2	Al_2O_3	Fe_2O_3	CaO	MgO	SO_3
风化型	七股	白色	质轻、松，稍粘	1610~1630	7.06~14.75	48.78~62.71	29.53~33.15	0.03~0.04	0.65~0.99	0.10~1.13	1.48
	三重桥	黄色	质轻、松、粘	1760	17.16	39.86	37.88	2.55	0.70	0.71	1.14
	竹子湖	白-黄色	质轻、粘，含砂	1580~1610	12.53~16.9	50.24~56.13	23.83~27.71	3.20~3.63	0.30~0.72	微~0.32	
	十八分	白色	质软、粘	1650~1680	1.80~24.68	33.15~66.90	26.64~37.37	1.40~6.20	0.20~4.10	0.17~0.26	
沉积型	番婆坑	白色	甚粘	1580~1630	5.48	66.72	24.50	1.37	1.83	0.20	
	小南坑	灰色	质硬，含砂砾	1580	6.40~6.86	63.51~65.88	25.63~26.32	1.71~2.27	0.24~0.38	0.44~0.53	
	番子寮	灰-紫黑色	粘或质硬含砂	1605~1640	6.33~13.62	50.59~69.68	19.42~32.58	2.36~3.56	微~0.39	微~1.03	
	纸糊	灰色	粘	1615~1640	8.69	58.73	28.59	3.00	0.41	微	
	观音山	灰色	质硬	1580	7.13	63.13	26.80	2.05	0.65	0.32	
	田美			1580~1630	7.05~8.16	59.62~72.53	17.73~29.15	1.08~1.77	0.09~0.21	0.44	

注：番婆坑、小南坑和番子寮为砂岩的共伴生矿。　　（据张石角，1963；《台湾矿业史》编委会，1966）

二、矿产地数量

台湾耐火粘土有矿点7处（表9-35）。另有与玻璃用石英砂岩共伴生的中型矿床1处（新竹番婆坑）和小型矿床各1处（苗栗番子寮）。台湾省的耐火粘土多数是中-低级耐火粘土，最佳者为台北三重桥，耐火度为1760℃。

表 9-35　台湾省耐火粘土矿一览表

序号	矿产地名	交通位置	矿床类型	成矿时代	规模	预测资源量/10^4 t	工作程度	开采程度
20	新北三重桥	新北市万里乡三重桥	风化型	Q	矿点	0.4	矿产勘查	停采矿区
21	台北竹子湖	台北市阳明山区竹子湖阳明山北西约 2.5 km	风化型	Q	矿点	12	普查	停采矿区
22	台北七股	台北市士林区七股村	风化型	Q	矿点	3	普查	停采矿区
23	台北十八分	台北市顶北投十八分山脚，石头厝东北	风化型	Q	矿点	15	普查	生产矿区
24	苗栗田美	苗栗县南庄乡田美村东约 1 km 之大窝	机械沉积型	N	矿点	0.2	矿产勘查	停采矿区
25	苗栗纸湖	苗栗县狮潭乡纸湖村东约 1.5 km	机械沉积型	N	矿点	0.8	矿产勘查	停采矿区
26	苗栗观音山	苗栗县大湖乡北西约 3 km	机械沉积型	N	矿点		矿产勘查	停采矿区

三、地理分布

台湾耐火粘土矿床主要分布于台北地区、苗栗地区（图 9-5 中的耐火粘土）。

四、资源储量

据《台湾区域矿产总结》（1994），台湾省耐火粘土探明储量 3097.6×10^4 t，可采储量 2133.2×10^4 t；但根据有预测资源量的上述 6 个耐火粘土矿点统计的预测资源量仅为 31.4×10^4 t（表 9-35）。

五、勘查工作程度

台湾省耐火粘土矿共有 7 处，其中普查矿点地 3 处，矿产勘查（预查）矿点 4 处。

六、开发利用程度

台湾省耐火粘土产量自 1973～1991 年，合计为 96.31×10^4 t。1973 年以前的产量尚无从考证，仅有零星的资料谈及个别产地已开采。1963 年《台湾经济矿产》记载了北投十八分粘土矿床是“台湾省耐火粘土的主要来源，并作为原材料供给高雄和台北几乎所有的耐火砖厂”。1963 年张石角在《台湾工业用非金属矿物资源》一文指出，耐火粘土“矿床储量较富者有苗栗之三义、大坑、番子寮、大湖、纸湖、观音山、田美及新竹之番婆坑、小南坑等”。

耐火粘土矿床（点）共有 7 处，其中开采 1 处、停采 6 处。

七、矿床类型、典型或代表性矿床及其他矿床（点）

（一）矿床类型

台湾耐火粘土主要矿床类型有风化型和机械沉积型。

风化型的耐火粘土产于台湾省北部大屯火山岩区，产地有北投十八分、竹子湖、三重桥、七股 4 处矿点，其为台湾省最重要的耐火粘土产地，全省大多数耐火粘土均产于此。机械沉积型耐火粘土有苗栗县纸湖、观音山和田美3处矿点，此耐火粘土多产于中新统南庄组中，粘土呈层状或透镜状产于南庄组白砂岩中。

（二）典型或代表性矿床及其他矿床（点）

耐火粘土是指耐火度大于1580 ℃的粘土。台湾省的耐火粘土多数是中-低级耐火粘土，最佳者为台北三重桥，耐火度为1760 ℃。

1. 风化型

此类型耐火粘土主要产于台湾省北部大屯火山岩区，由安山岩及安山质火山碎屑岩受火山作用期后所产生的含硫热气和酸性热液交代蚀变经风化而成。此类粘土多产于喷气孔周围，或沿断裂带分布，多以被盖状产出。露头较多，但规模较小。

热液交代作用所产生的矿物各处不一，依距热液作用中心远近或强度大小不同，可分为4个带：①靠近中心部位，因受强酸性热液作用，各种金属离子被溶解，使岩石发生蛋白石化，形成轻软、白色的高硅质岩石（含 SiO_2 90%~98%），台湾称为白土，矿物成分以非晶质蛋白石及隐晶质方英石为主；②在较外围地带，铁及碱性离子被溶解，但铝和硅则富集，因而产生高岭石族矿物，以高岭石、埃洛石为主，即安山岩发生高岭土化现象，加上后期风化作用，亦有非晶质水铝英石和三水铝石产生；③在热液酸度较低的外围多生成不纯粘土，其成分有蒙脱石和混层粘土矿物（由伊利石与蒙脱石或伊利石与绿泥石交错组成），并含颇多黄铁矿及含量不等的方英石；④局部地区有其他粘土出现，如小油坑和七股附近有明矾石质粘土，在大油坑附近有叶蜡石质粘土存在，在风化淋滤较深地区有铝土形成。

产出的粘土含有白色蚀变矿物，如水铝英石、蛋白石、方英石等矿物，硅质颇高，且含少量硫化铁及氧化亚铁等可溶性盐类。粘土多属Ⅲ级软质粘土，耐火度一般为1580~1630 ℃。

竹子湖矿点：位于台北市阳明山区竹子湖，粘土矿床由安山岩经热液交代蚀变而成，矿床形成一个盖层，覆盖于山坡及谷侧，粘土呈黄色和白色，主要成分：Al_2O_3 23.83%~27.71%，SiO_2 50.24%~56.13%，储量约 12×10^4 t。

北投十八分矿点：矿区位于新北投火车站西1.5 km新桥附近，分布面积11148.6 m^2。矿床由粘土化凝灰质泥砂岩、粘土化火山角砾岩、粘土化安山岩等组成，可采储量近 15×10^4 t，为台湾省最重要的耐火粘土产地。

粘土矿床上覆20 cm至数米厚的土壤、红粘土及砾石。矿床呈缓倾斜层状，厚度各处不一，平均2 m，厚者可达1~5 m，呈盖层罩在安山岩岩体上。粘土呈白、灰、灰黄、紫灰等色，粘性较强，干时易碎。主要矿物为埃洛石，次有高岭石、水铝英石及蛋白石，有时见夹有安山岩碎屑及铁镁矿物。

该粘土矿为安山岩及其角砾岩经风化及酸性水液淋洗、溶解而成。由于矿床表面的风化，埃洛石矿物部分重结晶为高岭石，玻璃质基质和斑晶更易粘土化，而在正常条件下，铁镁质较少蚀变。该矿于1943年被发现以来，有采掘场3处，粘土矿床的地表部分已采尽。

此外，在阳明山区火山口中的喷气孔周围，安山岩经含硫热气作用形成硅质白土，呈轻松多孔状白色粉末，其 SiO_2 含量甚高，达90%以上，耐火度在1580~1700 ℃。此类硅质白土产于小油坑、死磺子坪及竹子湖的部分区域，虽不属于粘土矿产，但可作为制造耐火砖的填充料，储量共 1.24×10^4 t。

2. 沉积型

耐火粘土多产于中新统南庄组中，粘土矿的分布呈北北东向排列，由北向南出露于番婆坑背斜西侧，狮头山背斜东翼及出磺坑背斜西翼。粘土呈层状或透镜状产于南庄组白砂岩中，有1~3层，厚度为0.2~2 m，延伸长度不一，局部尖灭。另尚有一类粘土，作为胶结物产于白砂岩中，是玻璃砂的副产品，经水洗选可获得。

粘土大多呈白色至灰色，少数灰紫色及灰黑色，致密块状，新鲜者可塑性较低，但经风化受湿可塑性较强。主要矿物为水云母与高岭石，含少量绿泥石及混层粘土矿物，蒙脱石偶尔出现，非粘土矿物以石英细砂最多，可占总量的30%～40%，其次有少量的云母及长石。粘土化学成分，一般 Al_2O_3 含量大于25%，Fe_2O_3 为1.3%～3.56%，为Ⅲ级半软质粘土或软质粘土，耐火度在1580～1670 ℃，属低级耐火材料。

田美、纸湖矿点，粘土矿以层状产于南庄组白砂岩中，耐火度1580～1670 ℃，2个矿点总储量共约 1×10^4 t。

此外，与玻璃用砂岩共伴生的番婆坑（包括小南坑）小型矿床中也有耐火粘土，该矿床粘土以2种方式产出：①粘土以层状夹于白砂岩中，为灰白色粘土及灰黑色碳质粘土，化学成分 Al_2O_3 24.50%，Fe_2O_3 1.37%，耐火度1580～1630 ℃，属Ⅲ级软质粘土，储量为5100 t。②粘土为胶结物产于白砂岩中，分布甚广，粘土含量约占砂岩的10%～15%。所含矿物通常以结晶良好的粘土云母为主，高岭石较少。此类粘土经砂岩压碎后用水洗选，使之与砂分离，作为玻璃砂的副产品，储量为 21.6×10^4～32.4×10^4 t。

八、矿床的时空分布特征及成矿规律

（一）矿床的时空分布特征

台湾耐火粘土矿床主要分布于台北、苗栗地区。其中火山热液交代型耐火粘土主要产于台湾省北部大屯火山岩区，产地有竹子湖、三重桥、七股等。风化型的耐火粘土出露于北投十八分，其为台湾省最重要的耐火粘土产地。沉积型的耐火粘土有苗栗县纸湖、番子寮、观音山及田美。耐火粘土多产于中新统南庄组中，粘土矿的分布呈北北东向排列，由北向南出露于番婆坑背斜西侧，狮头山背斜东翼及出磺坑背斜西翼。

（二）成矿规律

火山热液交代型耐火粘土矿床由安山岩及安山质火山碎屑岩受火山作用期后所产生的含硫热气和酸性热液交代蚀变而成。此类粘土多产于喷气孔周围，或沿断裂带分布，多以被盖状产出。

风化型耐火粘土矿床由粘土化凝灰质泥砂岩、粘土化火山角砾岩、粘土化安山岩等组成。

沉积型耐火粘土矿床产于中新统南庄组中，粘土呈层状或透镜状产于南庄组白砂岩中。

第十一节　其他（水泥用）粘土

一、水泥用粘土的特征和主要经济用途

（一）特征

水泥原料主要有石灰质原料和粘土质辅料2大类。粘土质辅料包括：粘土、黄土、红土、泥岩、页岩、碳质页岩（煤矸石）粉砂岩、板岩、千枚岩和片岩。目前已限制使用粘土，要求尽可能使用粘土岩类。

粘土、黄土、红土、泥岩、页岩、板岩、千枚岩和片岩实际上是一组化学成分类似，因成岩程度与变质程度不同而分别出现的岩石。由于其化学成分类似，故在某些用途中，它们之间常可相互代用，只是加工时遇到的硬度不同而已。

台湾省水泥配料用粘土岩性、化学成分见表9-36。

（二）主要经济用途

粘土和粘土岩的用途很广泛：①作水泥的粘土质原料；②作砖瓦原料，包括墙砖、地砖、青瓦、玻璃瓦等；③作陶粒（轻集料）原料，陶粒除作为混凝土的轻骨料外，还可用于管道、窑炉保温，

作饮用水过滤材料，农业及园艺上的无土基床材料和滤水材料；④可用来制陶器，特别是一种特殊的紫砂粘土或页岩，是制造著名的中国传统紫砂陶器的原料；⑤具极薄而平整层理或页理的可作建筑饰面石材中的板石；⑥作耐火材料；⑦作铸造粘结剂；⑧阳起石钠长石片岩用作水泥粘土质辅料和岩棉原料；⑨某些优质的泥岩、砂质泥岩、板岩是制砚台的原料，如端砚（广东肇庆）歙砚（安徽歙县）洮河砚（甘肃洮河）龙尾砚（江西婺源）贺兰砚（宁夏银川）。

表 9-36　台湾省水泥用粘土矿床（点）化学成分

产地	岩性	储量/10^4 t	可溶成分/%			非可溶成分/%						含水量/%	混合生石灰抗拉强度/10^5 Pa
			SiO_2	Al_2O_3	Fe_2O_3	烧失量	SiO_2	Al_2O_3	Fe_2O_3	CaO	MgO	SO_3		
关渡	火山角砾凝灰岩	163.44	31.89	25.05	11.62	13.58	44.99	26.87	13.97	0.22	0.11	微量	8.63	16.0
石门	上部火山灰下部火山角砾凝灰岩	115.42	28.18	26.43	7.09	13.20	44.45	30.95	8.01	2.90	0.23	0.18	4.85	11.9
阿里磅	火山角砾凝灰岩	205.20	27.26	15.39	8.75	5.34	47.92	26.30	11.23	5.22	3.75	0.13	4.55	11.2
车埕	火山角砾凝灰岩	36.92	32.35	23.00	2.58	7.80	54.72	29.23	4.14	2.57	1.12	0.09	5.81	12.4
合计		520.98												

（据张石角，1963）

二、矿产地数量

台湾省符合标准的水泥用粘土有小型矿床 3 处及矿点 1 处。

三、地理分布

台湾省水泥用粘土以大屯火山岩区安山岩及安山质火山碎屑岩为主，安山岩构成各火山主体，而安山质火山碎屑岩则出露于火山群的四周，尤以金山、阿里老、阿里磅一带海岸为多。有关渡、石门、阿里磅 3 处小型矿床及车埕矿点 1 处（见图 9-5 中水泥配料用粘土）。

此外，在大屯火山岩区一带，尚有一些质量较差的水泥用粘土，其可溶性 Al_2O_3 及 SiO_2 含量偏低，或与石灰混合时抗拉强度不足 10×10^5Pa，但台湾省仍有开采利用，列为矿化点。

四、资源储量

水泥用粘土预测资源量合计为 520.98×10^4 t（表 9-37）。

五、勘查工作程度

4 处水泥配料用粘土矿均为普查矿区。

六、开发利用程度

台湾省尽管有较广泛的凝灰岩分布，但没有积极开采。其原因是凝灰岩风化所成粘土，与真正的火山灰性质有所不同，除少数呈块状者全由火山灰组成外，多赋存于火山碎屑岩中而与未分解岩块和砂砾混合，须经选矿后方能应用，成本颇高，不利于采用，现均已停产。

表 9-37　台湾省水泥配料用粘土储量表

序号	矿产地名	矿种名称	交通位置	矿床类型	成矿时代	规模	资源储量 10^4 t	工作程度	开采程度
27	新北阿里磅	水泥配料用粘土	新北市石门乡东约 5 km	风化型	Q	小型	预测资源量 205.2	普查	停采矿区
28	新北石门	水泥配料用粘土	新北市石门乡南西约 1 km	风化型	Q	小型	预测资源量 115.42	普查	停采矿区
29	新北车埕	水泥配料用粘土	新北市三芝乡东埕村	风化型	Q	矿点	预测资源量 36.9	普查	停采矿区
30	台北关渡	水泥配料用粘土	台北市北投镇南西 3.6 km	风化型	Q	小型	预测资源量 163.44	普查	停采矿区

七、矿床类型、典型或代表性矿床及其他矿床（点）

（一）矿床类型

1）粘土（包括黄土）的矿床类型有：①表生作用风化（残积）型粘土矿床，台湾省水泥配料用粘土矿属于此类。②沉积作用沉积型粘（黄）土矿床。其中沉积作用沉积型粘（黄）土矿床又细分为河湖相沉积型粘土矿床和风积洪积型黄土矿床。

2）粘土岩的矿床类型主要有：①沉积作用沉积型粘土岩矿床；②变质作用变成型粘土岩矿床。其中沉积作用沉积型粘土岩矿床又细分有 3 种：①古侵蚀面上的硬质粘土和高铝质粘土矿床；②滨海及河湖沉积型泥岩、页岩、粉砂岩矿床；③与煤共生的软质粘土、硬质粘土或碳质页岩矿床。而变质作用变成型粘土岩矿床主要是区域变质型板岩、千枚岩、片岩矿床。

台湾省水泥配料用粘土矿的主要矿床类型为表生作用风化型粘土矿床。

（二）典型或代表性矿床及其他矿床（点）

大屯火山岩以安山岩及安山质火山碎屑岩为主，安山岩构成各火山主体。而安山质火山碎屑岩则露布于火山群的四周。台湾省符合标准的水泥用粘土对火山灰的质量作如下规定：火山灰的含水量不超过 5%；可溶性 SiO_2 含量，干燥时应在 25%以上；可溶性 Al_2O_3 和 Fe_2O_3 含量，干燥时应在 25%以上；SO_3 含量干燥后应在 1%以下；火山灰与生石灰混合后，抗拉强度应在 10×10^5Pa 以上。

此外，在大屯火山岩区一带，尚有一些质量较差的水泥用粘土，其可溶性 Al_2O_3 及 SiO_2 含量偏低，或与石灰混合时抗拉强度不足 10×10^5Pa，但台湾省仍有开采利用。它们分布于顶新庄、嘎唠别、山脚、富贵角、顶中股、大油坑、东寮、马槽、七星山、加投等地，列为矿化点，总储量为 711.78×10^4 t。

八、矿床的时空分布特征及成矿规律

（一）矿床的时空分布特征

台湾省水泥用粘土分布于大屯火山岩一带。特别是安山质火山碎屑岩出露布于火山群的四周尤为发育，如以金山、阿里老、阿里磅一带海岸为多。

此外，在大屯火山岩区一带，尚有一些质量较差的水泥用粘土，其分布于顶新庄、嘎唠别、山脚、富贵角、顶中股、大油坑、东寮、马槽、七星山、加投等地。

（二）成矿规律

台湾省水泥用粘土以安山岩及安山质火山碎屑岩为主，安山岩构成各火山主体，而安山质火山碎屑岩则露布于火山群的四周，尤其以海岸一带为多。

台湾省的水泥用粘土系化学性质和物理性质与火山灰颇为接近的大屯火山岩区安山质火山角砾凝灰岩风化所成的粘土。火山灰本身并不具有胶结性质，但当火山灰和水在常温混合时，能起化学作用而变成胶结化合物。

第十二节　蛇　纹　岩

台湾省的蛇纹岩、滑石、石棉和软玉矿床（点）分布于台湾岛东部中央山脉东侧及海岸山脉西侧，主要产于前古近纪大南澳及上新世利吉混杂岩中。矿床类型以变成（蛇绿岩-变质）型为主，次为变质-热液型、动力变质型。

蛇纹岩、滑石、石棉和软玉常相伴产出，如丰田、鹿野等地。矿床规模一般较小，均为小型矿床和矿点，以及一些矿化点。

一、蛇纹岩的特征与主要经济用途

（一）特征

蛇纹岩是一种主要由链状硅酸盐矿物蛇纹石组成的变质岩。蛇纹石的化学式为 $3MgO \cdot 2SiO_2 \cdot 2H_2O$，化学组成为 MgO 43%，$SiO_2$ 44.1%，H_2O 12.9%。蛇纹岩含蛇纹石大于 80%～89%（蛇纹石是蛇纹石族矿物的总称，包括叶蛇纹石、纤维蛇纹石、利蛇纹石），镁橄榄石 10%～20%，并含有少量磁铁矿、钛铁矿、铬铁矿、水镁石、透闪石、金云母、滑石等变质矿物，颜色黄绿-黑绿色，略具滑感，具有自形粒状结构，块状构造，风化后呈白色土状，硬度 2.5～4，蜡状光泽。容重轻，化学稳定较好，外表具似蛇皮状花纹，故名。

蛇纹岩加热至 400～550 ℃时脱水，700 ℃时形成镁橄榄石和非晶态硅酸镁（$MgSiO_3$），1000 ℃左右非晶质硅酸镁转变成顽火辉石，1300～1400 ℃时剧烈收缩，1400～1500 ℃烧结完成。蛇纹岩耐火度不稳定，常随 $MgO+Al_2O_3$ 内含量增加而升高，其耐火度一般为 1580～1730 ℃。

蛇纹岩是富镁的硅酸盐岩石，主要是超基性岩受高温气体-液体的影响变质而成。一些变质岩发育地区白云质变质岩中偶见变质成因的纤蛇纹石，一般构不成有工业意义的矿体。

蛇纹岩亚类划分：蛇纹岩中蛇纹石以叶蛇纹石和纤蛇纹石为主，此外还具有利蛇纹石和胶蛇纹石。其中叶蛇纹石呈叶片状及鳞片状集合体或不规则块状。颜色变化较大，由黄绿至深绿、淡黄色至白色、灰白色。常见呈蜡状光泽或油脂光泽，硬度 3～3.5。纤蛇纹石：呈细纤维状，束状或杂乱状，呈白色、绿色、黄色，有时为浅红、褐色。丝绢光泽，硬度 2.5。

（二）主要经济用途

蛇纹岩可主要用于：①制钙镁磷肥，在化肥工业上，主要与磷块岩或磷灰石一起熔化烧制钙镁磷肥，也可直接用蛇纹石粉肥。②在冶金工业用作镁质耐火材料，用于制冶金耐火砖。③在冶金工业用作冶金助熔剂，以增加炉渣的流动性和提高脱硫效果。④在冶金工业还可作为提取镁金属、镁化合物和泻利盐的原料，制成白碳黑和硫酸镁，还可提取氧化镁和制造高比表面积的无定形多孔二氧化硅，用于造纸、酿造和除污。⑤生产岩棉与铸石的校正原料，还可制人造橄榄石。⑥艳丽半透明的蛇纹岩可作工艺品和建筑材料。达到一定品质时可用雕刻石料和饰面石材，优质者是玉石材料，如“岫岩玉”。

二、矿产地数量

台湾省蛇纹岩有小型矿床1处（表9-38），矿点3处，另有与软玉、滑石、石棉共伴的小型矿床1处（丰田）。

表9-38　台湾省蛇纹岩矿产地一览表

序号	矿产地名称	矿种	交通位置	矿床类型	成矿时代	规模	工作程度	开发程度
1	宜兰乌石鼻	蛇纹岩	宜兰县苏澳乡粉鸟林村东南乌石鼻	变成型	K	矿点	预查	未利用资源
2	花莲万荣	蛇纹岩	花莲县万荣乡长汉山等地	变成型	K	矿点	普查	生产矿区
3	花莲清水溪	蛇纹岩	花莲县卓溪乡清水溪	变成型	K	矿点	预查	停采矿区
4	花莲瑞穗	蛇纹岩	花莲县瑞穗乡西约8 km	变成型	K	小型	普查	生产矿区
5	花莲丰田	软玉-蛇纹岩	花莲县寿丰乡丰田村西4.5 km	变成型	K	小型	普查	生产矿区

三、地理分布

台湾省蛇纹岩主要分布于台湾省东部的花莲和宜兰县（图9-6）。

四、资源储量

据不完全统计，台湾省蛇纹岩探明储量为6033.3×10^4 t，可采储量2050.4×10^4 t。

五、勘查工作程度

台湾省的蛇纹岩矿床有3个为普查矿区，其中2个小型矿床，1个为矿点；另外2个为矿产勘查（预查）区，其规模均为矿点。

六、开发利用程度

台湾省的蛇纹岩多用于制造磷肥及质优的耐火砖。此外也将蛇纹岩碎石作为磨石子，用于生产水泥花砖。台湾省蛇纹岩蕴藏较丰，尚未大量开采，近年来产量逐年递增，1973~1991年共生产蛇纹岩290.82×10^4 t。

3个普查矿区均有生产，2个矿产勘查矿区分别为停产矿区和资源未利用矿区。

七、矿床类型、典型或代表性矿床及其他矿床（点）

（一）矿床类型

台湾蛇纹岩矿床类型主要为变成型。

（二）典型或代表性矿床及其他矿床（点）

台湾省蛇纹岩没有大中型矿床，可作为代表性矿床有瑞穗和丰田小型矿床。

1. 蛇纹岩矿床（点）特征

（1）前古近纪大南澳杂岩中的蛇纹岩

主要分布在大南澳的玉里变质岩带，少数在太鲁阁变质岩带。已知有小型矿床2处，矿点3处，矿化点8处。

蛇纹岩出露于中央山脉东侧，主要位于宜兰县之东澳、乌石鼻，花莲县的丰田、瑞穗、万荣、天祥、清水溪等地。

图 9-6 台湾省蛇纹岩、安山岩、玄武岩矿分布简图

1）瑞穗小型矿床：位于花莲县瑞穗镇西约 8 km。矿区出露玉里带绿泥石石墨片岩，有 2 个较大的基性岩块，最大岩块位于瑞穗西北，称打马燕山岩块，面积约 20 km^2；另一个岩块在瑞穗镇西面积约 3 km^2。基性岩块的岩类包括绿帘石角闪岩、角闪岩、蓝闪石片岩、变质辉长岩、蛇纹岩和绿片岩。蛇纹岩产状与丰田相似，通常厚 1～5 m，长数十米。根据近年来开采，认为该矿质量较好，规模较大，为台湾省蛇纹岩主要产地。矿床除蛇纹岩外，共生少量石棉和滑石。

2）丰田小型矿床：位于花莲县丰田村西 4.5 km 处。蛇纹岩呈透镜状、似层状产于玉里带的绿泥石石墨片岩或绢云母石墨片岩中。蛇纹岩呈北东或北西走向，倾角 30°～40°，产状一般与围岩片理一致，局部斜切片理。有 7～9 层蛇纹岩矿体，每层厚 10～20 m 不等。主要岩体从白鲍溪延长到清昌溪，长度将近 4 km，其他岩体长度较短，多为 0.5~2 km，有些地方蛇纹岩沿水平方向渐变为绿泥石片岩。

在丰田新山地区有 6 层蛇纹岩矿体：①厚 12 m，产状走向 NW 330°~336°，北东倾，倾角 25°；②厚 20 m，产状走向 NW 320°~328°，北东倾，倾角 45°；③厚 15 m，产状走向 NW 300°~310°，北东倾，倾角 40°~42°；④厚 10 m；⑤和⑥厚度不明，产状走向 NW 300°~330°，北东倾，倾角 30°~40°。

此外，尚有 2 个小的蛇纹岩体：位于清昌溪上游，厚 5 m，产状走向 NE 60°~80°，北西倾，倾角 30°~80°；位于寿丰溪上游，厚 10 m，产状走向 NE 60°~80°，北西倾，倾角 30°~80°。

蛇纹岩矿体主要由蛇纹石组成，含少量磁铁矿和铬铁矿，按结构不同可分为叶片状和块状 2 类，皆由含角闪石的基性岩经蛇纹石化而来。推测本区有更广泛的蛇纹岩分布，因表土过厚或交通不便而未发现。丰田蛇纹岩与软玉、滑石、石棉共生，是台湾省的重要产地。

3）宜兰苏澳乌石鼻矿点：位于苏花公路上突出至太平洋的一个岩石山脊。小的蛇纹岩脉侵入乌石鼻大南澳带片岩中，蛇纹岩脉常沿着围岩的节理面，蛇纹岩为坚硬、致密暗绿色岩石常由纤维状或叶片状的叶蛇纹石及磁铁矿所组成。蛇纹岩体呈透镜状、块状出露，或与围岩的叶理一致，为煌斑岩蛇纹岩化的次生矿物。

（2）上新世利吉混杂岩中蛇纹岩

共有 3 处蛇纹岩，均为矿化点。

1）台东日出：蛇纹岩与辉长岩共生。蛇纹岩可能由橄榄岩或异剥辉石橄榄岩转变而来。蛇纹岩里含有一定数量的镍。

2）台东鹿野：见有 3 处小蛇纹岩体，并有石棉矿体产于蛇纹岩中，蛇纹岩与石棉共生。

3）台东富岗：蛇纹石化的岩石以岩脉、岩颈状散布在利吉混杂岩中。蛇纹岩由橄榄岩及基性岩经变质蛇纹石化而成。

（3）中新世—上新世火山岩的蛇纹岩

位于台东县兰屿岛，出露 1 处蛇纹岩。蛇纹岩产于中新世—上新世安山岩、安山质火山碎屑岩中，仅为矿化点。

2. 蛇纹岩矿物成分及化学成分

蛇纹岩矿物成分主要由蛇纹石、单斜辉石、透闪石、绿泥石、碳酸盐及不透明矿物组成，次要矿物有水镁石、白云母、斜黝帘石、滑石等。具块状和叶片状构造，当存在碳酸盐类时，其变斑结构很明显。

蛇纹岩的化学成分见表 9-39，岩石化学基本特征是低铝、贫碱。

表 9-39 台湾省蛇纹岩化学成分（%）

产地	烧失量	MgO	CaO	SiO_2	Al_2O_3	Fe_2O_3	FeO	K_2O	Na_2O	TiO_2	P_2O_5	MnO	Cr_2O_3	NiO
乌石鼻	12.2	35.49	0.90	39.45	2.32	5.88	2.86	0.10	0.80	微量	0.13	0.08		
丰田	12.89	36.17	1.60	37.15	1.79	6.24	1.72		2.12	微量		0.09	0.25	0.16
玉里	10.83	38.1	0.25	41.08	0.83	3.44	3.7	0.06		0.07		0.11		
万荣	12.05	33.58	2.07	40.47	2.80	9.01		0.03	0.22	0.50	0.02	0.11		

（据何春荪等，1963）

八、矿床的时空分布特征及成矿规律

（一）矿床的时空分布特征

前古近纪蛇纹岩主要分布在大南澳的玉里变质岩带，少数在太鲁阁变质岩带。蛇纹岩出露于中央山脉东侧，主要位于宜兰县之东澳、乌石鼻，花莲县的丰田、瑞穗、万荣、天祥、清水溪等地。

上新世利吉混杂岩蛇纹岩主要分布于台东地区，台东日出蛇纹岩与辉长岩共生，鹿野见有3处小的蛇纹岩与石棉共生及富岗蛇纹石化的岩石以岩脉、岩颈状散布在利吉混杂岩中。

中新世—上新世火山岩的蛇纹岩分布于台东县兰屿岛。

（二）成矿规律

蛇纹岩矿床主要沿蛇绿岩套与地缝合带分布，蛇纹岩主要产于前古近纪大南澳混杂岩中，次为上新世利吉混杂岩中，它是由橄榄岩、辉长岩等基性、超基性岩经变质-蛇纹石化而成。蛇纹岩多为深绿色或墨绿色，呈叶状或致密块状。

蛇纹岩矿体主要由蛇纹石组成，含少量磁铁矿和铬铁矿，按结构不同可分为叶片状和块状2类，皆由含角闪石的基性岩经蛇纹石化而来。推测本区有更广泛的蛇纹岩分布，因表土过厚或交通不便而未发现。丰田蛇纹岩与滑石、石棉共生，是台湾省的重要产地。

第十三节　安　山　岩

一、安山岩的特征和主要经济用途

台湾省天然安山岩建筑石料主要集中分布在北部的基隆山、大屯山、观音山等地。建筑石料以安山岩为主，多数都具较高的开发价值，主要用作混凝土骨料。

台湾省天然建筑碎石、卵石石料主要集中分布在北部的基隆山、大屯山、观音山，中部的雪山山脉和澎湖列岛等地。建筑石料以安山岩及砂岩为主，少数为玄武岩，多数都具较高的开发价值，主要用作混凝土骨料。台湾省天然建筑碎石、卵石石料分以砂岩建筑石料、安山岩建筑石料、玄武岩建筑石料3类。其中以砂岩为主的建筑石料在石英砂岩矿种中已论述。

二、矿产地数量

台湾省共计3个安山岩建筑石料矿床（表9-40），主要是基隆山地区有石英安山岩、大屯山地区有安山岩、观音山地区有辉石安山岩等。

表9-40　安山岩建筑石料储量表

序号	矿产地名	矿种	交通位置	矿床类型	成矿时代	规模	预测资源量/10^8 t	工作程度	开采程度
1	新北大屯山	安山岩	新北市大屯山北约3 km纱帽山一带	陆相火山岩型	N_2-Qp	小型	187.2	矿产勘查	停采矿区
2	新北观音山	安山岩	新北市北西12 km观音山（612高地）一带	陆相火山岩型	N_2-Qp	小型	8.23	矿产勘查	停采矿区
3	新北基隆山	石英安山岩	新北市瑞芳镇东部一带	陆相火山岩型	N_2-Qp	小型	10	矿产勘查	停采矿区

三、地理分布

台湾省安山岩建筑石料矿床分布于台湾省北部基隆山地区、大屯山地区、观音山地区一带（见图9-6中安山岩）。

四、资源储量

安山岩建筑石料储量见表 9-40、表 9-41，预测资源总量为 205.43×10^8 t。

表 9-41　安山岩品种、建筑石料估算储量表

区域	主要岩性	石料等级	出露面积 km^2	地形高差 m	体积 m^3	估算碎石母岩占有率/%	平均相对密度	预测资源量 10^8 t	备注
基隆山地区	石英安山岩	佳	4.70	250	3.9×10^8	100	2.58	10	包括基隆山、塞连山、榒山、金瓜石本山、武丹山、草山、鸡母岭等 7 个火山岩体
大屯山地区	角闪安山岩	中	1.50	150	7.5×10^7	70	2.50	1.3	包括南子山、八斗子山火山岩体
	紫苏辉石角闪安山岩	劣	13.50	300	1.3×10^9	80	2.30	24	包括七星山、纱帽山、大屯山火山岩体
	二辉角闪安山岩	佳-中	24.15	200	1.6×10^9	50	2.55	20	包括面天山、菜公山火山岩体
	二辉安山岩	佳-中	52.41	300	5.2×10^9	80	2.60	110	包括竹子山、小观音山、南大屯山火山岩体
	角闪二辉安山岩	佳-中	11.38	150	3.4×10^8	70	2.58	6.1	包括内寮山、马磺山火山岩体
	橄榄石角闪二辉安山岩	佳	9.89	300	9.9×10^8	60	2.73	16	包括丁火朽山、磺嘴山、冬瓜山火山岩体
	普通辉石橄榄石玄武岩	佳	3.43	350	4.0×10^8	80	2.80	9.8	烘炉山火山岩体
观音山地区	二辉安山岩	佳-中	3.95	300	4.0×10^8	80	2.50	8	包括观音山、乌山头火山岩体
	角闪二辉安山岩	佳-中	0.45	100	1.5×10^7	60	2.50	0.23	观音山火山岩体

（据刘宪德等，1986）

五、勘查工作程度

台湾省安山岩建筑石料矿床勘查程度：基隆山、大屯山、观音山 3 个矿区都是矿产勘查（预查），其规模均为小型矿床。

六、开发利用程度

台湾省基隆山、大屯山、观音山 3 个安山岩矿区都是停采区。

七、矿床类型、典型或代表性矿床及其他矿床（点）

（一）矿床类型

台湾省安山岩建筑石料的主要矿床类型为陆相火山岩型。

（二）典型或代表性矿床及其他矿床（点）

1. 基隆山石英安山岩

位于台湾岛东北端基隆火山群分布区，包括基隆山、塞连山、新山、金瓜石本山、武丹山、草山和鸡母岭等7个火山岩体，以及邻近的火山熔岩流，出露面积4.7 km^2。岩性主要为普通辉石黑云角闪石英安山岩、角闪安山岩、硅化安山岩。据钻探揭示岩体在垂直方向上岩性变化小，岩石新鲜、坚硬、致密。

基隆山石英安山岩储量约 10×10^8 t，品质良好，属佳级建筑石料，适宜作高强度混凝土骨料，且交通方便，土地利用程度低，具有较高的开发、利用价值。

2. 大屯山安山岩

位于台湾省北部大屯火山岩分布区，包括七星山、大屯山、沙帽山、竹子山、小观音山、莱公山、面天山、洪炉山、磺嘴山、马磺山、丁火朽山共11个火山岩体及邻近的火山熔岩流，出露面积116.26 km^2。主要由角闪安山岩、紫苏辉石角闪安山岩、二辉角闪安山岩、二辉安山岩、角闪二辉安山岩、橄榄石角闪二辉安山岩、普通辉石橄榄玄武岩组成。据钻探揭露，该岩体在重直方向上，岩性变化较大，并夹有10~40 m火山碎屑岩。

大屯山安山岩建筑石料除七星山、大屯山、沙帽山火山岩体为紫苏辉石角闪安山岩属劣级建筑石料外，其他地区石料品质属于佳级至中级石料，适于作高强度和一般混凝土骨料，储量约 187.2×10^8 t，且交通方便。但该区域已划定为阳明山公园，受公园法规所限制。

3. 观音山辉石安山岩

位于台北市北西侧，属于大屯火山岩区的一部分，与大屯山地区的火山岩体隔淡水河遥遥相对，呈一孤立的山头耸立在淡水河的左岸。其包括观音山、乌山头火山岩体及邻近的火山集块岩、凝灰角砾岩等。火山岩体大多属于喷出岩体，局部地区有侵入岩体出露，出露面积4.4 km^2。主要由紫苏辉石安山岩、橄榄石普通辉石安山岩、玄武安山岩、二辉安山岩、角闪二辉安山岩、紫苏辉石黑云角闪安山岩、安山质火山集块岩、凝灰角砾岩等组成。据钻探揭露，该岩体在垂直方向上岩性变化很大，并夹有10~20 m的火山碎屑岩。

观音山辉石安山岩属于中至佳级建筑石料，适于作一般混凝土骨料，储量约 8.23×10^8 t，且交通方便，土地利用程度低，值得开采。

基隆山石英安山岩、大屯山安山岩、观音山辉石安山岩等石料其物理化学见表9-42。

表9-42　北部安山岩建筑石料物理性质

地区	样品数	相对密度	吸水率/%	洛杉矶磨损率(1000r)/%	健性耗损率/%	抗压强度/10^5 Pa	石料等级
基隆山	8	2.6	2.24	21.91	2.21	758.74	佳
大屯山	32	2.63	2.42	25.12	0.94	1042.77	佳
观音山	10	2.52	2.01	25.89	0.71	1026.92	中~佳

（据刘宪德等，1986）

八、矿床的时空分布特征及成矿规律

（一）矿床的时空分布

上新统—更新统大屯山火山群安山岩及安山质火山碎屑岩及基隆火山群石英安山岩，安山岩、石英安山岩为侵入相或喷出相。

（二）成矿规律

台湾安山岩主要分布上新统—更新统大屯山火山群及基隆火山群侵入相或喷出相中。

第十四节　玄　武　岩

一、玄武岩特征和主要经济用途

（一）特征

玄武岩是一种基性喷出岩，灰黑色、细粒，常见斑状结构，具气孔或杏仁状构造，矿物成分斑晶由橄榄石、基性斜长石等组成（表9-43）。

表9-43　玄武岩特征

岩石	玄武岩
颜色	一般呈灰黑，有的为绿、灰绿、暗紫色
结构	常见斑状结构，少数为无斑细粒结构
构造	块状构造，往往具气孔状构造、杏仁状构造及六方柱状节理
矿物成分	斑晶由橄榄石、基性斜长石等矿物组成。基质为辉石，一般是细粒的，有的为隐晶质或半晶质的，或由微晶和玻璃质组成

（二）主要经济用途

玄武岩是作铸石的主要原料。经破碎、配料（玄武岩80%~90%，铬铁矿或钛铁矿0.1%~5.2%，角闪岩3.4%~6.7%，白云岩3.2%~6.0%，萤石0.29%~1.50%）制模、熔融、浇铸、结晶、退火，按所需形状制成人造石质制品；制品具有很高的耐蚀性（其耐酸度和耐碱度可达99%以上）耐磨性（比碳素钢高5倍）具有较高的硬度和机械强度、绝缘性，可以代替金属管道和容器，用于石油、化工、冶金、电力、煤炭、轻纺工业。

做岩棉（又称矿棉）原料，以玄武岩做主要原料，加入白云石矿渣，经破碎、熔融、喷丝而制成一种絮状人造纤维保温材料。其热导系数低，为0.029~0.047 W/(m·K)，是轻质保温、吸音、耐热、不燃、化学性能稳定的材料，广泛用于建筑、石油、化工、电力、冶金、纺织、交通、国防等工业。

此外，一定块度的无气孔或杏仁状填充物的玄武岩是一种低档饰面石材，还可作墓碑；其碎石可作集料；石粉、废渣可作水泥混合材料。

由于台湾省玄武岩地质勘查程度低，目前尚无法用作饰面石材、铸石、岩棉等。

二、矿产地数量

台湾省澎湖列岛有1个玄武岩小型石料矿床。

三、地理分布

澎湖列岛玄武岩建筑石料主要分布于台湾澎湖列岛地区（见图9-6中的玄武岩）。

四、资源储量

据澎湖列岛玄武岩不完全统计，玄武岩石料预测资源量约2093×10^4 t。

五、勘查工作程度

澎湖列岛玄武岩矿床只做了矿产勘查（预查）。

六、开发利用程度

澎湖列岛玄武岩矿床为停采区。

七、矿床类型、典型或代表性矿床及其他矿床（点）

（一）矿床类型

台湾玄武岩矿床为陆相火山岩型矿床。玄武岩多呈巨厚的岩流、岩被，呈面状，沿陆内裂谷、深断裂带或板块碰撞带产出。

（二）典型或代表性矿床及其他矿床（点）

澎湖列岛玄武岩建筑石料：澎湖列岛除花屿辉长岩外，其他63个岛屿都由玄武岩构成。玄武岩以橄榄玄武岩和辉石玄武岩为主。根据玄武岩的产状，可分为亚多孔质玄武岩、多孔质玄武岩、柱状及板状玄武岩、粗粒玄武岩等4种不同的岩石结构。

亚多孔质玄武岩，出露于西屿、七美屿等地，面积仅0.1 km^2。取5个试样测试，平均相对密度2.67，吸水率4.55%，洛杉矶磨损率26.78%，健性耗损率4.34%，抗压强度923.1×10^5 Pa。属中级石料，可开采量约28×10^4 t，仅可作一般的混凝土碎石骨料。

多孔质玄武岩，出露面积1.0 km^2，可开采量约35×10^4 t。仅在澎湖本岛兴仁里附近取一试样，试验结果相对密度2.32，吸水率10.18%，洛杉矶磨损率（1000r）54.7%，健性耗损率71.6%，抗压强度227.9×10^5 Pa，属于劣级石料，不宜做混凝土骨料。

柱状及板状玄武岩广泛出露于澎湖列岛，面积约120 km^2。取5个试样测试，平均相对密度2.86，吸水率1.09%，洛杉矶磨损率（1000r）19.53%，健性耗损率2.27%，抗压强度1824.48×10^5 Pa。预测资源量约2010×10^4 t，极为丰富，适宜做混凝土骨料，除人口密集地区不宜开采外，其他地区均可规模开采。

粗粒玄武岩，出露在东屿坪，望安岛天台山和将军澳屿、帆船屿等地，面积约0.4 km^2，预测资源量约20×10^4 t。据东屿坪港口附近取样试验，相对密度2.50，吸水率5.29%，洛杉矶磨损率（1000r）22.88%，健性耗损率0.5%、抗压强度848.2×10^5 Pa，属中级石料。仅可作一般混凝土骨料，不宜作高强度和水密性混凝土骨料，经济效益低，不宜开采。

综上所述，澎湖列岛可资利用的柱状与板状玄武岩，品质良好，且储藏量丰富，适宜规模开采，但现已停采。其他亚多孔质玄武岩、多孔质玄武岩和粗粒玄武岩，由于品质不佳，且储量小，经济效益较低，不宜开采、利用。

八、矿床的时空分布特征及成矿规律

（一）矿床的时空分布

白垩纪时，古火山岛弧的火山活动减弱，在西部（澎湖列岛一带）的弧后拉张盆地中有基性熔岩断续喷发和侵入。

玄武岩主要产于中新统澎湖列岛，除花屿辉长岩外，其他63个岛屿都由玄武岩构成。

（二）成矿规律

位于大陆边缘的澎湖列岛地区发生大规模玄武岩浆喷发，早期为碱性橄榄玄武岩浆，晚期为拉斑玄武岩浆，由于厚度大、分布广，其岩浆通道可能受较大规模的深断裂带控制，这个断裂带或许与澎湖-北港隆起有关。

台湾辉绿岩、玄武岩主要产于中新统澎湖列岛玄武岩的侵入相或喷出相中，台湾澎湖玄武岩位于台澎坳陷带的北港-澎湖隆起区。澎湖玄武岩主要为碱性橄榄玄武岩和硅质玄武岩，其岩性以橄榄玄武岩和辉石玄武岩为主。

第十章　宝玉石类非金属矿产

据我国《珠宝玉石名称》标准法规——GB/T16552-2003，天然珠宝玉石是指由自然界产出，具有美观、耐久、稀少性，具有工艺价值，可加工成装饰品的物质。包括天然宝石、天然玉石和天然有机宝石。天然宝石是由自然界产出的矿物的单晶体（可含双晶）；天然玉石是由自然界产出的矿物集合体，少数为非晶质体。天然有机宝石是由自然界生物生成，部分或全部由有机物组成可用于首饰及装饰品的材料。

台湾省宝玉石类非金属矿产有软玉、琥珀、文石和玉髓，琥珀与软玉共伴生，形成矿床的只有花莲丰田与滑石、石棉和琥珀共生的软玉小型矿床1处，文石只有矿点1处。另外，在《台湾非金属经济矿物》（谭立平等，1999）中，对台湾可作为玉石的蔷薇辉石、珊瑚、石榴子石、玉髓和碧玉进行了描述，但因它们没有具体的矿产地，所以这里仅作简单介绍。

第一节　软　　玉

台湾主要玉石有软玉，又称闪石玉（俗称台湾玉）。

一、软玉的特征和主要经济用途

（一）特征

软玉石亦称闪石玉、和田玉，化学式为 $Ca_2(Mg, Fe^{2+})_5(Si_4O_{11})_2(OH)_2$，是以透闪石-阳起石系列矿物为主要组分的隐晶质致密集合体玉石。晶体主要呈纤维状，显微镜下纤维呈毛毡状及卷缠状、束状、簇状结构。常见者为深浅不同的绿色调，还有纯白、灰、蓝灰以及黄和棕红色，其颜色取决于组成矿物的颜色。软玉的绿色与翡翠不同，欠美观。软玉质地细腻，用手触摸有滑感，半透明至微透明，油脂状至蜡状光泽，折射率1.606~1.632，硬度6~6.5，密度2.9~3.1 g/cm^3。软玉是我国主要的，也是最早使用的玉雕用原料，已有5000年以上的历史。

（二）品种及用途

台湾软玉的用途主要是制作各种首饰，如挂件、手镯，以及雕刻大小摆件等工艺品。现将其软玉的分类与特征介绍如下。

台湾省产的软玉分为普通玉、羊脂玉和猫眼玉3种，它们的化学成分相近，但组成的矿物结晶排列方式不同。

普通玉产量最大也最为平常，由细长而挠曲的透闪石结晶作编织状排列而成，颜色为绿、淡绿、淡蓝绿和黄绿色等，硬度5~6.5，不易破裂而富有韧性，因而较易雕琢。这种玉体积较大，除可用于制作戒面、耳坠、手环等，还可作大件工艺品。

羊脂玉或称腊光玉，由细粒状透闪石结晶密集组合而成。一般为淡蓝绿色或淡褐色，质地滑腻，具油脂光泽。透明度低且产量少，可作戒面或领夹等。

猫眼玉透明度最好，有近白、淡绿、绿、蜜糖乃至深棕黑色等多种颜色，绚丽多彩、色泽奇异，具有像猫眼睛一样光芒闪烁效果。硬度依方向而不同，重直纤维方向硬度最高，可达7.1。世界其他产软玉地区，尚未见有猫眼玉品种，故其为台湾省独有之宝，有较高的经济价值。目前，台湾省生产的猫眼玉已驰名欧美和日本等地。

根据宝玉石行业习惯，软玉按颜色划分为下列品种（表 10-1）。

表 10-1　玉石的品种

品种	特征
白玉	软玉中最佳的玉料。可分为羊脂白、白（普通白）梨花白、象牙白、鱼骨白、鸡骨白等。如羊脂肪者称羊脂玉，价格非常昂贵
青白玉和青玉	青白玉是微带有绿色调的白玉，当绿色加深，呈现明显的淡绿色时，则为青玉
碧玉	深绿至暗绿色的软玉，色似老菠菜。其颜色有非常均一者，亦有不均一者，还有杂乱的大小斑块者
墨玉	黑色的软玉，因含分散的石墨而致色。颜色均匀或呈黑白相间条带，为软玉中较低档者。只有纯黑如漆的全黑大块软玉才较珍贵
黄色软玉	黄色的软玉，因比较罕见而为软玉中的上品。色如蒸熟的栗子或如蜜蜡，是非常珍贵的品种
糖玉	在白玉或青玉上有褐红色皮，系次生氧化铁染色而成
软玉猫眼	具有猫眼闪光的软玉。因软玉具有平行纤维而出现似猫眼的闪光

（三）矿床类型

台湾软玉矿床类型属于变成型。

（四）评价标准

对软玉品质要求首要的是“三好”和“一度”。“三好”是指颜色好、质地好、光泽好，“一度”是指块度。颜色以纯白为最佳，黄色软玉是罕见的珍品，其他颜色的软玉主要价值就体现在它所加工成的工艺品的工费了。白玉越白越好，通常都带有深浅不等的灰色，如带有微绿色调即变成青白玉就价值大降了。光泽要求明亮润泽如脂肪，无瓷状，越油润越好。质地要求细腻、无绵、白花及绺裂等瑕疵，完全均一。“三好”皆达到最佳要求的品种，就是所谓的软玉极品——“羊脂玉”了。实际上羊脂玉非常罕见，即使在北京及台北的故宫藏品中亦不多。黄色软玉和糖玉色佳者极罕见，都是难得的珍品。

软玉的块度越大越好。对于白玉而言，山料重达几千克者不稀罕，可仔料就很难得。近年由于仔料资源枯竭，白玉仔料连鸡蛋大的亦不多见了。其他青白玉、青玉和碧玉，山料块度大者常见，仔料不太受人重视。

（五）台湾省软玉特征

台湾省的玉石资源至今仅发现丰田软玉小型矿床 1 处（图 10-1），产在中央山脉东侧花莲县寿丰乡的丰田和西林一带。据有关资料，台湾地区玉石开采、加工与销售的从业人员超过 14 万，玉石加工厂超过 600 家。

1. 矿区地质概况

矿区出露前古近纪大南澳混杂岩中的玉里变质带的石墨片岩和石英云母片岩及蛇绿岩（图 10-2）。岩层片理的走向以北西方向为主，亦有接近东西方向。

2. 矿床地质特征

丰田地区的软玉矿床主要赋存在蛇纹岩岩床之上盘及下盘，且与黑色片岩接触。小规模之猫眼玉脉常在蛇纹岩中发现。局部地区发现的软玉已有 7 层，可能多至 14 层以上，赋存在蛇纹岩的上下盘或蛇纹岩中（图 10-3）。

矿体与该地层中的蛇纹岩体密切相关，90%的软玉产在蛇纹岩的上盘或下盘，少数在蛇纹岩中间，产状不规则，并与产于蛇纹岩中的石棉共生。矿体多呈扁豆状，大小不一，厚 0.1～2 m，宽 2～

图 10-1　台湾省软玉、文石矿分布简图

10 m，长 20~30 m。厚软玉层片理发达，颜色淡而不透明，品质不佳。常见矿体矿体之长方向约略平行蛇纹岩岩床之走向，但也有矿体之变化甚大者。在软玉与黑色片岩之间，常有白色夹绿斑之接触矿物带，当地称之为“白石英”。此带常见之矿物有斜黝帘（廉）石、透辉石、绿帘石及符山石等白浅绿色矿物。绿斑为绿色石榴子石，亦有淡棕红色者。接触矿物带偶有夹在软玉与蛇纹岩中间，亦有完全不出现，而只有软玉层夹在蛇纹岩与黑色片岩之间。

软玉层走向多呈东西，亦有北偏西或北偏东，倾斜多向北方，倾斜角很少超过 30°。

在断层附近之软玉，片理发达，常成为废石。但亦有靠近断层处的软玉，只有节理而无片理，形成大块软玉块，当地人称其为“豆腐干”，开采容易。

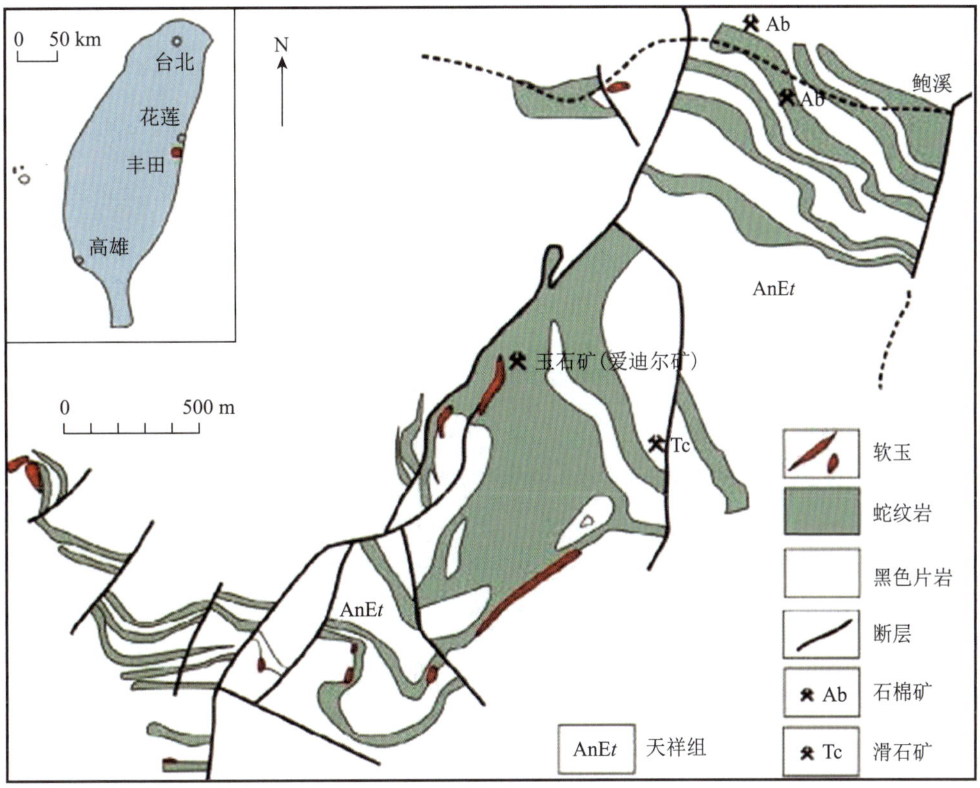

图 10-2　丰田软玉地质简图

图 10-3　丰田软玉矿脉

软玉附近之黑色片岩常有垂直之石英脉或石棉脉。蛇纹岩上下盘常有由黑色片岩碎块构成之角砾岩，显示蛇纹岩之侵入。角砾岩亦常有轻微之粘土化作用，共为接近矿体之重要指标。

良好之软玉常有角砾岩、接触矿物带及绿色石榴子石等伴生。层状软玉常与蛇纹石及石棉伴生，少与绿泥石、滑石伴生。佳质之软玉似有地区性。丰田地区最佳之软玉矿体长不超过 50 m，宽小于

15 m，在最佳软玉矿体范围外，品质均不佳。

软玉之地质控制因素似甚复杂，矿体忽断忽续，各层之间距离忽近忽远，其原因尚待继续研究。

3. 矿石特征

软玉之品质变化极大，在同一地区、同一矿层，相隔之矿体，软玉之色泽、透明度、厚度及大小变化极大。

台湾的软玉属于单斜晶系，摩氏硬度为4.7~7.1，尤以台湾软玉的猫眼玉硬度超过6.5，相对密度2.96~3.04，折光率为1.604~1.631，双屈折0.021~0.027，主要由铁和镁端成分混合的固溶体组成，并含有少量的滑石，常与透辉石、石榴子石共生（图10-4）。

图10-4　丰田软玉矿石

台湾省产的软玉分为普通玉、羊脂玉（或称蜡光玉、石棉古）和猫眼玉3种，它们的化学成分相近，但组成的矿物结晶排列方式不同。

普通玉由细长的透闪石结晶呈编织状排列而成，颜色为绿、淡绿、淡蓝绿和黄绿色等，因而较易雕琢。

羊脂玉，由细粒状透闪石结晶密集排列而成。一般为淡蓝绿色或淡褐色，质地滑腻，具油脂光泽。

猫眼玉常呈脉状，产在绿色普通软玉内或蛇纹岩中。猫眼玉透明度最好，有近白、淡绿、绿、蜜糖乃至深棕黑色等多种颜色，绚丽多彩、色泽奇异，具有像猫眼睛一样光芒闪烁效果（图10-5）。故其为台湾省独有之宝，有较高的经济价值。

蛇纹岩以多种形式存在，其中以叶蛇纹石矿物组成的蛇纹岩与软玉关系密切。一般情况下，若有软玉矿化，自上而下顺序的岩石系列多呈蛇纹岩、软玉、透辉石岩、绿帘岩及石墨片岩产出。绿帘岩始终与软玉相伴生，而绿帘岩和透辉石岩越发育时，软玉质量越佳。

软玉矿体发育受地质构造控制，已知的有：北西西向向斜褶皱的轴部与蛇纹岩上盘交接处有利矿体发育；北西向断裂与蛇纹岩下盘交接处有利于矿体发育；矿体多发育在片理倾角小于25°的地区。

上述的岩性及构造特征均为软玉矿体勘探的重要依据，密切掌握这些地质线索可使矿体勘探成功的机会增大。

4. 矿床成因

经谭立平调查丰田地区之软玉分布于环带之中心，滑石环绕四周，佳质之玉矿床赋存于向斜轴部或断层与蛇纹岩上下盘之交界处，主要构造为北北东、北西向之褶曲轴部与西北走向之剪理有利于软玉之生成（谭立平等，1978）。

在蛇纹岩中与软玉相伴生之透辉岩，根据王执明研究，其辉石属于透辉石、顽火透辉石（Endiopside）深绿辉石（fassaite）及次透辉石，后二者属变质矿物，属蛇纹石换质、变质而成。并认为蛇纹岩中软玉之生成系蛇纹石与透辉石作用的结果。

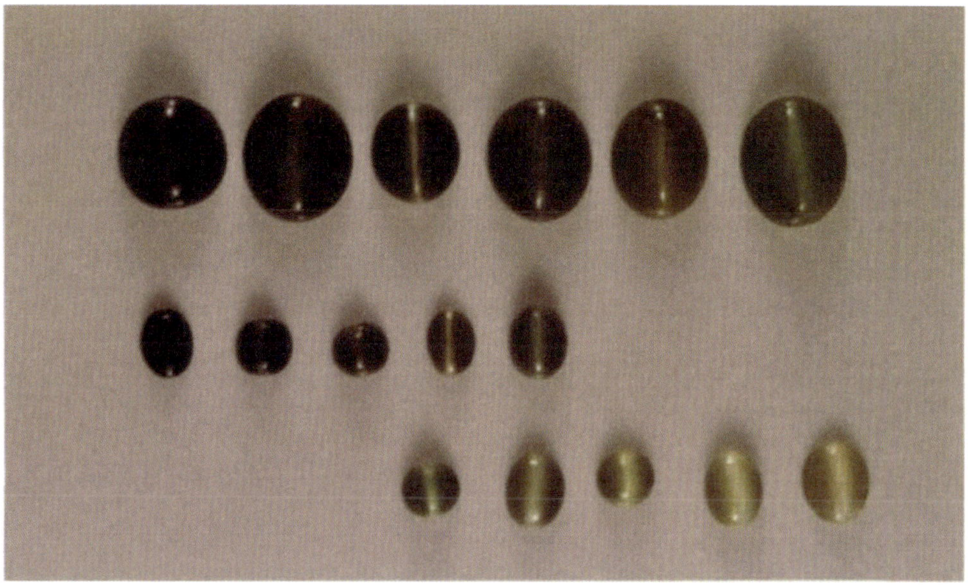

图 10-5　丰田软玉猫眼体色

丰田地区软玉之成因与基性火成岩之侵入有关。软玉多赋存在接触带内，少发生在蛇纹岩中，但不产在黑色片岩内。软玉之生成较接触矿物为迟，推测其矿脉为由含硅、钙之热水取代蛇纹岩形成。陈肇夏估计造成温度与压力为 330 ℃及 2.2×10^{8} Pa 以上相当于地下约 8 km 以上之深度（台湾省矿务局，1983）。

蛇纹岩+石英+方解石→软玉或角闪石石棉。因石英及方解石均与软玉伴生，含硅、钙之热水可能为基性岩浆之残余溶液或可能由区域变质作用中使黑色片岩内之硅、钙溶于地下热水而获得。其后，由此作用生成之碳酸气及水可与软玉矿床外围之超基性岩类继续作用而形成滑石。

在清昌溪左岸有丰富之白云石，其产在大理岩之下或夹在大理岩中，在此二岩层下为黑色片岩，并夹有超基性火成岩形成的蛇纹岩及绿泥片岩与软玉、滑石共生，白云石可由含碳酸镁之热水与大理岩换质形成（台湾省矿务局，1976）。

叶学文对软玉和其共生矿物中氢氧同位素所研究结果显示，万荣及丰田两地之成矿水来源不同，成矿水来源可能是变质水和岩浆水的混合物（台湾省矿务局，1983）。

5. 矿床储量

丰田地区之蛇纹岩系以层状或岩床分布于变质沉积岩中，而软玉则赋存在蛇纹岩床之上、下盘或岩床之中。由台湾省矿务局委请魏稽生等（1994）调查获知蛇纹岩在垂直方向之分布层数甚多，已知有 9 层。蛇纹岩矿脉在本地区之分布变化颇大，而软玉又仅局部赋存于蛇纹岩中。由以往调查得知，在含绿泥石、滑石之蛇纹岩，其厚度小于 2 m 与延伸小于 500 m 之蛇纹岩层中不含软玉或缺少软玉。

软玉矿床储量参考以往探巷和钻孔资料汇整，估算获得丰田区域的总矿量为 611100t（表 10-2），若以 60%的可采率估算，可采矿量为 366660 t（魏稽生等，1998）（表 10-2）。

6. 勘查、开采利用情况

台湾软玉最先在花莲县丰田荖脳浓山地区发现，原为石棉矿，为日本人在 1932 年所发现，曾作过小规模探勘。1937 年开采坑内及露天石棉，月产量 10 余吨。1944 年，石棉月产量多达 270t。80%的石棉制品供军事用途。1955 年由中国石矿股分公司接续经营兼采蛇纹岩，利用蛇纹岩中的镁元素配合磷制成肥料。日本占领时期丰田之软玉被视为废石。

台湾软玉矿业自 1961 年开始，开始时商人采取河床之软玉砾石打磨，后因河床砾石不多，产量降低后转为露天及地下坑道开采。

表 10-2　台湾软玉矿床储量

矿区	可能储量/t	可能可采储量（60%）/t
理新	604500	362700
理建	4900	2940
山益	800	480
盧后顺	900	540
合计	611000	366660

20 世纪 60 年代起，赋存于台湾东部花莲丰田地区的软玉逐步被开发；由于丰田软玉品质优良、色泽亮丽，广受市场欢迎，20 世纪 70 年代初期，其矿山相关加工产业曾有辉煌业绩，销售总值达新台币 200 亿元。直接或间接从事软玉开采、加工、行销的从业人员及眷属估计约 20 万人，成为花莲地区重要的区域性产业，因而带动台湾宝石加工业的发展，奠定了台湾成为亚洲珠宝加工业中心的基础。

20 世纪 60 年代前半时期集中于丰田地区从事开采的矿业公司有中国石矿、荖腦山、昆岗（中国翠玉）台湾矿资、华封、远东滑石、宝玉、鑫昌及复兴等；1980~1982 年间的主要生产矿区有理想、理建、山益、召华，另有复兴、荖腦山、宝玉、昆岗翠玉、台湾矿资等。

丰田地区地质复杂，软玉矿体变化大，主矿体小且赋存不规则，导致开采困难。1973 年冬的能源危机导致国际经济不景气，加之业界的恶性竞争，1974 年时玉石原料价格下降，优质软玉矿脉有枯竭迹象，从此软玉开发走向衰退。又由于矿区管理不当，产品行销困难等，以致 1981 年以后，日渐萎缩，至今已无矿场开采生产。

1980 年产量为 480 t，1985 年仅产 6 余吨（1985 年台湾进口宝玉石 3599 t），1991 年产仅 1.34 t。近几年来仅存零星生产，产品以猫眼玉为主，普通玉几近停顿。今日虽仍有少数人从事软玉加工，但其矿石来源多为以前的存货。据估计，台湾省软玉蕴藏量约 10×10^4 t，推定可采量约 1.5×10^4 t。

第二节　文石、玉髓、石榴子石、蔷薇辉石、珊瑚和碧玉

一、文石（霰石）

据《台湾非金属经济矿物》，文石产于澎湖列岛的望安岛、将军澳屿、渔翁岛、通梁、凤柜里、七美屿和吉贝屿等地，有矿点 1 处，见图 10-1，矿化点 6 处。

澎湖列岛玄武岩气孔发育，文石以玄武岩为母岩，沿岩石裂隙、节理面形成细脉，或充填于杏仁状、多孔状玄武岩的空穴和晶簇中，产状极不规则（图 10-6、图 10-7）。因矿脉细小不整齐，采掘较为困难。

文石晶体变化较大，一般长 2~2.5 cm，宽 1~1.5 cm，常见接触双晶和贯穿双晶。外观多呈杏仁状或球状，主要成分为霰石，其他尚有蛋白石、石英、钟乳石、方解石和氧化铁等矿物，硬度为 3.5~4。

文石具多种颜色，有纯白、黄色、天蓝、淡褐、红色、淡紫等色，数色混合均匀分布在岩石中，多为典型杂色，带有不同色调的斑点和条纹。岩石构造为块状、带状和鲕状，经磨光后通常显示出美丽的同心状、联珠状、彩云状，斑纹极富花样，多呈透明至半透明，浓淡不一，显示出绚烂绮丽之本质，可作为工艺品或装饰品。

文石开采早于清乾隆元年（1736 年），清代宫廷绅宦对澎湖产出的文石甚为雅好，制品以琢饰念珠、案头玩具为主，其时开采地区仅限于渔翁岛外堑、小池角两地。日本占领台湾后，在望安岛水垵、天台山、花宅、布袋港等地发现新矿，一时开采尤盛，遍销中外，远近闻名。

图 10-6　台湾文石标本

（摄影：方建能，2013）

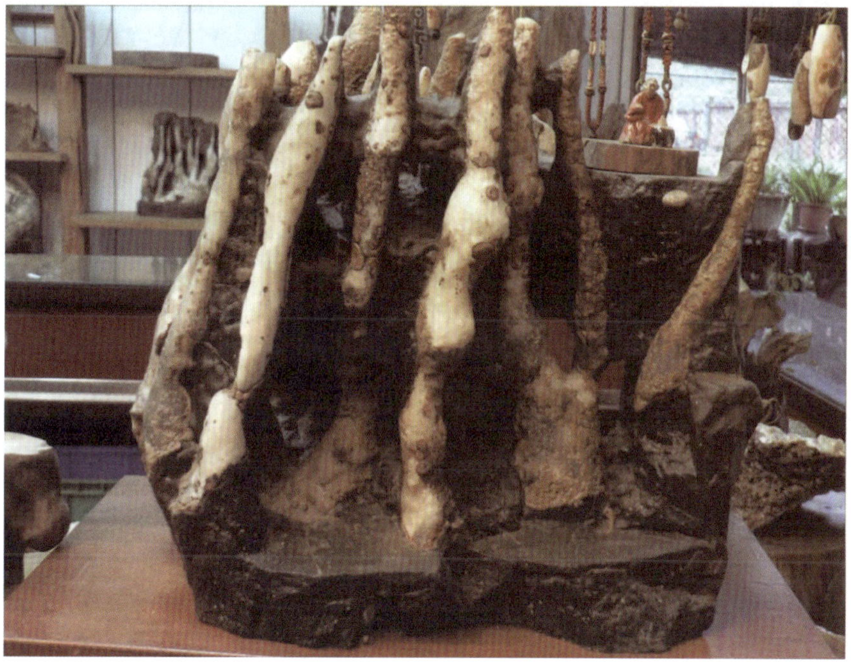

图 10-7　台湾产于玄武岩气孔中的管状文石标本

（摄影：方建能，2013）

古老的开采场限制在沿海岸的玄武岩露头，采掘是简单的手工操作，并进行粗略的分选。连续不断开采，几乎采尽了暴露在岩被表面的文石。目前开采场地已延伸到离岸小岛屿或沿岸水下部分，主要产地为望安岛。

文石开采利用已有百余年历史，由于其产状特殊，以往以对文石本身矿物研究为主。1975～1977年，台湾省矿务局对其矿床、开采和加工方面进行了调查，估计储量3000 t左右。

二、玉髓

在台湾省东部海岸山脉都兰山地区蕴藏有品质优良的玉髓，玉髓种类多，有蓝玉髓、紫玉髓和白玉髓等，透明至半透明，色泽美丽。其形成于第四纪，充填在岩石裂隙中或空隙中形成矿脉，多呈肾状、钟乳状、乳房状。已有采掘，但未见有进一步资料说明。

玉髓是极微粒的石英集合体，其结构均匀、无条纹。台湾发现的玉髓可充宝石者有蓝色、紫色两种，即称蓝玉髓（图 10-8、图 10-9）或紫玉髓（又称紫玉），其分布于北自花莲县丰滨，南至台东县都兰山的海岸山脉地区。地理位置上，蓝玉髓分布于海岸山脉的大部分地区，尤其是七里溪地区，紫玉髓多分布于成广澳山地区，少数集中在大港口地区。

图 10-8　台湾宝丰祥宝玉采场蓝玉髓矿脉露头

（据陈逸侦，2014）

蓝玉髓赋存于海岸山脉中新统—上新统都峦山组安山岩质火山集块岩的断层裂隙中。此组之上为由上新世—更新世砾岩、砂岩、页岩构成的大港口组，两组岩层之间夹有石灰岩薄层。都峦山组的火山集块岩可厚达 1500 m。

早期黄春江（1965，1981）曾作过台湾蓝玉髓的矿物学研究，都峦山的玉髓有两种，一为蓝玉髓，也是最主要的玉髓类，其硬度为6~6.5，相对密度 2.59（陈其瑞等，1982），折射率 1.539（黄春江，1965），而蓝玉髓中的淡蓝颜色系由硅孔雀石所致（陈其瑞等，1982），紫玉髓相对密度为 2.65，内含铁质为造成紫色的原因。

蓝玉髓中的颜色分布不均匀，亦呈带状颜色。蓝玉髓中常有白色的玉髓细脉，其系由蓝玉髓形成后的裂隙充填所致。蓝、紫玉髓常伴有因矿化作用造成约褐色或近黑色的玉髓体，称之为红皮或黑皮。蛋白石也常与玉髓共生。

品质佳的蓝、紫玉髓，其透明度亦佳，不易褪色或变色。蓝玉髓的墨绿色变色系因氧化因素，而紫玉髓的褪色可能因受光照漂白所致（陈其瑞等，1982）。

都峦山玉髓矿的成矿原因，陈其瑞等（1982）认为形成玉髓的二氧化硅成分系由都峦山组火山角砾岩的火成活动后期热液溶解围岩中的大量 SiO_2 所获得，其后并充填在海岸山脉板块构造时期形成的角砾岩裂隙中沉淀形成。

图 10-9　台湾蓝玉髓矿石

（据陈逸侦，2014）

由于玉髓矿体中存在的蓝铜矿、赤铜矿、矽孔雀石、自然铜、褐铁矿等氧化带矿物，推测为矿化带曾在大气中进行风化作用，并由上升的二氧化硅胶体溶液和另一下渗的铜矽胶体溶液相遇后沉淀成蓝玉髓（陈其瑞等，1982）。

有关台湾蓝、紫玉髓探采的过去，林慈德（1997）所著书中略有述及。都兰山蓝玉髓矿脉是于1964 年在七里溪南溪上游、吉哈那拉山 700 m 标高处被人首先发现。此矿脉也是最早正式开采的矿脉，称之为“都兰老矿”。后 1969 年在“的成溪”上游 650 m 标高处也发现另一蓝玉髓，即称为“东河矿”。1973 年在南都兰溪上游，都兰山 700 m 标高处也陆续发现蓝宝矿脉。

1969 年当地部落居民在都兰溪中游 520 m 标高处以掘井方式挖掘是第一处采矿地点。都兰山系的蓝宝石为最早开采，也是产量最多之处。

紫玉髓最早在 1968 年于八里湾溪以及 1970 年于成广澳山标高约 1100 m 处被人发现。后于 20 世纪 70~80 年代，甚至到 1995 年先后也陆续在不同地点发现紫玉。

紫玉髓的探采盛行时期约在 20 世纪 70~80 年代，正式开采之处不多，主要在丰滨乡的大港口、春日期马太林及富里乡的成广澳山等处曾进行采矿。20 世纪 80 年代后始进行非正式的开挖。其后，才有人向矿务局正式申请矿区，使用炸药开采紫玉髓矿至今。

相较之下，大港口所产的玉髓色泽花纹变化多，是供作雕刻品的佳质；而成广澳山紫玉髓色泽深点，适合加工首饰的佳质。

自 1964 年起带动了台湾的蓝玉髓，后紫玉髓矿脉也相继被发掘，而使得蓝、紫玉髓成为海岸山脉玉石的主流，几乎也只以蓝、紫玉髓进行开采，其余玉石各类不但未具经济价值，也未受到重视。近年来，台湾省矿务局亦再度小规模探勘台东都峦山地区的玉髓矿脉，以期评估其开发之可行性。

三、石榴子石

石榴子石是一族矿物总称，矿物品种复杂，其化学成分多变，理论化学式为：$A_3B_2[SiO_4]_3$。式

中 A 主要是镁、铁、锰、钙等二价阳离子。B 主要是铝、铁及铬、钛、钒等三价或更高价阳离子。它们之中很多离子可以类质同象替代而形成很多品种的石榴子石。

石榴子石为等轴晶系，晶形菱形十二面体或四角三八面体，晶体近似圆球形，透明至半透明，强玻璃光泽至亚金刚光泽，常见包裹体，折射率、密度和硬度随着品种的不同而有很大变化，颜色亦多变，但通常不够鲜艳明亮。

石榴子石或榴石为一般呈红、深红、棕等颜色的矽酸铝铁、钙、镁或锰之成分之矿物类，属等轴晶系，摩氏硬度约为 7，相对密度 3.5~4.3。依其晶癖变化可细分为钙铝榴石、钙镁榴石、锰铝榴石、铁铝榴石及镁铝榴石等类。

颜色及净度较佳的石榴子石，除个别品种外，都是中低档宝石或雕刻工艺品的原料。优质者亦可切磨戒面。其主要品种见下表（表 10-3）。

表 10-3　石榴子石品种

品种	化学式	折射率	密度 / (g·cm^{-3})	特征
铁铝榴石	$Fe_3Al_2[SiO_4]_3$ 其中 Fe^{2+} 可被 Mn 或 Mg 部分代替，Al 可被 Fe^{3+} 或 Cr^{3+} 部分代替	1.76~1.83	3.93~4.30	颜色红至紫红色，常带一定的棕褐色而不够鲜明，内部含定向针状包裹体时可能出现四射及六射星光。铁铝榴石优质者可切磨成戒面，质量欠佳的大晶体（可达 10 cm 以上）可雕制工艺品。硬度 7~7.5
镁铁榴石	$(Mg,Fe)_3Al_2[SiO_4]_3$	1.755~1.765	3.74~3.94	颜色浅红至红色，透明度较佳，好于铁铝榴石，亦可能有星光
镁铝榴石	$Mg_3Al_2[SiO_4]_3$	1.714~1.742		通常血红色，常带黄色或紫色。含少量铬时可呈亮红色，质量高于镁铁榴石
锰铝榴石	$Mn_3Al_2[SiO_4]_3$ 常含少量 Ca^{2+} 和 Fe^{2+}	1.79~1.90	4.12~4.20	颜色可以是红、紫红色，过渡到橙色至黄褐色
钙铝榴石	$Ca_3Al_2[SiO_4]_3$	1.73~1.75	3.59~3.73	颜色有浅绿-深绿色，浅黄-至深黄色，橙色-褐红色。黄色者称桂榴石
钙铁榴石	$Ca_3Fe_2[SiO_4]_3$	1.887	3.86	颜色多变，有黄-黄绿色，正绿-翠绿色，亦有带褐的红色
翠榴石	是含铬的钙铁榴石，属珍贵宝石，优者价格接近祖母绿	1.855~1.895	3.81~3.87	翠榴石的色散 0.057，大于钻石，因此透明度好的优质品切磨成刻面宝石后，反射出明亮的彩色光芒，非常美观，为高档宝石

除表中所列的品种外，还有两种具特殊效应的石榴子石。

1）变色石榴子石：具有变色效应的石榴子石，有两个亚种。一是锰铝-镁铝榴石，它在自然光或日光灯下为黄绿或蓝绿色，而在钨丝白炽灯下则为红或紫红色，其变色效应可能与钒有关。另一品种是中国发现的一种钙铁榴石，在自然光或日光灯下呈浅绿色，而在白炽灯下为橙红色。变色明显的变色石榴子石，是珍贵的宝石。

2）星光石榴子石：铁铝榴石和镁铝榴石，都可能出现四射或六射星光，如将宝石磨成圆球状，则可能出现多个四射及六射星光。

宝石级石榴子石分布广泛，在岩浆型、伟晶岩型、接触变质型及区域变质型矿床中均有产出，随不同品种而有所不同。矿床类型有：①镁铝榴石产于金伯利岩、超基性岩和玄武岩中；②镁铁榴石产于蚀变的火成岩中；③铁铝榴石主要产于区域变质岩、花岗岩和火山岩中，如中国；④锰铝榴石主要产于伟晶岩、花岗岩和结晶片岩中；⑤钙铝榴石产于酸性火成岩与碳酸盐岩石的接触带中；⑥钙铁榴石产于矽卡岩中，珍贵的翠榴石产于蛇纹石化的基性、超基性岩中；⑦砂矿床：大多数的宝石级石榴子石都产于原生矿附近的冲积砂矿床中与其他宝石相伴生。

台湾石榴子石矿主要属变成（区域变质）型和砂矿型。

在软玉产地丰田矿区发现有钙铬榴石和钙铝榴石宝石矿藏。它们产于蛇纹岩与片岩接触带，但产量很少。钙铬榴石呈翠绿色至绿宝石绿，以细小的压十二面体或其他变形体自形晶产于接触带透辉石岩中，晶体直径 0. 1~0. 7 cm，共生矿物包括软玉、透辉石、石英、透角闪石石棉及绿帘石等。钙铝榴石呈浅褐色至红褐色，不透明至半透明，晶体常呈十二面体或偏方三八面体，晶体直径可达 2 cm 以上，与透辉石、符山石及方解石等矿物共生。

在打马燕地区，即花莲秀林、万荣、瑞穗、玉里等地区，赋存有石榴子石矿物，主要属于镁铝榴石、铁铝榴石及锰铝榴石，其硬度为 6. 5~7. 5，呈暗红至棕红色，其中以瑞穗至富源之间西侧的中央山脉地区为石榴子石矿较为丰富之处。

台湾省矿务局（1988）曾作过打马燕地区石榴子石矿脉的详细调查研究。打马燕地区位于中央山脉变质岩中，属大南澳混杂岩片岩玉里带地层，主要出露有黑色片岩、角闪岩、蛇纹岩、绿泥石滑石片岩及蓝闪石片岩等。此地区的石榴子石属铁铝榴石，以细粒块状脉体赋存于白云母蓝闪石片岩中。石榴子石脉通常厚约 50 cm 以下，延长可达数米，但在晏全石矿场发现有厚约 3 m，延长 200 m 以上的矿脉露头，紧邻此脉的上盘为薄层石英脉，再上层为白云母蓝闪石片岩；脉的下盘也为白云母蓝闪石片岩，再下层为绿色片岩。

打马燕地区的石榴子石呈粉红至红褐色，属细粒致密结晶。石榴子石在赋存的石榴子石蓝闪石片岩中约占 1/3 至 3/4 之体积含量。邻接矿脉的蓝闪石片岩含有白云母，且均受相当程度的换质作用。由石榴子石蓝闪石片岩渐变到白云母蓝闪石片岩再移变至绿色片岩。

在含石榴子石蓝闪石片岩中，与石榴子石伴生的矿物有绿泥石、绿帘石、阳起石、石英、白云母、斜长石、榍石等。对于本地区石榴子石矿脉的成因，台湾省矿务局（1988）认为石榴子石有较粗粒、量少以及细粒、量大的两种形态，两者皆为变质矿物，且均属铁铝榴石，此地区分布的白云母蓝闪石片岩为石榴子石取代之母岩。研究中了解，其母岩曾受到二次变形之后才被石榴子石取代，而母岩中白云母富集带为石榴子石优先取代之处。故白云母蓝闪石片岩即为石榴子石蓝闪石岩和块状石榴子石之母岩。至于形成之热液推测是在较高温（>500 ℃）以及硫分压高环境下的富硅溶液经换质作用于白云母蓝闪石片岩中取代形成石榴子石矿脉。

本地区赋存的石榴子石以铁铝榴石类为主，其化学成分参见表 10-4（台湾省矿务局，1988）。

表 10-4　打马燕至马远村一带石榴子石之化学分析　　单位：%

样品	SiO_2	TiO_2	Al_2O_3	Cr_2O_3	Fe_2O_3	FeO	MgO	MnO	CaO	Na_2O	K_2O	H_2O
1#	36. 79	0. 20	20. 20	1. 47	微量	7. 40	0. 53	32. 99	0. 10	0. 08	0. 08	0. 57
2△	36. 21		21. 20			28. 78	1. 89	4. 47	6. 76			
3△	38. 46		22. 14			25. 57	1. 96	4. 75	7. 43			
4□	38. 79		21. 94			27. 99	5. 37	1. 69	5. 55			

注：#细粒，据王源（1965）；△细粒，据李育成（1982，未发表资料）；□粗粒，据林希哲（1982）。

（据台湾省矿务局，1988）

由于只有粗粒的石榴子石颜色鲜艳者才可供作宝石之用，而细粒者可供研磨原料及水处理用砂用途，故本区石榴子石是否可作宝石用途仍待进一步研究。

在本地区内含石榴子石矿脉出露处仅有东隆、晏全、新丰 3 处矿场。矿脉的延伸分布范围了解仍为有限，对于已知露头的追踪以及打马燕册外围地区的详查工作仍有待努力。

虽然石榴子石矿物类也赋存于中央山脉东坡地区的片麻岩中，但其含量很少。此区片麻岩中的石榴子石呈淡红色，具完整晶形，或具裂理时常被黑云母取代。由化学成分显示，源头山片麻岩中的石榴子石属于富铁镁及富钙 2 类，饭包尖山片麻岩中的石榴子石则为富铁镁及富锰两类，但大濁水及溪畔地区者则偏于富钙类。但上述片麻岩内的石榴子石均无经济价值可言。

此外，在台湾西南海岸重砂矿床中，西部主要河川以及北部与东部少数河川之沉积物中均发现有石榴子石，其中虽以西南部重砂中含有颇多的石榴子石砂，但无经济重要性（吕学俊，1967；颜富士等，1980）。

四、蔷薇辉石

蔷薇辉石俗称玫瑰石，化学成分是硅酸锰（$MnSiO_3$），摩氏硬度为 6，密度 3.4~3.7 g/cm^3，属三斜晶系，时常含有锰辉石、菱锰矿、黑锰矿及石英等杂质。此种半宝石具有淡红、蔷薇红、桃红、白、黄至淡绿等多种颜色。因部分转变为氧化锰而常呈黑色纹理。主要分布于花莲的三栈溪、木瓜溪、立雾溪的绿水、洛韶河床处以及瑞穗的中央山脉地区。产自三栈溪的玫瑰石，颜色鲜艳，呈桃红色；木瓜溪的玫瑰石色呈淡红色，配合黑色纹理，适合观赏之用（台湾省矿务局，1993）。

在原生矿床中，蔷薇辉石以呈透镜体或囊状体赋存于石英片岩或变质硅质岩中。与蔷薇辉石或含锰矿物伴生的其他矿物有石英、绿泥石、白云石、黄铁矿、磁铁矿、钾长石、石棉等（郭奇龙等，1995），但矿石仍多以转石形态分散于三栈、立雾、木瓜等溪河川中。

有关蔷薇辉石的成因说法有二（郭奇龙等，1995）。一为原先富锰深海沉积物经古生代晚期造山运动“角闪岩相”区域变质作用而生成蔷薇辉石，后再经“绿色片岩相”的退变质作用形成次生黑色氧化锰。另一说法是古生代地层所形成的古风化面上的富铝、富锰之含矽沉积物也同样经过上述的区域变质作用及绿色片岩的退变质作用形成。虽然蔷薇辉石自 20 世纪 80 年代起掀起一股热潮，然目前蔷薇辉石尚未有以宝石矿区开采之申请，矿石以个人自行捡取河川转石，蒐寻或购自艺品店获得。

蔷薇辉石因含锰氧化物产生的黑色纹理，配合鲜艳的玫瑰红色，经研磨后造成甚具观赏价值，供为赏石，也可制作成各种装饰品，深受玩石人士喜爱。

蔷薇辉石虽早于 1931 年日据时代即在台湾东澳西帽山地区发现，并有矿区在当地采硬锰矿矿砂共约 840 t。后在东部花莲溪谷发现多处地点，然仍以私人捡取河川转石，并以小型凿岩机盗采。因原矿脉采获有限，来源稀少，溪谷转石近已采尽，又由于目前蔷薇辉石已视为宝石矿种，人价值高涨，市场供不应求，对于传闻的木瓜溪上游奇莱地区以及三栈溪上游立雾主山地区的原生矿脉，仍应进一步详细探勘，评估其开发可行性。

五、珊瑚

珊瑚是海洋腔肠动物死后残留的骨骸，即无数珊瑚虫形成类似树枝状骨骸的聚集体，主要成分为霰石和方解石矿物，尚有少量的碳酸镁、硫酸钙、氧化铁和有机物，其成分百分比例如下：碳酸钙 86.97%，碳酸镁 6.81%，硫酸钙 1.27%，氧化铁 1.72%，有机物 1.35%，磷酸盐 1.33%，水 0.55%。成分比例常因种类不同而有少许的变化，但大致上碳酸钙在 82%~87%之间。碳酸镁 7%左右，其余成分甚微量。

珊瑚硬度在 3.5~4 之间，密度 2.6~2.7 g/cm^3。其颜色因珊瑚和种类和产地不同，而有相当多种的色调，在珊瑚业者之间，珊瑚的色调大致可分为红、深红、桃红、桃、红斑、粉红、红粉红、淡粉红和白色等。有些业者更分成 20 种色调。

珊瑚自古以来就被视珍贵之物，在西方与珍珠、琥珀并称为三大有机宝石，在东方也被列为佛典中的七宝之一。在中国古代，珊瑚更是高贵与权势的象征，在西藏，珊瑚也被民间当作传家宝，喇嘛也配戴珊瑚制作的念珠。

宝石珊瑚不同于先造礁珊瑚生长于广大的温暖浅海，而是生长于局部地区的特殊地形与海流区，约在 100~300 m 的热带深海礁岩上，因区域与生长深度的不同，大致可分为红色珊瑚、桃红色珊瑚、白色珊瑚及深红色珊瑚。主要产区位于岩岸和沙岸的交接处，主要代表区域包括：①日本、琉球、台湾东岸、澎湖及南沙群岛为主的太平洋海域；②以地中海为主国家的大西洋海域；③夏威夷西北部中途岛附近的海域。

台湾的宝石珊瑚包括：①分布于台湾近海、澎湖海域水深约 200 m 海床的桃红色珊瑚，为宝石珊瑚中产量最大、分布最广的一种；②分布于澎湖海域水深 100~200 m 海床的白色珊瑚；③在台湾东海岸至琉球近海，发现质地细软、具半透明光泽的类似粉红色珊瑚（大东山珊瑚宝石博物馆提供）。

台湾北部及澎湖群岛海底所产珊瑚为全球品质最佳的珊瑚，颜色朱红夺目，加工后色泽美艳，广受大众喜爱，产品遍及全世界。全世界的珊瑚有 70%在台湾加工，其中 90%外销，使台湾得以享有“珊瑚王国”之美誉。

台湾珊瑚最早于 1923 年被发现，至 20 世纪 30 年代从国外引进探采与加工技术后，曾创下全盛期 400 余艘珊瑚船、500 家加工厂、总产值 5000 万美元的辉煌历史记录，其中 80%外销，20%内销。由于珊瑚的生长速度十分缓慢，平均每 10 年只能成长 1 cm，生长资源十分有限。现在的珊瑚产量已不及 20 年前的十分之一。近年来由于开采与加工均缺乏有效管制，除造成台湾近海珊瑚资源日渐枯竭外，工业恶性竞争也导致销售利润减低。20 年前，台湾海域有多达 400 艘以上的珊瑚作业船，而 20 年后的今天，只剩下不到 35 艘。除了原料的来源受限外，在成品的促销上，珊瑚同样欠缺有利的推广。故台湾省加工业多转向发展进口半宝石，台湾省生产半宝石及高级有色宝石和人造宝石等之加工及精雕（台湾省矿务局，1993）。

六、碧玉

碧玉的主要成分是二氧化硅，因含氧化铁成分而多呈红、黄、绿及其他颜色，也是指含赤铁矿成分的粒状微晶质石英。常有斑点或条痕带状纹理。摩氏硬度为 6.5~7，相对密度 2.6~2.9，不透明。海岸山脉的碧玉因含有一些赤铜矿杂质成分，故降低其透明度以致成为不透明（陈其瑞，1997）。

碧玉分布于花东海岸山脉，由于碧玉中含有铁及铜的氧化物，故陈其瑞（1997）认为，海岸山脉碧玉属于较不透明、局部掺含绿鳞石（Celadonite）的红皮或黑皮部分，其比玉髓粒径更小，类似燧石结核，可能为二氧化硅溶液交代局部围岩所致。至于确实成因尚待调查矿脉露头才能进一步研究。

依颜色与纹理，可将海岸山脉碧玉分为红碧玉、黄碧玉，花碧玉、血丝碧玉、虎皮石等类（台湾省矿务局，1993）。由于其硬度与磨光性均佳，多经加工作为坠饰。

第四篇　水气矿产

水气矿产包括地下水、天然矿泉水（地热水）二氧化碳气、硫化氢气、氦气和氡气等，台湾省目前发现的水气矿产有地下水和天然矿泉水，由于台湾省地下水资源资料收集困难，在矿产地质勘查中较少涉及，本志不将其列入编写范围；本篇仅重点介绍地热水资源。地热水本属于能源矿产，但又属于水资源类，本次把它归入水气矿产篇来介绍。

第十一章　地　热　水

台湾省地处环太平洋火山地震带，具得天独厚的地热地质地理条件，地下热源丰富，又有充足的雨量补给地下水，使台湾省拥有众多的温泉。已发现温泉达100处以上，几乎遍布全岛。台湾省是我国温泉密度最高的省份，与素有“温泉王国”之称的日本相比也毫不逊色。北投、阳明山、关子岭、四重溪合称台湾省“四大温泉”，名闻中外。台湾省温泉众多，地热资源极为丰富。台湾省温泉以其泉源多、密度大和温度高为特征，绝大多数温泉都受活动断裂所控制。

一、地热水的特征及主要经济用途

（一）地热水特性

地热是地热（能）资源的简称。地热（能）资源是指能够为人类经济开发和利用的地球内部的热能资源，是新能源和可再生能源中的一种。地球是个大热库，蕴藏着巨大的热能。全球地热能源潜在资源约4×10^6 MW/h，相当于现在全球耗能总量的45万倍。在地壳内部各种地质因素（如年轻火山作用、断裂作用、现代造山运动等）的影响下，地球内部的巨大热能通过载热介质——地热流体（地热水、地热蒸气）热干岩以及炽热的熔岩等被带到地表，或在近地表处汇聚成藏，形成地热田，成为目前钻探技术可及深度上的（最深可达5000 m）人类能够开发利用的地热（能）资源。

地热流体（地热水、地热蒸气）作为载热介质，在长期运移过程中不仅吸收了地壳内部的热能，而且还携带了一些特有的物质组分，成为集热、矿、水于一体的、具有一定物理特性（温度、压力、相态）和特殊化学组成的宝贵矿产资源。目前世界各国地热（能）资源的开发主要通过天然出露的温泉资源、赋存于地壳深部地层和热干岩体中的地热资源，以及借助于热泵技术开采浅层地热资源来实现的。

（二）地热资源分级

据国家标准（GB 11615—2008，报批稿），地热资源按温度分类标准见表11-1。

表 11-1　地热资源按温度分类标准表（温度是指主要储层代表性温度）

温度分级		温度界限 t/℃	主要用途
高温地热资源		$t \geq 150$	发电、烘干、采暖
中温地热资源		$90 \leq t < 150$	烘干、发电、采暖
低温地热资源	热水	$60 \leq t < 90$	采暖、理疗、洗浴、温室
	温热水	$40 \leq t < 60$	理疗、洗浴、采暖、温室、养殖

（三）地热水水质标准

1. 理疗热矿水水质标准

理疗热矿水水质标准表（表 11-2）依据（GB/T 13727—1992）《天然矿泉水地质勘探规范》的医疗矿泉水水质标准略作修改，取消锰、偏砷酸、偏磷酸、镭成分。

表 11-2　理疗热矿水水质标准表

成分	有医疗价值浓度	矿水浓度	命名矿水浓度	矿水名称
二氧化碳/(mg·L^{-1})	250	250	1000	碳酸水
总硫化氢/(mg·L^{-1})	1	1	2	硫化氢水
氟/(mg·L^{-1})	1	2	2	氟水
溴/(mg·L^{-1})	5	5	25	溴水
碘/(mg·L^{-1})	1	1	5	碘水
锶/(mg·L^{-1})	10	10	10	锶水
铁/(mg·L^{-1})	10	10	10	铁水
锂/(mg·L^{-1})	1	1	5	锂水
钡/(mg·L^{-1})	5	5	5	钡水
偏硼酸/(mg·L^{-1})	1.2	5	50	硼水
偏硅酸/(mg·L^{-1})	25	25	50	硅水
氡/(Bq·L^{-1})	37	47.14	129.5	氡水
温度/℃	≥34			温水
矿化度/(mg·L^{-1})	<1000			淡水

2. 天然地热流体水质标准

1）地热水可作为生活饮用水源根据《生活饮用水卫生标准》（GB 5749—2006）作出评价。

2）低温地热流体（地热水）在用于采暖供热等目的后排放的废弃水，一般可用于农田灌溉。可参照《农田灌溉水质标准》（GB 5084—2005）作出评价。

3）低温地热水用于水产养殖的，可参照《渔业水质标准》（GB 11607—1989）作出评价。

3. 地热流体中有用矿物组分评价

据国家标准（GB 11615—2008，报批稿），中高温地热流体中通常含有高浓度的矿物质，有的为热卤矿物水，可从中提取工业利用的成分，如碘、溴、铯、锂、铷、锗等，有的还可生产食盐、芒硝等，对达到工业利用可提取有用元素最低含量标准的可参照表 11-3。

（四）主要经济用途

地热水分布广，用途多，作为能源开发利用，早在 20 世纪 70 年代就已引起世界许多国家的重视。目前地热资源主要用于地热发电、地热采暖、工业及农副业生产、医疗洗浴、地源热泵以及提取矿物原料等方面。目前，世界上利用地热资源发电的国家主要有意大利、美国、新西兰、冰岛、日本、俄罗斯、菲律宾、印度尼西亚、中国等；世界上直接利用地热资源的前 10 位国家是：中国、瑞典、美国、冰岛、土耳其、奥地利、匈牙利、意大利、新西兰和巴西。截至 2005 年底，世界地热资源直接利用到各个领域的情况见表 11-4。

表 11-3　地热流体中有用元素最低含量标准表

元素名称	含量/(mg · L^{-1})
碘（I）	>20~30
溴（Br）	20~200
铯（Cs）	>80
锂（Li）	>25
铷（Rb）	>200
锗（Ge）	>5

表 11-4　不同种类地热资源直接利用概况表

种类	地源热泵	区域供暖	温室加热	地热养殖	农业烘干	工业利用	洗浴游泳	制冷融雪	其他
容量/MW	15384	4366	1404	616	157	484	5401	371	86
利用量/(10^{12}J · a^{-1})	87503	55256	20661	10976	2013	10868	83018	2032	1045
容量系数	0. 18	0. 40	0. 47	0. 57	0. 41	0. 71	0. 49	0. 18	0. 39

（1）地热发电

指利用地热蒸气（干蒸气、湿蒸气）或地热水的热能生产电力，其低限温度为 150 ℃，但一般要求发电利用温度应不小于 180 ℃，甚至在 200 ℃以上才更经济。目前世界上许多国家利用高能位（不小于 150 ℃）地热蒸气资源发电技术发展迅速。中国用地热发电的省、区有西藏、广东、湖南、台湾。西藏羊八井地热田电能可满足拉萨市供电。

（2）地热采暖

主要是指寒冷地区利用地热（能）资源作室内供暖的措施。供热采暖的地热水温暖一般要求在 60 ℃以上，但 50~60 ℃也可，而较少采用 50 ℃以下的地热水。冰岛早在 1928 年就已开始利用地热采暖，全国人口 70%以上地区已实现地热采暖，冰岛首都雷克雅未克市已全部“地热化”，被誉为“无烟城”。中国北京、天津、华北油田、大庆油田等地利用地热水为居民住宅供暖和提供生活热水水源，在节省大量煤炭和资金，减少环境污染等方面已取得良好效果。天津地热采暖面积已近 1100×10^4 km^2，占全国地热采暖总面积的 50%以上。2000 年全球地热采暖在地热直接利用类型中的比例已达 35%。

（3）地热工业利用

指地热（能）资源在工业领域里的用途，其温度范围为 60~150 ℃。它可以用于烘干和蒸馏，以及用简单的工艺流程供热、制冷，或者用于采油、采矿、原材料处理工业的加温和冰雪、冻土的融化等。中国将地热水用于纺织、印染、洗涤、制革、造纸与木材加工、奶制品、谷物、蔬菜和果品等烘干，以及采油工艺等方面，已取得明显的经济、社会和环境效益。

（4）地热农业利用

主要包括保温育苗、温室栽培、土壤加温及增肥、调节灌溉水温、人工孵化、水产养殖、沼气池加温以及动物科学管理和建牲畜浴池等。

（5）医疗洗浴

世界各国将地热水用于医疗洗浴有着悠久的历史。热矿水所含化学成分、气体成分和放射性物质以及温度对人体产生某些显著的生理作用，具有治疗疾病的效果。地热水中含有的微量元素和气体成分不同，其医疗作用也有不同，主要用于治疗各种慢性病、疑难病等。

（6）提取工业原料

从地热卤水中提取碘、溴、硼、锶、锂、铷、铯、芒硝、钾盐、硫、氦等有用元素和盐类，如中国在云南腾冲火山温泉区提取硫磺、在云南洱源九台温泉提取芒硝和自然硫，以及在台湾大屯火山温泉区开采自然硫等。

二、地热矿产地数量

台湾省年平均温度约 22 ℃，在确定台湾省温泉数量时，我们以温度高于 27 ℃为标准。据现有资料统计，台湾全省有地热矿矿产地 116 个（表 11-5），其中小型有 5 个：花莲-台东温泉带的台东金仑 3 号、台东知本，宜兰-恒春温泉带的宜兰土场、宜兰清水、南投庐山；矿点有 111 个。

三、地热地理分布

台湾地热主要分布在大屯火山岩区和中央山脉两侧（图 11-1）。大多数温泉分布在断裂带上及其旁侧，且往往呈线状成群出现，形成大屯火山岩区温泉区、宜兰恒春温泉带、花莲台东温泉带 3 个温泉区带。

台湾省的温泉多数出露在变质岩区。在 116 处温泉中分布于变质岩区的有 80 处，占 69%，其中出露于前古近纪大南澳变质岩区的有 18 处，始新世—中新世浅变质岩区的有 62 处；分布于沉积岩区的 18 处，分为渐新世—更新世沉积岩区 16 处，第四纪冲积层 2 处；分布于更新世和上新世火山岩区的亦有 18 处。若考虑各岩区出露面积，则各岩区温泉密度值的大小顺序依次为火山岩区、变质岩区、沉积岩区。

台湾省高峰连绵，地势陡峻，温泉多出露于山谷谷底或河流溪边，由山间岩石裂隙或乱石中涌出。分布于第四系的温泉不多。相当多的温泉以泉群出露，一处温泉的泉眼有多个，如天狗溪温泉见有 6 个泉眼，土场温泉见有 5 个泉眼，礁溪有 5~6 个，清水 4 个，谷关 4 个，庐山 4~5 个等。大屯火山岩区温泉区泉眼更多，难以统计。

台湾省温泉区热水活动范围的大小不一，小的温泉区仅数平方米，而活动范围大者可达数平方千米。如庐山、大仑温泉热水活动范围达 2 km^2，土场、臭乾、金仑 2 号、知本和礁溪等温泉热水活动范围约 1 km^2，而大屯火山岩温泉区的热水活动范围则更大。一些温泉地表的地热异常显示亦较明显，台湾省不乏具有强烈地热异常显示的温泉区，如沸腾的泉水、喷气孔、间歇喷泉，或有大量碳酸盐、硫磺的沉淀，呈现热水蚀变带等现象。

台湾省温泉出露与地形关系密切。据陈肇夏（1975、1989）研究，中央山脉地区温泉出露于山岭两侧的山谷中或河床上。他提出一个解释中央山脉地区温泉形成的简单模式，即大气降水自高山区顺透水层或裂隙深入地下，经自然加热后再沿裂隙上升至地表成为温泉，其循环深度视山岭高度及其与温泉的水平距离而定，一般山岭越高，与温泉相距越远，地下水循环深度也可能越大。

四、地热资源储量

台湾省有流量记录的温泉点计 92 处，总流量为 2401. 2 t/h。其中流量大于 100 t/h 的有 5 处，总流量 1020 t/h；流量 60~90 t/h 的有 10 处，总流量 696 t/h；流量 20~59 t/h 的有 13 处，总流量 414 t/h；流量小于 20 t/h 的有 64 处，总流量仅为 390. 2 t/h。各处温泉的平均流量约为 27. 4 t/h。流量大的温泉点基本上分布于高温温泉分布区，即宜兰-土场温泉亚区、雾鹿-金仑温泉亚带、庐山-东埔温泉亚带和大屯火山岩区温泉区。

台湾南部知本至金仑一带有较强的地热异常，金仑 3 号温泉流量高达 450 t/h，为台湾省温泉流量最高值，且泉温高达 92 ℃，很值得重视。

表 11-5　台湾省温泉一览表

温泉区带	温泉亚带	编号	温泉名称 现名	温泉名称 旧名或别名	温度 ℃	pH 值	流量 $(t \cdot h^{-1})$	热水活动范围 长(m)×宽(m)	特征	涌出处岩性	围岩	备注
大屯火山岩区温泉区		1	北投	青磺	100	1.6	大量	30×30	异常强，喷气孔，硫化氢气体，硫磺，热水蚀变带	安山岩砂岩	A	Z
		2	大磺嘴	白磺十八分	100	2	大量	1000×500	异常强，喷气孔，硫化氢气体，硫磺，热水蚀变带	安山岩砂岩	A	Z
		3	行义路	峰溪天母	80	1.5	大量		象头、磺溪岭、峰溪温泉多处，硫化氢气体，硫磺	安山岩集块岩	A	
		4	凤凰	铁泉	57	7	多量		异常小，含有铁质	安山岩	A	
		5	龙凤		58	7.5	少量		异常小，位于溪谷中	安山岩	A	
		6	阳明山	草山	80	3.3	大量	1000×1000	异常强温泉多处，硫化氢气体，硫磺，热水蚀变带	安山岩	A	
		7	双重溪	湖山里	100	2	大量	1000×500	异常强，喷气孔，硫化氢气体，硫磺，热水蚀变带	安山岩砂岩	A	Z
		8	小油坑	硫磺谷七星山	100	2	30	100×100	异常强，喷气孔，硫化氢气体，硫磺，热水蚀变带	安山岩	A	Z
		9	马槽		92	2.2	多量		异常强，喷气孔，硫化氢气体，硫磺	安山岩	A	
		10	大油坑		100	1.5	18	1000×1000	异常强，喷气孔，硫化氢气体，硫磺，热水蚀变带	安山岩	A	
		11	三重桥		80	2.3	30	100×100	异常强，喷气孔，硫化氢气体，硫磺，热水蚀变带	安山岩	A	Z
		12	死磺子坪		100	2.0	30	500×500	异常强，喷气孔，硫化氢气体，硫磺，热水蚀变带	安山岩	A	Z
		13	庚子坪		93	2	18	500×500	异常强，喷气孔，硫化氢气体，硫磺，热水蚀变带	安山岩	A	Z
		14	大埔	加投	80	2.2	12	50×30	温泉多处，硫化氢气体	砂岩安山岩	A	Z
		15	金山	金包里砂	80	2.5	12	200×200	温泉多处，硫化氢气体，硫磺	砂岩安山岩	A	Z
		16	磺港		43	5	多量		异常小，地处海滨	砂岩安山岩	A	
宜兰恒春温泉带	宜兰土场温泉亚带	17	荣华	比亚外高义	65	7.8	12	50×50	2 处温泉，硫化氢气体	泥质板岩凝灰岩	D	
		18	加空							砂岩辉绿岩		
		19	乌来		83	7.4	150	200×200	异常较强，温泉 3 处，硫化氢气体，碳酸盐沉淀	泥质板岩砂岩	D	Z
		20	礁溪	汤围	64	7.5	150	1000×1000	异常较强，温泉多处，硫化氢气体	冲积层砂岩	B	Z
		21	员山	宜兰	41	7.3	3	10×10	1 处小温泉	冲积层泥质板岩	B	
		22	秀峦	控溪	46	7	6	300×300	2 处温泉，瀑边乱石中涌出	砂岩页岩	D	
		23	金北				少量		异常小		D	
		24	他开心				0.75		异常小		D	
		25	三光								D	
		26	新兴	嘎拉贺	56	8	18	100×50	2 处温泉，相距约 700 m 碳酸盐沉淀	板岩	D	

续表

温泉区带	温泉亚带	编号	温泉名称		温度	pH 值	流量	热水活动范围	特征	涌出处岩性	围岩	备注
			现名	旧名或别名	℃		$(t \cdot h^{-1})$	长(m)×宽(m)				
宜兰恒春温泉带	宜兰土场温泉亚带	27	四棱		65	8	30	30×30	异常弱，从峭壁涌出	砂岩	D	
		28	梵梵		67	6.7	60	50×50	温泉多处	砂岩	D	
		29	排骨溪	崩崩	40	7	0.6	10×10	1 处小温泉	板岩	D	
		30	天狗溪	田苦路	53	7.2	30	800×800	异常较强，温泉多处，微弱喷气孔	砂岩板岩	D	Z
		31	土场	仁泽旭泽	98	9.2	150	1000×1000	异常较强。温泉多处，微弱喷气孔	砂岩板岩	D	小型 Z
		32	清水		99	9.9	120	500×300	3 处小喷气孔，硫磺，二氧化碳，硫化氢气体，热水蚀变带	板岩变质砂岩	D	小型 Z
		33	寒溪		37	6.3				板岩变质砂岩	D	Z
	清泉天狗温泉亚带	34	清泉	井上	42	7.9	7.2	60×60	异常弱，2 处温泉	泥岩砂岩	C	
		35	大湖		<40				异常不显著		C	
		36	泰安	虎山上岛	47	7.9	0.6	10×10	2 处温泉相距 500 m，藻类沉淀	页岩砂岩	C	
		37	天狗		40	6.5	0.3	5×10	异常不显著	泥岩	C	
		38	雪见		50		1.8		异常小	板岩	D	
	庐山东埔温泉亚带	39	谷关	明治	62	7.6	18	300×100	2 处温泉，硫化氢气体，二氧化碳气体	变质砂岩板岩	D	
		40	马陵		68	8.0	60	400×100	异常强，硫化氢气体，二氧化碳气体	变质砂岩板岩	D	
		41	达见	美寿潭	62	9.1	30	5×5	异常小，硫化氢气体	变质砂岩板岩	D	
		42	咖啡园		38	8.6	0.3	40×40	异常小，碳酸盐沉淀，二氧化碳气体	变质砂岩板岩	D	
		43	瑞岩		40	7	1.8	100×200	异常小，藻类沉淀，碳酸盐沉淀，硫化氢气体	变质砂岩板岩	D	
		44	红香		60	6.7	3	40×100	异常小，藻类、碳酸盐沉淀，硫化氢二氧化碳气体	变质砂岩	D	
		45	春阳	樱	64	7.6	30	1000×500	温泉 3 处，范围广硫化氢气体，	板岩	D	
		46	精英		84	7.1	60	1000×500	异常强，温泉多处，藻类、碳酸盐沉淀，硫化氢、二氧化碳气体	板岩变质砂岩	D	
		47	庐山	富士军功寮	98	9.3	90	2000×1000	异常强，喷气孔，硫化氢、二氧化碳气体，碳酸盐沉淀	板岩变质砂岩	D	小型
		48	奥万大		54	8.7	0.3	10×10	异常弱，碳酸盐沉淀	变质砂岩板岩	D	
		49	奥万大北溪		45	9.1	1.8	100×100	温泉多处集中，硫化氢气体	板岩变质砂岩	D	

续表

温泉区带	温泉亚带	编号	温泉名称		温度/℃	pH值	流量/($t \cdot h^{-1}$)	热水活动范围 长(m)×宽(m)	特征	涌出处岩性	围岩	备注
			现名	旧名或别名								
宜兰恒春温泉带	庐山东埔温泉亚带	50	奥万大南溪		64	7	3	10×30	温泉多处，范围小，二氧化碳气体，碳酸盐沉淀	板岩变质砂岩	D	
		51	马路他仑								D	
		52	丹大								D	
		53	易把猴								D	
		54	十八重溪		42	9.0	0.3	20×50	2处温泉，碳酸盐沉淀，硫化氢气体	变质砂岩	D	
		55	东埔		66	7.0	42	50×50	硫化氢气体，碳酸盐沉淀	泥岩火山岩	D	
		56	乐乐		79	7.5	12	200×100	硫化氢气体，碳酸盐沉淀	变质砂岩	D	
	关子岭温泉亚带	57	中仑	昆仑	56	7	36	30×30	含泥砂较多，与热水相伴涌出，二氧化碳气体	泥质砂岩	C	
		58	关子岭		84	8.2	大量	300×300	异常强，水质污浊，二氧化碳气体	泥岩泥质砂岩	C	
		59	六重溪		38	7.8	6	4×100	2处小温泉	泥岩泥质砂岩	C	
		60	龟丹		35	7.8	18	10×10	2处小温泉	泥岩	C	
	梅山宝来温泉亚带	61	新望岭		60		0.45			砂岩	C	
		62	梅山	樟山拉光寿	66	7.5	15	100×10	异常强，半山腰涌出，多量碳酸盐沉淀	板岩	D	
		63	复兴		43	7	0.3	150×300	异常不显著，呈半干涸状，多量碳酸盐沉淀	板岩变质砂岩	D	
		64	勤和		53	7	0.3	10×10	异常不显著	泥质板岩	D	
		65	美秀		40		0.38		异常小	泥质板岩	D	
		66	桃源		45	7.5	1.2	3×10	异常小，碳酸盐沉淀	冲积层砂岩	C	
		67	高中	排剪	45	7	12	3×10	异常小，藻类沉淀	砂岩	C	
		68	宝来		60	6.8	7.2	150×30	异常小，硫化氢气体，藻类、碳酸盐沉淀	泥质板岩	D	
		69	石洞		46	7.0	0.9	50×30	异常小，硫化氢气体，碳酸盐沉淀	泥质板岩	D	
		70	富园		63	7	12	200×50	异常强，大规模碳酸盐沉淀	泥质板岩	D	
		71	不老	新同新开	45	7.3	1.2	40×10	异常小，硫化氢气体，碳酸盐沉淀	泥质板岩	D	
		72	沼津		80		18				D	
		73	上宝来		60		21				D	
		74	斗必耶				27				D	

续表

温泉区带	温泉亚带	编号	温泉名称		温度	pH 值	流量	热水活动范围	特征	涌出处岩性	围岩	备注
			现名	旧名或别名	℃		$(t\cdot h^{-1})$	长(m)×宽(m)				
宜兰恒春温泉带	多纳四重溪温泉亚带	75	多纳	斗纳	57	6.7	18	2×10	3 处小温泉	板岩	D	
		76	大武	赖武安	62	7.1	12	2×10	2 处小温泉	板岩	D	
		77	寿梵				0.54			板岩	D	
		78	四重溪		50	7.9	3	500×500	异常小，温泉多处，硫化氢气体	泥岩	C	
花莲台东温泉带	茂边瑞穗温泉亚带	79	乌帽		74	6.4	12	100×100	硫化氢气体，硫酸盐沉淀，藻类结垢	板岩变质砂岩	D	
		80	五区		76	7.8	18	30×20	热水流量大，硫化氢气体，碳酸盐沉淀	变质砂岩	E	
		81	四区	柑子头	54	7.4	0.6	600×50	温泉多处，大部分涌自河床中，硫化氢气体	角闪片岩混合岩	E	
		82	茂边		99	8.2	9	800×800	异常强，喷泉，硫化氢气体，碳酸盐沉淀	黑色片岩	E	
		83	臭乾	碧侯	65	6.5	1.2	1000×1000	多处温泉，硫化氢气体，碳酸盐沉淀	黑色片岩	E	
		84	大浊水		96	8.3	1.2	200×200	微弱喷气孔，硫化氢气体，硫磺、碳酸盐沉淀	石英片岩黑色片岩	E	
		85	硬骨	可吾窟	50					片岩	E	
		86	文山	深水	46	6.5	42	5×5	异常小，硫化氢气体	片岩大理岩	E	
		87	二子	双子						石墨片岩	E	
		88	万里	万里桥	60	7	6	50×30	异常小，硫化氢气体	片岩	E	
		89	富源		65	7.3		70×10		片岩	E	
		90	瑞林		40		2.4	10×10		片岩	E	
		91	红叶	里	41	6.7	18	50×50	硫化氢气体，碳酸盐沉淀	片岩冲积层	E	
		92	瑞穗		42	6.6	6	50×50	异常小，硫化氢气体，铁染	片岩	E	Z
	雾鹿金仑温泉亚带	93	大分		50				异常小	片岩	D	
		94	安通	红座	64	8.8	48	250×200	2 处温泉，硫化氢气体，藻类沉淀	泥岩	C	Z
		95	东里 1 号		38	4.4	0.3	6×6	异常小	安山集块	C	
		96	东里 2 号		44	8.2	0.6	3×3	异常小，藻类、碳酸盐沉淀	安山集块岩	C	

续表

温泉区带	温泉亚带	编号	温泉名称		温度	pH值	流量	热水活动范围	特征	涌出处岩性	围岩	备注
			现名	旧名或别名	℃		(t·h^{-1})	长(m)×宽(m)				
花莲台东温泉带	雾鹿金仑温泉亚带	97	雾鹿	利稻鹿鹿	98	9.3	72	1000×50	异常强、广，喷气孔，硫化氢气体，硫	变质砂岩	E	Z
		98	下马		70	7.5	3.6	10×50	异常小，硫化氢气体	黑色片岩	E	
		99	新武	新武路	74	7.5	1.2	5×30	异常小，半干涸状，硫化氢气体	片岩大理岩	E	
		100	大仑		99	8	大量	2000×1000	异常强、广，喷气孔，硫化氢气体，硫磺，热水蚀变带	火山岩片岩	E	
		101	大仑溪		32	6.7	0.6	1×30	异常小，矿染，二氧化碳、硫化氢气体	片岩	E	
		102	桃林		85	8	大量		异常强，硫化氢气体	板岩	D	
		103	红叶谷	北丝阄	55	7	3	10×10	2处温泉，异常不显著，硫化氢气体	片岩	D	
		104	利吉	利基利吉	37	7	30	50×50	2处温泉，半山腰涌出	泥岩	C	
		105	知本内泉			7	少量		异常小	板岩	D	
		106	知本外泉	知本	60	6.6	72	2000×500	异常强硫化氢、二氧化碳气体，硫磺，碳酸盐沉淀	变质砂岩板岩	D	小型Z
		107	比鲁		70	7.2	72	50×100	异常强，流量集中，硫化氢气体，碳酸盐沉淀	板岩	D	
		108	金峰2号		42	7	0.18	5×10	异常不显著，硫化氢气体．藻类沉淀	变质砂岩	D	
		109	金峰1号	太麻里	40	7	0.6	5×50	异常不显著，二氧化碳气体	变质砂岩板岩	D	Z
		110	金仑3号		92	6.5	450	300×300	异常强．小喷气孔，硫化氢气体，碳酸盐沉淀，热水蚀变带	变质砂岩	D	小型
		111	金仑2号	近黄金黄	88	7	60	2000×500	异常强、广，硫化氢气体．硫磺，碳酸盐沉淀	变质砂岩板岩	D	Z
		112	金仑1号	虷子仑	55	6.2	12	800×500	异常广，温泉分散，硫化氢气体，碳酸盐沉淀	变质砂岩板岩	D	Z
		113	加罗坂		43	8	0.3	5×10	异常不显著，硫化氢气体	板岩	D	
		114	旭海	牡丹	43	7.6	6	5×10	异常小	板岩	D	
其他		115	龟山岛		100	<2	大量		异常强，温泉多处，喷气孔，硫气孔，热水蚀变带	安山岩	A	
		116	绿岛	旭	52	7.6	6	10×50	异常小	安山岩集块岩	A	

注：A—更新世和古近纪火山岩；B—冲积层（Qh）；C—渐新世—中更新世沉积岩（E_3-Q_2）；D—始新世—中新世浅变质岩（E_2-N_1）；E—古近纪大南澳杂岩（变质岩）（AnR）；Z—已钻探区。

（据张宝堂等，1984；何春荪等，1963；颜沧波，1955）

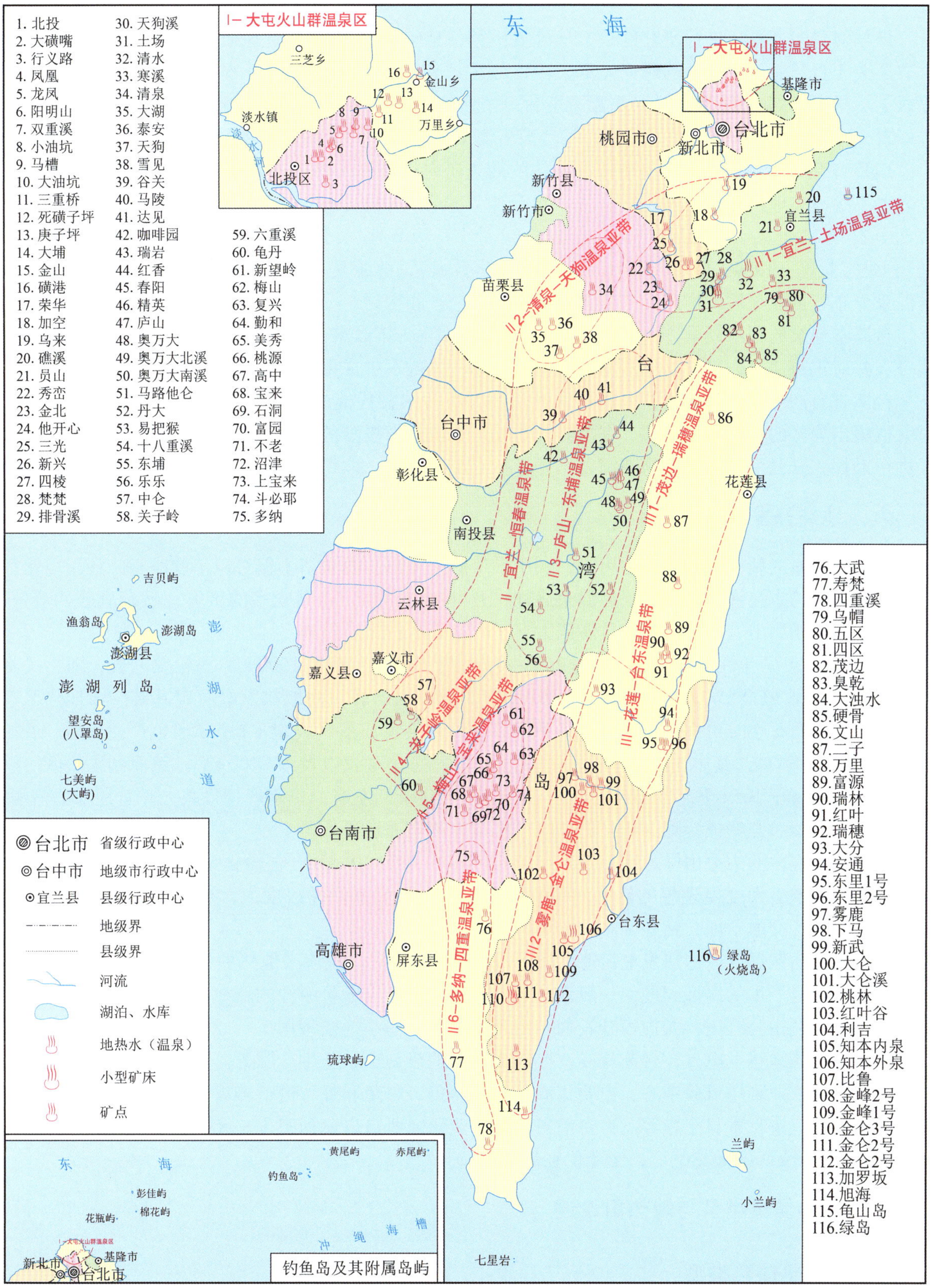

图 11-1 台湾省地热水（温泉）资源分布简图

五、地热勘查工作程度

最早对台湾省温泉进行研究的是C·科灵伍德，1867年他在《伦敦地质学会季刊》第23期上，发表了关于台湾北部硫磺泉的研究文章。1945年前，台湾省的温泉多由日本人调查，调查报告在40篇以上。早坂一郎1941年在《台湾温泉资料——台湾地学记事》一文中，所列举有关台湾省温泉报告即有37篇。1928年由大江二郎编的《台湾省温泉分布图》，列有82处温泉。

1945年后，台湾省地学者对温泉和地热的调查研究日渐深入。近年来在台湾省地热资源勘探中，发表了不少有关地热和温泉的研究报告。对台湾温泉作比较系统研究者有颜沧波（1955；汇编温泉71处，冷泉11处），何春荪等（1963；温泉77处，冷泉6处），邢俊章（1978；温泉55处，冷泉3处），张宝堂等（1984；温泉103处，列有较详尽数据），陈肇夏（1989；温泉98处）。他们对台湾省温泉分布特征及与地质构造关系等方面，进行了论述和探讨。

台湾省温泉的利用尚早，主要用于洗浴和医疗。1965年以来，台湾省组织对一些温泉进行地质调查，并对重点地热区进行物化探和钻探等项工作，取得不少成果。

台湾省自产能源极其缺乏，地热被认为是较有潜力的替代能源之一。1965年以来，台湾省先后对大屯火山岩区的马槽和大磺嘴、宜兰县的清水和土场、南投县的庐山、台东县的知本和金仑等地热区进行勘探，开展了各种地球物理调查，并进行了深部钻探，取得不少十分有益的资料。

六、地热开发程度

台湾省温泉的利用已有悠久的历史，利用最广的是沐浴，温泉浴不但可以洁肤净身，还可以治疗多种疾病。台湾省在许多温泉区兴办温泉旅社，开辟游览胜地，吸引众多的游客，已有显著的成效。台湾省北投、阳明山、关子岭和四重溪四大温泉均是著名的旅游胜地。

台湾省于1977年在宜兰县清水建立起第一座地热发电厂，安装1500 kW涡轮发电机，随后又在此地安装光导型3000 kW地热发电机，于1981年7月投入运转，为地热发电奠定基础。该地热区有生产井7口，原每小时可生产热水525 t，其中约75 t可转变成蒸汽。3000 kW试验电厂建成后，开始每小时有350 t热水，其中50 t转变为蒸汽供发电用，每小时发电量为2100 kW。然而到了1988年，热水总产量已降至105 t/h，26 t转为蒸汽，仅能发电500 kW左右。热水产量日减，并非是水源枯竭，而是因为在井口、井壁或裂隙内产生了碳酸盐沉淀，堵塞通道所致。

包括清水在内的中央山脉地区地热发电潜能$5\times10^4\sim30\times10^4$ kW，但该区的地热开发有其困难之处，主要有：缺乏大规模理想的热水储集层，热水产量不大；钻井深度大，平均产量小，生产成本高；地形限制，交通不便，钻井困难；结垢问题，影响开发利用。

大屯火山岩区温泉区地热发电潜能为$10\times10^4\sim50\times10^4$ kW。但该区地热的开发有两个实质问题尚待解决，一个是严重的腐蚀问题，一般钢材无法使用，需寻求廉价耐蚀的新材料；另一个是该地热区精华已划入阳明山公园内，大规模开发似已无可能，仅能作小规模利用。

除清水利用地热发电外，台湾省亦有小规模利用地热为工农业生产服务。在台北市七星山东侧的马槽建立地热农业利用试验中心，主要用温水饲养鳄鱼、甲鱼和虾，进行养鸡试验，在温室中栽培花卉，用地热蒸气进行木材干燥等。另台湾省能源矿业研究所自以色列引进二元发电系统，在土场地热区建造一座300 kW的地热电厂，至今仍在运转中。

七、地热储热类型与地热田论述

（一）地热储热类型

地热资源按不同的存在形式可分为4类：①水热型地热资源，即地壳浅处（地下1000~4500 m）所见到的热水或水蒸气。②地压型地热资源，即赋存在某些大型含油气盆地深处（3000~6000 m）的高温高压热流体。③热干岩型地热资源，为高温少水甚至无水的热干岩体，需用人工注水的方法才能将热能取出。④岩浆型地热资源，即储存在高温（700~1200 ℃）熔融岩浆体中的巨大热能。台湾省主要是水热型地热资源，即地壳浅处（地下 1000~4500 m）所见到的热水或水蒸气。还见岩浆型地热即大屯火山岩区喷气孔（硫气孔）温泉。

（二）台湾温泉的水温特征

台湾省温泉的温度普遍较高，以高温和中温温泉为主。全省 116 处温泉中，有测温数据的温泉计 105 处，其中高温温泉 56 处，中温温泉 41 处，低温温泉仅 8 处（表 11-6）。若从岩石地层看，火山岩区的温泉多为高温温泉，温度一般在 80 ℃以上；变质岩区的温泉主要是高温温泉和中温温泉，低温温泉仅有 3 处；沉积岩区主要为中温温泉和低温温泉，高温温泉甚少。台湾省温度大于 98 ℃的沸泉有 13 处，主要分布在火山岩区，另外几处分布在变质岩区的土场、清水、庐山、茂边、雾鹿和大仑等地。勘探中钻孔最高温度是大屯火山岩区的马槽 E208 号钻孔，热水地下温度达 293 ℃。

表 11-6　台湾省温泉温度分类　　单位：处

<table>
<tr><th rowspan="3">岩性</th><th colspan="6">类别温度</th><th rowspan="3" colspan="2">合计</th></tr>
<tr><th>低温温泉</th><th colspan="2">中温温泉</th><th colspan="3">高温温泉</th></tr>
<tr><th>28~39℃</th><th>40~49℃</th><th>50~59℃</th><th>60~79℃</th><th>80~99℃</th><th>≥100℃</th></tr>
<tr><td>火山岩</td><td></td><td>1</td><td>3</td><td></td><td>7</td><td>7</td><td colspan="2">18</td></tr>
<tr><td>冲积层</td><td></td><td>1</td><td></td><td>1</td><td></td><td></td><td>2</td><td rowspan="2">18</td></tr>
<tr><td>沉积岩</td><td>5</td><td>6</td><td>2</td><td>2</td><td>1</td><td></td><td>16</td></tr>
<tr><td>浅变质岩</td><td>2</td><td>13</td><td>9</td><td>19</td><td>9</td><td></td><td>52</td><td rowspan="2">69</td></tr>
<tr><td>变质岩</td><td>1</td><td>4</td><td>2</td><td>6</td><td>4</td><td></td><td>17</td></tr>
<tr><td rowspan="2">合计</td><td rowspan="2">8</td><td>25</td><td>16</td><td>28</td><td>21</td><td>7</td><td rowspan="2" colspan="2">105</td></tr>
<tr><td colspan="2">41</td><td colspan="3">56</td></tr>
</table>

大屯火山岩区属于高温温泉区，温泉地表温度多在 90 ℃以上，热水的地下温度更高，达百余度乃至近 300 ℃。该区超过 100 ℃的温泉有 6 处，热水到达地面后形成沸腾泉或喷气孔，活动十分强烈。最高的喷气孔出现在七星山北东东 2.8 km 的大油坑，该处所喷出的蒸气温度高达 120 ℃。蒸气中伴有天然硫磺，具硫化氢臭味，故又称硫气孔。大油坑地区每月可从蒸气中收集 30~40 t 的纯硫磺。类似的硫气孔也出现在龟山岛东缘的峭壁上，喷出的硫磺呈桔红色，显示蒸气温度可能超过 110 ℃。该硫气孔活动区附近海面呈一片乳白色，显示近岸海底也可能有地热活动。

分布在中央山脉变质岩区的温泉，温度超过 80 ℃者达 10 余处，其中包括宜兰县的清水和土场温泉，花莲县境内和平溪中上游的大浊水和茂边温泉，南投县的庐山温泉，南部横贯公路上的雾鹿温泉，以及台东县的金仑温泉。这些温泉区热水的地下温度高达 170~230 ℃，其他相对温度较低的温泉区热水的地下温度也多为 100~160 ℃。大屯火山岩区地热区和中央山脉变质岩区的一些地热区，都具有开发地热发电的潜力。

（三）台湾温泉的水化学特征

台湾省温泉的水质类型可分为重碳酸泉、单纯泉、硫磺泉、硫化氢泉、明矾泉及食盐泉等种类。火山岩区的温泉，多属硫磺泉、硫化氢泉及明矾泉；其他地区的温泉，则大部分为重碳酸泉、单纯泉及食盐泉，其中以重碳酸泉最为重要。

温泉的 pH 值一般适中，多数为中性温泉，弱碱性温泉零星散布在变质岩和沉积岩区，而火山岩区的温泉多数呈强酸性（表 11-7）。

变质岩区的温泉多呈碱性-弱碱性，HCO_3^- 含量很高，Cl^- 含量很低。火山岩区的温泉绝大部分呈强酸性，SO_4^{2-} 和 Cl^- 含量高，但 HCO_3^- 含量很低。沉积岩区的温泉则以 Cl^- 含量高为特色，尤其是西南部沉积岩区（泥质）的温泉 Cl^- 含量更高。

表 11-7　温泉酸碱性分类表

类别	pH 值	温泉数	百分数/%
弱碱性温泉	8.1~10.0	15	15.3
中性温泉	6.5~8.0	64	65.3
弱酸性温泉	5.0~6.4	4	4.1
强酸性温泉	<5.0	15	15.3
合计		98	100

大屯火山岩区有 3 种类型的温泉：第一类是酸性低浓度的硫酸盐泉，pH 值为 1.6~4.5，因硫化氢在地表氧化成硫酸，使酸性加强而 pH 值变低，泉水中 SO_4^{2-} 含量多于 Cl^-，其含盐量较低。本区温泉大多属这一类，有北投、大磺嘴、阳明山、竹子湖、小油坑、死磺子坪和庚子坪等。第二类是酸性的硫酸盐-氯化物泉，pH 值 1.4~3.9，泉水中 Cl^-浓度高于 SO_4^{2-}，这一类温泉酸性较前一类强，在北投、马槽及大埔等地出现。第三类是弱酸性到近中性的重碳酸钙泉，pH 值 5.9~7.6，泉中含有较多的 HCO_3^-，但仍含有不少 SO_4^{2-} 和 Cl^-，含盐量低，水温一般较低。这类温泉少，出露在远离喷气孔的低温带中。

八、地热田的时空分布特征及成矿规律

台湾省具得天独厚的地质地理条件，温泉众多，地热资源极为丰富，是我国温泉密度最高的省份。已发现温泉达 100 处以上，几乎遍布全岛。北投、阳明山、关子岭、四重溪号称台湾省四大温泉，名闻中外。台湾省温泉以其泉源多、密度大和温度高为特征，绝大多数温泉都受活动断裂所控制。

（一）地热田时空分布特征——温泉与地质构造的关系

从全球范围看，地热田的分布与板块构造的边界及现代火山、地震活动带有关，台湾省正是这样一个地区，因此台湾省拥有众多的温泉则不足为奇。温泉与区域构造、断裂、火山活动、地震等地质条件都有密切关系。

1. 温泉与断裂构造的关系

台湾省温泉受断裂构造的控制十分明显，几乎所有的温泉都分布在活动断裂上或其旁侧，它们呈线状或带状延伸。区域性断裂构造控制温泉带的展布，而温泉点的具体分布，则往往受主断裂或其次级断裂所控制。其中较典型的有：

大屯火山岩区温泉区的 16 处温泉，分布于金山断裂东南侧，形成一个长 10 余千米的狭长温泉带。根据微地震与温泉的研究，这些温泉与金山断裂密切相关，地表水沿断裂面向南东流入地下深部，受热后又沿断裂、裂隙等通道上升到地表形成温泉或喷气孔。

乌来、清泉、天狗、东埔、梅山、宝来、四重溪等 20 多处温泉沿屈尺-潮州断裂分布，明显受该断裂所控制。

清水、土场、红香、庐山、丹大、沼津等近 20 处温泉沿梨山断裂分布，受这一北北东向断裂所控制。断裂北段地震活动频繁，经地震观测证实这条断裂目前仍在活动。该断裂在地形上沿溪谷展布，据前述亦有利于温泉出露。屈尺-潮州断裂和梨山断裂控制宜兰-恒春温泉带的展布，此温泉带呈北北东方向延展，有温泉 62 处，占台湾省温泉总数一半以上。

花莲-台东温泉带数十处温泉受中央山脉断裂及其次级断裂所控制。本带北部的温泉受该断裂次级的北西向扭性断裂所控制，而南部温泉则受次级的北东东向扭性断裂所控制，温泉有规律地呈线状排列在这些次级断裂上。这两组扭性断裂在卫星相片上影像清晰，呈直线状沿河谷延展，中央山脉断

裂西侧的这两组扭性断裂十分发育，是寻找新的温泉点或地热区的一个良好线索。

另有安通、东里、利吉等温泉沿海岸山脉断裂分布。台东纵谷是板块碰撞后形成的缝合带，这一纵谷一直是构造活动最强烈的地带，它控制花莲-台东温泉带的展布。

从以上可以看出，断裂构造对温泉的控制是很明显的。一般在断裂及其旁侧，构造较为复杂，岩石破碎，裂隙节理甚多，有利于天然水的补给，又有利于深水循环及形成热水上升的通道，在某些情况下它还可以成为良好的热储构造。当地下存在着地热异常时，则沿着这些断裂有许多温泉分布，它们的展布和断裂延伸的方向相一致。

2. 温泉与火山活动的关系

据1961年联合国召开新能源会议上的研讨，一致认为火山地区或环绕大陆边缘的岛弧地带，可能蕴藏有丰富的地热能。

台湾省位于环太平洋岛弧火山带，虽然现在无一般岛弧所常有的活火山，但一些地区在更新世乃至全新世早期曾有过大规模的火山喷发活动。这些火山虽已停止活动，但地下仍存在未冷却的岩浆库，使这些地区成为地温异常区，地下热流量甚大。

在台湾省北部的大屯火山岩区、龟山岛及绿岛等火山岩分布区，形成的众多温泉，与深部岩浆热源有密切的关系。在这些地区表现出强烈的地热异常，温泉密度大，温度高，有许多喷气孔和硫气孔，形成热水蚀变带，热水呈强酸性反应等，均有别于其他温泉分布区。大屯火山岩区、龟山岛、宜兰-土场温泉区丰富的地下热源，与现代琉球弧的俯冲作用有关。

3. 温泉与地震的关系

温泉与地震同属能量释放事件，都是新构造运动的产物，它们相互依存又相互影响。地震密集分布区，地下岩层扰动严重，岩石破碎，断裂、裂隙发育，形成地壳上的弱带，而有利于温泉的形成。地震密集区一般有较多的温泉分布。

台湾省是我国强度最大、频度最高的地震区，并发育有不少地震断裂，与此相关的温泉为数不少。台东纵谷地震活动频繁，瑞穗、安通、东里和利吉等温泉的形成，可能同地震活动有关。而在台湾省西部触口断裂附近的关子岭、中仑及六重溪等温泉，已有资料证明是地震后形成的。1963年白河大地震发生后，关子岭温泉的温度曾上升到91 ℃，如今则降至84 ℃。

4. 温泉与区域构造的关系

前述台湾省温泉约70%分布在中央山脉变质岩区。根据10多年来在该区地热勘探结果显示，中央山脉温泉区地下数百米至3000 m，热水温度大多为150~230 ℃，与古老大陆地块同深度的地温比较，明显高出许多。探其原因是因为中央山脉地区是一个年轻的变质岩区，最后一期变质作用发生在上新世—更新世，变质温度为210~475 ℃。由于中央山脉近数百万年间快速上升，原来在地壳深处的岩石快速上升到地壳浅处，由于温度并未完全消退，结果造成区域性的地温梯度异常，地温梯度高达45~60 ℃/km。在这种异常的地温梯度下，地下水作深循环则能形成温泉。因此，中央山脉变质岩区异常的地温梯度是造成温泉遍布的主要原因。

台湾省东北部的宜兰-土场温泉区位于弧形构造的有利部位。许多构造形迹，如地层的走向、褶皱、断裂、片理和劈理的走向，在这一地区都由北北东向转为北东、北东东向，形成弧形构造。这一构造复合部位受到强烈挤压，无论是褶皱或断裂等都反映出更加强烈的特征，岩石更为破碎，为形成温泉提供良好条件。该地区温泉受弧形构造所控制，温泉密集，清水、土场、礁溪和乌来等著名地热区均在这一弧形构造内。

（二）温泉与地热资源形成模式

大屯火山岩区地热资源形成明显与第四纪火山活动有关，其分布在一个狭长地带，则受地层控制，火山活动之后，残余的岩浆房上方仍保有高温，地表水渗入地下，流经岩浆房上方，被加温之后即变成热水，并储存在砂岩孔隙或裂隙之内，小部分热水沿裂隙上升到地面，形成温泉或喷气孔。喷气孔的形成条件是高温热水（温度超过100 ℃）上升到地下水面时汽化，所产生的蒸汽继续顺沿通过裂隙上升到地面即成喷气孔。一般喷气孔的蒸汽温度与当地水的沸点相同，温度 98~100 ℃之间，但是大油坑地区的主要喷气孔喷出过热蒸汽温度高达 120~130 ℃之间。

关于中央山脉变质岩区的温泉形成，指出静水压力差和重要性，在高山深谷的地形配合下，谷底的地表水位可能较高山内部的地下水位低了许多，因此，深谷谷底是静水压力差最大之处，假如地下热水处深处上涌，当以自谷底涌出之可能性最大，多数温泉发生在山谷中，河床之上，就是这个道理。随后陈肇夏（1982）对地形影响热水的上升现象作了统计分析，结果发现高温温泉区的周围多是较高大的山岭围绕，山岭上的一些主峰与温泉之距离也多数较远，反之，低温温泉区附近的山岭不论与温泉之标高差或距离均不如高温温泉区之大。所以陈肇夏提出一个解释中央山脉地区温泉形成的简单模式，也即天水自高山区渗入地下，顺着透水层或裂隙深入地下，经自然加热再顺沿裂隙上升地面而成为温泉。其循环深度视山岭高度及其与温泉之水平距离而定，一般而言，山岭愈高，与温泉距离愈远，地下水循环深度也可能愈大。通过对中央山脉地区的温泉稍加整理归纳，就不难看出该地区的温泉多数分布在分水岭的两侧，其受地形因素之控制最为明显。刘康克对清水、土场地热区的热水进行氢氧同位素所作的分析结果也指示热水来自较高山区的天水，与陈肇夏（1981）所提出的模式不谋而合。由此可知，中央山脉地区的地热资源（地热水）由天水渗入地下，并通过做深循环后加热而成。

近 20 年来多处温泉区钻探显示，中央山脉温泉区地面下数百米至 3 km 以内的深度的地热水温度大多数在 150~230 ℃之间，可以说相当特殊，尤其和古老大陆同深度的地温比较明显高出许多，主要因为中央山脉地区是个年轻的变质岩地区，其最后一期的变质作用发生在距今 5~14 Ma，并且可能持续至上新世—更新世，其变质程度达到葡萄石-绿柱石相至绿色片岩相，变质温度在 200~475 ℃之间，由于中央山脉在数百万年间曾快速上升，其速率达每年 5~10 mm，在快速上升与侵蚀作用下，原来在地壳深处的岩石可能快速上升至地壳浅处，由于温度还未完全消退，结果可能造成区域性的地温梯度异常，可能高达 45~60 ℃/km，高出世界平均值（30 ℃/km）许多，换句话说，在那种异常的地温梯度下，地下水到达 4 km 深度处时就有被加热至 180~240 ℃的可能，而在中央山脉地区地下水作 3~4 km 的深循环并非不可能的事。由此可见，高山深谷所形成的静水压力差和异常的地温梯度是造成中央山脉温泉遍布的两个重要原因（陈肇夏，1981，1989）。

（三）温泉区带的划分及其特征

台湾省温泉均呈成带成区分布，根据温泉点的地理位置及密集形态，温泉与地质构造的关系，将台湾省温泉划分为 1 个区、2 个带：大屯火山岩温泉区，宜兰-恒春温泉带和花莲-台东温泉带。在温泉带中又可进一步划分次一级的温泉亚带和温泉亚区（图 11-1、表 11-5）。

1. 大屯火山岩温泉区

大屯火山岩温泉区位于台湾岛最北部，面积约 250 km^2。更新世时，有大规模的安山质火山喷发作用发生，共有 20 多座火山体和火山锥，火山群主要为层状火山，由安山岩流、火山灰和安山质碎屑岩带连续交替喷发构成，覆盖在中新世沉积岩上。区内地形起伏，火山高度一般海拔数百米，最高峰七星山高 1120 m，水系呈放射状。

区内温泉有 16 处，高温温泉 13 处，温度达 100 ℃以上的有 6 处，温度高是本区温泉一个显著特征。所有温泉均受北东方向的金山断裂所控制，它们有规律地分布在断裂的东南侧，密集成带状，从北投向金山方向延伸，形成长约 18 km、宽 3 km 的温泉带。区内温泉密集，其密度居全岛之冠。

大部分为强酸性的硫磺泉，部分硫化氢泉，少量明矾泉，pH 值很低，一般为 1.5~4，易腐蚀，并有难闻的硫化氢气体喷出。经钻探验证，在地下深处，热水温度多在 200 ℃以上，最高达 293 ℃。本区雨量丰富，年平均降雨量超过 2000 mm，地下水充沛，渐新世五指山组砂岩为地下储热层，盖层是致密的安山岩，地质条件极佳，是本省最好的地热区。

1965 年 11 月台湾省首次地热勘探在该区进行，经详细的地质填图和各种地球物理调查，并对大磺嘴和马槽 2 个地热区进行了详细勘探，钻井数十口。证实了五指山组砂岩是一个大而埋藏较深的地下储热层。五指山组总厚度约1000 m，其中85%为粗粒厚层至块状石英砂岩，部分岩层的孔隙率甚高，为理想的热水储集层，大屯火山岩区的热水主要就储藏在这个地下水库内。地热带1 km以下深处温度超过200 ℃的部分位于大磺嘴与庚子坪之间长达12 km的地带，其中心区在七星山与大油坑之间（图11-1），地下最高温度接近300 ℃。与中央山脉的地热区比较，本区的地热能最为集中，温度高，埋藏深度不大，也最便于开采。但该区深部储集的热水呈强酸性，腐蚀性很强，pH值为2~3，仅在E205钻孔深井产出的热水，pH值为4.4~4.8。温泉的化学成分列于表11-8。经过对各种类型的金属材料进行腐蚀试验，虽有几种类型的合金钢是耐腐蚀的，但成本过高，无法大规模开采、利用。

表11-8　大屯火山岩温泉区热水的化学成分

温泉和钻孔	温度/℃	pH值	化学成分/(mg·L^{-1})								
			Na^+	K^+	Ca^{2+}	Mg^{2+}	ΣFe	Al^{3+}	Cl^-	SO_4^{2-}	SiO_2
北投	92	1.4	785	245	250	80	90.5	1.3	3054	97.6	189
马槽	92	2.2	15.3	2.1	85	20	24.6	0.11	227.5	153.1	94.3
金山	79	4.7	1175	160	360	210	44.8		3030	352.5	211
马槽E205—1500 m	240	2.4	5490	900	1470	131	220	2.3	13400	350	639
马槽E208—1510 m	293	2	982	144	236	1447	18270*	130	33070	12110	1179
马槽E205—1000 m		4.4	5550	907	634	681	101		14900	115	960
马槽E205—1400 m		4.8	3734	659	509	467	140		9573	103	570

*套管腐蚀造成铁的高含量。　　（据台湾工业技术研究院矿业研究所，1983）

大屯火山岩区的地热发电潜能为$10\times10^4\sim50\times10^4$ kW。据1972年测得整个温泉区的热流量为1.85×10^{11} J/h（5.14×10^7 J/s），这种强大的热流量只有世界上最著名的地热田意大利拉德瑞罗和美国的盖依瑟尔所具有，说明了大屯火山岩区的地热具有很大开发远景。尽管如此，由于腐蚀问题未能解决，1973年本区已暂停开发。阳明山公园已扩展到整个地热带的核心区，区内地热今后已难于做大规模的开发，最多仅能在公园外围做些小规模的利用。

2. 宜兰-恒春温泉带

宜兰-恒春温泉带位于中央山脉西侧，由宜兰平原向南西经雪山山脉、阿里山山脉和玉山山脉，直至恒春半岛。以山地为主，雨量充沛，中部山区年降雨量在3000 mm左右。区内主要出露古近纪—新近纪浅变质岩，西侧有少部分沉积岩出露。本带受屈尺-潮州断裂和梨山断裂所控制，呈北北东向带状展布，长约360 km，宽50 km，在北端受弧形构造影响呈北东向。带内褶皱、断裂发育；构造复杂，岩石破碎，为地下热水循环提供了有利条件，温泉多沿北北东向断裂分布。

本带有温泉62处占台湾省温泉总数一半以上，有不少高温温泉群集，清水、土场、庐山都是全省闻名地热区，还有礁溪、乌来、谷关、东埔、宝来和关子岭等地热区，暗示深部有范围广泛的高温异常带。泉水中含有大量HCO_3^-，多属中性，少部分为弱碱性，水质好，无腐蚀性，较宜开发利用。在宜兰平原礁溪乡一带，只要从地表往下钻井10余米，就可取得热水，温度可达70 ℃左右，真可谓“家家凿井，户户温泉”，是一个名副其实的温泉乡，此区地热资源丰富，且埋藏较浅。关子岭温泉位于油气区，因有天然气冒出，经点燃后火焰经久不熄，火焰自泉水中冒出，形成水中有火、火中有水的“水火同源”的特殊景观。

中央山脉变质岩区高温温泉虽多，其地下热水温度亦高达150~230 ℃，但缺乏良好的储集层，因此每个温泉区的热水蕴藏量十分有限。1973年9月起，台湾省地热勘探重点转移到本区，首先在宜兰县清水地热区进行勘探。该区出露中新统庐山组，主要由板岩和一些薄层石英砂岩夹层组成，岩石较破碎，断裂和裂隙在地热层里起重要作用。经钻探在IC-12孔深2000 m获最高温度223 ℃，大部分深井产有10%~15%的饱和蒸汽，7口深井的总产量达到525 t/h，钻孔地下热水的化学分析及产量见表11-9。热水的主要成分是碳酸氢钠，水质呈微碱性，pH值在8.5~9。1980

年台湾省在清水地热区建立一座3000 kW的试验地热发电厂，试行运转后，自1981年7月该厂并入台湾省电力公司运行。

表 11-9　锦水地热区钻孔热水的化学成分

井号	深度/m	pH值	化学成分/(mg·L^{-1})											温度/℃	产量/(t·h^{-1})
			K^+	Na^+	Ca^{2+}	Mg^{2+}	Li^+	B^{3+}	Cl^-	SO_4^{2-}	$CO_3{}^{2-}$	HCO_3^-	SiO_2		
IC-1	450	8.9	22.5	826	2.3	0.8	6.5	23.1	14.1	51.5	158	1943	179	146	—
IC-2	450	8.6	35	891	tr	tr	7.0	34.1	18.7	23.9	133	2121	246	175	—
IC-4	1505	9.4	32.5	1023	0.5	0.23	—	31.6	20.4	26.3	469	1760	343	184	126
IC-5	2005	9.1	32.5	923	0.65	0.1	8.0	36.7	23.1	26.8	28.3	2010	364	220	61
IC-9	2079	8.0	47.5	1125	2.1	0.5	8.7	35.4	17.2	4	0	3232	319	208	39
IC-12	2003	8.9	50	1128	0.9	0.1	—	44.8	20	38.2	Z29	2453	428	223	35
IC-13	2020	8.8	42.5	1013	0.7	0.12	—	41.5	23.3	25.8	156	2418	418	219	71
IC-14	2003	9.4	77	938	0.7	0.2	7.7	23	24.7	14	476	1595	429	214	43
IC-16	3000	8.8	80	1000	0.4	0.2	8.3	32.8	28.9	16	149	2285	480	220	150

注：“tr”代表微量；“—”代表未检出。　（据台湾工业技术研究院矿业研究所，1983）

为了加速地热资源的评估及开发，在土场、庐山等多个高温地热区进行勘探，表11-10列出已勘探4个地热区钻孔热水资料。表11-11列出其他8个地热潜能区温泉的化学成分。

表 11-10　中央山脉钻孔热水的化学成分

地热区	井号	温度/℃	pH值	化学成分/(mg·L^{-1})									
				Na^+	K^+	Ca^{2+}	MgO^{2+}	HCO_3^-	$CO_3{}^{2-}$	Cl^-	SO_4^{2-}	SiO_2	B^{3+}
庐山	NL-1A	168	8.8	822.5	25	1.5	0.5	1883	156	16.6	44	246	26.7
	NL-2	173	8.4	857	25.4	1.0	0.5	2005	42	17.8	45	257	24.9
	NL-3	100	7.0	1182	12.7	6.5	5.0	4680	—	12.3	42	71	27.7
土场	IT-1	163	8.8	1098	22	tr	tr	2568	207	21	19	244	33
	IT-2	171	8.7	1985	21	tr	tr	2672	163	21.5	19	236	34.2
	IT-3	173	8.5	1123	27.5	1.2	0.3	3037	29	14.5	48.5	268	35.9
	IT-4	144	8.4	976	20	3.5	0.5	2454	25	14.5	38.3	176	18.1
	IT-5	133	8.7	912	17.5	1.5	0.5	2046	115	15.3	37.7	159	16.3
知本	TC-1	122	8.6	590	11	2	1	1309	45	54.5	65	114	5.9
	TC-2	125	8.7	578	12.5	2.5	1	1256	47	36.3	74	109	5.2
	TC-3	125	8.8	908	14	1.5	0.5	1760	103	185	53	148	25.7
	TC-4	155	8.9	853	23	2	1	1516	144	223	45	210	26.3
	TC-5	159	8.0	783	26	1	0.5	1527	139	199	42	221	27.1
金仑	TCL-1	160	8.6	644	31.3	0.6	0.2	1089	66	284	47	203	12.7
	TCL-2	159	8.7	474	23.7	0.7	0.2	1014	86	26.4	52	195	12.6
	TCL-4	132	8.6	394	17.1	2.8	0.3	931	46	20.2	23	147	9.6
	TCL-5	121	8.5	336	14.9	7.6	0.6	861	18	17.1	13	124	7.9
	TCL-6	163	9.0	801	42.8	0.9	0.6	958	102	566	47	173	13.3

（据台湾工业技术研究院矿业研究所，1983）

表 11-11　中央山脉一些温泉的化学成分

温泉	温度/℃	pH 值	化学成分/(kg·L^{-1})							
			Na^+	K^+	Ca^{2+}	Mg^{2+}	HCO_3^-	SO_4^{2-}	Cl^-	SiO_2
五区	54	74	83	4.6	12.2	1.3	228	27	6	60
茂边	99	8.2	390	17.5	3.8	0.5	1037	39	15	109
谷关	62	7.7	168	4.2	5	1.0	433	13	12	43
瑞穗	42	6.6	565	43.0	23.5	10.0	1139	29	616	98
东埔	66	7.0	147	4.7	22.1	1.5	455	21	11	67
雾鹿	98	8.9	388	26.5	0.7	0.2	1077	39	24	139
宝来	60	6.9	525	6.1	20	3.5	1300	2	12	37
金峰	42	8.4	102	4.2	20.0	2.5	223	97	15	76

（据台湾工业技术研究院矿业研究所，1983）

本温泉带根据温泉的密集分布及不同构造位置，可进一步划分 6 个温泉亚带（见表 11-5）：①宜兰-土场温泉亚带；②清泉-天狗温泉亚带；③庐山-东埔温泉亚带；④关子岭温泉亚带；⑤梅山-宝来温泉亚带；⑥多纳-四重溪温泉亚带。

3. 花莲-台东温泉带

花莲-台东温泉带位于中央山脉东坡及台东纵谷，呈北北东向狭长带状展布，长约 300 km，宽 25 km。区内主要出露前古近纪大南澳变质岩，南部为古近纪—新近纪浅变质岩，东侧有少量第四纪和新近纪沉积岩分布。本带受台东纵谷两侧的中央山脉断裂和海岸山脉断裂所控制，温泉多分布在中央山脉断裂西侧斜列的次级断裂上；另有几个温泉分布在海岸山脉断裂上，它们可能与地震活动有关。本带北部的温泉受中央山脉断裂次级的北西和北西西向扭性断裂所控制，南部的温泉则受次级的北东东或近东西向扭性断裂所控制，温泉点有规律地排列在这些断裂上，多发育在溪谷中，泉眼一般离河床有一段距离。

本带共有温泉 36 处，其中高温温泉 17 处，茂边、大浊水、雾鹿、大仑、金仑 2 号和金仑 3 号等高温温泉地面标志明显，有喷气孔，有碳酸盐及硫磺沉淀，且热水活动范围较大。雾鹿温泉出露在离河床数十米高的峭壁上，亦属独特罕见现象。带内温泉主要属重碳酸泉，个别为硫化氢泉。大部分温泉呈中性，个别为弱碱性，在和平溪一带的茂边、大浊水等温泉呈弱碱性，与清水和土场泉质有相似之处，值得注意。在本带南部知本至金仑一带有较强的地热异常，金仑 3 号温泉流量高达 450 t/h，泉温 92 ℃，很值得重视。之前对区内知本、金仑等地热区进行勘探，表 11-10 和表 11-11 中已列出这些地热区的一些资料。

本温泉带根据温泉的分布及与构造的关系可进一步划分成 2 个温泉亚带（表 11-5）：①茂边-瑞穗温泉亚带；②雾鹿-金仑温泉亚带。

第二部　区域成矿规律

概　　述

一、台湾省区域成矿规律研究的历史与现状

日本殖民时期，曾先后于1906年、1912年和1927年进行3次大规模的油田地质调查，每次均有报告和油田地质图出版，先后在西部21个油气田构造中打了251口钻井，发现了磺坑、锦水、竹东、冻子脚、竹头崎、牛山及六重溪等油气田。

1945年8月15日，矿产地质调查工作主要由台湾省地质调查所（1978年改为“中央地质调查所”）、台湾“中国石油公司”、台湾大学地质系等进行。

20世纪60年代中期以后，矿产地质调查由调整后的台湾“经济部中央地质调查所”、工业技术研究院能源与矿业研究所、矿务局、“中国石油公司”及各矿业和地质机构分别进行。经过70多年的调查研究，在获得大量实际资料的基础上，先后编制、出版了各种不同的矿产专著和图件。

根据收集到资料对台湾地区进行综合研究，1981年，福建省区域地质测量队以李四光的地质力学理论为指导，编制了《1∶50万台湾省构造体系图》及说明书。

1992年，福建省地质矿产局根据何春荪1986年主编的《1∶50万台湾省地质图》及《台湾地质概论——台湾地质图说明书（增订第二版）》以及其他台湾地质工作者的研究成果编写出版了《台湾省区域地质志》及所附《1∶50万台湾省地质图》《1∶100万台湾省地质构造图》，是首次全面叙述台湾省基础地质、整合数十年台湾地质研究进展与成果的综合性著作。

1996年，福建省地质矿产局按“地层多重划分对比”的观点，以岩石地层单位为基础研究台湾省的地层划分对比，建立了台湾省地层序列，出版了《台湾省岩石地层》。近30年来，原地矿部台湾地质矿产研究室及福建省地质矿产局亦完成了一系列地质科研课题，主要成果有：《台湾海峡中、新生代地质构造及油气地质》（地矿部广州海洋地质调查局、福建省地质矿产局，1993），《台湾省矿产总结》（福建省地质矿产局，1994），《台湾海峡两岸地质构造与成矿》（福建省地质矿产局，1994），《台湾海峡及其周边地区构造岩浆演化与成矿作用》（高天钧等，1999）。

2007~2013年福建省地质调查研究院实施的“福建省（含台湾）矿产资源潜力评价”项目及其提交的成果报告，以板块构造理论为指导，以大地构造相表述台湾省大地构造单元，对其大地构造演化特征进行了研究，收集了大量台湾地质资料，编制了1∶25万建造构造图，以及1∶50万构造相图，将台湾省的大地构造单元划分为2个Ⅰ级、2个Ⅱ级、5个Ⅲ级、8个Ⅳ级大地构造相单元。总结台湾主要矿产成矿地质构造背景，取得了新的认识。

台湾省重要矿产资源潜力评价工作成果有：划分出铜金矿预测类型3种，选取典型矿床3处，确定矿产预测类型预测工作区7处；编制完成了金瓜石式金矿典型矿床的成矿要素图和成矿模式图，并提取了相关的成矿要素；编制完成了各预测工作区的区域成矿要素图和成矿模式图，并提取了相应的区域成矿要素和预测要素；完成了全省各预测区矿产预测类型预测分布图的编制；总结了台湾省铜金矿的成矿规律，划分了全省Ⅳ、Ⅴ级成矿区带；划分出台湾硫矿预测类型2种，选取典型矿床2处；

编制完成了 2 处预测工作区的区域成矿要素图，并提取了相应的区域成矿要素；总结了台湾硫矿的成矿规律，划分出硫矿单矿种的Ⅳ、Ⅴ级成矿区带。

确定的铜金矿种相关的矿产预测类型有：金瓜石式陆相火山岩型金矿、奇美式斑岩型铜矿及铜山式火山沉积-变质型含铜硫铁矿。选择的矿产预测方法类型分别为火山岩型、侵入岩体型和层控内生型，对应选择了成矿背景组编制完成的预测底图类型分别为火山岩性岩相图、侵入岩浆构造图和建造构造图等。

二、地质矿产研究及成果

1997~2000 年，由谭立平、魏稽生编著了《台湾金属经济矿物》《台湾非金属经济矿物》《台湾能源矿产及地下水资源》等 3 部著作，分别对台湾的石油、天然气、煤、放射性矿产（锆石和独居石）地热、地下水、金、铜、硫及硫多金属、铁、锰、建筑材料（砂石和石材）大理岩、石灰岩、白云岩及玻璃陶瓷原料矿产、一般工业原料矿产、宝石等成矿地质条件、矿床分布、主要矿床及开发利用情况进行了总结。

长期以来，福建省地质调查研究院等相关单位亦对台湾省有关矿产资料进行了大量的综合研究工作，陆续编制、出版了许多论著和各种不同比例尺的图件。其中，1994 年福建省地质矿产局台湾地质矿产研究室编写出版《台湾省区域矿产》，较全面、系统地论述了台湾省区域矿产的基本特征、区域成矿控制条件、矿产开发利用概况，阐明了区域矿产在时空上的分布规律，并据此划分了主要矿产成矿区。

2007~2013 年福建省地质调查研究院实施的“福建省（含台湾）矿产资源潜力评价”项目，以成矿地质理论为指导，开展台湾省铜、金、煤等矿种区域成矿规律研究，编制典型矿床的成矿要素图和成矿模式图，总结了台湾省铜、金、煤矿的成矿规律。

数十年来许多台湾岛内地质工作者亦曾对台湾省基础地质做了大量研究工作，他们或对某一地质体或对某一地区专项基础地质问题进行了涉及同位素定年、物质来源、成因类型划分、形成大地构造背景以及后续演化等研究工作，其成果均以论文形式刊发于期刊或集结成论文集出版。这些研究成果极大地提高了台湾省基础地质研究水平。

第五篇　区域成矿地质条件

第十二章　区域成矿构造环境

第一节　大地地质构造特征

台湾岛位于欧亚板块的东南边缘，处在西太平洋活跃地震-火山活动带上，四面环海，北连东海，西侧为台湾海峡，西南方毗邻南海，南方为吕宋海峡，东临太平洋。受中新世以来板块运动俯冲、聚合、弧陆碰撞影响，台湾是一个正在进行中的弧陆碰撞造山带。复杂的大地构造背景与活跃的晚新生代造山带，形成了快速隆升造山与强烈侵蚀，一系列东倾逆冲断层与台西前陆盆地演化，地震频发，活动断层发育等复杂而又有特色的台湾地质构造。

一、大地构造背景

台湾岛位于欧亚板块和菲律宾海板块聚合带上。台湾西南方毗邻的南海，主要由南海陆架、陆坡和南海洋盆组成，欧亚大陆以南海海洋地壳为前导，沿南北向的马尼拉海沟向东俯冲于菲律宾海板块之下，形成马尼拉海沟、恒春海脊增生楔、北吕宋海槽弧前盆地、吕宋火山岛弧。在台湾东北方，菲律宾海板块海洋地壳沿北东东向的琉球海沟向北俯冲至欧亚大陆板块之下，形成琉球海沟、雅耶玛增生楔、和平-南澳弧前盆地、琉球岛弧、冲绳海槽，组成了西太平洋边缘典型的沟弧盆体系（图 12-1）。这两个方向相反的俯冲带相交汇于台湾岛，控制了台湾岛及其附近海域的大地构造。

渐新世开始，南海南北向初始扩张，中新世中期南海海盆岩石圈沿着马尼拉海沟向东俯冲于菲律宾海板块之下，俯冲作用形成增生楔并在菲律宾海板块西缘生成一系列火山岛（吕宋岛弧）。菲律宾海板块晚中新世运动方向由北转为北西之后，以 70 km/Ma 的运动速率开始了对欧亚大陆东南缘的高速斜向会聚，北吕宋火山岛弧随着菲律宾海板块向西北移动而逐渐斜向拼贴至欧亚大陆边缘。中新世末（6.5~5 Ma），吕宋火山岛弧最北端与欧亚大陆边缘的台湾地区发生斜向弧陆碰撞，增生楔抬升，台西前陆盆地开始接受沉积。在台湾东北方，菲律宾海板块沿琉球海沟向北俯冲于欧亚大陆板块之下，冲绳海槽为俯冲产生的弧后张裂盆地，向西南延伸可与台湾东北部的宜兰平原相接。随着菲律宾海板块持续地向西北运动，弧陆碰撞作用加剧并向南扩展。在随后的 5~3 Ma，弧前盆地逐渐闭合，弧前盆地西侧岩层发生向东逆冲断层，增生楔不断抬升，火山活动渐趋停止。上新世晚期—第四纪时（3~1 Ma），北吕宋火山岛弧沿台东纵谷向北西加附于大南澳基底带与中央山脉增生楔东侧，成为今日海岸山脉，同时火山岛弧发生右旋，形成台东纵谷地壳对接带。在距今 1 Ma 以来，随着菲律宾海板块向北在台湾东北端于琉球海沟俯冲于欧亚大陆之下时，最北段的海岸山脉亦随之下陷，在台湾北部出现大屯火山喷发，弧后张裂的冲绳海槽向西南延伸，形成宜兰平原（黄奇瑜，2005；黄奇瑜等，2012；Huang et al.，2000；2008）。

自中新世末—上新世初开始的，由北而南的北吕宋火山弧与欧亚大陆边缘的斜向弧陆碰撞造山，使台湾成为中国境内晚新生代地壳运动最为活跃的逆冲-褶皱造山带。这个过程自中新世末（6.5Ma）

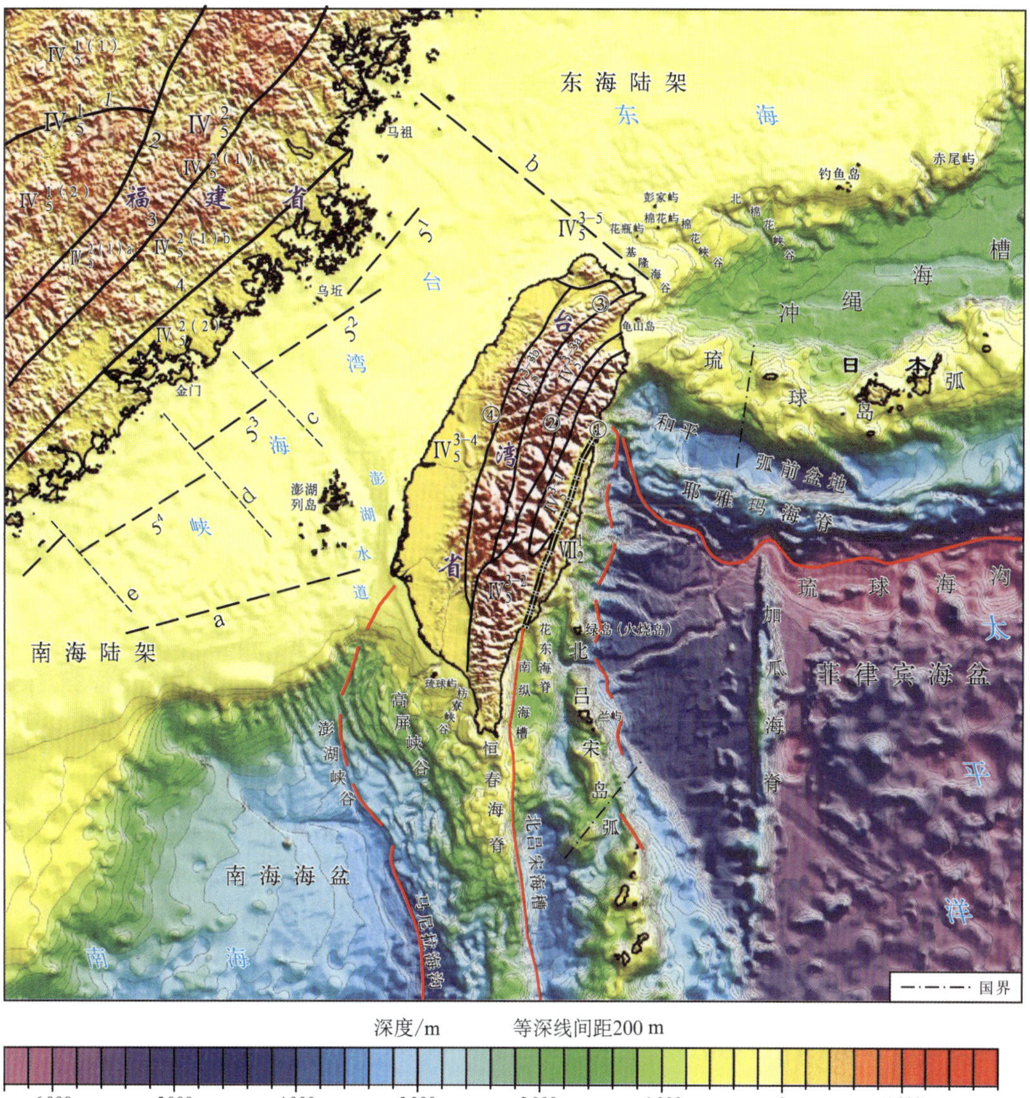

图 12-1　台湾岛及邻近地区构造单元示意图

（据福建省地质调查研究院，2016）

①台东纵谷地壳对接带；②梨山-荖浓断裂；③屈尺断裂；④三义断裂；

1—南平-宁化构造带；2—政和-大埔断裂带；3—福安-南靖断裂带；4—长乐-南澳构造带；5—滨海断裂带

（5^1—平潭海外段；5^2—泉州海外段；5^3—金门海外段；5^4—东山海外段）

a—义竹断裂；b—宁德-三貂角断裂；c—永安-晋江断裂海外段；d—九龙江断裂海外段；e—上杭-云霄断裂海外段

IV_5^1-IV_5^2—福建地区构造单元划分；IV_5^3—台湾新生代活动陆缘；IV_5^{3-1}—大南澳基底带；IV_5^{3-2}—中央山脉增生楔；

IV_5^{3-3}—雪山-麓山褶皱-逆冲带；IV_5^{3-3a}—雪山始新世地堑盆地；IV_5^{3-3b}—麓山渐新世裂陷盆地；IV_5^{3-4}—台西前陆盆地；

IV_5^{3-5}—大屯更新世火山弧；VII_2^1—北吕宋火山岛弧

以来持续进行着。弧陆碰撞造山使台湾造山隆升形成今天台湾岛，出现台湾海峡，造成台湾地区中央山脉-恒春半岛增生楔持续地由北向南隆升与北部山脉侵蚀，板块构造活动使台湾地区及周边海域地质构造复杂，地震频发，活动断裂发育，地质灾害多发。

二、台湾地质构造研究

台湾位于欧亚大陆东南缘，跨欧亚大陆板块与菲律宾海板块，正处于琉球岛弧与吕宋岛弧相交之处。20 世纪 70 年代板块构造学说兴起，地质学家开始应用板块构造理论来解释台湾岛的形成与演化，认识到台湾岛是由于菲律宾海板块上的吕宋岛弧碰撞上欧亚大陆边缘使海床隆起而形成，建立了弧陆碰撞造山模式并广为人们所接受（Biq，1972；Chai，1972；Suppe，1981，1984），认为发生在台湾的斜向弧陆碰撞造山运动是研究弧陆碰撞的天然实验室。

高天钧（1999）以台东纵谷为界，将其以东的海岸山脉，包括绿岛、兰屿划属海岸山脉地体（拼贴带），以东属菲律宾海板块，认为海岸山脉地体是太平洋与欧亚板块间接壤的特殊地带，地壳类型为过渡型。台东纵谷以西属华夏陆块，由台东纵谷往西依次划分为太鲁阁断隆带和台湾海峡陆缘裂陷带，二者以梨山断裂为界。并认为在台湾中央山脉东翼存在一个晚中生代的古太平洋板块与古亚洲大陆边缘之间的洋/陆俯部带（或会聚带）。

福建省地质调查研究院2013年完成的《台湾省矿产资源潜力评价成果报告》以板块构造-地球动力学理论为指导，以台东纵谷东缘为界划分为台湾弧盆系和台东弧盆系两个一级构造单元。其中台湾弧盆系进一步划分出台澎弧后盆地、台西弧后前陆盆地、大南澳俯冲增生杂岩、台东纵谷4个次级单元；台东弧盆系仅划分奇美岛弧一个次级单元，包括海岸山脉火山弧和利吉含蛇绿岩碎片浊积岩两个再次级单元。

根据前述台湾地区地质构造研究的论述，可以总结出台湾地质构造特征。

台湾为中国境内新生代地壳运动最为活跃的逆冲-褶皱造山带，是一个正在进行中的弧-陆碰撞造山带。台湾岛呈南北向，总体地质构造受弧陆碰撞造山带影响显著，主构造线呈北北东方向，并且具明显的东西分带现象。以台东纵谷地壳对接带为界，以东划属菲律宾海板块，以西属羌塘-扬子-华南板块，分别归属台东新生代造山带和台湾新生代活动陆缘。简言之，台湾地区地质构造单元可划分为一带二板块。台湾岛由西向东可分成台西前陆盆地、麓山-玉山逆冲-褶皱带、中央山脉增生楔、台东纵谷地壳对接带、北吕宋火山岛弧，各构造单元间主要以向西逆冲断层接触。

复杂的地质构造背景与活跃的晚新生代造山带作用，制约着台湾地层、岩浆岩发育及其分布。台湾造山带主要由变形的前古近纪—新近纪地层组成，呈略向西弧凸的南北走向，以新近纪浅海-滨海相沉积地层分布最广；其次为古近纪河流-河口-滨海相沉积地层与前古近纪地层，前古近纪地层以大南澳中-浅变质岩为代表，主要出露在中央山脉东翼；第四系主要分布于台西平原与盆地中。火山岩及火山碎屑沉积岩主要见于东部海岸山脉都峦山组，澎湖列岛及大屯火山岩。

台湾地质构造变形主要为褶皱与断裂，地壳运动以水平运动为主。台东纵谷并非未造山前的原始板块边界，仅是弧陆碰撞过程中形成的地壳对接带。台东纵谷是台湾现今最活跃的断层。

第二节　构造单元及其主要特征

一、构造单元划分

台湾地区的弧陆碰撞，是由于渐新世南中国海板块南北向初始扩张，在中新世早-中期南海海洋地壳向东俯冲到菲律宾海板块之下，在俯冲的过程中，原来在南海北坡被动大陆边缘沉积的层序被铲刮变形为增生楔，并在菲律宾海板块西缘生成一系列火山岛（吕宋岛弧），火山岛弧随着菲律宾海板块向西北移动而逐渐接近欧亚大陆板块边缘。中新世晚期，其北端首先与欧亚大陆边缘发生碰撞，随着菲律宾海板块持续地向西北运动，碰撞作用加剧并向南扩展。弧陆碰撞使增生楔变大、变宽、隆升，形成造山带，最后出露形成了现今的台湾岛，造山隆起之时在其西侧形成了前陆盆地。上新世—更新世，北吕宋火山岛弧逐渐接近大陆边缘并逆冲至中央山脉增生楔之上，形成海岸山脉。

台湾地质构造单元划分见绪论表0-5、图0-6。

二、构造单元的基本特征

（一）台湾新生代活动陆缘（$Ⅳ_5^3$）

台湾新生代活动陆缘（$Ⅳ_5^3$）属二级构造单元“华南新元古代—早古生代造山带（$Ⅳ_5$）”东侧的次级构造单元，西以滨海断裂与东南沿海中生代岩浆岩带（$Ⅳ_5^2$）为界，东以台东纵谷西界之中央山脉断裂为界（见图0-6；表0-5）。

由于弧陆碰撞造山，使中央山脉增生楔隆起并在西侧产生前陆盆地，上叠于古近纪—中新世断陷盆地之上，其西缘可跨过台湾海峡中线，因而本书将台东纵谷以西、滨海断裂以东的地区划属三级构造单元——台湾新生代活动陆缘（$Ⅳ_5^3$）。

根据不同时代地层分布及其所显示的不同地质构造背景，以主要边界断裂与重要不整合面，将“台湾新生代活动陆缘”划分了5个四级构造单元，其中雪山-麓山逆冲-褶皱带还划分出两个五级构造单元（表0-5）。

1. 大南澳基底带（$Ⅳ_5^{3-1}$）

大南澳基底带（$Ⅳ_5^{3-1}$）分布于台东纵谷以西的中央山脉东斜面，西以古近系毕禄山组、碧侯组与大南澳混杂岩（AnE）不整合面为界，东以台东纵谷与海岸山脉相望，东南端被毕禄山组不整合覆盖。主要出露台湾最古老的基底地层大南澳混杂岩，溪畔、源头山、饭包尖等晚白垩世片麻状花岗岩，以及打马燕、瑞穗基性-超基性岩地块等地质体。大南澳混杂岩依岩石组合可进一步划分为九曲岩组大理岩组合，长春岩组绿色片岩、黑色片岩组合，天祥岩组黑色片岩、千枚岩组合。根据原岩组合、变质相及构造变形等差异，以寿丰断裂为界，可进一步划分为玉里带和太鲁阁带。

玉里带：位于大南澳带东部，西以寿丰断裂与太鲁阁带相邻，东以台东纵谷为界，在玉里以南被古近系毕禄山组不整合覆盖。出露前古近系天祥岩组、长春岩组，以及打马燕、瑞穗等基性-超基性岩块。岩石组合以石英（云母）片岩、千枚岩、绿泥片岩为主，夹石墨云母片岩、变质砂岩、石英岩、变质基性火山岩。沉积环境是深海环境的浊流沉积，是深海沉积物受构造混杂堆积而成。可能代表中生代晚期古台湾岛的一个俯冲带。

太鲁阁带：位于大南澳带西部，东以寿丰断裂为界，西被古近系碧侯组、毕禄山组不整合覆盖。出露前古近系九曲岩组、长春岩组，以及溪畔、源头山、饭包尖等晚白垩世片麻状花岗岩。岩石组合以厚层块状大理岩、石英云母片岩为主，夹白云岩、绿泥石片岩、石英岩、大理岩、变质基性火山岩。厚层大理岩形成环境是大陆陆棚-大陆边缘海，属于稳定的陆棚台地沉积，时代一般认为是古生代晚期；片岩类有绿泥片岩、硅质片岩，夹变质基性火山岩，沉积环境为深海沉积为主，可能为弧前盆地沉积，受构造混杂堆积而成，时代认为是侏罗纪—晚白垩世；片麻状花岗岩为岛弧型花岗岩，时代为晚白垩世；因而太鲁阁带是由上述岩层共同组成的构造混杂岩。

大南澳基底带所包含的不同时代形成的地质体，沉积地层显示同时具有深海沉积与稳定陆棚台地沉积环境，以及晚白垩世岛弧型花岗岩，变质火山岩夹层，蓝闪片岩、蛇纹岩、辉长岩等超基性、基性岩块体，具有不同的变质作用等，是否表明大南澳基底带可能是板块俯冲增生杂岩的残留遗存。以往一般认为大南澳基底带可能是中生代古太平洋板块向西俯冲于欧亚大陆板块所形成的增生楔。

2. 中央山脉增生楔（$Ⅳ_5^{3-2}$）

中央山脉增生楔（$Ⅳ_5^{3-2}$）西以梨山-荖浓断裂为界，东邻大南澳基底带，呈北北东向带状分布，在玉里以南的南端呈“U”形环状不整合覆于大南澳基底带之上。北起宜兰县苏澳，经中央山脉山棱及西斜面至关山、北太武山，南延至恒春半岛，长约320 km，最宽约50 km。

主要出露古近系碧侯组、毕禄山组，上渐新统—中新统礼观组、庐山组、石门组、里龙山组、乐水组及上新统—更新统马鞍山组等。其中古近系碧侯组、毕禄山组不整合覆盖在大南澳混杂岩之上或与之断层接触，岩性主要为板岩、千枚岩、结晶灰岩、变质砂岩，夹有基性火山岩，为陆棚浅海-半深海碎屑沉积；其上被中新统庐山组不整合覆盖。庐山组主要为灰黑色厚层板岩、千枚岩，夹变质砂岩、玄武质火山岩透镜体，石门组为灰色页岩、砂岩，或砂岩与页岩互层，上部含（超）基性岩块，属深海-半深海大陆斜坡-海底扇碎屑复理石建造。变质程度由西向东、由南至北逐渐增强。在恒春半岛沿恒春断层断续分布着包含基性岩块的垦丁混杂岩。

3. 雪山-麓山逆冲-褶皱带（Ⅳ_5^{3-3}）

雪山-麓山逆冲-皱褶带（Ⅳ_5^{3-3}）呈北北东向带状分布在台湾中部，东以梨山-荖浓断层与中央山脉增生楔为界，西以三义断层-潮州断层为界与台西前陆盆地相邻。北起台湾东北部滨太平洋的三貂角，向南经雪山山脉、埔里，至玉山山脉、阿里山山脉，抵高雄美浓，全长 280 km，宽 30～45 km，北部宽南段略窄。根据区内地质体分布特点及其所反映的沉积盆地特征，以屈尺断层为界，进一步将东侧划属雪山始新世地堑盆地（Ⅳ_5^{3-3a}），西侧划属麓山渐新世裂陷盆地（Ⅳ_5^{3-3b}）两个五级构造单元。

雪山始新世地堑盆地（Ⅳ_5^{3-3a}）是在前古近纪基底基础上发生同张裂形成始新世地堑盆地，沉积了河流-河口-滨海相砂泥岩建造。渐新世初发生的埔里运动，使原基底断陷形成麓山渐新世裂陷盆地（Ⅳ_5^{3-3b}），沉积了一套滨海-浅海含煤海相细碎屑岩建造。中新世末发生的蓬莱运动，使该地区受弧陆碰撞造山与板块推挤作用，发生一系列由东向西渐次发展的东倾逆冲断层，形成逆冲-皱褶带。

（1）雪山始新世地堑盆地（Ⅳ_5^{3-3a}）

雪山始新世地堑盆地（Ⅳ_5^{3-3a}）东以梨山断层、西以屈尺断层为界，呈向西弧凸的北东东向披针形展布。北起台湾东北部的三貂角，向南经乌来，过雪山山脉，至玉山南坡，全长 240 km，北段宽 32 km，向南逐渐收敛。

主要由始新世陆河流相地堑盆地和上叠的渐新世浅海-滨海相断陷盆地组成。始新世陆河流相地堑盆地包括西村组、四棱组、白冷组、十八重溪组、达见组，岩石组合为灰白色厚层中粗粒石英砂岩，夹深灰色页岩、板岩、碳质页岩，为一套陆相河流-河口相碎屑岩建造；渐新世浅海-滨海相断陷盆地主要分布雪山山脉北段，包括水长流组、干沟组、粗窟组、大桶山组、澳底组、苏乐组，岩石组合为灰黑色厚层页岩，夹薄层灰色细-中粒泥质砂岩或粉砂岩，上部为灰色厚层细-中粒砂岩，夹页岩、煤层，为一套浅海-近海-滨海相细碎屑含煤建造。

（2）麓山渐新世裂陷盆地（Ⅳ_5^{3-3b}）

麓山渐新世裂陷盆地（Ⅳ_5^{3-3b}）东以屈尺断层、西以三义断层-潮州断层为界，亦呈向西弧凸的北北东向带状展布。北起台湾北部基隆，向南经台北、苗栗南庄、南投国姓，至高雄美浓，全长 280 km，宽 10～23 km，相当于何春荪（1986）所划“西部麓山地质区”西缘以东的大部地区。

主要由渐新世晚期—中新世细-中粒石英砂岩、长石石英砂岩与深灰色页岩或粉砂岩互层，夹煤层、火山岩等组成，由下至上包括 3 套滨海-近海相细碎屑含煤建造。其中在南投粗坑一带，零星出露始新世平林凝灰岩与中寮组，为一套浅海相陆棚火山-沉积建造。

从始新世沉积地层环境与岩组合看，麓山渐新世裂陷盆地（Ⅳ_5^{3-3b}）与雪山始新世地堑盆地（Ⅳ_5^{3-3a}）有较大差异，前者为浅海相陆棚，具火山喷发活动；后者为陆相河流-河口相沉积，古流向是自西向东南流动，物源来自雪山山脉南段的西方。表明二者在始新世中期形成之时，地理空间上显然不会是相邻的地区。埔里运动之后，该地区发生断陷，渐新世—中新世沉积一套浅海-近海-滨海细碎屑含煤建造。蓬莱运动弧陆碰撞造山，使它们褶皱、逆冲隆起，由逆冲断层——屈尺断层，将它们拼贴构成雪山-麓山逆冲-皱褶带。

4. 台西前陆盆地（Ⅳ_5^{3-4}）

台西前陆盆地（Ⅳ_5^{3-4}）分布于雪山-麓山逆冲-褶皱带（Ⅳ_5^{3-3}）的西侧。北起桃园与大屯更新世火山弧（Ⅳ_5^{3-5}）相接，向南沿西部滨海平原至高雄、屏东，抵潮州断层与中央山脉增生楔（Ⅳ_5^{3-2}）相邻。长约 400 km，宽约 100 km。

台西前陆盆地主要由中新世末—第四纪沉积地层组成，由早期的深水环境演变成后来的浅水、陆相环境，沉积物呈向上变粗的趋势。一般可划分为 2 个沉积阶段，早期为厚层砂岩、粉砂岩、页岩，上部夹薄层状砾岩，属半深海-浅海相前陆盆地细碎屑沉积建造；晚期为厚层细-中粒砂岩、页岩及其互层，夹薄层砾岩，上部以砾岩为主，属陆相粗碎屑磨拉石建造。台西前陆盆地内的沉积物覆盖在欧亚大陆边缘中新世地层之上，划分前陆盆地沉积开始的地质标志主要是以向东的古水流改变成向西的古水流，首次出现台湾造山带的板岩碎屑，沉积碎屑物源由西侧的欧亚大陆转变为台湾造山带。前陆盆地基底不整合面延伸至台湾海峡，基底不整合面往台湾方向延伸后渐变为整合界面，此界面也是南庄组与桂竹林组的地层界面。

前陆盆地可能因斜向碰撞形成，致盆地中心系由台湾西北部渐向西南迁移，前陆沉积沿盆地走向亦有显著变化。北部由半深海、浅海、三角洲、河流沉积充填盆地，而早期半深海相沉积已卷入造山带之前缘。西南部以半深海、浅海沉积为主，属半深海-浅海相细碎屑岩建造，前陆盆地初始沉积的时间较北部要晚，可能在上新世晚期。

在弧陆碰撞开始之初，增生楔在海底造山成长，前陆盆地沉降开始，早期源自增生楔的沉积物少，盆地沉降大于堆积，沉积环境以半深海沉积积为主。并在相当时段内保持盆地沉降与物源堆积均衡，沉积了较厚的浅海相细碎屑沉积建造。

5. 大屯更新世火山弧（IV_5^{3-5}）

大屯更新世火山弧（IV_5^{3-5}）以台湾北部的大屯火山岩、基隆火山群为代表，包括彭佳屿等海岛。大屯、基隆火山群岩性以安山岩为主，彭佳屿等北部海岛为第四纪玄武岩。该界线南侧暂以台北盆地南缘为界，向东以基隆火山群南缘为界。

大屯火山岩区，岩性以安山岩为主，其次为安山质火山碎屑岩。位于台湾北部，是台湾北部火山岩区中分布最广、喷发量最大的火山。包括 5 个火山亚群，即竹子山、大屯山、七星山、磺嘴山和南子山等，共 20 座火山。大屯火山岩区的火山活动大约开始于 2. 8~2. 5 Ma，但规模不大。1 Ma 以来，随着菲律宾海板块向北沿琉球海沟俯冲于欧亚大陆板块之下时，琉球岛弧系统弧后张裂的弧后盆地（即冲绳海槽）向西南延伸，致使台湾北部构造背景处于张裂环境，导致在台湾北部发生了较大规模的火山喷发活动，并延续至 0. 2 Ma 前结束，形成了大屯火山岩区、基隆火山群，他们是琉球岛弧系统西延的部分。

（二）台东纵谷地壳对接带

位于台湾东部，北起花莲以北、南至台东以南的纵谷是一个长条状的构造洼地，呈北北东走向（20°），与台湾岛主要的地质构造平行，这个谷地长约 150 km，宽 5~7 km。纵谷的西侧是巨大的中央山脉，东侧是狭长的海岸山脉，这两侧山地的岩石组合在岩性和大地构造背景上迥异。西侧属中央山脉增生楔（IV_5^{3-2}）与大南澳基底带（IV_5^{3-1}），是南海海洋地壳沿马尼拉海沟俯冲于菲律宾海板块之下刮铲形成的增生楔及其之下的属于欧亚大陆边缘海基底，属欧亚大陆板块。东侧海岸山脉属北吕宋火山岛弧（VII_2^{1}）之花莲弧前盆地（VII_2^{1-1}）与海岸山脉火山岛弧（VII_2^{1-2}），属菲律宾海板块。中新世菲律宾海板块向西北方向快速与欧亚大陆板块会聚，中新世末吕宋火山岛弧在台湾地区发生斜向弧陆碰撞造山，北吕宋火山岛弧随着菲律宾海板块向西挤压、碰撞、逆冲。在 2 Ma 时逆冲至中央山脉增生楔的东侧，形成台东纵谷与海岸山脉，因而，台东纵谷是弧陆碰撞开始发生以后才形成的更新世—全新世构造线。台东纵谷往南可与台湾南方海域呈南北走向的南纵海槽连接，花莲以北沿北北东向延伸，可与清水断崖相连，空间上边接了台湾东北部的琉球海沟与东南侧的马尼拉海沟这两个俯冲带。台东纵谷是弧陆碰撞带的边界断层，是菲律宾海板块与欧亚大陆板块的地壳对接带，也是台湾地区构造活动最强烈的地带。

台东纵谷地表多为台地砾岩、珊瑚礁与更新世地层覆盖。更新世砾岩由北向南分别称为米仑组或卑南山组，北部早全新世地层为花莲组。

台东纵谷向南延伸为南纵海槽，是恒春海脊增生楔与北吕宋海槽弧前盆地、花东海脊间的边界断层，并不与马尼拉海沟相连。因而台东纵谷仅是菲律宾海板块北吕宋火山弧与欧亚大陆板块边缘发生弧陆碰撞过程中形成的边界断层，属地壳对接带。台东纵谷断层是现今台湾岛最活跃的断层，台湾地区每年 8 cm 的压缩量当中，沿着纵谷断层占 40%～50%压缩量，也因此成为台湾发生地震频率最高的断层（陈文山等，2008；2010）。

（三）北吕宋火山岛弧（VII_2^1）

以台东纵谷地壳对接带为界，以东属菲律宾海板块（Ⅶ）。中新世中期南海海洋地壳沿马尼拉海沟向东俯冲于菲律宾海板块之下，在菲律宾海板块西缘出现火山活动，形成了线状岛链分布的洋内火山岛弧——北吕宋火山岛弧，随着俯冲增生楔规模增大与火山岛弧火山活动增强，弧前盆地接受沉积。中新世末，北吕宋火山岛弧的北端随着菲律宾海板块向北西移动，与欧亚大陆板块东缘发生碰撞，开始了弧陆碰撞造山过程，随着斜向弧陆碰撞不断由北向南延伸，使中央山脉增生楔受挤压隆起，弧前盆地逐渐闭合。距今 2 Ma 以来，北西向的斜向逆冲将北吕宋火山岛弧系统（包括弧前盆地、火山岛弧）逆冲到欧亚大陆板块地壳上，形成今日海岸山脉，并紧邻中央山脉增生楔。因而本书将位于台湾岛东部，东临太平洋，西以台东纵谷的海岸山脉断层为界，包括东至距岸 30～50 km 的太平洋海域尚未出露海平面之上的火山岛弧系统，向南包括兰屿以南至巴士海峡，北抵台湾东北部琉球海沟俯冲系统的地区划为台东新生代造山带（VII_2）。台东新生代造山带（VII_2）在台湾地区划分 1 个三级构造单元——北吕宋火山岛弧（VII_2^1），北吕宋火山岛弧以东为花东海盆，属菲律宾海板块的一部分。

北吕宋火山岛弧（VII_2^1）主要由代表岛弧岩浆活动喷发形成的以安山质火山岩系为主的都峦山组及弧前盆地深海-半深海-浅海复理石沉积岩大港口组组成，至更新世中期，转为河流山麓及滨海冲积扇磨拉石建造。

北吕宋火山岛弧是菲律宾海板块西缘的中新世—更新世岛弧，是吕宋弧的北延部分，有其独特的地质构造发展史，有与台湾岛其他构造区不同的沉积建造、岩浆活动和构造特征。地壳类型属洋壳型。北吕宋火山岛弧构造活动强烈，地震活动频繁。根据北吕宋火山岛弧（VII_2^1）地质构造组成与空间分布，进一步划分为花莲弧前盆地（VII_2^{1-1}）与海岸山脉火山岛弧（VII_2^{1-2}）2 个四级构造单元。

1. 花莲弧前盆地（VII_2^{1-1}）

位于台湾岛东部海岸山脉的西侧，西界以台东纵谷为界，东以大港口组与都峦山组为界，大致沿海岸山脉山脊线西侧分布，北起花莲溪入海口，南抵台东卑南大溪入海口，全长约 240 km，最宽约 10 km。由 4 个残留弧前盆地组成，由北往南依次为水琏、乐合、泰源、台东 4 个弧前盆地。弧前盆地沉积了上中新统—更新统大港口组，为一套含有火山碎屑的海相沉积物，总厚约 7000 m，其中下部以（半）深海-浅海浊流沉积为主，上部以海底冲积扇粗碎屑沉积为主，发育砾-含砾-粗砂-砂岩之韵律层。至中更新世后，变为河流山麓堆积相，属磨拉石建造。在花莲弧前盆地西侧玉里镇乐合以南，沿台东纵谷以东分布着呈北北东向狭长带状展布的利吉混杂岩，向南可延伸至台东县，宽 1～4 km，长约 53 km，由受强烈剪切作用层理不清的块状泥岩夹杂基性、超基性岩块组成。

2. 海岸山脉火山岛弧（VII_2^{1-2}）

位于台湾岛东部的花莲弧前盆地（VII_2^{1-1}）以东，北起花莲，入海可抵琉球海沟；向南包括海岸山脉及绿岛、兰屿，海域可南至巴士海峡；向东包括距岸 30～50 km 未出露海面的火山岛弧系统。海岸山脉火山岛弧（VII_2^{1-2}）在台湾岛陆地上出露海岸山脉奇美、成广澳两个中新世—上新世火山岛，属都峦山组沉积-火山岩系，包括奇美火山岛上的静浦和成广澳火山岛上的成功两个上新世—更新世弧上盆地（Huang et al.，1995；2000；2008），属大港口组半深海-深海相浊流沉积岩与浅海环礁石灰岩沉积组合；还包括台湾东南部绿岛、兰屿等高于海平面的火山岛，主要为安山岩和安山质火山碎屑岩；此外，在台湾东部、东南部海域的海平面之下，还分布了北吕宋火山岛海水面以下及其基座部分，Huang et al.（1995；2000）根据海上重力与磁测资料，认为海岸山脉火山岛弧东界位于海岸线以东 30～50 km 处，水深大约 3000 m。属以安山岩类为主的火山岩建造。

海岸山脉-绿岛-兰屿安山岩、安山质火山碎屑岩属于低钾拉斑玄武岩-中钾钙碱系列，从北向南碱性渐强，岩浆成分已从岛弧拉斑玄武岩系列过渡到钙碱性系列，说明由南向北由不成熟的洋内弧向半成熟岛弧演化，岩浆来源于少量地幔和下地壳的部分熔融。

第三节　大型变形构造特征

大型变形构造是组成地壳的地质体在地质应力作用下形成的具有区域规模的（延伸长度一般大于100 km，展布宽度为千米乃至数千米，切割深度从壳内到切穿整个岩石圈）巨型强烈变形构造，是地壳中的主要地质现象。大型变形构造与一般变形构造的主要区别在于它是同一地质应力作用下形成的具有成因联系的构造组合，因而其延伸和展布宽度规模都比较大。

一、大型变形构造类型及其主要特征

台湾处于欧亚大陆板块与太平洋板块、菲律滨海板块间，地质构造发展和演化经历了两次的板块运动，发育有挤压、压剪等类型的5个大型变形构造带，其主要构造特征见表12-1。

（一）挤压型构造

1. 台西逆冲叠瓦构造（TXDW）

该构造带位于台湾西部，其北起基隆，向南经台北、台中至高雄一线，南北两端分别入海，长大于330 km，宽30~40 km，走向北北东—北东，倾向南东，倾角较缓。该带由一系列逆冲断层和背、向斜褶皱组成，褶皱构造主要为新近纪地层及少量渐新世地层，岩性主要为砂岩和页岩互层，局部夹灰岩和凝灰岩透镜体。

本带是在古近纪沉积基础上发展起来的新近纪坳陷，逆推作用发生于更新世早期，至现代还有活动。

2. 海岸山脉逆冲叠瓦构造（HADW）

位于台湾东部海岸山脉一带，长135 km，中段宽10 km、南北两端3 km，走向北北东，倾向南东，倾角较陡，左旋上冲。

主要由新近纪地层组成，中新统底部为奇美岩浆杂岩，是以安山岩类为主火山建造；中新统都峦山组火山集块岩、凝灰岩、凝灰质沉积物；上新统—下更新统大港口组沉积碎屑岩，夹少量火山碎屑岩；上新统利吉蛇绿混杂堆积；更新统卑南山组砾岩等。

本带是中新世以来直接叠加于洋壳之上的沉积盆地，逆推作用是在上新世至更新世的蓬莱运动，至今还有活动。

3. 屈尺大型逆冲断裂构造（QCNC）

该构造带位于屈尺-荖浓-春日一线，长大于405 km，两端入海，走向北段60°~70°~30°~10°，中段北东、南北、北西，南段南东；倾向南东、东、北东，倾角陡，70°~80°。由一系列压性逆冲断层组成，涉及的地层主要为中央山脉西翼较老的古近纪浅变质岩及西部山麓新近纪未变质的地层。

其最早形成时代为更新世，是发生于上新世—更新世的蓬莱运动形成的，至今还在活动。

4. 梨山大型逆冲断裂构造（LSNC）

该构造带位于宜兰-梨山-八通关一线，长大于210 km，北端延入海，南端与屈尺大型逆冲断层复合，走向20~30°，倾向南东，倾角陡。由一系列压性逆冲断层组成，断层两侧地层主要为渐新统西村组、四棱组的浅变质岩及始新统毕禄山组和中新统庐山组浅变质岩系。

其最早形成时代为更新世，是发生于上新世—更新世的蓬莱运动形成的，至今还在活动。

（二）压剪型构造

台东左行斜冲构造（TDZC）。该构造带位于台东纵谷，是划分武夷-云开-台湾造山系与菲律宾造山系Ⅰ级构造单元的边界，呈北东东向展布于花莲-台东一线，长150 km，宽3~6 km，两端入海。走向NE23°，两侧均为左旋上冲断层的对冲断层谷。

表 12-1　台湾省大型变形构造特征数据表

大型变形构造名称	代号	类型	规模	产状	组合形式	物质组成	构造层次	运动方式	力学性质	形成时代	变形期次	大地构造环境	含矿特征
台西逆冲叠瓦构造	TXDW	挤压	长 330 km，宽 30～40 km	走向北北东—北东，倾向南东，倾角较缓	逆冲叠瓦状	为新近纪地层及少量渐新世地层，岩性主要为砂岩和页岩互层，局部夹灰岩和凝灰岩透镜体	浅表	逆冲	压性	更新世	本带是在古近纪沉积基础上发展起来的新近纪坳陷，逆推作用发生于更新世早期，至现代还有活动	活动陆缘	煤
海岸山脉逆冲叠瓦构造	HADW	挤压	长 135 km，两端入海；宽：中段 10 km、南北两端 3 km	走向北北东，倾向南东，倾角较陡，左旋上冲	逆冲叠瓦状	主要由新近纪地层组成，中新世底部为奇美岩浆杂岩，是以安山岩类为主火山建造；中新世都峦山组火山集块岩、凝灰岩、凝灰质沉积物；上新统—下更新统大港口组沉积碎屑岩，夹少量火山碎屑岩；上新世利吉蛇绿混杂堆积；更新世卑南山组砾岩等	浅表	逆冲	压扭	更新世	本带是中新世以来直接叠加于洋壳之上的沉积盆地，逆推作用是在上新世至更新世的蓬莱运动，至今还有活动	弧陆碰撞带	脉型铜铅锌，铜-硫铁矿，石膏、沸石等
台东左行斜冲构造	TDZC	压剪	长 150 km，宽 3~6 km，两端入海	走向北东 23°，两侧均为左旋上冲断层的对冲断层谷	平行	有上新统—更新统大港口组沉积碎屑岩；中更新统卑南山组砾岩、米仑组砾岩、砂页岩及晚更新世—全新世冲积、冲洪积层砂、砾、泥等	浅表	对冲	压扭	更新世	纵谷是蓬莱运动发育形成的，至今还在活动	活动陆缘	
屈尺大型逆冲断裂构造	QCNC	挤压	长>405 km，两端入海	走向北段 60°～70°～30°～10°，中段北东、南北、北西，南段南东；倾向南东、东、北东，倾角陡 70°～80°	左旋	涉及的地层主要为中央山脉西翼较老的古近纪浅变质岩及西部山麓新近纪未变质的地层	浅表	逆冲	压扭	更新世	发生于上新世至更新世的蓬莱运动，至今还在活动	活动陆缘	
梨山大型逆冲断裂构造	LSNC	挤压	长>210 km，北端延入海	走向 20°～30°，倾向南东，倾角陡		主要为渐新统西村组、四棱组的浅变质岩及始新统毕禄山组和中新统庐山组浅变质岩系	浅表	逆冲	压性	更新世	发生于上新世—更新世的蓬莱运动，至今还在活动	活动陆缘	

纵谷内的物质组成有上新统—更新统大港口组沉积碎屑岩；中更新统卑南山组砾岩、米仑组砾岩、砂页岩及晚更新世—全新世冲积、冲洪积层砂、砾、泥等。

其最早形成时代为更新世，是蓬莱运动发育形成的，至今还在活动。

二、大型变形构造与成矿关系

矿产的形成及其分布与地质构造息息相关。区域成矿作用的发生、发展以及矿床的形成、分布，在时间、空间上都与地壳结构的演化发展有关。断裂构造不但是矿液运移的通道，也是矿体的储矿空间。

（一）海岸山脉逆冲叠瓦构造与成矿

该构造带是中新世以来直接叠加于洋壳之上的沉积盆地，逆推作用是在上新世至更新世的蓬莱运动，至今还有活动。

新生代的构造岩浆活动强烈，控制着新近纪的岩浆活动与沉积建造，因而形成了一系列与其相关的矿产。主要有：斑岩型或火山热液型铜矿，脉型铜铅锌，铜-硫铁矿，石膏、沸石等。

（二）台西逆冲叠瓦构造与成矿

该构造带位于台湾西部，由一系列逆冲断层和背、向斜褶皱组成，是在古近纪沉积基础上发展起来的新近纪坳陷，与其相关的矿产是煤矿，台西逆冲叠瓦构造对煤矿具有抬升或掩埋、富集或灭失的作用。

第四节　大地构造相与成矿关系

成矿作用过程与大地构造演化密切相关，各种矿床都是在大地构造演化过程中，某一特定构造阶段、特定构造部位和特定大地构造环境中形成的特殊地质体，具有揭示陆块区和造山系（带）组成、时空结构和演化的大地构造功能。不同级别大地构造单元制约了相应级次的成矿区带，控制着各类矿床的时空分布。总结大地构造相与成矿作用的时空关系，对成矿预测工作具有重要意义。

一、与岩浆弧相相关的矿产

台湾岩浆弧相可进一步划分为火山弧亚相、弧背盆地亚相、俯冲期岩浆杂岩亚相等3个亚相，目前仅在火山弧亚相中有发现金、铜、硫等矿产。

属火山弧亚相的火山岩地层，主要为中新世安山岩（$N_1\alpha$）、都峦山组（N_1d）、上新世安山岩（$N_2\alpha$）及更新世安山岩（$Qp\alpha$）、更新世玄武岩（$Qp\beta$），主要岩性为安山岩、潜安山玢岩、安山质集块岩、凝灰岩、玄武岩等。

（一）铜金矿

安山岩、潜安山玢岩是铜、金矿的有利成矿岩性或层位。主要有台湾基隆金瓜石金矿、花莲奇美铜矿、台东都峦山铜矿、兰屿铜矿等矿床（点）。矿体一般为浸染状、网脉状、脉状、筒状、透镜状、囊状及不规则状产于安山岩或潜安山玢岩中，围岩蚀变主要有绢云母化-黄铁矿化-粘土化-青磐岩化等，属陆相火山岩型金矿或斑岩型铜矿。

（二）硫矿

更新世安山岩（$Qp\alpha$）是硫矿的有利成矿层位，主要硫磺产地为冷水坑、大油坑、三重桥、死磺子坪、庚子坪、顶子坪、顶北投等地。硫矿为后火山作用之产物，散见于各爆裂火山口与硫气孔附近，硫铁矿体多呈透镜状之矿块或矿脉，亦多与自然硫相伴产于爆裂火山口附近之地下浅部。矿化围岩蚀变作用主要有硅化、高岭石化、粘土化及明矾石化等，属火山期后热液型矿床。

二、与弧后前陆盆地相相关的矿产

台湾弧后前陆盆地相可进一步划分为前渊盆地亚相、楔顶盆地亚相2个亚相，目前仅在前渊盆地亚相中有煤矿产出。

与该前渊盆地亚相相关的地层主要为渐新世—中更新世的沉积地层，含有煤、石油和天然气等矿产，是沉积型煤矿的控矿层位。

煤矿主要赋存于屈尺断裂之西的台湾西部山麓丘陵地带的渐新统—上新统五指山组、木山组—大寮组、石底组—南港组、南庄组的海陆交互含煤碎屑岩系中。五指山组含有薄煤层；木山组含有三层可采煤，多位于上部，煤层厚度20~40 cm；石底组—南港组含有丰富的煤、石油和天然气等矿产，是台湾最具经济价值的地层，石底组上部有五层可采煤层，煤层平均厚度0.3~0.6 m，最厚达1 m；南庄组是重要的含煤地层，可采煤层3~4层，厚0.3~0.4 m，最厚达0.8 m。

此外，分布于梨山断裂之西侧的雪山山脉地区的渐新统—中新统四棱组（E_2s）、水长流组（E_2sc）、澳底组（E_3-N_1a）和苏乐组（N_1s）的海陆交互含煤碎屑岩组合中，也有煤层或煤线，但其规模却比石底组、南庄组等逊色得多，基本为不可采煤层。

三、与俯冲增生杂岩相相关的矿产

台湾俯冲增生杂岩相分布于台湾南澳-玉里一带和垦丁、利吉等地，为含蛇绿岩碎片浊积岩亚相，有铜、金、银、铅锌、硫、大理岩、蛇纹岩、石棉、滑石等矿产。

（一）铜、金、银、铅锌矿

分布于台湾南澳-玉里一带的含蛇绿岩碎片浊积岩亚相由前古近纪大南澳杂岩的绿片岩-大理岩-云母（石英）片岩变质岩石构造组合构成。它是火山沉积-变质型铜（铅锌）多金属的重要控矿层位和矿源层，矿体呈似层状、豆荚状或透镜状产于绿片岩与大理岩的结合部位或大理岩中，主矿脉大致平行于变质岩片理。火山沉积-变质型块状硫化物多金属矿，主要有宜兰铜山、东澳、太白山、花莲铜门、铜文兰、瑞穗红叶溪等矿床（点）。

（二）大理岩矿

分布于台湾南澳-玉里一带的前古近系九曲组主要由大理岩和部分白云岩构成，偶夹绿片岩和硅质片岩（石英云母片岩、云母片岩）组成，原岩为碳酸盐岩建造。大理岩以浅灰至深灰色为主，黑色和白色次之，块状或厚层状，细粒到粗粒，一般具有条带状构造，层厚自数米至1000 m以上，CaO含量在50%以上。

（三）蛇纹岩、软玉、石棉、滑石矿

与蛇绿岩中基性、超基性岩块有关的矿产主要有蛇纹岩及其共伴生的石棉、滑石矿、软玉等，是基性、超基性岩经变质或蚀变而成的矿产。其中以丰田区蛇纹岩的品质最好，且所共伴生的石棉、滑石、软玉均有工业价值。

第十三章　主要赋矿地层与含矿沉积建造

第一节　地层分区与地层特征

台湾岛以新近纪浅海-滨海相沉积地层分布最广；其次为古近纪河流-河口-滨海相沉积地层与前古近纪地层。前古近纪地层以大南澳中-浅变质岩为代表，主要出露在中央山脉东翼。火山岩及火山碎屑沉积岩主要见于东部海岸山脉，澎湖列岛及大屯火山岩区。地层分布受弧陆碰撞造山带影响显著，主构造线呈略向西弧凸的南北走向，并且具明显东西分带现象。

台湾各断代不同地层分区沉积岩及沉积环境，沉积环境包括陆相与海相，其中海相又可进一步划分为陆棚滨浅海相、海陆交互相、半深海相，以及大陆坡半深海相-深海相等。

台湾中新世以梨山-荖浓断裂为界，东侧主要为发育浊流沉积的复理石建造，沉积环境为大陆斜坡-半深海-深海相。西侧为上叠的渐新世断陷盆地，发育了一套陆棚滨海-浅海相的砂岩、粉砂岩、页岩或泥岩，夹煤层、石灰岩和火山岩的地层组合；台湾北部为河流-沼泽-三角洲-滨海-浅海相沉积，总体由下至上表现出 3 个海进-海退沉积旋回，分别发育了上、中、下 3 套含煤层地层以浅海相沉积为主，以泥质岩或细砂岩、泥质岩互层为主体。

一、地层分区

《台湾省区域地质志》（福建省地质矿产局，1992）、《台湾省岩石地层》（福建省地质矿产局，1996）多采用综合地层分区，以台东纵谷为界，以东划属菲律宾地层大区之台湾东部地层区，以西划属华南地层大区之东南地层区的台湾地层分区，再根据地层东西具明显的分带现象，进一步划分若干地层小区。

根据地层区划阶段采用动态地层分区，按照地层分区等级原则，在一、二级地层区划框架下，对 4 个基本地层区划阶段进行了地层分区（表 0-1）。

台湾省 4 个断代地层的地层区划和各地层分区、小区岩石单位名称及序列见表 0-2，全省共划分 51 个组级与 5 个非正式地层单位（不含全世统松散堆积层），台湾省沉积矿产与各层组关系见表 13-1。

二、地层特征

（一）前古近系（AnE）

台湾省前古近纪地层分布较少，主要出露于台湾东部之中央山脉东斜面的大南澳混杂岩，澎湖列岛花屿晚白垩世安山岩——花屿火山杂岩，以及钻孔钻遇的潜布于北港高区的早白垩世浅海相、滨海相细碎屑沉积岩——云林组。

大南澳混杂岩集中分布于中央山脉东部，北起宜兰乌岩角，南至台东太麻里溪北岸，全长约 240 km，宽 10~30 km，包含宜兰、花莲、台东等县的大部分地区，面积 4600 km^2。大南澳混杂岩主要由黑色片岩、绿片岩、硅质片岩、大理岩、片麻岩和混合岩组成，由下至上可分九曲组（AnEj）、长春组（AnEc）和天祥组（AnEt），其上为古新统碧侯组（E_1b）、始新统毕禄山组（E_2b）、中新统庐山组（N_1l）不整合覆盖。

需要指出，大南澳混杂岩由于构造复杂，缺乏系统的化石资料，致使层序与各岩石单位划分，存在不少分歧。

表 13-1 台湾省沉积矿产地层表

地层分区	时代						
地层分区	N_2-Qp	澎湖地层小区V_2^{4-1}	台西前陆盆地地层小区V_2^{4-2}	中央山脉地层小区		恒春半岛地层小区V_2^{4-4}	海岸山脉地层小区V_3^{1-1}
	E_3-N_1	澎湖地层分区IV_4^2	台湾西部地层分区IV_4^1				台湾东部地层分区IV_5^1
		澎湖地层小区IV_4^{2-1}	麓山地层小区IV_4^{1-1}	雪山山脉北部地层小区IV_4^{1-2}	庐山地层小区IV_4^{1-3}	恒春半岛地层小区IV_4^{1-4}	台东地层小区IV_5^{1-1}
	E_1-E_2	北港-澎湖分区II_7^b	玉山地层分区II_7^c				
		北港-澎湖小区II_7^{b-a}	阿里山地层小区II_7^{c-1}	雪山山脉地层小区II_7^{c-2}	毕禄山地层小区II_7^{c-3}		
	AnE	台湾西部地层小区II_7^{2-1}		中央山脉东翼地层小区II_7^{2-2}			

地层分区/纪		世代		澎湖地层小区IV_4^{2-1}	麓山地层小区IV_4^{1-1}		雪山山脉北部地层小区IV_4^{1-2}		庐山地层小区IV_4^{1-3}	恒春半岛地层小区IV_4^{1-4}	台东地层小区IV_5^{1-1}
新生代	第四纪	全新世	早	湖西组锆石、独居石矿						珊瑚礁石灰岩矿	花莲组石灰岩矿
		更新世	晚	小门屿组	中坜组					太平组	米仑组/卑南山组
			中		大屯火山岩	店子湖组				恒春石灰岩矿	
						林口组					
			早			大南湾组石灰岩矿					大港口组
	新近纪	上新世	晚		卓兰组石灰岩、油气地层等					马鞍山组/垦丁混杂岩	利吉混杂岩
			早		锦水组石灰岩、油气地层等						
					桂竹林组石灰岩、石英砂岩、油气地层等						
		中新世	晚	澎湖组	南庄组含煤矿、石英砂岩等矿					石门组	都峦山组石灰岩矿
			中		南港组含煤、石英砂岩、油气地层等				庐山组		
					凑合组石英砂岩矿						
			早		石底组含煤矿、油气地层等						
					大寮组石英砂岩、油气地层		苏乐组含煤				
			初		木山组含煤、石灰岩、砂岩、油气地层等矿		澳底组含煤		礼观组		
	古近纪	渐新世	晚		五指山组含煤矿、油气地层等		大桶山组	水长流组			
							粗窟组				
			早				干沟组				
		始新世	晚		中寮组				毕禄山组		
			中				四棱组含煤、石墨、砂岩等矿	达见组砂岩矿矿			
			早				西村组石墨、砂岩等矿	十八重溪组砂岩矿			
		古新世	晚	王功组					碧侯组		
			早								
中生代	白垩纪	晚世		花屿火山杂岩					天祥组		
		早世		云林组							
	侏罗纪三叠纪								长春组硫铜矿产		
									九曲组大理岩、白云岩矿		

大南澳混杂岩的时代还存在一定的争议，各家主要观点如下：

九曲组大理岩中产晚古生代生物化石，在东澳村以北产存疑的 *Fusulinid*（?），在武塔南方之湳子溪中与南澳南方产 *Schwagerina*（?）、*Parafusulina*（?）、*Neoschwagerina*（?）等䗴科化石；在马太鞍溪流域发现珊瑚 *Waagenophyllum*（?）（Yen et al.，1951；Yen，1953）。这些化石指示九曲组大理岩的年代是二叠纪。此外，在太鲁阁一带开南冈、溪畔片麻状花岗岩与九曲组厚层大理岩呈构造接触，片麻状花岗岩锆石 U-Pb 同位素定年为 90.3±1.4 Ma（罗伟等，2009）；大理岩的锶同位素定年为 190 Ma 以前（Jahn et al.，1984），Pb-Pb 同位素定年为 166 Ma 以前（Jahn，1988）。利用大理岩中 C^{14} 同位素异常的特性得知和平与神秘谷等地之大理岩为 230~243 Ma（Yui，1987）。同位素定年资料显示出与生物化石推断的古生代晚期较为吻合。

陈政恒（1989）于中部横贯公路之天祥沿线及苏花公路之长春组石英云母片岩中发现沟鞭藻化石 *Druggidium* sp.，*Gonyaulacysta* sp. 等，时代属于中生代，约在早侏罗世晚期至早白垩世（王执明，1991）。陈文山等（2012）、冯翰亭等（2011）在东澳至南澳之间的长春组石英云母片岩借助碎屑锆石（约 100 颗）进行 U-Pb 同位素定年，各片岩标本中最年轻的碎屑锆石年龄依次为 74 Ma、85 Ma、86 Ma、87 Ma、89 Ma、91 Ma、96 Ma；认为石英云母片岩的时代应晚于 74 Ma；在南澳一带，长春组与源头山、饭包尖片麻状花岗岩体为构造接触，饭包尖片麻状花岗闪长质岩石为 92 Ma，源头山片麻状花岗闪长质岩石为 87.5 Ma。长春组沉积年代相当于早侏晚罗世晚期—晚白垩世。

天祥组尚未见发现生物化石的报道。以往因将其归属“大南澳群”或“大南澳片岩”，亦推测其时代为古生代晚期—中生代（?），均认为时代较长春组年轻（陈文山等，2010；衣德成等，2012）。近几年开展碎屑锆石 U-Pb 同位素定年讨论天祥组时代，认为天祥组主要沉积于晚白垩世，并且含有丰富的古元古代和新元古代锆石；在玉里地区对天祥组进行碎屑锆石分析，变质砂岩中碎屑锆石出现 45~8 Ma、200~70 Ma、250~200 Ma、850~700 Ma、1900~1700 Ma、2600~2400 Ma 年龄谱，其中，45~8 Ma 的含量占 1%~5%，认为天祥组是新生代的混杂岩带。根据上述资料，将天祥组主体时代置于晚白垩世，新生代物质是否为中新世增生楔混入，有待更多资料证实。

综上所述，大南澳混杂岩原岩为沉积地层的中-浅变质岩系其沉积时代并不是同一时代。九曲组大理岩为古生代晚期，其上与长春组为“非整合接触”（罗伟等，2009）；长春组为早侏罗世晚期—晚白垩世，与天祥组为剪切带或断层接触（衣德成等，2012）；天祥组可能为晚白垩世。

1. 九曲组（AnE*j*）

主要分布于北起宜兰县谷风，向南沿中央山脉延伸直达台东县的关山之西，总长约 160 km，最宽 10 km。主要由大理岩和部分白云岩构成，偶夹绿片岩和硅质片岩（石英云母片岩、云母片岩）。大理岩中曾获已变形的䗴科 *Schwagerina*（?）sp.，*Parafusulina*（?）sp. 和珊瑚 *Waagenophyllum* sp. 等化石，其时代相当于二叠纪。

九曲组块状厚层大理岩是大南澳混杂岩中易于辨认、识别的岩层，也是迄今为止在该套变质岩中唯一发现存疑的晚古生代生物化石的岩性层。

2. 长春组（AnE*c*）

主要分布于天祥岩组的西侧，北起宜兰县苏澳南部，向南经天祥、利稻直达台东县太麻里溪北岸，长约 240 km，宽 3~20 km，是大南澳杂岩中分布最广的一个地层单位，其面积约占大南澳杂岩总面积的 1/3。主要由绿片岩（绿泥片岩、角闪片岩、变质辉绿岩）、硅质片岩（石英岩、石英片岩、片状砂岩）构成，夹少量薄层大理岩及黑色片岩（石英云母片岩、云母片岩），其中绿片岩是台湾铜-硫铁矿的主要围岩。

3. 天祥组（AnE*t*）

呈北北东—南南西向狭长带状出露于大南澳杂岩的东侧，北起花莲县的吉安，向南延至台东县西南的知本温泉一带，长约 150 km，宽平均 7~8 km，其面积与长春岩组相当。岩性较单一，以深灰色至黑色片岩（石英云母片岩、云母片岩、石墨片岩）为主，夹薄层至厚层绿片岩和大量基性或超基性火成岩的外来岩块，并夹有代表高压环境的蓝闪石片岩。

4. 云林组（K_1y）

云林组在台湾未出露地表，仅在西部滨海地区石油钻井中见及，主要由一套灰白至灰色砂岩、细砂岩、粉砂岩、页岩、石灰岩以及砾岩和少量玄武岩组成，厚约530 m，含钙质超微、菊石、孢粉、双壳、腹足类等化石；属浅海相，少部分地区可能为河流和三角洲相的沉积环境，时代为早白垩世。

5. 花屿火山杂岩（K_2h）

仅出露于台湾海峡澎湖列岛之最西南之花屿，此外在台西嘉南平原北港二号井1463~1590 m中及褒忠一号井（PC-1）见及。花屿火山杂岩岩性以安山岩为主，其次为潜安山玢岩、潜流纹斑岩、潜玄武岩，少量火山角砾岩、集块岩、凝灰岩，上部为火山碎屑沉积岩，具绿泥石化和绿帘石化变质，厚度大于53 m。

（二）古近系（E）

古近系共划分有10个岩石地层单位，主要分布于台湾中央山脉，为一套浅变质岩系，此外在西部山麓地区也有少量出露，为一套未变质的地层。

1. 王功组（E_1w）

未出露地表，隐伏于西部滨海地区，仅在石油钻井中见及，主要由杂色火山碎屑岩、砂岩和页岩组成，偶夹石灰岩，厚3054~4100 m未见底。含钙质超微，有孔虫，时代为古新世。

2. 碧侯组（E_1b）

碧侯组目前仅分布于中央山脉北段之三星山至中央尖山至奇莱主山的东翼，呈断续相连的北东向条带展布。主要由黑色板岩、千枚岩组成，夹结晶灰岩、砂岩、含砾砂岩，底部具底砾岩。不整合覆于大南澳混杂岩之上，被毕禄山组不整合覆盖。

3. 毕禄山组（E_2b）

分布于中央山脉梨山断裂之东，以深灰色板岩和千枚岩为主，夹较多薄-厚层细-粗粒变质砂岩和大理岩及多层砾岩，厚500~2200 m，含大型有孔虫、钙质超微和少量珊瑚化石，时代属始新世。

4. 十八重溪组（E_2s）

分布于雪山山脉的中南段，主要由黑色至暗灰色板岩组成，夹浅灰色薄层变质细-中粒砂岩，呈黑白相间的互层特征，厚600~1000 m以上。此地层与砂岩矿相关。

5. 达见组（E_2d）

分布于雪山山脉的大甲溪、西螺溪、北港溪和陈有兰溪沿岸，以及玉山主峰一带，南北长115 km，宽2~5 km。主要由白色或浅灰色厚层块状中粗粒硅质砂岩组成，夹薄-厚层板岩和含碳质变质页岩，厚约2700 m。可分上、中、下3部分：下部为细-粗粒石英岩、绿泥石质砂岩、粉砂岩及板岩，厚650 m；中部为块状石英岩，具交错层理，厚1300 m；上部为厚层中-粗粒硅质砂岩，夹少量碳质页岩，厚750 m。本组下与十八重溪组均为整合接触，含双壳、腹足、有孔虫等化石，时代属始新世。此地层与砂岩矿相关。

6. 西村组（$E_{2-3}x$）

主要分布于雪山山脉北部桃园西村至宜兰员山之间及雪山山脉主峰一带。主要由叶理发育的深灰色板岩和千枚岩组成，夹暗灰色中粗粒石英砂岩，各地岩性略有变化，向南砂岩夹层增多，厚度亦增大，厚600~3000 m。与上地层为整合接触，与下地层为不整合接触，化石稀少，时代大致为始新世—中新世。此地层与砂岩矿相关。

7. 四棱组（E_3s）

分布于雪山山脉地区北起宜兰员山，向南经雪山主峰直达南投信义东侧一带，长约140 km，宽1~25 km。以灰白-浅灰色厚层中粗粒石英砂岩为主，夹泥质板岩、碳质页岩及煤和石墨透镜体，厚

500~2500 m，含浮游、底栖有孔虫及一些贝类，属滨海、三角洲相或浅海相沉积环境的产物，时代属渐新世。此地层与煤、石墨、砂岩矿相关。

8. 中寮组（E_2zh）

中寮组系黄奇瑜（2009）所建“中寮层”改称而来，仅见于台湾中部麓山区南投县中寮乡粗坑一带，相当于原“粗坑层”下部的一套厚层钙质砂岩，产有孔虫化石。

岩性组合以浅灰色至灰白色细粒至中粒长石质砂岩、长石砂岩为主，含钙质，夹灰黑色粉砂岩、页岩，产有孔虫化石。地表出露宽约百余米。未见底。中寮组上与平林凝灰岩为整合接触。

其中在厚层砂岩顶部的粉砂岩中产有孔虫化石，外壳保存极为良好，其上的粉砂岩、页岩互层中富含中始新世微体化石（NP14-15 带）。

中寮组岩性下部以厚层中粒、细粒砂岩为主，受生物扰动明显，上部为细砂岩、粉砂岩与页岩互层。为滨海-浅海相沉积。此地层与石英砂岩矿相关。

9. 水长流组（E_3sc）

主要分布于玉山主峰以北的雪山山脉东西两侧，长约 180 km，宽 1~20 km。岩性单一，通常由黑色泥质板岩和页岩组成，夹灰色薄-厚层细粒砂岩，局部夹透镜状、不规则状玄武质火山碎屑岩和少量玄武岩，厚度大于 1500 m。含钙质超微、有孔虫、贝类和海胆等化石，时代属渐新世中—晚期。

10. 五指山组（E_3w）

主要分布在台北和基隆地区，主要由白色或灰白色厚层块状细-粗粒砂岩夹深灰色页岩和砂页岩互层及少量碳质页岩或薄煤层，厚 1225 m，含钙质超微、有孔虫（浮游、底栖）海胆、贝类等化石，属海陆交互相沉积，普遍具大型波痕、交错层、波状层、浊流沉积和水道构造等沉积构造。时代为渐新世晚期。此地层与煤矿、油气层有关。

（三）新近系（N）

新近纪以海陆交互相含煤沉积为主，主要出露于台湾西部山麓地区。此外，在中央山脉西部也有少量分布。

1. 澳底组（E_3-N_1a）

主要分布于雪山山脉的东北部，以灰色厚层细-中粒砂岩为主，夹深灰色页岩或碳质页岩和煤层，厚 700~1200 m，含少量渐新世晚期到中新世早期的有孔虫化石。此层与煤矿有关。

2. 木山组（N_1m）

见于台湾西部山麓丘陵带的北部，为滨海相含煤的地层，含 1~3 层可采煤层，煤层厚 20~40 cm，见有石灰岩夹层，并常见有透镜状玄武质凝灰岩和玄武岩夹层。此地层与煤、石灰岩、石英砂岩矿、油气层有关。

3. 苏乐组（N_1s）

主要分布在桃园县境内大汉溪和头前溪上游的三光-秀峦一带，长约 40 km，最宽约 6 km。由板岩、页岩、砂岩及砂、页岩互层组成，含煤线，厚度大于 1000 m，含钙质超微和有孔虫化石，时代为中新世早—中期。此地层与煤矿有关。

4. 大寮组（N_1dl）

见于台湾西部山麓丘陵带的北部，为浅海相的地层，由浅灰-浅青灰色厚层块状细粒砂岩和页岩或粉砂质页岩互层组成，局部亦见夹玄武质碎屑岩和少量碎屑灰岩透镜体。此地层与石英砂岩矿、油气层有关。

5. 石底组（N_1shd）

广泛分布于西部山麓丘陵地带，是台湾西部中新世第二个沉积旋回，含有丰富的煤、石油和天然气等矿产，是台湾最具经济价值的地层，主要由砂岩、页岩和煤层组成，底部偶夹玄武岩或凝灰岩透镜体，是台湾西部最重要的含煤地层。含 5 层可采煤层（不稳定），煤层平均厚 0.3~0.6 m，最厚为

1 m，局部底部见玄武质凝灰岩或凝灰质角砾岩等，含浮游有孔虫、植物、孢粉等化石，时代属中新世早期。此地层与煤矿、油气层有关。

6. 凑合组（N_1c）

“凑合层”代表了台湾北部河流-河口-沼泽-滨海相（石底组含煤地层）向最大海侵（在麓山带中北出现厚层的“打鹿页岩”）发展的河口-三角洲-滨海环境沉积岩层组合；底部界线清楚，以出现厚层灰白色中粗粒砂岩为石底组；顶部则以厚层灰色细砂岩与其上的页岩为主或页岩夹细砂岩组合为界，以上划属南港组；时代置中新世中期；空间上分布稳定，区域延展性好，符合岩石地层单位定义，故将“凑合层”更名为“凑合组”，指代石底组之上至南港组纯粹滨海-浅海-半深海环境之间的沉积地层。此地层与石英砂岩矿有关。

7. 南港组（N_1n）

广泛分布于西部山麓丘陵地带，是台湾西部中新世第二个沉积旋回，含有丰富的煤、石油和天然气等矿产，是台湾最具经济价值的地层，主要由砂岩、页岩和煤层组成，底部偶夹玄武岩或凝灰岩透镜体，主要为一套浅海相厚-薄层青灰色细粒钙质砂岩和深灰色页岩、粉砂岩，含浮游有孔虫及钙质超微化石，时代为中新世早—中期。此地层与煤、石英砂岩矿、油气层有关。

8. 南庄组（N_1nz）

广泛分布于台北至高雄的山麓丘陵地带，是台湾西部中新世最上部一个沉积旋回，为海陆交互相含煤粗碎屑岩沉积，主要为白色砂岩、黑灰色页岩和砂岩-粉砂岩-页岩互层，含 3~4 层可采煤层，厚 0.3~0.4 m（最厚 0.8 m），含有孔虫及钙质超微化石，时代为中新世中—晚期。此地层与煤、石英砂岩矿有关。

9. 庐山组（N_1l）

主要出露于脊梁山山脉的高山地区，主要由黑-深灰色泥质板岩、千枚岩和变质砂岩的互层组成，夹玄武质火山岩透镜体和零星泥灰岩团块，厚度大于 5000 m。以含丰富的有孔虫化石为特征，也含钙质超微化石，时代为中新世早—中期。

10. 都峦山组（N_1d）

本组主要分布在台湾东部的海岸山脉，为直接覆盖在奇美岩浆杂岩体之上的巨厚的火山岩地层，主要由安山质集块岩、火山角砾岩和凝灰质砂岩及少量玄武岩和石英安山岩组成，厚 1000~1500 m，局部达 2000 m。在花莲丰滨丁子漏溪以南在火山集块岩上部夹有石灰岩透镜体，本组含有孔虫和钙质超微化石，时代为中新世中—晚期。

11. 桂竹林组（N_2g）

广泛分布于台北至高雄的山麓丘陵地带，是台湾西部中新世最上部一个沉积旋回，以浅海相砂岩和页岩为代表，由北向南砂岩减少、页岩增多、厚度加大的变化，见有石灰岩夹层，含钙质超微和有孔虫为主的化石，时代为中新世中期—上新世早期。此地层与石灰岩、石英砂岩矿、油气层有关。

12. 锦水组（N_2j）

呈狭长条状分布于台湾西部桃园到高雄的山麓丘陵地区，以深灰色页岩为主，夹暗灰色透镜状粉砂岩和泥岩薄层，厚 80~400 m，含浮游有孔虫和钙质超微化石，时代为上新世晚期。此地层与石灰岩、油气层有关。

13. 卓兰组（N_2-Qp_1z）

主要分布于桃园到高雄间的山麓丘陵地区，为一套以浅海相碎屑沉积为主的地层，由巨厚层砂岩、粉砂岩、泥岩和页岩组成，厚 1500~2500 m，见有石灰岩夹层，局部上部夹透镜状或薄层状砾岩，富含多种海相化石，以底栖有孔虫为主，浮游的少，时代为上新世晚期—更新世早期。此地层与石灰岩、油气层有关。

14. 利吉混杂岩（N_2l）

主要分布于海岸山脉中部的花莲玉里至台东北侧，长约 70 km，宽 2~3 km，为典型的混杂堆积，主要由混乱的深灰色巨厚层泥岩和大量散布于泥岩中的外来岩块及碎片组成，厚度大于 1061 m。

本组泥岩杂乱，具复杂的错动和剪切构造，缺乏明显的层理，外来岩块大部分为砂岩和蛇绿岩套，还有粉砂岩、页岩、泥岩及灰岩、砾岩和安山集块岩等小岩块，岩块直径大多为数米，小者仅如豆，少数巨大岩块则可能 1 km^2 或更大，地貌上常突出成陡峻的孤立小丘。外来岩块中的基性、超基性岩块常被称为“中新世台湾蛇绿岩系”，岩块种类有橄榄岩、辉长岩、蛇纹岩、辉绿岩等，最大岩块长 3.5 km，宽度大于 1 km。蛇绿岩套的底层由辉长岩、辉绿岩和橄榄岩等组成的角砾岩，之上为红色页岩，夹玻璃质枕状玄武岩和火山角砾岩。

泥岩充填物和外来岩块中含有不同来源的化石，使不同时代的古生物常混杂在一起，所含钙质超微和有孔虫的时代从渐新世至上新世均有，最年轻的为上新世中期的钙质超微，故将利吉混杂岩的形成时代定为上新世中期或上新世晚期。

（四）第四系（Q）

1. 更新统（Qp）

包括上新世晚期至更新世地层，共有 7 个地层单位。

（1）垦丁混杂岩（N_2-Qp_1k）

集中分布于台湾最南端的恒春半岛南部，由成层性很差的深灰色泥质-粉砂质沉积物组成，含许多大小不等的外来岩块，厚度>1000 m。外来岩块大小悬殊，小者数厘米，大者达 1 km，成分复杂，有砂岩、粉砂岩、砂岩与粉砂岩互层、砾岩、枕状玄武岩、火山角砾岩、橄榄岩等，其中粉砂岩和砂岩岩块最多，具典型的浊流沉积构造。砾岩的砾石成分主要有砂岩、玄武岩、辉长岩、辉绿岩、花岗岩、角斑岩、绿片岩等。

本组所含有孔虫及钙质超微化石时代从中新世晚期—更新世早期均有，故将垦丁混杂岩时代定为上新世晚期—更新世早期。

（2）大港口组（N_2-Qp_2d）

广泛分布于海岸山脉中段花莲-台东一线，由页岩、砂岩、砾岩和火山碎屑岩组成，厚 3000~4000 m，各地岩性变化较大，局部夹蛇绿岩和安山岩。其下部砂岩，有发育良好的浊流构造，是极不稳定环境的沉积，含大量有孔虫和钙质超微化石，有孔虫以浮游为主，时代为上新世早期—更新世中期。

（3）卑南山组（Qp_2b）

主要分布于海岸山脉南端台东之北沿卑南大溪出露。为厚层砾岩，间夹少量薄层页岩，厚 500~3000 m，所含化石均为再沉积的化石。

（4）米仑组（Qp_2m）

本组仅分布于花莲的美仑和瑞穗两地，总面积约 500 m^2，主要由层理不显的块状砾岩组成，夹粗粒-细粒砂岩和砂质页岩，厚>350 m，含半炭化的漂木及丰富的钙质超微化石，时代可能为中更新世晚期。

（5）生物堆积层（恒春石灰岩）（Qp^{bls}）

主要分布于台湾南部恒春半岛南部的鼻子头、马鞍山、龟子角、垦丁公园、鹅銮鼻和红柴坑等地，由多种生物（包括珊瑚、有孔虫、贝类和石灰藻类等）遗骸形成的石灰岩（生物礁）组成，厚度一般数米至数十米，最厚达 100 m 左右。所含化石以介形虫和钙质超微为主，此外还有造礁珊瑚、有孔虫、贝类和藻类，时代为更新世中—晚期。此地层与石灰岩矿有关。

（6）头嵙山组（$Qp_{1-2}t$）

本组分布于台湾西部新竹、苗栗、嘉义、台南和高雄境内的丘陵地区，由陆相、滨海相及浅海相砂岩、页岩、泥岩和砾岩组成，厚 100~2000 m。下部主要为灰、深灰色块状细-粗粒砂岩、泥质砂岩、页岩、砂质页岩互层，夹砾岩薄层或透镜体；上部主要为巨厚层块状砾岩，夹砂岩、粉砂岩和页岩薄层或透镜体。含丰富的化石，有哺乳动物、钙质超微、有孔虫及螃蟹、双壳、棘皮、台藓和造礁珊瑚等，时代为早更新世—中更新世早期。

（7）大南湾组（Qp_2d）

仅见于台北林口台地西部，主要为细粒砂岩、粉砂岩、页岩和泥岩互层，见有石灰岩夹层，偶夹透镜状砾岩，以含广盐性的浅水底栖生物群为特征，主要有有孔虫、双壳类、造礁珊瑚等，时代为更新世中期。此地层与石灰岩矿有关。

2. 全新统（Qh）

全新统包括冲积层和生物堆积层两个同期异相地层，广泛分布于平原、盆地和各岛屿沿岸，由河流相、湖相和海相的泥、砂、砾石及石灰礁等组成。

生物堆积层（Qh^{bls}）：主要分布在各较大岛屿的沿岸，以围绕恒春半岛沿岸发育的最好，多由珊瑚骨骸及少量双壳类壳体组成的石灰岩，一般厚数米，底部有时有砾石层。此地层与珊瑚生物灰岩矿有关。

全新统冲积层和生物堆积层含丰富的古生物，以有孔虫、介形虫、双壳类、珊瑚、苔藓为主，^{14}C同位素测年珊瑚礁为1470±170～8660±155 a，贝壳层为1150±200～8810±150 a，文化层和古遗址为2030±80～8230±400 a，时代为全新世。

第二节　含矿地层沉积岩建造组合与成矿关系

台湾省与沉积作用有关的矿产不多，与沉积岩建造有关的矿产主要有：煤、石油、天然气、石灰岩、大理岩、白云岩、石英砂岩等。

一、前古近系的沉积变质形成受变质矿产

台湾前古近系沉积变质形成的受变质矿产主要与大南澳混杂岩（AnE*D*）有关，大南澳混杂岩进一步划分为天祥（片岩）组（AnE*t*）、长春（绿片岩）组（AnE*c*）、九曲（大理岩）组（AnE*j*）3个组。

1. 九曲组（AnE*j*）

主要分布于北起宜兰县谷风，向南沿中央山脉延伸直达台东县的关山之西。主要由大理岩和部分白云岩构成，偶夹绿片岩和硅质片岩（石英云母片岩、云母片岩）。此地层主要与大理岩、白云岩矿成矿有关。

2. 长春组（AnE*c*）

主要分布于天祥组的西侧，北起宜兰县苏澳南部，向南经天祥、利稻直达台东县太麻里溪北岸，是大南澳杂岩中分布最广的一个地层单位。主要由绿片岩（绿泥片岩、角闪片岩、变质辉绿岩）硅质片岩（石英岩、石英片岩、片状砂岩）构成，夹少量薄层大理岩及黑色片岩（石英云母片岩、云母片岩），其中绿片岩是台湾铜-硫铁矿的主要围岩。此地层主要与硫铁矿、铜矿矿成矿有关。

3. 天祥组（AnE*t*）

呈北北东—南南西向狭长带状出露于大南澳杂岩的东侧，北起花莲县的吉安，向南延至台东县西南的知本温泉一带。岩性较单一，以深灰色至黑色片岩（石英云母片岩、云母片岩、石墨片岩）为主，夹薄层至厚层绿片岩和大量基性或超基性火成岩的外来海洋岩块，并夹有代表高压环境的蓝闪石片岩。此地层主要与蛇纹岩矿成矿有关。

二、与煤成矿有关的渐新世—中新新世台西前陆盆地海陆交互相含煤碎屑岩建造组合特征

与煤矿有关的是弧后前陆盆地前渊的海陆交互相含煤碎屑岩建造组合，煤主要赋存于木山组（N_1m）、石底组（N_1shd）、南庄组（N_1nz）中。另外，在雪山山脉地区的四棱组（E_3s）、澳底组（E_3-N_1a）中也含有薄煤层或煤线。

1. 木山组（N_1m）

仅见于台湾西北部中新世第一个沉积旋回，为滨海相含煤的地层，含1~3层可采煤层，煤层厚约20~40 cm，并常见有透镜状玄武质凝灰岩和玄武岩夹层。

2. 石底组（N_1shd）

是台湾西部中新世第二个沉积旋回，含有丰富的煤、石油和天然气等矿产，主要由砂岩、页岩和煤层组成，主要由白色至浅灰色砂岩、粉砂岩、深灰色页岩夹薄煤层组成，其上部和下部均夹煤层或煤线，上部有5层局部可采煤层，但不稳定，煤层平均厚0.3~0.6 m，最厚1 m，常局部增厚或变薄。

3. 南庄组（N_1nz）

是台湾西部中新世最上部的沉积旋回，并延至上新世，主要由厚层砂岩和页岩组成，夹煤层和若干透镜状火山岩体，为海陆交互相含煤粗碎屑岩沉积，主要为白色砂岩、黑灰色页岩和砂岩-粉砂岩-页岩互层，含3~4层局部可采煤层，厚0.3~0.4 m（最厚0.8 m）。与煤、石英砂岩、瓷土相关。

4. 四棱组（E_3s）

雪山山脉地区，以灰白-浅灰色厚层中粗粒石英砂岩为主，夹泥质板岩、碳质页岩及煤和石墨透镜体。煤层薄且不稳定，不具开采价值。

5. 澳底组（E_3-N_1a）

位于雪山山脉的东北部，以灰色厚层细-中粒砂岩为主，夹深灰色页岩或碳质页岩和煤层。上部为含煤岩段，含煤2层，层厚20 cm以下，煤层不稳定，不具开采价值。

台湾省含煤地层在台湾北部为河流-沼泽-三角洲-滨海-浅海相沉积，总体由下至上表现出3个海进-海退沉积旋回，分别发育了木山组、石底组及南庄组，分别分为上、中、下3套含煤地层。其中渐新统上部五指山组、中新统下部木山组属下部含煤系；中新统下部大寮组、石底组属中部含煤系；中新统中部凑合组、南港组和中新统上部南庄组属上部含煤系。3套含煤地层可采煤主要分布在台湾北部，北界始自台湾东北端的基隆、金山，东界自贡寮、双溪一带向西南方延伸，含煤地层南延可抵南投浊水溪一线，但南投一带煤层较薄呈煤线，不具开采价值，故通常以台中大甲溪为可采煤层分布的西南界。台湾东北端基隆及其邻近地区可采煤层厚、层数多且质优，越往西南方向延伸，可采煤层越少且薄。

台湾煤炭赋存于中新世地层，时代较新，炭化程度较低，主要是受中新世晚期末的蓬莱运动——弧陆碰撞造山挤压以及埋藏地热等作用致使轻微变质炭化成煤。但是由于各地区影响程度不同，因而各地炭化不尽相同，主要以半烟煤为主，部分受基隆潜火山岩热接触变质作用影响，金瓜石、九份一带为无烟煤。总体而言，台湾地区中新世煤层，大部分属低度沥青煤，固定水分以上部含煤层最高，为5%，中部含煤层为3.5%，下部含煤层为1.5%；灰分3%~7%。

三、与油气有关的中新世—中更新世一套陆棚滨海-浅海相砂岩、粉砂岩、页岩或泥岩，夹煤层、石灰岩等碎屑岩建造组合特征

1）中新世弧后前陆盆地前渊浅海泥岩-粉砂岩建造组合：对应的地层为上新统锦水组（N_2j），主要由页岩夹透镜状砂岩和粉砂岩、泥岩薄层组成。此沉积建造主要与石油、天然气等成矿有关。

2）弧后前陆盆地前渊浅海砂岩-粉砂岩建造组合：对应的地层为上新统—下更新统卓兰组（N_2-Qp_1z），主要由浅海相砂岩、粉砂岩、泥岩、页岩互层组成，见有石灰岩夹层。此沉积建造主要与石灰岩、石油、天然气等成矿有关。

油气产出层位：上新统锦水组的砂岩透镜体，在青草湖、崎顶和牛山等油气田都有产层，厚度一般8~70 m。

上新统—上中新统桂竹林的砂岩层，在锦水和青草湖气田是较主要的油气产层，厚度75~100 m。

中中新统南港组打鹿页岩段中的打鹿砂岩层，是长康气田、锦水-永和山和铁砧山-通宵气田等最主要油气产层，厚度为20~50 m，最厚可达200 m左右。其由陆上新竹、苗栗地区向西和西北的海

域方向增厚、层次增多（1~7层）；砂岩成分以石英为主，含量为79.2%~92%。

下中新统—上渐新统木山组的砂岩层产层分布甚广，它不但是长康油气田及其附近含油气构造的重要油气产层，而且也是锦水-永和山、出磺坑、铁砧山-通宵、崎顶等油气田的产层。该砂岩层厚度平均48 m，成分以石英碎屑为主，同时，与木山组相当的八掌溪砂岩，还是澎湖-北港隆起附近的台西含油气构造和八掌溪气田的重要油气产层，其厚度达40~50 m，物性极好。

上渐新统砂岩层是台西南盆地致昌构造等的重要油气产层，也是锦水、山子脚等油气田的产层之一。在致昌构造（CFC），其厚度平均153.8 m。

随着深部油气勘探的开展，已在始新统和白垩系陆续钻获工业油气流。下白垩统是最近几年发现的一个重要油气产层，在台湾省西北部，其砂岩层和鲕状灰岩中已见油气显示；而在台湾省西南部的台西南盆地，其砂岩层厚约50 m。

综上所述，台湾省西部及其近海地区具有中新统—上渐新统、始新统、古新统—白垩系为主的3套生油气岩，此外还可能有侏罗系生油岩。除中新统煤系地层中的煤为油气形成的主要原始有机物外，中新世以前油气形成的原始有机物则主要为暗色泥质岩。

第十四章　岩浆活动与成矿

第一节　火山活动与成矿

一、火山岩岩石构造组合

根据台湾地壳演化的主要构造-热事件史，火山活动时间可大致划分为燕山期和喜马拉雅期，燕山期火山活动主要发生在东部大南澳变质基底杂岩中，喜马拉雅期中-基性火山喷发强度加大，同时期的次火山活动也活跃（见表0-3）。大部分内生矿产与火山岩关系密切，主要有金、银、铜，以及自然硫、硫铁矿、明矾石、沸石等。地质公园和温泉等旅游资源也与火山喷发活动的地貌景观密切相关。

台湾的火山活动，根据区域构造活动特征，可概略划分为中生代构造岩浆旋回和新生代构造岩浆旋回。中生代构造岩浆旋回为海相基性火山碎屑岩和熔岩喷发，已变质成各类的绿片岩，原岩面貌难以恢复，将其放在变质岩岩石构造组合一章中叙述。新生代构造岩浆旋回为浅海相到陆相中-基性熔岩及火山碎屑岩喷发，中新世之前火山活动较弱，以夹层的形式存在于含煤碎屑岩中，为玄武岩、玄武质碎屑岩喷发。中新世之后至更新世火山活动的强度增强、频率加快，同时期的潜火山侵入活动也较活跃，火山岩主要分布在台湾北部的大屯火山岩区、基隆火山群区、东北部离岸火山岛屿、东部的海岸山脉、绿岛和兰屿、西部的澎湖列岛，以中心式喷发为主，澎湖列岛可能为裂隙式喷发。

（一）火山岩时空分布

台湾的火山岩类型比较简单，主要为基性、超基性熔岩类的玄武岩建造、安山岩建造及火山碎屑岩类的玄武质火山碎屑岩（凝灰岩）建造和少量的潜火山岩类的超浅成玢岩类建造，各地质时期火山岩建造的发育情况见表14-1。与矿产有关主要有新近纪阶段及更新世阶段火山岩。

1. 新近纪阶段火山岩

该时期是新生代火山活动活跃时期，火山活动频度增加，喷发间歇较短，强度较大，岩相也较复杂。火山岩的分布可分为东部、西北部两个区，东部区火山作用较强，活动时间最长，且与矿产关系密切。

1）东部区火山岩。分布在台东纵谷以东的海岸山脉地区及绿岛、兰屿等岛屿，主要是安山岩类，大规模的火山喷发活动从早中新世开始，到上新世减弱，局部延续到更新世，形成的火山岩地层自下而上为奇美岩浆杂岩、都峦山组（N_1d）及大港口组（N_2Qpd）。

2）西北部区火山岩。分布于台湾西北部，自基隆向西南经关西至南庄一带，产于中新世的3个含煤沉积旋回中，火山岩大部分属玄武质，而且火山碎屑岩多于熔岩流，呈透镜状或不规则状存留在各岩层中。

2. 更新世阶段火山岩

该时期是新生代火山活动鼎盛时期，是台湾火山活动最强烈、火山岩分布最广的时期，也是最重要的火山成矿期。根据火山岩所处的构造环境和地理位置可划分为大屯山区、基隆区和澎湖区。火山岩的岩石类型包括不同碱度的玄武岩、不同矿物成分的安山岩及其碎屑岩、石英安山岩和石英安山质碎屑岩等。与火山作用有关的矿产是自然硫、硫铁矿、耐火粘土、明矾石、金、银、铜矿等。

表 14-1　台湾省各时期火山岩建造构建表

火山活动旋回	亚旋回	含火山岩地层	形成环境	主要岩性建造	地理分布	岩石系列
新生代构造岩浆旋回	第四纪亚旋回	更新统（$Qp\beta$）	陆相滨海相	玄武岩、玄武质碎屑岩建造	澎湖	碱性
		更新统（$Qp\alpha$）	陆相滨海相	安山岩、安山质碎屑岩建造	大屯山、基隆及北部海岸外小岛	拉斑、高铝
	新近纪亚旋回	大港口组（N_2Qpd）	浅海相	安山质火山碎屑岩建造，呈夹层产出	海岸山脉	拉斑
		都峦山组（N_1d）	浅海相-陆相	安山岩、安山质碎屑岩建造，呈夹层产出	海岸山脉、绿岛、兰屿	拉斑、高铝
		奇美岩浆杂岩		安山岩、安山质碎屑岩建造	奇美村附近	
		南庄组（N_1nz）	浅海相	玄武岩建造、玄武质碎屑岩建造，呈夹层产出	梨山断裂西侧、雪山山脉地区	
		石底组（N_1shd）				
		木山组（N_1m）				碱性
	古近纪亚旋回	水长流组（E_3sh）	海相	玄武岩、玄武质火山碎屑岩建造，呈夹层产出	雪山北坡	
		毕禄山组（E_2b）		基性凝灰岩建造，呈夹层产出	玉山-关山、台西平原	
中生代构造岩浆旋回	前古近纪亚旋回	天祥（片岩）组（AnEt）	浅海相	安山岩和流纹岩	澎湖地区花屿	
		长春（绿片岩）组（AnEc）	浅海相	片麻状花岗闪长岩-石英二长岩	大南澳带奇瑶谷、源头山、饭包尖山、大浊水、溪畔和开南冈	
		九曲（大理岩）组（AnEj）	海相	变质安山岩	太鲁阁苏华高速公路旁	拉斑

1）大屯山区火山岩。本区火山岩分布以大屯山火山群为中心，呈北东—南西向展布，向北东有台湾北部岸外的花瓶屿、棉花屿、黄尾屿等火山岛，向南西有桃园大溪的草岭山火山体等。基本由安山岩流、火山灰和安山质碎屑岩的连续交替喷发构成，局部有玄武岩，它们覆盖在中新世的沉积基底之上，形成的火山岩地层为大屯山安山岩（$Qp\alpha$）。与大屯山区火山作用有关的矿产主要是自然硫、硫铁矿、耐火粘土、明矾石等。

2）基隆区火山岩。本区火山岩分布以基隆火山群为中心，包括基隆港外 6 km 的基隆岛和台湾本岛东北外岸的龟山岛。基本由各种类型的安山岩、石英安山岩组成，局部有玄武岩，形成的火山岩地层亦为大屯山安山岩（$Qp\alpha$）。与基隆区火山作用有关的矿产主要是金、银、铜、硫铁矿等。

3）澎湖区火山岩。澎湖列岛 64 座岛屿中，除花屿外其余岛屿几乎全被玄武岩流覆盖，玄武岩在各岛屿形成平顶台地。形成的火山岩地层为澎湖玄武岩（$Qp\beta$），以玄武岩、玄武质凝灰岩为主，夹有浅海相粘土岩、凝灰质砂岩及灰岩，下伏地层为中新世沉积岩。

（二）火山构造

台湾火山岩的火山构造资料较少，因此难以划分和阐述火山构造及其特征。经初步分析，Ⅳ级火山构造有火山群、火山盆地、火山构造洼地等，Ⅴ级火山构造主要为层状火山、锥状火山、火山喷发中心等。其中以大屯火山岩研究相对较详细，其特征总结如下。

大屯火山岩中心南距台北市 15 km，总面积约 250 km^2，共有 20 个火山体和火山锥，其中以七星山（1119.6 m）最高，也是最新的火山体。观音山为一单独的火山体，位于淡水河以西，海拔 611.5 m。火山群主要为层状火山，基本由安山岩流、火山灰和安山质碎屑岩的连续交替喷发构成，覆盖在中新世沉积基底之上，仅在火山群的烘炉山和观音山两个火山体中有少量高铝玄武岩。

大屯火山岩在台湾更新世火山体中喷发强度最大，活动时间最长，迄今区内许多地方仍有高温温泉、活动的喷气孔和硫气孔等，保存良好的火山口共有 12 个。火山口的排列分为北东向和东西向两组，从火山口排列和现代温泉的分布来看，火山岩流的通道主要受金山断裂及其分支断裂控制。

在大屯火山岩中各种安山岩流通常和火山角砾凝灰岩相间喷发，至少可划分 15 层不同的火山岩流和 3 层角砾凝灰岩，但大规模火山角砾凝灰岩的喷发主要发生在早期阶段，玄武岩的喷发可能比安山岩略早。玄武岩零星分布，呈夹层产于安山岩类中；安山岩多分布于火山地带之中央部分，构成火山群之主体，在底部之熔岩含辉石较显著，向上则角闪石渐多；凝灰角砾岩主要出露于火山群或火山机构的外围，常围绕火山喷发中心，呈环状、半环状、月牙状展布，分别夹于不同岩流之中，角砾岩成分随各层或不同火山而异。安山岩喷发可分 3 期：早期（上新世，2.50 Ma）为角闪石或紫苏辉石安山岩流；中期（更新世，0.75 Ma）为辉石安山岩流，分布范围最广；晚期（更新世晚期，0.50 Ma）为含橄榄石角闪辉石安山岩流、富玻璃质二辉安山岩或玄武质角闪辉石安山岩流。

（三）火山岩岩石构造组合的划分及其特征

进入新生代以来，台湾发生了强烈的火山喷发，形成一套基性-中性的火山岩。按不同的构造岩浆活动旋回，将台湾境内新生代火山岩划分出如下岩石构造组合：古近纪火山岩组合、新近纪火山岩组合、更新世火山岩组合（表 14-2）。

表 14-2　台湾省火山岩岩石构造组合划分表

<table>
<tr><td colspan="3" rowspan="2">地质时代</td><td colspan="3">中国东部构造岩浆岩省</td><td colspan="3" rowspan="2">构造岩浆旋回</td></tr>
<tr><td colspan="3">台湾火山岩带</td></tr>
<tr><td rowspan="2">代</td><td rowspan="2">纪</td><td rowspan="2">世</td><td colspan="2">台澎火山岩亚带</td><td>台东火山岩亚带</td><td rowspan="2">期</td><td rowspan="2">亚旋回</td><td rowspan="2">旋回</td></tr>
<tr><td>澎湖火山喷发带</td><td>台北火山喷发带</td><td>奇美火山喷发带</td></tr>
<tr><td rowspan="8">新生代</td><td rowspan="2">第四纪</td><td rowspan="2">更新世</td><td rowspan="2">陆缘裂谷基性火山岩组合</td><td rowspan="2">岛弧玄武岩-安山岩组合</td><td></td><td></td><td>第四纪亚旋回</td><td rowspan="8">新生代构造岩浆旋回</td></tr>
<tr><td rowspan="2">岛弧含火山碎屑浊积岩组合</td><td rowspan="2">2</td><td rowspan="4">新近纪亚旋回</td></tr>
<tr><td rowspan="3">新近纪</td><td rowspan="2">上新世</td><td rowspan="2"></td><td rowspan="3">前陆盆地沉积岩夹火山岩组合</td></tr>
<tr><td rowspan="2">岛弧玄武岩-安山岩组合</td><td rowspan="2">1</td></tr>
<tr><td>中新世</td><td rowspan="3"></td></tr>
<tr><td rowspan="3">古近纪</td><td>渐新世</td><td rowspan="2">沉积岩夹火山岩组合</td><td rowspan="2"></td><td rowspan="3"></td><td rowspan="3">古近纪亚旋回</td></tr>
<tr><td>始新世</td></tr>
<tr><td>古新世</td><td>沉积岩夹火山岩组合</td><td></td><td></td></tr>
<tr><td rowspan="2">中生代</td><td rowspan="2">前古近纪</td><td>晚白垩世</td><td rowspan="2"></td><td rowspan="2"></td><td>大南澳变质杂岩
岛弧拉斑玄武岩</td><td rowspan="2"></td><td rowspan="2">前古近纪亚旋回</td><td rowspan="2">中生代构造岩浆旋回</td></tr>
<tr><td>早侏罗世</td><td>大南澳变质杂岩夹变质花岗岩</td></tr>
</table>

二、火山岩岩石构造组合与成矿关系

台湾省与火山岩岩石构造组合有关的矿产主要有：金、银、铜、自然硫、硫铁矿、明矾石、沸石、文石等。

（一）岛弧玄武岩-安山岩组合与成矿

1. 新近纪岛弧玄武岩-安山岩组合

台东地区与火山作用有关的矿产分布在奇美岩浆杂岩体中和海岸山脉带的都峦山组中。

奇美岩浆杂岩出露区是目前台湾较有前景的金铜矿区，已发现两处有开采价值的矿产地——奇美铜矿和樟源金银矿，矿体产于蚀变安山岩中，并与石膏、方解石、高岭土和其他多种硫化物伴生，矿石品位较低，但矿化范围较广，其矿床形成均与安山玢岩侵入有关，属于斑岩型矿床。

与海岸山脉带火山岩有关的矿产有脉型铜铅锌矿、铜-硫铁矿、脉型石膏、脉型和层状粘土、层状沸石、脉型蓝紫玉髓等。如台东都峦山组铜-黄铁矿，规模较小。

2. 更新世岛弧玄武岩-安山岩组合

与大屯山区火山作用有关的矿产主要是自然硫、硫铁矿、耐火粘土、明矾石等。与基隆区火山作用有关的矿产主要是金、银、铜、硫铁矿等种，最重要的有金瓜石和瑞芳等地的火山岩型金矿。

其中金瓜石金铜矿床是与台湾北部火山区新生代基隆火山群密切相关的一个高硫型浅成中低温热液矿床。由于它发现早，规模大，在矿床学上有典型意义而闻名于世。

台湾金瓜石金铜矿床位于台湾北部火山区，琉球和菲律宾弧的交会处（Big，1971），台湾北部火山可能发生在 2 Ma 左右菲律宾海板块俯冲引起碰撞造山带的扩张。该火山区包括台湾本岛大屯、观音山、草岭山、基隆火山和台湾邻近岛屿：彭屿、棉花屿、花瓶屿和龟山岛。金瓜石金铜矿床即与基隆火山群有关。北部火山区的大地构造背景一般认为是琉球火山带的西延部分。

（二）陆缘裂谷基性火山岩组合与成矿

陆缘裂谷基性火山岩组合中岩性主要为玄武岩类，与玄武岩有关的矿产主要是霰石（文石），主要产地是澎湖列岛中的望安岛，其他如渔翁岛、凤柜美、将军澳屿、吉美屿（七美屿）、吉贝屿也有出产。

第二节　岩浆侵入活动与成矿

一、侵入岩的类型及时空分布

台湾省侵入岩不发育，分布零星，以岩脉为主，部分为岩床。岩浆侵入活动可分为燕山晚期（即南澳运动期）和喜马拉雅期两期，以燕山晚期活动较强。燕山晚期岩体均已遭受不同程度的变质，而呈片麻岩形式产出；喜马拉雅期岩体主要为基性、超基性岩，多是蛇绿混杂岩体中的岩块。

台湾省侵入岩分布零星，主要活动期有前古近纪、上新世、更新世 3 个时代（表 14-3）。

表 14-3　台湾省各时期侵入岩建造构建表

代	纪	世	岩石单元	代号	主要岩性建造	地理分布	岩石成因类型
新生代	第四纪	更新世	闪长玢岩	$\delta\mu Qp$	闪长玢岩、闪长岩建造	澎湖花屿	壳幔混合源
			基性岩	βQp	辉绿岩建造	利稻	幔源
	新近纪	上新世	超基性-基性岩	σN_2	橄榄岩、角闪石岩、辉长岩、辉绿岩建造	恒春-石门、利吉-关山-安通一带	幔源
中生代	前古近纪		TTG	$\gamma\delta K_2$	英云闪长岩、奥长花岗岩、花岗闪长岩建造	源头山、饭包山、大浊水、溪畔等	壳幔混合源
			超基性-基性岩	σAnE	橄榄岩、角闪石岩、辉长岩、辉绿岩建造	丰田、万荣、瑞穗和玉里等	幔源

二、侵入岩岩石构造组合与成矿关系

台湾省侵入岩不发育，分布零星，因此与侵入岩岩石构造组合有关的矿产很少。目前仅有蛇绿混杂体中的基性、超基性岩块与矿产有关联，即玉里片岩中的基性、超基性岩块，有关的矿产主要是铜、蛇纹岩及其共伴生的石棉、滑石、软玉等。其中以丰田区蛇纹岩的品质最好，且伴生的石棉、滑石、软玉均有工业价值。

丰田区是台湾省著名的蛇纹岩、软玉、石棉和滑石矿区，它们经常共伴生在一起，已发现7个蛇纹岩体，呈透镜状、似层状，产在黑色片岩中，厚10~20 m，多数与围岩片理协调，局部斜切片理。

台湾斑岩铜矿主要产在台湾省东部海岸山脉的奇美及其南北方向的丰宾和都峦山一带，以及绿岛、兰屿斑岩型铜矿，其中最大的铜矿床为奇美铜矿。东部海岸山脉地区下部地层为中新统都峦山组，由安山质砾岩、集块岩、安山岩岩流和侵入的闪长岩及闪长玢岩组成；上部为上新统大港口组，主要岩石为中性火山岩（安山岩）和浅成侵入岩（安山玢岩），主要矿产为含金的斑岩铜矿。奇美斑岩铜矿同欧亚与太平洋两大板块碰撞密切相关，两板块的缝合线为海岸山脉与中央山脉交界的台东纵谷。

第十五章　变质作用与成矿

第一节　变质岩时空分布

台湾省的变质岩系主要分布在中央山脉，该山脉东翼大部为前古近纪片岩，通称大南澳片岩；中央山脉西翼及雪山山脉由板岩、页岩组成，俗称板岩系。

台湾省的变质岩系可划分为燕山期中-浅变质岩系的大南澳岩群和喜马拉雅期浅变质岩系两套变质岩石（构造）地层。

根据台湾省变质岩及变质作用特征和时空展布规律，台湾的变质地质单元划分属武夷-台湾变质域，台湾变质区，进一步划为大南澳、中央山脉西部 2 个变质地带。大南澳燕山期变质地带可细分为太鲁阁和玉里 2 个变质岩带。其变质岩岩石构造组合见图 0-4，表 15-1

变质岩岩石构造组合是指特定构造环境中形成的多种变质建造的组合，变质建造的划分是确定变质岩石构造组合的基础。变质建造是变质地区中有规律的变质岩石自然组合，变质建造的划分一般以原岩建造为基础，结合变质作用类型进行划分。结合台湾省变质岩的特征，将台湾省变质岩岩石构造组合划分为：片麻岩-混合岩组合、大理岩-绿片岩-硅质岩组合、绿片岩-石英片岩-大理岩组合、（石英）云母片岩-绿片岩组合及浅海-半深海泥质板岩-砂质板岩组合 5 个变质岩岩石构造组合（表 15-1）。

表 15-1　台湾省变质岩区变质岩石构造组合划分表

<table>
<tr><th colspan="3">变质地质单元</th><th colspan="2">变质地层单位</th><th>变质岩岩石构造组合</th></tr>
<tr><td rowspan="7">武夷-台湾变质域</td><td rowspan="7">台湾变质区</td><td rowspan="4">中央山脉喜马拉雅期变质地带</td><td colspan="2">庐山组（N_1l）</td><td rowspan="4">楔顶盆地亚相浅海-半深海泥质板岩-砂质板岩组合（E_2-N_1）</td></tr>
<tr><td>西村组（$E_{2-3}x$）</td><td rowspan="3">毕禄山组（E_2b）</td></tr>
<tr><td>达见组（E_2d）</td></tr>
<tr><td>十八重溪组（E_2s）</td></tr>
<tr><td rowspan="3">大南澳燕山期变质地带</td><td rowspan="3">大南澳杂岩</td><td>天祥组（AnEt）</td><td>含蛇绿岩碎片浊积岩亚相（石英）云母片岩-绿片岩组合（AnE）</td></tr>
<tr><td>长春组（AnEc）</td><td>含蛇绿岩碎片浊积岩亚相绿片岩-石英片岩-大理岩组合（AnE）</td></tr>
<tr><td>九曲组（AnEj）</td><td>含蛇绿岩碎片浊积岩亚相大理岩-绿片岩-硅质岩组合（AnE）</td></tr>
</table>

第二节　变质岩岩石构造组合与成矿关系

台湾省与变质岩岩石构造组合相关的矿产有大理岩、铜、软玉及石棉等。

一、含蛇绿岩碎片浊积岩相大理岩-绿片岩-硅质岩组合与成矿

与该组合有关的矿产是大理岩和白云岩，主要赋存于前古近系九曲组（AnE*j*）中，分布于台湾南澳-玉里一带。主要由大理岩和部分白云岩构成，偶夹绿片岩和硅质片岩（石英云母片岩、云母片

岩）组成，原岩建造属碳酸盐岩建造，受区域动力热流变质作用，变质程度以低绿片岩相为主，局部达高绿片岩相。

大理岩以浅灰至深灰色为主，黑色和白色次之，块状或厚层状，细粒到粗粒，一般具有条带状构造，层厚自数米至1000 m以上，质量大都甚佳，CaO含量均在50%以上，以和平溪至花莲市间的苏花公路中段、木瓜溪、智亚汉溪、万里溪和马太鞍溪等地发育最好。

在台湾东部大浊水、开南冈、智亚汉溪、太平溪和马太鞍溪等地的大理岩中，常伴有厚层状、透镜状或不规则状白云岩，二者之间常出现1~5 m厚的过渡性岩层。白云岩的长度和厚度变化较大，其长度由数米至500 m，可断续延长2000 m，厚度一般10~100 m不等，其MgO在17%~20%之间，杂质很少。

二、含蛇绿岩碎片浊积岩相绿片岩-石英片岩-大理岩组合与成矿

与该组合有关的矿产是铜矿，主要产于以绿片岩为主，夹云母石英片岩、大理岩的前古近系长春组（AnE*c*）和天祥组（AnE*t*）中。受区域动力热流变质作用，变质作用以低绿片岩相为主，少部分为高绿片岩相，甚至低角闪岩相。如宜兰县铜山、东澳、太白山，花莲县铜门、铜文兰等铜矿床（点）都与此建造有关。

它是火山沉积-变成型铜（铅锌）多金属的重要控矿层位和矿源层，矿体呈似层状、豆荚状或透镜状产于绿片岩与大理岩的结合部位或大理岩中，主矿脉大致平行于变质岩片理。

绿片岩是长春片岩中的重要岩类，也是台湾铜-硫铁矿的主要围岩，常呈厚层、薄层或透镜体与黑色片岩或大理岩成互层产生，它多数由基性火山熔岩和碎屑岩变质而成，并以绿泥片岩和角闪片岩为主要代表岩石。

矿体围岩为前古近纪绿片岩、大理岩、角闪片岩、石英片岩、石墨片岩等，矿石矿物为黄铜矿、含铜黄铁矿、磁黄铁矿、黄铁矿及闪锌矿、方铅矿、含金银方铅矿等。含矿品位：宜兰铜山铜矿床含Cu有时达10%，一般为3%~5%；东澳铜矿床中Cu为1.2%~1.4%、Zn为0.4%~0.5%、Au 0.03~0.06 g/t、Ag 5~10 g/t；花莲铜门铜矿床中Cu为0.5%~5.15%、S为22.1%~41.68%。

此外，还有软玉、石棉矿、滑石矿，它们主要由蛇绿混杂体中的超基性岩块（橄榄岩、方辉橄榄岩等）经变质而成。

第十六章　成矿综合信息

台湾省开展地球物理、地球化学勘查工作很少，仅开展过少量的重力调查工作。现就重力特征进行定性说明，同时还进行了遥感影像分析、地质构造解译等工作。

第一节　台湾省重力资料地质解释

一、区域重力特征

全省的重力场分布与台湾岛主要构造和地形相一致，重力线总体呈北北东—南南西方向延伸。等重力异常线都呈椭圆形，零值线几乎环绕海岸，东部异常线比西部的密。

由台湾省布格重力异常图（图0-9）可见，布格重力异常总体表现为岛内陆域大部分为布格重力负异常，等值线总体呈北北东向展布，仅在中央山脉的东侧、东部海岸山脉和台湾岛的南端出现正异常，台湾中部和西部的古近纪—新近纪和第四纪沉积盆地为负异常，表现为明显的重力低，最小值位于中部玉山一带，布格重力异常值达-100×10^{-5} m/s^2，同时岛上的高山带处于布格梯度带上，布格异常值并不反映岛上的地貌，这可能说明中央山脉还未达到局部平衡状态；零值线几乎环绕海岸，与台湾岛形状近似呈椭圆形，东部沿海岸山脉往东至绿岛、兰屿海域布格重力呈现为正异常，正负交界处等值线呈北北东向密集分布，形成明显的梯度带，从陆上往海域布格重力异常值增高，兰屿一带布格重力异常值达$+180\times10^{-5}$ m/s^2，再往东南外海可达$+300\times10^{-5}$ m/s^2；北部基隆与北港-澎湖一带也为布格重力高值区，幅值相对较小，等值线较宽缓。

二、区域重力资料地质解释

根据台湾省布格重力异常上延10 km平面图和60 km×60 km窗口平均异常图（图0-9），综合台湾省布格重力场的扭曲、错动、位移变化及异常数据的相间变化等特征分析，台湾省重力场大致可划分为三个异常带，即东部正异常带（Ⅰ）中部负异常带（Ⅱ）和西部正异常区（Ⅲ）。

（一）东部正异常带（Ⅰ）

位于海岸山脉，并持续东延到东南外海的绿岛、兰屿，异常值可达$+180\times10^{-5}$ m/s^2，是台湾最大的重力正异常。正、负异常交界处的北北东向密集重力梯度带，为台东纵谷的重力异常反映。与台湾东部的大理岩、白云岩、滑石、石棉、蛇纹岩以及温泉成矿带分布一致。

重力异常往东南方向迅速递增到台湾东部近海区的$+300\times10^{-5}$ m/s^2，反映由西部的大陆地壳向海洋地壳的转变。大范围的重力正异常中在台东-大武东部海域发现局部重力低异常，可能是由该处地壳厚度相对增厚或侵入低密度岩体引起。沿着中央山脉东缘和海岸山脉的异常陡梯度带平行于区域构造的走向，陡梯度带的存在显然和岛弧（来自洋壳）与陆架在此拼接有关，与台湾东部奇美斑岩型铜硫矿成矿带分布一致（海岸山脉）。

（二）中部负异常带（Ⅱ）

位于台东纵谷与台西海岸线之间，布格重力异常显示为负异常，在中部重力负异常区中，存在8处较明显的局部重力低，台中重力低位于台湾中西部平原地区，重力最小值为-60×10^{-5} m/s^2，地表大部分为第四系覆盖，判断台中盆地为一个巨厚沉积物的沉积盆地。屏东重力低位于西南部的平原地区，盆地中心重力最小值为-45×10^{-5} m/s^2；推断屏东盆地是一个巨厚沉积物的沉积盆地。嘉义、台南局部重力高异常位于台南平原，显示深部隆起。

北部重力高值区位于台湾最北端及其近海，这些异常主要是由碰撞引起的基底隆起引起；也有人认为反映了大屯火山岩区、基隆火山群及近海的一些火山岛。

（三）西部正异常带（Ⅲ）

北港-澎湖重力异常高值区位于澎湖列岛，往东延伸到北港，高值中心位于澎湖列岛，幅值为$+50\times10^{-5}$ m/s^2。这里的重力高是澎湖列岛上大规模玄武岩覆盖引起。谢世雄等（1972）则认为台湾西部重力值的增加可能主要是中生代基底隆起所致。

重力场主要分为中部重力异常低值区和东部重力异常高值区，另外还有台湾北部和北港-澎湖两个异常高值区。中部重力异常低值区，明显存在5个卵形重力负异常，即雪山、王山、关山、台中和屏东重力异常低值区。最大重力异常位于东部海岸，重力值往东南方向迅速递增，反映由西部的大陆地壳向东转变为海洋地壳，台东纵谷代表一个转换带。其他重力高值区（澎湖、台北等）均与相应的火山岩区一致。

第二节　台湾省磁测资料地质解释

一、区域磁测特征

台湾地区的磁力调查工作在岛上进行得很少。1968年由美国海军海洋处开展了台湾西部近岸海域地区的航空磁测工作；1975年台湾大学海洋研究所对东部绿岛、兰屿及近岸海域地区开展了海上磁测工作。

据台湾省磁力异常图（图0-10）可知，台中-花莲一线往南以正磁场为主，等值线总体呈北东东向延伸，南部海域等值线为近东西向展布，幅值较低，约为50 nT，等值线较宽缓；东部海区磁力等值线转为近南北向，绿岛、兰屿局部圈闭异常多，幅值部分可达200 nT，等值线分布较为密集。嘉义-澎湖列岛以正负伴生异常为主，南侧正异常、北侧负异常，等值线总体沿北东向展布，异常幅值为-150~350 nT，澎湖列岛磁异常较为杂乱；台中-花莲以北以负磁场为特征，幅值大部分介于0~-100 nT之间，最小值为-150 nT，位于台北西北部海域；北部基隆-棉花屿为正负伴生异常，正负交替快，幅值为-150~200 nT。

二、区域磁测资料地质解释

根据磁异常形态、规模、强度、梯度、走向等变化特征，在剩余磁力图上等磁力线总体呈北东东向延伸，将全省划分为4个磁场区，即南部变化正磁异常区、西部嘉义-澎湖列岛正负伴生异常区、北部负磁场区以及基隆-棉花屿正负伴生异常区（图0-10）。

（一）南部变化正磁异常区

高雄往南等值线呈宽缓正磁异常，走向近东西，幅值约50 nT；由台东及花莲的东海岸向南延伸至绿岛、兰屿，等值线转向呈明显的近南北条带且局部圈闭异常多，幅值部分可达200 nT，其特点是具有窄而强的异常，由中新火山岩引起，与吕宋火山弧有关。

（二）西部嘉义-澎湖列岛正负伴生异常区

由澎湖列岛沿北东东向彰化到嘉义之间的西海岸延伸，等值线主要呈北东东向，正负伴生，南部为正异常、北部为杂乱负异常。表明该处深部存在北东向强磁异常体，北部杂乱的磁异常表明叠加有深度较浅的磁性体，应该是地表或近地表更新世玄武岩的直接显示。谢世雄及胡锦城（1972）认为澎湖列岛存在两个磁层结构，一层是近地表异常、另一层是位于较深的磁性基底，后者可能为前古近纪大南澳混杂岩。

（三）北部负磁场区

位于台中至基隆一带，大面积变化负磁场推断是由磁性基底起伏引起。西北近海磁场区位于澎湖列岛以北，是具有大范围的区域异常，磁性基底起伏变化大，埋藏深度为3~11 km，坳陷总体由北向南逐渐加深。

（四）基隆-棉花屿正负伴生异常区

由台湾的西北海域向北东东方向延伸，等值线呈北东东或北东向，正负伴生异常。其特点是具有狭窄、高幅值和高频率磁异常，这一明显的磁异常被解释为由更新世火山岩所引起。这些火山岩与琉球弧沟系统有关，属岛弧岩浆活动的产物。

第三节　台湾省遥感资料地质解释

一、遥感影像特征

台湾省卫星（TM）遥感影像图，宏观、清楚地显示了台湾本岛的地形、地貌、植被等景观。这

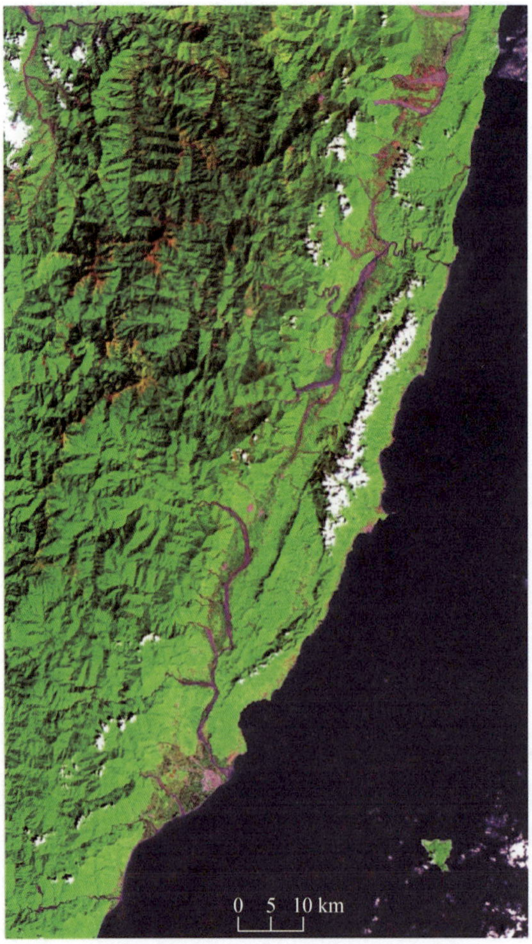

图16-1　台东大裂谷遥感影像图

些地形、地貌特征均为地质岩性、构造活动的产物。台湾本岛以新生代地层为主，分为三大类岩层——前古近纪变质岩、古近纪浅变质沉积岩和第四纪正常沉积地层。

二、遥感资料地质解释

（一）遥感地质构造解译

1. 线性断层解译

受断裂构造的影响，台湾岛的线性影像（带）特别发育。区内以北东向构造为主，其次为东西向或近东西向构造。也有部分北西向小断裂。

1）台东大裂谷线性影像带：位于台湾岛的东部花莲至台东一线，是全岛最大的沟谷，两条水流方向相反但走向同为北北东向的河流分布其中，沟谷两侧均为坡度较大的山地，而且两侧山脊的走向也与沟谷的走向相似。沟谷中覆盖的是全新世和晚更新世的松散沉积物，沟谷东侧出露上新统的利吉混杂岩巨厚层泥岩、大港口组砾岩和粉砂岩及都峦山组安山集块岩，西侧则出露前新近纪的变质岩；因此在影像图上沟谷显示为特有的花纹图案，沟谷东侧的影像纹理与西侧明显不同（图16-1）。主要与台湾东部的大理岩、白云岩、滑石、石棉、蛇纹岩以及温泉成矿带分布一致。

2）曲尺-潮州线性影像带：位于台湾岛的中部，从宜兰的曲尺至屏东的潮州一线，总体为北北东，与台湾岛的西海岸线相仿呈向西北凸出的弧形。从影像图上可以看出：不同流向的河流在该影像带上大致呈线性排列，而且延伸较长；该线性影像带两侧的影像图具有明显不同的特征，东侧色调较深，纹理较均匀，地貌上高山较多，山脊较连续；西侧总体色调较浅，纹理变化大，地形起伏较大，

图16-2　曲尺-潮州构造遥感影像图

山脊不连续。在屏东峡谷东侧，第四系全新统覆盖的平原地带与新近纪变质岩形成的山地有一明显的南北向直线分界线（图 16-2）。

3）台北-新竹线性影像带：位于台湾岛北部，由岛的北端金瓜石至竹东一带，从影像图上可以看出：该地区发育有数条走向为北东向的平行水系和山脊，影像上的纹理也呈波状起伏的北东向定向排列。

2. 环形构造解译

1）台湾本岛的最北端大屯山环形影像区为一火山机构群。从竹子山-大屯山-七星山-五指山组成半环状山脊是本区最大环形构造；该地区水系以大屯山为中心向四周呈放射状分布，大屯山顶部发育有小圆形洼地；说明大屯山是一座规模较大的火山机构。在大屯山周围还有竹子山、莱公坑山、磺嘴山等数处相类似的环形火山机构，组成该地区的火山群（图 16-3）。

图 16-3　大屯山环形影像区（为一火山机构群）

2）观音山环形影像区，位于台北淡水河南面。区内最高峰为观音山，水系呈放射状，山体呈环状；其周围还有数处小的环形构造。该区可能也是大屯山火山群的一部分（图 16-4）。

图 16-4　观音山环形影像区

3）金瓜石环形影像区，位于金瓜石的瑞滨-草山一带。山体呈圆锥状、放射状水系为这些环形构造的影像特征（图 16-5）。

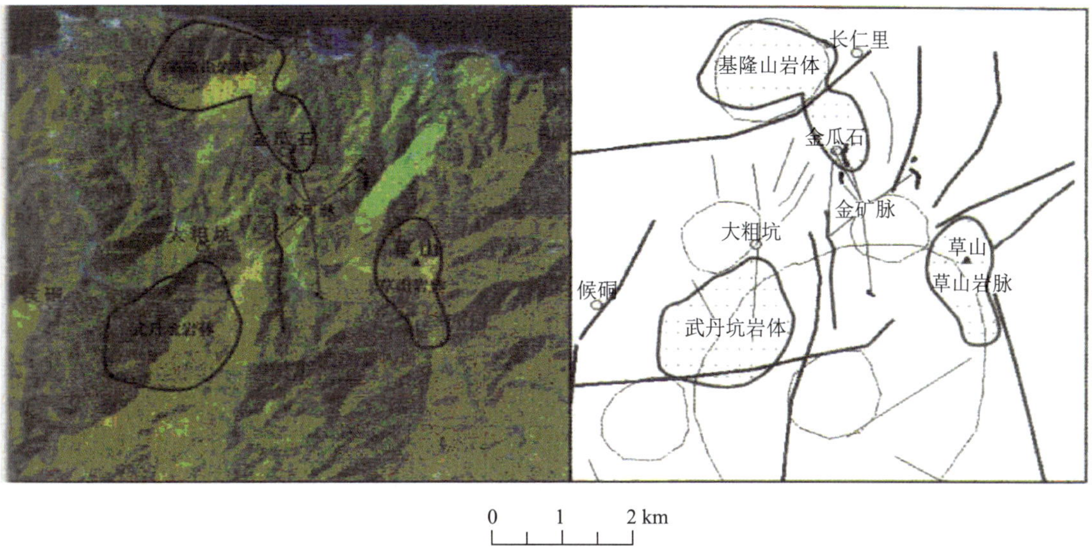

图 16-5　金瓜石金矿 TM 影像和遥感解译成果图

（二）异常与矿的关系

总体来说，台湾省由于植被覆盖率很高，异常提取很不容易，要找到有价值的异常不容易，其中对于地质构造（断裂，背向斜褶皱构造）、火山构造（环形）的影象特征显现较明显，间接地提供矿产赋存信息。

第六篇　成矿区带

第十七章　成矿区带划分

第一节　成矿区带划分

一、成矿单元划分原则

成矿区带（又称成矿单元）是具有较丰富矿产资源及其潜力的成矿地质单元。一个成矿区带内往往具有主导的成矿地质环境、地质演化历史及与之相应的区域成矿作用，其内各类矿床组合往往有规律的集中分布，是反映矿产资源的区域性宏观分布特征及受控因素的。成矿区域划分级别可从全球性的成矿域，到大区域性的成矿省，区域性的成矿区带及地区性成矿亚区（带）、成矿远景区（矿集区）等不同级别。

本志书要求Ⅰ级（成矿域）、Ⅱ级（成矿省）、Ⅲ级（成矿带）成矿单元要统一使用《中国成矿区带划分方案》（徐志刚等，2008）已提出的划分方案，此方案在台湾省仅划分出1个Ⅲ级成矿带，即Ⅲ-79台湾Au-Ag-Cu-Fe-S-大理岩（明矾石）-滑石-煤-石油-天然气成矿带。

所以，下面仅针对Ⅳ级和Ⅴ级成矿单元划分提出划分的基本原则：

1）在《中国成矿区带划分方案》划分的台湾省Ⅲ级成矿带基础上划分Ⅳ级单元；在Ⅳ级单元（成矿亚带）内划分Ⅴ级单元（矿集区）。

2）单元界线不相跨越，Ⅳ级单元不跨越Ⅲ级单元，Ⅴ级单元不跨越Ⅳ级单元。

3）Ⅳ级单元的面积总和，应等于研究区总面积；Ⅴ级单元相当于矿田，单元之间可留空白区域。

4）成矿单元边界的划分是一项目比较复杂的工作，在符合划分原则的基础上，一般来说可以大致掌握如下：

①沉积矿产为主的成矿单元以沉积相界为边界；②以块体控矿为主的变质成矿单元以块体边界划分；③断裂系统控矿的单元边界应扩展到成矿系统边界；④Ⅴ级单元的基本划分方法是在矿产地质图上选择矿产分布密集区，或预测要素相对齐全的远景区，结合其所在构造单元特征勾绘出单元边界。

二、成矿区带划分

根据上述Ⅳ级和Ⅴ级成矿单元划分原则，台湾省划分出3个Ⅳ级成矿亚带，7个Ⅴ级成矿单元（见图0-10）。

3个Ⅳ级成矿亚带名称是：Ⅲ-79-①台西前陆区喜马拉雅期Au-Cu-S-石油-天然气-煤-灰岩成矿亚带（Ⅳ-1）、Ⅲ-79-②大南澳混杂岩带晚古生代—中生代Au-Cu-S-大理岩-白云岩-蛇纹石-滑石成矿亚带（Ⅳ-2）、Ⅲ-79-③台东火山弧Cu-Au成矿亚带（Ⅳ-3）。7个Ⅴ级矿集区名称是：Ⅴ-1台湾北部Au-Cu-S矿集区、Ⅴ-2台西北石油-天然气-煤-灰岩矿集区、Ⅴ-3台西南石油-天然气矿集区、Ⅴ-4 台西滨海独居石-锆石矿集区、Ⅴ-5 太鲁阁 Au-Cu-S-大理岩-白云岩矿集区、Ⅴ-6 玉里蛇纹石-滑石-石棉-软玉矿集区和Ⅴ-7 台东火山弧 Cu-Au 矿集区。

第二节 成矿亚带及矿集区简介

一、Ⅳ级成矿单元（成矿亚带）

台湾省Ⅳ级成矿单元的主要地质特征见表 17-1。

表 17-1 台湾省Ⅳ级成矿单元地质特征表

Ⅳ级区编号	地名	矿种	成矿时代	大地构造单元	成矿期构造环境	主要含矿建造	主要控矿因素	主要矿床及成因类型
Ⅲ-79-①（Ⅳ-1）	台西前陆区	Au-Cu-S-石油-天然气-煤-灰岩	更新世、中新世—上新世	台西前陆逆推带	前陆拗陷盆地沉积、陆表海沉积等	石英安山岩、含煤建造、含油气层建造	强烈中-基性火山作用	陆相火山岩型金瓜石金矿、大油坑硫矿、汐止煤矿、长康和致昌油气田等
Ⅲ-79-②（Ⅳ-2）	大南澳	Au-Cu-S-大理岩-白云岩-蛇纹石-滑石	中生代晚期	中央山脉东部蛇绿混杂带	碰撞、区域上升作用、块断作用、平缓的挠曲作用等	火山沉积-变质建造	火山沉积-变质改造、火山侵入-热液蚀变	铜山式受变质型铜矿
Ⅲ-79-③（Ⅳ-3）	台东	Cu-Au	更新世、中新世—上新世	奇美火山弧	火山侵入等	玄武安山岩、斑状安山岩等	强烈中-基性火山作用	奇美斑岩型铜矿

1. Ⅲ-79-①台西前陆区 Au-Cu-S-石油-天然气-煤-灰岩等成矿亚带

位于台湾西部，属台西前陆逆推带和台澎拗陷带，其中台西前陆逆推带为浅海-半深海相碎屑沉积建造及台澎拗陷带为基性火山建造、碎屑沉积建造等。成矿期为喜马拉雅期。

该亚带主要矿产以金、铜为主，集中分布在台湾北部基隆更新世火山岩区，属陆相火山岩型矿床，已知有金瓜石超大型金铜矿床，其伴生银产量已超中型规模。其他能源矿产及非金属矿产等亦较丰富，主要有：天然气、石油、烟煤、灰岩、独居石及锆石等。

该亚带划分出 4 个Ⅴ级矿集区。

2. Ⅲ-79-②大南澳混杂岩带 Au-Cu-S-大理岩-白云岩-蛇纹石-滑石成矿亚带

主体位于台湾中央山脉一带，属大南澳混杂岩带与台东纵谷带的结合带部分，其经历了中生代晚期至上新世—更新世的不同时期的较强烈构造运动。形成的大南澳混杂岩带为前燕山期海相火山-沉积建造与蛇绿混杂堆积建造。成矿期为燕山晚期。

该亚带形成的矿产种类多与变质作用有关，其中产于太鲁阁变质带及玉里变质带中的矿产主要有铜山式受变质型铜矿、大理岩-白云岩、蛇纹石、滑石及石棉等。

该亚带内划分出 2 个主要的Ⅴ级成矿单元。

3. Ⅲ-79-③（Ⅳ-3）台东火山弧 Cu-Au 成矿亚带

位于台湾东部，包括海岸山脉火山弧、花莲弧前盆地；其中海岸山脉火山弧建造以浅海相火山碎屑岩建造、半深海相复理石建造为主；兰屿-绿岛火山弧中为火山碎屑岩建造；台东纵谷带为混杂堆积建造。成矿期为喜马拉雅期。

台东海岸山脉主要分布有与火山-侵入岩相关的奇美式斑岩型铜矿，此外还有石灰岩和石棉矿。

该亚带划分出1个Ⅴ级成矿单元。

二、Ⅴ级成矿单元（矿集区）

台湾省在Ⅳ级成矿亚带基础上共划分出7个Ⅴ级矿集区，Ⅴ级矿集区的主要地质特征见表17-2。

表17-2 台湾省Ⅴ级成矿单元地质特征表

Ⅴ级区编号	地名	矿种	成矿时代	大地构造单元	成矿期构造环境	主要矿床及成因类型	主要控矿因素
Ⅲ-79-①-1（Ⅴ-1）	台湾北部	Au-Cu-S	更新世	台西前陆逆推带	弧-陆碰撞	金瓜石金矿陆相火山岩型	火山-侵入
Ⅲ-79-①-2（Ⅴ-2）	台西北	石油-天然气-煤-灰岩	中新世—上新世	弧前盆地沉积区	弧前盆地沉积相关	汐止煤矿、长康油气田等，生物化学沉积型	盆地沉积
Ⅲ-79-①-3（Ⅴ-3）	台西南	石油-天然气	中新世—上新世	弧前盆地区	弧前盆地沉积相关	致昌油气田，生物化学沉积型	盆地沉积
Ⅲ-79-①-4（Ⅴ-4）	台西滨海	独居石-锆石	更新世	弧前盆地区	滨海沉积	云林统汕洲、高雄新港口等独居石-锆石，砂矿型	滨海沉积
Ⅲ-79-②-1（Ⅴ-5）	太鲁阁	Au-Cu-S-大理岩-白云岩	晚古生代—中生代晚期	中央山脉东部蛇绿混杂带	弧-陆碰撞	铜山铜矿、花莲寿丰溪、宜兰西帽山等大理岩-白云岩，受变质型	碳酸盐岩建造、火山沉积-变质
Ⅲ-79-②-2（Ⅴ-6）	玉里	蛇纹石-滑石-石棉-软玉	晚古生代—中生代晚期	中央山脉东部蛇绿混杂带	弧-陆碰撞	丰田蛇纹岩、软玉、滑石，变成型	碳酸盐岩建造、火山-侵入
Ⅲ-79-③-1（Ⅴ-7）	台东火山弧	Cu-Au	中新世—上新世	海岸山脉火山弧	弧-陆碰撞	奇美铜矿，斑岩型	岩浆侵入

1. Ⅲ-79-①（Ⅳ-1）成矿亚区带中的Ⅴ级成矿单元

此成矿亚带中可划分出Ⅴ级成矿单元（矿集区）共4个，特征简介如下：

（1）Ⅲ-79-①-1台湾北部Au-Cu-S矿集区（Ⅴ-1）

分布于台湾北部台北、基隆一带，主要为更新世火山岩区。主要是更新世形成的以石英安山岩类为主的火山岩、熔岩及碎屑岩。火山作用生成工业矿产主要有金、铜、硫磺、硫铁矿，此外还有高温地热、耐火粘土、明矾石等。是一个重要的金、铜、硫磺等矿产的成矿区，属陆相火山岩型矿床，已知有金瓜石超大型金铜矿床。

（2）Ⅲ-79-①-2台西北石油-天然气-煤-灰岩矿集区（Ⅴ-2）

分布在台西构造盆地东北部台北、桃园、苗栗一带，沿台湾西北部沿中央山脉及其西侧一带狭长状分布，由新近系中新统木山组—大寮组、石底组—南港组、南庄组—桂竹组3个沉积旋回形成的含矿地层组成，各沉积旋回下部均含多层煤、石英砂岩、粘土等，属海陆交互相沉积环境。主要矿产以西部沿海的石油-天然气及东侧的煤-灰岩等为主，分布有众多的矿床，如台西盆地为石油、天然气成矿区，位于台湾省西部及海域，东以屈尺-潮州断层为界，南至澎湖-北港隆起和台西南盆地相隔，北达观音隆起与南澎佳屿盆地相邻。发育有成熟的白垩系、古新统、始新统、中新统—上新统3套油气源岩，油源丰富，盖层厚度大。而东部的煤矿如大溪煤矿。

（3）Ⅲ-79-①-3台西南石油-天然气矿集区（Ⅴ-3）

台西南盆地石油、天然气成矿区：为沿海石油-天然气的主要产区，位于澎湖-北港隆起南侧、南海北部。发育下部中新统、渐新统、白垩系、侏罗系4套良好生油气层。有多层封闭作用的区域性盖层，多种类型的理想封闭。其中致昌（CFC）、建丰（CGF）、致胜（CFS）钻探证实为富集高产油气田。本区已确定有2套不同性质成油组合，一套为“新生古储”成油组合，另一套为“自生自储”成油组合。这2套成油组合是本区寻找大、中型油气田的主要对象。

（4）Ⅲ-79-①-4 台西滨海独居石-锆石矿集区（Ⅴ-4）

分布于台西中部鹿港至台南地带，长120 km，雁形沙嘴发育，海岸由台地、平原2种地貌组成。锆石、独居石等在台西中部滨岸沙嘴地段，甚为富集，富积层宽20~100 m，因此台湾西部滨海地带，分布有较丰富的高品位的独居石、锆石砂矿床，具有较好远景。

2. Ⅲ-79-②（Ⅳ-2）成矿亚带中的Ⅴ级成矿单元

主要有Au、Cu、S、大理岩、白云岩、蛇纹石、滑石等矿床（点）分布，本成矿亚区带中可划分出Ⅴ级成矿单元（矿集区）共2个，特征简介如下：

（1）Ⅲ-79-②-1 太鲁阁 Au-Cu-S-大理岩-白云岩矿集区（Ⅴ-5）

范围和太鲁阁杂岩带出露的范围基本一致，南北长240 km，宽自北部30 km向南减少至10 km，标高0~3282 m（太鲁阁大山）。据地震波资料，本带延深达18 km以上。

位于大南澳混杂岩带西部。燕山晚期太平洋板块向西沿太鲁阁东侧玉里深海沟俯冲消减，时间主要在70~80 Ma之间。有较多洋壳岩石留在消减带中，同时有强烈的海底基性火山喷发活动，俯冲-碰撞形成玉里高压、低温变质构造混杂岩，并在太鲁阁早期高压、低温变质带上叠加高温、低压变质作用，使太鲁阁变质带进一步变质，产生混合岩化，局部熔融形成花岗伟晶岩。

除华力西海相沉积的石灰岩、白云岩及火山沉积铜-硫铁矿经过变质形成的矿床外，还有变质的外来洋壳岩块（蛇绿岩），燕山晚期混合岩化成因的白云母花岗岩伟晶岩脉（已知159条）等。发育于本带的水系，一般或多或少分布有砂金。已知立雾溪-花莲港长16 km，分布砂金矿带，这预示本区是今后找金较有远景的地带。主要矿产有金、铜及大理岩-白云岩等，如宜兰铜山铜矿床。

（2）Ⅲ-79-②-2 玉里蛇纹石-滑石-石棉-软玉矿集区（Ⅴ-6）

范围和玉里混杂岩带出露地带相一致，南北长150 km，最宽15 km，平均7~8 km。位于大南澳混杂岩带东部，玉里混杂岩带形成的矿产有蛇纹岩-滑石-石棉-软玉等。

本区有较多由蛇绿岩变质成的蛇纹岩体，以及与蛇纹岩伴生具工业价值的石棉、滑石、软玉等矿产。

3. Ⅲ-79-③（Ⅳ-3）成矿亚带中的Ⅴ级成矿单元

此成矿亚区带内仅划分出1个Ⅴ级成矿单元（即Ⅴ级与Ⅳ级相同）。

Ⅲ-79-③-1 台东火山弧 Cu-Au 矿集区（Ⅴ-7）

系吕宋岛弧系斑岩铜（金）矿带北延部分，也是东亚斑岩成矿带北延的终点。范围包括海岸山脉、绿岛、兰岛等，南延未圈闭。区内以斑岩型铜矿床为主，同时普遍含金。

本区为中新世至上新世以安山岩类为主火山岩及次火山岩（闪长岩），有多次侵入、喷发活动，斑岩铜（金）矿化主要与闪长岩、次安山岩有时空成因关系。区内地质条件有利于生成斑岩铜（金）矿床。本区向南延入菲律宾岛弧，在消减带附近已发现有斑岩铜矿床（点）50多个，与中新世—上新世（以中新世为主）闪长岩有关（20~6.7 Ma），平均含Cu 0.3%~0.64%，Au 0.93~0.2 g/t。因此，本区为斑岩铜矿成矿较有远景地带。此外，本区亦是寻找多金属、蛇纹岩等矿产有利地带。

本成矿单元内相关的矿产主要是与奇美火成杂岩体相关的奇美式斑岩型铜矿，主要矿产有铜、金等，代表性矿床有花莲的奇美铜矿床。另外，还产膨润土、石灰岩等非金属矿产。

第十八章　Ⅲ-79-①成矿亚带成矿特征

第一节　Ⅲ-79-①成矿亚带内成矿条件及成矿特征

一、成矿亚带位置

Ⅲ-79-①成矿亚带为台西前陆区喜马拉雅期 Au-Cu-S-石油-天然气-煤-灰岩成矿亚带，位于台湾西部的大部分地区，从构造分区上看，主要分布于台湾新生代活动陆缘$Ⅳ_5^3$中的大屯更新世火山弧$Ⅳ_5^{3-5}$、台西前陆盆地$Ⅳ_5^{3-4}$、雪山-麓山逆冲-褶皱带$Ⅳ_5^{3-3}$和中央山脉增生楔顶盆地$Ⅳ_5^{3-2}$的 4 个Ⅳ级构造分区。

二、成矿地质构造环境及其成矿特征

（一）成矿地质构造环境

主要分布于台湾中部的中央山脉西侧，雪山山脉、玉山山脉、阿里山山脉及西部山麓丘陵地带，呈北北东向延伸。其大地构造分区的地质特征：

1. 大屯更新世火山弧$Ⅳ_5^{3-5}$

在大屯火山岩区中各种安山岩流通常和火山角砾凝灰岩相间喷发，至少可划分 15 层不同的火山岩流和 3 层角砾凝灰岩，但大规模火山角砾凝灰岩的喷发主要发生在早期阶段，玄武岩的喷发可能比安山岩略早。玄武岩零星分布，呈夹层产于安山岩类中；安山岩多分布于火山地带之中央部分，构成火山群之主体，在底部之熔岩含辉石较显著，向上则角闪石渐多；凝灰角砾岩主要出露于火山群或火山机构的外围，常围绕火山喷发中心，呈环状、半环状、月牙状展布，分别夹于不同岩流之中，角砾岩成分随各层或不同火山而异。

本区为更新世形成的以石英安山岩类为主的火山岩、熔岩及碎屑岩。火山作用生成的工业矿化主要有金、铜、硫磺、硫铁矿，此外还有高温地热、耐火粘土、明矾石等。据物化探资料，向南收敛地段，有若干隐伏成矿潜火山岩体，似有盲矿体。另据地震资料，本区大屯山、龟山岛等地段有潜伏岩浆仍在活动，火山喷气孔仍在喷出硫磺及热气，成矿作用活动还未停止，是一个重要的金、铜、硫磺等矿产的成矿区。此外，本区为一地热异常区，温泉密度大，是一个重要高温地热区。在台湾北部台北、基隆一带，主要为更新世火山岩区，属陆相火山岩型矿床，

2. 台西前陆盆地$Ⅳ_5^{3-4}$

位于台湾岛西部，东隔屈尺-潮州断裂与中央山脉带相邻，西侧与台澎相邻。呈北北东向带状分布在台湾西部山麓丘陵地区东西宽 30~40 km。

主要由五指山组（E_3w）、木山组—大寮组、石底组—南港组、南庄组—桂竹林组砂、页岩夹煤层及少量玄武岩的前陆盆地海陆交互相含煤碎屑岩组合；锦水组（N_1j）浅海泥岩-粉砂岩组合；卓兰组（N_2-Qp_1z）浅海砂岩-粉砂岩组合；垦丁组（N_2-Qp_1k）含蛇绿岩浊积岩组合；头嵙山组（$Qp_{1-2}t$）河口三角洲滨海砂泥岩组合；大南湾组（Qp_2d）浅海细砂岩-粉砂岩-泥岩组合及更新世岛

弧玄武岩-安山岩组合（Qpα）和中-上更新统洪冲积层（台地堆积）（Qp_{2-3}^{pal}）生物堆积（Qp_{2-3}^{b}）全新统冲积层（Qh^{al}）构成。

3. 雪山-麓山逆冲-褶皱带IV_5^{3-3}

主要由五指山组（E_3w）、木山组—大寮组、石底组—南港组、南庄组—桂竹林组砂、页岩夹煤层及少量玄武岩的前陆盆地海陆交互相含煤碎屑岩组合；锦水组（N_1j）浅海泥岩-粉砂岩组合；卓兰组（N_2-Qp_1z）浅海砂岩-粉砂岩组合；垦丁组（N_2-Qp_1k）含蛇绿岩浊积岩组合构成。

本带是在古近纪沉积基础上发展起来的新近纪坳陷，两者在渐新世有一不整合。坳陷主要由新近纪地层及部分第四纪地层组成，岩性主要是砂岩和页岩交互层，局部夹有灰岩及凝灰岩透镜体。区内褶皱、断裂十分发育。

4. 中央山脉增生楔顶盆地IV_5^{3-2}

位于台湾岛西部，西以屈尺-潮州断裂为界，东邻大南澳带，呈北北东向带状分布，长约350 km，最宽约50 km。其由经过轻度变质的古近纪巨厚泥质沉积岩组成，呈不整合覆盖在大南澳之上，或与大南澳杂岩呈断层接触。岩性主要为泥质板岩、板岩、千枚岩及变质砂岩，并夹有火山碎屑岩和煤层，其变质程度由西向东逐渐增强。

主要由始新世—中新世的浅变质岩系，包括的四棱组（E_3s）、西村组（$E_{2-3}x$）、十八重溪组（E_2s）、达见组（E_2d）、毕禄山组（E_2b）、庐山组（N_1l）由板岩、千枚岩、页岩组成的浅海-半深海泥质板岩-砂质板岩组合和渐新世—中新世水长流组（E_3sc）澳底组（E_3-N_1a）苏乐组（N_1s）砂岩、粉砂岩、含碳质页岩、煤线组成的前陆盆地海陆交互含煤碎屑岩组合两部分构成。

（二）成矿特征

1. 成矿系列特征

Ⅲ-79-①成矿亚带中矿产的形成主要与喜马拉雅期运动相关的一系列矿产，种类较多且分布较广。主要有西部沿海的石油-天然气-灰岩、滨海地带的独居石、锆石等砂矿床、北部更新世火山岩区的铜金硫矿床等。

Ⅲ-79-①成矿亚带中矿床成矿系列主要有：①岩浆成矿作用的矿床成矿系列，即与喜马拉雅期中酸性火山侵入岩活动有关的Cu、Au、Ag、S、地热等矿床成矿系列相关；②沉积成矿作用矿床成矿系列，即喜马拉雅中晚期与沉积旋回有关的砂金、锆石、独居石砂矿等矿床成矿系列和喜马拉雅早中期与沉积旋回有关的煤、石油、天然气、石灰岩等矿床成矿系列。

2. 成矿远景区

Ⅲ-79-①成矿亚带中有4个Ⅴ级成矿单元（矿集区）：

（1）台湾北部Au-Cu-S矿集区（Ⅴ-1）

处于台湾北部台北一带，为琉球岛弧系成矿带西延的一部分，范围包括大屯火山岩区、基隆火山群及基隆屿、龟山岛等，往东范围未圈闭。

（2）台西北石油-天然气-煤-灰岩矿集区（Ⅴ-2）

分布在台西构造盆地东北部的台北、桃园、苗栗一带，沿台湾西北部中央山脉及其西侧一带狭长状分布。

（3）台西南石油-天然气矿集区（Ⅴ-3）

为台西南盆地石油、天然气成矿区，因此台湾西南部多为沿海石油-天然气的主要产区。

（4）台西滨海独居石-锆石矿集区（Ⅴ-4）

位于台西中部鹿港至台南地带，长120 km，雁形沙嘴发育，海岸由台地、平原组成。浊水溪为扇形平原，半径40 km，呈弧形凸向澎湖；彰化至加嘉，属台地性质，表层为沙泥披覆。

第二节 Ⅲ-79-①成矿亚带中矿集区特征

一、台湾北部 Au-Cu-S 矿集区（Ⅴ-1）特征

该区位于台湾北部台北一带，为琉球岛弧系成矿带西延的一部分，范围包括大屯火山岩区、基隆火山群及基隆屿、龟山岛等，往东范围未圈闭。

该区为更新世形成的以石英安山岩类为主的火山岩、熔岩及碎屑岩。火山作用生成的工业矿化主要有金、铜、硫磺、硫铁矿，此外还有地热、耐火粘土、明矾石等。据物化探资料，在金瓜石金矿脉向南收敛地段，有若干隐伏成矿潜火山岩体，似有盲矿体。另据地震资料，大屯山、龟山岛等地段有潜伏岩浆仍在活动，火山喷气孔仍在喷出硫磺及热气，成矿作用活动还未停止，是一个重要的金、铜、硫磺等矿产的成矿区。此外，本区为一地热异常区，温泉密度大，是一个重要高温地热区。在台北、基隆一带，主要为更新世火山岩区，属陆相火山岩型矿床，已知有金瓜石超大型金矿床。

该区与岩浆成矿作用的矿床成矿系列相关：即与喜马拉雅期中酸性火山侵入岩活动有关的 Cu、Au、Ag、S、地热等矿床成矿系列，主要分布于台湾北部的大屯-基隆区岩浆活动区内。台湾北部的大屯-基隆区，包括台湾北部及邻近海域各岛，是琉球火山弧的西延部分，主要形成于更新世，是在大陆斜坡发育起来火山岛弧，与菲律宾海板块沿琉球海沟向北西俯冲到欧亚大陆板块之下有关。成矿与区内中性、中酸性火山-侵入作用有关，该系列矿床主要分布于火山岩、次火山岩及侵入岩内及其周围。

本矿床成矿系列主要特征：与成矿有关的火成岩属俯冲板块部分熔融成因的岩石组合以拉斑玄武岩系列为主，局部见高铝系列。位于大屯-基隆区，时代属上新世晚期至更新世。矿床类型及主要特征：本系列主要矿床类型有火山（岩浆）热液型、火山-沉积型、陆相火山岩型等。①火山（岩浆）热液型、火山-沉积型主要分布于台北市七星山周围，以黑色硫铁矿和自然硫共生组合为特征，为火山喷气（液）充填交代或沉积之产物。②陆相火山岩型为本系列主要类型，集中分布于基隆火山群内，成矿与中酸性次火山岩有关。

本矿床成矿系列主要矿床式有金瓜石式陆相火山岩型金铜矿：①产出的构造部位为台湾北部基隆火山群，矿床产于渐新统—中新统木山组—大寮组和中新统石底组—南港组砂岩夹火山岩，成矿与基隆火山群中的石英安山岩类侵入可溢出有关。②成矿母岩为石英安山岩类。③Au、Cu、Ag 矿化主要分布于石英安山岩类体顶部、接触带及围岩中。④蚀变、矿化具有分带性，横向上以石英-明矾石带为中心向外为粘土岩带和青磐岩化带。⑤据测定成矿温度为 160~300 ℃，成矿年龄为 1.4 Ma。

Ⅴ-1 矿集区中，在潜力评价中，又划分出基隆瑞芳-金瓜石金（铜）远景评价区、大屯火山岩区硫、地热水远景评价区及台北煤井田远景评价区。

1. 基隆瑞芳-金瓜石铜金远景评价区特征

（1）成矿远景评价区地质特征

地质背景：金瓜石矿床的地质构造位置为台湾省北部的基隆火山群，属琉球火山弧的西延部分，是太平洋板块和欧亚大陆碰撞的产物。由一组分布于 5 km^2 范围内的矿体群组成，包括瑞芳和金瓜石 2 个矿山的几十个矿体。

出露有渐新世—中新世和中新世的砂、页岩夹火山岩及煤层，并构成猴洞背斜，金矿床产于猴洞背斜的东北端。

基隆火山群的石英安山岩侵入于上述层位或溢出地表，共出露有 6 个岩体，其空间分布大致以金瓜石岩体为中心，基隆山、九份、新山、武丹山、草山诸岩体环绕于四周，呈脉状、层状侵入或喷发溢出。除已出露地表的以外，还有多个隐伏的岩体。石英安山岩的岩性特征是含有石英、斜长石斑晶。

基隆火山群的活动时期为更新世。基隆山石英安山岩体的 K-Ar 年龄为（1.7±0.2）Ma。金瓜石

各矿体产于石英安山岩岩体内及外接触带，金矿的生成与次火山热液作用有关。

矿床成因机制：由于火成作用本身会带来一些热液，而炽热的火成岩体也会加热地下水，这些热水在高温高压下溶有较多的矿物成分，他们会顺着火成岩体或沉积岩内的断层和破碎带上升。当热水矿液上升到较浅处时，其温度及所受的压力降低，矿物成分的溶解度也跟着降低，于是过饱和的矿物成分便在适当的环境沉淀下来，产生所谓的“矿化作用”。如果矿物成分沉淀累积的量够多而能够符合开采价值，便形成矿体了。

（2）成矿远景区资源量

查明资源量：基隆瑞芳-金瓜石铜金成矿远景评价区中的金瓜石超大型金矿床查明 Au 金属量 83.87 t、共、伴生 Cu 金属量 13.5328×10^4 t。

台湾省矿产资源潜力评价预测：基隆瑞芳-金瓜石铜金成矿远景评价区为 A 级成矿远景评价区，成矿远景评价区预测 Au 金属量 227.852 t、预测共生 Cu 金属量 40.00932×10^4 t。

2. 大屯火山岩区硫、地热水远景评价区

位于台湾北部的大屯火山岩地区。主要为更新世形成的以石英安山岩类为主的火山岩、熔岩及碎屑岩。火山作用生成的工业矿化主要有硫磺、硫铁矿，此外还有高温地热、耐火粘土、明矾石等。

据地震资料，本区大屯山等地段有潜伏岩浆仍在活动，火山喷气孔仍在喷出硫磺及热气，成矿作用活动还未停止，是一个重要的硫磺、硫铁矿、地热水等矿产的成矿区。

本区是一地热异常区，温泉密度大，是一个重要高温地热区，本区发育地热水资源 16 处，呈成带成群发育。同时大屯山地区还发育成带成群分布的硫、硫铁矿共计 12 处，其硫分布范围与地热水范围大致相同，反应出大屯山火山仍在活动，且活动范围大，成矿作用活动仍在进行，是台湾省重要的高温地热区。

3. 台北煤田远景评价区地质特征

在台湾北部 Au-Cu-S 矿集区（Ⅴ-1）和台西北石油-天然气-煤-灰岩矿集区（Ⅴ-2）的北部包含有台北煤田综合远景区，其中台北煤矿区位于台湾北部 Au-Cu-S 矿集区（Ⅴ-1）的中心部位；大溪煤矿区位于台西北石油-天然气-煤-灰岩矿集区（Ⅴ-2）的北部。台北煤盆地所处构造单元为台湾新生代活动陆缘（Ⅳ_5^3）中雪山-麓山逆冲-褶皱带（Ⅳ_5^{3-3}）的北部。该盆地东隔屈尺-潮州断裂与中央山脉地体相邻，总体呈北北东向带状分布，南北长约 150 km，宽 30~40 km。

台北煤盆地受较强烈的构造运动影响主要有 2 期，一是渐新世末期开始的拗陷，为中新世含煤岩系的形成提供了良好的沉积场所；二是更新世早期的卓兰组形成后发生的蓬莱运动，使得煤盆地中形成的煤层发生形变。

台湾省含煤岩系为分布在台湾西部的中新世沉积建造，主要由 3 个浅海-滨海含煤碎屑沉积旋回组成。岩性以碎屑沉积物为代表，常见砂岩、粉砂岩、泥岩、页岩和煤层等，局部夹有石灰岩礁和凝灰岩。从岩性岩相来看，可分为 3 个相似的旋回：下部多由厚 300~900 m 含煤岩系组成，上部则为富含海相化石的碎屑岩，厚 500~700 m，代表浅海相沉积。

台北煤盆地东侧为屈尺-潮州断裂，该断裂是一大断裂，走向与台湾岛相仿呈向西北突出的弧形，全长约 420 km。断裂向南延出台湾岛外，同时又是一条大型的岩石圈断裂。在渐新世末期开始的碰撞运动中，形成西侧地体的坳陷，此断裂带成为台北煤盆地的东界。

台北煤盆地区内褶皱、断裂十分发育。断裂走向北北东或近南北，常以高角度出露地表，往下倾角变缓，断面均向南东倾斜。多数断裂属大规模低角度逆掩断裂，逆冲断块向西或西北滑移相当长距离，造成显著叠瓦状构造。褶皱呈雁行排列，多为紧密不对称褶皱，并发育有倒转褶皱。这些褶皱走向北北东，轴面向南东倾。背斜一般北西翼较平缓，而向斜则相反。褶皱常被断裂所分隔，并被断裂所破坏。

台北煤田查明资源成果：台北煤田查明煤总资源量：4.42627×10^8 t，其中台北区查明煤资源量 3.11868×10^8 t、大溪区查明煤资源量 1.30759×10^8 t。

台北煤田预测煤总资源量为 31992×10^4 t，其中台北区预测煤资源量为 17539×10^4 t；大溪区预测煤资源量为 14453×10^4 t；台北煤田 0~600 m 深预测煤资源量为 13497×10^4 t；600~1000 m 深预测煤资源量为 9728×10^4 t，1000~1500 m 深预测煤资源量为 8767×10^4 t。

二、台西北石油-天然气-煤-灰岩矿集区（Ⅴ-2）

该区分布在台西构造盆地东北部台北、桃园、苗栗一带，沿台湾西北部沿中央山脉及其西侧一带狭长状分布，由新近系中新统木山组—大寮组、石底组—南港组、南庄组 3 个沉积旋回形成的含矿地层组成，各沉积旋回下部均含多层煤、石英砂岩、粘土等，属海陆交互相沉积环境。主要矿产以西部沿海的石油-天然气及东侧的煤、灰岩、砂岩、粘土矿等为主，分布有众多的矿床。该区与沉积成矿作用矿床成矿系列：与喜马拉雅早中期沉积作用有关的煤、石油、天然气、石灰岩等矿床成矿系列相关。

西部沿海为台西盆地石油、天然气成矿区：位于台湾省西部及海域，东以屈尺-潮州断层为界，南至澎湖-北港隆起和台西南盆地相隔，北达观音隆起与南澎佳屿盆地相邻。发育有成熟的白垩系、古新统、始新统、中新统—上新统 4 套油气源岩，油源丰富，盖层厚度大。主体部位的新竹凹陷和台中凹陷，下白垩统—上新统含生油源岩地层厚度达 11000 m，以中新统—上新统为主。西部沿海的桃园-苗栗地区先后发现 10 处中小型石油、天然气田。

而东部以煤、灰岩、砂岩、粘土矿等为主的成矿区：发育大溪矿区的桃园大溪等 13 处中小型煤矿、中小型玻璃用石英砂岩矿 30 处、粘土矿等 17 处等。

三、台西南石油-天然气矿集区（Ⅴ-3）

台西南盆地石油、天然气矿集区（Ⅴ-3）：台湾西南部多为沿海石油-天然气的主要产区，位于澎湖-北港港隆起南侧、南海北部，发育下部中新统、渐新统、白垩系、侏罗系 4 套良好生油气层。有多层封闭作用的区域性盖层，多种类型的理想封闭。已知有断层、断层-背斜、断层-不整合等封闭构造 10 个，其中致昌（CFC）建丰（CGF）致胜（CFS）钻探证实为富集高产油气田。本区已确定有 2 套不同性质成油组合，一套为“新生古储”成油组合，另一套为“自生自储”成油组合。这两套成油组合是本区寻找大、中型油气田的主要对象，已先后发现 7 个油气田。

本区与南海北部珠江口、琼东南、莺歌海、北部湾油气成矿区（盆地）的油气生、储、盖成油组合与地质构造特征相似，在本盆地可能发现大、中型油气田。

该区与沉积成矿作用矿床成矿系列相关：即与喜马拉雅早中期沉积作用有关的煤、石油、天然气、石灰岩等矿床成矿系列相关。

四、台西滨海独居石-锆石矿集区（Ⅴ-4）

台西滨海独居石、锆石砂矿矿集区（Ⅴ-4）：台西中部鹿港至台南地带，长 120 km，雁形沙嘴发育，海岸由台地、平原 2 条地貌带组成。浊水溪为扇形平原，半径 40 km，呈弧形凸向澎湖；彰化至加嘉，属台地性质，表层为沙泥披覆。含锆石、独居石沙嘴，主要有 3 列，分布在浊水溪以南地带。沙嘴由几个沙洲组成，沙嘴基部为岸线转折点，可分北、中、南 3 列北东向雁形沙嘴。锆石、独居石砂矿体分布在沙洲部位；可能还有磷钇矿，经磨圆后磷钇矿常被认为独居石。锆石、独居石等在台西中部滨岸沙嘴地段，甚为富集，富积层宽 20~100 m 以上，成矿远景甚佳。该区与沉积成矿作用矿床成矿系列相关：即与喜马拉雅中晚期沉积作用有关的砂金、锆石、独居石砂矿等矿床成矿系列相关。

台湾西部滨海地带，分布较丰富高品位的独居石、锆石砂矿床，共计有中小型独居石、锆石砂矿床 10 处，具有较好远景。

第三节 Ⅲ-79-①成矿亚带的成矿规律

一、矿床时空分布规律

（一）铜金、煤、油气矿形成的时间分布规律

台湾省地壳演化史大致可分为燕山期和喜马拉雅期两个成矿时代，与Ⅲ-79-①成矿亚带有关的铜金硫矿相关的主要是喜马拉雅期成矿期。在上新世—更新世高铝玄武岩、安山质火山岩的侵入-喷发活动及金、铜、硫等成矿作用，形成有价值的金、铜、硫等内生矿床。

台湾省含煤地层皆属新近纪，具有经济价值的煤层仅产于新近纪地层中；其他地层中虽发现煤线及透镜状煤层，但多无开采价值。

油气源岩建造相应地分为侏罗纪、白垩纪、古近纪及新近纪 4 个。新近纪沉积建造是台湾省西部及近海发育最好的沉积建造，台湾省西部生油岩层基本集中于此建造中。

（二）铜金矿、煤、油气的空间分布规律

铜金矿产在空间分布上具有较明显的区带分布规律。金瓜石式陆相火山岩型金矿床主要分布在台湾东北部大屯山-基隆火山群一带，与该区火山活动关系密切。

煤分布于Ⅲ-79-①成矿亚带的中东部的台北-台中地区，向南有煤线分布但不具开采价值，新近纪地层有 15 层煤具开采价值，分布于 3 个不同含煤地层中，自下而上为木山组有 3 层，石底组有 7 层，南庄组有 5 层。

油气田分布于Ⅲ-79-①成矿亚带的西部沿海一带：分台西北沿海地区和台西南沿海地区，为重要油气田分布区。台西北沿海地区位于台湾省西北部及海域，东以屈尺-潮州断层为界，南至澎湖-北港隆起和台西南盆地相隔，北达观音隆起与南澎佳屿盆地相邻。台西南沿海地区位于澎湖-北港港隆起南侧、南海北部。

油气重要 3 期沉积旋回有陆相沉积的木山组下部、石底组中部和南庄组为重要的储油气层，其砂岩发育良好，砂岩上面夹有页岩，或砂岩与页岩或煤层相间，为储层之盖层。

二、Ⅲ-79-①成矿亚带的区域成矿规律

（一）区域控矿的地质构造因素

1. 区域控矿的地质因素

（1）沉积建造与成矿关系

本区主要含矿沉积建造可概括为含煤建造、油气源岩建造等，其特点概述如下。

A. 含煤建造

台湾省含煤沉积建造发育于台湾省西部基隆至苗栗地带，形成于中新世，由下部含煤滨海相和上部浅海相碎屑沉积岩为主的 3 个连续沉积旋回组成。台湾省具有经济价值的煤层仅产于新近纪地层中。新近纪地层有 15 层煤具开采价值，分布于 3 个不同含煤地层中，自下而上为木山组有 3 层，石底组有 7 层，南庄组有 5 层。

1）下沉积旋回：即木山—大寮旋回，其中早中新世木山期沉积了河流-湖水沼泽-滨海环境下含煤的海陆交互相碎屑建造，即为台湾省西部中新世 3 个重要含煤期之最早一期。

2）中沉积旋回：即石底—南港旋回，其中早中新世石底期沉积了潮汐平原、三角洲或潟湖环境下含煤的海陆交互相碎屑建造，为台湾省西部中新世第二期含煤沉积。

3）上沉积旋回：即南庄—桂竹林旋回，其中晚中新世南庄期，沉积了大陆-滨海-浅海环境下的

海陆交互相含煤碎屑建造，为台湾省西部中新世晚期含煤沉积。

B. 油气源岩建造

油气源岩为侏罗纪、白垩纪、古近纪及新近纪深色泥质岩或页岩，有机质丰度中-良或良。油气源岩建造相应地分为侏罗纪、白垩纪、古近纪及新近纪4个。

其中新近纪沉积建造是台湾省西部及近海发育最好的沉积建造。台湾省西部生油岩层基本上集中于此建造中，新近纪3个时期沉积旋回，即早中新世木山—大寮旋回，中中新世石底—南港旋回、晚中新世—上新世南庄—锦水旋回，可形成上层生、储、盖大组合中的3套成油小组合。第一成油小组合，由早中新世及下伏（渐新世）暗色泥质岩（页岩）生成油气，在木山组砂岩中储集，碧灵页岩为其盖层；第二成油小组合由早中新世海相页岩生成的油气，在中中新世砂岩（如石底组砂岩、北寮砂岩）中储集，打鹿页岩为其盖层；第三成油小组合由中中新世页岩（如打鹿页岩）生成的油气，在中中新世砂岩（如观音山砂岩）晚中新世砂岩（南庄组或东坑砂岩、上福基砂岩关刀山砂岩及桂竹林组鱼藤坪砂岩）中储集，晚上新世的锦水页岩为其盖层。上述3个小组合中，又以页岩、砂岩或煤层、砂岩、页岩组成30~40个更小的组合，各组成单独的生储层带。

（2）火山岩与成矿关系

台湾省的火山活动时间延续很长，特别是中新世以来，随着板块的俯冲、碰撞，火山活动更活跃，火山成矿作用更为明显，形成金、铜、硫磺等矿产。大屯山火山硫质气液仍在活动，成矿作用还未停止（硫磺不断生成）。

本区主要台湾北部琉球弧系火山岩为石英安山岩类，更新世是本区最重要的火山成矿期，其与石英安山岩成矿关系密切。已知有大屯山区火山作用有关的硫磺、硫铁矿、耐火粘土、漂白粘土、明矾石、地热及基隆区火山作用有关的金、铜、硫铁矿、明矾石等。

2. 区域控矿的构造因素

构造是成岩成矿的前提，它贯穿了构造-建造-成矿全过程，既控制沉积建造、火山喷发、变质岩带，又控制区域成矿作用和矿床展布。地壳构造运动所生成的各种构造形式，是控制油气田和金属矿床生成和产出的重要构造因素。

（1）板块构造运动与成矿关系

晚新生代板块构造运动：菲律宾海板块载着吕宋弧与台湾欧亚大陆板块发生持续碰撞，板块碰撞挤压形成一系列构造（背斜、断层），可以成为良好的储油气构造，并使高成熟度地层中油气大规模运移。这期板块构造运动，形成了台西盆地、台西南盆地油气田及与火山作用有关的金、铜、硫磺。如在晚新生代时发生的强烈板块构造运动，则引发了高铝质玄武岩、安山质火山岩侵入-喷发活动，形成了以金瓜石式陆相火山岩型金矿为代表的与火山作用有关的金、铜、硫等矿产。

（2）构造运动与沉积建造的关系

在本区各个控制含矿沉积建造构造盆地中，以台西北盆地面积最大，新生代沉积最厚，油气、煤等矿产资源丰富，是区内最具经济意义的构造盆地。其次是台西南构造盆地，亦是具油气层之盆地。

A. 台西北盆地含矿沉积建造受构造控制的特点

台西北盆地位于台湾省西北部及海域，为陆缘扩张裂陷-坳陷盆地，向南东倾斜，中新世—上新世含生油岩沉积建造为主，基本属半封闭海湾沉积环境，以滨海相-浅海相为主。

台西北盆地可划分东部坳陷及西部坳陷，其中西部坳陷，可分为北部晋江（乌丘屿）凹陷、中部澎北凸起及南部九龙江凹陷。东部坳陷，又可划分北部新竹凹陷、中部苗栗凸起及南部台中凹陷。

B. 台西南盆地含矿沉积建造受构造控制的特点

台西南盆地位于澎湖-北港隆起南侧，南中国海北部大陆架上，是由南海扩张破裂下陷形成构造盆地。其可划分为北部凹陷、中间隆起、南部凹陷和南部隆起。沉积以浅海-半深海相泥岩为主，夹砂岩，厚度大于10000 m。

这种隆凹相间，南北分带的构造格局，有利于生成巨厚含生油岩建造，形成大中型油气田，中国东部含油气的拉张型构造盆地，大都具备相同的构造特点。

（二）成矿作用及其形成的矿床组合在时间和空间上的演化具有规律性

1）台西滨海独居石-锆石矿集区（Ⅴ-4）：台湾西部滨海地带，分布有较丰富的高品位的独居石、锆石砂矿床，具有较好的远景。

2）台西南石油-天然气矿集区（Ⅴ-3）：台湾西南部多为沿海石油-天然气的主要产区。

3）台西北石油-天然气-煤-灰岩矿集区（Ⅴ-2）：台湾西北部沿中央山脉及其西侧一带狭长状分布，主要矿产以西部沿海的石油—天然气及东侧的煤-灰岩等为主，分布有众多的矿床，如汐止煤矿、出磺坑油气田。

4）台湾北部 Au-Cu-S 矿集区（Ⅴ-1）：台湾北部台北、基隆一带，主要为更新世火山岩区，属陆相火山岩型矿床，已知有金瓜石超大型金矿床。

Ⅲ-79-①成矿亚带区域成矿谱系

本区有以下 3 个次矿床成矿系列：

1）该区东北部与岩浆成矿作用的矿床成矿系列：喜马拉雅期与岩浆成矿作用有关的 Cu、Au、Ag、S、地热等矿床成矿系列相关。

2）该区中西部与沉积成矿作用矿床成矿系列 1：喜马拉雅早中期与沉积成矿作用有关的煤、石油、天然气、石灰岩等矿床成矿系列相关。

3）该区西部沿海岸、沿河岸沉积与沉积成矿作用矿床成矿系列 2：喜马拉雅中晚期与沉积成矿作用有关的砂金、锆石、独居石砂矿矿床成矿系列相关。

该区主要与喜马拉雅期岩浆成矿作用的矿床成矿系列相关、喜马拉雅早中期、喜马拉雅中晚期沉积成矿作用矿床成矿系列相关的锆石-独居石砂矿、石油天然气、灰岩、煤、Cu、Au、Ag、S 等 3 个矿床成矿系列，其矿床成矿系列的矿床组合分别为锆石、独居石砂矿-石油天然气、灰岩、煤-Cu、Au、Ag、S，其地质构造分布位置是：西南到东北分别是锆石、独居石砂矿-石油天然气、灰岩、煤-Au、Cu、Ag、S。

本区锆石-独居石砂矿、灰岩、煤、石油、天然气在时间和空间上的演化具有继承性分布规律；而煤、石油、天然气在时间和空间上的演化具有继承性、过渡性分布规律；同一成矿系列中非金属矿与金属矿 Au、Cu、Ag、S 之间具有突变型分布规律；金属矿 Au、Cu、Ag、S 之间在时间和空间上的演化具有过渡性、继承性分布规律。

第十九章 Ⅲ-79-②成矿亚带成矿特征

第一节 Ⅲ-79-②成矿亚带内成矿条件及成矿特征

一、成矿亚带位置

Ⅲ-79-②成矿亚带为大南澳混杂岩带晚古生代—中生代 Au-Cu-S-大理岩-白云岩-蛇纹石-滑石成矿亚带，从构造分区上看，主要位于大南澳基底带$Ⅳ_5^{3-1}$、台东纵谷地壳对接带的两个Ⅳ级构造分区。

二、成矿地质构造环境及其成矿特征

（一）成矿地质构造环境及位置

1. 大南澳基底带$Ⅳ_5^{3-1}$（中生代晚期的缝合带）

位于台湾东部中央山脉东侧，东临台东纵谷，长约 240 km，宽 10~30 km，呈北北东向延伸。本带是由前古近纪大南澳混杂岩组成的基底隆起，是台湾省最古老的地质构造单元。它经过多次强烈的构造运动和变质作用，成为台湾地区的基底岩层。大南澳混杂岩构造极为复杂，岩层层序不清，有许多不对称褶皱或倒转褶皱及更复杂的流状褶皱，同时广泛发育片理、劈理及片麻理。近年来，由于在本带发现大量的蛇绿混杂岩，它代表中生代早—中期的一个俯冲带，长春组为洋底或海山形成的增生型混杂岩。本带是由上述岩层共同组成的俯冲-碰撞杂岩，可看成是一个蛇绿混杂体。

（1）玉里带

主要由长春组（AnE*c*）绿片岩、薄层大理岩、石英片岩、石英岩和天祥组（AnE*t*）片岩，夹薄层绿片岩及大量基性、超基性外来岩块等组成的含蛇绿岩沉积岩组合。此外，还有零星的俯冲期基性、超基性岩浆杂岩（Qpν）。

（2）太鲁阁带

分布于大南澳基底杂岩带的西部，出露九曲组（AnE*j*）、长春组大理岩、白云岩，偶夹绿片岩、硅质片岩的碳酸盐岩组合，以及分布于宜兰苏澳到花莲间的源头山、饭包山、开南冈、大浊水、溪畔（立雾溪）和奇瑶谷等地大小不一的开南冈岩组的片麻岩、混合岩偶夹大理岩，最大的长仅 16 km，最宽为 3 km。片麻岩包括富含石英、长石质的副片麻岩和花岗质正片麻岩。

2. 台东纵谷地壳对接带（上新世—更新世的缝合带）

位于台湾岛东部，北起花莲，南至台东，大致呈 NE 23°方向延伸的狭长谷地，长约 160 km，宽 3~6 km。它是一对冲断层谷，两侧都以向谷地外侧倾斜的上冲断裂为界。纵谷是板块碰撞后形成的缝合带，这一纵谷从过去到现在都是构造活动最强烈的地带。沿台东纵谷两边有两条具有左旋性质的高角度上冲断裂，被认为是俯冲带在地表所表现出的大型超岩石圈断裂，东侧为海岸山脉断裂，西侧为中央山脉断裂，它们至今还在活动，是台湾省非常重要的第四纪断裂。

（二）成矿地质特征

1. 成矿系列特征

Ⅲ-79-②成矿亚带主要有铜山式 Cu-S、大理岩-白云岩、蛇纹石-滑石等矿床分布，主要是与燕

山期变质成矿作用成矿系列相关：即与燕山期中基性-中酸性火山活动有关的 Cu、Pb、Zn、Au、Fe、S、大理岩、白云岩、蛇纹岩、滑石、石棉、软玉矿床成矿系列相关。

该系列矿床主要分布于台湾大南澳混杂岩带中，分布在中央山脉东坡，本带是由前古近纪大南澳变质杂岩组成的基底隆起，是台湾省最古老的地质构造单元。矿床类型及主要特征：本系列主要矿床类型有受变质（火山沉积-变质）型铜山式铜-硫铁矿，产于大南澳长春片岩组，后经变质形成一套绿色片岩，成矿与燕山期火山岩活动有关，含铜硫铁矿产于弧第安山岩中。

2. 成矿远景区

Ⅲ-79-②成矿亚带中可划分出 2 个Ⅴ级成矿单元（矿集区）：①太鲁阁 Au-Cu-S-大理岩-白云岩矿集区（Ⅴ-5）；②玉里蛇纹石-滑石-石棉-软玉矿集区（Ⅴ-6）。

第二节　Ⅲ-79-②成矿亚带的矿集区特征

一、太鲁阁 Au-Cu-S-大理岩-白云岩矿集区（Ⅴ-5）

太鲁阁 Au-Cu-S、大理岩、白云岩、硫铁矿、金矿矿集区（Ⅴ-5）：范围和太鲁阁杂岩带出露的范围基本一致，南北长 240 km，宽自北部 30 km 向南减少至 10 km，标高 0~3282 m（太鲁阁大山）。据地震波资料，本带延深达 18 km 以上。

位于大南澳混杂岩带西部，有强烈的海底基性火山喷发活动，俯冲-碰撞形成玉里高压、低温变质构造混杂岩，并在太鲁阁早期高压、低温变质带上叠加高温、低压变质作用，使太鲁阁变质带进一步变质，产生混合岩化，局部熔融形成花岗伟晶岩。

除华力西海相沉积的石灰岩、白云岩及火山沉积铜-硫铁矿经过变质形成的矿化外，还有变质的外来洋壳岩块（蛇绿岩），燕山晚期混合岩化成因的白云母花岗岩伟晶岩脉（已知有 159 条）等。发育于本带的水系，一般或多或少分布有砂金。已知立雾溪-花莲港长 16 km，分布砂金矿带，品位 0.45~0.7 g/m^3，这预示本区是今后找金较有远景的地带。主要矿产有金、铜及大理岩-白云岩等，如宜兰铜山铜矿。

该成矿单元主要形成与燕山期变质成矿作用成矿系列：即燕山期与变质成矿作用有关的 Cu、S、大理岩、白云岩、蛇纹岩、滑石、石棉、软玉矿床成矿系列相关。

太鲁阁 Au-Cu-S-大理岩-白云岩矿集区（Ⅴ-5）矿集区中经潜力评价出铜山式宜兰铜山-东澳铜硫远景评价区。简介如下。

本成矿远景区位于宜兰县铜山-东澳一带，总体位于大南澳变质岩系的北部，区内出露的主要是中新世中期形成的庐山组浅变质岩和大南澳混杂岩中的长春组（AnE*c*）绿泥片岩和石墨质石英片岩等。后者为本类型铜矿的含矿建造。区内变质作用较发育，主要为受板块运动俯冲碰撞的影响而发生的区域低温动力变质作用。同时构造活动强烈，主要是受太平洋板块和欧亚大陆板块碰撞造成的，区内多表现为一系列相关的北东—北北东向的断裂、褶皱等。

铜山铜矿原称富太铜矿，在宜兰南澳乡旧富太村高 1828 m 之铜山西方约 3 km。此一矿床产在绿泥片岩（绿色片岩）与石墨质石英片岩（黑色片岩）之中。附近构造复杂，断层众多。主要矿脉为北坑及南坑两矿体，长度约 220 m，厚数厘米至 3 m，走向 NE 50°~70°，倾角 15°~35°。主要的矿物为黄铜矿，含铜有时达 10%，但一般为 3%~5%。黄铜矿通常呈浸染状。铜山铜矿在 1964~1980 年间一共产铜 2197 t。

东澳铜矿位于宜兰县东澳乡东澳岭西方 2 km 及猴椅山东方 4.5 km 海拔约 300 m 的山坡，在铜山铜矿北东约 18 km 处。本矿围岩多为结晶石灰岩、绿泥片岩、石墨片岩及角闪片岩。主脉大致平行变质岩片理，走向北西 70°，倾向南西，倾角约 70°，宽 1.0~1.2 m。主要的矿物为黄铜矿、磁黄铁矿、黄铁矿及闪锌矿，含 Cu 1.2%~1.4%、Zn 0.4%~0.5%、Au 0.03~0.06 g/t、Ag 5~10 g/t。1919~1923 年间共产铜矿石 14481 t。

太白山铜矿在东澳东岳村西方枫树山海拔 800 m 的山腰。矿床产在石墨片岩及角闪片岩中，主脉宽 0.5~1.1 m，呈透镜状，走向东西，倾向南，倾角上部为 70°，下部为 30°。据台金公司采样分析，矿石中含 Cu 0.32%~0.63%，S 2.67%~3.68%，Au 微量至 0.1 g/t。总体不具有经济开发价值。

成矿远景评价区成果：宜兰铜山-东澳铜硫成矿远景评价区中的铜山矿区面积 4 km^2，矿体延深 315 m，铜山矿区查明铜资源量 864 t。

宜兰铜山-东澳铜硫成矿远景评价区为 A 级成矿远景评价区，该远景评价区预测铜总资源量 1188.52 t，其中铜山矿区预测铜资源量 490.38 t；东澳矿区预测铜资源量 324.88 t；太白山矿区预测铜资源量 373.26 t。

二、玉里蛇纹石-滑石-石棉-软玉矿集区（V-6）

玉里蛇纹岩、滑石、石棉、软玉矿集区范围和玉里混杂岩带出露地带相一致，南北长 150 km，平均宽 7~8 km，最宽 15 km；位于大南澳混杂岩带东部，玉里混杂岩带形成的矿产有蛇纹岩、滑石、石棉、软玉等。该成矿单元主要形成与燕山期变质成矿作用成矿系列：即燕山期与变质成矿作用有关的 Cu、S、大理岩、白云岩、蛇纹岩、滑石、石棉、软玉矿床成矿系列相关。V-6 矿集区经潜力评价出铜山式花莲铜门-铜文兰及花莲瑞穗-玉里铜硫远景评价区。简介如下：

1. 花莲铜门-铜文兰铜硫远景评价区

本成矿远景区位于花莲县铜门-铜文兰一带，总体位于大南澳变质岩系的中北部，区内出露的主要大南澳杂岩带中的天祥组（AnE*t*）和长春组（AnE*c*）的绿泥片岩和石墨质的石英片岩等。后者为本类型铜矿的含矿建造。区内变质作用较发育，主要为受板块运动俯冲碰撞的影响而发生的区域低温动力变质作用。同时构造活动强烈，区内多表现为一系列相关的北东—北北东向的断裂、褶皱等。

该区内铜矿（点）主要分布在花莲铜门、铜文兰及鲤鱼池的西方，近南北向排列。该区岩层以大南澳片岩之绿泥片岩、黑色片岩及石英质片岩为主，有南北向的背斜。矿床产在绿泥片岩、绿泥石英片岩及绿泥绢云母片岩中，矿脉走向多为 NE 40°~60°，倾向北西，倾角约 42°~45°，少部分东西走向，倾向北，倾角 38°。矿脉厚 0.14~1.20 m，长 5~90 m，含 Cu 0.5%~5.15%，S 22.10%~41.68%。含铜矿物以黄铜矿为主，硫磺则主要来自黄铁矿。未进行过探勘工作。

综合成矿远景区成果：花莲铜门-铜文兰铜硫综合成矿远景评价区中的铜门矿区查明铜资源量 301.4 t。

花莲铜门-铜文兰铜硫成矿远景评价区为 A 级成矿远景评价区，该远景评价区预测铜总资源量 2216.77 t，其中铜门矿区预测铜资源量 2216.77 t。

2. 花莲瑞穗-玉里铜硫远景评价区

本成矿远景区位于花莲县南部瑞穗-玉里一带，总体位于大南澳变质岩系的南部，区内出露的主要大南澳杂岩中的长春组（AnEc）的绿泥片岩和石墨质的石英片岩等，此外变质岩中还见有蓝闪片岩等。区内变质作用较发育。同时构造动动强烈，主要是受太平洋板块和欧亚大陆板块碰撞造成的，区内多表现为一系列相关的北东—北北东向的断裂、褶皱等。

区内矿化仅见有瑞穗红叶溪一带以及玉里拉库拉溪上游的蕨铜一带。矿体多产于绿泥片岩中，矿化较弱。

成矿远景评价区预测成果：花莲瑞穗-玉里铜硫成矿远景评价区为 C 级成矿远景评价区，该远景评价区预测铜总资源量 1774.73 t，其中瑞穗矿区预测铜资源量 964.26 t；玉里矿区预测铜资源量 810.47 t。

第三节　Ⅲ-79-②成矿亚带的成矿规律

一、矿床时空分布规律

（一）铜金、大理岩、滑石矿形成的时间分布规律

与Ⅲ-79-②成矿亚区带有关的铜金、大理岩、滑石矿相关成矿期主要为燕山成矿期。伴随着较

强烈的构造活动，早期沉积的物质经变质后形成了大南澳变质岩系长春组、九曲组大理岩，同时形成了铜山式的铜-硫铁矿以及滑石矿、蛇纹岩矿。台湾大理岩与白云岩矿时间上主要形成于燕山期。而台湾滑石矿时间上主要形成于晚白垩世（燕山晚期）。

（二）铜金、大理岩、滑石矿的空间分布规律

铜金矿产在空间分布上具有较明显的区带分布规律。铜山式受变质（火山沉积-变质）型铜-硫铁矿：主要分布在大南澳变质杂岩带上，长春组总体呈北北东向狭长带状，除已知的铜山、东澳、铜门等矿床（点）外，尚发现在立雾溪-花莲港长约16 km范围内，分布有砂金矿带，品位0.45~0.7 g/m^3，预测示着本区有一定的找金矿的潜力。

台湾大理岩与白云岩是台湾省重要的非金属矿产，两者有密切的成因联系和共生关系。大理岩矿床分布在台湾省东部宜兰、花莲两县，主要产于大南澳杂岩带中，主要产地有西帽山、和平溪北岸、和平、和仁、清水、崇德、三栈溪等。分布在宜兰苏澳镇地区的大理岩，其赋存层位属大南澳长春片岩段；分布在花莲县境的大理岩，其赋存层位属大南澳九曲大理岩段。

台湾滑石矿空间分布特征呈北东向带状分布，矿化带延长有300 km以上。矿体主要赋存于东台湾大南澳杂岩中的长春组和天祥组片岩中，其中蛇绿岩-变质型和动力变质型滑石矿产于大南澳杂岩东部的玉里带的天祥组片岩中，热液变质型滑石矿产于大南澳杂岩西部的太鲁阁带的长春组片岩中。滑石矿床（点）地理空间上主要分布于宜兰县和花莲县。

二、Ⅲ-79-②成矿亚带的区域成矿规律

（一）区域控矿的地质构造因素

1. 地层含矿性

台湾省铜金类矿床的产出与局部河流冲积层及阶地见有少量砂金类矿点。

台湾省大理岩、滑石矿、蛇纹岩矿与前古近纪的碳酸盐沉积建造形成的大南澳杂岩有关。

大南澳混杂岩分布在台湾省东部，赋存有沉积-变质型大理岩（结晶灰岩）白云岩及受变质型铜-硫铁矿等。其中大理岩-白云岩矿层主要产于大南澳混杂岩下部九曲组岩层中，由大理岩及部分白云岩组成。白云岩以厚层状、透镜状夹于大理岩中，长度和厚度变化较大。

2. 大南澳火山岩与成矿关系

台湾省东部大南澳火山岩，形成于前古近纪，可分为：

1）华力西期火山岩：为海相拉斑玄武岩及弧系安山岩（变质为绿片岩），与前古近纪碳酸盐沉积建造同时形成。与海底火山作用有关矿产，以含黄铁铜矿化为主，赋存于火山岩（绿片岩）中。

2）燕山期火山岩：形成于深海槽，系拉斑系列玄武岩及其碎屑岩，于燕山晚期变质为绿片岩和绿帘石角闪岩等，形成大理岩、白云岩、蛇纹岩、滑石等。

台湾省铜金矿、大理岩、滑石矿、蛇纹岩矿与火山岩具有明显的关系，与变质作用相关的铜-硫铁矿、大理岩、滑石矿、蛇纹岩矿等亦与早期火山沉积形成的原岩有关。

受变质（火山沉积-变质）型铜-硫铁矿、变成型滑石矿、蛇纹岩矿主要分布在台湾东部的大南澳火山岩，其形成时代在前古近纪。主要为海相拉斑玄武岩及弧系安山岩，与前古近纪的碳酸盐沉积建造同时，燕山期变质为形成绿片岩和绿帘石角闪岩以及大理岩、滑石矿、蛇纹岩矿等。

3. 变质岩与成矿关系

台湾省境内自中生代以来主要发生了3次变质作用，包括中生代早—中期、中生代晚期、中新世中晚期等。其中，铜山式受变质（火山沉积-变质）型铜-硫铁矿，以及大理岩、滑石矿、蛇纹岩矿的形成时代发生在中生代晚期，受此时期发生的板块构造运动所制约，由原火山沉积碳酸盐建造或含铜-硫铁矿建造（铜-硫铁矿化层）等变质而来，形成铜山式受变质（火山沉积-变质）型铜-硫铁矿、变成型大理岩、滑石矿、蛇纹岩矿。

4. 构造运动与成矿关系

1）中生代早-中期板块构造运动：这时期的构造运动造就了大陆边缘断陷盆地。这次板块构造运动，还使古近纪碳酸盐建造、含黄铁铜矿火山沉积建造及洋壳岩块等经变质作用，形成太鲁阁杂岩带中的大理岩、白云岩、含黄铁铜矿及蛇纹岩矿床。

2）中生代晚期板块构造运动：使玉里混杂岩带中的洋壳岩块蛇绿岩变质为蛇纹岩矿床。

3）晚新生代板块构造运动：菲律宾海板块载着吕宋弧与台湾欧亚大陆板块发生持续碰撞，板块碰撞挤压形成一系列构造，这期主要与火山作用有关的金、铜、硫磺；同时形成利吉混杂岩，并使中生代变质的蛇纹岩体，再受低温热液交代生成滑石、石棉、软玉等矿床。

（二）成矿作用及其形成的矿床组合在时间和空间上的演化具有规律性

（1）Ⅲ-79-②成矿亚带区域成矿谱系

Ⅲ-79-②成矿亚带中的太鲁阁 Au-Cu-S-大理岩-白云岩矿集区（Ⅴ-5）主要有铜山式 Au-Cu-S、大理岩白云岩、蛇纹石滑石等矿床分布；以及玉里蛇纹石-滑石-石棉-软玉矿集区（Ⅴ-6）中的大理岩白云岩蛇纹石滑石石棉软玉等矿床。

（2）Ⅲ-79-②成矿亚带有一矿床成矿系列

燕山期变质成矿作用成矿系列：燕山期与变质成矿作用有关的 Cu、S、大理岩、白云岩、蛇纹岩、滑石、石棉、软玉矿床成矿系列相关。其矿床成矿系列的矿床组合为 Cu、Au、Fe、S；大理岩、白云岩；蛇纹岩、滑石、石棉、软玉。

地质构造位置从西到东分别分布有大理岩、白云岩；蛇纹石、滑石、石棉、软玉及 Au、Cu、Fe、S 等。

本区大理岩、白云岩在时间和空间上的演化具有继承性分布规律；而大理岩、白云岩和蛇纹石-滑石-石棉-软玉在时间和空间上的演化具有继承性、过渡性分布规律；同一成矿系列中金属矿 Au、Cu、Fe、S 与非金属矿大理岩、白云岩之间具有突变型分布规律；非金属矿大理岩、白云岩之间具有继承性、过渡性分布规律；同一成矿系列中金属矿 Au、Cu、Fe、S 之间在时间和空间上的演化具有过渡性、继承性分布规律。

第二十章　Ⅲ-79-③成矿亚带成矿特征

第一节　Ⅲ-79-③成矿亚带内成矿条件及成矿特征

一、成矿亚带位置

Ⅲ-79-③成矿亚带为台东火山弧 Cu-Au 成矿亚带，台东弧盆系东邻太平洋，西以台东纵谷为界，呈北北东向狭长带状展布，是台湾省最为活跃的地带，有强烈的构造活动及地震活动。它代表菲律宾海板块前缘的新近纪岛弧，是吕宋弧的北延部分。

二、成矿地质构造环境及其成矿特征

（一）成矿地质构造环境

Ⅲ-79-③成矿亚带为台东火山弧 Cu-Au 成矿亚带是台湾省最为活跃的地带，有强烈的构造活动及地震活动，有厚层的复理石或浊流沉积，以及广泛分布的火山岩。有其独特的地质构造发展史，有与其他构造区不同的沉积建造、岩浆活动和构造特征。地壳类型属洋壳型。可划分成 1 个Ⅲ级（北吕宋火山岛弧$Ⅶ_2^1$），2 个Ⅳ级构造单元（海岸山脉火山岛弧$Ⅶ_2^{1-2}$、花莲弧盆地$Ⅶ_2^{1-1}$）。其大地构造单元的地质特征如下。

1. 海岸山脉火山岛弧$Ⅶ_2^{1-2}$

主要由新近纪的火山岩，包括都峦山组（N_1d）岛弧火山碎屑岩组合和岛弧玄武岩-安山岩组合（$N_1\alpha$）、大港口组（N_2-Qp_2d）含火山碎屑浊积岩组合及（$N_2\alpha$）安山岩、安山质碎屑岩构成。

位于台湾岛东部，长约 135 km，最大宽度在中段约 10 km，南、北两端宽仅 3 km，总体呈北北东向狭长带状展布。本带是在洋壳基础上发展起来的弧前沉积盆地，主要由新近纪地层组成，为一套含有火山碎屑的海相沉积物，总厚约 7000 m。区内所见最老岩层为中新世奇美火成杂岩，是以安山岩类为主的火山岩建造，其上覆盖中新世都峦山组火山集块岩、凝灰岩，属浅海相火山碎屑岩建造。上新-中更新世大港口组为沉积碎屑岩、夹少量火山碎屑岩，浊流作用强烈，属半深海相复理石建造。

2. 花莲弧盆地$Ⅶ_2^{1-1}$

主要由利吉混杂岩（N_2l）的含蛇绿岩碎片浊积岩组合及基性-超基性组合的外来岩块构成。

上新世利吉混杂岩是与板块碰撞有关的蛇绿混杂体。至中更新统卑南山组，变为河流山麓堆积相，属磨拉石建造。利吉蛇绿混杂岩在本带出露，它是板块缝合线上一种代表岩类，也是海沟构造活动的产物。混杂岩分布在海岸山脉西南侧，呈北北东向狭长带状展布，宽 1~3 km，长约 70 km。主要由破碎而杂乱无章的深灰色泥岩和外来岩块组成，缺乏清晰层理。

岩浆活动相当强烈，主要是奇美火成杂岩及其上覆的都峦山组火山集块岩，由安山岩类和安山质火山碎屑岩组成，包括多期的侵入和喷出活动，是岛弧岩浆活动的产物。

（二）成矿特征

1. 成矿系列特征

Ⅲ-79-③成矿亚带内相关的矿产主要是与奇美火成杂岩体相关的奇美式斑岩型铜矿，如奇美铜

矿、都峦山铜矿等。另外，还产膨润土、石灰岩等相关非金属矿产。

Ⅲ-79-③成矿亚带中矿床成矿系列主要是与喜马拉雅期中酸性火山侵入岩活动有关的 Cu、Au、Ag、S 矿床成矿系列。

该系列矿床主要分布于东部海岸山脉区岩浆活动区内。东部海岸山脉区包括及其东南外海的兰屿和绿岛是吕宋火山岛弧的北延部分，形成于中新世早期，是由洋壳发育起来的火山岛弧，与属欧亚大陆板块的南中国海沿马尼拉海沟向东俯冲到吕宋弧之下有关。

与成矿有关的火成岩属俯冲板块部分熔融成因的岩石组合以拉斑玄武岩系列为主，局部见高铝系列。分布于海岸山脉区，成矿属中新世—上新世，少数为更新世。矿床类型及主要特征：本系列主要矿床类型有斑岩型。斑岩型矿床分布于山岸山脉的奇美及台东外海的的兰屿和绿岛等地，矿化与中性浅成侵入岩有关，呈浸染状产于岩体内及其接触带。

该区在台湾的东部海岸山脉区，其矿床式为奇美式斑岩型铜矿。该区位于菲律宾海板块和欧亚大陆碰撞带上，陆缘弧相，属北吕宋火山岛弧。以奇美火成杂岩体为中心的中性闪长岩（安山斑岩等）侵入。奇美地区的铜矿体主要为浸染状的黄铜矿，也有局部网脉状的含黄铜矿的石英脉，且这些矿化作用和闪长斑岩有关。奇美铜矿的蚀变矿化作用主要有绢云母化-黄铁矿化-粘土化-青磐岩化等。蚀变分带由内到外可分为 3 个带：即中心带为钾长和硅化带（绢云母、黑云母和钾长石），中间带为绿泥石化、绢云母化和硅化，外带为青磐岩化（含绿帘石、绿泥石、黄铁矿和方解石），矿化最好的为中心带和中间带。据奇美火成杂岩的 K-Ar 法年龄测定值为 25~9 Ma。

2. 成矿远景区

Ⅲ-79-③成矿亚带内仅划分出 1 处Ⅴ级成矿单元（即Ⅴ级与Ⅳ级相同），为台东火山弧 Cu-Au 矿集区（Ⅴ-7）。

台东铜、金矿集区（Ⅴ-7）：属菲律宾海板块的前缘部分，系吕宋岛弧系斑岩铜（金）矿带北延部分，也是东亚斑岩成矿带北延的终点。范围包括海岸山脉、绿岛、兰岛等，南延未圈闭。矿区以斑岩型铜矿床为主，普遍含金。

本区为中新世至上新世以安山岩类为主火山岩及次火山岩（闪长岩），有多次侵入、喷发活动，斑岩铜（金）矿化主要与闪长岩、次安山岩有时空成因关系。区内地质条件有利于生成斑岩铜（金）矿床。本区南延入菲律宾岛弧，在消减带附近已发现有斑岩铜矿床（点）50 多个，与中新世—上新世（以中新世为主）闪长岩有关（20~6.7 Ma），平均含 Cu 0.3%~0.64%，Au 0.93~0.2 g/t。因此，本区为斑岩铜矿成矿较有远景地带。此外，本区亦是寻找多金属、蛇纹岩等矿产有利地带。

主要矿产有铜、金等，代表性矿床有花莲的奇美、台东都峦山等铜金矿床。

第二节　Ⅲ-79-③成矿亚带的矿集区特征

在台东火山弧 Cu-Au 矿集区（Ⅴ-7）中，据潜力评价成果有 3 个铜金远景评价区，分别是花莲丰滨-奇美、台东都峦山及台东兰屿铜金远景评价区。

1. 花莲丰滨-奇美铜金远景评价区

花莲市丰滨-奇美地区，构造位置位于 Cu-Au 矿集区（Ⅴ-7）成矿区带的北部。

区内出露主要地层有中新统的都峦山组（N_1d）火山岩流、火山角砾岩等，其上覆为第四纪的洪冲积盖层。与斑岩型铜矿相关的安山岩、安山质碎屑岩（$N_1\alpha$）等主要分布在奇美地区。构造线总体以北北东向为主。

已知此类型的矿产是奇美斑岩型矿床（小型）。铜矿体产在奇美火成杂岩体中，奇美火成杂岩体由玄武质安山岩、斑状安山岩、玄武岩、闪长岩和多种岩脉组成。铜矿成矿作用与闪长岩侵入活动有关，形成网状浸染矿脉。矿脉带有 2 个，均呈南北向分布，其一长 130 m，宽 20 m；另一长 110 m，宽 0.5~1 m，均向西倾斜。原生矿石由黄铁矿、黄铜矿伴有石膏组成，氧化矿见有辉铜矿和孔雀石，矿石品位 Au 0.3 g/t、Cu 0.2%~0.5%。根据 1966 年物化探和地质调查结果，若 Cu 品位为 0.2%，矿

石储量 1300×10^4 t；若矿石品位为 0.3%，矿石储量则为 500×10^4 t。

奇美铜矿区蚀变作用明显，矿床产于钾化的蚀变带上，硅化和硬石膏化分布广泛，其余蚀变有绢云母化、黄铁矿化、粘土化、青磐岩化。表生富集作用的次生铜矿物（铜绿）露头亦发育。

成矿时代：据何春荪在奇美铜矿中取得的斑状安山岩样品所测的 K-Ar 法年龄可知，奇美杂岩的侵入年代为中新世。由于此类斑岩型铜矿的矿化作用与其侵入年代的时间较短且大致相同，因此，可将此年龄视为其成矿年龄。

找矿标志：奇美铜矿区的铜绿露头是找寻此类铜矿的直接地表标志；绢云母化蚀变带是斑岩铜矿体的近矿指示蚀变带；安山斑岩的分布区是铜矿体产出的母岩，也是找矿的重点部位。

其预测成果：花莲丰滨-奇美铜金成矿远景评价区为 A 级成矿远景评价区，该远景区预测铜总资源量 48624 t。

2. 台东都峦山铜金远景评价区

位于台东北部都峦山一带，成矿区带位于台东火山弧 Cu-Au 矿集区（Ⅴ-7）的中南部。

区内出露的主要有中新世的毕禄山组板岩-千枚岩变质建造，都峦山组凝灰质砂岩、安山集块岩等建造，上新世利吉混杂岩的灰色厚层泥岩及卑南山组的洪冲积厚层砾岩等，其上部多为第四纪的洪冲积盖层。总体构造线以北北东向为主。

区内已知的此类型矿产为都峦山矿点。该区已知矿体露头多产在集块岩和砂砾岩的接触处，为很多安山岩脉所贯穿，与奇美杂岩区相似。

预测成果：台东都峦山铜金成矿远景评价区为 B 级成矿远景评价区，成矿远景评价区预测总面积 67.35 km^2，该远景区预测铜总资源量 115130 t。

3. 台东兰屿铜金远景评价区

位于台湾岛东南侧的兰屿岛，成矿区带位于台东火山弧 Cu-Au 矿集区（Ⅴ-7）的南部。

区内出露的主要是上新世至更新世的兰屿安山岩，主要包括龙头岩火山角砾岩、东清安山岩、馒头山安山岩和双狮岩火山角砾岩等。岩石以火山角砾岩和熔岩流为主。岩性多以角闪石安山岩、辉石-角闪石安山岩。

铜矿化大致可分为两个带，南为红头村露头，在红头村及野银之间；北为东清露头。前者分布广但 Cu 含量仅 0.1%，后者分布小而品位可达 0.6%。铜矿物有黄铜矿、辉铜矿、斑铜矿、铜绿、赤铜矿和自然铜等。

区内矿石构造主要为细脉状和网脉状，共生有黄铁矿，为标准的斑岩型铜矿。蚀变主要有硅化、粘土化、绿泥石化、绿帘石化及碳酸盐化等。

预测成果：台东兰屿铜金成矿远景评价区为 C 级成矿远景评价区，该远景区预测铜总资源量 200005 t。

第三节　Ⅲ-79-③成矿亚带的成矿规律

一、矿床时空分布规律

（一）铜矿形成的时间分布规律

与Ⅲ-79-③成矿亚带有关的铜矿相关的成矿期为喜马拉雅成矿期。奇美式斑岩型铜矿就形成在这一成矿期中。

（二）铜矿的空间分布规律

与Ⅲ-79-③成矿亚带的铜矿产在空间分布上具有较明显的区带分布规律。奇美式斑岩型铜矿床主要分布在台湾东部火山弧区，包括花莲丰滨、台东都峦山、兰屿等地。

二、Ⅲ-79-③成矿亚带的区域成矿规律

（一）区域控矿的地质构造因素

1. 火山岩与成矿关系

与火山岩具有明显的关系，斑岩型铜矿亦与其中的火成杂岩等相关。

本区带属于台湾省东部火山岩属吕宋弧系北延部分，包括海岸山脉中新世奇美火成杂岩、中新世至上新世绿岛和兰屿安山岩、火山碎屑岩及中新统都峦山组安山集块岩、火山碎屑岩等。火成杂岩与奇美斑岩铜矿密切相关。

2. 铜金矿与构造关系

构造是成岩成矿的前提，既控制了沉积建造、火山喷发、变质岩带等，又控制了区域成矿作用和矿床展布。在晚新生代时发生的强烈板块构造运动，引发了高铝质玄武岩、安山质火山岩侵入-喷发活动，形成了以奇美式斑岩型铜矿等为代表的与火山作用有关的铜矿产。

（二）成矿作用及其形成的矿床组合在时间和空间上的演化具有规律性

Ⅲ-79-③成矿亚带区域成矿谱系：本区只有一期次矿床成矿系列，即岩浆成矿作用的矿床成矿系列，喜马拉雅期与岩浆成矿作用有关的Cu、Au、Ag、S、地热等矿床成矿系列相关。

其矿床成矿系列的矿床组合只有Cu、Au、S，其地质构造分布位置是：西到东分别是S、Au、Cu。Au、Cu、S之间在时间和空间上的演化具有过渡性、继承性分布规律。

第七篇 区域成矿规律

第二十一章 矿床成矿系列

第一节 主要矿床类型

台湾省主要矿床类型及主要典型矿床见表21-1。

表21-1 台湾省矿床成因类型一览表

成因类别（一级）	成矿作用类别（二级）	矿床成因类型（三级）	典型或代表性矿床（矿点）
内生矿床	岩浆作用矿床	陆相火山岩型矿床	浅成火山-次火山热液型：金瓜石金矿
			火山热液型：七股硫铁矿
			浅成次火山中-低温热液型：平林汞矿
		海相火山岩型矿床	花莲天港山石膏
		斑岩型矿床	奇美铜矿
		岩浆热液型矿床	石英脉型：合欢山金矿点
	变质作用矿床	受变质型矿床	受变质型矿床：铜山铜矿
			沉积-变质型矿床：和仁、西帽山大理岩矿
		变成型矿床	蛇绿岩-变质型矿床：丰田软玉-滑石矿
			混合岩化伟晶岩型：粉鸟林白云母矿
外生矿床	表生作用矿床	风化型矿床	大油坑褐铁矿点、磺嘴山铝土矿
	沉积作用矿床	砂矿型矿床	滨海砂矿型：北统汕洲独居石矿
			冲洪积砂矿型：砂金
		机械沉积型矿床	南港石英砂岩
		化学沉积型矿床	南港石灰岩矿
		生物化学沉积型矿床	汐止煤矿、出磺坑石油天然气

第二节 矿床成矿系列

成矿系列是矿床地质科学中研究区域成矿规律的一种学术思想（概念），用系统论、活动论观点研究在地质历史各阶段、各特定地质构造环境中的成矿作用过程及形成的矿床组合自然体（程裕淇，1983；程裕淇等，1979；陈毓川等，1998，2006，2015）。成矿系列亦是一种矿床的自然分类（陈毓川等，2006，2015）。

成矿系列体系由5个序次组成，第一序次为矿床成矿系列组合、矿床成矿系列组和矿床成矿系列类型，第二序次为矿床成矿系列，第三序次为矿床成矿亚系列，第四序次为矿床式，第五序次为矿床。其中第二序次矿床成矿系列是核心部分。矿床成矿系列是在地球存在的历史中，特定时空域内形成的有成因联系的矿床组合自然体（陈毓川等，2006）。每一个矿床成矿系列均是地球存在的时空域中唯一的一个不可分割的实体，由 4 个要素组成：特定的时间段、特定的地质构造环境、特定的成矿作用和由此形成的矿床组合自然体。

台湾省区域成矿作用的发生、发展与西太平洋构造带中新生代以来岩石圈板块构造演化发展有着时空关系。成岩成矿作用在时间上与板块构造活动发展的一定阶段相伴随，在空间上与一定的构造部位相依存。一般内生矿床生成受火山岛弧系岩浆岩岩相控制，沉积矿床受构造盆地不同发展阶段所形成的构造-沉积岩岩相所制约，变质矿床则主要与构造-变质岩岩相有关。

从台湾已发现的各类矿床来看，台湾省区域成矿作用主要与岩浆作用、变质作用、沉积作用和表生作用有关，从而划分出相应的 4 个矿床成矿系列组合，即与岩浆成矿作用有关的矿床成矿系列组合、与变质成矿作用有关的矿床成矿系列组合、与沉积成矿作用有关的矿床成矿系列组合、与表生成矿作用有关的矿床成矿系列组合。

在这 4 个矿床成矿系列组合基础上，又根据同一成矿作用的不同时期的成矿特征分出 5 个矿床成矿系列（见表 0-9）。

矿床式是属于矿床成矿系列、成矿亚系列之下的一组相同类型的代表性的矿床或矿田，是一定区域内有成因联系的同类矿床类型矿床的代表。在矿床成矿系列、成矿亚系列研究中，形成的矿床组合中有一个或多个矿床类型，每种矿床类型有多个矿床（点）产出，代表这类矿床共性的代表性矿床（典型矿床）称为矿床式。矿床式既代表了典型矿床，也代表了这类矿床的共同特性。矿床式属矿床成矿系列或亚系列中矿床，是矿床成矿系列中的基本组成，是研究矿床成矿系列的基础，是由各种成因类型的矿化构成的。

根据台湾各个矿种现有矿床，可作为各个矿种典型或代表性矿床有新北金瓜石金铜矿、花莲奇美铜矿、台北七股硫铁矿、花莲和仁大理岩矿、宜兰铜山铜-硫铁矿、花莲丰田软玉-蛇纹岩-滑石-石棉矿、高雄新港口独居石-锆石矿、台北汐止煤矿、苗栗铁砧山-通霄天气田、新竹赤柯山石灰岩矿、台北磺嘴山铝土矿和宜兰西帽山锰矿 12 个，因此，本书就选取这 12 个矿床作为矿床成矿系列的矿床式。

第二十二章　区域成矿规律

第一节　区域成矿控制条件

台湾省各矿种、各类矿床的生成和控制地质条件，不是孤立地存在，而是有规律地出现在一定时间、分布在一定空间内的，是台湾省地壳发展中一定阶段地质作用的产物。其时空分布是成矿作用的结果，是构造运动、沉积作用、岩浆作用和变质作用等因素的综合反映，通常将这些特征与成矿有关的地质因素统称为“成矿控制条件”。对于不同矿床种类的矿产来说，各种控制地质条件的意义是不同的。其中构造控制条件，特别是中新生代以来板块构造运动，对台湾省的成矿作用影响最大，是成矿的先决条件。

一、地层条件

燃料及非金属矿产等基本上产在一定地层和一定的岩石建造中特定部位，并集中分布在相应的地层中。

（一）地层含矿性

台湾省西部山麓（含近海）区的含矿层位有 18 个，其中新近系含矿层位有 13 个，以中新统含矿层位常见，分布广，最具工业远景。全省各含矿层位矿床类型单一。新生界以沉积型矿产为主，中央山脉区前古近系则多为受变质（沉积-变质）型矿床。沉积型矿产主要为燃料矿产及非金属矿产，有煤、天然气、石油及石灰岩、石英砂岩、粘土等；受变质（沉积-变质）型矿产有大理岩、白云岩；此外还有受变质（火山沉积-变质）型含铜硫铁矿、蛇绿岩、变成型蛇纹岩、滑石、石棉、软玉等。

煤、天然气、石油及石灰岩、石英砂岩、粘土矿产等集中产于中新统下部木山组—大寮组、中部石底组—南港组及上部南庄组，天然气及石油亦产于上新统、渐新统及白垩系中，石灰岩一般赋存于上新统、更新统，变成型变质矿床基本上产在东部太鲁阁及玉里杂岩带中。

（二）含矿地层分布特点

1. 前古近系大南澳含矿地层特点

大南澳分布在台湾省东部，赋存有受变质（沉积-变质）型大理岩（结晶灰岩）白云岩及受变质（火山沉积-变质）型含铜硫铁矿等。其中大理岩-白云岩矿层主要产于大南澳下部九曲组层中，由大理岩及部分白云岩组成。白云岩以厚层状、透镜状夹于大理岩中，长度和厚度变化较大。

2. 白垩系云林组含矿地层特点

以下白垩统为主，厚度变化较大，大部分为浅海相沉积，属中等-良好生油岩，有良好生油能力。台西南盆地（高雄外海）的致昌、建丰、致胜 3 个构造在白垩系砂岩中已钻获丰富工业油气。本地层还产有石灰岩。

3. 古近系含矿地层分布特点

古近系含矿地层主要有西部及近海古新统王功组、始新统中寮组，均含石灰岩层；雪山山脉北部渐新统四棱组夹含劣质煤、石墨、石英砂岩等。古近系暗色泥页岩，有机碳含量高，属中等-良好生油岩。

始新统分布在中央山脉西坡，在台湾海峡东部普遍发育，厚度由南西向北西海域增大。本统暗色泥质岩层为中等生油岩，在鹿港外海振安及澎湖附近海域振威构造始新统砂岩中已钻获工业油气流。珠江口盆地已查明油源来自始新统母岩，东海陆架盆地主要生油气层，亦为始新统。台西盆地处于这两个盆地之间，因此，分布在台西盆地及海域的始新统亦很可能是主要生油岩。

渐新统在台湾省西部及海域均有分布。台西南盆地的渐新统下部以细到极细粒砂岩为主，夹薄层石灰岩，底部砂岩厚度一般65~277 m。砂岩层是一个很好的油气储集层，含较富油气。上部以页岩夹粉砂岩为主，偶夹细砂岩和薄层石灰岩，层厚53~380 m。北部为上渐新统五指山组，其暗色泥质岩属中等生油岩，具有生油能力。

4. 新近系含矿地层分布特点

新近系是台湾省最重要的含矿地层，有天然气、石油、煤、石灰岩、石英砂岩、粘土等矿产，主要分布于台湾省西部丘陵、滨海平原地带及邻近海域。

（1）中新统含矿地层分布特点

中新统含矿地层，包括下部木山组—大寮组、中部石底组—南港组及上部南庄组，为3个连续沉积旋回，是台湾省生产天然气、石油、煤、石英砂岩、粘土最主要地层。

1）木山组—大寮组含矿层特点：包括下部木山组，上部大寮组2个含矿地层。

2）石底组—南港组含矿层特点：是台湾省西部最具工业价值的产油、气、煤地层，可分为下部石底组及上部南港组两个含矿地层。

3）南庄组含矿层特点：为中新统上部产煤、油、气、石英砂岩、粘土地层。下部南庄组在新竹苗栗地区，砂岩达80%以上，已多作为玻璃用料。本组下部砂岩、页岩互层，称为“东坑层”，夹煤层，局部可采。新竹苗栗地段，煤层增多，达7~8层以上。本组为锦水气田、竹头崎油气田生产地层，有储油气层约40个，渗透率高。

（2）上新统含矿地层特点

桂竹林组鱼藤坪砂岩段、锦水组、卓兰组为锦水、青草湖、牛山等气田天然气产层。锦水组、卓兰组尚夹透镜状石灰岩或石灰岩礁。锦水组系一套以页岩为主的地层，除所夹的砂岩为产气层外，亦是锦水组以下各组油气储层的重要区域性盖层，为台湾省西部油气的聚集起到很好的区域性封闭作用。

5. 其他含矿地层特点

有第四系更新统石灰岩（石灰岩礁）、全新统沉积耐火粘土、陶瓷粘土及滨海锆石、独居石砂矿、河流冲积砂金等矿产。

此外，台西南盆地钻井中见有侏罗系陆相厚层黑色页岩，台湾省西部分布古新统暗色泥质岩，均属良好生油源岩，有形成油气潜能。

（三）含矿沉积建造特点

含矿沉积建造是指在地壳发展一定阶段于一定沉积环境下所形成的岩层及同生矿层（含矿层）的共生组合。不同时代、不同地带（地区）形成的沉积（火山沉积）建造，其含矿性、含矿种类常有差异，同一建造中不同岩相的含矿性往往不同，因此，沉积建造分析是了解地层控矿条件的必要内容。

台湾省主要含矿沉积建造可概括为含煤建造、油气源岩建造、碳酸盐岩建造等，其特点概述如下。

1. 含煤建造

台湾省含煤沉积建造发育于台湾省西部基隆至苗栗地带，形成于中新世，由下部含煤滨海相和上部浅海相碎屑沉积岩为主的3个连续沉积旋回组成。每一旋回下部含煤1~8层，可采1~6层，单层厚0.3~0.6 m。

1）下沉积旋回：即木山—大寮旋回，其中早中新世木山期沉积了河流-湖水沼泽-滨海环境下含煤的海陆交互相碎屑建造，即为台湾省西部中新世 3 个重要含煤期之最早一期，其沉积呈一个宽条带，从基隆西南沿着山麓带到台中的东势，有数层煤层（线），局部有基性火山活动。木山期含煤沉积建造厚度自现时的基隆海岸向南增大，至苗栗上岛达 700 m，但自上岛和铁砧山向南则变薄，再往南至八掌溪地区，煤层消失。

2）中沉积旋回：即石底—南港旋回，其中早中新世石底期沉积了潮汐平原、三角洲或潟湖环境下含煤的海陆交互相碎屑建造，为台湾省西部中新世第二期含煤沉积，分布于台湾省西北部至台中的山麓带。由台北向南至台中、南投，煤层渐消失，页岩增多。

3）上沉积旋回：即南庄—桂竹林旋回，其中晚中新世南庄期，沉积了大陆-滨海-浅海环境下的海陆交互相含煤碎屑建造，为台湾省西部中新世晚期含煤沉积。从北部海岸向南延伸到嘉义县的阿里山，有较多的薄而不连续的煤层，由北向南，至台中、南投煤层减少，趋于尖灭。

台湾省西部含煤建造也是台湾省西部主要油气源岩。

2. 油气源岩建造

油气源岩建造为侏罗纪、白垩纪、古近纪及新近纪深色泥质岩或页岩，有机质丰度中-良或良。新近纪沉积建造是台湾省西部及近海发育最好的沉积建造。台湾省西部生油岩层基本上集中于此建造中，绝大多数油气储层亦分布在本沉积建造形成的各组中。

新近纪油气源岩沉积建造，实际是自古近纪晚期五指山期开始至新近纪晚期卓兰期，为一连续沉积建造。沉积于台西盆地东部新近纪坳陷中，面积 18800 km^2（陆域面积 15500 km^2）。盆地北部经历 3 次较大的海侵和海退，周期性的升降运动使其成为具规律性的 3 个沉积旋回，即早中新世木山—大寮旋回，中中新世石底—南港旋回、晚中新世—上新世南庄—锦水旋回。每一沉积旋回由一个含煤沉积开始，表示海退和陆地渐渐上升，后发生海侵，沉积了富含有机质的海相泥质岩（页岩）。中新世时期，盆地由北向南加深，沉积随盆地下沉进行，故北部的滨海相含煤沉积渐向南变为海相沉积，沉积的粒度变细，泥岩（页岩）增多，厚度增大，显示海盆越向南越深。各沉积循环中，局部地壳发生裂隙，使基性火山物质喷出，散布在各沉积层之中。

从上述 3 期沉积旋回特点可知，陆相沉积的木山组下部、石底组中部和南庄组为重要的储油气层，其砂岩发育良好，砂岩上面夹有页岩，或砂岩与页岩或煤层相间，为储层之盖层。浅海沉积的碧灵页岩、打鹿页岩和桂竹林组中上部至锦水组页岩均圈闭或多或少的油气，而且碧灵页岩和锦水组页岩中的砂岩，以薄层的细粒至极细粒钙质砂岩或泥质砂岩为主储集天然气；而打鹿页岩内的砂岩发育良好，对油气的生成和储集甚为有利，可储集大量的油气。内浅海沉积的木山组上部、北寮砂岩、观音山砂岩和桂竹林组下部砂岩发育较差，且很少有厚的纯尖灭，其油气储集量亦较同地区内的陆相沉积者相对较少。

新近纪沉积建造中的海相页岩，如打鹿页岩、碧灵页岩及三角洲平原相-近海沼泽相的含煤沉积（如南庄组、石底组、木山组），均是油气源岩。海相页岩既是生油气源岩，亦是区域性油气储层之盖层。本建造的各时期（各组）砂岩，如滨海相、内浅海相沉积的砂岩，具多孔隙、高渗透性，有利于油气生成和聚集，因此，形成本区油气产层多的特点（多达 11 个产层）。

总的看来，新近纪 3 个时期沉积旋回，可形成上层生、储、盖大组合中的 3 套成油小组合。第一成油小组合，由早中新世及下伏（渐新世）暗色泥质岩（页岩）生成油气，在木山组砂岩中储集，碧灵页岩为其盖层；第二成油小组合由早中新世海相页岩生成的油气，在中中新世砂岩（如石底组砂岩、北寮砂岩）中储集，打鹿页岩为其盖层；第三成油小合由中中新世页岩（如打鹿页岩）生成的油气，在中中新世砂岩（如观音山砂岩）晚中新世砂岩（南庄组或东坑砂岩、上福基砂岩关刀山砂岩及桂竹林组鱼藤坪砂岩）中储集，晚上新世的锦水页岩为其盖层。上列 3 个小组合中，又以页岩、砂岩或煤层、砂岩、页岩组成 30~40 个更小的组合，各组成单独的生储层带。

3. 碳酸盐建造

台湾省碳酸盐建造主要形成于前古近系（未分），在早白垩世、古近纪（古新世、始新世）新近纪（中新世、上新世）沉积建造中也有薄层、透镜体石灰岩。

前古近系（未分）碳酸盐建造形成时间早于 190 Ma，主要分布于台湾省东部，在西部台南钻井 CL-1，井深 4612~5415 m 处也见有类似的碳酸盐岩（结晶含燧石石灰岩、白云质灰岩），表明台湾省西部中、新生代沉积地层之下存在前古近系碳酸盐岩。

4. 砂矿建造

台湾海峡两岸分布有滨海砂矿床。台湾省西部滨岸地带分布的砂矿，主要有锆石、独居石砂矿，断续分布长达 100 km，品位富，远景较好；此外，台湾省大陆架据初步调查，亦存在磁铁矿、钛铁矿、白钛石、赤铁矿等砂矿，澎湖列岛附近海底有锆石、独居石、含钍矿物富集；在台湾浅滩、台中浅滩砂质沉积物中，也有具远景的海底砂矿。

砂矿床的形成，首先取决于物质来源，其次是有利于砂矿富集的地貌条件，也与气候、水动力（海流、波浪、潮汐）及风力有关。

（1）矿源条件

台湾省滨岸、岸外及大陆架砂矿物质来源，主要来自附近基岩，亦间接来自福建省沿岸基岩及滨海砂矿带。海峡两岸基岩的性质是形成台湾省滨海砂矿床的主要因素，不同岩类决定着砂矿床的不同物质组分。台湾省西部滨海及岸外大陆架砂质沉积物，主要来自中央山脉西坡山地及山麓区。这些重砂矿物，一般来自台湾本岛新近纪石英砂岩等基岩，其次来自澎湖列岛、台北大屯山等火山岩及中央山脉变质岩。

（2）地貌条件

地貌特征决定滨海砂矿的富集和分布，就台湾省西部而言，海岸线发育岸外沙嘴、沙洲等地段都易于形成砂矿层。

1）台西南滨岸砂矿地貌特点：台西南滨岸由鹿港至台南长 120 km，发育 3 列雁行含矿沙嘴，主要由东北来的泥沙流因岸线转向而产生。在浊水溪扇形平原向西突出的河口区，河口泥沙流向西南伸展，即成为伸入海中的沙堤地形；台南海岸也因岸线由北东向转向南东而形成岸外含矿沙嘴。曾文溪以南，为海岸线的另一大转折点，北来泥沙流基本停止，故海岸转入沙堤潟湖岸区。

2）台湾海峡地貌特点与砂矿形成关系：台湾海峡海底地形地貌形成、发展是在断裂构造控制下，各种营力作用的结果。构造运动奠定的坳陷、隆起，经侵蚀、堆积，形成各种侵蚀台地和浅滩，以及堆积平原地貌。台湾浅滩含有用重砂矿物之砂质沉积物，经水动力作用，呈跳跃性搬运，由浅滩搬到澎湖列岛周围及南部，进一步推至台西南近岸陆架及滨岸地带，可形成独居石-锆石砂矿层。

（3）水动力条件

水动力条件包括海流、波浪、潮汐等。砂矿物质在水动力作用、分选下，在适宜的地貌部位沉积生成砂矿层。特别是潮汐作用。

台湾省西部沿岸，潮差由北向南渐减。浊水溪以北潮差较大的河口，一般不发育栏门沙，不形成沙堤、沙嘴、沙洲，亦没有砂矿层形成；而台西南潮差较小，潮流较弱，因此，台西南滨岸发育 3 列含矿沙嘴、沙洲，形成独居石-锆石砂矿层。

（4）风力条件

季风是形成滨岸砂层动力之一。风在 2 级以下时，海流流向为常流所控制；3~4 级时，风-海流能控制表面和水下 5 m 的流向；5 级风时，风浪能达底层，挟带砂泥至岸边。

二、岩浆岩条件

前已述及，台湾省位于两个板块之间的挤压剪切不稳定地带，且兼有琉球弧与吕宋弧的特性，因此，岩浆活动频繁，主要表现为中性或基性火山活动，从前白垩纪至中新世均有活动，更新世火山活动更为壮观。

与火山作用有关的矿产，主要有金、铜、硫铁矿、硫磺、地热等。矿床类型有陆相火山岩型（次火山热液型、火山气液型）、斑岩型等。此外，火山活动带来的高温热流有助于提高生油气源岩的成熟度，加速油气的生成和聚集；部分基性火山岩及基性侵入岩，可作为铸石原料。

（一）火山岩与成矿关系

台湾省的火山活动时间延续很长，大约在晚古生代就有海底基性火山活动，新生代各时期基性火山喷发活动较频繁，特别是中新世以来，随着板块的俯冲、碰撞，火山活动更活跃，火山成矿作用更为明显，形成金、铜、硫磺等矿产。大屯山火山硫质气液仍在活动，成矿作用还未停止（硫磺不断生成）。

按火山岩时空分布特点，可划分为北部琉球弧火山岩成矿区、东部吕宋弧火山岩成矿带、台西盆地火山岩区、澎湖隆起火山岩区及大南澳火山岩带。

1. 台湾北部琉球弧系火山岩与成矿关系

台湾省北部更新世形成大屯火山岩区、基隆火山岩区及海岸外花瓶屿、棉花屿、彭佳屿、黄尾屿等火山岛，它是琉球弧系延伸的一部分，宜兰平原是冲绳盆地向南西延伸的终点。

更新世是本区最重要的火山成矿期，已知有大屯山区火山作用有关的硫磺、硫铁矿、耐火粘土、漂白粘土、明矾石、地热及基隆区火山作用有关的金、铜、硫铁矿、明矾石等。

火山岩可分2类：石英安山岩类，包括大屯山、基隆及基隆屿、龟山岛、花瓶屿、棉花屿等；玄武岩类，包括彭佳屿、黄尾屿、草岭山等火山岛。大屯山、基隆区安山岩类，化学成分比较接近琉球安山岩。观音山、黄尾屿、彭佳屿等玄武岩主要属高铝玄武岩系列，草岭山岛则属碱性玄武岩。

2. 台湾省东部吕宋弧系火山岩与成矿关系

台湾省东部火山岩属吕宋弧系北延部分，包括海岸山脉中新世奇美杂岩、中新世至上新世绿岛和兰屿安山岩、火山碎屑岩及中新世都峦山组安山集块岩、火山碎屑岩等。安山岩均属拉斑系列，为消减带中洋壳的拉斑玄武岩部分熔融之产物。

有关矿产主要有斑岩型铜矿、火山热液型含铜黄铁矿及热液充填交代型多金属矿、石膏、沸石等，其构成台湾省海岸山脉-吕宋-民都洛铜矿带，有相似成矿作用，可互相对比。

3. 台西盆地火山岩与成矿关系

台湾省西部及海域，白垩纪和新生代地层或多或少夹有火山岩或火山碎屑岩，这表明盆地在沉积过程中，火山活动频繁，从未间断过。新近纪及以前火山岩分布范围较广，均为碱性玄武岩及其碎屑岩；第四纪火山岩为安山质火山岩，仅见于台湾省北部。其中中新世是台西盆地火山活动最活跃的时期，火山活动对生油气源岩的成熟度和油气的形成，有不同程度的影响。按中新世3个沉积旋回，可进一步分为3期：①早旋回火山活动期（公馆期）；②中旋回火山活动期（尖石山期）；③晚旋回火山活动期（角板山期）。

4. 澎湖隆起火山岩及矿产

澎湖列岛地区，早白垩世已有基性（玄武岩）火山喷发活动，始新世是基性火山较强喷发期，形成澎湖台地周围陆相成因红色页岩、凝灰岩夹玄武岩层。更新世，本区大规模玄武岩喷发活动，夹有浅海相粘土岩、灰岩。

本区玄武岩可作铸石原料，柱状与板状玄武岩质优，可作为各级混凝土骨料。多孔状玄武岩中穴孔、晶洞中常见有文石，具多种美丽的天然色调，质地较好的适于雕刻成各种装饰品。玄武岩所夹的粘土岩中可能存在硅藻土层。此外，玄武岩风化壳可寻找风化红土型铝矿。

5. 大南澳火山岩与成矿关系

台湾省东部大南澳火山岩，形成于前古近纪，可分为两种。

1）华力西期火山岩：为海相拉斑玄武岩及弧系安山岩（变质为绿片岩），与前古近纪碳酸盐沉积建造同时形成。与海底火山作用有关矿产，以铜-黄铁矿为主，赋存于火山岩（绿片岩）中。

2）燕山期火山岩：形成于深海槽，系拉斑系列玄武岩及其碎屑岩，于燕山晚期变质为绿片岩和绿帘石角闪岩等，形成蛇纹岩、滑石等。

（二）侵入岩与成矿关系

境内侵入岩不多见，主要为燕山晚期（即南澳运动期）侵入之基性、酸性脉岩及变质混合作用形成的花岗伟晶岩脉，伟晶岩脉常形成云母矿。

三、变质岩条件

台湾省境内各时期变质成矿作用，与中新生代板块俯冲/碰撞息息相关。俯冲所发生的压力和热力效应，导致沿板块边界出现强烈变质成矿作用，形成高压/低温和低压/高温变质带及有关矿产。

板块活动产生的变质作用，使原来不同组分的矿床或矿源层，改造为具另一种性质的矿床，或原有矿石（岩石）的物质组分、物理性质、结构构造等发生改变，产生有用矿物的富集形成新的矿床。

（一）各期变质作用特征

中生代以来主要分 2 个变质时期 3 次变质作用，分列于下。

1. 前喜马拉雅期

前喜马拉雅期变质作用可分出中生代早—中期变质作用和中生代晚期变质作用。

中生代早-中期变质作用的成矿受这时期板块构造运动所制约。复理石建造、碳酸盐建造、含矿火山岩建造经变质作用，形成太鲁阁高压低温过渡型变质带。这次变质作用，使原沉积的石灰岩、白云岩及火山-沉积生成的含铜硫铁矿，分别形成大理岩、白云岩及铜-硫铁矿的矿源层。

中生代晚期俯冲带变质作用，形成玉里蛇绿混杂体，产生绿帘石角闪岩相等高压、低温变质作用，并形成蛇纹岩矿、铜-硫铁矿；在蛇纹岩体中及边缘、近侧形成滑石、石棉及软玉（即台湾玉）等矿产。而在太鲁阁早期变质带上产生高温低压变质作用，生成原地、异地花岗伟晶岩及白云母、大理岩、白云岩、铜-硫铁矿等有关矿产。

2. 喜马拉雅期变质作用

中新世中晚期，随着菲律宾海板块与欧亚板块的碰撞加剧，北西向压应力使亚洲大陆俯冲于海岸山脉（属吕宋岛弧）之下，造成叠瓦构造和东倾的逆断层，使基底盖层产生绿片岩相区域低温动力变质作用，使玉里和太鲁阁变质岩带叠加了绿片岩相变质作用，从而使变质基底上矿产得以继续改造，形成了北东向的变质岩矿带。

综上所述，中新生代板块构造运动，主要形成台湾东部太鲁阁变质带及玉里变质带，相应生成两条各具特色的变质矿带，即以受变质（沉积变质）型铜-硫铁矿、大理岩、白云岩为主的太鲁阁矿带及蛇绿岩-变质型及变成型蛇纹岩、滑石、石棉、软玉等矿产的玉里矿带。

（二）变质成矿作用特征

台湾省变质成矿作用形成的变质矿床，既与原岩建造的含矿性密切相关，又受变质作用的具体条件制约。基本上可大致分为变质成矿作用及变成成矿作用两种成矿作用。

1. 变质成矿作用

这种成矿作用，主要是变质结晶及重结晶作用。形成的矿产主要有大理岩、白云岩、含铜硫铁矿等，明显受到原来含矿建造的控制，它们原来为沉积矿床、火山沉积矿床，经区域变质作用使矿石的矿物成分和结构构造发生变化，如大理岩矿床。这类成矿作用，矿体和围岩属同一建造类型，矿石和围岩属同一变质相，成矿作用与变质作用性质基本一致。

2. 变成成矿作用

中生代形成的区域变质带，后期又因多次板块构造运动，导致多次变质作用；不同时期的变质作用，因物理化学条件（主要是压力、热力条件）产生了不同的变质相，早期高压变质相被晚期高温的变质相所叠加、改造，在进一步变质-混合岩化或形成含矿流体（或热液），使物质重新组合产生新的工业原料矿物，形成变质热液型矿床。其矿体与围岩特征可一致，也可不一致，两者都有成因联系，多属同一变质相。如玉里变质带的蛇绿岩体，初次变质为蛇纹岩矿床，再受后期低温热液交代，产生滑石、石棉、软玉（闪石）矿物，富集成矿床（如丰田矿床），分布在蛇纹岩体中或其边缘、近侧（绿片岩或黑色片岩）。太鲁阁变质带由于受后期高温变质作用叠加影响，产生混合岩化，深熔-变质分异形成花岗伟晶岩或白云母伟晶岩脉群。

第二节 （壳幔）构造作用对其成矿的控矿作用

构造是成岩成矿的前提，它贯穿了构造-建造-成矿全过程，既控制沉积建造、火山喷发、变质岩带，又控制区域成矿作用和矿床展布。地壳构造运动所生成的各种构造形式，是控制油气田和金属矿床生成和产出的重要构造因素。

一、地壳结构与成矿关系

台湾省境内存在东西两个截然不同的地壳结构区，西部属欧亚大陆板块，为隆起区，由下部硅镁层及上部硅铝层组成，具双层结构，地壳较厚；东部属菲律宾海板块，为洋壳区，单层结构，地壳较薄。地壳结构对岩浆建造、沉积建造生成环境及物质组成有一定的影响，内弧地壳（洋壳）主要生成拉斑系列火山岩浆建造及以铜、金、硫为主的矿产；陆壳型地壳所形成的前陆盆地，生成石油、天然气、煤及非金属矿产。所形成的岩浆岩，则随远离岛弧及地壳增厚而具大陆地壳型的岩浆建造特征，含钾趋高，钠反之，相应形成陆壳型内生矿产（台湾海峡两岸）。

二、板块构造运动与成矿关系

中生代以后，台湾省的构造运动是板块作用的结果，各时期板块俯冲/碰撞方向、消减带倾向、下倾角度、运动速率和会聚斜度等作用方式往往不一样，可能导致各时期的构造活动及火山活动，成矿作用特征存在许多差异。

（一）各时期板块构造运动与成矿关系

1）中生代早-中期板块构造运动：这时期的构造运动造就了大陆边缘断陷盆地，如台西盆地是由板块俯冲/碰撞挠曲断陷而形成的大陆边缘裂陷盆地，它首先接受晚中生代生油岩沉积建造，为新生代巨厚沉积形成油气层奠定了基础。

这次板块构造运动，还使古近纪碳酸盐建造、含铜黄铁矿火山沉积建造及洋壳岩块等经变质作用，形成太鲁阁杂岩带中的大理岩、白云岩、铜-硫铁矿及蛇纹岩矿床。

2）中生代晚期板块构造运动：在区域上，这次构造运动使台西盆地坳陷进一步扩大，发育成生油岩海相沉积盆地；同时，使玉里混杂岩带中的洋壳岩块蛇绿岩变质为蛇纹岩等矿床。

3）晚新生代板块构造运动：菲律宾海板块载着吕宋弧与台湾欧亚大陆板块发生持续碰撞，板块碰撞挤压形成一系列构造（背斜、断层），可以成为良好的储油气构造；并使高成熟度地层中油气大规模运移；构造活动使压力和温度失去平衡，不平衡程度越高，油气运移的规模也越大。苗栗县附近的构造所受到的压力相对较轻，而导致油气产生大规模的运移，形成油气田。

这期板块构造运动，形成了台西盆地、台西南盆地油气田及与火山作用有关的金、铜、硫磺；同时形成利吉混杂岩，并使中生代变质而成的蛇纹岩体，再受低温热液交代而生成滑石、石棉、软玉等矿床。

（二）板块构造运动的成矿作用功能

台湾省及邻区板块构造运动，其成矿作用可归纳如下几点。

1）为火山岩浆活动及火山成矿作用创造了有利环境。如晚新生代弧-陆碰撞，导致安山质火山侵入-喷发活动及铜、金等成矿作用；菲律宾海板块向北俯冲到琉球岛弧之下，引发了高铝质玄武岩、安山质火山岩侵入-喷发活动及金、铜、硫成矿作用，从而生成台湾省内生矿床。

2）“拉张造海”形成不同类型拉张断陷盆地，为含矿沉积建造提供有利空间。中生代板块的俯冲引起的弧后拉张效应，在陆壳基底上形成台西及台西南等断陷盆地。台湾省及邻区的这种盆地具有“东西分块和南北隆凹分带”的构造特点。凹陷中堆积了达万米厚的海相、陆相、陆海交替相及河流三角洲相的白垩系、新近纪含矿沉积建造，为生成油气田、煤及非金属矿床奠定了基础。

3）“挤压造陆”为陆壳增生、地壳增厚提供造陆及成矿的物质来源。板块俯冲/碰撞/增生作用，导致在仰冲板块前缘形成山脉。晚新生代弧-陆碰撞使台湾地壳缩短，形成高耸的中央山脉，地壳加厚。山脉经剥蚀作用，为沉积矿产提供丰富成矿物质，从而形成台湾的硅石砂岩、粘土类矿产及滨海砂矿（包括独居石、锆石等）。此外，前陆盆地沉积岩层中丰富的有机质生成的油气，由于侧向压力，可被“压出来”向上或侧向迁移，在有利的储油气部位聚集成油气田。

4）“俯冲变质”形成区域变质带及变质矿产。台湾省与成矿作用有关的变质带，主要发育于中生代早-中期及晚期的消减带构造杂岩带，经多次变质作用，形成目前的太鲁阁带及玉里带。台湾省变质矿床主要分布于此两条变质带中。

5）使地壳变形，产生一系列褶皱、断裂，有利于控矿，圈闭油气，成为储层。

6）产生高温地热区（带）和地震带。高温热泉沿活动断裂集中成带展布。此外，弧后拉张使地壳减薄，地幔上隆亦有利于形成热田。

7）带来洋壳岩块，生成蛇纹岩及有关矿产。

三、构造对含矿沉积建造的控制

台湾省及邻区控制含矿沉积建造的构造盆地，主要发育在大陆板块边缘的拉张断陷盆地，如台西盆地、台西南盆地、南澎佳屿盆地、北澎佳屿盆地等。这些盆地的生成、发育均受板块俯冲/碰撞制约，其不同发展阶段控制因素虽不尽一致，但都从断陷转化为坳陷，即一般发育早期，为陆缘张性断裂，使盆地快速下降（断陷），并常伴随基性火山喷发热事件；至发育晚期，为区域性向下坳陷，由于受到板块构造挤压的影响，使盆地多表现为东陡西缓、东断西超的不对称特征。

在本区各个控制含矿沉积建造构造盆地中，以台西盆地面积最大，新生代沉积最厚，油气、煤等矿产资源丰富，是区内最具经济意义的构造盆地。其次是台西南构造盆地，亦是具油气层之盆地。这里着重介绍台西及台西南两盆地的构造作用对含矿沉积建造控制的一般特征。

（一）台西盆地含矿沉积建造受构造控制的特点

台西盆地位于台湾省西部及海域，为陆缘扩张裂陷-坳陷盆地，向南东倾斜，自早白垩世以来，沉积厚度达 11000 m 的含生油岩建造，以新近纪中新世—上新世沉积建造为主，基本属半封闭海湾沉积环境，以滨海相-浅海相为主，伴随强烈火山喷发，几乎每个旋回或亚旋回之间都有火山喷发活动。早白垩世至古近纪，有明显同沉积的断陷活动，下降速度相当快；渐新世—中新世，区域性坳陷，沉积变慢，海岸西移，沉积往西超覆，由北向南盆地加深，由滨海相过渡为浅海相沉积，厚度增厚。

台西盆地可划分东部坳陷及西部坳陷，其中西部坳陷，可分为北部晋江（乌丘屿）凹陷、中部澎北凸起及南部九龙江凹陷。东部坳陷，面积 l8800 km^2，又可划分北部新竹凹陷、中部苗栗凸起及南部台中凹陷。

新竹凹陷面积 3300 km^2，以新近纪、第四纪含矿沉积建造为主，有中新世—渐新世、始新世—古新世及白垩纪 3 套含成熟生油岩沉积建造厚度为 9000～10000 m。多层组生油岩中，中新世打鹿页岩和碧灵页岩生油岩厚度占 70%，其他层组生油岩占 30%。

台中凹陷面积大于 7700 km^2，亦由 3 大套含成熟生油岩沉积建造组成，厚度为 7000～11000 m。上列 2 个凹陷生油岩，经钻探证实均能生成油气。

上新世晚期—更新世吕宋弧与大陆板块碰撞时，中央山脉褶皱隆起形成造山带，台西盆地由大陆边缘裂陷沉积转变为前陆盆地沉积。因受到由东向西强烈挤压，使各沉积中心沉积建造生成的油气，沿盆地或凹陷东西两侧沉积层上倾方向运移，如新竹凹陷西部斜坡区是油气运移聚集最有利部位。台西盆地东部油气田多分布在新近纪凸起区（苗栗凸起）古隆起区（观音隆起）及其斜坡，符合由低区向高区运移、聚集的一般规律。构造运动压力及火山喷发活动，使台西盆地，特别是东部坳陷，有较高的地热场，降低了生油门限深度，有利于生油岩有机质向烃类转化。局部受到火山岩体的影响，生油门限深度更低。

（二）台西南盆地含矿沉积建造受构造控制的特点

台西南盆地位于澎湖-北港隆起南侧，南中国海北部大陆架上，是由南海扩张破裂下陷形成构造盆地。西以东沙-澎湖隆起带与珠江口盆地相邻，东以屈尺-潮州断裂为界，含台湾省西部平原及澎湖列岛以南的陆架、陆坡区，面积约为72500 km^2。其可划分为北部凹陷、中间隆起、南部凹陷和南部隆起。沉积厚度大于10000 m，北部坳陷厚8000 m，渐新世晚期才开始发育，以浅海-半深海相泥岩为主，夹砂岩，下有白垩系、侏罗系砂泥岩；南部坳陷厚达10000 m，下有5000 m中生代地层。

这种隆凹相间，南北分带的构造格局，有利于生成巨厚含生油岩建造，形成大中型油气田，中国东部含油气的拉张型构造盆地，大都具备相同的构造特点。盆地北缘的澎湖-北港隆起往西南与珠江口盆地的东沙隆起相衔接，东沙隆起早中新世地层中发育一套岩礁储集层。本盆地内的中间隆起带位于致昌（CFC）构造与建丰（CGF）构造连线上，呈北东走向，在中新世时期，可能构成东沙-澎湖隆起的一条支脉，故亦可能有岩礁储集层。中间隆起带南北两侧为生油坳陷，沉积了侏罗纪、白垩纪、渐新世、早中新世4套良好生油沉积建造。两坳陷内生成之油气分别沿北与南方向朝隆起移栖，形成油气富集带。同时，隆起带上的各类型封闭都发育了生油气层，大量排烃期前，其上方有较厚的区域性盖层，这种配置式构造适宜于储集大量油气，生成油气田。

四、构造对矿床的控制

台湾省褶皱、断裂构造格局奠定于最近一次的地质构造运动期，即为上新世—更新世的蓬莱运动。这次构造运动，上述已指出，是由吕宋弧（海岸山脉）与台湾本岛斜交式的碰撞引起的。碰撞引起的由东或南东方向来的压力向西推移，形成一系列呈雁行排列的不对称褶皱及断层，可生成圈闭油气的背斜、断层及背斜-断层、地层-背斜等构造圈闭类型。由于琉球弧的俯冲作用，形成的纵向活动断层及旁侧派生断层常是控制高温地热带的生成和展布的较重要活断裂构造带。

（一）褶皱控矿特点

这里指的褶皱控矿构造，主要是控制油气的背斜构造。台湾省山麓带西部台地、平原油气圈闭类型以背斜为主，如陆域上的铁砧山、锦水、白沙屯、青草湖、永和山、宝山诸背斜，竹南、崎顶等构造高区已落在海面以下。按陆上背斜构造排列型式，推断于近海区尚有一系列平缓褶皱潜伏于海面下。产油气层的背斜构造，一般呈北北东—北东向多具不对称特点，背斜轴长度大多在6~30 km之间，宽度为4~9 km，如铁砧山、锦水、出磺坑、竹东、青草湖等背斜构造。其中铁砧山气田和锦水气田是台湾省两个最高产气田，出磺坑油气田是产油最多的油气。

对背斜圈闭的油气田还存在右（左）移运动的现象，如台湾省西北部桃园台地有略呈东西走向右移雁行的褶曲，在车笼埔西侧则有呈南北向之一连串左移雁行背斜构造。此外，还有背斜构造高区由深及浅位移现象。根据这些构造特点可用以发现深部油气层，当存在断层时，则可按照背斜构造区与断层走向关系，较合理地评价油气封闭面积。

在扭力断层带附近控制油气田之锦水-永和山背斜、出磺坑背斜，由于被断层切割，故为早生成的背斜，而距扭力断层带较远之铁砧山背斜，青草湖-崎顶背斜则可能较后形成。较早形成之背斜，多较早储集油气，由于断层切割及位移，地质构造较为破碎而复杂，生成的油气中只有一部分可圈闭其中。较后形成的背斜，油气可被圈闭形成油气田，这表明浅层构造高区与深层构造高区位移，有利于深层油气封闭。在云林-嘉义地区麓山带的背斜，亦可能有类似新竹-苗幂地区被断层切割之较早形成背斜，因此，深部地层仍有油气储集趋势。

（二）断层控矿特点

蓬莱运动产生一组剪切断层，其中纵断层呈左移、横断层则具右移特点，这一系列断层及其次级裂隙，为台湾省主要油气圈闭构造之一，亦控制了金瓜石式金矿体及台湾岛温泉的展布。

东来的构造推力迫使中新世中期生成的平行正断层的上盘向上移，成为逆冲断层或构造高区，断层面变得更坚密，有利于圈闭后期产生的油气，并形成油气田。新竹-苗栗一带及云林-嘉义平原断层（逆断层）具有右移走向的特点，当断层走向与后期构造运动作用力近于平行时，则断块向西移动而发生断层的横移现象，或断层断块呈向西移动之撕裂作用，成为一系列右移次生横断层。

台湾岛上温泉众多，密集分布于活动断层上及其旁侧派生断层，呈线状或带状延伸，其中花莲-台东北北东向温泉带上数十个温泉，受中央山脉及其次级断裂控制。本带北部主要受北西向扭性断裂控制，南部则受北东东向扭性断裂制约，温泉有规律地分布在这些次级断裂上。又如大屯火山岩温泉区，温泉主要分布在断裂东南侧，受断裂控制，形成长 18 km，宽 3 km 的温泉带。

（三）复合构造控矿特点

复合构造或称为联合构造，主要指断层-背斜、地层-背斜及地层-断层等构造。这类构造一般油气藏较丰富，后期构造运动造成的构造复合，多有利于油气的聚集，如锦水油气背斜构造西翼尖灭并有地层-断层联合封闭作用，有较多油气储集。其他控制油气的断层-背斜联合构造，主要有新营、八掌溪、六重溪、竹头崎等油气田。

第三节　区域时空演化及成矿规律

一、区域成矿在时间上分布规律

台湾省成矿作用时期可大致分出燕山期和喜马拉雅期 2 个成矿期（表 22-1）。

在大南澳混杂岩带中，由于九曲组以厚层、块状大理岩为特征，其原岩为含生物碎屑的厚层至块状灰岩，部分石灰岩产有二叠纪的鏟科和珊瑚化石，当时可能处于古欧亚大陆边缘，属于稳定的陆棚台地沉积，沉积晚期伴有大量海底拉斑系列玄武岩火山喷发活动，因此推测华力西期已有大理岩、白云岩以及与火山活动有关的铜-硫铁矿的矿源层形成。

经过燕山期的构造变动、褶皱变质作用，从而形成大南澳变质岩系。

还应指出，台湾陆壳可能还存在更老的变质岩基底。

（一）燕山期成矿特点

中生代时期太平洋板块往亚洲东部下面俯冲。在燕山期发生多幕或多次的俯冲消减作用，其中在中生代中晚期板块构造活动强度最大，波及范围较广，形成台湾省东部太鲁阁构造杂岩带、玉里构造混杂岩带，分别代表燕山早期和燕山晚期构造-成矿亚期。

1. 燕山早期成矿特点

从晚三叠世到晚侏罗世，为两大板块在本区第一次相互作用的时期，一般认为在距今 180~160 Ma 之间。由于消减作用，深部老变质岩被抬升到地表，洋壳岩块带到消减带，俯冲-碰撞形成增生型太鲁阁高压、低温变质构造杂岩带。此时期强烈挤压，在大陆板块上产生北北东向断裂系统，形成一系列断陷盆地。强烈的热效应引起壳层重熔和岩浆活动，形成的矿产主要有受变质（沉积变质）

型大理岩、白云岩、受变质（火山沉积-变质）型铜-硫铁矿、蛇绿岩-变质型蛇绿岩等。

2. 燕山晚期成矿特点

燕山晚期太平洋板块向西沿太鲁阁东侧玉里深海沟俯冲消减，时间主要在 80~70 Ma 之间。有较多洋壳岩石留在消减带中，同时有强烈的海底基性火山喷发活动，俯冲-碰撞形成玉里高压、低温变质构造混杂岩，并在太鲁阁早期高压、低温变质带上叠加高温、低压变质作用，使太鲁阁变质带进一步变质，产生混合岩化，局部熔融形成花岗伟晶岩。早期形成的断陷盆地（如台西、台西南盆地）扩大并迅速下陷，控制白垩纪或侏罗-白垩纪含生油岩沉积泥沙质建造的沉积和分布。东部玉里混杂岩带形成的矿产有铜-硫铁矿、蛇纹岩、滑石、石棉、软玉等，在西部（含海域）则有石油、天然气等。

（二）喜马拉雅期成矿特点

古近纪—新近纪是台湾省地质发展的最重要阶段。古近纪—新近纪含矿沉积建造，可划分古新世、早始新—中始新世、晚渐新世—中中新世、晚中新—上新世 4 个沉积旋回。其中晚渐新世—中中新世，又可进一步划为晚渐新世、早中新世、早中新世—晚中新世 3 个含煤、生油岩、硅石砂岩沉积建造旋回。

表 22-1　台湾省成矿期简表

<table>
<tr><th colspan="2">成矿期</th><th>构造运动</th><th colspan="3">时代</th><th colspan="3">岩浆活动</th><th>矿产</th></tr>
<tr><td colspan="2" rowspan="7">喜马拉雅成矿期</td><td rowspan="3">蓬莱运动</td><td rowspan="7">新生代</td><td rowspan="2">第四纪</td><td>全新世</td><td colspan="3"></td><td>砂矿(金、锆石独居石)、地热、硫磺、耐火粘土、陶土</td></tr>
<tr><td>更新世</td><td>澎湖基性火山活动</td><td>大屯中性火山活动
海岸中性及基性火山活动</td><td>基隆中性火山活动</td><td>金、铜、黄铁矿、硫磺、明矾石、地热、石灰岩</td></tr>
<tr><td rowspan="5">古近纪—新近纪</td><td>上新世</td><td colspan="3"></td><td>铜多金属矿、石膏、沸石</td></tr>
<tr><td rowspan="3">埔里运动</td><td>中新世</td><td colspan="2">台西基性火山活动
台东中性火山活动
台西基性火山活动
基性火山活动</td><td>台东中性火山活动</td><td>煤、石油、天然气、硅石、砂岩、粘土、石灰岩</td></tr>
<tr><td>渐新世</td><td colspan="3" rowspan="2">基性火山活动
中性火山活动</td><td>石油、天然气</td></tr>
<tr><td>始新世</td><td>石灰岩</td></tr>
<tr><td rowspan="3">南澳运动</td><td>古新世</td><td colspan="3">基性火山活动</td><td>石灰岩</td></tr>
<tr><td rowspan="2">燕山成矿期</td><td>晚期</td><td rowspan="3">中生代</td><td colspan="2">白垩纪</td><td colspan="3">混合岩化（伟晶岩）基性火山活动</td><td>铜-硫铁矿、蛇纹岩、石灰岩、白云岩、滑石、石棉、软玉</td></tr>
<tr><td>早期</td><td colspan="2">侏罗纪</td><td colspan="3">台东基性火山活动</td><td>铜-硫铁矿、蛇纹岩、大理岩</td></tr>
<tr><td colspan="2" rowspan="4">华力西期
（？）</td><td rowspan="4"></td><td colspan="2">三叠纪？</td><td colspan="3" rowspan="4">基性火山活动
中性火山活动</td><td rowspan="4">含铜硫铁矿、石灰岩、白云岩(矿源层)</td></tr>
<tr><td rowspan="3">晚古生代</td><td colspan="2">二叠纪</td></tr>
<tr><td colspan="2">石炭纪</td></tr>
<tr><td colspan="2">泥盆纪？</td></tr>
</table>

古近纪古消减带及岛弧，经板块会聚已停息结束。新的弧沟系统正在酝酿中，这时断裂活动伴随基性火山喷发沉积作用，集中在台湾省西部前陆盆地中。中始新世（50 Ma）台湾省位于欧亚板块的东部边缘。太平洋板块的斜向俯冲作用可能发生在台湾省以东地区。

渐新世中期—中新世中期，太平洋板块向西移动，大陆边缘发生张裂，形成海沟、岛弧、盆地构造。这时期在本地区由于南海板块扩张，沿马尼拉海沟向东俯冲，使吕宋火山弧形成，组成由台湾省（东部）经吕宋延伸至民都洛岛弧系，南北长1300 km，宽300 km。

从渐新世—中新世，岛弧带来巨厚都峦山组安山岩火山岩系，而刮铲下来的沉积物及外来洋壳岩块沿海槽堆积，构成俯冲带复杂的利吉混杂岩。在15~10 Ma前，菲律宾海板块载着吕宋弧向北斜冲；同大陆板块碰撞拼贴，海槽封闭，引发安山质火山侵入-喷发及以铜、金为主成矿作用。弧-陆碰撞，向西使大南澳混杂岩片岩、古近纪发生再结晶、变形、褶皱、逆冲断层带，同时使中生代变质带遭受低温热液作用，生成滑石、石棉、软玉。

上新世—更新世，台湾以东菲律宾海板块向北俯冲到琉球弧之下，使台湾省东北部大屯山、基隆山、龟山岛等与琉球岛连接，成为琉球弧的一部分。这时期由于俯冲作用，引发了高铝玄武质、安山质火山岩喷发-侵入活动及金、铜、硫成矿作用，形成有价值的金、铜、硫等内生矿床。此时菲律宾海板块与欧亚大陆板块碰撞是台湾省最重要的一次构造运动，也是煤、油气及金铜、硫等矿产最重要的生成时期。

喜马拉雅期在台湾省形成的具工业价值的矿产主要有：中新世有沉积型煤、天然气、石油、石灰岩、石英砂岩、粘土；上新世及渐新世沉积型天然气、石油；中新世—上新世斑岩型铜（金）矿、火山热液-沉积型硫磺、多金属、石膏；变成型滑石、石棉、软玉等。更新世陆相火山岩型金铜、黄铁矿、硫磺、明矾石、地热等；全新世各类砂矿（黄金、磁铁矿、锆石、独居石、建筑砂石材料等，耐火材料、陶瓷粘土及地热等）。

二、区域成矿在空间上分布规律

（一）各类矿床的空间分布特点

台湾省各类矿床的空间分布特点可概括下列几方面。

1）矿床分布上，大陆壳边缘主要为白垩纪（或侏罗纪）—新生代构造盆地沉积形成的石油、天然气、煤、石英砂岩、粘土、石灰岩等矿床，过渡型洋壳则以洋壳成因的蛇绿岩经变质生成的蛇纹岩、滑石、石棉、软玉等非金属矿产为主。

2）北部的琉球弧系火山岩与东部吕宋弧系火山岩，有各自的火山岩浆及内生金属成矿作用特点，似与板块俯冲方向、倾角、速率和会聚斜度差异有关。

3）各时期板块活动会聚而生成的消减杂岩（或变质构造杂岩）带，各有不同的矿产，但多产有蛇绿岩-变质型矿产。

4）矿床受不同的构造部位或褶皱断裂带制约。油气一般分布于中新生代盆地的凸起、古隆及其斜坡带；而基本上受限于晚期逆掩断层以西地带，以背斜（或地层-背斜）圈定为主。地热主要沿活动断层分布。

5）各类矿床一般按矿种及类型集中成带展布，和相当的含矿建造及构造带（区）的分布具一致性，形成各具特色的构造-建造-矿带（区）组合体。

（二）成矿区带分布

Ⅲ-79-①台西前陆区 Au-Cu-S-石油-天然气-煤-灰岩等非金属成矿亚带（H）分布于台湾的西部、Ⅲ-79-②大南澳混杂岩带 Au-Cu-S-大理岩-白云岩-蛇纹石-滑石成矿亚带（Yl）分布于台湾的东部海岸山脉、Ⅲ-79-③台东火山弧 Cu-Au 成矿亚带（H）分布于台湾的东部沿海一带。

第四节　区域成矿作用模式、演化及区域成矿谱系

一、区域成矿作用模式、演化

据台湾省成矿作用演化发展过程，可概括成如下区域成矿作用模式图（图 22-1）。

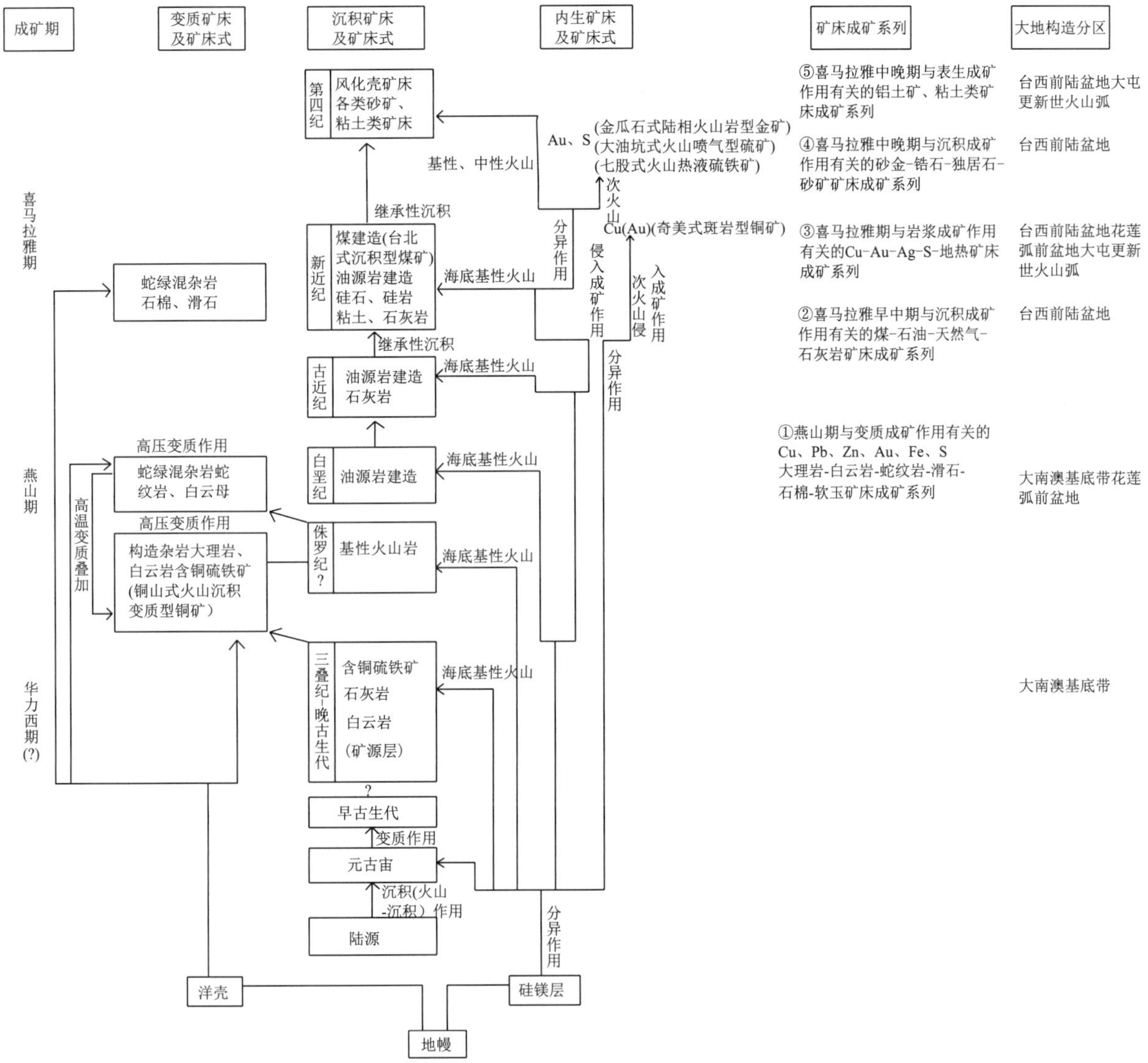

图 22-1　台湾省区域成矿作用模式图

二、区域成矿谱系特征

根据不同地质历史时期的区域地质构造环境及其演化过程、不同地质历史时期的成矿作用及矿床成矿系列以及成矿作用及其形成的矿床组合在时间和空间上的演化规律（继承性、突变型或过渡性）。

最后用图表加以表示横坐标为地域，纵坐标为时间。各矿床成矿系列列入相应的位置。主要成矿元素在时空中的变化用线条粗细及箭头加以表示（图 22-2）。

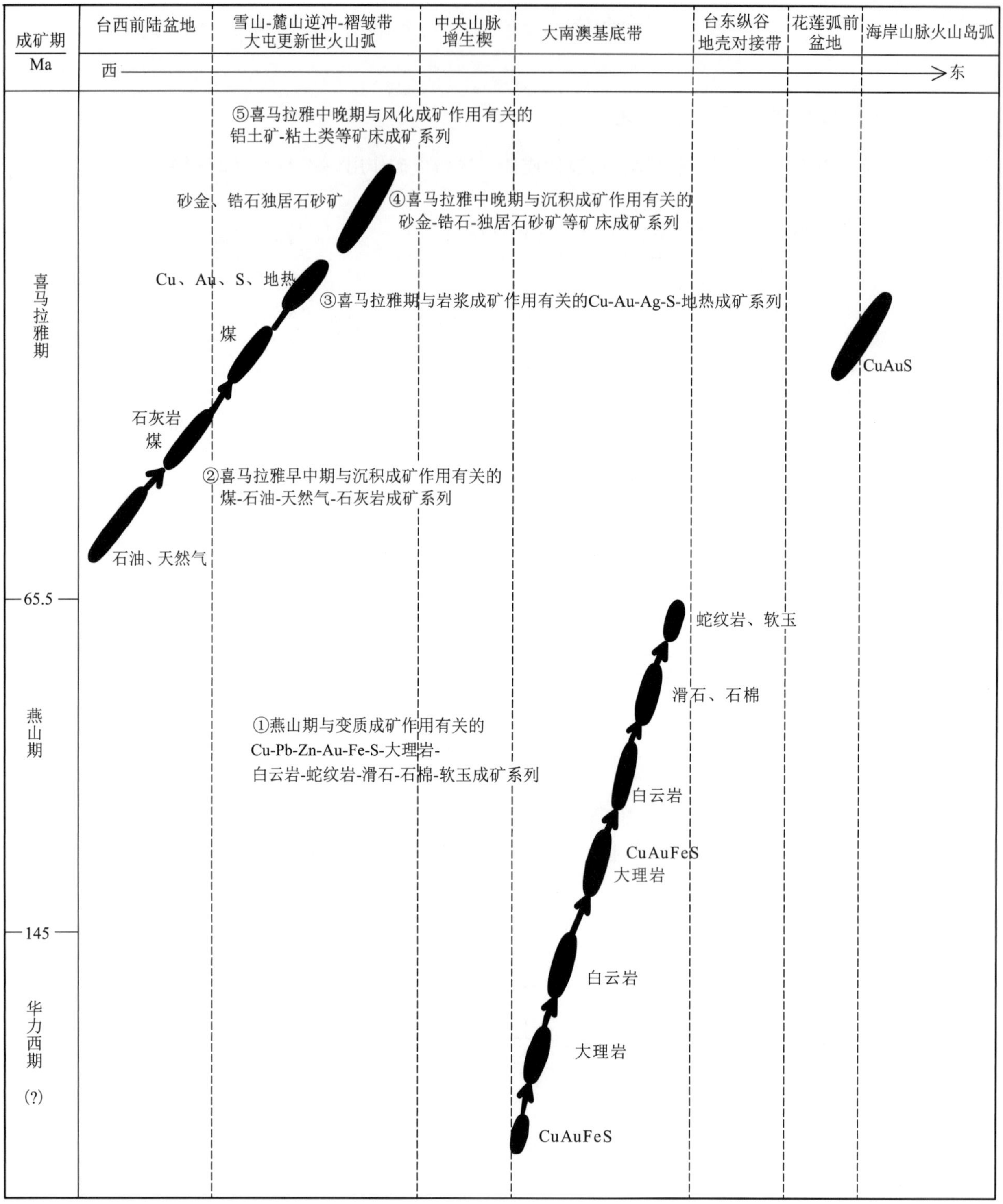

图 22-2　台湾省区域成矿谱系图

结　　语

《中国矿产地质志·台湾卷》是在《台湾省区域矿产》（福建省地质矿产局，1994）、《台湾金属经济矿物》（谭立平等，1997）、《台湾非金属经济矿物》（谭立平等，1999）、《台湾能源矿产及地下水资源》（谭立平等，2000）和第二代《台湾省区域地质志成果报告》（福建省地质调查研究院，2016）基础上，利用收集到的截至2016年底的台湾矿产地质资料和大量参考文献，根据《中国矿产地质志·省级矿产地质志研编技术要求》（中国矿产地质志项目办公室、中国地质科学院矿产资源研究所，2016）编纂而成的，上述各篇以及所附的《中华人民共和国台湾省矿产地质图》（1：50万）、《中华人民共和国台湾省成矿规律图》（1：50万）及其说明书，基本上反映了台湾省矿产资源全貌，成矿地质背景；阐述了区域成矿构造、主要赋矿地层、岩浆活动与成矿、变质作用与成矿；划分了成矿区（带）、矿床成矿系列；总结了区域成矿规律。现将主要成果与存在的主要问题归纳如下。

一、主要成果

1）台湾矿产资源主要有能源矿产、金属矿产（包括黑色金属、有色金属、贵金属、稀有金属和稀土金属）、非金属矿产（包括工业矿物类非金属、工业岩石（土）类非金属和宝玉石）3大类。

2）台湾矿产可以分出39个矿种（主矿种），有375处矿产地，其中超大型矿床1处，大型矿床10处，中型矿床25处，小型矿床111处，矿点228处。矿产资源特点是，能源矿产资源较丰富，金属矿产品种少；固体矿产资源较贫乏，中-大型矿床少。

3）金、石油、天然气、煤、硫、石灰岩、白云岩、大理岩、软玉和地热水是台湾的优势和特色矿种，金、石油、天然气等仍具有良好的找矿前景。

4）台湾省矿床类型有陆相火山岩型、海相火山岩型、斑岩型、岩浆热液型、变成型、受变质型、生物化学沉积型、化学沉积型、机械沉积型、砂矿型和风化型11种，另有水热型1种表示地热水的储热类型。

5）对台湾省39个矿种从矿种的特征和主要经济用途、矿产地数量、地理分布、资源储量、勘查工作程度、开发程度、矿床类型、典型或代表性矿床、单矿种时空分布及成矿规律等方面进行了全面阐述，重点对优势和特色矿种——金、石油、天然气、煤、硫、石灰岩、白云岩、大理岩、软玉和地热水等进行详细描述。

6）成矿作用过程与大地构造演化密切相关，不同级别大地构造单元制约了相应级次的成矿区带，控制着各类矿产不同矿床类型的时空分布。大南澳基底带主要控制着燕山成矿期变成型的蛇纹岩、云母、滑石和软玉等矿产，以及受变质型的铜-硫铁矿、大理岩、石墨等矿产；大屯更新世火山弧主要控制着喜马拉雅成矿期陆相火山岩型的金（铜）、硫、明矾石、安山岩等矿产，以及风化型铝土矿、膨润土、水泥用粘土等矿产；台西前陆盆地主要控制着生物化学沉积型的石油、天然气、海相化学沉积型的石灰岩、砂矿型独的居石、锆石等矿产；雪山-麓山逆冲-皱褶带主要控制着生物化学沉积型的煤、机械沉积型的石英砂岩、海相化学沉积型的石灰岩等矿产；北吕宋火山岛弧和花莲弧前盆地主要控制着斑岩型铜矿等。

7）台湾主要赋矿地层有前古近纪大南澳混杂岩带的九曲组、长春组、天祥组3个，古近系的西村组、四棱组、白冷组、十八重溪组、五指山组5个，新近系的木山组、大寮组、石底组、南港组、南庄组、庐山组、都峦山组、桂竹林组8个，第四系的卓兰组、头嵙山组、卑南山组3个，共19个赋矿地层。前古近系的九曲组、长春组、天祥组主要赋存与变质作用有关的铜-硫铁矿、大理岩、白云岩、滑石、软玉、蛇纹岩等矿产；古近纪—新近纪的含矿地层主要赋矿了与沉积作用有关的石油、天然气、煤、石煤、石灰岩、石英砂岩、耐火粘土，与变质作用有关的石墨，以及与火山作用有关的膨润土、文石等矿产；第四纪的含矿地层主要赋存了与火山作用有关的金、铜、明矾石、安山岩，与风化作用有关的铁、锰、铝土矿、磷，以及与沉积作用有关的铁矿、金矿、锆石、独居石、石灰岩、陶瓷粘土、耐火粘土、泥炭等矿产。

8）台湾可划分Ⅲ级成矿带1个，即：Ⅲ-79 Au-Ag-Cu-Fe-S-石灰岩-大理岩-滑石-石油-天然气成矿带；Ⅳ级成矿亚带3个，即：Ⅲ-79-①台西前陆区喜马拉雅期 Au-Cu-S-石油-天然气-煤-灰岩成矿亚带、Ⅲ-79-②大南澳混杂岩带晚古生代—中生代 Au-Cu-S-大理岩-白云岩-蛇纹石-滑石成矿亚带、Ⅲ-79-③台东火山弧 Cu-Au 成矿亚带；Ⅴ级成矿远景区7个，即：Ⅴ-1 台湾北部 Au-Cu-S 成矿远景区、Ⅴ-2 台西北石油-天然气-煤-灰岩成矿远景区、Ⅴ-3 台西南石油-天然气成矿远景区、Ⅴ-4 台西滨海独居石-锆石成矿远景区、Ⅴ-5 太鲁阁 Au-Cu-S-大理岩-白云岩成矿远景区、Ⅴ-6 玉里蛇纹石-滑石-石棉-软玉成矿远景区和Ⅴ-7 台东火山弧 Cu-Au 成矿远景区。

9）根据台湾省区域成矿作用主要与岩浆作用、变质作用、沉积作用和表生作用有关，从而划分出相应的4个矿床成矿系列组合，即：与岩浆成矿作用有关的矿床成矿系列组合、与变质成矿作用有关的矿床成矿系列组合、与沉积成矿作用有关的矿床成矿系列组合、与表生成矿作用有关的矿床成矿系列组合。在此基础上，以成矿地质环境为基础，结合成矿的时段与形成的矿床组合划分5个矿床成矿系列，即：燕山期与变质成矿作用有关的 Cu、S、大理岩、白云岩、蛇纹岩、滑石、石棉、软玉等矿床成矿系列；喜马拉雅期与岩浆成矿作用有关的 Cu、Au、Ag、S、地热等矿床成矿系列；喜马拉雅早中期与沉积成矿作用有关的煤、石油、天然气、石灰岩等矿床成矿系列；喜马拉雅中晚期与沉积成矿作用有关的砂金、锆石、独居石砂矿等矿床成矿系列和喜马拉雅中晚期与风化成矿作用有关的铝土矿、锰矿、耐火粘土等矿床成矿系列。

10）台湾区域成矿规律，时间上，成矿期可以分为燕山期和喜马拉雅期，以喜马拉雅期形成的矿种占多数，成矿时代偏新；空间上，台湾北部是金、煤、硫、石灰岩分布区，西北部是天然气、石油、煤、铁、石英砂矿集中分布区，西南部是独居石、天然气集中分布区，中东部是铜（硫铁矿）、大理岩、白云岩、蛇纹岩集中分布区，具有按矿种集中成区（带）分布特点。

11）据台湾成矿作用演化发展过程，建立了区域成矿作用模式图和区域成矿谱系图。

12）以1：50万《台湾省地质图》（福建省地质调查研究院，2016）为底图，经过降色和适当的归并处理，编制了《中华人民共和国台湾省矿产地质图》（1：50万），编写了相应的说明书。图面着重反映了台湾省矿产资源种类、矿种资源储量规模、矿床类型（“三位一体”）等内容，同时展示了台湾矿产地一览表、台湾矿产资源各矿种数量统计表、台湾省岩石地层划分表等。

13）以1：50万《台湾省构造地质图》（福建省地质调查研究院，2016）为底图，经过降色和适当的归并处理，编制了《中华人民共和国台湾省成矿规律图》（1：50万），编写了相应的说明书。图面着重反映了台湾省矿产资源种类、矿种资源储量规模、矿床类型、成矿时代和矿床成矿系列（“五位一体”）等内容，同时附带展示了台湾成矿区（带）图、台湾构造单元图、台湾省大地构造时空演化综合模式图、台湾地区构造与成矿时空演化图和台湾大地构造位置示意图等缩略图。

二、存在的主要问题

台湾是中国境内新生代地壳运动最活跃的地带，是研究中生代以来欧亚大陆东南缘地质构造演化、新生代板块聚合造山与相应矿产形成的最佳地质窗口。但是对于台湾地区前古近纪地质构造发展演化历史，华南大陆地质构造演化对台湾海峡地质构造影响等，尚存在较多疑问或还未厘清的地质问题，所以台湾燕山期和喜马拉雅期矿产的形成与构造演化、板块聚合的关系也有待今后进一步探讨。

除此之外，由于众所周知的原因，台湾省矿产地质资料收集都是间接获得的，无法对存疑的矿产地质问题开展野外验证与核实；台湾省矿产勘查工作方式方法、资源储量的计算等等，与《中国矿产地质志·省级矿产地质志研编技术要求》（2016）不尽相同，只能大致对接认定矿产地的资源储量规模、勘查程度等。再者，限于编写者的水平，书中的认识和观点可能存在某些偏颇和不足，敬请阅者批评指正。

在《中国矿产地质志·台湾卷》编写、审定过程中，得到了许多专家、领导、地质同仁的支持和帮助，尤其是得到了《中国矿产地质志》编委会专家——陈毓川院士、王登红研究员、徐志刚研究员、杨岳清研究员、石礼炎教授级高级工程师等精心指导和热心帮助，提供资料与咨询，向他们表示衷心的感谢。

主要参考文献及资料

“经济部”联合工业研究所农化研究室. 1973. 金瓜石铜矿细菌浸渍研究报告——细菌之作用及影响浸渍效果之各项因素. 矿业技术，11(8)：27~34.

《地球科学大辞典》编委会. 2006. 地球科学大辞典. 北京：地质出版社.

《江苏地矿信息》编辑部. 1998. 台湾非金属矿产资源及其开发现状. 江苏地矿信息，23(2).

《矿产资源工业要求手册》编委会. 2010，2012，2014. 矿产资源工业要求手册. 北京：地质出版社.

《台湾矿业史》编委会. 1966. 台湾矿业史. 台北：台湾省矿业研究会、台湾省煤矿业同业公会.

福建省地质调查研究院. 2013. 台湾省矿产资源潜力评价成果报告.

福建省地质调查研究院. 2016. 台湾省区域地质志成果报告.

福建省地质调查研究院. 2020. 中国区域地质志・台湾志. 北京：地质出版社.

福建省地质矿产局. 1992. 台湾省区域地质志. 北京：地质出版社.

福建省地质矿产局. 1994. 台湾省区域矿产. 福州：福建科学技术出版社.

福建省地质矿产局. 1996. 台湾省岩石地层. 武汉：中国地质大学出版社.

台湾工业技术研究院矿业研究所. 1983. 台湾之矿产资源开发概况. 矿业研究所第 194 号报告.

台湾省矿务局(谭立平，郁昌经，朱倣祖). 1976. 台湾之软玉，矿床与矿业. 台湾矿业，28(3)：55~68.

台湾省矿务局(谭立平，陈其瑞，秦啓文，曾保忠). 1983. 台湾之软玉矿床探勘开发计划研究报告(上册). 台湾省矿务局.

台湾省矿务局. 1983. 台湾宝石矿之开发与加工利用. 台湾省矿务局.

台湾省矿务局. 1988. 花莲县瑞穗乡打马燕册至马远村一带石榴子石、水晶及滑石矿床之初步研究. 台湾省矿务局 69 矿，辅一字第 77-002 号报告.

台湾省矿务局. 1993. 台湾宝石矿之开发与加工利用. 台湾省矿务局.

曹恕中，宋圣荣，李寄嵎，等. 1999. 1：5 万澎湖群岛地质图说明书(四幅合编). 台北：台湾“中央地质调查所”.

陈华玟，陈勉铭，石同生. 2004. 1：5 万南投幅地质图说明书. 台北：台湾“中央地质调查所”.

陈其瑞. 1996. 台湾的大理岩. 台湾地质之八. 台北：台湾“中央地质调查所”.

陈其瑞. 1997. 本省东部海岸山脉产蓝、紫玉髓，碧玉，玻璃蛋白石及秀姑玉(海泡石)之矿物及地质性质. 东海岸玉石，7~14.

陈其瑞，曾保忠. 1982. 本省东部海岸山脉蓝(紫)玉髓之研究. 台湾矿业，34(4)：33~42.

陈维民，杨昭勇. 1985. 花莲铜门地区大南澳片岩之地质构造. 地质，6(2)：1~20.

陈文山. 2016. 台湾地质概论. 台北：台湾省地质学会.

陈文山，陈于高，杨小青. 2005. 地震地质调查及活动断层资料库建置计划——槽沟开挖与古地震研究计划(4/5). “经济部中央地质调查所”研究报告 94-7 号.

陈文山，冯瀚亭，邵文佑. 2012. 东澳-南澳地区大南澳片岩的大地构造环境——锆石铀铅定年研究.台湾省地质学会、地球物理学会 2012 年会论文集.

陈文山，林益正，颜一勤，等. 2008. 从古震研究与 GPS 资料探讨纵谷断层的分段意义. 台湾“中央地质调查所”特刊，20：165~191.

陈文山，王源，杨昭男，等. 2010. 1：5 万花莲幅地质图说明书(第二版). 台北：台湾“中央地质调查所”.

陈文山，颜一勤，杨志成，等. 2004. 1951 年花莲地震的古地震研究. 台湾“中央地质调查所”特刊，15：137~145

陈逸偵. 1990. 台湾砂石资源之分布与供需. 台湾矿业，42(4)：47~58.

陈逸偵. 2014. 台湾蓝玉髓—宝丰祥宝石采矿场. 台湾矿业，66(4)：1~4.

陈毓川，裴荣富，王登红. 2006. 三论矿床的成矿系列问题. 地质学报，80(10)：1501~1508.

陈毓川，裴荣富，王登红，等. 2016. 矿床成矿系列——五论矿床的成矿系列问题. 地球学报，37(5)：519~527.

陈毓川，宋天锐，裴荣富，等. 1998. 中国矿床成矿系列初论. 北京：地质出版社.

陈毓川，王登红，徐志刚，等. 2007. 中国成矿体系与区域成矿评价(上，下册). 北京：地质出版社.

陈毓川，王登红，徐志刚，等. 2015. 中国重要矿产和区域成矿规律. 北京：地质出版社.

陈毓川，朱裕生，等. 2006. 中国成矿区(带)的划分. 矿床地质. (S1)：1~6.

陈肇夏. 1975. 台湾温泉成因与地热探勘之我见. 地质，1(2)：107~117.

陈肇夏. 1979. 台湾软玉的化学式及生成环境. 地质，2：57~68.

陈肇夏. 1981. 地热地质与探勘. 台北：贞观出版社.

陈肇夏. 1988. 台湾的地热资源. 明日世界，159：11~13.

陈肇夏. 1989. 台湾的温泉和地热. 地质，9(2)：327~339.

陈贞光，周国栋，廖沧龙，等. 2017. 台湾矿冶工作之进展(上). 矿冶，61(2)：91~107.

陈正宏. 1990. 台湾之火成岩. 台北：台湾“中央地质调查所”.

陈政恒. 1989. 台湾大南澳片岩区沟鞭藻化石初步研究. 台北：台湾大学.

程裕淇. 1983. 再论矿床的成矿系列问题. 中国地质科学院院报, 6: 1~64.
程裕淇, 陈毓川, 赵一鸣. 1979. 初论矿床的成矿系列问题. 中国地质科学院院报, 1: 32~58.
饭冢保五郎. 1928. 台湾油田地质概查报告——第六区油田. “日本海军省”编.
方建能, 余炳盛. 1995. 金瓜石—九份金铜矿床导览. 台湾省立博物馆.
冯瀚亭, 陈文山, 钟孙霖. 2011. 从苏澳-南澳的大南澳片岩碎屑锆石铀铅定年研究探讨地层年代. 台湾省地质学会、地球物理学会 2011 年会论文集.
高天钧. 1999. 福建紫金山铜金矿床类型与环太平洋浅成低温矿床的比较. 福建地质, 18(4).
高天钧, 王振民, 吴克隆, 等. 1999. 台湾海峡及其周边地区构造岩浆演化与成矿作用. 北京: 地质出版社.
高振敏, 于又华. 1999. 台湾中央山脉的金矿. 黄金科学技术, 7(1).
苟澎生, 张徽正, 陈福将. 1985. 台湾地区陆上砂石资源调查与研究报告(第三卷). 台北: 台湾“经济部中央地质调查所”.
关明义, 吴瑞智. 1986. 台湾西部油气潜能. 台湾石油地质. 22: 201~206.
郭奇龙, 郑永生, 林锦村. 1995. 台湾东部蔷薇辉石之调查与开发评估. 台湾矿业, 47(4): 30~38.
国音. 1988. 近年来台湾陆上油气探勘成果. 石油通讯, 437: 9~10.
何春荪. 1959. 台湾之煤矿资源. 台北: 台湾省地质调查所.
何春荪. 1982. 台湾地体构造的演变—台湾地体构造图说明书. 台北: 台湾“经济部”.
何春荪. 1983. 台湾基隆沿海区至桃园县大溪间煤田地质及构造. “经济部中央地质调查所”汇刊, 2: 17~70.
何春荪. 1986. 台湾地质概论. 台湾地质图说明书. 台北: 台湾“经济部”.
何春荪, 李锦南. 1963. 台湾经济矿物(英文). 台北: 台湾“经济部”.
何春荪, 詹新甫, 潘志伟, 等. 1954. 台湾苗栗南庄煤田地质. 台湾省地质调查所汇刊, 6: 1~36.
何信昌, 谢凯旋, 高铭健, 等. 2005. 1∶5 万新化幅地质图说明书. 台北: 台湾“中央地质调查所”.
黄崇轲, 张立生, 陈振宇, 等. 2004. 斑岩铜矿的源岩或源区探讨. 岩石学报. 20(2): 229~238.
黄春江. 1965. 台湾东部产之二种宝石. 蓝玉髓及软玉: 台湾矿业, 17(2~4): 58~65.
黄春江. 1981. 台湾产宝石矿物及其展望. 台湾矿业, 33(2): 102~114.
黄奇瑜. 2005. 台湾附近大地构造与新生代造山时空演化. 台南: 台湾成功大学.
黄奇瑜, 闫义, 赵泉鸿, 等. 2012. 台湾新生代层序: 反映南海张裂, 层序和古海洋变化机制. 科学通报, 57(20): 1842~1862.
黄重谋. 1992. 台湾中南部变质岩地区叶蜡石等变质度线之研究. 台南: 台湾成功大学.
吉田要. 1932. 高雄州旗山西南部油田调查报告及旗山西南部油田地质图(三万分之一). 台湾“总督府殖产局”, 第 610 号.
纪立民. 1989. 高雄寿山南部石灰岩之沉积学研究. 中山大学海洋地质研究所硕士论文.
江婉绮, 刘桓吉. 2011. 1∶5 万新竹幅地质图说明书(第二版). 台北: 台湾“中央地质调查所”.
金庆焕, 高天钧, 等. 1993. 台湾海峡中、新生代地质构造及油气地质. 福州: 福建科学技术出版社.
赖克富, 刘英毓, 谢嘉荣. 2006. 台湾的煤矿. 台北: 远足文化事业股份有限公司.
赖旆绮. 2011. 台湾北部麓山带的磷灰石核飞迹定年分析及其大地构造隐示. 台北: 台湾大学.
李宝银. 1997. 台湾非金属矿产的开发利用及需求. 非金属矿, (4).
李定元. 2004. 台湾雪山山脉北段及其他四个地点磷灰石核飞迹定年研究. 台北: 台湾大学.
李汝和. 1960. 台湾省通志稿经济志矿业篇.
李正鸿. 2017a. 过去一年(2016)来年台湾矿业回顾. 台湾矿业, 69(2): 41~51.
李正鸿. 2017b. 2016 年台湾矿物进出口贸易概况. 台湾矿业, 69(4): 29~40.
林朝棨. 1963. 台湾的第四纪. 台湾文献, 14(1): 1~53.
林朝棨, 等. 1950. 台湾之金. 台湾特产丛刊, 第六种.
林朝棨, 等. 1969. 台湾省通志・卷四・经济志・矿业篇. 台北: 泉文图书公司.
林朝棨, 邱岳, 吕学俊, 等. 1957. 澎湖群岛之地质矿产. 台湾矿业, 9(3, 4): 26~38.
林慈德. 1997. 台湾宝玉探寻与赏析. 台北: 柏福出版社.
林斐然, 陈汝勤.1983. 云嘉沿岸沉积物之矿物及化学研究. 海洋汇刊, 28: 7~24.
林鸿标. 1956. 台湾之独居石、砂铁、锆石与钛铁矿. 台湾银行季刊, 8(3): 55~60.
林启文. 2013. 1∶5 万旗山幅地质图说明书. 台北: 台湾“中央地质调查所”.
林启文, 高铭健. 2009. 1∶5 万苏澳幅地质图说明书(第二版). 台北: 台湾“中央地质调查所”.
林启文, 洪国腾. 2012. 1∶5 万美浓幅地质图说明书. 台北: 台湾“中央地质调查所”.
林嵩山. 1999. 台湾软玉(闪玉)的种属及特征. 宝石和宝石学杂志, (3).
刘桓吉, 高铭健. 2010. 1∶5 万梨山幅地质图说明书. 台北: 台湾“中央地质调查所”.
刘桓吉, 李锦发, 纪宗吉. 2004. 1∶5 万云林幅地质图说明书. 台北: 台湾“中央地质调查所”.
刘家华, 徐庆云. 1988. 台湾西南平原之油气探勘. 石油季刊, 24(4): 84~90.
刘家军. 1997. 台湾金瓜石金—铜矿床. 冶金地质动态, (4).

刘宪德，苟澎生，赖典章. 1986. 台湾地区陆上砂石资源调查与研究报告(第四卷). 台北：台湾“中央地质调查所”.
刘昭民. 1990. 台湾之矿产概况. 中国地质，(1).
刘昭民. 1992. 台湾的地热资源. 中国地质，5：25~28.
吕海星. 1956. 台湾之大理石及石灰岩矿. 台湾银行季刊，8(3)：77~88.
吕学俊. 1962. 澎湖县望安岛产之霰石. 台湾矿业，14(1，2)：18~20.
吕学俊. 1963. 澎湖县内产之文石. 台湾矿业，15(1，2)：3~10.
吕学俊. 1967. 台湾之重矿物研究概要(下)：台湾矿业，19(3，4)：18~38.
吕学俊. 1984. 台湾之玻璃砂矿床. 地质，5(1，2 合刊)：11~34.
罗焕记，陈文山，宋圣荣. 1993. 1：5 万成功、东河幅地质图说明书. 台北：台湾“中央地质调查所”.
罗伟. 2009. 台湾脊梁山脉之地质特性与地质图测制现况. 台湾地层研讨会论文集. 台北：台湾“中央地质调查所”特刊，22：165~196.
罗伟，刘佳玫，杨昭男，等. 2009. 1：5 万新城幅地质图说明书. 台北：台湾“中央地质调查所”.
罗远谋. 1992. 台湾中北部变质岩地区叶蜡石等变质度线之研究. 台南：台湾成功大学.
鸟居敬造. 1932. 台南州新化油田调查报告. 台湾“总督府殖产局”.
鸟居敬造，吉田要. 1931. 新竹州苗栗及竹东油田调查报告. 台湾“总督府殖产局”.
潘玉生，等. 1971. 台湾石油及天然气之勘探与开发.
芮宗瑶，黄崇轲，齐国明，等. 1984. 中国斑岩铜(钼)矿床. 北京：地质出版社.
邵屏华，高铭健. 2009. 1：5 万中埔幅地质图说明书. 台北：台湾“中央地质调查所”.
市川雄一. 1929. 台湾炭田之层序. 地质学杂志，36(429)：289~291.
舒良树. 2012. 华南构造演化基本特征. 地质通报，31(7)：1035~1053.
宋国城，林庆伟，林伟雄，等. 2000. 1：5 万甲仙幅地质图说明书. 台北：台湾“中央地质调查所”.
谭立平，等. 1988. 台湾之玻璃砂矿床. 明日世界，(159)：7~10.
谭立平，陶正章. 1994. 台湾金瓜石金—铜矿床. 地质地球化学，(1).
谭立平，王执明，陈其瑞，等. 1978. 台湾花莲丰田软玉矿床之矿物研究. “台湾行政院国家科学委员会”专刊. 共 81 页.
谭立平，魏稽生. 1997. 台湾金属经济矿物. 台北：台湾“中央地质调查所”.
谭立平，魏稽生. 1999. 台湾非金属经济矿物. 台北：台湾“中央地质调查所”.
谭立平，魏稽生. 2000. 台湾能源矿产及地下水资源. 台北：台湾“中央地质调查所”.
唐羽. 1985. 台湾采金七百年.
陶奎元. 1997. 台湾金瓜石金(铜)矿床及其与福建紫金山铜(金)矿床的比较—赴台考察报告之一. 火山地质与矿产，18(4).
汪维恭. 1994. 台湾省石灰石资源. 建材地质，73(3).
王登红，陈毓川，徐珏，等. 2005. 中国新生代成矿作用. 北京：地质出版社.
王执明. 1991. 太鲁阁峡谷之变质岩. 太鲁阁“国家公园管理处”.
魏稽生，何武璋，蔡光荣. 1994. 采矿场整復工程及土地二次利用之研究. 台湾省矿务局.
魏稽生，何武璋. 1996. 向阳云母矿专业区之环境地质与植栽规划. 台湾中国矿冶工程学会年会论文发表.
魏稽生，何武璋. 1998. 丰田闪玉矿业专业区之矿床赋存与环境地质灾害. 矿冶 42(4)：97~106.
吴乐群，陈华玫，颜一勤. 2011. 1：5 万朴子、佳里、台南幅地质图说明书. 台北：台湾“中央地质调查所”.
吴万全. 1987. 煤中硫之初步研究. 台湾矿业，39(1，2).
吴万全. 1990. 台煤岩相特性之探讨及应用. 台湾矿业，42(2).
谢世雄，胡锦城. 1972. 台湾重力及磁力之研究. 台湾石油地质，10：283~321.
刑俊章. 1978. 台湾之温泉. 户外生活杂志社.
徐铁良. 1956. 台湾东部海岸山脉地质.台湾省地质调查所汇刊，8：15~41.
徐镇恶，林浚泉. 1956. 台湾之硫磺矿. 台湾银行季刊，8(3)：40~54.
徐志刚，陈毓川，王登红，等. 2008. 中国成矿区带划分方案. 北京：地质出版社.
薛朝民，威廉詹士. 1985. 台湾西部第三纪地层中有机物质及粘土矿物的成岩作用. 台湾石油地质，(21)：129~171.
薛毅，薛世孝. 1992. 台湾煤矿发展史略. 焦作矿业学院学报，(1).
颜沧波. 1955. 台湾之温泉(台湾研究丛刊，第三十六)，台湾银行经济研究室.
颜沧波，陈培源. 1953. 1：5 万台北幅地质图说明书. 台北：台湾省地质调查所.
颜富士，廖学诚，蔡镒辉. 1980. 台湾西南海岸重矿物矿床之重矿物粒度特性分析及其意义. 矿冶，24(2)：48~64.
杨选堂. 1951. 台湾之燃料资源.
衣德成，陈治宇，林庆伟. 2012. 1：5 万光复幅地质图说明书. 台北：台湾“中央地质调查所”.
余炳生，白冶. 1995. 台湾金瓜石地区含金角砾岩筒的构造特征. 国外矿床地质，(4).
曾弘志. 1987. 台湾油气勘探开发事业之经营与发展. 台湾银行季刊，38(4)：1~47.
张宝堂. 1979. 台湾地热征兆分布之特征. 能源季刊，9(4)：75~85.

张宝堂，李春生. 1984. 台湾变质岩区地热产状之地质控制因素. 工业技术，116：28~43.
张徽正，苟澎生，江崇荣. 1984. 台湾地区陆上砂石资源调查与研究报告(第二卷). 台北：台湾"中央地质调查所".
张徽正，赖典章，等. 1982. 台湾地区陆上砂石资源调查与研究报告(第一卷). 台北：台湾"中央地质调查所".
张家慕. 1956. 台湾之滑石矿. 台湾银行季刊，8(3)：95~98.
张石角. 1963. 台湾工业用非金属矿物资源. 台湾文献，14(4)：135~190.
章少华. 1999. 台湾非金属矿产资源及开发利用简介. 中国非金属矿工业导刊，(4).
钟广吉. 1989. 高雄地区的石灰岩洞与钟乳石. 地质，9(2)：249~274.
周次雄. 1990. 台湾西部油气潜能之再评估. 矿冶，34(2)：8~100.
Biq C C. 1971. Comparision of melange tectonic in Taiwan and in some other mountain belts. Petrol Geol Taiwan, 9: 79~106.
Biq C C. 1972. Dual-trench structure in the Taiwan-Luzon region. "Proc Geol Soc China", 15: 65~75.
Bojo T, Otsu H, Honma I, et al. 1967. Report on the exploration of Chinkuashih area. MRSO Report, 68: 65.
Chai B H T. 1972. Structure and tectonic evolution of Taiwan. Amer Jour Sci, 272: 389~422.
Chang Y H. 1981. Mineralogy study of barite and alunite from Chinkuashih gold-copper deposits. "Taiwan Univeristy", Dept of Geology, Masters.
Chen C C. 1986. Copper and gold mineralizatiOns in the Chinkuashih area, northern Taiwan. "Proc Geol Soc China", 29: 63~71.
Chen C H, Tan L P, Lin S B. 1985. Scorodite from Chinkuashih. Acta Geologica Taiwanica, 23: 149~151.
Chen C H, Tan L P, Tien R L, et al. 1993. Fission track age dating of igneous rocks and silicified sandstones from the Chilung volcano group, northern Taiwan: implication of mineralization events of the Chinkuashih gold-copper deposits. "Jour Geol Soc China", 36(2): 157~174.
Chen C H, Wu Y J. 1971. Volcanic geology of the Tatun geothermal area, northern Taiwan. "Proc Geol Soc China", 14: 5~20.
Chen C S. 1993. Application od CSAMT method for gold-copper deposits, Chinkuashih area, northern Taiwan. Terrestrial Atmospheric and Oceanic Sciences, 4(4): 339~350.
Chen J C, Huh C A. 1982. Geochemistry of dacites from Chinkuashih area, northeastern Taiwan. "Proc Geol Soc China. ", 25: 67~81.
Chen K. 1970. An outlook of copper industry in Taiwan. Mining and Metallurgy, 14(4): 23~28.
Chen K. 1974. Recent status and future devlopment of copper leaching in Chinkuashih mine of Taiwan. Mining and Metallurgy, 18(3): 14~20.
Chen K. 1978. Gold and copper mining industry of Taiwan. Taiwan Mining Industry, 30(4): 313~318.
Chen M K. 1954. Geology of the Chinkuashih-Chiufun gold field. Taiwan. Annals of Academia Sinica, 1: 469~484.
Chen W F. 1962. Study on the characteristics of the ore shoots in the Chinkuashih deposits. Gold-copper Monthly, 125: 2~7.
Chen W S, Chung S L, Shao W Y. 2013. U-Pb dating of detrital zircon from the Yuli belt of the Tananao. EGU General Assembly Conference Abstracts.
Chiu Y F. 1977. Minor elements of pyrite from Chinkuashih area and the metamorphic area of eastern Taiwan. "Taiwan University", Master thesis.
Chou J T. 1980. Stratigraphy and sedimentology of the Miocene in western Taiwan. Petroleum Geol Taiwan, 17: 33~52.
Chu H T. 1993. The discovery of granite boulders from the upstream of the Hsinwuluchi, southeastern flank of the Central Range of Taiwan. Program and Abstract Volume, Annual Meeting "Geol Soc China": 18~19.
Chu J B. 1975a. Breccia pipes and the spatially related fault in the Tortoise section of the Chinkuashih district, Taiwan(1). Mining Technology, 13(11): 473~483.
Chu J B. 1975b. Breccia pipes and the spatially related fault in the Tortoise section of the Chinkuashih district, Taiwan(2). Mining Technology, 13(12): 522~530.
CIMME. 1970. Mining industry of Taiwan Metal. Mining Corp Mining and Metallurgy, 14(4): 9~12.
Fang J N. 1992. Geochemical exploration in the vicinity of the Chinkuashih gold-copper deposits. "Taiwan University", Master thesis.
Folinsbee R E, Kieklan K, Nekolaichuk A, et al. 1972. Chinkuashih-a gold-pyrite-enargite-barite hydrothermal deposits in Taiwan. Geol Soc America, memoir 135: 323~335.
Hang C K. 1965. Further notes on the mineralogy of the Chinkuashih gold-copper deposits, Taiwan. Acta Geologica Taiwanica, 11: 31~42.
Ho C S. 1969. Geologic significance of potassium-argon ages of the Chimei igneous complex in the eastern Taiwan. Bull Geol Surv Taiwan, 20: 63~74.
Ho C S. 1973. Chief metal deposits of Taiwan. Mining and Metallurgy, 17(1): 78~81.
Ho C S, Lee C N. 1963. Economic Minerals of Taiwan. Geol Surv Taiwan, 495.
Hsiao K C. 1970. The present situation of copper ore exploration in Chinkuashih mine and eastern Taiwan. Mining and Metallugry, 14(4): 30~47.
Hsieh Y L. 1990. The chemical compositions of minerals from Chinkuashih gold-copper deposits, and their applications as geothermometer. "Taiwan University", Master thesis.
Huang C K. 1960a. Gold deposits of the Wutanshan area, Taiwan, and their relation to the Chinkuashih deposits. Acta Geologica Taiwanica, 8: 13~25.
Huang C K. 1960b. Surface structures of pyrite, enargite, bariteand alunite from the Chinkuashih mine, Taiwan. Acta Geological Taiwanica, 8: 27~36.
Huang C K. 1964. Mineralogy of the Tsaoshan deposits of the Chinkuashih mine, Taiwan. "Proc Geol Soc China", 7: 31~39.
Huang C K. 1972a. Characteristic features of the gold-copper deposits of the Chinkuashih area, and prospect of copper production in Taiwan. Presi-

dential address at the 14th annual general meeting of Geol Soc China, "Proc Geol Soc China", 15:5~6.

Huang C K. 1972b. Crystal forms of native gold and luzonite from the Chinkuashih mine, Taiwan. Acta Geologica Taiwanica, 15: 102~104.

Huang C K. 1973. Minor gangue minerals of the Chinkuashih gold-copper deposits, Taiwan. Acta Geologica Taiwaica, 16: 31~38.

Huang C K. 1974. Antimony contents of enargite and luzonite. famatinite from the Chinkuashih mine, Taiwan. Acta Geologica Taiwania, 17: 1~5.

Huang C K. 1995. Gold-copper deposits of the Chinkuashih mine, Taiwan, with special reference to the minealtogy. Acta Geol Taiwanica, 7 (1): 20.

Huang C K, Chang Y H. 1982. Barite and alunite from the Chinkuashih gold-copper deposits, Taiwan. Acta Geologica Taiwanica, 21: 1~13.

Huang C K, Chou S A. 1975. Parageneses of enargite and luzonite famatinite in the Chinkuashih gold-copper deposits, Taiwan. Acta Geologica Taiwanica, 18: 26~35.

Huang C K, Tsai H L. 1984. Chemical variations of enargite and luzonite-famatinite from the Chinkuashih gold-copper deposits, Taiwan. Acta Geol Taiwanica, 22: 118~130.

Huang C K, Yeh K S. 1977. Special features of the ore deposits of the Changjen series, Chinkuashih mine, Taiwan. Acta Geologica Taiwanica, 19: 1~12.

Huang C Y, Jien C W, Chang C P, et al. 2008. The Lichi Melange: A tectonic collision complex originated form sheared forearc in Coastal Range, eastern Taiwan. Geol Soc Am, Spec Pap, 436: 127~154.

Huang C Y, Wu W Y, Chang C P, et al. 1997. Tectonic evolution of accretionary prism in the arc-continent collision terrane of Taiwan. Tectonophysics, 281: 31~51.

Huang C Y, Yuan P B, Lin C W, et al. 2000. Geodynamic processes of Taiwan arc-continent collision and comparison with analogs in Timor, Papua New Guinea, Urals and Corsica. Tectonophys, 325: 1~21.

Huang C Y, Yuan P B, Tsao S J. 2006. Temporal and spatial records of active arc-continent collision in Taiwan: A synthesis. Geological Society of America Bulletin, 118(3~4): 274~288.

Huang C Y, Yuan P B, Song S R, et al. 1995. Tectonics of short-lived intra-arc basins in the arc-continent collision terrane of the Coastal Range, eastern Taiwan. Tectonics, 14: 19~38.

Hwang J Y, Meyer H O A. 1982. The mineral chemistry and genesis of the Chinkuashih ore deposits, Taiwan. "Proc Geol Soc China", 25: 88~101.

Hwang J Y, Meyer H O A. 1983. Dacite-andesite of the Chinkuashih region, northern Taiwan. "Mem Geol Soc China", 5: 67~84.

Hwang W Y. 1969. The study of clay minerals in hydrothermal alteration zones of Chinkuashih, Chiufen and Yang-ming-shan. Report of Cultural Foundation of Cha-hsia Cement Coop, 175: 39.

Imai H. 1978. Problems of enargite, luzonite and famatinite. Geological studies of the mineral deposits in Japan and East Asia. Tokyo: Univ of Tokyo Press.

Jahn B M, Chen P Y, Ye T P. 1976. Rb-Sr ages of granic rocks in south-western China and their tectonic significanice. Bull Geol Soc Amer, 86: 736~776.

Jahn B M, Martineau F, Cornichet J. 1984. Chronological significance of Sr isotopic compositions in the crystalline limestones of the Central Range, Taiwan. "Mem Geol Soc China", 6: 295~301.

Jahn B M. 1988. Pb-Pb dating of young marbles from Taiwan. Nature, 332: 429~432.

Juan V C, Wang Y, Sun S S. 1958. Hydrothermal alteration of dacite at the Chinkuashih mine, Taipeihsien, Taiwan. "Proc Gcol Soc China", 2: 73~92.

Lan C Y. 1983. Hydrothermal alteration of Cenozoic igneous rocks in Taiwan. Fourth Internal Symposium on Water-Rock Interaction. Seki, Yotaro, extended abstract: 261~264.

Lan C Y, Chen C H, Chuang S L, et al. 1996a. The crustal evolution of continental Taiwan. J Geol Soc China, 39: 337~353.

Lan C Y, Jahn B M, Mertzman S A, et al. 1996b. Subduction-related granitic rocks of Taiwan. J SE Asian Earth Sci, 14, 11~28.

Lan C Y, Lee C S, Yui T F, et al. 2008. The Tectono-Thermal Events of Taiwan and Their Relationship with SE China. Terr Atmos Ocean Sci, 19 (3): 257~278.

Le Maitre R W. 1991. 火成岩分类及术语辞典.

Lee C T, Wang Y. 1988. Quaternary stress changes in northern Taiwan and their tectonic implication. "Proc Geol Soc China", 31(1): 154~168.

Lin C C. 1960. Gold-Silver-Copper mining industry. The History of Taiwan Province, Vol. 4, Economic, Chap2, Mining Industry, Literature Commite of Taiwan, 16~117.

Lin L C. 1985a. Study of ore dressing method for low-grade gold deposits of Taiwan(I). Mining Technology, 23(1): 2~20.

Lin L C. 1985b. Study of ore dressing method for low-grade gold deposits of Taiwan(II). Mining Technology, 23(2): 113~133.

Lin T C. 1970. The beneficiation of Taiwan copper ores. Mining and Metallugry, 14(4): 48~58.

Lin T C. 1973a. Two-year leaching operation in Chinkuashih. Mining Technology, 11(10): 2~9.

Lin T C. 1973b. The beginning of leaching operation in Chinkuashih copper mine. Mining and Metallurgy, 17(2): 41~46.

Liu C H. 1993. A study of vitrinite in the Third Changjen gold vein, Chinkuashih District. "Taiwan University", Master thesis.

Liu H I. 1980. Recent status and future development of gold-copper mine at Chinkuashih. Taiwan Mining Industry, 32(2): 35~42.

Lung T N. 1974. Study of biological extraction of copper from Chinkuashih and Chimei ores. Mining and Metallurgy, 18(3): 34~45.

Lung T S, et al. 1975. Studies of the application of bacterical leaching in the Chinkuashih mine. MRSO Report, 152: 81.

Ni C M. 1983. Relationships between geochemistry and gold-copper mineralizations in Chinkuashih area. "Taiwan University", Dept. of Geology, Masters.

Rosenzweig A. 1975a. Epitaxial overgrowths of luzonite on enargite from the Chinkuashih mine, Taiwan. Acta Geologica Taiwanica, 18: 9~13.

Rosenzweig A. 1975b. Zonal composition of luzonite-famatinite and enargite from Chinkuashih mine, Taiwan. "Proc Geol Soc China", 18: 128~130.

Sun L C, Tsai L L Y. 1991. A historical brief about the origin of the Yin-Yang Sea at Chinkuashih-Shuinantung area, northern Taiwan. The Third Taiwan Symposium on Geophysics, Taiwan, 475~495.

Suppe J. 1981. Mechanics of mountain building and metamorphism in Taiwan. "Mem Geol Soc China", 4: 67~89.

Suppe J. 1984. Kinematics of arc-continent collision, flipping of subduction, and back-arc spreading near Taiwan. "Mem Geol Soc China", (6): 21~33.

Tan L P. 1969. Geochemical exploration of the Chinkuashih and thirteen government-own copper deposits. Chung-Cheng Science and Technology Foundations Report, 2: 148.

Tan L P. 1970. The prospect of geochemical exploration for deposits of Taiwan. Mining and Metallugry, 14(4): 71~75.

Tan L P. 1987. Potentials of the Chinkuashih gold deposits. Mining and Metallurgy, 31(4): 38~46.

Tan L P. 1988. Gold deposits of Taiwan. Energy, Resources and Environment, Quarterly, 1(2): 25~32.

Tan L P. 1991a. A geological and geochemical study of the Shihsun area. "Science Council"report NSC-80-0202-M002-25, 49.

Tan L P. 1991b. Relation of the mercury in soils to the gold-copper deposits in Chinkuashih Taiwan. "Science Council" report NSC-79-0202-M002-28, 39.

Tan L P. 1991c. The Chinkuashih gold-copper deposits, Taiwan. Soc Econ Geo Newsletter, 7: 1~4.

Tan L P. 1994. Horizontal and vertical zonations Of the Main Veins, Chinkuashih. "National Science Council"Report, NSC-82-0202-M002-160, 57.

Tan L P, Chen C H, Wang Y, et al. 1989. Relation of coal metamorphism to gold-copper mineralization in the Chinkuashih district. A report submitted to the " Science Council", NSC-78-0202-M002-02, 40.

Tan L P, Chen C H, Yen H W, et al. 1991. Tectonic and Geochemical characterictics of Pleistocene gold doposits in Taiwan. In John Cand Mervyn, J(ed.)Neotectonics and Resources. London: Belhaven Press, 290~305.

Tan L P, Chen C H, Yu B S. 1993a. Native gold of Taiwan. Special Pulblication of the Central Geology Survey, 7: 79~99.

Tan L P, Fang J N, Yu B S. 1993b. Geochemical exploration of the Shihsun-Pinglin area, Taipei Hsien. Mining & Metallurgy, 37(1): 69~77.

Tan L P, Ho C O. 1972. Copper contents of the soils of the Chinkuashih gold-copper district, Taiwan. Acta Geologica Taiwanica, 15: 141~145.

Tan L P, Huang K L, Yu B S, et al. 1986. Gold deposits of Taiwan. Evolution, 8: 23~30.

Tan L P, Kirwin D J. 1988. Gold-copper mineralization at Chinkuashih, north east Taiwan, bicentennial Gold 88. Geol Soc Australia, Abstracts Series, 23: 389~390.

Tan L P, Kuo C L, Yu B S. 1990. Vitrinite reflectance-the most sensitive method for exploring the Chinkuashih gold deposits. Mining and Metallurgy, 34(3): 43~50.

Tan L P, Lu S T. 1988. Demand and supply of gold. Mining and Metallurgy, 32(1): 47~53.

Tan L P, Ni J M, Cheng J C. 1987. A geochemical prospecting for the gold mineralizations in the Chinkuashih District, Taiwan. Acta Geologica Taiwanica, 25: 151~172.

Tan L P, Yeh H W. 1985. A geochemical study of the Taiwan gold and associated minerals. Report to "Science Council", NSC-70-0202-M002-08, 53.

Tan L P, Yu B S. 1991. Soil and rock mercury as a useful exploration tool for the Chinkuashih gold-copper deposits. 15th Inter Geol Explor Symposium, Abstracts with program, 52.

Tan L P, Yu B S. 1994. Tectonic setting and geochemical characteristics of the Chinkuashih copper-gold deposits, Taiwan. 9th Inter Assocon the Genesis of Ore Deposits Symposium, Beijing, Aug 12~18, Abstract with Programs, 2: 839.

Tan L P, Yu B S, Kuo C L. 1992. Geochemical zonation of the Chinkuashih gold deposits, Taiwan. 29th Inter Geological Contress, Kyoto, Aug24-Sept3, Abstracts with Programs, 3-3: 736.

Tan L P, Yu F S. 1968. Heavy-mineal reconnaissance for gold-copper deposits of the Chinkuashih area. Taiwan. Acta Geologica Taiwanica, 12: 41~57.

Tien P L, Tan L P. 1977. Halotrichite from Chinkuashih, Taiwan. "Mem Geol Soc China", 2: 223~228.

Ting T C, Tan L P, Yu B S. 1989. Coal metamorphism and gold-copper mineralization in the Chinkuashih district. Taiwan. Geol Soc Amer 1989 Annual Meetig, Abstracts with programs, 294.

Tsai C L. 1983. Chemical variations of enargite and luzonite-famatinite from the Chinkuashih gold-copper deposits, Taiwan. "Taiwan University", Dept of Geology, Masters, 60.

Tsai L L Y, Chen C S, Sun L C. 1990a. Acid mine drainage in the Chinkuashih-Shuinantung area. Symposium on Quaternary of Taiwan III, abstract, Taiwan, 13.

Tsai L L Y, Chen C S, Sun L C. 1990b. Acid mine drainage in the Chinkuashih-Shuinatung area. Terrestrial Atmospheric and Oceanic Sciences, 2(4): 97~316.

Tsao F P, Kuo K T, Shyu S S. 1972. Study on titanium element content in igneous rocks from Yang-ming-shan and Chinkuashih. Bull Inst Geophysics, NCU, 11: 26~32.

Tung S K, Chen R C. 1989. Thermal, infrared and X-ray studies on the scorodite from Chinkuashih mine, northeastern Taiwan. Annual Meeting Geol Soc China, 1989, Program with Abstract, Taipei, 7.

Tzou Y H. 1979. Gravity pattern in Chilung volcano group, northern Taiwan. Bull Inst Geophysics, Nat Central Univ, 18: 25~33.

Wang Y. 1953. Geology of the Chinkuashih and Chiufen Districts, Taipeihsien, Taiwan. Acta Geologica Taiwanica, 5: 47~65.

Wang Y, Huang W Y, Yang C N. 1972. Sericite clay of the Chinkuashih mine. Taiwan. Acta Geologica Taiwanica, 15: 105~111.

Wang Y S. 1991. Compositional variations in biotite and amphibole from the Chinkuashih dacite. Bull Central Geological Survey, 7: 61~74.

Winchester J W, Youh C C. 1964. Determination of selenium and tellurium in the Chinkuashih pyrite ores by neutron activation analysis. "Proc Geol Soc China", 7: 82~84.

Wong J C. 1989. Impact of mine deveopment on the natural environment of Chinkuashih area in north Taiwan. Geographical Studies, 13: 93~136.

Yen C C. 1975a. Studies of the fluid inclusions for finding out origin of gold-copper deposits at Chinkuashih mine. Mining and Metallurgy, 16(1): 54~64.

Yen C C. 1975b. Studies of the fluid inclusions for finding out origin of gold-copper deposits at Chinkuashih mine. Mining and Metallurgy, 19(3): 102~111.

Yen C C. 1976. Trapping temperature and pressure of the fluid inclusions in the gangue minerals of gold-silver-copper deposits at Chinkuashih mine, Taiwan. "Proc Geol Soc China", 19: 127~133.

Yen T P. 1950. Chilung volcano and it's mineral deposits. Taiwan Mining Industry, 2(3, 4): 2~7.

Yen T P. 1953. On the occurrence of the late Paleozoic fossils in the metamorphic complex of Taiwan. Bull Geol Surv Taiwan, 4:23~26.

Yen T P. 1958. The mineral deposits related to the Cenozoic volcanic activity in Taiwan. Taiwan Mining Industry, 10(3): 1~9.

Yen T P. 1974. Structural contrals of the metallic deposits in Taiwan. "Proc Geol Soc China", 17: 111~122.

Yen T P. 1978. Magmatism in Taiwan. Bull Inst Geophysics, NCU, 17: 22~35.

Yen T P. 1981. The metallic mineral deposits of Taiwan. Bull Inst Geophysics, NCU, 22: 46~54.

Yen T P, Sheng C C, Keng W P. 1951. The discovery of fusuline limestone in the metamorphic complex of Taiwan. Bull Geol Surv Taiwan, 3: 23~25.

Yen T P, Wu S W, Tzou Y H, et al. 1978. Geophysics-geologic study on the eastern part of Chilung volcano group, northern Taiwan. Report to NSC.

Youh C C. 1971. A study of the formation environment of pyrite from north Taiwan. "Proc Geol Soc China", 14: 185~188.

Youh C C, Chen J C. 1971. Copper, Antimony, and iron variations in enargite and luzonite from Chinkuashih mine, northern Taiwan. "Proc Geol Soc China", 14: 192~194.

Youh C C, Lo H J. 1968. A geochemical study of the enargite and luzonite from the Chinkuashih mine, Taiwan. "Proc Geol Soc China", 11: 121~129.

Yu B S, Cheng C H, Tan L P. 1993. Significance of high-copper pyrite in Buffalo area, Chinkuashih. "Chinese Mining and Metallurgy Soc", Annual Meeting, Abstracts with Programs, 71.

Yu B S, Tan L P. 1991. Exploration for the Chinkuashih gold-copper deposits with iron sulfides in Taiwan. 15th Inter Geol Explorsym Posium, Abstracts with Program, 20.

Yu B S, Tan L P. 1994. Structure features of the auriferous breccia pipes at Chinkuashih, Taiwan. 9th InterAssocon the Genesis of Ore DepositsSymposium, Beijing, Aug 12~18, Abstract with Programs, 1: 87~88.

Yu B S. 1990. Exploration geochenmistry of iron sulfides and heavy concentrates of the stream sediments in the Chinkuashih area. "Taiwan University", Master thesis, 129.

Yu B S. 1991. Exploration geochemistry of iron sulfides and heavy concentrates of stream sediments in the Chinkuashih area. Mining and Metallurgy, 35(2): 34~42.

Yu B S. 1994. Auriferous breccia pipes of Chinkuashih, Taiwan. Taiwan University, Institute of Geology, PhD thesis, 322.

Yui T F. 1987. Carbon isotope composition of marble: a possible criterion for geochronologic/stratigraphic correlation in the Tananao group, Taiwan. "Mem Geol Soc China", 8: 123~134.

Yui T F, Lan C Y, Heaman L, et al. 1998. Late Cretaceous meta-andesite and late Jurassic (meta-) granite in the Tananao basement of Taiwan. Program and Abstract Volume, Annual Meeting. "Geol Soc China", 31.

中国矿产地质志

“十三五”国家重点图书规划　国家出版基金项目

总　志

中国矿产地质志·矿产总志
中国矿产地质志·规律总志

矿种志

1　中国矿产地质志·矿产地名录卷(总1)
6　中国矿产地质志·典型矿床总述卷(总2)
中国矿产地质志·油气卷
中国矿产地质志·煤矿卷
中国矿产地质志·煤层气卷
中国矿产地质志·铀矿卷
中国矿产地质志·铁矿卷
中国矿产地质志·锰矿卷
中国矿产地质志·钒钛铬矿卷
中国矿产地质志·铜矿卷
中国矿产地质志·铝矿卷
中国矿产地质志·铅锌矿卷
21　中国矿产地质志·镍矿卷(矿5)
8　中国矿产地质志·钨矿卷(矿1)
中国矿产地质志·锡矿卷
中国矿产地质志·钼矿卷
中国矿产地质志·锑矿卷
中国矿产地质志·菱镁矿卷
中国矿产地质志·金矿卷
中国矿产地质志·银矿卷
中国矿产地质志·锂铍铌钽矿卷
中国矿产地质志·铷锶锆铪矿卷
中国矿产地质志·稀土金属矿卷
中国矿产地质志·稀散金属矿卷
中国矿产地质志·建材非金属矿卷
中国矿产地质志·蓝晶石族矿卷
9　中国矿产地质志·石灰岩矿卷(矿2)
中国矿产地质志·石英砂岩矿卷
中国矿产地质志·花岗岩矿卷
中国矿产地质志·大理岩矿卷
中国矿产地质志·石棉矿卷
中国矿产地质志·高岭土矿卷
中国矿产地质志·膨润土矿卷
中国矿产地质志·硅藻土矿卷
中国矿产地质志·滑石矿卷
中国矿产地质志·硅灰石矿卷
中国矿产地质志·石墨矿卷
中国矿产地质志·石盐矿卷
中国矿产地质志·化工矿产卷
22　中国矿产地质志·钾盐矿卷(矿6)
中国矿产地质志·钠盐矿卷
18　中国矿产地质志·磷矿卷(矿3)
中国矿产地质志·硫矿卷
19　中国矿产地质志·硼矿卷(矿4)
中国矿产地质志·萤石矿卷
中国矿产地质志·芒硝矿卷
中国矿产地质志·石膏矿卷
23　中国矿产地质志·重晶石矿卷(矿7)
中国矿产地质志·化工灰岩-明矾石-天青石-雄黄-硝石-天然碱矿卷
中国矿产地质志·宝玉石矿卷
中国矿产地质志·和田玉矿卷
……

省　志

中国矿产地质志·北京卷
中国矿产地质志·天津卷
中国矿产地质志·河北卷
中国矿产地质志·山西卷
中国矿产地质志·内蒙古卷
中国矿产地质志·辽宁卷
中国矿产地质志·吉林卷
中国矿产地质志·黑龙江卷
中国矿产地质志·江苏上海卷
中国矿产地质志·浙江卷
中国矿产地质志·安徽卷

中国矿产地质志·福建卷
3 中国矿产地质志·江西卷(省1)
中国矿产地质志·山东卷
中国矿产地质志·河南卷
中国矿产地质志·湖北卷
中国矿产地质志·湖南卷
中国矿产地质志·广东卷
中国矿产地质志·广西卷
中国矿产地质志·海南卷
中国矿产地质志·重庆卷
中国矿产地质志·四川卷
中国矿产地质志·贵州卷
中国矿产地质志·云南卷
中国矿产地质志·西藏卷
中国矿产地质志·陕西卷
中国矿产地质志·甘肃卷
中国矿产地质志·青海卷
中国矿产地质志·宁夏卷
中国矿产地质志·新疆卷
38 中国矿产地质志·台湾卷(省2)

省级重要矿种(组)志

28 中国矿产地质志·山东卷·铁钛矿产(鲁1)
29 中国矿产地质志·山东卷·煤油页岩矿产(鲁2)
7 中国矿产地质志·河南卷·黑色金属矿产(豫1)
中国矿产地质志·河南卷·有色金属矿产
中国矿产地质志·河南卷·贵金属三稀矿产
17 中国矿产地质志·四川卷·黑色金属矿产(川1)
25 中国矿产地质志·贵州卷·铝土矿(黔1)
26 中国矿产地质志·贵州卷·金矿(黔2)
12 中国矿产地质志·云南卷·贵金属矿产(滇1)
13 中国矿产地质志·云南卷·铅锌矿产(滇2)
36 中国矿产地质志·云南卷·化工矿产(滇3)
中国矿产地质志·云南卷·黑色金属矿产
中国矿产地质志·云南卷·能源矿产
中国矿产地质志·云南卷·铜钼镍钴矿产
中国矿产地质志·云南卷·锡钨矿产
中国矿产地质志·陕西卷·煤矿
中国矿产地质志·陕西卷·油气矿产
中国矿产地质志·陕西卷·非金属矿产
中国矿产地质志·陕西卷·金属矿产
中国矿产地质志·甘肃卷·金矿
……

区带志

中国矿产地质志·渤海卷
中国矿产地质志·黄海卷
中国矿产地质志·东海卷
中国矿产地质志·南海卷
中国矿产地质志·大兴安岭卷
24 中国矿产地质志·长江中下游卷(带1)
中国矿产地质志·南岭卷
中国矿产地质志·三江卷
中国矿产地质志·冈底斯卷
中国矿产地质志·阿拉善(隆起)卷
中国矿产地质志·华北陆块北缘东段卷
中国矿产地质志·山西(断隆)卷
中国矿产地质志·华北陆块南缘卷
中国矿产地质志·华北盆地卷
中国矿产地质志·辽东(隆起)-吉南卷
中国矿产地质志·吉中-延边卷
中国矿产地质志·小兴安岭-张广才岭卷
中国矿产地质志·松辽盆地卷
中国矿产地质志·湘中-桂中北卷
中国矿产地质志·江南隆起西段卷
中国矿产地质志·江汉-洞庭(断陷)卷
中国矿产地质志·东秦岭卷
中国矿产地质志·浙闽赣粤沿海、浙中-武夷山(隆起)和永安-梅州-惠阳(坳陷)联编卷
中国矿产地质志·江南隆起东段、武功山-杭州湾合编卷
中国矿产地质志·桐柏-大别-苏鲁卷
中国矿产地质志·喀喇昆仑-羌北卷
中国矿产地质志·班戈-腾冲卷
中国矿产地质志·龙门山-大巴山卷
中国矿产地质志·四川盆地卷
中国矿产地质志·康滇隆起卷
中国矿产地质志·上扬子东部卷
中国矿产地质志·桂西-黔西南-滇东南北部卷
中国矿产地质志·滇东南南部卷

中国矿产地质志·祁连卷
中国矿产地质志·东天山-北山卷
中国矿产地质志·鄂尔多斯卷
中国矿产地质志·东昆仑-巴颜喀拉卷
中国矿产地质志·西秦岭卷
……

专题志

中国矿产地质志·中国成矿单元划分及其主要成矿单元特征
中国矿产地质志·大型变形构造与重要矿集区(成矿区带)关系
32 中国矿产地质志·中国矿产分省图集(2020)(专4)
30 中国矿产地质志·中国前寒武纪成矿体系(专3)
中国矿产地质志·中国古生代成矿体系
中国矿产地质志·中国中生代成矿体系
中国矿产地质志·中国新生代成矿体系
中国矿产地质志·中国地球物理场与成矿
中国矿产地质志·中国地球化学场与成矿
中国矿产地质志·区域成矿规律研究历史和趋势
33 中国矿产地质志·华南洋-滨太平洋构造演化与成矿(专5)
中国矿产地质志·小岩体成大矿
27 中国矿产地质志·山东卷·成岩成矿年代谱系(专2)
4 中国矿产地质志·新疆维吾尔自治区矿床成矿系列图(专1)
……

科学普及本

2 中国矿产地质志·建材非金属卷·普及本(普1)
10 中国矿产地质志·化工矿产卷·普及本(普3)
11 中国矿产地质志·铀矿卷·普及本(普4)
中国矿产地质志·渤海卷·普及本
中国矿产地质志·黑色金属矿产·普及本
中国矿产地质志·宝玉石卷·普及本
中国矿产地质志·北京矿产地质
31 中国矿产地质志·天津矿产地质(普9)
中国矿产地质志·河北矿产地质
中国矿产地质志·山西矿产地质
中国矿产地质志·内蒙古矿产地质
中国矿产地质志·吉林矿产地质
中国矿产地质志·辽宁矿产地质
中国矿产地质志·黑龙江矿产地质
中国矿产地质志·江苏上海矿产地质
34 中国矿产地质志·浙江矿产地质(普10)
中国矿产地质志·安徽矿产地质
中国矿产地质志·福建矿产地质
35 中国矿产地质志·江西矿产地质(普11)
中国矿产地质志·山东矿产地质
中国矿产地质志·河南矿产地质
中国矿产地质志·湖北矿产地质
中国矿产地质志·湖南矿产地质
中国矿产地质志·广东矿产地质
中国矿产地质志·广西矿产地质
中国矿产地质志·海南矿产地质
16 中国矿产地质志·重庆矿产地质(普7)
中国矿产地质志·四川矿产地质
中国矿产地质志·贵州矿产地质
14 中国矿产地质志·云南矿产地质(普5)
中国矿产地质志·西藏矿产地质
5 中国矿产地质志·陕西矿产地质(普2)
20 中国矿产地质志·甘肃矿产地质(普8)
中国矿产地质志·青海矿产地质
15 中国矿产地质志·宁夏矿产地质(普6)
37 中国矿产地质志·新疆矿产地质(普12)
中国矿产地质志·台湾矿产地质
……

注:括号内容代表志书类别及序号,1 2 3……为出版顺序。

国家出版基金项目
NATIONAL PUBLICATION FOUNDATION

中国矿产地质志

台湾卷

中华人民共和国台湾省
矿产地质图说明书

（1：500 000）

周维瑀　张兰生　卢克标　编著

地质出版社
·北　京·

前　言

《中华人民共和国台湾省矿产地质图》（1：500 000）是《中国矿产地质志·台湾卷》的附图之一。

台湾省简称台，地处东经119°18′03″~124°34′30″，北纬21°45′25″~25°56′30″之间，包括台湾岛、澎湖列岛（64个岛屿）、兰屿、绿岛、棉花屿、彭佳屿、钓鱼岛、赤尾屿等岛屿，陆地总面积约为36000 km^2，其中台湾岛面积为35873 km^2。

台湾省矿产资源开发利用的历史非常久远，这可以从台湾十三行文化遗迹发现有大量铁渣和不少的陶器中得到明证，从2300年前开始，台湾十三行人就懂得炼铁和制陶。

目前，台湾省已知矿产有39种，其中能源矿产5种，金属矿产9种，非金属矿产25种（含宝玉矿产2种）。台湾省重要矿产有金、天然气、石油、烟煤、地热、大理岩-白云岩、石英砂岩等。天然气、石油、烟煤、地热等能源矿产资源是台湾省优势矿产，台北金瓜石超大型金（铜）矿床是亚洲最著名的陆相火山岩型金（铜）矿床之一。

《中华人民共和国台湾省矿产地质图》（1：500 000）主要根据《中国矿产地质志·省级矿产地质志研编技术要求》中省级矿产地质图编图技术要求编制，以1：50万《台湾省地质图》（2020）为底图，叠加台湾省39个矿种、375处矿产地及其储量规模、矿床类型编制而成。

《中华人民共和国台湾省矿产地质图》（1：500 000）是在福建省地质调查研究院、福建省及台湾省矿产地质志编委会、专家指导委员会直接领导下，由福建省及台湾省矿产地质志项目组编制完成的，参与编图的工作人员分工如下：

矿产部分：张兰生、卢克标。

计算机制图：宋歆、刘桂华、罗萍、陈涌。

图件检查：石礼炎。

编图说明书：周维瑀、张兰生、卢克标。

目　　录

前　言

一、编图基本原则与内容 …… 1
（一）指导思想与基本原则 …… 1
（二）图件内容与编图方法 …… 1

二、区域地质背景 …… 3
（一）地层 …… 3
（二）侵入岩 …… 14
（三）火山岩 …… 16
（四）变质岩 …… 22
（五）地质构造 …… 28
（六）地质发展史 …… 42

三、矿产资源概述 …… 47
（一）矿产勘查与开发简史 …… 47
（二）矿产资源状况 …… 48

四、各类矿产基本特征 …… 53
（一）能源矿产 …… 53
（二）金属矿产 …… 56
（三）非金属矿产 …… 59

五、矿产资源潜力分析 …… 66
（一）Ⅲ-79-①成矿亚带 …… 66
（二）Ⅲ-79-②成矿亚带 …… 68
（三）Ⅲ-79-③成矿亚带 …… 68

结　语 …… 70

主要参考文献及资料 …… 71

附　录
《中华人民共和国台湾省矿产地质图》矿产地基本信息一览表 …… 76

一、编图基本原则与内容

（一）指导思想与基本原则

本次《中华人民共和国台湾省矿产地质图》（1：500 000）编制的指导思想，是全面、准确展示省域最新地质矿产成果，达到系统、科学、美观、适用的效果，更好地服务地质矿产工作和社会主义经济建设。图件内容以反映区域成矿条件、成矿因素、各类矿产时空分布、矿产组合、矿床规模类别及成矿区划等具体矿产要素为主，全面展示省区内各种矿产的基本特征和分布状况，成为与《中国矿产地质志·台湾卷》配套使用的新一代矿产地质图件。

本次编图遵循如下原则：

1）图件内容要求全面反映现阶段省区地质矿产研究程度，以现有最新地质调查和矿产勘查成果资料为依据，实施综合编图。做到编图使用的基础资料齐全、数据准确真实可靠。

2）图件以新编的1：50万《台湾省地质图》（2020）为底图，经合理综合与取舍，突出反映区域地质构造特征，特别是与矿产成矿密切相关的各类地质要素。

3）考虑到省区矿种较多，矿产地分布密度程度也不一致的现状，本着既要使图面负担不至于繁杂过重，又要反映出具较好代表性，尤其要尽可能地突出矿产分布特色的原则，根据各类矿产所处地质背景条件及代表性、经济意义与矿产地密集程度以及对进一步找矿的指导意义等相关因素，在全面标示矿产地的基础上，突出重要矿种和具有成矿-找矿意义的矿产地。

4）编图所采用的图式，主要根据《中国矿产地质志·省级矿产地质志研编技术要求》中省级矿产地质图编图技术要求，并参照1：50万《台湾省地质图》（2020）编排形式，依矿产地质图要求表达的内容进行适当调整、修饰与增设，以求成为格式统一的系列矿产地质图件；图例遵循国家现行标准和普遍认同的习惯符号，不足时，根据简单、实用、易于判读等原则予以补充。

5）编图采用的各类地质、矿产信息，均纳入新设计的地质、矿产属性信息化数据库系统，以其资料为依据，在MapGIS平台，利用计算机完成图件编制，并要为资料存储与查询、系统维护等方面的使用提供便利。

（二）图件内容与编图方法

1. 地理底图编制

本图采用的地理底图，为2020年新编的1：50万《台湾省地质图》，该图是遵照《中国区域地质志》系列图件地理底图编制规定的技术要求综合编制，经中国地质调查局基础调查部和《中国区域地质志》编制项目办审查验收后，提供使用的1：50万比例尺专题地理图件。

地理底图标绘的地理位置准确，要素内容丰富，关系处理正确，综合取舍科学，选取投影合理。表示方法规范统一，符合相关规定要求，整体上准确地反映了自然地理和人文经济概况。

2. 地质要素选取与表示

编图沿用《中国区域地质志·台湾志》（2020）和1：50万《台湾省地质图》（2020）资料，按矿产地质图内容要求，进行适当简化、淡化和修饰。本着从整体上既要完整地反映台湾省内地质构造的基本概貌，也能突出与成矿关系密切的地质要素，以及在叠加表示各种矿产要素之后，图面仍能显示内容层次清晰、结构合理、表达科学、制作美观，且能满足计算机辅助制图程序要求和提高图件表达效果的需要，故在原图基础上，本次编图对地质要素的选取与表示作了若干针对性技术处理。

区域地层沿用地质图划分系统，采用年代地层单位的“系”为单元设色表示，主要赋矿层段分别表示，突出含矿层位及分布状况。岩浆岩类以岩体的主体岩性+成岩地质时代构成的代号区分，以地质年代的“纪”或“世”为单元设色表示。根据其与成矿关系的密切程度，突出中生代岩浆岩和第四纪陆相火山岩。各时代岩浆岩岩石类型花纹和代号作了删减，采用以不同色调平色表示。构造要素以反映区域性断裂和控矿断裂为主，次要断裂的要素密集地段进行适当归并、删减。与成矿关系密切或具有成矿、找矿意义的各类地质要素，采用补充或扩大突出表示。

3. 矿产要素选取与表示

1）资料来源：以截至2016年底台湾省矿产地质资料为主要依据，资料来源主要有《台湾省区域矿产》（福建省地质矿产局，1994）、《台湾金属经济矿物》（谭立平等，1997）、《台湾非金属经济矿物》（谭立平等，1999）、《台湾能源矿产及地下水资源》（谭立平等，2000）等。

2）矿产地选择上图标示原则：台湾已发现的矿点及其以上的矿种的矿产地全部表示。

3）矿产类别与矿种划分：根据《中国矿产地质志・省级矿产地质志研编技术要求》矿产分类。本图标示的矿产地分别归属于能源矿产类（5个矿种，164处矿产地）、金属矿产类（9个矿种，51处矿产地）、非金属矿产类（25个矿种，160处矿产地），共3大类。

4）矿产地含义：图上表示的矿产地系指由矿床、矿区和井田（煤）的地质边界所构成的矿产赋存地。勘查与开发过程人为划分的阶段、采矿区（段）和不同深度（标高）矿权区（段）等，均不单独列为矿产地。图上表示的是经过整合后构成的矿产地。

5）矿产地名称：矿产地名称由地理名称+矿种名称构成。当多矿种同体共生或异体共生达到3种或3种以上，以规模大者为主矿种；均具同等规模的，以价值高者作为主矿种。

6）矿产地规模划分：以截至2016年底的台湾省累计查明某矿种资源储量为依据，按国土资源部2000年4月24日发布的国土资发［2000］133号《矿产资源储量规模划分标准》，并增加超大型、矿点2种规模划分标准进行衡定，构成超大型、大型、中型、小型和矿点5种类型表示。本次编图划分的超大型类别，采用《矿产资源储量规模划分标准》的大型矿产资源储量下限的5倍以上。矿点为已发现矿，只做了少量地质勘查工作（如地表揭露）的矿产地，无法确定其规模的矿产地或已经勘查，目前尚无开发利用价值，进入不了矿床的范畴，亦作为矿点。

7）矿产地表示方法：按矿产地中心点经纬度坐标或矿体出露坐标表示其位置；矿产地图形符号由矿床类型+规模+矿产颜色+成矿时代表示。两个矿种或多个矿种共生的矿产地，主要表示主矿种；两个矿种或多个矿种共生能分出规模的，一般主矿种在前。非金属矿产地，统一表示矿种，不细分矿种（或矿物）类别与工业用途。矿产地中赋存的伴生矿产，图上均不予表示。矿产地密集的地方，用小黑点表示矿产地具体位置，然后用引线连接矿产地图形符号。

8）矿产地编号规则：按国际惯例，矿产地编号通常是先按经纬网格，在自左向右、自上而下的每一个网格内；再按矿产地之经、纬度，自左向右、自上而下予以编号。

4. 图件整饰内容与表示

图件除设置与图面内容相适应的图名、图例和比例尺外，还表示了台湾矿产地一览表、台湾矿产资源各矿种数量统计表、台湾省岩石地层划分表，等等。

本次编图与新编的《中国区域地质志・台湾志》（2020）、1∶50万《台湾省地质图》（2020）衔接。充分利用了区域地质志的新成果，着重反映了台湾省矿产资源种类、矿种资源储量规模、矿床类型以及矿产地与各时期沉积、岩浆、变质作用的相互关系。

二、区域地质背景

（一）地层

台湾岛内以广布新生代地层为特征，受弧陆碰撞造山带影响显著，主构造线呈略向西弧凸的南北走向，并且具明显的东西分带现象。以台东纵谷地壳对接带为界，以东划属菲律宾海板块之台东新生代造山带，以西属羌塘-扬子-华南板块之台湾新生代活动陆缘。根据岩性、岩相、建造类型、变质变形与构造运动特征，划分为前古近纪、古新世—始新世、渐新世—中新世、上新世—早全新世 4 个断代。各断代地层间或为角度不整合接触，或为有明显沉积间断的平行不整合接触，或以显著的变质变形差异区分，且各断代地层分区明显。台湾省 4 个断代地层的地层区划和各地层分区、小区岩石单位名称及序列列于表 2-1，全省共划分 51 个组级与 5 个非正式地层单位（不含全新世松散堆积层）。

1. 前古近系（AnE）

（1）中央山脉东翼地层小区大南澳混杂岩

九曲组（AnE*j*）：九曲组主要分布于大南澳混杂岩区北部，寿丰断层以西地区，北部地区出露宽大且呈多层与长春组重复出露，花莲以南呈长条状出露，并渐趋变窄尖灭。岩性以厚层块状大理岩为主，夹少量白云岩、石英云母片岩、绿泥石片岩。在花莲北部，常被片麻状花岗岩侵入。九曲组由于受强烈的变形作用，无法准确计算厚度，仅依据构造剖面估算，九曲组上下界间距超过 1000 m（罗伟等，2009）。在东澳村以北产存疑的 *Fusulinid*（?），在武塔南方之湳子溪中与南澳南方产 *Schwagerina*（?）、*Parafusulina*（?）、*Neoschwagerina*（?）等䗴科化石；在马太鞍溪流域发现珊瑚 *Waagenophyllum*（?）（Yen et al.，1951；Yen，1953）。这些化石指示九曲组大理岩的年代是二叠纪。

长春组（AnE*c*）：长春组分布最广，主要见于大南澳混杂岩北部，以及寿丰断裂以西，岩性以石英云母片岩、石英片岩、绿泥片岩为主，夹石墨云母片岩、石英岩与薄层大理岩，局部夹变质基性火山岩。与下伏九曲组大理岩呈韧性剪切带或断层接触，与上覆天祥组呈断层或韧性剪切带接触，被古近系碧侯组、毕禄山组不整合覆盖。长春组依构造剖面估算，厚度在 2000~2200 m（罗伟等，2009）。石英云母片岩中发现沟鞭藻化石 *Druggidium* sp.，*Gonyaulacysta* sp. 等，时代属于中生代，约在早侏罗世晚期至早白垩世（王执明，1991）。在南澳一带，长春组与源头山、饭包尖片麻状花岗岩体为构造接触，饭包尖片麻状花岗闪长质岩石为 92 Ma，源头山片麻状花岗闪长质岩石为 87.5 Ma。长春组沉积年代相当于早侏罗世晚期—晚白垩世。

天祥组（AnE*t*）：天祥组主要出露于花莲以南与寿丰断裂以东的地区，岩性以云母石英岩（变质砂岩）为主，其次为石英云母片岩、千枚岩，偶夹薄层绿泥片岩，矿物中常含石墨。

（2）台湾西部地层小区白垩系

白垩系包括云林组和花屿火山杂岩，属于台湾前古近纪地层阶段台湾西部地层小区（II_7^{2-1}）。

云林组（K_1y）：云林组未见出露，仅在台湾西部的云林、嘉义、澎湖地区钻遇（即只在北港高区及台湾海峡中钻遇）。云林组埋深 1000 余米至 4000 余米，最大钻遇厚度 1000 m 以上，在各钻井中的埋深和厚度变化都很大。云林组主要由一套灰-灰白色砂岩、细砂岩、粉砂岩、页岩、薄层灰岩以及砾岩和少量玄武岩等组成。北港隆起区云林组主要为陆相沉积，而西部平原的北部主要为浅海相和海陆交互相沉积环境。时代属早白垩世，为目前已知的台湾西部基底地层。

表 2-1　台湾省岩石地层单位划分表

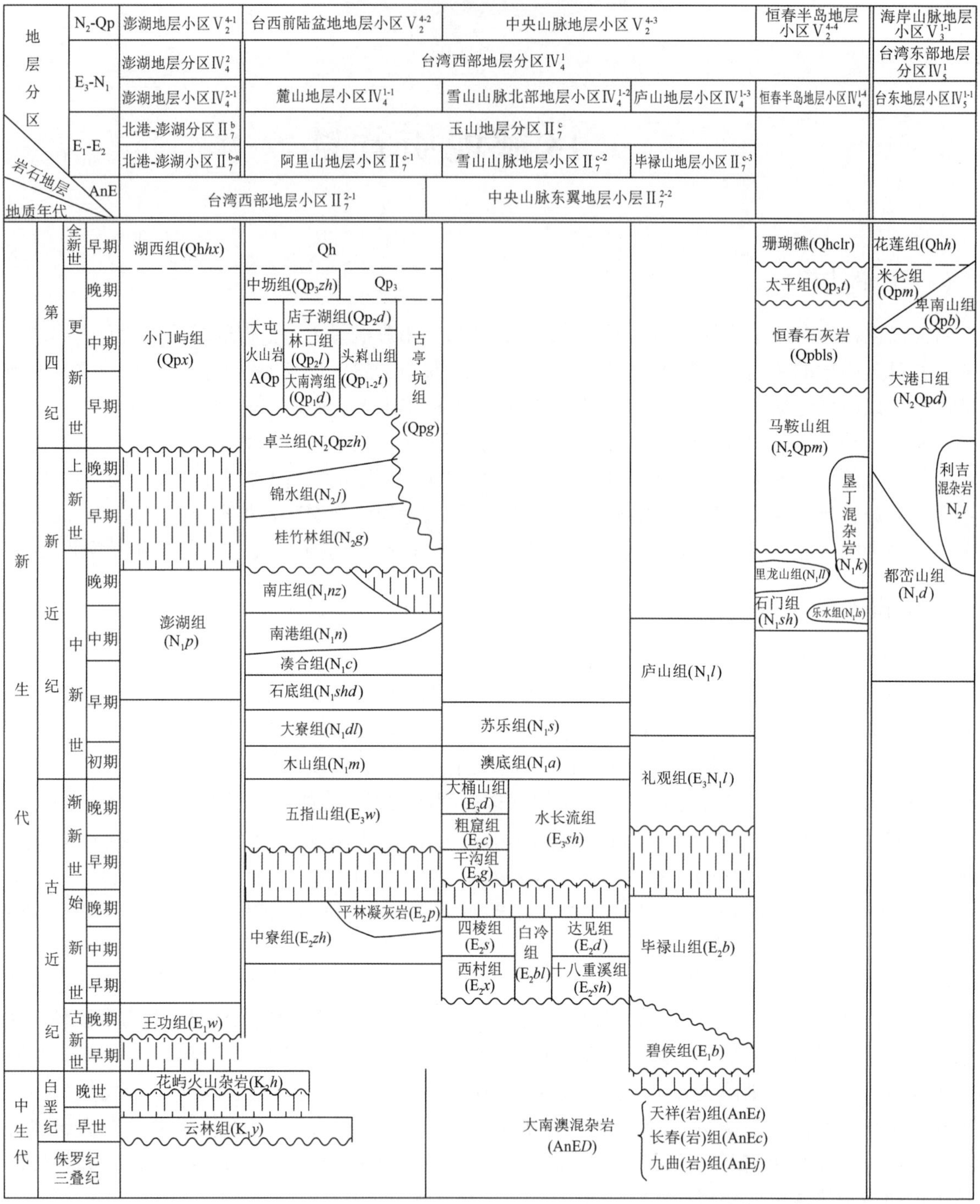

注：┆┆┆┆┆┆ 地层缺失；〰〰〰〰 角度不整合。　　　　（据福建省地质调查研究院，2020）

花屿火山杂岩（K_2h）：花屿火山杂岩仅出露于台湾海峡澎湖列岛之最西南之花屿，此外在台西嘉南平原北港二号井 1463～1590 m 中及褒忠一号井（PC-1）见及。岩性以安山岩为主，次为安山质火山碎屑岩，以及潜安山玢岩、潜流纹斑岩，时代为晚白垩世。

2. 古近系古新统—始新统（E_1-E_2）

（1）北港-澎湖地层分区

王功组（E_1w）：王功组地表未见出露，仅于彰化县西南滨海平原鹿港西南王功一号井、云林县台西乡台西一号井和苗栗县铁砧山 34 号井等以及台西南盆地海域钻孔中钻遇，多为滨浅海相沉积，岩性为火山碎屑岩（以凝灰岩为主，集块岩次之）、砂岩、砂质或钙质页岩夹少量玄武岩、石灰岩，厚度估计应大于 1046 m，其上被中新世早期地层不整合覆盖。

（2）玉山地层分区

A. 阿里山地层小区

中寮组（E_2zh）：中寮组仅见于台湾中部麓山区南投县中寮乡粗坑一带，为滨海-浅海相沉积。岩性组合以浅灰色至灰白色细粒至中粒长石质砂岩、长石砂岩为主，含钙质，夹灰黑色粉砂岩、页岩。地表出露宽百余米，未见底，上与平林凝灰岩呈整合接触。

平林凝灰岩（E_2p）：平林凝灰岩亦仅见于台湾中部麓山区南投县中寮乡粗坑一带，岩性组合以紫褐色、紫红色英安质晶屑凝灰岩为主，其次为紫红色英安质凝灰岩、含角砾岩屑凝灰岩及集块凝灰岩等，夹薄层凝灰质粉砂质泥岩、页岩，何春荪等（Ho et al.，1956）估测其厚度为 70 m。平林凝灰岩整合于中寮组之上，被上覆五指山组不整合覆盖。岩石缺少层理特征，几乎不含有孔虫，但含少量钙质超微化石（NP16 带）。平林凝灰岩的最上部晶屑凝灰岩获得其锆石 U-Pb（LA-ICP-MS）年龄 38. 8±1 Ma，时代为始新世中晚—晚期。

B. 雪山山脉地层小区

雪山山脉地层小区包括北部西村组、四棱组，中部白冷组和南部十八重溪组与达见组。为一套中粗粒石英砂岩夹薄层板岩或含碳质页岩组合，属河流-三角洲-河口相碎屑沉积岩。

西村组（E_2x）：西村组分布于台湾中北部之宜兰、桃园、台中一带雪山山脉地区，主要为一套深灰色板岩和千枚岩，较下部常见夹暗灰色中、细粒石英砂岩。厚度仍可达 600 m。西村组被中—上始新统期四棱组整合覆盖，未见底。

四棱组（E_2s）：四棱组分布于台湾中北部桃园、宜兰、苗栗和台中等境内的雪山山脉地区，常与西村组构成复式背斜并成为翼部，岩性以厚层浅灰色至灰白色厚层中粗粒石英砂岩或石英岩为特征，夹深灰色页岩或板岩。四棱组依岩性可分为 3 段：下段（厚 635 m）为厚层细砾-中细粒砂岩，波痕薄缟状粉砂岩及碳质页岩；中段（厚约 100 m）为厚层页岩；上段厚层细砾-中细粒砂岩，薄缟状粉砂岩及碳质页岩（厚 270 m），含数层薄煤层（厚约 5 cm）。其整合覆于下伏西村组之上，被下渐新统干沟组不整合覆盖。

白冷组（E_2bl）：白冷组主要分布于埔里盆地以南，陈有兰溪以东地区，以白色或灰白色细粒至粗粒石英砂岩为主，夹有灰色坚硬致密砂岩及深灰色页岩或板岩的互层，页岩夹层在底部较多，尤其在白冷组出露地带的西边最多，含碳质或煤状透镜体常见于上部。白冷组常具明显之交错层，底部为砾状砂岩，厚度 500~2500 m，被上覆渐新统水长流组不整合覆盖。

十八重溪组（E_2sh）：十八重溪组主要出露区在地利断层以东至梨山断裂间的雪山山脉中部、南部的东翼并延至玉山山脉的狭长条带内，常与达见组相伴出露并与之构成复式背斜。岩性主要由黑-暗灰色板岩组成，并以夹薄层变质砂岩以及板岩和变质砂岩所组成的黑白相间的薄互层为特征。底部多被断层所切，地层总厚度不详，据地层出露宽度，推测应大于 600 m。本组整合于达见组之下，或被渐新统水长流组不整合覆盖，未见底。

达见组（E_2d）：达见组与十八重溪组相伴出露，主要分布区域相似。主要由白色或浅灰色中至粗粒硅质砂岩组成，呈厚层块状，夹薄层至厚层板岩和变质页岩，页岩有时略含碳质。本组下部的绿色砂岩是重要的标志层。达见组厚约 2700 m，整合覆于十八重溪组之上，被渐新统水长流组不整合覆盖。

C. 毕禄山地层小区

碧侯组（E_1b）：碧侯组仅见于和平北溪上游与立雾溪上游三星山至中央尖山至奇莱主山的东斜面，呈断续相连的北东向条带展布，由黑色板岩、千枚岩组成，夹结晶灰岩、砂岩、含砾砂岩，底部具底砾岩。碧侯组可分为 2 段，下段为“奇瑶谷段”，以千枚岩为主，夹薄层结晶灰岩，厚约 1500 m，底部具底砾岩（“M 砾岩”）；上段为“草涧段”，以板岩为主夹砂岩及含砾砂岩，厚约 1400 m。碧侯组不整合伏于毕禄山组之下，不整合覆于大南澳混杂岩之上。奇莱主峰东翼一带碧侯组岩性以千枚岩、变质砂岩为主，夹石英岩。

毕禄山组（E_2b）：毕禄山组分布于北起苏澳镇南侧的滨太平洋岸边，往西南沿南湖大山、奇莱主山等山脊分布，经关山、毕南主山至北大武山，皆分布于中央山脉的山棱与山峰一带，岩性以深灰色板岩和千枚岩为主，夹较多层薄-厚层细-粗粒的变质砂岩和大理岩及多层砾岩，局部具底砾岩，含绿色至暗红色变质火山岩。毕禄山组由北往南，普遍含有钙质岩石和砾石层，北部以板岩和千枚岩为主，夹较多的变质砂岩和大理岩，南部主要由板岩组成，出现的少量砂岩和灰岩仅具轻微变质；变质火山岩在北部和南部地区多处出露。毕禄山组的厚度以中部地区最大，约 2200 m，北部地区较小，仅 500~750 m。

3. 古近系渐新统—新近系中新统（E_3–N_1）

（1）台湾西部地层分区

A. 麓山地层小区

台湾西部麓山带集中出露了上渐新统五指山组与中新统木山组、大寮组、石底组、凑合组、南港组、南庄组一套浅海-滨海-海陆交互相碎屑沉积岩，主要由砂岩和页岩互层构成，局部夹有石灰岩和凝灰岩的透镜体或薄层。在北部总体表现出 3 个海进-海退沉积旋回，分别发育了下（木山组）、中（石底组）、上（南庄组）3 套含煤层或煤线的滨海相地层和浅海相碎屑岩地层，并产油气。

五指山组（E_3w）：五指山组主要分布于台湾北部，在大汉溪之南基本未见地表出露，其下为断层所切，未见其下伏地层。五指山组主要由白-灰白色厚层块状细-粗粒砂岩、夹深灰色页岩和砂、页岩互层组成，含少量碳质或薄层煤，地表出露不全，其上为中新统木山组整合覆盖，不整合覆于始新世平林凝灰岩之上。在台北-基隆间的五指山大武仑剖面一带，五指山组厚度最大，达 1200 m，一般在 1100~350 m 间。

木山组（N_1m）：木山组主要出露于基隆-台北一带，以及桃园-新竹-苗栗-台中一线之麓山带，据钻孔资料，台湾西部平原之下尚有隐伏的木山组，最西与最南部可达云林县台西、北港等地。木山组为台湾西部中新世 3 个主要含煤地层的下部地层，故又称为“下部含煤层”。木山组主要为灰白色薄层中粗粒石英砂岩、暗灰色页岩及薄层砂岩与页岩互层，含 3~4 层煤层。其中上部以中粗粒砂岩为主，夹薄层砂、页岩互层及煤层，下部常为薄层砂岩与页岩互层。整合覆于上渐新统五指山组之上，被大寮组整合覆盖，在台湾北部竹东以北的局部地区可见火山岩层覆盖，称为“公馆凝灰岩”。木山组的岩性与下伏五指山组相似不易区分，但二者石英砂岩略有差异，木山组相比较而言，一般碎屑较细且分选较好。在台湾最北部，木山组含 3 层可采煤，煤层厚度 40~60 cm，往南只有 2 层或仅 1 层可采煤，南至桃园以北，即未见可采煤层，局部仅见煤线。木山组可采煤层顶底板岩性常为灰白色石英细砂岩，以此区别于其他含煤地层。木山组厚度在 595. 5~675 m 之间，在台湾西北部海岸一带厚约550 m，向东南逐渐增厚，至汐止以南厚度达 670 m，由此向南则开始减薄，至八卦山区约为 200 m。木山组不仅是台湾地区中新世重要的含煤地层，其砂岩也是台湾目前主要产油气层之一。

大寮组（N_1dl）：大寮组主要出露于台湾北部海岸基隆至台北、桃园，最南可抵南投中寮，沿台湾西部麓山带分布。据钻孔资料，在台湾西部滨海平原之下尚有隐伏分布，范围同前述木山组。大寮组主要为灰色厚层细粒砂岩、长石石英砂岩与深灰色页岩或粉砂岩互层。其上部及中部砂岩层厚而页岩占比少，顶部有富含 *Ditrupa* sp. 之厚层钙质砂岩而常作为标志层；下部主要为深灰色页岩，而细粒砂岩占比少且层薄。互层砂岩层面常见云母碎片，薄层砂岩常出现水平平行纹理，偶尔出现小型波痕交错纹理。大寮组与下伏木山组及上覆石底组均为整合接触。大寮组在台湾西北部厚度最薄，约 200 m，向东南渐次增厚，在苗栗一带厚度可达 470 m 以上，由此往南又逐渐减薄，而在南投中寮地区厚度又明显增加，可达 600 m 以上。

石底组（N_1shd）：石底组在地表主要分布于台湾西部麓山带的中北段，自北部基隆始，沿麓山带向南至桃园、台中一带，据钻孔资料，石底组尚隐伏于台湾西部平原前陆盆地沉积地层之下，西南端可至北港、田中一带。石底组由白色-浅灰色厚层细至中粒石英砂岩、粉砂岩、深灰色页岩夹煤层组成，常见深灰色页岩与白色砂岩或粉砂岩组成数毫米至数厘米级的条纹状薄互层；含煤层5~7层，煤层厚10~100 cm。石底组所含煤为弱粘结，俗称“柴炭”。石底组在新竹县内湾等地夹玄武岩、玄武质凝灰岩或凝灰质角砾岩，但规模小，展布有限。在台湾本岛出露外，在台湾岛东北方向约150 km的钓鱼岛及其周边附属岛屿南小岛、北小岛、黄尾屿、赤尾屿等亦有出露。本组厚100~650 m，上与凑合组下与大寮组均为整合接触。

凑合组（N_1c）：凑合组分布于台湾西北部麓山带，向南经新竹尖石，断续出露至大安溪以北。在台湾西部平原地区前陆盆地之下，尚有隐伏分布，范围与石底组相当。其岩性组合为深灰、浅灰色细砂岩夹泥质砂岩、页岩，上部以灰色页岩与中-细粒砂岩互层为主。凑合组沿麓山带向南延展，相当于台湾中北部所划分的“北寮层”中、下段，岩性组合以细砂岩与页岩互层为主，砂岩占比渐渐减少。凑合组整合覆于石底组之上，被南港组整合覆盖。

南港组（N_1n）：南港组主要分布于台湾西部麓山带的北部和中北部地区，向南延展断续分布，南可达高雄甲仙乡旗山溪上游（楠梓仙溪）等地区。在台湾西部平原第四纪地层之下，尚有隐伏南港组分布，据钻孔资料，西延部分可达台中、新竹以西的台湾海峡东部海域。南港组岩性组合为灰色厚-薄层钙质细砂岩和深灰色页岩、粉砂岩。在台湾北部（苗栗以北），砂岩占比较高，三分性明显；在台湾北部基隆局部，南港组中部夹有黑绿色玻璃质玄武岩及玄武质凝灰岩；在南投、嘉义地区，南港组三分性不显，岩性以灰-深灰色页岩为主，夹少量透镜状砂岩或粉砂岩。南港组厚度400~800 m，在新竹尖石一带最厚，厚度超过1000 m。南港组与下伏凑合组、上覆南庄组均为整合接触，富含有孔虫化石。

南庄组（N_1nz）：南庄组分布自台湾北部海岸往南，沿麓山带经阿里山直抵高雄美浓一带，在台湾西部滨海平原之下的隐伏层位在彰化-国姓-云林-嘉义平原区尖灭。南庄组岩性为灰白色、白色厚层细-粗粒砂岩，灰黑色页岩和砂岩、粉砂岩、页岩薄互层，夹3~4层可采煤，局部夹有橄榄石玄武岩及其火山碎屑岩，煤层厚0.3~0.4 m。南庄组属夹有煤层的粗碎屑岩沉积，为海陆交互相沉积地层，以夹有煤层，粗碎屑岩的沉积和海相化石稀少为其特征，在各地，其岩性、岩相、厚度以及含矿性，均有较大变化，一般厚度在600~700 m，往北渐次减薄至400 m，在苗栗大湖溪一带厚度约1200 m，新竹茅坪-内坪一带厚度达1500 m。南庄组整合覆于南港组之上，被桂竹林组不整合覆盖。

B. 雪山山脉北部地层小区

雪山山脉北部地层小区包括下渐新统干沟组、粗窟组、大桶山组、水长流组与中新统澳底组、苏乐组。大致以雪山主山北坡或桃园县复兴乡淡水河上游一带为界，以北地区该断代地层出露较全，以南则主要出露水长流组。

干沟组（E_3g）：干沟组主要分布于乌来乡以北的雪山山脉北部地区。干沟组岩性以灰-灰黑色页岩、砂质页岩为主，夹薄层细砂岩、粉砂岩，遭受轻微变质，局部变质成板岩；厚度一般在600~1200 m。干沟组不整合覆于下伏四棱组之上，被粗窟组整合覆盖。

粗窟组（E_3c）：粗窟组主要出露于新北市坪林乡北势溪中下游，岩性由厚层灰色、暗灰色粉砂岩与页岩互层组成，上部夹薄层细砂岩，局部夹海绿石砂岩。砂岩具波痕、平行纹理或圆丘状层理，富含海相生物化石。常以粗窟组最下部的 *Amussiopecten* 富集带粉砂岩层底部作为与下伏干沟组的界线；以最上部的厚层泥质粉砂岩的顶部与大桶山组页岩组合为界。粗窟组厚度以北势溪流域较厚，达200 m，往南减薄，在乌来以南逐渐尖灭消失。

大桶山组（E_3d）：大桶山组主要分布于乌来乡以北的雪山山脉北部地区，处于屈尺断层以南，兰阳溪以北之间，与下伏的干沟组、粗窟组相伴分布。大桶山组岩性以灰黑色页岩为主，夹薄层灰色细-中粒泥质砂岩或粉砂岩，遭受轻微变质；估计厚度在400~1500 m之间。大桶山组在许多地方含有玄武质火山碎屑岩及少量的玄武岩，通常呈透镜体或不规则体。其厚度从1 m至数十米不等，大多沿层面出露于不同层位的页岩或板岩中，为沉积时火山喷发活动的产物。

水长流组（E_3sh）：水长流组主要分布于东、西两翼。至雪山山脉北部苏乐、四棱一线以南，这时大桶山组、粗窟组与干沟组上下岩性相似，均以黑色、深灰色页岩和板岩为主，夹极少量砂岩，三者已经很难区分，所以用水长流组来替代大桶山组、粗窟组与干沟组。水长流组岩性以黑色页岩为主，夹少量灰色石英细砂岩、海绿石砂岩或粉砂岩，含黄铁矿，岩石遭受浅变质。水长流组不整合覆于白冷组、四棱组之上，被中新统澳底组整合覆盖。该组厚度不易测算，估算厚度应大于 1500 m。

澳底组（N_1a）：澳底组大部分分布在雪山山脉东北部的台北、桃园、新竹和宜兰等境内，构成两条向斜构造；岩性以灰色厚层细-中粒砂岩为主，夹深灰色页岩和煤层，岩层遭受轻微变质，厚 755 m。本组下部是含煤岩段，含煤两层，厚度一般在 20 cm 以下，煤层不稳定，通常不具开采价值。

苏乐组（N_1s）：苏乐组主要分布于新北市坪林乡西北彭山村一带，由板岩、页岩、砂岩及砂岩、页岩互层组成，受轻微变质，含煤线，厚度达 1000 m 以上，以含钙质超微化石及有孔虫化石为主。

C. 庐山地层小区

位于中央山脉的渐新世—中新世地层归属庐山地层小区，包括渐新世晚期—中新世初期的礼观组和中新世早—中期的庐山组。

礼观组（E_3N_1l）：礼观组分布局限，主要见于南部横贯公路礼观一带；岩性主要由黑色-黄灰色细粒-中粒砂岩组成，夹砂质页岩与砂岩的互层。其底部具一层厚约 3 m 富含化石的含砾灰岩，此为本组最大特色，总厚约 900 m。礼观组一般不含超微化石，而底部含砾灰岩中含甚多化石，曾被命名为 *Lepidocyclina* 石灰岩。

庐山组（N_1l）：庐山组分布较广，北起宜兰县的兰阳平原，向南沿中央山脉西翼延伸，包括南投、嘉义、高雄、屏东，以及宜兰、花莲和台东等县市境内的高山地区。庐山组岩性较单调，以灰黑色泥质板岩、板岩、千枚岩为主，夹薄层变质砂岩及变质砂岩与板岩互层，局部夹玄武质火山岩透镜体和零星的泥灰岩团块；与下伏礼观组为整合接触关系，亦可不整合超覆于下伏毕禄山组之上。由于庐山组常被逆断层截切，地层层序、地层上下关系等并不易确定，估算厚度 3000~5000 m。

D. 恒春半岛地层小区

恒春半岛地层小区仅出露未变质（或轻微变质）的中新世中—晚期深海相沉积地层，包括乐水组、石门组和里龙山组，以及垦丁混杂岩。

石门组（N_1sh）：石门组分布于恒春半岛恒春断层以东春日乡以南的大部分地区。石门组以灰黑色页岩、粉砂岩、砂岩或薄砂岩与页岩互层为主；下部为灰黑色页岩与粉砂岩，夹薄层砂岩；上部主要由砂岩与页岩的互层组成，含有大量的基性、超基性以及酸性火成岩，其种类有玄武岩、辉长岩、辉绿岩、角闪石岩等，多呈崩移岩块产出，或与砂岩互层出现。石门组厚度大于 2000 m。沉积环境为大陆斜坡深海相环境。

乐水组（N_1ls）：乐水组主要分布于恒春半岛满州乡以东一带，以及恒春半岛西侧狮子乡至春日乡之间的海岸附近；岩性主要由灰白色、灰色砂岩、深灰色页岩及砂岩与页岩的互层组成，夹砾岩透镜体，厚度约 1000 m。乐水组与石门组沉积环境相似，为大陆斜坡深海相环境。

里龙山组（N_1ll）：里龙山组分布较少，仅见于恒春半岛西侧牡丹乡至狮子乡之间的海岸附近，沉积环境已由石门组沉积的深海环境转变为浅海大陆棚环境；岩性以灰色、灰白色厚层砂岩为主，上部为厚层砾岩、砂砾岩，夹有少量泥灰岩、页岩及砂岩。里龙山组厚度约 2000 m。里龙山组覆于石门组之上，被上新统—更新统马鞍山组不整合覆盖。

（2）澎湖地层分区

澎湖地层分区仅包含澎湖地层小区（Ⅳ_4^{2-1}）。出露于台湾海峡澎湖列岛（除花屿外），岩石组合较为简单，以玄武岩为主，含少量玄武质凝灰岩、粘土岩、凝灰质砂岩，归属澎湖组。

澎湖组（N_1p）：澎湖组大面积覆盖于澎湖列岛（除花屿外），主要为玄武岩，局部夹少量粘土岩、玄武质凝灰岩、凝灰质砂岩及灰岩。依据通梁一号井与马公水厂竖井资料，澎湖组厚度 60~70 m，被更新世小门屿组不整合覆盖，不整合覆盖于下伏细砂岩、粉砂岩和富含化石的灰岩之上。

（3）台湾东部地层分区

古近纪渐新世—新近纪中新世断代台湾东部地层分区仅包括都峦山组。

都峦山组（N_1d）：都峦山组分布于台湾东部海岸山脉全段和台湾岛东南绿岛和兰屿两个离岛。

都峦山组主要为安山质火山岩，自下而上包括火山岩流、岩脉、火山碎屑岩和再积火山碎屑岩。在火山岛弧不断喷发成长出露海面后有少部分火山岩上部层属陆相喷发，出露的岩性以安山质集块岩、安山岩、（沉）安山质火山角砾岩为主，以及（沉）安山质凝灰岩、凝灰质砂岩等，偶有岩脉侵入其中。本组各地区出露厚度一般1000~2000 m，秀姑峦溪剖面本组厚度可达4000 m以上。奇美火山喷发时间主要在16.4~5.2 Ma（Ar-Ar和裂变径迹）（陈正宏，1990），成广澳火山喷发时间主要在5.9~4.0 Ma（Ar-Ar和裂变径迹），绿岛火山喷发时间主要在2.9~1.4 Ma，兰屿火山喷发时间主要在6.6~3.4 Ma（Ar-Ar）（Lo et al.，1989）。

4. 新近系上新统—第四系（N_2-Q）

新近纪上新世—第四纪早全新世断代包括澎湖地层小区、台西前陆盆地地层小区、中央山脉地层小区、恒春半岛地层小区和海岸山脉地层小区等5个地层小区。

（1）澎湖地层小区

澎湖地层小区指台湾海峡上东距台湾本岛约50km的澎湖列岛，包括了更新统小门屿组、下全新统湖西组与晚全新世现代海滨堆积物。

小门屿组（Qp*x*）：小门屿组仅出露于小门屿西北高地、西屿后扈湾与七美屿南端灯塔，岩性主要为石灰岩及铁质石英砂岩。本组最厚约20 m，顶部未见其他岩层覆盖，底部则不整合于澎湖组之上。石灰岩主要由*Baculogypsina*有孔虫壳组成，其指示年代范围可延至现今。

湖西组（Qh*hx*）：湖西组仅见于湖西乡一带低地，此外澎湖本岛东南边龙门国小附近发电厂工程开挖亦有出露，但分布范围不明。岩性主要由灰褐色至黄褐色的砂层、泥层或砂泥互层所组成，这些岩层都较为松软。本组总厚度约7 m，但出露地表仅约2.5 m，上部未覆盖其他岩层，底部在部分地区假整合于玄武岩风化红土之上。

（2）台西前陆盆地地层小区

台湾西部前陆盆地沉积由早至晚包括两个阶段，早阶段为浅海相沉积，主要形成一套以细碎屑沉积为主的地层，由下至上为桂竹林组、锦水组、卓兰组；晚阶段为台湾造山带快速隆升阶段，形成一套以粗碎屑为主的山前堆积层，主要为头嵙山组，以及台地堆积、河流河口扇堆积，包括大南湾组、林口组、店子湖组、中坜组等。需要指出，由于台湾地区弧陆碰撞是由北至南持续发生，造山作用亦是由北向南使山脉隆升，因而前陆盆地发展与沉积充填也表现出由北向南发生变化，因而在台湾西南部台南-高雄之间的旗山断层以西地区，沉积初始较北部晚，沉积环境亦发生变化，岩石地层单位不易对比，故单独划分古亭坑组。此外，由于菲律宾海板块沿琉球海沟向西北方向俯冲，琉球岛弧弧后扩张向西延伸至台湾北部地区，因而在台湾北部大屯山、基隆一带发生了更新世安山质火山喷发，形成了大屯火山岩。

桂竹林组（N_2g）：桂竹林组分布于北部海岸经阿里山直达台南一带，岩性由富含有孔虫与贝类化石的砂岩、页岩组成，由下而上可分为下部的灰白色砂岩夹深灰色页岩，中部的灰-深灰色厚层页岩和上部的灰-黄色中厚层细砂岩夹砂岩与页岩的薄互层。厚度为700~1000 m。

锦水组（N_2j）：锦水组主要呈狭长带状分布在台湾西部桃园县到高雄县之间各县市境内的山麓丘陵地区。锦水组岩性以深灰色页岩、砂质页岩为主，夹透镜状砂岩、粉砂岩和薄层泥岩，含泥质结核。产底栖有孔虫与海相生物。锦水组厚度变化较大，在台湾西北部海岸带较薄，在桃园县西部海岸一带钻井中厚度128 m，台中县一带，厚度仅100 m左右。自此带向东南逐渐增厚，至苗栗区的出磺坑一带厚度约达340 m，在台南县后堀溪约达1000 m。锦水组整合于桂竹林组之上，被上覆的卓兰组整合覆盖。

卓兰组（N_2Qp*zh*）：卓兰组分布范围比锦水组要广泛得多，主要出露在桃园县到高雄县之间的西部各县市山麓丘陵区域。卓兰组主要由砂岩、粉砂岩、泥岩及页岩之互层组成，上部夹含砾砂岩透镜体或薄层状砾岩。沿台湾西部海岸分布的较薄，约厚450 m，向东至麓山带增厚至1300 m以上，向南到台南-高雄一带逐次增厚至3500 m。卓兰组整合覆于锦水组之上，与其上覆头嵙山组视为不整合接触。

古亭坑组（Qpg）：古亭坑组指分布于台湾西南部高雄-台南一带，主要在左镇断层以南、旗山断层以北，木栅断层以西区域的在上新世晚期—更新世海相沉积的一套以泥岩为主夹砂岩、石灰岩组合。被上覆的更新世地层不整合覆盖，底部未完全出露。岩性以暗灰色厚层泥岩为主，偶夹薄层砂岩。而在高雄地区旗山断层以西出露的古亭坑层上部，见生物泥粒岩、粒泥岩及礁灰岩体为主，包括高雄石灰岩、半屏山石灰岩、小屏山石灰岩、大岗山石灰岩及小岗山石灰岩，其层位属古亭坑层的石灰岩透镜体。本组厚度巨大，并且往向西南方增厚明显，估计在关庙以东地区厚 2500 m 以上，曾文溪以南的台南-高雄一带厚度达 4500 m 以上，至高雄外海达 5000 m，泥岩厚度达 7000 m 以上。

头嵙山组（$Qp_{1-2}t$）：头嵙山组主要分布于台湾西部新竹、苗栗、嘉义、台中、台南及高雄等境内的丘陵及台地，地形上常呈锯齿状山峰和较高的阶地，主要由砂岩、页岩、泥岩和砾岩等沉积物组成。地层两分性较明显，依岩性组合分为上段（$Qp_{1-2}t^2$）与下段（$Qp_{1-2}t^1$）。下段以灰色、黄灰色、青灰色厚层细-中粗粒砂岩、页岩及其互层为主，夹薄层砾岩，厚度 300～2000 m 不等，变化较大，自台湾西部海岸向东逐次增厚至麓山带；上段为厚层块状砾岩夹砂岩、粉砂岩和薄层页岩，主要分布在台湾中部的新竹、台中、南投等地，厚度在滨海平原仅约 100 m，由西向东厚度增大，在台中一带厚度可达约 1000 m。砾岩出露的地方常形成悬崖陡壁，溪谷多形成峡谷。

大南湾组（Qp_1d）：大南湾组出露于林口台地的西北部，以及桃园县店子湖西侧一带，主要由浅灰色中-厚层状细粒石英砂岩、粉砂岩、泥岩组成，偶夹厚度不一的砾岩。下部以厚层块状粗粒石英砂岩为主，含底栖生物群，包括有孔虫、瓣鳃类等，上部是以砂、泥、砾互层及厚砾石层的交互出现为主，厚度大于 170 m，未见底。大南湾组为蓬莱造山运动相伴的皱褶逆冲以后的堆积物，其与下伏卓兰组多具较明显的角度不整合，与上覆林口组为不整合接触关系。大南湾组以含广盐性的浅水底栖生物群为特征。

林口组（Qp_2l）：林口组仅分布于新北市西北部的林口台地，岩性以黄色或灰色厚层砾岩为主，夹透镜状砂泥岩层，顶部为红土层；与下伏的大南湾组为整合接触，与上覆的店子湖组为平行不整合接触。未发现生物化石。沈姿岑（2007）利用锆石核裂径迹年代学研究林口组沉积年代，在林口组上部至 100 m 内采集 10 件沉积物岩芯并从中分离出锆石进行测年，分别在深 100 m 与最近地表处获得最年轻锆石年龄，认为林口组沉积年代在 1.2±1.8 ～ 0.9±0.6 Ma。

店子湖组（Qp_2d）：店子湖组分布于高程约 90 m 至 100 余米的湖口台地及竹东丘陵北侧丘陵面上，主要由下部的砾石层和上部的红土层组成。下部砾石层厚 10～20 m，砾石主要为白色石英岩、深灰色砂岩或钙质砂岩，少量玄武岩和辉绿岩，砾石直径多为 10～30 cm，淘选不佳，大小混杂。上部红土层厚 1～2 m。砾石层与其上覆红土层为逐渐转化关系（邵屏华，2007），下部为未受红化作用的砾石，往上砾石表面稍受红化，再上则红化深入砾石内部，再上变为红棕色粘土夹砾石，最上则转化为红土层。店子湖组不整合覆于下伏的头嵙山组、林口组及其之下地层上，其上被中坜组平行整合覆盖。

中坜组（Qp_3zh）：中坜组主要分布在湖口台地以北高程 20～30 m 中坜台地及桃园台地上，在地形上一般略低于店子湖组约 10 m。中坜组由砾石、砾石碎块、红土、黄土混杂而成。砾石以变质砂岩与砂岩为主，淘选极差，砾石直径为数厘米至十几厘米。红土层有时富含砂质，像是店子湖组的红土被侵蚀后，与新期的泥砂混杂再沉积的红土，大部分为黄棕色，但也有部分红土仍呈砖红色，因此不易与店子湖组的红土相区分（林朝棨，1963）。

红土台地（Tz）：台湾西部沿海地区自新竹县以南至屏东县潮州，陆续分布十余个大小不一的红土台地，均未再进一步划分或赋予地层单位名称，概称红土台地。红土台地主要由红土、红土化砾石层、砂层组成。颜色为红色或黄棕色的红土，与华南各地红土结构极为相似。

大屯火山岩（AQp）：大屯火山岩包括大屯火山群、基隆火山群、观音山火山、草岭山以及北部外海的火山岛等地所喷发的火山岩，大多数属于安山岩类，以安山岩为主，次为安山质火山碎屑岩，少数为玄武岩。从过去同位素地质年龄研究认为安山岩喷发可分为 3 期：早期（2.5 Ma）为角闪石或紫苏辉石角闪石安山岩流；中期（0.75 Ma）为辉石安山岩流，分布范围最广；晚期（0.5 Ma）为含橄榄石角闪辉石安山岩流、富玻璃质二辉安山岩或玄武质角闪辉石安山岩流（Juang et al.，1984）。大屯火山区前后所喷发的熔岩流达15层以上，火山岩流多分布于火山地带的中央部分，构成火山的主体。其岩流分布地带常在海拔高度200 m以上地区。熔岩的厚度亦随处而异，大部分都在数十米，最厚可达300 m。在大屯火山群中玄武岩的喷发可能比安山岩略早，根据火山岩的定年资料，喷发年代大致始于2.8 Ma前，终于0.19 Ma前，但主要在0.8~0.2 Ma之间，从更新世早期持续到中期。这些火山岩层覆盖在中新世沉积岩之上，层态大致水平，除了在金山断层附近有些破裂外，其他部分并未受到明显的构造扰动。

晚更新世残坡积未分（Qp^{el}）：晚更新世残坡积层主要分布于花东纵谷与海岸山脉的溪流两侧以及西部麓山带的山前地带，形成冲积扇与河流阶地。由未胶结的泥、砂与砾石所组成，淘选度差，未红土化，时代为更新世晚期。在西部麓山带各溪流沿岸皆有高位及低位河阶分布，岩性为泥、砂和砾石组成的河成堆积。砾石主要为变质砂岩与板岩，砾石粒径由数厘米到十数厘米。该层厚度不等，随地而异。在地层上相当于台湾西部地区的"阶地堆积层"及"台地堆积层"。

全新统（Qh）：全新统发育于海岸平原、海岸、山间盆地、大小河流的河岸及湖岸等地，形成低位阶地及平原面，而其地形面上无红土层。全新统有隆起珊瑚礁、隆起海滨堆积层及珊瑚礁、沿海砂丘、河谷平原表面的冲积层等，大概在海拔或河床之相对高差10 m以下。就全新统松散堆积物成因而言，主要包括了河流冲积与滨岸海积两类。

冲积层（Qh^{f}）：冲积层分布甚广，各大河川沿岸的河漫滩、河口三角洲、上升海滨平原及湖成盆地堆积等，不整合覆盖在更新世地层上。主要由砾石、泥、砂组成，其中砂、泥所占比例较多。本层为未固结的河流相沉积物，在古砂丘、古河口及古河道的沉积物以砂为主，河漫滩的沉积物则以泥为主，含少量的砂。厚度不等，一般为几十到几百米。在地表与砂嘴及砂滩沉积物、潟湖沉积物及三角洲沉积物为同时异相沉积。

海积层（Qh^{m}）：海积层分布于沿海岛屿、河口及海湾区。在西部海岸平原，主要由砂、砾及粘土组成。泥中含有少量的有机质，沉积物较粗，可能属于冲-海积相，部分沉积物中含少至多量的贝壳碎屑、草根或是有明显土壤化现象。而分布在岛屿的湾地形成厚层堆积物、沙滩或沙洲，这些堆积物由珊瑚碎屑、现代种之有孔虫壳（Huang，1961）、贝壳等碎片骨骸所组成；具有向海微倾的平行层理，伴随少数槽状交错层理（陈于高，1993），局部海岸地区因碳酸钙溶解后再胶结成滩岩。

（3）中央山脉地层小区

本地层小区所保留的地层记录仅为更新世中晚期—全新世河流阶地、河谷盆地冲洪积堆积，其中面积最大的为埔里盆地群。

更新世中—晚期冲洪积层（Qp^{2-3fp}）：更新世中—晚期冲洪积层沿河流两岸的高位及低位河阶分布，以及形成河口冲积扇堆积物；为不含红土的砾石、砂松散堆积物，主要由砾石、砂、粉砂、粘土等未固结物混杂而成。砾石主要为变质砂岩与板岩，砾石粒径由数厘米到十几厘米。该层厚度随地而异，差异极大，是由于地壳上升及河流侵蚀下切作用造成。

全新世冲洪积层（Qh^{fp}）：全新统发育于山间盆地、大小河流的河岸及湖岸等地，形成各大河川沿岸的河漫滩、河口三角洲及湖成盆地堆积等，不整合覆盖在更新世地层上。主要由砾石、泥、砂组成，其中砂、泥所占比例较多。本层为未固结的河流相沉积物，在古砂丘、古河口及古河道的沉积物以砂为主，河漫滩的沉积物则以泥为主，含少量的砂。厚度不等，一般为几十到几百米。

（4）恒春半岛地层小区

新近纪上新世—第四纪阶段恒春半岛地层小区包括了中新世晚期—上新世垦丁混杂岩，上新世—更新世早期马鞍山组，第四纪恒春石灰岩、太平组、珊瑚礁等。

垦丁混杂岩（N_1k）：垦丁混杂岩是恒春半岛一个十分特殊的地质体，垦丁混杂岩主要出露于恒春半岛西侧，恒春断层以东。最北的露头出现在竹坑与海口之间的海岸地带，往南则分布于保力溪、网纱溪、良峦溪、沙弥溪和石牛溪流域。垦丁混杂岩与中新世石门组、里龙山组深海-浅海沉积地层在地理位置上相邻，两者呈渐变或断层接触关系，垦丁混杂岩由成层性极差的发育剪切面的深灰色泥岩、粉砂岩构成基质，其中夹杂了大小不等，岩性不一的岩块。岩块的种类可分为火成岩块与沉积岩块。火成岩块包括基性及超基性岩，来自南海洋壳（Pellertier et al.，1986；张新昌等，2014）。沉积岩块包括变质岩型砾岩、厚砂岩、砂页岩互层、页岩等岩块。泥岩大部分缺乏层理构造，多呈现恶地地形，局部露头可观察到泥岩因风化而呈现不同颜色的带状排列。由于垦丁混杂岩层理不明，厚度也不易估计，以露头分布推测其厚度应在200~500 m之间。

马鞍山组（N_2Qpm）：马鞍山组主要分布于恒春断层两侧的恒春与南湾之间，公路东方的山谷中；岩性可分成两段。下部由块状泥岩组成，上部渐变为粉砂岩和页岩互层，顶部颗粒变粗，甚至含有石灰岩碎屑。泥岩中富含浮游性有孔虫与贝类化石，砂岩中富含破损软体动物化石及圆粒砾石（宋国城，1998）。总厚度超过1400 m，且在厚1400 m的沉积物中不含二次移置化石。马鞍山组底部未出露，也未和中新世的地层直接接触，但从褶皱的程度推测，马鞍山组有可能不整合在中新世地层之上，与垦丁混杂岩为断层接触，被恒春石灰岩不整合覆盖。根据本组中部与下部岩性组合，以及底栖生物化石的研究，马鞍山组下部早期上新世地层应为较深海的沉积，至上部早期更新世地层则逐渐变为浅海相的环境。

恒春石灰岩（Qpbls）：恒春石灰岩主要分布在恒春镇的东南，鼻子头东的台地、马鞍山、龟子角、垦丁公园和鹅銮鼻等地，环绕着恒春半岛南段海岸；以石灰岩为主，局部夹粉砂岩和泥岩透镜体。石灰岩为灰白色至乳白色，致密块状，或多孔隙，还有许多溶穴。根据宫守业（1982）的研究，石灰岩可分为珊瑚或石灰藻生物岩、珊瑚碎块或红藻球泥质砾岩、生物泥质砂岩、有孔虫晶质砂岩和石灰质砾岩等岩类，分别代表珊瑚礁、礁前平台及浅滩的沉积环境。生物岩呈致密块状，由多种生物（包括珊瑚、有孔虫、贝类和藻类等）遗骸形成的石灰岩礁组成，这些生物遗骸大部分聚集在本地层的下部，而砂岩和砾岩则略具层理。石灰岩的厚度因地而异，一般在数米到数十米之间，最厚可达到100 m，粉砂岩与泥岩在西恒春台地北段出露的厚度约在50~70 m之间，在南段则为50 m以下。恒春石灰岩与其下伏的垦丁混杂岩为断层接触，和马鞍山组呈明显的角度不整合，而与其上覆的太平组为不整合接触。

太平组（Qp_3t）：太平组主要分布于恒春断层西侧的西恒春台地与恒春半岛鹅銮鼻台地，赤牛岭等台地面上，主要为红土，含砂，砾。红土常含石灰岩碎屑构成钙质红土，含少量砂及砾石，两层常混合，呈黄褐色至红色。砂岩砾石散布于底部，最大厚度仅有10 m，但随地而异。本组属于陆相河流沉积，不含海相化石，代表西台地抬升后期的Molasse相（磨拉石）（宋国城，1998），沉积环境由下至上呈现变浅。太平组不整合覆于下伏恒春石灰岩之上，上部被全新世隆起珊瑚礁覆盖。

珊瑚礁（Qhclr）：珊瑚礁为非正式地层单位，以恒春半岛的沿岸发育较好，在琉球屿、兰屿、绿岛等也有分布，主要岩性由生物岩、珊瑚礁以及砂、砾等沉积物组成。珊瑚礁形成于全新世，此时期因海平面上升，造成细质碎屑沉积岩向陆地超覆，才有稍具规模的珊瑚礁石灰岩形成（宫守业等，2007）。但是由于珊瑚礁沉积的时间很短，而且受到台湾地区的高上升速率与高侵蚀速率的影响，这些现代珊瑚礁的厚度皆很薄。低潮时一般高出海面2~5 m，并与低潮线以下的现生珊瑚礁互相连续，最高的也不超出海平面20 m，并在其出露区常造成多级海岸台地。

（5）海岸山脉地层小区

台湾地区新近纪上新世—第四纪阶段，将台东纵谷以东的海岸山脉、兰屿、绿岛地区划属华南地层大区（Ⅴ）台东地层区（V_3）之花东地层分区（V_3^1），再划为海岸山脉地层小区（V_3^{1-1}）。

台东纵谷以东的海岸山脉包括火山岛弧与弧前盆地，以及第四纪堆积层。弧前盆地为上新世—更新世浊流沉积，划属大港口组，以及主要分布在海岸山脉南段处于弧前盆地西侧的利吉混杂岩。此外还包括晚更新世以后的第四纪堆积层卑南山组、米仑组、花莲组。

利吉混杂岩（N_2l）：利吉混杂岩分布于海岸山脉南段弧前盆地的西侧，从玉里至台东，全长约70 km，最宽约10 km。利吉混杂岩在海岸山脉北段未见报道。由台东向南延伸可与南方海域花东海脊相连，花东海脊的形成是由恒春海脊增生楔向北吕宋岛弧-弧前盆地的西侧产生反向逆冲断层所造成。利吉混杂岩的组成以青灰色或灰黑色泥岩为主，其中包夹各种呈角砾状之砂岩与蛇绿岩块及少部分安山岩块。泥岩具有剪切作用形成的致密的鳞片状片理结构，间距约为数毫米至数厘米，显示剪切强度并不是均一的，存在变化，但一般而言剪裂程度有由西而东有逐渐变缓趋势。形成主要片理面的成因与纵谷断层的活动有密切关系。岩块多为砂岩与蛇绿岩，另有少量粉砂岩、页岩、泥岩、灰岩及火山碎屑岩。蛇绿岩系的岩石包括橄榄岩，辉长岩，辉绿岩及枕状玄武岩等，其中橄榄岩大部分已转变为蛇纹岩，而枕状玄武岩也大部分受到橙玄玻璃化作用。利吉混杂岩层理不显，野外露头宽度可达数千米，厚度不详。依据台湾“中油”股份有限公司于台东机场石山附近钻探石山一号井推测，利吉混杂岩的厚度在1000 m以上。其与周边地质体的划分常因野外露头是否连续，或因成因认识不同而有所变化，但基本是以断层作为其边界，或被第四系覆盖。由于利吉混杂岩含蛇绿岩岩块，受强烈剪切作用等，而将之视为欧亚大陆板块与菲律宾海板块间聚合带上的重要证据，代表欧亚大陆前缘的南海洋壳俯冲于菲律宾海板块之下的俯冲杂岩体。

大港口组（N_2Qpd）：大港口组指海岸山脉保留的4个残留弧前盆地（水琏盆地、乐合盆地、泰源盆地及台东盆地）以及2个弧上盆地（静浦、成功）中的碎屑岩沉积，但不包括弧前盆地西部构造岩石地层单位利吉混杂岩。大部分由沉积岩及火山岩质沉积岩组成，是在火山弧西侧前陆盆地沉积的层状海相岩层，以及两个弧上盆地沉积的海相地层。在大港口组底部偶尔可见安山岩巨砾，大港口组可能在半深海至深海环境中急速沉积，其厚度可达3000~4000 m。本组包括港口石灰岩和东河石灰岩，其层位在不同的弧前或弧上盆地中有不同的上下层序。“港口石灰岩”沿海岸山脉东侧的石梯到樟原一带呈透镜状体出露，由温暖、浅海相生物，如石灰藻、珊瑚、大型有孔虫（*Lepidocyclina*）、红藻球、软体动物等以及侵蚀自都峦山组的安山岩、凝灰岩砾石组成。标准露头位于秀姑峦溪长虹桥下南、北两岸，（假）整合覆于都峦山组之上，被同组细碎屑沉积岩整合覆盖，厚度5~50 m。时代为上新世早期；“东河石灰岩”于海岸山脉南段东侧之三仙溪以北到成功以南的八边溪一带呈透镜体出露，分布较广，外表呈灰白色，由抱球藻、珊瑚、大型有孔虫、小型有孔虫与其他生物碎屑组成。抱球藻大部呈圆球型且少凸瘤，石灰岩是在较高能量的环境下生成（罗焕记等，1993）。整合于都峦山组之上，被同组上部细碎屑沉积岩整合覆盖。厚度数米至100 m，时代为上新世早期—上新世晚期。大港口组与上覆卑南山组为不整合接触，与下伏的都峦山组呈整合接触。

卑南山组（Qpb）：卑南山组主要分布在海岸山脉的西南部，出露在台东县以北7~15 km之间，卑南山、鹿野及鲤鱼山一带，沿卑南山大溪分布，但大部分仅限于卑南大溪的下游，为卑南以北至鹿野溪口的高地。主要为厚层砾岩，夹少量薄层砂岩和页岩，其与下伏的大港口组和上覆的米仑组虽无直接接触，但根据海岸山脉地层的形成环境和蓬莱造山运动的影响，可能为平行不整合或不整合接触关系，厚度因地而异，在500~3000 m。

米仑组（Qpm）：米仑组主要分布于花莲市北侧的米仑台地，七星潭海岸至奇莱鼻灯塔之间；主要由层理不显的块状砾岩组成，夹粗粒至细粒砂岩和砂质页岩，含有半碳化的漂木和砂质粘土互层。米仑组出露在中—晚更新世地层的中间，上部被全新世的珊瑚礁与海滩相砾石层以平行不整合关系覆盖，与其上覆的砾石层以不整合关系接触，其厚度在米仑村附近大于350 m，在七星潭海岸至奇莱鼻灯塔之间出露厚度为80~90 m，但因底部没有出露，总厚度不详。

花莲组（Qhh）：分布于花莲县港区的花莲层以厚2~3 m的花莲珊瑚礁（下段）与含海相化石的砂段（上段）组成，两层中均产丰富的海栖化石；尤其上段中产有许多有孔虫、贝类、海胆、藤壶、腕足类、藓虫、介形类、短尾类等化石。下段的珊瑚礁一部分淹没于水中，其底部不明。但参考都兰与成功两处，花莲期的大砾层直接与下伏的米仑组不整合接触，所以在花莲珊瑚礁之下，可能有底砾层存在。依据林朝棨等（1984）的研究，全新世末期的北滨层，大致可分为下部之阿公店段与上部之安平段。花莲的北滨层阿公店段，由陆相的车轴藻川蜷泥层与上覆含贝类砾石层组成，不整合覆于花莲层之上。北滨层的安平段包括现代的海滨堆积层、现代珊瑚礁、现代砂丘等，为台湾省最新的地层，目前仍在堆积，此段的陆相堆积层尚有现河床堆积层、现湖水堆积层、现冲积扇堆积层。综合以上资料，将本组的时代归为全新世。

（二）侵入岩

台湾省侵入岩不发育，分布零星，以岩脉为主，部分为岩床。岩浆侵入活动可分为燕山晚期（即南澳运动期）和喜马拉雅期两期，以燕山晚期活动较强。近年来发现了一个燕山中期的晚侏罗世花岗岩体。

燕山晚期在台湾大南澳混杂岩中发生多次钙碱性岩浆侵入活动和混合岩化作用，形成了源头山等6个片麻岩体，各时期的侵入体均已遭受不同程度变质。据源头山岩体观察，本期岩浆活动首先是辉长岩类（已变质成蛇纹岩和角闪岩）岩体侵位，它常成为正片麻岩中的捕虏体，随后为花岗岩类（包括花岗岩、花岗闪长岩和石英闪长岩，均已变质成片麻岩）岩体侵位并伴随混合岩化，接着是花岗伟晶岩侵入到花岗岩类中。此外，出露在澎湖列岛西部花屿的玢岩和石英斑岩可能亦为本期侵入形成。

喜马拉雅期岩浆侵入活动较弱，可进一步划分为早期（古近纪）和中期（新近纪）。早期侵入体已见有辉绿岩、角闪闪长岩和石英闪长岩等，它们在太鲁阁带、玉里带和下古近纪浅变质岩中常见出露。中期岩浆侵入活动甚弱，仅在台湾东北外海的钓鱼岛及南小岛见有角闪石闪长玢岩脉；但是，在台湾西部嘉义滨海平原的石油钻探中，多次在井下中新世地层（观音山砂岩、打鹿页岩、北寮层）中见有辉绿岩脉；在澎湖通梁一号井和云林虎尾褒忠一号井的上古近系中均含有接触变质矿物，都可作为深成岩浆活动的证据。

1. 侏罗纪侵入岩

台湾南部出露有晚侏罗世变质花岗岩，即大仑溪变质花岗岩。深成岩体出露在大仑溪河岸。岩石东部边界是大南澳混杂岩中的绿片岩、云母片岩和大理石。TIMS 锆石 U-Pb 的不谐和曲线显示大仑溪变质花岗岩的一个下交点年龄为152.6 Ma，一个上交点年龄为1793 Ma，下交点年龄152.6 Ma（晚侏罗世）被解释为是岩体定位的年龄，并且明显不同于太鲁阁变质基底杂岩北部的晚白垩世花岗岩体（97~77 Ma）。因此，在台湾存在晚侏罗世侵入体，证明在台湾存在侏罗纪热事件。

晚侏罗世变质花岗岩是富钾I-型花岗岩经分离结晶作用形成的，SiO_2 含量为74%~78%，Al_2O_3 含量约为14%，K_2O 含量为4.9%~5.3%，Na_2O 含量为2.2%~2.7%；微量元素地球化学特征显示为轻稀土元素中度富集（LREE），重稀土元素相对未分离，$La_N=42\sim90$，$Lu_N=14\sim18$ 和 $(La/Lu)_N=2.7\sim6.5$，明显的负 Eu 异常（$Eu/Eu^*=0.16\sim0.30$）；微量元素原始地幔标准化图显示了 Ba，Nb-Ta，Sr-P，Ti 明显亏损，是典型的钙碱性岩浆活动，并显示在大南澳混杂岩北部与俯冲作用有密切联系的晚白垩世花岗岩体有亲缘性（Lan et al.，1996b）。ε_{Nd}值高，为+2.1~+3.3，高于晚白垩世花岗岩体。较高 $\varepsilon_{Nd}(t)$ 值表明在晚侏罗世变质花岗岩形成过程中有较多的地幔组分加入（亏损的洋壳）。I_{Sr}值也较高，介于0.7084~0.7124之间，花岗质岩石通常比安山质-玄武质岩石有更高的 I_{Sr}值。晚侏罗世变质花岗岩的 I_{Sr}值高于晚白垩世花岗岩体，就 Rb/Sr 值而言，晚侏罗世变质花岗岩（1.8~3.7）要高于晚白垩世花岗岩体（0.2~1.4），就此推断，高 I_{Sr}可能是由于蚀变和高度分异所引起的。

2. 白垩纪侵入岩

在台湾，紧随晚侏罗世岩浆事件后是晚白垩世岩浆事件（97~77 Ma），在大南澳变质带晚白垩世花岗岩体代表造山期后岩浆活动。

（1）花岗岩类

台湾晚白垩纪花岗质岩石是前古近纪大南澳（Tananao）基底变质杂岩的重要组成部分，它们以花岗闪长岩和石英二长岩为主。花岗岩类岩石均已变成正片麻岩，与混合岩、副片麻岩一起组成太鲁阁变质岩带北部的奇瑶谷、源头山、饭包尖山、大浊水、溪畔和开南冈等片麻岩体，其年龄主要集中在97~77 Ma（Lan et al.，1996b）。各岩体中正片麻岩的矿物组成反映了其原岩的若干变化，如奇瑶谷岩体可能由花岗闪长岩组成，而饭包山岩体的原岩则相当于石英二长岩。

（2）闪长岩类

该时代中性侵入岩在台湾北部观音山（Kuanyin）隆起北部边缘附近的近海钻探中发现，岩石为轻变质细粒闪长岩（埋深变质的沸石相），全岩 Ar-Ar 坪年龄为 71.5 Ma，该时间被认为是变质时代。细粒闪长岩侵位时代要早于 71.5Ma，很可能与中国东南沿海地区广泛分布的白垩纪岩浆活动相似。

3. 古近纪和新近纪侵入岩

古近纪镁铁质岩墙侵入于晚白垩世花岗质岩石中以及台湾大南澳混杂岩中，在台湾北部近海地区、台湾西部陆上和离岸地区出露有古近纪火山岩，在中新世的板岩地层中有变质基性岩出露。来自台湾的晚白垩世—古近纪岩浆岩是起源于由俯冲过程改造的岩石圈地幔源，其高场强元素（HFSE）亏损，ε_{Nd}值为-5~+ 5.6。

在大南澳混杂岩出露区北部的副片麻岩及混合岩中，见有石英闪长岩脉贯入，在玉里清水溪附近见有角闪闪长岩侵入。石英闪长岩中黑云母定年结果表明，其贯入作用发生在 33~39 Ma 前，相当于始新世—渐新世，它们的定年数据为：大南澳北溪黑云母（K-Ar）33 Ma 和黑云母（Rb-Sr）33 Ma；粉鸟林黑云母（K-Ar）39±0.81 Ma；太鲁阁黑云母（K-Ar）9.65±1.05 Ma。

4. 基性-超基性岩块

在台湾至少可以区分出 3 次不同时期形成的混杂岩，即晚中生代玉里混杂岩、中新世—更新世垦丁混杂岩、上新世利吉混杂岩。

（1）玉里片岩中的基性-超基性岩块

该混杂体中的基性-超基性岩块主要分布于丰田、万荣、瑞穗和玉里等地区。其中丰田是台湾省著名的石棉和滑石矿区，已发现 7 个蛇纹岩体和一些辉长岩质岩石，蛇纹岩体呈透镜状、似层状，产在黑色片岩中，厚 10~20 m，辉长岩质岩石与蛇纹岩之间的关系不清楚，蛇纹岩中有残留辉长岩状结构；万荣区的基性岩体（蛇纹岩-辉长岩）夹于黑色片岩、绿色片岩互层中，最大一处岩体长350 m、宽 20 m，小者仅为长不到 1 m 的岩块。从蛇纹岩至辉长岩间具有分带特征，它们是在蛇纹石化阶段由于异剥钙榴辉长岩化而形成，从中心往两边逐渐过渡的对称分带现象：异剥钙榴辉长岩带（中心）—蛇纹岩、绿泥石带—含蛇纹岩块的蚀变蛇纹岩带—剪切和破裂蛇绿岩带—未蚀变蛇纹岩带（边缘）；瑞穗以西的黑色片岩中有两个较大的基性岩块和一些中小岩块，通常厚 1~5 m，长数十米。最大的基性岩块位于瑞穗西北，称打马燕山岩块，覆盖面积约 20 km^2，另一个是安山岩块，在瑞穗镇西约 5 km，覆盖面积约 3 km^2。基性岩块中岩类有绿帘石角闪岩、角闪岩、蓝闪石片岩、变质辉长岩、蛇纹岩和绿片岩；玉里地区的黑色片岩中见有大小不一的蛇纹岩扁豆体，其长径 1~150 m，岩体中见有辉长岩和斜长花岗岩侵入，接触界面清晰，在该区还有辉绿岩、辉长岩和橄榄岩，均为黑色片岩所包围，由于大部已蛇纹石化而显示出不同颜色和结构构造，反映了其原岩性质的差异。

（2）垦丁混杂岩中基性-超基性岩块

在恒春半岛的石门及石门以南的山地，相当于石门组上部的砂页岩层中也含有大量基性-超基性及酸性岩浆岩（包括玄武岩、辉绿岩、辉长岩、角闪岩、角斑岩及斜长花岗岩等）岩块，它们组成厚层槽状砾岩，或呈崩塌岩块，或组成绿色砂砾岩互层。根据钙质超微、放射虫等化石研究，认为这些基性岩石的年代为渐新世早期—中新世中期。这些代表洋壳的蛇绿岩套可能与台湾东部利吉组中的蛇绿岩套相似，皆来自中国南海的海洋地壳。

（3）利吉混杂岩中基性-超基性岩块

利吉混杂岩是海岸山脉形成演化过程中非常重要的一个构造单元，混杂体中散布有大量基性-超基性岩岩块，由厚层的灰色泥岩夹杂许多种类繁多、大小不一的岩块组成，称之为“东台湾蛇绿岩”。最大的是关山岩块，南北长 4 km，东西宽约 1.5 km。岩块分布比较集中于关山以东和利吉-加路兰地区，包括超基性岩、辉长岩、辉绿岩、花岗岩、玄武岩和安山岩以及蛇绿岩，所有的岩块和基质都经过了强烈的剪切作用。用 LA-CP-MS 法测得利吉混杂岩的锆石 U-Pb 年龄，其中蛇绿岩岩块年龄为 18~17 Ma，平均年龄为 18.2 Ma；辉长岩岩块的平均年龄为 21.2±2.1 Ma，也包含属于年龄较老的菱镁矿蚀变岩岩块，其年龄分布范围主要在<200 Ma 和 1800~2450 Ma 之间；利吉混杂岩基质中（CR-30 样品）的碎屑锆石包括岩浆型锆石和变质型锆石两类，年龄分布跨度非常大且年龄段分布分散，以 1300~1200 Ma、2500~1800 Ma 和 260~216 Ma 的年龄段为主，这些从古—中元古代到中生代碎屑锆石都来自欧亚大陆。锆石年龄结果都说明利吉混杂岩的基质都是来自弧前盆地八里湾层的砂岩。利吉混杂岩是弧前盆地上部晚上新世—早更新世八里湾层沉积时与混入的外来岩块，这些岩块既包括火山岛弧的岩块，也包括出露的欧亚大陆增生楔的岩块。

5. 脉岩类

（1）辉长岩

在台湾东北的苏澳南澳地区（太鲁阁变质岩带）有角闪岩及其伴生的蛇纹岩出露，由于与蛇纹岩伴生产出，因而可区别于由火山岩变成的角闪岩。这部分角闪岩可能由辉长岩或辉绿岩变质而成，它们可能代表台湾地区最古老的岩石。

（2）花岗伟晶岩

花岗伟晶岩分布在宜兰、花莲县境，主要产地在宜兰东澳与南澳间的山地，包括粉鸟林、源头山及枫树山之山腹处，其中尤以粉鸟林附近伟晶岩脉最密集，伟晶岩脉以贯入在混合岩中居多。已发现花岗伟晶岩脉约 40 条，脉体多为不规则扁豆状或团块状，大小不一，最大的宽 5 m、延长 20 m 以上，但以宽 1 m、延长数米者居多，南澳及粉鸟林注入片麻岩中的花岗伟晶岩的白云母 K-Ar 年龄为 86~72 Ma。

（3）辉绿岩

辉绿岩在台湾分布较广，在苏澳南澳一带的大南澳混杂岩系中有许多基性岩脉，厚度自数厘米到十余米，侵位于角闪岩、片麻岩及泥质片岩中，平行或斜切围岩的叶理面。这些基性岩脉为煌斑岩以及辉绿岩质岩脉，岩脉多呈块状，缺少明显叶理，较厚的岩脉局部具有冷凝边缘。由于不具叶理，故可知其侵入年代当在变质围岩初期变质之后，但由于岩体本身也受到最后期的绿片岩相再结晶作用，所以含有阳起石、绿泥石、钠长石、绿帘石、榍石等主要矿物，由此推测其侵入年代当在中新世之前。

在花莲西北、天祥、铜门附近及能高山东北（桧林）、知本溪上游等地，长春片岩的石墨片岩及绿片岩中有变质辉绿岩呈岩床产出，原岩可能包括粗玄岩、辉绿岩、微晶辉长岩等。这些显然属于侵入或喷出的基性岩，其形成年代可能与苏澳南澳一带的基性岩脉相当。

在古近纪地层中，主要是台湾北部的水长流组、澳底组和中央山脉的毕禄山组中分布与许多辉绿岩脉，其中以秀姑兰山南部大水窟和台东知本出露规模最大，其他产地有干沟、大桶山南、大甲溪、东圃等地。这些岩脉大部分与围岩和火山喷发同时侵位。

（4）英安玢岩和流纹斑岩

台湾地区有记载的玢岩及流纹斑岩产地不多，其中最主要的出露在澎湖列岛西部花屿岛上。侵入-喷出的玢岩是该岛的主体，斑岩呈岩墙或岩脉状侵入玢岩中，与玢岩共同组成花屿岛基岩，在花屿的西北部玢岩中含有板岩与千枚岩的条带状捕虏体。在钓鱼岛南岸兴绿阁-东崎一带，以及在南小岛东端所见的角闪闪长玢岩脉，均侵入到钓鱼岛层（中新世）中，多为厚 10 m 以下的岩床，少数呈岩脉状，岩石中还见有可能为同源的微晶闪长岩捕虏体。斑岩和玢岩的同位素年龄均为 55. 9±5 Ma（全岩 Rb-Sr 等时线），花屿岛流纹岩脉锆石的 LA-ICPMS 年龄为 58. 7±8. 7 Ma，锆石裂变径迹法获得年龄为 61±1 Ma。由于样品均有强烈蚀变，可能使年龄值偏小，其时代可能仍为燕山晚期。除花屿外，在天祥北方的头婿和索老卡的前古近系结晶片岩中，以及屏东大关山与主分水岭间的古近纪板岩中，也发现有流纹斑岩脉。

（三）火山岩

根据台湾地壳演化的主要构造-热事件史，火山活动时间可大致划分为燕山期和喜马拉雅期，燕山期火山活动主要发生在东部大南澳变质基底杂岩中，喜马拉雅期中-基性火山喷发强度加大，同时期的次火山活动也活跃（表 2-2）。

表 2-2　台湾主要火成岩概况

年代	地区	火成岩分布地点		主要岩性	年龄/Ma
中新世晚期—更新世	大屯-基隆等地区	大屯火山群		凝灰岩、高铝玄武岩、辉石安山岩和角闪石安山岩	0.67~0.35，2.53~2.79
		基隆火山群		石英安山岩	1.7~0.9
	东北部离岸岛屿地区	彭佳屿、棉花与和花瓶屿		玄武岩和辉石安山岩	1.2~0.2
		黄尾屿		辉石安山岩和钾玄岩	
		龟山岛		辉石安山岩	0.5~0.35
	桃园-澎湖等地区	观音山-草岭山，澎湖群岛		白榴石碱性玄武岩	0.9±0.5
				碱性玄武岩和拉斑玄武岩	12~10
	海岸山脉-绿岛等地区	安山岩区	乐和溪剖面	凝灰岩、枕状熔岩、玄武质角砾岩和安山质角砾岩	
			奇美-丰滨地区	辉石安山岩、角闪石安山岩、角砾岩以及白色凝灰岩和中酸性凝灰岩	22~20，16~14，13~9
			乌石鼻和三仙石	含橄榄石普通辉石安山岩和含橄榄石二辉安山岩	5.6~4.5，5.9±0.4
			绿岛和小兰屿	玄武岩、辉石安山岩、角闪安山岩	4.8~5.2
			兰屿	集块岩和角闪安山岩集块岩、凝灰岩和角闪安山岩	13.5~2.3，6.6~3.4
		蛇绿岩系	关山火成杂岩	玻璃质玄武岩、粗粒玄武岩、基性和超基性深成岩	18.2±0.6 8.8~7.6
			利吉火成岩块	玻璃质玄武岩、粗粒玄武岩、基性和超基性深成岩	
渐新世—中新世中期	苗栗-新竹等地区	关西-竹东-角板山-荖浓溪等地区		碱性玄武岩和拉斑玄武岩	13~9
		公馆附近地区		碱性玄武岩和拉斑玄武岩	23~20
		澎湖群岛澎湖组		碱性玄武岩和拉斑玄武岩	37~32，56~41
古新世—始新世	彰化-云林等地区	毕禄山组火山岩		具枕状构造的变质基性火山岩	38
		平林凝灰岩		英安质凝灰岩	38.8±1
		王功组火山岩		凝灰岩、集块岩、玢岩和玄武岩	44.1±2.2
晚白垩世	澎湖地区	花屿		安山岩和流纹岩	65±3，61±2
	大南澳带	奇瑶谷、源头山、饭包尖山、大浊水、溪畔和开南冈		片麻状花岗闪长岩-石英二长岩	97~77
	太鲁阁	苏华高速公路旁		变质安山岩	85
早侏罗世	大南澳带	大仑溪		变质花岗岩	152.6±1.7

1. 前古近纪火山岩

(1) 大南澳混杂岩中变质火山岩

该时代火山活动主要发生在大南澳变质基底杂岩，表现为零星出露的变质火山岩。太鲁阁带北部变质安山岩锆石 U-Pb 年龄为 85~90 Ma。太鲁阁带中的变质安山岩沿苏-华高速公路旁产出，在苏澳向南约 10km 或东澳（Tungao）向北 3 km 处。化学成分类似于现代大洋岛弧型中钾钙碱性安山岩。TIMS 的锆石 U-Pb 不谐和曲线（Yui et al.，1998）测定获得下交点年龄为 85±2 Ma，上交点年龄约

2084 Ma。下交点年龄（85 Ma）被认为是安山岩定位时间。

（2）白垩纪火山岩

该时代火山岩已确认有位于澎湖岛西南端的花屿（Huahsu）岛，整个群岛中唯一不是由玄武岩所构成的小岛，面积约 1.8 km^2。花屿主体为安山岩质熔岩，其内有许多沉积岩岩块，并有许多走向大致为西北—东南的岩脉侵入。属于岛弧钙碱性系列的火山岩，蚀变安山岩和流纹岩岩脉锆石 U-Pb 年龄为 65~63 Ma，代表花屿安山岩的形成时间。花屿可作为东南沿海岩浆岩带一个裂开部分，这条火山岩带可能比福建省南部的火山岩更年轻。

2. 古新世—中新世中期火山岩

（1）古新世—始新世火山岩

在台湾西部在岸和离岸的深部钻探中发现有主要岩石类型为粗面玄武岩、粗面玄武质安山岩，主要分布在王功、褒忠和 Chengan（成安）地区。

A. 王功组火山岩

王功组火山岩主要为火山碎屑岩及少量玄武岩。火山碎屑岩以凝灰岩为主，集块岩次之。王功组火山岩全岩 Ar-Ar 年龄为 41~54 Ma。Sr-Nd-Pb 同位素数据显示，台湾西部深部钻探现场的古近纪火山岩起源于经过俯冲过程改造的中生代岩石圈地幔源。

B. 平林凝灰岩

仅见于麓山区中部南投县中寮乡粗坑一带，相当于原“粗坑层”中部的厚层凝灰岩。岩性组合以紫褐色、紫红色英安质晶屑凝灰岩为主，其次为紫红色英安质凝灰岩、含角砾岩屑凝灰岩及集块凝灰岩等。在粗坑西方之田中一号井下，木山层上部灰白色石英砂岩之下至井底见绿色钙质安山岩质集块岩，认为可与平林凝灰岩对比，表明平林凝灰岩区域上向西仍有分布仅未曾出露地表，且与上覆地层存在超覆不整合现象。平林凝灰岩的最上部晶屑凝灰岩用 LA-ICP-MS 法获得锆石 U-Pb 年龄为 38.8±1 Ma。

C. 毕禄山组火山岩

毕禄山组变质火山岩在北部和南部地区多处出露。变质火山岩以基性岩为主，中性岩次之，部分具枕状构造，遭受了低绿片岩相变质。向阳山地区变质火山岩为火山岛弧玄武岩，新康山地区变质基性火山岩稀土元素分配型态近似于洋岛玄武岩。毕禄山组含有大型有孔虫以及钙质超微和少量珊瑚化石，它们多半出现在板岩、结晶灰岩透镜体、砾岩的填隙物和钙质砂岩之中。据生物群特征，毕禄山组时代应属古新世晚期—始新世。通过对毕禄山组碎屑锆石 U-Pb 定年研究，获得年轻锆石的 U-Pb 年龄约 38 Ma。

（2）渐新世—中新世中期火山岩

该时代火山岩主要出露在台湾西部地区与北部地区。岩石类型以碱性玄武岩以及相关岩类为主，其中有些常与所谓的中新世“公馆凝灰岩”有密切关系。该时代火山岩可分成两大区域，公馆附近地区和关西-竹东和角板山地区，台湾中南部如阿里山、楠梓仙溪、荖浓溪、木栅和尖山等地亦有零星火成岩的分布。

A. 公馆附近地区

本地区泛指基隆-台北间与渐新世晚期至中新世早期的许多凝灰岩伴生在一起的火山岩类和小规模的岩床和岩脉，并以前述“公馆凝灰岩”的标准出露地点为名。基隆附近未出露的木山层中可能有 2 个火山活动中心，一个位于大武仑附近，另一个位于文贵坑附近，均以块状凝灰岩以及少量玄武岩为主。大武仑凝灰岩厚达 200 余米，其上部可与公馆凝灰岩相当。

台湾西部岩区陆上的玄武岩类，主要出露在新近纪地层中。根据地层-层序关系将其分成公馆（中新世早期）、角板山（中新世晚期）和澎湖（上新世—更新世）3 个主要火山活动期，以及 1 个次要的（中新世中期）火山活动期，包括区域自台湾北部起大约以北北东方向朝西南延伸至澎湖列岛，其间走向大致相同的逆冲断层将各火山机构分开。

利用 K-Ar 定年法测得 5 个澎湖列岛玄武岩年龄，为 8.2±0.2~16.2±0.8 Ma，另有一个云母和一个角闪石的巨晶，各为 11.2±0.3 Ma 和 13.2±0.7 Ma，因此认为澎湖玄武岩的喷发时代主要应为中新世晚期。

B. 关西-竹东-角板山-荖浓溪等地区

该期火山活动主要分布在西部山麓带，包括分布于桃园（含新北市东南角）至新竹间的玄武岩类，如熊空山附近；复兴乡附近（角板山）和关西一竹东间的锦山、六畜、马福、而莞窝、南河、内弯、上坪等地。这些玄武岩类多呈带状分布在台湾北部中新世晚期地层中。此外，台湾中南部如阿里山、楠梓仙溪、荖浓溪、木栅和尖山等地亦有零星火成岩的分布。

玄武岩类以火山碎屑岩为主，熔岩流较少。前者并可再分为集块岩和凝灰岩两大类，间或夹有薄层岩流，以碱性玄武岩为主。

3. 中新世晚期—更新世火山岩

该时期火山岩岩石类型主要是板内拉斑系列或碱性系列火山岩，构造环境主要是被动大陆边缘。只有在中新世末之后，台湾具有独特的岩浆活动。由于吕宋弧与欧亚大陆的斜向碰撞，台湾成为一个活动的造山带。南海海洋岩石圈向东俯冲于菲律宾海板块之下，形成了台湾岛-吕宋岛之间的恒春海脊增生楔及北吕宋火山岛弧。受完全不同的构造体系控制，台湾中南部尽管在不断地碰撞，台湾北部约于 5 Ma 才开始伸展垮塌。台湾地区在晚中新世后火山岩石类型多样，变得更加丰富，有岛弧、有弧后张裂的，同时也有板内碱性的。

（1）海岸山脉-绿岛等东部地区

东部岩区包括整个海岸山脉、绿岛、兰屿及小兰屿。海岸山脉主要由安山质岩石组成，称为都峦山组，该地层大多为集块岩，厚达 1000 m。除了安山岩外，海岸山脉的利吉混杂岩中夹有许多大小差别巨大的各类火成岩岩块，包括超基性岩、辉长岩、辉绿岩、斜长花岗岩、粗粒玄武岩和枕状玻璃质玄武岩，组成了蛇绿岩套，称为东台湾蛇绿岩系。规模最大的蛇绿岩套出露在关山镇附近，被称为关山火成杂岩；其次为台东附近的石头山和虎头山以及利吉村附近等。

都峦山组安山岩以厚层集块岩为主，自北向南在新社-矶崎、乌石鼻和东河 3 处采集的安山岩年龄分别为 16.0±0.2 Ma、5.9±0.2 Ma 和 4.4±0.3 Ma；在东河最上部的含黑云母凝灰岩最年轻，为 1.5±0.1 Ma，在火山层序方面研究较清楚的是奇美-丰滨地区和乐合溪剖面，以及乌石鼻和三仙台 2 个独立的小安山岩体，绿岛、小兰屿和兰屿 3 处离岛火山岩。

A. 奇美-丰滨地区

整个地区可用几个地质单元来表示，由老至新为奇美火成杂岩、石门火山角砾岩、石梯坪凝灰岩、港口石灰岩和八里湾层。

奇美火成杂岩：奇美火成杂岩厚约 1200 m，过去曾被称为湾潭层（Sun，1970）。该杂岩系可依岩性的不同分为天港山辉绿岩、德武辉石安山岩、奇美辉石-角闪石安山岩、湾潭角闪石安山岩和里雅津山角闪石安山岩，其中出露较多的为受西北—东南走向控制的安山岩岩脉。杂岩体经常可见捕获到的某些基性或超基性深成岩块。杂岩普遍受到热液作用具有不同程度的矿化，同时也经历不同期变质作用形成了各种次生矿物。各岩类以熔岩产出为主，仅有少量火山碎屑岩，熔岩多属安山岩质，极小部分为玄武岩及石英安山岩。火山碎屑岩常与熔岩流互为夹层，其产状包括角砾岩、火山砾凝灰岩和凝灰岩，在奇美火成杂岩中常可发现有超基性和基性岩的捕获岩。奇美杂岩 K-Ar 年龄：辉石闪长岩为 22.2 Ma，辉石闪长玢岩为 19.0 Ma，斑状紫苏辉石闪长岩为 17.0 Ma，热液蚀变火成岩为 18.0 Ma；奇美地区的火成杂岩有 3 个区间主要分布在 22~20 Ma、16~14 Ma 和 13~9 Ma，在中新世（9~22 Ma）具多次侵入和喷出，从 16 Ma 开始喷发，至 13 Ma 达到高峰，成矿发生在最晚期（9 Ma），普遍受到一次温度高于 230℃的热液蚀变作用。

石门火山角砾岩：石门火山角砾岩整层厚约 300 m，覆盖在奇美火成杂岩之上，主要为两种角砾岩，其一分布于秀姑峦溪下游，所有岩块（大小 5 cm 至 1 m），均为辉石安山岩单一岩性；另一种岩块多为巨块（>10 m）并有多种岩性，岩块极有可能是不同来源。角砾岩所含岩块大小和岩块/充填物比值从石门西南部向东北递减，指示此一岩石单元极可能为火山碎块崩落的堆积物，由于其西南方就是奇美地区，而且岩性与奇美火成杂岩相似，推断是由该杂岩崩落所致。

石梯坪凝灰岩：石梯坪凝灰岩包括许多种岩性，有火山砾凝灰岩、火山砾岩、角砾岩、凝灰岩、中酸性凝灰岩等，以浅色酸性凝灰岩所占比例最大，故以此命名。整层厚约 120 m，以中酸性凝灰岩为主，是一种以熔结构造为特征的浅色岩石，表明是陆上喷发的产物。中酸性凝灰岩层厚约36 m，主要由白色多孔的玻璃碎片和条斑纹状泡沫岩组成，同时经常保留一些沉积构造，如交错纹理、平行纹理、撞痕及塑性变形等。另外位于东河附近的马武窟溪口处，可看到一段类似丰滨-大港口间的火山岩层序（奇美火成杂岩除外），但规模和厚度较小。火山岩层序厚百余米，其下以逆断层与上新世沉积岩（大港口组上部）接触。该序列最底部是一薄层熔岩，上有约 50 m 厚的角砾岩质熔岩，向上变为薄层角砾岩，薄层白色凝灰岩，最上部则为凝灰质石灰岩。

B. 乐合溪剖面

乐合溪约在海岸山脉的中间地带，于乐合附近流入台东纵谷，其上游横切约 300 m 厚的都峦山层。火山岩主要由凝灰岩、枕状熔岩、玄武质角砾岩以及安山质角砾岩组成，由野外所观察的层序关系，可以认定至少有三期火山活动喷发。第一期喷发的火山物质厚约 50 m，最底部为枕状角砾凝灰岩，其次为青灰色细粒的玻璃碎屑岩，最上层为基性安山岩质枕状熔岩；第二期喷发物总厚约160 m，其中最底部为具层级构造的凝灰岩，向上为不具层理的安山角砾岩和凝灰角砾岩；第三期喷发物是由厚约 100 m 的安山角砾岩、凝灰角砾岩和凝灰岩交叠而成的岩层。

此剖面整体看起来，虽然厚有 300 余米，但仍为都峦山层岩层中火山角砾岩和熔岩的一部分。根据岩石类型，喷发环境和喷发时代的特点，将乐合溪剖面中的下、中、上层分别对应于奇美-丰滨地区的奇美火成杂岩、石门火山角砾岩和石梯坪凝灰岩，这 3 层的喷发环境分别属于深海（ >500 m）、浅海（ <500 m）和陆上。

C. 乌石鼻和三仙台

乌石鼻和三仙台是两个在成功附近突出海岸线的安山岩海岬，与都峦山层的主体并不相连。两地的安山岩是都峦山层发生大规模的滑落所形成的，应代表都峦山层部分。乌石鼻安山岩为厚层熔岩产出，岩性为含橄榄石的普通辉石安山岩；而三仙台则除熔岩外，其上还有一层单一岩性的集块岩，熔岩属含橄榄石二辉安山岩，而集块岩则为含普通辉石的紫苏辉石安山岩。从岩性和定年的结果显示，这两地的安山岩似可与都峦山层岩层中的角砾岩质熔岩对比。石鼻安山岩喷发的时代应老于上新世中期，用 Ar-Ar 法测得熔岩流的年龄为 5.6±0.2 Ma，裂变径迹定年为 4.0±0.9 Ma。用 K-Ar 测得三仙台安山岩的年龄为 5.9±0.4 Ma，这些资料均指示乌石鼻和三仙台安山岩应是都峦山层中较新的喷发物。通常都认为海岸山脉安山岩北部比南部较老，从乌石鼻和三仙台定年结果可推测都峦山层的北部或至少中部可能曾经也有较新的喷发产物。

D. 绿岛和小兰屿

绿岛位于台东东部约 30 km 海中，全岛面积 17 km^2，可分为上、下 2 个岩石单元，下部主要为火山碎屑物，以玄武质集块岩为主；上部为浅色熔岩流，岩性为含黑云母角闪安山岩。岛中曾发现有火山颈，由类似的黑云母角闪安山岩所组成。两个角闪石定年结果为 4.8±0.4 Ma 和 5.2±0.3 Ma，5 个黑云母定年结果为 2.16±0.04~1.62±0.08 Ma。因此，均指示绿岛安山岩为上新世—更新世喷发的产物。

小兰屿约在兰屿东南 4km 的海中，主要岩性为集块岩和含黑云母角闪安山岩，Rb-Sr 定年和 K-Ar 定年以及 Ar-Ar 定年集中在 1.2~0.9 Ma 和 0.2~0.1 Ma 两个峰值，均显示为更新世以来的喷发，由于岩性和喷发时代与绿岛最年轻岩石相似可以相提并论。

E. 兰屿

兰屿位于台东外海东南约 80km（或绿岛南约 60km）处，全岛面积约 48 km^2，由安山岩质火山碎屑物组成，局部地区夹有小规模的熔岩流。火山碎屑物有集块岩和凝灰岩，而熔岩流主要的岩石类型为含角闪石安山岩，少量二辉安山岩，此外还有玄武质岩脉侵入。兰屿安山岩普遍含许多“富含角闪石围岩块体”，规模大者可达 1 m 多，为台湾地区所发现的安山岩中最大的。岛上含有蛇纹岩、橄榄岩、辉石岩和辉长岩等超基性和基性岩块，分析超基性岩中残留的铬尖晶石成分，可看出似有蛇绿岩系的性质。K-Ar 定年结果测得 10 个全岩或角闪石的结果为 13.5±2.0~2.3±0.14 Ma，以 Ar-Ar 法测得两个样品为 6.6±0.1 Ma 和 3.4±0.1 Ma。因此，目前兰屿所见的岩石，主要自中新世晚期开始堆积，可能至上新世末停止活动。

（2）大屯-基隆等北部地区

台湾北部约 5 Ma 开始伸展垮塌。因此，在台湾北部发生了一系列晚上新世和第四纪在岸和离岸火山活动（约 2.8 Ma 至近代），构成了台湾北部火山带。上新世晚期以来在台湾北部喷发的火山岩，主要分布区域为大屯火山群、基隆火山群、观音山、草岭山和东北外海的离岛-彭佳屿、棉花屿、花瓶屿、黄尾屿和龟山岛。

A. 大屯火山群

大屯火山群位于台北市北约 15 km，总面积约 250 km^2，七星山最高（1119.6 m），是一个由 20 座大小不等的火山体和火山锥所形成的地质单元。与台湾北部一大片由沉积岩组成的地质环境截然不同，这个区域所有相关的火山统称为大屯火山群，其分布范围大致以坎脚断层、淡水河及北部海岸线为界。根据地理位置和岩性分布，大屯火山群自西向东大致可分成 6 个亚群，分别为：大屯山亚群（大屯山、南大屯山、面天山、烧寮、菜公坑山、烘炉山）、竹子山亚群（竹子山、小观音山）、七星山亚群（七星山、纱帽山、内寮山、七股山）、磺嘴山亚群（磺嘴山、大尖山、老寮湖山、八烟山、大尖后山、鹿堀坪山、冬瓜山、南势山）、湳子山亚群（八斗子山、湳子山）、丁火朽山亚群（丁火朽山）。这些亚群分别由各个不同时代的火山碎屑岩和安山质（少部分为玄武质）熔岩所组成，坐落在中新世的沉积岩层之上，并且覆盖了金山断层。实际上火山机构分布在此断层两侧，推测火山活动与断层的活动有关。

B. 基隆火山群

基隆火山群主要包含 5 个火山岩体，即基隆山、武丹山、本山、草山和鸡母岭，前三者属侵入岩体，后两者属喷出岩体（Wang，1953）；此外尚有较小规模出露于金瓜石附近（如新山），在九份及武丹坑东南有隐伏的安山岩体。另外位于基隆市东北方向 6 km 海上的基隆岛，在地理位置、喷发时间和岩性上与上述岩体十分相近，故可包含在该火山群中。这些火山岩体绝大部分为含有石英的安山岩，测得草山和鸡母岭这两个主要喷出岩体顶部熔岩的锆石年龄：分别为 0.9±0.05 Ma 和 0.9±0.06 Ma，可知基隆火山群是上新世—更新世较后期火山作用的产物。

（3）北部地区离岸岛屿

A. 黄尾屿

黄尾屿是台湾最东北方岛屿-钓鱼台群岛中唯一的火山岛，东西长 1.2 km，南北宽 1 km，整个岛屿由玄武岩所构成，有致密状和多孔状两种，两者在矿物成分及全岩化学成分上完全相同，喷发时期可能在更新世。

B. 龟山岛

龟山岛位于宜兰东北约 20 km 的海中，是一个由辉石安山岩所组成的火山岛，东西最长距约 3 km，南北宽约 1 km。龟山岛以状似海中的龟而得名，可分为头、中、尾 3 部分。头部系属残留的崩陷火山，由厚约 200 m 的二辉安山质集块岩组成，产于中部数层集块岩之上，并呈角度不整合。尾部则为长条状的砾石滩，由火山岩砾堆积而成。中部为此岛的主体，可能代表了另一个火山喷发单元。从南岸的崖壁可观察到 5 层由熔岩和集块岩交叠的层序，后火山活动依然可见。其喷发时代可能持续数万年。

C. 彭佳屿、棉花屿和花瓶屿

彭佳屿、棉花屿及花瓶屿是 3 个位于台湾东北方向的海上火山岛屿，以彭佳屿最大最远，距基隆约 55 km。3 个岛屿中仅彭佳屿的地质资料较完全，该岛长宽各约 1.2 km，有凝灰岩、集块岩、火山碎屑岩和熔岩。整个彭佳屿露头可由 3 个主要的岩石单位所组成，最底部为浅色凝灰岩，但夹有许多橄榄石古铜辉石安山岩岩块；中段是以橄榄石古铜辉石安山岩所构成的熔岩，上部为以橄榄石普通辉石安山岩岩块为主的火山碎屑岩。彭佳屿应至少有两次喷发，其全岩 K-Ar 法定年结果，前者分别为 1.6±0.2 Ma 和 3.6±1.1 Ma，而后者分别为 1.6±0.2 Ma 及 2.1±0.6 Ma。

棉花屿面积比彭佳屿小很多，大致只能看到一层熔岩，其上有些浮石凝灰岩堆积，熔岩属橄榄石古铜辉石安山岩。花瓶屿岛屿很小，其岩石类型接近玄武岩质辉石安山岩。

（4）观音山-草岭山地区

A. 观音山

观音山是台湾北部地区靠西北侧的火山单元，以淡水河与大屯火山群相隔，基本上为单一中心喷发的复式火山。从火山地形看观音山显然不是一个完整的火山，但依理论推算仍可恢复成为一个标准的火山锥体，火山外形不完整的主要原因，除了受侵蚀外，推论系受剧烈火山爆裂的影响，炸毁了火山锥体。火山岩露头除观音山主体外，在观音坑有含黑云母安山岩脉出露，在万年塔和福隆山有玄武岩出露。观音山主体以厚层熔岩流为主，可分为 3 层。最底层为含粗粒普通辉石的玄武岩和玄武质安山岩，中层为二辉安山岩，最顶层为紫苏辉石安山岩。观音山地区的火山喷发活动是从 1.1 Ma 开始，持续到 0.2 Ma，是台湾北部陆上更新世的火山喷发。

B. 草岭山

草岭山位于桃园大溪南 4 km 处，是一个由火成岩构成的小山头，所产出的火山岩属玄武岩类的白榴石碱性玄武岩。整个草岭山火山岩体的岩性可分为两种，东侧为致密状玄武岩，含白榴石较多，属于较早期喷发的产物；西侧为多孔质玄武岩，但以碱性长石中的正长石为主，覆盖在致密状玄武岩之上。根据层位关系，认为这些玄武岩在更新世时喷发。从白色砂岩捕获岩中的锆石得到 0.9±0.5 Ma 的年龄，推测此应代表砂岩中锆石重新结晶的时代可能与接近火山岩喷发的时间。K-Ar 定年结果为 0.17~0.19 Ma，是更新世的喷发岩，是台湾北部陆上距今最新的火山喷发。

（5）澎湖列岛

澎湖列岛位于台湾海峡中，由大小 64 个岛屿组成，除了最西侧的花屿外，均为玄武岩岛。各岛屿常由每层厚约数米的玄武岩流叠置而成，其间亦常夹有沉积岩层，有些岩流常具有十分发达的柱状解理。凝灰岩或角砾岩也有出露，但其量远不如岩流多。在这些岩流的中常可发现夹有一层红土，代表一次重要的古风化面，经 K-Ar 定年结果发现这些红土层均在 10 Ma 左右，因此可能与在 10.5 Ma 时所发生的全球性大海退有关，即海水退去导致澎湖群岛玄武岩露出海面遭受风化。澎湖群岛地面岩石多数为中新世喷发，故可推论澎湖群岛自新生代以来即不断有火山活动发生，至少延续到中新世晚期或上新世，与中国东部（尤其是东南沿海地区）新生代碱性岩区产出的玄武岩类相似。玄武质火山作用从 16 Ma 持续到 8 Ma。

（四）变质岩

台湾的变质岩系主要分布在中央山脉，该山脉东翼大部为前古近纪片岩，通称大南澳片岩（包括太鲁阁带及玉里带）；中央山脉西翼由板岩、页岩组成，俗称板岩系。

自晚古生代以来，经历了一系列俯冲、碰撞，相应产生了多次变质作用，形成了不同变质成因类型的变质岩，包括区域变质岩、接触变质岩及错动（碎裂）变质岩等，其中区域变质岩出露面积最广，达 15000 km^2（其中板岩约 11350 km^2，片岩约 3650 km^2），约占全省面积的 40%。

根据台湾主要地壳构造运动发生时期及其产生的变质作用在强度和类型方面的差异，结合区域变质岩石及其相伴的花岗岩同位素年龄值，台湾省区域变质作用可划分为前喜马拉雅期、喜马拉雅期 2 个变质时期（表 2-3）。

台湾中、新生变质区，据地壳构造运动、构造位置、变质作用特征等，可进一步分为大南澳变质地带和中央山脉西部变质地带。大南澳变质地带中，以寿丰断层为界，东部为玉里变质岩带，西部为太鲁阁变质岩带。中央山脉西部变质地带中，以梨山断层为界，东部为庐山变质岩带，西部为雪山变质岩带（图 2-1）。

表 2-3　台湾区域变质作用时期划分表

变质时期	变质地层	地壳运动	大地构造性质	空间分布	变质单元		主要岩性	原岩建造	变质类型	变质相
					地带	岩带				
喜马拉雅期		蓬莱运动								
喜马拉雅期	苏乐组（N_1s）—十八重溪组（E_2sh）		增生楔	主要分布在中央山脉西部雪山-北大武山一带，变质带呈北北东向展布	中央山脉西部	雪山	板岩、硬页岩、千枚岩、变质砂岩	砂泥质复理石建造	区域低温动力变质作用	变质程度低，为低绿片岩相，特征矿物有伊利石、绢云母、绿泥石、绿帘石等
喜马拉雅期	庐山组（N_1l）—碧侯组（E_1b）	南澳运动	增生楔	主要分布在中央山脉西部雪山-北大武山一带，变质带呈北北东向展布	中央山脉西部	庐山	千枚岩、板岩、变质砂岩、结晶灰岩、变质砾岩	砂泥质复理石建造	区域低温动力变质作用	变质浅，为绿片岩相，特征矿物有绢云母、绿泥石、绿帘石、阳起石等
前喜马拉雅期	天祥（岩）组（AnEt）		混杂岩带	主要分布在中央山脉东部大南澳片岩出露区，变质带呈北北东向展布	大南澳	玉里	黑色片岩、绿片岩、蛇绿岩、蓝闪石片岩	复理石建造 蛇绿混杂体	低温高压型区域低温动力变质作用	蓝片岩相，特征矿物有冻蓝闪石、青铝闪石、石榴子石等
前喜马拉雅期	长春（岩）组（AnEc）—九曲（岩）组（AnEj）		活动大陆边缘	主要分布在中央山脉东部大南澳片岩出露区，变质带呈北北东向展布	大南澳	太鲁阁	大理岩、绿片岩、黑色片岩、硅质片岩、片麻岩	复理石建造 碳酸盐岩建造 花岗岩建造	高温低压型区域动力热流变质作用	绿帘角闪岩相-角闪岩相，特征矿物有普通角闪石、石榴子石、硬绿泥石、矽线石等

（据福建省地质调查研究院，2020，有修改）

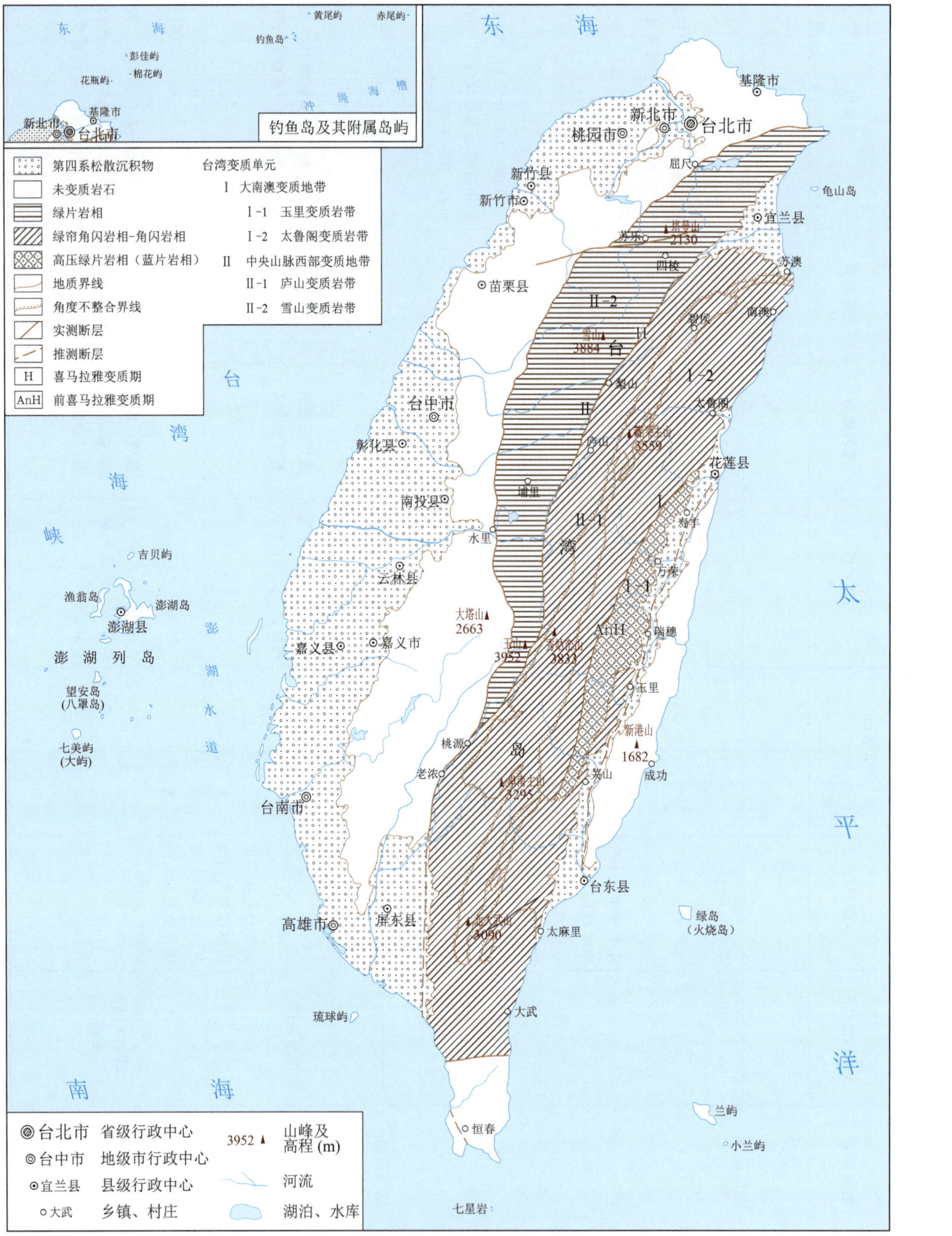

图 2-1　台湾省变质地质图

大南澳变质地带，分布于中央山脉东部地区，处于大南澳变质基底构造单元中，由前古近纪大南澳混杂岩组成，为前喜马拉雅期变质作用所形成。该期变质岩系，同时遭受喜马拉雅期低绿片岩相退变质作用的叠加改造。玉里变质岩带，变质压力较高，属高压绿片岩相或蓝闪片岩相，是俯冲作用所形成的高压低温变质作用，变质作用类型为区域低温动力变质作用。太鲁阁变质岩带，变质温度较高，属绿帘角闪岩相或角闪岩相，是高温低压岩浆弧变质作用，变质作用类型为区域动力热流变质作用。

中央山脉西部变质地带，分布于中央山脉西部地区，处于中央山脉增生楔构造单元中，由新生代板岩系组成，为喜马拉雅期变质作用所形成。庐山变质岩带变质温度低，属绿片岩相，变质作用类型为区域低温动力变质作用。雪山变质岩带变质温度较低，属低绿片岩相，变质作用类型为区域低温动力变质作用。

1. 前喜马拉雅期变质岩与变质作用

前喜马拉雅期变质岩系位于中央山脉东翼大南澳混杂岩出露区，为大南澳变质地带。大南澳混杂岩西侧与中央山脉西翼板岩系为邻，东侧以台东纵谷为界，北至苏澳南方 8 km 濒太平洋海岸，南迄北纬 23°鹿野附近，呈一弧形带状分布，南北长约 200 km，北宽南窄，在北纬 24°20′附近出露最宽达 30 km，向南逐渐减少至 15 km，面积约 3650 km^2。

前喜马拉雅期变质岩系，主要是由原来的沉积岩和火山岩经变质作用而形成各种片岩与大理岩，其中夹有少量片麻岩、混合岩、角闪岩，变质基性火成岩等，尚有各种岩脉散布于这些变质杂岩中，统称为“大南澳片岩”。涉及的变质地层包括前古近纪九曲大理岩（AnE*j*）、长春片岩（AnE*c*）以及天祥片岩（AnE*t*），其上被始新世毕禄山组（E_2b）或古新世碧侯组（E_1b）不整合覆盖。此外，该区还有花岗质片麻岩（$\gamma\delta K_2$）、蛇纹岩或变质基性岩等变质侵入岩体或外来基性-超基性岩块。

该期变质岩系，同时还遭受了喜马拉雅期低绿片岩相退变质作用的叠加改造，如石榴子石变斑晶边缘新形成绿泥石，也可从长石的绢云母化、石榴子石和黑云母的绿泥石化以及角闪石的阳起石化等获得印证，应是退变质作用的产物。

（1）区域变质岩系

前喜马拉雅期区域变质岩，据其原岩建造、构造位置、变质特征等，可分为玉里变质岩带及太鲁阁变质岩带。

A. 玉里变质岩带

玉里变质岩带主要出露于花莲以南、寿丰断裂以东的地区，呈北北东—南南西向之狭长带状分布在大南澳东部，北起花莲县吉安，向南延至台东县关山一带，由前古近纪天祥片岩（AnE*t*）组成，在寿丰、万荣、瑞穗、玉里等地分布有以基性或超基性变质岩为主的外来岩块。

天祥片岩以灰、深灰色石英云母片岩和云母片岩为主，夹云母石英片岩，偶夹薄层绿泥片岩、石英岩等。基性-超基性外来岩块，岩性包括蛇纹岩、绿帘角闪石岩、蓝闪石片岩、石榴子石绿帘石角闪岩、变质辉长岩等。

本岩带岩石类型较单调，主要为黑色片岩类，次为硅质片岩类，少量为绿片岩类，局部可见少量蓝闪石片岩、蛇纹岩等。原岩为泥砂质岩、玄武岩、富锰凝灰岩等。黑色片岩原岩为泥质岩，厚达 2000 m，具深海沉积特征，称为泥岩海槽，属复理石建造；内夹由玄武岩、玄武质凝灰岩变质而成的绿片岩，部分为基性、超基性等外来岩块与黑色片岩呈断层接触，蓝闪石片岩及绿帘角闪岩等均产于这些外来岩块中。因此，玉里变质岩带应属蛇绿混杂体。

B. 太鲁阁变质岩带

太鲁阁变质岩带主要出露于花莲以北、寿丰断裂以西的地区，呈北北东向带状分布在大南澳西部，北起乌岩角，向南经天祥，直达台东县关山以西，长约 200 km、最宽 25 km。其东以寿丰断层与玉里带为界，西以利稻断层与中央山脉喜马拉雅期变质地带相邻，由前古近纪九曲大理岩（AnE*j*）、长春片岩（AnE*c*）组成，另外在源头山、饭包尖山、大浊水、溪畔、开南冈和奇瑶谷等地还有以花岗质片麻岩（$\gamma\delta K_2$）形式产出的变质侵入岩体。

九曲大理岩以厚层块状大理岩为主，夹少量白云岩、石英云母片岩、绿泥石片岩、云母石英片岩。长春片岩以石英云母片岩、石英片岩、绿片岩为主，夹石墨云母片岩、石英岩与薄层大理岩，局部夹变质基性火山岩。

太鲁阁变质岩带的原岩有玄武岩或玄武安山岩、凝灰岩、泥砂质岩、碳酸盐岩、花岗闪长岩等，原岩建造大致有复理石建造、碳酸盐建造、花岗岩建造3种类型，反映其属弧前盆地沉积、稳定的陆棚台地的沉积及岛弧型岩浆岩形成的岩石建造类型。说明它们是大陆架或大陆斜坡的沉积，并具有岛弧型侵入岩，它们应属欧亚大陆的活动陆缘大地构造环境。

（2）区域变质作用

A. 玉里变质岩带

玉里变质岩带原岩为泥砂质岩、玄武岩、富锰凝灰岩等。原岩为基性岩的矿物共生组合有：冻蓝闪石+石榴子石+钠长石+绿泥石+钠云母+绿帘石+石英+金红石；冻蓝闪石+斜长石+透闪石+阳起石+榍石；绿泥石+绿帘石+石英+方解石+黑云母+钠长石；钠长石+阳起石+钠云母+绿泥石+绿帘石+榍石。原岩为富锰凝灰岩的矿物共生组合有：冻蓝闪石+钠长石+绿泥石+石榴子石+多硅白云母+绿帘石+金红石；钠长石+石英+青铝闪石+绿泥石+石榴子石+多硅白云母+绿帘石。原岩为泥砂质岩的矿物共生组合有：黑云母+白云母+石英+钠长石+绿泥石+榍石；石英+石墨+钠长石+白云母+绿泥石+方解石；石榴子石+斜长石+黑云母+绿泥石+石英+榍石。矿物共生组合中，有冻蓝闪石、青铝闪石等特征变质矿物出现，反映该区变质作用的压力较高，属高压绿片岩相或蓝闪片岩相，是由于俯冲作用所形成的高压低温变质作用的产物。其变质作用类型为区域低温动力变质作用。

前喜马拉雅期变质作用所卷入的地层是前古近纪的大南澳混杂岩，不整合于其上的最老地层为始新统毕禄山组或古新统碧侯组，该界面代表南澳运动在台湾地区的表现。在碧侯、利稻、鹿寮溪一带，碧侯组或毕禄山组的底砾岩（称“M砾岩”）直接与大南澳混杂岩接触，其砾岩的砾石成分为片麻岩、石墨片岩、石英片岩、脉石英、变质燧石、绿片岩、大理岩等，均属于大南澳混杂岩之岩类，说明在碧侯组或毕禄山组的砾岩形成之前，大南澳混杂岩就已经发生绿帘角闪岩相的变质作用，因此其变质时代应该在古新世之前。

玉里带是中晚白垩世增生杂岩，含有沿晚新生代欧亚板块-吕宋弧碰撞带展布的高压（HP）逆冲岩席。陈文山等（2013）对台湾玉里带地区进行同位素测年工作，在蓝闪片岩中3件样品锆石测年（质谱）结果分别为：15.4±0.4 Ma，15.5±0.6 Ma，16.0±0.2 Ma；在变质砂岩中碎屑锆石（数十颗）出现8~15 Ma、70~200 Ma、200~250 Ma、700~850 Ma、1700~1900 Ma、2400~2600 Ma年龄，其中8~15 Ma年龄的锆石含量为1%~15%。因而，认为玉里带是新生代的混杂岩带。

B. 太鲁阁变质岩带

太鲁阁变质岩带岩石类型较丰富，主要为绿片岩类、硅质片岩类、黑色片岩类、大理岩，少量片麻岩类，局部可见角闪岩，经恢复，他们的原岩有玄武岩或玄武安山岩、凝灰岩、泥砂质岩、碳酸盐岩、花岗闪长岩等。原岩为基性岩的矿物共生组合有：斜长石+普通角闪石+绿帘石+榍石+石英；斜长石+普通角闪石+石榴子石+黑云母+绿帘石+榍石+石英+金红石；钠长石+绿帘石+角闪石+绿泥石+阳起石；普通角闪石+斜长石+绿帘石+斜黝帘石+榍石+石英+金红石；绿泥石+黑云母+绿帘石+斜黝帘石+阳起石+钠长石+石英+方解石+榍石+金红石；钠长石+阳起石+绿帘石+绿泥石+石英+黑云母+方解石+榍石。原岩为泥砂质岩的矿物共生组合有：黑云母+白云母+石榴子石+斜长石+钾长石+矽线石；石英+石墨+钠长石+白云母+黑云母+石榴子石±绿泥石；硬绿泥石+绿泥石+绿帘石+（铁质）；黑云母+石墨+钠长石+绿泥石+石英；黑云母+白云母+石榴子石+斜长石+绿泥石+绿帘石+石英；黑云母+白云母+斜长石+石英；黑云母+白云母+石英+绿泥石+绿帘石+透闪石+方解石。原岩为花岗闪长岩的矿物共生组合有：斜长石+黑云母+白云母+石英+石榴子石+绿泥石+榍石；斜长石+黑云母+白云母+石英+角闪石+绿帘石。在矿物共生组合中，出现的主要特征变质矿物有普通角闪石、石榴子石、硬绿泥石等，反映太鲁阁变质岩带的变质程度已达绿帘角闪岩相。此外，在东澳-南澳的局部地段，可见有矽线石、钾长石，斜长石的 *An* 值可达42~52，矿物共生组合有：黑云母+白云母+石榴子石+斜长石+钾长石+矽线石（泥砂质岩）、中长石（*An* 42~52）+普通角闪石+绿帘石+榍石+石英（基性岩），说明该变质岩带局部地区的变质程度可达角闪岩相。反映该区变质作用的温度较高，属绿帘角闪岩相或角闪岩相，是玉里带向西俯冲的同时，太鲁阁带成为亚洲大陆边缘岩浆弧，产生高温低压岩浆弧变质作用所形成的产物。其变质作用类型为区域动力热流变质作用。

太鲁阁带的大理岩中含有属名不十分确定的*Schwagerina*、*Parafusulina*及*Neoschwagerina*䗴科化石和*Waagenophyllum*珊瑚化石，Rb-Sr同位素定年结果为200~240 Ma，$\delta^{13}C$地层对比推定大理岩的年代为240~243 Ma。结果显示大理岩的沉积时代为晚古生代的二叠纪，其变质时代无疑应在二叠纪之后；而太鲁阁带的片岩又为变质特征迥然不同的古近纪沉积岩所不整合覆盖，因此其变质时代当在古近纪之前。

2. 喜马拉雅期变质岩与变质作用

喜马拉雅期变质岩系位于台湾中部“板岩系”出露区，为中央山脉西部变质地带。中央山脉板岩系东部与大南澳混杂岩相邻，西部以屈尺-荖浓断层为界与未变质的新生代地层相伴，呈北北东向带状展布，他们北起台湾岛东北端的三貂角，南经雪山山脉至牡丹山一带，全长350 km，最宽50 km，出露面积11350 km^2，约占台湾总面积的1/3。

喜马拉雅期变质岩系，主要是由砂岩、粉砂岩、泥岩、页岩等经低级变质作用而形成变质砂岩、千枚岩、板岩、硬页岩等，其中夹有少量结晶灰岩、变质砾岩以及变质基性火山岩等，统称为“板岩系”。涉及的变质地层包括庐山变质岩带的古新统碧侯组（E_1b）、始新统毕禄山组（E_2b）、渐新统—中新统礼观组（E_3N_1l）和中新统庐山组（N_1l）；雪山变质岩带的始新统十八重溪组（E_2sh）、达见组（E_2d）、白冷组（E_2bl）、西村组（E_2x）、四棱组（E_2s），渐新统水长流组（E_3sh）、干沟组（E_3g）、粗窟组（E_3c）、大桶山组（E_3d），中新统澳底组（N_1a）、苏乐组（N_1s）。其上被未变质的上新世石门组（N_1sh）角度不整合覆盖，下以角度不整合关系覆盖于大南澳混杂岩之上。

此外，该期变质作用，还对中央山脉东部大南澳变质地带的前喜马拉雅期变质岩系，进行绿片岩相退变质叠加改造，主要表现为长石具绢云母化、石榴子石和黑云母具绿泥石化以及角闪石具阳起石化等现象。

（1）区域变质岩系

喜马拉雅期区域变质岩系的变质程度较低，主要岩性为板岩及千枚岩，局部有变质砾岩和结晶灰岩。根据其原岩建造、构造位置、变质特征等，可分为庐山变质岩带和雪山变质岩带。

A. 庐山变质岩带

庐山变质岩带位于中央山脉西部变质地带的东侧，东北起自苏澳，经中央尖山、庐山，向南抵北大武山。其东以大南澳混杂岩为界，西以梨山断层与雪山变质岩带相邻，由古新统碧侯组（E_1b）、始新统毕禄山组（E_2b）、渐新统—中新统礼观组（E_3N_1l）和中新统庐山组（N_1l）组成。

碧侯组由黑色板岩、千枚岩组成，夹结晶灰岩、变质砂岩、变质含砾砂岩，底部具底砾岩。毕禄山组以深灰色板岩和千枚岩为主，夹较多薄-厚层细-粗粒的变质砂岩和结晶灰岩及多层变质砾岩，局部具底砾岩，含绿色至暗红色变质火山岩。礼观组主要由黑色-黄灰色细粒-中粒变质砂岩组成，夹板岩与变质砂岩的互层，底部具一层厚约3 m富含化石的砾状灰岩。庐山组以灰黑色泥质板岩、板岩、千枚岩为主，夹薄层变质砂岩及变质砂岩与板岩互层，局部夹玄武质火山岩透镜体和零星的泥灰岩团块。

庐山变质岩带的变质程度较低，主要岩性为板岩及千枚岩，局部有砾岩和石灰岩。碎屑岩中的变余砂状结构仍清晰可辨，其原岩较易辨别。原岩多为页岩及其他砂泥质沉积岩，含较丰富的有孔虫和钙质超微化石。庐山变质岩带为一套巨厚的细碎屑岩组成的砂泥质复理石建造，由岩性及生物群推断，这是浅海-半深海环境中形成的沉积建造。

B. 雪山变质岩带

雪山变质岩带位于中央山脉西部变质地带的西侧，东北起自北海岸的福隆，南达玉山山脉南边荖浓溪上游，其东以梨山断层与庐山变质岩带相邻，西以屈尺-荖浓断层与未变质的新生代地层为界，由始新统十八重溪组（E_2sh）、达见组（E_2d）、白冷组（E_2bl）、西村组（E_2x）、四棱组（E_2s），渐新统水长流组（E_3sh）、干沟组（E_3g）、粗窟组（E_3c）、大桶山组（E_3d），中新统澳底组（N_1a）、苏乐组（N_1s）组成。

十八重溪组主要由黑-暗灰色板岩组成，夹薄层变质砂岩以及板岩和变质砂岩薄互层；达见组主要由白色或浅灰色厚层块状中至粗粒变质石英质砂岩组成，夹薄层至厚层板岩和硬页岩。白冷组以白色或灰白色细粒至粗粒的变质石英质砂岩为主，夹深灰色硬页岩或硬页岩与板岩互层。西村组由叶理发育的深灰色板岩和千枚岩组成，在较下部常见坚硬的暗灰色中粗粒变质石英砂岩夹层；四棱组以厚层浅灰色到灰白色中粗粒变质石英砂岩为特征，夹深灰色硬页岩或板岩及碳质页岩。水长流组以黑色板岩、硬页岩为主，夹少量灰色薄层变质石英细砂岩、海绿石砂岩或粉砂岩。干沟组岩性以灰-灰黑色板岩、硬页岩为主，夹薄层变质细砂岩、粉砂岩；粗窟组由灰色、暗灰色厚层变质粉砂岩与硬页岩或板岩互层组成，上部夹薄层变质细砂岩，局部夹变质海绿石砂岩；大桶山组以灰黑色硬页岩或板岩为主，夹灰色细-中粒薄层变质砂岩或粉砂岩，局部夹变质玄武质火山碎屑岩或玄武岩。澳底组以灰色厚层细-中粒变质砂岩为主，夹深灰色板岩或硬页岩和煤层。苏乐组由板岩、硬页岩、变质砂岩及变质砂岩与板岩或硬页岩互层组成，含煤线。

该变质岩带的地层特征具有碳质岩层和白色厚层粗砂岩，其页岩沉积物大部分已经变质成泥质板岩、部分变质成板岩。

雪山变质岩带的变质程度比庐山变质岩带稍低些，在泥质变质岩中以板岩为主，千枚岩较少，并有硬页岩出现。其岩石类型主要为板岩、千枚岩、硬页岩和变质砂岩，少量变质基性火山岩等。

十八重溪组、西村组、达见组、四棱组和白冷组由岩石组合及生物群推断，是陆相辫状河-河口三角洲环境中形成的砂泥质碎屑岩建造。

干沟组、粗窟组、大桶山组和水长流组由岩石组合及生物群推断，是浅海-半深海环境中形成的砂泥质复理石建造。

澳底组、苏乐组依据岩性组合、沉积构造、含煤等征及生物群推断，是滨海-浅海环境中形成的砂泥质含煤碎屑岩建造。

（2）区域变质作用

A. 庐山变质岩带

庐山变质岩带原岩为砂泥质岩类、碳酸盐岩和基性岩类。变质砂泥质岩的矿物共生组合有：石英+绿泥石+白云母+钠长石+方解石+（碳质）+榍石；钠长石+石英+绿泥石+绢云母+叶蜡石+方解石+（碳质）；绢云母+石英+钠长石+绿泥石。变质基性岩的矿物共生组合有：阳起石+绿泥石+绿帘石+石英+钠长石+方解石+榍石。在矿物共生组合中，出现的特征变质矿物为绢云母、绿泥石、绿帘石、阳起石等，岩石的变余砂状结构仍基本保留，泥质类岩石也只变质成板岩、千枚岩，说明该区变质程度低，属绿片岩相。其变质作用类型为绿片岩相型区域低温动力变质作用。

B. 雪山变质岩带

雪山变质岩带原岩为砂泥质岩类和基性岩类。变质砂泥质岩的矿物共生组合有：绿泥石+伊利石+石英+钠长石+方解石+（碳质）；钠长石+石英+绿泥石+绢云母+叶蜡石+方解石+（碳质）；绢云母+石英+钠长石+绿泥石。变质基性岩的矿物共生组合有：绿泥石+绿帘石+石英+钠长石+方解石。在矿物共生组合中，出现的特征变质矿物为绢云母、绿泥石、绿帘石、伊利石等，岩石的变余砂状结构仍基本保留，泥质类岩石也仅变质成板岩、千枚岩，有的泥质岩石仅稍微变质而成硬页岩出现，说明该区变质程度较低，属低绿片岩相。其变质作用类型为低绿片岩相型区域低温动力变质作用。

中央山脉西部变质地带的变质时期为喜马拉雅期，主体变质时代应在中新世中晚期，因此也可称为蓬莱变质期。而在35~40 Ma时期，相当于埔里运动，有一次构造热事件的表现，但其变质情况不易确定。

（五）地质构造

台湾岛位于欧亚板块和菲律宾海板块聚合带上。台湾西南方毗邻的南海，主要由南海陆棚、陆坡和南海洋盆组成，欧亚大陆以南海海洋地壳为前导，沿南北向的马尼拉海沟向东俯冲于菲律宾海板块之下，形成马尼拉海沟、恒春海脊增生楔、北吕宋海槽弧前盆地、吕宋火山岛弧。在台湾东北方向，菲律宾海板块海洋地壳沿北东东向的琉球海沟向北俯冲至欧亚大陆板块之下，形成琉球海沟、雅耶玛增生楔、和平-南澳弧前盆地、琉球岛弧、冲绳海槽，组成了西太平洋边缘典型的沟弧盆体系。这两个方向相反的俯冲带相交汇于台湾岛，控制了台湾岛及其附近海域的大地构造。台湾岛大致经历了前古近纪、古近纪古新世—始新世、古近纪渐新世—新近纪中新世和新近纪上新世—第四纪等 4 个地质发展演化阶段。使台湾地区及周边海域地质构造复杂，地震频发，活动断裂发育，地质灾害多发。

1. 构造单元划分及其主要特征

台湾总体地质构造受弧陆碰撞造山影响显著，具明显的东西分带现象。台湾构造单元划分（表 2-4；图 2-2）以台东纵谷为地壳对接带，分属两个一级板块构造单元。以东划属菲律宾海板块（Ⅶ）之台东新生代造山带（Ⅶ$_2$）的北吕宋火山岛弧（Ⅶ$_2^1$）（三级构造单元），包括了台东纵谷以东海岸山脉与位于台湾东南的兰屿、绿岛两个离岛，根据海岸山脉地质体组成，进一步划分为花莲弧前盆地（Ⅶ$_2^{1-1}$）和海岸山脉火山岛弧（Ⅶ$_2^{1-2}$）2 个四级构造单元。

表 2-4　台湾构造单元划分表

一级构造单元	二级构造单元	三级构造单元	四级构造单元	五级构造单元
羌塘-扬子-华南板块Ⅳ	华南新元古代—早古生代造山带Ⅳ$_5$	台湾新生代活动陆缘Ⅳ$_5^3$	大南澳基底带Ⅳ$_5^{3-1}$	
			中央山脉增生楔Ⅳ$_5^{3-2}$	
			雪山-麓山逆冲-褶皱带Ⅳ$_5^{3-3}$	雪山始新世地堑盆地Ⅳ$_5^{3-3a}$
				麓山渐新世裂陷盆地Ⅳ$_5^{3-3b}$
			台西前陆盆地Ⅳ$_5^{3-4}$	
			大屯更新世火山弧Ⅳ$_5^{3-5}$	
台东纵谷地壳对接带				
菲律宾海板块Ⅶ	台东新生代造山带Ⅶ$_2$	北吕宋火山岛弧Ⅶ$_2^1$	花莲弧前盆地Ⅶ$_2^{1-1}$	
			海岸山脉火山岛弧Ⅶ$_2^{1-2}$	

（据福建省地质调查研究院，2020）

台东纵谷以西，划属羌塘-扬子-华南板块（Ⅳ）的华南新元古代—早古生代造山带（Ⅳ$_5$），并大致以台湾海峡西侧滨海断裂为界，将其以东至台东纵谷划属三级构造单元——台湾新生代活动陆缘（Ⅳ$_5^3$）。再根据主要边界断层与主要不整合界面，进一步划分为 5 个四级构造单元。将中央山脉东斜面出露的前古近纪大南澳混杂岩，划属大南澳基底带（Ⅳ$_5^{3-1}$）；以梨山-荖浓断层为界，将以东的中央山脉-恒春半岛划属中央山脉增生楔（Ⅳ$_5^{3-2}$）；将梨山-荖浓断层以西、三义断层-潮州断层以东地区，包括了雪山、玉山、阿里山等山脉，划属雪山-麓山逆冲-褶皱带（Ⅳ$_5^{3-3}$），再根据不同时期断陷盆地沉积地层展布，以屈尺断裂为界，进一步划分五级构造单元，即以东划属雪山始新世地堑盆地（Ⅳ$_5^{3-3a}$），以西划属麓山渐新世裂陷盆地（Ⅳ$_5^{3-3b}$）；根据前陆盆地沉积地层分布，将三义断层-潮州断层以西，包括麓山带西缘与台西滨海平原地区，划属台西前陆盆地（Ⅳ$_5^{3-4}$）；台湾北部大屯火山岩区、基隆火山岩区为更新世火山岩，属琉球岛弧系统东延所形成的火山岩浆活动产物，故大致以火山岩分布区为界，划属大屯更新世火山弧（Ⅳ$_5^{3-5}$）。

（1）台湾新生代活动陆缘（Ⅳ$_5^3$）

台湾新生代活动陆缘（Ⅳ$_5^3$）属二级构造单元“华南新元古代—早古生代造山代（Ⅳ$_5$）”东侧的次级构造单元，西以滨海断裂为界，东以台东纵谷西界之中央山脉断裂为界。

根据不同时代地层分布及其所显示的不同地质构造背景，以主要边界断裂与重要不整合面，将“台湾新生代活动陆缘”划分了 5 个四级构造单元，其中雪山-麓山逆冲-褶皱带还划分出 2 个五级构

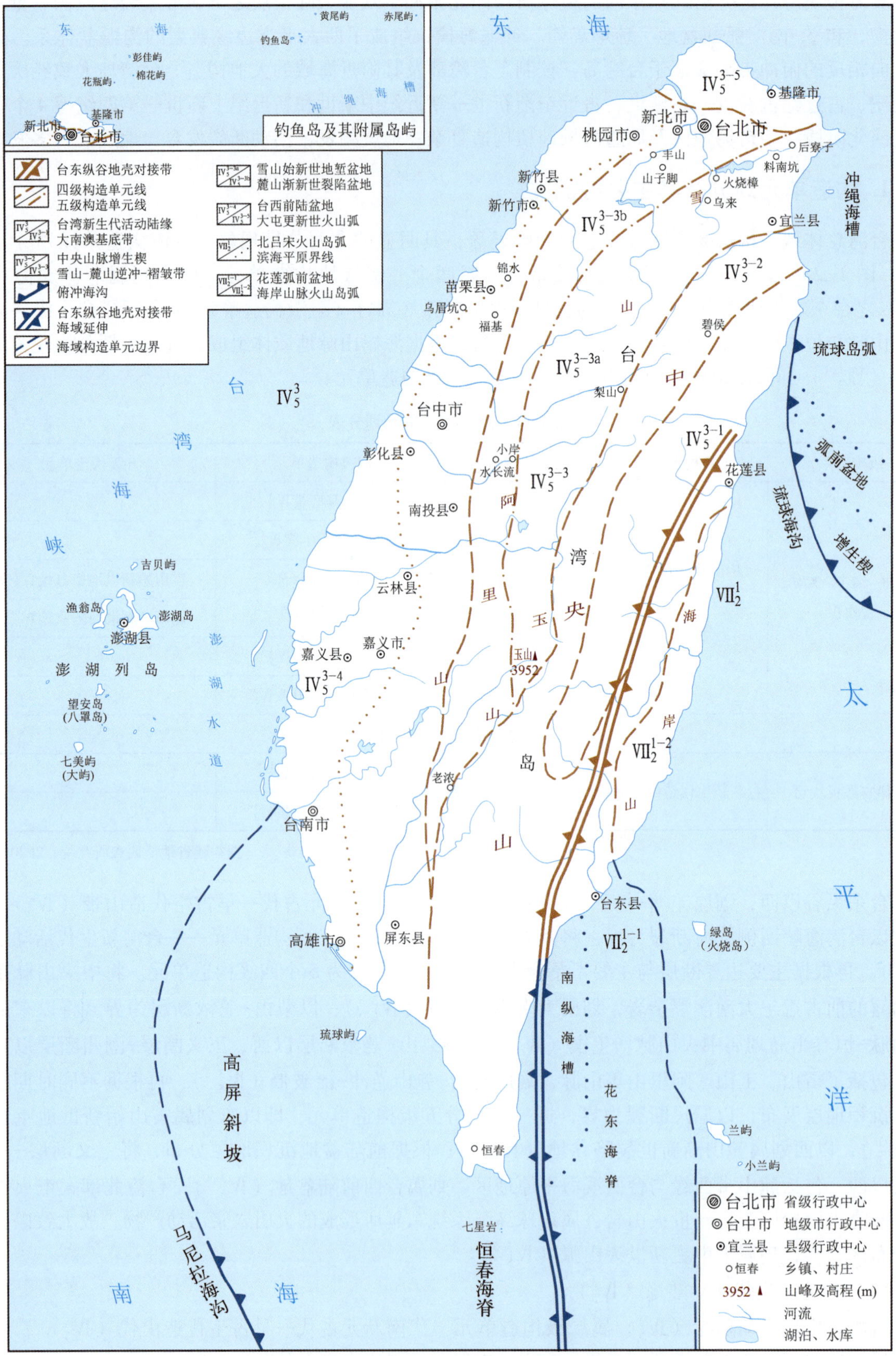

图 2-2 台湾省地质构造单元划分图

造单元（表4）。

A. 大南澳基底带（$Ⅳ_5^{3-1}$）

大南澳基底带分布于台东纵谷以西的中央山脉东斜面，西以古近系毕禄山组、碧侯组与大南澳混杂岩（AnED）不整合面为界，东以台东纵谷与海岸山脉相望，东南端被毕禄山组不整合覆盖。主要出露台湾最古老的基底地层大南澳混杂岩，溪畔、源头山、饭包尖等晚白垩世片麻状花岗岩以及打马燕、瑞穗基性-超基性岩地块等地质体。大南澳混杂岩依岩石组合可进一步划分为九曲组大理岩组合，长春组绿色片岩、黑色片岩组合，天祥组黑色片岩、千枚岩组合。大南澳混杂岩总体构造极为复杂，岩层层序不清，有许多不对称褶皱或倒转褶皱及更复杂的流状褶皱，同时广泛发育片理、劈理、片麻理及拉伸线理。根据褶皱形态、片理与线理关系，以及矿物变形应变分析，一般认为大南澳基底带经历了多次（3~5 次）的变形改造。根据原岩组合、变质相及构造变形等差异，以寿丰断裂为界，可进一步划分为玉里带和太鲁阁带。

B. 中央山脉增生楔（$Ⅳ_5^{3-2}$）

中央山脉增生楔西以梨山-荖浓断裂为界，东邻大南澳基底带，呈北北东向带状分布，在玉里以南的南端呈“U”形环状不整合覆于大南澳基底带之上。北起宜兰县苏澳，经中央山脉山棱及西斜面至关山、北太武山，南延至恒春半岛，长约 320 km，最宽约 50 km。主要出露古近系碧侯组、毕禄山组，上渐新统—中新统礼观组、庐山组、石门组、里龙山组、乐水组及上新统—更新统马鞍山组等。在恒春半岛沿恒春断层断续分布着包含基性岩块的垦丁混杂岩。

中央山脉增生楔早期受板块俯冲刮铲挤压作用，普遍发育褶皱、背冲构造及逆冲断层，中新世末由北向南开始的弧陆碰撞造山作用，使增生楔褶皱、快速隆升与侵蚀。褶皱构造类型以紧闭褶皱、同斜褶皱为主，发育板劈理与流劈理，褶皱走向为北北东，轴面劈理倾向东南，发育平行褶皱轴的拉伸线理。通过对该地区板岩的变形应变研究分析，显示变形作用是非共轴的，且由东向西发生大规模剪切变形作用。

C. 雪山-麓山逆冲-褶皱带（$Ⅳ_5^{3-3}$）

雪山-麓山逆冲-皱褶带呈北北东向带状分布在台湾中部，东以梨山-荖浓断层与中央山脉增生楔为界，西以三义断层-潮州断层为界与台西前陆盆地相邻。北起台湾东北部滨太平洋的三貂角，向南经雪山山脉、埔里，至玉山山脉、阿里山山脉，抵高雄美浓，全长 280 km，宽 30~45 km，北部宽南段略窄。根据区内地质体分布特点及其所反映的沉积盆地特征，以屈尺断层为界，进一步将东侧划属雪山始新世地堑盆地（$Ⅵ_5^{3-3a}$）、西侧划属麓山渐新世裂陷盆地（$Ⅵ_5^{3-3b}$）2 个五级构造单元。

雪山始新世地堑盆地（$Ⅵ_5^{3-3a}$）是在前古近纪基底基础上发生同张裂形成始新世地堑盆地，沉积了河流-河口-滨海相砂泥岩建造，主要由始新世陆河流相地堑盆地和上覆的渐新世浅海-滨海相断陷盆地组成。雪山山脉地区褶皱发育，主要为开阔褶皱，小型褶皱较复杂，多为紧密和倒转褶皱。雪山山脉板岩变形的应变分析，显示为共轴伸张变形，以纯剪作用为主，表现为东西向的压缩与垂直地面的拉伸。

麓山渐新世裂陷盆地（$Ⅵ_5^{3-3b}$）由渐新世初发生的埔里运动，使原基底断陷而形成。沉积了一套滨海-浅海含煤海相细碎屑岩建造。中新世末发生的蓬莱运动，使该地区受弧陆碰撞造山与板块推挤作用，发生一系列由东向西渐次发展的东倾逆冲断层，形成逆冲-皱褶带。本带普遍发育与褶皱轴平行的走向断裂，为断面向东倾的逆冲断层，这一系列逆冲断层组成了向北西或西逆冲的叠瓦状构造。逆冲断层在地表多表现为高角度逆冲，延至地下深处倾角往往变缓。

D. 台西前陆盆地（$Ⅳ_5^{3-4}$）

台西前陆盆地分布于雪山-麓山逆冲-褶皱带（$Ⅵ_5^{3-3}$）的西侧。北起桃园与大屯更新世火山弧（$Ⅵ_5^{3-5}$）相接，向南沿西部滨海平原至高雄、屏东，抵潮州断层与中央山脉增生楔（$Ⅵ_5^{3-2}$）相邻。长约 400 km，宽约 100 km，主要由中新世末—第四纪沉积地层组成，由早期的深水环境演变成后来的浅水、陆相环境，沉积物呈向上变粗的趋势。前陆盆地基底不整合面延伸至台湾海峡，基底不整合面往台湾方向延伸后渐变为整合界面，此界面也是南庄组与桂竹林组的地层界面。前陆盆地是由于中新世末开始的弧陆碰撞（蓬莱运动）使台湾成为活跃的造山带，造山带产生荷重使得其西侧边缘弯曲，形成一个形状不对称的前陆盆地。由于台西前陆盆地东缘已卷入造山带西缘的逆冲-褶皱，因而在东缘发育逆冲断层及紧密褶皱。在脱离逆冲-褶皱带西侧前陆盆地，构造变动较弱，主要发育宽缓褶皱。出露地表的断裂亦以盆地东缘为多，向西、向南多隐伏于地表之下，断层走向北东或北北东，以张性断裂为主。

E. 大屯更新世火山弧（$Ⅳ_5^{3-5}$）

大屯更新世火山弧以台湾北部的大屯火山群、基隆火山群为代表，包括彭佳屿等海岛。大屯、基隆火山群岩性以安山岩为主，彭佳屿等北部海岛为第四纪玄武岩，该界线南侧暂以台北盆地南缘为界，向东以基隆火山群南缘为界。大屯火山群，岩性以安山岩为主，其次为安山质火山碎屑岩。位于台湾北部，是台湾北部火山岩区中分布最广、喷发最量大的火山，包括5个火山亚群，即竹子山、大屯山、七星山、磺嘴山和南子山等，共20座火山。大屯火山群的火山活动大约开始于2.8~2.5 Ma，但规模不大。自1 Ma以来，随着菲律宾海板块向北沿琉球海沟俯冲于欧亚大陆板块之下时，琉球岛弧系统弧后张裂的弧后盆地（即冲绳海槽）向西南延伸，致使台湾北部构造背景处于张裂环境，导致在台湾北部发生了较大规模的火山喷发活动，并延续至0.2 Ma左右结束，形成了大屯火山群、基隆火山群，他们是琉球岛弧系统西延的部分。

（2）台东纵谷地壳对接带

台东纵谷地壳对接带位于台湾东部，北起花莲以北、南至台东以南的纵谷是一个长条状的构造洼地，呈北北东走向（20°），与台湾岛主要的地质构造平行，这个谷地长约150 km，宽5~7 km。纵谷的西侧是巨大的中央山脉，东侧是狭长的海岸山脉，这两侧山地的岩石组合在岩性和大地构造背景上迥异。西侧属中央山脉增生楔（$Ⅵ_5^{3-2}$）与大南澳基底带（$Ⅵ_5^{3-1}$），是南海海洋地壳沿马尼拉海沟俯冲于菲律宾海板块之下刮铲形成的增生楔及其之下的属于欧亚大陆边缘海基底，属欧亚大陆板块。东侧海岸山脉属北吕宋火山岛弧（$Ⅶ_2^1$）之花莲弧前盆地（$Ⅶ_2^{1-1}$）与海岸山脉火山岛弧（$Ⅶ_2^{1-2}$），属菲律宾海板块。中新世菲律宾海板块向西北方向快速与欧亚大陆板块会聚，中新世末吕宋火山岛弧在台湾地区发生斜向弧陆碰撞造山，北吕宋火山岛弧随着菲律宾海板块向西挤压、碰撞、逆冲，在2 Ma时逆冲至中央山脉增生楔的东侧，形成台东纵谷与海岸山脉。因而，台东纵谷是弧陆碰撞开始发生以后才形成的更新世—全新世构造线。台东纵谷往南可与台湾南方海域呈南北走向的南纵海槽连接，花莲以北沿北北东向延伸，可与清水断崖相连，空间上边接了台湾东北部的琉球海沟与东南侧的马尼拉海沟这两个俯冲带。台东纵谷是弧陆碰撞带的边界断层，是菲律宾海板块与欧亚大陆板块的地壳对接带，也是台湾地区构造活动最强烈的地带。台东纵谷地表多为台地砾岩、珊瑚礁与更新世地层所覆盖。

海岸山脉断层（或纵谷断层）主要分布在海岸山脉与台东纵谷之交界处，由北而南沿着花莲溪、秀姑峦溪与卑南大溪的河床延伸，断层露头大都被现代冲积层覆盖，根据地质、地形等资料，不同学者将海岸山脉断层分为二段、三段或四段，因此在不同的区域，不同学者常将此雁行排列的断层，以不同的断层名称命名之。根据地质特性、GPS大地观测以及古地震资料探讨纵谷断层的分段，由北至南分为4个区段，依次称为岭顶断层、瑞穗断层、池上断层、利吉断层。各个区段断层的变动速率与表现方式存在不同。

台东纵谷是2 Ma以来因北吕宋火山岛弧向西逆冲、加附到中央山脉东侧变质岩基底之后才形成的构造带，并非未造山前的原始板块边界。台东纵谷向南延伸为南纵海槽，是恒春海脊增生楔与北吕宋海槽弧前盆地、花东海脊间的边界断层，并不与马尼拉海沟相连。因而台东纵谷仅是菲律宾海板块北吕宋火山弧与欧亚大陆板块边缘发生弧陆碰撞过程中形成的边界断层，属地壳对接带。台东纵谷断层是现今台湾岛最活跃的断层，台湾地区每年8 cm的压缩量当中，沿着纵谷断层占40%~50%压缩量，也因此成为台湾发生地震频率最高的断层。

台东纵谷南向延伸与台湾东南部海域的南纵海槽相连。南纵海槽是恒春半岛-恒春海脊增生楔与变形的花东海脊之间存在的一个相对低洼的海底地形单元，呈南北向展布，为北吕宋火山岛弧与增生楔间弧陆碰撞缝合线盆地，沉积物来源于西侧增生楔与东侧北吕宋火山岛弧，不整合覆于变形的花东海脊弧前盆地岩层之上。在南纵海槽中央存在南北向平移断层，向北可与台东纵谷海岸山脉断层相接。

（3）北吕宋火山岛弧（$Ⅶ_2^1$）

以台东纵谷地壳对接带为界，以东属菲律宾海板块（Ⅶ）。中新世中期南海海洋地壳沿马尼拉海沟向东俯冲于菲律宾海板块之下，在菲律宾海板块西缘出现火山活动，形成了线状岛链分布的洋内火山岛弧-北吕宋火山岛弧，随着俯冲增生楔规模增大与火山岛弧火山活动增强，弧前盆地接受沉积。中新世末，北吕宋火山岛弧的北端随着菲律宾海板块向北西移动，与欧亚大陆板块东缘发生碰撞，开始了弧陆碰撞造山过程，随着斜向弧陆碰撞不断由北向南延伸，使中央山脉增生楔受挤压隆起，弧前盆地逐渐闭合。2 Ma 以来，北西向的斜向逆冲将北吕宋火山岛弧系统（包括弧前盆地、火山岛弧）逆冲到欧亚大陆板块地壳上，形成今日海岸山脉，并紧邻中央山脉增生楔。因而本书将位于台湾岛东部，东临太平洋，西以台东纵谷的海岸山脉断层为界，包括东至距岸 30~50 km 的太平洋海域尚未出露海平面之上的火山岛弧系统，向南包括兰屿以南至巴士海峡，北抵台湾东北部琉球海沟俯冲系统的地区划为台东新生代造山带（$Ⅶ_2$）。台东新生代造山带（$Ⅶ_2$）在台湾地区划分 1 个三级构造单元——北吕宋火山岛弧（$Ⅶ_2^1$），北吕宋火山岛弧以东为花东海盆，属菲律宾海板块的一部分。

北吕宋火山岛弧（$Ⅶ_2^1$）主要由代表岛弧岩浆活动喷发形成的以安山质火山岩系为主的都峦山组及弧前盆地深海-半深海-浅海复理石沉积岩大港口组组成，至更新世中期转为河流山麓及滨海冲积扇磨拉石建造。北吕宋火山岛弧是菲律宾海板块西缘的中新世—更新世岛弧，是吕宋弧的北延部分，有其独特的地质构造发展史，有与台湾岛其他构造区不同的沉积建造、岩浆活动和构造特征。地壳类型属洋壳型。北吕宋火山岛弧构造活动强烈，地震活动频繁。根据北吕宋火山岛弧（$Ⅶ_2^1$）地质构造组成与空间分布，进一步划分为花莲弧前盆地（$Ⅶ_2^{1-1}$）与海岸山脉火山岛弧（$Ⅶ_2^{1-2}$）2 个四级构造单元。

A. 花莲弧前盆地（$Ⅶ_2^{1-1}$）

花莲弧前盆地位于台湾岛东部海岸山脉的西侧，西界以台东纵谷为界，东以大港口组与都峦山组为界，大致沿海岸山脉山脊线西侧分布，由 4 个残留弧前盆地组成，由北往南依次为水琏、乐合、泰源、台东等 4 个弧前盆地。弧前盆地沉积了上中新统—更新统大港口组，为一套含有火山碎屑的海相沉积物，总厚约 7000 m，其中下部以（半）深海-浅海浊流沉积为主，上部以海底冲积扇粗碎屑沉积为主，发育砾-含砾-粗砂-砂岩之韵律层。中更新世后，变为河流山麓堆积相，属磨拉石建造。在花莲弧前盆地西侧玉里镇乐合以南，沿台东纵谷以东分布着呈北北东向狭长带状展布的利吉混杂岩，向南可延伸至台东县，由受强烈剪切作用层理不清的块状泥岩夹杂基性、超基性岩块组成。

分布于花莲弧前盆地西部边缘台东纵谷断层以东的利吉混杂岩，由于其混杂了基性-超基性岩块，基质以块状泥岩为主，层理不显，构造剪切面发育，是构造混杂与沉积作用综合的产物。又因其出露的构造位置十分独特，处在地壳对接带边缘，因此构造意义重大，一直以来都是海岸山脉地区，乃至台湾弧陆碰撞作用的研究热点。

B. 海岸山脉火山岛弧（$Ⅶ_2^{1-2}$）

海岸山脉火山岛弧位于台湾岛东部的花莲弧前盆地（$Ⅶ_2^{1-1}$）以东，北起花莲，入海可抵琉球海沟；向南包括海岸山脉及绿岛、兰屿，海域可南至巴士海峡；向东包括距岸 30~50 km 未出露海面的火山岛弧系统。海岸山脉火山岛弧在台湾岛陆地上出露海岸山脉奇美、成广澳 2 个中新世—上新世火山岛，属都峦山组沉积-火山岩系，包括奇美火山岛上的静浦和成广澳火山岛上的成功 2 个上新世—更新世弧上盆地，属大港口组半深海-深海相浊流沉积岩与浅海环礁石灰岩沉积组合；还包括台湾东南部绿岛、兰屿等高于海平面的火山岛，主要为安山岩和安山质火山碎屑岩。此外，在台湾东部、东南部海域的海平面之下，还分布了北吕宋火山岛海水面以下及其基座部分，根据海上重力与磁测资料，认为海岸山脉火山岛弧东界位于海岸线以东 30~50 km 处，水深大约 3000 m，属以安山岩类为主的火山岩建造。

2. 构造旋回、构造层及构造阶段

根据台湾地区地质构造发展的地质记录，依沉积建造、岩浆活动、变质作用和构造运动等特征，将台湾构造发展划分为燕山、喜马拉雅 2 个构造旋回（表 2-5）和相应的 2 个构造层，再根据台湾地区地史记录与陆弧碰撞发生前、后的发展演化，将燕山构造旋回划分为燕山早—中期、燕山晚期 2 个亚构造旋回，将喜马拉雅构造旋回划分为喜马拉雅初期、喜马拉雅早期、喜马拉雅中期、喜马拉雅晚期 4 个亚构造旋回，以及相应的 6 个亚构造层。

（1）燕山构造旋回

本旋回由晚古生代至白垩纪。根据台湾西部平原钻孔资料建立的云林组，结合台湾海峡西岸福建省地质构造旋回划分（福建省地质调查研究院，2016），以早白垩世早期为界，将燕山构造划分为燕山早—中期、燕山晚期 2 个亚构造旋回。

A. 燕山早—中期亚构造旋回

包括晚古生代至早白垩世早期。以梨山断层为界，台湾目前保留的地层记录是西侧云林组，东侧为九曲组、长春组，它们有着不同的沉积建造、构造特征以及变质变形改造。

构造运动：云林组未出露地表，依据钻孔北港二号井深 1590 m 处岩心揭示，凝灰质砂岩、酸性凝灰岩不整合覆于云林组之上。上覆地层时代属晚白垩世，云林组时代属早白垩世早期，推测该不整合面代表了燕山运动第二幕。分布于中央山脉东翼的大南澳混杂岩之九曲组、长春组，变质变形强烈，前者时代为晚古生代，后者时代跨度较大，介于早侏晚罗世晚期—晚白垩世之间。长春组被晚白垩世花岗片麻岩侵入，与下伏九曲组大理岩呈韧性剪切带或断层接触，与上覆天祥组呈断层或韧性剪切带接触，被古近纪碧侯组、毕禄山组不整合覆盖。根据福建省地质构造划分，燕山运动第二幕发生于早白垩世晚期石帽山群沉积之前，主要表现为黄坑组与下伏晚侏罗世—早白垩世地层及更老地层呈明显角度不整合接触关系。以 120±5 Ma 代表了燕山运动第二幕时限。本书认为云林组应于早白垩世早期沉积在华南大陆东南陆缘，上覆火山碎屑岩不整合覆盖面可对比福建地区燕山运动第二幕，发生时限亦可参考之。需要说明的是，云林组与下伏地层为不整合接触，其不整合面可能代表了燕山运动第一幕。福建地区燕山运动第一幕以上侏罗统长林组或上侏罗统—下白垩统南园组不整合覆于中侏罗统漳平组之上为代表，时限在晚侏罗世与中侏罗世之间。

亚构造层：由晚古生代—早白垩世早期地层组成，包括梨山断层以东大南澳混杂岩之九曲组、长春组，梨山断层以西未出露地表仅于钻孔中见及的云林组以及零星发现的伏于云林组之下的地层。此外尚包括仅见于大仑溪的中侏罗世晚期花岗岩。

构造变形：云林组倾角不大，可能主要为受沉积盆地影响的宽阔向斜。下伏地层倾角较大，褶皱变形要较云林组复杂，因所见零星，褶皱形态不可考。九曲组与长春组褶皱复杂，主要有复杂的褶皱形态，包括北北东向的复式背斜，不对称及倒转褶皱以及较深构造层次或剪切作用下岩石半塑性形成的相似褶皱、顶厚褶皱等。目前一般认为大南澳混杂岩经历了多期变形与变质历史，发育多期褶皱，主要有 3 个阶段变形，其构造形态随着不同时间、不同构造阶段所处的变形机制而不同。D1 形成主叶理面，以及早期与叶理面相伴的褶皱构造；D2 发育轴面位态近水平的平卧褶皱，认为属韧性变形；D3 为半脆性至脆性张性构造。即在形成区域性主叶理面之后，发育平卧褶皱，在此之后发生正断层等张性构造，显示地壳抬升过程。

B. 燕山晚期亚构造施回

燕山晚期亚构造施回指早白垩世晚期—晚白垩世末，时限为 120~65. 5 Ma。亚构造旋回内仍延续之前的地理空间，以梨山断层为界，以东为大南澳混杂岩之天祥组，以西为花屿火山杂岩。两者有着不同的沉积建造、构造背景与变质变形改造。

构造运动：梨山断层以西台西平原北港地区，在北港二号、三号钻孔中见云林组之上不整合覆盖了相当于花屿火山杂岩之火山碎屑-沉积岩系，其上被中新世地层不整合覆盖。位于澎湖列岛西南的花屿，出露以安山岩为主的花屿火山杂岩，安山岩锆石同位素测年 65±3 Ma，可能代表了燕山运动第

表 2-5　台湾大地构造发展构造旋回划分简表

地质年龄/Ma	地质时代	台西-麓山地区	雪山-玉山地区	中央山脉地区	海岸山脉地区	构造运动	旋回	亚旋回	构造阶段	沉积作用	岩浆活动	变质作用	构造背景与环境变化	构造形变
0.0117 0.126 0.781 2.6	第四纪：全新世 Qh 更新世 Qp_3 Qp_2 Qp_1	Qp_3 AQp Qp_2 $Qp_{1\text{-}2}t$ Qpg		Qhclr Qp_2t Qpbls	Qh*h* Qp*m*	蓬莱运动 II	喜马拉雅旋回	喜马拉雅晚期亚旋回	弧陆碰撞造山阶段	冲积层；前陆盆地第二阶段沉积 冲积扇；海岸山脉弧前及弧上盆地浊流沉积	大屯、基隆安山岩喷发；草岭山基性岩浆活动 绿岛安山岩喷发	区域低温动力变质，绿片岩相	菲律宾海板块转向北东运动：北吕宋弧与欧亚大陆边缘发生斜向弧陆碰撞造山形成台湾岛。台西前陆盆地形成接受沉积，早更新世为陆相磨拉石建造	以造山隆升为主。活动断裂发育；逆冲、褶皱构造由东向西发生、发展。前陆盆地向西发展
3.6 5.3	新近纪：上新世 N_2^2 N_2^1	N_2Qpzh N_2j N_2g		N_2Qpm N_1k	N_2Qpd N_2l	蓬莱运动 I		喜马拉雅中期亚旋回		前陆盆地第一阶段沉积	澎湖玄武岩；基性-超基性岩块 都峦山组安山质火山喷发；基性、超基性岩块			
11.6 15 20 23 33.8	中新世 N_1^4 N_1^3 N_1^2 N_1^1 古近纪：渐新世 E_3^2 E_3^1	N_1nz N_1n N_1c N_1shd N_1dl N_1m E_3w	N_1s N_1a E_3sh	N_1ll N_1sh N_1ls N_1l E_3N_1l	N_1d	埔里运动		喜马拉雅早期亚旋回	被动陆缘断陷盆地	麓山带-雪山区滨海-浅海相含煤碎屑沉积 中央山脉-恒春半岛增生楔深海-半深海-大陆斜坡相浊流沉积	角板山火山活动 公馆火山活动		中新世中期南海向东俯冲，形成吕宋岛弧，马尼拉海沟外侧形成增生楔；以西为陆缘断陷盆地含煤碎屑沉积	主要发育沉积构造以及与沉积盆地相伴的宽缓褶皱。早期增生楔挤压背冲断裂等
55.8 65.5	始新世 E_2^3 E_2^2 E_2^1 古新世 E_1^2 E_1^1	E_2p E_2zh ? E_1w	E_2s E_2x E_2bl	E_2b E_1b		南澳运动（燕山运动）		喜马拉雅初期亚旋回	被动陆缘地堑盆地	麓山中部浅海相火山-碎屑沉积 雪山-玉山河流-河口相碎屑沉积 陆棚浅海-半深海相碎屑沉积	平林火山活动；毕禄山组中玄武岩夹层 王功组火山活动		大陆边缘张裂，南海海盆形成。台湾地区雪山-玉山为河流-河口盆地，西侧麓山为浅海相陆棚。中央山脉地区相距较远	
99.6	白垩纪：晚白垩世 K_2	K_2h		AnE*D*			燕山旋回	燕山晚期亚旋回	大陆边缘裂陷	台西浅海相碎屑沉积 陆棚台地浅海相碳酸盐沉积-半深海相细碎屑沉积	花屿火山活动 饭包尖等花岗片麻岩侵入	角闪岩相	陆缘裂陷，浅海陆棚沉积 上部浅海-深海相沉积；下部陆棚台地	大南澳混杂岩片理形成与变形
145	早白垩世 K_1 侏罗纪—三叠纪 J-T	K_1y						燕山早-中期亚旋回	活动陆缘					

三幕构造热事件的年龄。梨山断层以东的中央山脉东翼，大南澳混杂岩被古近系碧侯组、毕禄山组不整合覆盖。碧侯组底部具砾石层，砾石成分主要为下伏大南澳混杂岩中的片岩和片麻岩，颜沧波于1954年将这层砾岩称为“M砾岩”，将此次运动命名为南澳运动，以台湾东部海岸的南澳村得名。其后，颜沧波先生在探讨台湾的地史时，提出台湾地区共发生5次地壳运动，分别为南澳运动、太平运动、埔里运动、海岸山脉运动与蓬莱运动；并且以各时代地层的底砾岩为依据，分称为M、E及N砾岩，代表南澳运动、太平运动及埔里运动所造成不整合面，认为南澳运动发生在白垩纪中期，太平运动发生于白垩纪末。随着地层时代改置，碧侯组厘定为古新世，其底部M砾岩反映的不整合面代表了南澳运动，发生在晚白垩世末。

南澳运动是台湾最主要的构造运动之一，主要表现在中央山脉，前古近纪大南澳混杂岩被古近纪板岩不整合覆盖，两者间局部出现M砾岩层。依据变质岩与变质作用，认为南澳运动发生了角闪岩相-绿帘角闪岩相变质作用。在梨山断裂以东的中央山脉地区可能表现为造山运动，使大南澳混杂岩发生类似塑性的褶皱变形与中-浅变质作用，发生时限在晚白垩世末；在梨山断裂以西的台湾西部则与华南大陆东南沿海地区类似，主要表现为断块差异隆升，并相伴岩浆喷发。表明南澳运动在台湾地区梨山断裂的东、西两侧的表现形式和作用显著不同。

亚构造层：由梨山断裂以东的大南澳混杂岩之天祥组、大南澳混杂岩北段的晚白垩世侵入花岗岩体，梨山断裂以西的澎湖列岛西南花屿和潜布于台西平原北港一带仅于少数钻孔见及的花屿火山杂岩组成。

（2）喜马拉雅构造旋回

包括整个新生代时期，时限为65.5 Ma至现代。根据喜马拉雅期台湾地区地质构造特征，板块构造运动，沉积建造与火山活动，将喜马拉雅构造旋回划分为喜马拉雅初期、喜马拉雅早期、喜马拉雅中期、喜马拉雅晚期4个亚构造旋回，以及相应的4个亚构造层。

A. 喜马拉雅初期亚构造旋回

喜马拉雅初期亚构造旋回指古近纪古新世—渐新世初期，时限65.5~33 Ma。以梨山断层为界，以东为中央山脉增生楔古新世—始新世海相碎屑岩碧侯组、毕禄山组；以西为东南沿海被动大陆边缘张裂形成的地堑-半地堑盆地浅海-河口-河流相碎屑沉积。两者有不同的沉积建造、构造背景与变质变形改造。

构造运动：喜马拉雅初期亚构造旋回末期，相当于始新世与渐新世之交，台湾地区普遍发生了一次构造运动，称“埔里运动”。埔里运动由张丽旭于1954年命名，指发生在古近纪与新近纪间的构造运动，及其有关的变质作用。也有人认为埔里运动发生于渐新世，形成断层、褶皱。埔里运动不是一次造山运动，是地壳张裂断陷的过程。

梨山断层以东的中央山脉地区，广泛分布了始新统毕禄山组，其上被渐新世晚期—中新世礼观组、庐山组不整合覆盖。梨山断层以西，雪山-玉山地区广泛分布了一套始新世河流-河口相碎屑沉积岩，其上被渐新世晚期水长流组浅海相碎屑岩系不整合覆盖。在麓山中部的南投粗坑地区，始新世中寮组、平林凝灰岩浅海相沉积-火山碎屑岩系被渐新世晚期滨海-浅海相五指山组不整合覆盖。此外，在台西滨海平原钻孔中，可见中新世地层不整合覆于古近纪地层或前古近纪地层之上。这个普遍存在的不整合面上、下地层间并无显著的角度不整合，只是一次沉积间断，是地壳断块以升降断陷方式形成的沉积间断不整合面。根据南投粗坑剖面平林凝灰岩锆石同位素测年成果（38.8 Ma；黄奇瑜等，2012）与上覆五指山组、木山组生物化石年代以及雪山-玉山地区水长流组生物化石年代，这个沉积间断介于33~39 Ma之间。

亚构造层：由古近纪古新世—始新世地层组成。包括主要分布在梨山断层以东的中央山脉增生楔之碧侯组、毕禄山组，梨山断层以西、屈尺断层以东雪山-玉山地区的四棱组、西村组、白冷组、十八重溪组、达见组，麓山中部南投粗坑零星出露的中寮组、平林凝灰岩和潜布于台西滨海平原中新世地层之下的王功组。

构造变形：喜马拉雅初期亚构造层不同地区构造变形不同。梨山断层以东中央山脉增生楔碧侯组、毕禄山组变形强烈，遭受低级变质作用，褶皱复杂。雪山-玉山地区及其以西地区以逆冲断层和褶皱构造为主。

B. 喜马拉雅早期亚构造旋回

喜马拉雅早期亚构造旋回指古近纪早始新世晚期—新近纪晚中新世早期，时限33~6.5 Ma。以台东纵谷、梨山断层、屈尺断层为界，台湾地区由东向西可分为海岸山脉、中央山脉增生楔、雪山-玉山地区、麓山地区等4个不同地质构造区，它们有不同的沉积建造、构造背景与变质变形改造。

构造运动：中新世末，北吕宋岛弧随着菲律宾海板块向北西运移，岛弧北端最先撞上欧亚大陆边缘，开始了北吕宋岛弧由北而南斜向的弧陆碰撞过程。位于大陆板块边缘的中央山脉-恒春半岛增生楔受此挤压造山，称为蓬莱运动Ⅰ幕。中新世晚期之前的南庄组之上，沉积了一套半深海-浅海相前陆盆地细碎屑沉积，前陆盆地初始沉积为桂竹林组。受中央山脉增生楔隆升造山与逆冲-褶皱带发育与迁移的影响，桂竹林组与下伏南庄组之间，在台湾西部丘陵地区两者接触关系主要表现为沉积间断，在西侧海域则表现为角度不整合接触。将6.5 Ma发生弧陆碰撞以及前陆盆地开始接受始沉积（略小于6.5 Ma）作为蓬莱运动Ⅰ幕时限。

亚构造层：由古近纪早渐新世晚期—新近纪中新世晚期地层组成。包括主要分布于台东纵谷以西、梨山-荖浓断层以东的中央山脉增生楔礼观组、庐山组，恒春半岛的石门组、里龙山组、乐水组，梨山断层以西、屈尺断层以东雪山-玉山地区的水长流组、干沟组、粗窟组、大桶山组、澳底组、苏乐组，麓山地区五指山组、木山组、大寮组、石底组、湊合组、南港组、南庄组和主要分布于澎湖列岛的澎湖组玄武岩。需要说明的是，在台东纵谷以东的海岸山脉中分布的都峦山组安山岩-安山质火山碎屑岩，属于北吕宋火山岛弧的北段，在中新世中期开始发生火山喷发活动，并延续至上新世，在该亚构造旋回期，尚未与欧亚大陆边缘发生弧陆碰撞，因而将其归为喜马拉雅中期亚构造层。

构造变形：梨山-荖浓断层以东的中央山脉增生楔与梨山-荖浓断层以西的雪山-玉山地区变质变形有较大差异，而与屈尺断层以西的麓山地区差别更为显著。

中央山脉增生楔主要分布庐山组，春日断层以南的恒春半岛主要分布石门组，它们的变质变形亦存在较大差别。庐山组为板岩、变质砂岩，遭受低级变质作用，发育板劈理，褶皱形态多为紧闭褶皱、不对称褶皱，组成轴迹北北东向的复式背斜，逆冲剪切断层较发育。石门组一般未遭受变质，发育轴迹北北东向的复式背斜，褶皱形态为紧闭倒转褶皱、同斜相似褶皱，亦有开阔宽缓褶皱，逆冲断层发育，局部发育强烈剪切。

雪山-玉山地区遭受极低级变质作用，发育轴迹北北东向的复式背斜，褶皱形态为不对称褶皱、同斜褶皱，逆冲断层发育。

麓山地区未遭受变质，以发育断面向南东倾的叠瓦状逆冲断层为特色，这些断层常以高角度出露地表，往深部倾角变缓，前期形成的背斜、向斜常被这些断层分隔或破坏。相伴逆冲断层的发生与发展，普遍发育轴面倾向与逆冲方向相反的倾斜褶皱、倒转褶皱、不对称褶皱，部分地段还发育与逆冲断层走向近于垂直的北西走向平移断层。

C. 喜马拉雅中期亚构造旋回

喜马拉雅中期亚构造旋回指新近纪晚中新世晚期—第四纪早更新世早期，时限6.5~2 Ma。以台东纵谷、梨山-荖浓断层、三义断层为界，台湾地区由东向西可分为海岸山脉、中央山脉-恒春半岛增生楔、雪山-麓山逆冲-褶皱带、台西前陆盆地等4个地质构造区。

构造运动：中新世晚期以来，菲律宾海板块以约8 cm/a的速度向北西方向运动，以南海海洋地壳为前导的欧亚大陆板块则以每年约1cm的速度向东运动。中新世末，北吕宋火山弧北端与欧亚大陆边缘开始弧陆碰撞，蓬莱运动Ⅰ幕开始，台湾晚新生代造山运动开启。随着弧陆碰撞由北而南持续进行，北吕宋岛弧北段的火山活动逐渐减弱，中央山脉增生楔不断加大并被挤压隆起，随着增生楔隆起造山，大陆边缘也开始快速下沉，形成前陆盆地，接受半深海-浅海相前陆盆地细碎屑沉积。随着碰撞造山运动持续进行，中央山脉增生楔隆起成山脉并不断上升，并导致造山作用向西迁移扩展，雪山-玉山地区被卷入造山作用，不断抬升形成北北东走向的雪山山脉、玉山山脉。同时，在台湾北部的麓山北部地区，亦被卷入造山作用，说明弧陆碰撞挤压造山作用向西扩展，向南延伸，前陆盆地则不断西移，盆地东缘也逐渐被褶曲抬升。

前陆盆地早期上部卓兰组为浅海相细碎屑沉积，其上被头嵙山组磨拉石建造不整合覆盖。其不整合界面称为蓬莱运动Ⅱ幕，时限介于卓兰组与头嵙山组之间，为早更新世早期，大致将其界定在2 Ma。将恒春半岛马鞍山组与石门组不整合面作为本亚构造旋回中发生在恒春半岛增生楔隆起的一次局部构造运动。

亚构造层：主要由新近纪晚中新世晚期—第四纪早更新世早期地层组成，即分布于台西前陆盆地早期半深海-浅海相细碎屑沉积，包括桂竹林组、锦水组、卓兰组。台东纵谷以东的海岸山脉-绿岛-兰屿，属北吕宋火山岛弧的一部分，在喜马拉雅中期亚构造旋回期内，尚未逆冲至台东纵谷东侧，但属于该亚旋回构造层包括都峦山组、大港口组、利吉混杂岩，时代跨中新世中期至更新世中期。分布于恒春半岛增生楔有垦丁混杂岩和马鞍山组，受增生楔挤压隆升作用，时代为上新世早期—更新世早期。

构造变形：由于受弧陆碰撞造山影响，不同地区构造变形不同。台西前陆盆地东侧，由于受造山作用向西扩展影响，被卷入雪山-麓山逆冲-褶皱带西缘，因而叠瓦状逆冲断层较发育，相伴逆冲断层发育不对称褶皱、斜歪褶皱等。由此往西，随着前陆盆地沉积地层远离雪山-麓山逆冲-褶皱带，变形较弱，主要为张性正断层以及受沉积盆地基底构造控制的宽缓褶皱。

海岸山脉是北吕宋火山岛弧由于斜向弧陆碰撞，于更新世早期逆冲加附至中央山脉增生楔，因而逆冲断层发育，其西侧边界断层——海岸山脉断层北段主要表现为左行平移，南段以逆冲为主，中段则两者兼具，为平移-逆断层性质。海岸山脉中发育的逆冲断层大都与其近于平行或具5°左右夹角。弧前盆地沉积的大港口组，受逆冲挤压，发育一系列雁列式向斜褶皱，褶皱轴迹走向与台东纵谷亦具5°左右夹角。利吉混杂岩以发育强烈剪切面理为特征。

D. 喜马拉雅晚期亚构造旋回

喜马拉雅晚期亚构造旋回指2 Ma至现今的亚构造旋回。

随着菲律宾海板块向西北方向移动，北吕宋火山岛弧与欧亚大陆边缘发生的碰撞造山作用仍在持续的由北向南进行。随着碰撞、挤压过程的进行，北吕宋火山岛弧、弧前盆地向西逆冲，弧前盆地不断压缩变形，使北吕宋火山岛弧体系中的奇美火山岛、成广澳火山岛与残留的弧前盆地向西逆冲加附于中央山脉增生楔东侧，形成现在的海岸山脉与台东纵谷。而更早期逆冲成陆的北吕宋火山岛弧系统，即现今海岸山脉北北东向往海延伸部分，可能已随着菲律宾海板块向北俯冲于欧亚大陆之下时，亦沿清水断岸随之下陷。

属欧亚大陆的前古近纪大南澳混杂岩，随着中央山脉增生楔被挤压碰撞造山隆升，遭受侵蚀，出露于今日中央山脉增生楔东侧。台湾南方海域中的增生楔——恒春半岛-恒春海脊快速隆升。中央山脉造山带由北往南变形前缘不断向西迁移，前陆盆地东缘与下伏中新世含煤碎屑岩系被一同卷入逆冲-褶皱带，构成麓山逆冲-褶皱带的西缘。前陆盆地的东侧部分亦随之由北往南被抬升，在台湾北部、中部形成海岸平原与台地。

在台湾北部，早期受弧陆碰撞挤压造山作用形成的山脉，不再受北吕宋火山岛弧系统的挤压，在台湾东北海域，琉球海沟俯冲系统向西延伸，造成弧后张裂的冲绳海槽向西南延伸，台湾北部早期造山作用形成的山脉不再增长，反而发生塌陷，并且发展出台北盆地、宜兰平原两个张裂盆地。在台湾中南部，碰撞正在进行，山脉正在增长。

台湾北部与中部前陆盆地被抬升为海岸平原与台地，沉积了头嵙山组河流-三角洲-滨海相的磨拉石建造，台地堆积了林口组、大南湾组红土与砾石层以及台北盆地、宜兰平原沉积。在台湾南部，前陆盆地与西南海域相连，继续接受浅海相沉积形成古亭坑组。在山区，沿河流在河谷盆地发育河流阶地冲洪积层，沿海岸，部分地区出现现代珊瑚礁以及生物碎屑堆积。

由于受琉球海沟系统向西延伸，冲绳海槽张裂引起地壳伸展导致岩浆活动，在台湾北部以及外海，发生安山岩为主的火山喷发活动，形成大屯火山岩，喷发活动时限介于2.5~0.2 Ma之间。

3. 断裂

台湾岛中新世末发生的弧陆碰撞造山运动称为蓬莱运动，它是造成当今台湾地质构造现状最重要、影响范围最广泛的造山运动。弧陆碰撞使中央山脉、雪山-玉山山脉、麓山地区挤压造山隆升，使海岸山脉逆冲加附于中央山脉增生楔以东。这些地质构造过程使台湾岛发育了一系列与之相关的断裂构造，因而断裂构造走向一般与台湾岛长轴延伸方向相仿，总体呈北东向，并大致以北西西向的新竹-尖石-四棱-南澳一线为界，以南的断裂多呈北北东向延展，以北的断裂则呈北东向展布，单条断裂以此为界分南、北段，方向亦然。此外，在台湾中南部的玉山一带，还集中发育了数条北西向断裂。

按断裂规模、性质与组合、断裂方向等，本书将台湾断裂划分为主要地质构造单元的边界断裂和主要断裂两类。前者是划分主要地质构造单元的边界断层，一般规模较大，延伸较长，切割较深，明显控制了断裂两侧地质体分布；主要断裂一般呈断裂组合出露，单条断裂空间上有一定延伸，明显切错地质体或作为地质体边界的断裂。由于台湾岛发育的断裂构造主要是中新世末弧陆碰撞造山以后发生发展而来，因而大多数主要断裂活动期可延至更新世晚期或全新世，属活动断层类。

（1）主要地质构造单元的边界断裂

划分台湾地区主要地质构造单元的边界断裂不多，自东向西主要有台东纵谷、梨山断裂、荖浓（潮州）断裂、屈尺断裂、三义断裂等（图 2-3），同一条断裂在不同地段多另有命名。除上述断裂外，分布于大南澳混杂岩中区分太鲁阁变质带与玉里变质带的寿丰断裂，虽然不是划分主要地质构造单元的边界断层，本书亦将其归属本节。

A. 梨山断裂

梨山断裂位于雪山山脉东南侧，走向在北段为北东向，沿兰阳溪展布，往南转为北北东向，沿大甲溪和浊水溪上游展布，长约 210 km。梨山断裂在地貌上反映明显，呈 U 型断层谷，分隔了雪山山脉与中央山脉，是划分中央山脉增生楔与雪山-麓山逆冲-褶皱带两个四级构造单元的边界断裂。梨山断裂为断层面向西倾斜的正断层，兼具左行性质。梨山断裂也是分隔不同沉积岩系的断裂很可能是一条重要的大陆边缘断裂。

梨山断裂北延部分经宜兰平原之下的宜兰与罗东之间入海，再通过龟山岛南方伸入琉球弧内。宜兰平原为冲绳海槽向西延伸扩张形成，因而有认为梨山断裂最北段可能在后期转为张性断裂。

B. 荖浓（潮州）断裂

荖浓（潮州）断层大致以高雄六龟为界分为北、南两段，北段一般称荖浓断裂，南段为潮州断裂。北段由玉山主峰东侧接沿浊水溪南北向延伸的梨山断裂，转而呈北北东向大致沿荖浓溪展布，南延过高雄桃源至六龟，长约 70 km；南段由六龟往南，分布于屏东平原与中央山脉的交界附近，呈南北走向，向南迁伸至屏东县枋寮，长 61 km。南端延伸入海。

荖浓（潮州）断裂北段与梨山断裂相似，是分隔中央山脉庐山组与玉山山脉达见组、十八重溪组的边界断裂；至高雄桃源北侧抵六龟间，东侧为板岩系庐山组，西侧为南庄组。六龟以南至屏东枋寮，潮州断裂构造迹象多被台地堆积层与冲积层所覆盖。具有左行兼东侧断块向上的运动性质。

断裂发生于中新世末期的蓬莱运动，至上新世，断裂东侧的庐山组发生变形与变质。约在更新世中期，中央山脉南端始抬升遭受侵蚀与风化，沿潮州断裂发育的河流形成不同高度的河阶，山麓前缘也堆积了不同高程的冲积扇，直至更新世晚期仍有活动。

C. 屈尺断裂

屈尺断裂是一条划分雪山始新世地堑盆地与麓山渐新世裂陷盆地两个五级构造单元的边界断层，位于台湾北部，大致北起新北贡寮经新竹五峰，延至台中和平一线，长约 150 km。断层面倾向南东，倾角在浅部较陡，是高角度上冲断层，但在深部就逐渐变为低角度的逆冲断层。

D. 三义断裂

三义断裂系台湾西部麓山地区褶皱-叠瓦状逆冲断层带西缘的一条断裂，一般认为它东西向穿过苗栗出磺坑背斜构造南段，而后转为南北向并继续延伸至车笼埔断裂。本书借用三义断裂之名，系指

图 2-3 台湾省断裂分布示意图

主要地质构造单元的边界断裂：①台东纵谷断裂；②梨山断裂；③荖浓断裂；④屈尺断裂；⑤三义断裂；⑥寿丰断裂

主要断裂：a—雪山-麓山地区叠瓦状逆冲断层带；b—海岸山脉逆冲断层带；c—近东西向逆冲断裂带

中新世末—更新世前陆盆地沉积东侧边缘与渐新世麓山裂陷盆地滨海-浅海相含煤沉积岩系的边界断裂。这个边界断裂亦属叠瓦状逆冲断裂带中的一条，而两个构造单元的边界不仅有逆冲断层接触，亦有不整合接触。逆冲断裂属低角度逆冲断裂，在出露地表时，常呈高角度的弯曲断面。

E. 寿丰断裂

寿丰断裂分布于大南澳混杂岩中，北起花莲，呈北北东向展布，长约100km，是划分太鲁阁变质带和玉里变质带的断裂，在南段主要为强剪切的并富含石英脉的糜棱岩，或为强剪切的石英片岩，并将其单独划分为“大观片岩”。石英脉遭强剪切被拉长呈透镜状或豆荚状，几近平行片理。

（2）主要断裂

台湾岛主要断裂多相对集中于某一地段呈相近的走向平行分布，最主要的地区有3处，其一，分布于台湾西部雪山-麓山褶皱-逆冲带，由数条叠瓦状逆冲断裂组成逆冲断裂带；其二，分布于台湾东部海岸山脉地区逆冲断裂带；第三，主要分布于台湾中南部陈有兰溪以南至嘉义阿里山一带的近东西向断裂带。此外，在恒春半岛分布有与增生楔挤压相关的背冲断裂与近东西向断裂。

A. 雪山-麓山地区叠瓦状逆冲断层带

雪山-麓山地区叠瓦状逆冲断层带由一系列断面向东南倾的逆冲断层组成，发育逆冲断层的地质体包括了雪山始新世地堑盆地与麓山渐新世裂陷盆地，作为边界断裂的屈尺断层、三义断裂亦包括在内。逆冲断裂主要是6.5 Ma以来弧陆碰撞造山运动由东向西发展而来，这些断裂在近地表处多呈高角度冲断层，向深部逐渐转成低角度逆冲断层（表2-6），这些逆断层的上盘一般认为向西或北西滑移了数千米，形成了向西移动的推覆体。由于台湾地区弧陆碰撞造山自中新世末开始直至现代仍持续进行，因而叠瓦状逆冲断层带中的一些断层属活动断层，如旗山断层为台湾南部两条主要的活动断层之一，截切全新世冲积层。断层结构面出现断层泥及断层角砾岩，断层使周边薄砂页互层部分产生挠曲现象，且发育剪切破裂带，目前周边断块活动相当活跃。

表2-6　台湾省主要断裂带特征表

主要断裂带	类型	规模	产状	组合形式	物质组成	构造层次	运动方式	力学性质	形成时代	变形期次	大地构造环境
雪山-麓山叠瓦状逆冲断裂带	挤压	长330 km；宽30~40 km	走向北北东—北东，倾向南东，倾角较缓	逆冲叠瓦状	为新近纪地层及少量渐新世地层，岩性主要为砂岩和页岩互层，局部夹灰岩和凝灰岩透镜体	浅表	逆冲	压性	更新世	本带是在古近纪沉积基础上发展起来的新近纪坳陷，逆推作用发生于更新世早期，至现代还有活动	活动陆缘
海岸山脉逆冲断裂带	挤压	长135 km，两端入海；宽：中段10 km、南北两端3 km	走向北北东，倾向南东，倾角较陡，左旋上冲	逆冲叠瓦状	主要由新近纪地层组成，中新统底部为奇美岩浆杂岩，是以安山岩类为主的火山建造；中新统都峦山组火山集块岩、凝灰岩、凝灰质沉积物；上新统—下更新统大港口组沉积碎屑岩，夹少量火山碎屑岩；上新统利吉组蛇绿混杂堆积；更新统卑南山组砾岩等	浅表	逆冲	压扭	更新世	本带是中新世以来直接叠加于洋壳之上的沉积盆地，逆推作用是在上新世至更新世的蓬莱运动，至今还有活动	弧陆碰撞带

B. 海岸山脉逆冲断裂带

海岸山脉是随菲律宾海板块向西北方向运动碰撞加附在欧亚大陆边缘的北吕宋火山岛弧。伴随弧陆碰撞过程，海岸山脉发育了一系列走向北东断面东倾的逆冲断层。海岸山脉地区逆冲断层带主断裂面是台东纵谷地壳对接带东侧的海岸山脉断层，将其归属为台东纵谷地壳对接带。在该断裂东侧的海岸山区，一般划分出8条主要断层，主要有奇美断层、大港口断层、都峦山断层、花东山断层等。

C. 近东西向断裂带

在台湾岛局部发育近东西向断裂，其中在陈有兰溪以南较集中的发育了4~5条近东西向断裂。这些近东西向断裂均为右行平移断裂，断层面倾角陡直，其成因可能与东侧挤压主应力有关，或相当于叠瓦状逆冲断裂推覆体向西移动时块体不均衡而产生的右行平移断裂。

（3）新构造运动

台湾岛跨欧亚板块与菲律宾海板块之间高角度碰撞的缝合线，位于琉球岛弧与吕宋岛弧的交接部位，是中国东部地区唯一的喜马拉雅褶皱带，褶皱、断裂构造遍布全岛，新构造运动特别强烈而复杂。主要受菲律宾海板块向北西向推挤和近期强烈构造活动，导致台湾地区局部地震活动性高、构造体制多样、差异升降显著，形成了多样的地貌景观。

台湾岛构造形态是多种多样的，主要表现为地壳的隆起、断裂及断块的活动、平缓的扰曲作用及区域性的倾斜作用、泥火山的喷发等方面，并且这些构造形态之间绝不是彼此孤立的，而是互相联系的。

台湾北部的活动断层总体以北东—北北东山脚断层为主，构成本区的主要构造格架，具有左旋平移的性质，其余的断层活动性不太明显，但都具有右旋平移的性质；台湾中部总体走向北北东，表现为山区与平原相接，反映了其近期的活动性和左旋平移的性质；台湾西南部总体走向北北东，近期破坏性地震也多沿这些断裂带附近分布；台湾东部断层主要分布在台东纵谷两侧，总体呈北东向，由一系列左旋平移逆冲断层组成，沿断裂线分布许多温泉和破坏性的地震，表明了该区活动断裂的近期活动性。

台湾地区主要的地震大多是断层再活动所引起的，指示板块间挤压作用的持续，较新期的地质构造不断地生成，而旧的地质构造也不断地演进。

（六）地质发展史

根据台湾地区地质构造格局，依据地质历史记录、发生的地质事件及显示的地质构造阶段性演化，台湾地区大致经历了前古近纪、古近纪古新世—始新世、古近纪渐新世—新近纪中新世和新近纪上新后世—第四纪等4个地质发展演化阶段。其中，台湾地区新生代时期地质发展演化，主要经历了伸展张裂-裂陷、板块俯冲、弧陆碰撞造山-山体垮塌过程3个阶段发展演化。

1. 前古近纪

晚白垩世末以前，台湾地区大致以梨山断裂为界，东西两侧有着完全不同的地质环境、大地构造背景、沉积岩相、岩浆活动和地质发展史，是两个相对独立的地质构造区。

（1）前古近纪早期

前古近纪早期，相当于古生代晚期—晚中生代早期，台湾地区梨山断层以东处于古欧亚大陆边缘，形成大南澳混杂岩，其在晚古生代时期，有可能是华南大陆边缘陆棚沉积产物；梨山断层以西为河口-三角洲-浅海相沉积。大仑溪见有晚侏罗世花岗岩，属于外来移置岩块的可能性较大。

（2）前古近纪晚期

相当于早白垩世晚期—晚白垩世，台湾地区梨山断裂以东受构造形成混杂堆积，为深海浊流沉积-浅海三角洲沉积环境；梨山断裂以西有基性火山活动伴随发生，在澎湖列岛西南花屿及台西滨海平原北港一带，出露花屿火山杂岩。

梨山断裂以西的地质体所显示的地质构造背景，是稳定的浅海陆棚台地，以伸展背景为主的被动陆缘，有可能是华南大陆边缘陆棚沉积产物。向西延至台湾海峡乃至海峡西岸，早白垩世早期之后，大陆边缘进入陆缘裂解的构造环境，推测该时期的古海岸线呈北东—南西走向。在晚白垩世发生的燕山运动三幕（南澳运动），使台湾西部地区隆起成陆。

而梨山断裂以东的大南澳混杂岩，是挤压碰撞隆升的活动陆缘背景，晚白垩世末南澳运动，可能发生了一次弧陆碰撞事件，使大南澳混杂岩与分布其中的侵入岩体，发生第一次变质及强烈的韧塑性变形，并隆起出露海面，为其后的古近纪碧侯组、毕禄山组底部的沉积岩提供了变质岩的砾石。中生代晚期的南澳运动使前古近纪地层褶皱隆起，形成山脉，而构成台湾的基底岩层。

2. 古近纪古新世—始新世

古近纪初期，已成了陆地的台湾岛又开始下降，产生一系列断陷程度、规模和持续时限不同的陆缘裂陷盆地。在台湾地区延续了以梨山断裂为界，东西两侧有着不同的地质发展史。

（1）梨山断裂以西地区

古新世，在雪山-玉山山脉地区为河流-河口相沉积，台西滨海平原之下为滨海-浅海相杂色火山碎屑岩和砂泥岩沉积，并伴有火山喷发活动，属被动大陆边缘。

始新世，在雪山-玉山地区沉积了一套陆相辫状河-河口三角洲相碎屑岩建造，在其西侧的南投粗坑，为浅海相沉积和平林凝灰岩火山碎屑岩。

始新世晚期发生的埔里运动，在台湾西部表现明显。雪山-玉山地区分布的始新世河流-河口相碎屑沉积岩，被渐新世晚期水长流组浅海相碎屑岩不整合覆盖；南投粗坑始新世中寮组、平林凝灰岩被渐新世晚期滨海-浅海相五指山组不整合覆盖。这个普遍存在的不整合面上、下地层间并无显著的角度不整合，只是一次沉积间断，是地壳断块以升降断陷方式形成的沉积间断不整合面。

（2）梨山断裂以东地区

古新世—始新世，分布在梨山断裂以东的中央山脉西翼及南段的碧侯组、毕禄山组，为陆棚浅海-半深海相碎屑沉积，属复理石建造，但缺少典型的浊流沉积构造。沉积环境可能为大陆斜坡至浅海台地相，相伴有基性火山活动。经历低级变质作用，变形强烈，相邻地层沉积环境变化大，可能与俯冲增生楔构造混杂改造有关。

埔里运动地壳断块升降，使中央山脉西翼及南段碧侯组、毕禄山组抬升成陆，之后再断陷沉降至深海接受庐山组浊流沉积。在雪山-玉山地区，始新世河流-河口相碎屑岩被渐新世浅海-深海相细碎屑岩水长流组不整合覆盖。

从台湾地区埔里运动表现出的普遍的地壳断块升降影响看，该阶段台湾地区应同处于一个地质构造块体，属于欧亚大陆东南陆缘，只是由于陆缘裂陷在不同地区强度不同而已，由台湾海峡西岸—海峡—台湾西部—雪山-玉山地区—中央山脉地区，由西向东，表现为陆地中山-丘陵—海湾—半岛—河口湾—陆缘大陆棚—陆坡。

3. 古近纪渐新世—新近纪中新世

埔里运动使台湾地区短暂抬升成陆后，随即欧亚大陆边缘张裂活动在渐新世初期达到高潮。在台湾岛南方地区，大陆边缘的张裂引发南海从北东向西南逐步扩张，形成南海海洋地壳，并持续至中新世中期。在台湾地区，陆缘张裂形成断陷盆地，根据台湾地区渐新世—中新世半深海细碎屑沉积、滨海-浅海相含煤碎屑沉积地层分布，水动力流向东南，物源来自西侧，水体总体由西北向东南变深，说明台湾地区断陷是由东向西，东强西弱。

在中新世中期，欧亚大陆以南海海洋地壳为前导，沿马尼拉海沟向东俯冲于菲律宾宾海板块之下，在马尼拉海沟东侧发育弧沟系统形成吕宋火山岛弧，在海沟西侧形成俯冲增生楔。此时吕宋岛弧的北段尚未与欧亚大陆东缘发生弧陆碰撞，亦未沿台东纵谷与台湾地区拼贴，但在相当于台湾地区的东南侧海域已经形成。因而，本阶段台湾地区以台东纵谷为界分为台湾西部与北吕宋岛弧两个地质构造单元，两个地质构造单元分属欧亚大陆板块与菲律宾海板块，有着截然不同的地质发展史。

（1）台湾西部

渐新世初随着陆缘张裂，在台湾雪山-玉山地区形成裂陷，在始新世河流-河口相地层之上不整合沉积了一套以水长流组为代表的浅海-半深海陆棚细碎屑沉积。渐新世晚期，陆缘张裂形成的裂陷由东向西发展，台湾西部地区沉降遭受海水浸漫，形成浅海-滨海含煤碎屑沉积。

中新世初期，在如今台湾岛西北侧的台湾海峡东侧为大陆东延部分，属中山-丘陵地区，河流多短促独流入海，海岸线呈北东向延伸，海岸线西北侧为范围狭窄的陆棚，东侧向洋，向东南方向海水加深。中新世早期，大陆海岸在如今台湾岛西北侧台湾海峡中线以东，西侧的古地理为中低山-丘陵地区，海岸线较中新世初期向西南方向扩展，台湾地区属陆棚浅海-滨海环境。在中新世中期发生一次大规模的海侵致使该区域普遍接受浅海-半深海相沉积后，晚中新世初期，海水面下降，海岸线在相当于如今台湾岛西侧的台湾海峡东侧，并在相当于新竹县、苗栗县一带可能发育了一个河口-海湾古地理区，海岸线总体呈北东向并在局部出现海湾。此后随着中新世晚期的蓬莱运动发生，在台湾西部中新世含煤地层之上发育了上叠的前陆盆地。

在梨山断裂以东台东纵谷以西的中央山脉地区，与台湾西部在沉积岩相显示的地质构造背景、古地理环境又存在明显不同。该地区属中央山脉增生楔，渐新世—中新世为浅海-半深海-深海相，并在俯冲增生楔强烈挤压且埋深较大环境下，遭受了低绿片岩相变质作用，俯冲增生楔由北往南隆升加大过程中成为高地；恒春半岛以深海相沉积浊流为主，未发生变质，其内夹有来自南海海洋地壳的蛇绿岩质砂砾岩层，认为南海海洋地壳约于 15 Ma 开始朝东俯冲至菲律宾海板块之下，而在北侧，部分南海海洋地壳受挤压而仰冲至欧亚大陆陆壳之上。

在中新世初期，伴随张裂发生了火山岩浆活动，形成公馆期火山岩。中新世中期—晚期，处于被动大陆边缘的台湾地区，因大陆地壳持续拉张减薄，在澎湖列岛与台湾岛发生基性岩浆喷发活动，形成了以澎湖列岛拉斑玄武岩为代表的板内玄武岩喷发。该发展阶段岩浆喷发活动产物与海峡西岸龙海、漳浦以及金门等地同时期岩浆作用产物相同。

（2）北吕宋岛弧

在中新世中期（16~15 Ma），欧亚大陆以南海海洋地壳为前导，沿马尼拉海沟向东俯冲于菲律宾海板块之下。受板块俯冲作用，在菲律宾海板块的西缘形成吕宋岛弧。北吕宋岛弧于 16~14 Ma 开始初期喷发，13~9 Ma 是火山活动活跃期，以形成安山岩、安山质火山碎屑岩为主，在火山岛周围浅海有珊瑚礁、红藻等生物生长，形成环礁灰岩；在形成火山岛弧之时，于岛弧“裙底”形成弧前盆地沉积。随着俯冲作用持续进行，北吕宋岛弧随着菲律宾海板块向西北运移，逐渐接近欧亚大陆板块。在中新世末（6.5 Ma）之前，菲律宾海板块西缘的北吕宋岛弧系统尚未与欧亚大陆东南缘发生碰撞，亦未拼贴至台湾地区，只是在如今台湾的东南方已经形成。

古近纪渐新世—新近纪中新世，台湾地区大部分均为海水浸漫，大陆海岸线在如今台湾海峡东侧-中线西侧一带迁移变动。只有澎湖列岛地区由于中新世玄武岩喷发，时而出露海面。在台湾东南侧海域，北吕宋岛弧由于火山喷发活动，可能亦有火山岛屿分布。

4. 新近纪上新世—第四纪

中新世末（6.5 Ma），北吕宋岛弧随着菲律宾海板块向西北移动，在台湾地区东北部与欧亚大陆板块东南缘发生斜向弧陆碰撞。弧陆碰撞是台湾地区最重要的一次构造运动，这次运动即为蓬莱运动，开启了台湾地区晚新生代造山运动，使原来的被动大陆边缘背景，转换为活动陆缘造山带，它奠定了现今台湾岛的基本轮廓，使台湾岛造山隆起，形成台湾海峡；也使得台东纵谷以西属于菲律宾海板块的海岸山脉沿台东纵谷逆冲加附至台湾，造就了台湾地区跨欧亚大陆板块与菲律宾海板块两大地质构造单元现象。

在台湾西部，以前陆盆地形成并沉积桂竹林组下部局部不整合覆于下伏南庄组之上，代表这个运动的开始。

中新世末，北吕宋岛弧逐渐脱离了俯冲带岩浆房后终止火山活动，火山岛弧与海沟之间的弧前盆地不仅接受火山岛侵蚀的碎屑，同时也接受由岛弧与欧亚大陆边缘挤压碰撞而隆起的俯冲增生楔物质，形成大港口组。随着增生楔隆升造山，大南澳混杂岩及上覆的古近纪地层被抬升至较浅的构造层次，受挤压形成一系列同斜褶皱构造。

随着吕宋岛弧向西逆冲至欧亚大陆板块陆壳之上，使得中央山脉俯冲增生楔由北往南体积加宽、增大、隆升之时，造山作用向西传导，使梨山断裂以西原处于被动陆缘裂陷背景的陆棚，亦发生造山隆起；并在造山隆起的西侧发生挠曲，形成前陆盆地。

（1）上新世

上新世早期，北吕宋岛弧逐渐接近欧亚大陆，马尼拉海沟西侧的俯冲增生楔由北往南继续隆升并出露海面成为小岛。北吕宋岛弧北段的火山活动已停止，在火山岛屿周边形成环礁灰岩；而南段的火山活动亦逐渐减弱。弧前盆地遭受挤压，开始接受来自隆起的增生楔的碎屑物。这个时期北吕宋火山岛弧向西逆冲碰撞时产生斜滑断层，在部分火山岛的东侧发生快速下陷而形成弧上盆地。在造山隆起的西缘，大陆边缘挠曲下沉加快，前陆盆地持续发展。

上新世晚期，北吕宋岛弧持续的与欧亚大陆板块斜向碰撞，使中央山脉增生楔挤压造山隆升成长为山脉，形成中央山脉的雏形。山脉在强烈的侵蚀作用下，产生大量的粗碎屑物向东输入东侧弧前盆地，形成深海冲积扇粗碎屑岩沉积；向西堆积于前陆盆地中。北吕宋岛弧的北端开始逆冲至台湾地区东北部的中央山脉增生楔之上，由于逆冲断裂使弧前盆地西缘受强烈剪切作用，形成了利吉混杂岩。

随着弧陆碰撞造山持续进行，北吕宋岛弧向西北逆冲，中央山脉增生楔在挤压隆升造山的同时亦沿梨山-荖浓断裂带向西北逆冲，持续的挤压继续向西传导，在梨山断裂以西形成了东倾叠瓦状逆冲断层系与褶皱，相伴发生低级变质作用。中央山脉、雪山山脉、玉山山脉不断上升，向西加宽，向南延伸。

在造山隆起西侧，前陆盆地沉降幅度加大，中心向西向南迁移，沉积了深海-半深海-浅海相细碎屑岩。

（2）更新世

更新世早期，弧陆碰撞挤压造山趋于强烈，北吕宋弧北段开始由北向南沿台东纵谷东侧的海岸山脉断裂向西逆冲于中央山脉增生楔东侧，2 Ma 以后，弧前盆地、火山岛弧渐被挤压抬升形成海岸山脉，逐步形成台东纵谷地壳对接带。台东纵谷西侧的中央山脉持续隆升并遭受侵蚀，弧前盆地沉积物有来自中央山脉北部的板岩、变质岩碎屑。此时台湾造山带西侧的前陆盆地则不断西移，前陆盆地沉降中心亦主要出现在台湾西南部；此时台湾西北部地区的前陆盆地东缘及其下伏的渐新世裂陷盆地滨海相含煤地层，逐渐被向西传导的造山带之叠瓦状逆冲断层系与褶皱波及并发生抬升，形成西部麓山带，海水向西退却。

早更新世中晚期，台湾雪山山脉、中央山脉隆升速率增大。伴随着造山隆升加剧，在台湾西部堆积了头嵙山组磨拉石建造。

更新世初，在弧陆碰撞造山向南延伸的同时，在台湾东北海域，菲律宾海板块沿琉球海沟向北俯冲至欧亚大陆之下形成的琉球沟弧系统向西延伸，冲绳海槽弧后张裂作用影响了台湾北部地区，发生了以安山岩为主的火山喷发活动，形成大屯火山岩及台湾北部外海离岛火山岩，这种张裂作用使大屯火山岩喷发活动几乎持续了整个更新世（2.5~0.2 Ma）。早更新世晚期（1~0.8 Ma）最北段的海岸山脉沿清水断崖下陷，梨山断裂北段表现为张裂的正断层；台湾北部中央山脉、雪山山脉出现山体垮塌。

全球在更新世早期处于冰期，陆地周边海域海平面下降了约 60 m。虽然台湾处在较低纬度地区，但气候仍经历了寒冷至冷温的过程，植被为森林草原。其中显著的冷温时间发生在 1.3~1.1 Ma 和 0.7~0.9 Ma 间。由于全球海水面下降，台湾海峡部分地区海水退出成为陆桥，并与西侧华南大陆相连。此时由华南大陆通过海峡陆桥迁移而来的剑齿象、犀牛、大角鹿、麋鹿等动物在台湾地区繁衍。

更新世中—晚期，北北东走向的台东纵谷被挟持于中央山脉与海岸山脉之间，堆积了来自东西两侧山脉侵蚀的碎屑物。中央山脉增生楔持续隆升形成中央山脉，雪山山脉、玉山山脉造山隆起成为北北东走向的高大的高山-中山地貌。随着台湾东部弧陆碰撞持续进行，北吕宋岛弧南段的绿岛、兰屿火山岛屿逐渐接近台湾东南部，北吕宋海槽弧前盆地不断被压缩；台湾岛中央山脉增生楔南延的恒春半岛抬升出露海面，恒春海脊增生楔正快速地成长。台湾西部前陆盆地，沉积相由半深海相向浅海-

滨海-河口相转变，并逐渐抬升为滨海平原，而台湾北部的海岸平原被抬升为台地。与此同时，由于台湾东北部外海的琉球沟弧系统持续向西延展使台湾北部地区出现伸展张裂构造，在台北地区形成断陷盆地，开始接受沉积；台湾东北部宜兰平原开始沉降，并在 18~10 ka 海水水位快速上升，而在其东侧外海火山喷发形成龟山岛。

更新世中—晚期，伴随全球气候变化，台湾地区同样表现出冷暖交替。更新世早期末至更新世中期初，气候回暖，冰雪消融，海平面上升，台湾在该时期属亚热带温暖潮湿的气候，台湾海峡被海水浸漫，台湾岛与大陆分离。

（3）全新世

全新世，北吕宋火山岛弧与欧亚大陆的斜向弧陆碰撞造山作用仍在持续进行，而台湾东北部琉球岛弧系统向西延伸亦在发展，二者深刻影响着台湾现代地质构造格局与地理地貌。造山-毁山，隆升-侵蚀，形成了如今台湾岛动态的平衡。受两个方向的岛弧系统影响，台湾地区活动断裂发育，沿俯冲带发生的深源地震与造山带叠瓦状逆冲断层面滑移引发的浅源地震频繁，温泉众多，泥火山发育，河流多短促独流入海。

台湾岛南端的恒春半岛仍持续上升，石灰岩质珊瑚礁也不断围绕着上升的海岸线生长，主要河流的宽阔河谷与内陆盆地堆积了冲积层。台西滨海平原沉积地层研究显示，台湾西部地区全新世海水呈逐渐向西退却趋势，由浅海向滨海演化，海岸线向西延扩。

全新世，本区属于亚热带到暖温带较热的气候带。在 11.2~11.0 ka 前气候相对干冷，此后气候转暖，逐渐形成现代的气候格局。

三、矿产资源概述

（一）矿产勘查与开发简史

台湾省矿产资源的利用从台湾的历史遗址中可见一斑，如台湾十三行文化遗迹发现有大量铁渣和不少的陶器，大致从2300年前开始，台湾十三行人就懂得炼铁和制陶。

我国古代文献中，对台湾生产和开采金（砂金）、硫磺也有记述。例如，230年沈莹的《临海水土志》、1086~1093年赵汝适的《诸番志》和1349年汪大渊的《岛夷志略》等。相传明天启六年（1626年），西班牙人于基隆地区购买煤炭，表明当时煤炭已有开采。1623~1661年荷兰人占据台湾、1625~1642年西班牙人占领台湾北部地区及1661~1683年郑成功治理台湾时期，台湾北部、东部采金、硫磺者也不乏其人。最早有记录的油气利用是1861年（清咸丰十一年），苗栗县居民在出磺坑发现了石油露头后，用人力挖了一个深度3 m多的井，日产油40 kg，用来点灯；1877年（清光绪三年）收归官办，采用机器凿井，钻井最深的达120 m，这是台湾地区最初的地质矿产勘查工作。1683年，清政府收复台湾，由福建省管辖；1885年（清光绪十一年）正式建立台湾省；这期间，有关记载台湾采金、硫磺及采煤、天然气、石油、铁、铜等的文献也不少，如1716年《台湾府志初修》、1717年《诸罗县志》等。清代及清代以前台湾虽然屡有开采地下矿产的活动，但国内未曾有人对其进行过地质调查工作，只有英国人Lieut Gordon、美国人G Jones分别于1847年、1852~1853年抵今基隆调查煤矿；Ferdinandvon Richthofen、H B Guppy于1860年、1881年先后在台湾沿海地区作零星的地质考察工作。1876~1887年间，清政府先后在台湾开办煤、硫、油矿厂，并设立了油矿局。

在日本人侵占台湾的50年间（1895~1945年），出于掠夺台湾矿产资源的需要，由其总督府殖产局设矿务课之地质系主持成立地质矿产调查队，对台湾开展了一系列以油气和煤炭资源为主的地质矿产调查工作。这期间的地质矿产调查中，陆续编制出版了大量有关图件和报告。值得指出的是，日本曾先后于1906年、1912年和1927年进行3次大规模的油田地质调查，每次均有报告和油田地质图出版，并根据各区调查所发现的构造，先后在西部21个构造打了251口钻井，发现了出磺坑、锦水、竹东、冻子脚、竹头崎、牛山及六重溪等油气田。

1945年8月15日，日本投降，台湾省重新回归祖国以后，矿产地质调查工作主要由台湾省地质调查所（1978年改为“中央地质调查所”）、台湾“中国石油公司”、台湾大学地质系等进行。20世纪60年代中期以后，矿产地质调查由调整后的台湾“经济部中央地质调查所”、工业技术研究院能源与矿业研究所、矿务局、“中国石油公司”及各矿业和地质机构分别进行。经过70多年的调查研究，在获得大量实际资料的基础上，先后编制、出版了各种不同的矿产专著和图件。

长期以来，祖国大陆相关单位亦对台湾省有关矿产资料进行了大量的综合研究工作，陆续编制、出版了许多论著和各种不同比例尺的图件。其中，1994年福建省地质矿产局编写出版《台湾省区域矿产》，该书较全面、系统地论述了台湾省区域矿产的基本特征、区域成矿控制条件、矿产开发利用概况，阐明了区域矿产在时空上的分布规律，并据此划分了主要矿产成矿区。

2007~2013年福建省地质调查研究院完成的“福建省（含台湾）矿产资源潜力评价”项目，以成矿地质理论为指导，开展台湾省铜、金、煤等矿种区域成矿规律研究，编制典型矿床的成矿要素图和成矿模式图，总结了台湾省铜金矿的成矿规律。

2020年出版的《中国区域地质志·台湾志》及所附台湾省1：50万地质系列图，以写实为主，系统总结了台湾近三十年来在区域地层、火山岩、侵入岩、变质岩、第四纪地质、深部构造、区域地质构造方面的研究成果；全面阐述了岩石地层单位划分与基本特征、空间分布、沉积环境或构造背景；总结了台湾地区中新世末发生弧陆碰撞造山以来的上新世—第四纪构造变动与沉积盆地演化，主要平原、盆地充填序次，古地理古气候变化，新构造运动特征等；探讨了台湾中生代与新生代岩浆岩与岩浆作用特征、构造背景与演化；总结了台湾省区域物理场特征，探讨了岩石圈结构构造及其与板块俯冲作用的关系。

上述各项地质矿产专题研究及其成果报告的出版，明显提高了台湾省地质矿产的研究程度和研究水平，为本次矿产地质志研编工作打下了基础。

（二）矿产资源状况

截至2016年底，台湾省已知矿产有39种（表3-1），其中能源矿产5种，金属矿产9种，非金属矿产25种（含宝玉矿产2种）。

由表7可以看出：全省矿产地共有375处，其中能源矿产地有164处，以煤矿产地（29处）和地热矿产地（116处）居多；黑色金属矿产地有13处，以铁矿产地（12处）为主；有色金属矿产地有11处，以铜矿产地（8处）占多数；贵金属矿产地有16处全部为金矿产地；稀有金属矿产地有1处，为锆石矿；稀土金属矿产地有10处；工业矿物类非金属矿产地有35处，以硫（12处）和滑石（9处）矿矿产地居多；工业岩石（土）类非金属矿产地有123处，以石灰岩（27处）和石英砂岩（30处）占多数；宝玉石非金属矿产地2处。

表3-1　台湾省矿产资源种类、规模、勘查程度统计表　　单位：处

矿产分类		主矿种	规模					勘查程度			
大类	亚类		超大型	大型	中型	小型	矿点	勘探	详查	普查	预查
能源矿产		煤			2	24	3		23	1	5
		石煤					2				2
		石油				5		5			
		天然气			3	9		12			
		地热				5	111	7		4	105
金属矿产	黑色金属	铁					12				12
		锰				1			1		
	有色金属	铜				1	7			4	4
		铝土				1				1	
		镍					1		1		
		汞					1		1		
	贵金属	金	1				15	1	1	1	12
	稀有金属	锆石					1				1
	稀土金属	独居石			8	1	1				10
非金属矿产	工业矿物	石墨					3				3
		磷					2				2
		硫				6	6		2	5	5
		云母				4				4	
		滑石			1	4	4	1	1	3	4
		石棉					1				1
		明矾石					1	1			
		石膏					3			1	2

续表

矿产分类		主矿种	规模					勘查程度			
大类	亚类		超大型	大型	中型	小型	矿点	勘探	详查	普查	预查
非金属矿产	工业岩石（土）	石灰岩			1	7	19			6	21
		白云岩			1	3				1	3
		石英砂				3				1	2
		石英砂岩			5	22	3			2	28
		脉石英					2				2
		膨润土				1	2			1	2
		高岭土					4			1	3
		陶瓷粘土		1		1	10			4	8
		耐火粘土					7			3	4
		水泥用粘土				3	1			4	
		蛇纹岩				1	3			2	2
		玄武岩				1					1
		安山岩				3					3
		大理岩		9	4	4				3	14
		泥炭					2				2
	宝玉石	闪玉				1			1		
		文石					1			1	
合计			1	10	25	111	228	27	31	53	264
总计			375					375			

根据台湾矿产资源储量资料，参照矿产资源储量规模划分标准（国土资源部 2000 年 4 月 24 日发布：国土资发［2000］133 号）和《中国矿产地质志·省级矿产地质志研编技术要求》对超大型矿床和矿点划分标准，台湾省有超大型矿床 1 处，大型矿床 10 处，中型矿床 25 处（表 3-2），小型矿床 111 处。

表 3-2　台湾省超大型、大型和中型矿床一览表

矿产地名称	矿种	成矿时代	矿床类型	规模
新北市金瓜石	金（铜）	更新世	陆相火山岩型	超大型
南投县鱼池	陶瓷粘土	第四纪	机械沉积型	大型
花莲县崇德	大理岩	燕山期	受变质型	大型
花莲县三栈溪	大理岩	燕山期	受变质型	大型
花莲县加湾（区）	大理岩	燕山期	受变质型	大型
宜兰县西帽山	大理岩-白云岩	燕山期	受变质型	大型
宜兰县和平溪北岸	大理岩-白云岩	燕山期	受变质型	大型
花莲县和平（蕃地大浊水）	大理岩-白云岩	燕山期	受变质型	大型
花莲县和仁（卡那岸）	大理岩-白云岩	燕山期	受变质型	大型
花莲县砂婆当（砂婆礑区）	大理岩-白云岩	燕山期	受变质型	大型
花莲县寿丰溪	大理岩-白云岩	燕山期	受变质型	大型
新北市汐止	烟煤	渐新世—中新世中期	生物化学沉积型	中型
新北市三峡-桃园县大溪	烟煤	晚渐新世—中新世中期	生物化学沉积型	中型
苗栗县锦水-永和山	天然气-石油	新近纪	生物化学沉积型	中型

续表

矿产地名称	矿种	成矿时代	矿床类型	规模
苗栗县铁砧山-通霄	天然气-石油	新近纪	生物化学沉积型	中型
苗栗县出磺坑	天然气-石油	新近纪	生物化学沉积型	中型
云林县北统汕洲	轻稀土（独居石-锆石）	第四纪	滨海砂矿型	中型
云林县统汕洲	轻稀土（独居石-锆石）	第四纪	滨海砂矿型	中型
云林县外伞顶洲	轻稀土（独居石-锆石）	第四纪	滨海砂矿型	中型
台南县布袋洲	轻稀土（独居石-锆石）	第四纪	滨海砂矿型	中型
台南县王爷港洲	轻稀土（独居石-锆石）	第四纪	滨海砂矿型	中型
台南县青山港洲	轻稀土（独居石-锆石）	第四纪	滨海砂矿型	中型
台南县网子寮洲	轻稀土（独居石-锆石）	第四纪	滨海砂矿型	中型
高雄县新港口	轻稀土（独居石-锆石）	第四纪	滨海砂矿型	中型
花莲县清水溪	滑石	燕山期	变成型	中型
新竹县赤柯山	石灰岩	中新世	化学沉积型	中型
花莲县清昌山	白云岩	燕山期	化学沉积型	中型
苗栗县崁顶寮、都合口	石英砂岩	中新世	机械沉积型	中型
苗栗县老田寮西翼	石英砂岩	中新世	机械沉积型	中型
苗栗县老田寮东翼	石英砂岩	中新世	机械沉积型	中型
新竹县番婆坑、小南坑	石英砂岩	中新世	机械沉积型	中型
新北市南势角	石英砂岩	中新世	机械沉积型	中型
花莲县清水	大理岩-白云岩	燕山期	受变质型	中型
花莲县立雾溪	大理岩-白云岩	燕山期	受变质型	中型
花莲县清水溪及清流溪	大理岩-白云岩	燕山期	受变质型	中型
花莲县木瓜溪	大理岩-白云岩	燕山期	受变质型	中型

（据福建省地质矿产局，1994，有修改）

按《中国矿产地质志·省级矿产地质志研编技术要求》提出的矿床类型分类，台湾有陆相火山岩型、变成型、受变质（沉积变质）型、生物化学沉积型、化学沉积型、机械沉积型、砂矿型、风化型、海相火山岩型、斑岩型、岩浆热液型等12个矿床类型（表3-3）；另外，地热用水热型表示其储热类型。

台湾省矿产资源按矿产勘查程度统计：勘探27处、详查31处，普查53处，预查264处（见表3-1）。根据现有资料分析，台湾省重点矿种有金、天然气、石油、烟煤、地热、大理岩-白云岩、石英砂岩等。天然气、石油、烟煤、地热等能源矿产资源是台湾省优势矿产，工作程度较高，集中分布于台湾省西北部及西南部陆域，海域仅有长康和致昌两个油气田。

表3-3 台湾省矿床类型、主矿种和规模一览表 单位：处

矿床类型	主矿种	矿产地	超大型	大型	中型	小型	矿点
陆相火山岩型	金	1	1				
	汞	1					1
	硫	12				6	6
	明矾石	1					1
	膨润土	1				1	
	玄武岩	1				1	
	文石	1					1
	安山岩	3				3	

续表

矿床类型	主矿种	矿产地	超大型	大型	中型	小型	矿点
海相火山岩型	石膏	3					3
斑岩型	铜	3				1	2
岩浆热液型	金	3					3
	脉石英	2					2
变成型	云母	4				4	
	滑石	9			1	4	4
	石棉	1					1
	蛇纹岩	4				1	3
	软玉	1				1	
受变质型（沉积变质型）	铜	5					5
	石墨	3					3
	大理岩	17		9	4	4	
生物化学沉积型	煤	29			2	24	3
	石煤	2					2
	石油	5				5	
	天然气	12			3	9	
	泥炭	2					2
化学沉积型	石灰岩	27			1	7	19
	白云岩	4			1	3	
机械沉积型	砂岩	30			5	22	3
	高岭土	4					4
	陶瓷粘土	12		1		1	10
	耐火粘土	3					3
砂矿型	铁	2					2
	金	12					12
	锆石	1					1
	轻稀土	10			8	1	1
	石英砂	3				3	
风化型	铁	10					10
	锰	1				1	
	铝	1				1	
	镍	1					1
	磷	2					2
	膨润土（漂白土）	2					2
	耐火粘土	4					4
	其他粘土	4				3	1
水热型	地热	116				5	111

注：地热用储热类型表示其矿床类型。

金属矿产以金为主，最著名的是分布在台湾北部基隆更新世火山岩区，陆相火山岩型的台北金瓜石超大型金（铜）矿床。

非金属矿产资源比较丰富，主要有碳酸盐类（大理岩、石灰岩、白云岩）、粘土类（瓷土、耐火粘土、膨润土、陶瓷粘土等）、硅石类（石英砂岩、脉石英、硅砂）、硫（自然硫、硫铁矿）及与超基性岩有关的矿产（蛇纹岩）。建筑砂石产地分布全省。

高品位的独居石、锆石砂矿床主要分布于台西南滨海。

台湾省矿产资源总的特点是：成矿时代偏新，新生代的古近纪、新近纪和第四纪含矿层位达16个，其中以中新世和更新世为主，最具工业远景；具有按矿种集中成区（带）分布格局；矿床类型主要有沉积型燃料矿产，陆相火山岩型金、铜、硫矿床及沉积、变质型非金属矿产；能源矿产资源较丰富，金属矿产品种少；固体矿产资源较贫乏，中–大型矿床少。

四、各类矿产基本特征

台湾矿产资源分为能源、金属和非金属矿产 3 大类。金属矿产分为黑色金属、有色金属、贵金属、稀有金属和稀土金属 4 个亚类，非金属矿产分为工业矿物类非金属矿产、工业岩石（土）类非金属矿产及宝玉石 3 个亚类。

（一）能源矿产

台湾省主要能源矿产有石油、天然气、煤、石煤及地热等。地热虽是能源矿产，但又是水气矿产；泥炭有多种用途，有非金属矿产和能源矿产之说，《中国矿产地质志·省级矿产地质志研编技术要求》提出将它放在能源矿产中进行叙述。

1. 石油、天然气

天然气经常与石油共伴生，台湾全省以石油为主的矿产地有 5 处，均为小型矿床；以天然气为主的矿产地有 12 处，其中中型矿床 3 处，小型矿床 9 处。石油、天然气主要分布于台湾岛西部新近纪沉积盆地内及附近海域，台湾省西部的新近纪地层，由东向西分布于山麓地带，潜伏于滨海平原之下，并延展至台湾海峡海底，陆上面积达 15500 km^2，约占台湾岛总面积的 1/2。矿床成因类型均属生物化学沉积型。

台湾省及其附近海域地区位于亚洲外缘油带中，具有较丰富的石油与天然气资源。自上新统直至白垩系均有油气产层，其中以中中新统—上渐新统南港组的打鹿页岩段、石底组、木山组、五指山组尤为重要，始新统和白垩系（或含古新统）也已有重要油气层产出。具有背斜构造、断块构造、地层-背斜构造等多种圈闭类型，有利油气聚集，台湾省先后已发现背斜构造达 100 多个，其中陆上有 90 多个。

台湾油气矿产勘查和开发工作程度相对较高，矿产勘查均已达勘探程度，100 多年来（1878 年始），经过对这些构造的勘查和迄今已完成的几乎遍及各构造的 700 多口井的钻探（其中日本占领时期钻井 251 口），先后发现 17 个油气田及一批潜力较大的含油气构造。据记载，截至 1982 年，台湾省陆区原油蕴藏量约 129.7×10^4 t（台湾工业技术研究院矿业研究所，1983）；截至 1989 年，台湾省海、陆域天然气证实蕴藏量约 200×10^8 tm^3（福建省地质矿产局，1994）。随着油气资源的不断开发、利用，油气蕴藏量也在不断减少。然而随着每年新发现增加的平均数亿至数十亿平方米天然气和数万至数十万吨原油蕴藏量（潘玉生等，1971），又使其源源不断得到补充，保证了台湾省油气的部分需求。在已发现的油气田中，目前除致昌油气田尚未规划开发，以及锦水-永和山、铁砧山-通宵、出磺坑、青草湖、八掌溪、新营和长康等 7 个油气田还在维持生产外，其他 9 个油气田的生产能力已经枯竭或接近枯竭，约占已开发油气田的 56%。

2. 煤

煤是台湾省主要的矿产之一，在台湾省的工业与经济发展上占有重要地位。台湾省煤矿主要分布于台湾岛北部，可分为北部和中部两大煤区，共有烟煤矿产地 29 处，其中中型矿床 2 处，小型矿床 27 处，已开发的煤矿几乎全部集中于北部煤区。北部煤区自台湾省东北端海岸，向西南延伸至人安溪北岸，全长约120 km，平均宽度为20 km，含煤区总面积约2000 km^2，包括新北市、基隆市、台北市、新竹县、桃园县、苗栗县在内，共有26个煤矿；中部煤区分布于南投县，有集集大山、凤凰山及嘉义县阿里山3个煤矿，因煤层薄而多变，且矿区交通不便，仅在若干露头较厚处进行小规模采掘，经济价值不大。

在新近纪岩层发现有16个煤层具开采价值，其中主要的含煤岩系产于木山组、石底组、南庄组中。南庄组煤层（上部含煤层）储量有4905×10^4 t（其中可采6层），仅占7.4%；石底组（中部含煤层）储量有49884×10^4 t，占75.6%；木山组（下部含煤层）储量有11200×10^4 t，占17%。台湾北部共有26个煤田，储量总计65986×10^4 t，其中汐止煤田之煤量最多，占27.86%，其余依次为磊溪三峡煤田9.37%，山子脚煤田7.64%，菁桐坑煤田5.82%，四脚亭煤田5.44%，南庄煤田4.92%，清水坑煤田5.25%，武丹坑煤田4.2%，其他煤田共占21.19%。

据截至1965年底煤田已耗煤量统计，已耗煤量为16727×10^4 t，其中汐止煤田已耗煤量最多，占27.61%，其余依次为四脚亭煤田11.16%，三峡-磊溪煤田10.98%，菁桐坑煤田6.71%，南港煤田5.43%，崁脚煤田5.12%，山子脚煤田3.55%，侯硐煤田4.26%，田寮港煤田3.91%，清水坑煤田3.89%，景美煤田3.55%，其他煤田合计仅占12.41%。

据《台湾省煤炭资源潜力评价报告》（2011），以参与资源量预测所划分出的台北矿区和大溪矿区两个矿区作为统计对象，潜在资源量为31992×10^4 t。

木山组煤层：亦称“下部含煤层”，主要分布于台湾省西北部，北自基隆海岸，向南延伸到台北、桃园及新竹县的大部分地区，以及苗栗县的北部。呈北东向西凸出的弧形带状展布，与主构造线方向一致。本组大部分为西部山麓地层小区，仅小面积为中央山脉西翼地层小区。在台湾北部有1~3层煤可采，层厚0.2~0.6 m。在基隆附近的煤层中，有厚度不等及延展不规则的凝灰岩透镜体出现。在部分煤层中，由于火山碎屑物的穿插出现而大量地降低其开采价值。本组含可采煤层3层，平均厚度0.3~0.6 m，最厚可达2 m。含煤大部分属长焰煤（CY），因煤层时代老，埋藏较深，受压力和温度影响，碳化程度较高，水分1%~2%，灰分8%~25%，挥发分35%~40%，固定碳42%~55%，发热量27.6~33.5 MJ/kg，大部分具有粘性，煤质较好。

石底组煤层：俗称“中部含煤层”，本组之煤层分布范围广，煤层数多且经济价值高，是台湾最重要的含煤层。主要分布于台湾中北部的瑞芳、石底、台北市、内湾、白冷西侧、粗坑、车埕一带，零星分布于南部的阿里山东侧、三民等地。主要煤层出现有该层中、上部，共含7层可采煤层，平均煤层厚0.3~0.6 m，煤层一般缺少延续性，常有局部增厚或减薄现象，最厚处可达1.80 m。所含煤大部分为长焰煤（CY），煤硬度较大，水分3%~5%，灰分10%~25%，挥发分40%~45%，固定碳40%~50%，发热量24.3~28.5 MJ/kg。在嘉乐和南庄两煤矿中，石底组所含煤具良好的成焦性，是台湾最好的炼焦煤，这是台湾其他煤矿所没有的。

南庄组煤层：俗称“上部含煤层”，在新近纪含煤层中属最年轻的，出露最广，分布于台湾西部的大部分地区，自北海岸向南延伸经过台北市、桃园县、新竹县、苗栗县、台中县、南投县，一直到嘉义县的阿里山地区。南庄组下部间夹可采煤3~4层，最多可含5个可采煤层，煤层厚0.3~0.8 m，本组在新竹、苗栗等县发育最好，往北及往南其含煤层的经济价值逐渐降低。本组的煤主要属长焰煤（CY），煤层薄，变化大，煤质较差。煤所含水分和灰分均较高，分别为3%~6%、12%~25%，固定碳含量较低，为35%~40%，挥发分40%~47%，发热量23~26 MJ/kg，粘结性微弱，下层煤质较上层为佳。

3. 石煤

台湾全省有石煤矿产地2处，均为矿点，分布在台中县东势，南投县的黑田山石煤勘查工作程度均为预查，石煤的矿床类型为外生沉积作用-生物化学沉积型。台湾省石煤的矿床类型为外生沉积作用-生物化学沉积型矿床类型。石煤层赋存于渐新统四棱组碳质页岩中，石煤矿体含大量无机物质，有时为亚石墨。目前，台湾石煤只是矿点，未开发利用，尚无开采价值。

4. 地热水

台湾省地处环太平洋火山地震带，具得天独厚的地质地理条件，地下热源丰富，又有充足的雨量补给地下水，使台湾省拥有众多的温泉，已发现温泉达100处以上，几乎遍布全岛。台湾省是我国温泉密度最高的省份，就是与素有“温泉王国”之称的日本相比也毫不逊色。北投、阳明山、关子岭、四重溪合称台湾省四大温泉，名闻中外。台湾省温泉以其泉源多、密度大和温度高为特征，绝大多数温泉都受活动断裂控制。台湾全省有地热矿产地116处，其中小型矿床有5处、矿点111处，主要分布在大屯火山群区和中央山脉两侧。大多数温泉分布在断裂带上及其旁侧，且往往呈线状成群出现。

台湾省的温泉多数出露在变质岩区。在116处温泉中分布于变质岩区的有80处，占69%，其中出露于前古近纪大南澳变质岩区的有18处，始新世—中新世浅变质岩区的有62处；分布于沉积岩区的有18处，可划分渐新世—中更新世沉积岩区16处，第四纪冲积层2处；分布于更新世和上新世火山岩区的亦有18处。台湾省主要是水热型地热资源，即地壳浅处（地下1000~4500 m）所见到的热水或水蒸气。

分布于台湾省的大屯火山群温泉区、宜兰恒春温泉带、花莲台东温泉带等3个温泉区带中。台湾省有流量记录的温泉点计92处，总流量为2520.2 t/h。其中流量大于100 t/h的有5处，总流量1020 t/h；流量60~90 t/h的有10处，总流量696 t/h；流量20~59 t/h的有13处，总流量414 t/h；流量小于20 t/h的有64处，总流量仅为390.2 t/h。各处温泉的平均流量约为27.4 t/h。流量大的温泉点基本上分布于高温温泉分布区，即宜兰-土场温泉亚区、雾鹿-金仑温泉亚带、庐山-东埔温泉亚带和大屯火山群温泉区。

台湾省温泉的利用尚早，主要用于洗浴和医疗。台湾省自产能源极其缺乏，地热被认为是较有潜力的替代能源之一。1965年以来，台湾省先后对大屯火山群区的马槽和大磺嘴、宜兰县的清水和土场、南投县的庐山、台东县的知本和金仑等地热区进行勘探，开展各种地球物理调查，并进行深部钻探，获得了很多十分珍贵的资料。利用地热发电未取得大的进展，仅有清水一处利用地热发电。

大屯火山群温泉区：位于台湾岛最北部，面积约250 km^2。区内有大规模的更新世安山质火山喷发活动，火山群主要为层状火山，由安山岩流、火山灰和安山质碎屑岩带连续交替喷发构成，覆盖在中新世沉积岩上。区内温泉有16处，高温温泉13处，温度达100℃以上的有6处，温度高是本区温泉一个显著特征。所有温泉均受北东方向的金山断裂所控制，它们有规律分布在断裂的东南侧，呈密集带状，从北投向金山方向延伸，形成温泉带。本区温泉密集，其密度居全岛之冠。

大部分为强酸性的硫磺泉，部分硫化氢泉，少量明矾泉，pH值很低，一般为1.5~4，易腐蚀，并有难闻的硫化氢气体喷出。经钻探验证，在地下深处，热水温度多在200℃以上，最高达293℃。本区雨量丰富，年平均降雨量2000多毫米，地下水充沛，渐新世五指山组砂岩为地下储热层，盖层是致密的安山岩，地质条件极佳，是本省最好的地热区。

大屯火山群区的地热发电潜能为$10\times10^4 \sim 50\times10^4$ kW。据1972年测得整个温泉区的热流量为1.85×10^{11} J/h，或5.14×10^7 J/s，这种强大的热流量只有世界上最著名的地热田意大利拉德瑞罗和美国的盖依瑟尔可达到，说明了大屯火山群区的地热资源具有很大开发远景。尽管如此，由于腐蚀问题未能解决，1973年本区已暂停开发。近年来阳明山公园已扩展到整个地热带的核心区，区内地热资源今后将难以进行做大规模的开发，最多仅能在公园外围做些小规模的利用。

宜兰-恒春温泉带：位于中央山脉西侧，由宜兰平原向南西经雪山山脉、阿里山山脉和玉山山脉，直至恒春半岛。以山地为主，雨量充沛，中部山区年降雨量在3000 mm左右。区内主要出露古近纪—新近纪浅变质岩，西侧有少部分沉积岩出露。本带受屈尺-潮州断裂和梨山断裂所控制，呈北北东向带状展布，长约360 km，宽50 km，在北端受弧形构造影响呈北东向。带内褶皱、断裂发育，构造复杂，岩石破碎，为地热循环提供了有利条件，温泉多沿北北东向断裂分布。本带有温泉62处，占台湾省温泉总数的一半以上，有不少高温温泉群集，清水、土场、庐山都是全省闻名的地热区，另外还有礁溪、乌来、谷关、东埔、宝来和关子岭等地热区，暗示深部有范围广泛的高温异常带。泉水中含有大量 HCO_3^-，多属中性，少部分为弱碱性，水质好，无腐蚀性，较宜开发利用。在宜兰平原礁溪乡一带，只要从地表往下钻井 10 余米，就可取得热水，温度可达 70℃左右，真可谓“家家凿井，户户温泉”，是一个名副其实的温泉乡，可看出此区地热资源丰富，且埋藏较浅。本带的关子岭温泉位于油气区，因有天然气冒出，经点燃后火焰久不熄灭，火焰自泉水中冒出，形成水中有火、火中有水的“水火同源”的特殊景观。1980 年台湾省在清水地热区建立了一座 3000 kW 的试验地热发电厂，试行运转后，该厂 1981 年 7 月并入台湾省电力公司运行。

花莲-台东温泉带：位于中央山脉东坡及台东纵谷，呈一北北东向狭长带状展布，长约 300 km，宽 25 km。区内主要出露前古近纪大南澳变质岩，南部为古近纪—新近纪浅变质岩，东侧有少量第四纪和新近纪沉积岩分布。本带受台东纵谷两侧的中央山脉断裂和海岸山脉断裂所控制，温泉多分布在中央山脉断裂西侧斜列的次级断裂上；另有几个温泉分布在海岸山脉断裂上，它们可能与地震活动有关。本带北部的温泉受中央山脉断裂次级的北西和北西西向扭性断裂所控制，南部的温泉则受次级的北东东或近东西向扭性断裂所控制，温泉点有规律地排列在这些断裂上，多发育在溪谷中，泉眼一般离河床有一段距离。

本带共有温泉 36 处，其中高温温泉 17 处，高温温泉地面标志明显，有喷气孔，有碳酸盐及硫磺沉淀，且热水活动范围较大。雾鹿温泉出露在离河床数十米高的峭壁上，亦属独特罕见现象。带内温泉主要属于重碳酸泉，个别为硫化氢泉。大部分温泉呈中性，个别为弱碱性，在和平溪一带茂边、大浊水等温泉呈弱碱性，与清水和土场泉质有相似之处。

5. 泥炭

共有泥炭矿产地 2 处，均为矿点，主要分布在台北市的松山盆地，南投县的埔里，矿体产于全更新统头科山组下段细砂岩夹页岩及新统冲积层堆积层夹层中，为外生沉积作用-湖相生物化学沉积型矿床类型。台北市的松山和南投县的埔里泥炭矿点，因勘查工作程度低，未估算资源储量，尚无开采利用价值。

（二）金属矿产

台湾省金属矿产主要包括黑色金属矿产铁、锰矿，有色金属矿产铜、铝、镍、汞矿，贵金属矿产金矿，稀有金属矿产锆石砂矿，稀土金属矿产独居石砂矿。

1. 黑色金属矿产

台湾省黑色金属矿产仅有铁、锰 2 种，但均较贫乏，主要集中分布于台湾的北部及中部。

（1）铁

台湾全省有铁矿产地 12 处，均为矿点，其中风化型铁矿有 10 处，较集中分布于台湾北部的台北、桃园，少量分布在苗栗到台中一带；滨海砂矿型铁矿有 2 处，分布在台湾北部的台北北部海滨和西北部的苗栗苑里海滨。探获的资源储量级别低，风化型铁矿石储量 $1.5\times10^4 \sim 25.0\times10^4$ t，砂矿型铁矿储量 $3.35\times10^4 \sim 24.48\times10^4$ t。由于台湾省铁矿规模均较小，品位变化大，工作程度低，经济价值小。台湾的铁矿最早是 1895 年在日本侵台期间发现，1895～1946 年之后有进行勘查，1946～1985 年开始地方对所有的铁矿点进行不同程度的勘查、开采利用，但在 1985 年之前均已停采。

风化型铁矿：又分为红土台地风化型褐铁矿、火山岩风化壳型褐铁矿。红土台地风化型褐铁矿位于台湾省西北部中—上更新统红土台地堆积层中，有 7 个矿点，矿体规模由北向南变小，矿石矿物成分主要为褐铁矿，少量赤铁矿，含有机物质遗迹和铁碳酸盐，矿石含 Fe 15%～43%。火山岩风化壳型褐铁矿位于台湾省西北部的大屯山地区，由更新世大屯山火山岩的辉石角闪安山岩中含铁矿物经风化剥蚀，在有利地形堆积氧化而成，矿石含 Fe 36%～55%。

滨海砂矿型铁矿：为大屯山石英安山岩分布区滨海沉积的铁砂矿，为滨海沉积的重矿物聚集形成。重矿物磁铁矿+钛铁矿 37.88~117.24 kg/m^3（其中磁铁矿占 80%~83%、钛铁矿占 8%~16.2%），精矿品位 Fe 15.17%~64.95%，一般 40.39%~64.54%，TiO_2 0.88%~5.61%，SiO_2 5.59%~11.87%，S 0.07%~0.15%，P 0.11%~0.50%，估计储量磁铁矿 24.48×10^4 t，钛铁矿 4.1×10^4 t。

（2）锰

台湾仅见小型矿床 1 处，分布于台湾北部宜兰县的西帽山。成因类型为外生成因的风化型锰矿，锰矿体主要产在古近纪大南澳混杂岩之石英片岩及绿泥石片岩中，矿石以硬锰矿为主，原生矿以蔷薇辉石为主，矿石品位：MnO_2 63.99%、SiO_2 11.07%、P 0.02%~0.04%、S 0.02%~0.05%。本矿 1931 年为日本小笠原美津雄地质调查时发现，之后开展了详查工作，估算锰矿储量 40×10^4 t。本矿床硬锰矿大部分被采尽，故 1940 年即已停采。

2. 有色金属矿产

台湾省有色金属矿产主要有铜、铝、镍、汞等。

（1）铜

到目前为止，台湾省域内发现铜矿矿产地有 9 处（其中 6 处为共伴生）。除 1 处台北金瓜石金铜矿共生铜为中型外，其余均为矿点。台湾省的铜矿床，按其矿床类型，可分为陆相火山岩型、斑岩型及火山沉积-变质型（受变质）3 类。陆相火山岩型仅新北市金瓜石金铜矿床 1 处，与金矿共生；斑岩型有 3 处矿点；受变质矿床（火山沉积-变质型）铜矿 5 处，为硫铁矿的共伴生矿。台湾省除金瓜石式陆相火山岩型铜金矿勘查程度较高为勘探外，其他勘查程度均较低。累计查明铜矿资源储量约为 15×10^4 t，除金瓜石式陆相火山岩型铜金矿中已采的 11.9101×10^4 t（现也已停采），其他未开发利用或停采。

陆相火山岩（次火山热液）型：金瓜石矿床中的铜矿，主要产于金瓜石矿段本山矿体下部和长仁矿段的第一长仁矿体。长仁矿段的其他矿体和草山矿体群均产硫砷铜矿，但数量较少。矿石铜平均品位 0.73%。

斑岩型：主要分布于海岸山脉及台东外海的两个主要岛屿绿岛和兰屿，属于吕宋火山弧斑岩型金铜矿成矿带的北延部分，存在着多次火山活动的火山口，奇美、都兰山、兰屿均存在火山机体成矿标志明显。铜矿成矿作用与闪长岩侵入活动有关，为网状浸染矿脉，Cu 品位 0.44%~3.43%。

受变质型：本类型主要为铜-硫铁矿，产于前古近纪大南澳长春片岩中，矿石矿物主要有磁黄铁矿、黄铁矿、黄铜矿、闪锌矿、方铅矿，含 S 15%~30%不等，Cu 0.5%~4.8%，以富太矿区含 Cu 最高，单个样品最高含 Cu 28.29%。本类矿体规模小，富矿体早年即已采尽。近年，有资料报道，宜兰县铜山亦发现了此类型铜矿床，Cu 品位 3%~4%；年开采矿石 300~400 t。

（2）铝

到目前为止，台湾省域内仅发现铝矿产地有 1 处，为小型矿床。分布于台湾省北部大屯山地区磺咀山一带，为三水型铝土矿，为上新统—更新统角闪二辉安山岩及安山岩经红土化风化作用形成铝土矿，矿床成因类型属风化红土型铝土矿。矿石呈土状，Al_2O_3 含量 25%~45%，平均 30%左右，属低品位铝土矿，需经洗选除去杂质，提高 Al_2O_3 含量，方能利用，原有开采过，现已停采。

（3）镍

到目前为止，台湾省域内仅发现镍矿矿点 1 处，主要见于台东关山日出一带，为风化壳型镍矿（硅酸盐型），产于超基性岩风化残坡积层中。矿体产于上新统利吉组混杂于砂页岩间的异剥石橄榄岩和蛇纹岩外来岩块风化土壤中，红色土壤层厚 0.4~3.8 m，平均含 Ni 0.66%，新鲜岩石含 Ni 仅 0.09%~0.25%。1951 年台湾省建设厅矿务科预测含 Ni 0.23%~0.61%的储量为 5319 t。

台湾省矿业研究所曾于 1966 年、1973 年分别施行东部地区超基性岩体含镍普查工作及台东县关山日出超基性岩体的镍矿详查工作。日出矿点虽然含镍量较高，但其品位、储量仍未具经济价值，暂未开发利用。

（4）汞

到目前为止，台湾省域内仅发现新北市双溪乡平林汞矿点1处，分布于新北市双溪乡平林一带。矿体呈脉状赋存于玄武岩脉与古近纪—新近纪地层接触部位附近的白色粘土中，呈网状细脉体，分布甚不规则。另有部分矿染于砂岩及玄武岩中，矿染带宽度1.3 m左右。矿石矿物有辰砂、黄铁矿、黄铜矿和菱锰矿；脉石矿物有石英、玉髓、方解石和高岭土。矿石一般为贫矿，经选矿可获拳头大小之富矿石，精矿品位富者约10%（5.52%~60.88%），贫者0.3%~0.4%（0.25%~1.26%）。本矿点属陆相火山岩火山热液交代型（低温热液型）网状汞矿，汞矿累计探明储量为4.13 t，现大部分已被采空。

3. 贵金属矿产

台湾省贵金属矿产仅有金矿一种。

台湾省已发现的金矿产地16处，其中超大型矿床1处，矿点15处。台湾省的金矿类型分陆相火山岩型、岩浆热液型（含金石英脉型）和砂矿型3种，以陆相火山岩型为主，代表性矿床为金瓜石超大型金矿；岩浆热液型（含金石英脉型）在中央山脉的宜兰县太白山和南投县合欢山、玉山有3处金矿点；砂金矿在基隆河、中央山脉东西二坡各河流及东海岸有12处砂金矿点。

台湾金矿大部分勘查工作程度较低，其中金瓜石金矿达矿产勘探程度，南投县合欢山达详查程度，花莲新城达普查程度，其他小型矿点均为矿产调查。

台湾省金矿有经济价值的是内生岩浆作用矿床-陆相火山岩型矿床的（次）火山热液（交代）型金矿中的含金硫砷铜矿、含金黄铁矿，含金品位较高，经济价值高，也是金瓜石超大型矿床开采的对象。火山热液（充填）型金矿含金品位低，经济价值不高。砂金矿分河流砂金矿和滨海砂金矿，外生沉积作用矿床-砂矿型河流砂金矿在基隆河局部地段内，砂金矿层含金品位较富，具经济价值。在崇德和新城海滨有局部的富矿带，含金品位较高，具较高的经济价值。

台湾省已查明的金矿种资源，以金瓜石地区的金瓜石式陆相火山岩型含铜金矿最为重要。据官方统计，该地区已生产的纯金为93.924 t，而民间估计的产量则为200~600 t。其真实储量虽已无法统计，但其曾为东亚地区的产金第一大矿却是公认的事实。金瓜石地区金矿目前保有的确定储量值，仅台金公司张启祥1988年对该矿山高铜矿量进行过计算，所得结果为20.935 t。

陆相火山岩型金矿：本类型为台湾省最具经济价值的金矿类型，矿产地为新北市金瓜石超大型矿床。金矿床产于基隆火山群的石英安山岩与渐新统—中新统野柳群和中新世瑞芳群的砂、页岩夹火山岩内、外接触带中，金矿的生成与次火山热液作用有关。本山矿段有本山矿体群、树梅坑矿体群、灿光寮矿体群和草山矿体群，矿石含金品位比较均匀，平均品位：Au 2.9 g/t；长仁矿段主要第一长仁矿体，矿石平均品位：Au 3.2 g/t；九分（瑞芳）矿段九分矿脉群矿脉，中含金品位极不稳定，大部分矿脉无经济价值，而部分则富集成富矿体，且富矿体的含金品位与矿体的大小无直接关系，形状亦有差异，矿石品位：Au 7.2 g/t；武丹坑矿段含Au品位6~10 g/t，平均7.2 g/t。

岩浆热液型金矿：岩浆热液型金矿分布在宜兰县太白山和南投县合欢山、玉山，有矿点3处。含金石英脉产于中央山脉始新统—渐新统西村组和中新统庐山组的深灰色泥质板岩、千枚岩和变质砂岩中，Au品位10~1000 g/t。

砂金：台湾省砂金分布于睛基隆河、中央山脉、东台湾地区3个地区。基隆河地区有新北市基隆河矿点1处，砂金系金瓜石原生金矿床经风化、剥蚀、搬运入基隆河或其支流小谷，在重力分选下富集堆积而成；砂金矿层含Au品位较富，约0.8 g/t，砂中重矿物有自然金、锆石和独居石，具经济价值。中央山脉地区，有矿点10处，前古近纪大南澳变质岩、古近纪始新统毕绿山组、渐新统四棱组、中新统庐山组等地层的黑色片岩、板岩、千枚岩、砂岩、硅质岩及大理岩中所赋存的含金石英脉，为河流砂金的物质来源；矿体赋存于现代河床砂砾层中或古阶地堆积层中，整个中央山脉各条河流，均蕴藏砂金，但达工业品位（0.2 g/t以上）的只占少数。东台湾地区有花莲新城矿点1处，主要分布于花莲县立雾溪口三角洲至花莲一带的海岸平原，砂矿中金粒细小，含金品位常有变化，因受海洋潮汐影响而加以分选，含金品位会逐渐升高，尤其是夏季，每次台风袭击后，含金品位明显增加，已采区域仍可继续开采；在立雾溪口新城一带的海砂中，含 Au 品位 0.39 g/t。

4. 稀有金属矿产

台湾省稀有金属矿只有锆石砂矿一种。

台湾省域内发现锆石矿矿产地共有 9 处，其中有单一锆石砂矿矿点 1 处（新竹马武督），独居石-锆石共生砂矿中型矿床 8 处，因为这 8 处矿产地独居石储量规模达到中型，所以把它们列入以独居石为主的矿种中。

锆石在台湾河道、海岸边、离岸沙洲和海底沙洲等处都有发现，但单一锆石富集成矿的只在新竹县凤山溪上游的马武督地区，其他则为与独居石共生的海滨锆石。

锆石品位最高的是布袋洲，达 26020.80 g/m^3；最低的是新港口，为 2656.8 g/m^3。锆石总储量约 5.38×10^4 t。

滨海砂矿类型：分布于云林、嘉义、台南、高雄地区的海岸线上，有独居石、锆石共生中型矿床 8 处。重砂矿物出现于波浪较强大处砂滩砂脊的迎浪部位潮间带，形成了狭长条带的重砂富集矿带，涨潮时潜伏于海水面下，退潮时露出海面。重砂含量以表层为高，通常含有率为 1%~5%。深度超过 1 m，重砂含量锐减，超过 3 m，则少见含有重砂。重砂矿物大多来自台湾岛，锆石来自台湾岛及所属岛屿的基性火山岩。

河流冲洪积砂矿类型：仅有新竹县关西镇马武督锆石矿产地 1 处，为单一独居石矿点。区内出露地层有中新统瑞芳群、中新统—上新统三峡群，岩性为砂岩、页岩、泥岩夹煤层及火山岩。锆石来自火山岩的橄榄碧玄岩中的副矿物。

5. 稀土金属矿产

台湾省稀土金属矿产只有独居石砂矿一种类型，属于轻稀土金属矿产（组）。

台湾省域内发现稀土金属矿（独居石、独居石-锆石砂矿）矿产地有 10 处，其中独居石-锆石中型矿床 8 处，单矿种独居石小型矿床及矿点各 1 处。它们主要分布于台湾西南部云林县、台南县和高雄县海岸岸边浅滩或近岸砂洲，矿床成因类型均为滨海砂矿类型。

台湾省 10 处独居石、独居石-锆石砂矿矿床（点）重矿物总储量 24.56×10^4 t，重矿物含有率为 0.6%~5.56%，以布袋洲最为富集，其次为青山港洲，而以新港口含有率为最低，仅 0.6%。这 10 处独居石、独居石-锆石砂矿中，布袋洲独居石品位最高，为 13150.80 g/m^3；独居石品位最低的是外伞项洲，为 854.72 g/m^3。

应指出，独居石中可能还包括了磷钇矿，一般经搬运沉积的独居石、磷钇矿外表特征甚为相似，多统归独居石。

（三）非金属矿产

台湾目前发现的矿点及其以上规模的非金属矿产共有 25 种，其中工业矿物类非金属矿产 8 种，工业岩石（土）类非金属矿产 15 种、宝玉石类矿产 2 种。

1. 工业矿物类非金属矿产

台湾已发现的工业矿物类非金属矿产有石墨、磷、硫（自然硫、硫铁矿）、云母、滑石、石棉、明矾石、石膏等 8 种。

（1）硫

台湾以硫为主的矿产地共有 12 处，另有 6 处以其他矿种为主的共伴生矿产地，合计 18 处。在 12 处以硫为主的矿产地中，有小型矿床 6 处（其中自然硫小型矿床 2 处、硫铁矿小型矿床 1 处、自然硫与硫铁矿共生或伴生的小型矿床 3 处）、矿点 6 处（其中自然硫矿点 2 处，自然硫与硫铁矿共生或伴生的矿点4处）。在6处以其他矿种为主的共伴生矿产地中，有5处为与铜矿共伴生的硫铁矿，1处是与金铜矿（台湾金瓜石）伴生的硫铁矿。台湾硫矿成群成带集中分布，以硫为主的硫矿主要分布于台北大屯火山群中，与铜共伴生的硫铁矿主要分布于宜兰县和花莲县。

台湾的自然硫及硫铁矿矿床（点）大部分属于陆相火山岩型，包括火山喷气沉积型和火山热液充填型矿床，其次为火山沉积-变质型矿床。火山喷气沉积型主要为自然硫矿，火山热液充填型矿床（点）为自然硫或自然硫与硫铁矿的共生矿或伴生矿；火山沉积-变质矿床为与铜共伴生的铜矿点。

台湾以硫为主的硫矿与火山岩关系密切，这些硫矿主要产在台北大屯火山群中。大屯火山群由20个大小不等的火山体和火山锥组成，硫矿形成于火山喷发，同时，或者后期以升华、热液充填交代（浸染）和沉淀形式成矿。

林迺信曾推估大屯火山群的自然硫黄蕴藏量有300余万吨。其中焿子坪矿床：硫黄储量约20×10^4 t；死磺子坪矿床：硫黄储量约60×10^4 t。

（2）滑石

台湾以滑石为主的矿产地有9处，另有与软玉、蛇纹岩共生矿产地1处。在9处矿产地中，有中型矿床1处，小型矿床4处，矿点4处。台湾滑石矿主要分布于台湾东部，北自宜兰南部，南至台东北部，呈北北东向带状分布；分布的主要县市为宜兰县和花莲县。滑石矿主要是在大南澳杂岩变质作用晚期，由热液作用于变质作用早期形成的富镁片岩或蛇纹石、阳起石等富镁硅酸盐矿物形成。滑石矿化带呈北东向带状分布，长300 km以上。矿体主要赋存于东台湾大南澳杂岩中的长春组和天祥组片岩中。

滑石矿成因类型有蛇绿岩-变质型、热液变质型和动力变质型3种。其中蛇绿岩-变质型和动力变质型滑石矿产于大南澳杂岩东部的玉里带的天祥组片岩中，热液变质型滑石矿产于大南澳杂岩西部的太鲁阁带的长春组片岩中。

据不完全统计，台湾滑石探明储量为324.1×10^4 t，可采储量172.3×10^4 t。根据台湾“经济部”矿产测勘团调查，花莲清水溪矿石储量约有251.8×10^4 t，宜兰东澳矿石储量为36.1597×10^4 t，花莲白鲍溪矿石储量为16×10^4 t；其他矿区的矿石储量因没有资料所以尚不明确。

（3）云母

在台湾发现4种云母矿物类——白云母、黑云母、绢云母（天然细粒白云母，属白云母亚种）及铬云母，白云母是唯一可富集成矿体的常见云母类。白云母矿产地在台湾有4处，均为小型矿床。云母矿分布于台湾东部的宜兰县和台东县，构造位置均位于台湾东部的新生代活动陆缘的中央山脉增生楔上。宜兰的云母矿产于南澳乡东澳与南澳间的山地伟晶岩中，云母系由与造成花岗片麻岩有相关的花岗岩质的岩浆溶液形成，并于岩浆活动晚期的伟晶岩时期结晶出云母；台东向阳的云母矿产于台东西北部山区始新统毕禄山组绿色片岩中，是区域低温动力变质作用的产物。

矿床类型均为变成型矿床，具体又可分为混合岩化伟晶岩型白云母矿和结晶片岩动力作用和热液交代型绢云母矿。前者代表性矿床是分布于宜兰南澳和东澳的白云母矿床，后者代表性矿床是台东向阳绢云母矿。

台湾白云母矿据勘探资料，探明储量为696×10^4 t，可采储量为525×10^4 t。

（4）其他工业矿物

其他工业矿物有石墨、磷、石棉、明矾石、石膏5种。在台湾这些矿种只有矿点，且勘查程度低，开采价值相对较小。

A. 石墨

台湾尚未发现品质优良的石墨矿床，所见一些劣质石墨产于中央山脉西部古近纪早期和中期的雪山山脉地层小区北部西村组、四棱组及中部白冷组浅变质岩中，主要产地有宜兰县头城、礁溪和台中县白冷3处，均为矿点。另有南投县雾社、埔里及鱼池3处矿化点。

石墨矿体呈不规则及不连续的袋状、条状、扁豆体状或透镜状与石英砂岩和暗色硬化的页岩或碳质页岩伴生，矿脉延长可达数十米，但一般连续性较差；厚度由数厘米至1 m。所产石墨均为隐晶质土状石墨，由含碳质的沉积岩或劣质煤层经区域变质作用生成，属受变质型矿床，因所受变质作用较弱，故品质较差。石墨含挥发分为3.11%~7.23%，含水分稍高而碳质较低；石墨一般成分不纯且灰分甚高。台湾各地石墨含碳量（Ho et al.，1963）为：宜兰县头城和礁溪25%~34%，多数为10%~20%；台中县白冷22%，多数为24%~67%；南投县雾社53%，埔里50%~67%，鱼池50%~66%。

台湾石墨矿发现较早，1942年日本人就在宜兰县头城和礁溪开始开采，1944年在台中县白冷矿区开采。所采均为低品质石墨，其用途仅限于制造低级铅笔、油漆及屋顶物料等。1945年后，每年仍在已知矿床进行有限的石墨开采。台湾石墨矿体规模小，品质低劣，在台湾所有矿产中地位并不重要。

B. 磷

台湾磷矿只有基隆市棉花屿和澎湖猫屿矿点2处，它们是台湾磷矿两大重要产地。磷矿主要集中于多孔火山碎屑物和熔岩流上部表面的残余粘土中，是由于安山岩或玄武岩风化而成的土壤中混有鸟粪或海鸟的遗体，从而形成乳白色或灰色的磷块岩，其厚度一般仅数厘米。在深成风化粘土层中，P_2O_5 含量较高，最大值可达17.75%；在安山岩基部减至最低，只有微量。棉花屿磷块岩属于高品级质材的储量有7000 t，若加上低品级矿石总计有100000 t。

台湾的磷矿开采，最早始于日本人对棉花屿磷矿的开采，1917年停采，以后数年断续开采，到1936年已基本采尽，现在已无任何前景。而猫屿和草屿岛磷块岩开采始于1919年，但无任何记录资料。台湾磷矿历年来的开采总量为9960 t，大部分为棉花屿所采。

另在澎湖列岛渔翁岛的外坡、小门屿及七美屿等处，亦发现有鸟粪磷矿化，但质量较差，规模极小，无开采价值。

总之，台湾大部分的磷矿规模小且属低品级，由于日本侵略者的过度开发差不多均已耗尽。

C. 石棉

台湾石棉矿只有2处，其中小型矿床1处，矿点1处。花莲丰田石棉小型矿床与闪玉、滑石、蛇纹石共生，石棉主要赋存于蚀变蛇纹石中，其大部分来自基性或超基性岩类，部分蛇纹石可来自中央山脉东侧的含镁石灰石或白云石中，它们均属蛇绿岩-变质型矿床。

台湾所产石棉，有透闪石石棉、阳起石石棉（即淘汰的蓝石棉）及少量温石棉。有经济价值的温石棉矿床规模小，可采量不多，石棉纤维坚硬，脆弱易碎断，质量不佳。鹿野矿点石棉矿现在已经废弃，所有工作矿坑均已塌落；花莲丰田也全部停产，其石棉储量约 11.5×10^4 t。

D. 明矾石

明矾石仅有矿点1处，位于台北市七星山。七星山明矾石矿体分布非常零散，散布在七星山北部和东南部山坡以及大油坑一带，有露头30余处，矿体产于更新世大屯火山岩的安山岩及安山质火山碎屑岩中，明矾石的平均含量为20%~30%，富者可达80%。明矾石的生成与后期火山作用有密切关系，属火山热液型。

该矿在1927年被发现后，已开采一部分，制成明矾及人工石膏，但不久即告停采。据1958年对七星山的重新勘探，明矾石总储量为 22×10^4 t，可采储量为 13×10^4 t 。

E. 石膏

台湾石膏矿有台东八边山、花莲竹田和花莲天港山矿点3处，分布于东部花莲县和台东县境内海岸山脉地区，即于秀姑峦溪与马武溪之间山地，零星分布。矿体产于中新统都峦山组安山质集块岩中，品位甚低，含石膏安山岩或白土，一般含 SO_3 10%左右。根据以往资料，每吨白土经手选可得含 SO_3 30%以上的石膏精矿200 kg。

台湾产出的石膏，均属火山热液型硫化矿床。石膏常呈细脉状或网状产于岩石中，或呈块状、碎片状混杂于白土中，分布极不规则，伴生矿物有黄铁矿及自然硫等。除八边山矿点曾挖坑道开采石膏1300 t外，其他矿点均由于品位低，储量小，无开采价值。

2. 工业岩石（土）类非金属矿产

台湾省已发现的岩石（土）类非金属矿产有石灰岩、白云岩、石英砂、石英砂岩、脉石英、膨润土（漂白土）、高岭土（瓷土）、陶瓷粘土、耐火粘土、其他（水泥用）粘土、蛇纹岩、玄武岩、安山岩、大理岩和泥炭，形成矿床的有石灰岩、白云岩、石英砂、石英砂岩、膨润土（漂白土）、陶瓷粘土、其他（水泥用）粘土、蛇纹岩、玄武岩、安山岩和大理岩11种，脉石英、高岭土（瓷土）、耐火粘土和泥炭只有矿点。泥炭已在能源矿产中叙述。

石灰岩、白云岩（白云质大理岩）大理岩为台湾省水泥、化工原料的主要来源，石英砂岩是台湾省玻璃硅质原料的主要来源。

（1）石灰岩

台湾全省有石灰岩矿产地27处，其中中型矿床1处，小型矿床7处，矿点19处。台湾省石灰岩矿床分布甚广，几乎遍及西部各县，由北往南有台北、桃园、新竹、嘉义、台南、高雄、屏东等，东部的台东县也有石灰岩出露，但主要较集中分布于台湾台南、高雄地区。

主要赋矿层位为下中新统大寮组、上新统卓兰组、下中更新统头嵙山组、中上更新统恒春石灰岩及全新统珊瑚礁。矿床类型属海相化学沉积型和海相生物化学沉积（生物礁）型。

主要矿产地有新竹赤柯山中型矿床、高雄大冈山小型矿床、台南枕头山小型矿床。其中，新竹赤柯山中型矿床的石灰岩质量较好，其中约有1/3矿石质量符合制糖工业要求，该矿所采矿石主要供作水泥用，总储量约2000×10^4 t；高雄大冈山小型矿床已开采多年，除有小窑烧制石灰外，亦可供作水泥原料；台南枕头山小型矿床的石灰岩储量估计为1300×10^4 t，多年来开采用于烧石灰和制糖工业。

（2）大理岩

台湾省大理岩矿产地共计17处，其中大型矿床9处（与白云岩共生矿床6处），中型矿床4处（均与白云岩共生），小型矿床4处（均与白云岩共生）。大理岩与白云岩是台湾省重要的非金属矿产，两者有密切的成因联系和共生关系。大理岩矿床分布在台湾省东部宜兰、花莲两县。

大理岩矿床赋存在大南澳下部，为浅海相含碳质、泥质、硅质、钙质沉积，经印支期—燕山期变质作用而成的变质岩系，主要大理岩产地有西帽山、和平溪北岸、和平、和仁、清水、崇德、三栈溪等。大理岩矿床类型为变质作用形成的变成型矿床，细分为区域变质变成型大理岩矿床和接触变质变成型大理岩矿床。

大理岩分布较零星，主要分布在地缝合带的变质岩区，除少量作为水泥原料外，优质而合乎要求者主要是作大理石饰面石材，少数质量特别优良者则是难得的重质碳酸钙原料。

（3）白云岩

全省以白云岩为主的矿产地4处，其中中型矿床1处，小型矿床3处；另有14处以大理岩为主的共生矿产地，其中大型矿床6处，中型矿床4处，小型矿床4处。白云岩矿分布在台湾省花莲县。

白云岩矿产地有花莲中和、荖溪、清昌山和玉里蕨。大部分白云岩矿体呈透镜体、扁豆体或不规则体夹于大理岩中，与大理岩间为渐变过渡关系；少部分白云岩呈较规则的层状（如清昌山矿区）。在整个大理岩带中，到处都有局部的白云岩矿体出现，所占体积虽小，但分布甚广。白云岩矿床均为化学沉积型。

白云岩的开发、利用晚于大理岩，近几年来台湾白云岩矿最主要产地为清昌山地区。

（4）砂岩（石英砂岩）

砂岩（石英砂岩）矿产地有30处，其中中型矿床5处，小型矿床的22处，矿点3处。在30处砂岩（石英砂岩）产地中，有28处产地为石英砂岩，主要用于玻璃制造；有2处砂岩产地，主要用于建筑石料（作混凝土骨料）。石英砂岩主要分布在台湾省西北部山地，以苗栗县境最多，其次为台北市、新竹县。建筑石料用砂岩分布于台北-基隆、苗栗雪山一带。

石英砂岩的赋存层位有渐新统的五指山组、四棱组、水长流组和中新统木山组、石底组、南庄组等。南庄组上部的“白砂岩”称为“上福基砂岩”，含有3~7层白色中粒石英砂岩，是台湾省玻璃用石英砂的最主要来源，其开采量占台湾省玻璃用砂的90%以上。“上福基砂岩”广泛出露在苗栗、新竹、桃园、台北各县、市的山地，总厚度150~200 m；木山组砂岩分布范围大致同南庄组，砂岩含粘土质较高，其中石英砂作为开采瓷石的副产品回收。石底组石英砂岩粒度太小，目前尚不能利用，渐新统五指山组和水长流组砂岩仅在新北市溪底村和南投县的北山坑、南港溪等地有小规模开采，主要为提取其中经风化破碎后产生的粘土，石英砂则为副产品。由于新鲜岩石质甚坚硬，不易破碎，质量不高，故经济价值不高；四棱砂岩分布于中央山脉附近（南投县境），由于交通不便，且岩质亦坚硬，开采不易，目前尚缺乏进一步了解。砂岩（石英砂岩）矿床类型为机械沉积型矿床。

（5）脉石英

脉石英矿产地有 2 处，均为矿点，分布于南投鱼池的水社大山和花莲瑞北一带，矿产地以水社大山较重要。脉石英是由花岗岩浆或混合岩化的富硅热液充填于裂隙形成的，可分为花岗岩浆热液型矿床（如水社大山）与混合岩化热液型矿床（如花莲瑞北）两类。

瑞北的石英脉分布在瑞北村东北 2 km 及瑞穗乡北 6 km 两处，石英脉呈透镜状或不规则状产于云母-绿泥片岩中，大致与围岩片理平行。石英呈块状，乳白色，有少许铁染。虽然储量有限，但交通方便，已有开采。

（6）高岭土（瓷土）

台湾省高岭土（瓷土）矿产地 4 处，全部为矿点，分布于新竹县关西一带的暗潭、湖肚、太平地以及苗栗县的大南浦等地，属机械沉积型矿床。瓷土产于野柳群木山组和三峡群南庄组中，多是水簸土，即风化了的白砂岩经过水洗后的粘土。

据《台湾省经济年鉴》，台湾省瓷土 1970~1991 年均在开采中。有些小的矿区已知有开采，但没有详细资料，只作为矿化点，现均已停产。

（7）陶瓷粘土

共有矿产地 12 处，其中大型矿床 1 处，小型矿床 1 处，矿点 10 处，主要分布于桃园、台北、苗栗和南投等县、市。台湾省陶瓷粘土最重要的产地是南投县的鱼池和新北市的莺歌尖山，这两个地方是台湾省陶业早期开发的著名产地，80%的民窑集中于此。

台湾省陶瓷粘土均为机械沉积型矿床类型，细分有两种：机械沉积型粘土矿床（第四系冲积层陶土粘土）和机械沉积型粘土岩矿床（三峡群南庄组陶土粘土岩）。矿层赋存于第四系冲积层和中新统—上新统三峡群南庄组中，第四系粘土一般含铁较高，主要用于制造一般陶器及粗陶、水管和砖瓦，三峡群南庄组的陶土多用于制造一般陶器和耐酸陶器。

（8）耐火粘土

全省耐火粘土有矿产地 7 处，全部为矿点，另有与玻璃用石英砂岩共生的中型矿床和小型矿床各 1 处。矿床类型可分为风化型和沉积型两种。台湾省的耐火粘土多数是中-低级耐火粘土，最佳者为台北三重桥，耐火度为 1760℃。据不完全统计，近年来台湾省耐火粘土探明储量 3097.6×10^4 t，可采储量 2133.2×10^4 t。

风化型耐火粘土：风化型耐火粘土由凝灰质泥砂岩、粘土化火山角砾岩、粘土化安山岩等风化形成，产地有台北竹子湖、台北北投十八分、台北七股、新北三重桥。台北北投十八分为台湾省最重要的耐火粘土产地，全省大多数耐火粘土均产于此。

沉积型耐火粘土：有矿点 3 处，分布于苗栗县纸湖、观音山及田美等地，粘土呈层状或透镜状产于中新统南庄组白砂岩中。

（9）膨润土

台湾省有膨润土矿产地 3 处，其中小型矿床 1 处（樟原），矿点 2 处，分布于海岸山脉、台北市及澎湖列岛。膨润土的矿床类型分为机械沉积风化型膨润土矿床和陆相火山岩型（热液蚀变水解型）膨润土矿床 2 种。

樟原膨润土已开采多年，尚在采掘中，多用作吸附剂等；关渡漂白粘土供给台湾省“中国石油公司”精炼石油之用，已停产；澎湖列岛漂白粘土没有大量开采，被当地人们用作水的吸附剂，去除衣服的油渍，已停产。

陆相火山岩型（火山热液交代矿床）：位于台东县樟原之西，产于中新统都峦山组，安山集块岩受地下热液蚀变作用和风化作用转变为粘土，多沿断裂带及岩石界面发生。矿物以高铝蒙脱石为主，部分含钠质蒙脱石，常夹杂有硫化铁和石膏之碎块，相对密度 2.621。樟原粘土矿具有相当的吸附性，可作漂白剂，储量为 320×10^4 t。

风化型矿床：由凝灰岩及玄武岩经机械和化学风化作用而成高岭石质粘土。

（10）其他粘土（水泥用粘土）

台湾省符合标准的水泥用粘土的矿产地有 4 处，其中小型矿床 3 处，矿点 1 处，主要分布于台北关渡、石门、阿里磅及车埕等地。台湾省的水泥用粘土系指化学性质和物理性质与火山灰较为接近的大屯火山群安山质火山角砾凝灰岩风化所成的粘土。火山灰本身并不具有胶结性质，但当火山灰和水在常温下混合时，能发生化学作用而生成胶结化合物。储量合计为 520.98×10^4 t。

（11）蛇纹岩

台湾省蛇纹岩矿产地有 4 处，其中小型矿床 1 处、矿点 3 处；另有与闪玉、滑石共生小型矿床 1 处（花莲丰田）。台湾省蛇纹岩主要分布于台湾省东部的花莲、台东和宜兰县，矿体主要产于前古近纪大南澳中，它是由橄榄岩、辉长岩等基性、超基性岩经变质——蛇纹石化而成，均属蛇绿岩-变质型矿床。

丰田蛇纹岩与闪玉、滑石、石棉共生，是台湾省的重要产地。蛇纹岩多用于制造磷肥及质优的耐火砖，此外蛇纹岩碎石也可作为磨石子，用于生产水泥花砖。台湾省蛇纹岩蕴藏较丰，尚未大量开采。

据不完全统计，近几年来，台湾省蛇纹岩探明储量为 6033.3×10^4 t，可采储量 2050.4×10^4 t。

（12）安山岩、玄武岩（建筑石料）

安山岩（建筑石料）矿产地共计 3 处，均为小型矿床，主要集中分布在北部的基隆山、大屯山、观音山等地。矿床类型为陆相火山岩型矿床。

玄武岩（建筑石料）仅有澎湖列岛小型矿床 1 处。澎湖列岛除花屿外，其他 63 个岛屿都由玄武岩构成。玄武岩以橄榄玄武岩和辉石玄武岩为主，根据玄武岩的产状，可分为亚多孔质玄武岩、多孔质玄武岩、柱状及板状玄武岩、粗粒玄武岩等 4 种不同的岩石结构。

澎湖列岛可供利用的柱状与板状玄武岩，品质良好，且储藏量丰富，适宜规模开采。其他亚多孔质玄武岩、多孔质玄武岩和粗粒玄武岩，由于品质不佳，且储量小，经济效益较低，不宜开采、利用。

3. 宝玉石类

台湾省宝玉石类非金属矿产有软玉（又称闪石，俗称台湾玉）、文石、石英质玉石（含玉髓、玛瑙、木变石）、石榴子石、蔷薇辉石、珊瑚、碧玉等，其中有软玉、琥珀、文石和玉髓，琥珀与闪玉共伴生，形成矿床的只有花莲丰田与滑石、石棉和琥珀共生的软玉小型矿床 1 处，文石只有 1 处矿点。

（1）软玉

台湾省的玉石资源至今仅发现丰田软玉小型矿床 1 处。台湾省产的软玉，又称为闪玉，俗称“台湾玉”，产于中央山脉东侧花莲县寿丰乡的丰田和西林一带。据有关资料，台湾地区玉石开采、加工与销售的从业人员超过 14 万，玉石加工厂超过 600 家。矿区出露前古近纪大南澳玉里组石墨片岩和石英云母片岩，矿体与该地层中的蛇纹岩体密切相关，以叶蛇纹石矿物组成的蛇纹岩与软玉关系密切。一般情况下，若有软玉矿化，自上而下顺序的岩石系列多呈蛇纹岩、软玉、透辉石岩、绿帘岩及石墨片岩产出。绿帘岩始终与软玉相伴生，而绿帘岩和透辉石岩越发育时，软玉的质量越佳。

软玉矿体发育受地质构造控制，北西西向向斜褶皱的轴部与蛇纹岩上盘交接处有利于矿体发育；北西向断裂与蛇纹岩下盘交接处也有利于矿体发育。台湾省产的软玉分为普通玉、羊脂玉和猫眼玉 3 种，它们的化学成分相近，但组成的矿物结晶排列方式不同。丰田地区软玉之成因为基性火成岩经区域变质作用形成，应属变成型矿床。

软玉矿床储量参考以往探巷和钻孔资料汇总，估算获得丰田地区的总矿量为 611100 t，若以 60%

可采率估算，预计可采矿量为 366660 t。

（2）文石（霰石）

仅有矿点 1 处。文石产于澎湖列岛的望安岛，澎湖列岛玄武岩气孔发育，文石以玄武岩为母岩，沿岩石裂隙、节理面形成细脉，或充填于杏仁状、多孔状玄武岩的空穴和晶簇中，产状极不规则。文石因矿脉细小不整齐，故采掘困难。

文石具多种颜色，有纯白、黄色、天蓝、淡褐、红色、淡紫等色，数色混合均匀分布在岩石中，多为典型杂色，带有不同色调的斑点和条纹。岩石构造为块状、带状和鲕状，经磨光后通常显示出美丽的同心状、联珠状、彩云状，斑纹极富花样，多呈透明至半透明，浓淡不一，显示出绚烂绮丽之本质，可作为工艺品或装饰品。

文石开采利用已有百余年历史，由于其产状特殊，前人以对文石本身矿物的研究为主。1975～1977 年，台湾省矿务局对其矿床、开采和加工方面进行了调查，预计储量在 3000 t 左右。

五、矿产资源潜力分析

根据《中国成矿区带划分方案》（徐志刚等，2008）和福建省地质调查研究院2013年完成的台湾省矿产资源潜力评价工作成果，台湾省属滨太平洋成矿域（Ⅰ-4）、华南成矿省（Ⅱ-16），在此基础上，划出Ⅲ级成矿带1个（图5-1），Ⅳ级成矿亚带3个，Ⅴ级成矿远景区7个。

（一）Ⅲ-79-①成矿亚带

Ⅲ-79-①成矿亚带为台西前陆区喜马拉雅期Au-Cu-S-石油-天然气-煤-灰岩成矿亚带（Ⅳ-1），主要分布于台湾中部的中央山脉西侧，雪山山脉、玉山山脉、阿里山山脉及西部山麓丘陵地带，呈北北东向延伸。本带属台西前陆逆推带和台澎拗陷带，其中台西前陆逆推带为浅海-半深海相碎屑沉积建造，台澎拗陷带为基性火山建造、碎屑沉积建造等。

主要矿产种类以金属矿产的金、铜为主，集中分布在台湾北部基隆更新世火山岩区，属陆相火山岩型矿床，已知有金瓜石大型金铜矿床，其伴生银产量已超中型规模。其他能源矿产及非金属矿产等亦较丰富，主要有天然气、石油、烟煤、灰岩、独居石及锆石等。本亚带中主要形成与喜马拉雅期运动相关的一系列矿产，种类较多且分布较广。主要有西部沿海的石油-天然气-灰岩，滨海地带的独居石、锆石等砂矿床，北部更新世火山岩区的铜金硫矿床等。

矿产的预测类型较多，其中以金瓜石式陆相火山岩型铜金矿、汐止的沉积型煤炭等为代表。该区内划分出Ⅴ级矿集区4处。

1. 台湾北部Au-Cu-S矿集区（Ⅴ-1）

台湾北部Au-Cu-S矿集区（Ⅴ-1）位于台湾北部台北、基隆一带，为琉球岛弧系成矿带西延的一部分，范围包括大屯火山群、基隆火山群及基隆屿、龟山岛等，往东范围未圈闭。主要是更新世形成的以石英安山岩类为主的火山岩、熔岩及碎屑岩。火山作用生成工业矿化主要有金、铜、硫磺、硫铁矿，此外还有高温地热、耐火粘土、明矾石等，是一个重要的金、铜、硫磺等矿产的成矿区，属陆相火山岩型矿床，已知有金瓜石大型金铜矿床。

2. 台西北石油-天然气-煤-灰岩矿集区（Ⅴ-2）

台西北石油-天然气-煤-灰岩矿集区（Ⅴ-2）分布在台西构造盆地东北部台北、桃园、苗栗一带，沿台湾西北部沿中央山脉及其西侧一带狭长状分布，由新近系中新统木山组—大寮组、石底组—南港组、南庄组3个沉积旋回形成的含矿地层组成，各沉积旋回下部均含多层煤、石英砂岩、粘土等，属海陆交互相沉积环境。主要矿产以西部沿海的石油-天然气及东侧的煤-灰岩等为主，分布有众多的矿床，如汐止煤矿。

3. 台西南石油-天然气矿集区（Ⅴ-3）

台西南石油-天然气矿集区（Ⅴ-3）可分成台西、台西南盆地两个石油、天然气成矿区，因此台湾西南部多为沿海石油-天然气的主要产区。

台西盆地石油、天然气成矿区：位于台湾省西部及海域，东以屈尺-潮州断层为界，南至澎湖-

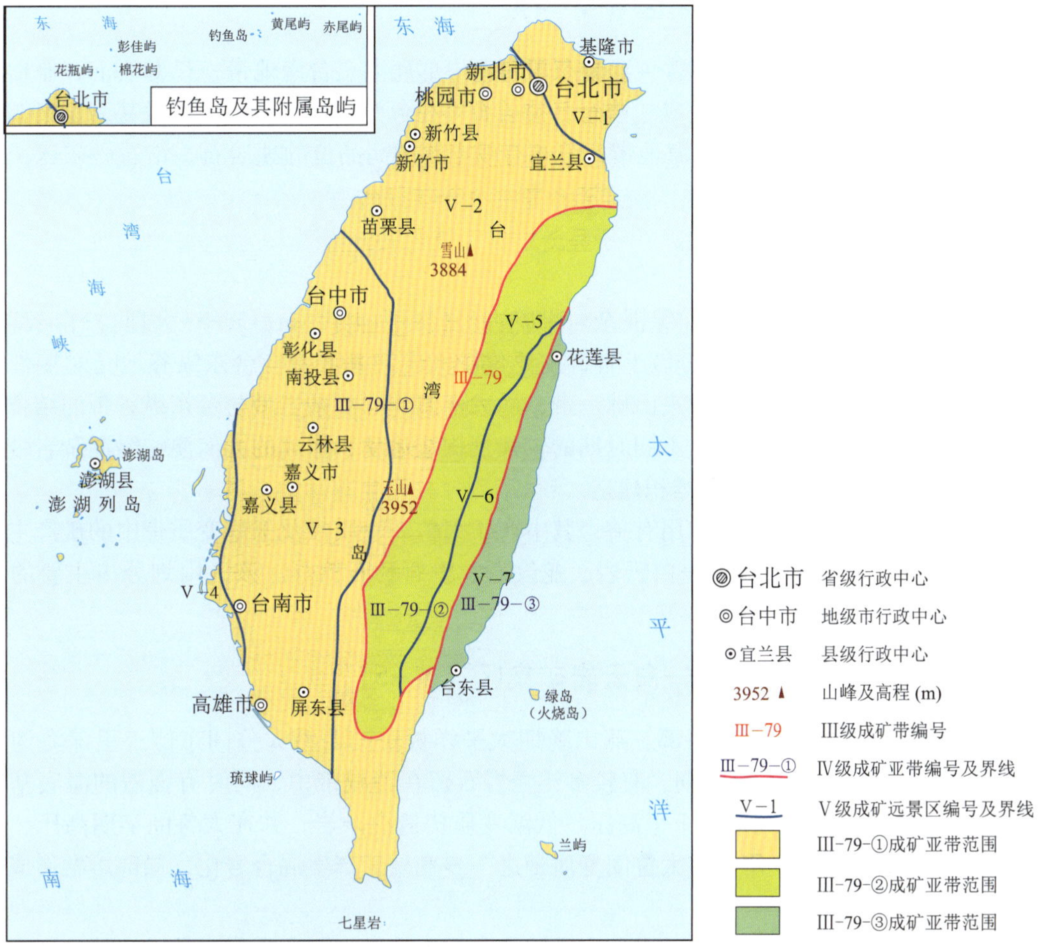

III级	IV级	成矿远景区(V级)
台湾Au-Cu-Fe-S-石灰岩-大理岩-滑石-煤-石油-天然气成矿带(III-79)	台西前陆区Au-Cu-Fe-S-石油-天然气-煤-灰岩等成矿亚带(III-79-①)	台湾北部Au-Cu-S成矿远景区(V-1)
		台西北石油-天然气-煤-灰岩成矿远景区(V-2)
		台西南石油-天然气成矿远景区(V-3)
		台西滨海独居石-锆石成矿远景区(V-4)
	大南澳蛇绿混杂岩带Au-Cu-S-大理岩-白云岩-蛇纹岩-滑石成矿亚带(III-79-②)	太鲁阁Au-Cu-S-大理岩-白云岩成矿远景区(V-5)
		玉里蛇纹岩-滑石-石棉-软玉成矿远景区(V-6)
	台东火山弧Cu-Au成矿亚带(III-79-③)	台东火山弧Cu-Au成矿远景区(V-7)

图 5-1 台湾省成矿区带划分略图

北港隆起和台西南盆地相隔，北达观音隆起与南澎佳屿盆地相邻。发育有成熟的白垩系、古新统、始新统、中新统—上新统 3 套油气源岩，油源丰富，盖层厚度大。

台西南盆地石油、天然气成矿区：位于澎湖-北港隆起南侧、南海北部，发育下部中新统、渐新统、白垩系、侏罗系 4 套良好生油气层，有多层封闭作用的区域性盖层，多种类型的理想封闭。其中致昌（CFC）、建丰（CGF）、致胜（CFS）钻探证实为富集高产油气田。本区已确定有 2 套不同性质成油组合，一套为“新生古储”成油组合，另一套为“自生自储”成油组合，这 2 套成油组合是本区寻找大、中型油气田的主要对象。

4. 台西滨海独居石-锆石矿集区（V-4）

台西滨海独居石-锆石矿集区（V-4）分布于台西中部鹿港至台南地带，长120 km，雁形沙嘴发育，海岸由台地、平原2条地貌带组成。锆石、独居石等在台西中部滨岸沙嘴地段甚为富集，富积层宽20~100 m以上，因此台湾西部滨海地带，分布有较丰富的高品位的独居石、锆石砂矿床，具有较好的远景。

（二）Ⅲ-79-②成矿亚带

Ⅲ-79-②成矿亚区带为大南澳蛇绿混杂岩带晚古生代—中生代Au-Cu-S-大理岩-白云岩-蛇纹石-滑石成矿亚带（Ⅳ-2），从构造分区上看，主要位于大南澳基底带、台东纵谷地壳对接带的两个Ⅳ级构造分区。本区主体位于台湾中央山脉一带，属大南澳蛇绿混杂岩带与台东纵谷带的结合带，其经历了中生代晚期至上新世—更新世不同时期的较强烈构造运动，形成的大南澳蛇绿混杂岩带为前燕山期海相火山-沉积建造与蛇绿混杂堆积建造。

本区形成的矿产种类多与变质作用有关，其中产于太鲁阁变质带及玉里变质带中的矿产主要有铜山式火山沉积-变质型铜矿、大理岩-白云岩、蛇纹石、滑石及石棉等。该区内划分出主要的V级成矿单元2处。

1. 太鲁阁Au-Cu-S-大理岩-白云岩矿集区（V-5）

本区位于大南澳蛇绿混杂岩带西部。燕山晚期太平洋板块向西沿太鲁阁东侧玉里深海沟俯冲消减，时间主要在70~80 Ma。在该时期，有较多洋壳岩石留在消减带中，同时有强烈的海底基性火山喷发活动，板块发生俯冲-碰撞形成玉里高压、低温变质构造混杂岩，并在太鲁阁早期高压、低温变质带上叠加高温、低压变质作用，使太鲁阁变质带进一步变质，产生混合岩化，局部熔融形成花岗伟晶岩。

除华力西海相沉积的石灰岩、白云岩及火山沉积含铜硫铁矿经过变质形成的矿床外，还有变质的外来洋壳岩块（蛇绿岩），燕山晚期混合岩化成因的白云母花岗岩伟晶岩脉（已知159条）等。发育于本带的水系，一般或多或少分布有砂金。已知立雾溪-花莲港长16 km，分布砂金矿带，品位0.45~0.7 g/m^3，这预示本区是今后找金较有远景的地带。本区主要矿产有金、铜及大理岩-白云岩等，如宜兰铜山铜矿床。

2. 玉里蛇纹石-滑石-石棉-软玉矿集区（V-6）

本区范围和玉里混杂岩带出露地带相一致，南北长150 km，最宽15 km，平均7~8 km。位于大南澳蛇绿混杂岩带东部，玉里混杂岩带形成的矿产有蛇纹岩-滑石-石棉-软玉等。

本区有较多由蛇绿岩变质成的蛇纹岩体，以及与蛇纹岩伴生具工业价值的石棉、滑石、软玉等矿产。

（三）Ⅲ-79-③成矿亚带

Ⅲ-79-③成矿亚区带为台东火山弧Cu-Au成矿亚带（Ⅳ-3）。台东弧盆系东邻太平洋，西以台东纵谷为界，长约135km，呈北北东向狭长带状展布。是台湾省最为活跃的地带，有强烈的构造活动及地震活动。它代表菲律宾海板块前缘的新近纪岛弧，是吕宋弧的北延部分。

带内仅划分出1处V级成矿单元（即V级与Ⅳ级相同）。

台东火山弧Cu-Au矿集区（V-7）

系吕宋岛弧系斑岩铜（金）矿带北延部分，也是东亚斑岩成矿带北延的终点。范围包括海岸山脉、绿岛、兰岛等，南延未圈闭。矿区以斑岩型铜矿床为主，普遍含金。

本区为中新世至上新世以安山岩类为主火山岩及次火山岩（闪长岩），有多次侵入、喷发活动，斑岩铜（金）矿化主要与闪长岩、次安山岩有时空成因关系。区内地质条件有利于生成斑岩铜（金）矿床。本区南延入菲律宾岛弧，在消减带附近已发现有斑岩铜矿床（点）50 多个，与中新世—上新世（以中新世为主）闪长岩有关（6.7~20 Ma），平均含 Cu 0.3%~0.64%，Au 0.93~0.2 g/t。因此，本区为斑岩铜矿成矿较有远景地带。此外，本区亦是寻找多金属、蛇纹岩等矿产的有利地带。

本成矿亚带内相关的矿产主要是与奇美火成杂岩体相关的奇美式斑岩型铜矿，主要矿产有铜、金等。代表性矿床有花莲的奇美、台东都峦山铜矿床。另外，还产膨润土、石灰岩等相关非金属矿产。

在台东火山弧 Cu-Au 矿集区（Ⅴ-7）中包含有 3 个铜金综合成矿远景区，分别是花莲丰滨-奇美、台东都峦山及台东兰屿铜金综合成矿远景区。

结　语

《中华人民共和国台湾省矿产地质图》（1∶500 000）的编制，是在充分利用和综合总结现阶段各类最新地质、矿产信息资料，建立“台湾省区域地质与区域矿产信息数据库”的基础上，按编图方案的统一要求，利用计算机在MapGIS平台完成图件编制。本图具有各类地质及矿产信息齐全、资料新颖、综合程度较高的特点，应用地理信息系统与地矿信息数字化属性输入、矢量化与编辑，大大提高了图件的质量水平，是一份能反映台湾省当代地质和区域矿产特征，并具有多功能用途的最新综合性地质图件。

《中华人民共和国台湾省矿产地质图》（1∶500 000）说明书的基本内容，旨在说明编图指导思想、原则，阐明编图所使用的各类要素及基本含义、参数选取与划分准则和标示方法等相关专业内容与技术性指标采用的依据以及编图应用与操作的情况，以说明编图内容与方法的规范性、科学性和相关资料利用程度与合理性，反映了本次编图的精度、质量与图件的性质和所具备的功能。

说明书以《中国区域地质志・台湾志》和《中国矿产地质志・台湾卷》相关内容为依据，主要针对本图所展示的区域地质和区域矿产基本情况作简要介绍，主要为单独使用图件时，可以较为便捷地了解区域矿产的一般性特征提供便利。

以附录编入的矿产地基本信息一览表，系统集成并适当补充了图上各矿产地其他重要基本信息，可起到辅助读图的作用。同时亦为详细查询提供引导。

本图的编制，希望对台湾省的矿产地质研究和勘查起到促进作用。由于经验不足，图件可能存在疏漏和不足之处，恳请批评指正，以求不断改进提高。

主要参考文献及资料

福建省地质调查研究院. 2020. 中国区域地质志·台湾志. 北京：地质出版社.

福建省地质矿产局. 1992. 台湾省区域地质志. 北京：地质出版社.

福建省地质矿产局. 1994. 台湾省区域矿产. 福州：福建科学技术出版社.

福建省地质矿产局. 1996. 台湾省岩石地层. 武汉：中国地质大学出版社.

台湾工业技术研究院矿业研究所. 1983. 台湾之矿产资源开发概况. 矿业研究所第194号报告.

陈其瑞. 1996. 台湾的大理岩. 台湾地质之八. 台北：台湾“中央地质调查所”.

陈维民，杨昭勇. 1985. 花莲铜门地区大南澳片岩之地质构造. 地质，6(2)：1~20.

陈文山. 2016. 台湾地质概论. 台北：台湾省地质学会.

陈逸侦. 2014. 台湾蓝玉髓-宝丰祥宝石采矿场. 台湾矿业，66(4)：1~4.

陈于高. 1993. 晚更新世以来南台湾地区海水面变化与新构造运动研究. 台湾大学地质学研究所博士论文.

陈肇夏. 1979. 台湾软玉的化学式及生成环境. 地质，2：57~68.

陈贞光，周国栋，廖沧龙，等. 2017. 台湾矿冶工作之进展(上). 矿冶，61(2)：91~107.

陈正宏. 1990. 台湾之火成岩. 台北：台湾“中央地质调查所”.

饭冢保五郎. 1928. 台湾油田地质概查报告——第六区油田. “日本海军省”编.

方建能，余炳盛. 1995. 金瓜石-九份金铜矿床导览. 台湾省博物馆.

高天钧. 1999. 福建紫金山铜金矿床类型与环太平洋浅成低温矿床的比较. 福建地质，18(4).

高振敏，于又华. 1999. 台湾中央山脉的金矿. 黄金科学技术，7(1).

苟澎生，张徽正，陈福将. 1985. 台湾地区陆上砂石资源调查与研究报告(第三卷). 台北：台湾“中央地质调查所”.

关明义，吴瑞智. 1986. 台湾西部油气潜能. 台湾石油地质. 22：201~206.

国音. 1988. 近年来台湾陆上油气探勘成果. 石油通讯，437：9~10.

宫守业. 1982. 恒春石灰岩沉积环境之研究. 台湾大学地质研究所硕士论文

宫守业，王士伟. 2007. 台湾及离岛第四纪碳酸盐沉积学的回顾与前瞻. “经济部中央地质调查所”特刊，18：143~164

何春荪，李锦南. 1963. 台湾经济矿物(英文). 台北：台湾“经济部”.

何春荪. 1959. 台湾之煤矿资源. 台北：台湾省地质调查所.

何春荪. 1983. 台湾基隆沿海区至桃园县大溪间煤田地质及构造. “经济部中央地质调查所”汇刊，2：17~70.

何春荪. 1986. 台湾地质概论. 台湾地质图说明书. 台北：台湾“经济部”.

黄奇瑜，闫义，赵泉鸿，等. 2012. 台湾新生代层序：反映南海张裂，层序和古海洋变化机制. 科学通报，57(20)：1842~1862.

纪立民. 1989. 高雄寿山南部石灰岩之沉积学研究. 中山大学海洋地质研究所硕士论文.

金庆焕，高天钧，等. 1993. 台湾海峡中、新生代地质构造及油气地质. 福州：福建科学技术出版社.

赖克富，刘英毓，谢嘉荣. 2006. 台湾的煤矿. 台北：远足文化事业股份有限公司.

李宝银. 1997. 台湾非金属矿产的开发利用及需求. 非金属矿，(4).

李正鸿. 2017a. 过去一年(2016)来年台湾矿业回顾. 台湾矿业，69(2)：41~51.

李正鸿. 2017b. 2016年台湾矿物进出口贸易概况. 台湾矿业，69(4)：29~40.

林朝棨. 1963. 台湾的第四纪. 台湾文献，14(1)：1~53.

林朝棨，邱岳，吕学俊，等. 1957. 澎湖群岛之地质矿产. 台湾矿业，9(3，4)：26~38.

林朝棨，周瑞燉. 1984. 台湾地质(第二版). 台湾省文献委员会.

林鸿标. 1956. 台湾之独居石、砂铁、锆石与钛铁矿. 台湾银行季刊，8(3)：55~60.

林嵩山. 1999. 台湾软玉(闪玉)的种属及特征. 宝石和宝石学杂志，(3).

刘家军. 1997. 台湾金瓜石金-铜矿床. 冶金地质动态，(4).

刘家华，徐庆云. 1988. 台湾西南平原之油气探勘. 石油季刊，24(4)：84~90.

刘宪德，苟澎生，赖典章. 1986. 台湾地区陆上砂石资源调查与研究报告(第四卷). 台北：台湾“中央地质调查所”.

刘昭民. 1990. 台湾之矿产概况. 中国地质，(1).

刘昭民. 1992. 台湾的地热资源. 中国地质，5：25~28.

吕海星. 1956. 台湾之大理石及石灰岩矿. 台湾银行季刊，8(3)：77~88.

吕学俊. 1984. 台湾之玻璃砂矿床. 地质，5(1，2合刊)：11~34.

罗焕记，陈文山，宋圣荣. 1993. 1：5万成功、东河幅地质图说明书. 台北：台湾“中央地质调查所”.

罗伟，刘佳玫，杨昭男，等. 2009. 1：5万新城幅地质图说明书. 台北：台湾“中央地质调查所”.

鸟居敬造. 1932. 台南州新化油田调查报告. 台湾“总督府殖产局”.

鸟居敬造，吉田要. 1931. 新竹州苗栗及竹东油田调查报告. 台湾“总督府殖产局”.

潘玉生，等. 1971. 台湾石油及天然气之勘探与开发.
邵屏华. 2007. 北部地区第四纪地质调查—谈北部第四纪地层整合与地体演化. 地质环境与资源研讨会论文集，71～78.
沈姿岑. 2007. 林口台地锆石核飞踪定年. 台北：台湾大学.
沈姿岑. 2007. 林口台地锆石核飞迹定年. 台湾大学地质科学研究所硕士论文.
市川雄一. 1929. 台湾炭田之层序. 地质学杂志，36(429)：289～291.
舒良树. 2012. 华南构造演化基本特征. 地质通报，31(7)：1035～1053.
宋国城. 1998. 1：5 万恒春半岛地质图说明书(第二版). 台北：台湾“中央地质调查所”
谭立平，等. 1988. 台湾之玻璃砂矿床. 明日世界，(159)：7～10.
谭立平，陶正章. 1994. 台湾金瓜石金-铜矿床. 地质地球化学，(1).
谭立平，王执明，陈其瑞，等. 1978. 台湾花莲丰田软玉矿床之矿物研究. “台湾行政院国家科学委员会”专刊. 共 81 页.
谭立平，魏稽生. 1997. 台湾金属经济矿物. 台北：台湾“中央地质调查所”.
谭立平，魏稽生. 1999. 台湾非金属经济矿物. 台北：台湾“中央地质调查所”.
谭立平，魏稽生. 2000. 台湾能源矿产及地下水资源. 台北：台湾“中央地质调查所”.
唐羽. 1985. 台湾采金七百年.
陶奎元. 1997. 台湾金瓜石金(铜)矿床及其与福建紫金山铜(金)矿床的比较——赴台考察报告之一. 火山地质与矿产，18(4).
汪维恭. 1994. 台湾省石灰石资源. 建材地质，73(3).
王登红，陈毓川，徐珏，等. 2005. 中国新生代成矿作用. 北京：地质出版社.
王执明. 1991. 太鲁阁峡谷之变质岩. 太鲁阁“国家公园管理处”.
吴万全. 1987. 煤中硫之初步研究. 台湾矿业，39(1，2).
徐镇恶，林浚泉. 1956. 台湾之硫磺矿. 台湾银行季刊，8(3)：40～54.
徐志刚，陈毓川，王登红，等. 2008. 中国成矿区带划分方案. 北京：地质出版社.
薛毅，薛世孝. 1992. 台湾煤矿发展史略. 焦作矿业学院学报，(1).
余炳生，白冶. 1995. 台湾金瓜石地区含金角砾岩筒的构造特征. 国外矿床地质，(4).
张宝堂. 1979. 台湾地热征兆分布之特征. 能源季刊，9(4)：75～85.
张宝堂，李春生. 1984. 台湾变质岩区地热产状之地质控制因素. 工业技术，116：28～43.
张徽正，苟澎生，江崇荣. 1984. 台湾地区陆上砂石资源调查与研究报告(第二卷). 台北：台湾“中央地质调查所”.
张徽正，赖典章，等. 1982. 台湾地区陆上砂石资源调查与研究报告(第一卷). 台北：台湾“中央地质调查所”.
张家慕. 1956. 台湾之滑石矿. 台湾银行季刊，8(3)：95～98.
张石角. 1963. 台湾工业用非金属矿物资源. 台湾文献，14(4)：135～190.
张逸侦. 1990. 台湾砂石资源之分布与供需. 台湾矿业，42(4)：47～58.
章少华. 1999. 台湾非金属矿产资源及开发利用简介. 中国非金属矿工业导刊，(4).
张新昌，闫义，黄奇瑜. 等. 2014. 台湾南部恒春半岛垦丁混杂岩的成因及其构造意义. 大地构造与成矿学，38(2)：441～453
钟广吉. 1989. 高雄地区的石灰岩洞与钟乳石. 地质，9(2)：249～274.
周次雄. 1990. 台湾西部油气潜能之再评估. 矿冶，34(2)：8～100.
Bojo T，Otsu H，Honma I，et al. 1967. Report on the exploration of Chinkuashih area. MRSO Report，68：65.
Chang Y H. 1981. Mineralogy study of barite and alunite from Chinkuashih gold-copper deposits. “Taiwan Univeristy”，Dept of Geology，Masters.
Chen C C. 1986. Copper and gold mineralizations in the Chinkuashih area，northern Taiwan. “Proc Geol Soc China”，29：63～71.
Chen C H，Tan L P，Lin S B. 1985. Scorodite from Chinkuashih. Acta Geologica Taiwanica，23：149～151.
Chen C H，Tan L P，Tien R L，et al. 1993. Fission track age dating of igneous rocks and silicified sandstones from the Chilung volcano group，northern Taiwan：implication of mineralization events of the Chinkuashih gold-copper deposits. “Jour Geol Soc China”，36(2)：157～174.
Chen C H，Wu Y J. 1971. Volcanic geology of the Tatun geothermal area，northern Taiwan. “Proc Geol Soc China”，14：5～20.
Chen C S. 1993. Application od CSAMT method for gold-copper deposits，Chinkuashih area，northern Taiwan. Terrestrial Atmospheric and Oceanic Sciences，4(4)：339～350.
Chen J C，Huh C A. 1982. Geochemistry of dacites from Chinkuashih area，northeastern Taiwan. “Proc Geol Soc China”，25：67～81.
Chen K. 1974. Recent status and future development of copper leaching in Chinkuashih mine of Taiwan. Mining and Metallurgy，18(3)：14～20.
Chen K. 1978. Gold and copper mining industry of Taiwan. Taiwan Mining Industry，30(4)：313～318.
Chen W F. 1962. Study on the characteristics of the ore shoots in the Chinkuashih deposits. Gold-copper Monthly，125：2～7.
Chu J B. 1975a. Breccia pipes and the spatially related fault in the Tortoise section of the Chinkuashih district，Taiwan(1). Mining Technology，13(11)：473～483.
Chu J B. 1975b. Breccia pipes and the spatially related fault in the Tortoise section of the Chinkuashih district，Taiwan(2). Mining Technology，13(12)：522～530.
Fang J N. 1992. Geochemical exploration in the vicinity of the Chinkuashih gold-copper deposits. “Taiwan University”，Master thesis.

Folinsbee R E, Kieklan K, Nekolaichuk A, et al. 1972. Chinkuashih–a gold–pyrite–enargite–barite hydrothermal deposits in Taiwan. Geol Soc America, memoir 135: 323~335.

Hang C K. 1965. Further notes on the mineralogy of the Chinkuashih gold–copper deposits, Taiwan. Acta Geologica Taiwanica, 11: 31~42.

Ho C S. 1973. Chief metal deposits of Taiwan. Mining and Metallurgy, 17(1): 78~81.

Ho C S, Lee C N. 1963. Economic Minerals of Taiwan. Geol Surv Taiwan, 495.

Ho C S, Tsan S F, Tan L P. 1956. Geology and coal deposit of the Chichitashan area, Nantou, Taiwan. Bull. Geol. Surv. Taiwan, 9: 1~80.

Huang C K. 1964. Mineralogy of the Tsaoshan deposits of the Chinkuashih mine. Taiwan. "Proc Geol Soc China", 7: 31~39.

Huang C K. 1972a. Characteristic features of the gold–copper deposits of the Chinkuashih area, and prospect of copper production in Taiwan. Presidential address at the 14th annual general meeting of Geol Soc China, "Proc Geol Soc China", 15: 5~6.

Huang C K. 1972b. Crystal forms of native gold and luzonite from the Chinkuashih mine, Taiwan. Acta Geologica Taiwanica, 15: 102~104.

Huang C K. 1973. Minor gangue minerals of the Chinkuashih gold–copper deposits, Taiwan. Acta Geologica Taiwanica, 16: 31~38.

Huang C K. 1974. Antimony contents of enargite and luzonite. famatinite from the Chinkuashih mine. Taiwan. Acta Geologica Taiwania, 17: 1~5.

Huang C K. 1995. Gold–copper deposits of the Chinkuashih mine, Taiwan, with special reference to the minealtogy. Acta Geol Taiwanica, 7 (1): 20.

Huang C K, Chang Y H. 1982. Barite and alunite from the Chinkuashih gold–copper deposits, Taiwan. Acta Geologica Taiwanica, 21: 1~13.

Huang C K, Chou S A. 1975. Parageneses of enargite and luzonite famatinite in the Chinkuashih gold–copper deposits, Taiwan. Acta Geologica Taiwanica, 18: 26~35.

Huang C K, Tsai H L. 1984. Chemical variations of enargite and luzonite–famatinite from the Chinkuashih gold–copper deposits, Taiwan. Acta Geol Taiwanica, 22: 118~130.

Huang T. 1961. Smaller forminifera from the beach sands at Tanmenkang, Pachotao, Penghu. "Proc Geol Soc. China", 4: 83~90.

Hwang J Y, Meyer H O A. 1982. The mineral chemistry and genesis of the Chinkuashih ore deposits, Taiwan. "Proc Geol Soc China", 25: 88~101.

Hwang J Y, Meyer H O A. 1983. Dacite–andesite of the Chinkuashih region, northern Taiwan. "Mem Geol Soc China", 5: 67~84.

Hwang W Y. 1969. The study of clay minerals in hydrothermal alteration zones of Chinkuashih, Chiufen and Yang–ming–shan. Report of Cultural Foundation of Cha–hsia Cement Coop, 175: 39.

Juan V C, Wang Y, Sun S S. 1958. Hydrothermal alteration of dacite at the Chinkuashih mine, Taipeihsien, Taiwan. "Proc Geol Soc China", 2: 73~92.

Juang W S, Bellon H. 1984. The potassium–argon dating of andesites from Taiwan. Proceedings of the "Geological Society of China", 27: 86 ~100.

Lan C Y, Chen C H, Chuang S L, et al. 1996a. The crustal evolution of continental Taiwan. J Geol Soc China, 39: 337~353.

Lan C Y, Jahn B M, Mertzman S A, et al. 1996b. Subduction–related granitic rocks of Taiwan. J SE Asian Earth Sci, 14, 11~28.

Lin T C. 1970. The beneficiation of Taiwan copper ores. Mining and Metallugry, 14(4): 48~58.

Lin T C. 1973a. Two–year leaching operation in Chinkuashih. Mining Technology, 11(10): 2~9.

Lin T C. 1973b. The beginning of leaching operation in Chinkuashih copper mine. Mining and Metallurgy, 17(2): 41~46.

Liu C H. 1993. A study of vitrinite in the Third Changjen gold vein, Chinkuashih District. "Taiwan University", Master thesis.

Liu H I. 1980. Recent status and future development of gold–copper mine at Chinkuashih. Taiwan Mining Industry, 32(2): 35~42.

Lung T N. 1974. Study of biological extraction of copper from Chinkuashih and Chimei ores. Mining and Metallurgy, 18(3): 34~45.

Lung T S, et al. 1975. Studies of the application of bacterical leaching in the Chinkuashih mine. MRSO Report, 152: 81.

Ni C M. 1983. Relationships between geochemistry and gold–copper mineralizations in Chinkuashih area. "Taiwan University", Dept of Geology, Masters.

Pellertier B, Stephan J F. 1986. Middle Miocene obduction and late Miocene beginning of collision registered in the Hengchun Peninsula: Geodynamic implications for the evolution of Taiwan. Tectonophysics, 125: 133~160

Rosenzweig A. 1975a. Epitaxial overgrowths of luzonite on enargite from the Chinkuashih mine, Taiwan. Acta Geologica Taiwanica, 18: 9~13.

Rosenzweig A. 1975b. Zonal composition of luzonite–famatinite and enargite from Chinkuashih mine, Taiwan. "Proc Geol Soc China", 18: 128~130.

Sun L C, Tsai L L Y. 1991. A historical brief about the origin of the Yin–Yang Sea at Chinkuashih–Shuinantung area, northern Taiwan. The Third Taiwan Symposium on Geophysics, Taiwan, 475~495.

Sun S C. 1970. Photogeologic study of the Tainan–Hsinying coastal plain, Taiwan. Petrol Geol Taiwan, 7: 133~144.

Tan L P. 1969. Geochemical exploration of the Chinkuashih and thirteen government–own copper deposits. Chung–Cheng Science and Technology Foundations Report, 2: 148.

Tan L P. 1987. Potentials of the Chinkuashih gold deposits. Mining and Metallurgy, 31(4): 38~46.

Tan L P. 1988. Gold deposits of Taiwan. Energy, Resources and Environment, Quarterly, 1(2): 25~32.

Tan L P. 1991a. Relation of the mercury in soils to the gold-copper deposits in Chinkuashih Taiwan. "Science Council" report NSC-79-0202-M002-28, 39.

Tan L P. 1991b. The Chinkuashih gold-copper deposits, Taiwan. Soc Econ Geo Newsletter, 7: 1~4.

Tan L P. 1994. Horizontal and vertical zonations of the main veins, Chinkuashih. "National Science Council" Report, NSC-82-0202-M002-160, 57.

Tan L P, Chen C H, Wang Y, et al. 1989. Relation of coal metamorphism to gold-copper mineralization in the Chinkuashih district. A report submitted to the " Science Council", NSC-78-0202-M002-02, 40.

Tan L P, Chen C H, Yen H W, et al. 1991. Tectonic and Geochemical characteristics of Pleistocene gold deposits in Taiwan. In John Cand Mervyn, J(ed.)Neotectonics and Resources. London: Belhaven Press, 290~305.

Tan L P, Chen C H, Yu B S. 1993a. Native gold of Taiwan. Special Publication of the Central Geology Survey, 7: 79~99.

Tan L P, Fang J N, Yu B S. 1993b. Geochemical exploration of the Shihsun-Pinglin area, Taipei Hsien. Mining & Metallurgy, 37(1): 69~77.

Tan L P, Ho C O. 1972. Copper contents of the soils of the Chinkuashih gold-copper district, Taiwan. Acta Geologica Taiwanica, 15: 141~145.

Tan L P, Huang K L, Yu B S, et al. 1986. Gold deposits of Taiwan. Evolution, 8: 23~30.

Tan L P, Kirwin D J. 1988. Gold-copper mineralization at Chinkuashih, north east Taiwan, bicentennial Gold 88. Geol Soc Australia, Abstracts Series, 23: 389~390.

Tan L P, Kuo C L, Yu B S. 1990. Vitrinite reflectance-the most sensitive method for exploring the Chinkuashih gold deposits. Mining and Metallurgy, 34(3): 43~50.

Tan L P, Ni J M, Cheng J C. 1987. A geochemical prospecting for the gold mineralizations in the Chinkuashih District, Taiwan. Acta Geologica Taiwanica, 25: 151~172.

Tan L P, Yeh H W. 1985. A geochemical study of the Taiwan gold and associated minerals. Report to "Science Council", NSC-70-0202-M002-08, 53.

Tan L P, Yu B S. 1991. Soil and rock mercury as a useful exploration tool for the Chinkuashih gold-copper deposits. 15th Inter Geol Explor Symposium. Abstracts with program, 52.

Tan L P, Yu B S. 1994. Tectonic setting and geochemical characteristics of the Chinkuashih copper-gold deposits, Taiwan. 9th Inter Assocon the Genesis of Ore Deposits Symposium, Beijing, Aug 12~18. Abstract with Programs, 2: 839.

Tan L P, Yu B S, Kuo C L. 1992. Geochemical zonation of the Chinkuashih gold deposits, Taiwan. 29th Inter Geological Contress, Kyoto, Aug24-Sept3. Abstracts with Programs, 3-3: 736.

Tan L P, Yu F S. 1968. Heavy-mineal reconnaissance for gold-copper deposits of the Chinkuashih area. Taiwan. Acta Geologica Taiwanica, 12: 41~57.

Tien P L, Tan L P. 1977. Halotrichite from Chinkuashih, Taiwan. "Mem Geol Soc China", 2: 223~228.

Ting T C, Tan L P, Yu B S. 1989. Coal metamorphism and gold-copper mineralization in the Chinkuashih district. Taiwan. Geol Soc Amer 1989 Annual Meeting, Abstracts with Programs, 294.

Tsai C L. 1983. Chemical variations of enargite and luzonite-famatinite from the Chinkuashih gold-copper deposits, Taiwan. "Taiwan University", Dept of Geology, Masters, 60.

Tsai L L Y, Chen C S, Sun L C. 1990a. Acid mine drainage in the Chinkuashih-Shuinantung area. Symposium on Quaternary of Taiwan III, abstract, Taiwan, 13.

Tsai L L Y, Chen C S, Sun L C. 1990b. Acid mine drainage in the Chinkuashih-Shuinatung area. Terrestrial Atmospheric and Oceanic Sciences, 2(4): 97~316.

Tsao F P, Kuo K T, Shyu S S. 1972. Study on titanium element content in igneous rocks from Yang-ming-shan and Chinkuashih. Bull Inst Geophysics, NCU, 11: 26~32.

Tung S K, Chen R C. 1989. Thermal, infrared and X-ray studies on the scorodite from Chinkuashih mine, northeastern Taiwan. Annual Meeting Geol Soc China. Program with Abstract, Taipei, 7.

Tzou Y H. 1979. Gravity pattern in Chilung volcano group, northern Taiwan. Bull Inst Geophysics, Nat Central Univ, 18: 25~33.

Wang Y S. 1991. Compositional variations in biotite and amphibole from the Chinkuashih dacite. Bull Central Geological Survey, 7: 61~74.

Wang Y. 1953. Geology of the Chinkuashih and Chiufen Districts, Taipeihsien, Taiwan. Acta Geologica Taiwanica, 5: 47~65.

Wang Y, Huang W Y, Yang C N. 1972. Sericite clay of the Chinkuashih mine, Taiwan. Acta Geologica Taiwanica, 15: 105~111.

Winchester J W, Youh C C. 1964. Determination of selenium and tellurium in the Chinkuashih pyrite ores by neutron activation analysis. "Proc Geol Soc China", 7: 82~84.

Wong J C. 1989. Impact of mine deveopment on the natural environment of Chinkuashih area in north Taiwan. Geographical Studies, 13: 93~136.

Yen C C. 1975a. Studies of the fluid inclusions for finding out origin of gold-copper deposits at Chinkuashih mine. Mining and Metallurgy, 16(1): 54~64.

Yen C C. 1975b. Studies of the fluid inclusions for finding out origin of gold-copper deposits at Chinkuashih mine. Mining and Metallurgy, 19(3):

102~111.

Yen C C. 1976. Trapping temperature and pressure of the fluid inclusions in the gangue minerals of gold-silver-copper deposits at Chinkuashih mine, Taiwan. "Proc Geol Soc China", 19: 127~133.

Yen T P. 1950. Chilung volcano and it's mineral deposits. Taiwan Mining Industry, 2(3, 4): 2~7.

Yen T P. 1953. On the occurrence of the late Paleozoic fossils in the metamorphic complex of Taiwan. Bull Geol Surv Taiwan, 4:23~26.

Yen T P. 1958. The mineral deposits related to the Cenozoic volcanic activity in Taiwan. Taiwan Mining Industry, 10(3): 1~9.

Yen T P. 1974. Structural controls of the metallic deposits in Taiwan. "Proc Geol Soc China", 17: 111~122.

Yen T P. 1978. Magmatism in Taiwan. Bull Inst Geophysics, NCU, 17: 22~35.

Yen T P. 1981. The metallic mineral deposits of Taiwan. Bull Inst Geophysics, NCU, 22: 46~54.

Yen T P, Sheng C C, Keng W P. 1951. The discovery of fusuline limestone in the metamorphic complex of Taiwan. Bull Geol Surv Taiwan, 3: 23~25.

Yen T P, Wu S W, Tzou Y H, et al. 1978. Geophysics-geologic study on the eastern part of Chilung volcano group, northern Taiwan. Report to NSC.

Youh C C. 1971. A study of the formation environment of pyrite from north Taiwan. "Proc Geol Soc China", 14: 185~188.

Youh C C, Chen J C. 1971. Copper, Antimony, and iron variations in enargite and luzonite from Chinkuashih mine, northern Taiwan. "Proc Geol Soc China", 14: 192~194.

Youh C C, Lo H J. 1968. A geochemical study of the enargite and luzonite from the Chinkuashih mine, Taiwan. "Proc Geol Soc China", 11: 121~129.

Yu B S. 1990. Exploration geochemistry of iron sulfides and heavy concentrates of the stream sediments in the Chinkuashih area. "Taiwan University", Master thesis, 129.

Yu B S. 1991. Exploration geochemistry of iron sulfides and heavy concentrates of stream sediments in the Chinkuashih area. Mining and Metallurgy, 35(2): 34~42.

Yu B S, Cheng C H, Tan L P. 1993. Significance of high-copper pyrite in Buffalo area, Chinkuashih. "Chinese Mining and Metallurgy Soc", Annual Meeting. Abstracts with programs, 71.

Yu B S, Tan L P. 1991. Exploration for the Chinkuashih gold-copper deposits with iron sulfides in Taiwan. 15th Inter Geol Explor Symposium. Abstracts with program, 20.

Yu B S, Tan L P. 1994. Structure features of the auriferous breccia pipes at Chinkuashih, Taiwan. 9th Inter Assocon the Genesis of Ore Deposits Symposium, Beijing, Aug 12~18, Abstract with Programs, 1: 87~88.

Yu B S. 1994. Auriferous breccia pipes of Chinkuashih, Taiwan. Taiwan University, Institute of Geology, PhD thesis, 322.

Yui T F, Lan C Y, Heaman L, et al. 1998. Late Cretaceous meta-andesite and late Jurassic (meta-) granite in the Tananao basement of Taiwan. Program and Abstract Volume, Annual Meeting. "Geol Soc China", 31.

附录

《中华人民共和国台湾省矿产地质图》矿产地基本信息一览表

序号	矿产地名称	矿种	矿床类型	规模	成矿时代
1	基隆棉花屿	磷矿	风化型	矿点	全新世
2	新北东埕	其他粘土	风化型	矿点	上新世—更新世
3	新北观音山	安山岩	陆相火山岩型	小型	更新世—全新世
4	台北北投	玻璃用砂岩	机械沉积型	小型	中新世
5	台北十八分	耐火粘土	风化型	矿点	更新世
6	台北顶北投	硫铁矿	陆相火山岩型	矿点	更新世
7	台北关渡	其他粘土	风化型	小型	上新世—更新世
8	台北关渡	膨润土	风化型	矿点	更新世
9	桃园营盘	铁	风化型	矿点	更新世—全新世
10	桃园大仑	铁	风化型	矿点	更新世—全新世
11	新北石门海滨	铁	砂矿型	矿点	更新世—全新世
12	新北石门	其他粘土	风化型	小型	上新世—更新世
13	新北阿里磅	其他粘土	风化型	小型	上新世—更新世
14	新北大屯山	安山岩	陆相火山岩型	小型	更新世—全新世
15	新北磺港	地热	水热型	矿点	更新世—全新世
16	新北金山	地热	水热型	矿点	更新世—全新世
17	新北三重桥	自然硫	陆相火山岩型	小型	更新世
18	新北七股村	铁	风化型	矿点	更新世—全新世
19	新北重光村	铁	风化型	矿点	更新世—全新世
20	新北死磺子坪	地热	水热型	矿点	更新世—全新世
21	新北庚子坪	地热	水热型	矿点	更新世—全新世
22	新北七股	硫铁矿	陆相火山岩型	小型	更新世
23	新北七股	耐火粘土	风化型	矿点	更新世
24	新北三重桥	耐火粘土	风化型	矿点	更新世
25	台北七星山	明矾石	陆相火山岩型	矿点	更新世
26	新北磺咀山	铝	风化型	小型	更新世—全新世
27	新北三重桥	地热	水热型	矿点	更新世—全新世
28	新北死磺子坪	自然硫	陆相火山岩型	小型	更新世
29	新北大埔	地热	水热型	矿点	更新世—全新世
30	新北焿子坪(大磺嘴)	自然硫	陆相火山岩型	小型	更新世
31	新北万里乡	煤	生物化学沉积型	小型	晚渐新世—早中新世
32	台北小油坑	硫铁矿	陆相火山岩型	矿点	更新世
33	台北小油坑	地热	水热型	矿点	更新世—全新世
34	台北马槽	地热	水热型	矿点	更新世—全新世
35	台北马槽	硫铁矿	陆相火山岩型	矿点	更新世
36	台北大油坑	地热	水热型	矿点	更新世—全新世
37	台北大油坑	铁	风化型	矿点	更新世—全新世

续表

序号	矿产地名称	矿种	矿床类型	规模	成矿时代
38	台北大油坑	自然硫	陆相火山岩型	矿点	更新世
39	台北竹子湖	耐火粘土	风化型	矿点	更新世
40	台北阳明山	地热	水热型	矿点	更新世—全新世
41	台北双重溪	地热	水热型	矿点	更新世—全新世
42	台北磺坪	硫铁矿	陆相火山岩型	矿点	更新世
43	新北崁脚	煤	生物化学沉积型	小型	晚渐新世—早中新世
44	台北凤凰	地热	水热型	矿点	更新世—全新世
45	台北龙凤	地热	水热型	矿点	更新世—全新世
46	台北竹子湖	自然硫	陆相火山岩型	矿点	更新世
47	台北冷水坑	自然硫	陆相火山岩型	小型	更新世
48	台北北投	地热	水热型	矿点	更新世—全新世
49	台北大磺嘴	地热	水热型	矿点	更新世—全新世
50	台北北投	自然硫	陆相火山岩型	小型	更新世
51	台北行义路	地热	水热型	矿点	更新世—全新世
52	新北-基隆	砂岩	机械沉积型	小型	渐新世—中新世
53	新北汐止	煤	生物化学沉积型	中型	晚渐新世—中新世中期
54	基隆田寮港	煤	生物化学沉积型	小型	中新世中期
55	新北四脚亭	煤	生物化学沉积型	小型	中新世中期
56	新北金瓜石	煤	生物化学沉积型	小型	中新世中期
57	新北金瓜石	金(铜)	陆相火山岩型	超大型	更新世
58	新北基隆山	安山岩	陆相火山岩型	小型	更新世—全新世
59	基隆八分寮	煤	生物化学沉积型	小型	晚渐新世—中新世中期
60	台北南港	玻璃用砂岩	机械沉积型	矿点	中新世
61	新北基隆河	金	砂矿型	矿点	更新世—全新世
62	新北猴洞	煤	生物化学沉积型	小型	中新世中期
63	台北南港山	石灰岩	化学沉积型	矿点	中新世
64	台北南港	煤	生物化学沉积型	小型	晚渐新世—中新世中期
65	新北武丹坑	煤	生物化学沉积型	小型	中新世中期
66	新北顶双溪	煤	生物化学沉积型	小型	晚渐新世—中新世早期
67	新北菁桐坑	煤	生物化学沉积型	小型	中新世中期
68	新北平林	汞	陆相火山岩型	矿点	喜马拉雅期
69	台北松山	泥炭	生物化学沉积型	矿点	全新世
70	新北澳底	煤	生物化学沉积型	小型	晚渐新世—中新世早期
71	新竹长康	石油	生物化学沉积型	小型	中新世—上新世
72	新竹青草湖	天然气	生物化学沉积型	小型	中新世—上新世
73	苗栗崎顶	天然气	生物化学沉积型	小型	中新世—上新世
74	新竹宝山	石油	生物化学沉积型	小型	中新世—上新世
75	台湾北部地区	建筑用砂	砂矿型	小型	更新世—全新世

续表

序号	矿产地名称	矿种	矿床类型	规模	成矿时代
76	桃园坎子脚	陶瓷粘土	机械沉积型	矿点	更新世—全新世
77	桃园山子脚	石油	生物化学沉积型	小型	中新世—上新世
78	桃园龟山兔子坑	石灰岩	化学沉积型	矿点	中新世
79	新北南势角	玻璃用砂岩	机械沉积型	中型	中新世
80	桃园大湖	陶瓷粘土	机械沉积型	矿点	更新世—全新世
81	桃园坎脚	陶瓷粘土	机械沉积型	矿点	更新世—全新世
82	桃园大湳	陶瓷粘土	机械沉积型	矿点	更新世—全新世
83	新北山子脚	煤	生物化学沉积型	小型	晚渐新世—中新世中期
84	新北清水坑	玻璃用砂岩	机械沉积型	小型	中新世
85	新北清水坑	石灰岩	化学沉积型	矿点	中新世
86	新北南势角	石灰岩	化学沉积型	矿点	中新世
87	桃园宋屋	铁	风化型	矿点	更新世—全新世
88	桃园宵里	铁	风化型	矿点	更新世—全新世
89	新北莺歌山	陶瓷粘土	机械沉积型	小型	更新世—全新世
90	新北清水坑	煤	生物化学沉积型	小型	晚渐新世—中新世中期
91	新北成福	玻璃用砂岩	机械沉积型	小型	中新世
92	桃园滥背	铁	风化型	矿点	更新世—全新世
93	新北三峡-桃园大溪	煤	生物化学沉积型	中型	晚渐新世—中新世中期
94	桃园竹头角	石灰岩	化学沉积型	矿点	中新世
95	新竹暗潭	高岭土	机械沉积型	矿点	中新世—上新世
96	新竹关西	煤	生物化学沉积型	小型	中新世晚期
97	新竹湖肚	高岭土	机械沉积型	矿点	中新世—上新世
98	新竹马武督	锆矿	砂矿型	矿点	更新世—全新世
99	新竹马武督	玻璃用砂岩	机械沉积型	小型	中新世
100	新北加空	地热	水热型	矿点	更新世—全新世
101	新竹太平地	高岭土	机械沉积型	矿点	中新世—上新世
102	新竹马福	石灰岩	化学沉积型	矿点	中新世
103	新竹赤柯山	石灰岩	化学沉积型	中型	中新世
104	桃园荣华	地热	水热型	矿点	更新世—全新世
105	新竹竹东	天然气	生物化学沉积型	小型	中新世—上新世
106	新竹嘉乐	煤	生物化学沉积型	小型	中新世中期
107	桃园三光	地热	水热型	矿点	更新世—全新世
108	新竹大南坑	玻璃用砂岩	机械沉积型	小型	中新世
109	台北景美	煤	生物化学沉积型	小型	晚渐新世—中新世中期
110	新北石碇	煤	生物化学沉积型	小型	中新世中晚期
111	新北乌来	地热	水热型	矿点	更新世—全新世
112	宜兰头城	石墨	受变质型	矿点	燕山期
113	宜兰礁溪	石墨	受变质型	矿点	燕山期

续表

序号	矿产地名称	矿种	矿床类型	规模	成矿时代
114	宜兰礁溪	地热	水热型	矿点	更新世—全新世
115	宜兰龟山岛	地热	水热型	矿点	更新世—全新世
116	宜兰员山	地热	水热型	矿点	更新世—全新世
117	苗栗崁顶寮、都合口	玻璃用砂岩	机械沉积型	中型	中新世
118	苗栗大南浦	高岭土	机械沉积型	矿点	中新世—上新世
119	苗栗北势	铁	风化型	矿点	更新世—全新世
120	苗栗北湾	陶瓷粘土	机械沉积型	矿点	中新世
121	苗栗锦水-永和山	天然气	生物化学沉积型	中型	中新世—上新世
122	苗栗老田寮西翼	玻璃用砂岩	机械沉积型	中型	中新世
123	苗栗老田寮东翼	玻璃用砂岩	机械沉积型	中型	中新世
124	苗栗纸湖	耐火粘土	机械沉积型	矿点	中新世
125	苗栗南庄	玻璃用砂岩	机械沉积型	小型	中新世
126	苗栗百寿	玻璃用砂岩	机械沉积型	小型	中新世
127	苗栗番子寮	玻璃用砂岩	机械沉积型	小型	中新世
128	苗栗南湖坑	玻璃用砂岩	机械沉积型	小型	中新世
129	苗栗照香排	玻璃用砂岩	机械沉积型	小型	中新世
130	苗栗盐水坑	玻璃用砂岩	机械沉积型	小型	中新世
131	苗栗出磺坑	煤	生物化学沉积型	小型	中新世晚期
132	苗栗八卦力	煤	生物化学沉积型	小型	中新世晚期
133	苗栗南庄	煤	生物化学沉积型	小型	中新世中期
134	苗栗苑里	铁	砂矿型	矿点	更新世—全新世
135	苗栗崩山下	玻璃用砂岩	机械沉积型	小型	中新世
136	苗栗香员窝	玻璃用砂岩	机械沉积型	小型	中新世
137	苗栗北庄	玻璃用砂岩	机械沉积型	小型	中新世
138	苗栗大坑	陶瓷粘土	机械沉积型	矿点	中新世—上新世
139	苗栗上福基	玻璃用砂岩	机械沉积型	小型	中新世
140	苗栗白砂屯	天然气	生物化学沉积型	小型	中新世—上新世
141	苗栗桂竹林	玻璃用砂岩	机械沉积型	小型	中新世
142	苗栗福基	陶瓷粘土	机械沉积型	矿点	中新世—上新世
143	苗栗大湖	地热	水热型	矿点	更新世—全新世
144	苗栗泰安	地热	水热型	矿点	更新世—全新世
145	苗栗铁砧山-通霄	天然气	生物化学沉积型	中型	中新世—上新世
146	苗栗八苑坑	玻璃用砂岩	机械沉积型	小型	中新世
147	苗栗出磺坑	天然气	生物化学沉积型	中型	中新世—上新世
148	苗栗新鸡隆	玻璃用砂岩	机械沉积型	小型	中新世
149	苗栗观音山	耐火粘土	机械沉积型	矿点	中新世
150	苗栗大湖(大寮坑)	陶瓷粘土	机械沉积型	矿点	中新世—上新世
151	苗栗三义	陶瓷粘土	机械沉积型	矿点	中新世—上新世

续表

序号	矿产地名称	矿种	矿床类型	规模	成矿时代
152	苗栗山地标	玻璃用砂岩	机械沉积型	小型	中新世
153	苗栗细道邦	煤	生物化学沉积型	小型	中新世中晚期
154	苗栗天狗	地热	水热型	矿点	更新世—全新世
155	苗栗胜兴	玻璃用砂岩	机械沉积型	矿点	中新世
156	苗栗柳冬坑鲤鱼潭	玻璃用砂岩	机械沉积型	矿点	中新世
157	台中铁砧山	铁	风化型	矿点	更新世—全新世
158	新竹狮头山-北埔	煤	生物化学沉积型	小型	中新世中晚期
159	新竹番婆坑、小南坑	玻璃用砂岩	机械沉积型	中型	中新世
160	新竹上坪	煤	生物化学沉积型	小型	中新世中晚期
161	新竹茅坪	玻璃用砂岩	机械沉积型	小型	中新世
162	苗栗田美	耐火粘土	机械沉积型	矿点	中新世
163	新竹秀峦	地热	水热型	矿点	更新世—全新世
164	桃园新兴	地热	水热型	矿点	更新世—全新世
165	桃园四棱	地热	水热型	矿点	更新世—全新世
166	新竹清泉	地热	水热型	矿点	更新世—全新世
167	新竹金北	地热	水热型	矿点	更新世—全新世
168	新竹他开心	地热	水热型	矿点	更新世—全新世
169	苗栗雪见	地热	水热型	矿点	更新世—全新世
170	苗栗雪山	砂岩	机械沉积型	小型	始新世—渐新世
171	宜兰清水	地热	水热型	小型	更新世—全新世
172	宜兰梵梵	地热	水热型	矿点	更新世—全新世
173	宜兰排骨溪	地热	水热型	矿点	更新世—全新世
174	宜兰寒溪	地热	水热型	矿点	更新世—全新世
175	宜兰小太白山	金	岩浆热液型	矿点	喜马拉雅期
176	宜兰太白山	铜-硫铁	受变质型	矿点	燕山期
177	宜兰天狗溪	地热	水热型	矿点	更新世—全新世
178	宜兰小帽山	滑石	变成型	小型	燕山期
179	宜兰土场	地热	水热型	小型	更新世—全新世
180	宜兰乌帽	地热	水热型	矿点	更新世—全新世
181	宜兰西帽山	锰	风化型	小型	更新世—全新世
182	宜兰西帽山	大理岩	受变质型	大型	燕山期
183	宜兰东澳	铜-硫铁	受变质型	矿点	燕山期
184	宜兰东澳	滑石	变成型	小型	燕山期
185	宜兰五区	地热	水热型	矿点	更新世—全新世
186	宜兰四区	地热	水热型	矿点	更新世—全新世
187	宜兰枫树山	云母	变成型	小型	燕山期
188	宜兰粉鸟林	云母	变成型	小型	燕山期
189	宜兰乌石鼻	蛇纹岩	变成型	矿点	燕山期

续表

序号	矿产地名称	矿种	矿床类型	规模	成矿时代
190	宜兰鹿皮溪	云母	变成型	小型	燕山期
191	宜兰南澳	滑石	变成型	矿点	燕山期
192	宜兰茂边	地热	水热型	矿点	更新世—全新世
193	宜兰富太(铜山)	铜-硫铁	受变质型	矿点	燕山期
194	宜兰碧候	金	砂矿型	矿点	更新世—全新世
195	宜兰臭乾	地热	水热型	矿点	更新世—全新世
196	宜兰大浊水	地热	水热型	矿点	更新世—全新世
197	宜兰硬骨	地热	水热型	矿点	更新世—全新世
198	宜兰大浊水	大理岩	受变质型	大型	燕山期
199	台中东势	石煤	生物化学沉积型	矿点	渐新世—中新世
200	台中谷关	地热	水热型	矿点	更新世—全新世
201	台中白冷	石墨	受变质型	矿点	燕山期
202	南投黑田山	石煤	生物化学沉积型	矿点	渐新世早期
203	台中合欢溪	金	砂矿型	矿点	更新世—全新世
204	台中达见	地热	水热型	矿点	更新世—全新世
205	台中马陵	地热	水热型	矿点	更新世—全新世
206	花莲古白杨	滑石	变成型	矿点	燕山期
207	花莲文山	地热	水热型	矿点	更新世—全新世
208	花莲罗钦	金	砂矿型	矿点	更新世—全新世
209	南投红香	地热	水热型	矿点	更新世—全新世
210	南投合欢山	金	岩浆热液型	矿点	喜马拉雅期
211	南投瑞岩	地热	水热型	矿点	更新世—全新世
212	南投咖啡园	地热	水热型	矿点	更新世—全新世
213	南投精英	地热	水热型	矿点	更新世—全新世
214	南投阳春	金	砂矿型	矿点	更新世—全新世
215	南投春阳	地热	水热型	矿点	更新世—全新世
216	南投庐山	地热	水热型	小型	更新世—全新世
217	花莲和平(蕃地大浊水)	大理岩	受变质型	大型	燕山期
218	花莲中和(愚堀)	白云岩	海相化学沉积型	小型	燕山期
219	花莲和仁(卡那岸)	大理岩	受变质型	大型	燕山期
220	花莲清水	大理岩	受变质型	中型	燕山期
221	花莲海鼠山	铜-硫铁	受变质型	矿点	燕山期
222	花莲立雾溪	大理岩	受变质型	中型	燕山期
223	花莲崇德	大理岩	受变质型	大型	燕山期
224	花莲新城	金	砂矿型	矿点	更新世—全新世
225	花莲三栈溪	大理岩	受变质型	大型	燕山期
226	花莲加湾	大理岩	受变质型	大型	燕山期
227	花莲佐仓	滑石	变成型	矿点	燕山期

续表

序号	矿产地名称	矿种	矿床类型	规模	成矿时代
228	花莲砂婆当	大理岩	受变质型	大型	燕山期
229	南投埔里	泥炭	生物化学沉积型	矿点	更新世早期
230	南投南投镇	陶瓷粘土	机械沉积型	矿点	更新世—全新世
231	南投鱼池	陶瓷粘土	机械沉积型	大型	更新世—全新世
232	南投集集大山	煤	生物化学沉积型	小型	中新世晚期
233	南投水社大山	脉石英	岩浆热液型	矿点	喜马拉雅期
234	南投凤凰山	煤	生物化学沉积型	小型	中新世晚期
235	花莲清水溪及清流溪	大理岩	受变质型	中型	燕山期
236	花莲木瓜溪	大理岩	受变质型	中型	燕山期
237	花莲县乌帽子	金	砂矿型	矿点	更新世—全新世
238	花莲铜门	铜-硫铁	受变质型	矿点	燕山期
239	南投万大北溪	地热	水热型	矿点	更新世—全新世
240	南投万大	地热	水热型	矿点	更新世—全新世
241	南投万大南溪	地热	水热型	矿点	更新世—全新世
242	花莲木瓜山	大理岩	受变质型	小型	燕山期
243	花莲荖溪	白云岩	海相化学沉积型	小型	燕山期
244	花莲二子	地热	水热型	矿点	更新世—全新世
245	花莲白鲍溪	滑石	变成型	小型	燕山期
246	花莲清昌山	白云岩	海相化学沉积型	中型	燕山期
247	花莲寿丰溪	大理岩	受变质型	大型	燕山期
248	花莲丰田	软玉	变成型	小型	燕山期
249	花莲平林西林	滑石	变成型	小型	燕山期
250	南投马路他仑	地热	水热型	矿点	更新世—全新世
251	花莲万里溪	大理岩	受变质型	小型	燕山期
252	花莲万里	地热	水热型	矿点	更新世—全新世
253	花莲万里溪	金	砂矿型	矿点	更新世—全新世
254	南投易把猴	地热	水热型	矿点	更新世—全新世
255	南投丹大	地热	水热型	矿点	更新世—全新世
256	花莲马鞍溪	大理岩	受变质型	小型	燕山期
257	花莲万荣	蛇纹岩	变成型	矿点	燕山期
258	澎湖望安岛	文石	陆相火山岩型	矿点	更新世
259	澎湖马公	膨润土	风化型	矿点	更新世
260	澎湖	玄武岩	陆相火山岩型	小型	更新世
261	云林北统汕洲	轻稀土矿	砂矿型	中型	更新世—全新世
262	云林统汕洲	轻稀土矿	砂矿型	中型	更新世—全新世
263	云林外伞顶洲	轻稀土矿	砂矿型	中型	更新世—全新世
264	嘉义八掌溪	天然气	生物化学沉积型	小型	中新世—上新世
265	台南布袋洲	轻稀土矿	砂矿型	中型	更新世—全新世

续表

序号	矿产地名称	矿种	矿床类型	规模	成矿时代
266	台南枕头山	石灰岩	化学沉积型	小型	上新世
267	南投十八重溪	地热	水热型	矿点	更新世—全新世
268	南投东埔	地热	水热型	矿点	更新世—全新世
269	嘉义阿里山	煤	生物化学沉积型	小型	中新世晚期
270	南投乐乐	地热	水热型	矿点	更新世—全新世
271	南投玉山	金	岩浆热液型	矿点	喜马拉雅期
272	嘉义番路公田	石灰岩	化学沉积型	小型	上新世
273	嘉义冻子脚	天然气	生物化学沉积型	小型	中新世—上新世
274	嘉义中仑番子寮	石灰岩	化学沉积型	矿点	上新世
275	嘉义中仑	地热	水热型	矿点	更新世—全新世
276	花莲富源	地热	水热型	矿点	更新世—全新世
277	花莲瑞北	脉石英	岩浆热液型	矿点	喜马拉雅期
278	花莲瑞林	地热	水热型	矿点	更新世—全新世
279	花莲太平溪	大理岩	受变质型	小型	燕山期
280	花莲红叶	地热	水热型	矿点	更新世—全新世
281	花莲瑞穗	蛇纹岩	变成型	小型	燕山期
282	花莲瑞穗红叶溪	滑石	变成型	矿点	燕山期
283	花莲瑞穗	地热	水热型	矿点	更新世—全新世
284	花莲奇美	铜	斑岩型	矿点	喜马拉雅期
285	花莲天港山	石膏(含泥膏矿)	海相火山岩型	矿点	中新世
286	台东樟原	膨润土	陆相火山岩型	小型	早中新世
287	花莲大分	地热	水热型	矿点	更新世—全新世
288	花莲玉里蕨	白云岩	海相化学沉积型	小型	燕山期
289	澎湖猫屿	磷	风化型	矿点	全新世
290	台南关子岭	地热	水热型	矿点	更新世—全新世
291	台南六重溪	地热	水热型	矿点	更新世—全新世
292	台南新营	天然气	生物化学沉积型	小型	中新世—上新世
293	台南六重溪	天然气	生物化学沉积型	小型	中新世—上新世
294	台南土地公崎	石灰岩	化学沉积型	小型	上新世
295	台南王爷港洲	轻稀土矿	砂矿型	中型	更新世—全新世
296	台南牛山	天然气	生物化学沉积型	小型	中新世—上新世
297	台南青山港洲	轻稀土矿	砂矿型	中型	更新世—全新世
298	台南网子寮洲	轻稀土矿	砂矿型	中型	更新世—全新世
299	台湾南部地区	建筑用砂	砂矿型	小型	更新世—全新世
300	台南顶头额洲	轻稀土矿	砂矿型	矿点	更新世—全新世
301	台南浮仑	轻稀土矿	砂矿型	小型	更新世—全新世
302	高雄新望岭	地热	水热型	矿点	更新世—全新世
303	高雄拉库音溪	金	砂矿型	矿点	更新世—全新世

续表

序号	矿产地名称	矿种	矿床类型	规模	成矿时代
304	高雄梅山	地热	水热型	矿点	更新世—全新世
305	台东向阳	云母	变成型	小型	燕山期
306	高雄勤和	地热	水热型	矿点	更新世—全新世
307	高雄复兴	地热	水热型	矿点	更新世—全新世
308	高雄美秀	地热	水热型	矿点	更新世—全新世
309	高雄桃源	地热	水热型	矿点	更新世—全新世
310	台南竹头崎	石油	生物化学沉积型	小型	中新世—上新世
311	台南龟丹	地热	水热型	矿点	更新世—全新世
312	高雄高中	地热	水热型	矿点	更新世—全新世
313	高雄上宝来	地热	水热型	矿点	更新世—全新世
314	高雄斗必耶	地热	水热型	矿点	更新世—全新世
315	高雄富园	地热	水热型	矿点	更新世—全新世
316	高雄宝来	地热	水热型	矿点	更新世—全新世
317	高雄沼津	地热	水热型	矿点	更新世—全新世
318	高雄石洞	地热	水热型	矿点	更新世—全新世
319	高雄不老	地热	水热型	矿点	更新世—全新世
320	花莲安通	地热	水热型	矿点	更新世—全新世
321	花莲乐乐溪	金	砂矿型	矿点	更新世—全新世
322	花莲清水溪	蛇纹岩	变成型	矿点	燕山期
323	花莲清水溪	滑石	变成型	中型	燕山期
324	花莲东里 1 号	地热	水热型	矿点	更新世—全新世
325	花莲东里 2 号	地热	水热型	矿点	更新世—全新世
326	花莲竹田	石膏(含泥膏矿)	海相火山岩型	矿点	中新世
327	台东雾鹿	地热	水热型	矿点	更新世—全新世
328	台东成广澳山	石灰岩	化学沉积型	小型	中新世
329	台东下马	地热	水热型	矿点	更新世—全新世
330	台东新武	地热	水热型	矿点	更新世—全新世
331	台东大仑	地热	水热型	矿点	更新世—全新世
332	台东大仑溪	地热	水热型	矿点	更新世—全新世
333	台东八边山	石膏(含泥膏矿)	海相火山岩型	矿点	更新世—全新世
334	台东日出	镍矿	风化型	矿点	更新世—全新世
335	高雄木栅	石灰岩	化学沉积型	矿点	上新世
336	高雄大岗山	石灰岩	化学沉积型	小型	更新世
337	高雄新港口	轻稀土矿	砂矿型	中型	更新世—全新世
338	高雄小岗山	石灰岩	化学沉积型	小型	更新世
339	高雄多纳	地热	水热型	矿点	更新世—全新世
340	台东桃林	地热	水热型	矿点	更新世—全新世
341	屏东大武	地热	水热型	矿点	更新世—全新世

续表

序号	矿产地名称	矿种	矿床类型	规模	成矿时代
342	台东知本内泉	地热	水热型	矿点	更新世—全新世
343	台东知本溪	金	砂矿型	矿点	更新世—全新世
344	台东大马(马武溪)	石灰岩	化学沉积型	矿点	中新世
345	台湾东部地区	建筑用砂	砂矿型	小型	更新世—全新世
346	台东鹿野	石棉	变成型	矿点	燕山期
347	台东都兰山	铜	斑岩型	矿点	喜马拉雅期
348	台东红叶谷	地热	水热型	矿点	更新世—全新世
349	台东红叶谷	金	砂矿型	矿点	更新世—全新世
350	台东利吉	地热	水热型	矿点	更新世—全新世
351	台东加路兰	石灰岩	化学沉积型	矿点	上新世
352	台东知本	地热	水热型	小型	更新世—全新世
353	高雄寿山	石灰岩	化学沉积型	小型	更新世
354	高雄风山	石灰岩	化学沉积型	矿点	更新世
355	台东金峰 1 号	地热	水热型	矿点	更新世—全新世
356	台东比鲁	地热	水热型	矿点	更新世—全新世
357	台东金峰 2 号	地热	水热型	矿点	更新世—全新世
358	台东金仑 3 号	地热	水热型	小型	更新世—全新世
359	台东金仑 2 号	地热	水热型	矿点	更新世—全新世
360	台东金仑 1 号	地热	水热型	矿点	更新世—全新世
361	屏东寿梵	地热	水热型	矿点	更新世—全新世
362	台东加罗坂	地热	水热型	矿点	更新世—全新世
363	台东绿岛	地热	水热型	矿点	更新世—全新世
364	高雄致昌	石油	生物化学沉积型	小型	燕山期—喜马拉雅期
365	屏东旭海	地热	水热型	矿点	更新世—全新世
366	屏东四重溪	地热	水热型	矿点	更新世—全新世
367	屏东海口	石灰岩	化学沉积型	矿点	全新世
368	屏东保力	石灰岩	化学沉积型	矿点	全新世—更新世
369	屏东虎头山	石灰岩	化学沉积型	矿点	全新世—更新世
370	屏东网纱	石灰岩	化学沉积型	矿点	全新世—更新世
371	屏东槺榔林	石灰岩	化学沉积型	矿点	全新世—更新世
372	台东兰屿	铜	斑岩型	矿点	喜马拉雅期
373	屏东红柴坑	石灰岩	化学沉积型	矿点	全新世—更新世
374	屏东大树房	石灰岩	化学沉积型	矿点	全新世—更新世
375	屏东鹅銮鼻	石灰岩	化学沉积型	矿点	全新世—更新世

注：地下热水用储热类型表示其矿床类型。

中国地质调查局 CHINA GEOLOGICAL SURVEY

国家出版基金项目 NATIONAL PUBLICATION FOUNDATION

中国矿产地质志

台湾卷

中华人民共和国台湾省成矿规律图说明书

（1：500 000）

张兰生　周维瑀　卢克标　编著

地质出版社

·北　京·

前　　言

《中华人民共和国台湾省成矿规律图》（1∶500 000）是《中国矿产地质志·台湾卷》的附图之一。

台湾省简称台，地处东经119°18′03″~124°34′30″，北纬21°45′25″~25°56′30″之间，包括台湾岛、澎湖列岛（64个岛屿）兰屿、绿岛、棉花屿、彭佳屿、钓鱼岛、赤尾屿等岛屿，陆地总面积约为36000 km^2，其中台湾岛面积为35873 km^2。

台湾省矿产资源开发利用的历史非常久远，这可以从台湾十三行文化遗迹发现有大量铁渣和不少的陶器中得到明证，从2300年前开始，台湾十三行人就懂得炼铁和制陶。

目前，台湾省已知矿产有39种，其中能源矿产5种，金属矿产9种，非金属矿产25种（含宝玉矿产2种）。台湾省重要矿产有金、天然气、石油、烟煤、地热、大理岩-白云岩、石英砂岩等，天然气、石油、烟煤、地热等能源矿产资源是台湾省优势矿产。台北金瓜石超大型金（铜）矿床是亚洲最著名的陆相火山岩型金（铜）矿床之一。

《中华人民共和国台湾省成矿规律图》（1∶500 000）主要根据《中国矿产地质志·省级矿产地质志研编技术要求》中省级成矿规律图编图技术要求编制，以1∶50万《台湾省地质构造图》（2020）为底图，叠加台湾省Ⅳ级成矿亚带3个、Ⅴ级成矿远景区7个，39个矿种、375处矿产地及其储量规模、矿床类型、成矿时代以及《台湾地区构造演化时空流程图》《台湾省大地构造位置图》等，编制而成。

《中华人民共和国台湾省成矿规律图》（1∶500 000）是在福建省地质调查研究院、福建省及台湾省矿产地质志编委会、专家指导委员会直接领导下，由福建省及台湾省矿产地质志项目组编制完成的，参与编图的工作人员分工如下：

矿产部分：张兰生、卢克标。

计算机制图：刘桂华、罗萍、陈涌。

图件检查：石礼炎。

编图说明书：张兰生、周维瑀、卢克标。

目　　录

前　言

一、编图基本原则与内容…… 1
（一）指导思想与基本原则 …… 1
（二）图件内容与编图方法 …… 1

二、区域成矿条件…… 3
（一）沉积相、沉积建造与成矿 …… 3
（二）岩浆岩与成矿 …… 11
（三）变质作用与成矿 …… 16
（四）区域构造与成矿 …… 21
（五）区域地球物理与地球化学特征 …… 24

三、成矿区带地质与成矿特征 …… 28
（一）成矿区带划分 …… 28
（二）各成矿亚带主要成矿地质特征 …… 28

四、成矿系列 …… 42
（一）矿床成矿系列概述 …… 46
（二）各矿床成矿系列主要成矿地质特征 …… 47

五、区域成矿规律 …… 53
（一）矿床时空分布与演化规律 …… 53
（二）区域成矿作用模式、演化及区域成矿谱系 …… 55
（三）重要成矿规律问题 …… 56

结　语 …… 58

主要参考文献及资料 …… 59

附　录
《中华人民共和国台湾省成矿规律图》矿产地基本信息一览表 …… 64

一、编图基本原则与内容

（一）指导思想与基本原则

本次《中华人民共和国台湾省成矿规律图》（1：500 000）编制的指导思想，是以当代板块构造-全球动力学及当代成矿理论为指导，以成矿作用为主线，以台湾省勘查成果为基础，全面总结台湾成矿规律，探讨台湾构造—地层—岩浆—成矿时空演化关系以及矿床成矿系列，展示省域最新地质矿产成果。

本次编图遵循如下原则：

1）图件内容要求全面反映现阶段地质矿产研究程度，以现有最新地质调查和矿产勘查成果资料为依据，实施综合编图。做到编图使用的基础资料齐全、数据准确真实可靠。

2）图件以新编的1：50万《台湾省地质构造图》（2020）为底图，经合理综合与取舍，突出反映区域地质构造特征，特别是与矿产成矿密切相关的各类地质要素。

3）本着既要使图面负担不至于繁杂过重，又要反映出具较好代表性，尤其要尽可能地突出成矿规律的原则，在全面标示矿产地的基础上，突出成矿区（带）和矿种+规模+矿床类型+成矿时代+矿床成矿系列。

4）编图所采用的图式，主要根据《中国矿产地质志·省级矿产地质志研编技术要求》中省级成矿规律图编图技术要求，并参照《台湾省地质构造图》（2020）编排形式，依成矿规律图要求表达的内容进行适当调整、修饰与增设，以求成为格式统一的系列成矿规律图件；图例遵循国家现行标准和普遍认同的习惯符号，不足时，根据简单、实用、易于判读等原则予以补充。

5）编图采用的各类地质、矿产信息，均纳入新设计的地质、矿产属性信息化数据库系统，以其资料为依据，在MapGIS平台，利用计算机完成图件编制，并要为资料存储与查询、系统维护等方面的使用提供便利。

（二）图件内容与编图方法

1. 地理底图编制

本图采用的地理底图，为2020年新编的1：50万《台湾省地质构造图》，该图是遵照《中国区域地质志》系列图件地理底图编制规定的技术要求综合编制，经中国地质调查局基础调查部和《中国区域地质志》编制项目办审查验收后，提供使用的1：50万比例尺专题地理图件。

地理底图标绘的地理位置准确，要素内容丰富，关系处理正确，综合取舍科学，选取投影合理。表示方法规范统一，符合相关规定要求，整体上准确地反映了自然地理和人文经济概况。

2. 地质要素选取与表示

编图沿用《中国区域地质志·台湾志》（2020）和1：50万《台湾省地质构造图》（2020）资料，按成矿规律图内容要求，进行适当简化、淡化和修饰。本着从整体上既要完整地反映台湾省内地质构造的基本概貌，也能突出与成矿关系密切的地质要素，以及在叠加表示各种矿产要素之后，图面仍能显示内容层次清晰、结构合理、表达科学、制作美观，且能满足计算机辅助制图程序要求和提高图件表达效果的需要，故在原图基础上，本次编图对地质要素的选取与表示作了若干针对性技术处理。

构造层沿用地质构造图划分系统，以四级构造单元为基础，划分出燕山构造层和喜马拉雅构造层，喜马拉雅构造层又划分出上中下构造亚层。对各个构造层内的地层以建造为单元设色表示。岩浆岩类以岩体的主体岩性+成岩地质时代构成的代号区分，以地质年代的“纪”或“世”为单元设色表示。根据其与成矿关系的密切程度，突出中生代岩浆岩类和上新世—第四纪陆相火山岩。构造要素以反映区域性断裂和控矿断裂为主，次要断裂的要素密集地段进行适当归并、删减。与成矿关系密切或具有成矿、找矿意义的各类地质要素，采用补充或扩大突出表示。

3. 矿产要素选取与表示

1）资料来源：以截至2016年底台湾省矿产地质资料为主要依据，资料来源主要有《台湾省区域矿产》（福建省地质矿产局，1994）、《台湾金属经济矿物》（谭立平等，1997）、《台湾非金属经济矿物》（谭立平等，1999）、《台湾能源矿产及地下水资源》（谭立平等，2000），《台湾省矿产资源潜力评价成果报告》（福建省地质调查研究院，2013）等。

2）矿产地选择上图标示原则：台湾已发现的矿点及其以上的矿种的矿产地全部表示。

3）矿产类别与矿种划分：根据《中国矿产地质志・省级矿产地质志研编技术要求》矿产分类。本图标示的矿产地分别归属于能源矿产类（5个矿种，164处矿产地）、金属矿产类（9个矿种，51处矿产地）、非金属矿产类（25个矿种，160处矿产地）共3大类。

4）矿产地含义：图上表示的矿产地系指由矿床、矿区和井田（煤）的地质边界所构成的矿产赋存地。勘查与开发过程人为划分的阶段、采矿区（段）和不同深度（标高）矿权区（段）等，均不单独列为矿产地。图上表示的是经过整合后构成的矿产地。

5）矿产地名称：矿产地名称由地理名称+矿种名称构成。当多矿种同体共生或异体共生达到3种或3种以上，以规模大者为主矿种；均具同等规模的，以价值高者作为主矿种。

6）矿产地规模划分：以截至2016年底的台湾省累计查明某矿种资源储量为依据，按国土资源部2000年4月24日发布国土资发〔2000〕133号《矿产资源储量规模划分标准》，并增加超大、矿点2种规模划分标准进行衡定，构成超大、大、中、小和矿点5种类型表示。本次编图划分的超大型类别，采用《矿产资源储量规模划分标准》的大型矿产资源储量下限的5倍以上。矿点为已发现矿，但未做或只做了少量地质勘查工作（如地表揭露）的矿产地，无法确定其规模的矿产地或已经勘查，目前尚无开发利用价值，进入不了矿床的范畴，亦作为矿点。

7）矿产地表示方法：按矿产地中心点经纬度坐标或矿体出露坐标表示其位置；矿产地图形符号由矿床类型+规模+矿产颜色+成矿时代表示。两个矿种或多个矿种共生的矿产地，主要表示主矿种；两个矿种或多个矿种共生能分出规模的，一般主矿种在前。非金属矿产地，统一表示矿种，不细分矿种（或矿物）类别与工业用途。矿产地中赋存的伴生矿产，图上均不予表示。矿产地密集的地方，用小黑点表示矿产地具体位置，然后用引线连接矿产地图形符号。

8）矿产地编号规则：按国际惯例，矿产地编号通常是先按经纬网格，在自左向右、自上而下的每一个网格内；再按矿产地之经、纬度，自左向右、自上而下予以编号。

4. 图件整饰内容与表示

图件除设置与图面内容相适应的图名、图例和比例尺外，还表示了台湾地区构造与成矿时空演化图、台湾省大地构造时空演化综合模式图、台湾省大地构造位置图、台湾省及周边地区Ⅲ级区带划分图、台湾省矿床成矿系列划分表、台湾地质构造单元划分图、台湾省成矿区（带）划分图、主要断层名称与编号，等等。

本次编图与新编的《中国区域地质志・台湾志》（2020）、1：50万《台湾省地质构造图》（2020）衔接。充分利用了区域地质志的新成果，着重反映了台湾省成矿规律、成矿区（带）划分、矿床成矿系列，以及各时期沉积、岩浆、变质作用与成矿的相互关系。

二、区域成矿条件

（一）沉积相、沉积建造与成矿

台湾岛广布新生代地层，以新近纪浅海-滨海相沉积地层分布最广；其次为古近纪河流-河口-滨海相沉积地层与前古近纪地层；第四系主要分布于台西平原与盆地中。前古近纪地层以大南澳中-浅变质岩为代表，主要出露在中央山脉东翼。火山岩及火山碎屑沉积岩主要见于东部海岸山脉都峦山组，澎湖列岛及大屯火山群。地层分布受弧陆碰撞造山带影响显著，主构造线呈略向西弧凸的南北走向，并且具明显的东西分带现象。以台东纵谷地壳对接带为界，以东划属菲律宾海板块之台东新生代造山带，以西属羌塘-扬子-华南板块之台湾新生代活动陆缘。与沉积岩建造有关的矿产主要有：煤、石油、天然气、石灰岩等。

1. 地层分区与沉积相

根据台湾地质演化历史的阶段性，以及岩性、岩相、建造类型、变质变形与构造运动特征，划分出前古近纪、古新世—始新世、渐新世—中新世、上新世—早全新世 4 个断代（表 2-1）。各断代地层间或为角度不整合接触，或为有明显沉积间断的平行不整合接触，或以显著的变质变形差异区分，且各断代地层分区明显。

台湾省 4 个断代地层共划分 51 个组级与 5 个非正式地层单位（不含全新统松散堆积层）（表 2-2）。

表 2-1　台湾省地层断代划分与地层小区划分简表

地质断代	地层分区			
	地层大区	地层区	地层分区	地层小区
上新世—早全新世（N_2-Qp）	华南地层大区 Ⅴ	中南-东南地层区 V_2	台湾地层分区 V_2^4	澎湖地层小区 V_2^{4-1}
				台西前陆盆地地层小区 V_2^{4-2}
				中央山脉地层小区 V_2^{4-3}
				恒春半岛地层小区 V_2^{4-4}
		台东地层区 V_3	花东地层分区 V_3^1	海岸山脉地层小区 V_3^{1-1}
渐新世—中新世（E_3-N_1）	青藏-南海地层大区Ⅳ	台湾-澎湖地层区 IV_4	台湾西部地层分区 IV_4^1	麓山地层小区 IV_4^{1-1}
				雪山山脉北部地层小区 IV_4^{1-2}
				庐山地层小区 IV_4^{1-3}
				恒春半岛地层小区 IV_4^{1-4}
			澎湖地层分区 IV_4^2	澎湖地层小区 IV_4^{2-1}
		台湾东部地层区 IV_5	台湾东部地层分区 IV_5^1	台东地层小区 IV_5^{1-1}

续表

地质断代	地层分区			
	地层大区	地层区	地层分区	地层小区
古新世—始新世（E_1-E_2）	西北-华南地层大区Ⅱ	东南地层区$Ⅱ_7$	北港-澎湖地层分区$Ⅱ_7^b$	北港-澎湖地层小区$Ⅱ_7^{b-a}$
			玉山地层分区$Ⅱ_7^c$	阿里山地层小区$Ⅱ_7^{c-1}$
				雪山山脉地层小区$Ⅱ_7^{c-2}$
				毕禄山地层小区$Ⅱ_7^{c-3}$
前古近纪（AnE）	西北-华南地层大区Ⅱ	东南地层区$Ⅱ_7$	台湾-澎湖地层分区$Ⅱ_7^2$	台湾西部地层小区$Ⅱ_7^{2-1}$
				中央山脉东翼地层小区$Ⅱ_7^{2-2}$

（据福建省地质调查研究院，2020）

台湾地区前古近纪地层分布局限，主要有分布于中央山脉东斜面的大南澳混杂岩与澎湖列岛西南的花屿火山杂岩，以及潜布于北港高区被新生代地层覆盖仅被钻井揭示的云林组。古新世—始新世地层分布于中央山脉、雪山山脉，少部分在西部麓山带，由东往西分布有4套地层组合：分布于中央山脉的碧侯组、毕禄山组，为一套浅海-台地相；分布于雪山山脉和玉山山脉的西村组、四棱组、十八重溪组、达见组、白冷组等，为一套河流-三角洲-河口相碎屑沉积岩；分布于阿里山脉南投粗坑的中寮组与平林凝灰岩；潜布于北港高区主要为中新世地层覆盖的王功组沉积-火山碎屑岩。渐新世—中新世早期浅海-三角洲相地层多分布于雪山山脉北部，包括干沟组、粗窟组、大桶山组、澳底组、苏乐组及水长流组，渐新世晚期—中新世浅海-海陆交互相含煤地层主要分布于麓山地区与雪山山脉北部，浅海台地相礼观组与次深海-深海相沉积的庐山组主要分布于中央山脉，而中新世玄武质火山岩主要见于澎湖列岛。上新世—第四纪沉积地层，主要为分布于台湾西部之麓山西部以西的台湾西部前陆盆地，表面多被全新世冲积-海积松散堆积层覆盖，其次为海岸山脉沉积-火山碎屑岩，此外为台湾北部更新世大屯火山岩、基隆火山岩等。

2. 沉积建造与成矿

根据台湾省沉积岩的特征，将其划分为9个沉积岩建造组合类型（表2-3）。台湾省与沉积作用有关的矿产不多，与沉积岩建造有关的矿产主要有：煤、石油、天然气、石灰岩、大理岩、白云岩等。台湾省地层与沉积矿产见表2-4。

（1）前古近系的沉积变质形成受变质矿产

台湾前古近系主要集中分布于中央山脉东部，北起宜兰乌岩角，南至台东太麻里溪北岸，全长约240 km，宽10~30 km，包含宜兰、花莲、台东等县的大部分地区，面积4600 km^2，俗称大南澳混杂岩。主要由黑色片岩、绿片岩、硅质片岩、大理岩、片麻岩和混合岩组成，上为始新统毕禄山组（E_2b）、中新统庐山组（N_2l）不整合覆盖。大南澳混杂岩（AnE*D*），并进一步划分为天祥（片岩）组（AnE*t*）、长春（绿片岩）组（AnE*c*）、九曲（大理岩）组（AnE*j*）等3个岩组，它们之间均处理为构造接触。

A. 九曲组（AnE*j*）

九曲组主要分布于北起宜兰县谷风，向南沿中央山脉延伸直达台东县的关山之西。主要由大理岩和部分白云岩构成，偶夹绿片岩和硅质片岩（石英云母片岩、云母片岩）。此地层主要与大理岩、白云岩矿成矿有关。

B. 长春组（AnE*c*）

长春组主要分布于天祥组的西侧，北起宜兰县苏澳南部，向南经天祥、利稻直达台东县太麻里溪北岸，是大南澳杂岩中分布最广的一个地层单位。主要由绿片岩（绿泥片岩、角闪片岩、变质辉绿岩）、

表 2-2　台湾省岩石地层单位划分表

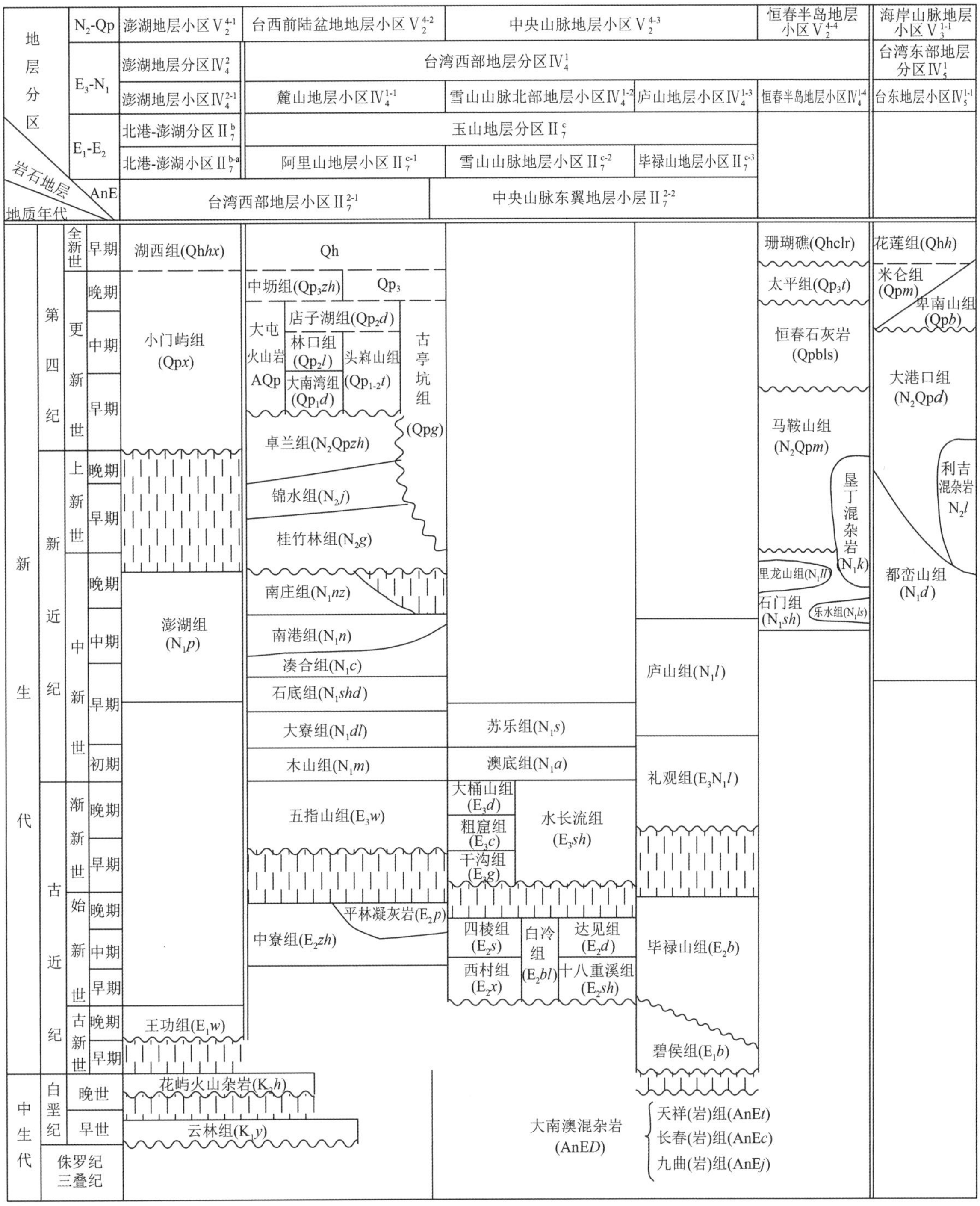

注：地层缺失；角度不整合。　　　　（据福建省地质调查研究院，2020）

硅质片岩（石英岩、石英片岩、片状砂岩）构成，夹少量薄层大理岩及黑色片岩（石英云母片岩、云母片岩），其中绿片岩是台湾含铜黄铁矿的主要围岩。此地层主要与硫铁矿、铜矿成矿有关。

C. 天祥组（AnE*t*）

天祥组呈北北东—南南西向狭长带状出露于大南澳杂岩的东侧，北起花莲县的吉安，向南延至台东县西南的知本温泉一带。岩性较单一，以深灰色至黑色片岩（石英云母片岩、云母片岩、石墨片岩）为主，夹薄层至厚层绿片岩和大量基性或超基性火成岩的外来海洋岩块，并夹有代表高压环境的蓝闪石片岩。此地层主要与蛇纹岩矿成矿有关。

表 2-3　台湾省沉积岩建造组合类型及构造古地理单元划分表

构造古地理单元			沉积岩建造组合类型
二级	三级	四级	
活动陆缘	弧后盆地	弧后盆地远弧带	河流砾岩-泥岩组合（Qp_2）
			滨浅海含火山碎屑浊积岩组合（N_2-Qp_2）
	俯冲增生杂岩楔	含蛇绿岩浊积扇	含蛇绿岩浊积岩组合（N_2-Qp_1）
前陆盆地	弧后前陆盆地	弧后前陆盆地前渊	浅海细砂岩-粉砂岩-泥岩组合（Qp_2）
			河口三角洲、滨浅海砂泥岩组合（Qp_{1-2}）
			浅海砂岩-粉砂岩组合（N_2-Qp_1）
			浅海泥岩-粉砂岩组合（N_2）
			海陆交互含煤碎屑岩组合（E_3-N_2）
		弧后前陆盆地楔顶	浅海-半深海泥质板岩-砂质板岩组合（E_2-N_1）

（2）与煤矿有关成矿的台西前陆盆地海陆交互相含煤碎屑岩建造组合特征

与煤矿有关的是弧后前陆盆地前渊的海陆交互相含煤碎屑岩建造组合，煤主要赋存于木山组（N_1m）、石底组（N_1shd）、南庄组（N_1nz）中。另外，在雪山山脉地区的四棱组（E_3s）、澳底组（N_1a）中也含有薄煤层或煤线。

A. 木山组（N_1m）

木山组仅见于台湾西北部中新世第一个沉积旋回，为滨海相含煤的地层，含 1~3 层可采煤层，煤层厚 20~40 cm，并常见有透镜状玄武质凝灰岩和玄武岩夹层。

B. 石底组（N_1shd）

石底组是台湾西部中新世第二个沉积旋回，含有丰富的煤、石油和天然气等矿产，主要由砂岩、页岩和煤层组成，主要由白色至浅灰色砂岩、粉砂岩、深灰色页岩夹薄煤层组成，其上部和下部均夹煤层或煤线，上部有 5 层局部可采煤层，但不稳定，煤层平均厚 0.3~0.6 m，最厚 1 m，常局部增厚或变薄。

C. 南庄组（N_1nz）

南庄组是台湾西部中新世最上部一个沉积旋回，并延至上新世，主要由厚层砂岩和页岩组成，夹煤层和若干透镜状火山岩体，为海陆交互相含煤粗碎屑岩沉积，主要为白色砂岩、黑灰色页岩和砂岩-粉砂岩-页岩互层，含 3~4 层局部可采煤层，厚 0.3~0.4 m（最厚 0.8 m）。

D. 四棱组（E_3s）

四棱组雪山山脉地区，以灰白-浅灰色厚层中粗粒石英砂岩为主，夹泥质板岩、碳质页岩及煤和石墨透镜体。煤层薄且不稳定，不具开采价值。

E. 澳底组（N_1a）

澳底组分布于雪山山脉的东北部，以灰色厚层细-中粒砂岩为主，夹深灰色页岩或碳质页岩和煤层。上部为含煤岩段，含煤 2 层，层厚 20cm 以下，煤层不稳定，不具开采价值。

麓山地层小区的地层在台湾北部为河流-沼泽-三角洲-滨海-浅海相沉积，总体由下至上表现出 3 个海进-海退沉积旋回，分别发育了木山组、石底组、南庄组上、中、下 3 套含煤层地层。其中渐新世晚期五指山组、中新世初期木山组属下部含煤系；中新世早期大寮组、石底组属中部含煤系；中新世中期凑合组、南港组和中新世晚期南庄组属上部含煤系。3 套含煤地层可采煤主要分布在台湾北部，北界始自台湾东北端的基隆、金山，东界自贡寮、双溪一带向西南方延伸，含煤地层南延可抵南投浊水溪一线，但南投一带煤层较薄呈煤线，不具开采价值，故通常以台中大甲溪为可采煤层分布的西南界。台湾东北端基隆及其邻近地区可采煤层厚、层数多且质优，越往西南方向延伸，可采煤层越少且薄。这可能与当时沉积期古地理环境变化有关。

表 2-4　台湾省地层与沉积矿产表

地层分区						
N_2-Qp	澎湖地层小区 V_2^{4-1}	台西前陆盆地地层小区 V_2^{4-2}	中央山脉地层小区 V_2^{4-3}		恒春半岛地层小区 V_2^{4-4}	海岸山脉地层小区 V_3^{1-1}
E_3-N_1	澎湖地层分区 IV_4^2	台湾西部地层分区 IV_4^1				台湾东部地层分区 IV_5^1
	澎湖地层小区 IV_4^{2-1}	麓山地层小区 IV_4^{1-1}	雪山山脉北部地层小区 IV_4^{1-2}	庐山地层小区 IV_4^{1-3}	恒春半岛地层小区 IV_4^{1-4}	台东地层小区 IV_5^{1-1}
E_1-E_2	北港-澎湖分区 II_7^b	玉山地层分区 II_7^c				
	北港-澎湖小区 II_7^{b-a}	阿里山地层小区 II_7^{c-1}	雪山山脉地层小区 II_7^{c-2}	毕禄山地层小区 II_7^{c-3}		
AnE	台湾西部地层小区 II_7^{2-1}		中央山脉东翼地层小区 II_7^{2-2}			

地层分区/纪		世代		澎湖地层小区 IV_4^{2-1}	麓山地层小区 IV_4^{1-1}		雪山山脉北部地层小区 IV_4^{1-2}		庐山地层小区 IV_4^{1-3}	恒春半岛地层小区 IV_4^{1-4}	台东地层小区 IV_4^{1-5}
新生代	第四纪	全新世	早	湖西组锆石、独居石矿						珊瑚礁石灰岩矿	花莲组石灰岩矿
		更新世	晚	小门屿组	中坜组					太平组	米仑组/卑南山组
			中		大屯火山岩	店子湖组 林口组				恒春石灰岩矿	
			早			大南湾组石灰岩矿					大港口组
	新近纪	上新世	晚		卓兰组石灰岩矿、油气地层等					马鞍山组/垦丁混杂岩	利吉混杂岩
			早		锦水组石灰岩矿、油气地层等 桂竹林组石灰岩矿、石英砂岩矿、油气地层等						
		中新世	晚	澎湖组	南庄组含煤矿、石英砂岩矿等				庐山组	石门组	都峦山组石灰岩矿
			中		南港组含煤矿、石英砂岩矿、油气地层等 湊合组石英砂岩矿						
			早		石底组含煤矿、油气地层等 大寮组石英砂岩矿、油气地层		苏乐组含煤				
			初		木山组含煤矿、石灰岩矿、砂岩矿、油气地层等		澳底组含煤		礼观组		
	古近纪	渐新世	晚		五指山组含煤矿、油气地层等		大桶山组 粗窟组	水长流组			
			早				干沟组				
		始新世	晚		中寮组				毕禄山组		
			中				四棱组含煤、石墨、砂岩等矿	达见组砂岩矿			
			早				西村组石墨、砂岩等矿	十八重溪组砂岩矿			
		古新世	晚	王功组					碧侯组		
			早								
中生代	白垩纪	晚白垩世		花屿火山杂岩					天祥组		
		早白垩世		云林组							
	侏罗纪 三叠纪								长春组硫铜矿产 九曲组大理岩、白云岩矿		

台湾煤炭赋存于中新世地层，时代较新，碳化程度较低，主要是受中新世晚期末的蓬莱运动-弧陆碰撞造山挤压以及埋藏地热等作用致使轻微变质碳化成煤。但是由于各地区影响程度不同，因而各地碳化不尽相同，以半烟煤为主，部分受基隆潜火山岩热接触变质作用影响，金瓜石、九份一带为无烟煤。总体而言，台湾地区中新世煤层，大部分属低度沥青煤，固定水分以上部含煤层最高5%，中部含煤层为3.5%，下部含煤层为1.5%；灰分3%~7%。

台湾北部中新世含煤地层由下至上分别为下部含煤层木山组、中部含煤层石底组、上部含煤层南庄组。

木山层主要由深灰色页岩与白至淡灰色中粒砂岩互层组成，中部、上部主要为块状或厚层白至灰白色、中-粗粒的石英砂岩。煤层散布在整个岩层中，但仅在岩层下部的2至3个煤层具有开采价值。木山组总厚度550~650 m。在台湾最北部含3层可采煤层，厚度20~50 cm，往南只有2层或仅1层可采煤，向西南延伸可至桃园以北，再向南由于沉积环境的快速变化即未见可采煤层，局部仅见煤线。木山组可采煤层顶底板岩性常为灰白色石英细砂岩，以此区别于其他含煤地层。

木山组下部以滨岸潮汐带沉积环境为主；中部以障壁岛沙洲沉积环境为主；上部则以潟湖、滨岸沼泽、三角洲沉积环境为主。向西北砂岩层变多，缺乏厚层的页岩，砂岩颗粒较粗，分选性差，形成环境为冲积扇。显示陆缘应在目前木山组出露地区的西北方向。

石底组主要由不同厚度的砂岩、粉砂岩、页岩及泥岩互层组成，下部砂岩呈灰-蓝灰色或白色，页岩和粉砂岩呈暗灰色且富含碳质。总厚度300~500 m，煤层主要见于中部、上部。石底组是台湾最重要的含煤地层，煤层分布范围广，煤层数多且经济价值高。其中以台湾北部基隆、瑞芳地区发育最好，向南可延伸到桃园、新竹、苗栗等县。基隆地区石底组含7个可开采的煤层，向南含煤层减少至5~2层可采煤层，煤层厚0.3~0.6 m；往南至新竹县、苗栗县，一般仅含1层可采煤层。在苗栗汶水溪以南，沉积环境以海相为主，煤层消失，海洋生物增加。

石底组沉积环境为河流-沼泽-三角洲-滨海-潟湖-浅海，河流的古流向为向东南流动，其沉积盆地自西北向东南渐次加深。

南庄组由白色砂岩、页岩、粉砂岩等不同层序和薄互层的页岩、粉砂岩组成，总厚度650~1000 m，由北往南地层厚度增加，砂岩层减少、减薄，页岩含量增加。南庄组是台湾所有的含煤层中分布最广者，其中在新竹县、苗栗县一带，地层较厚且含4层以上之可采煤层，向北延伸至桃园，煤层减少或仅余1层可采煤层，向南延伸至台中，其所含煤层薄、不规则且不连续。南庄组继续延伸到阿里山以南为海相岩层所取代。

南庄组在台中以北，沉积环境为河流-沼泽-潮坪-滨海，受波浪与潮汐作用明显，物源应主要来自北与西北方向，向南及东南方向搬运。台中往南至阿里山地区，沉积环境以三角洲-浅海为主。

从台湾省聚煤盆地的演化过程来看，台湾煤的形成自渐新世晚期即已开始。在台湾西部前古近纪基底的基础上，古近纪始新世伴随欧亚大陆边缘伸展张裂，形成地堑盆地，尔后接受沉积。在始新世晚期—渐新世早期，台湾地区发生了断陷构造（埔里运动），该区域形成断陷盆地，之后的渐新世晚期，欧亚大陆边缘伸展张裂趋于强烈，断陷转为大规模拗陷，海水由东向西浸漫入侵。随着断陷盆地下降、盆地充填与全球海水面升降变化，以及盆地沉降不均衡，在中新世形成了3个由浅海相和海陆交互相相互叠置而成的含煤沉积旋回，形成了木山组、石底组、南庄组3个含煤地层。

台湾中新世的煤层是在沿海的滨海造煤盆地中沉积形成，典型的沉积物是近岸或大陆棚型的沉积物，海相岩层通常与陆源碎屑沉积物互层。显示中新世台湾聚煤作用总体受断陷盆地发展与沉降的控制，沉积及聚煤过程总体自台湾北部开始，逐渐向南延伸，且逐步加深。聚煤作用自下而上逐渐加强，自北向南逐渐扩展。依据上、中、下3套含煤地层的分布，沉积环境变化，古水流与沉积物源提供方向等资料推断，木山组沉积时台湾岛西北侧为陆缘，海岸线呈北北东向延伸，东侧向海，北西侧为大陆棚环境，海退时发育沼泽和泥炭沼泽，沉积了含煤地层木山组，向东南方向海水加深；石底组沉积时，台湾岛西北侧仍然为陆缘，海岸线向西南方向扩展。在经过一次大规模的海侵致使该区域普遍接受浅海-半深海相沉积后，海水面下降，在相当于新竹县、苗栗县一带可能发育了一个河口-海湾古地理区，海岸线总体呈北东向并在局部出现海湾，形成了南庄组的含煤地层。随着台湾地区蓬莱运动发生，在台湾西部中新世含煤地层之上发育了上叠的前陆盆地，出现挠曲沉降，海水再次浸漫，形成浅海-半深海相桂竹林组沉积，聚煤作用终止。

（3）与油气成矿有关的一套陆棚滨海-浅海相的砂岩、粉砂岩、页岩或泥岩，夹煤层、石灰岩的碎屑岩建造组合特征

1）油气产出层：上新统锦水组的砂岩透镜体，在青草湖、崎顶和牛山等油气田都有产层，厚度一般 8~70 m。

上新统—上中新统桂竹林组的砂岩层，在锦水和青草湖气田是较主要的油气产层，厚度 75~100 m。

中中新统南港组打鹿页岩段中的打鹿砂岩层，是长康气田、锦水-永和山和铁砧山-通宵气田等的最主要油气产层，厚度一般 20~50 m，最厚可达 200 m 左右。其由陆上新竹、苗栗地区向西和西北的海域方向增厚、层次增多（1~7 层）；砂岩成分以石英为主，含量 79.2%~92%。

下中新统—上渐新统木山组的砂岩层产层分布甚广，它不但是长康油气田及其附近含油气构造的重要油气产层，而且也是锦水-永和山、出磺坑、铁砧山-通宵、崎顶等油气田的产层。该砂岩层厚度平均 48 m，成分以石英碎屑为主，同时，与木山组相当的八掌溪砂岩，还是澎湖-北港隆起附近的台西含油气构造和八掌溪气田的重要油气产层，其厚度达 40~50 m，物性极好。

上渐新统砂岩层是台西南盆地致昌构造等的重要油气产层，也是锦水、山子脚等油气田的产层之一。在致昌构造（CFC），其厚度平均 153.8 m。

随着深部油气勘探的开展，已在始新统和白垩系陆续钻获工业油气流。下白垩统是最近几年发现的一个重要油气产层，在台湾省西北部，其砂岩层和鲕状灰岩中已见油气显示；而在台湾省西南部的台西南盆地，其砂岩层厚约 50 m。

综上所述，台湾省油气的产出层位虽存在于上新统至白垩系，甚至还可能有侏罗系，但大量勘探、开发实践表明，中中新统石底组、南港组打鹿页岩段及下中新统—上渐新统木山组、渐新统五指山组是目前台湾省最主要的油气产出层位，这些产层砂岩储集层发育，且大部分属三角洲相-滨浅海相沉积，油气产能大。但根据近几年的勘探，白垩系也很可能成为台湾省一个重要的油气产层。

综上所述，台湾省西部及其近海地区具有中新统—上渐新统、始新统、古新统—白垩系为主的 3 套生油气岩，此外还可能有侏罗系生油岩。除中新统煤系地层中的煤为油气形成的主要原始有机物外，中新统以前油气形成的原始有机物则主要为暗色泥质岩。

2）盖层条件：依据台湾省西部地区白垩纪至新近纪盖层发育情况，本区从下而上大致可划分为 4 套大的含油气组合：第一大组合由古新统—白垩系生成的油气，在古新统砂岩层中聚集，始新统的海相泥质岩为盖层，后者岩层厚约 1000 m；第二大组合由始新统暗色泥质岩生成的油气，在始新统及上渐新统（五指山组）和下中新统（木山组）砂岩层中聚集，而下中新统的碧灵页岩为盖层，后者在新竹南部和苗栗地区最厚可达 300~400 m；第三大组合由下中新统页岩（如碧灵页岩）生成的油气，在中中新统砂岩层（如出磺坑砂岩层、北寮砂岩层）中聚集，而中中新统的打鹿页岩为盖层，后者在苗栗地区最大厚度达 432 m，往东、东南方向减薄；第四大组合由中中新统页岩（如打鹿页岩）生成的油气，在中中新统砂岩层（如观音山砂岩层、东坑砂岩层）和上中新统砂岩层（如上福基砂岩层、关刀山砂岩层）中聚集，而上新统的锦水页岩为盖层。锦水组页岩在台湾省西部地区发育广泛，厚 80~400 m，是本区一个区域性良好盖层。若遇适合油气地质条件，其页岩和所夹砂岩层还具有生油和聚集油气的潜力，构成一个自生自储小组合。

以中-下中新统南港组打鹿页岩段、石底组、木山组和上渐新统五指山组，以及与它们的相当地层尤为重要。本区自新近纪以来，发育 3 套海进沉积旋回，使粗碎屑岩层之上往往有泥质岩层如锦水组页岩、打鹿页岩及与大寮组相当的碧灵页岩等覆盖，成为大面积发育的区域性盖层，因此，中新统的 3 套含煤地层可按生、储、盖关系划分为 3 套含油气组合，而其下伏的上渐新统至白垩系也均可构成相应的含油气组合。各油气组合中又可进一步划分出若干小组合，组合中的暗色泥质岩石，不仅可以生成油气，而且也是油气的良好盖层，构成自生自储的含油气组合。

3）油气运移：促使油气发生运移的因素主要是地层压力和地层温度。台湾省西部中新世中晚期由于角板山火山活动产出的火山岩引起接触变质，使有效范围内及邻近的生油岩能在短时间内进入成熟期，并从地层温度高的地区和温度低的地区运移。如新竹外海长胜（CBS）地区，由于火山岩的热效应，促使油气自西北向东南运移；地温差异的指向反映油气运移方向，这对新竹、苗栗地区油气田的形成亦具有一定的作用。

上新世末期—更新世中期的蓬莱造山运动，对台湾省西部的古近纪、新近纪造成强烈的横向挤压力，形成地层压力新的不平衡，其结果必然导致产生油气运移和聚集的新格局。因此，当地层褶皱成背斜时，在背斜轴部附近地层压力最小，此时油气即由向斜往背斜轴部运移。

断层不整合面在油气运移中的作用：台湾省西部地区由于受到白垩纪—新生代以来多次构造运动的影响，导致地层褶皱和断裂，形成断块油气藏。但其大部分断裂由于都是挤压环境下所产生，具有逆断或逆掩性质，因此，作为油气运移的通道并不太理想，故其对绝大多数的气和全部的油不起运移作用，仅极少部分断裂对油气具有封闭作用（如八掌溪气田），或只对少量油气起通道作用（如牛山气田）。

（4）与砂矿型矿产有关的沉积建造与成矿

台湾海峡两岸分布有滨海砂矿床。台湾省西部滨岸地带分布的砂矿，主要有锆石、独居石砂矿，断续分布长达 100 km，品位富，远景较好；此外，台湾省大陆架据初步调查，亦存在磁铁矿、钛铁矿、白钛石、赤铁矿等砂矿，澎湖列岛附近海底有锆石、独居石、含钍矿物富集；在台湾浅滩、台中浅滩砂质沉积物中，也有具远景的海底砂矿。

砂矿床的形成，首先取决于物质来源，其次是有利于砂矿富集的地貌条件，也与气候、水动力（海流、波浪、潮汐）及风力有关。

A. 矿源条件

台湾省滨岸、岸外及大陆架砂矿物质来源，主要来自附近基岩，亦间接来自福建省沿岸基岩及滨海砂矿带。海峡两岸基岩的性质是形成台湾省滨海砂矿床的主要因素，不同岩类决定着砂矿床的不同物质组分。台湾省西部滨海及岸外大陆架砂质沉积物，主要来自中央山脉西坡山地及山麓区。这些重砂矿物，一般来自台湾岛新近纪石英砂岩等基岩，其次来自澎湖列岛、台北大屯山等火山岩及中央山脉变质岩。

B. 地貌条件

地貌特征决定滨海砂矿的富集和分布，就台湾省西部而言，海岸线发育岸外沙嘴、沙洲等地段都易于形成砂矿层。

a）台西南滨岸砂矿地貌特点：台西南滨岸由鹿港至台南长 120 km，发育 3 列雁行含矿沙嘴，主要由东北来的泥沙流因岸线转向而产生。在浊水溪扇形平原向西突出的河口区，河口泥沙流向西南伸展，即成为伸入海中的沙堤地形；台南海岸也因岸线由北东向转向南东而形成岸外含矿沙嘴。曾文溪以南，为海岸线的另一大转折点，北来泥沙流基本停止，故海岸转入沙堤潟湖岸区。

b）台湾海峡地貌特点与砂矿形成关系：台湾海峡海底地形地貌形成、发展是在断裂构造控制下，各种营力作用的结果。构造运动奠定的坳陷、隆起，经侵蚀、堆积，形成各种侵蚀台地和浅滩，以及堆积平原地貌。台湾浅滩含有用重砂矿物之砂质沉积物，经水动力作用，呈跳跃性搬运，由浅滩搬到澎湖列岛周围及南部，进一步推至台西南近岸陆架及滨岸地带，可形成独居石-锆石砂矿层。

C. 水动力条件

水动力条件包括海流、波浪、潮汐等。砂矿物质在水动力作用、分选下，在适宜的地貌部位沉积生成砂矿层。特别是潮汐作用影响较为显著。

台湾省西部沿岸，潮差由北向南渐减。浊水溪以北潮差较大的河口，一般不发育栏门沙，不形成沙堤、沙嘴、沙洲，亦没有砂矿层形成；而台西南潮差较小，潮流较弱，因此，台西南滨岸发育 3 列含矿沙嘴、沙洲，形成独居石-锆石砂矿层。

D. 风力条件

季风是形成滨岸砂层动力之一。风在 2 级以下时，海流流向为常流所控制；3~4 级时，风-海流能控制表面和水下 5 m 的流向；5 级风时，风浪能达底层，挟带砂泥至岸边。

（二）岩浆岩与成矿

1. 火山岩与成矿

根据台湾地壳演化的主要构造-热事件史，火山活动时间可大致划分为燕山期和喜马拉雅期，燕山期火山活动主要发生在东部大南澳变质基底杂岩中，喜马拉雅期中-基性火山喷发强度加大，同时期的次火山活动也活跃（表 2-5）。大部分内生矿产与火山岩关系密切，主要有金、银、铜，以及自然硫、硫铁矿、明矾石等。地质公园和温泉等旅游资源也与火山喷发活动的地貌景观密切相关。

表 2-5　台湾主要火成岩

<table>
<tr><th>地质年代</th><th>地区</th><th colspan="2">火成岩分布地点</th><th>主要岩性</th><th>年龄/Ma</th></tr>
<tr><td rowspan="15">中新世晚期—更新世</td><td rowspan="2">大屯-基隆等地区</td><td colspan="2">大屯火山群</td><td>凝灰岩、高铝玄武岩、辉石安山岩和角闪石安山岩</td><td>0.67~0.35，2.53~2.79</td></tr>
<tr><td colspan="2">基隆火山群</td><td>石英安山岩</td><td>1.7~0.9</td></tr>
<tr><td rowspan="3">东北部离岸岛屿地区</td><td colspan="2">彭佳屿、棉花与和花瓶屿</td><td>玄武岩和辉石安山岩</td><td>1.2~0.2</td></tr>
<tr><td colspan="2">黄尾屿</td><td>辉石安山岩和钾玄岩</td><td></td></tr>
<tr><td colspan="2">龟山岛</td><td>辉石安山岩</td><td>0.5~0.35</td></tr>
<tr><td rowspan="2">桃园-澎湖等地区</td><td colspan="2" rowspan="2">观音山-草岭山，澎湖群岛</td><td>白榴石碱性玄武岩</td><td>0.9±0.5</td></tr>
<tr><td>碱性玄武岩和拉斑玄武岩</td><td>12~10</td></tr>
<tr><td rowspan="8">海岸山脉-绿岛等地区</td><td rowspan="5">安山岩区</td><td>乐和溪剖面</td><td>凝灰岩、枕状熔岩、玄武质角砾岩和安山质角砾岩</td><td></td></tr>
<tr><td>奇美-丰滨地区</td><td>辉石安山岩、角闪石安山岩、角砾岩以及白色凝灰岩和中酸性凝灰岩</td><td>22~20，16~14，13~9</td></tr>
<tr><td>乌石鼻和三仙石</td><td>含橄榄石普通辉石安山岩和含橄榄石二辉安山岩</td><td>5.6~4.5，5.9±0.4</td></tr>
<tr><td>绿岛和小兰屿</td><td>玄武岩、辉石安山岩、角闪安山岩</td><td>4.8~5.2</td></tr>
<tr><td>兰屿</td><td>集块岩和角闪安山岩集块岩、凝灰岩和角闪安山岩</td><td>13.5~2.3，6.6~3.4</td></tr>
<tr><td rowspan="2">蛇绿岩系</td><td>关山火成杂岩</td><td>玻璃质玄武岩、粗粒玄武岩、基性和超基性深成岩</td><td rowspan="2">18.2±0.6
8.8~7.6</td></tr>
<tr><td>利吉火成岩块</td><td>玻璃质玄武岩、粗粒玄武岩、基性和超基性深成岩</td></tr>
<tr><td colspan="5"></td></tr>
<tr><td rowspan="3">渐新世—中新世中期</td><td rowspan="3">苗栗-新竹等地区</td><td colspan="2">关西-竹东-角板山-荖浓溪等地区</td><td>碱性玄武岩和拉斑玄武岩</td><td>13~9</td></tr>
<tr><td colspan="2">公馆附近地区</td><td>碱性玄武岩和拉斑玄武岩</td><td>23~20</td></tr>
<tr><td colspan="2">澎湖群岛澎湖组</td><td>碱性玄武岩和拉斑玄武岩</td><td>37~32，56~41</td></tr>
<tr><td rowspan="3">古新世—始新世</td><td rowspan="3">彰化-云林等地区</td><td colspan="2">毕禄山组火山岩</td><td>具枕状构造的变质基性火山岩</td><td>38</td></tr>
<tr><td colspan="2">平林凝灰岩</td><td>英安质凝灰岩</td><td>38.8±1</td></tr>
<tr><td colspan="2">王功组火山岩</td><td>凝灰岩、集块岩、玢岩和玄武岩</td><td>44.1±2.2</td></tr>
<tr><td rowspan="3">晚白垩世</td><td>澎湖地区</td><td colspan="2">花屿</td><td>安山岩和流纹岩</td><td>65±3，61±2</td></tr>
<tr><td>大南澳带</td><td colspan="2">奇瑶谷、源头山、饭包尖山、大浊水、溪畔和开南冈</td><td>片麻状花岗闪长岩-石英二长岩</td><td>97~77</td></tr>
<tr><td>太鲁阁</td><td colspan="2">苏华高速公路旁</td><td>变质安山岩</td><td>85</td></tr>
<tr><td>早侏罗世</td><td>大南澳带</td><td colspan="2">大仑溪</td><td>变质花岗岩</td><td>152.6±1.7</td></tr>
</table>

（据福建省地质调查研究院，2020）

（1）不同时代火山岩与成矿

台湾的火山岩类型比较简单，主要为基性、超基性熔岩类的玄武岩建造、安山岩建造及火山碎屑岩类的玄武质火山碎屑岩（凝灰岩）建造和少量的潜火山岩类的超浅成玢岩类建造，各地质时期火山岩建造的发育情况见表 2-6。

表 2-6　台湾省各时期火山岩建造构建表

火山活动旋回	亚旋回	含火山岩地层	形成环境	主要岩性建造	地理分布	岩石系列
新生代构造岩浆旋回	第四纪亚旋回	更新统（$Qp\alpha$）	陆相滨海相	安山岩、安山质碎屑岩建造	大屯山、基隆及北部海岸外小岛	拉斑、高铝
		更新统（$Qp\beta$）	陆相滨海相	玄武岩、玄武质碎屑岩建造	澎湖	碱性
	新近纪亚旋回	大港口组（N_2Qp_2d）	浅海相	安山质火山碎屑岩建造，呈夹层产出	海岸山脉	拉斑
		上新统（N_2a）	陆相	安山岩、安山质火山碎屑岩建造	绿岛、兰屿	高铝
		都峦山组（N_1d）	浅海相-陆相	安山岩、安山质碎屑岩建造，呈夹层产出	海岸山脉	拉斑
		奇美岩浆杂岩（$N_1\alpha$）		安山岩、安山质碎屑岩建造	奇美村附近	
		南庄组（N_1nz）	浅海相	玄武岩建造、玄武质碎屑岩建造，呈夹层产出	梨山断裂西侧、雪山山脉地区	
		石底组（N_1shd）				
		木山组（N_1m）	海相			碱性
	古近纪亚旋回	水长流组（E_3sc）		玄武岩、玄武质火山碎屑岩建造，呈夹层产出	雪山北坡	
		毕禄山组（E_2b）		基性凝灰岩建造，呈夹层产出	玉山-关山、台西平原	
中生代构造岩浆旋回	前古近纪亚旋回	天祥（片岩）组（AnE*t*）	浅海相	安山岩和流纹岩	澎湖地区花屿	
		长春（绿片岩）组（AnE*c*）	浅海相	片麻状花岗闪长岩-石英二长岩	大南澳带奇瑶谷、源头山、饭包尖山、大浊水、溪畔和开南冈	
		九曲（大理岩）组（AnE*j*）	海相	变质安山岩	太鲁阁苏华高速公路旁	拉斑

A. 前古近纪阶段火山岩

该时代火山活动主要发生在大南澳变质基底杂岩，表现为零星出露的变质火山岩。作为前古近纪基底的大南澳混杂岩是由西部太鲁阁带和东部玉里带组成。

太鲁阁带由片岩（包括千枚岩、变质砂岩、石英云母片岩、绿泥石片岩、变砾岩、角闪岩、蛇纹岩和薄层大理岩-变质燧石-绿泥石片岩-变基性岩夹层）和巨厚层大理岩，以及少量变质基性岩和花岗岩类岩石（包括片麻变质安山岩/花岗岩）组成，这些岩石都已经历了绿片岩-角闪岩相变质作用（Chen et al.，1995）。变质基性岩和角闪岩的地球化学特征显示为岛弧拉斑玄武岩。

玉里带主要由单一序列的绿片岩相，其次是石英云母片岩和下伏变质基性岩/蛇纹岩所组成，该带还没有化石。在外来蛇绿岩片中产出有少量角闪岩，变质辉长岩和蛇纹岩，但其变质变形时代可能要早于后者。

B. 古近纪阶段火山岩

该时期是新生代火山活动起始阶段，火山活动强度弱、规模小，为局部性、间歇性的中-基性岩浆喷发活动。古新世火山岩在地表未见出露，仅见于彰化县王功一号井和云林县台西一号井的王功组中，有多层火山岩夹层，自下而上为玄武岩、辉绿岩、玄武质凝灰岩、安山质凝灰岩和长英质凝灰岩。

始新世火山岩见于中央脊梁山脉的毕禄山组中，常夹暗红色火山岩透镜体，为玄武岩、玄武质凝灰岩。

渐新世火山岩主要见于雪山山脉的水长流组上部，其岩性主要是玄武质火山碎屑岩及少量玄武岩，透镜状或不规则状，厚度自 1 m 至数十米不等，大都与沉积岩层协调一致。

C. 新近纪阶段火山岩

该时期是新生代火山活动活跃时期产物，火山活动频度增加，喷发间歇较短，强度较大，岩相也较复杂。火山岩的分布可分为东部、西北部 2 个区，东部区火山作用较强，活动时间最长，且与矿产关系密切。

a）东部区火山岩。分布在台东纵谷以东的海岸山脉地区及绿岛、兰屿等岛屿，主要是安山岩类，大规模的火山喷发活动从早中新世开始，到上新世减弱，局部延续到更新世，形成的火山岩地层自下而上为奇美岩浆杂岩（$N_1\alpha$）、都峦山组（N_1d）、绿岛安山岩（$N_2\alpha$）及大港口组（N_2Qp_2d）。

b）西北部区火山岩。分布于台湾西北部，自基隆向西南经关西至南庄一带，产于中新世 3 个含煤沉积旋回中，火山岩大部分属玄武质，而且火山碎屑岩多于熔岩流，呈透镜状或不规则状存留在各岩层中。

D. 更新世阶段火山岩

该时期是新生代火山活动鼎盛时期产物，是台湾火山活动最强烈、火山岩分布最广的时期，也是最重要的火山成矿期。根据火山岩所处的构造环境和地理位置可划分为大屯山区、基隆区和澎湖区。火山岩的岩石类型包括不同碱度的玄武岩、不同矿物成分的安山岩及其碎屑岩、石英安山岩和石英安山质碎屑岩等。与火山作用有关的矿产是自然硫、硫铁矿、耐火粘土、明矾石、金、银、铜、硫铁矿等。

a）大屯山区火山岩。本区火山岩分布以大屯山火山群为中心，呈北东—南西向展布，向北东有台湾北部岸外的花瓶屿、棉花屿、黄尾屿等火山岛，向南西有桃园大溪的草岭山火山体等。基本由安山岩流、火山灰和安山质碎屑岩的连续交替喷发构成，局部有玄武岩，它们覆盖在中新世的沉积基底之上，形成的火山岩地层为大屯山安山岩（$Qp\alpha$）。与大屯山区火山作用有关的矿产主要是自然硫、硫铁矿、耐火粘土、明矾石等。

b）基隆区火山岩。本区火山岩分布以基隆火山群为中心，包括基隆港外 6 km 的基隆岛和台湾岛东北外岸的龟山岛。基本由各种类型的安山岩、石英安山岩组成，局部有玄武岩，形成的火山岩地层亦为大屯山安山岩（$Qp\alpha$）。与基隆区火山作用有关的矿产主要是金、银、铜、硫铁矿等。

c）澎湖区火山岩。澎湖列岛 64 座岛屿中，除花屿外其余岛屿几乎全被玄武岩流覆盖，玄武岩在各岛屿形成平顶台地。形成的火山岩地层为澎湖玄武岩（$Qp\beta$），以玄武岩、玄武质凝灰岩为主，夹有浅海相粘土岩、凝灰质砂岩及灰岩，下伏地层为中新世沉积岩。

（2）火山岩岩石构造组合与成矿

A. 岛弧玄武岩-安山岩组合与成矿

a. 新近纪岛弧玄武岩-安山岩组合

台东地区与火山作用有关的矿产分布在奇美岩浆杂岩体中和海岸山脉带的都峦山组中。

奇美岩浆杂岩出露区是目前台湾较有前景的金铜矿区，已发现两处有开采价值的矿产地——奇美金铜矿和樟源金银矿，矿体产于蚀变安山岩中，并与石膏、方解石、高岭土和其他多种硫化物伴生，矿石品位较低，但矿化范围较广，其矿床形成均与安山玢岩侵入有关，据认为属于斑岩型矿床。

与海岸山脉带火山岩有关的矿产有脉型铜铅锌矿、含铜黄铁矿、脉型石膏、脉型和层状粘土、层状沸石、脉型蓝紫玉髓等。如台东都峦山组含铜黄铁矿，规模较小。

b. 更新世岛弧玄武岩-安山岩组合

与大屯山区火山作用有关的矿产主要是自然硫、硫铁矿、耐火粘土、明矾石等。与基隆区火山作用有关的矿产主要是金、银、铜、硫铁矿等种，最重要的有金瓜石和瑞芳等地的火山型金矿。

其中金瓜石金铜矿床是与台湾北部火山区新生代基隆火山群密切相关的一个高硫型浅成中低温热液矿床。由于它发现早，规模大，在矿床学上有典型意义而闻名于世。

台湾金瓜石金铜矿床位于台湾北部火山区，琉球和菲律宾弧的交会处（Biq，1971），台湾北部火山可能发生在 2 Ma 左右菲律宾海板块俯冲引起碰撞造山带的扩张。该火山区包括台湾岛大屯、观音山、草岭山、基隆火山和台湾邻近岛屿：彭屿、棉花屿、花瓶屿和龟山岛。金瓜石铜矿床即与基隆火山群有关。北部火山区的大地构造背景一般认为是琉球火山带的西延部分。

B. 陆缘裂谷基性火山岩组合与成矿

陆缘裂谷基性火山岩组合中岩性主要为玄武岩类，与玄武岩有关的矿产主要是霰石（文石），主要产地是澎湖列岛中的望安岛，其他如渔翁岛、凤柜美、将军澳屿、吉美屿（七美屿）、吉贝屿也有出产。

2. 侵入岩与成矿

台湾省侵入岩不发育，分布零星，以岩脉为主，部分为岩床。岩浆侵入活动可分为燕山晚期（即南澳运动期）和喜马拉雅期两期，以燕山晚期活动较强，但燕山晚期岩体均已遭受不同程度的变质，而呈片麻岩形式产出；喜马拉雅期岩体主要为基性、超基性岩，多是蛇绿混杂岩体中的岩块。近年来发现了 1 个燕山中期的晚侏罗世花岗岩体。

燕山晚期在台湾大南澳混杂岩中发生多次钙碱性岩浆侵入活动和混合岩化作用，形成了源头山等 6 个片麻岩体，各时期的侵入体均已遭受不同程度变质。据源头山岩体观察，本期岩浆活动首先是辉长岩类（已变质成蛇纹岩和角闪岩）岩体侵位，它常成为正片麻岩中的捕虏体，随后为花岗岩类（包括花岗岩、花岗闪长岩和石英闪长岩，均已变质成片麻岩）岩体侵位并伴随混合岩化，接着是花岗伟晶岩侵入到花岗岩类中。此外，出露在澎湖列岛西部花屿的玢岩和石英斑岩可能亦为本期侵入形成。

喜马拉雅期岩浆侵入活动较弱，可进一步划分为早期（古近纪）和中期（新近纪）。早期侵入体已见有辉绿岩、角闪闪长岩和石英闪长岩等，它们在太鲁阁带、玉里带和下古近纪浅变质岩中常见出露。中期岩浆侵入活动甚弱，仅在台湾东北外海的钓鱼岛及南小岛见有角闪石闪长玢岩脉；但是，在台湾西部嘉义滨海平原的石油钻探中，多次在井下中新世地层（观音山砂岩、打鹿页岩、北寮层）中见有辉绿岩脉；在澎湖通梁一号井和云林虎尾褒忠一号井的上古近系中均含有接触变质矿物，都可作为深成岩浆活动的证据。

台湾省侵入岩主要的岩浆侵入活动期有前古近纪、上新世、更新世 3 个时代（表 2-7）。

表 2-7　台湾省各时期侵入岩建造构建表

代	纪	世	岩石单元	代号	主要岩性建造	地理分布	岩石成因类型
新生代	第四纪	更新世	闪长玢岩	$\delta\mu Qp$	闪长玢岩、闪长岩建造	澎湖花屿	壳幔混合源
	新近纪	上新世	基性岩	βQp	辉绿岩建造	利稻	幔源
			超基性-基性岩	σN_2	橄榄岩、角闪石岩、辉长岩、辉绿岩建造	恒春-石门、利吉-关山-安通一带	幔源
中生代	前古近纪		TTG	$\gamma\delta K_2$	英云闪长岩、奥长花岗岩、花岗闪长岩建造	源头山、饭包山、大浊水、溪畔等	壳幔混合源
			超基性-基性岩	σAnE	橄榄岩、角闪石岩、辉长岩、辉绿岩建造	丰田、万荣、瑞穗和玉里等	幔源

（1）侵入岩的形成、构造环境及其演化

由于台湾省侵入岩不发育，分布零星，因此将结合火山岩的情况，探讨台湾岩浆岩的形成、构造环境及其演化。

台湾位于欧亚大陆板块与菲律宾板块的汇聚处，这两个板块的聚合、俯冲和碰撞作用，始终是控制台湾岛及其邻近岛屿岩浆活动的主要因素。

中生代晚期，由于太平洋板块的不断扩张，在亚洲大陆边缘形成了弧沟系统，大致以寿丰断层为界，西侧代表欧亚大陆边缘的太鲁阁带转变成火山弧，其中有基性火山岩浆喷发和酸性岩浆侵入，东侧代表太平洋板块西缘海沟的玉里带转变成消减带，并形成了蛇绿混杂体。白垩纪时，古火山岛弧的火山活动减弱，在西部（澎湖列岛一带）的弧后拉张盆地中有基性熔岩断续喷发和侵入。

古近纪，古火山岛弧中的火山活动已经停息，新的弧沟系统正在酝酿，火山活动仍集中在西部弧后盆地中，但有渐次向东北方迁移趋势，这时期产生了浅海沉积地层中的基性熔岩及基性火山碎屑岩的夹层。

渐新世中期以后，由于南海板块的扩张和沿马尼拉海沟向东俯冲，吕宋火山弧逐渐形成，当时的台湾东部地区（包括海岸山脉、兰屿和绿岛）就是这个火山弧的北延部分。中新世时期，在这个火山弧上，以奇美地区最先开始局部火山喷发，相继而来的是都峦山组安山集块岩、兰屿和绿岛的安山集块岩及安山岩流喷发。海岸山脉和兰屿的安山岩都属于拉斑玄武岩系列，反映不成熟岛弧火山岩的特点。

中新世时，在古火山岛弧的弧后盆地（桃园-新竹一带）中，伴随频繁的地壳振荡运动而发生间歇性小规模火山喷发，为富钠质玄武岩浆喷发和侵入，熔岩分布范围小，厚度不大，夹在正常沉积岩中，且喷发时间和地点变化不定。这时期的台湾南部还是深海环境，邻近马尼拉海沟，其火山活动很弱，活动时间相对较晚（从瑞芳群沉积期开始），是一些碱性玄武岩流和凝灰岩喷发或侵入，呈岩流、岩床和岩墙产出。

中新世到上新世时期，吕宋弧与大陆发生碰撞（并沿台东纵谷向西仰冲），北吕宋海槽在台东纵谷一线封闭。首先是奇美、兰屿等地的玄武岩浆喷发，随后有海岸山脉（奇美、都峦山）、兰屿、绿岛等地的安山岩喷发。相对而言，以安山岩的活动时间较长、分布最广、规模较大。上新世时，在海岸山脉断层东侧产生了利吉（组）蛇绿混杂体，这个混杂体最初接受来自西方的滑混堆积，随后又接受了来自东方的吕宋弧的火山岩物质，成为一个砂泥质混杂体。与此同时，在恒春半岛上也形成另一个蛇绿混杂体——垦丁组，但它的组成物质来源方向恰好相反，泥砂质的滑混堆积来自其东边的正常中新世沉积，而砾岩岩块中的基性、超基性、酸性岩浆岩砾石则来自中国南海的海洋地壳。

上新世晚期至更新世，宜兰以北的大屯山、基隆山等与琉球岛连成一片，成为琉球弧的一部分。可能由于热值升高，引发了新一轮回的火山喷发。首先是大屯山、观音山等地的玄武岩浆喷发，随后有大屯山、基隆山的安山岩、石英安山岩喷发。相对而言，以安山岩为主，其活动时间较长、分布最广、规模较大。与此同时，位于大陆边缘的澎湖列岛地区发生大规模玄武岩浆喷发，早期为碱性橄榄玄武岩浆，晚期为拉斑玄武岩浆，由于厚度大、分布广，其岩浆通道可能受较大规模的深断裂带控制，这个断裂带或许与澎湖-北港隆起有关。

（2）侵入岩的岩石构造组合与成矿

台湾省侵入岩不发育，分布零星，因此与侵入岩岩石构造组合有关的矿产很少。目前仅有蛇绿混杂体中的基性、超基性岩块与矿产有关联，即玉里片岩中的基性、超基性岩块，有关的矿产主要是铜、蛇纹岩及其伴生的石棉、滑石、软玉等。其中以丰田蛇纹岩的品质最好，且伴生的石棉、滑石、软玉均有工业价值。

丰田是台湾省著名的石棉和滑石矿区，已发现 7 个蛇纹岩体，呈透镜状、似层状，产在黑色片岩中，厚 10~20 m，多数与围岩片理协调，局部斜切片理。

台湾斑岩铜矿主要产于台湾省东部海岸山脉的奇美及其南北方向的丰宾和都峦山一带。其中最大的铜矿床为奇美铜矿。东部海岸山脉地区下部地层为中新世都峦山层，由安山质砾岩、集块岩、安山岩岩流和侵入的闪长岩及闪长玢岩组成；上部为上新世大港口层和奇美层，主要岩石为中性火山岩（安山岩）和浅成侵入岩（安山玢岩），主要矿产为含金的斑岩铜矿。奇美斑岩铜矿同欧亚与太平洋两大板块碰撞密切相关，两板块的缝合线为海岸山脉与中央山脉交界的台东纵谷。

（三）变质作用与成矿

台湾的变质岩系主要分布在中央山脉，该山脉东翼大部为前古近纪片岩，通称大南澳片岩（包括太鲁阁带及玉里带）（图 2-1）；中央山脉西翼由板岩、页岩组成，俗称板岩系。

根据台湾主要地壳构造运动发生时期及其产生的变质作用在强度和类型方面的差异，结合区域变质岩石及其相伴的花岗岩同位素年龄值，台湾省区域变质作用时期可划分为前喜马拉雅期、喜马拉雅期 2 个变质时期（表 2-8）。

1. 变质带分布

根据台湾省变质岩及变质作用特征和时空展布规律，台湾的变质地质单元划分属武夷-台湾变质域，台湾变质区，进一步划为大南澳、中央山脉西部 2 个变质地带。大南澳燕山期变质地带可细分为太鲁阁和玉里 2 个变质岩带。

（1）大南澳变质地带

大南澳变质地带位于中央山脉东翼大南澳片岩出露区，北起南澳，往西南经太鲁阁、玉里到桃林一线，呈北北东向带状展布，长约 240 km、最宽约 25km。受变质岩石：地层主要有前古近纪大南澳岩群，包括开南冈岩组（AnE*k*）、太鲁阁岩组（AnE*t*）、长春岩组（AnE*c*）及玉里岩组（AnE*y*）；前古近纪花岗质片麻岩。

前古近纪大南澳岩群在晚中生代受到绿片岩相变质作用，局部产生角闪岩相，而在新生代又叠加了绿片岩相变质作用。晚中生代变质作用类型应为区域动力热流变质作用，新生代变质作用类型应属区域低温动力变质作用。

大南澳燕山期变质地带根据其原岩建造、构造位置、变质特征等，可细分为玉里变质岩带及太鲁阁变质岩带。

1）玉里变质岩带：北起花莲以南，向南延到太麻里溪以北，其东以台东纵谷为界，西以寿丰断层与太鲁阁变质带相邻，呈北东向狭长带状分布，长约 160 km、最宽约 15 km，由前古近纪玉里片岩（AnE*y*）组成。

2）太鲁阁变质岩带：北起乌岩角，南抵太麻里溪以北，其东以寿丰断层与玉里带为界，西以利稻断层与中央山脉喜马拉雅期变质地带相邻，呈北北东向带状展布，长约 240 km、最宽约 25 km，由前古近纪长春片岩（AnE*c*）、太鲁阁大理岩（AnE*t*）、开南冈片麻岩（AnE*k*）组成。

（2）中央山脉西部变质地带

中央山脉西部变质地带位于台湾中部中央山脉西部地区，呈北北东向带状展布，北起台湾岛东北端的三貂角，南经雪山山脉到牡丹山一带，全长约 350 km、最宽约 30 km。受变质地层由始新统—中新统十八重溪组（E_2s）、达见组（E_2d）、西村组（$E_{2-3}x$）和毕禄山组（E_2b）、庐山组（N_1l）组成，东部不整合覆盖于大南澳岩群之上，西部以屈尺-荖浓断层与未变质的地层相邻。具低绿片岩相变质，变质作用类型属喜马拉雅期区域低温动力变质作用。

A. 庐山变质岩带

庐山变质岩带位于中央山脉西部变质地带的东侧，东北起自苏澳，经中央尖山、庐山，向南抵北大武山。其东以大南澳混杂岩为界，西以梨山断层与雪山变质岩带相邻，呈北北东向狭长带状分布，

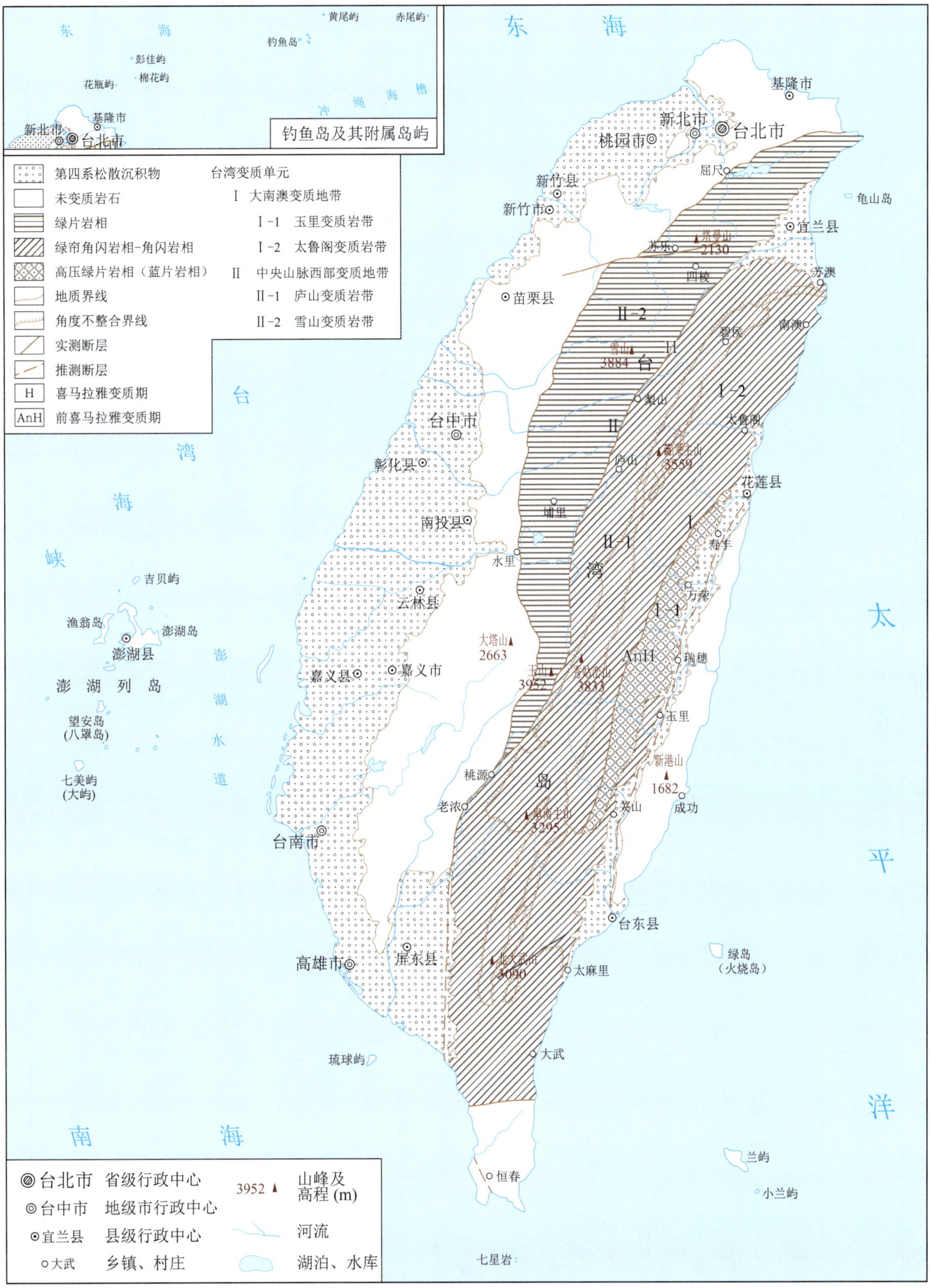

图 2-1 台湾省变质地质图

（据福建省地质调查研究院，2020）

表 2-8　台湾区域变质作用时期划分表

变质时期	变质地层	地壳运动	大地构造性质	空间分布	变质单元		主要岩性	原岩建造	变质类型	变质相
					地带	岩带				
喜马拉雅期	苏乐组（N_1s）—十八重溪组（E_2sh）	蓬莱运动	增生楔	主要分布在中央山脉西部雪山-北大武山一带，变质带呈北北东向展布	中央山脉西部	雪山	板岩、硬页岩、千枚岩、变质砂岩	砂泥质复理石建造	区域低温动力变质作用	变质程度低，为低绿片岩相，特征矿物有伊利石、绢云母、绿泥石、绿帘石等
	庐山组（N_1l）—碧侯组（E_1b）					庐山	千枚岩、板岩、变质砂岩、结晶灰岩、变质砾岩			变质浅，为绿片岩相，特征矿物有绢云母、绿泥石、绿帘石、阳起石等
前喜马拉雅期	天祥（岩）组（AnE*t*）	南澳运动	混杂岩带	主要分布在中央山脉东部大南澳片岩出露区，变质带呈北北东向展布	大南澳	玉里	黑色片岩、绿片岩、蛇绿岩、蓝闪石片岩	复理石建造 蛇绿混杂体	低温高压型区域低温动力变质作用	蓝片岩相，特征矿物有冻蓝闪石、青铝闪石、石榴子石等
	长春（岩）组（AnE*c*）—九曲（岩）组（AnE*j*）		活动大陆边缘			太鲁阁	大理岩、绿片岩、黑色片岩、硅质片岩、片麻岩	复理石建造 碳酸盐岩建造 花岗岩建造	高温低压型区域动力热流变质作用	绿帘角闪岩相-角闪岩相，特征矿物有普通角闪石、石榴子石、硬绿泥石、矽线石等

（据福建省地质调查研究院，2020，有修改）

长约270 km，平均宽度20 km。由古新统碧侯组（E_1b）、始新统毕禄山组（E_2b）、渐新统—中新统礼观组（E_3N_1l）和中新统庐山组（N_1l）组成。

碧侯组由黑色板岩、千枚岩组成，夹结晶灰岩、变质砂岩、变质含砾砂岩，底部具底砾岩。毕禄山组以深灰色板岩和千枚岩为主，夹较多薄-厚层细-粗粒的变质砂岩和结晶灰岩及多层变质砾岩，局部具底砾岩，含绿色至暗红色变质火山岩。礼观组主要由黑色-黄灰色细粒-中粒变质砂岩组成，夹板岩与变质砂岩的互层，底部具一层厚约3 m富含化石的砾状灰岩。庐山组以灰黑色泥质板岩、板岩、千枚岩为主，夹薄层变质砂岩及变质砂岩与板岩互层，局部夹玄武质火山岩透镜体和零星的泥灰岩团块。

B. 雪山变质岩带

雪山变质岩带位于中央山脉西部变质地带的西侧，东北起自北海岸的福隆，南达玉山山脉南边荖浓溪上游，其东以梨山断层与庐山变质岩带相邻，西以屈尺-荖浓断层与未变质的新生代地层为界，呈北东向带状分布，长约220 km，平均宽度20～25 km。由始新统十八重溪组（E_2sh）、达见组（E_2d）、白冷组（E_2bl）、西村组（E_2x）、四棱组（E_2s），渐新统水长流组（E_3sh）、干沟组（E_3g）、粗窟组（E_3c）、大桶山组（E_3d），中新统澳底组（N_1a）、苏乐组（N_1s）组成。

十八重溪组主要由黑-暗灰色板岩组成，夹薄层变质砂岩以及板岩和变质砂岩薄互层；达见组主要由白色或浅灰色厚层块状中至粗粒变质石英质砂岩组成，夹薄层至厚层板岩和硬页岩。白冷组以白色或灰白色细粒至粗粒的变质石英质砂岩为主，夹深灰色硬页岩或硬页岩与板岩互层。西村组由页理发育的深灰色板岩和千枚岩组成，在较下部常见坚硬的暗灰色中粗粒变质石英砂岩夹层；四棱组以厚层浅灰色到灰白色中粗粒变质石英砂岩为特征，夹深灰色硬页岩或板岩及碳质页岩。水长流组以黑色板岩、硬页岩为主，夹少量灰色薄层变质石英细砂岩、海绿石砂岩或粉砂岩。干沟组岩性以灰-灰黑色板岩、硬页岩为主，夹薄层变质细砂岩、粉砂岩；粗窟组由灰色、暗灰色厚层变质粉砂岩与硬页岩或板岩互层组成，上部夹薄层变质细砂岩，局部夹变质海绿石砂岩；大桶山组以灰黑色硬页岩或板岩为主，夹灰色细-中粒薄层变质砂岩或粉砂岩，局部夹变质玄武质火山碎屑岩或玄武岩。澳底组以灰色厚层细-中粒变质砂岩为主，夹深灰色板岩或硬页岩和煤层。苏乐组由板岩、硬页岩、变质砂岩及变质砂岩与板岩或硬页岩互层组成，含煤线。

该变质岩带的地层特征具有碳质岩层和白色厚层粗砂岩，其页岩沉积物大部分已经变质成泥质板岩，部分变质成板岩。

2. 变质作用与成矿

（1）变质作用、构造环境及其演化

台湾位于欧亚板块与太平洋板块碰撞带上，在此特定环境下，台湾岛经历了断裂、俯冲、碰撞等复杂的构造运动，产生了一系列复杂的变质作用。因此台湾的区域变质作用与上述岩石圈板块运动有着密切关系，特别是中生代以来的构造运动异常强烈、频繁，它奠定了整个台湾地区的地质构造格局，变质作用及岩浆活动均严格受其控制。

由于台湾各时期的区域变质作用均与海洋板块向欧亚大陆板块俯冲、碰撞有关，因此所有的变质地带、岩带、相带，其展布方向总体均呈北北东向，与上述两板块碰撞带大致平行，有时构成双变质带。

第一期变质作用发生在中生代晚期，古太平洋板块向西俯冲于亚洲大陆之下，寿丰断裂作为两大板块间的大断裂，玉里带俯冲于太鲁阁带之下，形成了双变质带——太鲁阁低压高温带与玉里高压低温带。玉里带的蛇绿混杂体遭受了高压低温变质作用，形成了绿帘角闪岩相组合，但因经历了多次变质作用，只有少量含冻蓝闪石的绿帘角闪岩仍保留下来，与玉里带不断向西俯冲的同时，深部热源不断上升，造成了太鲁阁带的低压高温变质作用。同时以遭受钙碱性花岗岩的侵入，局部混合岩化，并部分熔融，局部围岩产生热液变质作用，导致矽线石、钾长石的晶出，且产生了区域性绿片岩相至角闪岩相的变质作用。

第二期变质作用始于古近纪，在中新世最为强烈。在上述中生代晚期大南澳片岩中的双变质带形成后，其岩层又不断受到花岗岩浆的侵入，并产生绿片岩相的变质作用，35~60 Ma 的同位素年龄可能是此一热事件的记录。

约在中新世晚期发生的第二次俯冲，使玉里带蛇绿混杂体早期形成的绿帘角闪岩再次变质，产生了蓝闪绿片岩相变质作用，冻蓝闪石消失，而出现蓝闪石，形成蓝闪石片岩（Rb-Sr 矿物同位素年龄为 8~14 Ma）。在太鲁阁带则叠加了绿片岩相变质作用。但这些早期发生的绿片岩相变质作用又常受到新生代晚期碰撞变质作用的叠加和改造，要详细区分各期变质作用十分困难。

第三期变质作用与 4 Ma 前的亚洲大陆与吕宋岛弧碰撞有关。由于北西向压应力使海岸山脉（属吕宋岛弧）仰冲于亚洲大陆之上，碰撞的结果，造成叠瓦构造和东倾的逆断层，使基底盖层产生变质作用，并且越向东构造压应力越大，因之产生进变质作用，向东变质程度升高，由西部山麓的浊沸石相，经雪山山脉的葡萄石-绿纤石相到大南澳片岩的绿片岩相。此外，白云母、伊利石及含碳物质的结晶度都向东连续增高。同时因为两板块的碰撞是由北开始，再逐渐向南推移，所以台湾北部的变质程度较南部高。

（2）变质岩的岩石构造组合与成矿

变质岩岩石构造组合是指特定构造环境中形成的多种变质建造的组合，变质建造的划分是确定变质岩石构造组合的基础。变质建造是变质地区中有规律的变质岩石自然组合，变质建造的划分一般以原岩建造为基础，结合变质作用类型进行划分。结合台湾省变质岩的特征，将台湾省变质岩岩石构造组合划分为：片麻岩-混合岩组合、大理岩-绿片岩-硅质岩组合、绿片岩-石英片岩-大理岩组合、（石英）云母片岩-绿片岩组合和浅海-半深海泥质板岩-砂质板岩组合等 5 个变质岩岩石构造组合（表 2-9）。

表 2-9　台湾省变质岩区变质岩石构造组合划分表

<table>
<tr><th colspan="3">变质地质单元</th><th colspan="2">变质地层单位</th><th>变质岩岩石构造组合</th></tr>
<tr><td rowspan="7">武夷-台湾变质域</td><td rowspan="7">台湾变质区</td><td rowspan="4">中央山脉喜马拉雅期变质地带</td><td colspan="2">庐山组（N_1l）</td><td rowspan="4">楔顶盆地亚相浅海-半深海泥质板岩-砂质板岩组合（E_2-N_1）</td></tr>
<tr><td>西村组（$E_{2-3}x$）</td><td rowspan="3">毕禄山组（E_2b）</td></tr>
<tr><td>达见组（E_2d）</td></tr>
<tr><td>十八重溪组（E_2s）</td></tr>
<tr><td rowspan="3">大南澳燕山期变质地带</td><td rowspan="3">大南澳杂岩</td><td>天祥（岩）组（AnEy）</td><td>含蛇绿岩碎片浊积岩亚相（石英）云母片岩-绿片岩组合（AnE）</td></tr>
<tr><td>长春（岩）组（AnEc）</td><td>含蛇绿岩碎片浊积岩亚相绿片岩-石英片岩-大理岩组合（AnE）</td></tr>
<tr><td>九曲（岩）组（AnEt）</td><td>含蛇绿岩碎片浊积岩亚相大理岩-绿片岩-硅质岩组合（AnE）</td></tr>
</table>

台湾省与变质岩岩石构造组合相关的矿产仅有大理岩、铜及石棉等。

A. 含蛇绿岩碎片浊积岩亚相大理岩-绿片岩-硅质岩组合与成矿

与该组合有关的矿产是大理岩和白云岩，主要赋存于前古近系九曲（岩）组（AnEj）中，分布于台湾南澳-玉里一带。主要由大理岩和部分白云岩构成，偶夹绿片岩和硅质片岩（石英云母片岩、云母片岩）组成，原岩建造属碳酸盐岩建造，受区域动力热流变质作用，变质程度以低绿片岩相为主，局部达高绿片岩相。

大理岩以浅灰至深灰色为主，黑色和白色次之，块状或厚层状，细粒到粗粒，一般具有条带状构造，层厚自数米至1000 m以上，质量大都甚佳，CaO含量均在50%以上，以和平溪至花莲市间的苏花公路中段、木瓜溪、智亚汉溪、万里溪和马太鞍溪等地发育最好。

在台湾东部大浊水、开南冈、智亚汉溪、太平溪和马太鞍溪等地的大理岩中，常伴有厚层状、透镜状或不规则状白云岩，二者之间常出现1~5 m厚的过渡性岩层。白云岩的长度和厚度变化较大，其长度由数米至500 m，可断续延长2000 m，厚度10~100 m不等，其MgO在17%~20%，杂质很少。

B. 含蛇绿岩碎片浊积岩亚相绿片岩-石英片岩-大理岩组合与成矿

与该组合有关的矿产是铜矿，主要产于以绿片岩为主，夹云母石英片岩、大理岩的前古近纪长春（岩）组（AnEc）中。受区域动力热流变质作用，变质作用以低绿片岩相为主，少部分为高绿片岩相，甚至低角闪岩相。如宜兰县铜山、东澳、太白山，花莲县铜门、铜文兰等铜矿床（点）都与此建造有关。

它是火山沉积-变质型铜（铅锌）多金属的重要控矿层位和矿源层，矿体呈似层状、豆荚状或透镜状产于绿片岩与大理岩的结合部位或大理岩中，主矿脉大致平行于变质岩片理。

绿片岩是长春片岩中的重要岩类，也是台湾含铜黄铁矿的主要围岩，常呈厚层、薄层或透镜体与黑色片岩或大理岩成互层产生，它多数由基性火山熔岩和碎屑岩变质而成，并以绿泥片岩和角闪片岩为主要代表岩石。

矿体围岩为前古近纪绿片岩、大理岩、角闪片岩、石英片岩、石墨片岩等，矿石矿物为黄铜矿、含铜黄铁矿、磁黄铁矿、黄铁矿及闪锌矿、方铅矿、含金银方铅矿等。含矿品位：宜兰铜山铜矿床含Cu有时达10%，一般3%~5%；东澳铜矿床中Cu 1.2%~1.4%、Zn 0.4%~0.5%、Au 0.03~0.06 g/t、Ag 5~10 g/t；花莲铜门铜矿床中Cu 0.5%~5.15%、S 22.1%~41.68%。

此外，还有石棉矿，主要由蛇绿混杂体中的超基性岩块（橄榄岩、方辉橄榄岩等）经变质而成。

（四）区域构造与成矿

构造是成岩成矿的前提，它贯穿了构造-建造-成矿全过程，既控制沉积建造、岩浆侵入、火山喷发、变质岩带，又控制区域成矿作用和矿床展布。地壳构造运动所生成的各种构造形式，是控制油气田和金属矿床生成和产出的重要构造因素。

1. 地壳结构与成矿关系

台湾省境内存在东西两个截然不同的地壳结构区，西部属欧亚大陆板块，为隆起区，由下部硅镁层及上部硅铝层组成，具双层结构，地壳较厚；东部属菲律宾海板块，为洋壳区，单层结构，地壳较薄。地壳结构对岩浆建造、沉积建造生成环境及物质组成有一定的影响，内弧地壳（洋壳）主要生成拉斑系列火山岩浆建造及以铜、金、硫为主的矿产；陆壳型地壳所形成的前陆盆地，生成石油、天然气、煤及非金属矿产。所形成的岩浆岩，则随远离岛弧及地壳增厚而具大陆地壳型的岩浆建造特征，含钾趋高，钠反之，相应形成陆壳型内生矿产（台湾海峡两岸）。

2. 板块构造运动与成矿关系

中生代以后，台湾省的构造运动是板块作用的结果，各时期板块俯冲/碰撞方向、消减带倾向、下倾角度、运动速率和会聚斜度等作用方式往往不一样，可能导致各时期的构造活动及火山活动，成矿作用特征存在许多差异。

（1）各时期板块构造运动与成矿关系

1）中生代早-中期板块构造运动：这时期的构造运动造就了大陆边缘断陷盆地，如台西盆地是由板块俯冲/碰撞挠曲断陷而形成的大陆边缘裂陷盆地，它首先接受晚中生代生油岩沉积建造，为新生代巨厚沉积形成油气层奠定了基础。

这次板块构造运动，还使前古近纪碳酸盐建造、含铜黄铁矿火山沉积建造及洋壳岩块等经变质作用，形成太鲁阁杂岩带中的大理岩、白云岩、铜-黄铁矿及蛇纹岩矿床。

2）中生代晚期板块构造运动：在区域上，这次构造运动使台西盆地坳陷进一步扩大，发育成生油岩海相沉积盆地；同时，使玉里混杂岩带中的洋壳岩块蛇绿岩变质为蛇纹岩等矿床。

3）晚新生代板块构造运动：菲律宾海板块载着吕宋弧与台湾欧亚大陆板块发生持续碰撞，板块碰撞挤压形成一系列构造（背斜、断层），可以成为良好的储油气构造，并使高成熟度地层中油气大规模运移；构造活动使压力和温度失去平衡，不平衡程度越高，油气运移的规模也越大。苗栗县附近的构造所受到的压力相对较轻，而导致油气产生大规模的运移，形成油气田。

这期板块构造运动，形成了台西盆地、台西南盆地油气田及与火山作用有关的金、铜、硫磺；同时形成利吉混杂岩，并使中生代变质而成的蛇纹岩体，再受低温热液交代而生成滑石、石棉、软玉等矿床。

（2）板块构造运动的成矿作用功能

台湾省及邻区板块构造运动，其成矿作用可归纳如下几点：

1）为火山岩浆活动及火山成矿作用创造了有利环境。如晚新生代弧-陆碰撞，导致安山质火山侵入-喷发活动及铜、金等成矿作用；菲律宾海板块向北俯冲到琉球岛弧之下，引发了高铝质玄武岩、安山质火山岩侵入-喷发活动及金、铜、硫成矿作用，从而生成台湾省内生矿床。

2）“拉张造海”形成不同类型拉张断陷盆地，为含矿沉积建造提供有利空间。中生代板块的俯冲引起的弧后拉张效应，在陆壳基底上形成台西及台西南等断陷盆地。台湾省及邻区的这种盆地具有“东西分块和南北隆凹分带”的构造特点，凹陷中堆积了达万米厚的海相、陆相、陆海交替相及河流三角洲相的白垩系、古近纪、新近纪含矿沉积建造，为生成油气田、煤及非金属矿床奠定了基础。

3）“挤压造陆”为陆壳增生、地壳增厚提供造陆及成矿的物质来源。板块俯冲/碰撞/增生作用，导致在仰冲板块前缘形成山脉。晚新生代弧-陆碰撞使台湾地壳缩短，形成高耸的中央山脉，地壳加厚。山脉经剥蚀作用，为沉积矿产提供丰富成矿物质，从而形成台湾的硅石砂岩、粘土类矿产及滨海砂矿（包括独居石、锆石等）。此外，前陆盆地沉积岩层中丰富的有机质生成的油气，由于侧向压力，可被“压出来”向上或侧向迁移，在有利的储油气部位聚集成油气田。

4）“俯冲变质”形成区域变质带及变质矿产。台湾省与成矿作用有关的变质带，主要发育于中生代早—中期及晚期的消减带构造杂岩带，经多次变质作用，形成目前的太鲁阁带及玉里带。台湾省变质矿床主要分布于此两条变质带中。

5）使地壳变形，产生一系列褶皱、断裂，有利于控矿，圈闭油气，成为储层。

6）产生高温地热区（带）和地震带。高温热泉沿活动断裂集中成带展布。此外，弧后拉张使地壳减薄，地幔上隆亦有利于形成热田。

7）带来洋壳岩块，生成蛇纹岩及有关矿产。

3. 构造对含矿沉积建造的控制

台湾省及邻区控制含矿沉积建造的构造盆地，主要发育在大陆板块边缘的拉张断陷盆地，如台西盆地、台西南盆地、南澎佳屿盆地、北澎佳屿盆地等。这些盆地的生成、发育均受板块俯冲/碰撞制约，其不同发展阶段控制因素虽不尽一致，但都从断陷转化为坳陷，即一般发育早期，为陆缘张性断裂，使盆地快速下降（断陷），并常伴随基性火山喷发热事件；至发育晚期，为区域性向下坳陷，由于受到板块构造挤压的影响，使盆地多表现为东陡西缓、东断西超的不对称特征。

在本区各个控制含矿沉积建造构造盆地中，以台西盆地面积最大，新生代沉积最厚，油气、煤等矿产资源丰富，是区内最具经济意义的构造盆地。其次是台西南构造盆地，亦是具油气层之盆地。这里着重介绍台西及台西南两盆地的构造作用对含矿沉积建造控制的一般特征。

（1）台西盆地含矿沉积建造受构造控制的特点

台西盆地位于台湾省西部及海域，为陆缘扩张裂陷-坳陷盆地，向南东倾斜。自早白垩世以来，沉积厚度达11000 m的含生油岩建造，以新近纪中新世—上新世沉积建造为主，基本属半封闭海湾沉积环境，以滨海相-浅海相为主，伴随强烈火山喷发，几乎每个旋回或亚旋回之间都有火山喷发活动。早白垩世至渐新世，有明显同沉积的断陷活动，下降速度相当快；渐新世—中新世，区域性坳陷，沉积变慢，海岸西移，沉积往西超覆，由北向南盆地加深，由滨海相过渡为浅海相沉积，厚度增厚。

台西盆地可划分东部坳陷及西部坳陷，其中西部坳陷可分为北部晋江（乌丘屿）凹陷、中部澎北凸起及南部九龙江凹陷。东部坳陷的面积为18800 km^2，又可划分北部新竹凹陷、中部苗栗凸起及南部台中凹陷。

新竹凹陷面积3300 km^2，以新近纪、第四纪含矿沉积建造为主，有中新世—渐新世、始新世—古新世及白垩纪3套含成熟生油岩沉积建造厚度9000~10000 m。多层组生油岩中，中新世打鹿页岩和碧灵页岩生油岩厚度占70%，其他层组生油岩占30%。

台中凹陷面积大于7700 km^2，亦由3大套含成熟生油岩沉积建造组成，厚度7000~11000 m。上列2个凹陷生油岩，经钻探证实均能生成油气。

上新世晚期—更新世吕宋弧与大陆板块碰撞时，中央山脉褶皱隆起形成造山带，台西盆地由大陆边缘裂陷沉积转变为前陆盆地沉积。因受到由东向西强烈挤压，使各沉积中心沉积建造生成的油气，沿盆地或凹陷东西两侧沉积层上倾方向运移，如新竹凹陷西部斜坡区是油气运移聚集最有利部位。台西盆地东部油气田多分布在新近纪凸起区（苗栗凸起）、古隆起区（观音隆起）及其斜坡，符合由低区向高区运移、聚集的一般规律。构造运动压力及火山喷发活动，使台西盆地，特别是东部坳陷，有较高的地热场，降低了生油门限深度，有利于生油岩有机质向烃类转化。局部受到火山岩体的影响，生油门限深度更低。

（2）台西南盆地含矿沉积建造受构造控制的特点

台西南盆地位于澎湖-北港隆起南侧，南中国海北部大陆架上，是由南海扩张破裂下陷形成构造盆地。西以东沙-澎湖隆起带与珠江口盆地相邻，东以屈尺-潮州断裂为界，含台湾省西部平原及澎湖列岛以南的陆架、陆坡区，面积约为72500 km^2。其可划分为北部凹陷、中间隆起、南部凹陷和南部隆起。沉积厚度大于10000 m，北部坳陷厚8000 m，渐新世晚期才开始发育，以浅海-半深海相泥岩为主，夹砂岩，下有白垩系、侏罗系砂泥岩；南部坳陷厚达10000 m，下有5000 m中生代地层。

这种隆凹相间，南北分带的构造格局，有利于生成巨厚含生油岩建造，形成大中型油气田，中国东部含油气的拉张型构造盆地，大都具备相同的构造特点。盆地北缘的澎湖-北港隆起往西南与珠江口盆地的东沙隆起相衔接，东沙隆起早中新世地层中发育一套岩礁储集层。本盆地内的中间隆起带位于致昌（CFC）构造与建丰（CGF）构造连线上，呈北东走向，在中新世时期，可能构成东沙-澎湖隆起的一条支脉，故亦可能有岩礁储集层。中间隆起带南北两侧为生油坳陷，沉积了侏罗纪、白垩纪、渐新世、早中新世4套良好生油沉积建造。两坳陷内生成之油气分别沿北与南方向朝隆起移栖，形成油气富集带。同时，隆起带上的各类型封闭都发育了生油气层，大量排烃期前，其上方有较厚的区域性盖层，这种配置式构造适宜于储集大量油气，生成油气田。

4. 构造对矿床的控制条件

台湾省褶皱、断裂构造格局奠定于最近一次的地质构造运动期，即为上新世—更新世的蓬莱运动。这次构造运动，上述已指出，是由吕宋弧（海岸山脉）与台湾本岛斜交式的碰撞引起的。碰撞引起的由东或南东方向来的压力向西推移，形成一系列呈雁行排列的不对称褶皱及断层，可生成圈闭油气的背斜、断层及背斜-断层、地层-背斜等构造圈闭类型。由于琉球弧的俯冲作用，形成的纵向活动断层及旁侧派生断层常是控制高温地热带的生成和展布的较重要活断裂构造带。

（1）褶皱控矿特点

这里指的褶皱控矿构造，主要是控制油气的背斜构造。台湾省山麓带西部台地、平原油气圈闭类型以背斜为主，如陆域上的铁砧山、锦水、白沙屯、青草湖、永和山、宝山诸背斜，竹南、崎顶等构造高区已落在海面以下。按陆上背斜构造排列型式，推断于近海区尚有一系列平缓褶皱潜伏于海面下。产油气层的背斜构造，一般呈北北东—北东向多具不对称特点，背斜轴长度大多在 6~30 km，宽度 4~9 km，如铁砧山、锦水、出磺坑、竹东、青草湖等背斜构造。其中铁砧山气田和锦水气田是台湾省两个最高产气田，出磺坑油气田是产油最多的油气。

对背斜圈闭的油气田还存在右（左）移运动的现象，如台湾省西北部桃园台地有略呈东西走向右移雁行的褶曲，在车笼埔西侧则有呈南北向之一连串左移雁行背斜构造。此外，还有背斜构造高区由深及浅位移现象。根据这些构造特点可用以发现深部油气层，当存在断层时，则可按照背斜构造区与断层走向关系，较合理地评价油气封闭面积。

在扭力断层带附近控制油气田之锦水-永和山背斜、出磺坑背斜，由于被断层切割，故为早生成的背斜，而距扭力断层带较远之铁砧山背斜，青草湖-崎顶背斜则可能较后形成。较早形成之背斜，多较早储集油气，由于断层切割及位移，地质构造较为破碎而复杂，生成的油气中只有一部分可圈闭其中。较后形成的背斜，油气可被圈闭形成油气田，这表明浅层构造高区与深层构造高区位移，有利于深层油气封闭。在云林-嘉义地区麓山带的背斜，亦可能有类似新竹-苗幂地区被断层切割之较早形成背斜，因此，深部地层仍有油气储集趋势。

（2）断层控矿特点

蓬莱运动产生一组剪切断层，其中纵断层呈左移、横断层则具右移特点，这一系列断层及其次级裂隙，为台湾省主要油气圈闭构造之一，亦控制了金瓜石式金矿体及台湾岛温泉的展布。

东来的构造推力迫使中新世中期生成的平行正断层的上盘向上移，成为逆冲断层或构造高区，断层面变得更坚密，有利于圈闭后期产生的油气，并形成油气田。新竹-苗栗一带及云林-嘉义平原断层（逆断层）具有右移走向的特点，当断层走向与后期构造运动作用力近于平行时，则断块向西移动而发生断层的横移现象，或断层断块呈向西移动之撕裂作用，成为一系列右移次生横断层。

台湾岛上温泉众多，密集分布于活动断层上及其旁侧派生断层，呈线状或带状延伸，其中花莲-台东北北东向温泉带上数十个温泉，受中央山脉及其次级断裂控制。本带北部主要受北西向扭性断裂控制，南部则受北东东向扭性断裂制约，温泉有规律地分布在这些次级断裂上。又如大屯火山群温泉区，温泉主要分布在断裂东南侧，受断裂控制，形成长 18 km，宽 3 km 的温泉带。

（3）复合构造控矿特点

复合构造或称为联合构造，主要指断层-背斜、地层-背斜及地层-断层等构造。这类构造一般油气藏较丰富，后期构造运动造成的构造复合，多有利于油气的聚集，如锦水油气背斜构造西翼尖灭并有地层-断层联合封闭作用，有较多油气储集。其他控制油气的断层-背斜联合构造，主要有新营、八掌溪、六重溪、竹头崎等油气田。

（五）区域地球物理与地球化学特征

1. 区域地球物理特征

（1）区域重力特征

全省的重力场分布与台湾岛主要构造和地形相一致，重力线总体呈北北东—南南西方向延伸。等重力异常线都呈椭圆形，零值线几乎环绕海岸，东部异常线比西部的密（图 2-2）。

由台湾省布格重力异常图可见，布格重力异常总体表现为岛内陆域大部分为布格重力负异常，等

图 2-2 台湾省重力布格异常图

（据福建省地质调查研究院，2013）

值线总体呈北北东向展布，仅在中央山脉的东侧、东部海岸山脉和台湾岛的南端出现正异常，台湾中部和西部的古近纪—新近纪和第四纪沉积盆地为负异常，表现为明显的重力低，最小值位于中部玉山一带，布格重力异常值达$-100\times10^{-5}\ m/s^2$，同时岛上的高山带处于布格梯度带上，布格异常值并不反映岛上的地貌，这可能说明中央山脉还未达到局部平衡状态；零值线几乎环绕海岸，与台湾岛形状近似呈椭圆形，东部沿海岸山脉往东至绿岛、兰屿海域布格重力呈现为正异常，正负交界处等值线呈北北东向密集分布，形成明显的梯度带，从陆上往海域布格重力异常值越高，兰屿一带布格重力异常值达 $180\times10^{-5}\ m/s^2$，再往东南外海可达 $300\times10^{-5}\ m/s^2$；北部基隆与北港-澎湖一带也为布格重力高值区，幅值相对较小，等值线较宽缓。

（2）区域磁测特征

台湾地区的磁力调查工作在岛上进行得很少（图 2-3）。1968 年由美国海军海洋处开展了台湾西部近岸海域地区的航空磁测工作；1975 年台湾大学海洋研究所对东部绿岛、兰屿及近岸海域地区开展了海上磁测工作。

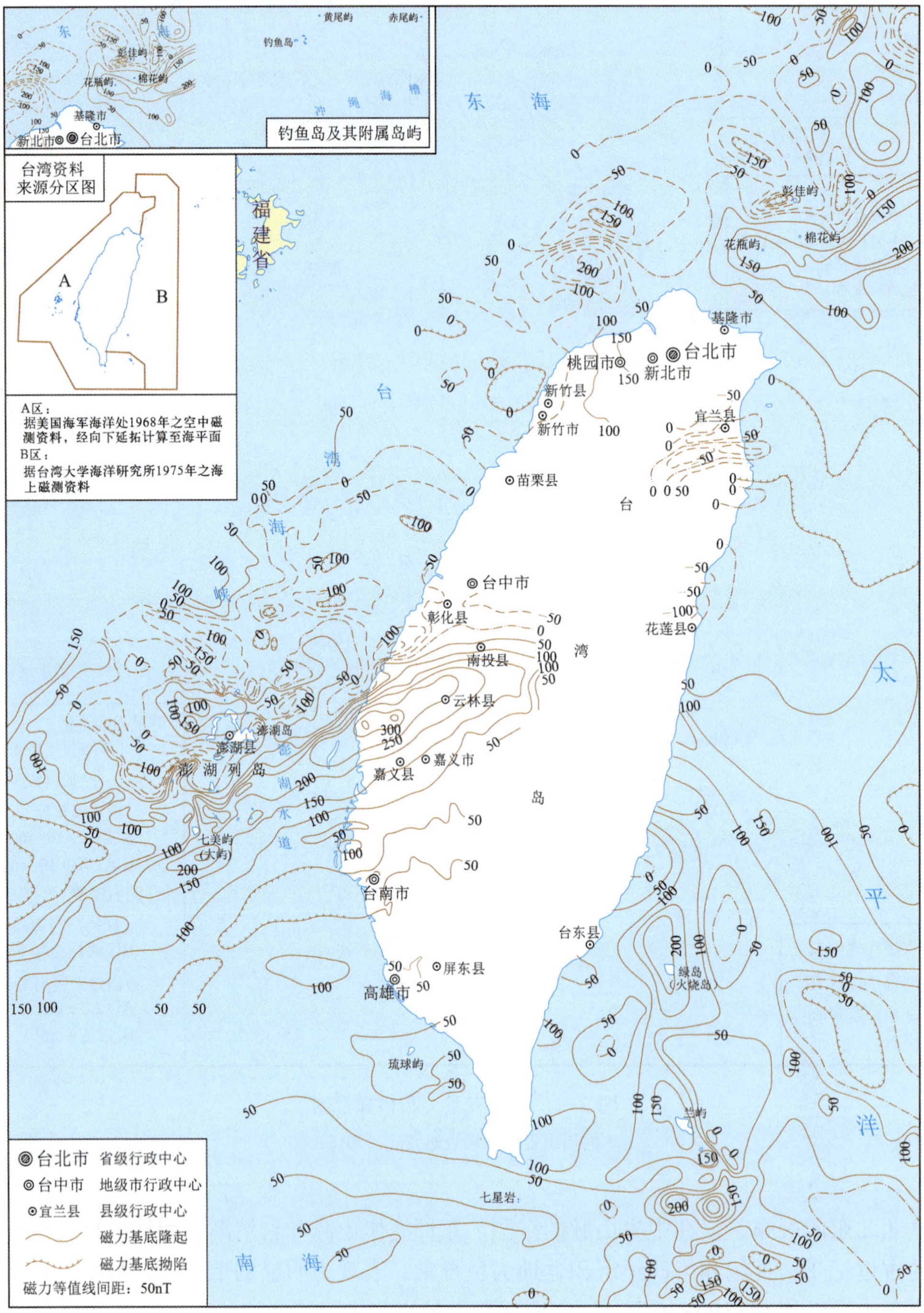

图 2-3　台湾省剩余磁力异常图

（据福建省地质调查研究院，2013）

据台湾省磁力异常图可知，台中-花莲一线往南以正磁场为主，等值线总体呈北东东向延伸，南部海域等值线为近东西向展布，幅值较低，约 50 nT，等值线较宽缓；东部海区磁力等值线转为近南北向，绿岛、兰屿局部圈闭异常多，幅值部分可达 200 nT，等值线分布较为密集。嘉义-澎湖列岛以正负伴生异常为主，南侧正异常、北侧负异常，等值线总体沿北东向展布，异常幅值-150～350 nT，澎湖列岛磁异常较为杂乱；台中-花莲以北以负磁场为特征，幅值大部分 0～-100 nT，最小值为-150 nT，位于台北西北部海域；北部基隆-棉花屿为正负伴生异常，正负交替快，幅值-150～200 nT。

2. 区域地球化学特征

台湾“中国石油公司”于 1977 年 2 月开始发展地球化学研究，集中开展石油地球化学的分析与研究。但其他专门的 1∶20 万或 1∶5 万区域性地球化学测量或调查工作未曾开展。20 世纪 80 年代以前仅在个别矿区开展过岩石光谱测量工作。

三、成矿区带地质与成矿特征

（一）成矿区带划分

成矿区（带）是指地壳中矿床集中产出的地区或有利矿床分布的地区，也就是具有矿产资源潜力的成矿地质单元。我国成矿区（带）划分采取五分法，即成矿域，又称Ⅰ级成矿带；成矿省，又称Ⅱ级成矿带；成矿区（带）成矿区（带），又称Ⅲ级成矿带；成矿亚带，又称Ⅳ级成矿亚带；成矿远景区，又称Ⅴ级成矿远景区。

台湾省Ⅳ、Ⅴ级成矿单元的划分工作是在全国Ⅲ级区带——台湾 Au-Cu-Fe-S-石灰岩-大理岩-滑石-煤-石油-天然气成矿带（Yl；H）（Ⅲ-79）划分的基础上，结合本省的地质构造演化历史、成矿作用、矿化及物化探异常等特征进行划分，在台湾省（Ⅲ-79）成矿带中划分出Ⅳ级成矿亚带3个：Ⅲ-79-①台西前陆区喜马拉雅期 Au-Cu-Fe-S-石油-天然气-煤-灰岩等成矿亚带（Ⅳ-1）、Ⅲ-79-②大南澳蛇绿混杂岩带晚古生代—中生代 Au-Cu-S-大理岩-白云岩-蛇纹岩-滑石成矿亚带（Ⅳ-2）、Ⅲ-79-③台东火山弧 Cu-Au 成矿亚带（Ⅳ-3）；Ⅴ级矿集区7处：台湾北部 Au-Cu-S 矿集区（Ⅴ-1）、台西北石油-天然气-煤-灰岩矿集区（Ⅴ-2）、台西南石油-天然气矿集区（Ⅴ-3）、台西滨海独居石-锆石矿集区（Ⅴ-4）、太鲁阁 Au-Cu-S-大理岩-白云岩矿集区（Ⅴ-5）、玉里蛇纹石-滑石-石棉-软玉矿集区（Ⅴ-6）、台东火山弧 Cu-Au 矿集区（Ⅴ-7）（图3-1，表3-1）。

表3-1　台湾省成矿区带划分简表

Ⅰ级	Ⅱ级	Ⅲ级	Ⅳ级	Ⅴ级
Ⅰ-4 滨太平洋成矿域（叠加在古亚洲成矿域之上）	Ⅱ-16 华南成矿省	台湾 Au-Cu-Fe-S-石灰岩大理岩-滑石-煤-石油-天然气成矿带（Yl；H）（Ⅲ-79）	Ⅲ-79-①台西前陆区喜马拉雅期 Au-Cu-Fe-S-石油-天然气-煤-灰岩等成矿亚带（Ⅳ-1）	Ⅴ-1 台湾北部 Au-Cu-S 成矿远景区
				Ⅴ-2 台西北石油-天然气-煤-灰岩成矿远景区
				Ⅴ-3 台西南石油-天然气成矿远景区
				Ⅴ-4 台西滨海独居石-锆石成矿远景区
			Ⅲ-79-②大南澳蛇绿混杂岩带晚古生代—中生代 Au-Cu-S-大理岩-白云岩-蛇纹岩-滑石成矿亚带（Ⅳ-2）	Ⅴ-5 太鲁阁 Au-Cu-S-大理岩-白云岩成矿远景区
				Ⅴ-6 玉里蛇纹石-滑石-石棉-软玉成矿远景区
			Ⅲ-79-③台东火山弧 Cu-Au 成矿亚带（Ⅳ-3）	Ⅴ-7 台东火山弧 Cu-Au 成矿远景区

（二）各成矿亚带主要成矿地质特征

1. Ⅲ-79-①成矿亚带

（1）成矿地质构造环境

Ⅲ-79-①成矿亚带为台西前陆区喜马拉雅期 Au-Cu-Fe-S-石油-天然气-煤-灰岩等成矿亚带，分布于台湾西部的大部分地区，从构造分区上看，包括了台湾新生代活动陆缘Ⅳ$_{5}^{3}$中的大屯更新世火山弧Ⅳ$_{5}^{3-5}$、台西前陆盆地Ⅳ$_{5}^{3-4}$、雪山-麓山逆冲-褶皱带Ⅳ$_{5}^{3-3}$和中央山脉增生楔顶盆地Ⅳ$_{5}^{3-2}$ 4个Ⅳ级

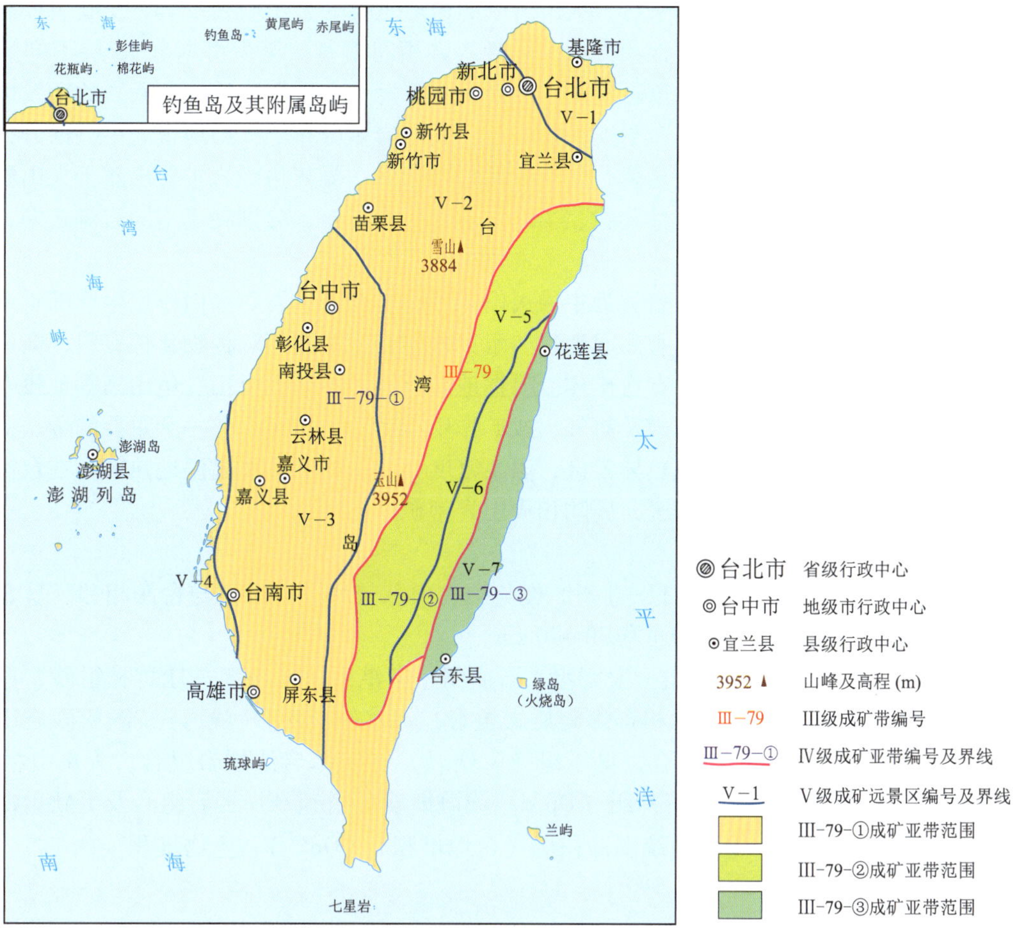

III级	IV级	成矿远景区(V级)
台湾Au-Cu-Fe-S-石灰岩-大理岩-滑石-煤-石油-天然气成矿带(III-79)	台西前陆区Au-Cu-Fe-S-石油-天然气-煤-灰岩等成矿亚带(III-79-①)	台湾北部Au-Cu-S成矿远景区(V-1)
		台西北石油-天然气-煤-灰岩成矿远景区(V-2)
		台西南石油-天然气成矿远景区(V-3)
		台西滨海独居石-锆石成矿远景区(V-4)
	大南澳蛇绿混杂岩带Au-Cu-S-大理岩-白云岩-蛇纹岩-滑石成矿亚带(III-79-②)	太鲁阁Au-Cu-S-大理岩-白云岩成矿远景区(V-5)
		玉里蛇纹岩-滑石-石棉-软玉成矿远景区(V-6)
	台东火山弧Cu-Au成矿亚带(III-79-③)	台东火山弧Cu-Au成矿远景区(V-7)

图 3-1　台湾省成矿区带划分示意图

（据福建省地质调查研究院，2013）

构造分区。

A. 大屯更新世火山弧IV_5^{3-5}

大屯火山群中心南距台北市 15 km，总面积约 250 km^2，共有 20 个火山体和火山锥，其中以七星山（1119.6 m）最高，也是最新的火山体。观音山为一单独的火山体，位于淡水河以西，海拔 611.5 m。火山群主要为层状火山，基本由安山岩流、火山灰和安山质碎屑岩的连续交替喷发构成，覆盖在中新世沉积基底之上，仅在火山群的烘炉山和观音山两个火山体中有少量高铝玄武岩。

大屯火山群在台湾更新世火山体中喷发强度最大，活动时间最长，迄今区内许多地方仍有高温温泉、活动的喷气孔和硫气孔等，保存良好的火山口共有 12 个。火山口的排列分为北东向和东西向两组，从火山口排列和现代温泉的分布来看，火山岩流的通道主要受金山断裂及其分支断裂控制。

在大屯火山群中各种安山岩流通常和火山角砾凝灰岩相间喷发，至少可划分 15 层不同的火山岩流和 3 层角砾凝灰岩，但大规模火山角砾凝灰岩的喷发主要发生在早期阶段，玄武岩的喷发可能比安山岩略早。玄武岩零星分布，呈夹层产于安山岩类中；安山岩多分布于火山地带之中央部分，构成火山群之主体，在底部之熔岩含辉石较显著，向上则角闪石渐多；凝灰角砾岩主要出露于火山群或火山机构的外围，常围绕火山喷发中心，呈环状、半环状、月牙状展布，分别夹于不同岩流之中，角砾岩成分随各层或不同火山而异。

本区为更新世形成的以石英安山岩类为主的火山岩、熔岩及碎屑岩。火山作用生成的工业矿化主要有金、铜、硫磺、硫铁矿，此外还有高温地热、耐火粘土、明矾石等。据物化探资料，向南收敛地段，有若干隐伏成矿潜火山岩体，似有盲矿体。另据地震资料，本区大屯山、龟山岛等地段有潜伏岩浆仍在活动，火山喷气孔仍在喷出硫磺及热气，成矿作用活动还未停止，是一个重要的金、铜、硫磺等矿产的成矿区。此外，本区为一地热异常区，温泉密度大，是一个重要高温地热区。在台湾北部台北、基隆一带，主要为更新世火山岩区，属陆相火山岩型矿床。

B. 台西前陆盆地Ⅳ_5^{3-4}

本盆地位于台湾岛西部，东隔屈尺-潮州断裂与中央山脉带相邻，西侧与台澎相邻。呈北北东向带状分布在台湾西部山麓丘陵地区东西宽 30~40 km。

主要由五指山组（E_3w）、木山组—大寮组、石底组—南港组、南庄组—桂竹林组砂、页岩夹煤层及少量玄武岩的前陆盆地海陆交互相含煤碎屑岩组合，锦水组（N_1j）浅海泥岩-粉砂岩组合，卓兰组（N_2Qp_1z）浅海砂岩-粉砂岩组合，垦丁组（N_2Qp_1k）含蛇绿岩浊积岩组合，头嵙山组（$Qp_{1-2}t$）河口三角洲滨海砂泥岩组合，大南湾组（Qp_2d）浅海细砂岩-粉砂岩-泥岩组合及更新世岛弧玄武岩-安山岩组合（$Qp\alpha$）和中-上更新统洪冲积层（台地堆积）（Qp_{2-3}^{pal}）、生物堆积（Qp_{2-3}^{b}）、全新统冲积层（Qh^{al}）构成。

a. 台澎地区

分布于台湾岛西部的滨海平原和澎湖列岛。滨海平原地区为第四系冲积层、洪冲积层的泥、砂、砂砾所覆盖，仅在石油钻孔中见有王功组（E_1w）的火山碎屑浊积岩建造及云林组（K_1y）的陆源碎屑沉积岩建造。澎湖列岛主要由拉斑玄武岩、碱性玄武岩，为陆缘裂谷火山岩组合，属陆缘裂谷亚相（Ⅴ-6-1-1）。此外，还有零星的俯冲期闪长玢岩（$Qp\delta\mu$）。包括台湾西部海岸平原，以及澎湖列岛在内的台湾海峡广大区域。

上新世—更新世的蓬莱运动，使台湾岛褶皱隆起，而台澎地区继续下降，形成台澎坳陷带，接受较厚的第四纪沉积。本带由新生代地层组成，古近纪—新近纪及更新世地层之上皆被现代沉积物所覆盖。以宽缓褶皱为特征，岩层倾角一般小于 20°，背斜构造一般圈闭完好。断裂走向北东或北东东，以张性断裂为主，对古近纪—新近纪的沉积有显著的控制作用。区内火山活动在局部地段表现强烈，多为玄武岩喷溢。

b. 台北煤盆地

所处构造单元为台西前陆的北部。该盆地东隔屈尺-潮州断裂与中央山脉地体相邻，总体呈北北东向带状分布，南北长约 150 km，宽 30~40 km。

其中台湾省含煤岩系为分布在台湾西部的中新世沉积建造，主要由 3 个浅海-滨海含煤碎屑沉积旋回组成。岩性以碎屑沉积物为代表，常见砂岩、粉砂岩、泥岩、页岩和煤层等，局部夹有石灰岩礁和凝灰岩。从岩性岩相来看，可分为 3 个相似的旋回：下部多由厚 300~900 m 的含煤岩系组成，上部则为富含海相化石的碎屑岩，厚 500~700 m，代表浅海相沉积。由于沉积盆地不对称，沉积厚度不尽一致。东厚西薄，东部最大厚度可达 5500 m，向西厚度变薄，滨海平原沉积厚度达 1400~1900 m，到澎湖列岛仅有 500 m 左右。由北向南变化亦较明显，北部含煤沉积向南逐渐减少，过渡到海相沉积，地层厚度增厚但含煤性同时由好变差。北部 3 个沉积旋回明显，至南部则不明显，变化为海相沉积。

各含煤地层的岩性基本相似，主要由灰色、深灰色页岩、粉砂岩和浅灰色细到中粒砂岩呈微层状和煤层组成，水平层理发育，含有孔虫、软体动物及植物化石。木山组和南庄组的顶部常有一层灰色、灰白色中-粗粒石英砂岩，层面具有波痕，交错层理发育，各煤层均属海陆交互相。而与各煤层相伴生的五指山组、大寮组、凑合组、南港组砂岩及桂竹林组的岩性主要为一套灰、灰黑色砂岩与页岩呈微层状互层，偶夹砾岩透镜体，个别地段含海绿石相当丰富。浮游生物及有孔虫化石发现较多，蠕虫动物痕迹也常见，并且有旋卷状的浊流层理。这些沉积特征都说明煤层主要是在滨海、浅海的古地环境下形成的。

C. 雪山-麓山逆冲-褶皱带$Ⅳ_5^{3-3}$

主要由五指山组（E_3w）、木山组—大寮组、石底组—南港组、南庄组—桂竹林组砂、页岩夹煤层及少量玄武岩的前陆盆地海陆交互相含煤碎屑岩组合，锦水组（N_1j）浅海泥岩-粉砂岩组合，卓兰组（N_2Qp_1z）浅海砂岩-粉砂岩组合，垦丁组（N_2Qp_1k）含蛇绿岩浊积岩组合构成。

本带是在古近纪沉积基础上发展起来的新近纪坳陷，两者在渐新世有一不整合。坳陷主要由新近纪地层及部分第四纪地层组成，岩性主要是砂岩和页岩交互层，局部夹有灰岩及凝灰岩透镜体。区内褶皱、断裂十分发育，断裂走向北北东或近南北，常以高角度出露地表，往下倾角变缓，断面均向南东倾斜。多数断裂属大规模低角度逆掩断裂，逆冲断块向西或西北滑移相当长距离，形成明显的叠瓦状构造。褶皱呈雁行排列，多为紧密不对称褶皱，并发育有倒转褶皱，这些褶皱走向北北东，轴面向南东倾。背斜一般北西翼较陡，甚至倒转，南东翼较平缓，而向斜则相反。褶皱常被断裂所分隔，并被断裂所破坏。在蓬莱运动中，东边较老盆地中的岩层被推覆到西边较新盆地的岩层之上。

D. 中央山脉增生楔顶盆地$Ⅳ_5^{3-2}$

本盆地位于台湾岛西部，西以屈尺-潮州断裂为界，东邻大南澳带，呈北北东向带状分布，长约350 km，最宽约50 km。盆地由经过轻度变质的古近纪巨厚泥质沉积岩组成，呈不整合覆盖在大南澳杂岩之上，或与大南澳杂岩呈断层接触。岩性主要为泥质板岩、板岩、千枚岩及变质砂岩，并夹有火山碎屑岩和煤层，其变质程度由西向东逐渐增强。

主要由始新世—中新世的浅变质岩系，包括十八重溪组（E_2s）、达见组（E_2d）、毕禄山组（E_2b）、西村组（$E_{2-3}x$）、庐山组（N_1l）由板岩、千枚岩、页岩组成的浅海-半深海泥质板岩-砂质板岩组合和渐新世—中新世的四棱组（E_3s）、水长流组（E_3sc）、澳底组（E_3N_1a）、苏乐组（N_1s）砂岩、粉砂岩、含碳质页岩、煤线组成的前陆盆地海陆交互含煤碎屑岩组合两部分构成。

屈尺-潮州断裂是一条边界大断裂，走向与台湾岛相仿而呈向西北凸出的弧形，全长约420 km。断裂向南延出台湾岛外，可能与马尼拉海沟相连。在恒春半岛有与俯冲带相关的垦丁蛇绿混杂体沿断裂分布。因而屈尺-潮州断裂是一条大型的岩石圈断裂，在台湾岛上的部分是一条A型俯冲带。

根据岩性和变质程度差异，以梨山断裂为界，可进一步分为两个构造带，东带为脊梁山脉带，西带为雪山山脉带。

脊梁山脉带：岩石变质程度较雪山山脉带深，以板岩和千枚岩为主，未见厚层白色石英砂岩和碳质地层，缺失渐新世地层，火山碎屑岩较西带发育，属浅海-半深海相沉积。

雪山山脉带：岩石变质程度较浅，以泥质板岩为主，具有碳质岩层和厚层白色石英砂岩，属滨海-浅海相沉积。本带褶皱、断裂较发育。

（2）成矿特征

A. 成矿系列

本成矿亚带中矿产的形成主要与喜马拉雅期运动相关的一系列矿产，种类较多且分布较广。主要有西部沿海的石油、天然气、灰岩、滨海地带的独居石、锆石等矿床，北部更新世火山岩区的金、铜、硫矿床等。

Ⅲ-79-①成矿亚带中矿床成矿系列主要有：①岩浆成矿作用的矿床成矿系列：即与喜马拉雅期

中酸性火山侵入岩活动有关的Cu、Au、Ag、S、地热等矿床成矿系列相关；②沉积成矿作用矿床成矿系列：即喜马拉雅中晚期与沉积旋回有关的砂金、锆石、独居石砂矿等矿床成矿系列和喜马拉雅早中期与沉积旋回有关的煤、石油、天然气、石灰岩等矿床成矿系列。

B. Ⅴ级成矿单元（矿集区）及其特征

Ⅲ-79-①成矿亚带中可划分出4个Ⅴ级成矿单元（矿集区）：①台湾北部Au-Cu-S矿集区（Ⅴ-1)、②台西北石油-天然气-煤-灰岩矿集区（Ⅴ-2)；③台西南石油-天然气矿集区（Ⅴ-3)；④台西滨海独居石-锆石矿集区（Ⅴ-4)。

a. 台湾北部Au-Cu-S矿集区（Ⅴ-1)

台湾北部Au-Cu-S矿集区位于台湾北部台北一带，为琉球岛弧系成矿带西延的一部分，范围包括大屯火山群、基隆火山群及基隆屿、龟山岛等，往东范围未圈闭。

本区为更新世形成的以石英安山岩类为主的火山岩、熔岩及碎屑岩。火山作用生成的工业矿化主要有金、铜、硫磺、硫铁矿，此外还有高温地热、耐火粘土、明矾石等。据物化探资料，在金瓜石矿体脉向南收敛地段，有若干隐伏成矿潜火山岩体，似有盲矿体。另据地震资料，本区大屯山、龟山岛等地段有潜伏岩浆仍在活动，火山喷气孔仍在喷出硫磺及热气，成矿作用活动还未停止，是一个重要的金、铜、硫磺等矿产的成矿区。此外，本区为一地热异常区，温泉密度大，是一个重要高温地热区。在台湾北部台北、基隆一带，主要为更新世火山岩区，属陆相火山岩型矿床，已知有金瓜石超大型铜金矿床。

该区与岩浆成矿作用的矿床成矿系列相关：即与喜马拉雅期中酸性火山侵入岩活动有关的Cu、Au、Ag、S、地热等矿床成矿系列主要分布于台湾北部的大屯-基隆区及东部海岸山脉区两大岩浆活动区内。本区在台湾北部的大屯-基隆区，包括台湾北部及邻近海域各岛，是琉球火山弧的西延部分，主要形成于更新世，是在大陆斜坡发育起来火山岛弧，与菲律宾海板块沿琉球海沟向北西俯冲到欧亚大陆板块之下有关。成矿与区内中性、中酸性火山-侵入作用有关，该系列矿床主要分布于火山岩、次火山岩、侵入岩内及其周围。

本矿床成矿系列主要特征：与成矿有关的火成岩属俯冲板块部分熔融成因的岩石组合以拉斑玄武岩系列为主，局部见高铝系列。成矿主要分为两期，早期分布于海岸山脉区，属中新世—上新世，少数为更新世；晚期位于大屯-基隆区，属上新世晚期至更新世。矿床类型及主要特征：本矿床成矿系列主要矿床类型有火山热液型、火山-沉积型、陆相火山岩型及斑岩型。①火山热液型、火山-沉积型主要分布于台北市七星山周围。以黑色硫铁矿和自然硫共生组合为特征，为火山喷气（液）充填交代或沉积之产物。②斑岩型分布于山岸山脉的奇美及台东外海的兰屿和绿岛等地，矿化与中性浅成侵入岩有关，呈浸染状产于岩体内及其接触带。③陆相火山岩型为本系列主要类型，集中分布于基隆火山群内，成矿与中酸性次火山岩有关。

本矿床成矿系列主要矿床式有金瓜石式陆相火山岩型金铜矿：①产出的构造部位为台湾北部基隆火山群，矿床产于渐新统—中新统木山组—大寮组和中新统石底组—南港组砂岩夹火山岩，成矿与基隆火山群中的石英安山岩类侵入可溢出有关。②成矿母岩为石英安山岩类。③Au、Cu、Ag矿化主要分布于石英安山岩类体顶部、接触带及围岩中。④蚀变、矿化具有分带性，横向上以石英-明矾石带为中心向外为粘土岩带和青磐岩化带。⑤据测定成矿温度为160~300℃，成矿年龄为1.4 Ma。

b. 台西北石油-天然气-煤-灰岩矿集区（Ⅴ-2)

台西北石油-天然气-煤-灰岩矿集区分布在台西构造盆地东北部台北、桃园、苗栗一带，沿台湾西北部沿中央山脉及其西侧一带狭长状分布，由新近系中新统木山组—大寮组、石底组—南港组、南庄组3个沉积旋回形成的含矿地层组成，各沉积旋回下部均含多层煤、石英砂岩、粘土等，属海陆交互相沉积环境。主要矿产以西部沿海的石油-天然气及东侧的煤-灰岩等为主，分布有众多的矿床，如汐止煤矿。该区与沉积成矿作用矿床成矿系列相关：即与喜马拉雅早中期与沉积旋回有关的煤、石油、天然气、石灰岩等矿床成矿系列相关。

c. 台西南石油-天然气矿集区（Ⅴ-3）

台西南石油-天然气矿集区可分成台西、台西南盆地两个石油、天然气成矿区，因此台湾西南部多为沿海石油-天然气的主要产区。该区与沉积成矿作用矿床成矿系列相关：即与喜马拉雅早中期与沉积旋回有关的煤、石油、天然气、石灰岩等矿床成矿系列相关。

台西盆地石油、天然气成矿区：位于台湾省西部及海域，东以屈尺-潮州断层为界，南至澎湖-北港隆起和台西南盆地相隔，北达观音隆起与南澎佳屿盆地相邻。发育有成熟的白垩系、古新统、始新统、中新统—上新统4套油气源岩，油源丰富，盖层厚度大。主体部位的新竹凹陷和台中凹陷，下白垩统—上新统含生油源岩地层厚度达11000 m，以中新统—上新统为主，先后发现10个油气田。

台西南盆地石油、天然气成矿区：位于澎湖-北港隆起南侧、南海北部。发育下部中新统、渐新统、白垩系、侏罗系4套良好生油气层。有多层封闭作用的区域性盖层，多种类型的理想封闭。已知有断层、断层-背斜、断层-不整合等封闭构造10个，其中致昌（CFC）、建丰（CGF）、致胜（CFS）钻探证实为富集高产油气田。本区已确定有2套不同性质成油组合，一套为“新生古储”成油组合，另一套为“自生自储”成油组合。这2套成油组合是本区寻找大、中型油气田的主要对象，已先后发现7个油气田。

本区与南海北部珠江口、琼东南、莺歌海、北部湾油气成矿区（90地）的油气生、储、盖成油组合与地质构造特征相似，在本盆地可能发现大、中型油气田。

d. 台西滨海独居石-锆石矿集区（Ⅴ-4）

台西滨海独居石-锆石矿集区处于台西中部鹿港至台南地带，长120 km，雁形沙嘴发育，海岸由台地、平原2条地貌带组成。浊水溪为扇形平原，半径40 km，呈弧形凸向澎湖；彰化至加嘉，属台地性质，表层为沙泥披覆。含锆石、独居石沙嘴，主要有3列，分布在浊水溪以南地带。沙嘴由几个沙洲组成，沙嘴基部为岸线转折点，可分北、中、南3列北东向雁形沙嘴。锆石、独居石砂矿体分布在沙洲部位；可能还有磷钇矿，经磨圆后磷钇矿常被认为独居石。锆石、独居石等在台西中部滨岸沙嘴地段，甚为富集，富集层宽20~100 m以上，成矿远景甚佳。该区与沉积成矿作用矿床成矿系列相关：即与喜马拉雅中晚期与中基性火山侵入岩活动、沉积旋回有关的砂金、锆石、独居石砂矿等矿床成矿系列相关。

台湾西部滨海地带，分布较丰富高品位的独居石、锆石砂矿床，具有较好远景。

（3）Ⅲ-79-①Au-Cu-S-石油-天然气-煤-灰岩等成矿亚带区域成矿规律

A. 区域控矿的地质构造主要因素

a. 区域控矿的地质因素

ⅰ. 沉积建造与成矿关系

本区主要含矿沉积建造可概括为含煤建造、油气源岩建造等，其特点概述如下。

含煤建造：台湾省含煤沉积建造发育于台湾省西部基隆至苗栗地带，形成于中新世，由下部含煤滨海相和上部浅海相碎屑沉积岩为主的3个连续沉积旋回组成。每一旋回下部含煤1~8层，可采1~6层，平均0.3~0.6 m。

下沉积旋回：即木山-大寮旋回，其中早中新世木山期沉积了河流-湖水沼泽-滨海环境下含煤的海陆交互相碎屑建造，即为台湾省西部中新世3个重要含煤期之最早一期，其沉积呈一个宽条带，从基隆西南沿着山麓带到台中的东势，有数层煤层（线），局部有基性火山活动。木山期含煤沉积建造厚度自现时的基隆海岸向南增大，至苗栗上岛达700 m，但自上岛和铁砧山向南则变薄，至八卦山区厚度减为200 m，至嘉义北港区尚有薄煤层，再往南至八掌溪地区，厚度仅120 m，煤层消失。

中沉积旋回：即石底-南港旋回，其中早中新世石底期沉积了潮汐平原、三角洲或潟湖环境下含煤的海陆交互相碎屑建造，为台湾省西部中新世第二期含煤沉积，分布于台湾省西北部至台中的山麓带。由台北向南至台中、南投，煤层渐消失，页岩增多。

上沉积旋回：即南庄-桂竹林旋回，其中晚中新世南庄期，沉积了大陆-滨海-浅海环境下的海陆交互相含煤碎屑建造，为台湾省西部中新世晚期含煤沉积。从北部海岸向南延伸到嘉义县的阿里山，有较多的薄而不连续的煤层，由北向南，至台中、南投煤层减少，趋于尖灭，仅为煤线或煤的透镜体。台湾省西部含煤建造也是台湾省西部主要油气源岩。

ⅱ. 油气源岩建造

油气源岩为侏罗纪、白垩纪、古近纪及新近纪深色泥质岩或页岩，有机质丰度中-良或良。油气源岩建造相应地分为侏罗纪、白垩纪、古近纪及新近纪4个。新近纪沉积建造是台湾省西部及近海发育最好的沉积建造。台湾省西部生油岩层基本上集中于此建造中，绝大多数油气储层亦分布在本沉积建造形成的各组地层中。

新近纪油气源岩沉积建造，实际是自古近纪晚期五指山期开始至新近纪晚期卓兰期，为一连续沉积建造。沉积于台西盆地东部新近纪坳陷中，面积18800 km^2（陆域面积15500 km^2）。盆地北部经历3次较大的海侵和海退，周期性的升降运动使其成为具规律性的3个沉积旋回，即早中新世木山-大寮旋回，中中新世石底-南港旋回、晚中新世—上新世南庄-锦水旋回。

从上述3期沉积旋回特点可知，陆相沉积的木山组下部、石底组中部和南庄组为重要的储油气层，其砂岩发育良好，砂岩上面夹有页岩，或砂岩与页岩或煤层相间，为储层之盖层。浅海沉积的碧灵页岩、打鹿页岩和桂竹林组中上部至锦水组页岩均圈闭或多或少的油气，而且碧灵页岩和锦水组页岩中的砂岩，以薄层的细粒至极细粒钙质砂岩或泥质砂岩为主储集天然气；而打鹿页岩内的砂岩发育良好，对油气的生成和储集甚为有利，可储集大量的油气。内浅海沉积的木山组上部、北寮砂岩、观音山砂岩和桂竹林组下部砂岩发育较差，且很少有厚的纯尖灭，其油气储集量亦较同地区内的陆相沉积者少。

ⅲ. 火山岩与成矿关系

台湾省的火山活动时间延续很长，大约在晚古生代就有海底基性火山活动，新生代各时期基性火山喷发活动较频繁，特别是中新世以来，随着板块的俯冲、碰撞，火山活动更活跃，火山成矿作用更为明显，形成金、铜、硫磺等矿产。大屯山火山硫质气液仍在活动，成矿作用还未停止（硫磺不断生成）。

按火山岩时空分布特点，可划分为北部琉球弧火山岩成矿区、东部吕宋弧火山岩成矿带、台西盆地火山岩区、澎湖隆起火山岩区及大南澳火山岩带。

本区主要是台湾北部琉球弧系火山岩，其与成矿关系有：

台湾省北部更新世形成大屯火山群、基隆火山群及海岸外花瓶屿、棉花屿、彭佳屿、黄尾屿等火山岛，它是琉球弧系延伸的一部分，宜兰平原是冲绳盆地向南西延伸的终点。

更新世是本区最重要的火山成矿期，已知有大屯山区火山作用有关的硫磺、硫铁矿、耐火粘土、漂白粘土、明矾石、地热及基隆区火山作用有关的金、铜、硫铁矿、明矾石等。

火山岩可分两类：石英安山岩类，包括大屯山、基隆及基隆屿、龟山岛、花瓶屿、棉花屿等；玄武岩类，包括彭佳屿、黄尾屿、草岭山等火山岛。大屯山、基隆区安山岩类火山岩，化学成分比较接近琉球安山岩。观音山、黄尾屿、彭佳屿等玄武岩主要属高铝玄武岩系列，草岭山岛则属碱性玄武岩。

b. 区域控矿的构造因素

构造是成岩成矿的前提，它贯穿了构造-建造-成矿全过程，既控制沉积建造、火山喷发、变质岩带，又控制区域成矿作用和矿床展布。地壳构造运动所生成的各种构造形式，是控制油气田和金属矿床生成和产出的重要构造因素。

ⅰ. 地壳结构与成矿关系

台湾省境内存在东西两个截然不同的地壳结构区，西部属欧亚大陆板块，为隆起区，由下部硅镁层及上部硅铝层组成，具双层结构，地壳较厚；东部属菲律宾海板块，为洋壳区，单层结构，地壳较薄。地壳结构对岩浆建造、沉积建造生成环境及物质组成有一定的影响，内弧地壳（洋壳）主要生成拉斑系列火山岩浆建造及以铜、金、硫为主的矿产；陆壳型地壳所形成的前陆盆地，生成石油、天然气、煤及非金属矿产。所形成的岩浆岩，则随远离岛弧及地壳增厚而具大陆地壳型的岩浆建造特征，含钾趋高，钠反之，相应形成陆壳型内生矿产（台湾海峡两岸）。

ⅱ. 板块构造运动与成矿关系

中生代以后，台湾省的构造运动是板块作用的结果，各时期板块俯冲/碰撞方向、消减带倾向、下倾角度、运动速率和会聚斜度等作用方式往往不一样，可能导致各时期的构造活动及火山活动，成矿作用特征存在许多差异。

晚新生代板块构造运动：菲律宾海板块载着吕宋弧与台湾所在的欧亚大陆板块发生持续碰撞，板块碰撞挤压形成一系列构造（背斜、断层），可以成为良好的储油气构造；并使高成熟度地层中油气大规模运移。

这期板块构造运动，形成了台西盆地、台西南盆地油气田及与火山作用有关的金、铜、硫磺；同时形成利吉混杂岩，并使中生代变质而成的蛇纹岩体，再受低温热液交代而生成滑石、石棉、软玉等矿床。

ⅲ. 构造运动与沉积建造的关系

在本区各个控制含矿沉积建造构造盆地中，以台西盆地面积最大，新生代沉积最厚，油气、煤等矿产资源丰富，是区内最具经济意义的构造盆地。其次是台西南构造盆地，亦是具油气层之盆地。

台西盆地含矿沉积建造受构造控制的特点：台西盆地位于台湾省西部及海域，为陆缘扩张裂陷-坳陷盆地，向南东倾斜，自早白垩世以来，沉积厚度达 11000 m 的含生油岩建造，以新近纪中新世—上新世沉积建造为主，基本属半封闭海湾沉积环境，以滨海相-浅海相为主，伴随强烈火山喷发，几乎每个旋回或亚旋回之间都有火山喷发活动。早白垩世至古新世—渐新世，有明显同沉积的断陷活动，下降速度相当快；渐新世—中新世，区域性坳陷，沉积变慢，海岸西移，沉积往西超覆，由北向南盆地加深，由滨海相过渡为浅海相沉积，厚度增加。

台西盆地可划分东部坳陷及西部坳陷，其中西部坳陷可分为北部晋江（乌丘屿）凹陷、中部澎北凸起及南部九龙江凹陷，位于台湾海峡。东部坳陷面积 18800 km^2，又可划分北部新竹凹陷、中部苗栗凸起及南部台中凹陷。

台西南盆地含矿沉积建造受构造控制的特点：台西南盆地位于澎湖-北港隆起南侧，南中国海北部大陆架上，是由南海扩张破裂下陷形成构造盆地。西以东沙-澎湖隆起带与珠江口盆地相邻，东以屈尺-潮州断裂为界，含台湾省西部平原及澎湖列岛以南的陆架、陆坡区，面积约为 72500 km^2。其可划分为北部凹陷、中间隆起、南部凹陷和南部隆起。沉积厚度大于 10000 m，北部坳陷厚 8000 m，渐新世晚期才开始发育，以浅海-半深海相泥岩为主，夹砂岩，下有白垩系、侏罗系砂泥岩；南部坳陷厚达 10000 m，下有 5000 m 中生代地层。

这种隆凹相间，南北分带的构造格局，有利于生成巨厚含生油岩建造，形成大中型油气田，中国东部含油气的拉张型构造盆地，大都具备相同的构造特点。

B. 矿床成矿系列的矿床组合中各矿床的地质构造分布位置

该区东北部、中部的岩浆作用形成的矿产属于喜马拉雅期与岩浆成矿作用有关的 Cu、Au、Ag、S、地热等矿床成矿系列。

该区中西部沉积成矿作用形成的矿产属于喜马拉雅早中期与沉积成矿作用有关的煤、石油、天然气、石灰岩等矿床成矿系列。

该区西部沿海岸、沿河岸沉积作用形成的矿产属于喜马拉雅中晚期与沉积成矿作用有关的砂金、锆石、独居石砂矿矿床成矿系列相关。

矿床成矿系列的矿床组合为锆石-独居石砂矿、石油天然气、灰岩、煤、Cu、Au、Ag、S，其地质构造分布位置是：西南到东北分别是锆石-独居石砂矿、石油天然气、灰岩、煤、Au、Cu、Ag、S。

a. 台西滨海独居石-锆石矿集区（Ⅴ-4）

台湾西部滨海地带，分布有较丰富的高品位的独居石、锆石砂矿床，具有较好的远景。

b. 台西南石油-天然气矿集区（Ⅴ-3）

台湾西南部多为沿海石油-天然气的主要产区。

c. 台西北石油-天然气-煤-灰岩矿集区（Ⅴ-2）

台湾西北部沿中央山脉及其西侧一带狭长状分布，主要矿产以西部沿海的石油-天然气及东侧的煤-灰岩等为主，分布有众多的矿床，如汐止煤矿。

d. 台湾北部 Au-Cu-S 矿集区（Ⅴ-1）

台湾北部台北、基隆一带，主要为更新世火山岩区，属陆相火山岩型矿床，已知有金瓜石超大型铜金矿床。

C. 不同地质历史时期的成矿作用及矿床成矿系列，及其形成的矿床组合在时间和空间上的演化具有规律性

Ⅲ-79-①成矿亚带区域成矿谱系：根据Ⅲ-79-①成矿亚带在不同地质历史时期的区域地质构造环境，其间演化过程特征，其成矿作用及其形成的矿床组合在时间和空间上的演化具有规律性分布（继承性、突变型或过渡性）。

本区锆石-独居石砂矿、灰岩、煤、石油、天然气在时间和空间上的演化具有继承性分布规律，而煤、石油、天然气在时间和空间上的演化具有继承性、过渡性分布规律；同一成矿系列中非金属矿与金属矿 Au、Cu、Ag、S 之间具有突变型分布规律，金属矿 Au、Cu、Ag、S 之间在时间和空间上的演化具有过渡性、继承性分布规律。

2. Ⅲ-79-②成矿亚带

（1）成矿地质构造环境

Ⅲ-79-②为大南澳蛇绿混杂岩带晚古生代-中生代 Au-Cu-S-大理岩-白云岩-蛇纹岩-滑石成矿亚带，从构造分区上看，主要包括大南澳基底带$Ⅳ_5^{3-1}$、台东纵谷地壳对接带的两个Ⅳ级构造分区。

1）大南澳基底带$Ⅳ_5^{3-1}$（中生代晚期的缝合带）：大南澳基底位于台湾东部中央山脉东侧，东临台东纵谷，长约 240 km，宽 10~30 km，呈北北东向延伸。本带是由前古近纪大南澳群变质杂岩组成的基底隆起，是台湾省最古老的地质构造单元。

2）台东纵谷地壳对接带（上新世—更新世的缝合带）：台东纵谷地壳对接带位于台湾岛东部，北起花莲，南至台东，大致呈北东 23°方向延伸的狭长谷地，长约 160 km，宽 3~6 km。它是一对冲断层谷，两侧都以向谷地外侧倾斜的上冲断裂为界。纵谷是板块碰撞后形成的缝合带，这一纵谷从过去到现在都是构造活动最强烈的地带。沿台东纵谷两边有两条具有左旋性质的高角度上冲断裂，被认为是俯冲带在地表所表现出的大型超岩石圈断裂，东侧为海岸山脉断裂，西侧为中央山脉断裂，它们至今还在活动，是台湾省非常重要的第四纪断裂。

（2）成矿特征

A. 成矿系列

Ⅲ-79-②成矿亚带主要有铜山式 Cu-S、大理岩-白云岩、蛇纹岩、滑石等矿床分布，主要是与燕山期变质成矿作用成矿系列相关。

该系列矿床主要分布于台湾大南澳蛇绿混杂岩带中，分布在中央山脉东坡，南北长约 250 km，北部宽 30 km，到南部宽仅 10 km。本带是由前古近纪大南澳变质杂岩组成的基底隆起，是台湾省最古老的地质构造单元。它经过多次强烈的构造运动和变质作用，成为台湾地区的基底岩层。大南澳构造极为复杂，岩层层序不清，有许多不对称褶皱或倒转褶皱及更复杂的流状褶皱，同时广泛发育片理、劈理及片麻理。近年来，由于在本带发现大量的蛇绿混杂岩，它代表中生代早—中期的一个俯冲

带，长春层为洋底或海山形成的增生型混杂岩。本带是由上述岩层共同组成的俯冲-碰撞杂岩，可看成是一个蛇绿混杂体。

矿床类型及主要特征：本系列主要矿床类型有受变质（火山沉积-变质）型铜山式铜-硫铁矿，产于大南澳长春片岩组，后经变质形成一套绿色片岩，成矿与燕山期火山岩活动有关，铜-硫铁矿产于安山岩中。

B. 成矿远景区

本成矿亚带中可划分出2处Ⅴ级成矿单元（矿集区），特征简介如下：

a. 太鲁阁Au-Cu-S-大理岩-白云岩矿集区（Ⅴ-5）

范围和太鲁阁杂岩带出露的范围基本一致，南北长240 km，宽自北部30 km向南减少至10 km，标高0~3282 m（太鲁阁大山）。据地震波资料，本带延深达18 km以上。

本区位于大南澳蛇绿混杂岩带西部。燕山晚期太平洋板块向西沿太鲁阁东侧玉里深海沟俯冲消减，时间主要在70~80 Ma。有较多洋壳岩石留在消减带中，同时有强烈的海底基性火山喷发活动，俯冲-碰撞形成玉里高压、低温变质构造混杂岩，并在太鲁阁早期高压、低温变质带上叠加高温、低压变质作用，使太鲁阁变质带进一步变质，产生混合岩化，局部熔融形成花岗伟晶岩。

除华力西海相沉积的石灰岩、白云岩及火山沉积含铜硫铁矿经过变质形成的矿化外，还有变质的外来洋壳岩块（蛇绿岩），燕山晚期混合岩化成因的白云母花岗岩伟晶岩脉（已知159条）等。发育于本带的水系，一般或多或少分布有砂金。已知立雾溪-花莲港长16 km，分布砂金矿带，品位0.45~0.7 g/m^3，这预示本区是今后找金较有远景的地带。主要矿产有金、铜及大理岩-白云岩等，如宜兰铜山铜矿床。

该级成矿单元主要形成与燕山期海底中基性-中酸性火山活动有关的Cu、Pb、Zn、Au、Fe、S、大理岩、白云岩、蛇纹岩、滑石、石棉、软玉矿床成矿系列相关，该矿集区中有3个以铜硫主的综合成矿远景区。

b. 玉里蛇纹石-滑石-石棉-软玉矿集区（Ⅴ-6）

玉里蛇纹石-滑石-石棉-软玉矿集区范围和玉里混杂岩带出露地带相一致，南北长150 km，最宽15 km，平均7~8 km。

本区位于大南澳蛇绿混杂岩带东部，玉里混杂岩带形成的矿产有蛇纹岩、滑石、石棉、软玉等。该级成矿单元主要形成与燕山期有关的大理岩、白云岩、蛇纹石、滑石、石棉、软玉等矿床成矿系列。

（3）Ⅲ-79-②成矿亚带区域成矿规律

A. 区域控矿的地质构造主要因素

a. 地层含矿性

大南澳群分布在台湾省东部，赋存有沉积-变质型大理岩（结晶灰岩）、白云岩及火山沉积-变质型含铜硫铁矿等。其中大理岩-白云岩矿层主要产于大南澳群下部太鲁阁层中，由大理岩及部分白云岩组成。白云岩以厚层状、透镜状夹于大理岩中，长度和厚度变化较大。

b. 大南澳火山岩与成矿关系

台湾省东部大南澳火山岩，形成于前古近纪，可分为两类。

华力西期火山岩：为海相拉斑玄武岩及弧系安山岩（变质为绿片岩），与前古近纪碳酸盐沉积建造同时形成。与海底火山作用有关矿产，以含铜黄铁矿为主，赋存于火山岩（绿片岩）中。

燕山期火山岩：形成于深海槽，系拉斑系列玄武岩及其碎屑岩，于燕山晚期变质为绿片岩和绿帘石角闪岩等，形成大理岩、白云岩、蛇纹岩、滑石等。

c. 变质岩

台湾省境内各时期变质成矿作用，与中新生代板块俯冲/碰撞息息相关。俯冲所发生的压力和热力效应，导致沿板块边界出现强烈变质成矿作用，形成高压/低温和低压/高温变质带及有关矿产。

d. 板块构造运动与成矿关系

中生代早—中期板块构造运动：这时期的构造运动造就了大陆边缘断陷盆地。这次板块构造运动，还使古近纪碳酸盐建造、含铜黄铁矿火山沉积建造及洋壳岩块等经变质作用，形成太鲁阁杂岩带中的大理岩、白云岩、含铜黄铁矿及蛇纹岩矿床。

中生代晚期板块构造运动：使玉里混杂岩带中的洋壳岩块蛇绿岩变质为蛇纹岩等矿床。

晚新生代板块构造运动：菲律宾海板块载着吕宋弧与台湾欧亚大陆板块发生持续碰撞，板块碰撞挤压形成一系列构造，这期板块构造运动与火山作用有关的金、铜、硫磺；同时形成利吉混杂岩，并使中生代变质而成的蛇纹岩体，再受低温热液交代而生成滑石、石棉、软玉等矿床。

B. 矿床时空分布规律

a. 铜金矿形成的时间分布规律

台湾省地壳演化史大致可分为燕山期和喜马拉雅期 2 个成矿时代，与铜金硫矿相关的主要是燕山期和喜马拉雅期 2 个成矿期，与Ⅳ-2 成矿亚区（带）有关的铜金矿相关成矿期主要为燕山期。

燕山期成矿期：伴随着本期较强烈的构造活动，早期沉积的物质经变质后形成了大南澳变质岩系，同时形成了铜山式的含铜硫铁矿。

b. 铜金矿的空间分布规律

铜金矿产在空间分布上具有较明显的区-带分布规律。

铜山式受变质（火山沉积-变质）型含铜硫铁矿：主要分布在九曲变质杂岩带上，总体呈北北东向狭长带状，除已知的铜山、东澳、铜门等矿床（点）外，尚发现在立雾溪-花莲港长约 16 km 范围内，分布有砂金矿带，品位 0.45~0.7 g/m^3，预测示着本区有一定的找金矿的潜力。

c. 矿床成矿系列的矿床组合中各矿床的地质构造分布位置

Ⅲ-79-②成矿亚区（带）中的太鲁阁 Au-Cu-S-大理岩-白云岩矿集区（Ⅴ-5）主要有铜山式 Au、Cu、S、大理岩、白云岩、蛇纹石、滑石等矿床以及玉里蛇纹石-滑石-石棉-软玉矿集区（Ⅴ-6）中的大理岩、白云岩、蛇纹石、滑石、石棉、软玉等矿床分布。

其矿床组合中各矿床的地质构造分布位置：从西到东分别是 Cu、Pb、Zn、Fe、S；大理岩、白云岩；蛇纹岩、滑石、石棉、软玉。

d. 不同地质历史时期的成矿作用及矿床成矿系列，及其形成的矿床组合在时间和空间上的演化规律

Ⅲ-79-②成矿亚区（带）区域成矿谱系：根据Ⅲ-79-②成矿亚区（带）在不同地质历史时期的区域地质构造环境，其间演化过程特征，其成矿作用及其形成的矿床组合在时间和空间上的演化具有规律性分布（继承性、突变型或过渡性）。

Ⅲ-79-②成矿亚区（带）有一个期次矿床成矿系列，燕山期与变质成矿作用有关的 Cu、S、大理岩、白云岩、蛇纹岩、滑石、石棉、软玉矿床成矿系列。其矿床成矿系列的矿床组合为 Cu、Au、Fe、S；大理岩、白云岩；蛇纹岩、滑石、石棉、软玉等。

本区大理岩、白云岩在时间和空间上的演化具有继承性分布规律；而大理岩、白云岩和蛇纹石-滑石-石棉-软玉在时间和空间上的演化具有继承性、过渡性分布规律；同一成矿系列中金属矿 Au、Cu、Fe、S 与非金属矿大理岩、白云岩之间具有突变型分布规律；不同成矿系列中非金属矿大理岩、白云岩之间具有继承性、过渡性分布规律；同一成矿系列中金属矿 Au、Cu、Fe、S 之间在时间和空间上的演化具有过渡性、继承性分布规律。

3. Ⅲ-79-③成矿亚带

（1）成矿地质构造环境

Ⅲ-79-③台东火山弧 Cu-Au 成矿亚带是台湾省最为活跃的地带，有强烈的构造活动及地震活动，有厚层的复理石或浊流沉积，以及广泛分布的火山岩。有其独特的地质构造发展史，有与其他构

造区不同的沉积建造、岩浆活动和构造特征。地壳类型属洋壳型，可划分成 1 个Ⅲ级（北吕宋火山岛弧$Ⅶ_2^1$）和 2 个Ⅳ级构造单元（海岸山脉火山岛弧$Ⅶ_2^{1-2}$、花莲弧盆地$Ⅶ_2^{1-1}$）。

A. 海岸山脉火山岛弧$Ⅶ_2^{1-2}$

海岸山脉火山岛弧主要由新近纪的火山岩构成，包括都峦山组（N_1d）岛弧火山碎屑岩组合和岛弧玄武岩-安山岩组合（$N_1\alpha$）、大港口组（N_2Qp_2d）含火山碎屑浊积岩组合及安山岩（$N_2\alpha$）、安山质碎屑岩。

海岸山脉火山岛弧位于台湾岛东部，长约 135 km，最大宽度在中段约 10 km，南、北两端宽仅 3 km，总体呈北北东向狭长带状展布。本带可能是在洋壳基础上发展起来的弧前沉积盆地，主要由新近纪地层组成，为一套含有火山碎屑的海相沉积物，总厚约 7000 m。带内所见最老岩层为中新世奇美火成杂岩，是以安山岩类为主的火山岩建造，其上覆盖中新世都峦山组火山集块岩、凝灰岩，属浅海相火山碎屑岩建造。上新统—中更新统大港口组为沉积碎屑岩夹少量火山碎屑岩，浊流作用强烈，属半深海相复理石建造。

带内褶皱和断裂较发育。新近纪岩层褶皱成一系列雁行排列的背斜和向斜，局部可见到垂直或倒转的紧密褶皱，以逆掩断裂为主，呈雁行斜列，构成向南东倾斜的逆掩叠瓦构造。

带内岩浆活动相当强烈，主要是奇美火成杂岩及其上覆的都峦山组火山集块岩，由安山岩类和安山质火山碎屑岩组成，包括多期侵入和喷出活动，是岛弧岩浆活动的产物。

绿岛-兰屿火山弧由南北展布的海底山脊和高出海平面的火山岛组成。岩性为安山岩及安山质火山碎屑岩组成，与海岸山脉中段出露的奇美火成杂岩体相似，表明它们都是吕宋火山弧的一部分。

B. 花莲弧盆地$Ⅶ_2^{1-1}$

花莲弧盆地主要由利吉组（N_2l）的含蛇绿岩碎片浊积岩组合及基性-超基性组合的外来岩块构成。

上新统利吉组是与板块碰撞有关的蛇绿混杂体。至中更新世卑南山组，变为河流山麓堆积相，属磨拉石建造。利吉蛇绿混杂岩在本带出露，它是板块缝合线上一种代表性岩类，也是海沟构造活动的产物。混杂岩分布在海岸山脉西南侧，呈北北东向狭长带状展布，宽 1~3 km，长约 70 km。主要由破碎而杂乱无章的深灰色泥岩和外来岩块组成，缺乏清晰层理。

带内褶皱和断裂较发育。新近纪岩层褶皱成一系列雁行排列的背斜和向斜，局部可见到垂直或倒转的紧密褶皱。以逆掩断裂为主，呈雁行斜列，构成向南东倾斜的逆掩叠瓦构造。

岩浆活动相当强烈，主要是奇美火成杂岩及其上覆的都峦山组火山集块岩，由安山岩类和安山质火山碎屑岩组成，包括多期的侵入和喷出活动，是岛弧岩浆活动的产物。

（2）成矿特征

A. 成矿系列特征

本Ⅳ级成矿亚带内相关的矿产主要是与奇美火成杂岩体相关的奇美式斑岩型铜矿，如奇美铜矿、都峦山铜矿等。另外，还产出膨润土、石灰岩等非金属矿产。

Ⅲ-79-③成矿亚带中矿床成矿系列主要是与喜马拉雅期中酸性火山侵入岩活动有关的 Cu、Au、Ag、S 矿床成矿系列。

该系列矿床主要分布于台湾北部的大屯-基隆区及东部海岸山脉区两大岩浆活动区内。东部海岸山脉区包括及其东南外海的兰屿和绿岛是吕宋火山岛弧的北延部分，形成于中新世早期，是由洋壳发育起来的火山岛弧，与属欧亚大陆板块的南中国海沿马尼拉海沟向东俯冲到吕宋弧之下有关。

与成矿有关的火成岩属俯冲板块部分熔融成因的岩石组合以拉斑玄武岩系列为主，局部见高铝系列。成矿主要分为两期，早期分布于海岸山脉区，属中新世—上新世，少数为更新世；晚期位于大屯-基隆区，属上新世晚期至更新世。矿床类型及主要特征：本系列主要矿床类型有火山热液型、火山-沉积型、陆相火山岩型及斑岩型等。①火山热液型、火山-沉积型主要分布于台北市七星山周围，以黑色硫铁矿和自然硫共生组合为特征，为火山喷气（液）充填交代或沉积之产物。②斑岩型分布于山岸山脉的奇美及台东外海的兰屿和绿岛等地，矿化与中性浅成侵入岩有关，呈浸染状产于岩体内及其接触带。③陆相火山岩型为本系列主要类型，集中分布于基隆火山群内，成矿与中酸性次火山岩有关。

该区在台湾的东部海岸山脉区其矿床式为奇美式斑岩型铜矿：①位于太平洋板块和欧亚大陆碰撞带上，陆缘弧相，属琉球火山弧的西延部分。②以奇美火成杂岩体为中心的中性闪长岩（安山斑岩等）侵入。③奇美地区的铜矿体主要为浸染状的黄铜矿，也有局部网脉状的含黄铜矿的石英脉，且这些矿化作用和闪长斑岩有关。④奇美铜矿的蚀变矿化作用主要有绢云母化-黄铁矿化-粘土化-青磐岩化等。蚀变分带由内到外可分为 3 个带：中心带为钾长和硅化带（绢云母、黑云母和钾长石），中间带为绿泥石化、绢云母化和硅化，外带为青盘岩化（含绿帘石、绿泥石、黄铁矿和方解石），矿化最好的为中心带和中间带。⑤据奇美火成杂岩的钾氩法年龄测定值为 9~25 Ma。

B. 成矿远景区

Ⅲ-79-③成矿亚带内仅划分出 1 个Ⅴ级成矿单元（即Ⅴ级与Ⅳ级相同），为台东火山弧 Cu-Au 矿集区（Ⅴ-7）。

台东 Cu-Au 矿集区（Ⅴ-7）属菲律宾海板块的前缘部分，系吕宋岛弧系斑岩铜（金）矿带北延部分，也是东亚斑岩成矿带北延的终点。范围包括海岸山脉、绿岛、兰岛等，南延未圈闭。矿区以斑岩型铜矿床为主，普遍含金。

本区为中新世至上新世以安山岩类为主火山岩及次火山岩（闪长岩），有多次侵入、喷发活动，斑岩铜（金）矿化主要与闪长岩、次安山岩有时空成因关系。区内地质条件有利于生成斑岩铜（金）矿床。本区南延入菲律宾岛弧，在消减带附近已发现有斑岩铜矿床（点）多个，与中新世—上新世（以中新世为主）闪长岩有关（6.7~20 Ma），含 Cu 0.3%~0.64%，Au 0.93~0.2 g/t。因此，本区为斑岩铜矿成矿较有远景地带。此外，本区亦是寻找多金属、蛇纹岩等矿产有利地带。

主要矿产有铜、金等。代表性矿床有花莲的奇美、台东都峦山等铜金矿床。

（3）Ⅲ-79-③成矿亚带区域成矿规律

A. 区域控矿的地质构造主要因素

该成矿亚带与火山作用有关的矿产，主要有金、铜、硫铁矿、硫磺、地热等。矿床类型有次火山热液型、火山气液型、斑岩型等。此外，火山活动带来的高温热流有助于提高生油气源岩的成熟度，加速油气的生成和聚集；部分基性火山岩及基性侵入岩，可作为铸石原料。

a. 火山岩与成矿关系

按火山岩时空分布特点，可划分为北部琉球弧火山岩成矿区、东部吕宋弧火山岩成矿带、台西盆地火山岩区、澎湖隆起火山岩区及大南澳火山岩带。

本区（带）属于台湾省东部火山岩属吕宋弧系北延部分，包括海岸山脉中新世奇美火成杂岩、中新世至上新世绿岛和兰屿安山岩、火山碎屑岩及中新世都峦山组安山集块岩、火山碎屑岩等。安山岩均属拉斑系列，为消减带中洋壳的拉斑玄武岩部分熔融之产物。

有关矿产主要有斑岩型铜矿、火山热液型含铜黄铁矿及热液充填交代型多金属矿、石膏、沸石等，其构成台湾省海岸山脉-吕宋-民都洛铜矿带，有相似的成矿作用，可互相对比。

b. 地壳结构与成矿关系

台湾省境内存在东西两个截然不同的地壳结构区，西部属欧亚大陆板块，为隆起区，由下部硅镁层及上部硅铝层组成，具双层结构，地壳较厚；东部属菲律宾海板块，为洋壳区，单层结构，地壳较薄。地壳结构对岩浆建造、沉积建造生成环境及物质组成有一定的影响，内弧地壳（洋壳）主要生成拉斑系列火山岩浆建造及以铜、金、硫为主的矿产；陆壳型地壳所形成的前陆盆地，生成石油、天然气、煤及非金属矿产。所形成的岩浆岩，则随远离岛弧及地壳增厚而具大陆地壳型的岩浆建造特征，含钾趋高，钠反之，相应形成陆壳型内生矿产（台湾海峡两岸）。

B. 矿床时空分布规律

a. 铜金矿形成的时间分布规律

与Ⅲ-79-③成矿亚带有关的铜金矿相关的成矿期为喜马拉雅期。

喜马拉雅成矿期：此一时期的成矿作用于铜金硫矿有密切关系。在上新世—更新世，台湾省以东的菲律宾板块向北俯冲至琉球岛弧之下，深达150 km，由此引发了高铝玄武岩、安山质火山岩的侵入-喷发活动及金、铜、硫等成矿作用，形成有价值的金、铜、硫等内生矿床。本次预测工作中划分的奇美式斑岩型铜矿形成于这一成矿期。

b. 铜金矿的空间分布规律

亚带内铜金矿产在空间分布上具有较明显的区-带分布规律。奇美式斑岩型铜矿主要分布在台湾东部火山弧区，包括花莲丰滨、台东都峦山、兰屿等地。

C. 矿床成矿系列的矿床组合中各矿床的地质构造分布位置

本区只有一个期次矿床成矿系列，与Ⅲ-79-①成矿亚区（带）处于同一期次矿床成矿系列，只不过其矿床成矿系列的矿床组合只有Cu、Au、S，其地质构造分布位置自西到东分别是S、Au、Cu。

D. 不同地质历史时期的成矿作用及矿床成矿系列，及其形成的矿床组合在时间和空间上的演化规律

Ⅲ-79-③成矿亚区（带）区域成矿谱系：根据Ⅲ-79-③成矿亚区（带）在不同地质历史时期的区域地质构造环境，其间演化过程特征，其成矿作用及其形成的矿床组合在时间和空间上的演化具有规律性分布（继承性、突变型、或过渡性）。

本区只有一期次矿床成矿系列，即喜马拉雅期与岩浆成矿作用有关的Cu、Au、Ag、S、地热等矿床成矿系列。只不过其矿床成矿系列的矿床组合只有Cu、Au、S，其地质构造分布位置自西到东分别是S、Au、Cu。

金属矿Au、Cu、S之间在时间和空间上的演化具有过渡性、继承性分布规律。

四、成矿系列

初步统计，台湾省已知矿产有39种，其中能源矿产5种，金属矿产9种，非金属矿产25种（含宝玉矿产2种）（表4-1）。

表4-1　台湾省矿产地数量统计表　　单位：处

矿床分类		序号	主矿种	合计	超大型	大型	中型	小型	矿点
能源矿产		1	煤	29			2	24	3
		2	石煤	2					2
		3	石油	5				5	
		4	天然气	12			3	9	
		5	地热	116				5	111
		小计		164			5	43	116
金属矿产	黑色金属	6	铁矿	12					12
		7	锰矿	1				1	
		小计		13				1	12
	有色金属	8	铜矿	8				1	7
		9	铝土矿	1				1	
		10	镍矿	1					1
		11	汞	1					1
		小计		11				2	9
	贵金属	12	金矿	16	1				15
		小计		16	1				15
	稀有金属	13	锆石	1					1
		小计		1					1
	稀土金属	14	轻稀土（独居石）	10			8	1	1
		小计		10			8	1	1
非金属矿产	工业矿物	15	石墨	3					3
		16	磷矿	2					2
		17	硫	12				6	6
		18	云母	4				4	
		19	滑石	9			1	4	4
		20	石棉	1					1
		21	明矾石	1					1
		22	石膏	3					3
		小计		35			1	14	20

续表

矿床分类		序号	主矿种	合计	超大型	大型	中型	小型	矿点
非金属矿产	工业岩石（土）	23	石灰岩	27			1	7	19
		24	白云岩	4			1	3	
		25	天然石英砂	3				3	
		26	石英砂岩	30			5	22	3
		27	脉石英	2					2
		28	膨润土（漂白土）	3				1	2
		29	高岭土（瓷土）	4					4
		30	陶瓷粘土	12		1		1	10
		31	耐火粘土	7					7
		32	其他（水泥用）粘土	4				3	1
		33	蛇纹岩	4				1	3
		34	玄武岩	1				1	
		35	安山岩	3				3	
		36	大理岩	17		9	4	4	
		37	泥炭（煤）	2					2
		小计		123		10	11	49	53
	宝玉石	38	软玉	1				1	
		39	文石	1					1
		小计		2				1	1
合计				375	1	10	25	111	228

从表11可以看出，全省矿产地共有375处，其中能源矿产地有164处，以煤矿产地（29处）和地热矿产地（116处）居多；黑色金属矿产地有13处，以铁矿产地（12处）为主；有色金属矿产地有11处，以铜矿产地（8处）占多数；贵金属矿产地有16处，全部为金矿产地；稀有金属矿产地有1处，为锆石矿；稀土金属矿产地有10处；工业矿物类非金属矿产地有35处，以硫（12处）和滑石（9处）矿矿产地居多；工业岩石（土）类非金属矿产地有123处，以石灰岩（27处）和石英砂岩（30处）占多数；宝玉石非金属矿产地2处。

根据台湾矿产资源储量资料，参照《矿产资源储量规模划分标准》（国土资发［2000］133号）和《中国矿产地质志·省级矿产地质志研编技术要求》对超大型矿床和矿点划分标准，台湾省有超大型矿床1处，大型矿床10处，中型矿床25处（表4-2），小型矿床111处。

表4-2　台湾省超大型、大型和中型矿床一览表

矿产地名称	矿种	成矿时代	矿床类型	规模
新北市金瓜石	金（铜）	更新世	陆相火山岩型	超大型
南投县鱼池	陶瓷粘土	第四纪	机械沉积型	大型
花莲县崇德	大理岩	燕山期	受变质型	大型
花莲县三栈溪	大理岩	燕山期	受变质型	大型
花莲县加湾（区）	大理岩	燕山期	受变质型	大型
宜兰县西帽山	大理岩-白云岩	燕山期	受变质型	大型
宜兰县和平溪北岸	大理岩-白云岩	燕山期	受变质型	大型
花莲县和平（蕃地大浊水）	大理岩-白云岩	燕山期	受变质型	大型

续表

矿产地名称	矿种	成矿时代	矿床类型	规模
花莲县和仁（卡那岸）	大理岩-白云岩	燕山期	受变质型	大型
花莲县砂婆当（砂婆礑区）	大理岩-白云岩	燕山期	受变质型	大型
花莲县寿丰溪	大理岩-白云岩	燕山期	受变质型	大型
新北市汐止	烟煤	渐新世—中新世中期	生物化学沉积型	中型
新北市三峡-桃园县大溪	烟煤	晚渐新世—中新世中期	生物化学沉积型	中型
苗栗县锦水-永和山	天然气-石油	新近纪	生物化学沉积型	中型
苗栗县铁砧山-通霄	天然气-石油	新近纪	生物化学沉积型	中型
苗栗县出磺坑	天然气-石油	新近纪	生物化学沉积型	中型
云林县北统汕洲	轻稀土（独居石-锆石）	第四纪	滨海砂矿型	中型
云林县统汕洲	轻稀土（独居石-锆石）	第四纪	滨海砂矿型	中型
云林县外伞顶洲	轻稀土（独居石-锆石）	第四纪	滨海砂矿型	中型
台南县布袋洲	轻稀土（独居石-锆石）	第四纪	滨海砂矿型	中型
台南县王爷港洲	轻稀土（独居石-锆石）	第四纪	滨海砂矿型	中型
台南县青山港洲	轻稀土（独居石-锆石）	第四纪	滨海砂矿型	中型
台南县网子寮洲	轻稀土（独居石-锆石）	第四纪	滨海砂矿型	中型
高雄县新港口	轻稀土（独居石-锆石）	第四纪	滨海砂矿型	中型
花莲县清水溪	滑石	燕山期	变成型	中型
新竹县赤柯山	石灰岩	中新世	化学沉积型	中型
花莲县清昌山	白云岩	燕山期	化学沉积型	中型
苗栗县炭顶寮、都合口	石英砂岩	中新世	机械沉积型	中型
苗栗县老田寮西翼	石英砂岩	中新世	机械沉积型	中型
苗栗县老田寮东翼	石英砂岩	中新世	机械沉积型	中型
新竹县番婆坑、小南坑	石英砂岩	中新世	机械沉积型	中型
新北市南势角	石英砂岩	中新世	机械沉积型	中型
花莲县清水	大理岩-白云岩	燕山期	受变质型	中型
花莲县立雾溪	大理岩-白云岩	燕山期	受变质型	中型
花莲县清水溪及清流溪	大理岩-白云岩	燕山期	受变质型	中型
花莲县木瓜溪	大理岩-白云岩	燕山期	受变质型	中型

（据福建省地质矿产局，1994，有修改）

按《中国矿产地质志·省级矿产地质志研编技术要求》提出的矿床类型分类，台湾有陆相火山岩型、变成型、沉积变质（受变质）型、生物化学沉积型、化学沉积型、机械沉积型、砂矿型、风化型、海相火山岩型、斑岩型、岩浆热液型等11个矿床类型（表4-3）；另外，地下热水用水热型表示其储热类型。

根据现有资料分析，台湾省重点矿种有金、天然气、石油、烟煤、地热、大理岩-白云岩、石英砂岩等。

天然气、石油、烟煤、地热等能源矿产资源是台湾省优势矿产，工作程度较高，集中分布于台湾省西北部及西南部陆域，海域仅有长康和致昌两个油气田。

金属矿产以金为主，最著名的是分布在台湾北部基隆更新世火山岩区，陆相火山岩型的台北金瓜石超大型金（铜）矿床。

表 4-3　台湾省矿床类型、主矿种及规模一览表　　单位：处

矿床类型	主矿种	矿产地	超大型	大型	中型	小型	矿点
陆相火山岩型	金	1	1				
	汞	1					1
	硫	12				6	6
	明矾石	1					1
	膨润土	1				1	
	玄武岩	1				1	
	文石	1					1
	安山岩	3				3	
海相火山岩型	石膏	3					3
斑岩型	铜	3				1	2
岩浆热液型	金	3					3
	脉石英	2					2
变成型	云母	4				4	
	滑石	9			1	4	4
	石棉	1					1
	蛇纹岩	4				1	3
	软玉	1				1	
受变质型（沉积变质型）	铜	5					5
	石墨	3					3
	大理岩	17		9	4	4	
生物化学沉积型	煤	29			2	24	3
	石煤	2					2
	石油	5				5	
	天然气	12			3	9	
	泥炭	2					2
化学沉积型	石灰岩	27			1	7	19
	白云岩	4			1	3	
机械沉积型	砂岩	30			5	22	3
	高岭土	4					4
	陶瓷粘土	12		1		1	10
	耐火粘土	3					3
砂矿型	铁	2					2
	金	12					12
	锆石	1					1
	轻稀土	10			8	1	1
	石英砂	3				3	

续表

矿床类型	主矿种	矿产地	超大型	大型	中型	小型	矿点
风化型	铁	10					10
	锰	1				1	
	铝	1				1	
	镍	1					1
	磷	2					2
	膨润土（漂白土）	2					2
	耐火粘土	4					4
	其他粘土	4				3	1
水热型	地热	116				5	111

注：地下热水用储热类型表示其矿床类型。

非金属矿产资源比较丰富，主要有碳酸盐类（大理岩、石灰岩、白云岩）、粘土类（瓷土、耐火粘土、膨润土、陶瓷粘土等）、硅石类（石英砂岩、脉石英、硅砂）、硫（自然硫、硫铁矿）及与超基性岩有关的矿产（蛇纹岩），建筑砂石产地分布全省，高品位的独居石、锆石砂矿床主要分布于台西南滨海。

台湾省矿产资源总的特点是：成矿时代偏新，新生代的古近纪和新近纪含矿层位达 13 个，以中新世为主，最具工业远景；具有按矿种集中成区（带）分布格局；矿床类型主要有沉积型燃料矿产，陆相火山岩型金、铜、硫矿床及沉积、变质型非金属矿产；能源矿产资源较丰富，金属矿产品种少；固体矿产资源较贫乏，中-大型矿床少。

天然气、石油、烟煤、地热等能源矿产资源是台湾省优势矿产，工作程度也较高。台湾省地热资源相当丰富，为我国温泉密度最大的省份，以其泉眼多、密度大和温度高为特征。地热资源多分布于中央山脉两侧活动性断裂及其旁侧次级扭性断裂上，亦分布于台北更新世大屯山火山活动区。

金属矿产以金、铜为主，集中分布在台湾北部基隆更新世火山岩区，属陆相火山岩（次火山热液）型矿床，已知有金瓜石超大型金铜矿床。台东海岸山脉尚分布有奇美、都峦山等斑岩铜（金）矿床。银仅作为金矿床伴生矿，金瓜石矿床伴生银产量已超中型规模。

非金属矿产资源比较丰富，主要有碳酸盐类（大理岩、石灰岩、白云岩）、粘土类（瓷土、耐火粘土、漂白粘土、陶土等）、硅石类（石英砂岩、脉石英、硅砂）、硫（自然硫、硫铁矿）及与超基性岩有关的矿产（蛇纹岩等）。建筑砂石产地分布全省。

台湾省区域成矿作用的发生、发展与西太平洋构造带中新生代以来岩石圈板块构造演化发展有着时空关系。成岩成矿作用在时间上与板块构造活动发展的一定阶段相伴随，在空间上与一定的构造部位相依存。一般内生矿床生成受火山岛弧系岩浆岩岩相控制，沉积矿床受构造盆地不同发展阶段所形成的构造-沉积岩岩相所制约，变质矿床则主要与构造-变质岩岩相有关。

（一）矿床成矿系列概述

成矿系列是矿床地质科学中研究区域成矿规律的一种学术思想（概念），用系统论、活动论观点研究在地质历史各阶段、各特定地质构造环境中的成矿作用过程及形成的矿床组合自然体（程裕淇等，1979，1983；陈毓川等，1998，2006，2015，2020）。矿床成矿系列是在地球存在的历史中，特定时空域内形成的有成因联系的矿床组合自然体（陈毓川等，2006）。每一个矿床成矿系列均是地球存在的时空域中唯一的一个不可分割的实体，由 4 个要素组成：特定的时间段、特定的地质构造环境、特定的成矿作用和由此形成的矿床组合自然体（陈毓川等，2016）。

矿床成矿系列划分，以岩浆、沉积、变质、表生和流体（非岩浆-非变质成因流体）5 种成矿作用为基本原则，以成矿地质环境为基础，结合成矿的时段与形成的矿床组合进行划分。

根据上述划分原则，台湾省矿床成矿系列共划分出4个矿床成矿系列组合、5个矿床成矿系列（表4-4）。

表4-4　台湾省矿床成矿系列一览表

矿床成矿系列组合	矿床成矿系列	矿床式	典型矿床	矿床类型
与岩浆作用有关的矿床成矿系列组合	喜马拉雅期与岩浆成矿作用有关的Cu、Au、Ag、S、地热等矿床成矿系列	金瓜石式	金瓜石金铜矿	陆相火山岩型
		奇美式	奇美铜矿	斑岩型
		七股式	七股硫铁矿	陆相火山岩型
与变质作用有关的矿床成矿系列组合	燕山期与变质成矿作用有关的Cu、S、大理岩、白云岩、蛇纹岩、滑石、石棉、软玉等矿床成矿系列	和仁式	和仁大理岩矿	受变质（沉积变质）型
		铜山式	铜山铜-硫铁矿	受变质（沉积变质）型
		丰田式	丰田软玉-蛇纹岩矿	变成型
与沉积作用有关的矿床成矿系列组合	喜马拉雅中晚期与沉积成矿作用有关的砂金、锆石、独居石砂矿等矿床成矿系列	新港口式	新港口独居石、锆石滨海砂矿	砂矿型
	喜马拉雅早中期与沉积成矿作用有关的煤、石油、天然气、石灰岩等矿床成矿系列	汐止式	汐止煤矿	生物化学沉积型
		铁砧山-通霄式	铁砧山-通霄天然气田	
		赤柯山式	赤柯山石灰岩	沉积型
与表生作用有关的矿床成矿系列组合	喜马拉雅中晚期与风化成矿作用有关的铝土矿、锰矿、粘土类等矿床成矿系列	磺嘴山式	磺嘴山铝土矿	风化型
		西帽山式	西帽山锰矿	

（二）各矿床成矿系列主要成矿地质特征

1. 燕山期与变质成矿作用有关的Cu、S、大理岩、蛇纹岩、滑石、石棉、软玉矿床成矿系列

这一成矿系列包括了台湾省重要的非金属矿产大理岩、蛇纹岩、滑石、石棉和软玉，以及Cu-S共伴生矿产。成矿的主要特点是既与原岩建造的含矿性密切相关，又受变质作用的具体条件制约；形成的矿床类型主要有受变质型矿床和变成型矿床。

（1）受变质型矿床

A. 大理岩

台湾省有大理岩共计17处，其中大型矿床9处（含白云岩共生矿床6处），中型矿床4处（均与白云岩共生），小型矿床4处（均与白云岩共生）。大理岩矿床赋存在大南澳杂岩带下部，为浅海相含碳质、泥质、硅质、钙质沉积，经印支期—燕山期变质作用而成。大理岩呈纯白、乳白、灰、深灰等色，结晶粒度为0.1~0.5 mm，平均0.2 mm，具糖粒状结构。有时具白灰相间或浅灰深灰相间的缟状构造，或大理岩与绿泥石呈薄的互层并形成复杂的小褶曲构造，偶夹有白云岩或白云质结晶灰岩透镜体。镜下观察具糖粒状结构、镶嵌构造或斑状构造。

B. 铜-硫铁矿

受变质矿床（火山沉积-变质型）铜矿5处，为硫铁矿的共伴生矿。产于前古近纪大南澳群长春片岩中，矿石矿物主要有磁黄铁矿、黄铁矿、黄铜矿、闪锌矿、方铅矿，含S 15%~30%不等，Cu 0.5%~4.8%，以富太矿区含Cu最高，单个样品最高含Cu 28.29%。本类矿体规模小，富矿体早年即已采尽。近年，有资料报道，宜兰县铜山亦发现了此类型铜矿床，Cu品位3%~4%；年开采矿石300~400 t。

(2) 变成型矿床

A. 白云母矿

白云母矿产地在台湾有4处，分别为宜兰的粉鸟林、枫树山和鹿皮溪小型矿床3处；台东向阳小型矿床1处。

云母矿产于宜兰县和台东县境内，宜兰的云母矿产于南澳乡东澳与南澳间的山地，矿床分布于南澳岭、源头山、枫树山及鹿皮山的山坡上，其分布范围略呈一东西向的长条状，东西长约10 km，南北宽5 km；白云母矿体产于伟晶岩脉中。台东向阳的云母矿产于台东西北部山区（海端乡利稻村）的绿色片岩中。

宜兰南澳和东澳的白云母矿区出露地层为大南澳混杂岩的长春组，主要岩性有片麻岩、石英云母片岩、绿泥片岩、石墨片岩等。产于伟晶岩中的云母系由与造成花岗片麻岩有相关的花岗岩质的岩浆溶液形成，并于岩浆活动晚期的伟晶岩时期结晶出云母。

B. 滑石矿

台湾滑石矿产地共有10处，其中以滑石为主的有9处，与软玉、蛇纹岩共生有1处（花莲丰田）。在10处矿产地中有中型矿床1处，小型矿床5处（其中1处为共生矿），矿点4处。

滑石矿均产于前古近纪大南澳混杂岩（主要产在长春组和天祥组）中，滑石矿体与石棉、蛇纹岩等共生，而多产于与石棉邻接部位或石棉层中，或夹于绿片岩及黑色片岩中，围岩有石墨片岩、绿泥片岩、绿片岩、结晶灰岩和蛇纹岩等。

C. 软玉-蛇纹岩矿

台湾省的玉石资源至今仅发现小型矿床1处，即与滑石、蛇纹岩共伴生的花莲丰田软玉。

矿区出露前古近纪大南澳混杂岩中的玉里变质带的石墨片岩和石英云母片岩及蛇绿岩。岩层片理的走向以北西方向为主，亦有接近东西方向。软玉矿床主要赋存在蛇纹岩岩床之上盘及下盘，且与黑色片岩接触。小规模之猫眼玉脉常在蛇纹岩中发现。局部地区发现的软玉已有7层，可能多至14层以上，赋存在蛇纹岩的上下盘或蛇纹岩中。

软玉矿床常厚0.1~0.5 m，局部可达1.5~2.0 m，厚软玉层片理发达，颜色淡而不透明，品质不佳。常见矿体宽2~10 m，长20~30 m。矿体之长方向约略平行蛇纹岩岩床之走向，但也有矿体之变化甚大者。

在软玉与黑色片岩之间，常有白色夹绿斑之接触矿物带，当地称之为“白石英”。此带常见之矿物有斜黝帘（廉）石、透辉石、绿帘石及符山石等白浅绿色矿物。

软玉层走向多呈东西，亦有北偏西或北偏东，倾斜多向北方，倾斜角度很少超过30°。

台湾的软玉属于单斜晶系，摩氏硬度为4.7~7.1，尤以台湾软玉的猫眼玉硬度超过6.5，相对密度2.96~3.04，折光率为1.604~1.631，双屈折0.021~0.027，主要由铁和镁端成分混合的固溶体组成，并含有少量的滑石，常与透辉石、石榴子石共生。

台湾省产的软玉分为普通玉、羊脂玉（或称蜡光玉、石棉古）和猫眼玉3种，它们的化学成分相近，但组成的矿物结晶排列方式不同。

软玉之成因与基性火成岩之入侵有关。软玉多赋存在接触带内，少发生在蛇纹岩中，但不产在黑色片岩内。

2. 喜马拉雅期与岩浆成矿作用有关的Cu、Au、Ag、S、地热等矿床成矿系列

这一成矿系列包括了台湾省最重要的经济价值最大的金、铜、硫和地热矿产，成矿的主要特点是与全新世陆相火山岩活动关系密切，主要矿床类型有陆相火山型、岩浆热液型、斑岩型等，典型或代表性矿床有台北金瓜石金铜矿、花莲奇美铜矿、台北七股硫铁矿等。

(1) 陆相火山岩型金（铜）矿、硫矿

A. 陆相火山岩型金（铜）矿

本类型为台湾省最具经济价值的金矿类型。矿产地为台北县金瓜石超大型矿床。金矿床产于基隆

火山群的石英安山岩与渐新世—中新世野柳群和中新世瑞芳群的砂、页岩夹火山岩内、外接触带中，金矿的生成与次火山热液作用有关。本山矿段有本山矿体群、树梅坑矿体群、灿光寮矿体群和草山矿体群，矿石含金品位比较均匀，平均Au品位为2.9 g/t；长仁矿段主要第一长仁矿体，矿石平均Au品位为3.2 g/t；九分（瑞芳）矿段九分矿脉群矿脉，中含金品位极不稳定，大部分矿脉无经济价值，而部分则富集成富矿体，且富矿体的含金品位与矿体的大小无直接关系，形状亦有差异。矿石Au品位为7.2 g/t；武丹坑矿段含Au品位为6~10 g/t，平均7.2 g/t。

B. 陆相火山岩型硫矿

台湾的自然硫及硫铁矿矿床（点）大部分属于陆相火山岩型。这些硫矿主要产在台北大屯火山群中。大屯火山群由20个大小不等的火山体和火山锥组成，岩性大多数属于安山岩类，以安山岩为主，次为安山质火山碎屑岩，少数为玄武岩（陈正宏，1990；Chen et al.，1971）。硫矿形成于火山喷发时，或者后期以升华、热液充填交代（浸染）、沉淀形式成矿。

（2）岩浆热液型金矿

岩浆热液型金矿分布在宜兰县太白山和南投县合欢山、玉山，有矿点3处。含金石英脉产于中央山脉始新统—渐新统西村组和中新统庐山组的深灰色泥质板岩、千枚岩和变质砂岩中，Au品位10~1000 g/t。

（3）斑岩型铜矿

斑岩型铜矿主要分布于海岸山脉及台东外海的两个主要岛屿绿岛和兰屿，属于吕宋火山弧斑岩型金铜矿成矿带的北延部分，存在着多次火山活动的火山口，奇美、都兰山、兰屿均存在明显的火山机体成矿标志。铜矿成矿作用与闪长岩侵入活动有关，为网状浸染矿脉，Cu品位0.44%~3.43%。

（4）地热

台湾地热主要分布在大屯火山群区和中央山脉两侧。大多数温泉分布在断裂带上及其旁侧，且往往呈线状成群出现，形成大屯火山群温泉区、宜兰恒春温泉带、花莲台东温泉带等3个温泉区带。

台湾省温泉的温度普遍较高，以高温和中温温泉为主。全省116处温泉中，有测温数据的温泉共计105处，其中高温温泉56处，中温温泉41处，低温温泉仅8处。若从岩石地层看，火山岩区的温泉多为高温温泉，温度一般在80℃以上；变质岩区的温泉主要是高温温泉和中温温泉，低温温泉仅有3处；沉积岩区主要为中温温泉和低温温泉，高温温泉甚少。台湾省温度大于98℃的沸泉有13处，主要分布在火山岩区，另外几处分布在变质岩区的土场、清水、庐山、茂边、雾鹿和大仑等地。勘探中钻孔最高温度是大屯火山群区的马槽E208号钻孔，热水地下温度达293℃。

大屯火山群区属于高温温泉区，温泉地表温度多在90℃以上，热水的地下温度更高，达百余度乃至近300℃。该区超过100℃的温泉有6处，热水到达地面后形成沸腾泉或喷气孔，活动十分强烈。最高的喷气孔出现在七星山北东东2.8 km的大油坑，该处所喷出的蒸气温度高达120℃。蒸气中伴有天然硫磺，具硫化氢臭味，故又称硫气孔。大油坑地区每月可从蒸气中收集30~40 t纯硫磺。类似的硫气孔也出现在龟山岛东缘的峭壁上，喷出的硫磺呈橘红色，显示蒸气温度可能超过110℃。该硫气孔活动区附近海面呈一片乳白色，显示近岸海底也可能有地热活动。

分布在中央山脉变质岩区的温泉，温度超过80℃者达10余处，其中包括宜兰县的清水和土场温泉，花莲县境内和平溪中上游的大浊水和茂边温泉，南投县的庐山温泉，南部横贯公路上的雾鹿温泉，以及台东县的金仑温泉。这些温泉区热水的地下温度高达170~230℃，其他相对温度较低的温泉区热水的地下温度也多为100~160℃。大屯火山群地热区和中央山脉变质岩区的一些地热区，都具有开发地热发电的潜力。

3. 喜马拉雅早中期与沉积成矿作用有关的煤、石油、天然气、石灰岩等矿床成矿系列

（1）煤

台湾省有烟煤矿矿产地29个，其中中型煤矿2个（台北汐止和台北三峡-桃溪大溪），小型煤矿

27 个。

台湾省煤矿主要分布于台湾岛北部，可分为北部和中部两大煤区，已开发的煤矿几乎全部集中于北部煤区。

台湾具有开采价值之煤层共计 15 煤层，分为上部含煤层（南庄组）、中部含煤层（石底组）及下部含煤层（木山组）。中上部含煤层有 6 层，中部含煤层亦有 6 层，下部含煤层 3 层。台湾省煤层不稳定，连续性差，变化较大，厚度一般不超过 1 m，开采的煤层平均厚度为 35~70 cm，大部分属于长焰煤。

从台湾省聚煤盆地的演化过程来看，台湾煤的形成自古近纪末期即已开始，在台湾西部的前古近纪沉积基底的基础上，接受浅海相的沉积物，随着新近纪时期盆地不断变化，形成了 3 个由浅海相和海陆交互相相互叠置而成的含煤沉积旋回，其间便逐渐形成了中新世的 3 个含煤层。

从含煤地层的发育情况看，木山组总厚度为 550~650 m，其中含煤北自基隆海岸，向南延伸到台北、桃园及新竹县的大部分地及，以及苗栗县的北部。石底组总厚度 350 m 至 500 m 以上，主要分布在台北至桃园一带。而自桃园往西南至新竹及苗栗县的大部分地区，煤层减少减薄，再往南则无经济价值的煤层。南庄组总厚度大于 1000 m，分布范围最广，自台北至台南的阿里山一带均有分布，只是层位不稳定，煤经济价值较低。

台湾中新世的煤层均是在沿海的滨海造煤盆地中沉积形成，典型的沉积物是近岸或大陆棚型的沉积物，海相岩层通常与陆源碎屑沉积物互层。由研究岩相及沉积环境的变化分析，南庄组的成煤区分布最广泛，但到阿里山区以南渐变为海相沉积。石底组的分布其次，但到大安溪以南渐变为海相沉积岩层。木山组分布范围最小，且在桃园、新竹交界处以南则无煤层。

因此，台湾煤的聚煤作用总体受新近纪台西部坳陷盆地发展的控制，沉积及聚煤过程总体自台湾北部开始，逐渐向南延伸，且逐步加深。成煤期为新近纪的中新世前后，含煤岩系地层层序为海陆交互相的含煤层与滨海、浅海环境下形成的非含煤地层交替成层，构成 3 个含煤沉积旋回。

台湾聚煤总的特征是：聚煤作用自下而上逐渐加强，自北向南逐渐扩展。

（2）石油、天然气

台湾全省以石油为主的矿产地有 5 个，都是小型矿床；以天然气为主的矿产地有 12 个，其中苗栗锦水-永和山、苗栗铁砧山-通宵、苗栗出磺坑 3 处为中型天然气矿产地，其他 9 处均为小型天然气矿产地。

台湾省石油与天然气矿产地主要分布于台湾岛西部及附近海域。背斜构造圈闭为台湾省主要油气藏类型。

台湾省油气的产出层位自上新统至白垩系（甚至还可能有侏罗系）几乎均有发现，具有油气层位多的特点。

上新统锦水组的砂岩透镜体，在青草湖、崎顶和牛山等油气田都有产层，厚度一般 8~70 m，日产气 $2.5\times10^4\sim4.0\times10^4$ m^3。

上新统—上中新统桂竹林的砂岩层，在锦水和青草湖气田是较主要的油气产层，厚度 75~100 m，日产气 $4\times10^4\sim6.5\times10^4$ m^3，油约 7.9 t。

中中新统南港组打鹿页岩段中的打鹿砂岩层，是长康气田、锦水-永和山和铁砧山-通宵气田等的最主要油气产层，厚度一般 20~50 m，最厚可达 200 m 左右。其由陆上新竹、苗栗地区向西和西北的海域方向增厚、层次增多（1~7 层）；砂岩成分以石英为主，含量 79.2%~92%，有效孔隙度 2~31%，绝对渗透率<1.6~1518 mD。长康油气田日产凝析油和天然气分别为 143 t 和 100×10^4 m^3（CBK-11 井）。

下中新统—上渐新统木山组的砂岩层产层分布甚广，它不但是长康油气田及其附近含油气构造的重要油气产层，而且也是锦水-永和山、出磺坑、铁砧山-通宵、崎顶等油气田的产层。该砂岩层厚度平均 48 m，成分以石英碎屑为主，有效孔隙度 6.5%~9.4%，有效渗透率 1~20 mD。在长康构造，日产凝析油约 140 t、天然气 8×10^4 m^3（CBK-15）；在长胜含油气构造，日产凝析油约 10 t、天然气

$28.5\times10^4\ m^3$（CBS-2）；在长安含油气构造，日产凝析油约 42 t、天然气 $15.87\times10^4\ m^3$（CBA-2）。同时，与木山组相当的八掌溪砂岩，还是澎湖-北港隆起附近的台西含油气构造和八掌溪气田的重要油气产层，其厚度达 40~50 m，孔隙率 18.95%~34%，气体渗透率 570 mD，液体渗透率 380 mD，物性极好。该砂岩层目前发现的最高日产量为原油约 103 t、天然气 $6\times10^4\ m^3$（THS-1）。

上渐新统砂岩层是台西南盆地致昌构造等的重要油气产层，也是锦水、山仔脚等油气田的产层之一。在致昌构造（CFC），其厚度平均 153.8 m，日产天然气 $48\times10^4\ m^3$。

随着深部油气勘探的开展，已在始新统和白垩系陆续钻获工业油气流。在漳化县鹿港外海的振安构造，始新统的砂岩层日产凝析油约 40 t、天然气 $70\times10^4\ m^3$（CDA-1）。下白垩统是最近几年发现的一个重要油气产层，在台湾省西北部，其砂岩层和鲕状灰岩中已见油气显示；而在台湾省西南部的台西南盆地，其砂岩层厚约 50 m，日产天然气 $76.7\times10^4\ m^3$（CFC-9）。

（3）石灰岩

台湾全省有石灰岩矿产地 27 个，中型矿床 1 个，小型矿床 7 个，矿点 19 个。台湾省石灰岩矿分布甚广，几乎遍及西部各县，由北往南有台北、桃园、新竹、嘉义、台南、高雄、屏东等，东部的台东县也有石灰岩矿出露，相对而言较集中的分布的地区有台南和高雄。

中新世、上新世的石灰岩矿床（点）15 个。中新世石灰岩主要产地有台北南港、南势角、清水坑，桃园兔子坑、竹头角，新竹赤柯山、马福，台东大马、东河、加路兰等。

北部的石灰岩均产在早中新统木山组的“公馆凝灰岩”中，与火山碎屑岩相伴出现，层数 1~4 层，厚度自 1 m 以下乃至几十米，膨缩不定，易于尖灭。台东县的石灰岩则产于都峦山组上部，与钙质安山质砾岩或钙质凝灰质砂岩成渐变关系，石灰岩呈大透镜体，厚 5~50 m。

中新世石灰岩皆呈白色或灰白色，致密块状，含有棘皮动物、藻类及珊瑚化石，含 MgO 较少，SiO_2 及 $A1_2O_3+Fe_2O_3$ 较高。

4. 喜马拉雅中晚期与沉积成矿作用有关的砂金、锆石、独居石砂矿矿床成矿系列

（1）砂金

台湾省砂金分布睛基隆河、中央山脉、东台湾地区 3 个地区。基隆河地区有台北县基隆河矿点 1 处，砂金系金瓜石原生金矿床经风化、剥蚀、搬运入基隆河或其支流小谷，在重力分选下富集堆积而成；砂金矿层含 Au 品位较富，约 0.8 g/t，砂中重矿物有自然金、锆石和独居石，具经济价值。中央山脉地区，有矿点 10 处，前古近纪大南澳群变质岩、古近纪始新统毕绿山组、渐新统四棱组、中新统庐山组诸地层的黑色片岩、板岩、千枚岩、砂岩、硅质岩及大理岩中所赋存的含金石英脉，为河流砂金的物质来源；矿体赋存于现代河床砂砾层中或古阶地堆积层中，整个中央山脉各条河流，均蕴藏砂金，但达工业品位（0.2 g/t 以上）的只占少数。东台湾地区有花莲新城矿点 1 处，主要分布于花莲县立雾溪口三角洲至花莲一带的海岸平原，砂矿中金粒细小，含 Au 品位常有变化，因受海洋潮汐影响而加以分选，含金品位会逐渐升高，尤其是夏季，每次台风袭击后，含 Au 品位明显增加，已采区域仍可继续开采；在立雾溪口新城一带的海砂中，含 Au 品位 0.39 g/t。

（2）独居石

台湾省域内发现稀土金属矿（独居石砂矿）矿产地有 10 处。其中中型矿床 8 处，单矿种独居石小型矿床及矿点各 1 处。主要分布于台湾西南部云林县、台南县和高雄县海岸岸边浅滩或近岸砂洲，矿床成因类型均为滨海砂矿类型。

台湾省独居石砂矿 10 处矿床（点）重矿物总储量 24.56×10^4 t，重矿物含有率为 0.6%~5.56%，以布袋洲最为富集，其次为青山港洲，而以新港口含有率为最低，仅 0.6%。布袋洲独居石品位为 13150.80 g/m^3。独居石品位最低的是统汕洲，仅 1762.92 g/m^3。独居石总储量 3.395×10^4 t。应指出，独居石中可能还包括了磷钇矿，一般经搬运沉积的独居石、磷钇矿外表特征甚为相似，多统归独居石。

(3) 锆石

台湾省域内发现锆石矿矿产地共有 9 处，其中有独居石、锆石共生中型矿床 8 处，单一锆石矿点 1 处。矿床类型为外生沉积作用（海滨、河流冲洪积）的砂矿型矿床。主要分布于台湾西南部云林县、台南县和高雄县海岸岸边浅滩或近岸砂洲。

布袋洲锆石品位为 26020.80 g/m^3；锆石品位最低的是新港口为 2656.8 g/m^3。锆石总储量 5.38×10^4 t。

滨海砂矿类型：分布于云林、嘉义、台南、高雄地区的海岸线上，有独居石、锆石共生中型矿床 8 处。重砂矿物出现于波浪较强大处砂滩的砂脊的迎浪部位潮间带，形成了狭长条带的重砂富集矿带，涨潮时潜伏于海水面下，退潮时露出海面。重砂含量以表层为高，通常含有率为 1%~5%。深度超过 1 m，重砂含量锐减，超过 3 m，则少见含有重砂。重砂矿物大多来自台湾岛，锆石来自台湾岛及所属岛屿的基性火山岩。

河流冲洪积砂矿类型：仅有新竹县关西镇马武督锆石矿产地 1 处，为单一独居石矿点。区内出露地层有中新统瑞芳群、中新统—上新统三峡群，岩性为砂岩、页岩、泥岩夹煤层及火山岩。锆石来自火山岩的橄榄碧玄岩中的副矿物。

5. 喜马拉雅中晚期与风化成矿作用有关的铝土矿、锰矿、铁矿、粘土类矿床成矿系列

(1) 铝土矿

台湾省铝土矿产地有 1 处，分布于台湾省北部大屯山地区磺咀山，为三水型铝土矿。原岩为安山岩类，经红土化风化作用形成铝土矿。

(2) 锰矿

台湾仅见小型矿床 1 处，分布于台湾北部宜兰县的西帽山。锰矿体主要产在古近纪大南澳混杂岩之石英片岩及绿泥石片岩中，矿石以硬锰矿为主，原生矿以蔷薇辉石，矿石品位：MnO_2 63.99%、SiO_2 11.07%、P 0.02%~0.04%、S 0.02%~0.05%。

(3) 铁矿

台湾全省有铁矿产地 12 处，均为矿点。其中风化型铁矿有 10 处，主要较集中分布于台湾北部的台北、桃园，少量分布在苗栗到台中一带；滨海砂矿型铁矿有 2 处，分布在台湾北部的台北北部海滨和西北部的苗栗苑里海滨。

风化型铁矿：风化型铁矿又分为红土台地风化型褐铁矿、火山岩风化壳型褐铁矿。红土台地风化型褐铁矿位于台湾省西北部中-上更新统红土台地堆积层中，有 7 个矿点，矿体规模由北向南变小，矿石矿物成分主要为褐铁矿，少量赤铁矿，有有机物质遗迹和铁碳酸盐，矿石含 Fe 15%~43%。火山岩风化壳型褐铁矿位于台湾省西北部的大屯山地区，由更新世大屯山火山岩的辉石角闪安山岩中含铁矿物经风化剥蚀，在有利地形堆积氧化而成，矿石含 Fe 36%~55%。

滨海砂矿型铁矿：滨海砂矿型铁矿为大屯山石英安山岩分布区滨海沉积的铁砂矿，为滨海沉积的重矿物聚集形成。重矿物磁铁矿+钛铁矿 37.88~117.24 kg/m^3（其中磁铁矿占 80%~83%、钛铁矿占 8%~16.2%），精矿品位 Fe 15.17%~64.95%，一般 40.39%~64.54%，TiO_2 0.88%~5.61%，SiO_2 5.59%~11.87%，S 0.07%~0.15%，P 0.11%~0.50%，估计储量磁铁矿 24.48×10^4 t，钛铁矿 4.1×10^4 t。

五、区域成矿规律

（一）矿床时空分布与演化规律

台湾省区域成矿作用的发生、发展以及矿床的形成，与东亚构造带（或西太平洋构造带）中新生代以来岩石圈板块构造演化发展有着时空关系。成岩成矿作用在时间上与板块构造活动发展的一定阶段相伴随，在空间上与一定的构造部位相依存，同一成矿系列的基本物质的构造环境活动性是近似的，沉积古地理或岩浆侵入、喷发活动以及变质条件是相近的。一般内生矿床生成受火山岛弧系岩浆岩岩相控制，沉积矿床受构造盆地不同发展阶段所形成的构造-沉积岩岩相所制约，变质矿床则主要与构造-变质岩岩相有关。

台湾地区矿产分布特征与所处地质构造时代及构造位置环境等关系紧密。

1. 区域成矿在时间上分布规律

台湾省大致可分出燕山期和喜马拉雅期2个成矿期（表5-1）。

在大南澳混杂岩带中，由于九曲（岩）组以厚层、块状大理岩为特征，其原岩为含生物碎屑的厚层至块状灰岩，部分石灰岩产有二叠纪的䗴科和珊瑚化石。当时可能处于古欧亚大陆边缘，属于稳定的陆棚台地沉积，沉积晚期伴有大量海底拉斑系列玄武岩火山喷发活动，因此推测华力西期已有大理岩、白云岩以及与火山活动有关的铜-硫铁矿的矿源层形成。

（1）燕山期成矿特点

中生代时期太平洋板块往亚洲东部下面俯冲，在燕山期发生多幕或多次的俯冲消减作用，其中在中生代中晚期板块构造活动强度最大，波及范围较广，形成台湾省东部太鲁阁构造杂岩带、玉里构造混杂岩带，分别代表燕山早期和燕山晚期构造-成矿亚期。

A. 燕山早期成矿特点

从晚三叠世到晚侏罗世，为两大板块在本区第一次相互作用的时期，一般认为在距今160~180 Ma。由于消减作用，深部老变质岩被抬升到地表，洋壳岩块带到消减带，俯冲-碰撞形成增生型太鲁阁高压、低温变质构造杂岩带。此时期强烈挤压，在大陆板块上产生北北东向断裂系统，形成一系列断陷盆地。强烈的热效应引起壳层重熔和岩浆活动，形成的矿产主要有受变质（沉积变质）型大理岩、白云岩，受变质（火山沉积-变质）型铜-硫铁矿、蛇绿岩-变质型蛇绿岩等。

B. 燕山晚期成矿特点

燕山晚期太平洋板块向西沿太鲁阁东侧玉里深海沟俯冲消减，时间主要在70~80 Ma。有较多洋壳岩石留在消减带中，同时有强烈的海底基性火山喷发活动，俯冲-碰撞形成玉里高压、低温变质构造混杂岩，并在太鲁阁早期高压、低温变质带上叠加高温、低压变质作用，使太鲁阁变质带进一步变质，产生混合岩化，局部熔融形成花岗伟晶岩。早期形成的断陷盆地（如台西、台西南盆地）扩大并迅速下陷，控制着白垩纪或侏罗纪—白垩纪含生油岩沉积泥沙质建造的沉积和分布。东部玉里混杂岩带形成的矿产有铜-硫铁矿、蛇纹岩、滑石、石棉、软玉等，在西部（含海域）则有石油、天然气等。

表 5-1 台湾省成矿期简表

成矿期	构造运动	时代			岩浆活动	矿产
喜马拉雅成矿期		新生代	第四纪	全新世		砂矿(金、锆石独居石)、地热、硫磺、耐火粘土、陶土
				更新世	澎湖基性火山活动；大屯中性火山活动 海岸中性及基性火山活动；基隆中性火山活动	金、铜、黄铁矿、硫磺、明矾石、地热、石灰岩
	蓬莱运动		古近纪—新近纪	上新世		铜多金属矿、石膏、沸石
				中新世	台西基性火山活动 台东中性火山活动 台西基性火山活动 基性火山活动；台东中性火山活动	煤、石油、天然气、硅石、砂岩、粘土、石灰岩
	埔里运动			渐新世	基性火山活动	石油、天然气
				始新世	中性火山活动	石灰岩
	南澳运动			古新世	基性火山活动	石灰岩
燕山成矿期 晚期		中生代	白垩纪		混合岩化（伟晶岩）基性火山活动	铜-硫铁矿、蛇纹岩、石灰岩、白云岩、滑石、石棉、软玉
燕山成矿期 早期			侏罗纪		台东基性火山活动	铜-硫铁矿、蛇纹岩、大理岩
华力西期（?）			三叠纪(?)		基性火山活动 中性火山活动	含铜硫铁矿、石灰岩、白云岩(矿源层)
		晚古生代	二叠纪			
			石炭纪			
			泥盆纪(?)			

（2）喜马拉雅期成矿特点

古近纪—新近纪是台湾省地质发展的最重要阶段。古近纪—新近纪含矿沉积建造，可划分为古新世、早始新世—中始新世、晚渐新世—中中新世、晚中新世—上新世 4 个沉积旋回。其中晚渐新世—中中新世，又可进一步划为晚渐新世、早中新世、早中新世—晚中新世 3 个含煤、生油岩、硅石砂岩沉积建造旋回。

古近纪古消减带及岛弧，经板块会聚已停息结束。新的弧沟系统正在酝酿中，这时断裂活动伴随基性火山喷发沉积作用，集中在台湾省西部前陆盆地中。中始新世（50 Ma）台湾省位于欧亚板块的东部边缘。太平洋板块的斜向俯冲作用可能发生在台湾省以东地区。

渐新世中期—中新世中期，太平洋板块向西移动，大陆边缘发生张裂，形成海沟、岛弧、盆地构造。这时期在本地区由于南海板块扩张，沿马尼拉海沟向东俯冲，使吕宋火山弧形成，组成由台湾省（东部）经吕宋延伸至民都洛岛弧系，南北长 1300 km，宽 300 km。

从渐新世—中新世，岛弧带来巨厚都峦山组安山岩火山岩系，而刮铲下来的沉积物及外来洋壳岩块沿海槽堆积，构成俯冲带复杂的利吉混杂岩。在 10～15 Ma 前，菲律宾海板块载着吕宋弧向北斜冲；同大陆板块碰撞拼贴，海槽封闭，引发安山质火山侵入-喷发及以铜、金为主成矿作用。弧-陆碰撞，向西使大南澳群片岩于古近纪发生再结晶、变形、褶皱、逆冲断层带，同时使中生代变质带遭受低温热液作用，生成滑石、石棉、软玉。

上新世—更新世，台湾以东菲律宾海板块向北俯冲到琉球弧之下，使台湾省东北部大屯山、基隆山、龟山岛等与琉球岛连接，成为琉球弧的一部分。这时期由于俯冲作用，引发了高铝玄武质、安山质火山岩喷发-侵入活动及金、铜、硫成矿作用，形成有价值的金、铜、硫等内生矿床。此时菲律宾海板块与欧亚大陆板块碰撞是台湾省最重要的一次构造运动，也是煤、油气及金铜、硫等矿产最重要的生成时期。

喜马拉雅期在台湾省形成的具工业价值的矿产主要有：中新世煤、天然气、石油、石灰岩、石英砂岩、粘土，上新世、渐新世天然气、石油，中新世—上新世斑岩型铜（金）矿、火山热液型铜-黄铁矿、多金属、石膏、沸石，变质热液型滑石、石棉、软玉等，更新世火山热液型金、铜、黄铁矿、硫磺、明矾石、地热等，全新世各类砂矿（黄金、磁铁矿、锆石、独居石、建筑砂石材料等，耐火材料、陶土及地热等）。

2. 区域成矿在空间上分布规律

台湾省各类矿床的空间分布特点可概括下列几方面：

1）矿床分布上，大陆壳边缘主要为白垩纪（或侏罗纪）—新生代构造盆地沉积形成的石油、天然气、煤、石英砂岩、粘土、石灰岩等矿床，过渡型洋壳则以洋壳成因的蛇绿岩经变质生成的蛇纹岩、滑石、石棉、软玉等非金属矿产为主。

2）北部的硫球弧系火山岩与东部吕宋弧系火山岩，有各自的火山岩浆及内生金属成矿作用特点，似与板块俯冲方向、倾角、速率和会聚斜度差异有关。

3）各时期板块活动会聚而生成的消减杂岩（或变质构造杂岩）带，各有不同的矿产，但多产有蛇绿岩-变质型矿产。

4）矿床受不同的构造部位或褶皱断裂带制约，油气一般分布于中新生代盆地的凸起、古隆及其斜坡带；而基本上受限于晚期逆掩断层以西地带，以背斜（或地层-背斜）圈闭为主。地热主要沿活动断层分布。

5）各类矿床一般按矿种及类型集中成带展布，和相当的含矿建造及构造带（区）的分布具一致性，形成各具特色的构造-建造-矿带（区）组合体。

（二）区域成矿作用模式、演化及区域成矿谱系

1. 区域成矿作用模式、演化

区域成矿作用模式主要是描述矿产地质自然观念或自然过程的内在本质，目的是为了认识复杂的成矿条件和分布规律，并在成矿理论指导下，以实际矿床为原型，通过推理而建立的理想地质客体。本节利用成矿模式对台湾省的成矿物质来源、迁移过程、富集条件等不同时期成矿作用、大地构造分布规律、后生变化、区域控矿的地质构造主要因素、矿床成矿系列和矿床成矿系列的矿床组合中各矿床的地质构造分布位置等成矿过程、成矿机制和成矿规律进行概括。

据台湾省成矿作用演化发展过程，可概括成区域成矿作用模式图，如图 5-1 所示。

2. 区域成矿谱系特征

根据不同地质历史时期的区域地质构造环境及其演化过程、不同地质历史时期的成矿作用及矿床成矿系列以及成矿作用及其形成的矿床组合在时间和空间上的演化规律（继承性、突变型或过渡性），最后用图表加以表示，横坐标为地域，纵坐标为时间，各矿床成矿系列列入相应的位置。主要

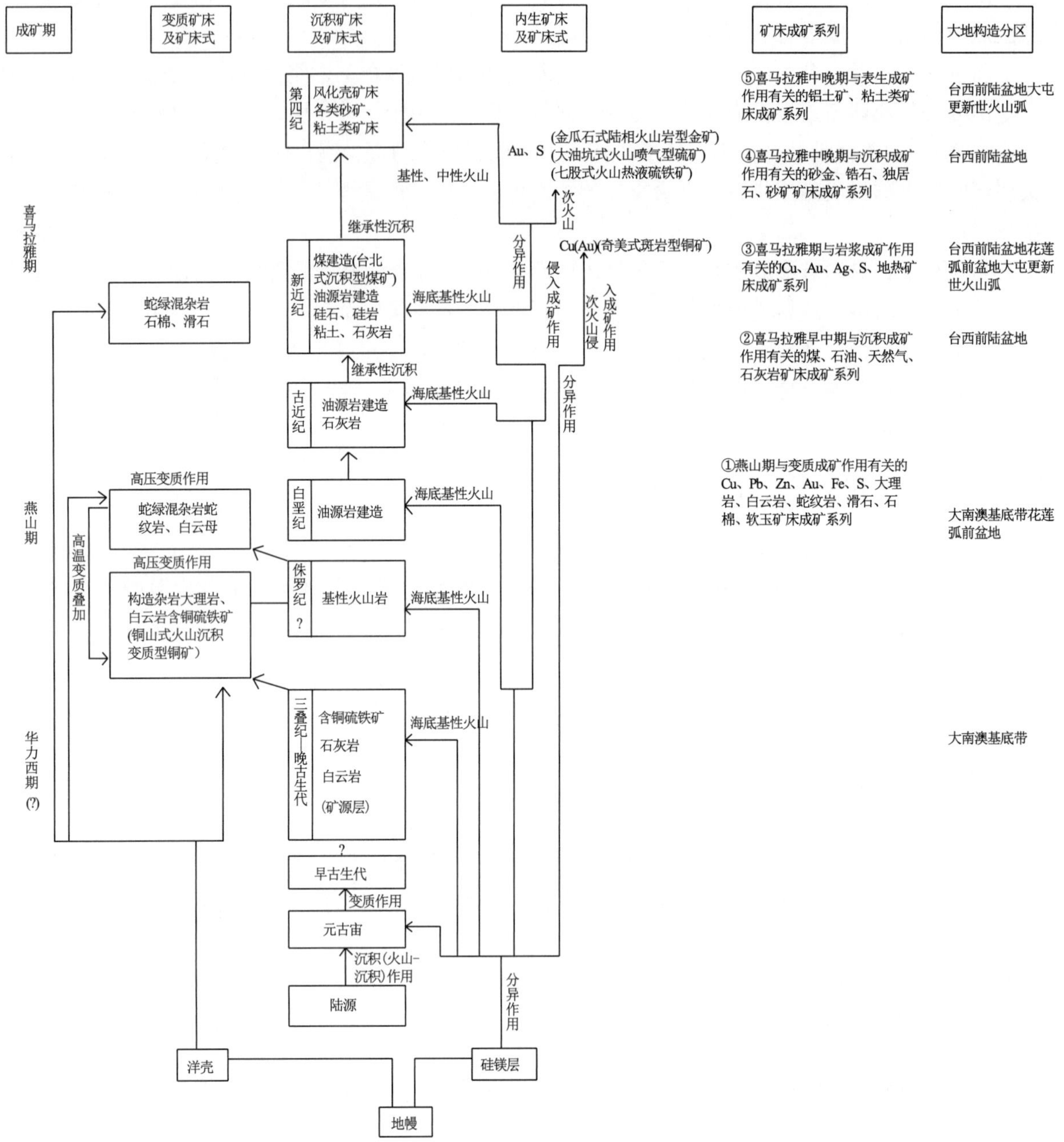

图 5-1　台湾省区域成矿作用模式图

成矿元素在时空中的变化用线条粗细及箭头加以表示（图 5-2）。

（三）重要成矿规律问题

台湾大南澳混杂岩太鲁阁变质带中的大理岩变质时代尚未确定，《中国区域地质志·台湾志》（福建省地质调查研究院，2020）对它是否是形成于二叠纪表示存疑，如果它形成于二叠纪，那么台湾的构造运动和成矿时代就要大幅提前，这对台湾变质基底和成矿作用的研究会产生重大影响。

大南澳基底带包含不同时代形成的地质体，沉积地层显示同时具有深海沉积与稳定陆棚台地沉积环境，以及晚白垩世岛弧型花岗岩，变质火山岩夹层，蓝闪片岩、蛇纹岩、辉长岩等超基性、基性岩块体，具有不同的变质作用等；带上分布着 53 处矿产地，其中与变质成矿作用有关的矿产地有 36 处，包括大型矿床 8 处，中型矿床 6 处，小型矿床 13 处，矿种主要为大理岩、滑石、铜-硫铁矿、白

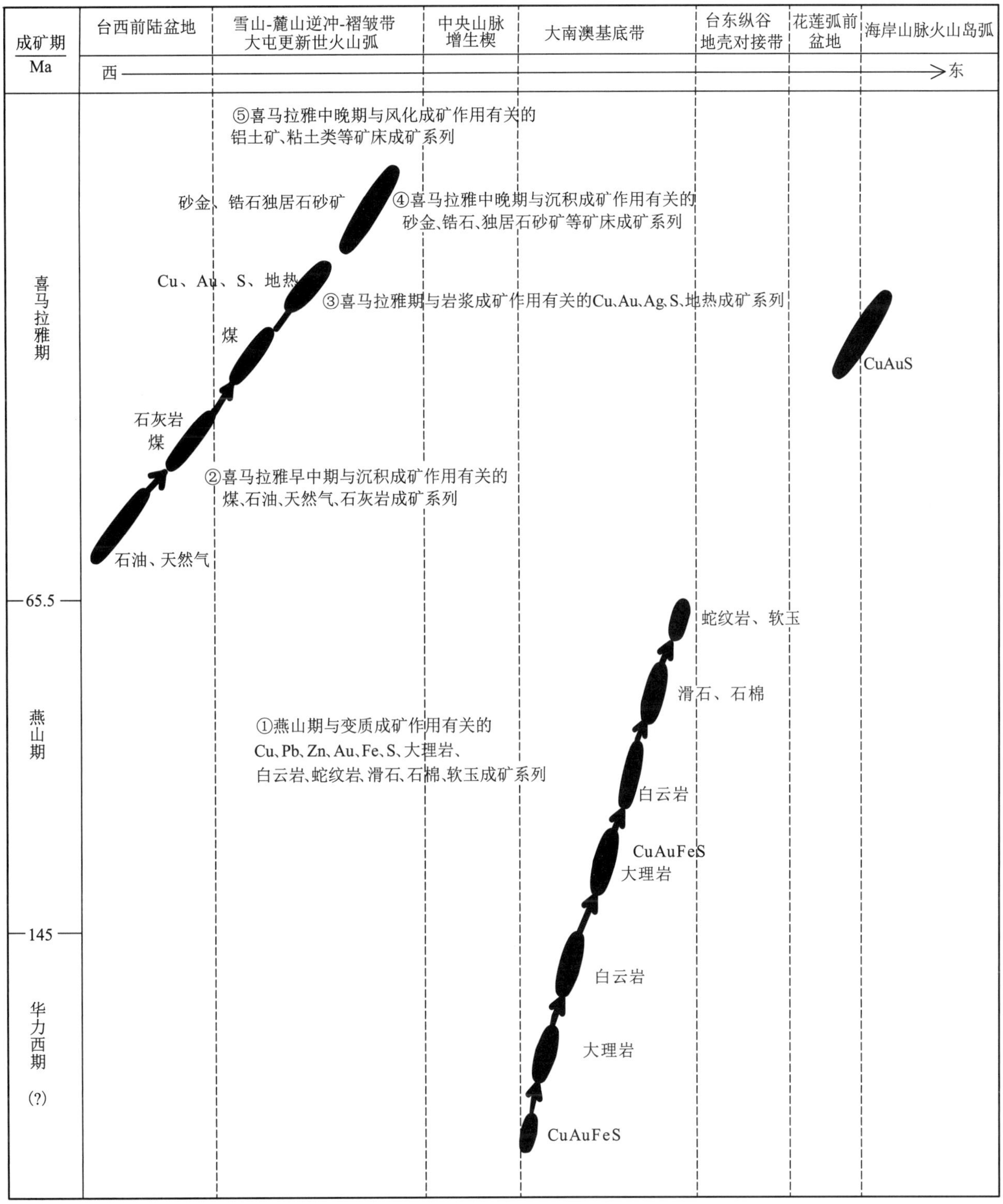

图 5-2　台湾省区域成矿谱系图

云岩、蛇纹岩、软玉和云母矿。这些矿产的物质来源及其形成过程与大南澳基底带之间的相互关系未完全查明，有待今后深入研究。

结　　语

《中华人民共和国台湾省成矿规律图》（1∶500 000）的编制，是在充分利用和综合总结现阶段各类最新地质、矿产信息资料，建立“台湾省区域地质与区域矿产信息数据库”的基础上，按编图方案的统一要求，在MapGIS平台，利用计算机完成图件编制。本图具有各类地质及矿产信息齐全、资料新颖、综合程度较高的特色，应用地理信息系统与地矿信息数字化属性输入、矢量化与编辑完成的成图，大大提高了图件的质量水平，是一份能反映台湾省当代地质和区域矿产特征，并具有多功能用途的最新综合性地质图件。

《中华人民共和国台湾省成矿规律图》（1∶500 000）说明书的基本内容，旨在说明编图指导思想、原则，阐明编图所使用的各类要素及基本含义、参数选取与划分准则和标示方法等相关专业内容与技术性指标采用的依据，以及编图应用与操作的情况，以说明编图内容与方法的规范性、科学性和相关资料利用程度与合理性，反映了本次编图的精度、质量与图件的性质，以及所具备的功能。

说明书以《中国矿产地质志·台湾卷》和《中国区域地质志·台湾志》相关内容为依据，主要针对本图所展示的区域地质、区域矿产基本情况和矿产成矿规律作简要介绍，主要为单独使用图件时，可以较为便捷地概略了解区域矿产成矿规律的一般性特征提供便利。

本图的编制，希望对台湾省的矿产地质研究和勘查起到促进作用。由于经验不足，图件可能存在疏漏和不足之处，恳请批评指正，以求不断改进提高。

主要参考文献及资料

福建省地质调查研究院. 2013. 台湾省矿产资源潜力评价成果报告.
福建省地质调查研究院. 2020. 中国区域地质志·台湾志. 北京：地质出版社.
福建省地质矿产局. 1992. 台湾省区域地质志. 北京：地质出版社.
福建省地质矿产局. 1994. 台湾省区域矿产. 福州：福建科学技术出版社.
福建省地质矿产局. 1996. 台湾省岩石地层. 武汉：中国地质大学出版社.
台湾工业技术研究院矿业研究所. 1983. 台湾之矿产资源开发概况. 矿业研究所第 194 号报告.
中国地质调查局基础调查部，中国地质科学院地质研究所. 2012.《中国区域地质志》工作指南.
中国矿产地质志项目办公室，中国地质科学院矿产资源研究所. 2016. 中国矿产地质志·省级矿产地质志研编技术要求.
陈其瑞. 1996. 台湾的大理岩. 台湾地质之八. 台北：台湾省地质学会.
陈维民，杨昭勇. 1985. 花莲铜门地区大南澳片岩之地质构造. 地质，6(2)：1~20.
陈文山. 2016. 台湾地质概论. 台北：台湾省地质学会.
陈逸侦. 2014. 台湾蓝玉髓-宝丰祥宝石采矿场. 台湾矿业，66(4)：1~4.
陈毓川，裴荣富，宋天锐，等. 1998. 中国矿床成矿系列初论. 北京：地质出版社，1~104.
陈毓川，裴荣富，王登红. 2006. 三论矿床的成矿系列问题. 地质学报，80(10)：1501~1508.
陈毓川，裴荣富，王登红，等. 2015. 论矿床的自然分类——四论矿床的成矿系列问题. 矿床地质，34(6)：1092~1106.
陈毓川，裴荣富，王登红，等. 2016. 矿床成矿系列——五论矿床的成矿系列问题. 地球学报，37(5)：519~527.
陈毓川，裴荣富，王登红，等. 2020. 论地球系统四维成矿及矿床学研究趋向——七论矿床的成矿系列. 矿床地质，39(5)：745~753.
陈毓川，王登红，徐志刚，等. 2007. 中国成矿体系与区域成矿评价(上，下册). 北京：地质出版社.
程裕淇，陈毓川，赵一鸣. 1979. 初论矿床的成矿系列问题. 中国地质科学院院报，1(1)：32~58.
程裕淇，陈毓川，赵一鸣. 1983. 再论矿床的成矿系列问题. 中国地质科学院院报，5(6)：1~64.
陈肇夏. 1979. 台湾软玉的化学式及生成环境. 地质，2：57~68.
陈贞光，周国栋，廖沧龙，等. 2017. 台湾矿冶工作之进展(上). 矿冶，61(2)：91~107.
陈正宏. 1990. 台湾之火成岩. 台北：台湾“中央地质调查所”.
饭冢保五郎. 1928. 台湾油田地质概查报告——第六区油田.
方建能，余炳盛. 1995. 金瓜石-九份金铜矿床导览. 台湾省博物馆.
冯瀚亭，陈文山，钟孙霖. 2011. 从苏澳-南澳的大南澳片岩碎屑锆石铀铅定年研究探讨地层年代. 台湾省地质学会、地球物理学会 2011 年会论文集.
高天钧. 1999. 福建紫金山铜金矿床类型与环太平洋浅成低温矿床的比较. 福建地质，18(4).
高振敏，于又华. 1999. 台湾中央山脉的金矿. 黄金科学技术，7(1).
苟澎生，张徽正，陈福将. 1985. 台湾地区陆上砂石资源调查与研究报告(第三卷). 台北：台湾“中央地质调查所”.
关明义，吴瑞智. 1986. 台湾西部油气潜能. 台湾石油地质. 22：201~206.
国音. 1988. 近年来台湾陆上油气探勘成果. 石油通讯，437：9~10.
何春荪. 1959. 台湾之煤矿资源. 台北：台湾省地质调查所.
何春荪. 1983. 台湾基隆沿海区至桃园县大溪间煤田地质及构造. “经济部中央地质调查所”汇刊，2：17~70.
何春荪. 1986. 台湾地质概论. 台湾地质图说明书. 台北：台湾“经济部”.
何春荪，李锦南. 1963. 台湾经济矿物(英文). 台北：台湾“经济部”.
何春荪，詹新甫，潘志伟，等. 1954. 台湾苗栗南庄煤田地质. 台湾省地质调查所汇刊，6：1~36.
何信昌，谢凯旋，高铭健，等. 2005. 1∶5 万新化幅地质图说明书. 台北：台湾“中央地质调查所”.
黄奇瑜，闫义，赵泉鸿，等. 2012. 台湾新生代层序：反映南海张裂，层序和古海洋变化机制. 科学通报，57(20)：1842~1862.
黄重谋. 1992. 台湾中南部变质岩地区叶蜡石等变质度线之研究. 台南：台湾成功大学.
吉田要. 1932. 高雄州旗山西南部油田调查报告及旗山西南部油田地质图(三万分之一). 台湾“总督府殖产局”，第 610 号.
纪立民. 1989. 高雄寿山南部石灰岩之沉积学研究. 中山大学海洋地质研究所硕士论文.
金庆焕，高天钧，等. 1993. 台湾海峡中、新生代地质构造及油气地质. 福州：福建科学技术出版社.
赖克富，刘英毓，谢嘉荣. 2006. 台湾的煤矿. 台北：远足文化事业股份有限公司.
李宝银. 1997. 台湾非金属矿产的开发利用及需求. 非金属矿，(4).
李正鸿. 2017a. 过去一年(2016)来年台湾矿业回顾. 台湾矿业，69(2)：41~51.
李正鸿. 2017b. 2016 年台湾矿物进出口贸易概况. 台湾矿业，69(4)：29~40.
林朝棨. 1963. 台湾的第四纪. 台湾文献，14(1)：1~53.
林朝棨，邱岳，吕学俊，等. 1957. 澎湖群岛之地质矿产. 台湾矿业，9(3，4)：26~38.

林鸿标. 1956. 台湾之独居石、砂铁、锆石与钛铁矿. 台湾银行季刊, 8(3): 55~60.
林嵩山. 1999. 台湾软玉(闪玉)的种属及特征. 宝石和宝石学杂志, (3).
刘家军. 1997. 台湾金瓜石金-铜矿床. 冶金地质动态, (4).
刘家华, 徐庆云. 1988. 台湾西南平原之油气探勘. 石油季刊, 24(4): 84~90.
刘宪德, 苟澎生, 赖典章. 1986. 台湾地区陆上砂石资源调查与研究报告(第四卷). 台北: 台湾"中央地质调查所".
刘昭民. 1990. 台湾之矿产概况. 中国地质, (1).
刘昭民. 1992. 台湾的地热资源. 中国地质, 5: 25~28.
吕海星. 1956. 台湾之大理石及石灰岩矿. 台湾银行季刊, 8(3): 77~88.
吕学俊. 1984. 台湾之玻璃砂矿床. 地质, 5(1, 2 合刊): 11~34.
罗焕记, 陈文山, 宋圣荣. 1993. 1∶5 万成功、东河幅地质图说明书. 台北: 台湾"中央地质调查所".
罗伟, 刘佳玫, 杨昭男, 等. 2009. 1∶5 万新城幅地质图说明书. 台北: 台湾"中央地质调查所".
鸟居敬造, 吉田要. 1931. 新竹州苗栗及竹东油田调查报告. 台湾"总督府殖产局".
鸟居敬造. 1932. 台南州新化油田调查报告. 台湾"总督府殖产局".
潘玉生, 等. 1971. 台湾石油及天然气之勘探与开发.
沈姿岑. 2007. 林口台地锆石核飞踪定年. 台北: 台湾大学.
市川雄一. 1929. 台湾炭田之层序. 地质学杂志, 36(429): 289~291.
舒良树. 2012. 华南构造演化基本特征. 地质通报, 31(7): 1035~1053.
宋国城, 林庆伟, 林伟雄, 等. 2000. 1∶5 万甲仙幅地质图说明书. 台北: 台湾"中央地质调查所".
谭立平, 等. 1988. 台湾之玻璃砂矿床. 明日世界, (159): 7~10.
谭立平, 陶正章. 1994. 台湾金瓜石金-铜矿床. 地质地球化学, (1).
谭立平, 王执明, 陈其瑞, 等. 1978. 台湾花莲丰田软玉矿床之矿物研究. "台湾行政院国家科学委员会"专刊, 共 81 页.
谭立平, 魏稽生. 1997. 台湾金属经济矿物. 台北: 台湾"中央地质调查所".
谭立平, 魏稽生. 1999. 台湾非金属经济矿物. 台北: 台湾"中央地质调查所".
谭立平, 魏稽生. 2000. 台湾能源矿产及地下水资源. 台北: 台湾"中央地质调查所".
唐羽. 1985. 台湾采金七百年.
陶奎元. 1997. 台湾金瓜石金(铜)矿床及其与福建紫金山铜(金)矿床的比较——赴台考察报告之一. 火山地质与矿产, 18(4).
汪维恭. 1994. 台湾省石灰石资源. 建材地质, 73(3).
王登红, 陈毓川, 徐珏, 等. 2005. 中国新生代成矿作用. 北京: 地质出版社.
王执明. 1991. 太鲁阁峡谷之变质岩. 太鲁阁"国家公园管理处".
吴乐群, 陈华玟, 颜一勤. 2011. 1∶5 万朴子、佳里、台南幅地质图说明书. 台北: 台湾"中央地质调查所".
吴万全. 1987. 煤中硫之初步研究. 台湾矿业, 39(1, 2).
徐镇恶, 林浚泉. 1956. 台湾之硫磺矿. 台湾银行季刊, 8(3): 40~54.
徐志刚, 陈毓川, 王登红, 等. 2008. 中国成矿区带划分方案. 北京: 地质出版社.
薛毅, 薛世孝. 1992. 台湾煤矿发展史略. 焦作矿业学院学报, (1).
余炳生, 白冶. 1995. 台湾金瓜石地区含金角砾岩筒的构造特征. 国外矿床地质, (4).
张宝堂. 1979. 台湾地热征兆分布之特征. 能源季刊, 9(4): 75~85.
张宝堂, 李春生. 1984. 台湾变质岩区地热产状之地质控制因素. 工业技术, 116: 28~43.
张徽正, 苟澎生, 江崇荣. 1984. 台湾地区陆上砂石资源调查与研究报告(第二卷). 台北: 台湾"中央地质调查所".
张徽正, 赖典章, 等. 1982. 台湾地区陆上砂石资源调查与研究报告(第一卷). 台北: 台湾"中央地质调查所".
张家慕. 1956. 台湾之滑石矿. 台湾银行季刊, 8(3): 95~98.
张石角. 1963. 台湾工业用非金属矿物资源. 台湾文献, 14(4): 135~190.
张逸侦. 1990. 台湾砂石资源之分布与供需. 台湾矿业, 42(4): 47~58.
章少华. 1999. 台湾非金属矿产资源及开发利用简介. 中国非金属矿工业导刊, (4).
钟广吉. 1989. 高雄地区的石灰岩洞与钟乳石. 地质, 9(2): 249~274.
周次雄. 1990. 台湾西部油气潜能之再评估. 矿冶, 34(2): 8~100.
Biq C C.1971. Comparision of melange tectonic in Taiwan and in some other mountain belts. Petrol Geol Taiwan, 9:79~106.
Bojo T, Otsu H, Honma I, et al. 1967. Report on the exploration of Chinkuashih area. MRSO Report, 68: 65.
Chang Y H. 1981. Mineralogy study of barite and alunite from Chinkuashih gold-copper deposits. "Taiwan Univeristy", Dept of Geology, Masters.
Chen C C. 1986. Copper and gold mineralizations in the Chinkuashih area, northern Taiwan. "Proc Geol Soc China", 29: 63~71.
Chen C H, Tan L P, Lin S B. 1985. Scorodite from Chinkuashih. Acta Geologica Taiwanica, 23: 149~151.
Chen C H, Tan L P, Tien R L, et al. 1993. Fission track age dating of igneous rocks and silicified sandstones from the Chilung volcano group, northern Taiwan: implication of mineralization events of the Chinkuashih gold-copper deposits. "Jour Geol Soc China", 36(2): 157~174.

Chen C H, Wang C H. 1995. Explanatory notes for the metamorphic facies map of Taiwan (2nd ed.). "Central Geological Survey", Special Publication 2: 1~51 (in Chinese).

Chen C H, Wu Y J. 1971. Volcanic geology of the Tatun geothermal area, northern Taiwan. "Proc Geol Soc China", 14: 5~20.

Chen C S. 1993. Application od CSAMT method for gold-copper deposits, Chinkuashih area, northern Taiwan. Terrestrial Atmospheric and Oceanic Sciences, 4(4): 339~350.

Chen J C, Huh C A. 1982. Geochemistry of dacites from Chinkuashih area, northeastern Taiwan. "Proc Geol Soc China", 25: 67~81.

Chen K. 1974. Recent status and future devlopment of copper leaching in Chinkuashih mine of Taiwan. Mining and Metallurgy, 18(3): 14~20.

Chen K. 1978. Gold and copper mining industry of Taiwan. Taiwan Mining Industry, 30(4): 313~318.

Chen M K. 1954. Geology of the Chinkuashih-Chiufun gold field. Taiwan. Annals of Academia Sinica, 1: 469~484.

Chen W F. 1962. Study on the characteristics of the ore shoots in the Chinkuashih deposits. Gold-copper Monthly, 125: 2~7.

Chu J B. 1975a. Breccia pipes and the spatially related fault in the Tortoise section of the Chinkuashih district, Taiwan(1). Mining Technology, 13 (11): 473~483.

Chu J B. 1975b. Breccia pipes and the spatially related fault in the Tortoise section of the Chinkuashih district, Taiwan(2). Mining Technology, 13 (12): 522~530.

Fang J N. 1992. Geochemical exploration in the vicinity of the Chinkuashih gold-copper deposits. "Taiwan University", Master thesis.

Folinsbee R E, Kieklan K, Nekolaichuk A, et al. 1972. Chinkuashih-a gold-pyrite-enargite-barite hydrothermal deposits in Taiwan. Geol Soc America, memoir 135: 323~335.

Hang C K. 1965. Further notes on the mineralogy of the Chinkuashih gold-copper deposits, Taiwan. Acta Geologica Taiwanica, 11: 31~42.

Ho C S. 1973. Chief metal deposits of Taiwan. Mining and Metallurgy, 17(1): 78~81.

Ho C S, Lee C N. 1963. Economic Minerals of Taiwan. Geol Surv Taiwan, 495.

Huang C K. 1964. Mineralogy of the Tsaoshan deposits of the Chinkuashih mine, Taiwan. "Proc Geol Soc China", 7: 31~39.

Huang C K. 1972a. Characteristic features of the gold-copper deposits of the Chinkuashih area, and prospect of copper production in Taiwan. Presidential address at the 14th annual general meeting of Geol Soc China. "Proc Geol Soc China", 15: 5~6.

Huang C K. 1972b. Crystal forms of native gold and luzonite from the Chinkuashih mine. Taiwan. Acta Geologica Taiwanica, 15: 102~104.

Huang C K. 1973. Minor gangue minerals of the Chinkuashih gold-copper deposits, Taiwan. Acta Geologica Taiwanica, 16: 31~38.

Huang C K. 1974. Antimony contents of enargite and luzonite. famatinite from the Chinkuashih mine, Taiwan. Acta Geologica Taiwania, 17: 1~5.

Huang C K. 1995. Gold-copper deposits of the Chinkuashih mine, Taiwan, with special reference to the mineralogy. Acta Geol Taiwanica, 7 (1): 20.

Huang C K, Chang Y H. 1982. Barite and alunite from the Chinkuashih gold-copper deposits, Taiwan. Acta Geologica Taiwanica, 21: 1~13.

Huang C K, Chou S A. 1975. Parageneses of enargite and luzonite famatinite in the Chinkuashih gold-copper deposits, Taiwan. Acta Geologica Taiwanica, 18: 26~35.

Huang C K, Tsai H L. 1984. Chemical variations of enargite and luzonite-famatinite from the Chinkuashih gold-copper deposits, Taiwan. Acta Geol Taiwanica, 22: 118~130.

Hwang J Y, Meyer H O A. 1982. The mineral chemistry and genesis of the Chinkuashih ore deposits, Taiwan. "Proc Geol Soc China", 25: 88~101.

Hwang J Y, Meyer H O A. 1983. Dacite-andesite of the Chinkuashih region, northern Taiwan. "Mem Geol Soc China", 5: 67~84.

Hwang W Y. 1969. The study of clay minerals in hydrothermal alteration zones of Chinkuashih, Chiufen and Yang-ming-shan. Report of Cultural Foundation of Cha-hsia Cement Coop, 175: 39.

Juan V C, Wang Y, Sun S S. 1958. Hydrothermal alteration of dacite at the Chinkuashih mine, Taipeihsien, Taiwan. "Proc Geol Soc China", 2: 73~92.

Lan C Y, Chen C H, Chuang S L, et al. 1996a. The crustal evolution of continental Taiwan. J Geol Soc China, 39: 337~353.

Lan C Y, Jahn B M, Mertzman S A, et al. 1996b. Subduction-related granitic rocks of Taiwan. J SE Asian Earth Sci, 14, 11~28.

Lin T C. 1970. The beneficiation of Taiwan copper ores. Mining and Metallugry, 14(4): 48~58.

Lin T C. 1973a. Two-year leaching operation in Chinkuashih. Mining Technology, 11(10): 2~9.

Lin T C. 1973b. The beginning of leaching operation in Chinkuashih copper mine. Mining and Metallurgy, 17(2): 41~46.

Liu C H. 1993. A study of vitrinite in the Third Changjen gold vein, Chinkuashih District. "Taiwan University", Master thesis.

Liu H I. 1980. Recent status and future development of gold-copper mine at Chinkuashih. Taiwan Mining Industry, 32(2): 35~42.

Lung T N. 1974. Study of biological extraction of copper from Chinkuashih and Chimei ores. Mining and Metallurgy, 18(3): 34~45.

Lung T S, et al. 1975. Studies of the application of bacterical leaching in the Chinkuashih mine. MRSO Report, 152: 81.

Ni C M. 1983. Relationships between geochemistry and gold-copper mineralizations in Chinkuashih area. "Taiwan University", Dept of Geology, Masters.

Rosenzweig A. 1975a. Epitaxial overgrowths of luzonite on enargite from the Chinkuashih mine, Taiwan. Acta Geologica Taiwanica, 18: 9~13.

Rosenzweig A. 1975b. Zonal composition of luzonite - famatinite and enargite from Chinkuashih mine, Taiwan. "Proc Geol Soc China", 18: 128 ~ 130.

Sun L C, Tsai L L Y. 1991. A historical brief about the origin of the Yin-Yang Sea at Chinkuashih-Shuinantung area, northern Taiwan. The Third Taiwan Symposium on Geophysics, Taiwan, 475 ~ 495.

Tan L P. 1969. Geochemical exploration of the Chinkuashih and thirteen government-own copper deposits. Chung-Cheng Science and Technology Foundations Report, 2: 148.

Tan L P. 1987. Potentials of the Chinkuashih gold deposits. Mining and Metallurgy, 31(4): 38 ~ 46.

Tan L P. 1988. Gold deposits of Taiwan. Energy, Resources and Environment, Quarterly, 1(2): 25 ~ 32.

Tan L P. 1991a. Relation of the mercury in soils to the gold-copper deposits in Chinkuashih Taiwan. "Science Council" report NSC-79-0202-M002-28, 39.

Tan L P. 1991b. The Chinkuashih gold-copper deposits, Taiwan. Soc Econ Geo Newsletter, 7: 1 ~ 4.

Tan L P. 1994. Horizontal and vertical zonations Of the Main Veins, Chinkuashih. "National Science Council" Report, NSC-82-0202-M002-160, 57.

Tan L P, Chen C H, Wang Y, et al. 1989. Relation of coal metamorphism to gold-copper mineralization in the Chinkuashih district. A report submitted to the " Science Council", NSC-78-0202-M002-02, 40.

Tan L P, Chen C H, Yen H W, et al. 1991. Tectonic and geochemical characterictics of Pleistocene gold deposits in Taiwan. In John Cand Mervyn, J(ed.)Neotectonics and Resources. London: Belhaven Press, 290 ~ 305.

Tan L P, Chen C H, Yu B S. 1993a. Native gold of Taiwan. Special Publication of the Central Geology Survey, 7: 79 ~ 99.

Tan L P, Fang J N, Yu B S. 1993b. Geochemical exploration of the Shihsun-Pinglin area, Taipei Hsien. Mining & Metallurgy, 37(1): 69 ~ 77.

Tan L P, Ho C O. 1972. Copper contents of the soils of the Chinkuashih gold-copper district, Taiwan. Acta Geologica Taiwanica, 15: 141 ~ 145.

Tan L P, Huang K L, Yu B S, et al. 1986. Gold deposits of Taiwan. Evolution, 8: 23 ~ 30.

Tan L P, Kirwin D J. 1988. Gold-copper mineralization at Chinkuashih, north east Taiwan, bicentennial Gold 88. Geol Soc Australia, Abstracts Series, 23: 389 ~ 390.

Tan L P, Kuo C L, Yu B S. 1990. Vitrinite reflectance-the most sensitive method for exploring the Chinkuashih gold deposits. Mining and Metallurgy, 34(3): 43 ~ 50.

Tan L P, Ni J M, Cheng J C. 1987. A geochemical prospecting for the gold mineralizations in the Chinkuashih District, Taiwan. Acta Geologica Taiwanica, 25: 151 ~ 172.

Tan L P, Yeh H W. 1985. A geochemical study of the Taiwan gold and associated minerals. Report to "Science Council", NSC-70-0202-M002-08, 53.

Tan L P, Yu B S, Kuo C L. 1992. Geochemical zonation of the Chinkuashih gold deposits, Taiwan. 29th Inter Geological Contress, Kyoto, Aug24 -Sept3. Abstracts with Programs, 3-3: 736.

Tan L P, Yu B S. 1991. Soil and rock mercury as a useful exploration tool for the Chinkuashih gold-copper deposits. 15th Inter Geol Explor Symposium. Abstracts with Program, 52.

Tan L P, Yu B S. 1994. Tectonic setting and geochemical characteristics of the Chinkuashih copper-gold deposits, Taiwan. 9th Inter Assocon the Genesis of Ore Deposits Symposium, Beijing, Aug 12 ~ 18. Abstract with Programs, 2: 839.

Tan L P, Yu F S. 1968. Heavy-mineal reconnaissance for gold-copper deposits of the Chinkuashih area. Taiwan. Acta Geologica Taiwanica, 12: 41 ~ 57.

Tien P L, Tan L P. 1977. Halotrichite from Chinkuashih, Taiwan. "Mem Geol Soc China", 2: 223 ~ 228.

Ting T C, Tan L P, Yu B S. 1989. Coal metamorphism and gold-copper mineralization in the Chinkuashih district. Taiwan. Geol Soc Amer 1989 Annual Meeting. Abstracts with programs, 294.

Tsai C L. 1983. Chemical variations of enargite and luzonite-famatinite from the Chinkuashih gold-copper deposits, Taiwan. "Taiwan University", Dept of Geology, Masters, 60.

Tsai L L Y, Chen C S, Sun L C. 1990a. Acid mine drainage in the Chinkuashih-Shuinantung area. Symposium on Quaternary of Taiwan III, abstract, Taiwan, 13.

Tsai L L Y, Chen C S, Sun L C. 1990b. Acid mine drainage in the Chinkuashih-Shuinatung area. Terrestrial Atmospheric and Oceanic Sciences, 2(4): 97 ~ 316.

Tsao F P, Kuo K T, Shyu S S. 1972. Study on titanium element content in igneous rocks from Yang-ming-shan and Chinkuashih. Bull Inst Geophysics, NCU, 11: 26 ~ 32.

Tung S K, Chen R C. 1989. Thermal, infrared and X-ray studies on the scorodite from Chinkuashih mine, northeastern Taiwan. Annual Meeting Geol Soc China. Program with Abstract, Taipei, 7.

Tzou Y H. 1979. Gravity pattern in Chilung volcano group, northern Taiwan. Bull Inst Geophysics, Nat Central Univ, 18: 25 ~ 33.

Wang Y. 1953. Geology of the Chinkuashih and Chiufen Districts, Taipeihsien, Taiwan. Acta Geologica Taiwanica, 5: 47 ~ 65.

Wang Y, Huang W Y, Yang C N. 1972. Sericite clay of the Chinkuashih mine. Taiwan. Acta Geologica Taiwanica, 15: 105~111.

Wang Y S. 1991. Compositional variations in biotite and amphibole from the Chinkuashih dacite. Bull Central Geological Survey, 7: 61~74.

Winchester J W, Youh C C. 1964. Determination of selenium and tellurium in the Chinkuashih pyrite ores by neutron activation analysis. "Proc Geol Soc China", 7: 82~84.

Wong J C. 1989. Impact of mine deveopment on the natural environment of Chinkuashih area in north Taiwan. Geographical Studies, 13: 93~136.

Yen C C. 1975a. Studies of the fluid inclusions for finding out origin of gold-copper deposits at Chinkuashih mine. Mining and Metallurgy, 16(1): 54~64.

Yen C C. 1975b. Studies of the fluid inclusions for finding out origin of gold-copper deposits at Chinkuashih mine. Mining and Metallurgy, 19(3): 102~111.

Yen C C. 1976. Trapping temperature and pressure of the fluid inclusions in the gangue minerals of gold-silver-copper deposits at Chinkuashih mine, Taiwan. "Proc Geol Soc China", 19: 127~133.

Yen T P. 1950. Chilung volcano and it's mineral deposits. Taiwan Mining Industry, 2(3, 4): 2~7.

Yen T P. 1953. On the occurrence of the late Paleozoic fossils in the metamorphic complex of Taiwan. Bull Geol Surv Taiwan, 4:23~26.

Yen T P. 1958. The mineral deposits related to the Cenozoic volcanic activity in Taiwan. Taiwan Mining Industry, 10(3): 1~9.

Yen T P. 1974. Structural controls of the metallic deposits in Taiwan. "Proc Geol Soc China", 17: 111~122.

Yen T P. 1978. Magmatism in Taiwan. Bull Inst Geophysics, NCU, 17: 22~35.

Yen T P. 1981. The metallic mineral deposits of Taiwan. Bull Inst Geophysics, NCU, 22: 46~54.

Yen T P, Sheng C C, Keng W P. 1951. The discovery of fusuline limestone in the metamorphic complex of Taiwan. Bull Geol Surv Taiwan, 3: 23~25.

Yen T P, Wu S W, Tzou Y H, et al. 1978. Geophysics-geologic study on the eastern part of Chilung volcano group, northern Taiwan. Report to NSC.

Youh C C. 1971. A study of the formation environment of pyrite from north Taiwan. "Proc Geol Soc China", 14: 185~188.

Youh C C, Chen J C. 1971. Copper, Antimony, and iron variations in enargite and luzonite from Chinkuashih mine, northern Taiwan. "Proc Geol Soc China", 14: 192~194.

Youh C C, Lo H J. 1968. A geochemical study of the enargite and luzonite from the Chinkuashih mine, Taiwan. "Proc Geol Soc China", 11: 121~129.

Yu B S. 1990. Exploration geochemistry of iron sulfides and heavy concentrates of the stream sediments in the Chinkuashih area. "Taiwan University", Master thesis, 129.

Yu B S. 1991. Exploration geochemistry of iron sulfides and heavy concentrates of stream sediments in the Chinkuashih area. Mining and Metallurgy, 35(2): 34~42.

Yu B S, Cheng C H, Tan L P. 1993. Significance of high-copper pyrite in Buffalo area, Chinkuashih. "Chinese Mining and Metallurgy Soc", Annual Meeting, Abstracts with programs, 71.

Yu B S, Tan L P. 1991. Exploration for the Chinkuashih gold-copper deposits with iron sulfides in Taiwan. 15th Inter Geol Explor Symposium. Abstracts with program, 20.

Yu B S, Tan L P. 1994. Structure features of the auriferous breccia pipes at Chinkuashih, Taiwan. 9th Inter Assocon the Genesis of Ore Deposits Symposium, Beijing, Aug 12~18. Abstract with Programs, 1: 87~88.

Yu B S. 1994. Auriferous breccia pipes of Chinkuashih, Taiwan. Taiwan University, Institute of Geology, PhD thesis, 322.

Yui T F, Lan C Y, Heaman L, et al. 1998. Late Cretaceous meta-andesite and late Jurassic (meta-) granite in the Tananao basement of Taiwan. Program and Abstract Volume, Annual Meeting. "Geol Soc China", 31.

附录

《中华人民共和国台湾省成矿规律图》矿产地基本信息一览表

序号	矿产地名称	矿种	矿床类型	规模	成矿时代
1	基隆棉花屿	磷矿	风化型	矿点	全新世
2	新北东埕	其他粘土	风化型	矿点	上新世—更新世
3	新北观音山	安山岩	陆相火山岩型	小型	更新世—全新世
4	台北北投	玻璃用砂岩	机械沉积型	小型	中新世
5	台北十八分	耐火粘土	风化型	矿点	更新世
6	台北顶北投	硫铁矿	陆相火山岩型	矿点	更新世
7	台北关渡	其他粘土	风化型	小型	上新世—更新世
8	台北关渡	膨润土	风化型	矿点	更新世
9	桃园营盘	铁	风化型	矿点	更新世—全新世
10	桃园大仑	铁	风化型	矿点	更新世—全新世
11	新北石门海滨	铁	砂矿型	矿点	更新世—全新世
12	新北石门	其他粘土	风化型	小型	上新世—更新世
13	新北阿里磅	其他粘土	风化型	小型	上新世—更新世
14	新北大屯山	安山岩	陆相火山岩型	小型	更新世—全新世
15	新北磺港	地热	水热型	矿点	更新世—全新世
16	新北金山	地热	水热型	矿点	更新世—全新世
17	新北三重桥	自然硫	陆相火山岩型	小型	更新世
18	新北七股村	铁	风化型	矿点	更新世—全新世
19	新北重光村	铁	风化型	矿点	更新世—全新世
20	新北死磺子坪	地热	水热型	矿点	更新世—全新世
21	新北庚子坪	地热	水热型	矿点	更新世—全新世
22	新北七股	硫铁矿	陆相火山岩型	小型	更新世
23	新北七股	耐火粘土	风化型	矿点	更新世
24	新北三重桥	耐火粘土	风化型	矿点	更新世
25	台北七星山	明矾石	陆相火山岩型	矿点	更新世
26	新北磺咀山	铝	风化型	小型	更新世—全新世
27	新北三重桥	地热	水热型	矿点	更新世—全新世
28	新北死磺子坪	自然硫	陆相火山岩型	小型	更新世
29	新北大埔	地热	水热型	矿点	更新世—全新世
30	新北焿子坪(大磺嘴)	自然硫	陆相火山岩型	小型	更新世
31	新北万里乡	煤	生物化学沉积型	小型	晚渐新世—早中新世
32	台北小油坑	硫铁矿	陆相火山岩型	矿点	更新世
33	台北小油坑	地热	水热型	矿点	更新世—全新世
34	台北马槽	地热	水热型	矿点	更新世—全新世
35	台北马槽	硫铁矿	陆相火山岩型	矿点	更新世
36	台北大油坑	地热	水热型	矿点	更新世—全新世
37	台北大油坑	铁	风化型	矿点	更新世—全新世

续表

序号	矿产地名称	矿种	矿床类型	规模	成矿时代
38	台北大油坑	自然硫	陆相火山岩型	矿点	更新世
39	台北竹子湖	耐火粘土	风化型	矿点	更新世
40	台北阳明山	地热	水热型	矿点	更新世—全新世
41	台北双重溪	地热	水热型	矿点	更新世—全新世
42	台北磺坪	硫铁矿	陆相火山岩型	矿点	更新世
43	新北崁脚	煤	生物化学沉积型	小型	晚渐新世—早中新世
44	台北凤凰	地热	水热型	矿点	更新世—全新世
45	台北龙凤	地热	水热型	矿点	更新世—全新世
46	台北竹子湖	自然硫	陆相火山岩型	矿点	更新世
47	台北冷水坑	自然硫	陆相火山岩型	小型	更新世
48	台北北投	地热	水热型	矿点	更新世—全新世
49	台北大磺嘴	地热	水热型	矿点	更新世—全新世
50	台北北投	自然硫	陆相火山岩型	小型	更新世
51	台北行义路	地热	水热型	矿点	更新世—全新世
52	新北-基隆	砂岩	机械沉积型	小型	渐新世—中新世
53	新北汐止	煤	生物化学沉积型	中型	晚渐新世—中新世中期
54	基隆田寮港	煤	生物化学沉积型	小型	中新世中期
55	新北四脚亭	煤	生物化学沉积型	小型	中新世中期
56	新北金瓜石	煤	生物化学沉积型	小型	中新世中期
57	新北金瓜石	金(铜)	陆相火山岩型	超大型	更新世
58	新北基隆山	安山岩	陆相火山岩型	小型	更新世—全新世
59	基隆八分寮	煤	生物化学沉积型	小型	晚渐新世—中新世中期
60	台北南港	玻璃用砂岩	机械沉积型	矿点	中新世
61	新北基隆河	金	砂矿型	矿点	更新世—全新世
62	新北猴洞	煤	生物化学沉积型	小型	中新世中期
63	台北南港山	石灰岩	化学沉积型	矿点	中新世
64	台北南港	煤	生物化学沉积型	小型	晚渐新世—中新世中期
65	新北武丹坑	煤	生物化学沉积型	小型	中新世中期
66	新北顶双溪	煤	生物化学沉积型	小型	晚渐新世—中新世早期
67	新北菁桐坑	煤	生物化学沉积型	小型	中新世中期
68	新北平林	汞	陆相火山岩型	矿点	喜马拉雅期
69	台北松山	泥炭	生物化学沉积型	矿点	全新世
70	新北澳底	煤	生物化学沉积型	小型	晚渐新世—中新世早期
71	新竹长康	石油	生物化学沉积型	小型	中新世—上新世
72	新竹青草湖	天然气	生物化学沉积型	小型	中新世—上新世
73	苗栗崎顶	天然气	生物化学沉积型	小型	中新世—上新世
74	新竹宝山	石油	生物化学沉积型	小型	中新世—上新世
75	台湾北部地区	建筑用砂	砂矿型	小型	更新世—全新世

续表

序号	矿产地名称	矿种	矿床类型	规模	成矿时代
76	桃园坎子脚	陶瓷粘土	机械沉积型	矿点	更新世—全新世
77	桃园山子脚	石油	生物化学沉积型	小型	中新世—上新世
78	桃园龟山兔子坑	石灰岩	化学沉积型	矿点	中新世
79	新北南势角	玻璃用砂岩	机械沉积型	中型	中新世
80	桃园大湖	陶瓷粘土	机械沉积型	矿点	更新世—全新世
81	桃园坎脚	陶瓷粘土	机械沉积型	矿点	更新世—全新世
82	桃园大湳	陶瓷粘土	机械沉积型	矿点	更新世—全新世
83	新北山子脚	煤	生物化学沉积型	小型	晚渐新世—中新世中期
84	新北清水坑	玻璃用砂岩	机械沉积型	小型	中新世
85	新北清水坑	石灰岩	化学沉积型	矿点	中新世
86	新北南势角	石灰岩	化学沉积型	矿点	中新世
87	桃园宋屋	铁	风化型	矿点	更新世—全新世
88	桃园宵里	铁	风化型	矿点	更新世—全新世
89	新北莺歌山	陶瓷粘土	机械沉积型	小型	更新世—全新世
90	新北清水坑	煤	生物化学沉积型	小型	晚渐新世—中新世中期
91	新北成福	玻璃用砂岩	机械沉积型	小型	中新世
92	桃园滥背	铁	风化型	矿点	更新世—全新世
93	新北三峡-桃园大溪	煤	生物化学沉积型	中型	晚渐新世—中新世中期
94	桃园竹头角	石灰岩	化学沉积型	矿点	中新世
95	新竹暗潭	高岭土	机械沉积型	矿点	中新世—上新世
96	新竹关西	煤	生物化学沉积型	小型	中新世晚期
97	新竹湖肚	高岭土	机械沉积型	矿点	中新世—上新世
98	新竹马武督	锆矿	砂矿型	矿点	更新世—全新世
99	新竹马武督	玻璃用砂岩	机械沉积型	小型	中新世
100	新北加空	地热	水热型	矿点	更新世—全新世
101	新竹太平地	高岭土	机械沉积型	矿点	中新世—上新世
102	新竹马福	石灰岩	化学沉积型	矿点	中新世
103	新竹赤柯山	石灰岩	化学沉积型	中型	中新世
104	桃园荣华	地热	水热型	矿点	更新世—全新世
105	新竹竹东	天然气	生物化学沉积型	小型	中新世—上新世
106	新竹嘉乐	煤	生物化学沉积型	小型	中新世中期
107	桃园三光	地热	水热型	矿点	更新世—全新世
108	新竹大南坑	玻璃用砂岩	机械沉积型	小型	中新世
109	台北景美	煤	生物化学沉积型	小型	晚渐新世—中新世中期
110	新北石碇	煤	生物化学沉积型	小型	中新世中晚期
111	新北乌来	地热	水热型	矿点	更新世—全新世
112	宜兰头城	石墨	受变质型	矿点	燕山期
113	宜兰礁溪	石墨	受变质型	矿点	燕山期

续表

序号	矿产地名称	矿种	矿床类型	规模	成矿时代
114	宜兰礁溪	地热	水热型	矿点	更新世—全新世
115	宜兰龟山岛	地热	水热型	矿点	更新世—全新世
116	宜兰员山	地热	水热型	矿点	更新世—全新世
117	苗栗崁顶寮、都合口	玻璃用砂岩	机械沉积型	中型	中新世
118	苗栗大南浦	高岭土	机械沉积型	矿点	中新世—上新世
119	苗栗北势	铁	风化型	矿点	更新世—全新世
120	苗栗北湾	陶瓷粘土	机械沉积型	矿点	中新世
121	苗栗锦水-永和山	天然气	生物化学沉积型	中型	中新世—上新世
122	苗栗老田寮西翼	玻璃用砂岩	机械沉积型	中型	中新世
123	苗栗老田寮东翼	玻璃用砂岩	机械沉积型	中型	中新世
124	苗栗纸湖	耐火粘土	机械沉积型	矿点	中新世
125	苗栗南庄	玻璃用砂岩	机械沉积型	小型	中新世
126	苗栗百寿	玻璃用砂岩	机械沉积型	小型	中新世
127	苗栗番子寮	玻璃用砂岩	机械沉积型	小型	中新世
128	苗栗南湖坑	玻璃用砂岩	机械沉积型	小型	中新世
129	苗栗照香排	玻璃用砂岩	机械沉积型	小型	中新世
130	苗栗盐水坑	玻璃用砂岩	机械沉积型	小型	中新世
131	苗栗出磺坑	煤	生物化学沉积型	小型	中新世晚期
132	苗栗八卦力	煤	生物化学沉积型	小型	中新世晚期
133	苗栗南庄	煤	生物化学沉积型	小型	中新世中期
134	苗栗苑里	铁	砂矿型	矿点	更新世—全新世
135	苗栗崩山下	玻璃用砂岩	机械沉积型	小型	中新世
136	苗栗香员窝	玻璃用砂岩	机械沉积型	小型	中新世
137	苗栗北庄	玻璃用砂岩	机械沉积型	小型	中新世
138	苗栗大坑	陶瓷粘土	机械沉积型	矿点	中新世—上新世
139	苗栗上福基	玻璃用砂岩	机械沉积型	小型	中新世
140	苗栗白砂屯	天然气	生物化学沉积型	小型	中新世—上新世
141	苗栗桂竹林	玻璃用砂岩	机械沉积型	小型	中新世
142	苗栗福基	陶瓷粘土	机械沉积型	矿点	中新世—上新世
143	苗栗大湖	地热	水热型	矿点	更新世—全新世
144	苗栗泰安	地热	水热型	矿点	更新世—全新世
145	苗栗铁砧山-通霄	天然气	生物化学沉积型	中型	中新世—上新世
146	苗栗八苑坑	玻璃用砂岩	机械沉积型	小型	中新世
147	苗栗出磺坑	天然气	生物化学沉积型	中型	中新世—上新世
148	苗栗新鸡隆	玻璃用砂岩	机械沉积型	小型	中新世
149	苗栗观音山	耐火粘土	机械沉积型	矿点	中新世
150	苗栗大湖(大察坑)	陶瓷粘土	机械沉积型	矿点	中新世—上新世
151	苗栗三义	陶瓷粘土	机械沉积型	矿点	中新世—上新世

续表

序号	矿产地名称	矿种	矿床类型	规模	成矿时代
152	苗栗山地标	玻璃用砂岩	机械沉积型	小型	中新世
153	苗栗细道邦	煤	生物化学沉积型	小型	中新世中晚期
154	苗栗天狗	地热	水热型	矿点	更新世—全新世
155	苗栗胜兴	玻璃用砂岩	机械沉积型	矿点	中新世
156	苗栗柳冬坑鲤鱼潭	玻璃用砂岩	机械沉积型	矿点	中新世
157	台中铁砧山	铁	风化型	矿点	更新世—全新世
158	新竹狮头山-北埔	煤	生物化学沉积型	小型	中新世中晚期
159	新竹番婆坑、小南坑	玻璃用砂岩	机械沉积型	中型	中新世
160	新竹上坪	煤	生物化学沉积型	小型	中新世中晚期
161	新竹茅坪	玻璃用砂岩	机械沉积型	小型	中新世
162	苗栗田美	耐火粘土	机械沉积型	矿点	中新世
163	新竹秀峦	地热	水热型	矿点	更新世—全新世
164	桃园新兴	地热	水热型	矿点	更新世—全新世
165	桃园四棱	地热	水热型	矿点	更新世—全新世
166	新竹清泉	地热	水热型	矿点	更新世—全新世
167	新竹金北	地热	水热型	矿点	更新世—全新世
168	新竹他开心	地热	水热型	矿点	更新世—全新世
169	苗栗雪见	地热	水热型	矿点	更新世—全新世
170	苗栗雪山	砂岩	机械沉积型	小型	始新世—渐新世
171	宜兰清水	地热	水热型	小型	更新世—全新世
172	宜兰梵梵	地热	水热型	矿点	更新世—全新世
173	宜兰排骨溪	地热	水热型	矿点	更新世—全新世
174	宜兰寒溪	地热	水热型	矿点	更新世—全新世
175	宜兰小太白山	金	岩浆热液型	矿点	喜马拉雅期
176	宜兰太白山	铜-硫铁	受变质型	矿点	燕山期
177	宜兰天狗溪	地热	水热型	矿点	更新世—全新世
178	宜兰小帽山	滑石	变成型	小型	燕山期
179	宜兰土场	地热	水热型	小型	更新世—全新世
180	宜兰乌帽	地热	水热型	矿点	更新世—全新世
181	宜兰西帽山	锰	风化型	小型	更新世—全新世
182	宜兰西帽山	大理岩	受变质型	大型	燕山期
183	宜兰东澳	铜-硫铁	受变质型	矿点	燕山期
184	宜兰东澳	滑石	变成型	小型	燕山期
185	宜兰五区	地热	水热型	矿点	更新世—全新世
186	宜兰四区	地热	水热型	矿点	更新世—全新世
187	宜兰枫树山	云母	变成型	小型	燕山期
188	宜兰粉鸟林	云母	变成型	小型	燕山期
189	宜兰乌石鼻	蛇纹岩	变成型	矿点	燕山期

续表

序号	矿产地名称	矿种	矿床类型	规模	成矿时代
190	宜兰鹿皮溪	云母	变成型	小型	燕山期
191	宜兰南澳	滑石	变成型	矿点	燕山期
192	宜兰茂边	地热	水热型	矿点	更新世—全新世
193	宜兰富太(铜山)	铜-硫铁	受变质型	矿点	燕山期
194	宜兰碧候	金	砂矿型	矿点	更新世—全新世
195	宜兰臭乾	地热	水热型	矿点	更新世—全新世
196	宜兰大浊水	地热	水热型	矿点	更新世—全新世
197	宜兰硬骨	地热	水热型	矿点	更新世—全新世
198	宜兰大浊水	大理岩	受变质型	大型	燕山期
199	台中东势	石煤	生物化学沉积型	矿点	渐新世—中新世
200	台中谷关	地热	水热型	矿点	更新世—全新世
201	台中白冷	石墨	受变质型	矿点	燕山期
202	南投黑田山	石煤	生物化学沉积型	矿点	渐新世早期
203	台中合欢溪	金	砂矿型	矿点	更新世—全新世
204	台中达见	地热	水热型	矿点	更新世—全新世
205	台中马陵	地热	水热型	矿点	更新世—全新世
206	花莲古白杨	滑石	变成型	矿点	燕山期
207	花莲文山	地热	水热型	矿点	更新世—全新世
208	花莲罗钦	金	砂矿型	矿点	更新世—全新世
209	南投红香	地热	水热型	矿点	更新世—全新世
210	南投合欢山	金	岩浆热液型	矿点	喜马拉雅期
211	南投瑞岩	地热	水热型	矿点	更新世—全新世
212	南投咖啡园	地热	水热型	矿点	更新世—全新世
213	南投精英	地热	水热型	矿点	更新世—全新世
214	南投阳春	金	砂矿型	矿点	更新世—全新世
215	南投春阳	地热	水热型	矿点	更新世—全新世
216	南投庐山	地热	水热型	小型	更新世—全新世
217	花莲和平(蕃地大浊水)	大理岩	受变质型	大型	燕山期
218	花莲中和(愚堀)	白云岩	海相化学沉积型	小型	燕山期
219	花莲和仁(卡那岸)	大理岩	受变质型	大型	燕山期
220	花莲清水	大理岩	受变质型	中型	燕山期
221	花莲海鼠山	铜-硫铁	受变质型	矿点	燕山期
222	花莲立雾溪	大理岩	受变质型	中型	燕山期
223	花莲崇德	大理岩	受变质型	大型	燕山期
224	花莲新城	金	砂矿型	矿点	更新世—全新世
225	花莲三栈溪	大理岩	受变质型	大型	燕山期
226	花莲加湾	大理岩	受变质型	大型	燕山期
227	花莲佐仓	滑石	变成型	矿点	燕山期

续表

序号	矿产地名称	矿种	矿床类型	规模	成矿时代
228	花莲砂婆当	大理岩	受变质型	大型	燕山期
229	南投埔里	泥炭	生物化学沉积型	矿点	更新世早期
230	南投南投镇	陶瓷粘土	机械沉积型	矿点	更新世—全新世
231	南投鱼池	陶瓷粘土	机械沉积型	大型	更新世—全新世
232	南投集集大山	煤	生物化学沉积型	小型	中新世晚期
233	南投水社大山	脉石英	岩浆热液型	矿点	喜马拉雅期
234	南投凤凰山	煤	生物化学沉积型	小型	中新世晚期
235	花莲清水溪及清流溪	大理岩	受变质型	中型	燕山期
236	花莲木瓜溪	大理岩	受变质型	中型	燕山期
237	花莲县乌帽子	金	砂矿型	矿点	更新世—全新世
238	花莲铜门	铜-硫铁	受变质型	矿点	燕山期
239	南投万大北溪	地热	水热型	矿点	更新世—全新世
240	南投万大	地热	水热型	矿点	更新世—全新世
241	南投万大南溪	地热	水热型	矿点	更新世—全新世
242	花莲木瓜山	大理岩	受变质型	小型	燕山期
243	花莲荖溪	白云岩	海相化学沉积型	小型	燕山期
244	花莲二子	地热	水热型	矿点	更新世—全新世
245	花莲白鲍溪	滑石	变成型	小型	燕山期
246	花莲清昌山	白云岩	海相化学沉积型	中型	燕山期
247	花莲寿丰溪	大理岩	受变质型	大型	燕山期
248	花莲丰田	软玉	变成型	小型	燕山期
249	花莲平林西林	滑石	变成型	小型	燕山期
250	南投马路他仑	地热	水热型	矿点	更新世—全新世
251	花莲万里溪	大理岩	受变质型	小型	燕山期
252	花莲万里	地热	水热型	矿点	更新世—全新世
253	花莲万里溪	金	砂矿型	矿点	更新世—全新世
254	南投易把猴	地热	水热型	矿点	更新世—全新世
255	南投丹大	地热	水热型	矿点	更新世—全新世
256	花莲马鞍溪	大理岩	受变质型	小型	燕山期
257	花莲万荣	蛇纹岩	变成型	矿点	燕山期
258	澎湖望安岛	文石	陆相火山岩型	矿点	更新世
259	澎湖马公	膨润土	风化型	矿点	更新世
260	澎湖	玄武岩	陆相火山岩型	小型	更新世
261	云林北统汕洲	轻稀土矿	砂矿型	中型	更新世—全新世
262	云林统汕洲	轻稀土矿	砂矿型	中型	更新世—全新世
263	云林外伞顶洲	轻稀土矿	砂矿型	中型	更新世—全新世
264	嘉义八掌溪	天然气	生物化学沉积型	小型	中新世—上新世
265	台南布袋洲	轻稀土矿	砂矿型	中型	更新世—全新世

续表

序号	矿产地名称	矿种	矿床类型	规模	成矿时代
266	台南枕头山	石灰岩	化学沉积型	小型	上新世
267	南投十八重溪	地热	水热型	矿点	更新世—全新世
268	南投东埔	地热	水热型	矿点	更新世—全新世
269	嘉义阿里山	煤	生物化学沉积型	小型	中新世晚期
270	南投乐乐	地热	水热型	矿点	更新世—全新世
271	南投玉山	金	岩浆热液型	矿点	喜马拉雅期
272	嘉义番路公田	石灰岩	化学沉积型	小型	上新世
273	嘉义冻子脚	天然气	生物化学沉积型	小型	中新世—上新世
274	嘉义中仑番子寮	石灰岩	化学沉积型	矿点	上新世
275	嘉义中仑	地热	水热型	矿点	更新世—全新世
276	花莲富源	地热	水热型	矿点	更新世—全新世
277	花莲瑞北	脉石英	岩浆热液型	矿点	喜马拉雅期
278	花莲瑞林	地热	水热型	矿点	更新世—全新世
279	花莲太平溪	大理岩	受变质型	小型	燕山期
280	花莲红叶	地热	水热型	矿点	更新世—全新世
281	花莲瑞穗	蛇纹岩	变成型	小型	燕山期
282	花莲瑞穗红叶溪	滑石	变成型	矿点	燕山期
283	花莲瑞穗	地热	水热型	矿点	更新世—全新世
284	花莲奇美	铜	斑岩型	矿点	喜马拉雅期
285	花莲天港山	石膏(含泥膏矿)	海相火山岩型	矿点	中新世
286	台东樟原	膨润土	陆相火山岩型	小型	早中新世
287	花莲大分	地热	水热型	矿点	更新世—全新世
288	花莲玉里蕨	白云岩	海相化学沉积型	小型	燕山期
289	澎湖猫屿	磷	风化型	矿点	全新世
290	台南关子岭	地热	水热型	矿点	更新世—全新世
291	台南六重溪	地热	水热型	矿点	更新世—全新世
292	台南新营	天然气	生物化学沉积型	小型	中新世—上新世
293	台南六重溪	天然气	生物化学沉积型	小型	中新世—上新世
294	台南土地公崎	石灰岩	化学沉积型	小型	上新世
295	台南王爷港洲	轻稀土矿	砂矿型	中型	更新世—全新世
296	台南牛山	天然气	生物化学沉积型	小型	中新世—上新世
297	台南青山港洲	轻稀土矿	砂矿型	中型	更新世—全新世
298	台南网子寮洲	轻稀土矿	砂矿型	中型	更新世—全新世
299	台湾南部地区	建筑用砂	砂矿型	小型	更新世—全新世
300	台南顶头额洲	轻稀土矿	砂矿型	矿点	更新世—全新世
301	台南浮仑	轻稀土矿	砂矿型	小型	更新世—全新世
302	高雄新望岭	地热	水热型	矿点	更新世—全新世
303	高雄拉库音溪	金	砂矿型	矿点	更新世—全新世

续表

序号	矿产地名称	矿种	矿床类型	规模	成矿时代
304	高雄梅山	地热	水热型	矿点	更新世—全新世
305	台东向阳	云母	变成型	小型	燕山期
306	高雄勤和	地热	水热型	矿点	更新世—全新世
307	高雄复兴	地热	水热型	矿点	更新世—全新世
308	高雄美秀	地热	水热型	矿点	更新世—全新世
309	高雄桃源	地热	水热型	矿点	更新世—全新世
310	台南竹头崎	石油	生物化学沉积型	小型	中新世—上新世
311	台南龟丹	地热	水热型	矿点	更新世—全新世
312	高雄高中	地热	水热型	矿点	更新世—全新世
313	高雄上宝来	地热	水热型	矿点	更新世—全新世
314	高雄斗必耶	地热	水热型	矿点	更新世—全新世
315	高雄富园	地热	水热型	矿点	更新世—全新世
316	高雄宝来	地热	水热型	矿点	更新世—全新世
317	高雄沼津	地热	水热型	矿点	更新世—全新世
318	高雄石洞	地热	水热型	矿点	更新世—全新世
319	高雄不老	地热	水热型	矿点	更新世—全新世
320	花莲安通	地热	水热型	矿点	更新世—全新世
321	花莲乐乐溪	金	砂矿型	矿点	更新世—全新世
322	花莲清水溪	蛇纹岩	变成型	矿点	燕山期
323	花莲清水溪	滑石	变成型	中型	燕山期
324	花莲东里 1 号	地热	水热型	矿点	更新世—全新世
325	花莲东里 2 号	地热	水热型	矿点	更新世—全新世
326	花莲竹田	石膏(含泥膏矿)	海相火山岩型	矿点	中新世
327	台东雾鹿	地热	水热型	矿点	更新世—全新世
328	台东成广澳山	石灰岩	化学沉积型	小型	中新世
329	台东下马	地热	水热型	矿点	更新世—全新世
330	台东新武	地热	水热型	矿点	更新世—全新世
331	台东大仑	地热	水热型	矿点	更新世—全新世
332	台东大仑溪	地热	水热型	矿点	更新世—全新世
333	台东八边山	石膏(含泥膏矿)	海相火山岩型	矿点	更新世—全新世
334	台东日出	镍矿	风化型	矿点	更新世—全新世
335	高雄木栅	石灰岩	化学沉积型	矿点	上新世
336	高雄大岗山	石灰岩	化学沉积型	小型	更新世
337	高雄新港口	轻稀土矿	砂矿型	中型	更新世—全新世
338	高雄小岗山	石灰岩	化学沉积型	小型	更新世
339	高雄多纳	地热	水热型	矿点	更新世—全新世
340	台东桃林	地热	水热型	矿点	更新世—全新世
341	屏东大武	地热	水热型	矿点	更新世—全新世

续表

序号	矿产地名称	矿种	矿床类型	规模	成矿时代
342	台东知本内泉	地热	水热型	矿点	更新世—全新世
343	台东知本溪	金	砂矿型	矿点	更新世—全新世
344	台东大马(马武溪)	石灰岩	化学沉积型	矿点	中新世
345	台湾东部地区	建筑用砂	砂矿型	小型	更新世—全新世
346	台东鹿野	石棉	变成型	矿点	燕山期
347	台东都兰山	铜	斑岩型	矿点	喜马拉雅期
348	台东红叶谷	地热	水热型	矿点	更新世—全新世
349	台东红叶谷	金	砂矿型	矿点	更新世—全新世
350	台东利吉	地热	水热型	矿点	更新世—全新世
351	台东加路兰	石灰岩	化学沉积型	矿点	上新世
352	台东知本	地热	水热型	小型	更新世—全新世
353	高雄寿山	石灰岩	化学沉积型	小型	更新世
354	高雄凤山	石灰岩	化学沉积型	矿点	更新世
355	台东金峰 1 号	地热	水热型	矿点	更新世—全新世
356	台东比鲁	地热	水热型	矿点	更新世—全新世
357	台东金峰 2 号	地热	水热型	矿点	更新世—全新世
358	台东金仑 3 号	地热	水热型	小型	更新世—全新世
359	台东金仑 2 号	地热	水热型	矿点	更新世—全新世
360	台东金仑 1 号	地热	水热型	矿点	更新世—全新世
361	屏东寿梵	地热	水热型	矿点	更新世—全新世
362	台东加罗坂	地热	水热型	矿点	更新世—全新世
363	台东绿岛	地热	水热型	矿点	更新世—全新世
364	高雄致昌	石油	生物化学沉积型	小型	燕山期—喜马拉雅期
365	屏东旭海	地热	水热型	矿点	更新世—全新世
366	屏东四重溪	地热	水热型	矿点	更新世—全新世
367	屏东海口	石灰岩	化学沉积型	矿点	全新世
368	屏东保力	石灰岩	化学沉积型	矿点	全新世—更新世
369	屏东虎头山	石灰岩	化学沉积型	矿点	全新世—更新世
370	屏东网纱	石灰岩	化学沉积型	矿点	全新世—更新世
371	屏东橡榔林	石灰岩	化学沉积型	矿点	全新世—更新世
372	台东兰屿	铜	斑岩型	矿点	喜马拉雅期
373	屏东红柴坑	石灰岩	化学沉积型	矿点	全新世—更新世
374	屏东大树房	石灰岩	化学沉积型	矿点	全新世—更新世
375	屏东鹅銮鼻	石灰岩	化学沉积型	矿点	全新世—更新世

注：地下热水用储热类型表示其矿床类型。